ASSOCIATION

FRANÇAISE

POUR

L'AVANCEMENT DES SCIENCES

Une table des matières est jointe à chacun des volumes du Compte-Rendu des travaux de l'Association Française en 1893.

Une table analytique *générale* par ordre alphabétique termine la 2me partie ; dans cette table, les nombres qui sont placés après la lettre *p* se rapportent aux pages de la 1re partie, ceux placés après l'astérisque * se rapportent aux pages de la 2me partie.

IMPRIMERIE CHAIX, RUE BERGÈRE, 20, PARIS. — 10944-10-03.

ASSOCIATION
FRANÇAISE

POUR L'AVANCEMENT DES SCIENCES

FUSIONNÉE AVEC

L'ASSOCIATION SCIENTIFIQUE DE FRANCE

(Fondée par Le Verrier en 1864)

Reconnues d'utilité publique

———

CONFÉRENCES DE PARIS

———

COMPTE RENDU DE LA 22ᵐᵉ SESSION

PREMIÈRE PARTIE

DOCUMENTS OFFICIELS. — PROCÈS-VERBAUX

PARIS

AU SECRÉTARIAT DE L'ASSOCIATION

28, rue Serpente (Hôtel des Sociétés savantes)

ET CHEZ M. G. MASSON, LIBRAIRE DE L'ACADÉMIE DE MÉDECINE

120, boulevard Saint-Germain.

———

1893

ASSOCIATION FRANÇAISE

POUR L'AVANCEMENT DES SCIENCES

Fusionnée avec

L'ASSOCIATION SCIENTIFIQUE DE FRANCE

(Fondée par Le Verrier en 1864)

Reconnues d'utilité publique.

MINISTÈRE
de
l'Instruction publique,
DES BEAUX-ARTS
et
DES CULTES

CABINET
—
N° 175

RÉPUBLIQUE FRANÇAISE

DÉCRET

LE PRÉSIDENT DE LA RÉPUBLIQUE FRANÇAISE,

Sur le rapport du Ministre de l'Instruction publique, des Beaux-Arts et des Cultes,

Vu le procès-verbal de l'Assemblée générale de l'Association française pour l'avancement des sciences, tenue à Grenoble le 10 août 1885;

Vu le procès-verbal de l'Assemblée générale de l'Association scientifique de France, tenue à Paris le 14 novembre 1885, et les décisions prises par les deux Sociétés;

Toutes deux ayant pour objet de réunir en une seule Association ces deux Sociétés susnommées;

Vu les Statuts, l'état de la situation financière et les autres pièces fournies à l'appui de cette demande;

La Section de l'Intérieur, de l'Instruction publique, des Beaux-Arts et des Cultes, du Conseil d'État entendue,

DÉCRÈTE :

ARTICLE PREMIER. — L'Association française pour l'avancement des sciences et l'Association scientifique de France, fondée par Le Verrier en 1864, toutes deux reconnues d'utilité publique, forment une seule et même Association.

Les Statuts de l'Association française pour l'avancement des sciences fusionnée avec l'Association scientifique de France (fondée par Le Verrier en 1864), sont approuvés tels qu'ils sont ci-annexés.

ART. 2. — Le Ministre de l'Instruction publique, des Beaux-Arts et des Cultes est chargé de l'exécution du présent décret.

Fait à Paris, le 28 septembre 1886.

Signé : JULES GRÉVY.

Par le Président de la République :
Le Ministre de l'Instruction publique, des Beaux-Arts et des Cultes,
Signé : RENÉ GOBLET.

Pour ampliation :
Le Chef de bureau du Cabinet,
Signé : ROUJON.

a

STATUTS ET RÈGLEMENT

STATUTS

TITRE Ier. — But de l'Association.

ARTICLE PREMIER. — L'Association se propose exclusivement de favoriser, par tous les moyens en son pouvoir, le progrès et la diffusion des sciences, au double point de vue du perfectionnement de la théorie pure et du développement des applications pratiques.

A cet effet, elle exerce son action par des réunions, des conférences, des publications, des dons en instruments ou en argent aux personnes travaillant à des recherches ou entreprises scientifiques qu'elle aurait provoquées ou approuvées.

ART. 2. — Elle fait appel au concours de tous ceux qui considèrent la culture des sciences comme nécessaire à la grandeur et à la prospérité du pays.

ART. 3. — Elle prend le nom d'*Association française pour l'avancement des sciences, fusionnée avec l'Association scientifique de France, fondée par Le Verrier en 1864.*

TITRE II. — Organisation.

ART. 4. — Les membres de l'Association sont admis, sur leur demande, par le Conseil.

ART. 5. — Sont membres de l'Association les personnes qui versent la cotisation annuelle. Cette cotisation peut toujours être rachetée par une somme versée une fois pour toutes. Le taux de la cotisation et celui du rachat sont fixés par le Règlement.

ART. 6. — Sont membres fondateurs les personnes qui ont versé, à une époque quelconque, une ou plusieurs souscriptions de 500 francs.

ART. 7. — Tous les membres jouissent des mêmes droits. Toutefois, les noms des membres fondateurs figurent perpétuellement en tête des listes alphabétiques, et ces membres reçoivent gratuitement, pendant toute leur vie, autant d'exemplaires des publications de l'Association qu'ils ont versé de fois la souscription de 500 francs.

ART. 8. — Le capital de l'Association se compose du capital de l'Association scientifique et du capital de la précédente Association française au jour de la fusion, des souscriptions des membres fondateurs, des sommes versées pour le rachat des cotisations, des dons et legs faits à l'Association, à moins d'affectation spéciale de la part des donateurs.

ART. 9. — Les ressources annuelles comprennent les intérêts du capital, le montant des cotisations annuelles, les droits d'admission aux séances et les produits de librairie.

ART. 10. — Chaque année, le capital s'accroit d'une retenue de 10 0/0 au moins sur les cotisations, droits d'entrée et produits de librairie.

TITRE III. — Sessions annuelles.

ART. 11. — Chaque année, l'Association tient, dans l'une des villes de France, une session générale dont la durée est de huit jours; cette ville est désignée par l'Assemblée générale, au moins une année à l'avance.

ART. 12. — Dans les sessions annuelles, l'Association, pour ses travaux scientifiques, se répartit en sections, conformément à un tableau arrêté par le Règlement général.

Ces sections forment quatre groupes, savoir :

  1° Sciences mathématiques,
  2° Sciences physiques et chimiques,
  3° Sciences naturelles,
  4° Sciences économiques.

ART. 13. — Il est publié chaque année un volume, distribué à tous les membres, contenant :

  1° Le compte rendu des séances de la session ;
  2° Le texte ou l'analyse des travaux provoqués par l'Association, ou des mémoires acceptés par le Conseil.

COMPOSITION DU BUREAU

ART. 14. — Le Bureau de l'Association se compose :

  D'un Président,
  D'un Vice-Président,
  D'un Secrétaire,
  D'un Vice-Secrétaire,
  D'un Trésorier.

Tous les membres du Bureau sont élus en Assemblée générale.

ART. 15. — Les fonctions de Président et de Secrétaire de l'Association sont annuelles ; elles commencent immédiatement après une session et durent jusqu'à la fin de la session suivante.

ART. 16. — Le Vice-Président et le Vice-Secrétaire d'une année deviennent, de droit, Président et Secrétaire pour l'année suivante.

ART. 17. — Le Président, le Vice-Président, le Secrétaire et le Vice-Secrétaire de chaque année sont pris respectivement dans les quatre groupes de sections, et chacun est pris à tour de rôle dans chaque groupe.

Art. 18. — Le Trésorier est élu par l'Assemblée générale; il est nommé pour quatre ans et rééligible.

Art. 19. — Le Bureau de chaque section se compose d'un Président, d'un Vice-Président, d'un Secrétaire et, au besoin, d'un Vice-Secrétaire élu par cette section parmi ses membres.

TITRE IV. — Administration.

Art. 20. — Le siège de l'Administration est à Paris.

Art. 21. — L'Association est administrée gratuitement par un Conseil composé :

1° Du Bureau de l'Association, qui est en même temps le Bureau du Conseil d'administration;

2° Des Présidents de sections;

3° De trois membres par section; ces délégués de section sont élus à la majorité relative en Assemblée générale, sur la proposition de leurs sections respectives; ils sont renouvelables par tiers chaque année;

4° De délégués de l'Association en nombre égal à celui des Présidents de section; ils sont nommés par correspondance, au scrutin secret et à la majorité relative des suffrages exprimés, après proposition du Conseil; ils sont renouvelables par tiers chaque année.

Art. 22. — Les anciens Présidents de l'Association continuent à faire partie du Conseil.

Art. 23. — Les Secrétaires des sections de la session précédente sont admis dans le Conseil avec voix consultative.

Art. 24. — Pendant la durée des sessions, le Conseil siège dans la ville où a lieu la session.

Art. 25. — Le Conseil d'administration représente l'Association et statue sur toutes les affaires concernant son administration.

Art. 26. — Le Conseil a tout pouvoir pour gérer et administrer les affaires sociales, tant actives que passives. Il encaisse tous les fonds appartenant à l'Association, à quelque titre que ce soit.

Il place les fonds qui constituent le capital de l'Association en rentes sur l'État ou en obligations de chemins de fer français, émises par des Compagnies auxquelles un minimum d'intérêt est garanti par l'État; il décide l'emploi des fonds disponibles; il surveille l'application à leur destination des fonds votés par l'Assemblée générale, et ordonnance par anticipation, dans l'intervalle des sessions, les dépenses urgentes, qu'il soumet, dans la session suivante, à l'approbation de l'Assemblée générale.

Il décide l'échange ou la vente des valeurs achetées; le transfert des rentes sur l'État, obligations des Compagnies de chemins de fer et autres titres nominatifs sont signés par le Trésorier et un des membres du Conseil délégué à cet effet.

Il accepte tous dons et legs faits à la Société; tous les actes y relatifs sont signés par le Trésorier et un des membres délégué.

ART. 27. — Les délibérations relatives à l'acceptation des dons et legs, à des acquisitions, aliénations et échanges d'immeubles sont soumises à l'approbation du gouvernement.

ART. 28. — Le Conseil dresse annuellement le budget des dépenses de l'Association ; il communique à l'Assemblée générale le compte détaillé des recettes et dépenses de l'exercice.

ART. 29. — Il organise les sessions, dirige les travaux, ordonne et surveille les publications, fixe et affecte les subventions et encouragements.

ART. 30. — Le Conseil peut adjoindre au Bureau des commissaires pour l'étude de questions spéciales et leur déléguer ses pouvoirs pour la solution d'affaires déterminées.

ART. 31. — Les Statuts ne pourront être modifiés que sur la proposition du Conseil d'administration, et à la majorité des deux tiers des membres votants dans l'Assemblée générale, sauf approbation du gouvernement.

Ces propositions, soumises à une session, ne pourront être votées qu'à la session suivante ; elles seront indiquées dans les convocations adressées à tous les membres de l'Association.

ART. 32. — Un Règlement général détermine les conditions d'administration et toutes les dispositions propres à assurer l'exécution des Statuts. Ce Règlement est préparé par le Conseil et voté par l'Assemblée générale.

TITRE V. — Dispositions complémentaires.

ART. 33. — Dans le cas où la Société cesserait d'exister, l'Assemblée générale, convoquée extraordinairement, statuera, sous la réserve de l'approbation du gouvernement, sur la destination des biens appartenant à l'Association. Cette destination devra être conforme au but de l'Association, tel qu'il est indiqué dans l'article premier.

Les clauses stipulées par les donateurs, en prévision de ce cas, devront être respectées.

Le Chef de bureau du Cabinet,

Signé : N. ROUJON.

RÈGLEMENT

TITRE I⁰⁰. — Dispositions générales.

ARTICLE PREMIER. — Le taux de la cotisation annuelle des membres non fondateurs est fixé à 20 francs.

ART. 2. — Tout membre a le droit de racheter ses cotisations à venir en versant, une fois pour toutes, la somme de 200 francs. Il devient ainsi membre à vie.

Il sera loisible de racheter les cotisations par deux versements annuels consécutifs de 100 francs.

Les membres ayant payé pendant vingt années consécutives la cotisation annuelle de 20 francs pourront racheter les cotisations à venir moyennant un seul versement de 100 francs.

Tout membre qui, pendant dix années consécutives, aura versé annuellement une somme de 10 francs en sus de la cotisation annuelle sera libéré de tout versement ultérieur. Ces versements supplémentaires seront portés au compte Capital.

La liste alphabétique des membres à vie est publiée en tête de chaque volume, immédiatement après la liste des membres fondateurs.

Les membres ayant racheté leurs cotisations pourront devenir membres fondateurs en versant une somme complémentaire de 300 francs.

ART. 3. — Dans les sessions générales, l'Association se répartit en dix-sept sections formant quatre groupes, conformément au tableau suivant :

1ᵉʳ GROUPE : *Sciences mathématiques.*

1. Section de mathématiques, astronomie et géodésie ;
2. Section de mécanique ;
3. Section de navigation ;
4. Section de génie civil et militaire.

2ᵉ GROUPE : *Sciences physiques et chimiques.*

5. Section de physique ;
6. Section de chimie ;
7. Section de météorologie et physique du globe.

3ᵉ GROUPE : *Sciences naturelles.*

8. Section de géologie et minéralogie ;
9. Section de botanique ;
10. Section de zoologie, anatomie et physiologie ;
11. Section d'anthropologie ;
12. Section des sciences médicales.

4ᵉ GROUPE : *Sciences économiques.*

13. Section d'agronomie ;
14. Section de géographie ;
15. Section d'économie politique et statistique ;
16. Section de pédagogie ;
17. Section d'hygiène et médecine publique.

Art. 4. — Tout membre de l'Association choisit, chaque année, la section à laquelle il désire appartenir. Il a le droit de prendre part aux travaux des autres sections avec voix consultative.

Art. 5. — Les personnes étrangères à l'Association, qui n'ont pas reçu d'invitation spéciale, sont admises aux séances et aux conférences d'une session, moyennant un droit d'admission fixé à 10 francs. Ces personnes peuvent communiquer des travaux aux sections, mais ne peuvent prendre part aux votes.

Art. 6. — Le Président sortant fait, de droit, partie du Bureau pendant les deux semestres suivants.

Art. 7. — Le Conseil d'administration prépare les modifications réglementaires que peut nécessiter l'exécution des Statuts, et les soumet à la décision de l'Assemblée générale.

Il prend les mesures nécessaires pour organiser les sessions, de concert avec les comités locaux qu'il désigne à cet effet. Il fixe la date de l'ouverture de chaque session. Il organise les conférences qui ont lieu à Paris pendant l'hiver.

Il nomme et révoque tous les employés et fixe leur traitement.

Art. 8. — Dans le cas de décès, d'incapacité ou de démission d'un ou de plusieurs membres du Bureau, le Conseil procède à leur remplacement.

La proposition de ce ou de ces remplacements est faite dans une séance convoquée spécialement à cet effet : la nomination a lieu dans une séance convoquée à sept jours d'intervalle.

Art. 9. — Le Conseil délibère à la majorité des membres présents. Les délibérations relatives au placement des fonds, à la vente ou à l'échange des valeurs et aux modifications statutaires ou réglementaires ne sont valables que lorsqu'elles ont été prises en présence du quart, au moins, des membres du Conseil dûment convoqués. Toutefois, si, après un premier avis, le nombre des membres présents était insuffisant, il serait fait une nouvelle convocation annonçant le motif de la réunion, et la délibération serait valable, quel que fût le nombre des membres présents.

TITRE II. — Attributions du Bureau et du Conseil d'administration.

Art. 10. — Le Bureau de l'Association est, en même temps, le Bureau du Conseil d'administration.

Art. 11. — Le Conseil se réunit au moins quatre fois dans l'intervalle de deux sessions. Une séance a lieu en novembre pour la nomination des Commissions permanentes; une autre séance a lieu pendant la quinzaine de Pâques.

Art. 12. — Le Conseil est convoqué toutes les fois que le Président le juge convenable. Il est convoqué extraordinairement lorsque cinq de ses membres en font la demande au Bureau, et la convocation doit indiquer alors le but de la réunion.

Art. 13. — Les Commissions permanentes sont composées des cinq membres du Bureau et d'un certain nombre de membres, élus par le Conseil dans sa séance de novembre. Elles restent en fonctions jusqu'à la fin de la session suivante de l'Association. Elles sont au nombre de cinq :

1° Commission de publication;
2° Commission des finances;
3° Commission d'organisation de la session suivante;
4° Commission des subventions;
5° Commission des conférences.

Art. 14. — La Commission de publication se compose du Bureau et de quatre membres élus, auxquels s'adjoint, pour les publications relatives à chaque section, le Président ou le Secrétaire, ou, en leur absence, un des délégués de la section.

Art. 15. — La Commission des finances se compose du Bureau et de quatre membres élus.

Art. 16. — La Commission d'organisation de la session se compose du Bureau et de quatre membres élus.

Art. 17. — La Commission des subventions se compose du Bureau, d'un délégué par section nommé par les membres de la section pendant la durée du Congrès et de deux délégués de l'Association nommés par le Conseil.

Art. 18. — La Commission des conférences se compose du Bureau et de huit membres élus par le Conseil.

Art. 19. — Le Conseil peut, en outre, désigner des Commissions spéciales pour des objets déterminés.

Art. 20. — Pendant la durée de la session annuelle, le Conseil tient ses séances dans la ville où a lieu la session.

TITRE III. — Du Secrétaire du Conseil.

Art. 21. — Le Secrétaire du Conseil reçoit des appointements annuels dont le chiffre est fixé par le Conseil.

Art. 22. — Lorsque la place de Secrétaire du Conseil devient vacante, il est procédé à la nomination d'un nouveau Secrétaire, dans une séance précédée d'une convocation spéciale qui doit être faite quinze jours à l'avance.

La nomination est faite à la majorité absolue des votants. Elle n'est valable que lorsqu'elle est faite par un nombre de voix égal au tiers, au moins, du nombre des membres du Conseil.

Art. 23. — Le Secrétaire du Conseil ne peut être révoqué qu'à la majorité absolue des membres présents, et par un nombre de voix égal au tiers, au moins, du nombre des membres du Conseil.

Art. 24. — Le Secrétaire du Conseil rédige et fait transcrire, sur deux registres distincts, les procès-verbaux des séances du Conseil et ceux des Assemblées générales. Il siège dans toutes les Commissions permanentes, avec voix consultative. Il peut faire partie des autres Commissions. Il a voix consultative dans les discussions du Conseil. Il exécute, sous la direction du Bureau, les décisions du Conseil. Les employés de l'Association sont placés sous ses ordres. Il correspond avec les membres de l'Association, avec les présidents et secrétaires des Comités locaux et avec les secrétaires des sections. Il fait partie de la Commission de publication et la convoque. Il dirige la publication du volume et donne les bons à tirer. Pendant la durée des sessions, il veille à la distribution des cartes, à la publication des programmes et assure l'exécution des mesures prises par le Comité local concernant les excursions.

TITRE IV. — Des Assemblées générales.

Art. 25. — Il se tient chaque année, pendant la durée de la session, au moins une Assemblée générale.

Art. 26. — Le Bureau de l'Association est, en même temps, le Bureau de l'Assemblée générale. Dans les Assemblées générales qui ont lieu pendant la session, le Bureau du Comité local est adjoint au Bureau de l'Association.

Art. 27. — L'Assemblée générale, dans une séance qui clôt définitivement la session, élit, au scrutin secret et à la majorité absolue, le Vice-Président et le Vice-Secrétaire de l'Association pour l'année suivante, ainsi que le Trésorier, s'il y a lieu ; dans le cas où, pour l'une ou l'autre de ces fonctions, la liste de présentation ne comprendrait qu'un nom, la nomination pourra être faite par un vote à main levée, si l'Assemblée en décide ainsi. Elle nomme, sur la proposition des sections, les membres qui doivent représenter chaque section dans le Conseil d'administration. Elle désigne enfin, une ou deux années à l'avance, les villes où doivent se tenir les sessions futures.

Art. 28. — L'Assemblée générale peut être convoquée, extraordinairement, par une décision du Conseil.

Art. 29. — Les propositions tendant à modifier les Statuts, ou le titre Ier du règlement, conformément à l'article 31 des Statuts, sont présentées à l'Assemblée générale par le rapporteur du Conseil et ne sont mises aux voix que dans la session suivante. Dans l'intervalle des deux sessions, le rapport est imprimé et distribué à tous les membres. Les propositions sont, en outre, rappelées dans les convocations adressées à tous les membres. Le vote a lieu sans discussion, par *oui* ou par *non*, à la majorité des deux tiers des voix, s'il s'agit d'une modification au Règlement. Lorsque vingt membres en font la demande par écrit, le vote a lieu au scrutin secret..

TITRE V. — De l'organisation des Sessions annuelles et du Comité local.

Art. 30. — La Commission d'organisation, constituée comme il est dit à l'article 16, se met en rapport avec les membres fondateurs appartenant à la ville où doit se ténir la prochaine session. Elle désigne, sur leurs indications, un certain nombre de membres qui constituent le Comité local.

Art. 31. — Le Comité local nomme son Président, son Vice-Président et son Secrétaire. Il s'adjoint les membres dont le concours lui paraît utile, sauf approbation par la Commission d'organisation.

Art. 32. — Le Comité local a pour attribution de venir en aide à la Commission d'organisation, en faisant des propositions relatives à la session et en assurant l'exécution des mesures locales qui ont été approuvées ou indiquées par la Commission.

Art. 33. — Il est chargé de s'assurer des locaux et de l'installation nécessaires pour les diverses séances ou conférences; ses décisions, toutefois, ne deviennent définitives qu'après avoir été acceptées par la Commission. Il propose les sujets qu'il serait important de traiter dans les conférences, et les personnes qui pourraient en être chargées. Il indique les excursions qui seraient propres à intéresser les membres du Congrès et prépare celles de ces excursions qui sont acceptées par la Commission. Il se met en rapport, lorsqu'il le juge utile, avec les Sociétés savantes et les autorités des villes ou localités où ont lieu les excursions.

Art. 34. — Le Comité local est invité à préparer une série de courtes notices sur la ville où se tient la session, sur les monuments, sur les établissements industriels, les curiosités naturelles, etc., de la région. Ces notices sont distribuées aux membres de l'Association et aux invités assistant au Congrès.

Art. 35. — Le Comité local s'occupe de la publicité nécessaire à la réussite du Congrès, soit à l'aide d'articles de journaux, soit par des envois de programmes, etc., dans la région où a lieu la session.

Art. 36. — Il fait parvenir à la Commission d'organisation la liste des savants français et étrangers qu'il désirerait voir inviter.

Le Président de l'Association n'adresse les invitations qu'après que cette liste a été reçue et examinée par la Commission.

Art. 37. — Le Comité local indique, en outre, parmi les personnes de la ville ou du département, celles qu'il conviendrait d'admettre gratuitement à participer aux travaux scientifiques de la session.

Art. 38. — Depuis sa constitution jusqu'à l'ouverture de la session, le Comité local fait parvenir deux fois par mois, au Secrétaire du Conseil de l'Association, des renseignements sur ses travaux, la liste des membres nouveaux, avec l'état des payements, la liste des communications scientifiques qui sont annoncées, etc.

Art. 39. — La Commission d'organisation publie et distribue, de temps à autre, aux membres de l'Association, les communications et avis divers qui se rapportent à la prochaine session. Elle s'occupe de la publicité générale et des arrangements à prendre avec les Compagnies de chemins de fer.

TITRE VI. — De la tenue des Sessions.

Art. 40. — Pendant toute la durée de la session, le Secrétariat est ouvert chaque matin pour la distribution des cartes. La présentation des cartes est exgible à l'entrée des séances.

Art. 41. — Tout membre, en retirant sa carte, doit indiquer la section à laquelle il désire appartenir, ainsi qu'il est dit à l'article 4.

Art. 42. — Le Conseil se réunit dans la matinée du jour où a lieu l'ouverture de la session; il se réunit pendant la durée de la session autant de fois qu'il le juge convenable. Il tient une dernière réunion, pour arrêter une liste de présentation relative aux élections du Bureau de l'Association, vingt-quatre heures au moins avant la réunion de l'Assemblée générale.

Le Président et l'un des Secrétaires du Comité local assistent, pendant la session, aux séances du Conseil, avec voix consultative.

Art. 43. — Les candidatures pour les élections du Bureau doivent être communiquées au Conseil, présentées par dix membres au moins de l'Association, trois jours avant l'Assemblée générale.

Le Conseil arrête la liste des présentations qu'il a reconnues régulières vingt-quatre heures au moins avant l'Assemblée générale. Cette liste de candidature, dressée par ordre alphabétique, sera affichée dans la salle de réunion.

Art. 44. — La session est ouverte par une séance générale, dont l'ordre du jour comprend :

1° Le discours du Président de l'Association et des autorités de la ville et du département;

2° Le compte rendu annuel du Secrétaire général de l'Association;

3° Le rapport du Trésorier sur la situation financière.

Aucune discussion ne peut avoir lieu dans cette séance.

A la fin de la séance, le Président indique l'heure où les membres se réuniront dans les sections.

Art. 45. — Chaque section élit, pendant la durée d'une session, son Président pour la session suivante : le Président doit être choisi parmi les membres de l'Association.

Art. 46. — Chaque section, dans sa première séance, procède à l'élection de son Vice-Président et de son Secrétaire, toujours choisis parmi ses membres. Elle peut nommer, en outre, un second Secrétaire, si elle le juge convenable. Elle procède, aussitôt après, à ses travaux scientifiques.

Art. 47. — Les Présidents de sections se réunissent, dans la matinée du second jour, pour fixer les jours et les heures des séances de leurs sections respectives, et pour répartir ces séances de la manière la plus favorable. Ils décident, s'il y a lieu, la fusion de certaines sections voisines.

Les Présidents de deux ou plusieurs sections peuvent organiser, en outre, des séances collectives.

Une section peut tenir, aux heures qui lui conviennent, des séances supplémentaires, à la condition de choisir des heures qui ne soient pas occupées par les excursions générales.

Art. 48. — Pendant la durée de la session, il ne peut être consacré qu'un seul jour, non compris le dimanche, aux excursions générales. Il ne peut être tenu de séances de sections, ni de conférences, et il ne peut y avoir d'excursions officielles spéciales, pendant les heures consacrées à une excursion générale.

Art. 49. — Il peut être organisé une ou plusieurs excursions générales, ou spéciales, pendant les jours qui suivent la clôture de la session.

Art. 50. — Les sections ont toute liberté pour organiser les excursions particulières qui intéressent spécialement leurs membres.

Art. 51. — Une liste des membres de l'Association présents au Congrès paraît le lendemain du jour de l'ouverture, par les soins du Bureau. Des listes complémentaires paraissent les jours suivants, s'il y a lieu.

Art. 52. — Il paraît chaque matin un Bulletin indiquant le programme de la journée, les ordres du jour des diverses séances et les travaux des sections de la journée précédente.

Art. 53. — La Commission d'organisation peut instituer une ou plusieurs séances générales.

Art. 54. — Il ne peut y avoir de discussions en séance générale. Dans le cas où un membre croirait devoir présenter des observations sur un sujet traité dans une séance générale, il devra en prévenir par écrit le Président, qui désignera l'une des prochaines séances de sections pour la discussion.

Art. 55. — A la fin de chaque séance de section, et sur la proposition du Président, la section fixe l'ordre du jour de la prochaine séance, ainsi que l'heure de la réunion.

Art. 56. — Lorsque l'ordre du jour est chargé, le Président peut n'accorder la parole que pour un temps déterminé qui ne peut être moindre que dix minutes. A l'expiration de ce temps, la section est consultée pour savoir si la parole est maintenue à l'orateur; dans le cas où il est décidé qu'on passera à l'ordre du jour, l'orateur est prié de donner brièvement ses conclusions.

Art. 57. — Les membres qui ont présenté des travaux au Congrès sont priés de remettre au Secrétaire de leur section leur manuscrit, ou un résumé de leur travail; ils sont également priés de fournir une note indicative de la part qu'ils ont prise aux discussions qui se sont produites.

Lorsqu'un travail comportera des figures ou des planches, mention devra en être faite sur le titre du mémoire.

Art. 58. — A la fin de chaque séance, les Secrétaires de sections remettent au Secrétariat :

1° L'indication des titres des travaux de la séance;
2° L'ordre du jour, la date et l'heure de la séance suivante.

Art. 59. — Les Secrétaires de sections sont chargés de prévenir les orateurs désignés pour prendre la parole dans chacune des séances.

Art. 60. — Les Secrétaires de sections doivent rédiger un procès-verbal des séances. Ce procès-verbal doit donner, d'une manière sommaire, le résumé des travaux présentés et des discussions; il doit être remis au Secrétariat aussitôt que possible, et au plus tard un mois après la clôture de la session.

Art. 61. — Les Secrétaires de sections remettent au Secrétaire du Conseil, avec leurs procès-verbaux, les manuscrits qui auraient été fournis par leurs auteurs, avec une liste indicative des manuscrits manquants.

Art. 62. — Les indications relatives aux excursions sont fournies aux membres le plus tôt possible. Les membres qui veulent participer aux excursions sont priés de se faire inscrire à l'avance, afin que l'on puisse prendre des mesures d'après le nombre des assistants.

Art. 63. — Les conférences générales n'ont lieu que le soir, et sous le contrôle d'un président et de deux assesseurs désignés par le Bureau.

Il ne peut être fait plus de deux conférences générales pendant la durée d'une session.

Art. 64. — Les vœux exprimés par les sections doivent être remis pendant la session au Conseil d'administration, qui seul a qualité pour les présenter au vote de l'Assemblée générale.

Art. 65. — Avant l'Assemblée générale de clôture, le Conseil décide quels sont les vœux qui devront être soumis à l'acceptation de l'Assemblée générale et qui, après avoir été acceptés, recevant le nom de *Vœux de l'Association française*, seront transmis sous ce nom aux pouvoirs publics.

Il décide également quels vœux seront insérés aux comptes rendus sous le nom de : *Vœux de la ...^e section* et quels sont ceux dont le texte ne figurera pas aux comptes rendus.

Il sera procédé, en Assemblée générale, au vote sur les vœux qui sont présentés par le Conseil comme vœux de l'Association.

Il sera ensuite donné lecture des vœux que le Conseil a réservés comme vœux de Section.

Dans le cas où dix membres au moins demanderaient qu'un vœu de cette espèce fût transformé en vœu de l'Association, ce vœu pourra être renvoyé, par un vote de l'Assemblée, à l'Assemblée générale suivante. Avant la réunion de celle-ci, cette proposition sera étudiée par une Commission de cinq membres qui aura à faire un rapport qui sera imprimé et distribué à tous les membres de l'Association. Cette Commission comprendra deux membres de la Section ou des Sections qui ont présenté le vœu, et trois membres pris en dehors de celle-ci. Les premiers seront désignés par le bureau de la Section (ou par les bureaux des Sections) ayant émis le vœu, qui devront les faire connaître au plus tard lors de la séance du Conseil qui suivra l'Assemblée générale, et, à défaut par le bureau de l'Association ; les trois autres membres seront nommés par le bureau.

TITRE VII. — Des Comptes rendus.

Art. 66. — L'Association publie chaque année : 1° le texte ou l'analyse des conférences faites à Paris pendant l'hiver ; 2° le compte rendu de la session ; 3° le texte des notes et mémoires dont l'impression dans le compte rendu a été décidée par le Conseil d'administration.

Art. 67. — Les comptes rendus doivent être publiés dix mois au plus tard après la session à laquelle ils se rapportent.

La distribution des comptes rendus est annoncée à tous les membres de l'Association par une circulaire qui indique à partir de quelle date ils peuvent être retirés au Secrétariat.

Les comptes rendus sont expédiés aux invités de l'Association.

Art. 68. — Sur leur demande, faite avant le 1er octobre de chaque année, les membres recevront les comptes rendus de l'Association par fascicules expédiés semi-mensuellement.

Art. 69. — Les membres qui n'auraient pas remis au Secrétaire de leur section, pendant la session, le résumé sommaire de leur communication devront le faire parvenir au Secrétariat au plus tard quatre semaines après la clôture de la session. Passé cette époque, le titre seul du travail figurera au procès-verbal, sauf décision spéciale du Conseil d'administration.

Art. 70. — L'étendue des résumés sommaires ne devra pas dépasser une demi-page d'impression (2000 lettres) pour une même question.

Art. 71. — Les notes et mémoires dont l'impression *in extenso* est demandée par les auteurs devront être remis au Secrétaire de la section pendant la session ou être expédiés directement au Secrétariat deux mois au plus tard après la clôture de la session. Les planches ou dessins accompagnant un mémoire devront être joints à celui-ci.

Art. 72. — Dix pages, au maximum, peuvent être accordées à un auteur pour une même question ; toutefois la Commission de publication pourra proposer au Conseil d'administration de fixer exceptionnellement une étendue plus considérable.

Art. 73. — Le Conseil d'administration, sur la proposition de la Commission de publication, pourra décider la publication en dehors des comptes rendus de travaux spéciaux que leur étendue ne permettrait pas de faire paraître dans ces comptes rendus. Ces travaux seront mis à la disposition des membres qui en auront fait la demande en temps utile.

Art. 74. — L'insertion du résumé sommaire destiné au procès-verbal est de droit pour toute communication faite en session, à moins que cette communication ne rentre pas dans l'ordre des travaux de l'Association.

Art. 75. — La Commission de publication a tous pouvoirs pour décider de l'impression *in extenso* d'un travail présenté à une session. Elle peut également demander aux auteurs des réductions dont elle fixe l'importance ; si le travail réduit ne parvient pas au Secrétariat dans les délais indiqués, l'impression ne pourra avoir lieu.

Aucun travail publié en France avant l'époque du Congrès ne pourra être reproduit dans les comptes rendus. Le titre et l'indication bibliographique figureront seuls dans le procès-verbal.

Art. 76. — Les discussions insérées dans les comptes rendus sont extraites textuellement des procès-verbaux des Secrétaires de sections. Les notes fournies par les auteurs, pour faciliter la rédaction des procès-verbaux, devront être remises dans les vingt-quatre heures.

Art. 77. — La Commission de publication décide quelles seront les planches qui seront jointes au compte rendu et s'entend, à cet effet, avec la Commission des finances.

Art. 78. — Les épreuves seront communiquées aux auteurs en placards seulement ; une semaine est accordée pour la correction. Si l'épreuve n'est pas renvoyée à l'expiration de ce délai, les corrections sont faites par les soins du Secrétariat.

Art. 79. — Dans le cas où les frais de corrections et changements indiqués par un auteur dépasseraient la somme de 15 francs par feuille, l'excédent, calculé proportionnellement, serait porté à son compte.

Art. 80. — Les membres pourront faire exécuter un tirage à part de leurs communications avec pagination spéciale, au prix convenu avec l'imprimeur par le Conseil d'administration. Ces tirages à part sont imprimés sur un type absolument uniforme.

Art. 81. — Les auteurs qui n'ont pas demandé de tirage à part et dont les communications ont une étendue qui dépasse une demi-feuille d'impression recevront quinze exemplaires de leur travail, extraits des feuilles qui ont servi à la composition du volume.

Art. 82. — Les auteurs des communications présentées à une session ont d'ailleurs le droit de publier à part ces communications à leur gré : ils sont seulement priés d'indiquer que ces travaux ont été présentés au Congrès de l'Association française.

LISTE DES BIENFAITEURS

DE L'ASSOCIATION FRANÇAISE POUR L'AVANCEMENT DES SCIENCES

MM. EICHTHAL (Adolphe d'), Président du Conseil d'administration des chemins de fer
    du Midi, à Paris.
KUHLMANN (Frédéric), Chimiste, Correspondant de l'Institut, à Lille.
BRUNET (Benjamin), ancien Négociant à la Pointe-à-Pitre, à Paris.
ROSIERS (des), Propriétaire, à Paris.
PERDRIGEON, Agent de change, à Paris.
BISCHOFFSHEIM (Raphaël-Louis), Membre de l'Institut, à Paris.
UN ANONYME.
SIEBERT, à Paris.
LA COMPAGNIE GÉNÉRALE TRANSATLANTIQUE, à Paris.
G. MASSON, Libraire de l'Académie de médecine, à Paris.
PEREIRE (Émile), à Paris.
OLLIER, Professeur à la Faculté de médecine de Lyon, Correspondant de l'Institut.
GIRARD, Directeur de la Manufacture des tabacs de Lyon.
BROSSARD (Louis-Cyrille), à Étampes.
LOMPECH (Denis), à Miramont.
DELEHAYE (J.), à Paris.
POCHARD (Mme V^e), à Paris.
LEGROUX (Adrien), à Orléans.
VILLE DE PARIS.
VILLE DE MONTPELLIER.

LISTE DES MEMBRES

DE

L'ASSOCIATION FRANÇAISE POUR L'AVANCEMENT DES SCIENCES

FUSIONNÉE AVEC

L'ASSOCIATION SCIENTIFIQUE DE FRANCE

(MEMBRES FONDATEURS ET MEMBRES A VIE)

MEMBRES FONDATEURS

PARTS

ABBADIE (Antoine D'), Membre de l'Institut et du Bureau des Longitudes, 120, rue du Bac. — Paris 4

ALBERTI, Banquier *(Décédé)*. 1

ALMEIDA (D'), Inspecteur général de l'Instruction publique *(Décédé)*. 1

AMBOIX DE LARBONT (Henri D'), Colonel du 15⁴ régiment d'Infanterie. — Carcassonne (Aude) 1

ANDOUILLÉ (Edmond), sous-Gouverneur honoraire de la *Banque de France (Décédé)*. 2

ANDRÉ (Alfred), Régent de la *Banque de France*, Administrateur de la *Compagnie des Chemins de fer de Paris à Lyon et à la Méditerranée*, ancien Député, 49, rue La Boëtie. — Paris. 2

ANDRÉ (Édouard), ancien Député, 158, boulevard Haussmann. — Paris 1

ANDRÉ (Frédéric), Ingénieur en chef des Ponts et Chaussées *(Décédé)*. 1

AUBERT (Charles), Licencié en droit, Avoué plaidant. — Rocroi (Ardennes). 1

AUDIBERT, Directeur de la *Compagnie des Chemins de fer de Paris à Lyon et à la Méditerranée (Décédé)*. 2

AYNARD (Édouard), Banquier, Président de la Chambre de commerce, Député du Rhône, 11, place de la Charité. — Lyon (Rhône) 1

AZAM, Professeur honoraire à la Faculté de Médecine, 14, rue Vital-Carles. — Bordeaux (Gironde). 1

BAILLE (J.-B.-Alexandre), Répétiteur à l'École Polytechnique, 26, rue Oberkampf. — Paris 1

BAILLIÈRE (Germer), ancien Libraire-Éditeur, ancien Membre du Conseil municipal, 10, rue de l'Éperon. — Paris 1

BAILLON (H.), Professeur à la Faculté de Médecine, 12, rue Cuvier. — Paris. 1

BALARD, Membre de l'Institut *(Décédé)* 1

BALASCHOFF (Pierre DE), Rentier, 6, rue Ampère. — Paris. 1

BAMBERGER (Henri), Banquier, 14, rond-point des Champs-Élysées. — Paris. 1

BAPTEROSSES (F.), Manufacturier. — Briare (Loiret). 1

BARBIER-DELAYENS (Victor), Propriétaire, 5, rue Papacin. — Nice (Alpes-Maritimes). 1

BARBOUX (Henri), Avocat à la Cour d'Appel, ancien Bâtonnier du Conseil de l'ordre, 10, quai de la Mégisserie. — Paris. 1

BARTHOLONI (Fernand), ancien Président du Conseil d'administration de la *Compagnie des Chemins de fer d'Orléans*, 12, rue La Rochefoucauld. — Paris 1

BAUDOIN (Noël), Ingénieur civil, 51, rue Lemercier. — Paris. 1

BÉCHAMP (Antoine), ancien Professeur de la Faculté de Médecine de Montpellier, Correspondant de l'Académie de Médecine, 19, rue Jeanne-Hachette. — Le Havre (Seine-Inférieure). 1

BECKER (Mᵐᵉ Vᵉ), 260, boulevard Saint-Germain. — Paris 1

b

DEMARQUAY, Membre de l'Académie de Médecine *(Décédé)*. 1
DEMONGEOT, Ingénieur des Mines, Maître des requêtes au Conseil d'Etat *(Décédé)*. . . 1
DHOTEL, Adjoint au maire du II* arrondissement *(Décédé)* 1
D' DIDAY (P.), Associé national de l'Académie de Médecine, ancien Chirurgien en chef de
   l'Antiquaille, Secrétaire général de la *Société de Médecine*, 71, rue de la République.
   — Lyon (Rhône) 1
DOLLFUS (M** Auguste), 53, rue de la Côte. — Le Havre (Seine-Inférieure) 1
DOLLFUS (Auguste) *(Décédé)*. 1
DORVAULT, Directeur de la *Pharmacie centrale de France (Décédé)*. 1
DRAKE DEL CASTILLO (Emmanuel), 2, rue Balzac. — Paris. 1
DUMAS (Jean-Baptiste), Secrétaire perpétuel de l'Académie des Sciences, Membre de
   l'Académie française *(Décédé)* 1
DUPOUY (E.), Sénateur, Président du Conseil général de la Gironde, 109, rue Croix-de-
   Seguey. — Bordeaux (Gironde) 1
DUPUY DE LÔME, Membre de l'Institut, Sénateur *(Décédé)*. 1
DUPUY (Paul), Professeur à la Faculté de Médecine, 8, allées de Tourny. — Bordeaux
   (Gironde) 2
DUPUY (Léon), Professeur au Lycée, 43, cours du Jardin-Public. — Bordeaux (Gironde). 1
DURAND-BILLION, ancien Architecte *(Décédé)* 1
DUVERGIER, Président de la *Société Industrielle de Lyon (Décédé)* 1
ÉCOLE MONGE (le Conseil d'administration de l'), 145, boulevard Malesherbes.
   — Paris. 1
EICHTHAL (le Baron Adolphe D'), Président honoraire du Conseil d'administration de
   la *Compagnie des Chemins de fer du Midi*, 42, rue des Mathurins. — Paris . . . 10
ENGEL (Michel), Relieur, 91, rue du Cherche-Midi. — Paris. 1
ERHARDT-SCHIEBLE, Graveur *(Décédé)*. 1
ESPAGNY (le Comte D'), Trésorier-payeur général du Rhône *(Décédé)* 1
FAURE (Lucien), Président de la Chambre de Commerce de Bordeaux *(Décédé)*. . . . 1
FRÉMY (M** Edmond) *(Décédée)* 1
FRÉMY (Edmond), Membre de l'Institut, Directeur et Professeur honoraire du Muséum
   d'histoire naturelle, 33, rue Cuvier. — Paris. 1
FRIÉDEL (M** Charles) (née Combes), 9, rue Michelet. — Paris. 1
FRIEDEL (Charles), Membre de l'Institut, Professeur à la Faculté des Sciences, 9, rue
   Michelet. — Paris 1
FROSSARD (Charles, Louis), vice-Président de la *Société Ramond*, 14, rue Ballu. — Paris. 1
D' FUMOUZE (Armand), Pharmacien de 1re classe, 78, rue du Faubourg-Saint-Denis.
   — Paris 1
GALANTE (Émile), Fabricant d'instruments de chirurgie, 2, rue de l'École-de-Méde-
   cine. — Paris 1
GALLINE (P.), Banquier, Président de la Chambre de Commerce *(Décédé)*. 1
GARIEL (C.-M.), Professeur à la Faculté de Médecine, Membre de l'Académie de Mé-
   decine, Ingénieur en chef, Professeur à l'École nationale des Ponts et Chaussées,
   39, rue Jouffroy. — Paris. 1
GAUDRY (Albert), Membre de l'Institut, Professeur au Muséum d'histoire naturelle,
   7 *bis*, rue des Saints-Pères. — Paris. 1
GAUTHIER-VILLARS (Albert), Imprimeur-Éditeur, ancien Élève de l'École Polytechnique,
   55, quai des Grands-Augustins. — Paris 1
GEOFFROY-SAINT-HILAIRE (Albert), ancien Directeur du Jardin zoologique d'acclimatation,
   Président de la *Société nationale d'acclimatation de France*, 13, rue de Mézières.
   — Paris. 1
GERMAIN (Henri), Membre de l'Institut, Député de l'Ain, Président du Conseil d'ad-
   ministration du *Crédit Lyonnais*, 89, rue du Faubourg-Saint-Honoré. — Paris . . 1
GERMAIN (Philippe), 33, place Bellecour. — Lyon (Rhône). 1
GILLET (fils aîné), Teinturier, 9, quai de Serin. — Lyon (Rhône) 1
D' GINTRAC (père), Correspondant de l'Institut *(Décédé)* 1
GIRARD (Aimé), Professeur au Conservatoire national des Arts et Métiers et à l'Institut
   national agronomique, 44, boulevard Henri IV. — Paris 1
GIRARD (Charles), Chef du laboratoire municipal de la Préfecture de Police, 7, rue
   du Bellay. — Paris 1
GOLDSCHMIDT (Frédéric), Rentier, 33, rue de Lisbonne. — Paris 1
GOLDSCHMIDT (Léopold), Banquier, 10, rue Murillo. — Paris. 1
GOLDSCHMIDT (S., H.), 6, rond-point des Champs-Élysées. — Paris 1

LÈQUES (Henri, François), Ingénieur géographe, Membre de la *Société de Géographie.*
— Nouméa (Nouvelle-Calédonie). 1

LESSEPS (le Comte Ferdinand DE), Membre de l'Académie française et de l'Académie
des Sciences, Président-fondateur de la *Compagnie universelle du Canal maritime
de l'Isthme de Suez*, 11, avenue Montaigne. — Paris. 1

Dr LEUDET, Correspondant de l'Académie des Sciences, Membre associé national de
l'Académie de Médecine, Directeur de l'École de Médecine de Rouen *(Décédé).* . . 1

LEVALLOIS (J.), Inspecteur général des Mines en retraite *(Décédé).* 1

LE VERRIER (U., J.), Membre de l'Institut, Directeur de l'Observatoire national, Fondateur et Président de l'*Association scientifique de France (Décédé).* 1

LÉVY-CRÉMIEUX, Banquier *(Décédé).* 1

LOCHE (Maurice), Ingénieur en chef des Ponts et Chaussées, 24, rue d'Offémont. — Paris. 1

LORTET (P.), Doyen de la Faculté de Médecine, Directeur du Muséum des sciences naturelles, 15, quai de l'Est. — Lyon (Rhône). 1

LUGOL (Édouard), Avocat, 11, rue de Téhéran. — Paris. 1

LUTSCHER (A.), Banquier, 22, place Malesherbes. — Paris. 2

LUZE (DE) (père), Négociant *(Décédé).* 1

Dr MAGITOT (Émile), Membre de l'Académie de Médecine, 9, boulevard Malesherbes.
— Paris. 1

MANGINI (Lucien), Ingénieur civil, ancien Sénateur, château de Fenoyl. — Les Halles
par Sainte-Foy-l'Argentière (Rhône). 1

MANNBERGER, Banquier *(Décédé).* 1

MANNHEIM (le Colonel Amédée), Professeur à l'École Polytechnique, 11, rue de la
Pompe. — Paris. 1

MANSY (Eugène), Négociant, 24, rue Barrallerie. — Montpellier (Hérault) 1

MARÈS (Henri), Correspondant de l'Institut, Ingénieur des Arts et Manufactures, 3, place
Castries. — Montpellier (Hérault). 1

MARTINET (Émile), ancien Imprimeur, 4, rue Alfred-de-Vigny. — Paris 1

MARVEILLE DE CALVIAC (Jules DE), château de Calviac. — Lasalle (Gard) 1

MASSON (Georges), Libraire de l'Académie de Médecine, 120, boulevard Saint-Germain. — Paris. 1

M. E. (anonyme) *(Décédé)* 1

MÉNIER, Membre de la Chambre de Commerce de Paris, Député de Seine-et-Marne
(Décédé). 10

MERLE (Henri) *(Décédé)* 1

MERZ (John, Théodore), Docteur en Philosophie, the Quarries. — Newcastle-on-Tyne
(Angleterre) 1

MEYNARD (J., J.), Ingénieur en chef des Ponts et Chaussées en retraite *(Décédé).* . . . 1

MILNE-EDWARDS (H.), Membre de l'Institut, Doyen de la Faculté des Sciences de Paris,
Président de l'*Association scientifique de France (Décédé)* 1

MIRABAUD (Robert), Banquier, 29, rue Taitbout. — Paris 1

Dr MONOD (Charles), Agrégé à la Faculté de Médecine, Chirurgien des Hôpitaux, 12, rue
Cambacérès. — Paris 1

MONY (C.), ancien Ingénieur du *Chemin de fer de Saint-Germain*, Directeur des houillères de Commentry *(Décédé)* 1

MOREL D'ARLEUX (Charles), Notaire, 13, avenue de l'Opéra. — Paris 1

Dr NÉLATON, Membre de l'Institut *(Décédé)* 1

NOTTIN (Lucien), 4, quai des Célestins. — Paris 1

OLLIER (Léopold), Correspondant de l'Institut, Professeur à la Faculté de Médecine, Associé national de l'Académie de Médecine, ancien Chirurgien titulaire de l'Hôtel-
Dieu, 3, quai de la Charité. — Lyon (Rhône) 1

OPPENHEIM (frères), Banquiers *(Décédés).* 2

PARMENTIER (le Général Théodore), 5, rue du Cirque. — Paris 1

PARRAN (Alphonse), Ingénieur en chef des Mines en retraite, Directeur de la *Compagnie
des minerais de fer magnétique de Mokta-el-Hadid*, 26, avenue de l'Opéra. — Paris . 1

PARROT, Professeur à la Faculté de Médecine, Membre de l'Académie de Médecine
(Décédé). 1

PASTEUR (Louis), Membre de l'Académie française, de l'Académie des Sciences et
de l'Académie de Médecine, 25, rue Dutot. — Paris 1

PENNÈS (J., A.), ancien Fabricant de produits chimiques et hygiéniques, 31, boulevard
de Port-Royal. — Paris. 1

PERDRIGEON DU VERNIER (J.), ancien Agent de change. — Chantilly (Oise). 1

PERROT (Adolphe), Docteur ès sciences, ancien Préparateur de Chimie à la Faculté de
Médecine de Paris *(Décédé).* 2

MEMBRES A VIE

Abbe (Cleveland), Météor. Weather-Bureau, department of Agriculture. — Washington-City (Etats-Unis d'Amérique).

Aduy (Eugène), Prop., Sec. de la Ch. de com., 27, quai Vauban. — Perpignan (Pyrénées-Orientales).

Albertin (Michel), Pharm. de 1re cl., Dir. de la Comp. des Eaux min. et Maire de Saint-Alban, rue de l'Entrepôt. — Roanne (Loire).

Allard (Hubert), Pharm. de 1re cl., Prop.— Neuvy par Moulins (Allier).

Amadon (Désiré), Conduct. des P. et Ch., 94, rue Pierre-Corneille. — Lyon (Rhône).

Angot (Alfred), Doct. ès sc., Météorol., tit., au Bureau cent. météor. de France, 12, avenue de l'Alma. — Paris.

Appert (Aristide), anc. Indust., 58, rue Ampère. — Paris.

Arloing (Saturnin), Corresp. de l'Inst. et de l'Acad. de Méd., Prof. à la Fac. de Méd., Dir. de l'Ec. nat. vétér., 2, quai Pierre-Scize. — Lyon (Rhône).

ARNOUX (Louis, Gabriel), anc. Of. de marine. — Les Mées (Basses-Alpes).

ARNOUX (René), anc. Ing. des ateliers Bréguet, Ing.-Conseil de la *Comp. continentale Edison*, 16, rue de Berlin. — Paris.

ARVENGAS (Albert), Lic. en droit, 1, rue Raimond-Lafage. — Lisle-d'Albi (Tarn).

ASSOCIATION POUR L'ENSEIGNEMENT DES SCIENCES ANTHROPOLOGIQUES (École d'anthropologie), 15, rue de l'École-de-Médecine. — Paris.

AUBAN-MOËT, Nég. en vins de Champagne. — Épernay (Marne).

BABINET (André), Ing. des P. et Ch., 5, rue Washington. — Paris.

BAILLE (Mme J.-B., Alexandre), 26, rue Oberkampf. — Paris.

BARABANT (Roger), Ing. en chef des P. et Ch., Dir. de la *Comp. des Chem. de fer de l'Est*, 16, rue La Rochefoucauld. — Paris.

BARDIN (Mlle), 2, rue du Luminaire. — Montmorency (Seine-et-Oise).

BARGEAUD (Paul), Percept. — Royan-les-Bains (Charente-Inférieure).

BARILLIER-BEAUPRÉ (Alphonse), Juge de paix, Grande-Rue. — Champdeniers (Deux-Sèvres).

BARON (Henri), Dir. hon. de l'Admin. des Postes et Télég., 64, rue Madame. — Paris.

BARON (Jean), anc. Ing. des Construc. nav., Ing. en chef aux *Chantiers de la Gironde*, 50, rue du Tondu. — Bordeaux (Gironde).

Dr BARROIS (Charles), Prof. à la Fac. des Sc., 37, rue Pascal. — Lille (Nord).

Dr BARROIS (Jules), Doct. ès sc., Zool, villa de Surville, Cap Brun. — Toulon (Var).

BARTAUMIEUX (Charles), Archit., Expert à la Cour d'Ap., Mem. de la *Soc. cent. des Archit. franç.*, 66, rue La Boëtie. — Paris.

BASTIDE (Scévola), Prop.-vitic., Mem. de la Ch. de Com., 1, rue Maguelonne., — Montpellier (Hérault).

BAUDREUIL (Charles DE), 29, rue Bonaparte. — Paris.

BAUDREUIL (Émile DE), anc. Cap. d'artil., anc. Élève de l'Éc. Polytech., 9, rue du Cherche-Midi. — Paris.

BAYE (le Baron Joseph de), Mem. de la *Soc. des Antiquaires de France*, Corresp. du Min. de l'Instruc. pub., 58, avenue de la Grande-Armée. — Paris et château de Baye (Marne).

BAYSSELLANCE (Adrien), Ing. des Construc. nav. en retraite, Présid. de la rég. Sud-Ouest du *Club Alpin français*, anc. Maire, 84, rue Saint-Genès. — Bordeaux (Gironde).

BELLON (Paul). — Écully (Rhône).

BERGERON (Jules), Doct. ès sc., Ing. des Arts et Man., s.-Dir. du Lab. de Géol. de la Fac. des Sc., 157, boulevard Haussmann. — Paris.

Dr BERGERON (Jules), Sec. perp. de l'Acad. de Méd., 157, boulevard Haussmann. — Paris.

BERTHELOT (Eugène), Sec. perp. de l'Acad. des Sc., anc. Min. de l'Instruc. pub., Mem. de l'Acad. de Méd., Prof. au Col. de France, Sénateur, 3, rue Mazarine (Palais de l'Institut). — Paris.

BERTIN (Louis), Ing. en chef des P. et Ch. en retraite, 6, rue Mogador. — Paris.

BERTRAND (Joseph), Sec. perp. de l'Acad. des Sc., Mem. de l'Acad. franç., Prof. au Col. de France et à l'Éc. Polytech., 4, rue de Tournon. — Paris.

BÉTHOUART (Alfred), Ing. des Arts et Manufactures, Maire. — Chartres (Eure-et-Loir).

BÉTHOUART (Émile), Conservat. des Hypothèques, 13, rue Dutillet. — Dôle (Jura).

Dr BEZANÇON (Paul), anc. Int. des Hôp., 22, rue de la Pépinière. — Paris.

BIBLIOTHÈQUE-MUSÉE, 10, rue de l'État-Major. — Alger.

BIBLIOTHÈQUE PUBLIQUE DE LA VILLE, Grande-Rue. — Boulogne-sur-Mer (Pas-de-Calais).

BIBLIOTHÈQUE DE LA VILLE. — Pau (Basses-Pyrénées).

BICHON (Armand), Ing. civ., Construc. marit., anc. Élève de l'Éc. Polytech. — Lormont (Gironde).

BIOCHET, Notaire hon. — Caudebec en Caux (Seine-Inférieure).

Dr BLANCHARD (Raphaël), Agr. à la Fac. de Méd., Répét. à l'Inst. nat. agronom., 32, rue du Luxembourg. — Paris.

BLANDIN (Eugène), anc. s.-Sec. d'État, anc. Député, 28, cours la Reine. — Paris.

BLAREZ (Charles), Prof. à la Fac. de Méd., 89, rue Porte-Dijeaux. — Bordeaux (Gironde).

BLONDEL (Émile), Chim.-Manufac. — Saint-Léger-du-Bourg-Denis (Seine-Inférieure).

BOAS (Alfred), Ing. des Arts et Man., 34, rue de Châteaudun. — Paris.

Dr BOECKEL (Jules), Corresp. de la *Soc. de Chirurg. de Paris*, Chirurg. des Hosp. civ., 2, place de l'Hôpital. — Strasbourg (Alsace-Lorraine).

BOFFARD (Jean-Pierre), anc. Notaire, 2, place de la Bourse. — Lyon (Rhône).

BOIRE (Émile), Ing. civ., 86, boulevard Malesherbes, — Paris.

BOISSELLIER (Augustin), Agent admin. princ. de la Marine, 47, rue du Rempart. — Rochefort-sur-Mer (Charente-Inférieure).

BONNARD (Paul), Agr. de philo., Avocat à la Cour d'Ap., 11 *bis*, rue de la Planche. — Paris.

BONNIER (Gaston), Prof. de Botan. à la Fac. des Sc., Présid. de la *Société botanique de France*, 15, rue de l'Estrapade. — Paris.

BORDET (Lucien), Insp. des Fin., anc. Élève de l'Éc. Polytech., 181, boulevard Saint-Germain. — Paris.

BOUCHÉ (Alexandre), 68, rue du Cardinal-Lemoine. — Paris.

BOUDIN (Arthur), Princ. du Collège. — Honfleur (Calvados).

BOULARD (l'Abbé L.), Prof. au Petit-Séminaire. — Chartres (Eure-et-Loir).

BOURDEAU, Prop., Villa Luz. — Billère par Pau (Basses-Pyrénées).

BOURGERY (Henri), anc. Notaire, Mem. de la *Soc. géol. de France*, 9, rue Neuve-des-Prés. — Nogent-le-Rotrou (Eure-et-Loir).

D* BOUTIN (Léon), 18, rue de Hambourg. — Paris.

D* BOY (Philippe), 3, rue d'Espalungue. — Pau (Basses-Pyrénées).

BRENOT (J.), 10, rue Bertin-Poirée. — Paris.

BRESSON (Gédéon), Dir. de la *Comp. du vin de Saint-Raphaël*, 132, rue du Pont-du-Gât. — Valence (Drôme).

BRILLOUIN (Marcel), Maître de Conf. à l'Éc. norm. sup., 23, rue de Sèvres. — Paris.

D* BROCA (Auguste), Chirurg. des Hôp., 9, rue de Lille. — Paris.

BROCARD (Henri), Chef de Bat. du Génie en retraite, 75, rue des Ducs-de-Bar. — Bar-le-Duc (Meuse).

BRÖLEMANN (Georges), Administ. de la *Soc. Gén.*, 52, boulevard Malesherbes. — Paris.

BROLEMANN (A., A.), anc. Présid. du Trib. de com., 14, quai de l'Est. — Lyon (Rhône).

BRUHL (Paul), Nég., 57, rue de Châteaudun. — Paris.

BRUYANT (Charles), Lic. ès sc. nat., 28, rue Gaultier-de-Biauzat. — Clermont-Ferrand (Puy-de-Dôme).

BRUZON (Joseph) ET C*, Ing. des Arts et Man., usine de Portillon (céruse et blanc de zinc). — Saint-Cyr-sur-Loire par Tours (Indre-et-Loire).

BUISSON (Maxime), Chim., rue Saint-Léger. — Évreux (Eure).

CAHEN D'ANVERS (Albert), 118, rue de Grenelle. — Paris.

CAIX DE SAINT-AYMOUR (le Vicomte Amédée DE), Publiciste, anc. Mem. du Cons. gén. de l'Oise, Mem. de plusieurs Soc. savantes, 112, boulevard de Courcelles. — Paris.

CALDERON (Fernand), Fabric. de prod. chim., 6, rue Casimir-Delavigne. — Paris.

CARBONNIER (Lucien), Représ. de com., 9, rue des Arts. — Toulouse (Haute-Garonne).

CARDEILHAC, anc. Juge au Trib. de com., 20, quai de la Mégisserie. — Paris.

D* CARRET (Jules), anc. Député, 2, rue Croix-d'Or. — Chambéry (Savoie).

CARTAZ (M** A.), 39, boulevard Haussmann. — Paris.

D* CARTAZ (A.), anc. Int. des Hôp., Sec. de la rédac. de la *Revue des Sciences médicales*, 39, boulevard Haussmann. — Paris.

CAUBET, Doyen de la Fac. de Méd., 44, rue d'Alsace-Lorraine. — Toulouse (Haute-Garonne).

CAZALIS DE FONDOUCE (Paul-Louis), Ing. des Arts et Man., Sec. gén. de l'*Acad. des Sc. et Let. de Montpellier*, 18, rue des Étuves. — Montpellier (Hérault).

CAZENEUVE (Albert), Admin. de la *Comp. des Mines de Lens*, 3, rue Bonte-Pollet. — Lille (Nord) et château d'Esquiré. — Fonsorbes (Haute-Garonne).

CAZENOVE (Raoul DE), Prop., 8, rue Sala. — Lyon (Rhône).

CAZOTTES (A., M., J.), Pharm. — Millau (Aveyron).

D* CHABER (Pierre), 4, rue Gambetta. — Royan-les-Bains (Charente-Inférieure).

CHABERT (Edmond), Ing. en chef des P. et Ch., 6, rue du Mont-Thabor. — Paris.

CHAIX (A.), Présid. hon. du Cons. d'admin. de l'*Imprimerie et de la Librairie cent. des Chem. de fer*, 48, avenue du Trocadéro. — Paris.

CHALIER (J.), 13, rue d'Aumale. — Paris.

CHAMBRE DES AVOUÉS AU TRIBUNAL DE 1** INSTANCE. — Bordeaux (Gironde).

CHAMBRE DE COMMERCE DU HAVRE. — Le Havre (Seine-Inférieure).

CHARCELLAY, Pharm. — Fontenay-le-Comte (Vendée).

CHATEL, Avocat défens., bazar du Commerce. — Alger.

D* CHATIN (Joannès), Prof. adj. à la Fac. des Sc., Mem. de l'Acad. de Méd., 147, boulevard Saint-Germain. — Paris.

CHAUVASSAIGNE (Daniel), château de Mirefleurs par Les Martres-de-Veyre (Puy-de-Dôme).

CHAUVET (Gustave), Notaire. — Ruffec (Charente).

CHAUVITEAU (Ferdinand), 112, boulevard Haussmann. — Paris.

CHEUX (Pierre, Antoine), Pharm.-maj. en retraite. — Ernée (Mayenne).

D* CHIL-Y-NARANJO (Gregorio). — Palmas (Grand-Canaria).

CHIRIS (Léon), Sénateur des Alpes-Maritimes, 23, avenue d'Iéna. — Paris.

CHOUËT (Alexandre), anc. Juge au Trib. de com., 19, rue de Milan. — Paris.

CLERMONT (Philibert DE), Avocat à la Cour d'Ap., 8, boulevard Saint-Michel. — Paris.

CLERMONT (Raoul DE), Ing. agronom., diplômé de l'Inst. nat. agronom., 8, boulevard Saint-Michel. — Paris.

CLOIZEAUX (Alfred LEGRAND DES), Mem. de l'Inst., Prof. hon. au Muséum d'hist. nat., 13, rue de Monsieur. — Paris.

Dr Clos (Dominique), Corresp. de l'Inst., Prof. hon. de la Fac. des Sc., Dir. du Jardin des Plantes, 2, allées des Zéphirs. — Toulouse (Haute-Garonne).

Clouzet (Ferdinand), Mem. du Cons. gén., 88, cours Victor-Hugo. — Bordeaux (Gironde).

Collin (Mme), 15, boulevard du Temple. — Paris.

Comité médical des Bouches-du-Rhône, 3, marché des Capucines. — Marseille (Bouches du-Rhône).

Connesson (Ferdinand), Ing. en chef des P. et Ch., Ing. en chef attaché au serv. de la voie à la *Comp. des Chem. de fer de l'Est*, 131, rue Lafayette. — Paris.

Cordier (Henri), Prof. à l'Éc. des langues orient. vivantes, 3, place Vintimille. — Paris.

Cornevin (Charles), Prof. à l'Éc. nat. vétér., 2, quai Pierre-Scize. — Lyon (Rhône).

Cornu (Mme Alfred), 9, rue de Grenelle. — Paris.

Cotteau (Gustave), Corresp. de l'Inst., anc. Présid. de la *Soc. géol. de France*, 17, boulevard Saint-Germain. — Paris.

Counord (E.), Ing. civ., 127, cours du Médoc. — Bordeaux (Gironde).

Couprie (Louis). — Villefranche-sur-Saône (Rhône).

Coutagne (Georges), Ing. des Poudres et Salpêtres, le Défends. — Rousset (Bouches-du-Rhône).

Dr Coutagne (Henry), 7, quai de l'Hôpital. — Lyon (Rhône).

Crapon (Denis). — Pont-Evêque par Vienne (Isère).

Crespel-Tilloy (Charles), Manufac., 14, rue des Fleurs. — Lille (Nord).

Crespin (Arthur), Ing. des Arts et Man., Mécan., 23, avenue Parmentier. — Paris.

Cunisset-Carnot (Paul), Proc. gén., 19, cours du Parc. — Dijon (Côte-d'Or).

Dr Dagrève (Élie), Méd. du Lycée et de l'Hôp. — Tournon-sur-Rhône (Ardèche).

David (Arthur), 29, rue du Sentier. — Paris.

Deglatigny (Louis), Nég. en bois, 11, rue Blaise-Pascal. — Rouen (Seine-Inférieure).

Degorce (Marc-Antoine), Pharm. en chef de la Marine en retraite, 42, rue des Semis. — Royan-les-Bains (Charente-Inférieure).

Delaire (Alexis), Sec. gén. de la *Soc. d'Économ. sociale*, anc. Élève de l'Éc. Polytech., 238, boulevard Saint-Germain. — Paris.

Dr Delaporte, 24, rue Pasquier. — Paris.

Delattre (Carlos), Filat., anc. Élève de l'Éc. Polytech., 126, rue Jacquemars-Giélée. — Lille (Nord).

Delaunay (Henri), Ing. des Arts et Man., 39, rue d'Amsterdam. — Paris.

De L'Épine, Prop., 20, rue Solférino. — Vanves (Seine).

Delesse (Mme), 59, rue Madame. — Paris.

Delessert (Édouard), v.-Présid. du Cons. d'admin. de la *Comp. des Chem. de fer de l'Ouest*, 17, rue Raynouard. — Paris.

Delessert (Eugène), anc. Prof. — Croix (Nord).

Delmas (Mme Pauline), 5, place Longchamps. — Bordeaux (Gironde).

Dr Delmas (Paul), Dir. de la maison de convalesc., 5, place Longchamps. — Bordeaux (Gironde).

Delon (Ernest), Ing. des Arts et Man., 27, rue Aiguillerie. — Montpellier (Hérault).

Dr Delvaille (Camille). — Bayonne (Basses-Pyrénées).

Demarçay (Eugène), anc. Répét. à l'Éc. Polytech., 8 *bis*, boulevard de Courcelles. — Paris.

Dr Demonchy (Adolphe), 37, rue d'Isly. — Alger.

Demonferrand (Hippolyte), Insp. des *Chem. de fer de l'État* en retraite, 62, rue Bonaparte. — Paris.

Denys (Roger), Ing. en chef des P. et Ch., chemin des Corvées. — Épinal (Vosges).

Depaul (Henri), Agric., château de Vaublanc. — Plémet (Côtes-du-Nord).

Dépierre (Joseph), Ing.-Chim., 13, rue Lamarck. — Toulouse (Haute-Garonne).

Desbois (Émile), 17, boulevard Beauvoisine. — Rouen (Seine-Inférieure).

Détroyat (Arnaud). — Bayonne (Basses-Pyrénées).

Deutsch (A.), Nég.-indust., 50, rue de Châteaudun. — Paris.

Dida (A.), Chim., 108, boulevard Richard-Lenoir. — Paris.

Dietz (Émile), Pasteur. — Rothau (Alsace-Lorraine).

Dollfus (Gustave), Ing. des Arts et Man., Filat. — Mulhouse (Alsace-Lorraine).

Doré-Graslin (Edmond), 24, rue Crébillon. — Nantes (Loire-Inférieure).

Douvillé (Henri), Ing. en chef, Prof. à l'Éc. nat. sup. des Mines, 207, boul. Saint-Germain. — Paris

Dr Dransart. — Somain (Nord).

Dubessy (Mlle Madeleine). — Nesles-la-Vallée (Seine-et-Oise).

Dubourg (Georges), Nég. en drap., 45, cours Victor-Hugo. — Bordeaux (Gironde).

Duclaux (Émile), Mem. de l'Inst., Prof. à la Fac. des Sc. et à l'Inst. nat. agronom., 35 *bis*, rue de Fleurus. — Paris.

Ducreux (Alfred), Nég., Consul du Paraguay, Mem. du Cons. d'arrond., 9, boulevard National. — Marseille (Bouches-du-Rhône).

Ducrocq (Henri), Cap. d'artil., détaché à l'Éc. sup. de guerre, 42, avenue de Breteuil. — Paris.

Dufour (Léon), Dir.-adj. du Lab. de biologie végét. — Avon (Seine-et-Marne).

Dufresne, Insp. gén. de l'Univ., 61, rue Pierre-Charron. — Paris.

Dʳ Dulac (H.). — Montbrison (Loire).

Dumas (Hippolyte), Indust., anc. Élève de l'Éc. Polytech. — Mousquety par l'Isle-sur-Sorgue (Vaucluse).

Dumas-Edwards (Mᵐᵉ J.-B.), 57, rue Cuvier. — Paris.

Duminy (Anatole), Nég. en vins de Champagne. — Ay (Marne).

Duplay (Simon), Prof. à la Fac. de Méd., Mem. de l'Acad. de Méd., Chirurg. des Hôp., 2, rue de Penthièvre. — Paris.

Dussaud (Élie), Prop., 31, cours Pierre-Puget. — Marseille (Bouches-du-Rhône).

Duval (Edmond), Ing. en chef des P. et Ch. en retraite, 51, rue La Bruyère. — Paris.

Duval (Mathias), Prof. à la Fac. de Méd., Mem. de l'Acad. de Méd., Prof. d'anat. à l'Éc. nat. des Beaux-Arts, 11, cité Malesherbes (rue des Martyrs). — Paris.

Eichthal (Eugène d'), Admin. de la *Comp. des Chem. de fer du Midi*, 144, boulevard Malesherbes. — Paris.

Eichthal (Louis d'), château des Bézards. — Sainte-Geneviève-des-Bois, par Châtillon-sur-Loing (Loiret).

Élie (Eugène), Manufac., 50, rue de Caudebec. — Elbeuf-sur-Seine (Seine-Inférieure).

Elisen, Ing., Admin. de la *Comp. gén. Transat.*, 153, boulevard Haussmann. — Paris.

Ellie (Raoul), Ing. des Arts et Man. — Cavignac (Gironde).

Espous (le Comte Auguste d'), rue Salle-de-l'Évêque. — Montpellier (Hérault).

Eysséric (Joseph), Artiste-Peintre, 14, rue Duplessis. — Carpentras (Vaucluse).

Fabre (Georges), Insp. des Forêts, anc. Élève de l'Éc. Polytech., 28, rue Ménard. — Nîmes (Gard).

Faure (Alfred), Prof. d'Hist. nat. à l'Éc. nat. vétér., 26, cours Morand. — Lyon (Rhône).

Ferry (Émile), Nég., Mem. du Cons. gén. de la Seine-Inférieure, 21, boulevard Cauchoise. — Rouen (Seine-Inférieure).

Fiere (Paul), Archéol., Mem. corresp. de la *Soc. franç. de numism. et d'archéol.* — Saïgon (Cochinchine).

Fischer de Chevriers, Prop., 23, rue Vernet. — Paris.

Flandin, Prop., 14, rue Jean-Goujon. — Paris.

Fortel (A.) (fils), Prop., 7, rue Noël. — Reims (Marne).

Fourment (le Baron de), 18, rue d'Aumale. — Paris.

Fournier (Alfred), Prof. à la Fac. de Méd., Mem. de l'Acad. de Méd., Méd. des Hôp., 1, rue Volney. — Paris.

Dʳ François-Franck (Charles, Albert), Mem. de l'Acad. de Méd., Prof. sup. au Col. de France, 5, rue Saint-Philippe-du-Roule. — Paris.

Dʳ Fromentel (Louis Édouard de). — Gray (Haute-Saône).

Gardès (Louis, Frédéric, Jean), Notaire, anc. Élève de l'Éc. nat. sup. des Mines, 7, rue Saint-Georges. — Montauban (Tarn-et-Garonne).

Gariel (Mᵐᵉ C.-M.), 39, rue Jouffroy. — Paris.

Garnier (Ernest), anc. Présid. de la *Soc. indust. de Reims*, 5, rue Bréguet. — Paris.

Dʳ Gaube (Jean), 23, rue Sainte-Isaure, Paris.

Gauthiot (Charles), Sec. gén. de la *Soc. de géog. com. de Paris*, Mem. du Cons. sup. des colonies, 63, boulevard Saint-Germain. — Paris.

Gayon (Ulysse), Prof. à la Fac. des Sc., Dir. de la Stat. agron., 41, rue Permentade. — Bordeaux (Gironde).

Gelin (l'Abbé Émile), Doct. en philo. et en théolog., Prof. de math. sup. au col. de Saint-Quirin. — Huy (Belgique).

Geneste (Mᵐᵉ Philippe), château de Chapeau Cornu. — Vignieu par la Tour-du-Pin (Isère).

Gerbeau, Prop., 13, rue Monge, Paris.

Gérente (Mᵐᵉ Paul), 12, boulevard Beauséjour. — Paris.

Dʳ Gérente (Paul), Méd. dir. hon. des asiles pub. d'aliénés, 19, boulevard Beauséjour. — Paris.

Germain (Adrien), Ing. hydrog. de 1ʳᵉ cl. de la Marine, 18, rue de la Pépinière. — Paris.

Dʳ Giard (Alfred), Prof. à la Fac. des Sc., Maître de conf. à l'Éc. norm. sup., anc. Député, 14, rue Stanislas. — Paris.

Dʳ Gibert 41, rue de Séry. — Le Havre (Seine-Inférieure).

Gigandet (Eugène) (fils), Nég., 16, rue Montaux. — Marseille (Bouches-du-Rhône).

Gilbert (Armand), Présid. du Trib. civ., carrefour Beaupeyrat. — Limoges (Haute-Vienne).

Girard (Julien), Pharm. maj., à l'Hôp. milit. — Belfort.

GIRAUD (Louis). — Saint-Péray (Ardèche).

GOBIN (Adrien), Insp. gén. hon. des P. et Ch., 26, quai Tilsitt. — Lyon (Rhône).

GOUMIN (Félix), Prop., anc. Chef du Sec. de la Dir. de la construc. de la *Comp. des Chem. de fer du Midi*, 452, route de Toulouse. — Bordeaux (Gironde).

GOUVILLE (Gustave), Mem. du Cons. gén., quai à Vin. — Carentan (Manche).

Dr GRABINSKI (Boleslas). — Neuville-sur-Saône (Rhône).

GRANDIDIER (Alfred), Mem. de l'Inst., 6, rond-point des Champs-Élysées. — Paris.

GRIMAUD (Émile), Imprim., rue de Gorges. — Nantes (Loire-Inférieure).

Dr GUÉBHARD (Adrien), Lic. ès sc. math. et phys., Agr. de Phys. des Fac. de Méd., villa Mendiguren. — Nice (Alpes-Maritimes).

Dr GUERNE (le Baron Jules DE), Natur., v.-Présid. de la *Soc. zool. de France*, 6, rue de Tournon. — Paris.

GUÉZARD (Albert), Étud., 16, rue des Écoles. — Paris.

GUÉZARD (Jean-Marie), Princ. clerc de notaire, 16, rue des Écoles. — Paris.

GUIEYSSE (Paul), Ing. hydrog. de la Marine, Député du Morbihan, 42, rue des Écoles. — Paris.

GUILLEMINET (André), Pharm. de 1re cl., 30, rue Saint-Jean. — Lyon (Rhône).

GUILMIN (Mme V^e), 8, boulevard Saint-Marcel. — Paris.

GUILMIN (Ch.), 8, boulevard Saint-Marcel. — Paris.

GUY (Louis), Nég., 232, rue de Rivoli. — Paris.

HABERT (Théophile), anc. Notaire, Conserv. du Musée Archéol. et Céram. de la Ville, 12, place Amélie-Doublié. — Reims (Marne).

HALLER-COMON (A.). Corresp. de l'Inst. et de l'Acad. de Méd., Prof. à la Fac. des Sc., 14, rue Victor-Hugo. — Nancy (Meurthe-et-Moselle).

HAMARD (l'Abbé Pierre, Jules), Chanoine, 6, rue du Chapitre. — Rennes (Ille-et-Vilaine).

HÉRON (Guillaume), Prop., château Latour. — Bérat par Rieumes (Haute-Garonne).

HÉRON (Jean-Pierre), Prop., 7, place de Tourny. — Bordeaux (Gironde).

HEYDENREICH (A.), Doyen de la Fac. de Méd., 48, rue Gambetta. — Nancy (Meurthe-et-Moselle).

HOEL (Jourdain), Fabric. de lunettes, 74, rue des Archives. — Paris.

HOLDEN (Jonathan), Indust., 23, boulevard de la République. — Reims (Marne).

HOLLANDE (Jules), Nég. en bois exotiques, 114, rue de Charenton. — Paris.

HOREAU, 5, rue Charlet. — Paris.

HOUDÉ (Alfred), Pharm. de 1re cl., 9, rue Albouy. — Paris.

HOVELACQUE (Maurice), Doct. ès sc. nat., 1, rue de Castiglione. — Paris.

HOVELACQUE-KHNOPFF (Émile), 50, rue Cortambert. — Paris.

HUA (Henri), Lic. ès sc. nat., Botan., 2, rue de Villersexel. — Paris.

HUBERT DE VAUTIER (Émile), Entrep. de confec. milit., 114, rue de la République. — Marseille (Bouches-du-Rhône).

Dr HUBLÉ (Martial), Méd.-maj. à la dir. du serv. de santé du 11e corps d'armée. — Nantes (Loire-Inférieure).

HUMBEL (Mme L.). — Éloyes (Vosges).

HUMBEL (L.), Indust. — Éloyes (Vosges).

ISAY (Mme Mayer). — Blâmont (Meurthe-et-Moselle).

ISAY (Mayer), Filat., anc. Cap. du Génie, anc. Élève de l'Éc. Polytech. — Blâmont (Meurthe-et-Moselle).

JABLONOWSKA (Mlle Julia), 54, boulevard Saint-Michel. — Paris.

JACKSON (James), Archiv.-Biblioth. de la *Soc. de Géog.*, 15, avenue d'Antin. — Paris.

JACKSON-GWILT (Mrs Hannah), Moonbeam villa, Merton road. — New Wimbledon (Surrey) (Angleterre).

Dr JAVAL (Émile), Mem. de l'Acad. de Méd., Dir. du Lab. d'Ophtalm. à la Sorbonne, anc. Député, 52, rue de Grenelle. — Paris.

JOBERT (Clément), Prof. à la Fac. des Sc. de Dijon, 82, boulevard Saint-Germain. — Paris.

JOLLOIS (Henri), Insp. gén. hon. des P. et Ch., 46, rue Duplessis. — Versailles (Seine-et-Oise).

JONES (Charles), 12, rue de Chaligny (chez M. Eugène Vauvert). — Paris.

JORDAN (Camille), Mem. de l'Inst., Ing. en chef des Mines, Prof. à l'Éc. Polytech., 48, rue de Varenne. — Paris.

Dr JORDAN (Séraphin), 11, Campania. — Cadix (Espagne).

JOUANDOT (Jules), Ing. civ., Conduct. princ. du serv. des Eaux de la Ville, 57, rue Saint-Sernin. — Bordeaux (Gironde).

JOURDAN (A., G.), Ing. civ., 116, rue Nollet. — Paris.

JULLIEN (Ernest), Ing. en chef des P. et Ch., 6, cours Jourdan. — Limoges (Haute-Vienne).

JUNDZITT (le Comte Casimir), Prop.-Agric., chemin de fer Moscou-Brest, station Do-manow-Réginow (Russie).

JUNGFLEISCH (Émile), Mem. de l'Acad. de Méd., Prof. à l'Éc. sup. de Pharm., 38, rue des Écoles. — Paris.

KNIEDER (Xavier), Dir. des usines Malétra. — Petit-Quévilly (Seine-Inférieure).

KŒCHLIN (Jules), 44, rue Pierre-Charron. — Paris.

KŒCHLIN-CLAUDON (Émile), Ing. des Arts et Man., 60, rue Duplessis. — Versailles (Seine-et-Oise).

KRAFFT (Eugène), 27, rue Monsclet. — Bordeaux (Gironde).

KREISS (Adolphe), Dir. des *Brasseries de la Meuse*, 84, rue Brancas. — Sèvres (Seine-et-Oise).

KÜNCKEL D'HERCULAIS (Jules), Assistant de Zool. (Entomol.) au Muséum d'hist. nat., 20, villa Saïd (avenue du Bois-de-Boulogne). — Paris.

Dr LABRIC (Adrien), Méd. hon. des Hôp., 28, rue de l'Université. — Paris.

LABRUNIE (Auguste), Nég., 2, rue Michel. — Bordeaux (Gironde).

LADUREAU (Mme Albert), 44, rue Notre-Dame-des-Victoires. — Paris.

LADUREAU (Albert), Chim., Dir. du Lab. cent. agric. et com., 44, rue Notre-Dame-des-Victoires. — Paris.

Dr LAËNNEC (Théophile), Corresp. nat. de l'Acad. de Méd., Dir. de l'Éc. de Méd. et de Pharm., 13, boulevard Delorme. — Nantes (Loire-Inférieure).

LAFAURIE (Maurice), 104, rue du Palais-Galien. — Bordeaux (Gironde).

LALLIÉ (Alfred), Avocat, 11, avenue Camus. — Nantes (Loire-Inférieure).

LAMARRE (Onésime), Notaire, 2, place du Donjon. — Niort (Deux-Sèvres).

LANCIAL (Henri), Prof. au Lycée, 3, boulevard du Champbonnet. — Moulins (Allier).

LANG (Tibulle), Dir. de l'Éc. La Martinière, anc. Élève de l'Éc. Polytech., 5, rue des Augustins. — Lyon (Rhône).

LANGE (Mme Adalbert). — Maubert-Fontaine (Ardennes).

LANGE (Adalbert), Indust. — Maubert-Fontaine (Ardennes).

Dr LANTIER (Étienne). — Tannay (Nièvre).

LARIVE (Albert), Indust., 15, rue Ponsardin. — Reims (Marne).

LAROCHE (Mme Félix), 110, avenue de Wagram. — Paris.

LAROCHE (Félix), Insp. gén. des P. et Ch. en retraite, 110, avenue de Wagram. — Paris.

LASSENCE (Alfred DE), Prop., Mem. du Cons. mun., villa Lassence, 12, route de Tarbes. — Pau (Basses-Pyrénées).

Dr LATASTE (Fernand), s.-Dir. du Musée nat. d'hist. nat., Prof. de zool. à l'Éc. de Méd., v.-Présid. de la *Soc. scient. du Chili*, casilla 803. — Santiago (Chili).

LAURENT (J. H.), Nég., 5, allées de Tourny. — Bordeaux (Gironde).

LAURENT (Léon), Construc. d'inst. d'optiq., 21, rue de l'Odéon. — Paris.

LAUSSEDAT (le Colonel Aimé), Dir. du Conserv. nat. des Arts et Mét., 292, rue Saint-Martin. — Paris.

LEAUTÉ (Henry), Mem. de l'Inst., Ing. des Manufac. de l'État, Répét. à l'Éc. Polytech., 20, boulevard de Courcelles. — Paris.

LE BRETON (André), Prop., 43, boulevard Cauchoise. — Rouen (Seine-Inférieure).

LECHAT (Charles), anc. Maire, place Launay. — Nantes (Loire-Inférieure).

LE CHATELIER (Frédéric, Alfred), Cap. au 159e Rég. d'Infant., Of. d'ordonnance du Min. de la Guerre, 69, rue de l'Université. — Paris.

Dr LE DIEN (Paul), 155, boulevard Malesherbes. — Paris.

LEDOUX (Samuel), Nég., 29, quai de Bourgogne. — Bordeaux (Gironde).

LEFÈBVRE (René), Ing. en chef des P. et Ch., 95, rue de Prony. — Paris.

Dr LEJARD (Charles), Méd. consult., villa Suisse, 4, rue de France. — Biarritz (Basses-Pyrénées).

LE MONNIER (Georges), Prof. de botan. à la Fac. des Sc., 3, rue de Serre. — Nancy (Meurthe-et-Moselle).

Dr LÉON (Auguste), Méd. en chef de la Marine en retraite, 5, rue Duffour-Dubergier. — Bordeaux (Gironde).

LÉPINE (Camille), Étud., 42, rue Vaubecour. — Lyon (Rhône).

LÉPINE (Raphaël), Corresp. de l'Inst., Prof. à la Fac. de Méd., 42, rue Vaubecour. — Lyon (Rhône).

LE ROUX (F., P.), Prof. à l'Éc. sup. de Pharm., Examin. d'admis. à l'Éc. Polytech., 120, boulevard Montparnasse. — Paris.

LE SÉRURIER (Charles), Dir. des Douanes, 39, rue Sylvabelle. — Marseille (Bouches-du-Rhône).

LESOURD (Paul) (fils), Nég., 34, rue Néricault-Destouches. — Tours (Indre-et-Loire).

LESPIAULT (Gaston), Doyen de la Fac. des Sc., 5, rue Michel-Montaigne. — Bordeaux (Gironde).

LETHUILLIER-PINEL (Mme), Prop., 26, rue Méridienne. — Rouen (Seine-Inférieure).

Dr LEUDET (Robert), anc. Int. des Hôp. de Paris, Prof. à l'Éc. de Méd., 16, rue du Contrat-Social. — Rouen (Seine-Inférieure).

LE VALLOIS (Jules), Chef de Bat. du Génie en retraite, anc. Élève de l'Éc. Polytech., 35, rue de Verneuil. — Paris.

LEVASSEUR (Émile), Mem. de l'Inst., Prof. au Col. de France, 26, rue Monsieur-le-Prince. — Paris.

LEVAT (David), Ing. civ. des Mines, Dir. de la *Soc. le Nickel*, anc. Élève de l'Éc. Polytech., 28, rue La Trémoille. — Paris.

LE VERRIER (Urbain), Ing. en chef, Prof. à l'Éc. nat. sup. des Mines et au Conserv. nat. des Arts et Mét., 12, avenue Bugeaud. — Paris.

LEWTHWAITE (William), Dir. de la maison Isaac Holden, 27, rue des Moissons. — Reims (Marne).

LIGUINE (Victor), Prof. à l'Univ., Maire. — Odessa (Russie).

LINDET (Léon), Doct. ès sc., Prof. à l'Inst. nat. agronom., 108, boulevard Saint-Germain. — Paris.

Dr LOIR (Adrien), Dir. du Lab. de vinification et de bactériologie de la Régence, direction de l'Agriculture, 24, rue Es-Sadikia. — Tunis.

LONGCHAMPS (Gaston GOHIERRE DE), Prof. de math. spéc. au lycée Saint-Louis, 94, rue du Val-de-Grâce. — Paris.

LONGHAYE (Auguste), Nég., 22, rue de Tournai. — Lille (Nord).

LOPÈS-DIAS (Joseph), Ing. des Arts et Man., 28, place Gambetta. — Bordeaux (Gironde).

LORIOL (Perceval DE), Géol., Chalet des Bois par Crassier (canton de Vaud) (Suisse).

LOUSSEL (A.), Prop., 86, rue de la Pompe. — Paris.

LOYER (Henri), Filat., 294, rue Notre-Dame. — Lille (Nord).

MACÉ DE LÉPINAY (Jules), Prof. à la Fac. des Sc., 105, boulevard Longchamp. — Marseille (Bouches-du-Rhône).

MALINVAUD (Ernest), Sec. gén. de la *Soc. botan. de France*, 8, rue Linné. — Paris.

MARCHEGAY (Mme Alphonse), 11, quai des Célestins. — Lyon (Rhône).

MARCHEGAY (Alphonse), Ing. civ. des Mines, anc. Élève de l'Éc. Polytech., 11, quai des Célestins. — Lyon (Rhône).

MARÉCHAL (Paul), 2, rue de la Mairie. — Brest (Finistère).

Dr MARÈS (Paul). — Alger-Mustapha.

MAREUSE (Edgard), Prop., Sec. du *Comité des Inscrip. parisiennes*, 81, boulevard Haussmann. — Paris.

Dr MAREY (Étienne, Jules), Mem. de l'Inst. et de l'Acad. de Méd., Prof. au Col. de France, 11, boulevard Delessert. — Paris.

MARIGNAC (Charles GLISSARD DE), Corresp. de l'Inst., anc. Ing. des Construc. nav., Prof. à l'Acad. — Genève (Suisse).

Dr MARJOLIN (René), Mem. de l'Acad. de Méd., Chirurg. hon. des Hôp., 16, rue Chaptal. — Paris.

MARQUÈS DI BRAGA (P.), Cons. d'État, anc. Élève de l'Éc. Polytech., 200, rue de Rivoli. — Paris.

MARTIN (William), 42, avenue Wagram. — Paris.

Dr MARTIN (Louis DE), Sec. gén. de la *Soc. méd. d'émulation de Montpellier*, Mem. corresp. pour l'Aude de la *Soc. nat. d'Agric. de France*. — Montrabech par Lézignan (Aude).

MARTIN-RAGOT (J.), Manufac., 14, Esplanade Cérès. — Reims (Marne).

MARTRE (Étienne), Dir. des contrib. dir. en retraite. — Perpignan (Pyrénées-Orientales).

MASSIP (Armand), Dir. des *Annales économiques*, 97, rue Denfert-Rochereau. — Paris.

MATHIEU (Charles, Eugène), Ing. des Arts et Man., anc. Dir. gén. construc. des *aciéries de Jœuf*, anc. Dir. gén. et admin. des *aciéries de Longwy*, Construc. mécan., Mem. d'u Cons. mun., 34, rue de Courlancy. — Reims (Marne).

MATTAUCH (J.), Chim. (Établis. H. Stackler). — Saint-Aubin-Épinay (Seine-Inférieure).

MAUFROY (Jean-Baptiste), anc. Dir. de manufac. de laine, 4, rue de l'Arquebuse. — Reims (Marne).

Dr MAUNOURY (Gabriel), Chirurg. de l'Hôp., place du Théâtre. — Chartres (Eure-et-Loir).

MAUREL (Émile), Nég., 7, rue d'Orléans. — Bordeaux (Gironde).

MAUREL (Marc), Nég., 48, cours du Chapeau-Rouge. — Bordeaux (Gironde).

MAUROUARD (Lucien), Sec. d'ambas., anc. Élève de l'Éc. Polytech., Légation de France. — Athènes (Grèce).

MAXWELL-LYTE (Farnham), Ing.-Chim., 60, Finboroug-road. — Londres, S. W. (Angleterre).

MAYER (Ernest), Ing. en chef conseil de la *Comp. des Chem. de fer de l'Ouest*, Mem. du *Comité d'exploit. tech. des chem. de fer*, anc. Élève de l'Éc. cent. des Arts et Man., 66, boulevard Malesherbes. — Paris.

MAZE (l'Abbé Camille), Rédac. au *Cosmos*. — Harfleur (Seine-Inférieure).

MEISSAS (Gaston de), Publiciste, 10 *bis*, rue du Pré-aux-Clercs. — Paris.

MÉNARD (Césaire), Ing. des Arts et Man., Concessionnaire de l'Éclairage au gaz. — Louhans (Saône-et-Loire).

MERGET (Antoine), Prof. hon. à la Fac. de Méd., Corresp. dé l'Acad. de Méd., 7, place du Parlement. — Bordeaux (Gironde).

MERLIN (Roger). — Bruyères (Vosges).

D' MESNARDS (P. DES), rue Saint-Vivien. — Saintes (Charente-Inférieure).

MEUNIER (Mᵐᵉ Hippolyte) *(Décédée)*.

D' MICÉ (Laurand), Rect. de l'Acad. — Clermont-Ferrand (Puy-de-Dôme)

MICHAUD (fils), Notaire. — Tonnay-Charente (Charente-Inférieure).

D' MILNE-EDWARDS (Alphonse), Mem. de l'Inst. et de l'Acad. de Méd., Dir. et Prof. de Zool. au Muséum d'Hist. nat., Prof. à l'Éc. sup. de Pharm., 57, rue Cuvier. — Paris.

MIRABAUD (Paul), Admin. de la *Comp. des Chem. de fer d'Orléans*, 29, rue Taitbout. — Paris.

MOCQUERIS (Edmond), 58, boulevard d'Argenson. — Neuilly-sur-Seine (Seine).

MOCQUERIS (Paul), Ing. à la *Comp. des Chem. de fer de Bône-Guelma et prolongements*, 58, boulevard d'Argenson. — Neuilly-sur-Seine (Seine).

D' MONDOT, anc. Chirurg. de la Marine, anc. Chef de clin. de la Fac. de Méd. de Montpellier, Chirurg. de l'Hôp. civ., 26, boulevard Malakoff. — Oran (Algérie).

MONNIER (Demetrius), Ing. des Arts et Man., Prof. à l'Éc. cent. des Arts et Man., 1, rue Appert. — Paris.

MONTEFIORE (Eward, Lévi), Rent., 36, avenue Henri-Martin. — Paris.

D' MONTFORT, Prof. à l'Éc. de Méd., 19, rue Voltaire. — Nantes (Loire-Inférieure).

MONT-LOUIS, Imprim., 2, rue Barbançon. — Clermont-Ferrand (Puy-de-Dôme).

MOREL D'ARLEUX (Mᵐᵉ Charles), 13, avenue de l'Opéra. — Paris.

D' MOREL D'ARLEUX (Paul), 33, rue Desbordes-Valmore. — Paris.

MORIN (Théodore), Doct. en droit, 50, avenue du Trocadéro. — Paris.

MORTILLET (Adrien DE), Prof. à l'Éc. d'Anthrop., Sec. de la *Soc. d'Anthrop. de Paris*, 3, rue de Lorraine. — Saint-Germain en Laye (Seine-et-Oise).

MORTILLET (Gabriel DE), Prof. à l'Éc. d'Anthrop., anc. Député, 3, rue de Lorraine. — Saint-Germain en Laye (Seine-et-Oise).

MOSSÉ (Alphonse), Prof. à la Fac. de Méd., 36, rue du Taur. — Toulouse (Haute-Garonne).

MOULLADE (Albert), Lic. ès sc., Pharm.-princ. à l'hôp. milit. du Dey, 11, rue Michelet. — Alger-Mustapha.

NEVEU (Auguste), Ing. des Arts et Man. — Rueil (Seine-et-Oise).

NICAISE (Victor), Étud. en Méd., 37, boulevard Malesherbes. — Paris.

D' NICAS, 80, rue Saint-Honoré. — Fontainebleau (Seine-et-Marne).

NIEL (Eugène), v.-Consul du Brésil, 28, rue Herbière. — Rouen (Seine-Inférieure).

NIVET (Gustave). — Marans (Charente-Inférieure).

NOELTING, Dir. de l'Éc. de Chim. — Mulhouse (Alsace-Lorraine).

NORMAND, anc. Mem. du Cons. gén. de la Loire-Inférieure, 12, quai des Constructions. — Nantes (Loire-Inférieure).

OCAGNE (Maurice D'), Ing. des P. et Ch., Répét. à l'Éc. Polytech., 5, rue de Vienne. — Paris.

ODIER (Alfred), Dir. de la *Caisse gén. des Familles*, 4, rue de la Paix. — Paris.

ŒCHSNER DE CONINCK (William), Chargé de cours à la Fac. des Sc., 8, rue Auguste-Comte. — Montpellier (Hérault).

D' OLIVIER (Paul), Méd. en chef de l'hosp. gén., Prof. à l'Éc. de Méd., 12, rue de la Chaîne. — Rouen (Seine-Inférieure)..

ORLÉANS (le Prince Henri D'), Explorateur, Mem. de la *Soc. de Géog.*, 27, rue Jean-Goujon. — Paris.

OSMOND (Floris), Ing. des Arts et Man., 83, boulevard de Courcelles. — Paris.

OUTHENIN-CHALANDRE (Joseph), 5, rue des Mathurins. — Paris.

PALUN (Auguste), Juge au Trib. de com., 13, rue Banasterio. — Avignon (Vaucluse).

D' PAMARD (Alfred), Corresp. de l'Acad. de Méd., Chirurg. en chef des Hôp., 4, place Lamirande. — Avignon (Vaucluse).

PAMARD (Paul), Étud. en Méd., 4, place Lamirande. — Avignon (Vaucluse).

PARION, Mem. de la *Soc. d'astron.*, 7, quai Conti. — Paris.

PASQUET (Eugène) (fils), 16, rue Croix-de-Seguey. — Bordeaux (Gironde).

PASSY (Frédéric), Mem. de l'Inst., anc. Député, Mem. du Cons. gén. de Seine-et-Oise, 8, rue Labordère. — Neuilly-sur-Seine (Seine).

PASSY (Paul, Édouard), Doct. ès let., Lauréat de l'Inst. (Prix Volney), Sec. de la *Soc. phonét. des Prof. de Langues viv.*, 92, rue de Longchamp. — Neuilly-sur-Seine (Seine).

PÉDRAGLIO-HOEL (Mᵐᵉ Hélène), 12 rue de la Fosse. — Nantes (Loire-Inférieure).

PÉLAGAUD (Élisée), Docteur ès sc., 15, quai de l'Archevêché. — Lyon (Rhône).

PÉLAGAUD (Fernand), Doct. en droit, Cons. à la Cour d'Ap., 31, quai Saint-Vincent. — Lyon (Rhône).

PELLET (Auguste), Doyen de la Fac. des Sc., 51, rue Blatin. — Clermont-Ferrand (Puy-de-Dôme).

PELTEREAU (Ernest), Notaire hon. — Vendôme (Loir-et-Cher).

PEREIRE (Émile), Ing. des Arts et Man., Admin. de la *Comp. des Chem. de fer du Midi*, 10, rue Alfred-de-Vigny. — Paris.

PEREIRE (Eugène), Ing. des Arts et Man., Présid. du Cons. d'admin. de la *Comp. gén. Transat.*, 45, rue du Faubourg-Saint-Honoré. — Paris.

PEREIRE (Henri), Ing. des Arts et Man., Admin. de la *Comp. des Chem. de fer du Midi*, 33, boulevard de Courcelles. — Paris.

PÉREZ (Jean), Prof. à la Fac. des Sc., 21, rue Saubat. — Bordeaux (Gironde).

PERIDIER (Louis), Dir. de la *Publicité méridionale*, Jug. sup. au trib. de com., 2, quai du Sud. — Cette (Hérault).

PERRET (Auguste), Prop., 50, quai Saint-Vincent. — Lyon (Rhône).

PERRET (Michel), Mem. du Cons. d'admin. de la *Comp. des Glaces de Saint-Gobain*, 7, place d'Iéna. — Paris.

PERRICAUD, Cultivat. — La Balme (Isère).

PERRICAUD (Saint-Clair). — La Battero commune de Sainte-Foy-lez-Lyon par la Mula-tière (Rhône).

Dʳ PETIT (Henri), Biblioth. adj. à la Fac. de Méd., 76, rue de Seine. — Paris.

PETRUCCI (C., R.), Ing. — Béziers (Hérault).

PETTIT (Georges), Ing. en chef des P. et Ch., boulevard d'Haussy. — Mont-de-Marsan (Landes).

PHILIPPE (Léon), 23 *bis*, rue de Turin. — Paris.

PICHE (Albert), anc. Cons. de préfecture, Présid. de la Commis. météorol. de la *Soc. d'Éducat. popul.*, 8, rue Montpensier. — Pau (Basses-Pyrénées).

PICOU (Gustave), Indust., 123, rue de Paris. — Saint-Denis (Seine).

Dʳ PIERROU. — Chazay-d'Azergues (Rhône).

PINON (Paul), Nég., 1, rue de la Tirelire. — Reims (Marne).

PITRES (Albert), Doyen de la Fac. de Méd., Corresp. nat. de l'Acad. de Méd., Méd. de l'hôp. Saint-André, 119, cours d'Alsace-et-Lorraine. — Bordeaux (Gironde).

PLOIX (Charles), Ing. Hydrog. de 1ʳᵉ cl. de la Marine en retraite, 1, quai Malaquais. — Paris.

POILLON (Louis), Ing. des Arts et Man., hacienda de Goicochea. — Saint-Angel près Mexico (Mexique).

POISSON (le Baron Henry), 26, rue Cambon. — Paris.

POISSON (Jules), Assistant de Botan. au Muséum d'hist. nat., 7, rue des Bernardins. — Paris.

POIZAT (le Général Henri, Victor), 28, boulevard Bon-Accueil. — Alger-Agha.

POLIGNAC (le Comte Guy DE). — Kerbastic-sur-Gestel (Morbihan).

POLIGNAC (le Comte Melchior DE). — Kerbastic-sur-Gestel (Morbihan).

POMMEROL, Avocat, anc. Rédac. de la revue *Matériaux pour l'histoire primitive de l'Homme.* — Veyre-Mouton (Puy-de-Dôme) et 72, rue Monge. — Paris.

PORCHEROT (Eugène), Ing. civ., la Béchellerie. — Saint-Cyr-sur-Loire par Tours (Indre-et-Loire).

PORGÈS (Charles), Présid. du Cons. d'Admin. de la *Comp. continentale Edison*, 25, rue de Berri. — Paris.

Dʳ POUPINEL (Gaston), anc. Int. des Hôp., 225, rue du Faubourg-Saint-Honoré. — Paris.

Dʳ POUSSIÉ (Émile), 2, rue de Valois. — Paris.

POUYANNE (C.-M.), Ing. en chef des Mines, 70, rue Rovigo. — Alger.

Dʳ POZZI (Samuel), Agr. à la Fac. de Méd., Chirurg. des Hôp., 10, place Vendôme. — Paris.

PRAT (J., P.), Chim., 163, rue Judaïque. — Bordeaux (Gironde).

PREVET (Charles), Nég., 48, rue des Petites-Écuries. — Paris.

PRIOLEAU (Mᵐᵉ Léonce), 4, rue des Jacobins. — Brive (Corrèze).

Dʳ PRIOLEAU (Léonce), anc. Int. des Hôp. de Paris, 4, rue des Jacobins. — Brive (Corrèze).

PRIVAT (Paul, Édouard), Libr.-Édit., Juge au Trib. de com., 45, rue des Tourneurs. — Toulouse (Haute-Garonne).

Dʳ PUJOS (Albert), Méd. princ. du Bureau de bienfais., 58, rue Saint-Sernin. — Bordeaux (Gironde).

QUATREFAGES DE BRÉAU (Mᵐᵉ Vᵉ Armand DE), 155, boulevard Magenta. — Paris.

QUATREFAGES DE BRÉAU (Léonce DE), Ing. des Arts et Man., Chef de la comptab., du matériel et de la Trac. à la *Comp. des Chem. de fer du Nord*, 155, boulevard Magenta. — Paris.

D^r. Quinquaud (Eugène), Mem.-de l'Acad: de Méd., Agr. à la Fac. de Méd., Méd. des Hôp., 20, boulevard Saint-Germain. — Paris.

Raclet (Joannis), Ing. civ., 10, place des Célestins. — Lyon (Rhône).

Raffard (Nicolas, Jules), Ing.-Mécan., Lauréat de l'Inst. (Prix Monthyon), 5, avenue d'Orléans. — Paris.

Dr Raingeard, 1, place Royale. — Nantes (Loire-Inférieure).

Rambaud (Alfred), Prof. à la Fac. des Let., 76, rue d'Assas. — Paris.

Ramé (Mlle), 16, rue de Chalon. — Paris.

Ramé (Louis, Félix), anc. Présid. du Syndic. de la boulang. de Paris et de la Délég. de la boulang. franç., 16, rue de Chalon. — Paris.

Raoul (Édouard), Mem. du Cons. sup. de Santé et du Cons. sup. des Colonies, Prof. du cours de produc. et cultures tropic. à l'Éc. coloniale, Délég. des Ch. d'Agric. et de Com. des Etablis. français de l'Océanie, 5, rue de Vienne. — Paris.

Reille (le Vicomte Gustave), anc. Of. de Marine, anc. Élève de l'Éc. Polytech., anc. Député, 8, boulevard de la Tour-Maubourg. — Paris.

Reille (le Baron René), Député du Tarn, 10, boulevard de la Tour-Maubourg. — Paris.

Dr Reliquet, 39, rue de Surène. — Paris.

Renaud (Georges), Dir. de la *Revue géographique internationale*, Prof. au Col. Chaptal, à l'Inst. com. et aux Éc. sup. de la Ville de Paris, 76, rue de la Pompe. — Paris.

Rey (Louis), Ing. des Arts et Man., Admin. de la *Comp. des Chem. de fer du Cambresis*, 77, boulevard Exelmans. — Paris.

Ribero de Souza Rezende (le Chevalier S.), poste restante. — Rio-Janeiro (Brésil).

Ribourt (le Général Pierre, Félix), 17, rue François-1er. — Paris.

Ribout (Charles), Prof. hon. de math. spéc. au Lycée Louis-le-Grand, 30, avenue de Picardie. — Versailles (Seine-et-Oise).

Ridder (Gustave de), 5, avenue de l'Opéra. — Paris.

Dr Rigout (Alexandre), 10, rue Gay-Lussac. — Paris.

Rilliet (Albert), Prof. à l'Univ., 16, rue Bellot. — Genève (Suisse).

Risler (Eugène), Dir. de l'Inst. nat. agronom., 106 *bis*, rue de Rennes. — Paris.

Riston (Victor), Doct. en droit, Avocat à la Cour d'Ap., 3, rue d'Essey. — Malzéville (Meurthe-et-Moselle).

Robert (Gabriel), Avocat, 6, quai de l'Hôpital. — Lyon (Rhône).

Robin (A.), Banquier, Consul de Turquie, 41, rue de l'Hôtel-de-Ville. — Lyon (Rhône).

Robineau, Lic. en droit, anc. Avoué, 47, rue de Trévise. — Paris.

Rodocanachi (Emmanuel), 54, rue de Lisbonne. — Paris.

Rohden (Charles de), Mécan., 189, rue Saint-Maur. — Paris.

Rohden (Théodore de), 189, rue Saint-Maur. — Paris.

Rolland (Alexandre), Nég. en papiers, 7, rue Haxo. — Marseille (Bouches-du-Rhône).

Rolland (Georges), Ing. des Mines, 60, rue Pierre-Charron. — Paris.

Rouget, Insp. gén. des Fin., 15, avenue Mac-Mahon. — Paris.

Rousselet (Louis), Archéol., 126, boulevard Saint-Germain. — Paris.

Sabatier (Armand), Doyen de la Fac. des Sc., 3, rue Barthez. — Montpellier (Hérault).

Sabatier (Paul), Prof. de chim. à la Fac. des Sc., 11, allées des Zéphirs. — Toulouse (Haute-Garonne).

Saignat (Léo), Prof. à la Fac. de Droit, 18, rue Mably. — Bordeaux (Gironde).

Saint-Laurent (Albert de), Avocat, 128, cours Victor-Hugo. — Bordeaux (Gironde).

Saint-Martin (Charles de), 88, rue Ordener. — Paris.

Saint-Olive (G.), anc. Banquier, 9, place Morand. — Lyon (Rhône).

Dr Sainte-Rose-Suquet, 3, rue des Pyramides. — Paris.

Sanson (André), Prof. à l'Inst. nat. agronom. et à l'Éc. nat. d'agric. de Grignon, 11, rue Boissonnade. — Paris.

Schlumberger (Charles), Ing. des Construc. nav. en retraite, 21, rue du Cherche-Midi. — Paris.

Schmitt (Henri), Pharm. de 1re cl., 44, rue des Abbesses. — Paris.

Schmutz (Emmanuel), 1, rue Kageneck. — Strasbourg (Alsace-Lorraine).

Schwérer (Pierre, Alban), Notaire, 3, rue Saint-André. — Grenoble (Isère).

Sebert (le Général Hippolyte), Admin. de la *Soc. anonyme des Forges et Chantiers de la Méditerranée*, 14, rue Brémontier. — Paris.

Sédillot (Maurice), Entomol., Mem. de la Com. scient. de Tunisie, 20, rue de l'Odéon. — Paris.

Segretain (Léon), Général de Division, Gouverneur de Lille, 28, place aux Bleuets. — Lille (Nord).

Selleron (Ernest), Ing. des construc. nav., 76, rue de la Victoire. — Paris.

Serre (Fernand), Prop., 1, rue Levat. — Montpellier (Hérault).

Seynes (Léonce de), 58, rue Calade. — Avignon (Vaucluse).

Siégler (Ernest), Ing. en chef des P. et Ch., Ing. en chef adj. de la voie à la *Comp. des Chem. de fer de l'Est*, 96, rue de Maubeuge. — Paris.

Société industrielle d'Amiens. — Amiens (Somme).

Société philomathique de Bordeaux, 2, cours du XXX Juillet. — Bordeaux (Gironde).

Société des Sciences physiques et naturelles, 143, cours Victor-Hugo. — Bordeaux (Gironde).

Société académique de Brest. — Brest (Finistère).

Société libre d'Agriculture, Sciences, Arts et Belles-Lettres de l'Eure. — Évreux(Eure).

Société centrale de Médecine du Nord. — Lille (Nord).

Société académique de la Loire-Inférieure, 1, rue Suffren. — Nantes (Loire-Inférieure).

Société centrale des Architectes français, 168, boulevard Saint-Germain. — Paris.

Société de Géographie, 184, boulevard Saint-Germain. — Paris.

Société médico-chirurgicale de Paris (ancienne Société Médico-Pratique), 28, rue Serpente (Hôtel des Sociétés savantes). — Paris.

Société industrielle de Reims, 18, rue Ponsardin. — Reims (Marne).

Société médicale de Reims, 71, rue Chanzy. — Reims (Marne).

Sonnié-Moret (Abel), Pharm. de l'Hôp. des Enfants malades, 149, rue de Sèvres.—Paris.

Steinmetz (Charles), Tanneur, 60, rue d'Illzach. — Mulhouse (Alsace-Lorraine).

Stengelin, Banquier, 9, quai Saint-Clair. — Lyon (Rhône).

Storck (Adrien), Ing. des Arts et Man., 78, rue de l'Hôtel-de-Ville. — Lyon (Rhône).

Surrault (Ernest), Notaire hon., 5, rue de Cléry. — Paris.

Dr Tachard (Élie), Méd. princ., chef des salles milit. de l'Hosp. mixte, 28, rue Ingres. — Montauban (Tarn-et-Garonne).

Tarry (Gaston), Insp. des Contrib. diverses, attaché au Gouvern. gén. de l'Algérie, 6, rue Clauzel. — Alger.

Tarry (Harold), Insp. des Fin. en retraite, anc. Élève de l'Éc. Polytech., 6, rue de Bagneux. — Paris.

Dr Teillais (Auguste), place du Cirque. — Nantes (Loire-Inférieure).

Testut (Léo), Prof. d'anat. à la Fac. de Méd., 3, avenue de l'Archevêché.— Lyon (Rhône).

Teullé (le Baron Pierre), Prop., Mem. de la *Soc. des Agricult. de France*. — Moissac (Tarn-et-Garonne).

Thénard (Mme la Baronne Paul), 6, place Saint-Sulpice. — Paris.

Thibault (J.), Tanneur, 18, place du Maupas. — Meung-sur-Loire (Loiret).

Dr Thibierge (Georges), Méd. des Hôp., 7, rue de Surène. — Paris.

Dr Thulié (Henri), anc. Présid. du Cons. mun., 37, boulevard Beauséjour. — Paris.

Thurneyssen (Émile), Admin. de la *Comp. gén. Transat.*, 10, rue de Tilsitt. — Paris.

Tilly (de), Teintures et apprêts, 77, rue des Moulins. — Reims (Marne).

Tissandier (Gaston), Chim., Rédac. en chef de *La Nature*, 50, rue de Châteaudun. — Paris.

Tissot, Examin. d'admis. à l'Éc. Polytech. en retraite. — Voreppe (Isère).

Tissot (J.), Ing. en chef des Mines. — Constantine (Algérie).

Dr Topinard (Paul), Dir.-adj. du Lab. d'anthrop. de l'Éc. des Hautes Études, 105, rue de Rennes. — Paris.

Tourtoulon (le Baron Charles de), Prop. — Valergues par Lansargues (Hérault).

Trélat (Émile), Ing. des Arts et Man., Archit., Prof. au Conserv. nat. des Arts et Métiers, Dir. de l'Éc. spéc. d'archit., Député de la Seine, 17, rue Denfert-Rochereau. — Paris.

Urscheller(Georges, Henri), Prof. d'allemand au Lycée, 4, rue Saint-Yves.—Brest(Finistère).

Dr Vaillant (Léon), Prof. au Muséum d'hist. nat., 2, rue de Buffon. — Paris.

Dr Valcourt (Théophile de), Méd. de l'hôp. marit. de l'enfance. — Cannes (Alpes-Maritimes), et 50, boulevard Saint-Michel. — Paris.

Vallot (Joseph), Dir. de l'Observatoire du Mont-Blanc, 61, avenue d'Antin. — Paris.

Van Aubel (Edmond), Doct. ès sc. phys. et math., Chargé de Cours à l'Univ. de Gand, 12, rue de Comines. — Bruxelles (Belgique).

Van Blarenberghe (Mme Henri, François), 48, rue de la Bienfaisance. — Paris.

Van Blarenberghe (Henri, François), Ing. en chef des P. et Ch. en retraite, Présid. du Cons. d'admin. de la *Comp. des Chem. de fer de l'Est*, 48, rue de la Bienfaisance.—Paris.

Van Blarenberghe (Henri, Michel), Ing. des P. et Ch., 48, rue de la Bienfaisance.—Paris.

Van Iseghem (Henri), Avocat, Mem. du Cons. gén. de la Loire-Inférieure, 7, rue du Calvaire. — Nantes (Loire-Inférieure).

Vandelet (O.), Nég. — Pnumpenh (Cambodge).

Vaney (Emmanuel), anc. Cons. à la Cour d'Ap., 14, rue Duphot. — Paris.

Vassal (Alexandre). — Montmorency (Seine-et-Oise) et 55, boulevard Haussmann. — Paris.

Vautier (Théodore), Prof. adj. à la Fac. des Sc., 30, quai Saint-Antoine. — Lyon (Rhône).

Dr Verger (Théodore). — Saint-Fort-sur-Gironde (Charente-Inférieure).

Vermorel (Victor), Construc., Dir. de la Stat. vitic. — Villefranche (Rhône).

VERNEUIL (Aristide), Mem. de l'Inst. et de l'Acad. de Méd., Prof. hon. à la Fac. de Méd.
  Chirurg. hon. des Hôp., 11, boulevard du Palais. — Paris.
VERNEY (Noël), Doct. en droit, Avocat à la cour d'Ap., 47, avenue de Noailles. — Lyon (Rhône).
VEYRIN (Émile), 96, rue de Miroménil. — Paris.
VIEILLARD (Albert), 77, quai de Bacalan. — Bordeaux (Gironde).
VIEILLARD (Charles), 77, quai de Bacalan. — Bordeaux (Gironde).
VIEILLE (Jules), Insp. gén. hon. de l'Instruc. pub., 9, rue La Trémoille. — Paris.
VIGNARD (Charles), Lic. en droit, anc. Mem. du Cons. mun., Nég., anc. Juge au Trib.
  de com., 16, passage Saint-Yves. — Nantes (Loire-Inférieure).
Dr VIGUIER (C.), Doct. ès sc., Prof. à l'Éc. prép. à l'Ens. sup. des Sc., 2, boulevard de la
  République. — Alger.
VILLARD (Pierre), Doct. en droit, 1, rue Le Goff. — Paris.
VILLIERS DU TERRAGE (le Vicomte DE), 30, rue Barbet-de-Jouy. — Paris.
VINCENT (Auguste), Nég., Armat., 14, quai Louis XVIII. — Bordeaux (Gironde).
WARNIER et DAVID, Nég., 3, rue de Cernay — Reims (Marne).
WILLM, Prof. de Chim. gén. appliq. à la Fac. des Sc. de Lille, 82, boulevard Montparnasse.
  — Paris.
XAMBEU (François), Prof. de l'Univ. en retraite, 41, Grande-Rue. — Saintes (Charente-
  Inférieure).
ZEILLER (René), Ing. en chef des Mines, 8, rue du Vieux-Colombier. — Paris.

LISTE GÉNÉRALE DES MEMBRES

DE L'ASSOCIATION FRANÇAISE

POUR L'AVANCEMENT DES SCIENCES

FUSIONNÉE AVEC

L'ASSOCIATION SCIENTIFIQUE DE FRANCE

(Les noms des Membres Fondateurs sont suivis de la lettre **F** *et ceux des Membres à vie de la lettre* **R**. — *Les astérisques indiquent les Membres qui ont assisté au Congrès de Besançon.)*

Abadie (Alain), Ing. des Arts et Man., Sec. gén. de la *Comp. gén. de Trav. pub.*, 56, rue de Provence. — Paris.

Dr Abadie (Charles), 9, rue Volney. — Paris.

Abbadie (Antoine d'), Mem. de l'Inst. et du Bureau. des Longit., 120, rue du Bac. — Paris. — **F.**

Abbe (Cleveland), Météor., Weather-Bureau, department of Agriculture — Washington City (États-Unis d'Amérique). — **R**

Abert (Hippolyte), Méd.-vétér.-Insp., 95, rue de la République. — Marseille (Bouches-du-Rhône).

Académie d'Hippone. — Bône (départ. de Constantine) (Algérie).

Académie des Sciences, Belles-Lettres et Arts de Tarn-et-Garonne. — Montauban (Tarn-et-Garonne).

Aconin (Charles), Manufac., 21, rue Saint-Nicolas. — Compiègne (Oise).

*Acquier (Louis), Doct. en Droit, Juge au Trib. civ. — Saint-Affrique (Aveyron).

Adam (Alphonse), Fondé de pouvoirs de la *Soc. anonyme des tissus de laine*. — Le Thillot (Vosges).

Adam (Paul), 28, allées d'Amour. — Bordeaux (Gironde).

Adam (François), Prof. de Phys. au Lycée. — Nantes (Loire-Inférieure).

Adhémar (le Vicomte P. d'), Prop., 25, Grand'Rue. — Montpellier (Hérault).

Adrian (Alphonse), Pharm., Fabric. de prod. pharm., 9, rue de la Perle. — Paris.

*Aduy (Eugène), Prop., Sec. de la Ch. de Com., 27, quai Vauban. — Perpignan (Pyrénées-Orientales). — **R**

Agache (Edmond), 57, boulevard de la Liberté. — Lille (Nord).

Agache (Édouard), Prop. — Pérenchies (Nord).

Dr Aguilhon (Élie), 18, rue de la Chaussée-d'Antin. — Paris.

Albenque, Pharm. — Rodez (Aveyron).

Albert Ier de Monaco (S. A. S. le Prince régnant), Corresp. de l'Inst., 25, rue du Faubourg-Saint-Honoré. — Paris, et Palais princier. — Monaco.

Albertin (Michel), Pharm. de 1re cl., Dir. de la *Soc. des Eaux min.* et Maire de Saint-Alban, rue de l'Entrepôt. — Roanne (Loire). — **R**

Alcan (Félix), Libraire-Édit., anc. Élève de l'Éc. norm. sup., 108, boulevard Saint-Germain. — Paris.

Alcay (Théodore), 71, rue de Vaugirard. — Paris.

Alché (Louis d'), Pharm. — Monclar (Lot-et-Garonne).

Alché (Séraphin d'), Pharm. — Miramont (Lot-et-Garonne).

Dr Alezais (Henri), Chef des trav. anat. à l'Éc. de Méd., 47, rue Breteuil. — Marseille (Bouches-du-Rhône).

Alger, 35, boulevard des Capucines. — Paris.

*Alglave (Émile), Prof. à la Fac. de Droit de Paris, anc. Dir. de la *Revue scientifique*, 27, avenue de Paris. — Versailles (Seine-et-Oise).

Alingry (Henri), Insp. de la *Comp. des Chem. de fer d'Orléans*, anc. Élève de l'Éc. Polytech., 37, rue Neuve-Chinchauvaud. — Limoges (Haute-Vienne).

Dr **Alix (Charles, Émile)**, Méd. princ. de 1re cl. des armées en retraite, 11, allées des Demoiselles. — Toulouse (Haute-Garonne).

Allain-Launay, Insp. des Fin., anc. Élève de l'Éc. Polytech., 37, boulevard Malesherbes. — Paris.

Allain-Le Canu (Jules), Lic. ès sc., Pharm. de 1re cl., 36, quai de Béthune. — Paris.

Allard (Hubert), Pharm. de 1re cl., Prop. — Neuvy par Moulins (Allier). — **R**

*Allard (Léon)**, Nég., Sec. de la *Soc. des Beaux-Arts*, 2, rue des Granges. — Besançon (Doubs).

Allègre (Léonce), Notaire, 11, rue Jacquemars-Giélée. — Lille (Nord).

Alluard (Émile), Doyen hon. de la Fac. des Sc., Dir. hon. de l'Observ. météor. du Puy-de-Dôme, 22 *bis*, place de Jaude. — Clermont-Ferrand (Puy-de-Dôme).

Alphandery (Eugène), Nég., 57, rue Sylvabelle. — Marseille (Bouches-du-Rhône).

Alvin (Henri), Ing. des P. et Ch., attaché à la *Comp. des chem. de fer d'Orléans*, 43, rue du Chinchauvaud. — Limoges (Haute-Vienne).

Amadon (Désiré), Conduct. des P. et Ch., 94, rue Pierre-Corneille. — Lyon (Rhône). — **R**

Dr **Amans (Paul)**, Doct. ès sc., 37, rue du Faubourg-Celleneuve. —Montpellier(Hérault).

Ambly (Frédéric Peschart d'), Insp. gén. du Génie marit. en retraite, 23, rue des Bauches. — Paris.

Amboix de Larbont (Henri d'), Colonel du 15e rég. d'Infant. — Carcassonne (Aude). — **F**

Amet (Émile), Indust., Usine Saint-Hubert. — Sézanne (Marne).

Amtmann (Th.), Archiv.-Biblioth. de la *Soc. archéol.*, 26, rue Doidy.— Bordeaux (Gironde).

Andouard (Ambroise), Pharm., Prof. à l'Éc. de Méd. et de Pharm., 8, rue Clisson. — Nantes (Loire-Inférieure).

Dr **Andral (Jean, Léon)**, Méd. insp. adj. aux Eaux-Bonnes, 44, rue de la Préfecture. — Pau (Basses-Pyrénées).

Andrault, Cons. à la Cour d'Ap. — Alger.

André (Alfred), Régent de la *Banque de France*, Admin. de la *Comp. des chem. de fer de Paris à Lyon et à la Méditerranée*, anc. Député, 49, rue La Boëtie. — Paris. — **F**

André (Charles), Prof. à la Fac. des Sc. de Lyon, Dir. de l'Observatoire. — Saint-Genis-Laval (Rhône).

André (Édouard), anc. Député, 158, boulevard Haussmann. — Paris. — **F**

André (Mme Grégoire), 18, rue Lafayette. — Toulouse (Haute-Garonne).

Dr **André (Grégoire)**, Chargé de Cours de Pathol. int. à la Fac. de Méd., 18, rue Lafayette. — Toulouse (Haute-Garonne).

André (Jules), Nég., 5, rue des Griffons. — Avignon (Vaucluse).

*Dr **Andrey (Édouard)**, 19, avenue de Clichy. — Paris.

*Andrieux (Mme Gaston)**, 12, cours Gambetta. — Montpellier (Hérault).

*Andrieux (Gaston)**, Entrep. de serrur., 12, cours Gambetta. — Montpellier (Hérault).

Andurain (d'), Mem. du Cons. gén. — Mauléon (Basses-Pyrénées).

Anger (Charles, Henri), Ing. chargé des Études du matériel roulant à la *Comp. du chem. de fer du Nord*, anc. Élève de l'Éc. cent. des Arts et Man., 5, place des Vosges. — Paris.

Angot (Alfred), Doct. ès sc., Météor. tit. au Bureau cent. météor. de France, 12, avenue de l'Alma. — Paris. — **R**

Angot (Paul), Nég., 131, boulevard de Sébastopol. — Paris.

*Anthoine (Édouard)**, Ing., Chef du serv. de la Carte de France et de la Stat. graph. au Min. de l'Int., anc. Élève de l'Éc. cent. des Arts et Man., 13, rue Cambacérès.— Paris.

Anthoni (Gustave), Ing. des Arts et Man., 67, boulevard du Château. — Neuilly-sur-Seine (Seine).

*Antoine (Ernest)**, Fabric. d'horlog., Mem. du Syndic. horlog., 5, rue Moncey — Besançon (Doubs).

Antoine (L., V.), Prop. — Staoueli (départ. d'Alger).

Dr **Antony (Frédéric, Jacques)**, Méd.-maj. de 1re cl., Agr. à l'Éc. d'applic. de Méd. et de Pharm. milit., 93, boulevard de Port-Royal. — Paris.

Dr **Apostoli (Georges)**, 5, rue Molière. — Paris.

Appert (Aristide), anc. Indust., 58, rue Ampère. — Paris. — **R**

Appert (Léon), Commis.-pris. hon., 11, avenue d'Eglé. — Maisons-Laffitte (Seine-et-Oise).

Arbaumont (Jules d'), v.-Présid. de l'*Acad. des Sc., Arts et Belles-Lettres*, 43, rue Sermaise. — Dijon (Côte-d'Or).

Arcin (Henri), Nég., 1, place des Quinconces. — Bordeaux (Gironde).

Dr **Aris (Prosper)**, 17, rue du Lycée. — Pau (Basses-Pyrénées).

Arloing (Saturnin), Corresp. de l'Inst. et de l'Acad. de Méd., Prof. à la Fac. de Méd., Dir. de l'Éc. nat. vétér., 2, quai Pierre-Seize. — Lyon (Rhône). — **R**

Dr Armaingaud (Arthur), anc. Agr. à la Fac. de Méd., 61, cours de Tourny. — Bordeaux (Gironde).

Armengaud (Eugène), Ing. des Arts et Man., 21, boulevard Poissonnière. — Paris.

Dr Armet (Silvère). — Sallèles-d'Aude (Aude).

Armez (Louis), Ing. des Arts et Man., Député des Côtes-du-Nord, 14, rue Juliette-Lamber. — Paris, et château Bourg-Blanc. — Plourivo par Paimpol (Côtes-du-Nord).

Dr Arnaud (François), Prof. sup. à l'Éc. de Méd., 8, place d'Aubagne. — Marseille (Bouches-du-Rhône).

Arnaud (Jean-Baptiste), Ing. des P. et Ch. — Condom (Gers).

Arnaud (Paulin), Fabric. — Mèze (Hérault).

*Dr Arnaud de Fabre (Amédée), 36, rue Sainte-Catherine. — Avignon (Vaucluse).

Arnaud-Jeanti (Louis), 54, rue des Francs-Bourgeois. — Paris.

Arnavon (Honoré), Fabric. de savon, 12, rue du Fort-Notre-Dame. — Marseille (Bouches-du-Rhône).

Arnould (Charles), Nég., 17, rue Thiers. — Reims (Marne).

Arnould (Charles), Insp. gén. des Poudres et Salpêtres, Dir. au Min. de la Guerre, 22, rue de Narbonne. — Paris.

Arnould (Jean-Baptiste, Camille), Dir. de l'Enreg. et des Dom., 6, place Saint-Pierre. — Troyes (Aube).

Arnould (Jules-Hippolyte), Prof. d'hyg. à la Fac. de Méd., Méd. insp., Dir. du serv. de santé du 1er corps d'armée, 251, rue Solférino. — Lille (Nord).

Arnoux (Louis-Gabriel), anc. Of. de marine. — Les Mées (Basses-Alpes). — **R**

Arnoux (René), anc. Ing. des ateliers Bréguet, Ing.-Conseil de la *Comp. continentale Edison*, 16, rue de Berlin. — Paris. — **R**

Arnozan (Mme Gabriel), 40, allées de Tourny. — Bordeaux (Gironde).

*Arnozan (Gabriel), Pharm. de 1re cl., Présid. de la *Soc. de Pharm. de la Gironde*, 40, allées de Tourny. — Bordeaux (Gironde).

Arnozan (Xavier), Prof. à la Fac. de Méd., 27 *bis*, cours du Pavé-des-Chartrons — Bordeaux (Gironde).

Arosa (Achille), Mem. de la *Soc. de Géog.*, 169, boulevard Haussmann. — Paris.

Arrault (Paulin), Ing. des Arts et Man., Const. d'ap. de sond., 69, rue Rochechouart. — Paris.

Dr Arsonval (Arsène d'), Mem. de l'Acad. de méd., Prof. sup. au Col. de France, 28, avenue de l'Observatoire. — Paris.

Artaud (Marius), Cap. marin, 59, chemin de Saint-Julien-Saint-Barnabé. — Marseille (Bouches-du-Rhône).

Arth (Georges), Maître de Conf. à la Fac. des Sc., 7, rue de Rigny. — Nancy (Meurthe-et-Moselle).

Arvengas (Albert), Lic. en droit, 1, rue Raimond-Lafage. — Lisle-d'Albi (Tarn). — **R**

Association amicale des anciens Elèves de l'Institut du Nord, 17, rue Faidherbe. — Lille (Nord).

*Association pour l'Enseignement des Sciences anthropologiques (École d'anthropologie), 15, rue de l'École-de-Médecine. — Paris. — **R**

Astor (Auguste), Prof. à la Fac. des Sc., 6, square de la Poste. — Grenoble (Isère).

Auban-Moët, Nég. en vins de Champagne. — Épernay (Marne). — **R**

Aubert (Charles), Lic. en droit, Avoué plaidant. — Rocroi (Ardennes). — **F**

*Aubert (Mme Ephrem), 31, chaussée du Port. — Reims (Marne).

*Aubert (Ephrem), Nég., 31, chaussée du Port. — Reims (Marne).

Aubert (Ephrem), Prof. d'hist. nat. au Lycée Charlemagne, 62, rue Claude-Bernard. — Paris.

Dr Aubert (P.-F.), anc. Chirurg. de l'Antiquaille, 33, rue Victor-Hugo. — Lyon (Rhône).

*Aubert (Mme Raymond), 33, chaussée du Port. — Reims (Marne).

*Auber (Raymond), Nég., 33, chaussée du Port. — Reims (Marne).

*Aubert (René), Étud., 33, chaussée du Port. — Reims (Marne).

Aubin (Émile), Chim., Dir. du lab. de la *Soc. des Agric. de France*, 12, rue Pernelle. — Paris.

Aubrun, 10, boulevard des Batignolles. — Paris.

Dr Audé. — Fontenay-le-Comte (Vendée).

Audiffred, Député de la Loire, 38, rue François Ier. — Paris, et à Roanne (Loire).

Audoynaud (Alfred), anc. Prof. de chim. à l'Éc. nat. d'Agric. de Montpellier, 6, rue Nogué. — Pau (Basses-Pyrénées).

Audra (Edgard), Trésor. de la *Soc. française de Photog.*, 3, rue de Logelbach. — Paris.

Augé (Eugène), Ing. civ., 6, rue Barralerie. — Montpellier (Hérault).

Ault du Mesnil (Geoffroy d'), Géol., Admin. des Musées, 1, rue de l'Eauette. — Abbeville (Somme).

Dʳ Auquier (Eugène), 18, rue de la Banque. — Nîmes (Gard).

Auric (André), Ing. des P. et Ch. — Montélimar (Drôme).

Auriol (Adrien), Ing. agron., 22, rue Desfourniel. — Bordeaux (Gironde).

Autin (Alfred, François), Pharm. — Étampes (Seine-et-Oise).

*Avenelle (Ernest), Dir. des établiss. Rivière et Cⁱᵉ, 15, rue d'Elbeuf. — Rouen (Seine-Inférieure).

*Avenelle (Georges), 15, rue d'Elbeuf. — Rouen (Seine-Inférieure).

Aynard (Edouard), Banquier, Présid. de la Ch. de Com., Député du Rhône, 11, place de la Charité. — Lyon (Rhône). — **F**

Azam, Prof. hon. à la Fac. de Méd., 14, rue Vital-Carles. — Bordeaux (Gironde). — **F**

*Dʳ Azoulay (Léon), Rédac. au *Bulletin médic.*, 155, rue Blomet. — Paris.

Babinet (André), Ing. des P. et Ch., 5, rue Washington. — Paris. — **R**.

Babut (Eugène) (fils), 9, rue Villeneuve. — La Rochelle (Charente-Inférieure).

Baby (Paul), Commis de Dir. des Postes et Télég. — Foix (Ariège).

Dʳ Bachelot-Villeneuve. — Saint-Nazaire (Loire-Inférieure).

Badetty (Barthélemy), Armat., 35, rue Canebière. — Marseille (Bouches-du-Rhône).

Dʳ Bagnéris (E.), Agr. des Fac. de Méd., 12, rue de la Grue. — Reims (Marne).

*Baigue (Henri), Nég., Adj. au Maire, 11, rue des Chambrettes. — Besançon (Doubs).

Baillaud, Doyen de la Fac. des Sc., Dir. de l'Observatoire. — Toulouse (Haute-Garonne).

Baille (Mᵐᵉ J.-B., Alexandre), 26, rue Oberkampf. — Paris. — **R**

Baille (J.-B., Alexandre), Répét. à l'Éc. Polytech., 26, rue Oberkampf. — Paris. — **F**

Baillehache (le Comte Eugène de), Ing. civ., 46, boulevard Pereire. — Paris.

Bailliart (Jules), Insp. d'Acad., 19, rue Charles-Nodier. — Besançon (Doubs).

Baillière (Germer), anc. Libraire-Édit., anc. Mem. du Cons. mun., 10, rue de l'Éperon. — Paris. — **F**

Baillière (Paul), Doct. en droit, Avocat à la Cour d'Ap., 128, boulevard Haussmann. — Paris.

Baillon (H.), Prof. à la Fac. de Méd., 12, rue Cuvier. — Paris. — **F**

Baillon (jeune), Exploitant de carrières, 203 *bis*, boulevard Saint-Germain. — Paris.

Baillou (A.), Prop., 96, rue Croix-de-Seguey. — Bordeaux (Gironde).

Dʳ Bailly. — Chambly (Oise).

*Bailly (Alfred), anc. Cons. gén., Rédac. au *Républicain de Nogent-le-Rotrou*, rue Saint-Hilaire. — Nogent-le-Rotrou (Eure-et-Loir).

*Bailly (Léon), Prof. agr. de Phys. au Lycée, 19, rue Tran. — Pau (Basses-Pyrénées).

*Baissac (Auguste), Ing. civ. des mines. — Gouhenans (Haute-Saône).

Balandreau (Mᵐᵉ Jean, André), 11, rue des Halles. — Paris.

Balandreau (Jean, André), Avocat à la Cour d'Ap., 11, rue des Halles. — Paris.

Balaschoff (Pierre de), Rent., 6, rue Ampère. — Paris. — **F**

Balbiani (Gérard), Prof. au Col. de France, 18, rue Soufflot. — Paris.

Baldy, Pharm. de 1ʳᵉ cl., Prof. à la Fac. de Méd. française. — Beyrouth (Syrie) (Turquie d'Asie).

Balguerie (Edmond), Ing. des Arts et Man., 1, place Lainé (Entrepôt réel). — Bordeaux (Gironde).

Bamberger (Henri), Banquier, 14, rond-point des Champs-Élysées. — Paris. — **F**

Bapterosses (F.), Manufac. — Briare (Loiret). — **F**

Barabant (Roger), Ing. en chef des P. et Ch., Dir. de la *Comp. des chem. de fer de l'Est*, 16, rue La Rochefoucauld. — Paris. — **R**

Dʳ Baraduc (Hippolyte, Ferdinand), Électrothérap., 11, rue du Faubourg-Montmartre. — Paris.

Dʳ Baratier. — Bellenave (Allier).

*Barbelenet (Simon), Prof. de Math. au Lycée, 18, avenue de Bétheny. — Reims (Marne).

Barber (T.-A.), Nég., 14, boulevard Malakoff. — Oran (Algérie).

Barbier (Aimé), Étud., 48, rue Cortambert. — Paris.

Barbier (Jean, Louis, Frédéric), Peintre, rue Édouard-Larue. — Le Havre (Seine-Inférieure).

Barbier (Joseph, Victor), Sec. gén. de la *Soc. de Géog. de l'Est*, 1 *bis*, rue de la Prairie. — Nancy (Meurthe-et-Moselle).

*Barbier (Philippe), Prof. à la Fac. des Sc., 3, quai Perrache. — Lyon (Rhône).

Barbier-Delayens (Victor), Prop., 5, rue Papacin. — Nice (Alpes-Maritimes). — **F**

Barboux (Henri), Avocat à la Cour d'Ap., anc. Bâton. du Cons. de l'ordre, 10, quai de la Mégisserie. — Paris. — **F**

Bard (Édouard), Nég. — Fécamp (Seine-Inférieure).

Dr Bardet, 20, rue de Vaugirard. — Paris.

Bardin (Mlle), 2, rue du Luminaire. — Montmorency (Seine-et-Oise). — **R**

*Dr **Bardy (Victor)**, 1, place de l'Arsenal. — Belfort.

Bardot (Henri), Fabric. de Prod. chim., 274, rue Lecourbe. — Paris.

Bardoux (Agénor), Mem. de l'Inst., anc. Min. de l'Inst. pub., Sénateur, 74, avenue d'Iéna. — Paris.

Dr Baréty (Alexandre). — Nice (Alpes-Maritimes).

Barge (Henry), Archit., anc. Élève de l'Éc. nat. des Beaux-Arts, Maire. — Janneyrias par Meyzieux (Isère).

Bargeaud (Paul), Percept. — Royan-les-Bains (Charente-Inférieure). — **R**

Bariat (Julien), Ing., Const. de mach. agricoles. — Bresles (Oise).

Dr Barillet (Alexandre), 20, rue Tronsson-Ducoudray. — Reims (Marne).

Barillier-Beaupré (Alphonse), Juge de paix, Grande-Rue. — Champdeniers (Deux-Sèvres). — **R**

Baron (Émile), Fabric. de savon, 23, rue Longue-des-Capucines. — Marseille (Bouches-du-Rhône).

Baron (Henri), Dir. hon. de l'Admin. des Postes et Télég., 64, rue Madame. — Paris. —**R**

Baron (Jean), anc. Ing. des Construc. nav., Ing. en chef aux *Chantiers de la Gironde*, 50, rue du Tondu. — Bordeaux (Gironde). — **R**

Baron-Latouche (Émile), Juge au Trib. civ. — Fontenay-le-Comte (Vendée).

*Dr Barral (Étienne), Agr. à la Fac. de Méd., 2, quai Fulchiron. — Lyon (Rhône).

*Barrand (Ferdinand), Ing. des P. et Ch., 14, rue du Chateur. — Besançon (Doubs).

Barrau, Notaire, 19, place de la Bourse. — Toulouse (Haute-Garonne).

Barret (Amédée), Photograv., 104, boulevard Montparnasse. — Paris.

Dr Barrois (Charles), Prof. à la Fac. des Sc., 37, rue Pascal. — Lille (Nord). — **R**

Dr Barrois (Jules), Doct. ès-sc., Zool., villa de Surville, Cap Brun. — Toulon (Var). — **R**

Dr Barrois (Théodore) (fils), Agr. à la Fac. de Méd., 63, rue de Lannoy. — Fives-Lille (Nord).

Barrois (Théodore), Filat. de coton, 63, rue de Lannoy. — Fives-Lille (Nord).

Barroux (Abel), Dir. de l'Asile d'aliénés. — Villejuif (Seine).

Barsalou (Dauphin), Agric. — Montredon par Narbonne (Aude).

Bartaumieux (Charles), Archit., Expert à la Cour d'Ap., Mem. de la *Soc. cent. des Archit. franç.*, 66, rue La Boëtie. — Paris. — **R**

Dr Barth (Henry), Méd. des Hôp., Sec. de l'*Assoc. des Méd. de la Seine*, 2, rue Saint-Thomas-d'Aquin. — Paris.

Barthe-Dejean (Jules), 5, rue Bab-el-Oued. — Alger.

Dr Barthe de Sandfort (Edmond), anc. Méd. de la marine, Méd. consult. des thermes de Dax, 222, rue de Rivoli. — Paris.

*Barthélemy (François), 22, rue du Faubourg-des-Trois-Maisons. — Nancy (Meurthe-et-Moselle).

Barthélemy (Gustave), Nég. en papiers, 10, rue Saint-Séverin. — Paris.

Barthélemy (le Vicomte François, Pierre de), Étud., 107, rue du Faubourg-Saint-Honoré. — Paris.

Barthélemy-Saint-Hilaire (Jules), Mem. de l'Inst., anc. Min., Sénateur, 4, boulevard Flandrin. — Paris.

Barthelet (Edmond), Dir. du *Sémaphore*, 19, rue Venture. — Marseille (Bouches-du-Rhône).

Barthès (Antonin), Prop. — Maraussan (Hérault).

Bartholoni (Fernand), anc. Présid. du Cons. d'admin. de la *Comp. des Chem. de fer d'Orléans*, 12, rue La Rochefoucauld. — Paris. — **F**

Bartin (René), Prop., rue de la Berbeziale. — Issoire (Puy-de-Dôme).

Bary (Alexandre de), Nég. en vins de Champagne, 17, boulevard Lundy. — Reims (Marne).

Basset (Charles), Nég., cours Richard. — La Rochelle (Charente-Inférieure).

Dr Basset (Gabriel), Méd. adj. des Hôp., 34, rue Peyrolières. — Toulouse (Haute-Garonne).

Dr Basset de Séverin (Paul, Henri), château Chamberjot. — Noisy-sur-École par la Chapelle-la-Reine (Seine-et-Marne).

Bastid (Adrien), Député du Cantal, 89, boulevard de Courcelles. — Paris.

Bastide (Étienne), Pharm., rue d'Armagnac. — Rodez (Aveyron).

Dr **Bastide** (Paul), 9, rue Fortunée. — Marseille (Bouches-du-Rhône).

Bastide (Scévola), Prop.-vitic., Mem. de la Ch. de Com., 11, rue Maguelonne. — Montpellier (Hérault). — **R**

Bastit (Eugène), Doct. ès sc., Censeur du Lycée. — Chaumont (Haute-Marne).

Battle (Étienne), rue du Petit-Scel. — Montpellier (Hérault).

Baton (Ernest), Prop., 5, rue de Sfax. — Paris.

Dr **Battandier** (Jules, Aimé), Prof. à l'Éc. de méd., Méd. de l'hôp. civ., 9, rue Desfontaines. — Alger-Mustapha.

Dr **Battarel**, Méd. de l'hôp. civ., 69, rue de Constantine. — Alger-Mustapha.

Battarel (Pierre, Ernest), Ing. civ., château de Polangis, 1, route de Brie. — Joinville-le-Pont (Seine).

Baubigny (Henry), Doct. ès sc., 1, rue Le Goff. — Paris.

Baudet (Cloris), Ing.-Élect., 14, rue Saint-Victor. — Paris.

***Baudin** (Émile), Pharm., 19, rue Saint-Pierre. — Besançon (Doubs).

*Dr **Baudin** (Léon), Dir. du Bureau d'hyg., Mem. de l'*Acad. des Sc., Belles-Lettres et Arts*, 97, Grande-Rue. — Besançon (Doubs).

Baudoin (Antonin), Pharm. de 1re cl., Dir. du Lab. de Chim. agric. et indust., 4, rue de Barbezieux. — Cognac (Charente).

***Baudoin** (Mme Ve Édouard), 9, place de l'Hôtel-de-Ville. — Étampes (Seine-et-Oise).

Baudoin (Édouard), Chim., 48, boulevard Notre-Dame. — Marseille (Bouches-du-Rhône).

Baudoin (Noël), Ing. civ., 51, rue Lemercier. — Paris. — **F**

Baudon (Alexandre), Fabric. de prod. pharm., 12, rue Charles V. — Paris.

Baudouin (Alfred), Pharm. — Montlhéry (Seine-et-Oise).

Dr **Baudouin** (Marcel), Prépar. à la Fac. de Méd., anc. Int. des hôp., Sec. de la Rédac. du *Progrès médical*, Rédac. en chef des *Archives provinc. de Chirurg.*, 14, boulevard Saint-Germain. — Paris.

Baudreuil (Charles de), 29, rue Bonaparte. — Paris. — **R**

Baudreuil (Émile de), anc. Cap. d'Artil., anc. Élève de l'Éc. Polytech., 9, rue du Cherche-Midi. — Paris. — **R**

Baudry (Charles), Ing. en chef du matér. et de la trac. à la *Comp. des Chem. de fer de Paris à Lyon et à la Méditerranée*, anc. Élève de l'Éc. Polytech., 38, rue des Écoles. — Paris.

Baudry (Sosthène), Prof. à la Fac. de Méd., 14, rue Jacquemars-Giélée. — Lille (Nord).

Baumgartner (Léon), Ing. en chef des P. et Ch. — Agen (Lot-et-Garonne).

Bayard (Henri), anc. Pharm. — Villeneuve-Saint-Georges (Seine-et-Oise).

Bayard (Joseph), Pharm. de 1re cl., anc. Int. des hôp. de Paris, Sec. de la *Soc. des Pharm. de Seine-et-Marne*, 16, rue Neuville. — Fontainebleau (Seine-et-Marne).

Baye (le Baron Joseph de), Mem. de la *Soc. des Antiquaires de France*, Corresp. du Min. de l'Instruc. pub., 58, avenue de la Grande-Armée. — Paris, et château de Baye (Marne). — **R**

***Bayssellance** (Adrien), Ing. des Construc. nav. en retraite, Présid. de la rég. sud-ouest du *Club Alpin franç.*, anc. Maire, 84, rue Saint-Genès. — Bordeaux (Gironde). — **R**

Bazeries (Étienne), Chef d'Escadron, Command. les comp. du 16e escadron du Train des Équipages détachées en Tunisie. — Tunis.

Bazille (Gaston), anc. Sénateur, 11, Grande-Rue. — Montpellier (Hérault).

Bazin (Henri), Insp. gén. des P. et Ch., 140, boulevard Raspail. — Paris.

Beauchais, 130, boulevard Saint-Germain. — Paris.

Beauchamp (le Marquis R. de), anc. Sénateur, Mem. du Cons. gén. de la Vienne, 17, rue de la Bienfaisance. — Paris.

Dr **Beaudier** (H.). — Attigny (Ardennes).

Beaufumé (A.), Attaché au Min. des Fin., 212, rue de Rivoli. — Paris.

Beaumont (Henry Bouthillier de), Présid. hon., fond. de la *Soc. de Géog. de Genève*. — Collonges-sous-Salève (Haute-Savoie).

***Beauquier** (Charles), Député du Doubs. — Montjoux par Besançon (Doubs).

Beaurain (Narcisse), Biblioth.-adj. de la Ville, 10, impasse des Sapins. — Rouen (Seine-Inférieure).

Dr **Beauregard** (Henri), Assistant d'Anatomie comparée au Muséum d'hist. nat., Agr. à l'Éc. sup. de Pharm., 49, boulevard Saint-Marcel. — Paris.

Beausacq (Mme la Comtesse Diane de), 41, rue d'Amsterdam. — Paris.

Dr **Beausoleil** (Raymond, J., P.), 2, rue Dufour-Dubergier. — Bordeaux (Gironde).

Beauvais (Maurice), Sec. gén. de la Préfect., 60, rue de La Flèche. — Niort (Deux-Sèvres).

*Béchamp (Antoine), anc. Prof. à la Fac. de Méd. de Montpellier, Corresp. de l'Acad. de Méd., 19, rue Jeanne-Hachette. — Le Havre (Seine-Inférieure). — **F**

Becker (Mme V^e), 260, boulevard Saint-Germain. — Paris. — **F**

Becker (A.), 9, quai Saint-Thomas. — Strasbourg (Alsace-Lorraine).

Becker (E.), Agent de change, 76, rue Talleyrand. — Reims (Marne).

Bedel (Louis), Entomol., 20, rue de l'Odéon. — Paris.

Bedout (Louis), château de la Plaine. — Cazaubon (Gers).

*Behal (Auguste), Pharm: de l'hôpital du Midi, Agr. à l'Éc. sup. de Pharm., 111, boulevard de Port-Royal. — Paris.

Beigbeder (David), anc. Ing. des Poudres et Salpêtres, 26, avenue de l'Opéra. — Paris.

Beille (Lucien), Pharm. de 1re cl., Chef de culture du Jardin botan. de la Fac. de Méd., place Sainte-Eulalie. — Bordeaux (Gironde).

*Béjean (Aimé), Pharm., 87, Grande-Rue. — Besançon (Doubs).

*Bélenet (Alexandre de), anc. Magist. — Quincey par Vesoul (Haute-Saône).

Bell (Édouard, Théodore), Nég., 57, Broadway. — New-York (États-Unis d'Amérique). — **F**

Bellemer (Th.), Prop., Vitic., 52, quai des Chartrons. — Bordeaux (Gironde).

Bellet (Daniel), Rédac. à *la Nature* et au *Journal des Économistes*, 80, rue Claude-Bernard. — Paris.

Bellio (Georges de), 2, rue Alfred-Stévens. — Paris.

Belloc (Dominique), Ing., anc. Élève de l'Éc. Polytech., 7, rue Le Verrier. — Paris.

Belloc (Émile), Chargé de Missions scient., 105, rue de Rennes. — Paris.

Bellocq (Auguste), Pharm., 1, rue Montpensier. — Pau (Basses-Pyrénées).

Bellocq (Pierre), Prop., 42, rue Porte-Neuve. — Pau (Basses-Pyrénées).

Bellon (Paul). — Écully (Rhône). — **R**

Bellot (Arsène, Henri), s.-Archiv. au Cons. d'État, 4, rue Fontanes. — Courbevoie (Seine).

Dr Belly (Adhémar de), 2 *A*, rue de la République. — Marseille (Bouches-du-Rhône).

*Beltzer (Émile), Notaire, 17, place Saint-Pierre. — Besançon (Doubs).

Dr Belugou (Guillaume), Chef des trav. de Phys. à l'Éc. sup. de Pharm., 3, boulevard Victor-Hugo. — Montpellier (Hérault).

Bémont (Gustave), Chimiste, 21, rue du Cardinal-Lemoine. — Paris.

Benet, Doct. en droit, Avocat. — Narbonne (Aude).

Dr Benet (Aimé), Prof. sup. à l'Éc. de Méd., 9, rue de la Grande-Armée. — Marseille (Bouches-du-Rhône).

Benoist, Notaire. — Senlis (Oise).

Benoist (Félix), Manufac., 30, rue de Monsieur. — Reims (Marne).

Benoist (Jules), Nég., 3, rue des Cordeliers. — Reims (Marne).

Benoît (Charles), Nég. en vins de Champagne, Domaine du Mont-Ferré, près Reims (Marne).

Dr Benoît (René), Doct. ès sc., Ing. civ., Dir. du Bur. internat. des poids et mesures, pavillon de Breteuil. — Sèvres (Seine-et-Oise).

Beral (Eloi), Insp. gén. des Mines en retraite, Cons. d'État hon., Sénateur du Lot, 1, rue Boursault. — Paris. — **F**

Beraud (Charles), Courtier de com., 11, rue de Fontenelle. — Rouen (Seine-Inférieure).

Berchon (Auguste), Prop. — Cognac (Charente).

*Berchon (Charles), Nég., 96, cours du Jardin-Public. — Bordeaux (Gironde).

Berchon (Mme Ernest), 96, cours du Jardin-Public. — Bordeaux (Gironde).

*Berdellé (Charles), anc. Garde gén. des Forêts. — Rioz (Haute-Saône). — **F**

Berdoly (H.), Avocat, Mem. du Cons. gén. et Député des Basses-Pyrénées, château d'Uhart-Mixe par Saint-Palais (Basses-Pyrénées).

Berge (Etienne, Jean, Gustave), Lic. en droit, 39, rue Cardinet. — Paris.

Berge (René), Ing. civ. des Mines, 12, rue Pierre-Charron. — Paris.

Dr Bergeon (Léon), Agr. à la Fac. de Méd., 16, quai de Tilsitt. — Lyon (Rhône).

Berger (Lucien), 53, rue Sainte-Anne. — Paris.

Berger-Levrault (Edmond), Imprim., 7, rue des Glacis. — Nancy (Meurthe-et-Moselle).

Berger-Levrault (Oscar), Imprim., 7, rue des Glacis. — Nancy (Meurthe-et-Moselle).

Bergeret (Albert), Dir. des ateliers de phototypie de la Maison J. Royer, 3, rue de la Salpêtrière. — Nancy (Meurthe-et-Moselle).

Dr Bergeron (Henri), 138, rue de Rivoli. — Paris.

Bergeron (Jules), Doct. ès sc., Ing. des Arts et Man., s.-Dir. du Lab. de Géol. de la Fac. des Sc., 157, boulevard Haussmann. — Paris. — **R**

Dr Bergeron (Jules), Sec. perp. de l'Acad. de Méd., 157, boulevard Haussmann. Paris. — **R**

Bergès (Aristide), Ing. des Arts et Man. — Lancey (Isère).

Berget (Alphonse), Doct. ès sc., Attaché au Lab. de Phys. de la Sorbonne, 16, rue de Vaugirard. — Paris.

Bergonié (Jean), Prof. de Phys. à la Fac. de Méd., 6 *bis*, rue du Temple. — Bordeaux (Gironde).

*Dr **Bérillon (Edgar)**, Méd.-Insp. adj. des asiles pub. d'aliénés, Dir. de la *Revue de l'Hypnotisme*, 40 *bis*, rue de Rivoli. — Paris.

Bernard, Prof., 59, avenue de Breteuil. — Paris.

***Bernard (Adrien)**, Dir. du Lab. départ. de Saône-et-Loire. — Cluny (Saône-et-Loire).

Bernard (Émile), Insp. gén. des P. et Ch., 43, avenue du Trocadéro. — Paris.

Bernard (Gabriel), Contrôl. princ. des Contrib. dir., 37, rue Victor-Hugo. — Le Havre (Seine-Inférieure).

Bernard (Georges, Eugène), Pharm. princ. de 1re cl., à la Pharm. cent. des Hôp. milit., 160, rue de l'Université. — Paris.

***Bernard (Gustave)**, anc. s.-Sec. d'État, Sénateur et Mem. du Cons. gén. du Doubs, 218, rue de Grenelle. — Paris.

Bernard (Remy), Dir. de la *Banque maritime*, 2, rue Chaptal. — Paris.

Dr **Bernauer**, 4, rue Saint-Denis. — Oran (Algérie).

Dr **Bernède (Louis, Alphée)**, cours Victor-Hugo. — Agen (Lot-et-Garonne).

Bernès (Henri), Prof. au Lycée Michelet, Mem. du Cons. sup. de l'Instruc. pub., 127, boulevard Saint-Michel. — Paris.

Berney (Mme J.-B.), 4, rue du Faubourg-Cérès. — Reims (Marne).

Berney (J.-B.), Nég., 4, rue du Faubourg-Cérès. — Reims (Marne).

Bernheim (Mme Maxime), 24, place de la Carrière. — Nancy (Meurthe-et-Moselle).

Bernheim (Maxime), Prof. de clin. int. à la Fac. de Méd., 24, place de la Carrière. — Nancy (Meurthe-et-Moselle).

*Dr **Bernheim (Samuel)**, 11, boulevard Montmartre. — Paris.

Bernis (Pierre), Ing. des P. et Ch., 12, rue Caussan. — Bordeaux (Gironde.

Berrens (Hippolyte), Manufac.-Chim., 230, calle Torrente de la Olla. — Gracia-Barcelone (Espagne).

Berry (Achille), Cap. de frégate en retraite, Agent gén. de la *Comp. gén. Transat.*, 9, quai de la Joliette. — Marseille (Bouches-du-Rhône).

Bertault-Simon, Prop.-Viticult., 37, rue de Châlons. — Ay (Marne).

Bertaut (Léon), Nég., 66, rue de La Rochefoucauld. — Paris.

Bertèche (Georges), Chim., Exp. près les Trib., 27, rue des Viviers. — Valenciennes (Nord).

Berthelot (Eugène), Sec. perp. de l'Acad. des Sc., anc. Min. de l'Inst. pub., Mem. de l'Acad. de Méd., Sénateur, Prof. au Col. de France, 3, rue Mazarine (Palais de l'Institut). — Paris. — **R**

*Dr **Berthelot (Louis)**. — Pontarlier (Doubs).

Berthier (Camille), Ing. des Arts et Man. — La Ferté-Saint-Aubin (Loiret).

Berthon (Édouard), Prop., 46, rue de Rome. — Paris.

Berthoud (Louis), Horloger-Expert de la Marine, Biblioth. de l'Éc. d'Horlog., 37, rue de Pontoise. — Argenteuil (Seine-et-Oise).

Bertillon (Alphonse), Chef du serv. de l'identité judiciaire à la Préf. de Police, 36, quai des Orfèvres. — Paris.

Dr **Bertillon (Jacques)**, Publiciste, Chef de la stat. mun., 24, rue de Penthièvre. — Paris.

Dr **Bertin (Georges)**, Prof. sup. à l'Éc. de Méd., 2, rue Franklin. — Nantes (Loire-Inférieure).

Dr **Bertin (Joseph)**, 2, boulevard Sévigné. — Dijon (Côte-d'Or).

Bertin (Louis), Ing. en chef des P. et Ch. en retraite, 6, rue Mogador. — Paris. — **R**

Bertin (Mme), 123, boulevard Pereire. — Paris, et l'été à Moulins (Allier).

Bertrand (Alexandre), Mem. de l'Inst., Conserv. du Musée. — Saint-Germain en Laye (Seine-et-Oise).

Bertrand (Joseph), Sec. perp. de l'Acad. des Sc., Mem. de l'Acad. franç., Prof. au Col. de France et à l'Éc. Polytech., 4, rue de Tournon. — Paris. — **R**

Bertrand (J.), Pharm. de 1re cl. — Fontenay-le-Comte (Vendée).

Besaucèle (Eugène) (fils), Prop., 15, rue de la Mairie. — Carcassonne (Aude).

Beslay (Pierre), Lieut. au 45e rég. d'infant. — Laon (Aisne).

Bessand (Charles), Admin. de la *Comp. des chem. de fer du Midi*, 2 *bis*, rue du Pont-Neuf. — Paris.

Besselièvre (Charles), Manufac., Mem. du Cons. gén. de la Seine-Inférieure, Maire. — Maromme (Seine-Inférieure).

Besselièvre (L.) (fils), Manufac., 24, rue de Crosne. — Rouen (Seine-Inférieure).
D' Bessette (E.), Chirurg. de l'Hôp. civ. et milit. — Angoulême (Charente).
Besson, Archit.-Vérif. — Montlhéry (Seine-et-Oise).
D' Besson (Eugène), 95, rue de Seine. — Paris.
Besson (Paul), Chim., 10, Neufeldeweg. — Neudorff près Strasbourg (Alsace-Lorraine).
Béthouart (Alfred), Ing. des Arts et Man., Maire. — Chartres (Eure-et-Loir). — **R**
Béthouart (Émile), Conserv. des Hypothèques, 13, rue Dutillet. — Dôle (Jura). — **R**
Beylot, Premier Présid. de la Cour d'Ap., 10, rue Crevier. — Rouen (Seine-Inférieure).
Beyna (Auguste), Dir. de la *Comp. Algérienne*, 20, boulevard Malakoff. — Oran (Algérie).
Beyries (Paul), Avocat. — Marmande (Lot-et-Garonne).
Beyssac (Jean Conilh de), Doct. en droit, Avocat à la Cour d'Ap., 18, rue Boudet.
— Bordeaux (Gironde).
D' Bezançon (Paul), anc. Int. des Hôp., 22, rue de la Pépinière. — Paris. — **R**
Bézineau, Prof. de math. au Lycée, 48, rue Victor-Hugo. — Talence (Gironde).
Bezodis (Alexandre), Prof. hon. de l'Univ., 9, avenue Marceau. — Paris.
D' Bézy, Agr. à la Fac. de Méd., 24, rue Mage. — Toulouse (Haute-Garonne).
*****Biaille (Léon)**, Pharm. — Chemillé (Maine-et-Loire).
Bibliothèque-Musée, 10, rue de l'État-Major. — Alger. — **R**
Bibliothèque publique de la Ville, Grande-Rue. — Boulogne-sur-Mer (Pas-de-Calais).
— **R**
Bibliothèque populaire de la Ville. — Orthez (Basses-Pyrénées).
Bibliothèque du Service hydrographique de la Marine, 13, rue de l'Université.
— Paris.
Bibliothèque de l'École supérieure de Pharmacie de Paris, 4, avenue de l'Obser-
vatoire. — Paris.
Bibliothèque de la Ville. — Pau (Basses-Pyrénées). — **R**
Bibliothèque coloniale de la Réunion. — Saint-Denis (Ile de la Réunion).
Bichat (Ernest, Adolphe), Corresp. de l'Inst., Doyen de la Fac. des Sc., 3 *bis*,
rue des Jardiniers. — Nancy (Meurthe-et-Moselle).
Bichon (Armand), Ing. civ., Construc. marit., anc. Élève de l'Éc. Polytech. — Lormont
(Gironde). — **R**
D' Bidard (E.), anc. Int. des Hôp., Mem. de la *Soc. d'Anthrop. de Paris*, 9, rue de
Surène. — Paris.
Bidaud (Louis, François), Prof. de phys. et de chim. à l'Éc. nat. vétér. — Toulouse
(Haute-Garonne).
D' Bidon (Honoré), Méd. des Hôp., 12, rue Estelle. — Marseille (Bouches-du-Rhône).
Biehler (Charles), Dir. de l'Éc. prép. du col. Stanislas, 22, rue Notre-Dame-des-
Champs. — Paris.
D' Bienfait (Jules), 37, boulevard de la République. — Reims (Marne).
Bienvenüe (Fulgence), Ing. en chef des P. et Ch., 9, rue Roy. — Paris.
Bignon (Jean), Ing. des Arts et Man., 70, rue de Ponthieu. — Paris.
Bigo (Émile), Imprim., 95, boulevard de la Liberté. — Lille (Nord).
Bigot (Alexandre), Prof. à la Fac. des Sc., 28, rue de Geôle. — Caen (Calvados).
D' Bilhaut (M.), 5, avenue de l'Opéra. — Paris.
Billault-Billaudot et C{i*}, Fabric. de prod. chim., 22, rue de la Sorbonne. — Paris. — **F**
*****Billet (Charles)**, Chef d'Escadron d'Artil. en retraite, 10, rue de la Préfecture. — Be-
sançon (Doubs).
D' Billon, Maire. — Loos (Nord).
Billy (Alfred de), anc. Insp. des Fin., anc. Élève de l'Éc. Polytech., 88, boulevard de
Courcelles. — Paris.
Billy (Charles de), Cons. référend. à la Cour des Comptes, 63, avenue Kléber.
— Paris. — **F**
Binet (Ernest), Prop., 32, rue Marie-Talbot. — Sainte-Adresse (Seine-Inférieure).
Binot (Jean), Étud. en Méd., 22, rue Cassette. — Paris.
Biochet, Notaire hon. — Caudebec en Caux (Seine-Inférieure). — **R**
Biraben (Joseph), Ing. des P. et Ch., 1, rue Tran. — Pau (Basses-Pyrénées).
Bischoffsheim (Raphaël, Louis), Mem. de l'Inst., Ing. des Arts et Man., Député des
Alpes-Maritimes, 3, rue Taitbout. — Paris. — **F**
Biscuit (Edmond), anc. Notaire. — Boult-sur-Suippe par Bazancourt (Marne).
Bizard (Émilien), Dir. de l'Exploit. des Docks (Hôtel des Docks), place de la Joliette.
— Marseille (Bouches-du-Rhône).
D' Blache (R., H.), 5, rue de Surène. — Paris.
Blaise (Émile), Ing. des Arts et Man., 1, quai de Paris. — Rouen (Seine-Inférieure).

Blaise (Jules), Pharm., 31, boulevard de l'Hôtel-de-Ville. — Montreuil-sous-Bois (Seine).
Blanc (Edmond), Chef des trav. d'histolog. à l'Éc. de Méd., 51, rue Saint-Savournin.
    — Marseille (Bouches-du-Rhône).
*Blanc (Édouard), Mem. de la *Soc. de Géog.*, 122, rue de Grenelle. — Paris.
Blanc (Firmin), Publiciste, 12, rue Saint-Louis. — Pau (Basses-Pyrénées).
Dr Blanc (Pierre). — Saint-Loup par Marseille (Bouches-du-Rhône).
Blanchard (Émile), Mem. de l'Inst., Prof. au Muséum d'hist. nat., 34, rue de l'Univer-
    sité. — Paris.
Dr Blanchard (Raphaël), Agr. à la Fac. de Méd., Répét. à l'Inst. nat. agronom., 32, rue
    du Luxembourg. — Paris. — R
Dr Blanche (Emmanuel), Prof. à l'Éc. de Méd. et à l'Éc. prép. à l'Ens. sup. des Sc.,
    12, quai du Havre. — Rouen (Seine-Inférieure).
Blanchet (Augustin), Fabric. de papiers, château d'Alivet. — Renage (Isère).
Dr Blanchier. — Chasseneuil (Charente).
Blandin (Eugène), anc. s.-Sec. d'État, anc. Député, 28, cours La Reine. — Paris. — R
Blandin (Frédéric, Auguste), Ing. des Arts et Man., anc. Manufac., Admin. de la
    Banque de France. — Nevers (Nièvre).
Blarez (Charles), Prof. à la Fac. de Méd., 89, rue Porte-Dijeaux. — Bordeaux
    (Gironde). — R
Blavet, Nég., Présid. de la *Soc. d'Hort. de l'arrond. d'Etampes,* 10, 12 et 14, rue de
    la Juiverie. — Étampes (Seine-et-Oise).
Blavy (Alfred), Avocat, Sup. du Juge de Paix du 1er canton, 4, rue Barralerie.
    — Montpellier (Hérault).
*Bleicher (Gustave), Prof. d'hist. nat. à l'Éc. sup. de Pharm., 9, cours Léopold.
    — Nancy (Meurthe-et-Moselle).
Blétrix (Charles), Nég., 8, rue Sainte-Catherine. — Avignon (Vaucluse).
Bleynie de Chateauvieux (François, Émile), Pasteur de l'Église réform., 37, rue Blatin.
    — Clermont-Ferrand (Puy-de-Dôme).
Blin, Fabric. de draps. — Elbeuf-sur-Seine (Seine-Inférieure).
Dr Bloch (Adolphe), anc. Méd. de l'hôp. du Havre, 47, rue Blanche. — Paris.
Blondeau-Bertault (Jules), Prop., Nég., Adj. au Maire. — Ay (Marne).
Blondel (Édouard), Insp. gén. des Fin., anc. Élève de l'Éc. Polytech., 14, rue du Regard.
    — Paris.
Blondel (Émile), Chim., Manufac. — Saint-Léger-du-Bourg-Denis (Seine-Inférieure). — R
Blondlot (Raoul), Prof. adj. à la Fac. des Sc., 8, quai Claude-Lorrain. — Nancy (Meurthe-
    et-Moselle).
Blottière (René), Pharm. de 1re cl., 56, rue de Sèvres. — Paris.
Blouquier (Charles), 10, rue Salle-de-l'Évêque. — Montpellier (Hérault).
Boas (Alfred), Ing. des Arts et Man., 34, rue de Châteaudun. — Paris. — R
Boas-Boasson (J.), Chim. chez MM. Henriet, Romanna et Vignon, 15, rue Saint-Domi-
    nique. — Lyon (Rhône).
Boban-Duvergé (Eugène), Mem. de la *Soc. d'Anthrop. de Paris,* 122, avenue d'Orléans.
    — Paris.
Boca (Léon), 5, rue Le Goff. — Paris.
*Dr Boé (F., Jean-Baptiste), 75, rue de Rennes. — Paris et (août et septembre) à Agen
    (Lot-et-Garonne).
Dr Bœckel (Eugène), 2, quai Saint-Thomas. — Strasbourg (Alsace-Lorraine).
Dr Bœckel (Jules), Corresp. de la *Soc. de Chirurg. de Paris,* Chirurg. des Hosp. civ.,
    2, place de l'Hôpital. — Strasbourg (Alsace-Lorraine). — R
Boésé (Mme Jean), 157, rue du Faubourg-Saint-Denis. — Paris.
Boésé (Jean), Nég. commis., 157, rue du Faubourg-Saint-Denis. — Paris.
Boffard (Jean-Pierre), anc. Notaire, 2, place de la Bourse. — Lyon (Rhône). — R
Dr Bogros. — La Tour-d'Auvergne (Puy-de-Dôme).
*Dr Boiffin (Alfred), Prof. sup. à l'Éc. de Méd., 1, rue Gresset. — Nantes (Loire-Infé-
    rieure).
Boilevin (Ed.), Nég., Juge au Trib. de com., Grande-Rue. — Saintes (Charente-Inférieure).
Boire (Émile), Ing. civ., 86, boulevard Malesherbes. — Paris. — R
Bois (Georges, Francisque), Avocat, 11, rue d'Arcole. — Paris.
Dr Boisleux (Charles), 58, rue de l'Arcade. — Paris.
Boissellier (Augustin), Agent admin. princ. de la Marine, 47, rue du Rempart.
    — Rochefort-sur-Mer (Charente-Inférieure). — R
Boissier (Louis), Ing. civ., 23, rue du Vieux-Chemin-de-Rome. — Marseille (Bouches-
    du-Rhône).

Boissier (Pierre), Ing. Const., 6, rue Dieudé. — Marseille (Bouches-du-Rhône).
Boisson (Charles), Nég., 5, rue de l'Amiral-Courbet. — Rochefort-sur-Mer (Charente-Inférieure).
Boissonnet (le Général André, Alfred), anc. Sénateur, 75, rue Miroménil. — Paris. — **F**
Boiteau (Pierre), Vétér. — Villegouge par Lugon (Gironde).
*Dr **Boiteux (Louis) (fils)**. — Baume-les-Dames (Doubs).
Boivin (Charles), Ing.-Archit., 284, rue Nationale. — Lille (Nord).
Boivin (Émile), Raffineur, 64, rue de Lisbonne. — Paris. — **F**
Boix (Émile), Pharm., 46, rue des Augustins. — Perpignan (Pyrénées-Orientales).
*Dr **Bolot (Gabriel)**, Prof. sup. à l'Éc. de Méd., 104, Grande-Rue. — Besançon (Doubs).
Bonaparte (le Prince Roland), 22, cours La Reine. — Paris — **F**
Bondet, Prof. à la Fac. de Méd., Méd. de l'Hôtel-Dieu, 6, place Bellecour. — Lyon (Rhône). — **F**
Bonfils (A.), Notaire, 27, boulevard de l'Esplanade. — Montpellier (Hérault).
***Bonifacy (Gabriel)**, Présid. du Syndic. de la fabriq. d'horlog., 24, rue des Chaprais. — Besançon (Doubs).
Dr **Bonin**, 18, rue de Berlin. — Paris.
Dr **Bonnal**. — Arcachon (Gironde).
Bonnard (Paul), Agr. de philo., Avocat à la Cour d'Ap., 11 *bis*, rue de la Planche. — Paris. — **R**
Bonnefois (Aloyse), 61, rue du Cardinal-Lemoine. — Paris.
***Bonnet (Charles)**, Pharm., Juge au Trib. de com., Mem. du Cons. mun., 39, Grande-Rue. — Besançon (Doubs).
*Dr **Bonnet (Edmond)**, Prépar. au Muséum d'Hist. nat., 11, rue Claude-Bernard. — Paris.
Dr **Bonnet (Noël)**, 12, rue de Ponthieu. — Paris.
Bonnevie (Victor), Vérif. spéc. du cadastre au Min. des Fin., 12, rue du Cardinal-Lemoine. — Paris.
Bonnier (Gaston), Prof. de Botan. à la Fac. des Sc., Présid. de la *Soc. botan. de France*, 15, rue de l'Estrapade. — Paris. — **R**
Bonnier (Jules), Dir. adj. de la Stat. maritime de Wimereux (Pas-de-Calais), 75, rue Madame. — Paris.
Bonpain (Jules), Ing. des Arts et Man., 45, rue d'Amiens. — Rouen (Seine-Inférieure).
Bontemps (Georges), Ing. civ. des Mines, 11, rue de Lille. — Paris.
Bonzel (Arthur), Sup. du Jug. de paix. — Haubourdin (Nord).
Bordet (Adrien), Avocat à la Cour d'Ap., 2, rue de la Liberté. — Alger.
Bordet (Henri), Lic. ès sc. nat., 59, rue de Versailles. — Villaines par Massy (Seine-et-Oise).
Bordet (Léon), Prop. — La Jolivette commune de Chemilly par Moulins (Allier).
Bordet (Lucien), Insp. des fin., anc. Élève de l'Éc. Polytech., 181, boulevard Saint-Germain. — Paris. — **R**
Bordo (Louis), Méd. de colonisation, Maire. — Chéragas (départ. d'Alger).
Borel, 5, quai des Brotteaux. — Lyon (Rhône).
Borély (Charles de), Notaire, 9, rue Aiguillerie. — Montpellier (Hérault).
Boreux, Ing. en chef des P. et Ch., 42, rue des Écoles. — Paris.
Dr **Bories**, anc. Chirurg.-Maj. de l'armée. — Montauban (Tarn-et-Garonne).
Bosq (Joseph), Prop., 63, cours Devilliers. — Marseille (Bouches-du-Rhône).
*Dr **Bosquette**, 57, faubourg de Besançon. — Montbéliard (Doubs).
Dr **Bosset (Charles)**, 1, rue du Général-Cérez. — Limoges (Haute-Vienne).
Bossu (Mme Antonia), 12, cours Gambetta. — Lyon-Guillotière et Saint-Rambert (Ile-Barbe) (Rhône).
***Bosteaux-Paris (Charles)**, Maire. — Cernay-lez-Reims par Reims (Marne).
Boubès (Jean, Georges), Prop., 15, place des Quinconces. — Bordeaux (Gironde).
***Bouchard (Mme Charles)**, 174, rue de Rivoli. — Paris.
***Bouchard (Charles)**, Mem. de l'Inst. et de l'Acad. de Méd., Prof. à la Fac. de Méd. Méd. des Hôp., 174, rue de Rivoli. — Paris.
Bouché (Alexandre), 68, rue du Cardinal-Lemoine. — Paris. — **R**
Boucher (Eugène), Fabric. d'ap. de chauffage, usine du Pied-Selle. — Fumay (Ardennes).
Boucher (Henri), Insp. princ. des chem. de fer, 96, boulevard Longchamp. — Marseille (Bouches-du-Rhône).
Dr **Bouchereau (Louis, Gustave)**, Méd. de l'Asile Sainte-Anne, 1, rue Cabanis. — Paris.
Dr **Boucheron**, 14, rue Halévy. — Paris.
Bouchet (R.), 14, rue de la Merci. — Montpellier (Hérault).
Bouclier (Lucien), anc. Indust., 149, boulevard Voltaire. — Paris.

Dʳ Boudard (Auguste), Méd. de la Marine, corniche de l'Oriol. — Marseille (Bouches-du-Rhône).

Boudard (Charles, Joseph, Maxime), Prof. de Phys. au col., place Casseneuil. — Villeneuve-sur-Lot (Lot-et-Garonne).

Boude (Frédéric), Nég., Mem. de la Ch. de com., 8, rue Saint-Jacques. — Marseille (Bouches-du-Rhône).

Boude (Paul), Raffineur de soufre, 8, rue Saint-Jacques. — Marseille (Bouches-du-Rhône).

Boudet (C.), Rent., 24, quai Saint-Antoine. — Lyon (Rhône).

Dʳ Boudet (Gabriel), Prof. à l'Éc. de Méd., 1, rue du Général-Cérez.— Limoges (Haute-Vienne).

Boudier (Émile), Corresp. de l'Acad. de Méd., Pharm. hon., 22, rue Grétry — Montmorency (Seine-et-Oise).

Boudin (Arthur), Princ. du collège. — Honfleur (Calvados). — **R**

Bouffet (Maurice), Ing. en chef des P. et Ch., 17, rue de la Mairie. — Carcassonne (Aude).

Dʳ Bouilly (Georges), Agr. à la Fac. de Méd., Chirurg. des Hôp., 32, avenue Montaigne. — Paris.

Bouissin d'Ancely (Léon), Prop., anc. Mem. du Cons. gén. de l'Hérault, 5, rue Saint-Philippe-du-Roule. — Paris.

Dʳ Bouisson (Gustave), Prof. à l'Éc. de Méd., 129, rue de Rome. — Marseille (Bouches-du-Rhône).

Bouju (Georges), Étud. en méd., 82, rue de la République. — Rouen (Seine-Inférieure).

Boulard (l'Abbé L.), Prof. au Petit-Séminaire. — Chartres (Eure-et-Loir). — **R**

Boule (Marcellin), Doct. ès sc., Prépar. au Muséum d'hist. nat., 17, rue Lacépède. — Paris.

*Boulé (Auguste), Insp. gén. des P. et Ch., 23, rue La Boëtie. — Paris. — **F**

Boulet (Gaston), Manufac., Mem. de la Ch. de com., 12, quai du Mont-Riboudet. — Rouen (Seine-Inférieure).

Boulet (Sabin), Pharm., 30, rue Abel-de-Pujol. — Valenciennes (Nord).

Dʳ Boulland (Henri), 36, boulevard Victor-Hugo. — Limoges (Haute-Vienne).

Bouquet de la Grye (Anatole), Mem. de l'Inst., v.-Présid. du Bureau des Longit., Ing. hydrog. en chef de la Marine en retraite, 8, rue de Belloy. — Paris.

Dʳ Bourcier (André), Agr. à la Fac. de Méd., 7, rue Thiac.— Bordeaux (Gironde).

Bourdeau, Prop., villa Luz. — Billère par Pau (Basses-Pyrénées). — **R**

Dʳ Bourdeau d'Antony (Paul), 5, boulevard Garibaldi. — Limoges (Haute-Vienne).

Bourdelles (Jean-Baptiste), Insp. gén. des P. et Ch., 9, avenue d'Eylau. — Paris.

Bourdil (François-Fernand), Ing. des Arts et Man., 56, avenue d'Iéna. — Paris.

Bourdilliat (Arthur), Ing. des Arts et Man., 2, boulevard Saint-Martin. — Paris.

Bourette (J., P., A.), 16, rue Thévenot. — Paris.

Bourgeois (Jules), anc. Présid. de la *Soc. entomol. de France*. — Sainte-Marie-aux-Mines (Alsace-Lorraine).

Bourgeois (Léon), anc. Min. de la Justice, Député de la Marne, 50, rue Pierre-Charron. — Paris.

*Bourgery (Henri), anc. Notaire, Mem. de la *Soc. géol. de France*, 9, rue Neuve-des-Prés. — Nogent-le-Rotrou (Eure-et-Loir). — **R**

Dʳ Bourienne (Alexandre), Dir. de l'Éc. de Méd. et de Pharm., 76, rue de Geôle. — Caen (Calvados).

Dʳ Bourlier (A.), Prof. à l'Éc. de Méd., 5, boulevard de la République. — Alger.

Dʳ Bourneville, Méd. de l'Asile de Bicêtre, Rédac. en chef du *Progrès médical*, anc. Député, 14, rue des Carmes. — Paris.

Bournon (Fernand), Archiv. paléog., Publiciste, 12, rue Antoine-Roucher. — Paris.

*Dʳ Bourny (Armand). — Salins (Jura).

*Bourquelot (Émile), Pharm. de l'hôp. Laënnec, Agr. à l'Éc. sup. de Pharm., 42, rue de Sèvres. — Paris.

Bourse (Gustave), Manufac., 14, rue Popincourt. — Paris.

Bouscaren (Alfred), Prop., 21, boulevard du Jeu-de-Paume. — Montpellier (Hérault).

Bousigues (Édouard), Ing. en chef des P. et Ch., 29, avenue Gambetta. — Valence (Drôme).

Boutan, Dir. hon. de l'Instruc. prim., 172, boulevard Voltaire. — Paris.

Boutan (Louis), Doct. ès sc., Maître de conf. à la Fac. des Sc., 15, rue de la Sorbonne. — Paris.

Boutet de Monvel, Prof. hon. de l'Université, 5, rue des Pyramides. — Paris.

Boutillier (Antoine), Insp. gén. Prof. à l'Éc. nat. des P. et Ch. et à l'Éc. cent. des Arts et Man., 24, rue de Madrid. — Paris.

Dr Boutin (Léon), 18, rue de Hambourg. — Paris. — **R**

Boutmy (Mme Charles). — Messempré par Carignan (Ardennes).

Boutmy (Charles), Ing. civ., Maître de forges. — Messempré par Carignan (Ardennes).

*Dr Bouton (Jean, Pierre) (père), 6, rue des Chambrettes. — Besançon (Doubs).

*Dr Bouton (Paul, Louis) (fils), Chef des trav. anat. à l'Éc. de Méd., 67, Grande-Rue. — Besançon (Doubs).

*Boutroux (Léon), Prof. de chim. à la Fac. des Sc., Dir. de la Station agronom. — Fontaine-Écu par Besançon (Doubs).

Boutry-Lafrenay, Recev. princ. des Postes et Télég. en retraite, 1, rue du Collège. — Avranches (Manche).

*Bouvard (Louis), Avocat à la Cour d'Ap., anc. Bâton. de l'Ordre, Mem. du Cons. mun., 16, rue Morand. — Besançon (Doubs).

Bouveault (Louis), Agr. à la Fac. de Méd., 21, rue Chaponnay. — Lyon (Rhône).

*Bouvet (Auguste), 11, rue Gentil. — Lyon (Rhône).

Bouvier (Marius), Insp. gén. des P. et Ch., 4, rue Paillet. — Paris.

Bouvier (O.), Pharm.-chim., 11, place Gambetta. — Bordeaux (Gironde).

*Bovet (Alfred), Indust. — Valentigney (Doubs).

Dr Boy (Philippe), 3, rue d'Espalungue. — Pau (Basses-Pyrénées). — **R**

Dr Boy-Teissier (Jules), Méd. des Hôp., 24, rue Sénac. — Marseille (Bouches-du-Rhône).

Boyenval (Charles, Louis), Dir. de la Manuf. des Tabacs. — Dijon (Côte-d'Or).

*Boyer (Émile), Agent-Voyer de la Ville, 2, rue Saint-Antoine. — Besançon (Doubs).

*Boyer (Léon), Présid. de Ch. à la Cour d'Ap., 44, Grande-Rue. — Besançon (Doubs).

Braemer (Gustave), Chim. — Izieux (Loire).

Dr Braemer (L.), Chargé du cours de matière méd. à la Fac. de Méd., 105, rue des Récollets. — Toulouse (Haute-Garonne).

Dr Brard. — La Rochelle (Charente-Inférieure).

Dr Braud (Aristide, Antoine). — Saint-Laurent-sur-Gorre (Haute-Vienne).

Dr Brégeat (Albert), Méd. adj. de l'Hôp. civ., 2, rue d'Alger. — Oran (Algérie).

Breil (Antonin), Prof. départ. d'Agric., 20, rue de Bordeaux. — Pau (Basses-Pyrénées).

Breittmayer (Albert), anc. s.-Dir. des Docks et Entrepôts de Marseille, 8, quai de l'Est. — Lyon (Rhône). — **F**

*Dr Brémond (Félix), Insp. du trav. des enfants dans l'indust., 13, rue Condorcet. — Paris.

Brenier (Casimir), Ing.-Construc., 20, avenue de la Gare. — Grenoble (Isère).

Brenot (J.), 10, rue Bertin-Poirée. — Paris. — **R**

Bréon (Eugène), Mem. de la *Soc. géol. de France*. — Semur (Côte-d'Or).

Bressant (Paul), Empl., 106, boulevard Arago. — Paris.

Bresson (Gédéon), Dir. de la *Comp. du vin de Saint-Raphaël*, 132, rue du Pont-du-Gat. — Valence (Drôme). — **R**

Bresson (Léopold), Ing. des P. et Ch. en retraite, anc. Dir. gén. de la *Soc. des Chem. de fer de l'Etat du Nord de l'Autriche*, 166, rue du Faubourg-Saint-Honoré. — Paris.

Bressy (Léon), Prof. de math., 1, rue Papère. — Marseille (Bouches-du-Rhône).

Breteuil (Frédéric), Dir. de la *Comp. Française de l'Afrique occidentale*, 44, rue Breteuil. — Marseille (Bouches-du-Rhône).

Breton (Henri), Pharm. de 1re cl., anc. Prof. à l'Éc. de Méd. et de Pharm., 8, place Notre-Dame. — Grenoble (Isère).

*Breul (Charles), Présid. du Trib. civ. — Vervins (Aisne).

Brévart, Prof. hon. de l'Univ., 7, boulevard Morland. — Paris.

Bricard (Henri), Ing. des Arts et Man., Dir. de l'Exploit. de la *Soc. anonyme des Forges et Chantiers de la Méditerranée*, 45, boulevard de Strasbourg. — Le Havre (Seine-Inférieure).

Bricka (Adolphe), Nég., 13, rue Maguelone. — Montpellier (Hérault).

Bricka (Scipion) (fils), Nég. en vins, 27, rue Maguelone. — Montpellier (Hérault).

Brière (Léon), Prop. et Dir. du *Journal de Rouen*, 7, rue Saint-Lô. — Rouen (Seine-Inférieure).

Brillouin (Marcel), Maître de Conf. à l'Éc. Norm. sup., 23, rue de Sèvres. — Paris. — **R**

Brion (Camille), Photog., 73, rue Saint-Ferréol. — Marseille (Bouches-du-Rhône).

*Dr Brissaud (Édouard), Agr. à la Fac. de Méd., Méd. des Hôp., 9, quai Voltaire. — Paris.

d

Brissonneau, Indust., Adj. au Maire, 86, quai de la Fosse. — Nantes (Loire-Inférieure)..
Brissonnet (J.), Lic. ès sc. phys., Prof. à l'Éc. de Méd., Pharm. de 1re cl., 5, rue Jehan-
Fouquet. — Tours (Indre-et-Loire).
Brivet (Henri), Ing. civ., 50, rue Pergolèse. — Paris.
Dr Broca (Auguste), Chirurg. des Hôp., 9, rue de Lille. — Paris. — **R**
Broca (Georges), Ing. des Arts et Man., 2, place du Théâtre-Français. — Paris.
Brocard (Henri), Chef de Bat. du Génie en retraite, 75, rue des Ducs-de-Bar. — Bar-
le-Duc (Meuse). — **R**
Brochocki (Le Comte de Dienheim Sczawinski), Ing., 63, avenue Friedland. — Paris.
Brochon (Eugène), Entrep. de maçon., 37, rue de Saint-Pétersbourg. — Paris.
Broglie (le Duc de), Mem. de l'Acad. franç., anc. Min., 10, rue de Solférino. — Paris.
Brölemann (Georges), Administ. de la *Société Générale*, 52, boulevard Malesherbes.
— Paris. — **R**
Brolemann (A., A.), anc. Présid. du Trib. de com., 14, quai de l'Est. — Lyon.
(Rhône). — **R**
Brongniart (Charles), Assistant de Zool. (Entomol.) au Muséum d'hist. nat., 9, rue Linné.
— Paris.
Brosset-Heckel (Édouard), 29, avenue de Noailles. — Lyon (Rhône).
Brossier, Attaché à la *Comp. du canal de Suez*, 9, rue Charras. — Paris.
Brouant, Pharm. de 1re cl., 91, avenue Victor-Hugo. — Paris.
Brouardel (Paul), Mem. de l'Inst. et de l'Acad. de Méd., Doyen de la Fac. de Méd.,
1, place Larrey. — Paris.
Brouzet (Charles), Ing. civ., 38, rue Victor-Hugo. — Lyon (Rhône). — **F**
*Dr Bruchon (Just), Prof. à l'Éc. de Méd., 84, Grande-Rue. — Besançon (Doubs).
*Brück (Paul), Aide-Astron. à l'Observatoire, maison Simon. — Montrapon par Besan-
çon (Doubs).
Dr Brugère. — Uzerche (Corrèze).
Brugère (le Général Henry, Joseph), Command. la 12e divis. d'infant., 1, rue Werlé.
— Reims (Marne).
*Bruhl (Paul), Nég., 57, rue de Châteaudun. — Paris. — **R**
Brun (E.), Méd.-Vétér., 9, rue Casimir-Périer. — Paris.
Bruneau (Léopold) (fils), Pharm. de 1re cl., 71, rue Nationale. — Lille (Nord).
Brunel (Paul), Juge au Trib. de com., 7, rue de l'Échelle. — Paris.
Brunet (Alphonse), Ing. de la *Soc. gén. de dynamite*, anc. Élève de l'Éc. nat. sup.
des Mines. — Saint-Chamond (Loire).
Dr Brunet (Daniel), Dir.-Méd. en chef de l'Asile public d'aliénés. — Évreux (Eure).
*Bruyant (Charles), Lic. ès sc. nat., 28, rue Gaultier-de-Biauzat. — Clermont-Ferrand
(Puy-de-Dôme). — **R**
Bruzon (Joseph) et Cie, Ing. des Arts et Man., usine de Portillon (céruse et blanc de
zinc). — Saint-Cyr-sur-Loire par Tours (Indre-et-Loire). — **R**
Brylinski (Mathieu), Nég., 9, rue d'Uzès. — Paris.
Buchet (Charles, François), Dir. de la *Pharmacie centrale de France*, 21, rue des
Nonnains-d'Hyères. — Paris.
Buffet (Louis), anc. Min., Sénateur, 2, rue de Saint-Pétersbourg. — Paris.
Buirette-Gaulart (Eugène), Manufac. — Suippes (Marne).
Buisson (Maxime), Chim., rue Saint-Léger. — Évreux (Eure). — **R**
Bujard (Amand), anc. Gref. du Trib. — Fontenay-le-Comte (Vendée).
Bulot, rue de Bourgogne. — Melun (Seine-et-Marne).
Bunau-Varilla (Maurice), 22, avenue du Trocadéro. — Paris.
Bunau-Varilla (Philippe), anc. Ing. des P. et Ch., 22, avenue du Trocadéro. — Paris.
Bunodière (de la), Insp. adj. des Forêts. — Lyons-la-Forêt (Eure).
*Burdin (Victor), Nég. en fers, 26, rue Saint-Pierre. — Besançon (Doubs).
Dr Bureau (Édouard), Prof. au Muséum d'hist. nat., 24, quai de Béthune. — Paris.
Dr Bureau (Louis), Dir. du Muséum d'hist. nat., Prof. à l'Éc. de Méd., 15, rue Gresset.
— Nantes (Loire-Inférieure).
*Burlet (le Chanoine Louis), Curé de Saint-Jean, 21, rue du Clos. — Besançon (Doubs).
Burnan (Adrien), Banquier, 3, boulevard de la Banque. — Montpellier (Hérault).
Butin-Denniel, Cultiv., Fabric. de sucre. — Haubourdin (Nord).
Dr Butte (Lucien), Chef de lab. à l'hôp. Saint-Louis, 34, rue du Cherche-Midi. — Paris.
Dr Buttura (de Cannes), 41, rue de la Pompe. — Paris.
Dr Cabadé (Ernest). — Valence-d'Agen (Tarn-et-Garonne).
Cabanès (Jean-Jacques), Nég., 71, rue Eugène-Ténot. — Bordeaux (Gironde).

Cacheux (Émile), Ing. des Arts et Man., v.-Présid. de la *Soc. franç. d'Hyg.*, 25, quai Saint-Michel. — Paris. — **F**

Caffarelli (le Comte), anc. Député, 20, avenue de l'Alma. — Paris; l'été à Leschelles (Aisne).

Cagny (Paul), Vétér., Sec. de la *Soc. cent. de méd. vétér.* — Senlis (Oise).

Cahen (Gustave), Avoué au Trib. civ., 61, rue des Petits-Champs. — Paris.

Cahen d'Anvers (Albert), 118, rue de Grenelle. — Paris. — **R**

Cailler (Charles), Prof. extra. à l'Univ., 56, rue du Rhône. — Genève (Suisse).

Cailliau-Brunclair (Ed.), Nég., 71, rue Gambetta. — Reims (Marne).

Caillol de Poncy (Octavien), Prof. à l'Éc. de Méd., 8, rue Clapier. — Marseille (Bouches-du-Rhône).

Caix de Saint-Aymour (le Vicomte Amédée de), Publiciste, anc. Mem. du Cons. gén. de Oise, Mem. de plusieurs Soc. savantes, 112, boulevard de Courcelles. — Paris. — **R**

Calamel (Hyacinthe), Ing. des Arts et Man., 30, rue Notre-Dame-des-Victoires. — Paris.

Calando (E.), 27, rue Singer. — Paris.

Calderon (Fernand), Fabric. de prod. chim., 6, rue Casimir-Delavigne. — Paris. — **R**

**Callot (Ernest)*, 160, boulevard Malesherbes. — Paris.

Cambefort (Jules)*, Admin. de la *Comp. des Chem. de fer de Paris à Lyon et à la Méditerranée*, 13, rue de la République. — Lyon (Rhône). — **F

Cambon (Victor), Ing. des Arts et Man., Présid. de la *Soc. de Vitic. de Lyon*, 37, quai de la Charité. — Lyon (Rhône).

Caméré (E., J., A.), Ing. en chef des P. et Ch., 18, rue de Douai. — Paris.

Campan (Marius), Prof. de Math. au Lycée, 30, rue des Cultivateurs. — Pau (Basses-Pyrénées).

Campou (Pierre de), Prof. de math. spéc. au col. Rollin, 5, rue Vintimille. — Paris.

Campredon (Louis, F.), Nég. import. et export., 52, 54, 56, boulevard de Rome. — Marseille (Bouches-du-Rhône).

**Camus (Lucien)*, Prépar. à la Fac. de Méd., 80, rue Bonaparte. — Paris.

Dr Candolle (Casimir de), Botan., 11, rue Massot. — Genève (Suisse).

Canet (Gustave), Ing. des Arts et Man., Dir. de l'artil. de la *Soc. anonyme des Forges et Chantiers de la Méditerranée*, 3, rue Vignon. — Paris. — **F**

Cano y Leon (Manuel), Lieut.-Colonel du Génie, 34, rue Lagasca. — Madrid (Espagne).

Cantagrel (Victor), Admin. de la *Soc. des Libr. et Imprim. réunies*, anc. Élève de l'Éc. Polytech., 154, boulevard Malesherbes. — Paris.

Cantas (Elie), Archiprêtre de l'Église grecque, 15, cours Lieutaud. — Marseille (Bouches-du-Rhône).

Dr Cantonnet (Donat), 20, rue de la Nouvelle-Halle. — Pau (Basses-Pyrénées).

**Cany (Mme Ve Marie)*, Prop., 11, rue Foy. — Brest (Finistère).

Capgrand-Mothes (Bernard), Dir. de l'Éc. prat. d'agric. et de sylvic. — Saint-Pau par Sos (Lot-et-Garonne).

Capus (Jean-Guillaume), Doct. ès sc., 78, rue Gay-Lussac. — Paris.

Caraven-Cachin (Alfred), Lauréat de l'Inst. — Salvagnac (Tarn).

Carbonnier (Lucien), Représent. de com., 9, rue des Arts. — Toulouse (Haute-Garonne). — **R**

Cardeilhac, anc. Juge au Trib. de com., 20, quai de la Mégisserie. — Paris. — **R**

**Cardot de la Burthe (Louis)*, Prop., 17, rue Saint-Martin. — Vesoul (Haute-Saône).

Carette (Louis), Ing. des Arts et Man., 128, boulevard Voltaire. — Paris.

Carette (le Colonel Louis, Godefroy, Émile), Dir. du Génie. — Alger.

Carez (Léon), Doct. ès sc., 36, avenue Hoche. — Paris.

Cariole (Auguste), Prop. — Creil (Oise).

Caristie (Alfred), Prop., Mem. du Cons. mun. — Avallon (Yonne).

Dr Carles (P.), Agr. de la Fac. de Méd., 19, quai des Chartrons. — Bordeaux (Gironde).

Carnot (Adolphe), Ing. en chef des Mines, Prof. à l'Éc. nat. sup. des Mines et à l'Inst. nat. agron., 60, boulevard Saint-Michel. — Paris. — **F**

Caron (Eugène), Notaire hon., 29, rue du Grand-Cerf. — Meaux (Seine-et-Marne).

Carpentier (Jules), Construc. d'inst. de phys., anc. Ing. des Tabacs, 20, rue Delambre. — Paris.

Dr Carre (Marius), Méd. en chef de l'Hôtel-Dieu. — Avignon (Vaucluse).

Carré (Paul), anc. Magist, 40, route de Brest. — Lorient (Morbihan).

Dr Carret (Jules), anc. Député, 2, rue Croix-d'Or. — Chambéry (Savoie). — **R**

Carrière (Gabriel), Présid. de la *Soc. d'étude des Sc. nat.*, Corresp. du Min. de l'Instruc. pub., 2, rue des Chapeliers. — Nimes (Gard).

Carrière (Paul), Pharm. — Saint-Pierre (Ile d'Oléron) (Charente-Inférieure).

Carrière (Paul), Insp. des Forêts. — Digne (Basses-Alpes).

Carrieu, Prof. à la Fac. de Méd., 10, rue du Jeu-de-Paume. — Montpellier (Hérault).

Carron (Charles), Ing. des Arts et Man., Admin.-Dir. des Papeteries. — Le Pont-de-Claix (Isère).

Cartailhac (Mme Émile), 5, rue de la Chaîne. — Toulouse (Haute-Garonne).

Cartailhac (Émile), Dir. de la Revue l'*Anthropologie*, 5, rue de la Chaîne. — Toulouse (Haute-Garonne).

Cartaz (Mme A.), 39, boulevard Haussmann. — Paris. — **R**

*Dr Cartaz (A.), anc. Int. des hôp., Sec. de la rédac. de la *Revue des Sciences Médicales*, 39, boulevard Haussmann. — Paris. — **R**

*Casalonga (Dominique, Antoine), Ing.-Conseil, Dir. de la *Chronique industrielle*, 15, rue des Halles. — Paris.

Cassé (Émile), Ing., 7, rue Lécluse. — Paris.

Castan (Adrien), Ing. des Arts et Man., 48, rue Saint-Louis. — Montauban (Tarn-et-Garonne).

Castanheira das Neves (J., P.), Ing. civ. du Corps des Ing. des Trav. pub., 405-3° D, rua de Salitre. — Lisbonne (Portugal).

Castanié (Henri, Ernest), Ing. en chef des mines de Beni-Saf, rue d'Orléans. — Oran (Algérie).

Castelnau (Edmond), Prop., 18, rue des Casernes. — Montpellier (Hérault).

Castelnau (Émile), Prop., 2, rue Nationale. — Montpellier (Hérault).

Castelot (E.), anc. Consul de Belgique, 158, boulevard Malesherbes. — Paris.

Castex (le Vicomte Maurice de), 6, rue de Penthièvre. — Paris.

Casthelaz (John), Fabric. de prod. chim., 19, rue Sainte-Croix-de-la-Bretonnerie. — Paris. — **F**

Catalan (Eugène, Charles), Prof. émérite d'analyse à l'Univ., anc. Élève de l'Éc. Polytech., 21, rue des Eburons. — Liège (Belgique).

Catel-Béghin, 21, boulevard de la Liberté. — Lille (Nord).

*Catillon (Alfred), Pharm., 3, boulevard Saint-Martin. — Paris.

*Caubet (Mme), 44, rue d'Alsace-Lorraine. — Toulouse (Haute-Garonne).

*Caubet, Doyen de la Fac. de Méd., 44, rue d'Alsace-Lorraine. — Toulouse (Haute-Garonne). — **R**

Dr Caussanel, Chirurg. de l'hôp. civ., 9, rue de la Lyre. — Alger.

Causse (Scipion), Prop., 36, quai Jayr. — Lyon (Rhône).

Cauvet (Alcide), Ing. des Arts et Man., Dir. hon. de l'Éc. cent. des Arts et Man., Mem. du Cons. gén. de la Haute-Garonne, château d'Ampouillac. — Cintegabelle (Haute-Garonne).

Cauvière (Jules), anc. Magist., Prof. à l'Inst. catholique, 16, rue de Fleurus. — Paris.

Cavaillé-Coll, Fabric. d'orgues, 15, avenue du Maine. — Paris.

Caventou (Eugène), Mem. de l'Acad. de Méd., 11, rue des Saints-Pères. — Paris. — **F**

Cazalis (Gaston), 23, rue Terral. — Montpellier (Hérault).

Cazalis de Fondouce (Paul, Louis), Ing. des Arts et Man., Sec. gén. de *l'Acad. des Sc. et Lettres de Montpellier*, 18, rue des Étuves. — Montpellier (Hérault). — **R**

Cazanove (François), Nég., 15, rue de Turenne. — Bordeaux (Gironde).

Dr Cazaux (Marcellin), 8, cité Trévise. — Paris, et à Eaux-Bonnes (Basses-Pyrénées).

Cazelles (Emile), Cons. d'État, 60, rue de Londres. — Paris.

Cazeneuve (Albert), Admin. de la *Compagnie des mines de Lens*, 3, rue Bonte-Pollet. — Lille (Nord) et château d'Esquiré. — Fonsorbes (Haute-Garonne).

Cazeneuve (Paul), Prof. à la Fac. de Méd., 23, avenue de Noailles. — Lyon (Rhône).

Cazenove (Raoul de), Prop., 8, rue Sala. — Lyon (Rhône). — **R**

*Cazin (Maurice), Doct. ès sc., Chef de Lab. à la Fac. de Méd., 3, rue de Villersexel. — Paris.

Cazottes (A.-M.-J.), Pharm. — Millau (Aveyron). — **R**

Célérier (Émile), Nég., 54, quai Debilly. — Paris.

Cépeck (Auguste), Chef d'usine, anc. Conduct. des Trav. de la *Comp. du Canal*. — Suez (Égypte).

Cercle Rochelais de la Ligue de l'Enseignement. — La Rochelle (Charente-Inférieure).

Cercle artistique, rue de la Comédie. — Montpellier (Hérault).

Cercle pharmaceutique de la Marne. — Reims (Marne).

Cérémonie (Emile), Vétér., 50, rue de Ponthieu. — Paris.

Cernuschi (Henri), Publiciste, 7, avenue Velasquez. — Paris. — **F**

Certes (Adrien), Insp. gén. des Fin., 53, rue de Varenne. — Paris.

Cézérac (Louis), Fabric. d'instrum. de chirurg., 75, rue de Rome. — Marseille (Bouches-du-Rhône).

Dr Chaber (Pierre), 4, rue Gambetta. — Royan-les-Bains (Charente-Inférieure). — **R**

Dr Chabert (Alfred), Méd. princ. de 1re cl. en retraite, 5, rue de la Vieille-Monnaie. — Chambéry (Savoie).

Chabert (Edmond), Ing. en chef des P. et Ch., 6, rue du Mont-Thabor. — Paris. — **R**

Dr Chabrely, 37, rue Durand. — Bordeaux-la-Bastide (Gironde).

*__D^r Chabrié (Camille)__, Doct. ès sc., 9, avenue de Saxe. — Paris.

Chabrier (Ernest), Ing. des Arts et Man., Admin. délég. de la *Comp. gén. Transat.*, 96, boulevard Haussmann. — Paris.

Chabrières-Arlès, Trés. pay. gén. du départ. du Rhône, 59, rue Molière. — Lyon (Rhône). — **F**

Chaigneau (Camille), Lieut. de vaisseau en retraite, 5, rue de l'Arsenal. — Toulon (Var).

Chailley-Bert (Joseph), Avocat à la Cour d'Ap., 12, avenue Carnot. — Paris.

*__D^r Chaintre (Armand)__. — Dôle (Jura).

Chaintron (Adrien), Nég.. 33, rue Friant. — Paris.

Chaix (A.), Présid. hon. du Cons. d'admin. de l'Imprimerie et de la Librairie cent. des Chem. de fer, 48, avenue du Trocadéro. — Paris. — **R**

Chalier (J.), 13, rue d'Aumale. — Paris. — **R**

*__Chamberet (Paul de)__, anc. s.-Préfet, Insp. gén. de la *Comp. la Mutuelle-Vie*, 20, rue des Capucines. — Paris.

Chambre des Avoués au Tribunal de 1re instance. — Bordeaux (Gironde). — **R**

Chambre de Commerce de Lot-et-Garonne. — Agen (Lot-et-Garonne).

—	—	Bayonne (Basses-Pyrénées).
—	—	Bordeaux (Gironde). — **F**
—	—	Boulogne-sur-Mer (Pas de-Calais).
—	—	Le Havre (Seine-Inférieure). — **R**
—	—	Lyon (Rhône). — **F**
—	—	Marseille (Bouches-du-Rhône). — **F**
—	—	Tarn-et-Garonne. — Montauban (Tarn-et-Garonne).
—	—	Nantes (Loire-Inférieure). — **F**
—	—	Narbonne (Aude).
—	—	Rouen (Seine-Inférieure). — **F**

Chambre syndicale du commerce en gros des Vins et Spiritueux de la Ville de Paris et du département de la Seine, 2, rue Le Regrattier. — Paris.

*__Chambrier (le Baron de)__, Fabric. d'horlog. — Montbéliard (Doubs).

Chambron-Augustin (Ernest), Agric., ferme de Medjana M'Chirâ par Châteaudun du Rhumel (départ. de Constantine) (Algérie).

Chamond (Nicolas), 31, rue Claude-Vellefaux. — Paris.

Champeaud (Edmond), Entrep. de Trav. pub., Maire, 20, rue Gossin. — Montrouge (Seine).

Champigny (Armand), Pharm., 19, rue Jacob. — Paris.

Champigny (Armand), Ing. civ., 11, rue de Berne. — Paris.

Champigny (Félix, Jean), 23, rue Ibry. — Neuilly-sur-Seine (Seine).

Champonnois (Hugues), Ing. civ., 45, rue des Petits-Champs. — Paris.

Chandon de Briailles (le Vicomte Raoul), Nég. en vins de Champagne, 11, rue du Commerce. — Épernay (Marne).

Chanteret (l'Abbé Pierre), Doct. en droit, 80, rue Claude-Bernard. — Paris.

Chantre (Mme Ernest), 37, cours Morand. — Lyon (Rhône).

Chantre (Ernest), s.-Dir. du Muséum des sc. nat., 37, cours Morand. — Lyon (Rhône). — **F**

Chantreau (Charles), Chim. et Manufac., rue Saint-Jean. — Douai (Nord).

Chaper (Maurice), Ing. civ. des Mines, anc. Élève de l'Éc. Polytech., 31, rue Saint-Guillaume. — Paris.

Chaperon (J., A.), s.-Dir. au Min. des Fin., 22, rue de Lisbonne. — Paris.

Chaperon-Graugère (Robert), 13, rue Boudet. — Bordeaux (Gironde), et villa des Fougères. — Bagnères-de-Bigorre (Hautes-Pyrénées).

*__D^r Chapoy (Charles, Léon)__, Prof. à l'Éc. de Méd., Chirurg. adj. des hosp. civ, 35, rue des Granges. — Besançon (Doubs).

Dr Chapplain (Jacques), Dir. hon. de l'Éc. de Méd. et de Pharm., 3, rue Lafon. — Marseille (Bouches-du-Rhône).

Dr Chapuis (Scipion). — Bou-Farik (départ. d'Alger).

Charbonneaux (Firmin), Maître de verreries, 98, rue Chanzy. — Reims (Marne).

*****Charbonnel-Salle (Louis)**, Prof. de Zool. à la Fac. des Sc. — Les Vieilles-Perrières par Besançon (Doubs).

Charcelay, Pharm. — Fontenay-le-Comte (Vendée). — **R**

Chardonnet (Anatole), Nég., 22, rue Hincmar. — Reims (Marne).

*****Chardonnet (le Comte Louis, Hilaire de)**, Ing. civ., anc. Élève de l'Éc. Polytech., 20, rue du Chateur. — Besançon (Doubs).

Chàrier, Archit. — Fontenay-le-Comte (Vendée).

Charlier (Etienne), Notaire. — Attigny (Ardennes).

Charlin. — Tréon (Eure-et-Loir).

Charlot (Léon), Fabric. de caoutchouc, 25, rue Saint-Ambroise. — Paris.

Charpentier (Augustin), Prof. à la Fac. de Méd., 6, rue du Manège. — Nancy (Meurthe-et-Moselle).

Charpentier (René), anc. Élève de l'Éc. Polytech., 4, rue Traversière. — Châlons-sur-Marne (Marne).

Dr Charpentier (Eugène), Méd. des Hôp., 5, rue du Fort. — Gentilly (Seine).

Charpin (Mlle), 24, rue Duperré. — Paris.

Charroppin (Georges), Pharm. de 1re cl. — Pons (Charente-Inférieure).

Charruey (René), 7, rue des Charriottes. — Arras (Pas-de-Calais).

Charve (Léon), Prof. de Mécan. à la Fac. des Sc., 60, cours Pierre-Puget. — Marseille (Bouches-du-Rhône).

Dr Chaslin (Philippe), anc. Int. des Hôp., Méd. sup. de l'Hosp. de Bicêtre, 64, rue de Rennes. — Paris.

Chassaigne (Jules), s.-Chef au Min. des Fin. en retraite, 61, rue de Saint-Germain. — Argenteuil (Seine-et-Oise).

Chassaing (Eugène), Fabric. de prod. physiol., 6, avenue Victoria. — Paris.

Chasteigner (le Comte Alexis de), 7, rue de Grassy. — Bordeaux (Gironde).

Chatel, Avocat défens., Bazar du Commerce. — Alger. — **R**

*****Chatel (Prosper)**, Ing. en chef des P. et Ch., 16, rue Scheffer — Paris.

Chatin (Adolphe), Mem. de l'Inst. et de l'Acad. de Méd., 149, rue de Rennes. — Paris.

Dr Chatin (Joannès), Prof. adj. à la Fac. des Sc., Mem. de l'Acad. de Méd., 147, boulevard Saint-Germain. — Paris. — **R**

Chaudier, Dir. de la Ferme-École. — Nolhac par Saint-Saulien (Haute-Loire).

Chauliaguet (Mlle Juliette), Étud. en méd., 140, rue de la Pompe. — Paris.

Chaumier (Mme Edmond), 19 *bis*, rue de Clocheville. — Tours (Indre-et-Loire).

Dr Chaumier (Edmond), 19 *bis*, rue de Clocheville. — Tours (Indre-et-Loire).

Chauvassaigne (Daniel), château de Mirefleurs par les Martres-de-Veyre (Puy-de-Dôme). — **R**

Dr Chauveau (Auguste), Mem. de l'Inst. et de l'Acad. de Méd., Insp. gén. des Éc. nat. vétér., Prof. au Muséum d'hist. nat., 10, avenue Jules–Janin. — Paris. — **F**

Dr Chauveau (Claude), 225, boulevard Saint-Germain. — Paris.

Chauvet (Gustave), Notaire. — Ruffec (Charente). — **R**

Chauviteau (Ferdinand), 112, boulevard Haussmann. — Paris. — **R**

Chavane (Edmond), Maître de Forges. — Bains en Vosges (Vosges).

Chavane (Paul), Ing. des Arts et Man., Indust., Manufacture de Bains. — Bains en Vosges (Vosges).

*****Chavanne (René)**, Ing. civ., 13, rue Saint-Vincent. — Besançon (Doubs).

Chavasse (Jules), Prop., 41, quai de Bosc. — Cette (Hérault).

Chavasse (Paul), Nég.-Prop., 38, quai de Bosc. — Cette (Hérault).

*****Chaxel (Félix du)**, 11, rue Foy. — Brest (Finistère).

Chazal (Jean-Baptiste), anc. Avoué. — Murat (Cantal).

Chazal (Léon), anc. Caissier payeur cent. du Trés. pub. au Min. des Fin., v.-Présid. du Cons. gén. de Seine-et-Marne, 37, boulevard Saint-Michel. — Paris.

Chazal (Robert), Lieut. au 24e rég. d'Artil. — Tarbes (Hautes-Pyrénées).

Chazot, Prop., 12, rue Michelet. — Alger-Agha.

Dr Chenantais, 22, rue de Gigant. — Nantes (Loire-Inférieure).

Chenevier (Paul), Archit. du départ., Présid. de la *Soc. philomath. de Verdun*. — Verdun (Meuse).

*****Dr Chéron (Jules)**, Doct. ès sc., Méd de Saint-Lazare, 45, boulevard Malesherbes. — Paris.

Chérot (Albert), Ing., anc. Élève de l'Éc. Polytech., 30, cours Pierre-Puget. — Marseille (Bouches-du-Rhône).

Chérot (Auguste), Ing. civ. des Mines, anc. Élève de l'Éc. Polytech., 15, boulevard Beauséjour. — Paris.

Dr **Chervin (Arthur)**, Dir. de l'*Inst. des Bègues*, 82, avenue Victor-Hugo. — Paris.
Cheuret, Notaire, 26, rue Thiers. — Le Havre (Seine-Inférieure).
Dr **Cheurlot**, 48, avenue Marceau. — Paris.
Cheux (Albert), Météor., 47, rue Delaage. — Angers (Maine-et-Loire).
Cheux (Pierre, Antoine), Pharm.-Maj. en retraite. — Ernée (Mayenne). — **R**
Dr **Chevalier (Alfred)**. — Verzenay (Marne).
Chevalier (J., P.), Nég., 50, rue du Jardin-Public. — Bordeaux. — **F**
Chevalier (l'Abbé L.), Lic. ès sc., à l'Éc. de Saint-Sigisbert, 11, place de l'Académie.
— Nancy (Meurthe-et-Moselle).
Chevallier (Georges), Notaire. — Montendre (Charente-Inférieure).
Dr **Chevallier (Paul)**. — Compiègne (Oise).
Chevallier (Victor), Chim. de la *Comp. des Salins du Midi*, 46, rue Pitot. — Montpel-
lier (Hérault).
Dr **Chevallier (Victor)**, anc. Mem. du Cons. gén. — Saint-Agnant (Charente-Inférieure).
Chevé (René), 26, rue de Lisbonne. — Paris.
Chevrel (René), Doct. ès sc., Chef des travaux zool. à la Fac. des Sc., rue du Tour-de-
Terre. — Caen (Calvados).
Chevreux (Édouard), rue Daguerre, villa Ez-Zitouna. — Alger-Mustapha.
Cheysson (Émile), Insp. gén. des P. et Ch., Prof. à l'Éc. nat. sup. des Mines, 115,
boulevard Saint-Germain. — Paris.
*Dr **Chiaïs (François)**, Méd. de l'Hôp., rue Villarey. — Menton (Alpes-Maritimes), l'été à
Évian-les-Bains (Haute-Savoie).
Chicandard (Georges), Lic. ès sc. phys., Pharm. de 1re cl., 17, montée de Vauzelles.
— Lyon (Rhône).
Dr **Chil y Naranjo (Gregorio)**. — Palmas (Grand-Canaria). — **R**
***Chipon (Maurice)**, Avocat à la Cour d'Ap., 23, rue de la Préfecture. — Besançon (Doubs).
Chiris (Léon), Sénateur des Alpes-Maritimes, 23, avenue d'Iéna. — Paris. — **R**
Dr **Chobaut (Alfred)**, 4, rue Dorée. — Avignon (Vaucluse).
Cholley (Paul), Pharm., 2, avenue de la Gare. — Rennes (Ille-et-Vilaine).
***Choquin (Albert)**, Bandagiste, Porte-Jeune. — Mulhouse (Alsace-Lorraine).
Chouët (Alexandre), anc. Juge au Trib. de Com., 19, rue de Milan. — Paris. — **R**
Chouffour (Albert), Étud., 26, boulevard Gambetta. — Limoges (Haute-Vienne).
*Chouillou (Albert)**, Dir. de l'usine, anc. Élève de l'Éc. nat. d'agric. de Grignon, 69, bou-
levard du Mont-Riboudet. — Rouen (Seine-Inférieure).
Chouillou (Édouard), Fabric. de prod. chim., 69, boulevard du Mont-Riboudet.
— Rouen (Seine-Inférieure).
Chrétien (Paul, Charles), Insp. de l'Éclairage élect. de la Ville, 15, rue de Boulainvil-
liers. — Paris.
Dr **Christian (Jules)**, Méd. de la Maison nat. d'aliénés de Charenton, 57, Grande-Rue.
— Saint-Maurice (Seine).
*Chudeau (René)**, Chargé du cours de Minéral. et de Géol. à la Fac. des Sc., 10, square
Saint-Amour. — Besançon (Doubs).
Clamageran (Mme), 57, avenue Marceau. — Paris.
Clamageran, anc. Min. des Fin., Sénateur, 57, avenue Marceau. — Paris. — **F**
Clappier (le Général Edmond), 3, avenue Matignon. — Paris.
Dr **Claude**. — Pompey (Meurthe-et-Moselle).
Claude-Lafontaine (Lucien), Banquier, anc. Élève de l'Éc. Polytech., 32, rue de Trévise.
— Paris.
Claudel (Victor), Fabric. de papiers. — Docelles (Vosges).
Claudon (Édouard), Ing. des Arts et Man., 6, boulevard Raspail. — Paris.
Dr **Clément (Étienne)**, Méd. des Hôp., 53, rue Saint-Joseph. — Lyon (Rhône).
Clément (Léopold), Lic. en droit, Agric. — Caumont-sur-Garonne (Lot-et-Garonne).
Clerc (Alexis), Ing. des serv. techniques de l'Exploit. de la *Comp. des Chem. de fer
de l'Ouest-Algérien*, anc. Élève de l'Éc. cent. des Arts et Man., boulevard du Lycée
(Maison Champenois). — Oran (Algérie).
***Clerc (Cyril)**, Dir. de l'Éc. prim., 15, rue de la Gare. — Pontarlier (Doubs).
Clerc (Ernest). — Le Caduceau par Saint-Séverin (Charente).
Clerc (J.), Pharm., 29, Cours du XXX Juillet. — Bordeaux (Gironde).
Clerc (Oscar), Représ. de com., rue Pont-Charrault. — Saint-Maixent (Deux-Sèvres).
Clercq (Charles de), 69, avenue Henri-Martin. — Paris.
Clermont (Philibert de), Avocat à la Cour d'Ap., 8, boulevard Saint-Michel.
— Paris. — **R**
Clermont (Philippe de), s.-Dir. du Lab. de chim. à la Sorbonne, 8, boulevard Saint-
Michel. — Paris. — **F**

. **Clermont (Raoul de)**, Ing. agronom. diplômé de l'Inst. nat. agronom., 8, boulevard Saint-Michel. — Paris. — **R**

Cloizeaux (Alfred Legrand des), Mem. de l'Inst., Prof. hon. au Muséum d'hist. nat., 13, rue de Monsieur. — Paris. — **R**

D' **Clos (Dominique)**, Corresp. de l'Inst., Prof. hon. de la Fac. des Sc., Dir. du Jardin des Plantes, 2, allées des Zéphirs. — Toulouse (Haute-Garonne). — **R**

D' **Clos (Élie)**, 8, Grand-Rond. — Toulouse (Haute-Garonne).

Clouzet (Ferdinand), Mem. du Cons. gén., 88, cours Victor-Hugo. — Bordeaux (Gironde). — **R**

Clozel (Joseph), Explorat., 35, rue Labat. — Paris.

Cluis (Paul), 2, place de la Sorbonne. — Paris.

·Coccoz (Victor), Command. d'artill. en retraite, 159, rue de Rennes. — Paris.

Cochon (J.), Insp. des Forêts, 6, avenue de Belfort. — Saint-Claude (Jura).

Cochot (Albert), Ing. civ., Archit. de la Ville, 75, Rempart-du-Nord — Angoulême (Charente).

Codron (E.), Fabric. de sucre. — Beauchamps par Gamaches (Somme).

Cohen (Benjamin), Ing. civ., 45, rue de la Chaussée-d'Antin. — Paris.

Cohn (Léon), Préfet de la Haute-Garonne. — Toulouse (Haute-Garonne).

Coignet (Jean), Ing. civ. des Mines, anc. Élève de l'Éc. Polytech., 2, rue Cuvier. — Lyon (Rhône).

Coindre (Jean-Marie), Ing. en chef des P. et Ch., 7, avenue Turpin de Crissé. — Angers (Maine-et-Loire).

Colas (Albert), Publiciste, 27, rue de la Glacière. — Paris.

Colin (Armand), Édit., 5, rue de Mézières. — Paris.

D' **Collardot (Victor)**, Méd. de l'hôp. civ., 3, rue Cléopâtre. — Alger.

Collignon (M™° Édouard), 28, rue des Saints-Pères. — Paris.

Collignon (Édouard), Insp. gén., Insp. de l'Éc. nat. des P. et Ch., 28, rue des Saints-Pères. — Paris. — **F**

Collignon (Félix), Dir. des Usines de la *Comp. royale Asturienne*. — Auby-lez-Douai (Nord).

D' **Collignon (René)**, Méd.-Maj. à l'Éc. sup. de Guerre, 9, avenue de La Bourdonnais. — Paris.

Collin (M™°), 15, boulevard du Temple. — Paris. — **R**

Collin (Armand), Horlog.-Mécan., 25, rue Desbordes-Valmore. — Paris.

Collin (Émile), Paléoethnologue, 30, rue Saint-Marc. — Paris.

Collin (Émile, Charles), Ing. des Arts et Man., 62, rue Miroménil. — Paris.

D' **Collineau**, 84, rue d'Hauteville. — Paris.

Collombier (Albert), Dir. de la *Soc. anonyme de la Soudière*, anc. Élève de l'Éc. cent. des Arts et Man., 5, avenue Fontaine-Argent. — Besançon (Doubs).

Collot (Louis), Dir. du Muséum d'hist. nat., Prof. à la Fac. des Sc., 51, rue Saint-Philibert. — Dijon (Côte-d'Or).

Collot (Michel), Nég. en cuirs, 10, rue Beaurepaire. — Paris.

D' **Colrat**, Agr. à la Fac. de Méd., 48, quai de la République. — Lyon (Rhône).

Colsenet (Edmond), Doyen de la Fac. des Let., Mem. du Cons. mun., 18, rue de la Préfecture. — Besançon (Doubs).

Comberousse (Charles de), Ing. des Arts et Man., Prof. au Conserv. nat. des Arts et Mét. et à l'Éc. cent. des Arts et Man., 94, rue Saint-Lazare. — Paris. — **F**

Combes (Alphonse), Doct. ès sc., 14, rue du Val-de-Grâce. — Paris.

Combes (Camille), Avocat à la Cour d'Ap., 21, rue Vignon. — Paris.

D' **Combescure (Clément)**, Sénateur, 13, rue de Poissy. — Paris.

Comité médical des Bouches-du-Rhône, 3, Marché des Capucins. — Marseille (Bouches-du-Rhône). — **R**

Commines de Marsilly (Arthur de), anc. Of. de caval., villa Saint-Georges. — Saint-Lô (Manche).

Commission archéologique de Narbonne. — Narbonne (Aude).

Commission de météorologie du département de la Marne. — Châlons-sur-Marne (Marne).

Commission départementale de météorologie du Rhône. — Lyon (Rhône).

Commolet (Jean-Baptiste), Prof. au Lycée Voltaire, 32, rue Lévis. — Paris.

Compagnie des chemins de fer du Midi, 54, boulevard Haussmann. — Paris. — **F**

—   —   d'Orléans, 8, rue de Londres. — Paris. — **F**

—   —   de l'Ouest, 20, rue de Rome. — Paris. — **F**

·—   —   de Paris à Lyon et à la Méditerranée, 88, rue Saint-Lazare. — Paris. — **F**

Compagnie des Fonderies et Forges de l'Horme, 8, rue Victor-Hugo. — Lyon
(Rhône). — **F**
— du Gaz de Lyon, rue de Savoie. — Lyon (Rhône). — **F**
— Parisienne du Gaz, 6, rue Condorcet. — Paris. — **F**
— des Messageries Maritimes, 1, rue Vignon. — Paris. — **F**
— des Minerais de fer magnétique de Mokta-el-Hadid (le Conseil d'Administration de la), 26, avenue de l'Opéra. — Paris. — **F**
— des Mines, Fonderies et Forges d'Alais (M. le baron de Villiers, Admi-
nistrateur-directeur), 7, rue Blanche. — Paris. — **F**
— des Mines de houille de Blanzy (Jules Chagot et Cⁱᵉ), à Montceau-les-
Mines (Saône-et-Loire), 69, boulevard Haussmann. — Paris. — **F**
— des Mines de Roche-la-Molière et Firminy, 13, rue de la République.
— Lyon (Rhône). — **F**
— des Salins du Midi, 84, rue de la Victoire. — Paris. — **F**
*Dʳ **Compagnon** (Jules). — Salins (Jura).
Compayré (Gabriel), Rect. de l'Acad., anc. Député. — Poitiers (Vienne).
Connesson (Ferdinand), Ing. en chef des P. et Ch., Ing. en chef attaché au serv.
de la voie à la *Comp. des Chem. de fer de l'Est*, 131, rue Lafayette. — Paris. — **R**
Conrad (Louis, Théophile), Attaché à l'admin. gén. de l'Assist. pub., 18, Grande-Rue.
— Bourg-la-Reine (Seine).
Constant (Lucien), Avocat, 66, rue des Petits-Champs. — Paris.
*Contejean** (Charles, Louis), Prof. de Fac. en retraite. — Montbéliard (Doubs).
Coppet (Louis de), Chim., villa Irène, rue Magnan. — Nice (Alpes-Maritimes). — **F**
Cora (Guido), Prof., Dir. du *Cosmos*, 74, corso Vittorio-Emanuele. — Turin (Italie).
Corbin (Paul), Indust., anc. Élève de l'Éc. Polytech. — Lancey (Isère).
Cordier (Henri), Prof. à l'Éc. des langues orient. vivantes, 3, place Vintimille.
— Paris. — **R**
Cornet (Auguste), Présid. du Synd. gén. de la boulang. française, 34, rue Rochechouart.
— Paris.
*Dʳ **Cornet** (Charles), 43, rue des Chaprais. — Besançon (Doubs).
Cornevin (Charles), Prof. à l'Éc. nat. vétér., 2, quai Pierre-Scize. — Lyon (Rhône). — **R**
Cornil (Mᵐᵉ), 19, rue Saint-Guillaume. — Paris.
Cornil, Prof. à la Fac. de Méd., Mem. de l'Acad. de Méd., Méd. des Hôp., Sénateur de
l'Allier, 19, rue Saint-Guillaume. — Paris.
Cornu (Mᵐᵉ Alfred), 9, rue de Grenelle. — Paris. — **R**
*Cornu** (Alfred), Mem. de l'Inst. et du Bureau des Longit., Ing. en chef des Mines, Prof.
à l'Éc. Polytech., 9, rue de Grenelle. — Paris. — **F**
Cornu (Félix), Fabric. de matières tinct., 30, Claragraben. — Bâle (Suisse).
*Cornu** (Mᵐᵉ Maxime), 27, rue Cuvier. — Paris.
*Cornu** (Maxime), Prof. au Muséum d'Hist. nat., 27, rue Cuvier. — Paris.
Cornuault (Émile), Ing. des Arts et Man., Dir. de la *Soc. anonyme du Gaz et Hauts
Fourneaux de Marseille*, 10, rue Cambacérès. — Paris.
Dʳ **Cosmovici** (Léon), Prof. à l'Univ., 31, strada Eternitate. — Jassy (Roumanie).
Cossé (Victor), Raffineur, 1, rue Daubenton. — Nantes (Loire-Inférieure).
Cosserat (Léon), Agr. de l'Univ., Ing.-Chim., 70, rue Brûlée. — Reims (Marne).
Cosset-Dubrulle (Edouard) (fils), Fabric. de lampes de sûreté pour mines, 3, rue de
Toul. — Lille (Nord).
Costa-Couraça (João da), Ing. au corps d'Ing. des Trav. pub., 6, rue Rosa-Aranjo.
— Lisbonne (Portugal).
Coste (Adolphe), Publiciste, 4, cité Gaillard (rue Blanche). — Paris.
Coste (Eugène), 6, rue des Capucins. — Lyon (Rhône).
*Coste** (Louis), Doct. ès Let., Biblioth. de la Ville. — Salins (Jura).
Cotard (Charles), Ing., anc. Élève de l'Éc. Polytech., 45, boulevard Suchet. — Paris.
Cottance, Nég. en diamants, 46, rue de Provence. — Paris.
Cottancin (Remi, Jean, Paul), Ing. des Arts et Man. (Trav. en ciment, avec ossat. métal.),
22, rue de Chaligny. — Paris.
*Cotteau** (Edmond), Mem. de la *Soc. de Géog.*, 4, rue Sedaine. — Paris.
*Cotteau** (Gustave), Corresp. de l'Inst., anc. Présid. de la *Soc. géol. de France*,
17, boulevard Saint-Germain. — Paris. — **R**
Cottereau-Rhem (Charles). — Pagny-sur-Moselle (Meurthe-et-Moselle).
*Cottignies** (Paul), Avocat gén. près la Cour d'Ap., 18, rue de la Cassotte. — Besançon (Doubs)
Cottin (Émile), Cap. au 32ᵉ rég. d'Artil., 40, rue Auguste-Barbier. — Fontainebleau
(Seine-et-Marne).

Coubertin (le Baron Pierre de), Sec. gén. de l'*Union des Sociétés de sports athlétiques*, 20, rue Oudinot. — Paris.

Dr **Coudoin,** 60, rue Saint-André-des-Arts. — Paris.

Dr **Coudray** (Paul), 29, rue de l'Arcade. — Paris.

Dr **Couillaud** (Jean), Méd. de l'hôp., 5, rue Jean-Moët. — Épernay (Marne).

Coulet (Camille), Libr.-Édit., 5, Grande-Rue. — Montpellier (Hérault).

*Coulon (Henri), Avocat à la Cour d'Ap., anc. Bâton. du Cons. de l'Ordre, 7, rue de la Lue. — Besançon (Doubs).

Couneau (Emile), Gref. du Trib. civ., 4, rue du Palais. — La Rochelle (Charente-Inférieure).

Counord (E.), Ing. civ., 127, cours du Médoc. — Bordeaux (Gironde). — **R**

Coupérie (Stéphen), 11, rue Montmejan. — Bordeaux (Gironde).

Coupier (Mme T.). — Saint-Denis-Hors par Amboise (Indre-et-Loire).

Coupier (T.), anc. Fabric. de prod. chim. — Saint-Denis-Hors par Amboise (Indre-et-Loire).

Couprie (Louis). — Villefranche-sur-Saône (Rhône). — **R**

Courcelles (C.), Prof. de math. spéc. au Lycée Saint-Louis, 36, rue Gay-Lussac. — Paris.

Dr **Courjon** (Antonin), Dir. de la maison de santé de Meyzieu, 14, rue de la Barre. — Lyon (Rhône).

Dr **Courmont** (Jules), Agr. à la Fac. de Méd., Chef adj. des trav. de Méd. expérimentale et comparée, 17, rue Victor-Hugo. — Lyon (Rhône).

Courtefois (Gustave), Indust., 14, rue du Temple. — Paris.

Courtin (Benoît), Chef d'instit. — Solre-le-Château (Nord).

Courtois (Henri), Lic. ès sc. phys., château de Muges. — Damazan (Lot-et-Garonne).

Courtois de Viçose, 3, rue Mage. — Toulouse (Haute-Garonne). — **F**

Cousin (Alexandre), 58, rue de Bourgogne. — Lille (Nord).

Coutagne (Georges), Ing. des Poudres et Salpêtres, le Défends. — Rousset (Bouches-du-Rhône). — **R**

Dr **Coutagne** (Henry), 7, quai de l'Hôpital. — Lyon (Rhône). — **R**

Coutanceau (Alphonse), Ing. des Arts et Man., 3, rue Michel. — Bordeaux (Gironde).

*Dr **Coutenot** (François, Marie) (père), Prof. à l'Éc. de Méd., Méd. des hosp. civ., Mem. de l'*Acad. des Sc., Belles-Lettres et Arts*, 44, Grande-Rue. — Besançon (Doubs).

*Dr **Coutenot** (Régis, Victor) (fils), 62, rue des Granges. — Besançon (Doubs).

Coutreau (Léon), Prop. — Branne (Gironde).

Couve (Charles), Courtier d'assur., 28, rue Castéja. — Bordeaux (Gironde).

Couvreux (Abel), Ing., 78, rue d'Anjou. — Paris.

Couzinet (Henri), anc. Notaire. — Saint-Sulpice-d'Eymet (Dordogne).

Coze (André) (fils), Dir. de l'Usine à Gaz, 5, rue des Romains. — Reims (Marne).

Crafts (M.), Chim., 30, avenue Henri-Martin. — Paris.

Crapez (Mme Auguste). — Landrecies (Nord).

Crapez (Auguste), Nég. — Landrecies (Nord).

Crapon (Denis). — Pont-Évêque par Vienne (Isère). — **R**

Craponne (Paul de), Ing. princ. de la *Comp. du Gaz*, anc. Élève de l'Éc. cent. des Arts et Man., 2, cours Bayard. — Lyon (Rhône).

*Cravoisier (Émile), Mem. du Cons. et Sec. de la *Soc. de Géog. com. de Paris.*, 4 *bis*, rue de Châteaudun. — Paris.

Crepeaux (Virgile), 42, rue des Mathurins. — Paris.

Crépy (Paul), Présid. de la *Soc. de géog. de Lille*, 28, rue des Jardins. — Lille (Nord).

Créquy (Mme Octavie), 99, boulevard Magenta. — Paris.

*Crespel (Charles), Nég., 54, rue Gambetta. — Lille (Nord).

Crespel-Tilloy (Charles), Manufac., 14, rue des Fleurs. — Lille (Nord). — **R**

Crespin (Arthur), Ing. des Arts et Man., Mécan., 23, avenue Parmentier. — Paris. — **R**

Crié (L.), Prof. à la Fac. des Sc., Corresp. de l'Acad. de Méd. — Rennes (Ille-et-Vilaine).

Dr **Critzman** (Daniel), anc. Int. des Hôp., 27, rue de la Pépinière. — Paris.

Croizé (A.), Ing. à la *Comp. des Chem. de fer d'Orléans*, 82, rue de Lille. — Paris.

Dr **Cros** (François, Antoine, André), Méd. princ. de 1re cl., Dir. du serv. de santé du 17e Corps d'armée. — Toulouse (Haute-Garonne).

Cros-Mayrevieille (Gabriel), Publiciste. — Narbonne (Aude).

Crouan (Fernand), Armat., v.-Présid. de la Ch. de Com., 14, rue Héronnière. — Nantes (Loire-Inférieure). — **F**

Crousaz-Crétet (le Baron de), 74, rue des Saints-Pères. — Paris.

Crouslé (L.), Prof. à la Fac. des Let., 24, rue Gay-Lussac. — Paris.

Crouzet (Félix), Doct. en droit, anc. Magist. — Lit-et-Mixe par Lévignacq (Landes).
Crova (André), Corresp. de l'Inst., Prof. à la Fac. des Sc., 12 *bis*, rue du Carré-du-Roi. — Montpellier (Hérault).
D' **Cruet**, 2, rue de la Paix. — Paris.
Cuau, Entrepren. de fumist., 88, boulevard de Courcelles. — Paris.
D' **Cucq (Antonin)**, 2, rue Mourot. — Pau (Basses-Pyrénées).
Cuénot (Lucien), Chargé d'un Cours complém. de Zool. à la Fac. des Sc., 21, rue Saint-Dizier. — Nancy (Meurthe-et-Moselle).
Cugnin (Émile, Antoine), Chef de bat. du Génie en retraite, 43, rue du Four. — Paris.
D' **Culot (Charles)**, anc. Int. des Hôp., 6, rue de la République. — Maubeuge (Nord).
Cunéo (Bernard), Dir. du Serv. de santé de la Marine au port de Toulon, Dir. de l'Éc. de santé, 19, cours Lafayette. — Toulon (Var).
Cunisset-Carnot (Paul), Proc. gén., 19, cours du Parc. — Dijon (Côte-d'Or). — **R**
Curé (Émile), Prop., anc. s.-Préfet. — Provins (Seine-et-Marne).
Cureyras (Gaspard), anc. Maire. — Cusset (Allier).
Curie (Jules), Lieut.-Colonel du Génie en retraite, 155, boulevard de la Reine. — Versailles (Seine-et-Oise).
Cussac (Joseph de), Insp. adj. des forêts, rue Saint-Jean. — Beaune (Côte-d'Or).
Cuvelier (Eugène), Prop. — Thomery (Seine-et-Marne).
D' **Cyon (Élie de)**, 11, rue Copernic. — Paris.
D' **Dagrève (Élie)**, Méd. du Lycée et de l'Hôp. — Tournon-sur-Rhône (Ardèche). — **R**
*D' **Daguenet (Victor)**, Méd.-maj. en retraite, 44, Grande-Rue. — Besançon (Doubs).
D' **Daguillon**. — Joze (Puy-de-Dôme).
Daguillon (Auguste), Doct. ès sc., Prof. agr. au Lycée Janson-de-Sailly, 6, rue Lekain. — Paris.
Daleau (François). — Bourg-sur-Gironde (Gironde).
Dalléas (L.), Prop., 3, cours du Chapeau-Rouge. — Bordeaux (Gironde).
Dalligny (A.), anc. Maire du VIII° arrond., 5, rue Lincoln. — Paris. — **F**
Damiens (Toussaint), Prop., 29, rue de Saint-Cloud. — Billancourt (Seine).
Damoizeau, 17, rue Saint-Ambroise. — Paris.
Damoy (Julien), Nég., 19, rue des Moines. — Paris.
*Dampenon (Clément)**, Archit., Mem. du Cons. mun., 57, Grande-Rue. — Besançon (Doubs).
Danel, Imprim., 93, rue Nationale. — Lille (Nord).
Daney (Alfred), Maire, 36, rue de la Rousselle. — Bordeaux (Gironde).
Danguy (Paul), Lic. ès sc., Prépar. de Botan. au Muséum d'hist. nat., 7, rue de l'Eure. — Paris.
Daniel (Lucien), Doct. ès sc. nat., Prof. de Phys. au col., rue Allard. — Château-Gontier (Mayenne).
Danton, Ing. civ. des Mines, 11, avenue de l'Observatoire. — Paris. — **F**
D' **Daran (Léon)**, 12, rue Latapie. — Pau (Basses-Pyrénées).
Darbas (Louis), Sec. du Musée G. Labit, 23, rue d'Orléans. — Toulouse (Haute-Garonne).
Dard (Jules, Marius), Minoterie Narbonne. — Hussein-Dey (départ. d'Alger).
D' **Darin (Gustave)**, 41, boulevard des Capucines. — Paris.
Darlan (Jean), Avocat, Député et Mem. du Cons. gén. de Lot-et-Garonne. — Nérac (Lot-et-Garonne).
Darlot (Jean, Alphonse) (jeune), Opticien, 125, boulevard Voltaire. — Paris.
Darras (A.), Nég., 57, rue Saint-Jacques. — Paris.
Darrasse (Léon), Fabric. de prod. chim., 13, rue Pavée-Marais. — Paris.
D' **Dassieu (Mathieu)**, 6, rue Serviez. — Pau (Basses-Pyrénées).
Dattez, Pharm., 4, rue Antoinette. — Paris.
Daubrée (Gabriel, Auguste), Mem. de l'Inst., Dir. hon. de l'Éc. nat. sup. des Mines, Insp. gén. de Mines en retraite, 254, boulevard Saint-Germain. — Paris.
Dauriat, Chef de dépôt en retraite de la *Comp. des Chem. de fer de l'Est*, 18, rue Lécluse. — Paris.
Daussargues (Achille), Agent Voyer en chef de Tarn-et-Garonne. — Montauban (Tarn-et-Garonne).
*Davanne (Alphonse)**, v.-Présid. de la *Soc. franç. de Photog.*, 82, rue des Petits-Champs. — Paris.
Daveluy (Charles), Admin. des Contrib. dir., 107, boulevard Brune. — Paris.
David (Arthur), 29, rue du Sentier. — Paris. — **R**
*David (Émile)**, Pharm. — Objat (Corrèze).
David (Paul), Nég., 93, place Drouet-d'Erlon. — Reims (Marne).
Davy, Prof. au Lycée Louis-le-Grand, 31, rue Madame. — Paris.

Dax (le Comte **Armand** de), Ing. civ., Sec. gén. de la *Soc. des Ing. civ. de France*, 10, cité Rougemont. — Paris.

Daymard (**Victor**), anc. Ing. des Construc. nav., Ing. en chef de la *Comp. gén. Transat.*, 47, rue de Courcelles. — Paris.

Debasseux (**Victor**), 85, avenue de Saint-Cloud. — Versailles (Seine-et-Oise).

Decauville (**Paul**), Dir. des Établis. de Petit-Bourg, Sénateur de Seine-et-Oise. — Petit-Bourg (Seine-et-Oise).

***Decès** (M**ᵐᵉ** **Arthur**), 70, rue Chanzy. — Reims (Marne).

***D**ʳ **Decès** (**Arthur**), Prof. à l'Éc. de Méd., 70, rue Chanzy. — Reims (Marne).

***D**ʳ **Decès** (**Charles, E.**), Étud., 70, rue Chanzy. — Reims (Marne).

Dʳ **Dechamp** (**Paul, Jules**), Méd. princ. de la Marine en retraite, villa Richelieu. — Arcachon (Gironde).

Decharme (**Constantin**), Doct. ès sc., Prof. de phys. de l'Univ. en retraite, 88, rue Saint-Louis. — Amiens (Somme).

Dʳ **Decrand** (**J.**), anc. Chef de clin. à la Fac. de Méd. de Montpellier, 27, boulevard Ledru-Rollin. — Moulins (Allier).

Defaye (**Paul**), Indust., 7, place Jourdan. — Limoges (Haute-Vienne).

Defforges (**Gilbert**), Chef de bat. breveté d'infant. hors cadre, 41, boulevard de La Tour-Maubourg. — Paris.

Defrenne (**Adolphe**), Prop., 295, rue Nationale. — Lille (Nord).

Degeorge (**Hector**), Archit., 151, boulevard Malesherbes. — Paris.

Deglatigny (**Louis**), Nég. en bois, 11, rue Blaise-Pascal. — Rouen (Seine-Inférieure). — **R**

Degorce (**Marc, Antoine**), Pharm. en chef de la Marine en retraite, 42, rue des Semis. — Royan-les-Bains (Charente-Inférieure). — **R**

Degousée (**Edmond**), Ing. des Arts et Man., 164, boulevard Haussmann. — Paris. — **F**

Degrange-Touzin (**Armand**), Avocat, 13, rue Castéja. — Bordeaux (Gironde).

Dehaut (**E.**), 147, rue du Faubourg-Saint-Denis. — Paris.

Dehaut (**Félix**), Pharm. de 1ʳᵉ cl., 147, rue du Faubourg-Saint-Denis. — Paris.

Dʳ **Dehenne** (**Albert**), 34, rue de Berlin. — Paris.

Dehérain (**Henri**), Lic. ès Let., 1, rue d'Argenson. — Paris.

Dehérain (**Pierre, Paul**), Mem. de l'Inst., Prof. au Muséum d'hist. nat. et à l'Éc. nat. d'agric. de Grignon, 1, rue d'Argenson. — Paris.

Déjardin (**E.**), Pharm. de 1ʳᵉ cl., anc. Int. des Hôp., 109, boulevard Haussmann. — Paris.

Dejean de Fonroque (**Abel**), Chef de serv. de la *Comp. du Canal de Suez* en retraite, 202, boulevard Saint-Germain. — Paris.

Dejou (**Paul**), Pharm. de 1ʳᵉ cl. — La Ferté-Alais (Seine-et-Oise).

Dʳ **Delabost** (**Merry**), Dir. de l'Éc. de Méd., Chirurg. en chef de l'Hôtel-Dieu et des Prisons, 76, rue Ganterie. — Rouen (Seine-Inférieure).

Delacre (**Maurice**), Prof. à l'Univ. de Gand. — Vilvorde (Belgique).

Delafon (**Maurice**), Ing. sanitaire, Indust., 14, quai de la Rapée. — Paris.

Delage (**Pierre, Joseph**), Ing. des Arts et Man., Adj. au Maire du XI° arrond., 90, boulevard Richard-Lenoir. — Paris.

***Delagrange** (**Charles**), Imprim., Entomol., 57, rue Bersot. — Besançon (Doubs).

Delagrave (**Charles**), Libr.-Édit., 15, rue Soufflot. — Paris.

Delahodde-Destombes (**Victor**), Nég., 19, rue Gauthier-de-Châtillon. — Lille (Nord).

Delaire (**Alexis**), Sec. gén. de la *Soc. d'Econom. sociale*, anc. Élève de l'Éc. Polytech., 238, boulevard Saint-Germain. — Paris. — **R**

Delannoy (**Henri, Auguste**), s.-Intend. milit. de 1ʳᵉ cl. en retraite, anc. Élève de l'Éc. Polytech. — Guéret (Creuse).

Delaporte (**Charles**), Ing. des Arts et Man., Filat. de coton, anc. Juge au Trib. de com. — Maromme (Seine-Inférieure).

Dʳ **Delaporte**, 24, rue Pasquier. — Paris. — **R**

Delattre (**Carlos**), Filat., anc. Élève de l'Éc. Polytech., 126, rue Jacquemars-Giélée. — Lille (Nord). — **R**

Delaunay (**Aimé**), 6, quai de l'Université. — Rennes (Ille-et-Vilaine).

Delaunay (**Henri**), Ing. des Arts et Man., 39, rue d'Amsterdam. — Paris. — **R**

Delavaud (**Charles**), Insp. du serv. de santé de la Marine en retraite, 85, rue La Boétie. — Paris.

Delavauvre (**Jules, Joseph**), Prop., les Écossais. — Bresnay par Besson (Allier).

***Delavelle** (**Victor**), Notaire hon., Présid. de la *Soc. des Beaux-Arts*, 64, Grande-Rue. — Besançon (Doubs).

***Delbrück** (**Jules**), Agric., 86, quai des Chartrons. — Bordeaux (Gironde).

Delcominète (**Émile**), Prof. à l'Éc. sup. de Pharm., 23, rue des Ponts. — Nancy (Meurthe-et-Moselle).

Delcros (Élie), Avocat. — Perpignan (Pyrénées-Orientales).

Delécluze, Prop. — Pont-à-Marcq (Nord).

De L'Épine, Prop., 20, rue Solférino. — Vanves (Seine). — R

Delesse (Mᵐᵉ), 59, rue Madame. — Paris. — R

Delessert (Édouard), v.-Présid. du Cons. d'admin. de la *Comp. des chem. de fer. de l'Ouest*, 17, rue Raynouard. — Paris. — R

Delessert (Eugène), anc. Prof. — Croix (Nord). — R

Delestrac (Lucien), Ing. en chef des P. et Ch., 6, rue Lalande. — Bourg (Ain).

*Delisle (Mᵐᵉ Fernand), 26, rue Vauquelin. — Paris.

*Dᵉ Delisle (Fernand), Prépar. d'anthrop. au Muséum d'Hist. nat., 26, rue Vauquelin. — Paris.

Delius (Georges), Nég., 8, rue du Marc. — Reims (Marne).

Delius (Paul), Nég., 8, rue du Marc. — Reims (Marne).

Delmas (Charles), Prop. — Carmaux (Tarn).

Delmas (Fernand), Ing., Chargé du Cours d'Archit. à l'Éc. cent. des Arts et Man., 110, rue du Faubourg-Poissonnière. — Paris.

Delmas (Jules), Étud., 4, place Longchamps. — Bordeaux (Gironde).

Delmas (Julien), Armat., cours des Dames. — La Rochelle (Charente-Inférieure).

Delmas (Maurice), Étud. en méd., 4, place Longchamps. — Bordeaux (Gironde).

Delmas (Mᵐᵉ Pauline), 5, place Longchamps. — Bordeaux (Gironde). — R

Dᵉ Delmas (Paul), Dir. de la Maison de convalesc., 5, place Longchamps. — Bordeaux (Gironde). — R

Deloche (René), Ing. en chef des P. et Ch., 3, rue Marengo. — Saint-Étienne (Loire).

Delocre, Insp. gén. des P. et Ch., 1, rue Lavoisier. — Paris.

Delon (Ernest), Ing. des Arts et Man., 27, rue Aiguillerie. — Montpellier (Hérault). — R

Dᵉ Delore, Agr. à la Fac. de Méd., anc. Chirurg. en chef de la Charité, 8, rue Vaubecour. — Lyon (Rhône). — F

Delorme (Eugène), Chef de Bureau au Min. des Fin., 6, place de Rennes. — Paris.

*Delort (Jean-Baptiste), Prof. au Collège. — Romans (Drôme).

Delpech (L.), 9, rue Jean-Jacques-Bel. — Bordeaux (Gironde).

Delrieu, Banquier. — Marmande (Lot-et-Garonne).

Delrieu (Raymond), Percept. — Saint-Jean-Pied-de-Port (Basses-Pyrénées).

Dᵉ Delthil (Edouard), 5, rue Rougemont. — Paris.

Delune (Théodore), Nég. en ciment, 94, quai de France. — Grenoble (Isère).

Deluns-Montaud (Pierre), anc. Min. des Trav. pub., Député de Lot-et-Garonne, 3, rue des Beaux-Arts. — Paris.

Dᵉ Delvaille (Camille). — Bayonne (Basses-Pyrénées). — R

Demarçay (Eugène), anc. Répét. à l'Éc. Polytech., 8 *bis*, boulevard de Courcelles. — Paris. — R

Démarres (Robert), 11 *bis*, rue de Milan. — Paris.

Demarteau (Paul), Ing., anc. Élève de l'Éc. nat. des P. et Ch. de France, Schwarzenbergplatz. — Vienne (Autriche-Hongrie).

Demesmay (Félix), Fabric. de ciment de Portland. — Cysoing (Nord).

Démichel, Construc. d'instrum. de phys., 24, rue Pavée-Marais. — Paris.

Demierre (Marius), 3, rue de Rouvray. — Neuilly-sur-Seine (Seine).

Demoget (Charles), Ing. des Arts et Man., Archit. de la Ville, 9, rue de Sébastopol. — Bar-le-Duc (Meuse).

Demolliens (Henri), Ing. des Arts et Man., 30, rue Pergolèse. — Paris.

Dᵉ Demonchy (Adolphe), 37, rue d'Isly. — Alger. — R

Démonet (François, Charles), Ing. des Arts et Man., Mem. du Cons. mun., 19, rue de la Commanderie. — Nancy (Meurthe-et-Moselle).

*Demonferrand (Hippolyte), Insp. des *Chem. de fer de l'État* en retraite, 62, rue Bonaparte. — Paris. — R

Demons (Albert), Prof. à la Fac. de Méd., Corresp. nat. de l'Acad. de Méd., 18, cours du Jardin-Public. — Bordeaux (Gironde).

Demontzey (Prosper), Corresp. de l'Inst., Insp. gén. des Forêts, 24, rue Baudin. — Paris.

*Demoussy (Émile), Répét. à l'Éc. nat. d'agric. de Grignon, 10, rue Chaptal. — Levallois-Perret (Seine).

Denise (Lucien), Archit., Ing. des Arts et Man., 17, rue d'Antin. — Paris.

Denoyel (Antonin), Prop., 9, rue du Plat. — Lyon (Rhône).

Dᵉ Denucé (Maurice), Agr. à la Fac. de Méd., Chirurg. des Hôp., 47, cours du Pavé-des-Chartrons. — Bordeaux (Gironde).

Denys (Marcel), Maître de verreries. — Courcy par Loivre (Marne).

Denys (Roger), Ing. en chef des P. et Ch., chemin des Corvées. — Épinal (Vosges). — **R**.

***Depaul (Henri)**, Agric., château de Vaublanc. — Plemet (Côtes-du-Nord). — **R**

Dépierre (Alphonse), Prop. — Macheron par Thonon (Haute-Savoie).

Dépierre (Joseph), Ing.-Chim., 13, rue Lamarck. — Toulouse (Haute-Garonne). — **R**

Deprez (Mlle Berthe), 23, avenue de Marigny. — Vincennes (Seine).

Deprez (Marcel), Mem. de l'Inst., Prof. au Conserv. nat. des Arts et Mét., 23, avenue de Marigny. — Vincennes (Seine).

Dequoy (J.), Prop., 67, boulevard Victor-Hugo. — Lille (Nord).

Dr Dérignac (Paul), Prof. sup. à l'Éc. de Méd., 14, boulevard Carnot. — Limoges (Haute-Vienne).

Dr Dero (J.), 2, rue du Général-Rouelle. — Le Havre (Seine-Inférieure).

***Derosne (Charles)**, Maitre de forges, château d'Ollans par Cendray (Doubs).

Desailly (Paul), Exploit. de phosph. de chaux fossile, 17, rue du Faubourg-Montmartre. — Paris.

Desbois (Émile), 17, boulevard Beauvoisine. — Rouen (Seine-Inférieure). — **R**

Desbonnes (F.), Nég., 5, cours de Gourgues. — Bordeaux (Gironde).

***Descamps (Ange)**, Indust., 49, rue Royale. — Lille (Nord).

Descamps (Maurice), Ing. des Arts et Man., 22, rue de Tournai. — Lille (Nord).

Deschamps (Arnold), v.-Présid. au Trib. de 1re inst., 17, rue de la Poterne. — Rouen (Seine-Inférieure).

Deschamps (Eugène), Prof. de Phys. à l'Éc. de Méd., 4, rue de Nemours. — Rennes (Ille-et-Vilaine).

Des Étangs (A.), Présid. hon. du Trib. civ. — Châtillon-sur-Seine (Côte-d'Or).

Desfontaines (Charles), Rent., 17, boulevard Haussmann. — Paris.

Desharnoux, 69, rue Monge. — Paris.

***Dr Deshayes (Charles)**, Méd. des Hôp., 35, rue Pavée. — Rouen (Seine-Inférieure).

Deshayes (Victor), Ing. civ. des Mines, 10, square de Champel. — Genève (Suisse).

Des Hours (Louis), Prop., château de Mezouls. — Mauguio (Hérault).

Deslandres (Henri), anc. Élève de l'Éc. Polytech., 43, rue de Rennes. — Paris.

Dr Desmaisons-Dupallans, Dir. de la maison de santé de Castel-d'Andorte. — Bouscat (Gironde).

Desmarests, Dir. de l'Observat. météor. — Douai (Nord).

Desmaroux (Louis), Ing. en chef des Poudres et Salpêtres, Dir. de la Raffinerie nationale, 14, rue Fondaudège. — Bordeaux (Gironde).

Desormos, Ing. en chef des P. et Ch. — Sisteron (Basses-Alpes).

Despêcher (Jules), 12, rue Caumartin. — Paris.

Desprez (H.), Dir. du *Comptoir Maritime*, anc. Élève de l'Éc. Polytech., 6, place de la Bourse. — Paris.

Desroziers (Edmond), Ing. civ. des Mines, 74, rue Condorcet. — Paris.

Destrés, Maire. — Saint-Brice par Reims (Marne).

Détrie (le Général Paul, Alexandre), Command. la Divis., Château-Neuf. — Oran (Algérie).

Détroyat (Arnaud). — Bayonne (Basses-Pyrénées). — **R**

Deullin (Marcel), Ing. des Arts et Man., 24, rue du Collège. — Épernay (Marne).

Deutsch (A.), Nég.-Indust., 50, rue de Châteaudun. — Paris. — **R**

Dr Devalz (Sébastien), anc. Int. des Hôp. de Paris, 41, rue Gassies. — Pau (Basses-Pyrénées).

Devay (Justin), 82, rue Taitbout. — Paris.

Dr Devic (Eugène), Agr. à la Fac. de Méd., 4, rue Sainte-Catherine. — Lyon (Rhône).

Devienne (Joseph), Cons. à la Cour d'Ap.; 1, rue Vaubecour. — Lyon (Rhône).

Deville, Gref. du Trib. de 1re Inst. — Saint-Dié (Vosges).

Deville (Jules), Nég., Mem. de la Ch. de Com., 24, rue Lafon. — Marseille (Bouches-du-Rhône).

Dewalque (François), Ing., Prof. de Chim. indust. à l'Univ., 26, rue des Joyeuses-Entrées. — Louvain (Belgique).

***Dewatines (Félix)**, Relieur, Artiste-Peintre, Admin. du Musée des Arts décoratifs, 87, rue Nationale. — Lille (Nord).

Dewulf (le Général Eugène, Édouard), 11, rue de l'Aigle-d'Or. — Aix en Provence (Bouches-du-Rhône).

Dharvent (Alfred), Prop., 50, avenue de la Gare. — Béthune (Pas-de-Calais).

Diacon (Émile), Dir. de l'Éc. sup. de Pharm., 13, faubourg Saint-Jaumes. — Montpellier (Hérault).

Dida (A.), Chim., 108, boulevard Richard-Lenoir. — Paris. — **R**

Dr **Diday (P.)**, Assoc. nat. de l'Acad. de Méd., anc. Chirurg. en chef de l'Antiquaille, Sec. gén. de la *Soc. de Méd.*, 71, rue de la République. — Lyon (Rhône). — **F**

Diéderichs-Perrégaux, Manufac. — Jallieu par Bourgoin (Isère).

Dietz (Émile), Pasteur. — Rothau (Alsace-Lorraine). — **R**

Dieulafoy (Georges), Prof. à la Fac. de Méd., Mem. de l'Acad. de Méd., Méd. des Hôp., 38, avenue Montaigne. — Paris.

Dr **Dieuzaide (Achille)**, anc. Int. des Hôp. de Paris. — Lectoure (Gers).

Digeon (Jules), Ing. construct. de modèles pour l'Enseign., 56, rue de Lancry. — Paris.

Dive, Pharm.-Chim. — Mont-de-Marsan (Landes).

***Dodivers (Joseph)**, Imprim., Mem. de la *Soc. d'Émulation*, 87, Grande-Rue. — Besançon (Doubs).

Doin (Octave), Libr.-Édit., 8, place de l'Odéon. — Paris.

Doisy (H., L.), Fabric. de sucr. et Cultivat. — Margny-lez-Compiègne (Oise).

Dollfus (Adrien), Dir. de la *Feuille des Jeunes Naturalistes*, 35, rue Pierre-Charron. — Paris.

Dollfus (Mme Auguste), 53, rue de la Côte. — Le Havre (Seine-Inférieure). — **F**

Dollfus (Auguste), Présid. de la *Soc. indust.* — Mulhouse (Alsace-Lorraine).

Dollfus (Charles), 16, avenue Bugeaud. — Paris.

Dollfus (Gustave), Ing. des Arts et Man., Filat. — Mulhouse (Alsace-Lorraine). — **R**

Dombre (Louis), Ing. civ. des Mines, Admin. des *Mines de Douchy*. — Lourches (Nord).

Domergue (Albert), Prof. sup. à l'Éc. de Méd., 30, boulevard du Nord. — Marseille (Bouches-du-Rhône).

***Domet de Vorges (Edmond)**, Ministre plénipotentiaire en retraite, château de Maussans par Montbozon (Haute-Saône) et 74, rue de Miroménil. — Paris.

Donnadieu, Prof. à la Fac. catholique, 13, rue Basse-du-Port-au-Bois. — Lyon (Rhône).

Dr **Donnezan (Albert)**, Présid. de la *Soc. des Méd. et Pharm. des Pyrénées-Orient.*, 5, rue Font-Froide. — Perpignan (Pyrénées-Orientales).

Dony (Marcellin), Ing. des Arts et Man., 327, rue Paradis. — Marseille (Bouches-du-Rhône).

Dr **Dor (Henri)**, Prof. hon. à l'Univ. de Berne, 55, montée de la Boucle. — Lyon (Rhône).

Doré-Graslin (Edmond), 24, rue Crébillon. — Nantes (Loire-Inférieure). — **R**

Douay (Léon), 4, rue Hérold (chalet Silvia). — Nice (Alpes-Maritimes).

Doumenjou (Paul), Avoué. — Foix (Ariège).

Doumerc (Jean), Ing. civ. des Min., Mem. de la *Soc. géol. de France*, 25, rue Corail. — Montauban (Tarn-et-Garonne).

Doumerc (Paul), Ing. civ., Mem. de la *Soc. géol. de France*, 36, rue d'Alsace-Lorraine. — Toulouse (Haute-Garonne).

Doumergue (François), Prof. au Lycée, boulevard de Sébastopol. — Oran (Algérie).

Doumet-Adanson (Paul), Présid. de la *Soc. d'Hortic. et d'Hist. nat. de l'Hérault*, château de Baleine. — Villeneuve-sur-Allier (Allier).

Douvillé (Henri), Ing. en chef, Prof. à l'Éc. nat. sup. des Mines, 207, boulevard Saint-Germain. — Paris. — **R**

Dr **Doyen (Eugène)**, 5, rue Cotta. — Reims (Marne).

Dr **Doyen (Octave)**, anc. Maire, 13, rue de Courcelles. — Reims (Marne).

Dr **Doyon (A.)**, Méd. des Eaux. — Uriage (Isère), et 27, rue de Jarente. — Lyon (Rhône).

Drake del Castillo (Emmanuel), 2, rue Balzac. — Paris. — **F**

Dramard (Léon), Rent., 46, rue des Écoles. — Paris.

Dr **Dransart.** — Somain (Nord). — **R**

Dr **Dresch.** — Pontfaverger (Marne).

Dreyfus (Camille), Député de la Seine, 3, quai Voltaire. — Paris.

Dreyfus (Félix), Nég., 74, rue du Ranelagh. — Paris.

Dreyfus (Ferdinand), Avocat à la Cour d'Ap., anc. Député, 98, avenue de Villiers. — Paris.

***Drouhard (l'Abbé Jules)**, Chanoine, anc. Aumônier du Lycée Victor-Hugo, 4, rue Saint-Jean. — Besançon (Doubs).

Drouin (Alexis), Ing.-Chim., 95, rue de Rennes. — Paris.

Drouin (René), Prépar. de chim. à la Fac. de Méd., 13, avenue de l'Opéra. — Paris.

Dr **Drouineau (Gustave)**, Insp. gén. des Serv. admin. au Min. de l'Int., 19, rue Le Verrier. — Paris.

Droz (Alfred), Doct. en droit, Avocat à la Cour d'Ap., Mem. du Cons. gén. de Seine-et-Oise, 13, rue Royale. — Paris.

Droz (Édouard), Prof. à la Fac. des Let., 7, rue Moncey. — Besançon (Doubs).

Druart (Émile), Nég. en matér. de construc. et charbons de terre, 37, chaussée du Port. — Reims (Marne).

*D' Druhen (Ignace) (aîné), Prof. hon. à l'Éc. de Méd., Mem. de l'Acad. des Sc., Belles-Lettres et Arts, 74, Grande-Rue. — Besançon (Doubs).

*Dubail-Roy (Gustave), Sec. de la Soc. belfortaine d'émulation, 42, faubourg de Montbéliard. — Belfort.

Dubertret (L.-M.), Prop., 11, rue Newton. — Paris.

Dubessy (Mlle Madeleine). — Nesles-la-Vallée (Seine-et-Oise). — R

D' Dubest (Hippolyte). — Pont-du-Château (Puy-de-Dôme).

Dubiau (Paul), Ing. de l'Association des propriétaires d'appareils à vapeur du Sud-Est, 80, rue Paradis. — Marseille (Bouches-du-Rhône).

D' Dubief (Fernand), Dir. de l'Asile pub. d'aliénés, 2, chemin de Saint-Pierre. — Marseille (Bouches-du-Rhône).

D' Dubief (Henri), 8, rue Taylor. — Paris.

Dublanc (Mme Aline), 79, rue Claude-Bernard. — Paris.

Dubois (Albert), Juge sup. au Trib. civ. — La Châtre (Indre).

Dubois (Edmond), Prof. de phys. au Lycée, 31, rue Cozette. — Amiens (Somme).

Dubois (Frédéric), s.-Dir. de l'Imprim. Chaix, 20, rue Bergère. — Paris.

*D' Dubois (Raphaël), Prof. à la Fac. des Sc., 27, rue du Juge-de-Paix. — Lyon (Rhône).

Dubourg (A.), Avoué à la Cour d'Ap., 51, rue de la Devise. — Bordeaux (Gironde).

Dubourg (Georges), Nég. en drap., 45, cours Victor-Hugo. — Bordeaux (Gironde). — R

Dubourg (Guillaume), Princ. clerc de Notaire, 6, rue Gachet. — Pau (Basses-Pyrénées).

*Dubourg (Paul), Nég., Mem. du Cons. gén., 5, rue du Perron. — Besançon (Doubs).

Dubreuil (Julien), Insp. des Forêts, Villa Clémentia, rue Bié-du-Basque. — Pau (Basses-Pyrénées).

D' Dubreuilh (Charles) (fils), 12, rue du Champ-de-Mars. — Bordeaux (Gironde).

D' Dubrisay (Charles, Jules), Mem. du Comité consult. d'Hyg. pub., 6, rue Marengo. — Paris.

Dubroca (Camille), Prop. — Cérons (Gironde).

*D' Ducamp (Jean-Baptiste), Agr. à la Fac. de Méd., 23, boulevard du Jeu-de-Paume. — Montpellier (Hérault).

*Ducat (Alfred), Archit. de l'État, Présid. de la Soc. des Archit., Mem. de l'Acad. des Sc., Belles-Lettres et Arts, 3 bis, rue Saint-Pierre. — Besançon (Doubs).

Ducatel (E.), Prop., 9, rue Clapeyron. — Paris.

Duchasseint, Député du Puy-de-Dôme, 5, rue de Beaune. — Paris.

Duchâtaux (Victor), Avocat, anc. Présid. de l'Acad. nat. de Reims, 12, rue de l'Échauderie. — Reims (Marne).

Duchemin (Émile), Présid. de la Ch. de Com., 33, place Saint-Sever. — Rouen (Seine-Inférieure).

Duchemin (Paul, Henri), Dir. de la Comp. gén. des Transports, 33, place Saint-Sever. — Rouen (Seine-Inférieure).

D' Duchemin (Victor, Eugène, Arsène), Méd. princ. de 1re cl., Dir. du serv. de santé de la Divis. — Oran (Algérie).

Duclaux (Émile), Mem. de l'Inst., Prof. à la Fac. des Sc. et à l'Inst. nat. agronom., 35 bis, rue de Fleurus. — Paris. — R

Duclos (Lucien), Fabric. de prod. chim. — Croisset par Dieppedale (Seine-Inférieure).

Ducretet (Eugène), Construc. d'inst. de phys., 75, rue Claude-Bernard — Paris.

Ducreux (Alfred), Nég., Consul du Paraguay, Mem. du Cons. d'arrond., 9, boulevard National. — Marseille (Bouches-du-Rhône). — R

Ducrocq (Henri), Cap. d'artil., détaché à l'Éc. sup. de guerre, 42, avenue de Breteuil. — Paris. — R

D' Dufay, Sénateur de Loir-et-Cher, 76, rue d'Assas. — Paris.

Dufet (Henri), Maître de Conf. à l'Éc. norm. sup., Prof. de Phys. au Lycée Saint-Louis, 35, rue de l'Arbalète. — Paris.

*Dufour (Henri), Prof. de Phys. à l'Univ., villa Casita. — Lausanne (Suisse).

Dufour (Léon), Dir.-adj. du Lab. de Biologie végét. — Avon (Seine-et-Marne). — R

Dufresne, Insp. gén. de l'Univ., 61, rue Pierre-Charron. — Paris. — R

Dufresne (J.), Prop., 31, rue Huguerie. — Bordeaux (Gironde).

Dufresne (L.), Lieut. de vaisseau en retraite, La Chaletière. — Sainte-Honorine-la-Guillaume par Briouze (Orne).

Dufresné (A.), Archit., 26, rue Chemonton. — Blois (Loir-et-Cher).

Duguet (Francis), Droguiste de 1re cl., 7, rue des Quatre-Fils. — Paris.

Dr Duguet (Jean-Baptiste), Mem. de l'Acad. de Méd.; Agr. à la Fac. de Méd. Méd. des Hôp., 60, rue de Londres. — Paris.

Duhalde, Nég., 13, rue Cérès. — Reims (Marne).

Duhem (Arthur), Manufac., 18, rue Saint-Génois. — Lille (Nord).

Dr Duhomme (A.), 11, passage Saulnier. — Paris.

Dr Dujardin-Beaumetz (Georges), Mem. de l'Acad. de Méd., Méd. des Hôp., 176, boulevard Saint-Germain. — Paris.

Dr Dulac (H.). — Montbrison (Loire). — R

Dr Du Lac (Dieudonné). — La Gauphine par Cazouls-lez-Béziers (Hérault).

Du Lac (Frédéric), Prop., 40, place Gambetta. — Bordeaux (Gironde).

Dumas (Hippolyte), Indust., anc. Élève de l'Éc. Polytech. — Mousquety par l'Isle-sur-Sorgue (Vaucluse). — R

Dumas (Lucien), Mem. du Cons. gén., Manufac., Maire. — Saint-Junien (Haute-Vienne).

Dumas-Edwards (Mme J.-B.), 57, rue Cuvier. — Paris. — R

Duminy (Anatole), Nég. en vins de Champagne. — Ay (Marne). — R

Dumollard (Félix), 6, rue Hector-Berlioz. — Grenoble (Isère).

Dumon (Auguste), Sénateur, 7, Marché des Capucines. — Marseille (Bouches-du-Rhône).

Dumont (Arsène), Démog., 17, rue de Bras. — Caen (Calvados).

Dumont (François), Lieut.-Colonel d'artil. en retraite, 1, rue de Savoie. — Versailles (Seine-et-Oise).

Dumont (Paul, Charles), Doct. en droit, 16, place de la Carrière. — Nancy (Meurthe-et-Moselle).

Dr Dumontpallier, Mem. de l'Acad. de Méd., Méd. des Hôp., 24, rue Vignon. — Paris.

Du Pasquier, Nég., 6, rue Bernardin-de-Saint-Pierre. — Le Havre (Seine-Inférieure).

Dr Dupau (Justin), Chirurg. en chef de l'Hôtel-Dieu, 1, Jardin Royal. — Toulouse (Haute-Garonne).

Duplay (Simon), Prof. à la Fac. de Méd., Mem. de l'Acad. de Méd., Chirurg. des Hôp., 2, rue de Penthièvre. — Paris. — R

Dr Duplouÿ (Charles, Jean), Dir. du Serv. de Santé de la Marine au port de Rochefort, Corresp. nat. de l'Acad. de Méd., rue des Fonderies. — Rochefort-sur-Mer (Charente-Inférieure).

Duplouÿ (Mme Louis), 34, rue des Fonderies. — Rochefort-sur-Mer (Charente-Inférieure).

Dr Duplouÿ (Louis), Méd. de 1re cl. de la Marine, 34, rue des Fonderies. — Rochefort-sur-Mer (Charente-Inférieure).

Dr Dupouy (Abel). — Larroque-sur-l'Osse par Condom (Gers).

Dupouy (E.), Sénateur de la Gironde, Présid. du Cons. gén., 109, rue Croix-de-Seguey. — Bordeaux (Gironde). — F

Dupré (Anatole), s.-Chef du Lab. mun. de la Préf. de Police, 42, rue Gay-Lussac. — Paris.

Dupré (Jean, Marie), Rent., 89, rue de la Pompe. — Paris.

Dupré de Pomarède (Paul, Lambert), anc. Élève de l'Éc. Polytech. — Nérac (Lot-et-Garonne).

Duprey (Hyacinthe), Pharm. de 1re cl., Prof. à l'Éc. de Méd., 62, rue de la Grosse-Horloge. — Rouen (Seine-Inférieure).

Dr Dupuis, Mem. du Cons. gén., 1, rue de Poitiers. — Bressuire (Deux-Sèvres).

Dupuis (Charles), Dispacheur consult. de la marine, 9, rue Roy. — Paris.

Dupuy (Henri), Étud., 14, rue Éblé. — Paris.

Dupuy (Léon), Prof. au Lycée, 43, cours du Jardin-Public. — Bordeaux (Gironde). — F

Dupuy (Louis), Prof. d'hist. au Lycée, 30, rue des Fonderies. — La Rochelle (Charente-Inférieure).

Dupuy (Paul), Prof. à la Fac. de Méd., 8, allées de Tourny. — Bordeaux (Gironde). — F

Duran (Paul, Émile), Ing. des Arts et Man., Nég. — Condom (Gers).

Durand (Eugène), Prof. à l'Éc. nat. d'Agric., 6, rue du Cheval-Blanc. — Montpellier (Hérault).

Dr Durand (Jean), Méd. des Hôp., 116, cours d'Alsace-et-Lorraine. — Bordeaux (Gironde).

Durand-Claye (Léon), Insp. gén., Prof. à l'Éc. nat. des P. et Ch., 81, rue des Saints-Pères. — Paris.

Dr Durand-Fardel (Max), Mem. assoc. nat. de l'Acad. de Méd., 166, rue du Faubourg-Saint-Honoré. — Paris.

Duranteau (Mme la Baronne Albert), château de Laborde d'Antran. — Ingrande par Châtellerault (Vienne).

Duranteau (le Baron Albert), Prop., château de Laborde d'Antran. — Ingrande par Châtellerault (Vienne).

Dr **Dureau (Alexis)**, Biblioth. à l'Acad. de Méd., Archiv. hon. de la *Soc. d'Anthrop. de Paris*, 49, rue des Saints-Pères. — Paris.

Dureau (Georges), Rédac.-admin. du *Journal des Fabricants de sucre*, 160, boulevard Magenta. — Paris.

Durègne (Mme Ve E.), 22, quai de Béthune. — Paris.

Durègne (Émile), Ing. des Télég., 142, rue de Pessac. — Bordeaux (Gironde).

Duret (Théodore), Homme de lettres, 4, rue Vignon. — Paris.

Dr **Duriau**, 30, rue de Soubise. — Dunkerque (Nord).

Durthaller (Albert), Nég. — Altkirch (Alsace-Lorraine).

Duruy (Mme Victor), 5, rue de Médicis. — Paris.

Duruy (Victor), Mem. de l'Acad. franç., de l'Acad. des Inscript. et Belles-lettres et de l'Acad. des Sc. morales et politiques, anc. Min., 5, rue de Médicis. — Paris.

Dr **Dusart**, 16, avenue de Villiers. — Paris.

Dussaud (Elie), Prop., 31, cours Pierre-Puget. — Marseille (Bouches-du-Rhône). — **R**

Dussaut (Louis), Recev. princ. des Contrib. indir., Entreposeur des Tabacs. — Châtellerault (Vienne).

Dutailly (Gustave), anc. Prof. à la Fac. des Sc. de Lyon, anc. Député, 181, boulevard Saint-Germain. — Paris.

Dutens (Alfred), 50, rue François Ier. — Paris.

Duthu, anc. Mem. du Cons. mun. — Dijon (Côte-d'Or).

Duval (Edmond), Ing. en chef des P. et Ch. en retraite, 51, rue La Bruyère. — Paris. — **R**

Duval (Mathias), Prof. à la Fac. de Méd., Mem. de l'Acad. de Méd., Prof. d'anat. à l'Éc. des Beaux-Arts, 11, cité Malesherbes (rue des Martyrs). — Paris. — **R**

Duvergier de Hauranne (Emmanuel), Mem. du Cons. gén. du Cher, 3, rue Gounod. — Paris et château d'Herry (Cher).

*****Duvert (Georges)**, Indust. — La Gabie par Aixe-sur-Vienne (Haute-Vienne).

Dybowski (Jean), Prof. à l'Inst. nat. agronom., 16, rue Rottembourg. — Paris.

Ecoffey (Eugène), Entrep., 7, rue du Roule. — Paris.

École spéciale d'Architecture, 136, boulevard Montparnasse. — Paris.

École Monge (le Conseil d'administration de l'), 145, boulevard Malesherbes. — Paris. — **F**

Egli (Arthur) (père), Indust., 16, rue de Charenton. — Paris.

Eichthal (le Baron Adolphe d'), Présid. hon. du Cons. d'admin. de la *Comp. des Chem. de fer du Midi*, 42, rue des Mathurins. — Paris. — **F**

Eichthal (Eugène d'), Admin. de la *Comp. des Chem. de fer du Midi*, 144, boulevard Malesherbes. — Paris. — **R**

Eichthal (Louis d'), château des Bézards. — Sainte-Geneviève-des-Bois par Châtillon-sur-Loing (Loiret). — **R**

*****Eissen (Émile)**, Manufac. — Valentigney par Audincourt (Doubs).

Dr **Élevy (Émile)**, 1 *bis*, rue de France. — Biarritz (Basses-Pyrénées).

Élie (Eugène), Manufac., 50, rue de Caudebec. — Elbeuf-sur-Seine (Seine-Inférieure). — **R**

Elisen, Ing., Administ. de la *Comp. gén. Transat.*, 153, boulevard Haussmann. — Paris. — **R**

*****Ellie (Raoul)**, Ing. des Arts et Man. — Cavignac (Gironde). — **R**

*****Elliot (Victor, Zéphirin)**, Doyen de la Fac. des Sc., 5, rue du Chateur. — Besançon (Doubs).

Elwell (Thomas) (fils), Ing. des Arts et Man., Mem. de la *Soc. des Ing. civ. de France*, 223, avenue de Paris. — La Plaine-Saint-Denis (Seine).

Emerat, Nég., rue d'Orléans. — Oran (Algérie).

Engel (Eugène), Ing. des Arts et Man., Gérant de la Maison Dollfus, Mieg et Cie. — Dornach (Alsace-Lorraine).

Engel (Michel), Relieur, 91, rue du Cherche-Midi. — Paris. — **F**

Engel (Rodolphe), anc. Prof. à la Fac. de Méd. de Montpellier, Corresp. de l'Acad. de Méd., Prof. à l'Éc. cent. des Arts et Man., 50, rue d'Assas. — Paris.

Érard (Paul), Ing. des Arts et Man. — Jolivet par Lunéville (Meurthe-et-Moselle).

Erceville (le Comte Charles d'), 42, rue de Grenelle. — Paris.

Dr **Espagne**, Agr. des Fac. de Méd., 3, place Notre-Dame. — Montpellier (Hérault).

Espous (le Comte Auguste d'), rue Salle-de-l'Évêque. — Montpellier (Hérault). — **R**

Estocquois (Th. d'), Prof. hon. à la Fac. des Sc., anc. Élève de l'Éc. Polytech., 5, rue Guyton-Morveau. — Dijon (Côte-d'Or).

Estrangin (Henri), Nég., Mem. de la Ch. de com., 7, place Paradis. — Marseille (Bouches-du-Rhône).

D' Eternod, Prof. à l'Univ., Campagne des Grands Acacias. — Genève (Suisse).

Eude (Albert-Charles), Avocat à la Cour d'Ap., 2, rue de l'École-de-Médecine. — Paris

D' Eury. — Charmes-sur-Moselle (Vosges).

*Eymard (Albert), usine de Neuilly-sur-Seine, 14, rue des Huissiers.—Neuilly-sur-Seine (Seine).

*Eysséric (Joseph), Artiste-Peintre, 14, rue Duplessis. — Carpentras (Vaucluse). — R

*D' Fabre (Albert), 44, rue des Batignolles. — Paris.

Fabre (Charles), Doct. ès sc., 18, rue Fermat. — Toulouse (Haute-Garonne).

Fabre (Cyprien), Nég., anc. Présid. de la Ch. de com., 71, rue Sylvabelle. — Marseille (Bouches-du-Rhône).

Fabre (Ernest), Ing. des Arts et Man., Dir. de la *Soc. anonyme des chaux hydraul. de l'Homme-d'Armes*. — L'Homme-d'Armes par Montélimar (Drôme).

Fabre (Georges), Insp. des Forêts, anc. Élève de l'Éc. Polytech., 28, rue Ménard. — Nîmes (Gard). — R

Fabre (Louis), Pharm. de 1re cl., 9, place de Rome. — Marseille (Bouches-du-Rhône).

Fabre, anc. Examin. à l'Éc. spéc. milit., 135, boulevard Saint-Michel. — Paris.

Fabrègue (Jules), Chef de Bur. au Min. de la Justice, 3, rue des Feuillantines. — Paris.

D' Fabriès (Ernest). — Sidi-Bel-Abbès (départ. d'Oran) (Algérie).

*Fady (Alphonse), Représent. du *Comptoir Lyon-Alemand*, 5, rue des Glères. — Besançon (Doubs).

Faget (Marius), Archit., 34, rue du Palais-Gallien. — Bordeaux (Gironde).

*Fagnon (Ernest), Nég. en vins, Mem. du Cons. mun., 42, rue de Battant. — Besançon (Doubs).

Faguet (L., Auguste), Chef des trav. pratiques d'hist. nat. à la Fac. de Méd., 26, avenue des Gobelins. — Paris.

Faisans (Henri), Bâton. du Cons. de l'Ordre des Avocats à la Cour d'Ap., Maire, 19, rue Porte-Neuve. — Pau (Basses-Pyrénées).

*D' Faisant (Léon). — La Clayette (Saône-et-Loire).

Falcouz (Étienne), Archit., 10, place des Célestins. — Lyon (Rhône).

Falières (E.), Pharm.-Chim., 5, rue Michel-Montaigne. — Libourne (Gironde).

Faré (Henry), anc. Dir. gén. des Forêts, 156, rue de Rivoli. — Paris.

Fargue (Louis), Insp. gén. des P. et Ch., 121, avenue de Wagram. — Paris.

Faucher (Émile), Ing. des Arts et Man. — Levesque par Sauve (Gard).

Faucher (Léon), Ing. en chef des Poudres et Salpêtres. — Poudrerie de Sevran-Livry (Seine-et-Oise).

Faucheur (Edmond), Manufac., Présid. du *Comité linier du Nord de la France*, 13, square Rameau. — Lille (Nord).

Faucheux (A.), Recev. de l'Enregist. et des Domaines. — Abbeville (Somme).

Fauchille (Auguste), Doct. en droit, Lic. ès let., Avocat à la Cour d'Ap., 56, rue Royale. — Lille (Nord).

*Faucompré (Philippe), Prof. départ. d'Agric., 86, Grande-Rue. — Besançon (Doubs).

Faucon (Henri), Gref. du Trib. de com., 1, quai de la Bourse. — Rouen (Seine-Inférieure).

D' Fauconnier (Adrien), Agr. de chim. à la Fac. de Méd., 36, boulevard des Invalides. — Paris.

Faulquier (Rodolphe), Manufac., Juge au Trib. de com., 6, rue Boussairolles. — Montpellier (Hérault).

Fauquet (Octave), Filat. de coton, anc. Juge au Trib. de com., 63, rue Thiers. — Rouen (Seine-Inférieure).

*Fauré-Hérouart (Dominique), Nég. — Montataire (Oise).

Faure (Alfred), Prof. d'Hist. nat. à l'Éc. nat. vétér., 26, cours Morand. — Lyon (Rhône). — R

Faure (Fernand), Prof. à la Fac. de Droit, anc. Député, 83, rue Mozart. — Paris.

Faure (Pierre, Paul), Ing. mécan., 19, place du Champ-de-Foire. — Limoges (Haute-Vienne).

D' Fauvelle (Charles), Méd. de l'Hôp. Brisset. — Hirson (Aisne).

Fauvelle (René), Étud. en Méd., 11, rue de Médicis. — Paris.

Favereaux (Georges), 52, quai Debilly. — Paris.

Favre (Louis), Ing. agron., 82, rue Fauchier. — Marseille (Bouches-du-Rhône).

*D' Fayard (Eugène), Chirurg. en chef de l'Hôp., 10, rue Dupin. — Niort (Deux-Sèvres).

Faye (Hervé), Mem. de l'Inst., Présid. du Bur. des Longit., 95, avenue des Champs-Élysées. — Paris.

D' **Fayel-Deslongrais (Charles)**, Prof. de physiol. à l'Éc. de Méd., 6, boulevard du Théâtre. — Caen (Calvados).

*****Fayet (E. Pierre) (aîné)**, Courtier de com., 30, cours du Médoc. — Bordeaux (Gironde).

Fayot (Louis), Ing., Chef du serv. élect. de la Maison Bréguet, 28, avenue de l'Observatoire. — Paris.

Febvre (Mme Édouard), 16, boulevard Gambetta. — Chaumont (Haute-Marne).

*****Febvre (Édouard)**, Nég., 16, boulevard Gambetta. — Chaumont (Haute-Marne).

Feineux (Edmond), 38, rue Saint-Didier. — Sens (Yonne).

*****Félix (Julien)**, Fabric., d'horlog., Mem. du Cons. mun., 12, rue Gambetta. — Besançon (Doubs).

Félix (Marcel), 30, rue de Berlin. — Paris.

Feltre (Charles de Goyon, Duc de), anc. Député, 59, rue Saint-Dominique. — Paris.

Feraud (Louis), Avoué au Trib. civ., 10, rue de La Loge. — Montpellier (Hérault).

Féret (Alfred), Prop. vitic., Présid. du *Comice agric. de Tunisie*, domaine de Zama. — Souk-el-Kmis (Tunisie).

Fernet (Émile), Insp. gén. de l'Instruc. pub., 9, rue de Médicis. — Paris.

D' **Ferrand (Joseph)**. — Blois (Loir-et-Cher).

Ferrand (Xavier), Archit. de la Ville. — Cannes (Alpes-Maritimes).

Ferray (Édouard), Pharm. de 1re cl., Présid. du Trib. et de la Ch. de com. — Évreux (Eure).

D' **Ferré (Gabriel)**, Prof. à la Fac. de Méd., 61, cours d'Aquitaine. — Bordeaux (Gironde).

Ferrère (G.), Armat., 19, rue Jules-Lecesne. — Le Havre (Seine-Inférieure).

Ferrié (Michel), Banq., 19, rue Noailles. — Marseille (Bouches-du-Rhône).

Ferrouillat (Prosper), Lic. en droit, Syndic de la Presse départ., 10, rue du Plat. — Lyon (Rhône).

*****Ferry (Émile)**, Nég., Mem. du Cons. gén. de la Seine-Inférieure, 21, boulevard Cauchoise. — Rouen (Seine-Inférieure). — **R**

D' **Ferry de la Bellone (de)**. — Apt (Vaucluse).

Ferté (Émile), 3, rue de la Loge. — Montpellier (Hérault).

Férussac (le Baron Henri de), Prop., 9, rue du Lycée. — Pau (Basses-Pyrénées).

Féry (Charles), Chef des trav. prat. à l'Éc. mun. de Phys. et de Chim. indust., 22, rue de Nansouty. — Paris.

Février (le Général Louis, Victor), Grand Chancelier de la Légion d'honneur, 64, rue de Lille. — Paris.

Ficheur (Émile), Doct. ès sc., Prof. de géol. à l'Éc. prép. à l'Ens. sup. des Sc., 69, rue Michelet. — Alger-Mustapha.

Fière (Paul), Archéol., Mem. corresp. de la *Soc. franç. de Numism. et d'Archéol.* — Saïgon (Cochinchine). — **R**

*D' **Fiessinger (Charles)**. — Oyonnax (Ain).

Figaret, Dir. des Postes et Télég. de l'Hérault, anc. Élève de l'Éc. Polytech., Hôtel des Postes. — Montpellier (Hérault).

Figuier (Mlle), 17, place des Quinconces. — Bordeaux (Gironde).

Figuier (Albin), Prof. à la Fac. de Méd., 17, place des Quinconces. — Bordeaux (Gironde).

D' **Filhol (Henri)**, s.-Dir. du Lab. des Hautes-Études au Muséum d'hist. nat., 9, rue Guénégaud. — Paris.

*****Fillion (Frédéric)**, Pharm. de 1re cl., Prof. sup. à l'Éc. de Méd., 2, rue de la Madeleine. — Besançon (Doubs).

Filloux, Pharm. — Arcachon (Gironde).

Finart d'Allonville, avenue des Caves. — Bois d'Avron par Neuilly-Plaisance (Seine-et-Oise).

Fines (Mlle Jacqueline), 2, rue du Bastion-Saint-Dominique. — Perpignan (Pyrénées-Orientales).

D' **Fines (Jacques)**, Méd. en chef de l'Hôp. civ., Dir. de l'Observ. météor., 2, rue du Bastion-Saint-Dominique. — Perpignan (Pyrénées-Orientales).

Finet (François), Entrep., 195, avenue Cérès. — Reims (Marne).

D' **Fioupe (Jacques)**, Méd. des Hôp., 9, rue Dragon. — Marseille (Bouches-du-Rhône).

Fischer de Chevriers, Prop., 23, rue Vernet. — Paris. — **R**

Fischer (H.), 13, rue des Filles-du-Calvaire. — Paris.

Fisson (Charles), Fabric. de chaux hydraul. natur. — Xeuilly (Meurthe-et-Moselle).

Flamand (G., B., M.), Chargé de cours à l'Éc. prép. à l'Ens. sup. des sc. — Alger-Mustapha.

Flammarion (Camille), Astronome, 40, avenue de l'Observatoire. — Paris; et à l'Observatoire. — Juvisy-sur-Orge (Seine-et-Oise).

Flandin, Prop., 14, rue Jean-Goujon. — Paris. — **R**
Fleureau (Georges), Ing. des P. et Ch., 166, rue du Faubourg-Saint-Honoré. — Paris.
Fleury (Alcide), Prop., Maire. — Hennaya (départ. d'Oran) (Algérie).
*Fleury (Jules, Auguste), Ing. civ. des Mines, Chef du Sec. de la *Comp. du Canal de Suez*, 12, rue du Pré-aux-Clercs. — Paris.
*Dr Fleury (Maurice de), anc. Int. des Hôp., 34, rue de Turin. — Paris.
Fliche, Prof. à l'Éc. forest., 9, rue Saint-Dizier. — Nancy (Meurthe-et-Moselle).
Floquet (Gaston), Prof. à la Fac. des Sc., 17, rue Saint-Lambert. — Nancy (Meurthe-et-Moselle).
Flourac (Léon), Archiv. du départ., 27 *bis*, rue des Cultivateurs. — Pau (Basses-Pyrénées).
Fochier (Alphonse), Prof. de clin. obstétric. à la Fac. de Méd., 3, place Bellecour. — Lyon (Rhône).
Fock (Abraham), Ing. à la *Comp. des chem. de fer de l'Est-Algérien*, 1, boulevard de l'Ouest. — Constantine (Algérie).
Follie, Lieut.-Colonel du Génie en retraite, rue du Champ-Gareau. — Le Mans (Sarthe).
*Folliet (Mlle Ernestine), Dir. de cours pour les jeunes filles, 53, rue du Bac. — Asnières (Seine).
Foncin (Pierre), Insp. gén. de l'Instruc. pub., 1, rue Michelet. — Paris.
Dr Fontan (Émile, Jules), Méd. princ. de 1re cl., Prof. à l'Éc. de Méd. navale, 9, avenue Colbert. — Toulon (Var).
Fontane (Marius), Sec. gén. de la *Comp. du Canal de Suez*, 9, rue Charras. — Paris.
*Fontaneau (Éléonor), anc. Of. de Marine, 8, cours Bugeaud. — Limoges (Haute-Vienne).
Fontès (Joseph), Ing. en chef des P. et Ch., 3, rue Romiguières. — Toulouse (Haute-Garonne).
Forestier (Charles), Prof. hon. de Lycée, 34, rue Valade. — Toulouse (Haute-Garonne).
Fortel (A.) (fils), Prop., 7, rue Noël. — Reims (Marne). — **R**
Fortin (Raoul), 24, rue du Pré. — Rouen (Seine-Inférieure).
Fortoul (l'Abbé Eugène), Doct. ès sc., 57, boulevard de Sébastopol. — Paris.
Fosse (Achille, Eugène), Prop. — Mérinville par la Selle-sur-le-Bied (Loiret).
Fougeron (Paul), 55, rue de la Bretonnerie. — Orléans (Loiret).
*Fougeron-Laroche (Mathieu), Prop. — Oradour-sur-Vayres (Haute-Vienne).
Fouju (Gustave), Représ. de com., 38, rue de Clignancourt. — Paris.
Fouqué (Ferdinand, André), Mem. de l'Inst., Prof. au Col. de France, 23, rue Humboldt. — Paris.
Fourcade-Cancellé (Ed.), Caissier central de la *Comp. du Canal de Suez*, 31, avenue de Neuilly. — Neuilly-sur-Seine (Seine).
Foureau (Fernand), Ing. civ., Mem. de la *Soc. de Géog.* — Bussière-Poitevine (Haute-Vienne).
Fouret (Georges), Examin. d'admis. à l'Éc. Polytech., 16, rue Washington. — Paris.
Fouret (René), 22, boulevard Saint-Michel. — Paris.
Fourment (le Baron de), 18, rue d'Aumale. — Paris. — **R**
Fournié (Victor), Insp. gén. des P. et Ch., 9, rue du Val-de-Grâce. — Paris.
*Dr Fournier (Alban). — Rambervillers (Vosges).
Fournier (Alfred), Prof. à la Fac. de Méd., Mem. de l'Acad. de Méd., Méd. des Hôp., 1, rue Volney. — Paris. — **R**.
Fournier (Edouard), Entrep. de Trav. pub., 3, rue de Rome. — Nancy (Meurthe-et-Moselle).
Fournier (Eugène), Étud., 61, Grande rue Marengo. — Marseille (Bouches-du-Rhône).
*Foville (Alfred de), Prof. au Conserv. nat. des Arts et Mét., Dir. de l'Admin. des Monnaies et Médailles, anc. Elève de l'Ec. Polytech., 11, quai Conti (à la Monnaie). — Paris.
Foville (Jean de), Étud., 11, quai Conti (à la Monnaie). — Paris.
Francart (Albert), 91, avenue de Neuilly. — Neuilly-sur-Seine (Seine).
Francezon (Paul), Chim. et Indust., 7, rue Madajors. — Alais (Gard).
Dr François-Franck (Charles, Albert), Mem. de l'Acad. de Méd., Prof. sup. au Col. de France, 5, rue Saint-Philippe-du-Roule. — Paris. — **R**
Francq (Léon), Ing. civ. des Mines, Lauréat de l'Inst., 92, avenue d'Iéna. — Paris.
Francq (Pierre, Roger), Élève au Lycée Janson-de-Sailly, 92, avenue d'Iéna. — Paris.
Dr Frat (Victor), 23, rue Maguelone. — Montpellier (Hérault).
Frébault (Émile), Pharm. — Châtillon en Bazois (Nièvre).

Fréchou, Pharm. — Nérac (Lot-et-Garonne).
Frecon (Gustave), Prop., 34, rue Sainte-Hélène. — Lyon (Rhône).
Fréminet (Adrien), Nég., 24, rue Saint-Nicaise. — Châlons-sur-Marne (Marne).
Frémy (Edmond), Mem. de l'Inst., Dir. et Prof. hon. du Muséum d'Hist. nat., 33, rue
    Cuvier. — Paris. — **F**
D' Friant, Prof. à la Fac. des Sc., 23, rue de l'Hospice. — Nancy (Meurthe-et-Mo-
    selle).
*Friant, Dir. de la fromagerie modèle. — Poligny (Jura).
D' Fricker, 39, rue Pigalle. — Paris.
*Friedel (Mme Charles) (née Combes), 9, rue Michelet. — Paris. — **F**
*Friedel (Charles), Mem. de l'Inst., Prof. à la Fac. des Sc., 9, rue Michelet. — Paris. — **F**
*Friedel (Jean), Étud., 9, rue Michelet. — Paris.
D' Friot, 11, rue Saint-Nicolas. — Nancy (Meurthe-et-Moselle).
D' Frison (A.), 5, rue de la Lyre. — Alger.
Fritsch (Auguste, Emile), 7, place Estrangin-Pastré. — Marseille (Bouches-du-Rhône).
Frizac (Auguste), Banquier, 3, rue d'Astorg. — Toulouse (Haute-Garonne).
Froissart (Émile), Cap. au 15e rég. d'Artil., 16, rue Jean-de-Gouy. — Douai (Nord).
Frolov (le Général Michel), 10, quai Pierre-Fatio. — Genève (Suisse).
*Froment (Alphonse) Entrep. de confec. milit., Mem. du Cons. mun. — Saint-Claude
    par Besançon (Doubs).
D' Fromentel (Louis, Édouard de). — Gray (Haute-Saône). — **R**
Fron (Albert), Garde gén. des Forêts. — Castillon (Ariège).
Fron (Émile), Météor. tit. au Bur. cent. météor. de France, 19, rue de Sèvres. — Paris.
Frossard (Charles, Louis), v.-Présid. de la *Soc. Ramond*, 14, rue Ballu. — Paris. — **F**
D' Fumouze (Armand), Pharm. de 1re cl., 78, rue du Faubourg-Saint-Denis. — Paris. — **F**
D' Fumouze (Victor), 132, rue Lafayette. — Paris.
Gabeau (Charles), Interp. milit. princ. en retraite, château de Fontaines-les-Blanches.
    • — Autrèche (Indre-et-Loire).
Gachassin-Lafite (Léon), Cons. à la Cour d'Ap., 9 *bis*, rue de Cheverus. — Bordeaux
    (Gironde).
*Gaches (Joseph), Empl. de com., 61, rue de Rome. — Paris.
*D' Gaches-Sarraute (Mme Inès), 61, rue de Rome. — Paris.
D' Gadaud (Antoine), Sénateur de la Dordogne, 127, rue du Ranelagh. — Paris.
Gadeau de Kerville (Henri), Homme de sc., 7, rue du Passage-Dupont. — Rouen
    (Seine-Inférieure).
*Gaiffe (Georges), Indust. — Champforgeron par Besançon (Doubs).
*Gaillard (Mme Eugène), 11, rue Lafayette. — Paris.
*D' Gaillard (Eugène), 11, rue Lafayette. — Paris.
Gaillot (Jean-Baptiste, Amable), Astron., à l'Observatoire nat. de Paris. — Arcueil
    (Seine).
Gain (Edmond), Lic. ès sc. nat., Prof. d'hist. nat. à l'Inst. com., 9, rue Lagrange.
    — Paris.
*Galante (Émile), Fabric. d'inst. de chirurg., 2, rue de l'École-de-Médecine. — Paris. — **F**
Galante (Mme Henri, Charles), 2, rue de l'École-de-Médecine. — Paris.
Galante (Henri, Charles), 2, rue de l'École-de-Médecine. — Paris.
Galbrun (A.), Pharm. de 1re cl., 4, rue Beaurepaire. — Paris.
*Galdeano y Janguas (Zoel Garcia de), Prof. à l'Univ. — Zaragoza (Espagne).
D' Galezowski (Xavier), 103, boulevard Haussmann. — Paris.
Galibert (Paul), anc. Avoué, 1, rue Cheverus. — Bordeaux (Gironde).
Galicher (J.) (fils), Relieur, 81, boulevard Montparnasse. — Paris.
D' Galippe (Victor), Chef de lab. à la Fac. de Méd., 12, place Vendôme. — Paris.
Galland (G.), Filat. — Remiremont (Vosges).
Gallé (Émile), Sec. gén. de la *Soc. d'Hortic. de Nancy*, 2, avenue de la Garenne.
    — Nancy (Meurthe-et-Moselle).
D' Galliard (Lucien), Méd. des Hôp., 95, rue Saint-Lazare. — Paris.
Gallice (Henry), Nég. en vins de Champagne, faubourg du Commerce. — Épernay
    (Marne).
D' Gallois (Narcisse), 50, rue du Four. — Paris; l'été à Villepreux (Seine-et-Oise).
D' Gallois (Paul), anc. Int. des Hôp., 83, boulevard Malesherbes. — Paris.
Gally (Georges), Ing.-Élect., 64, rue Tiquetonne. — Paris.
*Galmiche-Bouvier (Roger), Prop., Château de Franchevelle par Citers-Quers (Haute-
    Saône).

Gandoulf (Léopold), Princ. du Collège. — Figeac (Lot).

Dr **Gandy (Paul)**. — Bagnères-de-Bigorre (Hautes-Pyrénées).

Gardair (Aimé), s.-Dir. de la *Comp. gén. des prod. chim.* du Midi, 51, rue Saint-Ferréol. — Marseille (Bouches-du-Rhône).

Gardères (Joseph), Pharm., 31, rue du Lycée. — Pau (Basses-Pyrénées).

Gardères (Sylvain), Mem. du Cons. mun., 2, place Royale. — Pau (Basses-Pyrénées).

Gardès (Louis, Frédéric, Jean), Notaire, anc. Élève de l'Éc. nat. sup. des Mines, 7, rue Saint-Georges. — Montauban (Tarn-et-Garonne).— **R**

Gariel (Mme C.-M.), 39, rue Jouffroy. — Paris. — **R**

*Gariel (C.-M.)**, Prof. à la Fac. de Méd., Mem. de l'Acad. de Méd., Ing. en chef, Prof. à l'Éc. nat. des P. et Ch., 39, rue Jouffroy. — Paris. — **F**

*Garin (Louis)**, Archit., 25, rue de la Préfecture. — Besançon (Doubs).

Garnier (Charles), Mem. de l'Inst., Insp. des Bâtiments civ., 90, boulevard Saint-Germain. — Paris.

Garnier (Ernest), anc. Présid. de la *Soc. indust. de Reims*, 5, rue Bréguet. — Paris. — **R**

Garnier (Louis), Manufac., 27, rue Sainte-Marguerite. — Reims (Marne).

Garnier (Paul), Ing.-Mécan., Horlog., 16, rue Taitbout. — Paris.

*Garreau (L.-Philippe)**, Cap. de frégate en retraite, 1, rue de Floirac. — Agen (Lot-et-Garonne), et l'hiver, 62, boulevard Malesherbes. — Paris.

Garric (Jules), Banquier, 3, rue Esprit-des-Lois. — Bordeaux (Gironde).

Garrigou (Félix), Prof. à la Fac. de Méd., 38, rue Valade. — Toulouse (Haute-Garonne).

*Garrigou-Lagrange (Paul)**, Avocat, Sec. gén. de la *Société Gay-Lussac*, 23, avenue Foucaud. — Limoges (Haute-Vienne).

*Gascard (Albert) (père)**, anc. Pharm., Indust., usine Saint-Louis. — Boisguillaume-lez-Rouen (Seine-Inférieure).

Gascard (A.) (fils), Prof. sup. à l'Éc. de Méd. et de Pharm., 14, rue d'Alsace-Lorraine. — Rouen (Seine-Inférieure).

*Gasqueton (Mme Georges)**, château Capbern. — Saint-Estèphe (Gironde).

*Gasqueton (Georges)**, Avocat, Maire, château Capbern. — Saint-Estèphe (Gironde).

Gasselin (Jean, Victor), Pharm. de l'Hôp. Broca, 33 *bis*, rue Denfert-Rochereau. — Paris.

Gastinel-Pacha (Joseph, Bernard), Prof. hon., 183, rue de Rome.— Marseille (Bouches-du-Rhône).

Dr **Gaston (R.)**, 19, avenue de la Gare. — Voiron (Isère).

*Gaté-Richard (Michel)**, Prop. — Nogent-le-Rotrou (Eure-et-Loir).

Gatellier (Émile), Mem. de la *Soc. nat. d'Agric. de France*, anc. Élève de l'Éc. Polytech., château de Condetz. — La Ferté-sous-Jouarre (Seine-et-Marne).

Gatine (Albert), Insp. des Fin., 1, rue de Beaune. — Paris.

Gatine (Louis), Fabric. de prod. chim., 23, rue des Rosiers. — Paris.

Dr **Gaube (Jean)**, 23, rue Sainte-Isaure. — Paris. — **R**

*Dr **Gauchas (Alfred)**, 7, rue de Thann. — Paris.

*Gauche (Léon)**, Dir.-Admin. du Musée technol. et scol., 153, rue de Paris. — Lille (Nord).

Gauchery (Paul), Lic. ès sc. nat., 26, rue de Vaugirard. — Paris.

*Dr **Gauderon (Eugène)**, Prof. à l'Éc. de méd., Méd. adj. des hosp. civ., Mem. de l'Acad. des Sc., *Belles-Lettres et Arts*, 129, Grande-Rue. — Besançon (Doubs).

Gaudry (Albert), Mem. de l'Inst., Prof. au Muséum d'hist. nat., 7 *bis*, rue des Saints-Pères. — Paris. — **F**

Dr **Gauran**, Méd.-Ocul., Chirurg. en chef de l'hôp. ophtalm. départ., anc. Mem. du Cons. mun., 65 *bis*, rue Saint-Patrice. — Rouen (Seine-Inférieure).

*Gauthier (Alphonse)**, Juge de paix du canton Sud, Mem. de l'*Acad. des Sc., Belles-Lettres et Arts*, Présid. de la *Soc. départ. d'agric.*, 6, rue Charles-Nodier. — Besançon (Doubs).

Gauthier (Gaston), Pharm. — Uzerche (Corrèze).

*Gauthier (Jules)**, Lic. en droit, Archiv. du départ. du Doubs, Mem. de l'*Acad. des Sc., Belles-Lettres et Arts*, 8, rue Charles-Nodier. — Besançon (Doubs).

Gauthier (Victor), Prof. au Lycée Michelet, 21, boulevard du Lycée. — Vanves (Seine).

Gauthier-Villars (Albert), Imprim.-Édit., anc. Élève de l'Éc. Polytech., 55, quai des Grands-Augustins. — Paris. — **F**

Gauthiot (Charles), Sec. gén. de la *Soc. de Géog. com. de Paris*, Mem. du Cons. sup. des colonies, 63, boulevard Saint-Germain. — Paris. — **R**

Gautier (Alfred), Doct. en droit, 30, rue Gay-Lussac. — Paris.

Gautier (Gaston), anc. Présid. du *Comice agric.*, place Saint-Just. — Narbonne (Aude).

Gavelle (Émile), Filat., 289 *bis*, rue Solférino. — Lille (Nord).

Gavelle (Julien), 27, rue d'Anjou. — Paris

Gay (Henri), Prof. de phys. au Lycée de Lille, 20, boulevard de Port-Royal. — Paris.

Gay (Jean-Baptiste), Insp. gén. des P. et Ch., Cons. d'État, Dir. de l'Éc. nat. des P. et Ch., 148, rue de Rennes. — Paris.

Gay (Tancrède), Prop., 17, rue Chanzy. — Reims (Marne).

Gayet (Alphonse), Prof. à la Fac. de Méd., Corresp. nat. de l'Acad. de Méd., anc. Chirurg. tit. de l'Hôtel-Dieu, 106, rue de l'Hôtel-de-Ville. — Lyon (Rhône).

Gayon (Ulysse), Prof. à la Fac. des Sc., Dir. de la Stat. agron., 41, rue Permentade. — Bordeaux (Gironde). — **R**

D'' Gayraud (E.), Agr. à la Fac. de Méd., 7, rue des Trésoriers-de-France. — Montpellier (Hérault).

Gayraud (Paul), Avocat à la Cour d'Ap., 63, rue de Varenne. — Paris.

Gazagnaire (Joseph), Sec. de la *Soc. entomol. de France*, 31, boulevard de Port-Royal. — Paris.

Gazagne (Gaston), Chef de sect. à la *Comp. des chem. de fer de Paris à Lyon et à la Méditerranée*, 40, rue de l'Hôtel-de-Ville. — Arles-sur-Rhône (Bouches-du-Rhône).

Gelin (l'Abbé Émile), Doct. en philo. et en théolog., Prof. de math. sup. au col. de Saint-Quirin. — Huy (Belgique). — **R**

D'' Gémy, Chirurg. de l'Hôp. civ., 1, impasse Berbrugger. — Alger.

Genaille (Henri), Ing. civ., Chef de l'entret. des bâtiments à l'Admin. cent. des *Chem. de fer de l'État*, 42, rue de Châteaudun. — Paris.

Géneau de Lamarlière (Léon), Doct. ès sc., 21, rue Daubenton. — Paris et Laboratoire de Biologie végétale. — Avon (Seine-et-Marne).

**Geneste (Eugène)*, Ing. civ., 42, rue du Chemin-Vert. — Paris.

Geneste (M Philippe)**, château de Chapeau-Cornu. — Vignieu par La Tour-du-Pin (Isère). — **R**

**Genis (Louis)*, Ing., Dir. de la *Soc. d'assainis.*, 8, rue de Provence. — Paris.

Gensoul (Paul), Ing. des Arts et Man., Admin. de la *Comp. du Gaz de Lyon*, 42, rue Vaubecour. — Lyon (Rhône).

Geoffroy (Victor), Libraire, 5, place Royale. — Reims (Marne).

Geoffroy Saint-Hilaire (Albert), anc. Dir. du Jardin zool. d'acclimat., Présid. de la *Soc. nat. d'Acclimat. de France*, 13, rue de Mézières. — Paris. — **F**

Georges (H.), Nég., v.-Consul de l'Uruguay, 1, place des Quinconces. — Bordeaux (Gironde).

Georgin (Ed.), Étud., 7, faubourg Cérès. — Reims (Marne).

Gérard (Alexandre), v.-Présid. du Cons. d'admin. de la *Manufac. de Saint-Gobain*, 16, rue Bayard. — Paris.

**Gérard (Claude, Albert)*, Conserv. des Hypothèques, rue de Cizole. — Baume-les-Dames (Doubs).

D'' Gérard (Joseph, François), 14, rue d'Amsterdam. — Paris.

Gérard (René), Prof. de botan. à la Fac. des Sc., Dir. du Jardin botan. de la Ville, 32, rue Malesherbes. — Lyon (Rhône).

**Gérardin (Stanislas)*, Ing., anc. Cap. d'Artil., 23, rue Granvelle. — Besançon (Doubs).

Gerbaud (Ernest), Lic. en droit, Avoué, 17, rue de la République. — Montauban (Tarn-et-Garonne).

Gerbaud (M Germain)**, 4, rue des Prêtres. — Moissac (Tarn-et-Garonne).

Gerbaud (Germain) (fils), Banquier, 4, rue des Prêtres. — Moissac (Tarn-et-Garonne).

Gerbeau, Prop., 13, rue Monge. — Paris. — **R**

Gérente (M Paul)**, 19, boulevard Beauséjour. — Paris. — **R**

D'' Gérente (Paul), Méd.-Dir. hon. des asiles pub. d'aliénés, 19, boulevard Beauséjour. — Paris. — **R**

Gérin (Laurent). — Venissieux (Rhône).

Germain (Adrien), Ing. hydrog. de 1** cl. de la marine, 18, rue de la Pépinière. — Paris. — **R**

Germain (Henri), Mem. de l'Inst., Présid. du Cons. d'admin. du *Crédit Lyonnais*, Député de l'Ain, 89, rue du Faubourg-Saint-Honoré. — Paris. — **F**

Germain (Jean, Louis), Banquier, 29, rue Saint-Louis. — La Rochelle (Charente-Inférieure).

**D'' Germain (Léon)*. — Salins (Jura).

Germain (Philippe), 33, place Bellecour. — Lyon (Rhône). — **F**

Gerst (Charles), Nég., 1, rue de l'Église. — Strasbourg (Alsace-Lorraine).

Gervais (Alfred), Dir. de la *Comp. des Salins du Midi*, 2, rue des Étuves. — Montpellier (Hérault).

Gévelot, Nég., 30, rue Notre-Dame-des-Victoires. — Paris.

Dr Giard (Alfred), Prof. à la Fac. des Sc., Maître de Conf. à l'Éc. Norm. sup., anc. Député, 14, rue Stanislas. — Paris. — **R**

Dr Gibert, 41, rue de Séry. — Le Havre (Seine-Inférieure). — **R**

*****Gibert (Mme Eugène)**, 38, rue Keller. — Paris.

*****Dr Gibert (Eugène)**, anc. Int. des Hôp., 38, rue Keller. — Paris.

Giblain (François), Ing. des Arts et Man., Huilerie de Graville-Sainte-Honorine. — Ingouville par Le Havre (Seine-Inférieure).

Gibon (Alexandre), Ing. Conseil, anc. Dir. des *Forges de Châtillon et Commentry*, anc. Élève de l'Éc. cent. des Arts et Man., 42, rue de Grenelle. — Paris.

Dr Gibotteau (Aimé), anc. Int. des Hôp. de Paris, villa Béarnaise. — Biarritz (Basses-Pyrénées).

Gibou (Édouard), Prop., 93, boulevard Malesherbes. — Paris.

Gigandet (Eugène) (fils), Nég., 16, rue Montaux. — Marseille (Bouches-du-Rhône). — **R**

Gignier (Justin, Régis), Pharm., anc. Maire. — Romans (Drôme).

Gilardoni (Camille), Manufac. — Altkirch (Alsace-Lorraine).

Gilardoni (Frantz), Manufac. — Altkirch (Alsace-Lorraine).

Gilardoni (Jules), Manufac. — Altkirch (Alsace-Lorraine).

Gilbert (Armand), Présid. du Trib. civ., carrefour Beaupeyrat. — Limoges (Haute-Vienne). — **R**

Gillet (Albert), Huis., 23, rue de Palestro. — Paris.

Gillet (François), Teintur., 9, quai de Serin. — Lyon (Rhône).

Dr Gillet (Henry), 192, boulevard Malesherbes. — Paris.

Gillet (fils aîné), Teintur., 9, quai de Serin. — Lyon (Rhône). — **F**

Gillet (Stanislas), Ing. des Arts et Man., 32, boulevard Henri IV. — Paris.

Dr Gillet de Grandmont (Pierre, Anatole), Méd. oculiste des maisons de la Légion d'honneur, 4, rue Halévy. — Paris.

Dr Gillot (François, Xavier), 5, rue du Faubourg-Saint-Andoche. — Autun (Saône-et-Loire).

Gilon (Adolphe), Entrep., 11, rue du Départ. — Paris.

*****Giorgino (Jacques)**, Pharm., v.-Présid. de la *Soc. d'Hist. nat. de Colmar*, 7, rue de la Vieille-Poste. — Colmar (Alsace-Lorraine).

Dr Girard, Mem. du Cons. gén. — Riom (Puy-de-Dôme).

Girard (Aimé), Prof. au Conserv. nat. des Arts et Mét. et à l'Inst. nat. agronom., 44, boulevard Henri IV. — Paris. — **F**

Girard (Albert), Avocat, 6, place des Jacobins. — Lyon (Rhône).

Girard (Charles), Chef du Lab. mun. de la Préf. de Police, 7, rue du Bellay. — Paris. — **F**

Dr Girard (Joseph de), Agr. à la Fac. de Méd., 5, rue de la Loge. — Montpellier (Hérault).

Dr Girard (Jules), Prof. à l'Éc. de Méd., Mem. du Cons. mun., 4, rue Vicat. — Grenoble (Isère).

Girard (Jules, Augustin), Mem. de l'Inst., Prof. hon. à la Fac. des Let., 3, rue du Bac. — Paris.

Girard (Julien), Pharm.-maj. à l'Hôp. milit. — Belfort. — **R**

Girardon (Henri), Ing. en chef des P. et Ch., 5, quai des Brotteaux. — Lyon (Rhône).

*****Dr Girardot (Albert)**, Doct. ès sc., Mem. de l'*Acad. des Sc., Belles-Lettres et Arts*, 15, rue Saint-Vincent. — Besançon (Doubs).

*****Girardot (Louis, Abel)**, Géol., Prof. au Lycée, 63, rue des Salines. — Lons-le-Saunier (Jura).

Girardot (V.), Nég., 15, 17, place des Marchés. — Reims (Marne).

Giraud (Louis). — Saint-Péray (Ardèche). — **R**

Girault (Charles), Prof. hon. à la Fac. des Sc., 110, rue de Geôle. — Caen (Calvados).

Giresse (Édouard), Mem. du Cons. gén., Maire. — Meilhan (Lot-et-Garonne).

Dr Girin (Francis), 24, rue de la République. — Lyon (Rhône).

*****Girod (Francis)**, Contrôl. princ. des Contrib. dir., 30 *bis*, boulevard de la Contrescarpe. — Paris.

*****Girod (Paul)**, Ing. des Arts et Man., Dir. princ. de la *Soc. des Forges de Franche-Comté*, 116, Grande-Rue. — Besançon (Doubs).

*****Dr Girod (Paul)**, Prof. à la Fac. des Sc. et à l'Éc. de Méd., 26, rue Blatin. — Clermont-Ferrand (Puy-de-Dôme).

*Glangeaud (Philippe), Agr. de l'Univ., 19, rue Linné. — Paris.
Gob (Antoine), Prof., 6, rue Haute — Hasselt (Belgique).
Gobert, Pharm.-Chim. — Montferrand (Puy-de-Dôme).
Gobin (Adrien), Insp. gén. hon. des P. et Ch., 26, quai Tilsitt. — Lyon (Rhône). — **R**
Godillot-Alexis (Georges), Ing. des Arts et Man., 50, rue d'Anjou. — Paris.
Godron (Émile), Doct. en Droit, Avoué, 103, boulevard de la Liberté. — Lille (Nord).
Goldenberg (Alfred), Manufac.. — Sornforges par Tronville-en-Barrois (Meuse).
D' Goldschmidt (David), 4 *bis*, rue des Rosiers (chez M. Reblaub). — Paris.
Goldschmidt (Frédéric), Rent., 33, rue de Lisbonne. — Paris. — **F**
Goldschmidt (Léopold), Banquier, 10, rue Murillo. — Paris. — **F**
Goldschmidt (S.-H.), 6, rond-point des Champs-Elysées. — Paris. — **F**
Goll (Philippe), Cons. de Préfecture, 1, rue Vilaine. — Évreux (Eure).
Gomant (Victor, Charles), Rent., 38, rue Copernic. — Paris.
*D' Gomet (Alfred), 79, Grande-Rue. — Besançon (Doubs).
*Gondy (Claudius), Fabric. d'horlog., Mem. du Cons. mun. — Les Vieilles-Perrières,
     par Besançon (Doubs).
Gonsolin (Arthur), 29, rue de l'Échiquier. — Paris.
D' Gordon (Richard), Biblioth. de la Fac. de Méd., 2, rue du Bayle. — Montpellier
     (Hérault).
Gorges (Ferdinand), Nég., 20, rue Beaurepaire. — Paris.
Gosse, anc. Doyen de la Fac. de Méd., 8, rue des Chaudronniers. — Genève (Suisse).
Gosselet (Jules, Alexandre), Prof. à la Fac. des Sc., 18, rue d'Antin. — Lille (Nord).
Gossiome (Paul), Nég., 7, quai Voltaire. — Paris.
D' Gouguenheim (Achille), Méd. des Hôp., 73, boulevard Haussmann. — Paris.
Gouin (Édouard), Ing. des P. et Ch., 32, rue Breteuil. — Marseille (Bouches-du-Rhône).
Gouin (Raoul), Ing. agron., château de Mondan. — La Suze (Sarthe).
Goulet (Georges), Nég. en vins de Champagne, 21, rue Buirette. — Reims (Marne).
Goulet-Gravet (François), 21, rue Buirette. — Reims (Marne).
Goullin (Gustave, Charles), Consul de Belgique, anc. Adj. au Maire, 51, place Launay.
     — Nantes (Loire-Inférieure).
Goumin (Félix), Prop., anc. Chef du Sec. de la Dir. de la Construc. de *la Comp. des
     Chem. de fer du Midi*, 452, route de Toulouse. — Bordeaux (Gironde). — **R**
D' Gounand (Alexandre), Sec. du Cons. d'hyg. et de salubrité, 26, rue de la Préfecture.
     — Besançon (Doubs).
Gounouilhou (G.), Imprim., 11, rue Guiraude. — Bordeaux (Gironde). — **F**
Gounelle (Alfred), Fabric. d'huile, 102, rue Sylvabelle. — Marseille (Bouches-du-Rhône).
Gouttes (François), Insp. divis. du Trav. dans l'Indust., 11, quai Paludate. — Bordeaux
     (Gironde).
Gouville (Gustave), Mem. du Cons. gén., quai à Vin. — Carentan (Manche).
Gouvion (Albert), Ing. des Arts et Man. — Saulzoir (Nord).
Gouy de Bellocq de Feuquières, 3, rue de l'Alliance. — Nancy (Meurthe-et-Moselle).
D' Goy (Lucien), 35, boulevard du Musée. — Marseille (Bouches-du-Rhône).
D' Gozard. — Toury-sur-Jour par Chantenay-Saint-Imbert (Nièvre).
*Grâa (Alfred), Fabric. d'horlog., Consul de Suisse, 7, square Saint-Amour. — Besançon
     (Doubs).
D' Grabinski (Boleslas). — Neuville-sur-Saône (Rhône). — **R**
*Grammaire (Louis), Géom., Cap. adjud.-maj. au 52ᵉ rég. territ. d'Infant., Agent gén. du
     Phénix. — Chaumont (Haute-Marne).
Grandeau (Louis), Insp. gén. des stations agronom., Prof. sup. au Conserv. nat. des Arts
     et Mét., 3, quai Voltaire. — Paris.
Grandidier (Mᵐᵉ Alfred), 6, rond-point des Champs-Élysées. — Paris.
Grandidier (Alfred), Mem. de l'Inst., 6, rond-point des Champs-Élysées. — Paris. — **R**
*Granet (Paul), Avocat, 5, rue d'Anvers. — Besançon (Doubs).
*Granet (Mᵐᵉ Vital), rue du Pont. — Saint-Junien (Haute-Vienne).
*Granet (Vital), Sec. de la Mairie, rue du Pont. — Saint-Junien (Haute-Vienne).
Grange (Célestin), Ing. des Arts et Man., Agent voyer en chef du départ. de la Vienne,
     4, place Saint-Pierre. — Poitiers (Vienne).
Granger (Alfred), Nég., Dir. de la *Comp. du Hamel-Bazire*, place du Château. — Saint-
     Lô (Manche).
Grasset (Mᵐᵉ Joseph), 6, rue Jean-Jacques-Rousseau. — Montpellier (Hérault).
Grasset (Joseph), Prof. à la Fac. de Méd., Corresp. de l'Acad. de Méd., 6, rue Jean-
     Jacques-Rousseau. — Montpellier (Hérault).

Dr **Gratiot (E.)** (fils). — La Ferté-sous-Jouarre (Seine-et-Marne).

Gréard (Octave), Mem. de l'Acad. Franç. et de l'Acad. des Sc. morales et politiques, v.-Rect. de l'Acad. de Paris, 15, rue de la Sorbonne. — Paris.

Grédy (Frédéric), Nég. en vins, 16, quai des Chartrons. — Bordeaux (Gironde).

Dr **Grégoire (Junior)**, Méd. de la *Comp. des Chem. de fer de Paris à Lyon et à la Méditerranée*. — Chazelles-sur-Lyon (Loire).

Grellet (V.), v.-Consul des États-Unis. — Kouba par Hussein-Dey (départ. d'Alger).

Grelley (Jules), Dir. de l'Éc. sup. de com., anc. Élève de l'Éc. Polytech., 102, rue Amelot. — Paris.

Grenier, Pharm., 61, rue des Pénitents. — Le Havre (Seine-Inférieure).

Dr **Greuell**, Dir. de l'établis. hydrothérap. — Gérardmer (Vosges).

Dr **Grillot**, Chirurg. de l'Hôp., 5, rue Jeannin. — Autun (Saône-et-Loire).

Grimaud (B.-P), anc. Mem. du Cons. mun., 34, rue de Châteaudun. — Paris.

Grimaud (Émile), Imprim., rue de Gorges. — Nantes (Loire-Inférieure). — **R**

Dr **Grimaux (Édouard)**, Prof. à l'Éc. Polytech. et à l'Inst. nat. agronom., Agr. à la Fac. de Méd., 123, boulevard Montparnasse. — Paris.

Griolet (aîné), Vétér., 25, rue Bayard. — Toulouse (Haute-Garonne).

Grison (Eugène), Chef de caves, 8, place du Chapitre. — Reims (Marne).

Grison (Ernest), s.-Insp. de l'Enregist. — Vervins (Aisne).

*Grison-Poncelet (Eugène)**, Manufac. — Creil (Oise).

Dr **Grizou**, 30, rue de Chastillon. — Châlons-sur-Marne (Marne).

Dr **Gros (Joseph)**, Méd. en chef de la Maison d'Éduc. de la Légion d'hon., place de la Mairie. — Écouen (Seine-et-Oise).

Gros et Roman, Manufac. — Wesserling (Alsace-Lorraine).

Dr **Grosclaude (Alphonse)**. — Elbeuf-sur-Seine (Seine-Inférieure).

Gross (Mme), 15, rue Isabey. — Nancy (Meurthe-et-Moselle).

Gross, Prof. de clinique ext. à la Fac. de Méd., 15, rue Isabey. — Nancy (Meurthe-et-Moselle).

Grosseteste (William), Ing. des Arts et Man., 11, rue des Tanneurs. — Mulhouse (Alsace-Lorraine).

Grottes (le Comte Jules des), Mem. du Cons. gén., 9, place Gambetta. — Bordeaux (Gironde).

Groult (Edmond), Doct. en droit, Avocat, Fondat. des *Musées canton*. — Lisieux (Calvados).

Grouselle (Emile), Notaire. — Voncq (Ardennes).

Grousset (Eugène), Pharm. de 1re cl., 35, rue de la République. — Castelsarrasin (Tarn-et-Garonne).

Grouvel (le Général Jules), 199, boulevard Saint-Germain. — Paris.

Grouvelle (Jules), Ing. des Arts et Man., Prof. de Phys. indust. à l'Éc. cent. des Arts et Man., 18, avenue de l'Observatoire. — Paris.

Dr **Gruby (David)**, 66, rue Saint-Lazare. — Paris.

*Gruey (Louis, Jules)**, Doyen honoraire, Prof. d'astro. à la Fac. des Sc., Dir. de l'Observatoire. — La Bouloye par Besançon (Doubs).

*Grüter (Louis, Jules)**, Méd.-Dent., 7, square Saint-Amour. — Besançon (Doubs).

Gruyer (Hector), Mem. du Cons. gén., Maire. — Sassenage (Isère).

Grynfeltt, Prof. à la Fac. de Méd., 8, place Saint-Côme. — Montpellier (Hérault).

Guccia (Jean-Baptiste), Prof. de Géom. sup. à l'Univ., 28, via Ruggiero Settimo. — Palerme (Italie).

Dr **Guébhard (Adrien)**, Lic. ès sc. math. et phys., Agr. de phys. des Fac. de Méd., villa Mendiguren. — Nice (Alpes-Maritimes). — **R**

*Dr **Gueirard (Alfred)**, Dir. de l'Observ., 10, avenue de la Gare. — Monaco.

Guérard (Adolphe), Ing. en chef des P. et Ch., Ing. en chef du Port, 16, rue Moustier. — Marseille (Bouches-du-Rhône).

Dr **Guérin (Alphonse)**, Mem. de l'Acad. de Méd., 11 *bis*, rue Jean-Goujon. — Paris. — **F**

Guérin (Jules), Ing. civ. des Mines, 56, rue d'Assas. — Paris.

Guérin (Louis), Opticien, 14, rue Bab-Azoun. — Alger.

Guérineau (A.), Fabric. de compas, 16, passage de l'Industrie. — Paris.

Dr **Guerne (le Baron Jules de)**, Natur., v.-Présid. de la *Soc. zool. de France*, 6, rue de Tournon. — Paris. — **R.**

Guerrapin, anc. Nég., l'Hermitage. — Saint-Denis-Hors par Amboise (Indre-et-Loire).

Guerreau (Paul, Auguste), Provis. du Lycée. — Nevers (Nièvre).

*Guerrin (Louis)**, Avocat à la Cour d'Ap., 20, rue de la Préfecture. — Besançon (Doubs).

Guestier (Daniel), anc. Mem. de la Ch. de com., 31, cours du Pavé-des-Chartrons.
— Bordeaux (Gironde).
*Guézard (Albert), Étud., 16, rue des Écoles. — Paris. — R
*Guézard (M⁰⁰ Jean-Marie), 16, rue des Écoles. — Paris.
*Guézard (Jean-Marie), Princ. clerc de Notaire, 16, rue des Écoles. — Paris. — R
D⁰ Guglielmi (Eugène), Méd. de l'Hôp. civ., 18, rue Charles-Quint. — Oran (Algérie).
Guiard (Georges), Ing. en chef des P. et Ch., 4, rue Cambacérès. — Paris.
Guiauchain, Archit., rue Clauzel. — Alger-Agha.
*Guichard (Albert), Pharm. des hosp. civ., Présid. du Trib. de com., 13, rue des Cham-
brettes. — Besançon (Doubs).
Guidon (Paul), Chim., 186, avenue Parmentier. — Paris.
Guiet (Gustave), 57, avenue Montaigne. — Paris.
Guieysse (Paul), Ing.-Hydrog. de la Marine, Député du Morbihan, 42, rue des Écoles.
— Paris. — R
Guignan (Alcide). — Sainte-Terre (Gironde).
*Guignard (Léon), Prof. de botan. à l'Éc. sup. de Pharm., 1, rue des Feuillantines.
— Paris.
Guignard (Ludovic, Léopold), Présid. de la *Soc. des Sc. et des Lettres de Loir-et-Cher*,
Sans-Souci. — Chouzy (Loir-et-Cher).
Guilbault (Adolphe), Prop., Mem. du Cons. de dir. de la Caisse d'Épargne, traverse
Paul, villa Bonneveine. — Marseille (Bouches-du-Rhône).
D⁰ Guilbeau (Martin). — Saint-Jean-de-Luz (Basses-Pyrénées).
Guillain (Antoine), Insp. gén. des P. et Ch., Dir. au Min. des Trav. pub., Cons. d'État,
55, rue Scheffer. — Paris.
D⁰ Guillaume (Ed.). — Attigny (Ardennes).
Guillaume (Eugène, C.), Mem. de l'Inst., Statuaire, 5, rue de l'Université. — Paris.
Guillaume (Léon), Dir. de l'Éc. d'hortic. des pupilles de la Seine. — Villepreux
(Seine-et-Oise).
Guillaume (Louis), Prop., 7, rue de la Tirelire. — Reims (Marne).
Guillemard (Henri), Archit., 6, rue du Faubourg-Saint-Honoré. — Paris.
Guillemin, Prof. de phys. à l'Éc. de Méd. et de Pharm., Maire, 18, rampe Vallée.
— Alger.
*Guillemin (Joseph), Caissier de la Banque Jacquard, 26, rue Saint-Pierre. — Besançon
(Doubs).
*Guillemin (Léon), Caissier de la Banque Veil-Picard, 14, Grande-Rue. — Besançon
(Doubs).
*Guilleminet (André), Pharm. de 1ʳ⁰ cl., 30, rue Saint-Jean. — Lyon (Rhône). — R
Guillemot (Charles), Mécan., 73, rue Saint-Louis en l'Ile. — Paris.
Guillibert (le Baron Hippolyte), Avocat à la Cour d'Ap., anc. Bâton. du Cons. de l'Ordre,
10, rue Mazarine. — Aix en Provence (Bouches-du-Rhône).
Guillotin (Amédée), anc. Présid. du Trib. de com. de la Seine, 77, rue de Lourmel.
— Paris.
*Guilloz (Théodore), Chef des trav. du Lab. de Phys. méd. à la Fac. de Méd. — Nancy
(Meurthe-et-Moselle).
Guilmin (M⁰⁰ V⁰), 8, boulevard Saint-Marcel. — Paris. — R
Guilmin (Ch.), 8, boulevard Saint-Marcel. — Paris. — R
*Guimaraes (Rodolphe Ferreira Dias), Mem. de l'*Acad. royal des Sc.*, Lieut. du Génie,
Astron. à l'Observ. royal, 44 (rez-de-chaussée), rue Sacramento a Lapa. — Lisbonne
(Portugal).
Guimet (Émile), Nég. (Musée Guimet), avenue d'Iéna. — Paris. — F
Guionnet (Paul), Chef de district à la *Comp. des Chem. de fer d'Orléans*, 1, avenue
Saint-Éloi. — Limoges (Haute-Vienne).
Guiran (M⁰⁰ Paul de). — Marvéjols (Lozère).
Guiran (Paul de), Notaire. — Marvéjols (Lozère).
*D⁰ Guiraud (Louis), Chargé de cours à la Fac. de Méd., 48, rue Bayard. — Toulouse
(Haute-Garonne).
Guiraut (Gabriel), Président d'hon. de la Ch. synd. du com. des vins et spiritueux
de la Gironde, 28, allée de Boutaut. — Bordeaux (Gironde).
Guitel (Frédéric), Doct. ès sc. nat., 4, rue Madame. — Marly-le-Roi (Seine-et-Oise).
Gully (Ludovic), Prof. de math., 130, rue de la République. — Rouen (Seine-Inférieure).
Guntz (N.), Prof. à la Fac. des Sc., 15, rue de Metz. — Nancy (Meurthe-et-Moselle).
*Gurnaud (Adolphe), Sec. de la *Soc. forestière*, château de Nancray par Bouclans
(Doubs).

Guy (Louis), Nég., 232, rue de Rivoli. — Paris. — **R**
Guyard (Henri), Mem. de la *Soc. des Sc. nat.*, 17, rue d'Églény. — Auxerre (Yonne).
Guyot (Charles), 15, boulevard du Temple. — Paris.
Guyot (Yves), Dir. polit. du *Siècle*, anc. Min. des Trav. pub., 95, rue de Seine. — Paris.
Guyot-Lavaline, Sénateur, Présid. du Cons. gén. du Puy-de-Dôme, 82, rue de Rennes.
    — Paris.
Haag (Paul), Ing. en chef, Prof. à l'Éc. nat. des P. et Ch., 11 *bis*, rue Chardin. — Paris.
Habert (Théophile), anc. Notaire, Conserv. du Musée Archéol. et Céram. de la Ville,
    12, place Amélie-Doublié. — Reims (Marne). — **R**
Dr Habran (Jules), 18, rue Thiers. — Reims (Marne).
Hachette et Cie, Libr.-Édit., 79, boulevard Saint-Germain. — Paris. — **F**
Hadamard (David), Nég. en Diamants, 53, rue de Châteaudun. — Paris. — **F**
Hagenbach-Bischoff (Édouard), Doct. ès sc., Prof. de phys. à l'Univ. — Bâle (Suisse).
Haller-Comon (A.), Corresp. de l'Inst. et de l'Acad. de Méd., Prof. à la Fac. des Sc.,
    14, rue Victor-Hugo. — Nancy (Meurthe-et-Moselle). — **R**
Hallette (Albert), Fabric. de sucre. — Le Cateau (Nord).
Hallez (Paul), Prof. à la Fac. des Sc., 9, rue de Valmy. — Lille (Nord).
*Dr Hallopeau (Henri), Mem. de l'Acad. de Méd., Agr. à la Fac. de Méd., Méd. des
    Hôp., 91, boulevard Malesherbes. — Paris.
Hallopeau (Paul, François, Alfred), Métallurg., Prof. à l'Éc. cent., des Arts et Man.,
    Ing. du serv. des Usines à la *Comp. des Chem. de fer de Paris à Lyon et à la Médi-
terranée*, anc. Élève de l'Éc. cent. des Arts et Man., 124, boulevard Magenta. — Paris.
Halphen (Constant), 11, rue de Tilsitt. — Paris.
Halphen (Georges), Chim. au Min. du Com., 10, passage du Saumon. — Paris.
Hamard (l'Abbé Pierre, Jules), Chanoine, 6, rue du Chapitre. — Rennes (Ille-et-
    Vilaine). — **R**
Dr Hameau. — Arcachon (Gironde).
Hamelin (Elphège), Prof. à la Fac. de Méd., 7, rue de la République. — Montpellier
    (Hérault).
Dr Hamy (Ernest), Mem. de l'Inst., Prof. au Muséum d'hist. nat., Conserv. du Musée
    d'ethnog., 40, rue de Lübeck. — Paris.
*Dr Hanot (Charles, Victor), Agr. à la Fac. de Méd., Méd. des Hôp., 122, rue de
    Rivoli. — Paris.
Hanrez (Prosper), Ing., 190, chaussée de Charleroi. — Bruxelles (Belgique).
Dr Hanriot (Maurice), Agr. à la Fac. de Méd., 4, rue Monsieur-le-Prince. — Paris.
Haraucourt (C.), Prof. de Phys. au Lycée Corneille, 8, place du Boulingrin. — Rouen
    (Seine-Inférieure).
Hardy de Perini (Félix, Édouard), Colonel du 85e rég. d'Infant., Breveté d'Ét.-Maj.
    — Cosne (Nièvre).
Harlé (Émile), anc. Ing. des P. et Ch., Construc., 12, rue Pierre-Charron. — Paris.
Hartmann (Albert), Indust., 2 *bis*, rue de La Baume. — Paris.
Hartmann (Georges), 14, quai de la Mégisserie. — Paris.
Haton de la Goupillière (J., N.), Mem. de l'Inst., Insp. gén., Dir. de l'Éc. nat. sup. des
    Mines, 60, boulevard Saint-Michel. — Paris. — **F**
Hatt (Philippe), Ing.-hydrog. de 1re cl. de la Marine, 31, rue Madame. — Paris.
*Hattier (Mme Louise), 9, place de l'Hôtel-de-Ville. — Étampes (Seine-et-Oise).
Hau (Michel), Nég. en vins de Champagne, 17, rue Lesage. — Reims (Marne).
Haug (Émile), Chef des trav. prat. de Géol. à la Fac. des Sc., 2, rue Antoine-Dubois.
    — Paris.
Hautefeuille (Paul), Prof. à la Fac. des Sc., 5, rue Michelet. — Paris.
Hayem (Georges), Prof. à la Fac. de Méd., Mem. de l'Acad. de Méd., Méd. des Hôp.,
    7, rue Alfred-de-Vigny. — Paris.
Hazard-Flamand (Maurice), Ing. des Arts et Man. — Cognac (Charente).
Hébert (Gustave, Théodore), Pharm. — Isigny (Calvados).
Hecht, Prof. à la Fac. de Méd., 4, rue Isabey. — Nancy (Meurthe-et-Moselle).
Dr Hecht (Émile), 15, rue de Lorraine. — Nancy (Meurthe-et-Moselle).
Hecht (Étienne), Nég., 19, rue Le Peletier. — Paris. — **F**
Dr Heckel (Édouard), Prof. à la Fac. des Sc. et à l'Éc. de Méd., Corresp. de l'Acad. de
    Méd., Dir. du Jardin botan., 31, cours Lieutaud. — Marseille (Bouches-du-Rhône).
Dr Heim (Frédéric), Doct. ès sc., Agr. à la Fac. de Méd., 15, rue de Rivoli. — Paris.
Heimpel (Adrien), Indust., 3, place du Marché. — Crest (Drôme).
Heinbach (Albert), Pharm. de 1re cl., anc. Int. des Hôp., 8, rue Pierre-Charron.
    — Paris.

*Heitz (Paul), Ing. des Arts et Man., anc. Élève de l'Éc. libr. des Sc. polit., Avocat
  à la Cour d'Ap., 29, rue Saint-Guillaume. — Paris.
*D' Heitz (Victor), Prof. sup. à l'Éc. de Méd., Chef de clin. à l'Hôp., 45, Grand-Rue.
  — Besançon (Doubs).
Hélant-Petit, Prop., 13, rue Saint-Laurent. — Bordeaux (Gironde).
Held (Alfred), Prof. à l'Éc. sup. de Pharm., rue du Bastion. — Nancy (Meurthe-et-
  Moselle).
Héliand (le Comte d'), 21, boulevard de la Madeleine. — Paris.
*Hellé (Eugène), Graveur-Dessinat., 34, rue de Seine. — Paris.
D' Henneguy (Félix), Prof. sup. au Col. de France, 9, rue Thénard. — Paris.
Hennuyer (Alexandre), Imprim.-Édit., 47, rue Laffitte. — Paris.
*D' Hénocque (Albert), Dir. adj. du Lab. de Méd. de l'Éc. des Hautes Études au Col.
  de France, 11, avenue Matignon. — Paris.
Henrivaux (Jules), Dir. de la Manufac. de Glaces. — Saint-Gobain (Aisne).
D' Henrot (Adolphe), 73, rue Gambetta. — Reims (Marne).
*Henrot (Mlle Lucie), 73, rue Gambetta. — Reims (Marne).
*D' Henrot (Henri), Corresp. de l'Acad. de Méd., Prof. à l'Éc. de Méd., Maire, 73, rue
  Gambetta. — Reims (Marne).
*Henrot (Jules), Présid. du *Cercle pharm. de la Marne*, 75, rue Gambetta. — Reims
  (Marne).
Henry (Mme), Sage-Femme en chef de la Maternité, 119, boulevard de Port-Royal.
  — Paris.
Henry (Charles), Maître de conf. à l'Éc. prat. des Hautes-Études, 2, rue Jean-de-Beau-
  vais. — Paris.
Henry (Edmond), Insp. gén. des P. et Ch., 22, boulevard Saint-Germain. — Paris.
D' Henry (J.), 38 *bis*, rue de l'Hôpital-Militaire. — Lille (Nord).
Henry-Lepaute (Léon), Ing. des Arts et Man., Construc. d'horlog. et de phares, 6, rue
  Lafayette. — Paris.
Hépitès (Stéfan), Prof. de phys. à l'Éc. spéc. d'artil. et du génie, Dir. de l'Inst. mé-
  téor. — Bucarest (Roumanie).
D' Hérard (Hippolyte), Mem. de l'Acad. de Méd., Agr. de la Fac. de Méd., Méd. des
  Hôp., 12 *bis*, place De Laborde. — Paris.
Herbault (Nemours), Agent de change, 5, rue Gaillon. — Paris.
Hermant (Achille), Archit. de la Ville, 10, rue Legendre. — Paris.
Héron (Guillaume), Prop., château Latour. — Bérat par Rieumes (Haute-Garonne). — R
Héron (Jean-Pierre), Prop., 7, place de Tourny. — Bordeaux (Gironde). — R
*Herran (Adolphe), Ing. civ. des Mines, 36, avenue Henri-Martin. — Paris.
Herrenschmidt (Paul), 10, boulevard Magenta. — Paris.
*Herscher (Charles), Ing. sanitaire, 42, rue du Chemin-Vert. — Paris.
Hérubel (Frédéric), Fabric. de prod. chim. — Petit-Quévilly (Seine-Inférieure).
Heydenreich (A.), Doyen de la Fac. de Méd., 48, rue Gambetta. — Nancy (Meurthe-
  et-Moselle) — R
Hézard (Charles), Entrep. de Trav. pub., villa Hézard, rue Manescau. — Pau (Basses-
  Pyrénées).
Hillel frères, 60, rue de Monceau. — Paris. — F
Himly (L., Auguste), Mem. de l'Inst., Doyen de la Fac. des Let., 23, avenue de l'Obser-
  vatoire. — Paris.
Hirsch, Archit. en chef de la Ville, 17, rue Centrale. — Lyon (Rhône).
Hirsch (Joseph), Ing. en chef, Prof. à l'Éc. nat. des P. et Ch., 1, rue de Castiglione. — Paris.
Hirsch (Paul, Charles, Marcel), Élève à l'Éc. cent. des Arts et Man., 55, rue de Boulain-
  villiers. — Paris.
Hoël (Jourdain), Fabric. de lunettes, 74, rue des Archives. — Paris. — R
Holden (Isaac), Manufac., 27, rue des Moissons. — Reims (Marne).
Holden (Jonathan), Indust., 23, boulevard de la République. — Reims (Marne). — R
Hollande (Jules), Nég. en bois exotiques, 114, rue de Charenton. — Paris. — R
D' Hollande, Dir. de l'Éc. prép. à l'Ens. sup. des Sc. et des Let., 19, rue de Boigne.
  — Chambéry (Savoie).
Holstein (Prosper), Dir. de l'agence du *Comptoir National d'Escompte*, 13, quai de
  l'Est. — Lyon (Rhône).
Holtz (Paul), Insp. gén., Prof. à l'Éc. nat. des P. et Ch., 24, rue de Milan. — Paris.
Honnorat-Bastide (Mme Édouard, F.) (née Joséphine Soulier), quartier de la Sèbe.
  — Digne (Basses-Alpes).

Honnorat-Bastide (Édouard, F.), quartier de la Sèbe. — Digne (Basses-Alpes).
Hordain (Émile d'), 22, rue Grange-Batelière. — Paris.
Horeau, 5, rue Charlet. — Paris. — **R**
Horster, Prov. du Lycée. — Bar-le-Duc (Meuse).
Hospitalier (Édouard), Ing. des Arts et Man., Prof. à l'Éc. mun. de Phys. et de Chim. indust., Rédac. en chef de l'*Industrie élect.*, 6, rue de Clichy. — Paris.
Hottinguer, Banquier, 38, rue de Provence. — Paris. — **F**
Houdaille (François), Prof. de phys. à l'Éc. nat. d'Agric., 3, rue Auguste-Comte. — Montpellier (Hérault).
Houdé (Alfred), Pharm. de 1re cl., 29, rue Albouy. — Paris. — **R**
Houel (J.-G.), anc. Ing. de la *Comp. de Fives-Lille*, anc. Élève de l'Éc. cent. des Arts et Man., 40, avenue Kléber. — Paris. — **F**
Houlbert (Constant), Prof. de sc. phys. et nat. au col. — Dieppe (Seine-Inférieure).
Houlon (aîné), Prop., 154, rue de Vesles. — Reims (Marne).
Hourdequin (Maurice), Avocat, 93, rue Jouffroy. — Paris.
Hourst (Émile, Auguste, Léon), Lieut. de vaisseau. — Toulon (Var).
Houzé de l'Aulnoit (Aimé), Avocat, 61, rue Royale. — Lille (Nord).
Houzeau (Auguste), Corresp. de l'Inst., Prof. de chim. gén. à l'Éc. prép. à l'Ens. sup. des Sc., 31, rue Bouquet. — Rouen (Seine-Inférieure).
Houzeau (Paul), Huile et Savons, 8, place de la République. — Reims (Marne).
Hovelacque (Abel), Prof. à l'Éc. d'Anthrop., Député de la Seine, 38, rue du Luxembourg. — Paris. — **F**
Hovelacque (Maurice), Doct. ès sc. nat., 1, rue de Castiglione. — Paris. — **R**
Hovelacque-Khnopf (Émile), 50, rue Cortambert. — Paris. — **R**
Hua (Henri), Lic. ès sc. nat., Botan., 2, rue de Villersexel. — Paris. — **R**
Huber (Frédéric), Artiste-Peintre, 12 *bis*, place De Laborde. — Paris.
Hubert (Pierre), Indust., 16, rue Marceau. — Nantes (Loire-Inférieure).
Hubert de Vautier (Émile), Entrep. de confec. milit., 114, rue de la République. — Marseille (Bouches-du-Rhône). — **R**
D**r** **Hublé** (Martial), Méd.-Maj. à la Dir. du serv. de santé du 11e corps d'armée. — Nantes (Loire-Inférieure). — **R**
Hubou (Ernest), Ing. civ. des Mines, Insp. de la *Comp. des Chem. de fer de l'Est*, 28, allée Victor-Hugo. — Le Raincy (Seine-et-Oise).
Huc (le Baron), 1, rue Embouque-d'Or. — Montpellier (Hérault).
D**r** **Huchard** (Henri), Méd. des Hôp., 67, avenue des Champs-Elysées. — Paris.
Hudelo (Louis), Ing. des Arts et Man., Répét. de phys. gén. à l'Éc. cent. des Arts et Man., 6, rue Saint-Louis en l'Ile. — Paris.
Hugon (Pierre), Ing. civ., 77, rue de Rennes. — Paris.
Hullé (Auguste), Prof. d'hydrog. de la Marine en retraite. — Blaye (Gironde).
*****Hulot** (le Baron Étienne), Avocat, Publiciste, 80, rue de Grenelle. — Paris.
Humbel (Mme **L.**) — Eloyes (Vosges). — **R**
Humbel (L.), Indust. — Eloyes (Vosges). — **R**
Huot (Joseph), Archit. en chef de la Ville, 33, rue Paradis. — Marseille (Bouches-du-Rhône).
Hureau de Villeneuve (Mme **Ginevra**), 91, rue d'Amsterdam. — Paris.
D**r** **Hureau de Villeneuve** (Abel), Lauréat de l'Inst., 91, rue d'Amsterdam. — Paris. — **F**
Hurel (Alexandre), 6, rue de Milan. — Paris.
Hurion (Alphonse), Prof. à la Fac. des Sc., 65, rue Blatin. — Clermont-Ferrand (Puy-de-Dôme).
Ibry-Goulet, anc. Manufac., 34, rue Marlot. — Reims (Marne).
D**r** **Icard**, Sec. gén. de la *Soc. des Sc. méd.*, 48, rue de la République. — Lyon (Rhône).
*****Icard** (Jules), Pharm. de 1re cl., 24, cours Belzunce. — Marseille (Bouches-du-Rhône).
Illaret (Antoine), Vétér., 17, rue du Petit-Goave. — Bordeaux (Gironde).
*****D**r** **Imbert de la Touche** (Paul), 23, place Bellecour. — Lyon (Rhône).
Iriart d'Etchepare (Louis d'), Avocat à la Cour d'Ap., Adj. au Maire, 3, rue Jeanne-d'Albret. — Pau (Basses-Pyrénées).
Irroy (Ernest), Nég. en vins de Champagne, 46, boulevard Lundy. — Reims (Marne).
Isay (Mme **Mayer**). — Blâmont (Meurthe-et-Moselle). — **R**
Isay (Mayer), Filat., anc. Cap. du Génie, anc. Élève de l'Éc. Polytech. — Blâmont (Meurthe-et-Moselle). — **R**
Issaurat (C.), Publiciste, 27, rue Drouot. — Paris.
D**r** **Istrati** (Constantin), Doct. ès sc. phys., Prof. à l'Univ., Mem. du Cons. sup. de santé, 11, caléa Dorobantilor. — Bucarest (Roumanie).

Jablonowska (Mlle Julia), 54, boulevard Saint-Michel. — Paris. — **R**
Jaccoud (François), Prof. à la Fac. de Méd., Mem. de l'Acad. de Méd., Méd. des Hôp., 3, rue Scribe. — Paris.
*Jackson (James), Archiv.-Biblioth. de la *Soc. de Géog.*, 15, avenue d'Antin. — Paris. — **R**
Jackson-Gwilt (Mrs Hannah), Moonbeam villa, Merton road. — New-Wimbledon (Surrey) (Angleterre). — **R**
Jacob de Cordemoy (Hubert), Lic. ès sc. nat., 44, rue Monge. — Paris.
Jacquelin (Mme Juliette). — Beuzeville par Ourville (Seine-Inférieure).
*Jacquemart-Ponsin (Adolphe), Prop., 4, place Godinot. — Reims (Marne).
Jacquemet (Louis), Nég., 5, rue Saint-Jacques. — Marseille (Bouches-du-Rhône).
Jacquerez (Charles), Agent Voyer cantonal. — Fraize (Vosges).
Jacquet (Élie), Ing. civ. — L'Albenc (Isère).
Jacquin (Anatole), Confis., 12, rue Pernelle. — Paris et villa des Lys. — Dammarie-lez-Lys (Seine-et-Marne).
Jacquin (Charles), Avoué de 1re inst., 5, rue des Moulins. — Paris.
Jalard (Bernard), Pharm. hon., 526, rue Sainte-Anne. — Narbonne (Aude).
Jalliffier, Prof. agr. au Lycée Condorcet, 11, rue Say. — Paris.
Jameson (Conrad), Banquier, anc. Élève de l'Éc. cent. des Arts et Man., 115, boulevard Malesherbes. — Paris. — **F**
Jannelle (Émile), Nég. en vins. — Villers-Allerand (Marne).
*Jannetaz (Paul), Lic. ès sc. phys., Ing. des Arts et Man., 42, rue Monge. — Paris.
Janssen (Jules), Mem. de l'Inst. et du Bur. des Longit., Dir. de l'Observ. d'astro. phys. — Meudon (Seine-et-Oise).
*Japy (Jules), Indust. — Beaucourt par Audincourt (Doubs).
Jardinet (Ludovic, Eugène), Cap. du Génie, Prof. de topog. à l'Éc. d'applic. d'Artil. et du Génie. — Fontainebleau (Seine-et-Marne).
Jarsaillon (François), Prop., v.-Présid. du *Comice agric.*, 7, rue Saint-Denis. — Oran (Algérie).
Dr Jaubert (Adrien), Insp. de la vérif. des Décès, 57, rue Pigalle. — Paris.
Jaumes (I., P.,), Prof. de Méd. lég. et toxicol. à la Fac. de Méd., 5, rue Sainte-Croix. — Montpellier (Hérault).
Dr Javal (Émile), Mem. de l'Acad. de méd., Dir. du Lab. d'ophtalm. à la Sorbonne, anc. Député, 52, rue de Grenelle. — Paris. — **R**
Dr Jean (Alfred), anc. Int. des Hôp. de Paris, 27, rue Godot-de-Mauroy. — Paris.
Jean (Amédée), Gref. de la Justice de Paix. — Saint-Pierre (Ile d'Oléron) (Charente-Inférieure).
Jean (Paul), Ing. des Arts et Man., Const. d'ap. à gaz, 52, rue des Martyrs. — Paris.
Jeanjean, Prof. à l'Éc. de Pharm., 1, rue Embouque-d'Or. — Montpellier (Hérault).
Jeanjean (Adrien), Présid. du *Comice agric.* — Saint-Hippolyte-du-Fort (Gard).
Dr Jeannel (Julien), Insp. gén. du service de santé milit. en retraite, anc. Mem. du Cons. de santé des armées, villa Bleue. — Villefranche-sur-Mer (Alpes-Maritimes).
Jeannel (Maurice), Prof. de clin. chirurg. à la Fac. de Méd., 14, place Saint-Étienne. — Toulouse (Haute-Garonne).
Dr Jeannin (O.). — Montceau-les-Mines (Saône-et-Loire).
*Jeannot (Auguste), Dir. du serv. des Eaux et de l'Éclairage à la mairie, Dir. adj. du Bureau d'hyg., 96, Grande-Rue. — Besançon (Doubs).
Jeansoulin et Luzzatti, Fabric. d'huiles, avenue d'Arenc, 6, traverse du Château-Vert. — Marseille (Bouches-du-Rhône).
Jessé (Eugène-Philippe), Prop., 5, rue Vignon. — Paris.
Jobard (Jean, François), Manufac., 24, rue de Gray. — Dijon (Côte-d'Or).
Jobert, Prop., 10, rue des Croisades. — Paris.
Jobert (Clément), Prof. à la Fac. des Sc. de Dijon, 82, boulevard Saint-Germain. — Paris. — **R.**
Jochum (Édouard), Peintre-Céram., 64, avenue Victor-Hugo. — Boulogne-sur-Seine (Seine).
Dr Joffroy (Alix), Agr. à la Fac. de Méd., Méd. des Hôp., 186, rue de Rivoli. — Paris.
Johnston (Nathaniel), anc. Député, 18, cours du Pavé-des-Chartrons. — Bordeaux (Gironde). — **F**
Jolivald (l'Abbé), anc. Prof. — Mandern par Sierck (Alsace-Lorraine).
Dr Jollan de Clerville, 5, rue des Cadeniers. — Nantes (Loire-Inférieure).
Jollois (Henri), Insp. gén. hon. des P. et Ch., 46, rue Duplessis. — Versailles (Seine-et-Oise). — **R**
Jolly (Léopold), Pharm. de 1re cl., 64, rue du Faubourg-Poissonnière. — Paris.

Joly (Charles), v.-Présid. de la *Soc. nat. d'Hortic. de France*, 11, rue Boissy-d'Anglas. — Paris.

Joly (Louis, Robert), Ing. des Arts et Man., Archit., 8, boulevard de la Cité. — Limoges (Haute-Vienne).

Dᵣ Jolyet, Chargé de cours à la Fac. de Méd., 24, rue Barrau. — Bordeaux (Gironde).

Jones (Charles), 12, rue de Chaligny (chez M. Eugène Vauvert). — Paris. — **R**

Jones-Dussaut (Mˡˡᵉ G.), les Ruches. — Avon (Seine-et-Marne).

Jordan (Alexis), anc. Prof., 40, rue de l'Arbre-Sec. — Lyon (Rhône).

Jordan (Camille), Mem. de l'Inst., Ing. en chef des Mines, Prof. à l'Éc. Polytech., 48, rue de Varenne. — Paris. — **R**

Jordan (Samson), Ing. des Arts et Man., Prof. à l'Éc. cent. des Arts et Man., 5, rue Viète. — Paris.

Dᵣ Jordan (Séraphin), 11, Campania. — Cadix (Espagne). — **R**

*****Jouandot (Jules)**, Ing. civ., Conduct. princ. du serv. des Eaux de la Ville, 57, rue Saint-Sernin. — Bordeaux (Gironde). — **R**

Jouanny (Georges), Fabric. de papiers peints, 70, rue du Faubourg-du-Temple. — Paris.

Jouatte, Attaché au Min. des Fin., 17, rue du Sommerard. — Paris.

Dᵣ Joubin (Louis), Doct. ès sc., Prof. adj. à la Fac. des. Sc., 19, rue de la Monnaie. — Rennes (Ille-et-Vilaine).

*****Joubin (Paul, Jules)**, Prof. de phys. à la Fac. des Sc., 11, rue Morand. — Besançon (Doubs).

Joulie, Pharm., à la Maison mun. de Santé, 200, rue du Faubourg-Saint-Denis. — Paris.

Jourdan (Adolphe), Libr.-Édit., Juge au Trib. de Com., 4, place du Gouvernement. — Alger.

Jourdan (A.-G.), Ing. civ., 116, rue Nollet. — Paris. — **R**

Jourdin (Michel), Chim., Insp. princ. des établis. classés, 31, avenue de l'Est. — Saint-Maur-les-Fossés (Seine).

Dᵣ Jousset (Marc), anc. Int. des Hôp., 241, boulevard Saint-Germain. — Paris.

Dᵣ Jousset de Bellesme, Physiol., Dir. des services de piscicul. de la Ville de Paris, 13, rue du Vieux-Colombier. — Paris.

Jouvet (J.-B.), Libraire, 5, rue Palatine. — Paris.

Juglar (Mᵐᵉ Joséphine), 58, rue des Mathurins. — Paris. — **F**

Julia (Santiago), Doct. ès sc. — La Bédoule par Aubagne (Bouches-du-Rhône).

Julian (Gabriel), Dir. d'Assurances, 38, cours du Chapeau-Rouge. — Bordeaux (Gironde).

Julien, Prof. de géol. à la Fac. des Sc., 40, place de Jaude. — Clermont-Ferrand (Puy-de-Dôme).

Julien (Albert), Archit., Expert-vérific. des trav. de la Ville, 117, boulevard Voltaire. — Paris.

Julien (Alfred), Ing., Biblioth. de la *Soc. scient. Indust.*, 48, rue Paradis. — Marseille (Bouches-du-Rhône).

Jullien, Horlog., 36, avenue d'Italie. — Paris.

Jullien (Ernest), Ing. en chef des P. et Ch., 6, cours Jourdan. — Limoges (Haute-Vienne). — **R**

Jullien (Jules, André), Command.-Maj. au 27ᵉ rég. d'Infant. — Dijon (Côte-d'Or).

Jumelle (Henri), Doct. ès sc., Chef des Trav. prat. de botan. à la Fac. des Sc., 60, boulevard de Port-Royal. — Paris.

Jundzitt (le Comte Casimir), Prop.-Agric. — Chemin de fer Moscou-Brest, station. Domanow-Réginow (Russie). — **R**

*****Jung (Eugène)**, Cons. à la Cour d'Ap., 39, quai Veil-Picard. — Besançon (Doubs).

Jungfleisch (Émile), Mem. de l'Acad. de Méd., Prof. à l'Éc. sup. de Pharm., 38, rue des Écoles. — Paris. — **R**

Justinart (J.), Imprim., Dir. de l'*Indépendant rémois*, 40, rue de Talleyrand. — Reims (Marne).

Kahn (Zadoc), Grand rabbin de France, 17, rue Saint-Georges. — Paris.

Keittinger (Maurice), Manufac., v.-Présid. de la *Soc. Indust.*, 36, rue du Renard. — Rouen (Seine-Inférieure).

Dᵣ Kirchberg, Prof. sup. à l'Éc. de Méd., 1, rue Basse-du-Château. — Nantes (Loire-Inférieure).

Kleinmann (E.), Admin. du *Crédit Lyonnais*, 12, rue Magellan. — Paris.

Klipffel (Auguste), anc. Juge au Trib. de com., Vitic. à Aïn-Bessem (Algérie). — Béziers (Hérault).

*****Klipsch-Laffitte (Édouard)**, 10, rue de la Paix. — Paris.

Knieder (Xavier), Dir. des Usines Malétra. — Petit-Quévilly (Seine-Inférieure). — **R**

Kœchlin (Jules), 44, rue Pierre-Charron. — Paris. — **R**

f

Kœchlin-Claudon (Émile), Ing. des Arts et Man., 60, rue Duplessis. — Versailles (Seine-
et-Oise). — **R**

*Kohler (Mathias), Artiste-Peintre, 12, rue du Bassin. — Mulhouse (Alsace-Lorraine).

Kollmann (Jules), Prof. d'anat. — Bâle (Suisse).

Kowalski (Eugène), Lic. ès sc., Ing. des Arts et Man., Prof. à l'Éc. sup. de Com. et
d'Indust., 1, rue de Grassi. — Bordeaux (Gironde).

Kowatchoff (Joseph, A.). — Sofia (Bulgarie).

Krafft (Eugène), 27, rue Monselet. — Bordeaux (Gironde). — **R**

Kramers, 39, rue Madame (chez M. Gaulon). — Paris.

Krantz (Camille), Ing. des Manufac. de l'État, Maître des requêtes hon. au Cons. d'État,
Prof. adj. à l'Éc. nat. des P. et Ch., Député des Vosges, 226, boulevard Saint-Germain.
— Paris.

Krantz (J.-B.), Insp. gén. hon. des P. et Ch., Sénateur, 47, rue La Bruyère.
— Paris. — **F**

Kreiss (Adolphe), Dir. des *Brasseries de la Meuse*, 84, rue Brancas. — Sèvres (Seine-
et-Oise). — **R**

Krug (Paul), Nég. en vins de Champagne, 40, boulevard Lundy. — Reims (Marne).

Kübler (Gustave), Nég. — Altkirch (Alsace-Lorraine).

Künckel d'Herculais (Jules), Assistant de Zool. (Entomol.) au Muséum d'hist. nat.,
20, villa Saïd (avenue du Bois-de-Boulogne). — Paris. — **R**

Labastille (J.), Prof. au Lycée. — Les Cayes (Haïti).

Dr Labat (A.), Prof. à l'Éc. nat. vétér., 48, rue Bayard. — Toulouse (Haute-Garonne).

Labat (Théophile), anc. Ing. des Construc. nav., Construc. maritime, 15, rue Blanc-
Dutrouilh. — Bordeaux (Gironde).

Labbé (Henri), Insp.-adj. des Forêts, anc. Élève de l'Éc. Polytech. — Alais (Gard).

Labbé (Mme Léon), 117, boulevard Haussmann. — Paris.

Dr Labbé (Léon), Mem. de l'Acad. de Méd., Agr. à la Fac. de Méd., Chirurg. des hôp.,
Sénateur de l'Orne, 117, boulevard Haussmann. — Paris.

Labéda, Prof. de Méd. opérat. à la Fac. de Méd., 19, rue Héliot. — Toulouse (Haute-
Garonne).

Laborie (Eugène), Doct. ès sc., Vétér., Chef du serv. sanitaire de la Haute-Garonne,
35, boulevard Gambetta. — Toulouse (Haute-Garonne).

Laboulaye (P. Lefebvre de), anc. Ambassadeur de France à Saint-Pétersbourg, 129, avenue des Champs-Elysées. — Paris.

Laboureur (Louis), Pharm., Chim.-essay. du com., 2, boulevard Raspail. — Paris.

Dr Labric (Adrien), Méd. hon. des Hôp., 28, rue de l'Université. — Paris. — **R**

Labrunie (Auguste), Nég., 2, rue Michel. — Bordeaux (Gironde). — **R**

Labry (le Comte Olry de), Insp. gén. hon. des P. et Ch., 51, rue de Varenne. — Paris.

Dr Lacaze-Duthiers (Henri de), Mem. de l'Inst. et de l'Acad. de Méd., Prof. à la Fac.
des Sc., 7, rue de l'Estrapade. — Paris.

Lacombe (Louis), Notaire, Maire, Mem. du Cons. gén. — Rodez (Aveyron).

Lacroix (Adolphe), Chim., 186, avenue Parmentier. — Paris.

Lacroix, 1, rue Sauval. — Paris.

Dr Lacroix (Louis), 20, rue Guersant. — Paris.

Lacroix (René), Empl. de com., 2, quai Jemmapes. — Paris.

Lacroix (Sigismond), anc. Député, 66, avenue de Châtillon. — Paris.

Lacroix (Th.), 272, rue du Faubourg-Saint-Honoré. — Paris.

Dr Ladame, Privat-Docent à l'Univ., 10, rue du Mont-Blanc. — Genève (Suisse).

Dr Ladreit de la Charrière, Méd. en chef de l'Instit. nat. des Sourds-Muets et de la
Clin. otolog., 3, quai Malaquais. — Paris.

Ladureau (Mme Albert), 44, rue Notre-Dame-des-Victoires. — Paris. — **R**

Ladureau (Albert), Chim., Dir. du Lab. cent. agric. et com., 44, rue Notre-Dame-des-
Victoires. — Paris. — **R**

Dr Laënnec (Théophile), Corresp. nat. de l'Acad. de Méd., Dir. de l'Éc. de Méd. et de
Pharm., 13, boulevard Delorme. — Nantes (Loire-Inférieure).

Lafargue (Mme Georges). — Tarbes (Hautes-Pyrénées).

Lafargue (Georges), Trés. pay. gén., anc. Préfet. — Tarbes (Hautes-Pyrénées).

Lafaurie (Maurice), 104, rue du Palais-Gallien. — Bordeaux (Gironde). — **R**

Laffitte (Léon), Chim., Dir. des usines Jounet, 118, grand chemin de Toulon.
— Marseille (Bouches-du-Rhône).

Laffitte (Paul), 52, avenue de Saint-Cloud. — Versailles (Seine-et-Oise).

Lafon (A.), Prof. à la Fac. des Sc., 5, rue du Juge-de-Paix. — Lyon (Rhône).

Lafont (Georges), Archit., 17, rue de la Rosière. — Nantes (Loire-Inférieure).

Lafourcade (Auguste), Dir. de l'Éc. prim. sup., 41, rue des Trente-Six-Ponts. — Toulouse (Haute-Garonne).

Lagarde (Auguste), anc. Mem. de la Ch. de com., 27, cours Pierre-Puget. — Marseille (Bouches-du-Rhône).

Dʳ Laget (Émile), Prof. à l'Éc. de Méd., 72, rue Consolat. — Marseille (Bouches-du-Rhône).

Lagneau (Didier), Ing. civ. des Mines, 38, rue de la Chaussée-d'Antin. — Paris.

Dʳ Lagneau (Gustave), Mem. de l'Acad. de Méd., 38, rue de la Chaussée-d'Antin. — Paris. — **F**

Lagrené (Henri, Melchior de), Insp. gén. des P. et Ch. en retraite, 46, rue de la Tour-d'Auvergne. — Paris.

Dʳ Lahillonne (Romain), 19, rue Samonzet. — Pau (Basses-Pyrénées).

Lailhacar (Guelfe de), 8 *bis*, rue de Châteaudun. — Paris.

Lair (Alexandre), anc. Magist., Présid. de la *Soc. de graphol.*, 4 *bis*, place de Clichy. — Paris ; et l'été, château d'Épinay-sur-Duclair par Duclair (Seine-Inférieure).

Lair (le Comte Charles), 18, rue Las-Cases. — Paris.

Laire (G. de), Fabric. de prod. organ., 92, rue Saint-Charles. — Paris.

*Laisant (Charles), Doct. ès sc., anc. Cap. du génie, anc. Élève de l'Éc. Polytech., anc. Député, 162, avenue Victor-Hugo. — Paris.

Lajard (Joseph) (fils), Prop., Mem. de la *Soc. d'Anthrop.* de Paris, 83, rue Joseph-Vernet. — Avignon (Vaucluse).

Lajonkaire (Michel de), Nég., château de Crame. — Solre-sur-Sambre (Belgique).

Lalance (Auguste), Manufac., 29, rue de Prony. — Paris.

Lalande (Armand), Nég., 94, quai des Chartrons. — Bordeaux (Gironde). — **F**

Lalande (Marcellin), Mem. de la *Soc. franç. de phys.* — Brive (Corrèze).

Lalanne (Ernest), Publiciste, Rédac. scient. à *la Gironde*, 26, rue Clément. — Bordeaux (Gironde).

Dʳ Lalanne (Louis). — La Teste (Gironde).

Laleman (Édouard), Avocat, 47, rue Inkermann. — Lille (Nord).

Lalheugue (H.), Archit. de la Ville, 17, rue Samonzet. — Pau (Basses-Pyrénées).

Lallié (Alfred), Avocat, 11, avenue Camus. — Nantes (Loire-Inférieure). — **R**

*Lamalmaison (Charles), Distillateur, 16, rue Cuvier. — Paris.

*Lamarre (Onésime), Notaire, 2, place du Donjon. — Niort (Deux-Sèvres). — **R**

Lambert (Charles), Représent. de com., 3, place Barrée. — Reims (Marne).

*Lambert (Maurice), Avocat à la Cour d'Ap., Mem. de l'*Acad. des Sc., Belles-Lettres et Arts*, 13, quai de Strasbourg. — Besançon (Doubs).

Lamé-Fleury (E.), Cons. d'État, Insp. gén. des Mines, 62, rue de Verneuil. — Paris. — **F**

*Lamey (Adolphe), Conserv. des Forêts en retraite, 22, cité des Fleurs. — Paris.

Lamey (le Révérend Père Dom Mayeul), O. S. B., rue Saint-Mayeul. — Cluny (Saône-et-Loire).

Lamy (Adhémar), Insp. des Forêts, 24, rue des Jacobins. — Clermont-Ferrand (Puy-de-Dôme).

Lamy (Ernest), anc. Banquier, 113, boulevard Haussmann. — Paris. — **F**

Lanabère (François), Prop. agric., domaine de Truquez. — Pouillon (Landes).

*Dʳ Lanchamp (Paul, Eugène), 14, Grande-Rue. — Besançon (Doubs).

Lancial (Henri), Prof. au Lycée, 3, boulevard du Champbonnet. — Moulins (Allier). — **R**

Landel (Georges), Lic. ès sc. nat., 24, rue Nicole. — Paris.

Landouzy (Louis), Prof. à la Fac. de Méd., Méd. des Hôp., 4, rue Chauveau-Lagarde. — Paris.

Dʳ Landowski (Paul), 36, rue Blanche. — Paris.

Landreau, Notaire. — Pornic (Loire-Inférieure).

Landrin (Édouard), Chim., 76, rue d'Amsterdam. — Paris.

Landry (F.), Lic. ès sc. math., 174, rue de la Pompe. — Paris.

Lang (Léon), 9, avenue de La Bourdonnais. — Paris.

Lang (Tibulle), Dir. de l'Éc. La Martinière, anc. Élève de l'Éc. Polytech., 5, rue des Augustins. — Lyon (Rhône). — **R**

Lange (Mᵐᵉ Adalbert). — Maubert-Fontaine (Ardennes). — **R**

Lange (Adalbert), Indust. — Maubert-Fontaine (Ardennes). — **R**

*Lange (Albert), Prop., 2, rue Pigalle. — Paris.

Dʳ Langlet (Jean-Baptiste), Député de la Marne, villa Montmorency. — Paris.

*Langlois (Ludovic), Notaire, 29, rue Écuyère. — Caen (Calvados).

Lannelongue (O., M.), Prof. à la Fac. de Méd., Mem. de l'Acad. de Méd., Chirurg. des Hôp., 3, rue François-Iᵉʳ. — Paris.

D' **Lantier (Etienne).** — Tannay (Nièvre). — **R**

Lanusse (P.-F.), Prop., 4, rue Gouvion. — Bordeaux (Gironde).

Laplanche (Maurice C. de), château de Laplanche. — Millay par Luzy (Nièvre).

Laporte (Maurice), Nég. — Jarnac (Charente).

La Porterie (Joseph de), Doct. en droit, anc. Magist. — Saint-Sever (Landes).

Lapparent (Albert de), anc. Ing. des Mines, 3, rue de Tilsitt. — Paris. — **F**

D' **Larat (Jules),** 47, rue du Rocher. — Paris.

D' **Larauza (Albert).** — Dax (Landes).

D' **Larché (Alfred),** 23, rue Bancasse. — Avignon (Vaucluse).

D' **Lardier.** — Rambervillers (Vosges).

Larive (Adolphe), anc. Nég., 10, boulevard Gerbert. — Reims (Marne):

Larive (Albert), Indust., 15, rue Ponsardin. — Reims (Marne). — **R**

*Larmet (Jules),** Présid. de la *Soc. des Vétérinaires*, 16, rue Proudhon. — Besançon (Doubs).

Larmoyer (Gaston), anc. Notaire. — Mouzon (Ardennes).

Laroche (M⁻ Félix), 110, avenue de Wagram. — Paris. — **R**

Laroche (Félix), Insp. gén. des P. et Ch., en retraite, 110, avenue de Wagram. — Paris. — **R**

Larocque, Dir. de l'Éc. prép. à l'Ens. sup. des Sc., rue Voltaire. — Nantes (Loire-Inférieure).

D' **Laroyenne,** anc. Chirurg. en chef de la Charité, Chargé de clin. complém. à la Fac. de Méd., 11, rue Boissac. — Lyon-Bellecour (Rhône).

Laroze (Alfred), Avocat à la Cour d'Ap., Député de la Gironde, 22, rue Margaux. — Bordeaux (Gironde).

Laroze (Numa), Dir. de l'Exploit. des *Magasins généraux de la Gironde*, 2, rue de Bouthier. — Bordeaux (Gironde).

Larralde-Diustéguy (Henry de), Mem. du Cons. gén., château d'Urtuby. — Urrugne par Béhobie (Basses-Pyrénées).

Larré (P.), Lic. en droit, Avoué hon., 5, rue Vital-Carles. — Bordeaux (Gironde).

Larregain, Conduct. des P. et Ch., 6, rue Porte-Neuve. — Pau (Basses-Pyrénées).

D' **Larrey (le Baron Félix, Hippolyte),** Mem. de l'Inst. et de l'Acad. de Méd., anc. Présid. du Cons. de santé des armées, 91, rue de Lille. — Paris. — **F**

Larronde (Eugène), anc. Mem. du Cons. mun., 51, cours du Pavé-des-Chartrons. — Bordeaux (Gironde).

Larrouy (Pierre), Vétér., 12, rue Serviez. — Pau (Basses-Pyrénées).

Lartilleux (Arthur), Pharm., 26, place Saint-Timothée. — Reims (Marne).

Laskowski (Sigismond), Prof. à la Fac. de Méd., 110, route de Carouge (villa de la Joliette). — Genève (Suisse).

Lassence (Alfred de), Prop., Mem. du Cons. mun., villa Lassence, 12, route de Tarbes. — Pau (Basses-Pyrénées). — **R**

Lassudrie (Georges), 23, quai Saint-Michel. — Paris.

D' **Lataste (Fernand),** s.-Dir. du *Musée nat. d'Hist. nat.*, Prof. de zool. à l'Éc. de Méd., v.-Présid. de la *Soc. scient. du Chili*, casilla 803. — Santiago (Chili). — **R**

Latham (Ed.), Nég., 41, rue de la Côte. — Le Havre (Seine-Inférieure).

La Tour du Breuil (le Vicomte Auguste de), Ing. civ., 6, boulevard Pons. — Marseille (Bouches-du-Rhône).

*D' **Lauga (Jules),** 22, rue du Parlement-Sainte-Catherine. — Bordeaux (Gironde).

Launois (M⁻ Marie), 12, rue de la Victoire. — Paris.

D' **Launois (Pierre, Émile),** anc. Int. des Hôp., 12, rue de la Victoire. — Paris.

*Laureaux (Bernard),** Conduct. des P. et Ch., Présid. de la *Soc. d'Horticulture*, 5, rue de Lorraine. — Besançon (Doubs).

Laurent (J., H.), Nég., 5, allées de Tourny. — Bordeaux (Gironde). — **R**

Laurent (François), Insp. des Manufac. de l'État, 7, rue de la Néva. — Paris.

Laurent (Georges), Prop., 53 *bis*, quai des Grands-Augustins. — Paris.

Laurent (Joseph), Ing.-chim., 90, rue Consolat. — Marseille (Bouches-du-Rhône).

Laurent (Léon), Construc. d'inst. d'optiq., 21, rue de l'Odéon. — Paris. — **R**

Laurilliard, Rent., 42, boulevard du Temple. — Paris.

*Laussedat (M⁻ Aimé),** 292, rue Saint-Martin. — Paris.

*Laussedat (le Colonel Aimé),** Dir. du Conserv. nat. des Arts et Mét., 292, rue Saint-Martin. — Paris. — **R**

Lauth (Charles), Admin. hon. de la Manufac. nat. de porcelaines de Sèvres, 36, rue d'Assas. — Paris. — **F**

Lavalley (Étienne), Prop., 1, rue du Général-Foy. — Paris.

La Vallière (Henri de Boisguéret de), anc. Dir. d'assurances, 25, rue Denfert-Roche-reau. — Paris.

Laverny (J.), Présid. de la Ch. synd. des boulang., faubourg Notre-Dame. — Perpignan (Pyrénées-Orientales).

D' Lavisé (G.), Chirurg. des Hôp., 7, rue des Deux-Églises. — Bruxelles (Belgique).

Lawton (William), Nég., 1, place du Champ-de-Mars. — Bordeaux (Gironde).

Lax (Jules), Insp. gén. des P. et Ch., 17, rue Joubert. — Paris.

Lazerges (Pierre), Chef de serv. des Exprop. aux *Chem. de fer de l'État*, 6, rue du Pont-Montaudran. — Toulouse (Haute-Garonne).

Lazuttes (Louis), 14, rue Saint-Roch. — Montpellier (Hérault).

Léauté (Henry), Mem. de l'Inst., Ing. des manufac. de l'État, Répét. à l'Éc. Polytech., 20, boulevard de Courcelles. — Paris. — **R**

*****Lebeau (Louis)**, anc. Admin. de la *Soc. des Forges de Franche-Comté*, 2 *bis*, square Saint-Amour. — Besançon (Doubs).

*****Le Blanc (Camille)**, Mem. de l'Acad. de Méd., Vétér., 88, avenue Malakoff. — Paris.

Le Blanc (Victor), Nég., rue de Vertou. — Nantes (Loire-Inférieure).

D' Leblond (Albert), Méd. de Saint-Lazare, 53, rue d'Hauteville. — Paris.

Leblond (Paul), anc. Juge d'Inst., anc. Mem. du Cons. mun., de Rouen, à la Grâce-de-Dieu. — Neufchâtel en Bray (Seine-Inférieure).

Lebon (Ernest), Prof. de math. au lycée Charlemagne, Rédac. du *Bulletin scientifique*, 4 *bis*, rue des Écoles. — Paris.

Lebon (Maurice), Député et Mem. du Cons. gén. de la Seine-Inférieure, 87, rue Jeanne-s.-Sec. d'État des Colonies, d'Arc. — Rouen (Seine-Inférieure).

Le Bret (Mme Ve Paul), 148, boulevard Haussmann. — Paris.

Le Breton (André), Prop., 43, boulevard Cauchoise. — Rouen (Seine-Inférieure). — **R**

Le Breton (l'Abbé Ch., Clovis), Dir. de la stat. astro. et météor., Curé. — Sainte-Honorine-du-Fay (Calvados).

Le Breton (Gaston), Corresp. de l'Inst., Dir. du Musée départ. des antiq. et du Musée de céram. de la ville, 25 *bis*, rue Thiers. — Rouen (Seine-Inférieure).

Lecaplain, Dir. de l'Éc. prép. à l'Ens. sup. des Sc., Prof. au Lycée, 6, rue Dulong. — Rouen (Seine-Inférieure).

Lechat (Charles), anc. Maire, place Launay. — Nantes (Loire-Inférieure). — **R**

Le Chatelier (Frédéric, Alfred), Cap. au 159ᵉ Rég. d'infant., Of. d'ordonnance du Min. de la Guerre, 69, rue de l'Université. — Paris. — **R**

Le Chatelier (Henry), Ing. en chef des Mines, Prof. à l'Éc. nat. sup. des Mines, 73, rue Notre-Dame-des-Champs. — Paris.

Le Cler (Achille), Ing. des Arts et Man., Maire de Bouin (Vendée), 7, rue de la Pépinière. — Paris.

D' Lecler (Alfred). — Rouillac (Charente).

Leclerc (Constant), Prop., 106, boulevard Magenta. — Paris.

*****Lecocq (Gustave)**, Dir. d'assurances, Mem. de la *Soc. géol. du Nord*, 7, rue du Nou-veau-Siècle. — Lille (Nord).

Le Cœur (Charles), Conserv. du Musée, 3, rue Latapie. — Pau (Basses-Pyrénées).

Lecœur (Édouard), Ing., 80, rampe Bouvreuil. — Rouen (Seine-Inférieure).

Lecomte (René), Sec. d'ambassade, 61, rue de l'Arcade. — Paris.

Leconte (Louis), Pharm., 73, rue de la Paroisse. — Versailles (Seine-et-Oise).

Leconte-Colette, Nég. en chaussures, 10, rue Neuve. — Lille (Nord).

Lecoq de Boisbaudran (François), Corresp. de l'Inst., 36, rue de Prony. — Paris. — **F**

Lecornu (Léon), Ing. en chef des Mines, 14, boulevard Montparnasse. — Paris.

Lécureur (A.), Rédac. en chef du journal *le Havre*, 35, rue Fontenelle. — Le Havre (Seine-Inférieure).

Ledanois (Edmond), anc. Référend. au Sceau, 1, rue Hippolyte-Lebas. — Paris.

Le Dentu (Auguste), Prof. à la Fac. de Méd., Mem. de l'Acad. de Méd., Chirurg. des Hôp., 91, boulevard Haussmann. — Paris.

Le Deuil (Étienne), Ing. des Arts et Man., Construct., Mécan., 40, boulevard d'Italie. — Paris.

D' Le Dien (Paul), 155, boulevard Malesherbes. — Paris. — **R**

*****D' Ledoux (Émile)**, Présid. de la *Soc. des Méd. du Doubs*, 13, quai de Strasbourg. — Besançon (Doubs).

Ledoux (Samuel), Nég., 29, quai de Bourgogne. — Bordeaux (Gironde). — **R**

Le Doyen, Prop., 35, boulevard Saint-Michel. — Paris.

Leduc (H.), 51, avenue Marceau. — Paris.

D' Leduc (Stéphane), Prof. à l'Éc. de Méd., 5, quai de la Fosse. — Nantes (Loire-Infé-rieure).

Lee (Henry), v.-Consul des États-Unis d'Amérique, 2, rue Thiers. — Reims (Marne).

Leenhardt (André), Dir. de la *Comp. gén. des Pétroles*, 2, rue Fongate. — Marseille (Bouches-du-Rhône).

Leenhardt (Charles), Nég., Présid. de la Ch. de com., 27, cours Gambetta. — Montpellier (Hérault).

Leenhardt (Frantz), Prof. à la Fac. de théol., 12, rue du Faubourg-du-Moustier. — Montauban (Tarn-et-Garonne).

Leenhardt (Jules), Nég. (Maison Vidal), rue Clos-René. — Montpellier (Hérault).

*D' Leenhardt (René), 7, rue Marceau. — Montpellier (Hérault).

Lefèbvre (Léon), Ing. en chef des P. et Ch., Ing. de la voie à la *Comp. des Chem. de fer du Nord*, 1, avenue Trudaine. — Paris.

Lefèbvre (René), Ing. en chef des P. et Ch., 95, rue de Prony. — Paris. — R

Lefèvre (Edmond), Courtier, Représ. de com., 27, rue des Fabres. — Marseille (Bouches-du-Rhône).

Lefort, Notaire, 4, rue d'Anjou. — Reims (Marne).

Lefort (Joseph), Avocat au Cons. d'État et à la Cour de Cas., 54, rue Blanche. — Paris.

Lefranc (P.), Notaire. — Châtel-Censoir (Yonne).

Legat (Jean-Baptiste), Mécan., 35, rue de Fleurus. — Paris.

Le Gendre (Charles), Insp. des Contrib. indir., 3, place des Carmes. — Limoges (Haute-Vienne).

*D' Le Gendre (Paul), Méd. des Hôp., 49, rue Le Peletier. — Paris.

Léger (Jules), Lic. ès sc. nat., Prépar. de Botan. à la Fac. dès Sc., 17, place de la République. — Caen (Calvados).

Léger (Léopold), Ing. des Arts et Man., Admin. délég. de la *Comp. des Chem. de fer de l'Est-Algérien*, 2, rue Juba. — Alger.

Legrand (A.), Dir.-gérant de la *Société coopérative*. — Saint-Remy-sur-Avre (Eure-et-Loir).

Legrand (Paul), Dessinat.-Compositeur pour Orfèvrerie-Joaillerie, 50, rue Ernest-André. — Le Vésinet (Seine-et-Oise).

Legriel (Paul), Lic. en Droit, Archit., 83, rue de Lille. — Paris.

D' Le Grip (Charles), 11, rue Blanche. — Paris.

Lehman (Ernest), 63, boulevard Saint-Germain. — Paris.

*Leistner (Victor), Pharm. de 1re cl. — Juvisy-sur-Orge (Seine-et-Oise).

*Lejard (Mme Charles), Villa Suisse, 4, rue de France. — Biarritz (Basses-Pyrénées).

D' Lejard (Charles), Méd. consult., Villa Suisse, 4, rue de France. — Biarritz (Basses-Pyrénées). — R

Lejeune (Jules), Empl., 7, rue Feutrier. — Paris.

Le Lasseur (François), Étud. en droit, château du Bois-Hue en Saint-Joseph de Portricq. — Nantes (Loire-Inférieure).

*Le Lasseur (Henri), Prop., château du Bois-Hue en Saint-Joseph de Portricq. — Nantes (Loire-Inférieure).

Lelegard (A.), 21, rue de Surène. — Paris.

Lelièvre (D.), anc. Notaire, 10 *bis*, rue Hincmar. — Reims (Marne).

D' Lelièvre (Ernest), anc. Int. des Hôp. de Paris, 53, rue de Talleyrand. — Reims (Marne).

Leloir (Henri), Prof. à la Fac. de Méd., 34, place aux Bleuets. — Lille (Nord).

Lelong (l'Abbé), 44, rue David. — Reims (Marne).

Lemaignan (Jules), Représ. de com., 10, quai du Louvre. — Paris.

D' Lemaistre (Justin), Prof. à l'Éc. de Méd., 6, rue des Feuillants. — Limoges (Haute-Vienne).

Le Marchand (Abel), Construc. de navires, 29, 31, rue Traversière. — Le Havre (Seine-Inférieure).

Le Marchand (Augustin), Ing., les Chartreux. — Petit-Quévilly (Seine-Inférieure). — F

Lemasson (Henri), Archit. du départ., 5, boulevard du Collège. — Limoges (Haute-Vienne).

Lemercier (Alfred), Conduct. des P. et Ch., 7, rue Strappaert. — Lille (Nord).

Lemercier (le Comte Anatole), Député et Présid. du Cons. gén. de la Charente-Inférieure, Maire de Saintes, 18, rue de l'Université. — Paris.

Lemoine (Émile), Chef du service de la vérific. du gaz, anc. Élève de l'Éc. Polytech. 5, rue Littré. — Paris.

*Lemoine (Georges), Ing. en chef des P. et Ch., Examin. de sortie à l'Éc. Polytech., 76, rue d'Assas. — Paris.

D' Lemoine (Victor), Prof. hon. à l'Éc. de Méd. de Reims, 11, rue Soufflot. — Paris.

Lemonnier (Paul, Hippolyte), Ing., anc. Élève de l'Éc. Polytech., 194, rue de Rivoli. — Paris. — **F**

Le Monnier (Georges), Prof. de botan. à la Fac. des Sc., 3, rue de Serre. — Nancy (Meurthe-et-Moselle). — **R**

Lemuet (Léon), Prop., 9, boulevard des Capucines. — Paris.

Lemut (André), Ing. des Arts et Man., 12 *bis*, rue Mondésir. — Nantes (Loire-Inférieure).

Lennier (G.), Dir. du Muséum d'hist. nat., 2, rue Bernardin-de-Saint-Pierre. — Le Havre (Seine-Inférieure).

Dr Lenoël (Jules), Dir. de l'Éc. de Méd., 25, rue Lamarck. — Amiens (Somme).

Lenoir (Léon), Archit., 11, rue Contrescarpe. — Nantes (Loire-Inférieure).

Léon (Adrien), anc. Député de la Gironde, 15, quai Louis XVIII. — Bordeaux (Gironde).

Léon (Alexandre), Nég., 127, boulevard Haussmann. — Paris.

Dr Léon (Auguste), Méd. en chef de la Marine en retraite, 5, rue Duffour-Dubergier. — Bordeaux (Gironde). — **R**

Léon (Henry), Météor., rue Argenterie. — Bayonne (Basses-Pyrénées).

Dr Léon-Petit, Sec. gén. de l'*OEuvre des Enfants tuberculeux*, 73, rue du Faubourg-Saint-Honoré. — Paris.

Léotard (Jacques), Sec. de la *Soc. scient. Flammarion*, Rédac. au *Sémaphore*, Dir. de la *Marine*, 7, rue Noailles. — Marseille (Bouches-du-Rhône).

Dr Lepage, 33, rue de la Bretonnerie. — Orléans (Loiret).

Lepez (André), Entrep., 131, rue Beauharnais. — Lille (Nord).

*****Lépine (Camille)**, Étud., 42, rue Vaubecour. — Lyon (Rhône). — **R**

*****Lépine (Raphaël)**, Corresp. de l'Inst., Prof. à la Fac. de Méd., 42, rue Vaubecour. — Lyon (Rhône). — **R**

Lèques (Henri, François), Ing. géog., *Mem. de la Soc. de Géog.* — Nouméa (Nouvelle-Calédonie). — **F**

Lequeux (Jacques), Archit., 44, rue du Cherche-Midi. — Paris.

Leras (J., P., H.), Insp. d'Acad. en retraite, 57, rue de Boulainvilliers. — Paris.

*****Lerch (Théophile)**, Avocat à la Cour d'Ap., anc. Bâton. du Cons. de l'Ordre, Mem. du Cons. gén., 17, place Saint-Pierre. — Besançon (Doubs).

Dr Leriche (Léon), Méd. consult. — Eaux-Bonnes (Basses-Pyrénées).

Leriche (Louis, Narcisse), Rent., 7, rue Corneille. — Paris.

Dr Leroux (Armand). — Ligny-le-Châtel (Yonne).

Le Roux (F.-P.), Prof. à l'Éc. sup. de Pharm., Examin. d'admis. à l'Éc. Polytech., 120, boulevard Montparnasse. — Paris. — **R**

Le Roux (Henri), Dir. des affaires départ. à la Préf. de la Seine, 14, rue Cambacérès. — Paris.

Leroy (René), Nég. en vins, 37, quai de la Tournelle. — Paris.

Dr Lesage (Max.). — Beauvais (Oise).

Lesage (Pierre), Doct. ès sc. nat., Prépar. de Botan. à la Fac. des Sc., 45, avenue du Mail-d'Onges. — Rennes (Ille-et-Vilaine).

Dr Lescarbault (Edmond) (de Châteaudun). — Orgères (Eure-et-Loir).

Lescarret (Jean-Baptiste), Prof. d'Econ. polit., 17, rue Saint-Étienne. — Bordeaux (Gironde).

Dr Lescure, place de la République. — Oran (Algérie).

Le Sérurier (Charles), Dir. des Douanes, 39, rue Sylvabelle. — Marseille (Bouches-du-Rhône). — **R**

Dr Lesguillons (Jules). — Compiègne (Oise).

Lesourd (Paul) (fils), Nég., 34, rue Néricault-Destouches. — Tours (Indre-et-Loire). — **R**

Lespiault (Gaston), Doyen de la Fac. des Sc., 5, rue Michel-Montaigne. — Bordeaux (Gironde). — **R**

Lesseps (le Comte Ferdinand de), Mem. de l'Acad. franç. et de l'Acad. des Sc., Présid.-Fondat. de la *Comp. univ. du Canal marit. de l'Isthme de Suez*, 11, avenue Montaigne. — Paris. — **F**

Lestelle (Xavier), Insp. des Postes et Télég., 2, place Saint-Roch. — Mont-de-Marsan (Landes).

Lestrange (le Comte Henry de), 43, avenue Montaigne. — Paris et Saint-Julien par Saint-Genis de Saintonge (Charente-Inférieure).

Letellier, 123, rue de Paris. — Saint-Denis (Seine).

Letellier (A.), Mem. du Cons. gén. d'Alger, anc. Député, 2, rue Rotrou. — Paris.

Le Tellier-Delafosse (Ludovic), Prop., 88, avenue de Villiers. — Paris.

Letestu (Maurice), Ing. des Arts et Man., Construc.-hydraul., 118, rue du Temple.
— Paris.

Lethuillier-Pinel (M⁰ᵉ), Prop., 26, rue Méridienne. — Rouen (Seine-Inférieure). — **R**

*Letort (Mᵐᵉ Charles), 9, place des Ternes. — Paris.

*Dʳ Letourneau (Charles), Prof. à l'Éc. d'Anthrop., 70, boulevard Saint-Michel.
— Paris.

Dʳ Leudet (Lucien), Sec. gén. de la Soc. d'Hydrolog. médic., 20, rue de Londres.
— Paris.

Leudet (Mᵐᵉ Vᵉ Émile), 49, boulevard Cauchoise. — Rouen (Seine-Inférieure).

Dʳ Leudet (Robert), anc. Int. des Hôp. de Paris, Prof. à l'Éc. de Méd., 16, rue du
Contrat-Social. — Rouen (Seine-Inférieure). — **R**

Leune, Prof., 21, quai de la Tournelle. — Paris.

Leuvrais (Louis, Pierre), Ing. des Arts et Man., Dir. de la fabriq. de ciment de Portland
artif. Quillot frères. — Frangey par Lézinnes (Yonne).

Le Vallois (Jules), Chef de bat. du Génie en retraite, anc. Élève de l'Éc. Polytech.,
35, rue de Verneuil. — Paris. — **R**

Le Vasseur (Armand), Édit., 33, rue de Fleurus. — Paris.

Levasseur (Émile), Mem. de l'Inst., Prof. au Col. de France, 26, rue Monsieur-le-
Prince. — Paris. — **R**

Levat (David), Ing. civ. des Mines, Dir. de la Soc. le Nickel, anc. Élève de l'Éc.
Polytech., 28, rue La Trémoille. — Paris. — **R**

Léveillé, Prof. à la Fac. de Droit, Député de la Seine, 55, rue du Cherche-Midi.— Paris.

Dʳ Lévêque (Louis), 20, rue du Clou-dans-le-Fer. — Reims (Marne).

Le Verrier (Urbain), Ing. en chef, Prof. à l'Éc. nat. sup. des mines et au Conserv. nat.
des Arts et Mét., 12, avenue Bugeaud. — Paris. — **R**

*Lévi (Lazare), Étud., 12, rue Beautreillis. — Paris.

Lévi-Alvarès (Albert), Ing. civ., anc. Élève de l'Éc. Polytech., 6, avenue de Messine.
— Paris.

Lévy (Michel), Ing. en chef des Mines, 26, rue Spontini. — Paris.

Lévy (Georges), Photog., 28, avenue de l'Opéra. — Paris.

Lévy (Maurice), Mem. de l'Inst., Ing. en chef des P. et Ch., 15, avenue du Trocadéro. — Paris.

Levylier (Edmond), anc. s.-Préfet, 9, rue Vignon. — Paris.

Lewthwaite (William), Dir. de la maison Isaac Holden, 27, rue des Moissons.
— Reims (Marne). — **R**

Lez (Henri), Archit. — Lorrez-le-Bocage (Seine-et-Marne).

L'Hoste (Eugène), Fabric. de Meubles, 19, rue de Talleyrand. — Reims (Marne).

L'Hote (Louis), Chim.-expert, Arbitre près le Trib. de Com. de la Seine, 16, rue
Chanoinesse. — Paris.

Dʳ Lhuillier (Octave), 25, boulevard du Temple. — Paris.

Licherdopol (Jean-P.), Prof. de phys. et de chim. à l'Éc. de com., 7, strada Domniti.
— Bucarest (Roumanie).

Lichtenstein (Henri), Nég. (Maison Andrieux), 12, cours Gambetta. — Montpellier
(Hérault).

Lieb (l'Abbé Constant), Prof. de sc., 16, rue de la Grande-Armée. — Marseille
(Bouches-du-Rhône).

*Lieffroy (Aimé), Ing. civ., Mem. de l'Acad. des Sc., Belles-Lettres et Arts, v.-Présid. de
la Soc. d'Émulation, 11, rue Charles-Nodier. — Besançon (Doubs).

Liégeois (Jules), Prof. de droit admin. à la Fac. de Droit, 4, rue de la Source.
— Nancy (Meurthe-et-Moselle).

Dʳ Lieutaud (Émile), Prof. d'hist. nat. à l'Éc. de Méd., Dir. du Jardin botan., 25, boulevard du Roi-René. — Angers (Maine-et-Loire).

Lieutier (Léon), Pharm. de 1ʳᵉ cl., 9, rue Pavillon. — Marseille (Bouches-du-Rhône).

*Lignier (Octave), Prof. de botan. à la Fac. des Sc., Sec. de la Soc. linnéenne de Nor-
mandie, impasse Bagatelle. — Caen (Calvados).

Liguine (Victor), Prof. à l'Univ., Maire. — Odessa (Russie). — **R**

Lilienthal (Sigismond), Mem. de la Ch. de com., 13, quai de l'Est. — Lyon
(Rhône).

Limasset (Lucien), Ing. des P. et Ch. — Châlons-sur-Marne (Marne).

Dʳ Limbo (Saint-Germain), 38, avenue de Wagram. — Paris.

Lindet (Léon), Doct. ès sc., Prof. à l'Inst. nat. agronom., 108, boulevard Saint-Germain.
— Paris. — **R**

Lisbonne (Gaston), Avocat, 18, rue Nationale. — Montpellier (Hérault).

Lisbonne (Georges), 18, rue Terral. — Montpellier (Hérault).

Livache (Achille), Ing. civ. des Mines, 24, rue de Grenelle. — Paris.

*Dʳ **Livon (Charles)**, Dir. de l'Éc. de Méd. et de Pharm., Dir. du *Marseille Médical*, 14, rue Peirier. — Marseille (Bouches-du-Rhône).

Lobinhes, Nég., 11, Cours du Midi. — Lyon (Rhône).

Locard (Arnould), Ing. des Arts et Man., 38, quai de la Charité. — Lyon (Rhône).

Loche (Maurice), Ing. en chef des P. et Ch., 24, rue d'Offémont. — Paris. — **F**

Lœvy (Maurice), Mem. de l'Inst. et du Bureau des Longit., s.-Dir. de l'Observ. nat., 119 *bis*, rue Notre-Dame-des-Champs. — Paris.

Dʳ **Loir (Adrien)**, Dir. du Lab. de vinification et de bactériologie de la Régence, direction de l'Agriculture, 24, rue Es-Sadikia. — Tunis. — **R**

Loisel (Henri), Pharm. — Troarn (Calvados).

Dʳ **Loisel (Louis, Jean, Marie)**, anc. Méd. de la Marine, anc. Résid. de l'établis. de Sainte-Marie-de-Madagascar, 32, boulevard Henri-Martin. — Tergnier (Aisne).

Lombard (Emile), Ing. des Arts et Man., Dir. de la *Soc. des Prod. chim. de Marseille-l'Estaque (Rio-Tinto)*, 32, rue Grignan. — Marseille (Bouches-du-Rhône).

***Lombard (Frank)**, anc. Banquier, 7, rue Contamines. — Genève (Suisse).

Lombard-Gérin (Pierre, Louis), Ing. des Arts et Man., 31, quai Saint-Vincent. — Lyon (Rhône).

Loncq (Émile), Sec. adj. du Cons. départ. d'hyg. pub., 6, rue de la Plaine. — Laon (Aisne).

Londe (Albert), Chef du serv. photog. à la Salpêtrière, 8 *bis*, rue Lafontaine. — Paris.

Dʳ **Londe (Numa)**, 56, rue Michel-Ange. — Paris.

***Longchamps (Gaston Gohierre de)**, Prof. de math. spéc. au Lycée Saint-Louis, 9, rue du Val-de-Grâce. — Paris. — **R**

Longhaye (Auguste), Nég., 22, rue Tournai. — Lille (Nord). — **R**

Lopès-Dias (Joseph), Ing. des Arts et Man., 28, place Gambetta. — Bordeaux (Gironde). — **R**

Dʳ **Lordereau**, 41, rue Madame. — Paris.

Lorenti, Sec. gén. de la *Soc. d'Agric.*, 4, place des Hospices. — Lyon (Rhône).

Dʳ **Lorey**, 163, rue Saint-Honoré. — Paris.

Lorin, Prépar. de chim. indust. et de phys. gén., Chef de manip. de phys. à l'Éc. cent. des Arts et Man., 5, place des Vosges. — Paris.

Lorin (Félix), Avoué, Lic. en droit, Sec. de la *Soc. archéol.*, 2, rue de Paris. — Rambouillet (Seine-et-Oise).

Loriol (Perceval de), Géol., Chalet-des-Bois par Crassier (canton de Vaud) (Suisse). — **R**

Lortet (P.), Doyen de la Fac. de Méd., Dir. du Muséum des sc. nat., 15, quai de l'Est. — Lyon (Rhône). — **F**

Loste, Notaire, 27, cours du Pavé-des-Chartrous. — Bordeaux (Gironde).

Lothelier (Aimable), Prépar. au Lycée Michelet, 4, rue du Moulin. — Issy-sur-Seine (Seine).

Lottin, Juge de paix. — Selles-sur-Cher (Loir-et-Cher).

Louer (Jacques), Brasseur, 92, boulevard François Iᵉʳ. — Le Havre (Seine-Inférieure).

Lougnon (Victor), Ing. des Arts et Man., Adj. au Maire, rue du Collège. — Montluçon (Allier).

Louis (Paul, Auguste), Pharm., 47, rue de la Pompe. — Versailles (Seine-et-Oise).

Loussel (A.), Prop., 86, rue de la Pompe. — Paris. — **R**

Loustau (Pierre), Prop., Mem. du Cons. mun., 4, boulevard du Midi. — Pau (Basses-Pyrénées).

Louvel (Léonard), anc. Chef d'Instit. — Rémalard (Orne).

Louvot (l'Abbé Fernand), Chanoine honoraire, Curé. — Saint-Claude par Besançon (Doubs).

Dʳ **Love (James)**, 23, rue Ballu. — Paris.

Loyer (Henri), Filat., 294, rue Notre-Dame. — Lille (Nord). — **R**

Lucas (Charles), Archit., 23, rue de Dunkerque. — Paris.

Lucas (Hippolyte), Aide-Natur. au Muséum d'hist. nat., en retraite, 55, rue Cuvier. — Paris.

Dʳ **Lucas-Championnière (Just)**, Chirurg. des Hôp., 3, avenue Montaigne. — Paris.

Dʳ **Lugeol (Pedro)**, 8, rue Dufau. — Bordeaux (Gironde).

Lugol (Édouard), Avocat, 11, rue de Téhéran. — Paris. — **F**

Luneau (Édouard), Ing. en chef des P. et Ch., 6, rue Chaptal. — Paris.

Lung (Paul), 50, cours du Jardin-Public. — Bordeaux (Gironde).

Luppé (le Comte Louis de), anc. Député, château de Luppé. — Asson par Nay (Basses-Pyrénées).

Lusson (F.), Prof. de phys. au Lycée, rue Alcide-d'Orbigny. — La Rochelle (Charente-Inférieure).

Lutscher (A.), Banquier, 22, place Malesherbes. — Paris. — **F**

Dr Luys (Jules), Mem. de l'Acad. de Méd., Méd. des Hôp., 20, rue de Grenelle. — Paris.

Lyon (Gustave), Ing. civ. des Mines, Chef de la maison Pleyel, Wolff et Cⁱᵉ, anc. Élève de l'Éc. Polytech., 22, rue Rochechouart. — Paris.

Lyon (Max), Ing. civ., 55, rue de Prony. — Paris.

Macé de Lépinay (Jules), Prof. à la Fac. des Sc., 105, boulevard Longchamp. — Marseille (Bouches-du-Rhône). — **R**

Macquart-Leroux (Henri), Mem. du Cons. mun., 145, rue des Capucins. — Reims (Marne).

Madelaine (Édouard), Ing. de la voie aux *Chem. de fer de l'État*, anc. Élève de l'Éc. cent. des Arts et Man. — La Roche-sur-Yon (Vendée).

Maës (Gustave), Prop. de la cristal. de Clichy, Mem. de la Ch. de com., 6, rue du Faubourg-Poissonnière. — Paris.

Mager (Henri), Mem. du Cons. sup. des Colonies, Délégué de Diégo-Suarez, 21, rue des Martyrs. — Paris.

Dr Magitot (Émile), Mem. de l'Acad. de Méd., 9, boulevard Malesherbes. — Paris. — **F**

Dr Magnan (Valentin), Mem. de l'Acad. de Méd., Méd. de l'Asile Sainte-Anne, 1, rue Cabanis. — Paris.

Magne (Lucien), Archit. du Gouvern., Prof. à l'Éc. nat. des Beaux-Arts, 6, rue de l'Oratoire-du-Louvre. — Paris.

*Magnien (Lucien)**, Ing. agric., Prof. départ. d'agric. de la Côte-d'Or, 10, rue Bossuet. — Dijon (Côte-d'Or).

*Dr Magnin (Antoine)**, Prof. adj. de botan. à la Fac. des Sc., Prof. à l'Éc. de Méd., anc. Adj. au Maire, 3 *bis*, square Saint-Amour. — Besançon (Doubs).

Magnin (Joseph), Gouvern. de *la Banque de France*, Sénateur, 3, rue La Vrillière. — Paris.

Mahé (Eugène), Conduct. princ. des P. et Ch. — Mascara (départ. d'Oran) (Algérie).

Mahieu (Auguste), Filat. — Armentières (Nord).

Dr Mailhet. — Beni-Ṣaf (départ. d'Oran) (Algérie).

Dr Maillot (F., C.), anc. Présid. du Cons. de santé des armées, 21, rue du Vieux-Colombier. — Paris.

Maingaud, Insp. des Forêts. — Saint-Gaudens (Haute-Garonne).

*Maire (Alfred)**, Présid. de Ch. à la Cour d'Ap., 12, rue du Chateur. — Besançon (Doubs).

*Mairot (Félix)**, Banquier, Présid. de la Ch. de Com., 17, rue de la Préfecture. — Besançon (Doubs).

*Mairot (Henri)**, Banquier, anc. Présid. du Trib. de Com., Mem. de l'*Acad. des Sc., Belles-Lettres et Arts*, 17, rue la Préfecture. — Besançon (Doubs).

*Maisonneuve (Paul)**, Prof. de zool. à la Fac. libre des Sc., 5, rue Volney. — Angers (Maine-et-Loire).

Maistre (Jules). — Villeneuvette par Clermont-l'Hérault (Hérault).

Malaize (Mᵐᵉ), 83, rue du Faubourg-Saint-Honoré. — Paris.

Malaquin (Alphonse), Prépar. à la Fac. des Sc., 28, rue Saint-Sauveur. — Lille (Nord).

Malaval (Armand), Rédac. en chef du *Conseiller des Contribuables*, 39, rue Richer. — Paris.

*Malavant (Claude)**, Pharm. de 1ʳᵉ cl., 19, rue des Deux-Ponts. — Paris.

Malinvaud (Ernest), Sec. gén. de la *Soc. botan. de France*, 8, rue Linné. — Paris. — **R**

Mallet (F.), Nég., 25, rue de l'Orangerie. — Le Havre (Seine-Inférieure).

Malleville (Paul), Chirurg.-Dent., 28, 30, allées de Meilhan. — Marseille (Bouches-du-Rhône).

Malloizel (Raphaël), Prof. de math. spéc. au col. Stanislas, anc. Élève de l'Éc. Polytech., 7, rue de l'Estrapade. — Paris.

Manchon (Ernest), Manufac., Sec. et Mem. de la Ch. de Com., 34, boulevard Cauchoise. — Rouen (Seine-Inférieure).

*Mandereau (Léon)**, Vétér., Insp. sanitaire à l'Abattoir. — Canot par Besançon (Doubs).

Manès (Mᵐᵉ Julien), 20, rue Judaïque. — Bordeaux (Gironde).

Manès (Julien), Ing. des Arts et Man., Dir. de l'Éc. sup. de Com. et d'Indust., 20, rue Judaïque. — Bordeaux (Gironde).

Dr Mangenot (Charles), Méd. Insp. des Éc. com., 55, avenue d'Italie. — Paris.

Mangini (Lucien), Ing. civ., anc. Sénateur, château de Fenoyl. — Les Halles par Sainte-Foy-l'Argentière (Rhône). — **F**

Manier (André), Cultivat., 93, rue Nationale. — Montreuil-sur-Mer (Pas-de-Calais).

Mannheim (le Colonel Amédée), Prof. à l'Éc. Polytech., 11, rue de la Pompe. — Paris. — **F**

Dr Manouvrier (Léon), Prépar. au Lab. d'anthrop. de l'Éc. des Hautes Études, Prof. à l'Éc. d'Anthrop., 15, rue de l'École-de-Médecine. — Paris.

Mansy (Eugène), Nég., 24, rue Barallerie. — Montpellier (Hérault). — **F**

Manuel (Constantin), Filat., Mem. de la Ch. de Com., 39, rue des Amidonniers. — Toulouse (Haute-Garonne).

*Maquenne (Léon), Doct. ès sc., Assistant de Physiol. végét. au Muséum d'hist. nat., 38, rue Truffault. — Paris.

Marais (Charles), Sec. gén. de la Préfecture, 29, rue Nationale. — Montpellier (Hérault).

Marbeau (Eugène), anc. Cons. d'État, Présid. de la *Soc. des Crèches*, 27, rue de Londres. — Paris.

Marcadé (Georges), Avocat, 116, rue de Rennes. — Paris.

*Marchal (Colin), Ing. des *Salines de Gouhenans*, 25, rue Bergère. — Paris.

Dr Marchal (Paul), 41, rue Censier. — Paris.

*Marchand (Albert), Ing. des Arts et Man., Dir. des *Salines*. — Miserey par Besançon (Doubs).

Dr Marchand (Alfred), Agr. à la Fac. de Méd., Chirurg. des Hôp., 67, boulevard Malesherbes. — Paris.

*Marchand (Charles, Émile), Dir. de l'Observat. du Pic du Midi, 9, rue Gambetta. — Bagnères-de-Bigorre (Hautes-Pyrénées).

Marchand (Eugène), Associé nat. de l'Acad. de Méd. — Fécamp (Seine-Inférieure).

Marchegay (Mme Alphonse), 11, quai des Célestins. — Lyon (Rhône). — **R**

Marchegay (Alphonse), Ing. civ. des Mines, anc. Élève de l'Éc. Polytech., 11, quai des Célestins. — Lyon (Rhône). — **R**

Marcilhacy (Camille), anc. Sec. de la Ch. de Com., 20, rue Vivienne. — Paris.

Dr Marcorelles (Joseph), 18, rue Armény. — Marseille (Bouches-du-Rhône).

Dr Marduel (P.), 10, rue Saint-Dominique. — Lyon (Rhône).

Maré (Alexandre), Fabric. de ferronnerie. — Bogny-sur-Meuse par Château-Regnault (Ardennes).

Maréchal (H.), s.-Préfet. hon. — Lavaur (Tarn).

Dr Maréchal (Jules), Méd. princ. de la Marine en retraite, 2, rue de la Mairie. — Brest (Finistère).

Maréchal (Paul), 2, rue de la Mairie. — Brest (Finistère). — **R**

Marès (Henri), Corresp. de l'Inst., Ing. des Arts et Man., 3, place Castries. — Montpellier (Hérault). — **F**

Dr Marès (Paul). — Alger-Mustapha. — **R**

*Marette (Charles, Louis), Pharm. de 1re cl., Prépar. à la Fac. de Méd., 28, rue Saint-Claude. — Paris.

Mareuse (Edgard), Prop., Sec. du *Comité des Inscrip. parisiennes*, 81, boulevard Haussmann. — Paris. — **R**

Dr Marey (Étienne, Jules), Mem. de l'Inst. et de l'Acad. de Méd., Prof. au Col. de France, 11, boulevard Delessert. — Paris. — **R**

Margaine (Georges), Ing., Prépar. au Lab. cent. d'Élect., 143, rue de Vaugirard. — Paris.

*Marguerite-Delacharlonny (Paul), Ing. des Arts et Man., Manufac. — Urcel (Aisne).

Margueritte (Émile), Rent., 3, rue Nicolas-Flamel. — Paris.

Margueritte (Frédéric), 203, rue du Faubourg-Saint-Honoré. — Paris.

Mariage (Mlle Jeanne), Prop. — Thiant par Denain (Nord).

Mariage (Charles), Notaire. — Phalempin (Nord).

Mariage (Jean-Baptiste), Fabric. de sucre. — Thiant par Denain (Nord).

Marie, Avocat, 1, rue du Calvaire. — Nantes (Loire-Inférieure).

Marignac (Charles Glissard de), Corresp. de l'Inst., anc. Ing. des Construc. nav., Prof. à l'Acad. — Genève (Suisse). — **R**

Dr Marignan (Émile). — Marsillargues (Hérault).

Marignier (Jules), Ing., Fabric. de chaux. — Joze (Puy-de-Dôme).

Dr Maritoux (Eugène). — Uriage-les-Bains (Isère).

Marix (Myrthil), Nég.-commis., 49, rue Le Peletier. — Paris.

Dr Marjolin (René), Mem. de l'Acad. de Méd., Chirurg. hon. des Hôp., 16, rue Chaptal. — Paris. — **R**

Marlier (Dominique), Nég. en bois, 79, rue du Jard. — Reims (Marne).

Dr **Marmottan (Henri)**, Député de la Seine, Maire du XVIe arrond., 31, rue Desbordes-Valmore. — Paris.

Marnas (J.-A.), Prop., 12, quai des Brotteaux. — Lyon (Rhône).

Marot (Félix), Prop., Mem. du Cons. mun., 65, rue du Jardin-Public. — Bordeaux (Gironde).

Marqfoy (Gustave), Trés.-payeur gén., anc. Élève de l'Éc. Polytech., Prop., 5, rue Guillaume-Brochon. — Bordeaux (Gironde).

Marquès di Braga (P.), Cons. d'État, anc. Élève de l'Éc. Polytech., 200, rue de Rivoli. — Paris. — **R**

Marquet (Léon), Fabric. de prod. chim., 15, rue Vieille-du-Temple. — Paris.

Marquisan (Henri), Ing. des Arts et Man., Chef de l'Exploit. de la *Comp. du Gaz et Hauts Fourneaux de Marseille*, 39, rue Montgrand. — Marseille (Bouches-du-Rhône).

Dr **Marrot (Edmond)**. — Foix (Ariège).

Marsy (le Comte Arthur de), Dir. de la *Soc. franç. d'archéol.* — Compiègne (Oise).

Marteau (Albert), Nég., 65, rue Cérès. — Reims (Marne).

Marteau (Charles), Ing. des Arts et Man., Manufac., 13, avenue de Laon. — Reims (Marne).

Marteau-Jacquemart (Victor), Ing. des Arts et Man., Manufac., 39, rue de Chativesle. — Reims (Marne).

Martel (Édouard, Alfred), Avocat, Agréé au Trib. de com., 60, rue de Richelieu. — Paris.

Dr **Martel (Joannis)**, anc. Chef de clin. à la Fac. de Méd., 4, rue de Castellane. — Paris.

Martet (Jules), Rent., villa Bel-Air, avenue de la Gare. — Rochechouart (Haute-Vienne).

Martin (Alexandre), Graveur-Géog., 8, passage Gourdon (67, boulevard Saint-Jacques). — Paris.

Dr **Martin (André)**, Sec. gén. adj. de la *Soc. de Méd. pub. et d'Hyg. profes.*, 3, rue Gay-Lussac. — Paris.

*__**Martin (Charles)**, Dir. de l'Éc. nat. de Laiterie. — Mamirolle (Doubs).

Martin (Eugène), Mécan.-Élect., 37, rue Saint-Joseph. — Toulouse (Haute-Garonne).

Dr **Martin (Georges)**. — La Foye-Monjault par Beauvoir-sur-Niort (Deux-Sèvres).

Martin (Mme Albertine). — Pont-Sainte-Maxence (Oise).

Martin (Henri), Nég. en vins. — Pont-Sainte-Maxence (Oise).

*__**Martin (Jules)**, Insp. gén. en retraite, anc. Prof. à l'Éc. nat. des P. et Ch., 88, rue de Varenne. — Paris.

Martin (Louis), Ing. civ., 9, rue de Condé. — Paris.

Martin (William), 42, avenue Wagram. — Paris. — **R**

Dr **Martin (Louis de)**, Sec. gén. de la *Soc. méd. d'émulation de Montpellier*, Mem. corresp. pour l'Aude de la *Soc. nat. d'Agric. de France*. — Montrabech par Lézignan (Aude). — **R**

Martin de Brettes, Lieut.-Colonel d'artil. en retraite, 28, rue de l'Orangerie. — Versailles (Seine-et-Oise).

Martin-Ragot (J.), Manufac., 14, esplanade Cérès. — Reims (Marne). — **R**

Martineau, Juge d'instruc. — Rochefort-sur-Mer (Charente-Inférieure).

Martinet (Camille), Publiciste, 15, rue de Belzunce. — Paris.

Martinet (Émile), anc. Imprim., 4, rue Alfred-de-Vigny. — Paris. — **F**

Martre (Étienne), Dir. des Contrib. dir. du Var en retraite. — Perpignan (Pyrénées-Orientales). — **R**

Marveille de Calviac (Jules de), château de Calviac. — Lasalle (Gard). — **F**

Marx (Armand), Nég., 18, rue du Calvaire. — Nantes (Loire-Inférieure).

Marx (Raoul), Nég., 18, rue du Calvaire. — Nantes (Loire-Inférieure).

Marzac (Ferdinand) (aîné), Nég., 3, rue Porte-des-Portanets. — Bordeaux (Gironde).

Mascart (Nicolas), Mem. de l'Inst., Prof. au Col. de France, Dir. du Bureau cent. météor. de France, 176, rue de l'Université. — Paris.

Masfrand, Pharm. de 1er cl., Présid. de la *Soc. des Amis des Sc. et Arts*. — Rochechouart (Haute-Vienne).

Masquelier (Émile), Nég., 7, quai d'Orléans. — Le Havre (Seine-Inférieure).

Dr **Massart (E.)**, Méd. en chef de l'Hôp. — Honfleur (Calvados).

Massat (Camille), anc. Pharm., 82, boulevard Saint-Germain. — Paris.

*__**Masse (Édouard)**, Avocat gén. près la Cour d'Ap., 39, quai Veil-Picard. — Besançon (Doubs).

*__**Massénat (Élie)**, boulevard des Sœurs. — Brive (Corrèze).

Massiou (Ernest), Archit. diocésain, 12, rue du Palais. — La Rochelle (Charente-Inférieure).

Massip (Armand), Dir. des *Annales écomom.*, 97, rue Denfert-Rochereau.— Paris.— **R**

Massol (Gustave), Agr. à l'Éc. sup. de Pharm., 55, rue Alexandre-Cabanel. — Montpellier (Hérault).

Masson (Georges), Chef de Bureau au Min. des Fin., 16, rue Las-Cases. — Paris.

Masson (Georges), Libr. de l'Acad. de Méd., 120, boulevard Saint-Germain.— Paris.— **P**

Masson (Louis), Insp. de l'Assainis., 22, avenue Parmentier. — Paris.

Massot (Charles), Avoué hon. — Bourgoin (Isère).

D' Massot (Joseph), Chirurg. en chef de l'Hôpital, 8, place d'Armes. — Perpignan (Pyrénées-Orientales).

Matheron (Philippe), Ing. civ., 86, boulevard Notre-Dame. — Marseille (Bouches-du-Rhône).

Mathias (Émile), Doct. ès sc., Maître de conf. à la Fac. des Sc. — Toulouse (Haute-Garonne).

Mathieu (Charles, Eugène), Ing. des Arts et Man., anc. Dir. gén. construc. des *Aciéries de Jœuf*, anc. Dir. gén. et admin. des *Aciéries de Longwy*, Construc. mécan. et Mem. du Cons. mun., 34, rue de Courlancy. — Reims (Marne). — **R**

Mathieu (Émile), Prop. — Bize (Aude).

Mathieu (Paul), Prof. de math. spéc. au Lycée, 71, rue Libergier. — Reims (Marne).

Mathieu-Saint-Laurent, Avocat, rue des Jardins. — Oran (Algérie).

Mathiss (Léon), Avoué-plaidant. — Mostaganem (départ. d'Oran) (Algérie).

Matrot (Adolphe), Ing. en chef des Mines, Dir. des *Chem. de fer de l'État*, 60, rue de Maubeuge. — Paris.

Mattauch (J.), Chim., Établis. H. Stackler. — Saint-Aubin-Épinay (Seine-Inférieure). — **R**

Maubrey (Gustave, Alexandre), Conduct. des P. et Ch., 73, rue Claude-Bernard. — Paris.

Maufras (Émile), anc. Notaire. — Beaulieu par Bourg-sur-Gironde (Gironde).

Maufroy (Jean-Baptiste), anc. Dir. de manufac. de laine, 4, rue de l'Arquebuse. — Reims (Marne). — **R**

Maunoir (Charles), Sec. gén. de la *Soc. de Géog.*, 3, square du Roule. — Paris.

D' Maunoury (Gabriel), Chirurg. de l'Hôp., place du Théâtre. — Chartres (Eure-et-Loir). — **R**

*D' **Maurel (Édouard, Émile)**, Agr. à la Fac. de Méd., Méd. princ. de la Marine en retraite, 10, rue d'Alsace-Lorraine. — Toulouse (Haute-Garonne).

Maurel (Emile), Nég., 7, rue d'Orléans. — Bordeaux (Gironde). — **R**

Maurel (Marc), Nég., 48, cours du Chapeau-Rouge. — Bordeaux (Gironde). — **R**

Maurouard (Lucien), Sec. d'ambas., anc. Élève de l'Éc. Polytech., Légation de France. — Athènes (Grèce). — **R**

Maxant (Charles), Exploitant de carrières, 130, route de Toul. — Nancy (Meurthe-et-Moselle).

Maxwell-Lyte (Farnham), Ing.-Chim., 60, Finboroug-road. — Londres, S. W. (Angleterre). — **R**

Mayer (Ernest), Ing. en chef conseil de la *Comp. des Chem. de fer de l'Ouest*, Mem. du *Comité d'exploit. tech. des chem. de fer*, anc. Élève de l'Éc. cent. des Arts et Man., 66, boulevard Malesherbes. — Paris. — **R**

Mayet (Félix, Octave), Prof. de pathol. gén. à la Fac. de Méd., 20, cours de la Liberté. — Lyon (Rhône).

D' Mazade (Henri), Insp. en chef de l'Assist. pub., 82, boulevard de la Magdeleine. — Marseille (Bouches-du-Rhône).

***Maze (l'Abbé Camille)**, Rédac. au *Cosmos*. — Harfleur (Seine-Inférieure). — **R**

Méheux (Félix), Dessinat. dermatol. et syphil. des serv. de l'Hôp. Saint-Louis, 35, rue Lhomond. — Paris.

Meissas (Gaston de), Publiciste, 10 *bis*, rue du Pré-aux-Clercs. — Paris. — **R**.

***Mekarski**, Ing. civ., 24, rue d'Athènes. — Paris.

Meller (Auguste), Nég., 43, cours du Pavé-des-Chartrons. — Bordeaux (Gironde).

Mellerio (Alphonse), Prop., anc. Élève de l'Éc. des Hautes Études, 18, rue des Capucines. — Paris.

Melon (Paul), Publiciste, 24, place Malesherbes. — Paris.

Ménager (Louis), 155, boulevard de la Reine. — Versailles (Seine-et-Oise).

Ménard (Césaire), Ing. des Arts et Man., Concessionnaire de l'Éclairage au gaz. — Louhans (Saône-et-Loire). — **R**

Mendez (Élisée), Mem. du Cons. mun., 9, place Royale. — Pau (Basses-Pyrénées).

***Ménegaux (Auguste)**, Doct. ès sc., Prof. agr. au Lycée Victor-Hugo, 49, quai Veil-Picard. — Besançon (Doubs).

Menjou (Émile), Élève à l'Éc. cent. des Arts et Man., 14, avenue de la République.— Paris.

Menviel, Chirurg.-Dent., 58, avenue des Gobelins. — Paris.

Mer (Émile), Insp. adj. des Forêts, Mem. de la *Soc. nat. d'agric. de France*, 19, rue Israël-Sylvestre. — Nancy (Meurthe-et-Moselle).

Dr Méran (Gustave), 54, rue Judaïque. — Bordeaux (Gironde).

Mercadier, Insp. des Télég., Dir. des études à l'Éc. Polytech., 21, rue Descartes. — Paris.

Merceron (Georges), Ing. civ. — Bar-le-Duc (Meuse).

Mercet (Émile), Banquier, 2, avenue Hoche. — Paris.

*Dr Mercier (Adolphe), 43, rue de Belfort. — Besançon (Doubs).

Merget (Antoine), Prof. hon. à la Fac. de Méd., Corresp. de l'Acad. de Méd., 7, place du Parlement. — Bordeaux (Gironde). — R.

Mergier (Émile), Prépar. à la Fac. de Méd., 27, avenue d'Antin. — Paris.

Merlin (Roger). — Bruyères (Vosges). — R

Merville (Jules), pavillon Gabriel. — Le Hâvre (Seine-Inférieure).

Merz (John, Théodore), Doct. en Philo., the Quarries. — Newcastle-on-Tyne (Angleterre). — F.

Mesnard (Eugène), Prépar. au Lab. de Botan. de la Fac. des Sc., 79 *bis*, rue Monge. — Paris.

Dr Mesnards (P. des), rue Saint-Vivien. — Saintes (Charente-Inférieure). — R

Mesnil (Armand du), Cons. d'État, 1, place de l'Estrapade. — Paris.

Dr Mesnil (Octave du), Méd. de l'asile de Vincennes, 15, rue Lacépède. — Paris.

Messimy (Paul), Notaire hon., 33, place Bellecour. — Lyon (Rhône).

Mestrezat, Nég., 27, rue Saint-Esprit. — Bordeaux (Gironde).

Dr Métaxas-Zani (Gérasime), anc. Int. des Hôp. de Paris, 95, rue de Rome.— Marseille (Bouches-du-Rhône).

Mettrier (Maurice), Ing. des Mines, 33 *bis*, faubourg Saint-Jaumes. — Montpellier (Hérault).

Meunier (Ludovic), Nég., 20, rue de la Tirelire. — Reims (Marne).

Dr Meunier (Valéry), Méd.-Insp. des Eaux-Bonnes, 6, rue Adoue. — Pau (Basses-Pyrénées).

Meure, château de Laroque. — Villenave d'Ornon (Gironde).

Dr Meyer (Édouard), 73, boulevard Haussmann. — Paris.

*Meyer (Lucien), Chim., 13, rue Fontaine-au-Roi. — Paris.

Meyran (Octave), 8, rue Centrale. — Lyon (Rhône).

Dr Micé (Laurand), Rect. de l'Acad. — Clermont-Ferrand (Puy-de-Dôme). — R

Michalon, 96, rue de l'Université. — Paris.

*Michau (Alfred), Exploitant de carrières, 93, boulevard Saint-Michel. — Paris.

'Michaud (fils), Notaire. — Tonnay-Charente (Charente-Inférieure). — R

Michaut (Victor), Prépar. de zool. à la Fac. des sc., 54, rue du Bourg. — Dijon (Côte-d'Or).

Michel (Alphonse), Ing. des Arts et Man., 17, rue des Jacobins. — Beauvais (Oise).

Michel (Charles), Entrep. de peinture, 15, rue de la Terrasse. — Paris.

*Michel (Henri), Archit.-Paysagiste, Prof. à l'*Éc. mun. des Beaux-Arts*. — Fontaine-Écu par Besançon (Doubs).

Dr Michel (Hubert). — Chaumont (Haute-Marne).

Dr Michel-Dansac (J., B., A.), 73, boulevard Haussmann. — Paris.

Michel-Jaffard (Louis), Premier Présid. de la Cour d'Ap., 18, rue de l'Opéra. — Aix en Provence (Bouches-du-Rhône).

Micheli (Marc), château du Crest, près Genève (Suisse).

Dr Michou (Casimir, Laurent), anc. Int. des Hôp. de Paris, Député de l'Aube, 76, rue de Grenelle. — Paris

Mieg (Mathieu), 48, avenue de Modenheim. — Mulhouse (Alsace-Lorraine).

Dr Mignen. — Montaigu (Vendée).

Dr Millard (Auguste), Méd. des Hôp., 4, rue Rembrandt. — Paris.

Millardet (Pierre), Prof. à la Fac. des Sc., 152, rue Bertrand-de-Goth. — Bordeaux (Gironde).

Millet (Eugène), Insp. de l'Exploit. à la *Comp. des Chem. de fer d'Orléans*, 25, rue du Faubourg-de-Paris. — Limoges (Haute-Vienne).

Dr Milliot (Benjamin), Méd. de colonisation de 1re cl. — Herbillon (départ. de Constantine) (Algérie).

Millot (Charles), anc. Of. de marine, Chargé de cours à la Fac. des Sc., 2, rue Gilbert. — Nancy (Meurthe-et-Moselle).

Dr Milne-Edwards (Alphonse), Mem. de l'Inst. et de l'Acad. de Méd., Dir. et Prof. de zool.

au Muséum d'Hist. nat., Prof. à l'Ec. sup. de Pharm., 57, rue Cuvier. — Paris. — **R**

Milsom (Gustave), Ing. civ. des Mines, Agric.-vitic. — Rachgoun (Basse-Fafna) par Beni-Saf (départ. d'Oran) (Algérie).

Mine (Albert), Nég.-Commis., Consul de la République Argentine, 10, rue Jean-Bart. — Dunkerque (Nord).

Minvielle (Clément), Pharm. de 1re cl., 10, place de la Nouvelle-Halle. — Pau (Basses-Pyrénées).

Mira (R.) (ainé), Prop. — Saint-Savin (Vienne).

Mirabaud (Paul), Admin. de la *Comp. des Chem. de fer d'Orléans*, 29, rue Taitbout. — Paris. — **R**

Mirabaud (Robert), Banquier, 29, rue Taitbout. — Paris. — **F**

Miray (Paul), Teintur., Manufac., 2, rue de l'École. — Darnétal-lez-Rouen (Seine-Inférieure).

Dr Mireur (Hippolyte), anc. Adj. au Maire, 1, rue de la République. — Marseille (Bouches-du-Rhône).

Mocqueris (Edmond), 58, boulevard d'Argenson. — Neuilly-sur-Seine (Seine). — **R**

Mocqueris (Paul), Ing. à la *Comp. des Chem. de fer de Bône-Guelma et prolongements*, 58, boulevard d'Argenson. — Neuilly-sur-Seine (Seine). — **R**

Modelski (Edmond), Ing. en chef des P. et Ch. — La Rochelle (Charente-Inférieure).

Moffre (Gustave), Ing. civ. des Mines, Dir. des verreries de Carmaux, anc. Élève de l'Éc. Polytech. — Carmaux (Tarn).

Mohler (Edmond), Chim., 5, rue Le Verrier. — Paris.

Moine (Gaston), 2, boulevard Montmartre. — Paris.

Moinet (Édouard), Dir. des Hosp. civ., 1, rue de Germont. — Rouen (Seine-Inférieure).

Mollins (Jean de), Doct. ès sc., 34, rue des Clarisses. — Liège (Belgique).

***Molteni (Alfred)**, Construc. de mach. et d'inst. de précis., 44, rue du Château-d'Eau. — Paris.

Monbrun, Avocat, place des Quinconces. — Oran (Algérie).

Dr Mondot, anc. Chirurg. de la Marine, anc. Chef de clin. de la Fac. de Méd. de Montpellier, Chirurg. de l'Hôp. civ., 26, boulevard Malakoff. — Oran (Algérie). — **R**

Mongin, Dir. du Dépôt de mendicité. — Beni-Messous par Chéragas (départ. d'Alger).

Monier (Frédéric), Mem. du Cons. gén., Maire d'Eyguières, 2, boulevard Périer. — Marseille (Bouches-du-Rhône).

Monnet (Prosper), Chim., Manuf. — Saint-Fons-lez-Lyon par Venissieux (Rhône).

Monnier (Demetrius), Ing. des Arts et Man., Prof. à l'Éc. cent. des Arts et Man., 1, rue Appert. — Paris. — **R**

Dr Monod (Charles), Agr. à la Fac. de Méd., Chirurg. des Hôp., 12, rue Cambacérès. — Paris. — **F**

Dr Monod (Eugène), Chirurg. des Hôp., 19, rue Vauban. — Bordeaux (Gironde).

Dr Monod (Frédéric), Méd. adj. de l'Hôp. civ., 5, rue du Lycée. — Pau (Basses-Pyrénées).

Monod (Henri), Mem. de l'Acad. de Méd., Dir. de l'assist. et de l'hyg. pub. au Min. de l'Int., Cons. d'État, 29, rue de Rémusat. — Paris.

Dr Monod (Louis), 24, avenue Friedland. — Paris.

Monod (le Pasteur Théodore), 7, rue de la Cerisaie. — Paris.

Monod (le Pasteur William), 55, avenue de la République. — Vincennes (Seine).

Monoyer (Mlle Élisabeth), 1, cours de la Liberté. — Lyon (Rhône).

Monoyer (F.), Prof. à la Fac. de Méd., 1, cours de la Liberté. — Lyon (Rhône).

Monseu, Ing., Dir. gérant de la *Soc. anonyme de glaces et verreries du Hainaut*. — Roux (Belgique).

Montefiore (Edward, Lévi), Rent., 76, avenue Henri-Martin. — Paris. — **R**

Monteil (Sylvain), Juge de paix. — Châteauneuf-la-Forêt (Haute-Vienne).

Montel (Jules), Publiciste, anc. Juge au Trib. de com. de Montpellier, 17, rue Monsigny. — Paris.

Dr Montfort, Prof. à l'Éc. de Méd., 19, rue Voltaire. — Nantes (Loire-Inférieure). — **R**

Montgrand (le Marquis Charles de), Prop., château de Montgrand. — Saint-Menet par Marseille (Bouches-du-Rhône).

Monthiers (J., Victor), Prop., 70, rue d'Amsterdam. — Paris.

Montjoie (de), Prop., château de Lasnez. — Villers-lez-Nancy par Nancy (Meurthe-et-Moselle).

Montlaur (le Comte Amaury de), Ing. civ., 51, avenue Friedland — Paris.

Mont-Louis, Imprim., 2, rue Barbançon. — Clermont-Ferrand (Puy-de-Dôme). — **R**

Montreuil, Prote de l'Imprim. Gauthier-Villars, 55, quai des Grands-Augustins. — Paris.

Montricher (Henri de), Ing. civ. des Mines, Admin.-Dir. de la *Soc. nouvelle du Canal d'irrig. de Craponne et de l'assainis. des Bouches-du-Rhône*, 11, place de la Bourse. — Marseille (Bouches-du-Rhône).

D' Mony (Adolphe), 70, rue Spontini. — Paris, et l'été, château de Sarre. — Blomard par Montmarault (Allier).

Morain (Paul), Prof. départ. d'agric. de Maine-et-Loire, 52, rue Lhomond. — Paris.

Morand (Gabriel), 16, place de la République. — Moulins (Allier).

Morandière (Edouard), Ing. civ. des Mines, anc. Élève de l'Éc. Polytech., 12, rue de la Pompe. — Paris.

Morandière (Jules), Ing. civ. des Mines, Ing. des Études, du Matériel et de la Trac. à la *Comp. des Chem. de fer de l'Ouest*, 25, boulevard Beauséjour. — Paris.

D' Moreau (Émile), 7, rue du Vingt-Neuf-Juillet. — Paris.

Moreau (Émile), Associé de la maison Larousse, 89, boulevard Montparnasse. — Paris.

D' Moreau (Henri), 30, rue Vital-Carles. — Bordeaux (Gironde).

Moreau (R.), Opticien, 16, rue de Seine. — Paris.

Morel (Auguste), Prof. de math. à l'Éc. mun. Lavoisier, anc. Élève de l'Éc. Polytech., 57, rue Claude-Bernard. — Paris.

Morel (Léon), Archéol., Recev. des fin. en retraite, 3, rue de Sedan. — Reims (Marne).

Morel d'Arleux (Mᵐᵉ Charles), 13, avenue de l'Opéra. — Paris. — **R**

Morel d'Arleux (Charles), Notaire, 13, avenue de l'Opéra. — Paris. — **F**

D' Morel d'Arleux (Paul), 33, rue Desbordes-Valmore. — Paris. — **R**

D' Moret (Jules), 2, rue Legendre. — Reims (Marne).

Moricelly (Isidor) (ainé), Nég. en grains et farines, 18, rue Noailles. — Marseille (Bouches-du-Rhône).

Morillot (André, Paul), Doct. en droit, Avocat au Cons. d'État et à la Cour de Cas., anc. Avocat gén., 42, rue du Louvre. — Paris.

Morin (Mˡˡᵉ Angélique), rue des Pavés-Neufs (chez M. Pradal). — Saint-Brieuc (Côtes-du-Nord).

Morin (Paul), Prof. à la Fac. des Sc. — Rennes (Ille-et-Vilaine).

Morin (Théodore), Doct. en droit, 50, avenue du Trocadéro. — Paris. — **R**

*Morlet (Jean-Baptiste)**, anc. Nég., Mem. du Cons. mun., 2, rue des Granges. — Besançon (Doubs).

Mornac (le Général Gustave Boscal de Réals de), Command. l'Artil. de la place et des forts de Paris, 61, rue de Ponthieu. — Paris.

Mortier (François), Teintures et Apprêts, 68, rue Clovis. — Reims (Marne).

*Mortillet (Adrien de)**, Prof. à l'Éc. d'Anthrop., Sec. de la *Soc. d'Anthrop. de Paris*, 3, rue de Lorraine. — Saint-Germain en Laye (Seine-et-Oise). — **R**

Mortillet (Gabriel de), Prof. à l'Éc. d'Anthrop., anc. Député, 3, rue de Lorraine. — Saint-Germain en Laye (Seine-et-Oise). — **R**

*Mossé (Alphonse)**, Prof. à la Fac. de Méd., 36, rue du Taur. — Toulouse (Haute-Garonne). — **R**

D' Motais (Ernest), Chef des trav. anatom. à l'Éc. de Méd., 8, rue Saint-Laud. — Angers (Maine-et-Loire).

Motelay (Léonce), Rent., 5, cours de Gourgues. — Bordeaux (Gironde).

D' Motet (A.), Dir. de la Maison de santé, 161, rue de Charonne. — Paris.

Mouchot (A.), Prof. en retraite, 39, rue de Fleury. — Fontainebleau (Seine-et-Marne).

Mougin (Xavier), Dir. de la *Soc. anonyme des Verreries de Vallerysthal et de Portieux*. — Portieux (Vosges).

D' Moulinier. — Excideuil (Dordogne).

Moullade (Albert), Lic. ès sc., Pharm. princ. attaché à l'Hôp. milit. du Dey, 11, rue Michelet. — Alger-Mustapha. — **R**

D' Mouré (Émile), Chargé de cours à la Fac. de Méd., 25 *bis*, cours du Jardin-Public. — Bordeaux (Gironde).

Moureaux (Théodule), Chef du serv. magnét. à l'Observ. météor. du Parc-Saint-Maur. — Saint-Maur-les-Fossés (Seine).

*Moureu (Charles)**, Doct. ès sc., Pharm. de l'Asile d'aliénés de Ville-Évrard, 25, boulevard Saint-Marcel. — Paris.

D' Mourgues. — Lasalle (Gard).

Mouriès (Gustave), Ing.-archit., 31, rue Paradis. — Marseille (Bouches-du-Rhône).

Mousnier (Jules), Fabric. de prod. pharm., 26, rue de Houdan. — Sceaux (Seine).

D' Moussous (André) (fils), 12, rue du Jardin-Public. — Bordeaux (Gironde).

D' Moussous (L., D.), 38, rue d'Aviau. — Bordeaux (Gironde).

Moussu (Léon), Sec. des Fac. de Droit et Lettres, 8, rue Déville. — Toulouse (Haute-Garonne).

Dr Moutier (A.), 20, rue des Halles. — Paris.

***Mulot (François)**, Ing. civ., 25, rue du Faubourg-Saint-Jean. — Nancy (Meurthe-et-Moselle).

Mumm (G., H.), Nég. en vins de Champagne, 24, rue Andrieux. — Reims (Marne).

Munier-Chalmas (P., C.), Prof. de Géol. de la Fac. des Sc., Maître de conf. à l'Éc. norm. sup., 75, rue Notre-Dame-des-Champs. — Paris.

Müntz, Ing. en chef des P. et Ch., Ing. princ. de la 1re Divis. de la voie à la *Comp. des Chem. de fer de l'Est*, 20, rue de Navarin. — Paris.

Muret (Maurice), Mem. du Cons. gén. de Seine-et-Oise, 12, place Delaborde. — Paris.

Dr Musgrave-Clay (René de), Sec. gén. de la *Soc. des Sc., Lettres et Arts*, 10, rue Gachet. — Pau (Basses-Pyrénées).

Mussat (Émile, Victor), Prof. de botan. à l'Éc. nat. d'agric. de Grignon, 11, boulevard Saint-Germain. — Paris.

Muxica (Ramon de), Rent., 4, rue d'Orléans. — Pau (Basses-Pyrénées).

Dr Nabias (Barthélemy de), Agr. à la Fac. de Méd., 17 *bis*, cours d'Aquitaine. — Bordeaux (Gironde).

Nachet (A.), Construc. d'inst. de précis., 17, rue Saint-Séverin. — Paris.

Nadaillac (le Marquis Albert de), Corresp. de l'Inst., 18, rue Duphot. — Paris.

Nalin (Antoine), Pharm. de 1re cl., 27, place Notre-Dame-du-Mont. — Marseille (Bouches-du-Rhône).

Dr Napias (Henri), Insp. gén. des serv. admin. au Min. de l'Int., Sec. gén. de la *Soc. de Méd. pub. et d'Hyg. profes.*, 68, rue du Rocher. — Paris.

Narbonne (Paul), Prop. — Bize (Aude).

***Nardin**, Pharm. — Belfort.

***Dr Nargaud (Léon)**, 17, quai Veil-Picard. — Besançon (Doubs).

***Naudet (Charles)**, Recev. mun., 8, rue Ronchaux. — Besançon (Doubs).

Dr Négrié, Méd. des Hôp., 54, rue Ferrère. — Bordeaux (Gironde).

Negrin (Paul), Prop., Dir. de la verrerie. — Cannes-Labocca (Alpes-Maritimes).

Dr Nepveu (Gustave), Prof. d'anat. pathol. à l'Éc. de Méd., 61, rue Paradis. — Marseille (Bouches-du-Rhône).

***Neuberg (Joseph)**, Prof. à l'Univ., 6, rue de Sclessin. — Liège (Belgique).

Neveu (Auguste), Ing. des Arts et Man. — Rueil (Seine-et-Oise). — **R**

***Dr Nicaise (Édouard)**, Agr. à la Fac. de Méd., Chirurg. des Hôp., 37, boulevard Malesherbes. — Paris.

***Nicaise (Victor)**, Étud. en Méd., 37, boulevard Malesherbes. — Paris. — **R**

Dr Nicas, 80, rue Saint-Honoré. — Fontainebleau (Seine-et-Marne). — **R**

Nicéville (de), Avocat à la Cour d'Ap., 24, place de la Carrière. — Nancy (Meurthe-et-Moselle).

***Nicklès (Adrien)**, Pharm. de 1re cl., 128, Grande-Rue. — Besançon (Doubs).

Nicklès (René), Doct. ès sc., Ing. civ. des Mines, Chargé de cours à la Fac. des Sc., 2, rue des Jardiniers. — Nancy (Meurthe-et-Moselle).

Nicolas (Désiré), Représ. de com., 30, rue Ruinart-de-Brimont. — Reims (Marne).

Nicolas-Hector (Ulysse), Biblioth. de l'*Acad. de Vaucluse*, Archéol., Conduct. des P. et Ch., 9, rue Velouterie. — Avignon (Vaucluse).

Dr Nicolau. — Monein (Basses-Pyrénées).

Niel (Eugène), v.-Consul du Brésil, 28, rue Herbière. — Rouen (Seine-Inférieure). —**R**

Dr Niepce (Alexandre), Méd. consult. —Allevard (Isère).

Ninaud (Paul), Prop., 18, quai de la Mégisserie. — Paris.

Nivesse (Achille), Ing.-Chim. attaché à la Maison Lefèbvre. — Corbehem (Pas-de-Calais).

Nivet (Albin), Ing. des Arts et Man. — Marans (Charente-Inférieure).

Nivet (Gustave). — Marans (Charente-Inférieure). — **R**

Nivoit (Edmond), Ing. en chef des Mines, Prof. de géol. à l'Éc. nat. des P. et Ch., 2, rue de la Planche. — Paris.

Noblesse, Sec.-Archiv. de la Ch. de Com., 30, rue Cérès. — Reims (Marne).

Noblom (Maurice), Ing. civ., 24, rue des Fripiers. — Bruxelles (Belgique).

Nocard (Edmond), Prof. à l'Éc. nat. vétér., Mem. de l'Acad. de Méd. — Maisons-Alfort (Seine).

Noël (Jean), Ing. des Arts et Man., 75, rue de l'Église-Saint-Seurin.— Bordeaux (Gironde).

Noelting, Dir. de l'Éc. de chim. — Mulhouse (Alsace-Lorraine). — **R**

D'ʳNoguès (Émile), 31, quai de Tounis. — Toulouse (Haute-Garonne).
Noirot (Maurice), Associé Manufac., 39, boulevard de la République. — Reims (Marne).
Norbert-Nanta, Opticien, 15, place du Pont-Neuf. — Paris.
Normand, anc. Mem. du Cons. gén. de la Loire-Inférieure, 12, quai des Constructions.
    — Nantes (Loire-Inférieure). — **R**
Normand (Augustin), Construc. de navires, 80, rue Augustin-Normand. — Le Havre
    (Seine-Inférieure).
Normand (Charles), Ing. civ. des Mines, Ing. de l'Exploit. à la *Comp. des Chem. de fer
    du Midi* en retraite, 29, cours de l'Intendance. — Bordeaux (Gironde).
*Nottelle (Sabin), anc. Sec. du Synd. gén. des Chamb. synd., Mem. de la *Soc. d'Éco-
    nom. polit.*, 49, rue Réaumur. — Paris.
Nottin (Lucien), 4, quai des Célestins. — Paris. — **F**
Noury, Prof. à la *Soc. indust.* — Elbeuf-sur-Seine (Seine-Inférieure).
Nouvelle (Georges), Ing. civ., 25, rue Brézin. — Paris.
Noyer (le Colonel Ernest), 103, rue de Siam. — Brest (Finistère).
Nozal, Nég., 7, quai de Passy. — Paris.
Nugues (Auguste). — Ing.-Chim., 17, rue de Flandre. — Paris.
Oberkampff (Ernest), 20, avenue de Noailles. — Lyon (Rhône).
Obermayer (Frédéric), Avocat à la Cour d'Ap., 15, rue de Milan. — Paris.
Ocagne (Maurice d'), Ing. des P. et Ch., Répét. à l'Éc. Polytech., 5, rue de Vienne.
    — Paris. — **R**
Odier (Alfred), Dir. de la *Caisse gén. des Familles*, 4, rue de la Paix. — Paris. — **R**
Odin, Insp. du *Crédit Foncier de France*, 3, rue de l'Abbé-Grégoire. — Paris.
Dʳ Odin (Joseph), 3, place de la Bourse. — Lyon (Rhône).
Œchsner de Coninck (William), Chargé de cours à la Fac. des Sc., 8, rue Auguste-
    Comte. — Montpellier (Hérault). — **R**
*Offel de Villaucourt (Gustave), Insp. des Forêts, 9, rue du Chapitre. — Besançon
    (Doubs).
Olivier (Arsène) (de Landreville), Ing. civ., 112, boulevard Voltaire. — Paris.
Olivier (Ernest), Dir. de la *Revue scient. du Bourbonnais*, 10, cours de la Pré-
    fecture. — Moulins (Allier).
Olivier (Louis), Doct. ès sc., Dir. de la *Revue générale des Sciences*, 34, rue de Provence.
    — Paris.
Dʳ Olivier (Paul), Prof. à l'Éc. de Méd., Méd. en chef de l'Hosp. gén., 12, rue de la
    Chaîne. — Rouen (Seine-Inférieure). — **R**
*Dʳ Olivier (Victor), v.-Présid. du Comité d'Admin. des hosp., 314, rue Solférino.
    — Lille (Nord).
*Olivier-Thellier (Pierre), 314, rue Solférino. — Lille (Nord).
*Ollier (Léopold), Corresp. de l'Inst., Prof. à la Fac. de Méd., Associé nat. de l'Acad. de
    Méd., anc. Chirurg. titul. de l'Hôtel-Dieu, 3, quai de la Charité. — Lyon (Rhône). — **F**
Dʳ Ollivier (Auguste), Mem. de l'Acad. de Méd., Agr. à la Fac. de Méd., Méd. des Hôp.,
    5, rue de l'Université. — Paris.
Dʳ Ollivier (G.), 63 *bis*, rue Ramey. — Paris.
Olry (Albert), Ing. en chef des Mines, 8, cité Malesherbes (rue des Martyrs). — Paris.
*Oltramare (Gabriel), Prof. à l'Univ., 21, rue des Grandes-Grottes. — Genève (Suisse).
Onde (Xavier, Michel, Marius), Prof. de phys. au Lycée Henri IV, 41, rue Claude-
    Bernard. — Paris.
Onésime (le Frère), 24, montée Saint-Barthélemy. — Lyon (Rhône).
Oppermann (Alfred), Ing. en chef des Mines, 2, rue des Arcades. — Marseille (Bouches-
    du-Rhône).
Orbigny (Alcide d'), Armat., rue Saint-Léonard. — La Rochelle (Charente-Inférieure).
*O'Reilly (Joseph, Patrick), Prof. de minéral. et d'exploit. des mines au Col. Royal.
    — Dublin (Irlande).
Dʳ Orfila (Louis), Agr. à la Fac. de Méd. de Paris, Sec. gén. de l'*Assoc. des Méd. de la
    Seine*, château de Chemilly. — Langeais (Indre-et-Loire).
Oriolle (Paul), Ing. Const.-Mécan., anc. Élève de l'Éc. cent. des Arts et Man., prairie
    au Duc. — Nantes (Loire-Inférieure).
Orléans (le Prince Henri d'), Explorateur, Mem. de la *Soc. de Géog.*, 27, rue Jean-
    Goujon. — Paris. — **R**.
Ory (Fernand), Ing. des Arts et Man., rue Chanzy. — Toul (Meurthe-et-Moselle).
Osmond (Floris), Ing. des Arts et Man., 83, boulevard de Courcelles. — Paris. — **R**
Oudin, Nég. en objets d'art, 18, rue de la Darse. — Marseille (Bouches-du-Rhône).

Oustalet (Émile), Doct. ès sc., Assistant de Zool. (Mammifères, Oiseaux) au Muséum d'hist. nat., 121 *bis*, rue Notre-Dame-des-Champs. — Paris.

Outhenin-Chalandre (Joseph), 5, rue des Mathurins. — Paris. — **R**

*** Page (François)**, Nég., 60, rue Monsieur-le-Prince. — Paris.

Paget (Alexandre), Colonel du 46ᵉ rég. d'infant., 51, avenue de La Bourdonnais. — Paris.

Pagnoul, Prof. de chim., Dir. de la Stat. agronom. du Pas-de-Calais. — Arras (Pas-de-Calais).

Pairier, Insp. gén. des P. et Ch. en retraite, 35, allées de Chartres. — Bordeaux (Gironde).

Pallary (Paul), Prof., faubourg d'Eckmühl-Noiseux. — Oran (Algérie).

Palun (Auguste), Juge au Trib. de com., 13, rue Banasterio. — Avignon (Vaucluse). — **R**

Dʳ Pamard (Alfred), Corresp. de l'Acad. de Méd., Chirurg. en chef des Hôp., 4, place Lamirande. — Avignon (Vaucluse). — **R**

Pamard (Ernest), Colonel du Génie, anc. Chef de cabinet du Ministre de la Guerre, Command. en second de l'Éc. sup. de guerre, 20, avenue de La Motte-Picquet. — Paris.

Pamard (Paul), Étud. en Méd., 4, place Lamirande. — Avignon (Vaucluse). — **R**

Pannellier, Prop., 26, rue des Tournelles. — Paris.

Paradis (Léon), Entrep. de serrurerie, 6, rue des Charseix. — Limoges (Haute-Vienne).

Parion, Mem. de la *Soc. d'astron.*, 7, quai de Conti. — Paris. — **R**

*** Dʳ Paris (Gustave)**, rue de Grammont. — Luxeuil (Haute-Saône).

Dʳ Paris (H.). — Chantonnay (Vendée).

Parisse (Eugène), Ing. des Arts et Man., 49, rue Fontaine-au-Roi. — Paris.

*** Parizot (Adolphe)**, Insp. hon. des Enfants assistés, 18, rue de la Préfecture. — Besançon (Doubs).

*** Parmentier (Paul)**, Doct. ès sc., Prof. au col., 15, rue Courvoisier. — Baume-les-Dames (Doubs).

Parmentier (le Général Théodore), 5, rue du Cirque. — Paris. — **F**

Parquet (Mᵐᵉ), 1, rue Daru. — Paris.

Parran (Alphonse), Ing. en chef des Mines en retraite, Dir. de la *Comp. des minerais de fer magnét. de Mokta-el-Hadid*, 26, avenue de l'Opéra. — Paris. — **F**

Parsat (A.), Pharm. — Monpazier (Dordogne).

Pascal (Hilarion), Insp. gén. des P. et Ch. en retraite, 171, rue de Rome. — Marseille (Bouches-du-Rhône).

Pasqueau (Alfred), Ing. en chef des P. et Ch., 6, rue La Trémoille. — Paris.

Dʳ Pasquet (A.). — Uzerche (Corrèze).

Pasquet (Eugène) (fils), 16, rue Croix-de-Seguey. — Bordeaux (Gironde). — **R**

*** Passey-Morin (Eugène)**, Étud., 9, rue des Marronniers. — Paris.

Passion (Octave), Avocat. — Issoire (Puy-de-Dôme).

Passy (Frédéric), Mem. de l'Inst., anc. Député, Mem. du Cons. gén. de Seine-et-Oise, 8, rue Labordère. — Neuilly-sur-Seine (Seine). — **R**

Passy (Paul, Édouard), Doct. ès let., Lauréat de l'Inst. (Prix Volney), Sec. de la *Soc. phonét. des Prof. de Langues viv.*, 92, rue de Longchamp. — Neuilly-sur-Seine (Seine).

Pasteur (Louis), Mem. de l'Acad. franç., de l'Acad. des Sc. et de l'Acad. de Méd., 25, rue Dutot. — Paris. — **F**

Patapy (Junien), Avocat, v.-Présid. du Cons. gén., 12, boulevard Montmailler. — Limoges (Haute-Vienne).

*** Pateu (Léon)**, Entrep., Mem. du Cons. mun., 9, rue des Chaprais. — Besançon (Doubs).

Pathier (A.), Manufac., 3, avenue de l'Observatoire. — Paris.

*** Paturel (Georges)**, Dir. de la Stat. agron. du Finistère. — Quimperlé (Finistère).

*** Dʳ Paturet (Émile)**. — Joinville (Haute-Marne).

Dʳ Paul, route de Mostaganem. — Oran (Algérie).

Dʳ Paul (Constantin), Mem. de l'Acad. de Méd., Agr. à la Fac. de Méd., Méd. des Hôp., 45, rue Cambon. — Paris.

Pauquet (Henri), Nég. — Creil (Oise).

Pavot (Théodore), Méd. princ. de la Marine en retraite, 109, rue du Port. — Lorient (Morbihan).

Payen (Louis, Eugène), Caissier de la *Comp. d'Assur. l'Aigle*, 44, rue de Châteaudun. — Paris.

*** Dʳ Péchaud (Jacques, Joseph)**, Méd.-maj. de 1ʳᵉ cl., Dir. adj. du serv. de santé du 7ᵉ corps d'armée, 12, rue Ronchaux. — Besançon (Doubs).

Péchiney (A.), Ing. Chim. — Salindres (Gard).

*Pecker (Eugène), Nég. Mem. du Cons. mun., 7, Grande-Rue. — Besançon (Doubs).

Pédézert (Charles, Henri), Ing. du Matériel et de la Trac. aux *Chem. de fer de l'État*, anc. Élève de l'Éc. cent. des Arts et Man., 21, rue de la Vieille-Prison. — Saintes (Charente-Inférieure).

Pédraglio-Hoël (Mme Hélène), 12, rue de la Fosse. — Nantes (Loire-Inférieure). — **R**

Dr Pégoud (Albert), Prof. à l'Éc. de Méd., 1, rue Frédéric-Taulier. — Grenoble (Isère).

Pélagaud (Élysée), Doct. ès sc., 15, quai de l'Archevêché. — Lyon (Rhône). — **R**

Pélagaud (Fernand), Doct. en droit, Cons. à la Cour d'Ap., 31, quai Saint-Vincent. — Lyon (Rhône). — **R**

Pelé (F.), 52, rue Caumartin. — Paris.

Pelissot (Jules de), s.-Dir. de la *Comp. des Docks et Entrepôts* (Hôtel des Docks), 1, place de la Joliette. — Marseille (Bouches-du-Rhône).

Pellat (Henri), Prof. adj. à la Fac. des Sc., 3, avenue de l'Observatoire. — Paris.

Pellerin de Lastelle (Henri), Admin. délég. de la *Soc. nouv. de construc. syst. Tollet*, 81, rue Saint-Lazare. — Paris.

Pellet (Auguste), Doyen de la Fac. des Sc., 51, rue Blatin. — Clermont-Ferrand (Puy-de-Dôme). — **R**

Pelletier (Horace), Présid. du *Comice agric. de Blois*. — Madon par les Montils (Loir-et-Cher).

Pellin (Philibert), Ing. des Arts et Man., Construc. d'inst. de précis., 21, rue de l'Odéon. — Paris.

Pellorce (Charles), Présid. de l'*Acad. de Mâcon*, anc. Maire. — Mâcon (Saône-et-Loire).

Peltereau (Ernest), Notaire hon. — Vendôme (Loir-et-Cher). — **R**

Pennès (J., A.), anc. Fabric. de prod. chim. et hygién., 31, boulevard de Port-Royal. — Paris. — **F**

Dr Pennetier (Georges), Prof. à l'Éc. de Méd., Dir. du Muséum d'hist. nat., impasse de la Corderie, barrière Saint-Maur. — Rouen (Seine-Inférieure).

Péquignot (A.), Dir. des Salines. — Arzew (départ. d'Oran) (Algérie).

Perard (Louis), Prof. à l'Univ., 103, rue Saint-Esprit. — Liège (Belgique).

Perdreau (Julien), Ing., 11, avenue de la Tourelle. — Saint-Mandé (Seine).

Perdrigeon du Vernier (J.), anc. Agent de change. — Chantilly (Oise). — **F**

Péré (Paul), Avoué. — Marmande (Lot-et-Garonne).

Pereire (Émile), Ing. des Arts et Man., Admin. de la *Comp. des Chem. de fer du Midi*, 10, rue Alfred-de-Vigny. — Paris. — **R**

Pereire (Mme Eugène), 45, rue du Faubourg-Saint-Honoré. — Paris.

Pereire (Eugène), Ing. des Arts et Man., Présid. du Cons. d'Admin. de la *Comp. gén. Transat.*, 45, rue du Faubourg-Saint-Honoré. — Paris. — **R**

Pereire (Henri), Ing. des Arts et Man., Admin. de la *Comp. des Chem. de fer du Midi*, 33, boulevard de Courcelles. — Paris. — **R**

Pérez (Jean), Prof. à la Fac. des Sc., 21, rue Saubat. — Bordeaux (Gironde). — **R**

Péridier (Jean), Banquier, 15, quai de Bosc. — Cette (Hérault).

Péridier (Louis), Dir. de la *Publicité méridionale*, Jug. sup. au trib. de com., 2, quai du Sud. — Cette (Hérault). — **R**

Périer (Auguste), Courtier, 30, rue Dupaty. — La Rochelle (Charente-Inférieure).

Dr Périer (Charles), Mem. de l'Acad. de Méd., Agr. à la Fac. de Méd., Chirurg. des Hôp., 9, rue Boissy-d'Anglas. — Paris.

Périer (Émile), Ing. en chef des P. et Ch. — Draguignan (Var).

Périer (Louis), Indust., 21, quai d'Issy. — Issy (Seine).

Péron (Pierre, Alphonse), Intend. milit. du 6e corps d'armée. — Châlons-sur-Marne (Marne).

Pérouse (Denis), Ing. en chef des P. et Ch., Mem. du Cons. gén. de l'Yonne, 40, quai Debilly. — Paris.

Perré (Auguste) (fils), Manufac., anc. Présid. du Trib. de com. — Elbeuf-sur-Seine (Seine-Inférieure).

Perregaux (Louis), Manufac. — Jallieu par Bourgoin (Isère).

Perrelet (Mme), 38, rue des Écoles. — Paris.

Dr Perrenot (Félix), 1, avenue des Iles-d'Or. — Hyères (Var).

Perrenoud, Prop., 107, avenue de Choisy. — Paris.

Perret (Auguste), Prop., 50, quai Saint-Vincent. — Lyon (Rhône). — **R**

Perret (Michel), Mem. du Cons. d'admin. de la *Comp. des glaces de Saint-Gobain*, 7, place d'Iéna. — Paris. — **R**.

Perricaud, Cultivat. — La Balme (Isère). — **R**

Perricaud (Saint-Clair). — La Battero commune de Sainte-Foy-lez-Lyon par la Mulatière (Rhône). — **R**

Perrier (Edmond), Mem. de l'Inst., Prof. au Muséum d'hist. nat., 28, rue Gay-Lussac. — Paris.

Dr Perrier (J.), anc. Mem. du Cons. gén., 1, place Bouquerie. — Nîmes (Gard).

***Perrin** (Élie), Prof. de math. à l'Éc. mun. Jean-Baptiste-Say, 7, rue Lamandé. — Paris.

Perrin (Léon), Dir. des Postes et Télég. de la Haute-Garonne. — Toulouse (Haute-Garonne).

Perrin (Raoul), Ing. en chef des Mines, 5, rue Erpell. — Le Mans (Sarthe).

Perrot (Émile), Int. en Pharm. à la Maison de retraite des Ménages, 13, rue du Vivier. — Issy (Seine).

Perrot (Ernest), 7, rue du Lycée. — Laval (Mayenne).

Perrot (Paul), Présid. de la Ch. des Commis.-pris., 66, rue Miroménil. — Paris.

***Dr Perry** (Jean). — Miramont (Lot-et-Garonne).

Persoz, 167, rue Saint-Jacques. — Paris.

Pertuis, Construc. d'inst. de précis., 4, place Thorigny. — Paris.

Dr Peschaud (Gabriel), Méd. de la *Comp. des Chem. de fer d'Orléans*, de l'Hôp. et des Prisons, Adjoint au Maire, rue Neuve-du-Balat. — Murat (Cantal).

Petit (Mme A.), 8, rue Favart. — Paris.

Petit (A.), Pharm. de 1re cl., Présid. de l'*Assoc. gén. des Pharm. de France*, 8, rue Favart. — Paris.

Petit (Charles, Paul), anc. Pharm. de 1re cl., 37, boulevard de la Pie. — Saint-Maur-les-Fossés (Seine).

Dr Petit (Henri), Biblioth.-adj. à la Fac. de Méd., 76, rue de Seine. — Paris. — **R**

Petit (Henri, Gustave), Dir. particulier de la *Comp. d'assurances gén.*, 2, rue Saint-Joseph. — Châlons-sur-Marne (Marne).

Petit (Hubert), Nég. — Langres (Haute-Marne).

Petit (Jules), Ing. en chef des P. et Ch., 3, quai des Brotteaux. — Lyon (Rhône).

***Petiton** (Anatole), Ing. civ.-Conseil des Mines, 91, rue de Seine. — Paris.

Petrucci (G.-R.), Ing. — Béziers (Hérault). — **R**

Pettit (Georges), Ing. en chef des P. et Ch., boulevard d'Haussy. — Mont-de-Marsan (Landes). — **R**

***Peugeot** (Armand), Manufac., Mem. du Cons. gén. — Valentigney par Audincourt (Doubs).

***Peugeot** (Eugène), Manufac., Mem. du Cons. gén. — Hérimoncourt (Doubs).

Peyraud (Mme). — Libourne (Gironde).

Dr Peyraud. — Libourne (Gironde).

Peyre (Jules), anc. Banquier, 6, rue Deville. — Toulouse (Haute-Garonne). — **F**

Dr Peyron (Ernest), Dir. de l'Assist. pub. à Paris, Mem. du Cons. gén. de Seine-et-Oise, 3, place de l'Hôtel-de-Ville. — Paris.

Dr Peyrot (Jean, Joseph), Agr. à la Fac. de Méd., Chirurg. des Hôp., 33, rue Lafayette. — Paris.

Peyrusson (Édouard), Prof. de Chim. et de Toxicol. à l'Éc. de Méd. et de Pharm., 7, chemin du Petit-Tour. — Limoges (Haute-Vienne).

Peyrusson (Martial), Étud., 7, chemin du Petit-Tour. — Limoges (Haute-Vienne).

Pezat (Albert), Nég., 172, cours Victor-Hugo. — Bordeaux (Gironde).

Philippe (Léon), 23 *bis*, rue de Turin. — Paris. — **R**

***Dr Phisalix** (Césaire), Doct. ès sc., Assistant de Pathol. comparée au Muséum d'hist. nat., 5, rue des Chantiers. — Paris.

Piat (Albert), Construc.-Mécan., 85, rue Saint-Maur. — Paris. — **F**

Piat (Alfred), Notaire hon., 68, avenue d'Iéna. — Paris.

Piat (fils), Mécan.-Fondeur, 85, rue Saint-Maur. — Paris.

Dr Piberet (Pierre, Antoine), 75, rue Saint-Lazare. — Paris.

Dr Picard. — Selles-sur-Cher (Loir-et-Cher).

***Dr Picardat** (Alexandre). — Saint-Parres-les-Vaudes (Aube).

***Picaud** (Albin), Répét. gén. au Lycée. — Grenoble (Isère).

Dr Pichancourt. — Bourgogne (Marne).

Piche (Albert), anc. Cons. de Préf., Présid. de la Commis. météorol. de la *Soc. d'Educat. popul.*, 8, rue Montpensier. — Pau (Basses-Pyrénées). — **R**

Pichou (Alfred), Chef de bur. à la *Comp. des Chem. de fer du Midi*, 11, chemin de Cauderès. — Talence (Gironde).

Picot, Prof. de clin. médic. à la Fac. de Méd., Assoc. nat. de l'Acad. de Méd., 25, rue Ferrère. — Bordeaux (Gironde).

Picou (Gustave), Indust., 123, rue de Paris. — Saint-Denis (Seine). — **R**

Picquet (Henry), Chef de bat. du Génie, Examin. d'admis. à l'Éc. Polytech., 9, rue Bara. — Paris.

Pierret (Antoine, Auguste), Prof. de clin. des malad. ment. à la Fac. de Méd., Méd. en chef de l'asile de Bron, 8, quai des Brotteaux. — Lyon (Rhône).

Dr **Pierrou**. — Chazay-d'Azergues (Rhône). — **R**

Piéton (Louis), Avocat, 27, rue de Vesle. — Reims (Marne).

Piette (Édouard), Juge hon. — Rumigny (Ardennes).

Pifre (Abel), Ing., des Arts et Man., 176, rue de Courcelles. — Paris.

Pillet (Jules), Prof. à l'Éc. nat. des P. et Ch. et à l'Éc. nat. des Beaux-Arts, anc. Élève de l'Éc. Polytech., 18, rue Saint-Sulpice. — Paris.

Pillot (Maurice), Nég. — Montmorillon (Vienne).

Pilon, Notaire. — Blois (Loir-et-Cher).

Dr **Pin (Paul)**. — Alais (Gard).

Pinasseau (F.), Notaire. — Saintes (Charente-Inférieure).

*Dr **Pineau (Emmanuel)**. — Château d'Oléron (Charente-Inférieure).

Pinel (Charles), Ing.-Construc., anc. Juge au Trib. de com., 24, rue Méridienne. — Rouen (Seine-Inférieure).

***Pingaud (Léon)**, Prof. à la Fac. des Let., Sec. perp. de l'*Acad. des Sc., Belles-Lettres et Arts*, 17, rue Saint-Vincent. — Besançon (Doubs).

Pinguet (E.), 4, rue de la Terrasse. — Paris.

Pinocheau (Eugène), Notaire. — Bressuire (Deux-Sèvres).

Pinon (Paul), Nég., 1, rue de la Tirelire. — Reims (Marne). — **R**

Dr **Piogey (Gérard)**, 24, rue Saint-Georges. — Paris.

Piogey (Julien), anc. Juge de paix du XVIIe arrond., 24, rue Saint-Georges. — Paris.

*Dr **Piquard (Léon)**. — Chalèze (Doubs).

Dr **Pirondi (Sirus)**, Associé nat. de l'Acad. de Méd., Prof. hon. à l'Éc. de Méd., Chirurg.-consult. des Hôp., 80, rue Sylvabelle. — Marseille (Bouches-du-Rhône).

*Dr **Pitois (Eugène)**, Lic. ès sc. phys. et nat., 16, rue Linné. — Paris.

Pitre (Charles), Archit., anc. Contrôl. des bâtiments civils, 25, rue de Douai. — Paris.

Pitres (Albert), Doyen de la Fac. de Méd., Corresp. nat. de l'Acad. de Méd., Méd. de l'Hôp. Saint-André, 119, cours d'Alsace-et-Lorraine. — Bordeaux (Gironde). — **R**

Pizon (Antoine), Prof. d'hist. nat. au Lycée, 10, rue Frédéric-Caillaud. — Nantes (Loire-Inférieure).

Planté (Adrien), Maire, anc. Député. — Orthez (Basses-Pyrénées).

Planté (Charles), Chef du serv. télég. aux *Chem. de fer de l'État*, 7, rue Bourgeois. — Paris.

Planté (Charles) (fils), Insp. princ. de l'exploit. aux *Chem. de fer de l'État*, 12, rue du Bocage. — Nantes (Loire-Inférieure).

***Ploix (Charles)**, Ing.-Hydrog. de 1re cl. de la Marine en retraite, 1, quai Malaquais. — Paris. — **R**

Dr **Pluyette (Édouard)**, Chirurg. adj. des Hôp., 2, rue de la Grande-Armée. — Marseille (Bouches-du-Rhône).

Poche (Guillaume), Nég. — Alep (Syrie) (Turquie d'Asie).

Poillon (Louis), Ing. des Arts et Man., hacienda de Goicochea. — Saint-Angel près Mexico (Mexique). — **R**

Poincaré (Antoine), Insp. gén. des P. et Ch. en retraite, 14, rue du Regard. — Paris.

Poincaré (Henri), Mem. de l'Inst., Prof. à la Fac. des Sc., Ing. des Mines, 63, rue Claude-Bernard. — Paris.

Poirier (J.), Prof. de zool. à la Fac. des Sc. — Clermont-Ferrand (Puy-de-Dôme).

***Poirier (Julien)**, Nég., 49, boulevard Saint-Germain. — Paris.

Poirrier (Alcide), Fabric. de prod. chim., Sénateur de la Seine, 10, avenue de Messine. — Paris. — **F**

Poisson (le Baron Henry), 26, rue Cambon. — Paris. — **R**

Poisson (Jules), Assistant de Botan. au Muséum d'hist. nat., 7, rue des Bernardins. — Paris. — **R**

Poissonnier (Achille), Archit. — Luzancy par Saacy (Seine-et-Marne).

Poizat (Ernest), Ing. civ. des Mines, 1, rue Porte-de-Beaune. — Chalon-sur-Saône (Saône-et-Loire).

Poizat (le Général Henri, Victor), 28, boulevard Bon-Accueil. — Alger-Agha. — **R**

Dr Polaillon (Joseph), Mem. de l'Acad. de Méd., Agr. à la Fac. de Méd., Chirurg. des Hôp., 229, boulevard Saint-Germain. — Paris.

Polak (Maurice), Admin.-gérant du journal de la *Société libre des artistes français*, et Trésor. de la Soc., 29, boulevard des Batignolles. — Paris.

Polignac (le Prince Camille de), château de la Source-Saint-Cyr en Val, par Olivet (Loiret). — **F**

Polignac (le Comte Guy de). — Kerbastic-sur-Gestel (Morbihan). — **R**

Polignac (le Comte Melchior de). — Kerbastic-sur-Gestel (Morbihan). — **R**

Pollet (J.), Vétér. départ., 20, rue Jeanne-Maillotte. — Lille (Nord).

Dr Pollosson (Maurice), Agr. à la Fac. de Méd., 16, rue des Archers. — Lyon (Rhône).

Polony, Ing. en chef des P. et Ch. — Rochefort-sur-Mer (Charente-Inférieure).

Pomel (Auguste), Corresp. de l'Inst., Dir. hon. de l'Éc. prép. à l'Ens. sup. des Sc., anc. Sénateur, 72, rue Rovigo. — Alger.

Pomier-Layrargues (Georges), Ing., 16, rue Clos-René. — Montpellier (Hérault).

Pommerol, Avocat, anc. Rédac. de la Revue *Matériaux pour l'Hist. prim. de l'Homme.* — Veyre-Mouton (Puy-de-Dôme), et 72, rue Monge. — Paris. — **R**

'Dr Pommerol (François), Mem. du Cons. gén. — Gerzat (Puy-de-Dôme).

Pommery (Louis), Nég. en vins de Champagne, 7, rue Vauthier-le-Noir. — Reims, (Marne). — **F**

Poncet (Antonin), Prof. à la Fac. de Méd., Chirurg. en chef désigné de l'Hôtel-Dieu, 19, rue Confort. — Lyon (Rhône).

Poncin (Henri), anc. Chef d'instit., 8, rue des Marronniers. — Lyon (Rhône).

Dr Pons (Louis). — Nérac (Lot-et-Garonne).

Pontevès de Sabran (Charles de), Cap. au 1er Rég. de Hussards, 1, rue Dragon. — Marseille (Bouches-du-Rhône).

Pontier (André), Pharm. de 1re cl., Prépar. de toxicolog. à l'Éc. sup. de Pharm., 48, boulevard Saint-Germain. — Paris.

Pontzen (Ernest), Ing. civ., anc. Élève de l'Éc. nat. des P. et Ch., Mem. du *Comité d'exploit. tech. des chem. de fer*, 89, rue Saint-Lazare (3, avenue Coq). — Paris.

Porcherot (Eugène), Ing. civ., la Béchellerie. — Saint-Cyr-sur-Loire par Tours (Indre-et-Loire). — **R**

Porgès (Charles), Présid. du Cons. d'Admin. de la *Comp. continentale Edison*, 25, rue de Berri. — Paris — **R**

Porte (Arthur), s. Dir. du Jardin zool. d'acclimat., 50, boulevard Maillot (Porte des Sablons). — Neuilly-sur-Seine (Seine).

Porte (Eugène), Nég., 41, rue de Nuits (Parc de Bercy). — Paris.

Porteu (Henry), anc. Garde gén. des Forêts, Prop., Agric., 8, rue de la Psalette, — Rennes (Ille-et-Vilaine).

Portevin (Hippolyte), Ing. civ., anc. Élève de l'Éc. Polytech., 2, rue de la Belle-Image. — Reims (Marne).

Potain (Edouard), Mem. de l'Inst. et de l'Acad. de Méd., Prof. à la Fac. de Méd., Méd. des Hôp., 256, boulevard Saint-Germain. — Paris.

Potier (Mme Alfred), 89, boulevard Saint-Michel. — Paris.

Potier (Alfred), Mem. de l'Inst., Ing. en chef des Mines, Prof. à l'Éc. Polytech., 89, boulevard Saint-Michel. — Paris. — **F**

Potron (Ernest), Agric. — Mouzon (Ardennes).

Dr Poucel (Eugène), Chirurg. en chef des Hôp., 22, boulevard du Musée. — Marseille (Bouches-du-Rhône).

Dr Pouchet (Georges), Prof. au Muséum d'hist. nat., Dir. du Lab. de zool. et de physiol. marit. de Concarneau, 10, rue de l'Éperon. — Paris.

Poujade (E.), Prof. au Lycée Ampère, 8, impasse des Lilas. — Lyon (Rhône).

Poulain (Paul), Nég., 7, rue Payenne. — Paris.

Poulet (Ernest), Dir. des plât. de Vaucluse. — La Parisienne par Velleron (Vaucluse).

Poullain (Georges), Lic. ès sc., 44, rue de Turbigo. — Paris.

Poupinel (Émile), 24, rue Cambon. — Paris.

Dr Poupinel (Gaston), anc. Int. des Hôp., 225, rue du Faubourg-Saint-Honoré. — Paris. — **R**

'Dr Pourcelot (Charles). — Labergement-les-Seurre (Côte-d'Or).

Pousset (Albert), Prof. de math. au Lycée, 16, rue Boucenne. — Poitiers (Vienne).

Dr Poussié (Émile), 2, rue de Valois. — Paris. — **R**

Pouyanne (G., M.), Ing. en chef des Mines, 70, rue Rovigo. — Alger. — **R**

Dr Pouzet (Paul) (fils), 3, rue de Copenhague. — Paris.

Dr **Powell (Osborne, C.).** — Fontenelle-Saint-Laurent (Ile de Jersey) (Angleterre).

Dr **Pozzi (Samuel)**, Agr. à la Fac. de Méd., Chirurg. des Hôp., 10, place Vendôme. — Paris. — **R**

Pralon (Léopold), Ing. civ. des Mines, Ing. à la *Société de Denain et d'Anzin*, anc. Élève de l'Éc. Polytech., 23, rue des Martyrs. — Paris.

Prarond (Ernest), Présid. d'hon. de la *Soc. d'émulation d'Abbeville*, 42, rue du Lillier. — Abbeville (Somme).

Prat (Charles-Amédée), Ing. des serv. extérieurs de la *Comp. du Gaz et Hauts Fourneaux de Marseille*, anc. Élève de l'Éc. cent. des Arts et Man., 39, rue Montgrand. — Marseille (Bouches-du-Rhône).

Prat (J.-P.), Chim., 163, rue Judaïque. — Bordeaux (Gironde). — **R**

Prat (Louis), Ing. des P. et Ch. — Tlemcen (départ. d'Oran) (Algérie).

Préaudeau (A. de), Ing. en chef des P. et Ch., 21, rue Saint-Guillaume. — Paris.

Preller (L.), Nég., 5, cours de Gourgues. — Bordeaux (Gironde).

Prève (Laurent), 3, rue de Grammont. — Paris.

Prevet (Ch.), Nég., 48, rue des Petites-Écuries. — Paris. — **R**

*****Prévost (Maurice)**, Publiciste, 55, rue Claude-Bernard. — Paris.

*****Prieur (Félix)**, Biblioth. des Fac., 6, rue Morand. — Besançon (Doubs).

*****Prioleau (Mme Léonce)**, 4, rue des Jacobins. — Brive (Corrèze). — **R**

*****Dr Prioleau (Léonce)**, anc. Int. des Hôp. de Paris, 4, rue des Jacobins. — Brive (Corrèze). — **R**

Priou (Louis), Interp. judic., Mem. du Cons. gén., 40, rue Greuze. — Mostaganem (départ. d'Oran) (Algérie).

Privat (Paul, Édouard), Libr.-Édit., Juge au Trib. de Com., 45, rue des Tourneurs. — Toulouse (Haute-Garonne). — **R**

Prot (Paul), Indust., 65, rue Jouffroy. — Paris. — **F**

Proudhon (Mme V^e), 78, boulevard Saint-Germain. — Paris.

Prouho (Henri), Doct. ès sc., Maître de Conf. à la Fac. des Sc., anc. Élève de l'Éc. cent. des Arts et Man. — Lille (Nord).

Proust (Adrien), Prof. à la Fac. de Méd., Mem. de l'Acad. de Méd., Méd. des Hôp., Insp. gén. des serv. sanit., 9, boulevard Malesherbes. — Paris.

Prunget (Joseph), s.-Chef de Bureau au Min. du Com., 2, carrefour de la Croix-Rouge. — Paris.

Pruvot (Georges), Prof. de zool. à la Fac. des Sc. — Grenoble (Isère).

Puerari (Eugène), Admin. de la *Comp. des Chem. de fer du Midi*, 40, boulevard de Courcelles. — Paris.

Pugens, Ing. en chef des P. et Ch., 7, Jardin-Royal. — Toulouse (Haute-Garonne).

Pujos (E.), 19, allées de Chartres. — Bordeaux (Gironde).

Dr **Pujos (Albert)**, Méd. princ. du Bureau de bienfais., 58, rue Saint-Sernin. — Bordeaux (Gironde). — **R**

Dr **Pupier (Zénon)**, 85, rue d'Assas. — Paris.

Pütz (le Général Henry), 98, rue Saint-Merry. — Fontainebleau (Seine-et-Marne).

Dr **Putzeÿs (Félix)**, Prof. d'hyg. à l'Univ., 15, boulevard Frère-Orban. — Liège (Belgique).

Puvis (Paul), 40, quai Jemmapes. — Paris.

Quatrefages de Bréau (Mme Ve Armand de), 155, boulevard Magenta. — Paris. — **R**

Quatrefages de Bréau (Léonce de), Ing. des Arts et Man., Chef de la Comptab. du matér. et de la Trac. à la *Comp. des Chem. de fer du Nord*, 155, boulevard Magenta. — Paris. — **R**

*****Quef-Debièvre (Victor)**, Prop., 2, boulevard Louis XIV. — Lille (Nord).

Queirel (Mme Auguste), 20, rue Grignan. — Marseille (Bouches-du-Rhône).

Dr **Queirel (Auguste)**, Corresp. nat. de l'Acad. de Méd., Prof. de clin. obstétric. à l'Éc. de Méd., Chirurg. en chef de la Maternité, 20, rue Grignan. — Marseille (Bouches-du-Rhône).

*****Dr Quélet (Lucien)**, Natur., Lauréat de l'Acad. des Sc. — Hérimoncourt (Doubs).

Quesné (Victor), anc. Banquier. — Elbeuf-sur-Seine (Seine-Inférieure).

*****Quesnel (Gustave)**, 10, rue Legendre. — Rouen (Seine-Inférieure).

Queva (Charles), Lic. ès sc., Prépar. de botan. à la Fac. des Sc., 1, rue des Fleurs. — Lille (Nord).

Quévillon (Fernand), Chef de bat. breveté d'Ét.-Maj. au 119e rég. d'Infant., 17, rue du Champ-de-Mars. — Paris. — **F**

Quévreux (Amédée), Prop., château Langladure. — Bourdettes par Nay (Basses-Pyrénées).

Quinemant (Auguste), Colonel d'Infant. en retraite, villa Beau-Site. — Thonon-les-Bains (Haute-Savoie).

Quinette de Rochemont (le **Baron Émile, Théodore**), Insp. gén., Prof. à l'Éc. nat. des P. et Ch., 18, rue de Marignan. — Paris.

Dr Quinquaud (**Eugène**), Mem. de l'Acad. de Méd., Agr. à la Fac. de Méd., Méd. des Hôp., 20, boulevard Saint-Germain. — Paris. — **R**

Rabion (**J., E.**), Notaire, 32, rue Vital-Carles. — Bordeaux (Gironde).

Rabot, Doct. ès sc., Pharm., Présid. du Cons. d'hyg. du départ., 33, rue de la Paroisse. — Versailles (Seine-et-Oise).

Rabot (**Charles**), Explorat., 2, rue de Penthièvre. — Paris.

*__Racapé__ (**Maurice**), Prépar. de Géol. à la Fac. des Sc., Sec. du *Club Alpin*, 34, rue Charles-Nodier. — Besançon (Doubs).

Racine (**Émile**), Nég., anc. Juge au Trib. de com., 30, rue Breteuil. — Marseille (Bouches-du-Rhône).

Racine (**Gustave**), Nég., 30, rue Breteuil. — Marseille (Bouches-du-Rhône).

Racine (**Henri**), Indust., v.-Consul d'Autriche. — Menton (Alpes-Maritimes).

Raclet (**Joannis**), Ing. civ., 10, place des Célestins. — Lyon (Rhône). — **R**

Radius (**Georges**), Bijout., 19, rue de Valois. — Paris.

Dr Rafaillac (**Sylvain**). — Margaux (Gironde).

Raffalovich (**Mme H.**), 10, avenue du Trocadéro. — Paris.

Raffalovich (**Arthur**), Corresp. de l'Inst., Rédac. au *Journal des Débats*, 19, avenue Hoche. — Paris.

Raffard (**Nicolas, Jules**), Ing.-Mécan., Lauréat de l'Inst. (Prix Monthyon), 5, avenue d'Orléans. — Paris. — **R**

Ragain (**Gustave**), Prof. au Lycée et à l'Éc. sup. de Com. et d'Indust., 42, rue de Ségalier. — Bordeaux (Gironde).

Ragonot (**E.**), Banquier, anc. Présid. de la Soc. *entomol. de France*, 12, quai de la Rapée. — Paris.

Ragot (**J.**), Ing. civ., Admin. délégué de la Sucrerie de Meaux. — Villenoy par Meaux (Seine-et-Marne).

Raillard (**Emmanuel**), Insp. gén. des P. et Ch. en retraite, 7, rue Fénelon. — Paris.

Raimbault (**Paul**), Pharm. de 1re cl., Prof. à l'Éc. de Méd., 12, rue de la Préfecture. — Angers (Maine-et-Loire).

Rainbeaux (**Abel**), anc. Ing. des Mines, 16, rue Picot. — Paris.

Dr Raingeard, 1, place Royale. — Nantes (Loire-Inférieure). — **R**

Ralli (**Étienne**), Prop., 24, place Malesherbes. — Paris.

Rambaud (**Alfred**), Prof. à la Fac. des Let., 76, rue d'Assas. — Paris. — **R**

*__Ramé__ (**Mlle**), 16, rue de Chalon. — Paris. — **R**

*__Ramé__ (**Louis, Félix**), anc. Présid. du syndic. de la boulang. de Paris et de la délég. de la boulang. franç., 16, rue de Chalon. — Paris. — **R**

Rames (**J.-B.**), Pharm. et Géol. — Aurillac (Cantal).

Ramon, Chef de serv. du matér. et de la trac. au *Réseau de l'Eure*. — Tric-Château (Oise).

Ramon del Rio, Chancel. de l'ambas. d'Espagne, 34, boulevard de Courcelles. — Paris.

Ramond (**Georges**), Assistant de Géol. au Muséum d'hist. nat. de Paris, 25, rue Jacques-Dulud. — Neuilly-sur-Seine (Seine).

Rampont (**Émile**), Doct. en Droit, Avoué de 1re Inst., 1, rue des Michottes. — Nancy (Meurthe-et-Moselle).

Rampont (**Henri**), Avocat. — Toul (Meurthe-et-Moselle).

Randoing (**Jean, Henri**), Insp. gén. de l'Agric., 78 *bis*, rue de Rennes. — Paris.

Dr Ranque (**Paul**), 13, rue Champollion. — Paris.

Dr Ranse (**Félix, Henri de**), Corresp. de l'Acad. de Méd., Rédac. en chef de la *Gazette médicale*, 53, avenue Montaigne. — Paris.

Raoul (**Édouard**), Mem. du Cons. sup. de Santé et du Cons. sup. des Colonies, Prof. du cours de produc. et cultures tropic. à l'Éc. coloniale, Délég. des Ch. d'Agric. et de Com. des Établis. français de l'Océanie, 5, rue de Vienne. — Paris. — **R**

Dr Raoult (**Aimar**), anc. Int. des Hôp. de Paris, 4, rue de Serre. — Nancy (Meurthe-et-Moselle).

Raoult (**François**), Corresp. de l'Inst., Doyen de la Fac. des Sc., 2, rue des Alpes. — Grenoble (Isère).

Raoulx, Insp. gén. des P. et Ch. en retraite. — Toulon (Var).

Rateau, Prop., 5, rue Saint-Laurent. — Bordeaux (Gironde).

Rateau (**A.**), Ing. des Mines, Prof. à l'Éc. des Mines, 27, rue de la République. — Saint-Etienne (Loire).

Raulet (**Lucien**), anc. Nég., Biblioth.-Conserv. hon. de la Soc. *de Géog. com. de Paris*, 9, rue des Dames. — Paris.

Raulin (Victor), anc. Prof. à la Fac. des Sc. de Bordeaux. — Montfaucon-d'Argonne (Meuse).
*Ravet (Mᵐᵉ), 43, rue du Faubourg-Saint-Antoine. — Paris.
Dʳ Raymond (Fulgence), Agr. à la Fac. de Méd., Méd. des Hôp., 21, rue de Rome. — Paris.
Dʳ Raymond (Théophile), Prof. de Pathol. int. à l'Éc. de Méd., 8, avenue de Juillet. — Limoges (Haute-Vienne).
Dʳ Raymondaud (Eugène, Joseph) (père), Dir. de l'Éc. de Méd. et de Pharm., 28, faubourg Manigne. — Limoges (Haute-Vienne).
Raynal (David), Min. de l'Int., Député de la Gironde, 11, rue Château-Trompette. — Bordeaux (Gironde).
Reber (Jean), Chim. — Notre-Dame-de-Bondeville (Seine-Inférieure).
Reboul (Frédéric), Lieut. au 24ᵉ rég. d'infant., 16, rue Montaigne. — Paris.
Dʳ Reboul (Jules), anc. Int. des Hôp. de Paris, Chef de clin. chirurg. à l'Éc. de Méd., 75, rue Saint-Jacques. — Marseille (Bouches-du-Rhône).
Rebuffel (Charles), Ing. des P. et Ch., Dir. de la *Soc. des grands trav. de Marseille*, 70, rue Paradis. — Marseille (Bouches-du-Rhône).
Récipon (Émile), Prop., Député d'Ille-et-Vilaine, 39, rue Bassano. — Paris. — **F**
Reclus (Elisée), Géog., 26, rue des Fontaines. — Sèvres (Seine-et-Oise).
Dʳ Reclus (Paul), Agr. à la Fac. de Méd., Chirurg. des Hôp., 9, rue des Saints-Pères. — Paris.
*Dʳ Redard (Camille), Prof., 14, rue du Mont-Blanc. — Genève (Suisse).
*Dʳ Reddon (Henri), Méd. résid. à la villa Penthièvre. — Sceaux (Seine).
Dʳ Régis (Emmanuel), anc. Chef de clin. des maladies ment. à la Fac. de Méd. de Paris, Méd. de la maison de santé de Castel d'Andorte. — Bouscat (Gironde).
Dʳ Régnard (Paul), Prof. à l'Inst. nat. agronom., 224, boulevard St-Germain. — Paris.
*Régnard (Paul), Ing. des Arts et Man., Mem. du Comité de la *Soc. des Ing. civ. de France*, 59, rue Bayen. — Paris.
*Régnault (Charles, Stanislas), Proc. gén. près la Cour d'Ap., 29, rue de la Préfecture. — Besançon (Doubs).
Régnault (Félix), Libraire, 19, rue de la Trinité. — Toulouse (Haute-Garonne).
*Dʳ Régnault (Félix, Louis), anc. Int. des Hôp., 12, rue de Longchamp. — Paris.
Reich (Louis), Ing.-Agric., La Bastide-Bertaud. — Gassin (Var).
Dʳ Reignier (Alexandre), Méd. consult., place Rosalie. — Vichy (Allier).
Reille (le Vicomte Gustave), anc. Of. de Marine, anc. Élève de l'Éc. Polytech., anc. Député, 8, boulevard de Latour-Maubourg. — Paris. — **R**
Reille (le Baron René), Député du Tarn, 10, boulevard de Latour-Maubourg. — Paris. — **R**
Reimonenq (Charles), Prop., anc. Chef de sect. de la voie à la *Comp. des Chem. de fer du Midi*, domaine du Bastard. — La Tresne (Gironde).
Reinach (Herman-Joseph), Banquier, 31, rue de Berlin. — Paris. — **F**
Reinwald (Mᵐᵉ Vᵉ C.), 15, rue des Saints-Pères. — Paris.
Reiset (Jules de), Mem. de l'Inst., 2, rue Alfred-de-Vigny. — Paris.
Dʳ Reliquet, 39, rue de Surène. — Paris. — **R**
Dʳ Rémond (Antoine), 2, allée du Pont-des-Demoiselles. — Toulouse (Haute-Garonne).
*Rémond (Charles), Notaire, 46, rue des Granges. — Besançon (Doubs).
Dʳ Rémy (Charles), Agr. à la Fac. de Méd., 46, rue de Londres. — Paris.
Renard (A.), Chim., Prof. à l'Éc. prép. à l'Ens. sup. des sc., 17, rue de la Corderie. — Rouen (Seine-Inférieure).
Renard (Charles), Chef de bat. du Génie, Dir. de l'Établis. cent. d'aérostat. milit., Parc de Chalais. — Meudon (Seine-et-Oise).
Renard (Soulange), Banquier, 10, avenue de Messine. — Paris.
Renard et Villet, Teintur. — Villeurbanne (Rhône).
*Renaud (Georges), Dir. de la *Revue géographique internationale*, Prof. au col. Chaptal, à l'Inst. com. et aux Éc. sup. de la ville de Paris, 76, rue de la Pompe. — Paris. — **R**
Renaud (Paul), anc. Indust., 6, rue du Chapeau-Rouge. — Nantes (Loire-Inférieure).
Renault (Bernard), Doct. ès sc., Assistant de Botan. au Muséum d'hist. nat., 1, rue de la Collégiale. — Paris.
Renault (Gustave), Pharm. de 1ʳᵉ cl., Présid. de la *Soc. des Pharm. du Loiret*, 4, rue de la Hallebarde. — Orléans (Loiret).
Renaut (A.), 17, boulevard Haussmann. — Paris.
Renaut (Joseph), Prof. à la Fac. de Méd., 6, rue de l'Hôpital. — Lyon (Rhône).
Rénier (Édouard), Recev. partic. des Fin. — Issoire (Puy-de-Dôme).
Renou (Émilien), Dir. de l'Observ. météor. du parc Saint-Maur, anc. Élève de l'Éc. Polytech., avenue de la Tourelle. — Saint-Maur-les-Fossés (Seine).

Renouard (Mme Alfred), 64, rue Singer. — Paris. — **F**
Renouard (Alfred), Ing. civ. Dir. de *Soc. techniq.*, 64, rue Singer. — Paris. — **F**
Renouard-Béghin, Filat. et Fabric. de toiles, 3, rue à Fiens. — Lille (Nord).
Renouf (Désiré), Dir. de l'agence de la *Soc. gén.*, 41, boulevard de la Gare. — Beauvais (Oise).
Renouvier (Charles), Dir. de *la Critique Philosophique*, anc. Élève de l'Éc. Polytech. — La Verdette près le Pontet par Avignon (Vaucluse). — **F**
Dr Repéré. — Gémozac (Charente-Inférieure).
Rességuier (Eugène), Admin. délég. des *Verreries de Carmaux*, 15, allées Lafayette. — Toulouse (Haute-Garonne).
*Dr Retrouvey (Alphonse), 32, Grande-Rue. — Besançon (Doubs).
Rettig (Fritz), Chim. (maison Heilmann et Cie). — Mulhouse (Alsace-Lorraine).
Revoil (Henri), Corresp. de l'Inst., Archit. des monuments historiques, avenue Feuchères. — Nîmes (Gard).
Revot-Prévost (Adolphe), Manufac., 9, rue Saint-Pierre-les-Dames. — Reims (Marne).
Rey (Louis), Ing. des Arts et Man., Admin. de la *Comp. des Chem. de fer du Cambrésis*, 77, boulevard Exelmans. — Paris. — **R**
Rey (Paul), Notaire, Mem. du Cons. gén. — Nay (Basses-Pyrénées).
Dr Reybert (L.), Député du Jura, Maire de Saint-Claude, 53, rue Pigalle. — Paris.
Rey-Lescure (Philippe), Mem. de la *Soc. géol. de France*, 35, rue Madame. — Paris.
*Rey-Pailhade (Joseph de), Ing. civ. des Mines, 38, rue du Taur. — Toulouse (Haute-Garonne).
Reynaud (Georges), Ing. des Arts et Man., Manufac. — Betheniville (Marne).
Dr Reynier (Paul), Agr. à la Fac. de Méd., Chirurg. des Hôp., 12 *bis*, place Delaborde. — Paris.
Dr Riant (A.), Méd. de l'Éc. norm. du départ. de la Seine, 138, rue du Faubourg-Saint-Honoré. — Paris.
Riaz (Auguste de), Banquier, 10, quai de Retz. — Lyon (Rhône). — **F**
Dr Riban (Joseph), Dir. adj. du Lab. d'enseign. chim. et des Hautes Études à la Sorbonne, Prof. à l'Éc. nat. des Beaux-Arts, 85, rue d'Assas. — Paris.
Dr Ribard (Élisée), 84, rue du Point-du-Jour. — Paris.
Ribero de Souza Rezende (le Chevalier S.), Poste restante. — Rio-Janeiro (Brésil). — **R**
Ribot (Alexandre), anc. Min. de l'Int., Député du Pas-de-Calais, 65, rue Jouffroy. — Paris.
Ribourt (le Général Pierre, Félix), 17, rue François Ier. — Paris. — **R**
Ribout (Charles), Prof. hon. de math. spéc. au Lycée Louis-le-Grand, 30 avenue de Picardie. — Versailles (Seine-et-Oise). — **R**
Dr Ricard (Etienne), 6, impasse Voltaire. — Agen (Lot-et-Garonne).
Ricard (Louis), anc. Min. de la Justice et des Cultes, Député de la Seine-Inférieure, 160, rue du Faubourg-Saint-Honoré. — Paris.
Richard (Georges), Étud., 22, rue de Chastillon. — Châlons-sur-Marne (Marne).
*Richard (Henri), Ing. des Arts et Man., Dir. des *Salines*. — Châtillon-le-Duc par Besançon (Doubs).
*Richard (Jules), Ing., Fabric. d'inst. de phys., 8, impasse Fessart. — Paris.
Dr Richard (Léon), 22, rue de Chastillon. — Châlons-sur-Marne (Marne).
Dr Richardière (Henri), Méd. des Hôp., 18, rue de l'Université. — Paris.
Dr Richelot (L., Gustave), Agr. à la Fac. de Méd., Chirurg. des Hôp., 32, rue de Penthièvre. — Paris.
Richemont (Albert de), anc. Maître des Requêtes au Cons. d'État, 4, rue Cambacérès. — Paris.
Dr Richer (Paul), Chef de Lab. à la Fac. de Méd., 15, rue Soufflot. — Paris.
Richet (Charles), Prof. à la Fac. de Méd., Mem. de l'Acad. de Méd., 15, rue de l'Université. — Paris.
Richier (Clément), Prop. — Nogent en Bassigny (Haute-Marne).
Ricome (P.), Pharm. — Marsillargues (Hérault).
Ricour, Insp. gén. des P. et Ch., 131, boulevard Raspail. — Paris.
Ridder (Gustave de), 5, avenue de l'Opéra. — Paris. — **R**
Rieder (Jacques), Ing. des Arts et Man., Gérant de la Maison Gros, Roman et Cie. — Wesserling (Alsace-Lorraine).
Rigaud (Mme), 8, rue Vivienne. — Paris. — **F**
Rigaud, Fabric. de prod. chim., 8, rue Vivienne. — Paris. — **F**
Rigaud (Albert), Ing. des Arts et Man., Insp. du serv. élect. de la *Comp. des Chem. de fer d'Orléans*, 41, rue de Berlin. — Paris.

Rigaut (Adolphe), Nég., Adj. au Maire, 15, rue de Valmy. — Lille (Nord).
Rigaut (E.), Filat. de coton, 71, rue Guillaume-Werniers. — Lille (Nord).
*Rigel (Jérôme), Caissier de la maison Way, 25, rue Coquillière. — Paris.
Dr Rigout (Alexandre), 10, rue Gay-Lussac. — Paris. — R
Rilliet (Albert), Prof. à l'Univ., 16, rue Bellot. — Genève (Suisse). — R
*Ripps (Paul), Archit., 2, rue de la Bouteille. — Besançon (Doubs).
Risler (Charles), Chim., Maire du VIIe arrond., 39, rue de l'Université. — Paris. — F
Risler (Eugène), Dir. de l'Inst. nat. agronom., 106 bis, rue de Rennes. — Paris. — R
Rispal, Nég., 200, boulevard de Strasbourg. — Le Havre (Seine-Inférieure).
Riston (Victor), Doct. en droit, Avocat à la Cour d'Ap., 3, rue d'Essey. — Malzéville (Meurthe-et-Moselle). — R
Ritter (Charles), Ing. en chef des P. et Ch. en retraite, 1, rue de Castiglione. — Paris.
Ritter (Henri), Commis de Dir. des Postes et Télég., 11, rue Latapie. — Pau (Basses-Pyrénées).
Rivet (Joseph), Prop., rue Bernard-Palissy. — Limoges (Haute-Vienne).
Rivié (l'Abbé C.), Curé de Saint-François-Xavier, 39, boulevard des Invalides. — Paris.
Rivière (A.), Archit., 16, rue de l'Université. — Paris.
Rivière (Émile), Publiciste, 50, rue de Lille. — Paris.
Dr Robert, Dir. de l'Éc. départ. d'accouchements, 7, rue Alexander-Taylor. — Pau (Basses-Pyrénées).
Robert (E.), Nég., 29, quai de Bourgogne. — Bordeaux (Gironde).
Robert (Gabriel), Avocat, 6, quai de l'Hôpital. — Lyon (Rhône). — R
Roberty (H.), Nég., 52, rue Notre-Dame-de-Nazareth. — Paris.
Robin (A.), Consul de Turquie, Banquier, 41, rue de l'Hôtel-de-Ville. — Lyon (Rhône). — R
Robineau, Lic. en droit, anc. Avoué, 47, rue de Trévise. — Paris. — R
Robinet, Chim. — Épernay (Marne).
Dr Rochard (Jules), Insp. gén. du serv. de Santé de la Marine en retraite, Mem. de l'Acad. de Méd., 4, rue du Cirque. — Paris.
Rochas d'Aiglun (le Lieutenant-Colonel Albert de), Admin. de l'Éc. Polytech., 21, rue Descartes. — Paris.
Dr Roche (Léon). — Oradour-sur-Vayres (Haute-Vienne).
Roche (Louis), 103, rue de la Croix-Blanche. — Bordeaux (Gironde).
Rochebillard (Paul), Filat. de coton, 38, rue du Phénix. — Roanne (Loire).
Rochefort (de), Dir. de la Comp. gén. Transat. — Oran (Algérie).
Rocques (Xavier), anc. Chim. princ. au Lab. mun. de la Préf. de Police, 2, rue d'Allemagne. — Paris.
Rocques-Desvallées (Henri), Calculat. de 2e cl. au Bureau des Longit., 10 bis, rue de Fontenay. — Montrouge (Seine).
Rodocanachi (Emmanuel), 54, rue de Lisbonne. — Paris. — R
Rodrigues-Ély (Amédée), Banq., 3, cours Pierre-Puget. — Marseille (Bouches-du-Rhône).
Rodrigues-Ély (Camille), Manufac., Lic. en Droit, anc. Cap. d'Artil., anc. Élève de l'Éc. Polytech., 2, boulevard Henri IV. — Paris.
Rogé (Xavier), Maître de forges, Présid. de la Ch. de com. de Nancy. — Pont-à-Mousson (Meurthe-et-Moselle).
Dr Rogée (Léonce). — Saint-Jean-d'Angély (Charente-Inférieure).
Rogelet (Charles), anc. Manufac., 9, rue Ponsardin. — Reims (Marne).
Rogelet (Edmond), Manufac., 41, rue de Talleyrand. — Reims (Marne).
*Roger (Albert), Nég. en vins de Champagne, rue Croix-de-Bussy. — Épernay (Marne).
Rohden (Charles de), Mécan., 189, rue Saint-Maur. — Paris. — R
Rohden (Théodore de), 189, rue Saint-Maur. — Paris. — R
Dr Rohmer (Joseph), Agr. à la Fac. de Méd., 58, rue des Ponts. — Nancy (Meurthe-et-Moselle).
*Dr Roland (François), Prof. sup. à l'Éc. de Méd., Mem. de l'Acad. des Sc., Belles-Lettres et Arts, Sec. de la Soc. de Méd., 48, Grande-Rue. — Besançon (Doubs).
Rolland (Alexandre), Nég. en papiers, 7, rue Haxo. — Marseille (Bouches-du-Rhône). — R
Rolland (Georges), Ing. des Mines, 60, rue Pierre-Charron. — Paris. — R
Rolland (Louis), anc. Fabric. de prod. chim., 8, Grande-Rue. — Montrouge (Seine).
Rollet (J.), Corresp. de l'Inst., Prof. à la Fac. de Méd., anc. Chirurg. en chef de l'Antiquaille, 10, rue des Archers. — Lyon (Rhône).
Rollez (G.), 48, boulevard de la Liberté. — Lille (Nord).
Romann (Auguste), Fabric. de brosses, 14, rue des Merles. — Mulhouse (Alsace-Lorraine).
Rondeau, 10, rue Bleue. — Paris.

Dr **Rondeau (P.)**, Prépar. des trav. de physiol. à la Fac. de Méd., 81, rue la Pompe. — Paris.

Ronna (Antoine), Ing., Mem. du Cons. sup. de l'Agric., anc. Dir. des mines, usines et domaines de la *Soc. autrichienne-hongroise privilégiée des chem. de fer de l'État*, 19, avenue du Trocadéro. — Paris.

Roosmalen (Ephrème de), Délég. au Min. de l'Agric., 134, rue Washington. — Paris.

Roques (Camille), Juge au Trib. civ., rue Droite. — Villefranche (Aveyron).

Rosenfeld (Jules), Délég. cant. du IXe arrond., anc. Chef d'Instit., 25, avenue Trudaine. — Paris.

Rosenstiehl (Auguste), 61, route de Saint-Leu. — Enghien (Seine-et-Oise).

**Rossigneux (Charles)*, Colonel d'artil. en retraite, 27, rue du Clos. — Besançon (Doubs).

Rothschild (le Baron Alphonse de), Mem. de l'Inst., 2, rue Saint-Florentin.— Paris.— **F**

Rothschild (le Baron Gustave de), Consul gén. d'Autriche, 23, avenue de Marigny. — Paris.

Rouanne (Antoine), Pharm. — Henrichemont (Cher).

Rouart (Henri), Construc.-mécan., anc. Élève de l'Éc. Polytech., 137, boulevard Voltaire. — Paris.

**Dr Rouby (Pierre)*, Dir. de la Maison de santé. — Dôle (Jura).

Rouchy (l'Abbé), Curé. — Chastel par Murat (Cantal).

Roucy (Francis de), Prop., 11, rue de Bouvines. — Compiègne (Oise).

Rouffio (Félix), Ing. des Arts et Man., 22, rue de la Darse. — Marseille (Bouches-du-Rhône).

Rougerie (Monseigneur Pierre, Eugène), Évêque de Pamiers. — Pamiers (Ariège).

Rouget, Insp. gén. des fin., 15, avenue Mac-Mahon. — Paris. — **R**

Rougeul, Insp. gén. hon. des P. et Ch., 3, rue du Regard. — Paris.

Rouher (Gustave), château de Creil (Oise).

Rouillé (Louis), Publiciste, Mem. de l'*Acad. de La Rochelle*. — Boismarjac par Fouras (Charente-Inférieure).

Rouire (Louis), Avocat, boulevard Seguin. — Oran (Algérie).

Roule (Louis), Prof. de Zool. à la Fac. des Sc., 23, boulevard Saint-Aubin. — Toulouse (Haute-Garonne).

Roumazeilles, Vétér. — Bernos par Bazas (Gironde).

Dr **Rousseau (Henri)**, Institution du Parangon. — Joinville-le-Pont (Seine).

Rousseau (le Général Jules), Sec. gén. de la Grande Chancellerie de la Légion d'honneur, 73, boulevard Haussmann. — Paris.

Rousseau (Paul), Fabric. de prod. chim., 17, rue Soufflot. — Paris.

Dr **Rousseau-Saint-Philippe (Léon)**, Agr. à la Fac. de Méd., Méd. des Hôp., 13, place Pey-Berland. — Bordeaux (Gironde).

Dr **Roussel (Albéric)**, 6, rue Béranger. — Paris.

Roussel (Joseph), Prof. de Phys. au col., La Folie. — Cosne (Nièvre).

Roussel (Jules), Nég., 1, rue Auguste. — Nîmes (Gard).

Dr **Roussel (Théophile)**, Mem. de l'Inst. et de l'Acad. de Méd., Sénateur et Présid. du Cons. gén. de la Lozère, 71, rue du Faubourg-Saint-Honoré. — Paris. — **F**

Rousselet (Louis), Archéol., 126, boulevard Saint-Germain. — Paris. — **R**

Rousselet (Octave), Agr. de l'Univ., Princ. du col. — Brive (Corrèze).

Rousselet (V., E.), Insp.-adj. des Forêts. — Saint-Gobain (Aisne).

Roussellier (Jean), Agent gén. de la *Comp. des houillères de Bessèges*, 18, rue de la République. — Marseille (Bouches-du-Rhône).

Roussille (Albert), Chim. expert, 40, rue Truffault. — Paris.

Roussille (Amédée), Indust., villa Vieux-Chêne, chemin du Moulin. — Pau (Basses-Pyrénées).

Roussille (Paul), Indust., 34, rue Tran. — Pau (Basses-Pyrénées).

**Roussillon (Jules)*, Pharm. — Voiteur (Jura).

Dr **Roustan (Auguste)**, 58, rue d'Antibes. — Cannes (Alpes-Maritimes).

**Rouveix (Mme Lucie)*. — Saint-Germain-Lembron (Puy-de-Dôme).

**Dr Rouveix (Mathieu)*. — Saint-Germain-Lembron (Puy-de-Dôme).

Rouvier, Mem. du Cons. gén., château de Puyravault par Surgères (Charente-Inférieure).

Dr **Rouvier (Jules)**, Prof. à la Fac. de Méd. française de Beyrouth (Syrie), 6, rue Nau. — Marseille (Bouches-du-Rhône).

Rouvière (Albert), Ing. des Arts et Man., Prop.-Agric. — Mazamet (Tarn). — **F**

Rouvière (Léopold), Pharm. — Avignon (Vaucluse).

**Rouville (Étienne de)*, Prépar. de zool. à la Fac. des Sc., 69, cité Industrielle. — Montpellier (Hérault).

Rouville (Paul de), Doyen hon. de la Fac. des Sc., 69, cité Industrielle. — Montpellier (Hérault).

D⁣ᵣ **Roux (Émile)**, Dir. du Lab. de l'Inst. Pasteur, 25, rue Dutot. — Paris.

***Roux (Mᵐᵉ Gustave)**, 72, rue de Rome. — Paris.

***Roux (Gustave)**, 72, rue de Rome. — Paris.

Roux (Jules, Charles), Fabric. de savon, Député des Bouches-du-Rhône, 81, rue Sainte. — Marseille (Bouches-du-Rhône).

Rouyer-Warnier (L.), Nég., 27, rue David. — Reims (Marne).

*D⁣ᵣ **Roy (Constant)**, Méd. mun. 14, rue des Chaprais. — Besançon (Doubs).

Royon (Eugène), Rent., 8, rue de Cérisy. — Amiens (Somme).

Roze (Émile), Avocat, ancien Avoué, 19, rue Libergier. — Reims (Marne).

D⁣ᵣ **Ruault (Albert)**, Méd. de la clin. laryngol. de l'Instit. nat. des Sourds-Muets, 3, rue des Pyramides. — Paris.

Ruch (Alphonse), Fabric. de prod. chim., 29, rue Sévigné. — Paris.

D⁣ᵣ **Ruelle (Paul de)**, 19, rue Sainte. — Marseille (Bouches-du-Rhône).

Ruffin (Achille), Chim., 135, rue Vinoc-Chocqueel. — Tourcoing (Nord).

***Russel (William)**, Doct. ès sc., 17, rue Berthollet. — Paris.

Russo (Giovanni), Prof. de Math., via Aranci, Palazzo Serravalle, 2, piano. — Catanzaro (Italie).

D⁣ᵣ **Sabatier**, 11, rue de la Coquille. — Béziers (Hérault).

***Sabatier (Armand)**, Doyen de la Fac. des Sc. 3, rue Barthez. — Montpellier (Hérault). — **R**

***Sabatier (Paul)**, Prof. de chim. à la Fac. des Sc., 11, allées des Zéphirs. — Toulouse (Haute-Garonne). — **R**

D⁣ᵣ **Sabatier-Desarnauds**, 9, rue des Balances. — Béziers (Hérault).

Saby (Joseph), Dir. de la *Soc. Immobilière*. — Arcachon (Gironde).

D⁣ᵣ **Sadler (A.)**, Chef des trav. histolog. à la Fac. de Méd., 30, cours Léopold. — Nancy (Meurthe-et-Moselle).

Sagey, Dir. de la *Banque de France*. — Tours (Indre-et-Loire).

***Saglio (Camille)**, Dir. de la *Comp. des Forges*, anc. Élève de l'Éc. nat. sup. des Mines. — Audincourt (Doubs)

***Sagnier (Henry)**, Dir. du *Journal de l'Agriculture*, 2, carrefour de la Croix-Rouge. — Paris.

Saignat (Léo), Prof. à la Fac. de Droit, 18, rue Mably. — Bordeaux (Gironde). — **R**

D⁣ᵣ **Saillard (Albin)**, Dir. de l'Éc. de Méd., Chirurg. des hosp. civ., Mem. du Cons. gén., 136, Grande-Rue. — Besançon (Doubs).

Sainsère (Louis), Avocat, anc. Maire de Bar-le-Duc, 59, boulevard Saint-Michel. — Paris.

Saint-Agy (de), 3, rue Jolibeau. — Villeneuve-sur-Lot (Lot-et-Garonne).

Saint-Guily (Xavier), Dir. des Salines. — Salies-de-Béarn (Basses-Pyrénées).

Saint-Joseph (le Baron Anthoine de), 23, rue François Iᵉʳ. — Paris.

***Saint-Laurent (Albert de)**, Avocat, 128, cours Victor-Hugo. — Bordeaux (Gironde). — **R**

Saint-Martin (Charles de), 88, rue Ordener. — Paris. — **R**

*D⁣ᵣ **Saint-Martin (Paul, Léon)**, 4, rue Saint-Antoine. — Besançon (Doubs).

Saint-Olive (G.), anc. Banquier, 9, place Morand. — Lyon (Rhône). — **R**

Saint-Quentin (Edmond, Philippe), Prof. de sc., 10, Terrasse Saint-Pierre. — Douai (Nord).

Saint-Saëns (Camille de), Mem. de l'Inst., 4, place de la Madeleine. — Paris.

Sainte-Croix (le Marquis de), 41, rue Saint-Jean. — Nantes (Loire-Inférieure).

D⁣ᵣ **Sainte-Rose-Suquet**, 3, rue des Pyramides. — Paris. — **R**

***Salaire-Petit (Mᵐᵉ Vᵉ)**, 35, rue de l'Université. — Reims (Marne).

Salanson (A.), Ing. civ. des Mines, 133, boulevard Haussmann. — Paris.

D⁣ᵣ **Salathé (Auguste)**, 27, rue Michel-Ange. — Paris.

Salet (Mᵐᵉ Georges), 120, boulevard Saint-Germain. — Paris.

Salet (Georges), Maître de Conf. à la Fac. des Sc., 120, boulevard Saint-Germain. — Paris. — **F**

Salle (Adolphe), Nég., 55, rue Saint-Remy. — Bordeaux (Gironde).

Sallenave (Victor), Chim.-exp., 3, place du Palais-de-Justice. — Pau (Basses-Pyrénées).

Salleron, Construc., 24, rue Pavée-Marais. — Paris. — **F**

Salles, Notaire hon., 69, boulevard Magenta. — Paris.

Salles (J.-Marie, Ed.), Ing. en chef des P. et Ch. en retraite, 1, rue des Cloches. — Toulouse (Haute-Garonne).

***Salmon (Philippe)**, Avocat, v.-Présid. de la *Commis. des monum. mégalith.*, 29, rue Le Peletier. — Paris.

Salomé (Théophile), Doct. en Droit, Avocat-Avoué, 1, place Saint-Louis. — Pontoise (Seine-et-Oise).

Salomon (Georges), Ing. civ. des Mines, 112 *bis*, boulevard Malesherbes. — Paris.

Dr Salva (Louis). — Agde (Hérault).

Salvago (Nicolas), 15, place Malesherbes. — Paris.

Salvert-Bellenave (Etienne Dutour de), Ing. des Construc. nav., 9, rue de Maubeuge. — Paris.

Dr Samalens (Gabriel). — Auch (Gers).

Samama (Moïse), Rent., 15, cours du Chapitre. — Marseille (Bouches-du-Rhône).

Samama (Nissim), Doct. en droit, Avocat, 15, cours du Chapitre. — Marseille (Bouches-du-Rhône).

Samary (Paul), Ing. des Arts et Man., Archit. du gouvern. gén., Mem. du Cons. gén., 17, rue d'Isly. — Alger.

Samazeuilh (Fernand), Avocat, 6, cours du Jardin-Public. — Bordeaux (Gironde).

Sambuc (Camille), Prof. sup. à l'Éc. de Méd. et de Pharm., 3, rue Michelet. — Alger-Mustapha.

Samuel (Émile), Manufac. — Neuville-sur-Saône (Rhône).

*****Sandoz (Charles)**, Fabr. d'horlog., Mem. de la Ch. de Com., 4, square Saint-Amour. — Besançon (Doubs).

Sanson (André), Prof. à l'Inst. nat. agronom. et à l'Éc. nat. d'agric. de Grignon, 11, rue Boissonnade. — Paris. — **R**

D^r Sa Pereira (Cosme de). — Pernambuco (Brésil).

Saporta (le Comte Antoine de), 3, rue Germain. — Montpellier (Hérault).

Saporta (le Marquis Gaston de), Corresp. de l'Inst., 21, rue Grande-Horloge. — Aix en Provence ; et à Fonscolombe par Le Puy-Sainte-Réparade (Bouches-du-Rhône).

Sarcey (Francisque), Publiciste, 59, rue de Douai. — Paris.

Sarlit (Frédéric), Prof. de math. à l'Éc. sup. de Com. et d'Indust., 6, rue Rohan. — Bordeaux (Gironde).

Sartiaux (Albert), Ing. en chef des P. et Ch., Ing. chef de l'Exploit. à la *Comp. des Chem. de fer du Nord*, 20, rue de Dunkerque. — Paris.

*****Saugrain (Gaston)**, Avocat à la Cour d'Ap., 15, rue de Tournon. — Paris.

Saunion (Alexandre), Nég., rue des Ormeaux. — La Rochelle (Charente-Inférieure).

Sautter (Louis), Ing. des Arts et Manuf., Construc. de Phares, 26, avenue de Suffren. — Paris.

Sauvage, Pharm., 11, rue Scribe. — Paris.

Dr Sauvage (Émile), Dir. de la station aquicole, 39 *bis*, rue Tour-Notre-Dame. — Boulogne-sur-Mer (Pas-de-Calais).

*****Sauvageau (Camille)**, Maitre de Conf. de Botan. à la Fac. des Sc., 8, cours de la Liberté. — Lyon (Rhône).

Savé, Pharm. — Ancenis (Loire-Inférieure).

Savoyaud (Jean-Baptiste), Nég., 55, ancienne route d'Aixe. — Limoges (Haute-Vienne).

*****Savoye (Charles)**, anc. Fab. d'horlog., 52, rue Saint-Georges. — Paris.

Say (Léon), Mem. de l'Acad. franç. et de l'Acad. des Sc. morales et politiques, Député des Basses-Pyrénées, 21, rue Fresnel. — Paris. — **F**

*****Sayous (Edouard, Auguste)**, Prof. à la Fac. des Let., Mem. de l'*Acad. des Sc., Belles-Lettres et Arts*, 14, Grande-Rue. — Besançon (Doubs).

Schæffer (Gustave), Chim.-Manufac. — Château de Pfastatt (Alsace-Lorraine).

Scheurer (Auguste), — Logelbach près Colmar (Alsace-Lorraine).

Scheurer-Kestner, Sénateur, 8, rue Pierre-Charron. — Paris. — **F**

Schickler (le Baron Fernand de), 17, place Vendôme. — Paris.

Schiess-Gemuseus (H.), Prof. à la Fac. de Méd., Dir. de la clin. ophtalm., 28, rue des Missions. — Bâle (Suisse).

Schilde (le Baron de), château de Schilde par Wyneghem (province d'Anvers) (Belgique).

Schlagdenhaufen (F.), Dir. de l'Éc. sup. de Pharm., 53, rue de Metz. — Nancy (Meurthe-et-Moselle).

Schleicher (Adolphe), Libr.-Édit., 15, rue des Saints-Pères. — Paris.

Schloesing (Henri), Fabric. de Prod chim., 103, rue Sylvabelle. — Marseille (Bouches-du-Rhône).

Schlotfeld (Frédéric), anc. Dir. d'Usine à gaz. — Beaufort-sur-Gervanne (Drôme).

*****Schlumberger (Charles)**, Ing. des Construc. nav. en retraite, 21, rue du Cherche-Midi. — Paris. — **R**

Schlumberger (Donald), 1, rue de Riedisheim. — Mulhouse (Alsace-Lorraine).
*Schlumberger (E.), Agent de change, 86, Grande-Rue. — Besançon (Doubs).
Schmidt (Oscar), 49, rue du Rocher. — Paris.
Schmit (Émile), Pharm., 24, rue Saint-Jacques. — Châlons-sur-Marne (Marne).
Dr Schmitt (Ernest), Prof. de Chim. à la Fac. libre des Sc., Prof. de Chim. et de
   Pharm. à la Fac. libre de Méd., Sec. gén. du *Comice agric.*, 119, rue Nationale.
   — Lille (Nord).
*Schmitt (Henri), Pharm. de 1re cl., 44, rue des Abbesses. — Paris. — **R**
Schmitt (Joseph), Prof. à la Fac. de Méd., 51, rue Chanzy. — Nancy (Meurthe-
   et-Moselle).
Schmoll (Charles), 132, rue de Turenne. — Paris.
Schmutz (Emmanuel), 1, rue Kageneck. — Strasbourg (Alsace-Lorraine). — **R**
Schneegans (le Général Frédéric), 46, faubourg de Besançon. — Montbéliard (Doubs).
Schneider (Henri), Maître de Forges au Creusot, Député de Saône-et-Loire, 1, boule-
   vard Malesherbes. — Paris.
Schoeb (Joseph), Géom. en chef, Chef du serv. topog., rue Thiers. — Constantine (Algérie).
Dr Schœlhammer. — Mulhouse (Alsace-Lorraine).
Schœlhammer (Paul), Chim. chez MM. Scheurer, Rott et Cie. — Thann (Alsace-Lorraine).
*Schœndœrffer (Paul), Ing. en chef des P. et Ch. — Lons-le-Saunier (Jura).
Schœngrun (Th.), anc. Mem. de la Ch. de com., 28, place Gambetta. — Bordeaux (Gironde).
*Schoenlaub (Auguste), Agent d'assur., 25, rue du Bassin. — Mulhouse (Alsace-Lorraine).
Schoenlaub (Paul), Pharm., 38, rue et place du Rhône. — Genève (Suisse).
Schonenberg (Adolphe), Sculpt., 110, avenue d'Orléans. — Paris.
Schott (Frédéric), anc. Pharm., rue Kühn. — Strasbourg (Alsace-Lorraine).
Schrader (Frantz), Mem. de la Dir. cent. du *Club Alpin français*, 75, rue Madame.
   — Paris.
Schutzenberger (Paul), Mem. de l'Inst. et de l'Acad. de Méd., Prof. au Col. de France,
   18, rue Séguier. — Paris.
Dr Schwartz (Édouard), Agr. à la Fac. de Méd., Chirurg. des Hôp., 122, boulevard
   Saint-Germain. — Paris.
Schwérer (Pierre, Alban), Notaire, 3, rue Saint-André. — Grenoble (Isère). — **R**
Schwob, Dir. du *Phare de la Loire*, 6, rue Héronnière. — Nantes (Loire-Inférieure).
Scrive-Bigo (Désiré), Nég., 1, rue des Lombards. — Lille (Nord).
Scrive de Negri (Jules), Manufac., 292, rue Gambetta. — Lille (Nord).
Sebert (le Général Hippolyte), Admin. de la *Soc. anonyme des Forges et Chantiers
   de la Méditerranée*, 14, rue Brémontier. — Paris. — **R**
Secrestat, Nég., 34, rue Notre-Dame. — Bordeaux (Gironde).
*Secretan (Georges), Ing.-Optic., 13, place du Pont-Neuf. — Paris.
Sédillot (Maurice), Entomol., Mem. de la *Com. scient. de Tunisie*, 20, rue de l'Odéon.
   — Paris. — **R**
Dr Sée (Marc), Mem. de l'Acad. de Méd., Agr. à la Fac. de Méd., Chirurg. des Hôp.,
   126, boulevard Saint-Germain. — Paris.
Dr Segond (Paul), Agr. à la Fac. de Méd., Chirurg. des Hôp., 11, quai d'Orsay. — Paris.
Segrestää (Maurice), Mem. de la Ch. de Com., 25, allées de Chartres. — Bordeaux
   (Gironde).
Segretain (Léon), Général de Division, Gouverneur de Lille, 28, place aux Bleuets.
   — Lille (Nord). — **R**
Séguier (le Baron Pierre), anc. Préfet., 31, rue d'Astorg. — Paris.
Séguin (F.), Chef de bur. au Min. des Fin., 10, rue du Dragon. — Paris.
Seguin (J., M.), Rect. hon., 1, rue Ballu. — Paris.
Séguin (Léon), Dir. de la *Comp. du Gaz du Mans, Vendôme et Vannes*, à l'usine à gaz.
   — Le Mans (Sarthe).
Seguy (Paul), Ing.-Élect., 53, rue Monsieur-le-Prince. — Paris.
Seignouret (P.-E.), anc. Élève de l'Éc. Polytech., 23, cours du Jardin-Public.
   — Bordeaux (Gironde).
Seiler (Albert), Ing. des Arts et Man., Construc. d'ap. à gaz, 17, rue Martel. — Paris.
Seiler (Mme Antonin). — La Châtre (Indre).
Seiler (Antonin), Juge au Trib. civ. — La Châtre (Indre).
Seiler (Joseph, Charles), Ing. civ., Construct. d'ap. à gaz, 17, rue Martel. — Paris.
Dr Seiler (Maurice), Méd. insp. des Éc. com. du Xe arrond., 58, boulevard Magenta.
   — Paris.
Séligmann (Eugène), Agent de Change hon., 6, rue de Milan. — Paris.

Séligmann-Lui (Émile), Insp. d'Assur. sur la vie, 92, rue Lafayette. — Paris.
Séligmann-Lui (Pierre, Eugène), Ing. des Téalég., 6, rue d'Aubigny. — Paris.
Selleron (Ernest), Ing. des Construc. nav., 76, rue de la Victoire. — Paris. — **R**
Selleron-Kœchlin (Ernest) (père), anc. Nég., 76, rue de la Victoire. — Paris.
Sélys-Longchamps (le Baron Edmond de), Mem. de l'Acad. royale des Sc., Sénateur, 34, boulevard Sauvinière. — Liège (Belgique).
Sélys-Longchamps (Walther de). — Ciney (Belgique).
Sentini (Émile), Pharm., Présid. de la *Soc. de Pharm. de Lot-et-Garonne*. — Agen (Lot-et Garonne).
Serre (Fernand), Prop., 1, rue Levat. — Montpellier (Hérault). — **R**
Serré-Guino (Alphonse), Prof. à l'Éc. norm. sup. d'Ens. second. pour les jeunes filles, Examin. d'admis. à l'Éc. spéc. milit., 114, rue du Bac. — Paris.
Dr Serres (Léon), anc. Int. des Hôp. de Paris, rue Bazillac. — Auch (Gers).
Dr Servantié, Pharm. de 1re cl., 31, rue Margaux. — Bordeaux (Gironde).
Dr Seure, 4, rue Diderot. — Saint-Germain en Laye (Seine-et-Oise).
Dr Seuvre, 9, rue Chanzy. — Reims (Marne).
Sévène, Présid. hon. de la Ch. de Com., 56, avenue de Noailles. — Lyon (Rhône).
Sevin-Reybert, 20, boulevard de la Préfecture. — Moulins (Allier).
Dr Seynes (Jules de), Agr. à la Fac. de Méd., 15, rue Chanaleilles. — Paris. — **F**
Seynes (Léonce de), 58, rue Calade. — Avignon (Vaucluse). — **R**
Seyrig (Théophile), Ing. des Arts et Man., Construc., 147, avenue Wagram. — Paris.
*Dr Sézary (Jean), Méd. de l'Hôp. civ., place Bresson (Maison Limozin). — Alger.
Sibour (Auguste), Cap. de vaisseau en retraite. — Salon (Bouches-du-Rhône).
Sicard (Henri), Doyen de la Fac. des Sc., 2, place des Hospices. — Lyon (Rhône).
Sicard (Hilaire), Pharm. de 1re cl., 1, place de la République. — Béziers (Hérault).
Dr Sicard (Léonce), 4, rue Montpelliéret. — Montpellier (Hérault).
Siéber (H.-A.), 352, rue Saint-Honoré. — Paris. — **F**
Siégler (Ernest), Ing. en chef des P. et Ch., Ing. en chef adj. de la voie à la *Comp. des Chem. de fer de l'Est*, 96, rue de Maubeuge. — Paris. — **R**
*Sieur (Pierre), Prof. de Phys. au Lycée, 93, avenue de Paris. — Niort (Deux-Sèvres).
Sigalas (Clément), Agr. à la Fac. de Méd. — Bordeaux (Gironde).
Signoret (Maximin), Prop., 10, rue du Vingt-Neuf-Juillet. — Paris.
Silliman (Gustave), Nég. exportat., Consul de Suisse, 36, rue Arnaud-Miqueu. — Bordeaux (Gironde).
*Siméon (Paul), Ing. civ., Représent. de la *Soc. I. et A. Pavin de Lafarge,* anc. Élève de l'Éc. Polytech., 42, boulevard des Invalides. — Paris.
Dr Simon, Agr. à la Fac. de Méd., 23, place de la Carrière. — Nancy (Meurthe-et-Moselle).
Simon (Aaron), Ing. des Arts et Man., Admin. délég. de la *Comp. des mines de Graissessac,* 12, rue du Clos-René. — Montpellier (Hérault).
Simon (Georges), s.-Préfet, 87, boulevard Malesherbes. — Paris.
Simon (J.), Pharm., 13, rue Grange-Batelière. — Paris.
Simon (Louis), Prof. d'hydrog. de la Marine en retraite, 148, rue de Paris. — Boulogne-sur-Seine (Seine).
Simonnet (Camille), Filat., 28-30, rue de Courcelles. — Reims (Marne).
Sinard (Mlle Berthe), Géol., 6, rue Galante. — Avignon (Vaucluse).
Dr Sinety (le Comte Louis de), 14, place Vendôme. — Paris.
Sirand (Pierre), Pharm., 4, rue Vicat. — Grenoble (Isère).
*Sire (Georges), Corresp. de l'Inst., Mem. de l'*Acad. des Sc., Belles-Lettres et Arts,* rue de la Mouillère. — Besançon (Doubs).
Siret (Louis), Ing., 32, rue Albert. — Anvers (Belgique).
*Sirodot (Simon), Corresp. de l'Inst., Doyen de la Fac. des Sc., rue Malakoff. — Rennes (Ille-et-Vilaine).
Sivry (Pierre), Chef de la comptab. gén. au *Crédit Foncier de France,* 34, rue de l'Ouest. — Paris.
Sloan (Jules), Ing.-Construc., 3, rue du Louvre. — Paris.
Dr Smester (A.), 31, rue de Naples. — Paris.
Société des Beaux-Arts, des Sciences et des Lettres, 2, rue du Marché. — Alger.
Société industrielle d'Amiens. — Amiens (Somme). — **R**
Société scientifique d'Arcachon. — Arcachon (Gironde).
Société de Médecine vétérinaire de l'Yonne. — Auxerre (Yonne).
Société Ramond. — Bagnères-de-Bigorre (Hautes-Pyrénées).
*Société d'Émulation du Doubs. — Besançon (Doubs).

*Société de Médecine de Besançon et de la Franche-Comté. — Besançon (Doubs).

Société d'Études des Sciences naturelles. — Béziers (Hérault).

Société d'Histoire naturelle de Loir-et-Cher. — Blois (Loir-et-Cher).

Société des Sciences et des Lettres de Loir-et-Cher. — Blois (Loir-et-Cher).

Société linnéenne de Bordeaux (à l'Athénée), 53, rue des Trois-Conils. — Bordeaux (Gironde).

Société de Médecine et de Chirurgie de Bordeaux (à l'Athénée), 53, rue des Trois-Conils. — Bordeaux (Gironde).

Société de Pharmacie de Bordeaux (à l'Athénée), 53, rue des Trois-Conils. — Bordeaux (Gironde).

Société philomathique de Bordeaux, 2, cours du XXX Juillet. — Bordeaux (Gironde). — **R**

Société des Sciences physiques et naturelles, 143, cours Victor-Hugo. — Bordeaux (Gironde). — **R**.

Société académique de Brest. — Brest (Finistère). — **R**

Société d'Agriculture, Commerce, Sciences et Arts du département de la Marne. — Châlons-sur-Marne (Marne).

Société nationale des Sciences naturelles et mathématiques de Cherbourg. — Cherbourg (Manche).

Société de Borda. — Dax (Landes).

Société d'Agriculture, Sciences et Arts de Douai, 8 *bis*, rue d'Arras. — Douai (Nord).

*Société libre d'Agriculture, Sciences, Arts et Belles-Lettres de l'Eure. — Évreux (Eure). — **R**

Société des Sciences naturelles et archéologiques de la Creuse. — Guéret (Creuse).

Société médicale de Jonzac. — Jonzac (Charente-Inférieure).

Société de Médecine et de Chirurgie. — La Rochelle (Charente-Inférieure).

Société des Sciences naturelles de la Charente-Inférieure (représentée par M. Beltrémieux). — La Rochelle (Charente-Inférieure).

Société de Géographie commerciale du Havre, 131, rue de Paris. — Le Havre (Seine-Inférieure).

Société agricole et scientifique de la Haute-Loire. — Le Puy en Velay (Haute-Loire).

Société centrale de Médecine du Nord. — Lille (Nord). — **R**

Société de Géographie de Lisbonne (Portugal).

Société d'Économie politique de Lyon (M. P. A. Bléton, Secrétaire général), 13, quai de l'Archevêché. — Lyon (Rhône).

Société anonyme des Houillères de Montrambert et de la Béraudière, 70, rue de l'Hôtel-de-Ville. — Lyon (Rhône). — **F**

Société de Lecture de Lyon, 1, place Saint-Nizier. — Lyon (Rhône).

Société de Pharmacie de Lyon, Palais des Arts. — Lyon (Rhône).

Société des Sciences médicales de Lyon, 41, quai de l'Hôpital. — Lyon (Rhône).

Société départementale d'Agriculture des Bouches-du-Rhône, 10, rue Venture. — Marseille (Bouches-du-Rhône).

Société des Pharmaciens des Bouches-du-Rhône, 3, marché des Capucines. — Marseille (Bouches-du-Rhône).

Société de Statistique, 27, boulevard Périer. — Marseille (Bouches-du-Rhône).

Société générale des Transports maritimes à vapeur, 3, rue des Templiers. — Marseille (Bouches-du-Rhône).

*Société d'Émulation de Montbéliard (Doubs).

Société des Sciences de Nancy (Meurthe-et-Moselle).

Société académique de la Loire-Inférieure, 1, rue Suffren. — Nantes (Loire-Inférieure). — **R**

*Société des Lettres, Sciences et Arts des Alpes-Maritimes, 1, rue Sainte-Clotilde. — Nice (Alpes-Maritimes).

Société de Médecine et de Climatologie de Nice, 4, rue de la Buffa. — Nice (Alpes-Maritimes).

Société d'études des Sciences naturelles, 6, quai de la Fontaine. — Nîmes (Gard).

Société centrale des Architectes français, 168, boulevard Saint-Germain. — Paris. — **R**

Société des anciens Élèves des Écoles nationales d'Arts et Métiers, 36, rue Vivienne. — Paris.

Société internationale pour l'étude des questions d'Émigration, 10, rue du Faubourg-Montmartre. — Paris.

*Société entomologique de France, 28, rue Serpente (Hôtel des Sociétés Savantes). — Paris.

Société nouvelle des Forges et Chantiers de la Méditerranée, 1 et 3, rue Vignon. — Paris. — **F**

Société française d'Hygiène (le Président de la), 30, rue du Dragon. — Paris.

*Société de Géographie, 184, boulevard Saint-Germain. — Paris. — **R**

*Société des Ingénieurs-civils de France, 10, cité Rougemont. — Paris. — **F**

Société de Médecine vétérinaire pratique, 28, rue Serpente (Hôtel des Sociétés Savantes). — Paris.

Société médico-chirurgicale de Paris (ancienne Société médico-pratique), 28, rue Serpente (Hôtel des Sociétés Savantes). — Paris. — **R**

Société obstétricale et gynécologique de Paris, 28, rue Serpente (Hôtel des Sociétés Savantes). — Paris.

Société de Pharmacie de Paris, 4, avenue de l'Observatoire (École de Pharmacie). — Paris.

*Société française de Photographie, 76, rue des Petits-Champs. — Paris.

Société générale des Téléphones, 41, rue Caumartin. — Paris. — **F**

Société des Sciences, Lettres et Arts de Pau (Basses-Pyrénées).

Société agricole, scientifique et littéraire des Pyrénées-Orientales. — Perpignan (Pyrénées-Orientales).

Société industrielle de Reims, 18, rue Ponsardin. — Reims (Marne). — **R**

Société médicale de Reims, 71, rue Chanzy. — Reims (Marne). — **R**

Société d'Agriculture, Industrie, Sciences, Arts, Belles-Lettres du département de la Loire. — Saint-Étienne (Loire).

Société de Médecine de Saint-Étienne et de la Loire. — Saint-Étienne (Loire).

Société d'Agriculture, d'Archéologie et d'Histoire naturelle du département de la Manche. — Saint-Lô (Manche).

Société anonyme de la Brasserie de Tantonville (Meurthe-et-Moselle).

Société polymathique du Morbihan. — Vannes (Morbihan).

Société des Sciences et Arts de Vitry-le-François (Marne).

Solier (François). — Moissac (Tarn-et-Garonne).

Dr Solles (Ed.), anc. Mem. du Cons. mun., 3, place Pey-Berland. — Bordeaux (Gironde).

Sollier (E.), Fabric. de ciment. — Neufchâtel (Pas-de-Calais).

Solvay (Ernest), Indust., Sénateur, 45, rue des Champs-Élysées. — Bruxelles Belgique). — **F**.

Solvay et Cie, Usine de prod. chim. de Varangeville-Dombasle par Dombasle (Meurthe-et-Moselle). — **F**

Somasco (Charles), Ing. civ. — Creil (Oise).

*Sonnié-Moret (Abel), Pharm. de l'Hôp. des Enfants malades, 149, rue de Sèvres. — Paris. — **R**

*Soret.(Charles), Prof. à l'Univ., 6, rue Beauregard. — Genève (Suisse).

Sorin de Bonne (Louis), Avocat, anc. s.-Préfet, 32, avenue Marceau. — Paris, et château d'Estrées. — Molinet (Allier) par Digoin (Saône-et-Loire).

*Souché (Baptiste), Instit. com. — Pamproux (Deux-Sèvres).

Dr Soulez. — Romorantin (Loir-et-Cher).

Soulier (Albert), Prépar. de zool. à la Fac. des Sc., 14, rue Saint-Pierre. — Montpellier (Hérault).

Spillmann (Paul), Prof. à la Fac. de Méd., Corresp. nat. de l'Acad. de Méd., 40, rue des Carmes. — Nancy (Meurthe-et-Moselle).

Dr Stagienski de Holub (Adolphe), 13, rue Gambetta. — Saint-Étienne (Loire).

Stapfer (Daniel), Ing. des Arts et Man., Construc., Sec. gén. de la *Soc. scient. indust.*, 5, boulevard Notre-Dame. — Marseille (Bouches-du-Rhône).

Stapfer (Henri), Nég., 5, boulevard Notre-Dame. — Marseille (Bouches-du-Rhône).

Steckel (Maurice), 5, rue Taitbout. — Paris.

*Stéculorum (Paul), Ing. princ. de la *Soc. des Forges de Franche-Comté*, anc. Élève de l'Éc. cent. des Arts et Man., 26, rue de la Préfecture. — Besançon (Doubs).

*Steinmetz (Charles), Tanneur, 60, rue d'Illzach. — Mulhouse (Alsace-Lorraine). — **R**

Stengelin, Banquier, 9, quai Saint-Clair. — Lyon (Rhône). — **R**

Stéphan (Édouard), Corresp. de l'Inst., Prof. d'Astro. à la Fac. des Sc., Dir. de l'Observatoire, 2, place Le Verrier. — Marseille (Bouches-du-Rhône).

Dr Stéphann (E.), 15, boulevard de la République. — Alger.

Stern (Edgar), Banquier, 1, rue Paul-Baudry. — Paris.

D^r Stœber, 66, rue Stanislas. — Nancy (Meurthe-et-Moselle).

Stœcklin (Auguste), Insp. gén. des P. et Ch., 6, avenue de l'Alma. — Paris.

Storck (Mme Adrien), 78, rue de l'Hôtel-de-Ville. — Lyon (Rhône).

Storck (Adrien), Ing. des Arts et Man., 78, rue de l'Hôtel-de-Ville. — Lyon (Rhône). — **R**

Dr Strapart (Charles), Prof. à l'Éc. de Méd., 6, rue des Telliers. — Reims (Marne).

*Dr Strauss (Alexandre), Méd. mun., 3 *bis*, square Saint-Amour. — Besançon (Doubs).

Strobl (Hermann), Chim. — Valenciennes (Nord).

Studler (Antoine), Prof. au Lycée, 17, rue Bramevaque. — Albi (Tarn).

Suarez de Mendoza (Mme Ferdinand), 23, rue Tarin. — Angers (Maine-et-Loire).

Dr Suarez de Mendoza (Ferdinand), 23, rue Tarin. — Angers (Maine-et-Loire).

Sube (Ludovic), Indust., 35, boulevard Périer. — Marseille (Bouches-du-Rhône).

Dr Suchard, 85, boulevard de Port-Royal. — Paris, et l'été aux bains de Lavey (Vaud) (Suisse). — **F**

Suchetet (André), Prop., 10, rue Allain-Blanchard. — Rouen (Seine-Inférieure).

Surrault (Ernest), Notaire hon., 5, rue de Cléry. — Paris. — **R**

Surun (Émile), Pharm., 376, rue Saint-Honoré. — Paris.

Dr Suzzarini, Mem. du Cons. gén. — Arzew (départ. d'Oran) (Algérie).

Syndicat agricole et viticole de l'arrondissement de Tlemcen (départ. d'Oran) (Algérie).

Syndicat des Pharmaciens de l'Indre. — Châteauroux (Indre).

Tabaraud (Wilfrid), 2, rue Lombard. — Bordeaux (Gironde).

*Dr Tachard (Élie), Méd. princ., Chef des salles milit. de l'Hosp. mixte, 28, rue Ingres. — Montauban (Tarn-et-Garonne). — **R**

Tachet, Nég., anc. Présid. du Trib. de Com., 12, boulevard de la République. — Alger.

Taffe (Henri), Chim., 2, rue Adélaïde. — Nice (Alpes-Maritimes).

Taillefer (Amédée), v.-Présid. du Trib. civ. de la Seine, 81, boulevard Saint-Michel. — Paris.

Tanesse, Prof. de l'Ens. second. en retraite, 53, quai Valmy. — Paris.

Tanret (Charles), Pharm. de 1re cl., 14, rue d'Alger. — Paris.

Tantounat (Henri), Nég., 18, rue de la Préfecture. — Pau (Basses-Pyrénées).

Tarde (Gabriel), Juge d'instruc., rue Jean-Jacques-Rousseau. — Sarlat (Dordogne).

*Tardy (Frédéric), 3, rue Bourgmayer. — Bourg (Ain).

*Target (Émile), Fabric. de prod. chim., 26, rue Saint-Gilles. — Paris.

Tarneaud (Frédéric), Banquier, 13, rue Banc-Léger. — Limoges (Haute-Vienne).

*Tarry (Gaston), Insp. des Contrib. diverses, attaché au gouvern. gén. de l'Algérie, 6, rue Clauzel. — Alger. — **R**

Tarry (Harold), Insp. des fin. en retraite, anc. Élève de l'Éc. Polytech., 6, rue de Bagneux. — Paris. — **R**

Tastet (Édouard), Nég., 60, quai des Chartrons. — Bordeaux (Gironde).

*Tatin (Victor), Ing.-Construc., Lauréat de l'Inst., 6, rue Mont-Louis. — Paris.

*Tausserat-Radel (Alexandre), s.-Chef du Bureau hist. au Min. des Af. étrang., 6, rue de Mézières. — Paris.

Dr Taverni (le Chevalier Roméo), Prof. de Pédagog. à l'Univ., poste restante. — Catane (Italie).

Tavernier (Charles de), Ing. en chef des P. et Ch., 8, rue Fortuny. — Paris.

Dr Teillais (Auguste), place du Cirque. — Nantes (Loire-Inférieure). — **R**

Teisserenc (Émile), 17, rue Maguelonne. — Montpellier (Hérault).

Teisserenc de Bort (Edmond), Agric., villa de Muret. — Ambazac (Haute-Vienne).

*Teisserenc de Bort (Léon), Sec. gén. de la *Soc. météor. de France*, 82, avenue Marceau. — Paris.

Teissier (Mme Joseph), 8, place Bellecour. — Lyon (Rhône).

Teissier (Joseph), Prof. à la Fac. de Méd., Méd. des Hôp., 8, place Bellecour. — Lyon (Rhône).

Tempié (Léon), Prop., 3, rue Maguelone. — Montpellier (Hérault).

Templier (Armand), 81, boulevard Saint-Germain. — Paris.

Terquem (Paul-Augustin), Prof. d'hydrog. de la Marine en retraite, 41, rue Saint-Jean. — Dunkerque (Nord).

Terras (Amédée de), anc. Cap. d'Ét.-maj., anc. Élève de l'Éc. Polytech., château du Grand-Bouchet. — Choue par Mondoubleau (Loir-et-Cher).

Terrier (Charles), Archit. du Gouvern., Biblioth. de l'Éc. spéc. d'Archit., 7, avenue de Boufflers (villa Montmorency). — Paris.

Terrier (Félix), Prof. à la Fac. de Méd., Mem. de l'Acad. de Méd., Chirurg. des Hôp., 3, rue de Copenhague. — Paris.

Terrier (Léon), Prof. de rhét. au Lycée Condorcet, 10, rue d'Aumale. — Paris.

Terrier (Paul), Ing. civ., 56, rue de Provence. — Paris.

Terrier de Loray (le Marquis Henri de), Prop., Mem. de l'*Acad. des Sc., Belles-Lettres et Arts*, Mem. du Cons. gén., 68, Grande-Rue. — Besançon (Doubs).

* **Terson (Albert)**, anc. Int. des Hôp., Chef de Lab. à la Clin. ophtalm. de l'Hôtel-Dieu, 17, boulevard Malesherbes. — Paris.

Testut (Léo), Prof. d'Anat. à la Fac. de Méd., 3, avenue de l'Archevêché. — Lyon (Rhône). — **R**

Teulade (Marc), Avocat, Mem. de la *Soc. de Géog.* et de la *Soc. d'Hist. nat. de Toulouse*, 45, rue des Tourneurs. — Toulouse (Haute-Garonne).

Teullé (le Baron Pierre), Prop., Mem. de la *Soc. des Agricult. de France.* — Moissac (Tarn-et-Garonne). — **R**

D' Texier (Louis), Dir. de l'Éc. de Méd., Présid. hon. de l'*Assoc. des méd. de l'Algérie*, rue de la Flèche. — Alger.

Teyssier (Antoine), Dir. des Contrib. dir., rue de Jayan. — Agen (Lot-et-Garonne).

Thélin (René de), Ing. en chef des P. et Ch. — Tarbes (Hautes-Pyrénées).

Thénard (M⁰ᵉ la Baronne V' Paul), 6, place Saint-Sulpice. — Paris. — **R**

Thénard (le Baron Arnould), Chimiste-Élect., 6, place Saint-Sulpice. — Paris.

Théry (Raymond), anc. Notaire, 7, rue Desurmont. — Tourcoing (Nord).

Theurier (A.) (fils), Fabric. de prod. chim. — Pierre-Bénite par Oullins (Rhône).

Thevenet (Antoine), Dir. de l'Éc. prép. à l'Ens. sup. des Sc. — Alger-Mustapha.

Thibault (J.), Tanneur 18, place du Maupas. — Meung-sur-Loire (Loiret). — **R**

D' Thibierge (Georges), Méd. des Hôp., 7, rue de Surène. — Paris. — **R**

Thiercelin (Alphonse), Dir. de la *Soc. gén.* — Auxerre (Yonne).

Thiriez (Léon), Ing. des Arts et Man., Manufac., 18, rue Baillon. — Lille (Nord).

Thirion (Charles), Ing. des Arts et Man., Construc., 95, boulevard Beaumarchais. — Paris.

Thirion (Émile), Présid. de la *Soc. d'Hortic. de Senlis*, faubourg de Villevert. — Senlis (Oise).

Thomas (A.), Notaire, 83, route d'Orléans. — Montrouge (Seine).

Thomas (Eugène), Nég., château de la Rouquette. — Villeveyrac (Hérault).

Thomas (Jean), Pharm., Maire du XIII* arrond., 48, avenue d'Italie. — Paris.

D' Thomas (Philadelphe). — Tauziès par Gaillac (Tarn).

D' Thomas-Duris (René), rue de Figeac. — Eymoutiers (Haute-Vienne).

Thouroude (Eugène), Doct. en droit, Commis-pris., 32, rue Le Peletier — Paris.

* **D' Thouvenin (Maurice)**, Prof. à l'Éc. de Méd., 136, Grande-Rue. — Besançon (Doubs).

Thuile (Henri), Chef de district aux *Chem. de fer de l'État*, 73, rue des Fonderies. — Rochefort-sur-Mer (Charente-Inférieure).

D' Thulié (Henri), anc. Présid. du Cons. mun., 37, boulevard Beauséjour. — Paris. — **R**

Thurneyssen (Émile), Admin. de la *Comp. gén. Transat.*, 10, rue de Tilsitt. — Paris. — **R**

Thurninger (Albert), Ing. en chef des P. et Ch., 31, rue Dauphine. — La Rochelle (Charente-Inférieure).

Tillion (Antoine), Prop., 15, rue Sous-les-Augustins. — Clermont-Ferrand (Puy-de-Dôme).

Tilly (de), Teint. et Apprêts, 77, rue des Moulins. — Reims (Marne). — **R**

* **D' Tison (Édouard)**, Doct. ès sc. nat., Méd. en chef de l'Hôp. Saint-Joseph, 31, rue de l'Abbé-Grégoire. — Paris.

Tissandier (Albert), Archit., 50, rue de Châteaudun. — Paris.

Tissandier (Gaston), Chim., Rédac. en chef de *la Nature*, 50, rue de Châteaudun. — Paris. — **R**

Tisserand (Paul), Prof. hon. de l'Univ., 16, place Saint-Martin. — Saint-Dié (Vosges).

Tisseyre (Albert), 43, rue Boudet. — Bordeaux (Gironde).

Tissié (Alphonse), Banquier. — Montpellier (Hérault).

Tissié-Sarrus, Banquier, 2, rue du Petit-Saint-Jean. — Montpellier (Hérault). — **F**

D' Tissier (Léon), anc. Int. des Hôp., 8, rue Boccador. — Paris.

Tissot, Examin. d'admis. à l'Éc. Polytech. en retraite. — Voreppe (Isère). — **R**

* **Tissot (Hippolyte)**, Fabric. d'horlog., Présid. du Trib. de Com., 1, rue d'Anvers. — Besançon (Doubs).

Tissot (J.), Ing. en chef des Mines. — Constantine (Algérie). — **R**

Tixier (Jules), Archit., 34, boulevard Gambetta. — Limoges (Haute-Vienne).

Toche (M⁰ᵉ Lucie), Rent., 11, rue des Fêtes. — Paris.

D' Tommasini (Paul), 22, boulevard Seguin. — Oran (Algérie).

Tondut (Edmond), Étud. en méd., château Pardailhan. — Cars par Blaye (Gironde).

D' Topinard (Paul), Dir. adj. du Lab. d'anthrop. de l'Éc. des Hautes Études, 105, rue de Rennes. — Paris. — **R**

Torrilhon, Fabric. de caoutchouc. — Chamalières par Clermont-Ferrand (Puy-de-Dôme).

D' Toubin (Léon), 2, Grande-Rue. — Besançon (Doubs).

Touchard (Paul), 49, avenue du Maine. — Paris.

Toulon (Paul), Lic. ès let. et ès sc., Ing. des P. et Ch., Attaché à la *Comp. des Chem. de fer de l'Ouest*, 36, avenue du Maine. — Paris.

D' Tourangin (Gaston), anc. Mem. du Cons. gén. de l'Indre, 20 *bis*, boulevard Voltaire. — Paris.

Tourniel (Paul), Prop., 85, rue Gay-Lussac. — Paris.

Tournier, Ing. civ., 4, rue Michelet. — Paris.

Tourtel (Ernest), Mem. du Cons. gén., 8, rue Isabey. — Nancy (Meurthe-et-Moselle).

Tourtoulon (le Baron Charles de), Prop. — Valergues par Lansargues (Hérault). — R

Toussaint (Mlle J.), 7, rue de Bruxelles. — Paris.

D' Toutant. — Marans (Charente-Inférieure).

Towne (Gélion), Astronome, 5, chemin des Perrières. — Dijon (Côte-d'Or).

*Trabaud (Pierre), anc. Dir. de l'Acad. des Sc. *Belles-Lettres et Arts*, 11, boulevard Baille. — Marseille (Bouches-du-Rhône).

D' Trabut (Louis), Prof. à l'Éc. de Méd., Méd. de l'Hôp. civ., 7, rue Desfontaines. — Alger-Mustapha.

Trabut-Cussac (Paul), Prop., 6, rue Combes. — Bordeaux (Gironde).

Tramond, Natural., 9, rue de l'École-de-Médecine. — Paris.

*Travet (Antoine), Prop. — Crécy en Brie (Seine-et-Marne).

Trébucien (Ernest), Manufac., 25, cours de Vincennes. — Paris. — F

Treilhes (Émile), Agent des Mines de Carmaux, 1, rue Sesquière. — Toulouse (Haute-Garonne).

Trélat (Émile), Ing. des Arts et Man., Archit., Prof. au Conserv. nat. des Arts et Mét., Dir. de l'Éc. spéc. d'Archit., Député de la Seine, 17, rue Denfert-Rochereau. — Paris. — R

Trélat (Gaston), Archit., 9, rue du Val-de-Grâce. — Paris.

Trenquelléon (Fernand de), Prop., 5, rue André-Chénier. — Agen (Lot-et-Garonne).

Trépied (Charles), Dir. de l'Observatoire. — Bouzaréa (départ. d'Alger).

D' Trévelot (H.), 14, rue des Marbriers. — Charleville (Ardennes).

Trèves (Edmond), Rent., 21, boulevard Poissonnière. — Paris.

Tricout (A.), Orthop., 82, place Drouet-d'Erlon. — Reims (Marne).

Troncet (Louis), Homme de Lettres, 4, impasse du Maine. — Paris.

Troost (Louis), Mem. de l'Inst., Prof. de Chim. à la Fac. des Sc., 84, rue Bonaparte. — Paris.

Trouette (Édouard), Pharm. de 1re cl., Fabric. de prod. pharm., 15, rue des Immeubles-Industriels. — Paris.

Trouvé (Gustave), Ing.-Élect., 14, rue Vivienne. — Paris.

Truchy (Émile), anc. Juge au Trib. de Com., 9, rue Duphot. — Paris.

Trutat (Eugène), Dir. du Musée d'hist. nat., 10, place du Palais. — Toulouse (Haute-Garonne).

Trystram (Jean-Baptiste), Sénateur et Mem. du Cons. gén. du Nord, 95, rue de Rennes. — Paris.

*D' Tueffert (H.). — Montbéliard (Doubs).

Tuleu (Charles, Aubin), Ing. civ., anc. Élève de l'Éc. Polytech., 58, rue d'Hauteville. — Paris.

Turpaud (Georges), Nég. — Langon (Gironde).

Turquan (Victor), Chef du bureau de la Stat. gén. de la France au Min. du Com., 13 *bis*, avenue de La Motte-Picquet. — Paris.

Turquet (J.-B.), Blanchis. de Toiles. — Senlis-Avilly (Oise).

D' Ulhmann. — Mascara (départ. d'Oran) (Algérie).

Urscheller (Georges, Henri), Prof. d'allemand au Lycée, 4, rue Saint-Yves. — Brest (Finistère). — R

Ussel (le Vicomte d'), Ing. en chef des P. et Ch., 4, rue Bayard. — Paris.

Vacquant (Charles), Insp. gén. de l'Instruc. pub., Prof. à l'Éc. cent. des Arts et Man., 12, boulevard Saint-Michel. — Paris.

Vaillant, Juge au Trib. civ. — Cosne (Nièvre).

*Vaillant (Alcide), Archit., 108, avenue de Villiers. — Paris.

D' Vaillant (Léon), Prof. au Muséum d'hist. nat., 2, rue de Buffon. — Paris. — R

*Vaissier (Alfred), Archiv. de la *Soc. d'Émulation*, 109, Grande-Rue. — Besançon (Doubs).

D' Valcourt (Théophile de), Méd. de l'hôp. marit. de l'Enfance. — Cannes (Alpes-Maritimes), et l'été, 50, boulevard Saint-Michel. — Paris. — R

Valenciennes (Achille), Dir. de l'Usine de la *Pharm. cent. de France*, 5, rue des Bois. — Bellevue (Seine-et-Oise).

Valle (Gustave), Prop., 114, rue de Turenne. — Paris.

Dr Vallon (Charles), Méd. en chef de l'asile d'aliénés de Villejuif, 3, rue Lagrange. — Paris.

Vallot (Joseph), Dir. de l'Observatoire du Mont-Blanc, 61, avenue d'Antin. — Paris. — R

Van Aubel (Edmond), Doct. ès sc. phys. et math., Chargé de cours à l'Univ. de Gand, 12, rue de Comines. — Bruxelles (Belgique). — R

Van Blarenberghe (Mme Henri, François), 48, rue de la Bienfaisance. — Paris. — R

Van Blarenberghe (Henri, François), Ing. en chef des P. et Ch. en retraite, Présid. du Cons. d'admin. de la *Comp. des Chem. de fer de l'Est*, 48, rue de la Bienfaisance. — Paris. — R

Van Blarenberghe (Henri, Michel), Ing. des P. et Ch., 48, rue de la Bienfaisance. — Paris. — R

Van Iseghem (Henri), Avocat, Mem. du Cons. gén. de la Loire-Inférieure, 7, rue du Calvaire. — Nantes (Loire-Inférieure). — R

Van Tiéghem (Philippe), Mem. de l'Inst., Prof. au Muséum d'hist. nat., 22, rue Vauquelin. — Paris.

*Vandel (Maurice), Ing. des Arts et Man., 21, rue des Granges. — Besançon (Doubs).

Vandelet (O.), Nég. — Pnumpenh (Cambodge). — R

Vandermarcq (Eugène), Manufac., 7, rue du Général-Cérez. — Limoges (Haute-Vienne).

Vaney (Emmanuel), anc. Cons. à la Cour d'Ap., 14, rue Duphot. — Paris. — R

Varennes (René), Ing. civ., 4, rue Richepanse. — Paris.

Varin (Achille), Doct. en droit, Avocat à la Cour d'Ap., 140, boulevard Haussmann. — Paris.

Variot, Ing. civ., 13, rue de Constantine. — Lyon (Rhône).

*Varlé (Paul), Ing. civ., Représ. de la *Comp. de Courrières*, 22, rue de Dunkerque. — Paris.

Varoquier, Vétér., 19, rue Saint-Georges. — Paris.

Vaschalde (Henry), Dir. de l'Établis. therm. — Vals-les-Bains (Ardèche).

Vasnier, Gref. des Bâtiments, 34, rue de Constantinople. — Paris.

Vasnier (Henri), Associé de la maison Pommery, 7, rue Vauthier-le-Noir. — Reims (Marne).

Vassal (Alexandre). — Montmorency (Seine-et-Oise); et 55, boulevard Haussmann. — Paris. — R

Vattier (Jean-Baptiste), Prof. d'hydrog. de la Marine en retraite, 5, place du Calvaire. — Paris.

Vauquelin (Mme), château de Saint-Maclou par Beuzeville (Eure).

Dr Vautherin, 5, rue du Repos. — Belfort.

Vauthier (Louis, Léger), anc. Ing. des P. et Ch., 41, rue Spontini. — Paris.

Vautier (Théodore), Prof. adj. à la Fac. des Sc., 30, quai Saint-Antoine. — Lyon (Rhône). — R

*Dr Vautrin (Alexis), Agr. à la Fac. de Méd., 45, cours Léopold. — Nancy Meurthe-et-(Moselle).

Vée (Amédée), Fabric. de Prod. pharm., 24, rue Vieille-du-Temple. — Paris.

Vée (Georges), Fabric. de Prod. pharm., 24, rue Vieille-du-Temple. — Paris.

Vélain (Charles), Maître de Conf. des Hautes Études à la Fac. des Sc., 9, rue Thénard. — Paris.

Velten (Eugène), Admin. de la *Banque de France*, Mem. de la Ch. de Com., Présid. de la *Soc. anonyme des Brasseries de la Méditerranée*, 32, rue Bernard-du-Bois. — Marseille (Bouches-du-Rhône).

Venet (Paul), Cap. au 76e rég. d'Infant., 42, rue des Petites-Écuries. — Paris.

Dr Verchère (Fernand), Chirurg. de Saint-Lazare, 101, rue du Bac. — Paris.

Verdet (Ernest), Présid. de la Ch. de com., 87, rue Joseph-Vernet. — Avignon (Vaucluse).

Verdet (Gabriel), anc. Présid. du Trib. de com. — Avignon (Vaucluse). — F

Verdin (Charles), Construc. d'inst. de précis. pour la physiol., 7, rue Linné. — Paris.

Vereker (J.-P.-G.), Hamsterley-Hall, Lintz Green. — Newcastle-on-Tyne (Angleterre).

*Dr Vérette (Marcel), 48, rue des Granges. — Besançon (Doubs).

Vergely, Prof. à la Fac. de Méd., Méd. des Hôp., 3, rue Guérin. — Bordeaux (Gironde).

*Dr Verger (Théodore). — Saint-Fort-sur-Gironde (Charente-Inférieure). — R

Vergne (Gaston), Insp. de l'Enregist., 78, rue Gassies. — Pau (Basses-Pyrénées).

Dr Verguin (Charles), 25, place Gambetta. — Bordeaux (Gironde).

Verminck (C., A.), Fabric. d'huiles, 55, cours Pierre-Puget. — Marseille (Bouches-du-Rhône).

Vermorel (Victor), Construc., Dir. de la Stat. vitic. — Villefranche (Rhône). — R

Verne (Charles du), Prop., château du Veuillin. — Apremont par Le Guétin (Cher).
Vernes d'Arlandes (Théodore), 25, rue du Faubourg-Saint-Honoré. — Paris. — **F**
Verneuil (Mme Aristide), 11, boulevard du Palais. — Paris.
Verneuil (Aristide), Mem. de l'Inst. et de l'Acad. de Méd., Prof. hon. à la Fac. de Méd., Chirurg. hon. des Hôp., 11, boulevard du Palais. — Paris. — **R**
Verneuil (Christian de), Ing. civ. attaché aux Études du *Crédit Lyonnais*, 248, rue de Rivoli. — Paris.
Verney (Noël), Doct. en droit, Avocat à la Cour d'Ap., 47, avenue de Noailles. — Lyon (Rhône). — **R.**
*Vernier (Victor, Léon), Prof. adj. à la Fac. des Let., 16, rue Sainte-Anne. — Besançon (Doubs).
*Verrier (J., F., G.), Mem. de plusieurs Soc. savantes, 13, boulevard Saint-Germain. — Paris. — **F**
*Dr Vesseaux (Jules). — Montbéliard (Doubs).
Veyrin (Emile), 96, rue Miroménil. — Paris. — **R**
*Vézian (Alexandre), Doyen hon. de la Fac. des Sc., Mem. du Cons. mun., 1, aux Villas Bisontines. — Besançon (Doubs).
Vial (Émile), Pharm.-Chim., 1, rue Bourdaloue. — Paris.
Vial (Paulin), Cap. de frégate en retraite. — Voiron (Isère).
Vialay (Alfred), Ing. des Arts et Man., 1, rue de la Chaise. — Paris.
*Viallatte (Achille), Ing., Admin.-Délég. de la *Comp. des Bains salins de la Mouillère*, 8, avenue Fontaine-Argent. — Besançon (Doubs).
Viallet (Augustin), maison Dumollard et Viallet, 92, quai de France. — Grenoble (Isère).
*Viancin (Paul), Biblioth. de la Ville, 98, Grande-Rue. — Besançon (Doubs).
Dr Viardin (E). — Troyes (Aube).
Vicat (Clément), Fabric. de Prod. chim., 9, rue Jules-César. — Paris.
Dr Vidal (E.), Méd. de la *Comp. des Chem. de fer de Paris à Lyon et à la Méditerranée*. — Hyères (Var).
Vidal (Gustave), Insp. des contrib. dir. en retraite, 2, rue Ségurane. — Nice (Alpes-Maritimes).
Vidal (Henri), Mem. du Cons. gén. — Orthez (Basses-Pyrénées).
Vidal (Léon), Prof. à l'Éc. nat. des Arts décoratifs, 7, rue Scheffer. — Paris et château de la Gaffette. — Port-de-Bouc (Bouches-du-Rhône).
Vieillard (Albert), 77, quai de Bacalan. — Bordeaux (Gironde). — **R**
Vieillard (Charles), 77, quai de Bacalan. — Bordeaux (Gironde). — **R**
Vieille (Jules), Insp. gén. hon. de l'Instruc. pub., 9, rue La Trémoille. — Paris. — **R**
Vieille (Paul), Ing. des Poudres et Salpêtres, 19, quai Bourbon. — Paris.
*Vieille-Cessay (l'Abbé François), Dir. au Grand-Séminaire, rue Saint-Vincent. — Besançon (Doubs).
*Viellard (Armand), Présid. de la *Soc. Forestière*, Député de Belfort, 62, rue de Courcelles. — Paris.
*Dr Viennois (Louis, Alexandre), 3, quai de la Charité. — Lyon (Rhône).
Vigarié (Émile). — Laissac (Aveyron).
Vignancour (Marc), Prop., château des Boulaires. — Cusset (Allier).
Vignard (Charles), Lic. en droit, Nég., anc. Juge au Trib. de com., anc. Mem. du Cons. Mun., 16, passage Saint-Yves. — Nantes (Loire-Inférieure). — **R**
Dr Vignard (Edmond), anc. Int. des Hôp. de Paris, Chirurg. sup. des Hôp., 18, passage Saint-Yves. — Nantes (Loire-Inférieure).
Vignaud de Saint-Florent (Edmond), Lieut.-Colonel du génie en retraite, 59, rue du Faubourg-Montmailler. — Limoges (Haute-Vienne).
Vignes (Léopold), Prop., 4, rue Michel-Montaigne. — Bordeaux (Gironde).
Vignes (l'Amiral Louis), anc. Chef d'Ét.-Maj. gén. du Min. de la Marine, Préfet maritime. — Toulon (Var).
Vignon (Jules), Rent., 45, avenue de Noailles. — Lyon (Rhône). — **F**
Vignon (Louis), Maître des requêtes au Cons. d'État, anc. Chef du Cabinet du Min. des Fin., 152, rue de la Tour. — Paris.
Dr Viguier (C.), Doct. ès sc., Prof. à l'Éc. prép. à l'Ens. sup. des Sc., 2, boulevard de la République. — Alger. — **R**
Villain (Mme), 8, rue Gay-Lussac. — Paris.
Villain (Paul), Ing. civ., 57, rue des Martyrs. — Paris.
*Dr Villard (Auguste), Corresp. de l'Acad. de Méd., Prof. à l'Éc. de Méd., 20, rue Saint-Jacques. — Marseille (Bouches-du-Rhône).

Villard (Pierre), Doct. en droit, 1, rue Le Goff. — Paris. — **R**
Villard (Théodore), Ing. civ., anc. Mem. du Cons. mun., 138, boulevard Malesherbes. — Paris.
Villaret, 13, rue Madeleine. — Nîmes (Gard).
Ville (Alphonse), Député de l'Allier, Maire, rue d'Allier. — Moulins (Allier).
Ville (Mme Georges), 57, rue Cuvier. — Paris.
Ville (Georges), Prof. de Phys. végét. au Muséum d'hist. nat., 57, rue Cuvier. — Paris.
Ville d'Ernée (Mayenne). — **F**
Ville de Marseille (Bouches-du-Rhône). — **F**
Ville de Reims (Marne). — **F**
Ville de Remiremont (Vosges).
Ville de Rouen (Seine-Inférieure). — **F**
Villenave (Léo), Prop., 94, boulevard de Courcelles. — Paris.
Villeréal-Lassaigne (Paul), Notaire. — Fumel (Lot-et-Garonne).
Villette (Charles), anc. Trés.-Pay. gén. de l'Yonne, 4, avenue d'Eylau. — Paris.
Villiers du Terrage (le Vicomte de), 30, rue Barbet-de-Jouy. — Paris. — **R**
Vincens (Charles), Dir. de l'*Acad. des Sc., Belles-Lettres et Arts*, 9, rue de l'Arsenal. — Marseille (Bouches-du-Rhône).
Dr Vincent, Chirurg. de l'Hôp. civ., Prof. à l'Éc. de Méd., 13, rue d'Isly. — Alger.
Vincent (Auguste), Nég., Armat., 14, quai Louis XVIII. — Bordeaux (Gironde). — **R**
Vinchon (A.), Filat., 40, rue Deregnaucourt. — Roubaix (Nord).
Dr Vinerta. — Oran (Algérie).
Vinson (Julien), Insp. adj. des Forêts, Prof. à l'Éc. des langues orient. vivantes, 52, rue de Verneuil. — Paris.
Dr Violet, 41, rue de l'Hôtel-de-Ville. — Lyon (Rhône).
Violle (Jules), Maître de conf. à l'Éc. norm. sup., Prof. au Conserv. nat. des Arts et Mét., 89, boulevard Saint-Michel. — Paris.
Vivenot (Henry), Ing. en chef des P. et Ch. en retraite, 70, boulevard Saint-Michel. — Paris.
Vivien (Armand), Ing.-Chim. Expert près des Trib., 18, rue de Baudreuil. — Saint-Quentin (Aisne).
Vizern (Marius), Pharm. de 1re cl., 54, rue Vacon. — Marseille (Bouches-du-Rhône).
Vlasto (Ernest), Ing. des Arts et Man., 44, rue des Écoles. — Paris.
Vogley (Charles), Consul de Belgique. — Oran (Algérie).
Vogt (Charles), Pharm., 7, rue des Trois-Rois. — Mulhouse (Alsace-Lorraine).
Vogt (Georges), Ing. des Arts et Man., Chef des trav. chim. à la Manufac. nat. de porcelaines. — Sèvres (Seine-et-Oise).
Dr Voisin (Auguste), Méd. des Hôp., 16, rue Séguier. — Paris. — **F**
Voisin-Bey (Philippe), Insp. gén. des P. et Ch. en retraite, 3, rue Scribe. — Paris.
Voisins (le Comte Georges, Gilbert de), Nég., 12, allées des Capucines. — Marseille (Bouches-du-Rhône).
Vourloud (Gustave), Ing. civ., 4, Indust. — Oullins (Rhône).
Vrana (Constantin), Lic. ès sc., 61, strada Polona. — Bucarest (Roumanie).
Vuigner (Henri), Ing. civ. des Mines, anc. Élève de l'Éc. Polytech., 46, rue de Lille. — Paris.
*Vuillecard (Claude), Avoué près le Trib. de 1re Inst., Maire, 3, square Saint-Amour. — Besançon (Doubs).
Vuillemin (Émile), Dir. de la *Comp. des Mines d'Aniche*. — Aniche (Nord).
Vuillemin (Georges), Ing. civ. des Mines, Sec. gén. de la *Comp. des Mines d'Aniche*. — Aniche (Nord).
Dr Vuillemin (Paul), Chargé de cours à la Fac. de Méd., 27, rue Granville. — Nancy (Meurthe-et-Moselle).
Walbaum (Alfred), Manufac., 38, rue des Moissons. — Reims (Marne).
Walbaum (Édouard), Manufac., 20, boulevard Lundy. — Reims (Marne).
Walecki, Prof. de math. spéc. au Lycée Condorcet, 8, rue du Havre. — Paris.
Wallaert (Auguste), Ing. des Arts et Man., Filat., 23, boulevard de la Liberté. — Lille (Nord).
Wallon (Etienne), Prof. au Lycée Janson-de-Sailly, 65, rue de Prony. — Paris.
Warcy (Gabriel de), 38, rue Saint-André. — Reims (Marne).
Warée (Adrien), Fabric. de dentelles, 19, rue de Cléry. — Paris.
Warnier et David, Nég., 3, rue de Cernay. — Reims (Marne). — **R**.
Wartelle, Blanchiss. de fils et tissus, 191, rue de Paris. — Herrin (Nord).
Watel (Henry), Dir. des tram. d'Alger, 8, rue de Metz. — Alger-Mustapha.

Weber (Emile), Mem. de l'Acad. de Méd., Vétér., 64, boulevard de Strasbourg. — Paris.

Dʳ Wecker (Louis de), 55, rue du Cherche-Midi. — Paris.

*Weibel (Jean-Baptiste), Indust., Juge au Trib. de Com., 2, rue de Lorraine. — Besançon (Doubs).

Dʳ Weill (Edmond), Agr. à la Fac. de Méd., 38, rue Franklin. — Lyon (Rhône).

Weiller (Lazare), Ing.-Manufac. — Angoulême (Charente), et 52, boulevard Malesherbes. — Paris.

Dʳ Weisgerber (Charles, Henri), 62, rue de Prony. — Paris.

Weiss (Albert), Fabric., 36, rue du Tunnel. — Lyon (Rhône).

Welté (Charles), Caissier, 2, rue des Murs. — Reims (Marne).

Wenz (Émile), Nég., 9, boulevard Cérès. — Reims (Marne).

Wertheimer (E.), Prof. de Physiol. à la Fac. de Méd., 31, rue de Bourgogne. — Lille (Nord).

West (Émile), Ing. des Arts et Man., Chef du lab. d'essuis à la *Comp. des Chem. de fer de l'Ouest*, 29, rue Jacques-Dulud. — Neuilly-sur-Seine (Seine).

Westphaïen, Nég., 29, rue de la Ferme. — Le Havre (Seine-Inférieure).

Wickersheimer (Émile), Ing. en chef des Mines, anc. Député, 37 *ter*, rue de Bourgogne. — Paris.

Dʳ Wickham (Georges), Adj. au Maire du IIᵉ arrond., 16, rue de la Banque. — Paris.

Dʳ Wickham (Henri), 16, rue de la Banque. — Paris.

Wilde (Prosper de), Prof de chim. à l'Éc. milit. et à l'Univ. libre, 339, avenue Louise. — Bruxelles (Belgique).

Wilhelem (Georges), Lic. en droit, 11, cité Vaneau. — Paris.

Willm, Prof. de chim. gén. appliq. à la Fac. des Sc. de Lille, 82, boulevard Montparnasse. — Paris. — **R**

Windsor (E.), Construc. de mach. à vapeur, 89, rue d'Elbeuf. — Rouen (Seine-Inférieure).

Winter (David), Nég., 64, rue Tiquetonne. — Paris.

*Witz (Albert), Photog., 46, place des Carmes. — Rouen (Seine-Inférieure).

Witz (Joseph), Nég. — Épinal (Vosges).

Wolf (Charles), Mem. de l'Inst., Astron. à l'Observ. nat., 1, rue des Feuillantines. — Paris.

Dʳ Worms (Jules), Mem. de l'Acad. de Méd., 12, rue Pierre-Charron. — Paris.

Worms de Romilly, 8, rue de Madrid. — Paris. — **F**

Wurtz (Théodore), Prop., 40, rue de Berlin. — Paris. — **F**

Wyrouboff (Grégoire), Doct. ès sc., 141, rue de Rennes. — Paris.

*Xambeu (François), Prof. de l'Univ. en retraite, 41, Grande-Rue. — Saintes (Charente-Inférieure). — **R**

Yermoloff (Pierre de), Prop., château de Lalongue. — Simacourbe (Basses-Pyrénées).

Yon (Gabriel), Ing.-Aéronaute, 28, boulevard Beaumarchais. — Paris.

Yver (Paul), Manufac., anc. Élève de l'Éc. Polytech. — Briare (Loiret). — **F**

Yvert (Mᵐᵉ Gustave), 15, rue Gargoulleau. — La Rochelle (Charente-Inférieure).

Yvert (Gustave), Avoué, 15, rue Gargoulleau. — La Rochelle (Charente-Inférieure).

Dʳ Yvon (Édouard). — Cinq-Mars-la-Pile (Indre-et-Loire).

Dʳ Yvonneau, 14, rue de la Butte. — Blois (Loir-et-Cher).

Zafiropulo (Étienne), 11, rue du Chapitre. — Marseille (Bouches-du-Rhône).

Zeiller (René), Ing. en chef des Mines, 8, rue du Vieux-Colombier. — Paris. — **R**

+Zenger (Charles, V.), Mem. de l'Acad. des Sc. de l'Empereur François-Joseph Iᵉʳ, Prof. de Phys. et d'Astro. phys. à l'Éc. polytech. slave, 2, rue Saint-Jacques. — Prague-Smichow (Autriche-Hongrie).

Ziegler (C.), 23, boulevard de la République. — Alger.

Ziegler (Henri), Ing. civ., 14, avenue Raphaël. — Paris.

Ziérer, Ing. civ., 57, rue Jeanne-d'Arc. — Rouen (Seine-Inférieure).

Zorn (Louis), anc. Dir. de l'*Express*. — Mulhouse (Alsace-Lorraine).

Zuber (Ernest), Manufac., île Napoléon. — Rixheim (Alsace-Lorraine).

Zürcher (Philippe), Ing. en chef des P. et Ch., 1 *bis*, allée des Mûriers. — Toulon (Var).

Zindel (Édouard), Ing. à la Soudière de la *Comp. de Saint-Gobain*. — Chauny (Aisne).

ASSOCIATION FRANÇAISE

POUR

L'AVANCEMENT DES SCIENCES

Fusionnée avec

L'ASSOCIATION SCIENTIFIQUE DE FRANCE

(Fondée par Le Verrier en 1864)

CONFÉRENCES DE PARIS

1893

M. Jean DYBOWSKI

Chargé de Missions scientifiques, à Paris.

L'INFLUENCE FRANÇAISE EN AFRIQUE CENTRALE

— 21 janvier. 1893 —

Le temps n'est pas loin de nous où l'opinion publique tout entière répudiait systématiquement toute idée d'entreprise coloniale. On disait : Qu'allons-nous faire aux pays lointains, n'avons-nous pas assez de nous préoccuper de nos affaires intérieures, sans aller dépenser notre activité et nos forces vives au dehors ? Laissons les autres nations se lancer dans les entreprises pour lesquelles, disait-on, nous n'avons nulle aptitude. Et les pouvoirs publics, qui doivent être le reflet de l'opinion des masses, suivaient ces errements et restreignaient au minimum tout ce qui pouvait ressembler à une expansion coloniale.

La convention de Berlin, si peu favorable à nos intérêts coloniaux, eut du moins peut-être l'avantage de nous faire ouvrir les yeux et de nous faire voir plus clair. On voulut bien comprendre que, si d'autres nations européennes mettaient tant d'activité et d'avidité aussi à se tailler de larges morceaux dans le continent noir, il pouvait bien y avoir un intérêt pour nous à établir nos droits et à réclamer notre part. Et, du coup, les entreprises coloniales prirent faveur. On organisa une série de missions qui toutes devaient converger vers un but commun, celui de rallier et d'unir, en les prolongeant jusque vers la région centrale, toutes nos colonies éparses sur la côte occidentale.

Déjà, il est juste de le dire, une dizaine d'années auparavant, on avait compris qu'il pouvait bien être intéressant pour nous d'aller visiter les régions centrales de l'Afrique, et une grande mission, dont la direction avait été confiée à un brillant officier, partait d'Algérie pour aller atteindre la ville magique, Tombouktou, dont le nom miroitait alors à nos yeux, absolument mais avec moins de raison peut-être, comme celui du fameux lac Tchad maintenant.

Mais, malgré toutes les apparences de succès qui, pendant un moment, avaient servi l'entreprise, celle-ci échoua. Son chef, les dix Européens, brillants officiers ou ingénieurs d'avenir, avaient sombré dans un épouvantable désastre. Les derniers survivants qui avaient essayé de regagner l'Algérie mouraient en route et jalonnaient le chemin de leurs cadavres.

Les élans généreux ne manquent pas en France : pour un brave qui succombe, il en est dix qui veulent le remplacer, et plus d'un réclama l'honneur d'aller venger Flatters et ses compagnons, de laver dans le sang de l'ennemi l'insulte faite à notre pavillon.

Mais, comme je le disais au début, l'opinion publique tout entière était tellement contraire aux entreprises de ce genre, que l'on ne voulut pas tenir compte de ces demandes, et que tous ceux qui réclamaient ardemment d'aller, au péril de leur vie, accomplir cet acte de justice, se butaient à des refus systématiques.

Et le soleil a blanchi les ossements de nos frères, et le sable seul leur a servi de linceul, sans que nous ayons même rendu à ces braves l'honneur de la sépulture. Quand on a commis de semblables fautes, il faut du moins ne pas en perdre le souvenir pour ne pas les renouveler à l'avenir.

Maintenant, dans les nouveaux programmes qui allaient recevoir leur accomplissement, c'était par l'autre côté que l'on voulait arriver au même but. On estimait non sans raison peut-être, qu'il serait plus aisé de franchir les vastes territoires inconnus en remontant du sud au nord.

Crampel, qui avait été un des premiers à concevoir ce plan d'ensemble et à en rêver l'accomplissement, avait revendiqué le périlleux honneur de prendre sa part de tâche dans l'exécution de l'œuvre. Il prêchait d'exemple. Ses précédents voyages lui donnant l'habitude si nécessaire et si difficile aussi à acquérir de la conduite d'une grande expédition, il se vit confier un important programme dont la réalisation lui eût assuré une place prépondérante parmi les grands explorateurs africains.

Partant de la côte occidentale, remontant le Congo et l'Oubangui, il devait franchir ensuite les vastes territoires vierges encore de toute exploration qui s'étendent entre la grande rivière et le Tchad. De là, il abordait le grand désert qu'il espérait franchir, visitant ainsi les territoires restés inviolés des tribus Touaregs, et revenait en Algérie. On sait quelle a été la fin tragique du chef de l'expédition et d'une partie des Européens qui l'accompagnaient.

Les capitaines Menard et Monteil partaient du Sénégal, devaient rejoindre le Tchad et revenir en Europe par la Tripolitaine. On n'a pas oublié la fin héroïque du premier des deux, et tout le monde vient d'applaudir au retour glorieux du second, qui a réalisé point par point le programme qu'il s'était tracé.

Mizon remontait le Niger avec une canonnière prenant ensuite la Benoué; il espérait bientôt rejoindre les bords du fameux lac. S'il n'a pu réaliser le programme complet qu'il s'était tracé, du moins son œuvre n'a pas été stérile, puisque, revenant par le Congo, il a contourné la colonie du Caméroun et a limité ainsi la zone d'influence et l'expansion vers le nord de la colonnie allemande.

Parti sur la trace de Crampel, nous avons essayé d'apporter notre part à l'œuvre d'ensemble en donnant à la France une nouvelle zone d'influence basée sur l'établissement d'une ligne de traités s'étendant de l'Oubangui jusqu'au delà du Chari, le principal affluent du lac Tchad.

Désormais, la situation que la France a su se conquérir est prépondérante en Afrique. Nulle nation n'a d'une façon aussi réelle établi ses droits sur d'aussi vastes territoires, nulle n'est en possession de traités aussi nombreux et aussi imprescriptibles. Le premier pas est fait, la première partie du programme est accomplie : les territoires sont conquis.

Mais à cela ne saurait se borner notre ambition. Nous ne faisons pas de conquête pour le renom qui peut en résulter pour nous. Nous ne voulons pas simplement conquérir un vaste empire colonial, nous voulons voir la France en tirer un large et profitable parti. Pour que la France soit forte chez elle, il faut qu'elle soit grande et respectée au dehors, il faut que son commerce, que son industrie trouvent des débouchés et des entrepôts qui lui permettent de remporter la victoire dans la grande lutte des intérêts commerciaux, dans la grande guerre de traités de commerce que se font entre elles les nations; se renfermant de plus en plus chez elles et interdisant chaque jour, d'une façon plus rigoureuse, la pénétration des marchandises qui viennent faire concurrence à sa production nationale. Et dans cet ordre d'idées, sera le plus fort qui sera le plus indépendant.

Qu'on le veuille ou non, le temps est venu où le solde de la prospérité commerciale de toute grande nation européenne se fera sur le terrain colonial.

On disait, je le rappelle, que nous n'avons pas d'aptitudes colonisatrices. Il faut se méfier de cette tendance trop accentuée que nous avons chez nous à considérer comme meilleur tout ce qui est fait par les autres et à rabaisser trop souvent nos propres œuvres. Certes, il est coupable de s'enfermer dans une auto-admiration qui est la négation de tout progrès, mais il faut redouter de tomber dans l'excès contraire, car nous y perdrions notre force vive, toute notre énergie, et nous n'y trouverions que le découragement et le doute. Il faut voir les faits tels qu'ils sont.

Nous n'avons pas d'aptitudes colonisatrices? Qu'est donc notre Algérie, sinon la colonie la plus riche et et la plus prospère? A telle enseigne qu'on la considère désormais comme un simple prolongement de la France au delà de la Méditerranée, comme un département de la mère patrie. Et déjà dans la région qu'avoisine la mer, la population est si dense que son chiffre au kilomètre carré dépasse celui de certaines provinces espagnoles. Il est résulté des succès obtenus, de la densité de la population aussi, une tendance bien naturelle à augmenter la surface territoriale de la colonie. Limitée à l'est et à l'ouest, elle ne pouvait s'étendre que vers le sud, c'est-à-dire dans le désert. Mais notre génie colonisateur, que nous voulons nous dénier à nous-mêmes, ne s'est pas arrêté à ces obstacles, et de généreuses entreprises, auxquelles il faut applaudir des deux mains, car elles accroissent le patrimoine national, se sont chargées de mettre en valeur les vastes solitudes. Le sol a été frappé et l'eau en a jailli par les bouches multiples des puits artésien. Des palmiers ont été plantés partout et les frontières de l'Algérie ont été reculées de quelques centaines de kilomètres plus loin dans le désert. De vigoureuses plantations de dattiers prospèrent maintenant là où n'étaient que des étendues de sable. Le chemin de fer les reliera bientôt à la côte.

Voilà ce que l'on a su faire dans les conditions les plus difficiles avec le sol le plus ingrat que l'on puisse trouver; car, quelle est la production spontanée que le sol algérien puisse fournir? quand on a compté les chênes fournissant leur bois et leur écorce, l'herbe des prairies, on a énuméré tout ce qu'il y a à attendre de la production naturelle. Il n'est peut-être pas inutile de le rappeler, il n'y a pas dans tout le Sahara un seul pied de dattier boisant les oasis qui n'ait été planté de main d'homme; et il n'y a pas non plus un seul de ces plants qui puisse, non pas seulement prospérer, mais même vivre si, par des soins presque quotidiens, on ne lui fournissait la quantité d'eau nécessaire aux besoins de sa végétation.

Que sera-ce donc si ces activités et ces intelligences veulent se reporter vers d'autres colonies où tout est fertilité et prospérité naturelles, où la nature, dans sa prodigalité sans limites, couvre les terrains de mille plantes pouvant nous fournir des matières premières d'une haute valeur; où le sol porte chaque année d'abondantes moissons d'herbes sauvages, pâturages naturels d'immenses troupeaux d'éléphants, de buffles et d'antilopes? Chaque année, les indigènes brûlent ces herbes, détruisant ainsi l'énorme quantité de matières utiles qui auraient dû retourner au sol qui les avait fournies. Malgré cette destruction sans cesse renouvelée, chaque année encore les moissons sont obtenues aussi abondantes.

Douze années déjà se sont écoulées depuis le temps où des personnalités politiques, dans un élan de généreuse inspiration, donnaient d'acclamation le nom de Brazzaville à ce point du Congo où son cours commence à être navigable et dont la mémorable expédition de M. de Brazza dotait la France. C'était là la porte de toute la région de l'Afrique centrale, car de là, en effet, les grandes rivières peuvent être parcourues aisément, et conduire jusque dans les régions les plus profondes. Mais ce point, du moins, il fallait pouvoir l'atteindre. Il fallait ouvrir une route qui le reliât à la côte, construire un chemin de fer peut-être et nous mettre en mesure de tirer de toutes ces régions fertiles les produits si multiples et de si haute valeur qu'elle renferme. Rien de semblable jusque-là n'a été fait.

Est-ce donc que les éléments de succès font défaut, que le personnel manque, que les animaux refusent de vivre? Nullement : les essais d'élevage, timides encore, ont pleinement réussi. Le peuple noir, docile, est d'une conduite facile. Et cette colonie immense, dont la surface est infiniment plus grande que celle de l'Algérie entière, est conduite et maintenue en bon ordre par une poignée de soldats. Les postes, séparés par des centaines de kilomètres, n'ont pour toute garnison que quelques tirailleurs, six, dix, une douzaine au plus, et tout y marche en ordre; non pas que l'on soit arrivé à l'état le plus désirable et qu'il ne puisse être éminemment utile de fouiller le pays en tous sens et de multiplier beaucoup ces petits postes qui établiraient notre autorité d'une façon plus effective; mais du moins, dans l'état actuel des choses, tout se maintient en bon ordre.

Que l'on veuille bien comparer ce pays avec ce qui existe dans notre colonie algérienne ou au Sénégal. Là, nous entretenons de véritables armées, avec des forts, des garnisons d'occupation, et, bien que notre conquête remonte à de nombreuses années, on n'imagine pas un seul instant que l'on puisse maintenant

enlever ces garnisons, ou seulement les réduire dans la plus faible proportion.
C'est que, dans ces colonies, nous avons à faire à des peuples régulièrement
organisés, qui ont pu subir notre domination comme une conséquence obligée,
mais n'ont jamais cherché à nouer avec nous des relations amicales. On cite bien
des exemples de chefs qui sont devenus de fidèles serviteurs de la France,
mais ceux-là on les compte encore. Partout où nous sommes en contact avec
le peuple musulman, nous venons nous buter à une série d'actes et d'idées qui
ne sont pas faits pour établir entre nous et eux un rapprochement définitif.
Leur tendance, leur ambition sont les mêmes que les nôtres : ils veulent être

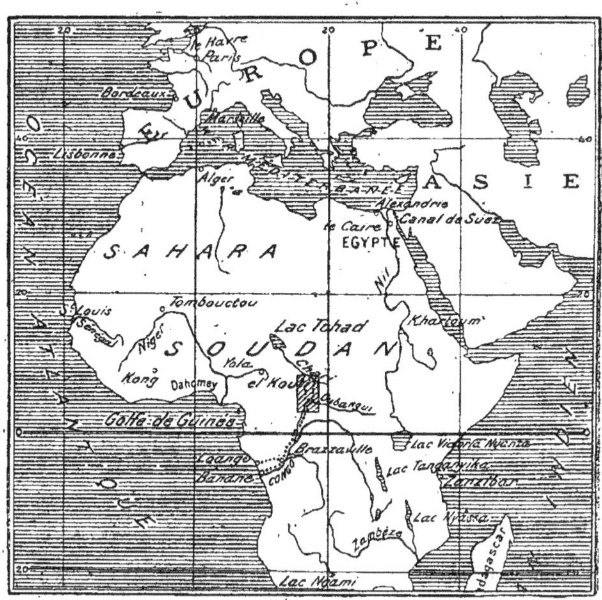

Fig. 6. — Région explorée par M. Dybowski, d'après une carte publiée par la Société de géographie
de Paris.

maîtres chez eux. Leur fanatisme les éloigne obstinément de nous. On veut
actuellement mettre en doute l'expansion grandissante et menaçante aussi de
la secte des Snoussis, dont le mot d'ordre est : Guerre et mort aux chrétiens!
Que l'on conteste la tendance d'esprit, soit; mais que l'on veuille bien se rendre
à l'évidence des faits, du moins.

Les exemples de cette hostilité de tous les instants, en dehors même de cette
preuve si tangible qui nous est fournie par une nécessité d'entretenir des garnisons là où nous avons affaire à des musulmans, sont multiples. Qu'on veuille
bien se rappeler que la mission Flatters n'a été anéantie qu'au nom de ce
fanatisme religieux. Que les échecs successifs de la mission Crampel, de toutes
celles que les Belges ont vu sombrer dans ces derniers temps, sont tous dus à
l'influence musulmane. Là où peut-être l'esprit religieux ne doit pas être con-

sidéré comme le véritable guide, il faudra reconnaître, pour cause de cette hostilité, amenant les conséquences les plus graves, la tendance naturelle qu'ont les musulmans à nous éloigner d'eux pour supprimer la concurrence qui leur est faite par nos commerçants et s'affranchir parfois de notre surveillance et de nos règles humanitaires qui ne veulent pas les autoriser à se livrer librement à la pratique du cruel et dur esclavage qui est comme le dogme fondamental de toutes leurs institutions.

Tant que les Belges de l'État indépendant ont voulu se contenter d'entretenir avec les musulmans des relations commerciales, acceptant leur intermédiaire, tout alla pour le mieux ; mais, du jour où ils essayèrent de s'en affranchir et de commercer directement avec les populations fétichistes, ils trouvèrent, de la part des musulmans, d'abord une hostilité systématique, puis des actes de violence dont le massacre des missions a été la conséquence.

Ces faits de rivalité commerciale sont multiples, et il serait aisé d'en citer des exemples de toutes parts. Les causes en sont parfois variables, les effets en sont toujours les mêmes : l'hostilité envers les chrétiens.

Alors que nous nous avancions dans le sud de l'Algérie, et lorsque nous avions conquis Biskra, nous constations que les caravanes marchandes qui autrefois venaient, si abondantes et si riches, vendre leurs produits au marché de cette oasis, s'en étaient éloignées; et l'on disait : Lorsque nous aurons étendu plus loin notre autorité, ils seront bien obligés de venir vers nous. Et nous avons pris Touggourt, puis ç'a été Ouargla, et maintenant c'est El-Goléa, et à chaque fois que nous nous sommes avancés, les caravanes se sont éloignées; c'est que nous ne leur laissons pas la libre pratique de leur principal commerce, celui des esclaves, de la marchandise qui marche, comme ils disent.

En effet, les musulmans ne savent se passer de ces esclaves qui accomplissent pour eux tout travail dont la pratique leur répugne. Si les oasis sahariennes sont fertiles, si les palmiers en sont irrigués, c'est grâce aux esclaves nègres que les Arabes s'en vont arracher à leurs cases là-bas, de l'autre côté du Sahara, dans les pays qui avoisinent le Tchad.

Lorsque, après avoir remonté au delà de l'Oubangui et avoir traversé les vastes contrées qui s'étendent jusque vers le Chari; je visitai le pays des fétichistes qui sont en contact avec les musulmans du Nord, je constatais que plus ce contact était intime et plus il imprimait une influence néfaste à l'état général de prospérité du pays. Peu à peu ces cultures, que j'avais vues plus bas si prospères, moins soignées, devenaient plus pauvres, et j'arrivais enfin à un véritable désert de populations : j'étais dans la région du parcours des hordes musulmanes. Elles viennent dans toutes ces régions piller les récoltes, voler les marchandises, tuer les vieillards et les enfants, et emmènent les hommes valides et les femmes en esclavage !

Quelle sera la ligne de conduite que nous suivrons dans ces contrées dont l'administration appartient désormais à la France? Prendrons-nous le parti de l'oppresseur contre l'opprimé? Non. Une semblable conduite ne saurait convenir à nos générosités natives. Et d'ailleurs si nos principes humanitaires ne nous faisaient pas un devoir de soutenir les plus faibles, nous devrions encore le faire au nom de nos intérêts.

Les quelques faits que j'ai voulu tout au moins sommairement énoncer montrent combien l'administration de colonies fétichistes est chose simple; combien sont faibles les dépenses et les obligations de toute sorte qui en résultent. L'état de division en petites peuplades distinctes dans lesquelles vivent toutes les populations fétichistes ne leur permet pas de s'unir contre nous. Elles ne parcourent pas de vastes territoires ; elles sont presque toutes sédentaires, et dès lors leurs propres intérêts peuvent très bien s'accommoder des nôtres. Leur religion ne les éloigne pas de nous. Ils sont cultivateurs, producteurs par suite, et les relations commerciales que nous pouvons nouer avec elles ne peuvent que leur être profitables. Et lorsque nous venons chez elles en leur donnant des gages de paix, et si nous voulons les protéger contre l'oppression barbare des musulmans, nous sommes sûrs de servir en même temps ces races si intéressantes par leur goût au travail, par leurs aptitudes productrices, et du même coup les intérêts de notre industrie et de notre commerce.

Certes, là où nous avons affaire à des colonies purement musulmanes, il nous faut essayer de vivre en bons termes avec ces musulmans eux-mêmes. Mais hâtons-nous, avant toute chose, de mettre en valeur tous les territoires habités par les fétichistes dont l'administration peut se faire respecter à si peu de frais et donner rapidement de réels et brillants résultats.

M. L. AUGÉ DE LASSUS

Publiciste, à Paris.

LE JARDIN DES PLANTES, SES ORIGINES. — JARDIN DU ROI, MUSÉUM NATIONAL D'HISTOIRE NATURELLE

— *26 janvier 1893* —

MESDAMES, MESSIEURS,

Rajeunissons et la France et nous-mêmes de trois siècles et plus. Nous sommes en 1572, une année entre toutes sanglantes. Nous avons laissé derrière nous le Louvre où le roi Charles, obsédé de conseillers atroces, médite complots et massacres. Nous sortons de ce Paris tragique et dépassons la porte Saint-Bernard. Elle subsiste telle à peu près que Philippe-Auguste la fit élever. Encore un siècle et, refaite, rajeunie, glorifiée d'un nom encombrant, elle deviendra, sur les dessins de Blondel, sous le ciseau de Tuby, l'un aussi habile architecte que l'autre très ingénieux sculpteur, un fastueux arc de triomphe. Encore deux siècles et un peu plus, tout disparaîtra. Louis XVI effacera cette page de pierre consacrée à l'épopée victorieuse de Louis XIV. Plus rien aujourd'hui qu'une berge et un quai. Ce n'est pas le seul regret que laisse une promenade en ces régions de notre cher Paris. Que de destructions et le plus souvent sans autre motif que l'insouciance !

Une caserne de pompiers nous garde quelques belles salles voûtées, derniers vestiges d'un couvent de Bernardins ; mais l'église a disparu, remplacée par de hautes bâtisses qui ne présentent d'intérêt que le jour du terme, quatre fois l'an. Plus cruellement condamnée, l'abbaye de Saint-Victor, longtemps si fameuse, ne conserve plus un pan de mur où le souvenir puisse nicher. Mais, ne l'oublions pas, nous sommes en 1572, et ces riches abbayes, établies dans la proximité immédiate, ou bien en dehors de l'enceinte parisienne, ce n'est pas cela que nous sommes venus chercher. Nous ne cheminons plus aux rues de la ville, mais ce n'est pas encore autour de nous la libre campagne. Quelques maisons de-ci de-là sont clairsemées. Un chemin bordé de haies nous conduit à la porte d'un clos rustique. Jacques Gohorry, prieur de Marcilly, curieux de botanique, a semé là quelques plantes aux sucs salutaires, des simples, ce vieux nom est joli et dit bien l'intime confiance des souffrants d'autrefois dans la vertu de ces remèdes, les premiers certainement dont se soit illusionnée l'humanité. Aujourd'hui, nous sommes dans l'âge du fer ou l'âge de l'or, ne disons pas l'âge d'or; les fleurs ne nous guérissent plus. Gohorry réunit dans son jardin Chastelain, Fernel, Ambroise Paré, et nous pouvons, en toute vraisemblance, imaginer ces doctes et ces bons, devisant de sciences au milieu des parterres joyeusement épanouis, par une belle soirée d'août 1572, la veille même de la Saint-Barthélemy. Quel contraste ! l'idylle et le drame à quelques pas, à quelques instants l'un de l'autre !

La place était prédestinée; le premier essai de jardin des plantes verdoyait et fleurissait là même où s'élève la butte du labyrinthe qui met près de l'école de botanique la joyeuse école buissonnière. Les enfants du quartier la connaissent bien, et sans peine avouons qu'ils ont raison de la fréquenter; elle leur apprend la joie, le rire, les libres ébats; et cette science, que les programmes oublient, n'est pas la moins désirable.

Cependant il faut un rayon de soleil royal pour que germe enfin une plus durable institution.

« Voulons que dans un cabinet de ladite maison il soit gardé un échantillon de toutes les drogues, tant simples que composées. Ensemble toutes les choses rares en la nature qui s'y rencontreront. »

Ainsi l'ordonne, dans l'un de ses articles, l'Édit royal enregistré en mai 1635, qui fonde le Jardin du roi; et nous voyons qu'il ne s'agit pas seulement d'un jardin, mais aussi d'un établissement multiple.

Térouard et Guy de la Brosse ont conseillé cette création; Louis XIII l'a sanctionnée et décrétée. Vingt-quatre arpents de terre, au faubourg Saint-Victor, tel est l'empire où régnera Guy de la Brosse, le premier directeur. Son logis est confortable, non sans quelque élégance, et les appointements sont de 3,000 livres.

Guy de la Brosse, un personnage d'importance, arbore des armoiries : un lion, un agneau dévisageant un soleil rayonnant, avec cette devise : « De bien en mieux ». Il est habile homme; il sait parler le langage d'un bon courtisan et, s'adressant à Richelieu, il le proclame un peu moins qu'un ange, mais déjà un homme-dieu. Il lui promet, s'il fait du nouveau jardin un riche lieu, car il va jusqu'au calembour, les trésors de la santé et d'une longue vie.

« La médecine, dit-il, est bien toute autre chose que cet art sanguinaire de la mode; elle a bien plus grande étendue que des clistères de son et d'autres préceptes que ces subtilités pédantesques dont elle est ores obsédée comme d'un furieux démon. La nature, sur laquelle elle est fondée, est bien plus simple que ne la considèrent ceux qui la veulent régler au terme de leur fantaisie et la borner à la mesure de leur capacité. »

De la Brosse s'enorgueillit des deux mille trois cent soixante plantes qu'il a cataloguées; mais plus encore il s'enorgueillit de sa montagne dite belle vue, aussi beau séjour et qui déjà s'élève jusqu'à 3 toises, en attendant qu'elle en atteigne 9. Nul doute, et c'est l'espérance du maître, que les plantes alpestres n'y reconnaissent la patrie retrouvée.

L'un des Robin assiste de la Brosse ; c'est toute une famille de botanistes, et Vespasien Robin, *arboriste* et *simpliciste*, plante le premier robinia. C'est le doyen des arbres parisiens, après l'orme des sourds-muets; sa ruine vénérable s'étaye, s'arc-boute de plâtras et de ferrailles; jamais invalide ne fut ainsi rapiécé. Il est chauve ou à peu près comme un crâne d'académicien, mais il ne mérite pas moins de respect.

Guy de la Brosse a voulu faire place au Dieu protecteur dans son domaine. Ainsi, dans ces temps de foi bien rarement contestée, en est-il et toujours et partout. Le Jardin du roi a sa chapelle, et c'est là que le fondateur va dormir son dernier sommeil. Les travaux d'agrandissement, entrepris au commencement du siècle, devaient détruire cette chapelle et violer cette sépulture. Qui pourrait croire que, depuis lors, les restes de Guy de la Brosse, exhumés, attendent un nouvel asile? Dans ce jardin, sa pensée et sa gloire, cet homme n'a pu trouver, après un siècle bientôt écoulé, un petit coin de terre qui lui soit hospitalier. Il est remisé en un caveau sommaire, ou plutôt une soupente, dans le voisinage des lampes et des burettes nécessaires au service des professeurs, et ces lampes n'ont rien de funéraire. Peut-être, dans l'intention louable de distraire un peu cette solitude, on a donné à de la Brosse un compagnon, Victor Jacquemont, le botaniste voyageur, l'amusant conteur. Celui-ci, ramené de Bombay à grand tapage, car il semblait que la France se fût déshonorée à le laisser reposer dans une terre si lointaine, Jacquemont, lui aussi, est remisé, non pas inhumé, cela provisoirement. Mais en notre cher pays de France, voulez-vous faire quelque chose de durable? faites du provisoire, cela ne finit plus. Ces deux hommes, ces débris sauront-ils se consoler entre eux? Peut-être. Mais certainement nous ne saurions trop flétrir l'inconvenance de cet oubli et de cet abandon.

La science, de sa nature même, est envahissante et conquérante. La chimie a bientôt réclamé sa place auprès de la botanique. Le premier qui la professe au Jardin du roi, est Sautier, médecin de Marie de Médicis. Ses cornues ne le sauvent pas des colères du grand cardinal. Les protégés de la reine-mère sont toujours suspects à Richelieu; et Sautier ne connaît longtemps d'autre laboratoire que la Bastille. La mort de Richelieu le délivre cependant.

La botanique devait réaliser ce prodige de confondre, dans les mêmes amours et la même sollicitude, les âmes peu fraternelles des deux frères, Louis XIII et Gaston d'Orléans. Celui-ci, aux portes mêmes de son château de Blois, a son jardin de plantes rares. Non content de les couver de ses regards attendris, il les veut immortaliser. Il commande pour elles comme un éternel printemps, et les pinceaux délicats de Rabel, puis de Robert, commencent cette merveilleuse collection dite des vélins, conservée et continuée jusqu'à nos jours. Malherbe, qui n'en put connaître que les premières pages, s'écriait dans son enthousiasme de poète :

> Quelques louanges non pareilles
> Qu'ait Apelle encore aujourd'hui;
> Cet ouvrage plein de merveilles
> Met Rabel au-dessus de lui.
> L'art y surmonte la nature,
> Et, si mon jugement n'est vain,
> Flore lui conduisait la main,
> Quand il faisait cette peinture.

Les deux planches, étalant dans toute leur gloire le roi Louis XIV et son ministre Colbert, l'un et l'autre dans l'encadrement des cornes d'abondance magnifiquement épandues, des rinceaux, des fleurs que protègent des aigles aux ailes reposées, réalisent la suprême perfection du chef-d'œuvre.

Cette collection, poursuivie depuis 1630, n'a pas de lacune, et cette tâche si charmante où devaient se dépenser, joyeusement s'acharner, Redouté, Mlle Adèle Riché, le Hollandais, devenu Français, Van Spaendonck, quelle joie de la feuilleter! C'est toute la flore terrestre, résumée en quelques-unes de ses plus rares merveilles, que nous voyons là épanouie, et quelques oiseaux y viennent butiner, non moins scintillants, non moins parés de multiples couleurs.

Aux jours les plus sombres de la Terreur, l'œuvre n'était pas désertée; sans cesse des fleurs nouvelles s'ajoutaient à ce bouquet jamais achevé. La Convention, cependant, oubliait de payer, et le républicain *Jean Gombaud-Lachaise*, militaire vétéran et sans-culotte, c'est ainsi que lui-même se désigne, se plaignait dans une supplique de ne connaître plus d'autre nourriture que le parfum de ses modèles. Ces parfums, cependant, sont un baume salutaire. Pour les avoir respirés, Mlle Adèle Riché ne s'éteignit que sur le seuil d'un siècle accompli, à quatre-vingt-dix-huit ans, et par avance déjà elle était embaumée. Van Spaendonck, devenu vieux et les membres déformés, alourdis par la goutte, la palette dans la main, devant quelque belle fleur qui semblait lui demander asile contre la prochaine flétrissure, retrouvait aussitôt les alertes caresses de son pinceau. Le vieux maître eut toujours du printemps au bout des doigts.

Ces vélins nous ont retenus et nous ont fait oublier la chronologie; pourquoi nous en repentir? Ces fleurs semblent si bien avoir confondu les âges et démenti la fatalité du temps.

Entre les premières pages, nous avons reconnu Colbert. Sa première visite au Jardin du roi devait décider une réforme devenue indispensable. Guy de la Brosse disparu, une négligence, qui aurait pu devenir une complète ruine, avait aussitôt commencé. Mazarin, plus jaloux d'une heureuse et brillante diplomatie que soucieux d'une bonne et honnête administration, négligeait bien des choses, entre autres le Jardin du roi. Les maîtres du lieu en avaient fait si bien leur domaine personnel que le jardin leur était devenu un potager, une vigne. Les ceps avaient multiplié, et cela ne présentait d'intérêt que pour ces vignerons improvisés. Colbert est implacable; lui-même prend une pioche et arrache le premier cep. C'est sa manière à lui, la bonne, d'extirper les abus. C'en est fini du clos Jardin du roi.

Au reste, après Daquin, médecin du roi, le protégé de Mme de Montespan, Daquin, que Molière qualifie de grand saigneur, car il a toujours la lancette à la main, voici venir Fagon, à son tour et pour toute sa vie, médecin du roi, Fagon qui aimait, nous dit Saint-Simon, la botanique et la médecine jusqu'au culte. Fagon, petit neveu de Guy de la Brosse, retrouve, dans le cher jardin, ses souvenirs de première enfance, le doux fantôme de son grand-oncle, ses premières tendresses, l'écho d'un familial enseignement, la trace aimée de ses premiers pas. Nul doute qu'il aimera jusqu'à la passion ce jardin pour lui si bien peuplé de joies et si vivant.

Viennent les jours de cruelles épreuves, le crépuscule attristé du grand règne, la rosée des munificences royales manquera aux plantes du jardin, et Fagon de ses deniers, y saura pourvoir. « Seul, nous dit Fontenelle, ce petit coin de terre ignora les malheurs et les misères de la France. » Fagon aurait arrosé ses fleurs de ses larmes, plutôt que de les voir mourir.

La dynastie glorieuse des de Jussieu apparaît et déjà s'impose en 1712. En voilà pour un siècle et plus. Notre jardin a vu ainsi plus d'une fois, dé la chaire du professeur à la cabane du jardinier, les enfants continuer la tâche de leurs pères. La continuité est une force singulière, en même temps une sainte consécration, et l'exemple est vénérable de cette fidélité maintenue à travers les générations. Les Thouin ne sont pas moins nombreux que les Jussieu et les Robin.

Que de savants, que de professeurs fameux, que de voix éloquentes! L'histoire détaillée du Muséum serait l'histoire même des sciences naturelles en France et dans le monde. Combien de curiosités en éveil, de génies, encore dans l'attente de leur plein épanouissement, sont venus là, recueillir les premiers renseignements, ravir l'étincelle qui sera, sous un autre ciel, au delà de nos frontières, la lumière créatrice!

Sans dépasser le xviiie siècle, il faut citer le botaniste Vaillant, Danty d'Isnard, l'anatomiste Duverney qui enseignait l'anatomie aux dames et félicitait Mme de Staal d'être la femme de France qui le mieux connaissait le corps humain; enfin le chimiste Rouelle. C'est de lui que Buffon disait : « Le meilleur creuset, c'est le génie! » Ce Rouelle, soucieux d'une bonne tenue, à l'exemple de son illustre directeur (les manchettes brodées de Buffon sont restées célèbres non moins que son Histoire naturelle), Rouelle venait à son cours, paré de toutes les élégances et dans le bel ordre d'une toilette soignée. Puis il commençait sa leçon et, cet accoutrement le gênant quelque peu, il ôtait sa perruque, bientôt sa cravate, enfin son habit, si la question voulait une démonstration laborieuse. Un argument de plus, il serait apparu dans une apothéose mythologique. Mais déjà, dans un appareil sommaire, il va, vient, dégringole de sa chaire, court à son laboratoire, sème ses papiers et, se croyant suivi de ses auditeurs, il parle à ses cornues, interpelle ses alambics et ses fourneaux; puis, tout en sueur, il revient, parle encore, continue sa démonstration jamais interrompue, conclut enfin et, s'en allant ses cahiers sous le bras, s'étonne qu'un élève obligeant l'arrête et lui présente habit, canne, chapeau et perruque, toute la dépouille laissée sur le champ de bataille.

Patriote et bien Français, jusque dans sa fureur de chimie, Rouelle est un jour rencontré cheminant tête basse et chancelant : « Qu'avez-vous? lui dit-on.

— Je suis moulu. Toute la cavalerie prussienne m'a passé sur le corps. » Nous sommes au lendemain de Rossbach.

Nous avons nommé Buffon; c'est un roi, un maître, un conquérant, et comme un second fondateur. Soleil souverain, il a ses planètes, elles-mêmes très brillantes, qui gravitent dans son ciel. Daubenton, Lacépède. Buffon étend ses conquêtes dans l'empire immense de la science, aussi sur le domaine de ses voisins. Les vingt-quatre arpents du premier Jardin du roi ne sauraient le satisfaire. Il prend l'hôtel de Magny; la porte d'entrée subsiste encore. Il assiège, il assaille les terres de l'abbaye de Saint-Victor; mais les moines tiennent bon ; il étend ses parterres jusqu'à la Seine, plante les allées qui nous sont restées familières, creuse un bassin tout récemment comblé et qu'il destine aux végétaux désireux d'une constante humidité. Pour lui, un de Jussieu plante un pin qui deviendra gigantesque; pour lui, un autre de Jussieu a rapporté du Liban un cèdre dans un chapeau, dit-on, et le cèdre ne pourrait plus s'y laisser remporter. Cependant ce conquérant lui-même est conquis par ses conquêtes. De salle en salle, de chambre en chambre, ses collections le poursuivent et lui disputent l'espace. C'est un envahissement qui le réjouit, mais aussi l'embarrasse; il doit céder une à une toutes les pièces de son appartement.

Il médite des agrandissements dignes de lui, dignes de la science ; mais ces beaux projets ne seront qu'un mirage à peine écrit sur le papier. Il se doit contenter à moins de frais, et la maison que sa présence glorifie n'a de splendeur que lui. Cela suffira, nous voulons l'espérer, à décider sa conservation. De semblables reliques devraient rester inviolables. Rome gardait la cabane de Romulus, et Buffon valait bien Romulus.

L'admiration enthousiaste de son temps lui décerne le marbre d'une statue, monument triomphal élevé comme un pendant de la statue que Voltaire, lui aussi, obtenait de son vivant. Pigalle a représenté Voltaire sans voiles ; une plume à la main est un costume insuffisant. Pajou, mieux inspiré, lui aussi a déifié son héros, mais l'apothéose apparaît affranchie de toute laideur vulgairement réaliste. Il trône, il plane, debout, la tête haute, les yeux interrogeant l'espace, et l'on sent la témérité de ce regard dépasser toutes les frontières. Le torse est nu comme un torse héroïque d'athlète et de lutteur ; les jambes seules s'enveloppent de quelques draperies tombantes. Une main saisit les tables de l'histoire, l'autre est armée d'un style ; elle va graver les décrets suprêmes que lui dictera le génie. Aux pieds du maître et du vainqueur s'entassent madrépores et cristaux, un chien fidèle et caressant, un serpent docile, un lion dompté, dépouilles de la création, trophée des victoires gagnées, ou mieux messagers et confidents de tout ce qui respire, esclaves que la pensée humaine maîtrise, asservit et qui sont là comme ces figures de nations conquises que l'orgueil des rois enchaîne au piédestal de leurs monuments. L'inscription complète bien l'épopée : *Majestati naturæ par ingenium.* Le génie s'égale à la majesté de la nature.

Le cervelet de Buffon a été enfermé et scellé dans le piédestal en 1870, l'année terrible.

Et quel magnifique encadrement ce Buffon divinisé trouvait naguère encore dans la salle qui l'avait reçu ! Il présidait toute une assemblée d'animaux, d'êtres étranges, de monstres grimpants, rampants, bondissants, grimaçants. C'étaient d'énormes crocodiles pendus au plafond, ainsi qu'on en rêve chez une sorcière vendue à tous les diables de l'enfer, des tortues géantes et qui semblaient n'avoir que bien peu ralenti leur lenteur accoutumée ; c'étaient des pythons, des boas tordus, enlacés aux branches qu'ils étreignent, et d'autres serpents plus petits empoisonnant de leur venin l'alcool des vieux bocaux jaunis ; c'étaient des lézards, des grenouilles, des crapauds, gueule béante et regardant cet homme qui portait leur nom, car *buffo* en latin veut dire crapaud, et qui daignait les regarder, comme il regardait tout ce qui était la vie, jugeant le crapaud hideux comme l'oiseau-mouche, fleur qui vole, bijou vivant fait d'or et de pierreries, dignes de la pensée, de l'étude, de l'amour qui console et de l'histoire qui glorifie.

Buffon meurt en 1788. Cette existence heureuse, féconde, bien remplie et qui, si elle ne fut pas exempte d'épreuves et de tristesses, nous apparaît majestueusement épandue, ainsi qu'un beau fleuve au cours tranquille, aux ondes fertilisantes et toujours apaisées, cette existence se termine à la veille des suprêmes orages. Quelques années plus tard, le fils du grand disparu comparaissait devant le tribunal révolutionnaire. Ce n'était qu'un homme assez médiocre et que sa femme, très avancée dans l'intimité de Philippe-Égalité, avait quelque peu ridiculisé ; il trouvait cependant en cette épreuve un mot d'une éloquence singulière : « Je m'appelle Buffon. » Ce fut toute sa défense, au reste parfaitement inutile.

Jardin du roi, l'heure est venue où cela sonne mal. Le jardin est suspect, et chacun sait ce que l'on fait des suspects. De vieux arbres, et quelques-uns dits de Judée (la Judée n'est pas en faveur), un cèdre géant, ce sont là des ci-devants; une futaie ressemble bien à une aristocratie. Déjà la cognée est aux mains des sans-culottes furieusement égalitaires. Les arbres de la liberté seuls seront-ils tolérés? ils portent plus de drapeaux que de feuilles, et ce n'est pas pour la joie des petits oiseaux. Pauvre Buffon! prolongée de quelques jours, sa vieillesse désolée, après la perte d'un fils, aurait encore tremblé pour ces autres fils de sa pensée, son jardin et ses collections! L'orage menace, mais il se détourne. La précieuse oasis est sauvée. Lakanal s'est employé à cette œuvre de salut, Lakanal qui, dans la séance du 5 juin 1793, jetait du haut de la tribune, à la Convention, ces paroles qu'il ne faudrait jamais oublier : « Les monuments nationaux reçoivent tous les jours les outrages du vandalisme. Des chefs-d'œuvre sont brisés ou mutilés. Les arts déplorent ces pertes irréparables. Il est temps que la Convention arrête ces farouches excès. »

De cette pensée féconde et de cette initiative courageuse devait naître notre cher et glorieux Musée du Louvre, créé dans cette même et terrible année de 1793, et devait renaître le Jardin du roi, devenu le Muséum d'histoire naturelle. O puissance des mots! ce seul mot de roi, trois lettres, menaçait de tout compromettre et de tout perdre. La même institution, la même chose, sous une appellation nouvelle, conquiert aussitôt une faveur jamais lassée. Le jardin est sauvé, bientôt prodigieusement enrichi; il ne connaissait que la tranquille floraison de ses parterres et les animaux n'y trouvaient refuge qu'immobilisés dans la mort. Voici qu'une arche de Noé, comme il n'en fut jamais encore, y va déverser toute sa grouillante cargaison.

Versailles avait sa ménagerie sur la rive gauche de son grand canal. Quelques ruines confuses, perdues aux bâtiments d'une ferme, en précisent l'emplacement. C'était moins qu'une école de science sérieuse, une amusette où se complaisait tout spécialement la duchesse de Bourgogne. Les perroquets lui rendaient les caquets des antichambres royales, les singes lui singeaient les alertes courbettes des courtisans, quelque vieille chouette, bien compassée et désireuse des obscurités discrètes, peut-être lui rappelait Mme de Maintenon. Tout cela n'était pas pour changer beaucoup les visions journalières de la princesse, tout cela cependant ne laissait pas de l'amuser. Le peintre Desportes, l'habile animalier, avait beaucoup travaillé à cette ménagerie de Versailles. La Révolution éclate; elle proclame les droits de l'homme, elle oublie les droits des pélicans et des chameaux. Les vainqueurs du jour n'usent guère de clémence. A la ménagerie comme ailleurs, hélas! cela commence par un massacre, cruelle hécatombe qui châtie ces pauvres bêtes coupables d'avoir léché peut-être les mains qui les nourrissaient, ces mains étant princières ou royales.

Les survivants prennent le chemin de Paris; ils ont leur journée d'octobre qui décide une résidence nouvelle. Les voilà sous la sauvegarde et la protection du peuple français, Bernardin de Saint-Pierre est leur premier intendant; il les couvre d'une constante sollicitude. La ménagerie du Raincy, elle aussi un moment décimée, mais non pas anéantie, rejoint la ci-devant ménagerie de Versailles. Il adviendra qu'en un jour de féroce économie ou d'indigence angoissée, la Convention refusera de subvenir à la nourriture de ses intéressants pensionnaires. Mais sur les instances de Bernardin de Saint-Pierre, déjà à la veille de donner ses tourterelles à ses vautours, ses gazelles à ses panthères, pour sauver du moins quelque chose, la cruelle assemblée fera cesser une telle détresse et la diète n'aura pas été la famine.

Les confiscations consommées dans les abbayes, dans les résidences princières, enrichissent prodigieusement le Muséum, d'animaux vivants ou morts, d'échantillons curieux, aussi d'objets d'art. Les armoires vitrées, que l'enlacement de serpents sculptés si ingénieusement encadre, viennent de Chantilly, et le château de Bellevue, le coquet et galant ermitage de la Pompadour, a livré le groupe des enfants lutinant une chèvre, au milieu d'un écroulement de pampres et de raisins, qu'une négligence très injuste relègue à l'extrémité des grandes serres. C'est là un chef-d'œuvre de virtuosité sculpturale, sinon de très bon goût. Jamais le ciseau ne s'est joué plus joyeusement dans le marbre.

Les victoires de la République, ses conquêtes, celles surtout du Consulat, précipitent un enrichissement qui ne finira plus. Le Louvre, — et nous ne saurions approuver ces brutalités de la conquête étendues jusque sur les choses qui sont de l'art, de la gloire et du souvenir, — le Louvre rançonne le Vatican et les collections les plus fameuses d'Italie; le Muséum, à peine un peu plus discret, reçoit les collections du stathouder de Hollande. Le chameau, qui prêta sa bosse complaisante à Bonaparte au désert de Syrie, obtient ses invalides au Muséum. Nul doute qu'il eût préféré à tant d'honneur ses libres solitudes.

Ici se place un épisode que nous voulons rappeler, car il est tout à l'honneur de la science française. Le Portugal, un instant conquis, ne pouvait payer sa conquête de tableaux fameux; mais il possède des collections d'histoire naturelle, trophées de ses découvertes et de ses victoires lointaines. Un commissaire est envoyé de Paris qui cherchera ce qui est bon à prendre et meilleur à garder. Ce commissaire, c'est Geoffroy Saint-Hilaire. Armé de pleins pouvoirs, il se fera délivrer toutes choses, et voilà que bientôt, car il faut se hâter, des caisses partent de Lisbonne pour Paris, mais aussi que de Paris reviennent des caisses à Lisbonne.

Vient l'heure du reflux, et la conquête française déserte le Portugal. 1815 liquide tout ce passé de batailles, et les nations dépouillées formulent leurs réclamations, revendiquent les richesses un instant perdues. Le Louvre restitue. Que fera le Muséum? Le Portugal le peut condamner à de semblables restitutions, mais voilà quelle lettre, dans le sens général, sinon dans la teneur formelle, arrive de Lisbonne : « En effet, les collections d'histoire naturelle de Lisbonne furent, par ordre supérieur, remises à M. Geoffroy Saint-Hilaire. Elles étaient dans un complet désordre; il les a classées, rangées, étudiées, ne se réservant pour les faire porter en France que les doubles. De plus, M. Geoffroy Saint-Hilaire, en échange et compensation équitable, a fait venir en France les exemplaires des espèces non représentées. La France ne nous est redevable de rien, et le Portugal seul lui doit reconnaissance et remerciement. »

En 1814, la première invasion (trois dans un siècle, hélas!) avait envoyé un corps prussien camper au Muséum, voisinage déplaisant et qui peut devenir dangereux. Sur les réclamations des professeurs que Humboldt se fait honneur d'appuyer, les Prussiens sont éloignés, et le Muséum reste dispensé de tout logement militaire. La guerre s'arrêtant au seuil de la maison que la science habite, cela recommande le vainqueur, aussi, nous semble-t-il, le vaincu. En 1871, il n'en va plus de même. En 1814, en 1815, quelques officiers seulement, et pleins de déférence, visitent le Muséum; en 1871, leurs cartes de visite sont des obus. Les collections ont été enlevées pour la plupart et mises en lieu sûr; plusieurs obus traversent les galeries; les tuyaux de chauffage, dans la serre des orchidées, sont crevés: les vitres volent en éclats, et les pauvres plantes, en un instant, passent d'une température saharienne à des rigueurs polaires. On s'empresse, on les cache, on les enveloppe, on les emporte, et le sauvetage n'est pas sans danger, car le bombardement continue. De la gent humaine ou de la gent animale, rien ne périt cependant qu'une perruche criant de peur et qui finit par s'étrangler.

Ce sont là de tristes souvenirs ; mais au lendemain même du désastre, la France, ici du moins, obtenait réparation. Un autre empereur, — il n'est pas dans cette histoire lamentable que des empereurs funestes, — Don Pedro de Brésil, envoyait au Muséum une magnifique collection de plantes rares. Aujour-d'hui encore, en présence de quelques fleurs inattendues et dont nos yeux se réjouissent, sous la fine dentelle que les fougères arborescentes suspendent dans l'espace, il convenait de rappeler cette munificence si gracieusement répara-trice et le souvenir d'un prince qui nous fut toujours un ami.

Les premières années du siècle avaient vu l'agrandissement des galeries zoologiques, la construction par l'architecte Molinos de l'orangerie, aussi de l'amphithéâtre où veillent, l'été venu, en sentinelles, les chamœrops, présent fait à Louis XIV par le margrave de Bade-Dourlach, *Chamœrops humilis*, disent les botanistes. Mais l'humilité du nom est ici singulièrement démentie, et les tiges démesurément poussées, contre toute vraisemblance, ont exigé une armature de fer.

Signaler toutes les hautes personnalités qui se succèdent aux chaires ou bien aux laboratoires du Muséum nous imposerait une interminable nomenclature. Nous saluons cependant au passage Cuvier, mort dans une maison que nous connaissons tous ; le Suisse Agassiz, longtemps son très fidèle auditeur ; Lamarck, un aveugle qui devait voir ou entrevoir tant de choses, Lamarck qui précède Darwin et quelque peu le prépare. Enfin, auprès des artistes que déjà nous avons mentionnés, car notre cher Muséum inspire l'art autant qu'il conseille la science, Barye apparaît, l'historien, le confident, l'ami des lions et des pan-thères ; l'épopée qu'il chante et qu'il modèle, bondit, rugit, si magnifique et si vraie que le bronze même semble garder la trace des dents meurtrières et des griffes toutes-puissantes. Un homme, un grand artiste, continue là-bas, dans ce même atelier toujours vivant, les mêmes traditions ; Frémiet nous console de Barye disparu.

Après le règne de Louis-Philippe très empressé aux travaux utiles et de qui datent les galeries de botanique et de minéralogie, les serres, le palais des singes, un nom un peu trop ambitieux, le règne de Napoléon III, ne témoigne que d'une parcimonie presque malveillante. On ne fait rien qu'entretenir et mal : une plume arrachée à l'aile d'un pauvre aigle qui n'en peut mais et destinée à signer le traité de Paris, c'est d'une sollicitude un peu trop passagère et tout à fait insuffisante.

Notre âge devait faire plus et mieux. Nous avons prodigué les millions. Une nécessité, depuis longtemps évidente, imposait la réfection des constructions existantes, plus encore leur agrandissement. Ces travaux devaient cependant entraîner les embarras d'un immense déménagement, et nul doute que des bocaux, immobilisés depuis un siècle peut-être, aient ainsi pour la première fois déserté leur étagère. Cette agitation inaccoutumée, nous avons voulu la saisir, sinon au vol, — alors même qu'il s'agissait de dénicher des hirondelles, les choses n'allaient pas aussi vite, — mais la surprendre dans sa marche journalière. C'était aussi une occasion de faire nos adieux au vieux Muséum aimé de notre enfance et qui fut pour tant de générations curieuses un si précieux éducateur. Les salles étaient devenues trop petites. Encore un peu, et les papillons se seraient envolés de leurs vitrines, et les gazelles, plutôt que de subir l'étouffement le plus cruel, auraient oublié qu'elles étaient empaillées, pour bondir par les fenêtres. Cela était cependant intime, amusant, et la promiscuité était charmante, attendrie, de l'homme et de ses victimes résignées. On était là comme en famille, et jamais les animaux, nos frères inférieurs, selon la clémente appellation de Michelet, ne nous imposèrent une plus étroite fraternité. Si la salle haute, tout inondée de lumière, enveloppait, sous la libre envergure des vautours, des condors éployés, l'exquise débilité des oiseaux-mouches, la salle basse, de véritables catacombes, grandissait, en ses obscurités toujours mal dissipées, rhinocéros, hippopotames, éléphants énormes. La lignée de ces monstres tout alentour apparaissait épandue, avortons déjà formidables, nourrissons invraisemblables et que semblait protéger, couver encore, la surabondante obésité des panses maternelles. Sans doute, l'atmosphère ombreuse permettait à grand'peine la lecture des étiquettes; en aucun lieu du monde, cependant la grande faune des jungles et des fleuves incommensurables ne se révélait plus effrayante, et l'humanité s'inquiétait, les enfants prenaient peur à descendre dans ces hypogées.

Aujourd'hui, la lumière inonde les pachydermes dans l'hospitalité d'un hall immense; mais l'espace conquis les a diminués; les éléphants ne sont plus que des lauréats de porciculture, la girafe n'est qu'une levrette faisant la belle; enfin ces charpentes d'ossements qui furent des cétacés, ces baleines, ces cachalots mis à jour et décharnés, lamentablement se rapetissent, et les requins ne sont plus que des saumons qui exagèrent. Combien, autrefois, — nos souvenirs d'enfant épouvanté nous le disent encore, — la carcasse de baleine, dans la cour de la baleine, se révélait plus formidable! Elle aurait fait place à tous les Jonas de toutes les légendes.

Il était, dans ce Muséum aujourd'hui déserté, une salle toute charmante, bien pauvre, bien simple, toute petite, mais inoubliable ainsi qu'un premier souvenir. Des nids partout, des nids toujours étaient là rassemblés, et que d'inventions exquises, ingénieuses, de chefs-d'œuvre de patience, aussi de prévoyance! Les œufs, depuis les perles que sont les œufs des tout petits oiseaux, jusqu'à l'œuf de l'autruche qui tout seul nourrirait une famille entière, jusqu'à l'œuf invraisemblable du fabuleux épiornix, ils étaient là tous ou presque tous, dans le duvet, dans la soie, dans le feuillage et la mousse, dans la maçonnerie patiente, que cimentent les hirondelles; et tout cela était délicieux comme pas un spectacle qui nous puisse attacher, attendrir, car cela était de la tendresse toujours présente, la caresse, l'amour et la maternité. Une Vénus de marbre présidait cette assemblée, *alma parens rerum*, mère bénie de toutes choses, disait l'inscription, et de la torche que sa main lentement abaissait, elle incendiait et fécondait le globe du monde. Combien nous regrettons que cette pensée n'ait pas retrouvé dans les salles nouvelles une heureuse réapparition!

Le Muséum appelle et commandera bien d'autres transformations. C'est une nécessité, c'est aussi notre désir. On loge plus amplement les collections, c'est à merveille; mais on oublie quelque peu les animaux, les pensionnaires vivants, mais pas du tout volontaires, dont s'amuse et s'instruit notre badauderie parisienne. Quelle captivité cruelle que celle des aigles qui jamais ne pourront étendre leurs ailes! Et les lions, les tigres, quelle affreuse ménagerie de foire nous présentent leurs cages juxtaposées! Quelle pitié que cet étouffement dans les ténèbres! Si nous ne ressentions plus de pitié encore pour les mollets de nos semblables et pour les nôtres, nous voudrions ouvrir les portes. Ces pauvres bêtes, des exilés, des condamnés qui ne connaîtront jamais de grâce, sont nos hôtes, nos captifs, nos victimes, pourquoi seraient-elles nos martyrs? Elles ne nous ont rien fait que de nous amuser; elles nous aiment où du moins nous pardonnent. Un visiteur titubant un jour se penche si bien qu'il tombe dans la fosse aux ours; Martin le reçoit sur son dos et, débonnaire comme une descente de lit, il se sauve, puis revient le lécher. Que d'anecdotes curieuses, quelques-unes édifiantes comme de la morale mise en action, on pourrait évoquer aux annales de nos pensionnaires! Il nous souvient d'un perroquet qui lui-même se proclamait le bon Coco et n'acceptait rien sans dire merci et ajouter que c'était bien bon. Le gardien, nous annonçant sa mort, ajoutait: « Il est regrettable. » De beaucoup d'hommes on n'en pourrait pas dire autant. Il nous souvient d'un échassier qui avait perdu l'une de ses pattes et manœuvrait très gentiment le roseau qui la remplaçait, — cela, du reste, le changeait si peu, — et cet invalide était fier de sa baguette, comme un brave vétéran de Napoléon du bâton qui lui tenait lieu de jambe. Le Muséum n'a pas oublié un python qui, durant vingt-deux ans, dormit, mangea, digéra, jusqu'au jour où, voulant varier son ordinaire de lapin, il avala sa couverture et s'en étrangla, n'ayant pu la digérer.

Un événement historique et resté marquant dans le règne de Charles X est l'apparition de la première girafe que la France ait connue. Les gazettes du temps témoignent de l'émoi ressenti; le sacre de Reims ne devait pas obtenir un succès pareil.

« Avant-hier, à dix heures du matin, nous dit l'historiographe du *Moniteur officiel*, la girafe est arrivée à Saint-Cloud, où elle a été conduite par le Trocadéro. Une foule nombreuse de curieux l'accompagnait. Une députation de l'Institut, composée de MM. Cuvier, Geoffroy Saint-Hilaire et de tous les membres de l'administration du jardin, devait présenter au roi cet animal et lui en expliquer le caractère et les habitudes. Cette députation a été présentée au roi avant la messe, par S. E. le Ministre de l'Intérieur. »

La girafe obtint les honneurs de la gravure et même de la caricature. C'est ainsi que, dans une estampe satirique, elle parodie les maigreurs grotesques d'un personnage politique plus en faveur à la cour royale que dans l'opinion populaire.

Cadeau du vice-roi d'Égypte, du Darfour venue au Caire, du Caire naviguant jusqu'à Marseille, arpentant sur ses longues jambes la France presque tout entière, la girafe voyait enfin le roi Charles X; la reine de Saba était venue de moins loin contempler la sagesse de Salomon; après une telle gloire, la girafe n'avait plus qu'à mourir, c'est ce qu'elle fait bientôt.

Se promener dans notre cher Jardin des Plantes est un repos, aussi un enseignement, une joie aussi, une surprise quelquefois. On peut, ou du moins on pouvait, chemin faisant, apprendre des choses inattendues; par exemple que les Balkans ne sont pas situés en Europe, car une étiquette fixée au tronc d'un marronnier était ainsi formulée : *Æsculus hippocastanum*, marronnier d'Inde, originaire des Balkans, introduit en Europe en 1615. Cette étiquette a disparu, bien regrettable. Il est arrivé que la grande rotonde des herbivores annonçait un métis de zèbre et d'ânesse d'Arabie et montrait un chameau. Ainsi, vous prenez une ânesse et un zèbre, vous les abandonnez à leur libre inspiration, et vous obtenez le vaisseau du désert. Jamais Darwin n'aurait prévu un tel transformisme.

Que l'on soit homme ou bête, animal ou végétal, on vit vieux au Jardin des. Plantes, que ce soit l'influence du savon arsénical, du camphre, de l'alcool, ou bien habitude consacrée. Nous avons connu un jardinier qui durant cinquante-deux ans empota, dépota, rempota; il était borgne, un cactus ingrat lui ayant crevé un œil. Depuis 1859 moisissent dans le même aquarium des salamandres qui ne doivent guère se souvenir du Japon. Les arbres oublient peut-être de pousser, aussi de mourir. Dans ce jardin, qui restera lui-même, nous voulons l'espérer, tout en s'agrandissant et s'enrichissant d'âge en âge, au milieu de ces logis historiques et que de si grands noms consacrent, dans cette tradition vivante et jamais interrompue, on peut rêver, et c'est charmant, de ces arches de Noé dont se réjouit la première enfance ; on peut rêver aussi de ces paradis terrestres que les naïves histoires saintes étalent si complaisamment, et naguère encore, rencontrant un vieillard alerte, joyeux, un étudiant qu'un siècle et plus de vie laborieuse ne devait point lasser, on pouvait dire que rien ne manquait à ce paradis visité du Père éternel.

M. le Dr LÉON-PETIT

Médecin de l'Hôpital d'Ormesson, Secrétaire général de l'Œuvre des Enfants tuberculeux,
à Paris.

TUBERCULOSE ET MARIAGE

— Mai 1893 —

MESDAMES, MESSIEURS,

Dans le monde civilisé, à la fin du xixe siècle; sur six personnes qui meurent il y a au moins un phtisique.

En France, la tuberculose tue, chaque année, près de 150.000 individus, c'est-à-dire qu'en seize ans le nombre de ses victimes équivaut à l'anéantissement d'une ville comme Paris.

Il n'y a pas de guerre, de peste, de choléra, de dynamite, de catastrophe qui approche, même de loin, d'un aussi formidable fléau.

La tuberculose est plus qu'une maladie, elle est une question sociale, que dis-je? elle est une question humaine.

Elle soulève d'innombrables problèmes dont l'opinion publique demande, chaque jour, la solution au médecin, problèmes souvent mal posés et auxquels il n'est pas toujours facile de répondre, problèmes qui touchent à nos intérêts les plus chers et dont il importe que le public connaisse bien les données.

Sous le titre de *Tuberculose et Mariage*, nous allons étudier ensemble quelques-uns des rapports qui existent entre la maladie la plus redoutable pour l'espèce humaine et le devoir social chargé de sauvegarder l'avenir de la société et de la race.

***

Le médecin est souvent consulté sur la question de savoir si le mariage est permis à une jeune fille ou à un jeune homme atteint ou soupçonné de tuberculose.

En principe, sa réponse ne saurait être douteuse. Dans l'intérêt de la famille et par suite de l'espèce, il serait à désirer que les alliances ne se fissent jamais qu'entre jeunes gens de santé irréprochable.

Mais le médecin n'est jamais consulté sur la question de principe, il est toujours consulté sur un cas particulier. Et ce cas particulier est composé d'éléments tellement multiples, compliqué de considérations tellement diverses que le médecin hésite sous le poids de la responsabilité qui lui incombe.

Le principe reste immuable dans son esprit, mais les faits l'entraînent souvent à des concessions d'autant plus faciles qu'il se dit, à part lui, que bien des gens lui demandent un conseil avec l'idée bien arrêtée de ne le suivre que s'il est conforme à leurs désirs.

Un jeune médecin voit arriver, à sa consultation, un de ses clients qu'il soignait, depuis plus d'un an, pour une tuberculose non douteuse. Le malade avait, ce jour-là, l'air épanoui d'un homme auquel il vient d'arriver une chose heureuse, et, de fait, en l'examinant, le médecin le trouva fort amélioré et ne lui cacha pas sa satisfaction.

« Pensez-vous, docteur, que je puisse me marier ? »

Situation du médecin !

Dire à ce brave garçon toute sa pensée, serait vouloir lui donner le coup de la mort; le laisser réaliser son projet, serait se rendre complice d'une mauvaise action. Il essaya de gagner du temps et demanda deux ans de traitement avant de pouvoir donner son autorisation.

Le malade partit fort contristé et ne revint plus jamais.

Dix ans plus tard, les hasards de la vie remirent ces deux hommes en présence. Le phtisique s'était marié au lendemain de la consultation; il semblait parfaitement guéri; ses enfants, déjà grands, étaient superbes.

Pour lui, il n'avait jamais été poitrinaire, le médecin s'était grossièrement trompé à son sujet. Mon Dieu, oui, il s'était trompé, non pas dans son diagnostic, mais dans son pronostic. A côté de ce cas heureux, depuis dix ans, il a vu trop souvent les événements justifier ses craintes; mais, désormais, plus tolérant, moins pessimiste, il a acquis la conviction que l'avenir de la phtisie dépend au moins autant du malade que de la maladie.

Il a quelques cheveux blancs de plus, quelques illusions de moins; il se défie de ses formules impitoyables du début de la carrière; il pèse chaque cas particulier, donne un avis motivé et laisse les intéressés conclure à leur guise. Et voilà comment l'intransigeant le plus farouche devient peu à peu l'opportuniste le plus conciliant. Je suivrai son exemple. Je me tiendrai soigneusement à l'écart des règles absolues auxquelles l'expérience donne souvent de formels démentis. Je me bornerai à vous soumettre les pièces du procès, et je vous laisserai le soin de prononcer le jugement. Et, pour que ce jugement ne soit pas trop sévère, je veux, par avance, plaider les circonstances atténuantes, en livrant à vos méditations l'histoire suivante :

Un jeune homme bien portant demandait la main d'une jeune fille. C'était un mariage d'amour.

Le père de la demoiselle apprit que la mère de son futur gendre était morte de la poitrine. D'accord avec son médecin, il rompit les pourparlers.

Crises de nerfs épouvantables de la jeune personne. Inquiétude des parents, soucis du médecin, qui sait que la grand'mère est jadis morte folle à la suite d'un violent chagrin.

Le mariage seul peut la guérir, elle s'obstine à ne pas vouloir d'autre époux que celui qu'on lui refuse.

Force fut de céder. Molière l'a dit : « La raison n'est pas ce qui guide en amour. » Et l'amour, malgré son bandeau, est quelquefois plus clairvoyant que les plus doctes d'entre nous !

Le jeune homme n'est pas devenu phtisique, et sa femme n'a plus jamais eu de crises de nerfs !

**

De tout temps, les médecins ont été frappés du rôle cruel que joue la phtisie dans certaines familles.

De là à conclure que la tuberculose est héréditaire, il n'y avait qu'un pas. Ce pas fut vite fait. Mais quand on en vint à vouloir fixer les règles de cette hérédité, on se heurta aux résultats les plus incohérents.

Pour les uns, sur 6 phtisiques, il y a 5 héréditaires; pour les autres, il y en a, tout au plus, 1 sur 7, et même certains médecins modernes en arrivent presque à mettre en doute la réalité de l'influence héréditaire.

Et, de fait, quand on étudie la physionomie des familles entachées de tuberculose, on la trouve tellement variable que l'hérédité semble passer au second plan.

Les tableaux dressés par Leudet sont très instructifs à cet égard. Ils prouvent que l'hérédité est possible, qu'elle est même probable, mais qu'elle a moins d'influence qu'on ne s'accorde à le croire.

Un père et une mère phtisiques ont un enfant. Celui-ci va être vigoureux pendant de longues années, et voilà qu'à quinze ans, vingt ans ou trente ans, il devient tuberculeux.

Si l'on avait pu constater qu'en venant au monde, il présentait les germes du mal, on pourrait, à la rigueur, admettre que ces germes ont pu sommeiller aussi longtemps, ce qui, d'ailleurs, est assez invraisemblable. Mais cette preuve directe, malgré toutes les recherches, n'a jamais pu être fournie.

Il est infiniment plus probable que les parents lèguent à leurs enfants non les germes de la tuberculose, mais un tempérament propice à l'évolution de ces germes. C'est là une notion consolante, car ces prédisposés pourront ne jamais devenir des malades, si une éducation hygiénique bien comprise vient modifier heureusement leur organisme et s'ils sont tenus à l'abri de toute chance de contagion.

Il n'est peut-être pas une seule famille dans laquelle on ne trouve, en remontant le cours des générations, au moins une de ces tares pathologiques qui passent pour être héréditaires : cancer, folie, diabète, tuberculose, etc., etc. Il serait inhumain et maladroit de faire peser trop lourdement ces souvenirs sur les descendants. Si l'on veut ne marier que les gens de souche irréprochable, autant vaut supprimer, tout de suite, l'institution du mariage.

*
* *

Je viens de prononcer le mot contagion.

La phtisie, en effet, est contagieuse. Elle se transmet de l'homme malade à l'homme sain, et cette contagiosité nous amène à envisager la maladie sous une nouvelle face. Grâce à elle, le phtisique n'est plus seulement un pauvre malade digne de compassion, il devient un danger pour son entourage, et, à ce titre, il tombe sous le coup de l'hygiène sociale.

C'est à Villemin que revient l'honneur d'avoir, le premier, démontré scientifiquement ce point capital, qui domine actuellement toute l'étude de la phtisie.

Le jour où il vint, à la tribune de l'Académie de médecine, annoncer le résultat de ses recherches, il souleva une véritable tempête dans la docte assemblée. C'était le 5 décembre 1865.

Un certain nombre de médecins : Hérard, Guéneau de Mussy, Gubler, Jaccoud ne tardèrent pas à apporter des observations et des expériences qui ne laissaient aucun doute sur la nature contagieuse de la phtisie. Mais d'autres, ayant à leur tête Pidoux, refusèrent d'admettre la contagiosité.

Et voilà que, dix-huit ans plus tard, en 1883, un Allemand, Robert Koch, découvre l'agent du mal, le bacille de la tuberculose, démontrant du même coup que tout ce qu'avait entrevu Villemin était absolument exact.

A dater de ce moment, les médecins ont ouvert les yeux. Les notions nouvelles ont opéré un revirement complet dans les idées admises jusqu'alors. L'erreur d'hier est devenue la vérité d'aujourd'hui.

Il peut paraître étrange que la contagiosité de la tuberculose soit restée si longtemps contestée, alors que l'instinct semble avoir devancé les découvertes de la science. Crevaux, le courageux et infortuné explorateur, raconte que l'Indien des rives de l'Orénoque fuit devant les étrangers qui toussent et craint même le contact des objets qui leur ont servi. Et il a raison, l'Indien, car, dans certaines îles de la mer du Sud où la tuberculose était inconnue, les indigènes paient un large tribut à cette maladie, depuis qu'elle leur a été importée par les Européens.

Mais, dira-t-on, comment est-il possible de méconnaître un fait aussi facile à constater que celui de la contagion ?

Rien n'est plus simple. La phtisie ne se propage pas du malade aux personnes qui l'entourent avec la soudaineté du choléra, de la variole ou de la fièvre typhoïde. La longue durée de son évolution, la difficulté de la reconnaître à ses débuts font souvent perdre de vue la façon dont elle s'est transmise.

Et, cependant, les cas de contagion ne sont, hélas ! que trop fréquents dans les casernes, les collèges, les communautés, partout enfin où l'entassement augmente les chances de contamination réciproque.

C'est surtout dans le contact intime et permanent du ménage que se trouvent réalisées les conditions les plus favorables à la propagation du mal. Ici, les exemples abondent ; permettez-moi de vous en citer deux.

Venu du fond de l'Auvergne à Paris pour y tenter la fortune, un charbonnier, installé au Marais, était phtisique. C'était un petit homme maigre, chétif, d'une activité dévorante, résistant admirablement aux progrès du mal. La tuberculose évoluait, chez lui, avec une extrême lenteur. Il toussait, crachait, était essoufflé, mais il n'en continuait pas moins à scier son bois et à monter ses sacs de charbon.

Il prit femme. Un an après, il était veuf, sa moitié ayant succombé à la phtisie galopante. Et cependant c'était une vigoureuse nature, n'ayant aucun antécédent personnel ou héréditaire qui pût faire craindre la tuberculose. Elle avait été contaminée par son mari.

Celui-ci se remaria. La seconde femme eut le sort de la première... Et, successivement, en quelques années, notre charbonnier tua trois autres malheureuses.

Il en est à son cinquième veuvage: toutes ses femmes sont mortes phtisiques. Lui-même est plus que jamais tuberculeux, mais, fidèle au poste, ce Barbe-Bleue d'un nouveau genre se cramponne à la vie et songe à contracter une nouvelle union!...

Autre exemple:

Un jeune homme de vingt-deux ans, que nous appellerons A..., présentait des symptômes de phtisie commençante.

Malgré les conseils de son médecin, il épousa une demoiselle B... Six mois après la noce, le pauvre garçon était enterré. Mort phtisique.

Sa veuve, une forte et belle femme, se remaria avec un monsieur C... A peine était-elle mariée qu'une petite toux sèche, dont elle était atteinte depuis plusieurs mois, augmenta considérablement. La phtisie, transmise par A..., après avoir couvé en silence, éclatait brusquement.

Quelques semaines plus tard, C... était veuf et lui qui, pas plus que sa femme, ne semblait prédisposé à la tuberculose, devint phtisique, épousa une seconde femme, D..., qu'il infesta. Elle mourut, elle aussi, phtisique peu de temps après son mari.

Voilà donc, du fait de A..., les trois ménages AB, CB, et CD, anéantis par la maladie qui s'est transmise de proche en proche, comme le feu dans une traînée de poudre.

Il n'est pas jusqu'à nos animaux domestiques qui ne soient victimes de la contagion.

Dans une basse-cour, toutes les poules mouraient. La fille de ferme qui les soignait était phtisique. On confia le poulailler à une domestique bien portante, les poules cessèrent de crever.

J'ai communiqué autrefois à la Société de Médecine pratique les observations de deux chiens et d'un chat qui contractèrent la tuberculose de leur maître et en moururent. Tous ces animaux devinrent phtisiques par le même mécanisme: ils mangeaient les crachats.

Le crachat, en effet, est le grand agent de la contagion tuberculeuse. Tombé sur le sol, il se dessèche, se divise en une infinité de petites particules qui, mélangées aux poussières atmosphériques, s'en vont semer au loin les germes de la maladie.

*
* *

Il est de la plus haute importance que tout le monde sache bien que c'est par les crachats, et uniquement par les crachats, que s'opère la contagion de la tuberculose pulmonaire. Des expériences concluantes ont démontré que les phtisiques ne sont dangereux ni par leurs sueurs, ni par leur voisinage, ni même par l'air qu'il ont respiré.

Qu'ils soient frais ou secs, les crachats sont également virulents. Pour se défendre contre eux, toutes les mesures d'hygiène et de propreté doivent être mises en œuvre, et, si elles sont bien prises, tout danger disparaît. Il ne saurait entrer dans ma pensée de les énumérer toutes par le détail, je me bornerai à signaler les principales qui doivent être désormais du domaine public.

Quand la tuberculose frappe dans un ménage, il importe d'éloigner les enfants et d'obliger les époux à faire deux lits et même deux chambres. Il va sans dire que le malade ne doit jamais se douter du motif qui dicte ces précautions. Il sera facile de lui faire comprendre que les enfants sont trop bruyants et qu'il reposera mieux s'il couche seul.

L'idéal de la chambre du malade serait une vaste cellule aux murs nus et lisses, aux meubles rares, dépourvue de ces bibelots charmants mais inutiles qui rendent toute désinfection impossible. Cet idéal de l'hygiène ne serait pas l'idéal de la gaîté. Aussi je me bornerai à demander deux suppressions, celle des rideaux du lit et surtout celle du tapis inamovible qui recouvre tout le sol de la chambre. Avec ce dernier pas d'antisepsie possible. Qu'on balaie ou qu'on marche, et les armées de microbes casernées dans sa trame se mobilisent immédiatement et entrent en campagne. Il faut un bon parquet, bien lisse, bien joint, qu'on pourra laver tous les matins avec une solution désinfectante.

Les fenêtres, toujours largement ouvertes, déverseront à flots l'air et la lumière, ces grands destructeurs de microbes.

Tous les quinze jours, le tuberculeux changera de chambre, et on profitera de son déménagement pour faire passer à l'étuve sous pression la literie et les étoffes et pour pulvériser sur les murs et les meubles une solution dont voici la formule :

<pre>
Bichlorure d'hydrargyre. . . . .   30 grammes.
Acide tartrique.   45   —
Eau stérilisée. . . . .   10 litres.
</pre>

Toutes les expectorations devront être recueillies dans un crachoir de faïence ou de verre ne renfermant ni sciure de bois, ni sable, ni aucun de ces corps pulvérulents qui, emportés par le vent, sont d'excellents véhicules pour les bacilles.

Ce récipient sera à moitié plein d'une solution à base de sublimé, d'acide phénique, de thymol ou de crésylol. Matin et soir, il sera plongé avec son contenu, pendant cinq minutes, dans l'eau bouillante.

C'est la déchéance absolue du mouchoir, si commode pour les gens qui toussent, mais si dangereux quand les phtisiques prennent l'habitude de cracher dedans.

Ces quelques mesures peuvent, à la rigueur, s'appliquer dans les familles aisées ; elles deviennent lettre morte pour les malheureux et même pour les fortunés qui courent les aventures d'un voyage aux pays du soleil !

Vingt heures de séjour en vase clos, dans la boîte capitonnée, idéal de l'infection forcée, qui s'appelle un compartiment de première classe. J'aime mieux les wagons à bestiaux : ceux-là, du moins, les Compagnies les désinfectent, ce qu'elles négligent de faire pour les trains de luxe qui transportent par milliers les phtisiques dans le Midi.

Puis, c'est la chambre d'hôtel ou la villa meublée dans laquelle un tuberculeux vient de mourir : un coup de balai, des draps blancs et la voilà prête à recevoir une nouvelle victime.

Il n'est pas jusqu'aux livres des cabinets de lecture qui ne soient à redouter.

Au beau milieu du roman, le malade tousse, envoie des *postillons* sur les feuillets, et la contagion fait le tour des abonnés !

Sur tous ces points, et d'autres encore que je passe sous silence, la police sanitaire pourrait utilement intervenir. Il ne suffit pas de prêcher aux familles les saines doctrines de l'hygiène ; elles resteront sans effet si les pouvoirs publics ne donnent pas énergiquement l'exemple.

Il y aura bien des réclamations bruyantes, mais les intérêts privés doivent se taire quand l'intérêt de tous est en jeu.

Grâce aux mesures d'hygiène bien prises, dont le malade est le premier à bénéficier, son entourage sera mis à l'abri des chances de contagion.

Nous en avons la preuve à l'hôpital des Enfants tuberculeux d'Ormesson, où jamais un seul cas de contamination ne s'est produit dans le personnel, qui vit en contact permanent avec les malades.

Bien plus, les mesures rigoureuses appliquées dans cet établissement ont eu un autre résultat très intéressant. Deux épidémies, l'une de rougeole, l'autre d'influenza, ont sévi sur toute la région, aucun des malades de l'hôpital n'a été atteint, alors que l'énorme majorité des enfants du pays a payé son tribut à l'épidémie régnante.

Résultat tout à l'honneur de l'hygiène, qui n'a pas empêché les habitants d'une commune voisine d'entrer dans un état d'ébullition voisin de l'affolement quand ils ont appris l'ouverture prochaine d'un hôpital identique dans leur pays.

C'est pousser trop loin la peur de la contagion ! Oui, la tuberculose est contagieuse ; mais de toutes les maladies contagieuses, elle est peut-être la seule qu'on puisse éviter sûrement. Aussi il serait odieux de transformer le phtisique en un paria délaissé de tous et de remplacer l'affectueux dévouement qui accomplit des miracles par la panique, conseillère de toutes les lâchetés.

*
* *

En résumé, et pour bien faire comprendre le fond de ma pensée, si j'avais une fille à marier et que cette fille présentât le plus léger symptôme de phtisie, je m'opposerais de toutes mes forces à ses projets, attendu que le mariage expose la femme à des fatigues et à des dangers, grossesse, lactation, etc., qui ne peuvent avoir qu'une influence fâcheuse sur le cours de la maladie.

Mais supposons ma fille bien portante. Elle s'éprend d'un jeune homme tuberculeux ! Il n'y a rien de fait !...

Je n'en dirai pas autant si ce garçon bien portant n'a contre lui autre chose que d'avoir perdu un de ses ancêtres, voire même un de ses parents directs, de la tuberculose. Certes, il ne représente pas mon idéal ; mais, tel qu'il est, il ne m'autorise pas à un refus catégorique. Et quand l'esprit d'une fille travaille, un père fait comme il peut !

Et si, plus tard, le malheur veut que mon gendre devienne phtisique, je ne perdrai pas pour cela toute espérance, mais j'exigerai de sa femme que, dans son intérêt, dans l'intérêt du malade et dans l'intérêt de mes petits-enfants, elle s'entoure de précautions minutieuses contre la contagion, bien autrement redoutable que l'hérédité !

Et quand je saurai que les mesures sont bien et sérieusement prises, j'aurai la consolation de pouvoir me dire que rien n'est perdu, ni dans le présent, ni dans l'avenir !

M. J. THOULET

Professeur à la Faculté des Sciences de Nancy.

LES COURANTS DE LA MER ET LE GULF-STREAM

— 11 février 1893 —

Mesdames, Messieurs,

Je vais avoir l'honneur de vous entretenir des courants de la mer. Leur ensemble constitue ce que l'on a appelé la circulation océanique. Le même mot de circulation sert à désigner le mouvement qui, dans le corps humain, pousse continuellement le sang des extrémités au cœur, le renvoie du cœur jusqu'aux derniers vaisseaux capillaires, et répand de la sorte au sein de l'organisme entier la chaleur et la vie. La circulation océanique, dans son cycle complet, attire sans cesse les eaux froides des pôles afin de les réchauffer aux rayons brûlants du soleil des tropiques, et inversement elle ramène les eaux chaudes vers les régions septentrionales dont elle adoucit le climat. Grâce à son cortège de conséquences bienfaisantes, elle rend habitables des contrées qui seraient désolées et désertes; elle facilite les relations entre les peuples et apporte partout ainsi la vie. Dans le corps humain, la circulation du sang est la résultante d'une infinité d'autres phénomènes; de même, mille causes différentes s'unissent pour produire la circulation océanique, les vents, la chaleur solaire, l'évaporation, la salure des eaux, la rotation de la terre, la forme et la profondeur du sol immergé, la configuration géographique des continents.

Il y a quelques années, on comprenait mal cette multiplicité des forces naturelles agissant toutes ensemble pour donner lieu à un phénomène unique; on ne possédait pas encore la conviction que le monde est un rigoureux enchainement et, quant aux courants, on se bornait à recueillir des faits plus ou moins exacts et à indiquer, sur le parcours des traversées les plus fréquentes, la direction que semblaient suivre les eaux et la vitesse qui les animait. Aujourd'hui, on distingue mieux la philosophie du phénomène, on en saisit la complexité et on cherche à l'étudier par la méthode féconde qui consiste à le disséquer, pour ainsi dire, à en isoler les éléments composants et à mesurer ensuite patiemment l'influence respective et réciproque de ceux-ci. On procède par analyse et par synthèse. Savants et marins, chacun a apporté sa pierre à l'édifice, et maintenant, grâce au labeur commun, l'œuvre est presque achevée, au moins dans ses traits principaux. On connaît les conditions générales de la circulation océanique; il ne reste à élucider que des questions de détail dont l'importance est souvent, il est vrai, capitale au point de vue technique. Nous indiquerons d'abord comment se mesure un courant, parce qu'une mesure représentée par un chiffre est la seule base d'une connaissance scientifique; nous chercherons l'influence exercée par les principaux éléments composants, nous essayerons d'apprécier le rôle des courants dans l'économie du globe, en géologie, en météorologie et en navigation; nous montrerons enfin par quelques exemples combien la circulation océanique est étroitement liée à l'histoire des événements qui ont signalé le développement de l'humanité à travers les siècles.

Qui donc, assis au bord de la mer, sur un rocher, ou à l'extrémité d'une jetée, ne s'est pas abandonné au charme exquis de rêver en laissant son regard errer sur les flots qui déferlent l'un après l'autre dans un rythme monotone plein d'harmonie et de douceur? Les yeux, presque sans en avoir la conscience, se fixent sur des objets flottants, paquets d'herbes marines, masses de goémon, planches, débris qui apparaissent, s'approchent, passent, s'éloignent et disparaissent. Tous suivent à peu près la même direction; ils viennent du même côté et s'en vont du côté opposé, emportés par les eaux. La mer, en apparence si homogène, est comme sillonnée par de grands fleuves coulant entre des rives liquides. Les courants sont parfois si réguliers que les épaves de tous les naufrages, membrures, tronçons de mâts, bordages brisés et aussi cadavres des malheureux marins enlevés par la tempête, atterrissent sur la même plage. Ils offrent un intérêt considérable pour le navigateur et en possédaient un plus considérable encore à l'époque où la marine, privée de l'aide de la vapeur, ne se servait que de voiles. Jadis, la durée d'une traversée était susceptible de varier du simple au double et au triple selon que le navire était favorisé par le courant ou devait lutter contre lui. Il faut avoir navigué pour se faire une idée précise de la puissance du phénomène : sans qu'il soit nécessaire d'aller bien loin, la Manche a des courants de foudre, comme disent les marins, et particulièrement dans la région située à l'ouest de la presqu'île du Cotentin, au fond de laquelle s'étendent l'admirable baie du Mont-Saint-Michel et celle de Saint-Malo, semée d'îles et de rochers, Jersey, Guernesey, Aurigny, Sercq, les Casquets, les Minquiers, l'archipel Chausey. J'ai gardé le souvenir d'un voyage de Morlaix à Cherbourg fait à bord d'un voilier. Après diverses péripéties, parmi lesquelles la persistance d'un vent obstinément contraire, nous avions fini par rencontrer une brise favorable, le navire couvert de toile bondissait sur les vagues, son étrave fendait une véritable nappe d'écume. Je m'attendais à entrer bientôt à Cherbourg, où nous devions trouver deux choses précieuses après une mauvaise traversée, une bonne nuit de repos et un bon repas d'autant plus nécessaire que nous commencions à être très à court de vivres. Hélas ! si le vent promettait, le courant refusait, et l'on perdait l'espérance en considérant la côte voisine qui, au lieu de s'enfuir par l'arrière, ce qui aurait prouvé que nous avancions, s'enfuyait par l'avant, parce que nous reculions. Courants et rochers rendent la navigation extrêmement dangereuse en ces parages. Ils ont fait la gloire et la force de Saint-Malo, la patrie de Duguay-Trouin et de Surcouf. Les Malouins, habitués à la Manche, pouvaient affronter toutes les mers du globe, certains de n'en avoir jamais une pire que celle ayant servi à leur apprentissage et si, pendant leurs courses hardies, ils étaient serrés par un ennemi trop supérieur en nombre, ils battaient en retraite. Au milieu de leur dédale d'îles, d'îlots, de cailloux, selon leur expression, Cézembre, Harbour, la Conchée, les Beys, pour ne parler que de ceux de l'entrée de Saint-Malo, ils se fiaient aux courants, ils narguaient l'ennemi incapable de les poursuivre et se réfugiaient tranquilles sous les murailles de leur vieille tour Qui-quengrogne.

L'unique façon de bien étudier un phénomène naturel est de le mesurer dans des conditions et à des époques déterminées, puis on compare entre elles ces mesures et on les groupe sous forme de lois scientifiques. Examinons comment se mesurent les courants.

Les marins emploient un instrument appelé loch, petit triangle de bois lesté de plomb, ce qui lui permet de demeurer vertical dans l'eau lorsqu'il est maintenu par une cheville reliée à une cordelette. Quand le navire est en marche, on jette le loch à la mer en le tenant par une corde où des distances égales, de longueur connue, sont indiquées par des nœuds. Le loch ou mieux le bateau de loch, pour lui donner son nom technique, résiste à la traction et reste à peu près à la même place; le navire s'éloigne et du bord on dévide la corde. Au bout de l'unité de temps, une demi-minute, un, deux, dix ou quinze nœuds ont passé correspondant à une vitesse d'autant de milles par heure. Pour ramener l'appareil, on donne une secousse, la fiche est arrachée, le bateau de loch prend une position horizontale, il est devenu une simple planchette flottante n'offrant plus aucune résistance et facile à haler.

L'opération se renouvelle au bout de chaque heure. Selon ces indications combinées à celles de direction fournies par la boussole, on estime la route faite par le navire et on marque le point que celui-ci occupe sur la carte, c'est-à-dire sa position après chaque journée. Mais, d'autre part, une observation astronomique permet aussi de déterminer ce point. Les deux pointages concordent rarement, et comme on prête, à juste raison, plus de confiance au point astronomique qu'au point estimé, on admet que la différence est l'effet du courant qui a dévié le navire sans avoir été appréciable au loch, puisqu'il se faisait sentir à la fois sur l'un et sur l'autre.

Malheureusement, le procédé commode, et par suite communément employé, conduit à des résultats de précision médiocre, parce qu'il attribue au courant toutes les erreurs qui peuvent avoir été commises dans les différentes mesures prises; il est, à vrai dire, une totalisation d'erreurs et, en outre, il n'évalue que les courants de surface.

La nécessité, impérieuse en navigation, d'apprécier cette donnée, a fait inventer un nombre considérable d'instruments de mesure dont nous ne décrirons que quelques-uns.

Occupons-nous d'abord des corps flottants. Nous avons remarqué que les paquets de varech et les épaves suivent sur la mer des routes constantes : leur entraînement a servi de base à un procédé de mesure. À bord d'un navire isolé, au milieu de l'océan, on enferme dans une bouteille un papier portant indication de la date et, par une longitude et une latitude, celle du lieu, avec prière pour qui la trouvera flottante ou échouée sur une côte de renvoyer à un observatoire désigné en inscrivant la date et le lieu de la découverte. On bouche soigneusement la bouteille afin que l'eau n'y pénètre pas et on lance à la mer. La comparaison des dates et des points de départ et d'arrivée détermine le trajet accompli, ou, en d'autres termes, la direction et la vitesse du courant qui a entraîné ces objets inertes. Les navires de guerre allemands, en cours de voyage, lancent chaque jour à midi une bouteille, et l'usage mériterait d'être imité par les marines militaires des autres nations, bien que la méthode, qui a l'avantage d'être peu coûteuse, ne soit pas à l'abri de critiques.

Le prince Albert de Monaco, sur son yacht *l'Hirondelle*, s'est servi de flotteurs perfectionnés, bouteilles en verre, sphères creuses de cuivre et barils de bois de chêne disposés de façon à dépasser à peine la surface de l'eau et, par conséquent, à offrir très peu de prise au vent, à alléger leur poids et à remonter lorsque la surcharge des animaux marins qui ne tardent pas à recouvrir et à alourdir ces épaves les aura fait enfoncer et rendues invisibles. Pendant trois campagnes effectuées en 1885, 1886 et 1887, 1.675 flotteurs ont été immergés entre les Açores et Terre-Neuve; 227 d'entre eux, renvoyés en France, ont fourni de précieux documents pour la construction d'une belle carte des courants dans le bassin de l'Atlantique nord.

Un autre appareil, le flotteur de Mitchell, porte le nom de son inventeur, ingénieur de la marine américaine. L'instrument est le plus pratique, le plus commode et, comme son prix est minime, il possède d'immenses avantages. Il se compose de deux seaux en cuivre ou plutôt d'un seau et d'un bidon ayant même surface. On remplit le bidon d'une quantité d'eau suffisante pour le faire affleurer à la surface et n'offrir aucune prise au vent; alors, par un fil d'acier, à cinq, dix, vingt, cent brasses et au delà, on y attache le seau complètement immergé entre deux eaux. On demeure dans une embarcation immobile, mouillée ou amarrée à la fune qui maintient au fond la drague ou le chalut, quand on est embarqué sur l'un de ces navires que l'Allemagne, l'Angleterre, l'Autriche, la Russie envoient maintenant exécuter des expéditions océanographiques. On met l'appareil à la mer en le tenant au moyen d'une fine corde divisée : il obéit au courant et, après un temps convenable, on note sa direction, qui est évidemment celle du courant. La distance dont il s'est éloigné, mesurée sur la cordelette, donne la vitesse. Si, comme il est fréquent, les courants diffèrent à la surface et en profondeur, le bidon entraîné dans un sens et le seau dans un autre, mais reliés entre eux, prennent une direction et une vitesse résultantes qui ne sont ni celles de la surface, ni celles de la profondeur et qui, toutefois, permettent de calculer aisément les unes et les autres.

Il est impossible d'aborder ici la description des appareils désignés sous les noms de drague à courant, rhéobathomètre de Stahlberger, indicateur d'Aimé, mesureurs d'Arwidson, de Mayer, de Pillsbury, tourniquet de Woltmann et d'autres encore. Plusieurs, très précis, ne peuvent s'employer que sur un bâtiment immobile. Or, ce résultat ne s'obtient qu'au mouillage. Ce motif a engagé les officiers américains de l'*U. S. Coast and Geodetic Survey* à exécuter de nombreuses tentatives de mouillages par grands fonds. Leurs efforts ont été couronnés de succès et, pendant ses études du Gulf-Stream, le lieutenant Pillsbury est parvenu à mouiller le *Blake* avec un câble à fils d'acier, par 3.987 mètres de profondeur. Nous mentionnerons cependant deux instruments d'un usage constant en océanographie et d'un intérêt particulier pour l'examen des courants, le thermomètre et l'aréomètre.

Le thermomètre de Negretti et Zambra, modifié en France, est bien connu. Lorsqu'il est suspendu au sein d'une couche liquide, il est disposé de manière à isoler, grâce à un retournement provoqué par l'envoi d'un messager, une colonne de mercure contenue dans un tube thermométrique et dont la longueur dépend de la température alors ambiante. Remontée à bord, elle marque une température pratiquement égale à celle qui régnait au moment du retournement, et l'indication est absolument soustraite à l'influence des couches d'eau sus-jacentes plus ou moins chaudes à travers lesquelles l'instrument a passé.

Le meilleur aréomètre ou hydromètre pour prendre la densité de l'eau de mer est, sans contredit, celui du modèle adopté par M. Buchanan, le savant physicien du *Challenger*.

Il semble assez bizarre qu'un thermomètre et un aréomètre puissent permettre de suivre un courant au milieu de l'océan. Une eau de mer, prise en une localité quelconque, à l'instant même où elle joue son rôle dans le phénomène de la circulation, possède son individualité caractérisée par sa température ainsi que par la quantité de sel qu'elle renferme, qui, selon sa proportion, communique à un volume fixe de cette eau, un litre par exemple, un poids plus ou moins considérable. La température s'évalue avec le thermomètre, le poids ou densité avec l'aréomètre. Si donc, pendant un voyage, on recueille de place en place ce qu'on appellerait volontiers le signalement de l'eau, on finira par limiter la bande occupée par la même espèce d'eau, et comme d'ailleurs tout courant est évidemment constitué par une même espèce d'eau, deux instruments qui n'ont rien de topographique fourniront les données nécessaires pour tracer la topographie d'un courant marin.

Lorsque le vent est calme, les poussières flottant sur un bassin demeurent immobiles; s'il s'élève une faible risée de vent, on les voit fuir en indiquant par leur mouvement que la mince couche d'eau qui les supporte est entraînée. Le vent est, en effet, la cause principale des courants. Par son frottement et l'adhérence qu'il possède avec la nappe d'eau contre laquelle il glisse, il pousse celle-ci en avant. Son action se décompose en deux autres: la première, la houle, s'exerce verticalement, de bas en haut; la seconde, le courant, s'exerce horizontalement; la vague est une variété ou mieux une transformation de la houle.

Les vents, à la surface du globe, ont des directions régulières. Selon la saison, sous le nom d'alizés ou de moussons, leur économie est réglée par la chaleur solaire, source de tout mouvement. Or, le régime des vents ou courants aériens et celui des courants marins offrent entre eux une admirable harmonie. De même que, dans chacun des océans Atlantique et Pacifique, au voisinage des tropiques, les vents soufflent régulièrement du sud-ouest, entre 60° et 35° latitude N., et du nord-est entre 30° et 10° latitude N. dans l'hémisphère nord, et, dans l'hémisphère sud, du sud-est entre l'équateur et 25° latitude S., puis du nord-ouest au delà de 30° latitude S., chaque océan présente, dans l'hémisphère nord, un circuit descendant, du nord au sud, le long du bord oriental du bassin, tournant vers l'ouest, remontant ensuite du sud au nord, sur le bord occidental du bassin, et enfin marchant de l'ouest à l'est pour se fermer sur lui-même. Le Gulf-Stream de l'Atlantique septentrional et le Kuro-Siwo ou Fleuve-Noir du Japon sont équivalents. Dans l'hémisphère sud, la marche est inverse et ces deux grands circuits doubles indiquent l'économie générale de la circulation marine.

Les vents éprouvent des variations en direction provenant de la configuration des continents qu'ils balayent de leur souffle. Les courants sont, eux aussi, influencés par la géographie de leur bassin, sans compter d'autres causes, telles que la rotation de la terre qui les dévie, la profondeur du lit océanique, la chaleur du soleil qui augmente la température de l'eau et la rend par conséquent plus légère, l'évaporation qui, en concentrant le sel dans une moindre quantité d'eau, alourdit celle-ci, les fleuves qui amènent sans cesse à la côte des masses d'eau douce, moins lourde et, par suite, se tenant à un niveau supérieur qui glisse comme sur une pente vers les régions d'eau concentrées de niveau inférieur.

Si le courant rencontre une côte, il est détourné de sa route. Quand, par exemple, il la heurte à peu près perpendiculairement, il se divise en deux branches, dont chacune suit la terre dans une direction opposée. Ainsi s'explique l'existence d'un second courant au nord et au sud des courants réguliers principaux. C'est le contre-courant. Les courants de compensation prennent naissance parce qu'il faut nécessairement qu'un apport d'eau vienne remplacer celle qui s'est mise en mouvement et a abandonné la position qu'elle occupait.

Il y a encore des courants provoqués le long des côtes par les marées.

Un appareil fort simple sert à représenter et même à étudier la répartition des courants directs et de compensation dans un bassin limité. Il se compose d'un bac en verre qu'on remplit d'eau après y avoir figuré, au moyen de bandes de plomb peu épaisses, mises de champ et contournées avec les doigts, les sinuosités des rivages. On saupoudre de râpure de liège et l'on souffle régulièrement avec un ou plusieurs soufflets maintenus au-dessus de l'eau et dirigés convenablement. Les particules flottantes chassées par le vent dessinent les courants. L'appareil rend des services lorsqu'on veut, par exemple, se rendre compte synthétiquement du régime des courants provoqués dans une rade par des vents déterminés.

Puisque les courants du globe tournent suivant un cercle, la portion centrale doit évidemment demeurer immobile. Le phénomène se réalise sur le globe. La mieux connue de ces aires calmes est celle de l'Atlantique Nord, la mer des Sargasses. Sur un immense espace de 4.440.000 kilomètres carrés, entre Cuba et les Açores, les eaux sont couvertes de sargasses ou raisins des tropiques arrachés par les vagues aux côtes de l'Amérique et du golfe du Mexique, puis emportés par le courant jusqu'au moment où, parvenus au milieu du tourbillon, ils s'arrêtent et s'accumulent en vastes bancs. Les anciens avaient des notions sur cette mer, et les compagnons de Christophe Colomb la traversèrent à leur grand effroi pendant leur voyage d'Amérique.

A quelle profondeur la circulation océanique se fait-elle sentir; l'Océan tout entier est-il brassé par les courants jusque sur le sol qui forme son lit ou bien la surface seule est-elle agitée? Depuis longtemps la question a été posée et elle a donné lieu à de vives discussions.

Un savant allemand, Zöppritz, a appliqué le calcul au frottement exercé par le vent sur une nappe d'eau supposée illimitée, infiniment profonde et, au début, parfaitement calme. Le vent soufflant d'une manière continue et avec une intensité égale dans la même direction mettra en mouvement la couche d'eau superficielle. Celle-ci, par l'adhérence qui existe entre elle et la couche immédiatement sous-jacente, lui communiquera son mouvement, et la poussée se propagera de proche en proche dans la profondeur, quoique avec une vitesse décroissante. L'état stationnaire ne sera établi qu'au bout d'un temps infiniment long et lorsque la vitesse de la couche superficielle sera précisément égale à celle du vent, abstraction faite des frottements.

Si la profondeur est finie, la couche d'eau en contact avec le sol possède une vitesse nulle; en remontant de bas en haut, la vitesse croît jusqu'à la surface où elle est maximum, sans pourtant devenir jamais égale à celle du vent, à cause du frottement. Inversement, la vitesse se propage de haut en bas avec une excessive lenteur; elle met plus d'un mois à être intégralement communiquée à la couche située à 1 mètre de profondeur. Dans une nappe de surface illimitée et épaisse de 4.000 mètres reposant sur le sol, l'état stationnaire ne sera établi que 200.000 ans environ après que l'eau de la surface, primitivement en repos, aura acquis une vitesse uniforme. En 100.000 ans, l'état stationnaire ne serait pas encore atteint à 2.000 mètres, et, au bout de 10.000 ans, on n'aurait encore, à cette distance, que les 37 millièmes de la vitesse superficielle.

Zoppritz, selon les exigences des mathématiques, s'est placé dans des conditions idéales que ne présente pas la nature où le vent change sans cesse d'intensité et de direction. Chacune de ses variations produit des effets différents, souvent diamétralement opposés, et vient encore augmenter la durée de temps si effroyablement longue nécessaire pour la propagation du mouvement dans les profondeurs.

À ce premier motif en faveur du repos des eaux profondes, s'en ajoute un second d'autant plus sérieux qu'il résulte non de conceptions théoriques, mais de mesures directes prises pendant la campagne du *Challenger*.

M. J.-Y. Buchanan a recueilli dans tous les océans des échantillons d'eau espacés sur une même verticale, au moyen de récipients spéciaux ou bouteilles installées de façon que, immergées à une profondeur quelconque, elles emprisonnent quelques litres d'eau et permettent de les ramener à bord sans risque de mélange avec les eaux sus-jacentes. Ces échantillons ont été étudiés, on en a pris la température et la densité, et, comme les observations ont été faites dans de très nombreuses localités, rien n'empêche d'avoir une idée précise de la distribution verticale des eaux. Du fond jusqu'au voisinage de la surface, leur densité décroît régulièrement et uniformément sur tout le lit océanique. Les couches sont donc superposées en un équilibre parfait, comme le seraient, dans un flacon, du mercure, de l'eau et de l'huile, et il n'y a pas plus de motifs pour qu'elles changent leur position réciproque qu'il n'y en aurait, dans le flacon, pour que l'huile descendît prendre la place du mercure ou que celui-ci remontât remplacer l'huile. Si même, pour une cause quelconque, l'équilibre venait à être rompu dans l'océan ou dans le flacon, les couches liquides un moment mélangées s'empresseraient, aussitôt la cause de trouble disparue, de se disposer de nouveau à un état d'équilibre dont elles ne se départiraient plus.

Il existe d'autres preuves de l'immobilité des eaux des abîmes. Nulle part l'aréomètre et le thermomètre n'ont fourni la moindre indication du courant vertical, qu'au voisinage de l'équateur on supposait forcer les eaux polaires profondes et froides à remonter pour les laisser se réchauffer et fermer le cycle de la circulation. Au sud de Taïti, le *Challenger* a dragué, par 4.362 mètres, des fragments de sol sous-marin durci par des dépôts manganésiens et couvert de cendres volcaniques de même nature, disposées par ordre de grosseurs décroissantes. Leur superposition régulière montre qu'elles avaient traversé, avant d'arriver au fond, des eaux absolument calmes qui n'avaient apporté aucun obstacle à leur entassement d'après la vitesse de leur chute verticale.

Les eaux profondes sont donc immobiles; elles sont de véritables eaux fossiles. Au delà d'une profondeur qui ne dépasse pas un millier de mètres, si même elle l'atteint, et d'ailleurs variable selon la localité, règne un repos complet. Au-dessus s'étend la zone de l'agitation où se ferme le cycle de la circulation et s'accomplissent les multiples phénomènes mécaniques, physiques et chimiques, les variations thermiques diurnes, annuelles et peut-être séculaires, l'évaporation qui fait varier la densité, la formation des glaces qui modifie la teneur en sel de l'eau de mer, leur fusion qui augmente la proportion d'eau

douce; elle est habitée par la plupart des plantes et des animaux et, pratiquement, elle est par conséquent la plus indispensable à connaître, qu'il s'agisse de
tirer parti des richesses qu'elle renferme ou qu'on se propose de se défendre
contre les dangers qui y prennent naissance.

Il n'est pas vrai, toutefois, qu'un même déplacement, quel qu'il soit, se fasse
sentir comme d'une seule pièce, sur l'épaisseur entière de la zone superficielle ;
les courants y sont, au contraire, souvent superposés avec des vitesses et des
directions différentes. On serait maintenant en droit de reprendre la comparaison du corps humain et de son réseau de veines et d'artères enchevêtrées.
Les lois des courants superposés sont encore à peu près ignorées, parce qu'on
ne possède qu'un trop petit nombre d'observations. On devra étudier le problème en employant le flotteur Mitchell ou les appareils enregistreurs et tracer
des roses de courants du genre de celles relevées par le *Challenger*. Les variations ne sont certainement pas constantes ; aussi conviendrait-il d'opérer des
mesures en quelques points seulement et pendant une période de temps prolongée plutôt que de multiplier les obervations isolées. L'océanographie est
sortie de la période où tout était à découvrir : en courants et dans le reste ; on
connaît les lois générales, il y a lieu aujourd'hui de se livrer à l'étude du
détail.

Le rôle des courants dans l'économie du globe s'examinera au quadruple
point de vue de la géologie, de la météorologie, de la navigation et de l'histoire.

A l'exception des roches cristallines et éruptives qui sont relativement rares,
l'écorce terrestre est, en majeure partie, constituée par des couches sédimentaires, c'est-à-dire formées au sein des eaux et dans des conditions semblables
à celles qui président à la genèse des roches analogues actuelles. Beaucoup
résultent directement ou indirectement des courants. Les coraux, par exemple,
ne vivent que dans les régions tropicales ou sub-tropicales baignées par des
courants d'eaux chaudes et pures. Ils sont abondants dans l'océan Indien et
surtout dans le Pacifique. Leur organisme enlève à la mer et assimile un
élément solide dissous, la chaux, et les squelettes calcaires des coraux édifient
des atolls, des récifs et des iles au milieu des océans.

La surface des mers fourmille d'êtres vivants microscopiques, de formes
bizarres, de nature siliceuse ou calcaire, diatomées, radiolaires, foraminifères.
Ils flottent sans pourtant être uniformément distribués ; leur habitat est variable :
les uns veulent des eaux très salées et chaudes, les autres des eaux froides et
saumâtres. Leur existence est intimement liée au milieu ambiant. Quand les
conditions sont favorables, l'animal pullule ; si elles deviennent médiocres, il se
fait rare, et lorsqu'elles sont contraires dans une ou plusieurs des conditions
élémentaires qui en font un état d'équilibre déterminé, l'animal s'enfuit, la
plante privée de la faculté de locomotion meurt ; en définitive, l'être vivant
disparaît. Il est, à proprement parler, un instrument marquant l'ensemble des
conditions ambiantes par trois indications, termes ou degrés : abondance, absence
et rareté. C'est pourquoi, dans toute question pratique relative à l'être vivant,
la pêche, par exemple, il est indispensable d'aborder l'étude non par l'être,
instrument à la fois trop complexe et insuffisamment gradué, mais par voie
indirecte, en examinant les conditions antérieures, températures, densités,
courants, faciles à mesurer isolément, ce qui est un précieux avantage, à l'aide
d'instruments s'appliquant à chacune d'elles en particulier, et délicatement gradués, thermomètre, aréomètre, appareil de Mitchell. On passe ensuite des conditions du milieu maintenant connues aux conditions inconnues de l'être devenues

plus aisées à découvrir. L'utilité pratique de la méthode est hors de doute. En Norvège, où l'on empoissonne la mer de morues, on est uniquement guidé par l'aréomètre, pour l'élève des jeunes, et les pêcheurs des Loffoten se servent du thermomètre, devenu entre leurs mains un véritable outil de pêche. Toutes les nations s'occupent d'océanographie, un peu par amour pour la science pure, beaucoup afin de fournir des données précises et indiscutables à l'aquiculture considérée comme science économique d'importance de jour en jour plus sérieuse.

Les diatomées, plantes de taille microscopique à frustule siliceuse merveilleusement ornée, aiment les eaux saumâtres et glacées; elles sont répandues au voisinage des pôles et surtout du pôle antarctique; les radiolaires siliceux et les globigérines calcaires préfèrent, au contraire, les mers chaudes ou tièdes. Pendant sa vie, l'animal flotte; après sa mort, son squelette, entrainé par le courant au sein duquel il a vécu, tombe bientôt au fond; les carapaces s'amoncellent en jalonnant, à un niveau inférieur, l'espace où, à la surface, les conditions étaient favorables à son existence. Les vases à globigérines si répandues se sont formées au-dessous des aires des courants chauds. Les carapaces deviennent du calcaire. Les mêmes phénomènes avaient lieu pendant les âges géologiques; le calcaire à crinoïdes du lias est le produit d'une accumulation de tiges d'encrines agglomérées. La craie se formait à l'époque crétacée comme elle se forme encore aujourd'hui dans l'Atlantique. En l'observant au microscope, après une lévigation, on y retrouve les squelettes de foraminifères. Les échantillons modernes et anciens, quelle que soit leur origine, ne diffèrent pas essentiellement les uns des autres. Quand les paléozoologistes auront déterminé, par leurs études comparées, les conditions d'habitat de ces êtres, il suffira d'examiner un échantillon de craie et d'y constater la présence de tel ou tel foraminifère pour affirmer qu'au-dessus des terrains où on les rencontre, à la place où est aujourd'hni la Champagne ou le Sussex, ou le désert de Libye, s'étendait une mer ayant telle ou telle profondeur, tel contour géographique, dont les eaux avaient telle ou telle température et sillonnée de courants dont on reconstituera même, par induction, la puissance, la salure, la direction et jusqu'à la vitesse. Toutes ces informations sont écrites sur la carapace d'un foraminifère, ne dépassant pas un millimètre dans sa plus grande dimension. Tant il est vrai qu'il n'est aucun événement qui ne s'enregistre, que le moindre grain de sable porte la trace de tous les actes de la nature auxquels il a pris part et que la science n'est qu'une lecture.

Les courants marins venant des régions polaires charrient des glaces. Les parages des bancs de Terre-Neuve sont dangereux, parce qu'ils se trouvent au point de rencontre du courant froid du Labrador qui amène les glaces de la mer de Baffin, les gigantesques icebergs, et du courant chaud du Gulf-Stream qui les fond. L'humidité se condense alors en brumes épaisses. Les bancs eux-mêmes où abondent les morues résultent de l'entassement des débris arrachés par la gelée aux côtes de l'île et emportés par les glaces côtières, qui, elles aussi, prises par le courant, descendent jusqu'au sud de l'île. Elles se fondent au contact du Gulf-Stream et laissent tomber toujours au même endroit leur chargement de pierres et de gravier.

Il est aisé de se rendre compte du rôle des courants en météorologie et de l'identité des deux circulations aérienne et maritime qui rend leur ensemble un phénomène unique, un tout complet, un cycle, cause et effet tout à la fois. Le Gulf-Stream, brisé par la double rencontre des deux branches du courant du Labrador contournant Terre-Neuve, s'épanouit en une large nappe sans profondeur et apporte la chaleur et la vie aux rivages de l'Europe qu'il vient heurter, ceux de l'Espagne, de la France, de l'Angleterre et de la Norvège, dont les fiords, qui ne sont jamais gelés malgré la rigueur du climat, permettent aux habitants de ces contrées septentrionales de pêcher, c'est-à-dire de se nourrir et de voyager. Sans le Gulf-Stream, la Norvège serait à peu près inhabitable. Inversement, si le Gulf-Stream n'était pas brisé par le courant du Labrador, il brûlerait les pays sur lesquels il arriverait à l'état de fleuve compact d'eau chaude. L'époque glaciaire qui a eu l'homme pour témoin a recouvert, jusqu'à la latitude de Paris et de Berlin, d'effroyables glaciers et d'une calotte glaciaire continue comme celle de l'intérieur du Groënland, le nord de l'Europe, de l'Asie et de l'Amérique. Les glaciers rayonnaient de tous les massifs montagneux, des Alpes, des Pyrénées, de l'Himalaya. L'un d'eux, partant du Mont Blanc, s'étendait jusqu'à Lyon. Les phénomènes s'expliquent par des modifications survenues dans la croûte terrestre du genre de celle qui, dans l'Atlantique septentrionale, a englouti sous les eaux le continent reliant l'Europe à l'Amérique par les Færoer, l'Islande et le Groënland. D'autres modifications météorologiques presque aussi considérables ont résulté autrefois et résultent aujourd'hui de changements géographiques transformant l'économie des courants marins distributeurs de la chaleur et du froid.

L'exemple des Phéniciens qui ont apporté sur leurs vaisseaux le commerce, l'industrie et la civilisation sur tout le bassin méditerranéen, qui ont appris aux Grecs à écrire, c'est-à-dire à penser, montre l'influence de la circulation marine, par la navigation, sur l'histoire de l'humanité.

Un courant longe les rivages de la Méditerranée et forme un circuit complet à partir du détroit de Gibraltar. Il suit la côte d'Algérie jusqu'à Tunis, franchit le golfe de la Syrte, atteint l'Égypte, remonte la Phénicie du sud au nord, tourne vers l'ouest pour baigner l'Asie Mineure, traverse l'Archipel, arrive en Grèce, puis en Italie dont il remonte aussi la côte, passe en Gaule et redescend l'Espagne pour retrouver son point de départ, le détroit de Gibraltar. Ce courant explique la mode d'expansion de la civilisation antique dans la grande mer Intérieure.

Les Phéniciens de Byblos, confinés dans l'étroite langue de terre qui leur sert de patrie, arrêtés par les montagnes qui leur interdisent de s'étendre vers l'est, sont forcés de s'aventurer sur les flots. La géographie fait l'histoire. Au début, navigateurs inhabiles, ils ignorent l'art de construire de solides navires pour résister aux vents et aux tempêtes et la science de les diriger en haute mer : ils savent à peine manœuvrer une embarcation, et cependant, sous peine d'anéantissement, il leur faut naviguer et sortir du pays : le trop-plein de leur population doit vivre au dehors, puisqu'il ne peut vivre au dedans. Ils s'embarquent donc sur ces frêles bâtiments et s'éloignent sans perdre de vue le rivage qui leur offre un refuge en cas de mauvais temps. Il leur serait difficile et dangereux de prendre par le sud, contre le courant, tandis que ce courant les porte vers le nord, et ils vont de côte en côte, piratant, enlevant sur un point les femmes et les enfants qu'ils vont vendre ailleurs. Hélène, prise par des pirates cariens, est la cause de la guerre de Troie. Ils veulent des métaux; ils cherchent des mines et exploitent les gisements métalliques qu'ils découvrent, dans l'Archipel, à Somothrace, l'île des Cabires et jusqu'au fond du Pont-Euxin. Poussés par l'ardente concurrence de leurs propres compatriotes essaimant sans cesse, ils continuent leur route avec le courant, de la Grèce en Sicile, de la

Sicile en Sardaigne, où il y a du plomb, à l'île d'Elbe et en Étrurie riches en
fer, à Marseille et en Espagne, où il y a de l'or et de l'argent. Ils arrivent aux
Colonnes d'Hercule. Ils les franchissent pour trouver l'étain des Cassitérides et,
se dirigeant vers le sud, ils vont, dit-on, au Sénégal. Pour retourner dans leur
patrie, ils se laissent encore porter par le courant inverse et longent l'Afrique
septentrionale. Plus tard seulement, Melkarth, l'Hercule tyrien, car la puissance
a passé de Byblos à Sidon et ensuite à Tyr, revient de Gadès et de Malacca par
le nord de la Méditerranée. Le temps s'est écoulé, la pratique a rendu les
Phéniciens meilleurs marins, ils construisent des bâtiments solides, les conduisent; ils peuvent désormais affronter un courant contraire.

Et comme le monde reste le même, que les lois naturelles sont immuables,
que l'histoire est un perpétuel recommencement, que la nature, parce qu'elle
est éternelle, impose durement sa tyrannie à l'homme, comme le libre arbitre,
la liberté humaine est à peu près celle du prisonnier qui, dans son étroite prison,
se meut librement à la longueur de la courte chaîne à laquelle il est rivé, voici
que les savants, l'un surtout, M. de Quatrefages, dont la science déplore la perte
récente, expliquent par les courants l'histoire de la Polynésie. La présence dans
les îles de trois races, l'une noire, l'autre jaune, l'autre blanche, le peuplement
successif par rayonnement autour de la mystérieuse Hawaïki, sans doute les
Samoa, tout résulte des courants du Pacifique, venant d'Asie, portant à l'Orient
et revenant en sens inverse. Aidés par les tempêtes, ils entraînent les pirogues
de pêche d'un peuple obligé, lui aussi, à naviguer à cause de l'exiguïté de son
territoire. Les courants rendent compte des migrations et de leurs conséquences,
mélange des races, affinités mutuelles des idiomes, des coutumes, des arts, de
l'industrie, en un mot de l'histoire jusque dans ses détails en apparence les plus
étrangers à la navigation.

Les courants ont été l'un des premiers phénomènes observés. Les avantages
et les désavantages qu'ils offraient en favorisant les traversées ou en prolongeant
leur durée étaient trop considérables pour échapper à l'attention des navigateurs.
Leur explication exerça sans succès pendant des siècles la sagacité des naturalistes. Il n'en pouvait guère être autrement, car on raisonnait et l'on ne mesurait ni n'expérimentait. Aristote mourut, dit-on, du chagrin de ne point
parvenir à comprendre le problème de l'Euripe où des courants, se manifestant
alternativement dans un sens et en sens inverse, sont assez puissants pour
mettre en mouvement les moulins construits sur le pont qui relie la ville de
Chalcis, dans l'île d'Eubée, avec le continent. Depuis quelques années à peine,
on sait que ces courants sont dus à une action combinée des marées et des
seiches.

Pendant le moyen âge, les graines et les troncs d'arbres exotiques apportés
par la mer sur les côtes occidentales d'Europe étaient supposés provenir de l'île
mystérieuse de Saint-Brandan ou Antilia, située très loin dans l'ouest. Cependant, dès le ixe siècle, les Arabes se rendaient en Chine et profitaient des courants et des moussons; les Scandinaves en profitèrent aussi lorsque, aux xie,
xiie et xiiie siècles, ils accomplissaient leurs continuelles navigations entre la
Norvège, l'Islande, le Groënland et le Vinland, cette terre qui était l'Amérique et
dont ils désignaient les localités par des dénominations témoignant de l'importance qu'ils attachaient aux courants : *Straumsoë*, l'île du courant, *Straumsfjord*,
la baie du courant, *Straumness*, le cap du courant. Ces points se trouvaient en
Nouvelle-Angleterre et au voisinage du cap Cod, sur le trajet du courant froid
qui baigne la côte occidentale des États-Unis.

Les Génois et les Vénitiens, entre la fin du xiiie siècle et le milieu du xive, furent aidés et guidés par le courant dans leurs découvertes successives des Canaries, de Madère et des Açores, aussitôt fréquentées des marins portugais, espagnols et flamands : on s'écarte maintenant davantage de la terre, bien que le hasard plutôt que la volonté des explorateurs augmente, il faut l'avouer, les notions relatives aux portions centrales du Gulf-Stream dans l'Atlantique nord. L'existence de la mer des Sargasses, connue des Phéniciens, n'était jamais tombée dans l'oubli. En 1452, le Portugais Pedro de Velasco, surpris par la tempête, comme les Polynésiens, en se rendant de Fayal à Florès, aux Açores, devient le jouet du courant, et son navire, réduit à l'état d'épave, finit par aborder en Irlande.

Aucun de ces faits n'était ignoré de Christophe Colomb, et il avait prévu le secours que les vents et les courants devaient apporter au voyage qu'il se proposait d'accomplir vers le Cathay. Plus tard, quand l'immortel Génois eut observé et comparé le cours des eaux se dirigeant vers l'ouest au voisinage de l'équateur, et au contraire vers l'est au nord de Cuba, il soupçonna la présence d'une côte continue les obligeant à se détourner. Son hypothèse non seulement provoqua la découverte de la Grande-Côte, mais, après qu'elle fut vérifiée, elle servit aux pilotes espagnols pour raccourcir leurs traversées vers l'Europe et vers l'Amérique. Dans ce cas encore, on pourrait reprendre presque point à point l'histoire des événements dont le golfe du Mexique et les Antilles furent le théâtre et tout expliquer par la disposition géographique des courants.

A mesure qu'on avance dans l'histoire, les événements se hâtent davantage : ils se succèdent à intervalles plus rapprochés, parce que les coefficients temps et espace, de l'équation exprimant la marche de l'humanité, diminuent régulièrement de valeur. A la fin du siècle dernier, les habitants des colonies anglaises d'Amérique avaient remarqué que les paquebots anglais se rendant de Falmouth, en Angleterre, à New-York, effectuaient des traversées de quatorze à quinze jours environ, plus longues que les bâtiments marchands américains faisant le même trajet. En 1769 ou 1770, dans le but d'éviter des retards, le *Booard of Customs* de Boston adressa une requête aux Lords de la Trésorerie et proposa de remplacer comme port d'arrivée New-York par Newport dans le Rhode-Island. Le fait, d'ailleurs indiscutable, frappa particulièrement l'attention de Benjamin Franklin, alors chargé de la direction générale des postes. Il réfléchit, s'informa et apprit du capitaine baleinier Folger que la différence de durée des traversées provenait de ce que les marins américains connaissaient l'existence du Gulf-Stream et dirigeaient leur route de façon à se servir du courant pendant une partie de leur navigation. Pour mieux éclairer la question, un peu plus tard, lorsque les relations se brouillèrent entre la colonie et la métropole, Franklin, — qui traversa plusieurs fois l'Atlantique entre l'Amérique et l'Europe, pour aller en Angleterre ou en France, dont, en qualité d'ambassadeur, il sollicitait l'appui, — eut l'idée d'employer le thermomètre à mesurer la température des eaux. L'instrument lui permit de contrôler les assertions de Folger, et, en outre, d'apprécier l'instant exact où un navire entrait dans le Gulf-Stream ou bien en sortait. On pouvait donc naviguer au thermomètre. La découverte demeura secrète pendant la guerre de sécession ; dès que l'indépendance des États-Unis fut assurée, elle fut divulguée et profita à toutes les marines.

Un autre Américain devait, grâce à une étude comparée des variations atmosphériques et océaniques, systématiser l'art d'abréger les traversées en tirant un parti raisonné des vents et des courants. Maury eut la patience de recueillir les indications relevées sur d'innombrables livres de bord, et le génie de les grouper et de les résumer en une sorte de code destiné à servir de règle aux navires. Afin de montrer l'utilité pratique de sa méthode, il ne l'appliqua d'abord qu'à la seule traversée de New-York à Rio-de-Janeiro, qui, faite d'après ses indications, fut réduite de 41 à 24 jours. La traversée de 180 jours entre les États-Unis et la Californie, par le Cap Horn, ne dépasse plus 90 à 92 jours ; enfin, celle d'Angleterre à Sidney en Australie et retour fut réduite de 250 à 130 jours. Abréger un voyage entre deux contrées éloignées équivaut à les rapprocher l'une de l'autre, à créer de nouveaux liens entre les membres de la famille humaine, et l'auteur de la découverte a bien mérité de l'humanité. Il y a une admirable poésie dans cette victoire sur l'espace : tout y est grand, le phénomène qu'il s'agit d'utiliser et plus encore l'intelligence qui obtient un si magnifique résultat. Maury fut en même temps un savant, un poète et un philosophe. Les livres qu'il écrivit, ses *Sailing Directions* et sa *Physical Geography of the Sea* en portent le triple caractère. Il trouve des paroles solennelles pour décrire le Gulf-Stream, et cependant il ne sacrifie rien à la précision scientifique telle qu'elle pouvait alors être obtenue.

« Le Gulf-Stream, dit-il, est une rivière au milieu de l'Océan... Il n'existe pas sur terre un cours d'eau plus majestueux ; sa vitesse est plus grande que celle du Mississipi ou des Amazones et son débit mille fois plus considérable... Qui peut calculer l'effet de ce merveilleux courant sur les climats du Sud ? Dans de pareilles recherches, l'esprit s'élève de la matière jusqu'au grand Architecte de la nature. Qui n'éprouverait une profonde émotion en étudiant un pareil sujet ? Seul immuable parmi toutes les choses créées, l'Océan est l'emblème grandiose de l'éternel Créateur. »

Les courants ont été étudiés dans l'Atlantique, vers 1830, par l'amiral danois Irminger, qui les observa et les mesura au moyen d'un instrument imaginé par le Français Aimé ; ils l'ont été ensuite par le *Challenger*. Les savants de l'expédition comprirent combien il importait de connaître, en outre des courants de surface, portion du phénomène ayant, il est vrai, une utilité pratique immédiate, les courants profonds qui, au point de vue scientifique, permettent seuls de se faire une idée exacte de la façon dont se ferme le cycle de la circulation. Nous avons déjà parlé des campagnes du prince Albert de Monaco à bord de l'*Hirondelle* et des données qui ont servi à dresser la remarquable carte représentant la circulation superficielle dans l'Atlantique nord. Grâce à lui, on sait la position occupée par le centre du circuit du Gulf-Stream, au sud-ouest des Açores, on a évalué la vitesse moyenne des diverses régions et, comme résultat intéressant particulièrement la France, on a vu que, contrairement aux opinions anciennement émises par Rennell, une branche du courant pénétrait par Brest dans le golfe de Gascogne, longeait du nord au sud la côte de France, celle du nord de l'Espagne, celle du Portugal et rejoignait le grand circuit vers les Canaries.

Depuis 1845, les Américains s'occupent systématiquement du Gulf-Stream dans la partie de son cours adjacente aux côtes des États-Unis, et, depuis que le travail a été commencé, on a étendu les recherches à la mer des Sargasses et au courant du Japon. Dès 1842, l'amiral anglais sir Francis Beaufort avait reconnu la nécessité de cette étude avantageuse au commerce du monde entier et avait proposé à l'amirauté anglaise de l'entreprendre. Les Américains ne voulurent laisser ce soin qu'à eux-mêmes. Une administration, le *Coast and*

Geodetic Survey des États-Unis, en fut spécialement chargée, et les observations se continuent chaque année presque sans interruption. Des marins et des savants éminents y collaborèrent, Bache, Henry, Mitchell, Hilgard, de Pourtalès, Louis et Alexandre Agassis, les lieutenants Sigsbe et Pillsbury, et aujourd'hui encore un navire à vapeur, le *Blake*, aménagé à cet effet, accomplit chaque année dans le golfe du Mexique ou dans l'Atlantique une campagne d'été dont les résultats sont élaborés pendant l'hiver et font l'objet de publications distribuées avec une extrême libéralité. Si l'on peut émettre sur les travaux américains du *Coast and Geodetic Survey* quelques critiques de détail, comme par exemple de s'en tenir trop exclusivement aux portions du Gulf-Stream baignant les rivages américains et d'avoir quelque peu sacrifié les recherches physiques et chimiques, si importantes, aux observations pour ainsi dire purement mécaniques de vitesses, de directions, de relation avec les phénomènes astronomiques et d'un intérêt pratique trop uniquement américain, il n'en reste pas moins certain que l'étude du Gulf-Stream mérite d'être classée parmi les grandes œuvres scientifiques de notre époque.

Nous terminerons ici cet exposé à la fois bien long et bien court des lois de la circulation océanique et de l'histoire de leur découverte. Qu'il nous soit permis de formuler un vœu, toujours le même. Quelque succès qui doive en résulter, nous le répéterons indéfiniment, dans la ferme conviction où nous sommes de soutenir la cause de l'humanité et de la science. Le temps des guerres sanglantes entre nations tire à sa fin, s'il n'est même déjà passé. Devant les immenses progrès de la science et les charges écrasantes qu'imposent non seulement la guerre, mais les années de paix armée qui la précèdent, la lutte militaire est, comme les anciens duels japonais, l'anéantissement fatal des deux adversaires. Deux vaincus, les deux combattants; un vainqueur, le peuple, qui, à son grand bénéfice, aura eu le bon sens de demeurer paisible spectateur de la tuerie. La guerre sanglante est devenue une absurdité. En revanche, la guerre industrielle et commerciale sera terrible. Les victimes ne seront pas moins nombreuses, mais, au lieu de périr de coups de canon, de fusil ou de sabre, elles périront de faim et de misère. Alors, malheur aux nations qui se seront laissé dépasser et qui n'auront point tiré tout le parti possible des ressources de leur territoire continental et maritime; elles verront d'abord leur population cesser de s'accroître et, grâce à la facilité des transports, se soustraire à la mort par la fuite, émigrer, se fondre parmi les autres peuples et, en tant que nation, disparaître de la face de la terre. La plupart des gouvernements sont pénétrés de cette vérité. Pour ne parler que de l'étude de la mer, l'Angleterre, l'Allemagne, l'Autriche, la Suède, la Russie, les États-Unis font les frais d'expéditions destinées à explorer l'Océan, ce champ d'exploitation de l'avenir.

Malgré les avertissements, la France reste en dehors de ce mouvement : puisse-t-elle ne point payer trop cher son ignorance ou son dédain !

M. Marcellin BOULE

Agrégé de l'Université, Docteur ès sciences, à Paris.

UNE EXCURSION GÉOLOGIQUE DANS LES MONTAGNES ROCHEUSES

— *18 février 1893* —

MESDAMES, MESSIEURS,

Le 2 septembre 1891, vers 8 heures du matin, la gare de *Baltimore and Ohio Railroad*, à Washington, présentait une animation particulière. Le vestibule, les salles d'attente, les quais d'embarquement étaient envahis par dés voyageurs qu'à certains détails de leur équipement, il était facile de reconnaître pour des géologues.

La cinquième session du Congrès international de géologie avait été close la veille et un grand nombre de ses membres, appartenant à diverses nations de l'ancien et du nouveau continent, allaient s'embarquer pour une longue excursion dans le *Far-West* américain. Il s'agissait de parcourir en vingt-cinq jours près de 10.000 kilomètres, en traversant une vingtaine d'États ou de territoires des États-Unis et en s'arrêtant pour visiter les points du trajet les plus intéressants. Cette excursion devait se faire sur un train spécial, dont la marche serait indépendante de celle des trains ordinaires, et qui passerait d'une ligne de chemin de fer à une autre ligne, sans que les voyageurs eussent à se déranger.

J'avais eu le plaisir d'assister au Congrès de Washington en qualité dé délégué du Ministère de l'Instruction publique et je m'étais fait inscrire sur la liste des géologues devant prendre part à l'excursion. Je partageais la joie qui se lisait sur tous les visages et se traduisait par des appels, des exclamations échangés en courant, au milieu des préparatifs d'installation. Nous allions enfin voir ces contrées si curieuses de l'Ouest américain auxquelles, étant enfants, nous avaient fait rêver les romans de Fenimore Cooper et que nous avions appris à mieux connaître plus tard dans les belles publications des savants américains. Nous allions voir le pays du pétrole, qu'illuminent la nuit de grands panaches de flamme, les paysages étranges des Mauvaises Terres, le Parc national de Yellowstone ou Terre des Merveilles, les grandes steppes du Lac Salé, les mines d'argent du Colorado, etc.

J'avais d'abord songé, Mesdames et Messieurs, à refaire complètement cette excursion avec vous ce soir. Mais je me suis livré au petit calcul suivant : En Amérique, nous avons parcouru en moyenne 400 kilomètres par jour. Pour accomplir le même trajet en une heure, il faudrait marcher avec une vitesse moyenne de 160 kilomètres à la minute, c'est-à-dire avec une vitesse trois fois et demie plus grande que celle des boulets de canon à leur sortie des pièces les plus perfectionnées. Je dois donc renoncer à mon projet primitif et me borner à ne vous présenter qu'un certain nombre de souvenirs de voyage. Je vous parlerai surtout des montagnes Rocheuses comme étant la région la moins connue du grand public et la plus riche en curiosités naturelles.

Avant de nous transporter dans les solitudes du Far-West, il vous sera peut-être agréable d'avoir quelques détails sur l'organisation du train spécial où nous avons vécu pendant vingt-cinq jours.

La réputation de confort dont jouissent les chemins de fer américains est parfaitement justifiée. En France, nos compartiments de première classe sont de jolies boîtes, bien tapissées, bien closes, mais où le voyageur est emprisonné dans une immobilité à peu près absolue. Dans ces conditions, un voyage de vingt-quatre heures est pénible. En Amérique, l'on accomplit des trajets énormes presque sans fatigue. Les voyageurs sont installés dans des voitures spacieuses, munies chacune d'une fontaine d'eau glacée et de ce petit local que les compagnies françaises s'obstinent à nous refuser. Ils peuvent passer, avec la plus grande facilité, d'une voiture à une autre et se croire dans un hôtel ambulant.

Notre train spécial se composait d'un fourgon pour les bagages et les provisions et de six grands wagons de luxe *(pullman-cars)*, dont quatre wagons-lits *(sleeping-cars)*, un wagon-restaurant *(dining-car)* et un dernier wagon divisé en salle de lecture, fumoir, cabine de bains et salon de coiffure. Chacune de ces voitures se transforme pour la nuit en dortoir et porte un nom particulier. Plusieurs d'entre nous occupaient des compartiments spéciaux, sortes de pièces réservées où ils avaient tout le confortable d'une bonne chambre d'hôtel qui serait un peu exiguë : lit, table, cabinet de toilette, etc. Les géologues appartenant aux pays de langue française étaient réunis dans l'*Albania*. Un passage couvert, jeté d'une voiture à l'autre, nous permettait de faire de fréquentes visites à nos confrères des autres nations et d'arriver jusqu'au salon de lecture où avaient été rassemblés un certain nombre de cartes et de documents géologiques relatifs aux pays que nous devions traverser.

J'hésite à vous parler du *dining-car* ou wagon-restaurant. J'ai gardé contre la façon dont nous avons été nourris par l'industriel *in charge* une rancune qui est restée aussi amère que le premier jour. Je m'étais d'abord laissé séduire, comme tout le monde, par l'aspect confortable de l'installation, par la longueur du menu, par la correction des garçons nègres *(coloured men)*. Que d'illusions ! Pendant toute la durée du voyage, le fonds substantiel de nos repas, tarifés à 1 dollar pièce, fut composé invariablement d'œufs frits, d'une tranche de rosbif et parfois d'un morceau de poulet rôti, desséché comme une préparation anatomique. Du thé comme unique boisson gratuite. Quant au pain, je n'hésite pas à déclarer qu'il est inconnu presque partout aux États-Unis. Les nègres chargés du service attendaient, pour devenir obligeants et vous gratifier d'un sourire, qu'on leur eût donné un bon pourboire. On croit généralement en France que le pourboire est inconnu en Amérique. Je désire mettre en garde, contre cette légende, ceux d'entre vous qui auraient l'intention d'aller voir l'Exposition de Chicago et qui oublieraient de faire figurer ce chapitre sur leur budget de voyage.

Mais il est temps d'arriver au sujet de cette conférence. Le cinquième jour après notre départ de Washington, nous étions en vue des montagnes Rocheuses. Au lever du soleil nous constatons, en effet, que les couches de terrain formant le sol de la Prairie ne sont plus horizontales et qu'elles se relèvent vers l'ouest pour aller s'appuyer contre les massifs montagneux, dont quelques sommités apparaissent dans les déchirures des premiers plans.

: Malgré leurs proportions énormes, les montagnes Rocheuses, vues de loin, ne produisent pas l'effet grandiose des Alpes ou des Pyrénées. C'est qu'à partir du Mississipi, nous nous sommes élevés par une pente insensible jusqu'à une altitude voisine de 1.000 mètres; de plus, nous associons l'idée de neiges et de glaciers à l'idée de hautes montagnes et, à cette latitude, les Rocheuses sont à peu près dépourvues de neiges persistantes. Il faut ajouter que la transparence de l'air est telle, dans ces régions, qu'il est difficile de juger de l'éloignement des objets et, par suite, de leurs dimensions réelles.

Au point de vue de leur structure géologique, les Rocheuses présentent aussi quelques traits particuliers, sans s'écarter d'ailleurs du type général des chaînes de montagnes. Quand le géologue rétablit par la pensée tout ce que l'érosion a enlevé à une chaîne, il voit que celle-ci représente un lambeau de l'écorce terrestre qui a été soumis à des forces de compression latérale. Les diverses couches composant cette écorce se sont plissées à la manière d'une étoffe et les plis ont fait saillie au-dessus de la surface générale du continent comme autant de bourrelets parallèles. Des actions dynamiques secondaires, jointes aux effets de l'érosion, ont ensuite découpé ces bourrelets en massifs, sculpté les vallées, isolé les pics et dissimulé aux yeux des profanes le plan général de la chaîne. Le Jura et les Appalaches réalisent en quelque sorte ce schéma d'une chaîne de montagnes, à cause de la simplicité et de la régularité de leurs plissements. Dans les Alpes, les refoulements latéraux, plus intenses, ont produit des effets plus compliqués et plus capricieux. Tous les touristes ont remarqué sur les grands escarpements calcaires des vallées de la Suisse ces contournements bizarres et ces renversements de couches simulant de gigantesques hiéroglyphes.

Les montagnes Rocheuses ne font pas exception à la règle générale; elles correspondent également à une zone ou à un fuseau de l'écorce terrestre qui a été plissé par l'effet de pressions latérales et il n'est pas un seul détail de structure observé dans la chaîne alpine qu'on ne puisse retrouver en Amérique. Mais, en prenant les choses en grand, on peut dire qu'ici les plis ont une amplitude beaucoup plus considérable, en rapport d'ailleurs avec l'étendue de la chaine; tantôt ils dessinent de larges voûtes très surbaissées; tantôt d'immenses étendues de couches horizontales, formant de hauts plateaux, se raccordent par des flexures brusques avec les terrains environnants. Enfin, le rôle des cassures ou failles dues à la pesanteur, qui est tout à fait secondaire dans les Alpes, est ici plus considérable. Au sein même de la chaîne, des régions entières, formées surtout par des terrains anciens, se sont effondrées le long des lignes de cassure. Ce phénomène a été suivi d'épanchements volcaniques formidables, à peu près inconnus dans nos chaînes européennes, mais qui donnent aux montagnes Rocheuses un cachet tout spécial. C'est ainsi que s'est formée la région du Parc national du Yellowstone qui va être notre première étape.

Le *Yellowstone Park* occupe, dans l'État du Wyoming, une superficie de près de 10.000 kilomètres carrés, supérieure à celle du plus vaste des départements français. C'est un plateau d'origine volcanique, entouré de montagnes où la nature s'est plu à rassembler une foule de merveilles. Avec ses grands lacs, ses gorges profondes, ses innombrables sources chaudes, ses geysers, etc., cette grande réserve nationale des États-Unis est une des contrées les plus extraordinaires qui soient au monde.

Jusqu'en 1863, on ne connaissait les merveilles du Yellowstone que par les récits de quelques aventuriers et l'on qualifiait ces récits de romans. Au commencement de ce siècle, un trappeur, nommé Colter, fut fait prisonnier par les Indiens Pieds-Noirs. Il parvint à s'échapper et, complètement dénué de tout, il put atteindre la rivière Yellowstone sur les bords de laquelle il vécut quelque temps au milieu de tribus indiennes plus pacifiques. En 1810, nous retrouvons Colter dans le Missouri, où il étonne ses concitoyens par des descriptions de sources brûlantes, de lacs bouillants, de terres enflammées; mais ses récits ne rencontrent que l'incrédulité, et l'« Enfer de Colter » *(Colter's Hell)* est considéré comme un pur produit de l'imagination.

Plus près de nous, en 1860, le colonel Raynolds, chargé de l'exploration des montagnes Rocheuses du Wyoming, rapporta de sa mission des récits non moins extraordinaires. Il avait vu un pays où les arbres et les herbes étaient changés en pierre. Les animaux eux-mêmes, tels que les lièvres, les coqs de bruyère étaient pétrifiés dans des attitudes aussi naturelles que de leur vivant; au lieu de fruits, les arbres portaient des diamants, des rubis, des saphirs, des émeraudes, etc. En 1863, le capitaine de Lacy, à la tête d'une troupe de prospecteurs, fit la première reconnaissance sérieuse du Yellowstone, mais c'est vraiment Hayden, directeur du service géologique des États-Unis qui, en 1871 et à la suite d'une exploration scientifique, donna, dans un rapport officiel, une description sommaire mais exacte du Yellowstone. Sur sa proposition, le Congrès vota une loi pour faire de cette curieuse région un « Parc national ou lieu de plaisir pour l'instruction et l'agrément des citoyens ». Depuis cette époque, le Parc est confié à la garde d'un certain nombre de postes militaires de cavalerie; des chemins ont été ouverts et des hôtelleries se sont élevées sur quelques points choisis comme centres d'excursions.

Le moyen le plus commode et le plus agréable pour moi de vous faire connaître le Parc national des États-Unis est de vous convier à parcourir l'itinéraire suivi par le Congrès. Arrivés par la grande voie du *Northern Pacific*, nous quittons notre train à Cinnabar, point terminus de la ligne de chemin de fer. De grands breaks attelés de quatre ou de six chevaux sont prêts à nous recevoir. En deux heures, ces véhicules franchissent le trajet qui sépare Cinnabar du Grand hôtel de Mammoth Hot Springs. Nous remontons la vallée du Gardiner par un chemin qui passe en Amérique pour une bonne route, mais auprès duquel le dernier de nos chemins vicinaux paraîtrait excellent. Le mont Sépulchre d'un côté et le mont Ewarts de l'autre, entre lesquels le Gardiner a creusé une gorge pittoresque, sont comme deux forteresses gigantesques gardant l'entrée du Parc.

L'hôtel de Mammoth Hot Springs est situé sur une terrasse adossée aux flancs du mont Sépulchre et dominant la rive gauche du Gardiner. C'est une immense construction en bois pouvant loger trois cent cinquante personnes. Les chambres sont simples, mais très confortables. Comme partout en Amérique, elles sont éclairées à la lumière électrique. Au rez-de-chaussée, un vaste hall, où l'on trouve des bazars, un bureau télégraphique, un téléphone, sert de lieu principal de réunion.

Près de l'hôtel se trouve une première merveille. Huit grandes terrasses, d'une superficie totale de 7 ou 8 kilomètres carrés et de plusieurs centaines de mètres d'épaisseur sont uniquement dues aux dépôts de sources thermales chargées de calcaire. La formation de ces terrasses a commencé de bonne heure. Les plus anciennes, antérieures à l'époque glaciaire, sont aujourd'hui dissimulées par la végétation forestière, tandis que les terrasses de formation contemporaine sont d'une blancheur éclatante. Les sources calcaires, actuellement en activité, sont au nombre de soixante-quinze environ. Il ne faut pas moins de deux heures pour les visiter. Comme vous pouvez le voir sur cette belle photographie de la terrasse dite de Jupiter, les sources jaillissent au milieu de vasques éblouissantes, d'où elles débordent pour ruisseler de tous côtés sur des gradins ornés de stalactites. La transparence et la richesse de coloration de ces eaux dépassent tout ce qu'on pourrait imaginer. Ce sont les tons rouges qui dominent avec une infinité de nuances allant d'un écarlate brillant à un rose pâle extrêmement doux. Mais il y a aussi des colorations jaunes et vertes qui se marient avec les reflets bleus du ciel et produisent des effets merveilleux. Un savant américain, M. Weed, a démontré que ces colorations brillantes sont dues à diverses espèces d'algues qui se développent dans ces eaux en fixant le calcaire, et en contribuant pour une grande part à la formation des dépôts de travertin. Il est curieux de voir que cette énorme masse de pierre qui constitue les terrasses de Mammoth Hot Springs est faite en partie de débris accumulés de végétaux inférieurs. La rapidité de formation de ces dépôts est relativement considérable. Sur certains points des arbres encore vivants ont la partie inférieure de leur tronc noyée dans le calcaire.

En quittant Mammoth Hot Springs, nous partons pour le Grand Cañon. Nous gravissons d'abord une pente très forte et par la coupure pittoresque de Golden Gate (Porte d'Or) nous atteignons une plaine élevée constituée par une roche volcanique à laquelle les géologues ont donné le nom de *rhyolite*. Cette roche joue le plus grand rôle dans la constitution du Parc. C'est elle qui forme tous les grands plateaux et contribue à leur donner l'aspect triste qu'ils doivent surtout à l'uniformité de la végétation.

Le fonds de celle-ci est constitué par des plantes sèches, tortueuses, au feuillage glauque et ressemblant à des oliviers en miniature. C'est le buisson-sauge des Américains, l'*Artemisia tridentata* des botanistes. Cette plante est très répandue dans tout le Far-West où elle donne au paysage une tonalité grise très agréable à l'œil. Le buisson-sauge recouvre à lui seul de grandes étendues, tandis qu'ailleurs dominent des forêts de conifères où les arbres meurent et se décomposent sur place, formant un fouillis inextricable de troncs inclinés et couchés dans tous les sens. Parfois un incendie, allumé, soit par l'imprudence des touristes, soit par le frottement des arbres les uns contre les autres, sous l'action du vent, se propage rapidement et transforme le paysage. Les troncs encore debout, mais dépouillés de leurs branches et à demi calcinés, prennent la même teinte grise que les ossements de bisons ou de cerfs qu'on rencontre à chaque pas et produisent la même impression de tristesse en évoquant la même image de la mort.

Nous voici arrivés à Obsidian-Cliffs. Parmi les produits volcaniques du Yellowstone, le plus curieux est l'*obsidienne* ou verre des volcans. Obsidian-Cliffs est une belle coulée dont la substance ressemble tout à fait à certains verres à bouteilles; elle est disposée en prismes verticaux dont les faces miroitent au soleil. La base de l'escarpement est encombrée de blocs éboulés, où les Indiens d'un grand nombre de tribus venaient autrefois chercher la matière première qui leur servait à fabriquer armes et outils. La route par laquelle nous arrivons passe au pied de la coulée. Pour construire le seul chemin de verre qui soit au monde, comme disent les Américains, les moyens ordinaires n'ont pas été suffisants. On a alors imaginé d'allumer de grands feux autour des blocs d'obsidienne. Quand ceux-ci étaient fortement chauffés, on les refroidissait brusquement au moyen de jets d'eau froide qui les faisaient éclater et les réduisaient en menus fragments.

Tout près d'Obsidian-Cliffs se trouve le lac des Castors que sillonnent les digues édifiées par ces animaux.

A partir d'Obsidian-Cliffs, la route traverse un premier groupe de geysers qui ne nous arrêtera pas pour le moment; puis elle remonte la pittoresque vallée du Gibbon River pour arriver sur le plateau au milieu duquel la rivière Yellowstone a creusé le Grand Cañon. La longueur de cette gorge célèbre est d'environ 25 kilomètres; sa profondeur ne dépasse guère 300 mètres et sa largeur en haut varie entre 800 et 1.200 mètres. Ces dimensions n'ont rien d'extraordinaire; elles n'atteignent même pas celles de nos gorges du Tarn. Mais ce qui fait la beauté particulière du Cañon du Yellowstone, c'est d'abord la solitude du site, qui est toujours imposante, et c'est surtout la richesse de coloration de ses parois. La rhyolite offre les teintes les plus chaudes dans les tons jaune, orangé et rouge. La roche, presque partout à nu, a été admirablement travaillée par les agents atmosphériques. Des blocs énormes à demi détachés des flancs du ravin s'élèvent en obélisques gigantesques au sommet desquels les vautours pêcheurs ont établi leurs nids. Au fond du précipice, le torrent roule au milieu des rochers son écume éblouissante de blancheur comme une coulée d'argent en fusion. La verdure sombre des pins qui couronnent les hauteurs forme un cadre bien assorti à ce merveilleux tableau.

En nous retournant vers l'amont, le spectacle change sans diminuer de grandeur. Nous voyons la grande cascade qui marque l'origine du Cañon. La rivière qui a coulé jusque-là, dans la belle et large vallée d'Hayden, rencontre brusquement le vide et tombe d'une hauteur de 94 mètres en produisant des nuages de poussière aqueuse qui se répandent à une grande distance sur des tapis de cryptogames d'un vert éclatant.

Si nous abandonnons le côté purement pittoresque, pour le côté scientifique, les gorges du Yellowstone vont nous dévoiler des faits intéressants. C'est d'abord l'épaisseur énorme des coulées de rhyolite dans lesquelles le Cañon est tout entier creusé et qui s'étendent sur un territoire aussi vaste que plusieurs arrondissements français, sans qu'il soit possible de trouver leurs points de sortie.

Le Cañon nous donne encore les moyens d'apprécier la puissance des phénomènes d'érosion. Il est évident, en effet, qu'autrefois le plateau était continu et nous pouvons déterminer le moment où le travail de creusement du Cañon a commencé. De grands blocs erratiques, de plusieurs centaines de mètres cubes, ont été transportés par les glaciers sur le plateau, au bord même des précipices. Comme le gisement primitif de ces roches est situé de l'autre côté du Cañon, il s'ensuit que celui-ci n'existait pas au moment du transport de ces blocs et qu'il a été creusé tout entier depuis l'époque glaciaire. Il remonte à l'époque géologique la plus récente, dont la durée est regardée comme insignifiante par rapport à celles qui l'ont précédée. De pareilles observations sont bien faites pour nous donner une idée de l'immensité des temps géologiques.

Non loin du Cañon, sur le revers de l'*Amethyst Mountain*, se trouvent des falaises où l'on voit une multitude de troncs d'arbres fossiles en position verticale et avec leurs racines. Parfois le terrain encaissant, formé surtout de projections volcaniques remaniées, a été emporté par les eaux sauvages et les troncs sont isolés comme les colonnes d'un temple ruiné. Certains dépassent 15 mètres de longueur avec un diamètre de 6 pieds. Dans les couches de terrain où ces arbres sont ensevelis, on peut recueillir des morceaux de branches et des empreintes de feuilles de magnolia, de laurier, de tilleul, etc. Sur un point, les troncs d'arbres, entièrement transformés en silice, sont creux au centre et les géodes sont tapissées de beaux cristaux de calcite et d'améthyste. C'est probablement cette contrée qui a servi de point de départ à la fable du colonel Raynolds.

Sur le trajet du Cañon au lac du Yellowstone, nous avons observé d'intéressants phénomènes. C'est d'abord une rivière dont les eaux provenant de sources thermales ne sont autre chose qu'une dissolution fortement astringente d'alun. Puis les Collines de Soufre, monticules blancs et jaunes, traversés par de nombreuses fissures d'où s'échappent, avec un fort sifflement, des jets de vapeur. Ces fumerolles déposent sur les parois de leurs conduits de jolis cristaux de soufre. Un peu plus loin se trouve un volcan de boue *(mud geyser)*. C'est un trou en forme d'entonnoir, au fond duquel bouillonne une lessive épaisse, gris noirâtre. A des intervalles réguliers, cette boue est projetée au dehors par des explosions de vapeurs.

Le lac du Yellowstone, que nous apercevons maintenant à travers un rideau de pins, est situé à 2.359 mètres au-dessus du niveau de la mer. Sa plus grande longueur est de 32 kilomètres et sa superficie dépasse 360 kilomètres carrés. Les sinuosités de ses rives ont une longueur totale de 160 kilomètres. Un bateau à vapeur pouvant embarquer cent vingt-cinq passagers permet aux touristes de faire des excursions. Tandis que la plupart de nos confrères veulent goûter les rares délices de la navigation à vapeur à une altitude de 8.000 pieds au-dessus de la mer, je reste sur les bords du lac avec deux peintres, mes camarades, dont l'impressionnisme déborde. Le panorama que nous avons devant les yeux est, en effet, un de ceux qu'il est impossible d'oublier. Son caractère dominant, c'est ce calme et cette sérénité grandioses que les tableaux de Puvis de Chavannes nous laissent parfois soupçonner. Au premier plan, les silhouettes sombres et élégantes des pins, puis la nappe étincelante du lac, entourée de blanches falaises et sur laquelle s'étale la tache vert sombre de *Frank-Island*. Au delà, les pics bleu cendré de l'Absaroka Range. Plus loin encore, comme un écran violet se profilant sur un ciel vert bleuâtre, le plateau des Deux Océans, où se partagent les eaux tributaires de l'Atlantique et celles du Pacifique. A mesure que le soleil descend à l'horizon, toutes ces colorations se transforment au grand désespoir de mes amis les géologues impressionnistes, mais pour le plus grand plaisir de nos yeux. La nuit venue, nous sommes forcés de regagner l'auberge du lac où un nouveau spectacle nous attend.

Depuis quelques jours, une bande d'ours gris venait rôder pendant la nuit autour de l'hôtel, enlevant bêtes et provisions. L'un d'eux s'est laissé prendre au piège qu'on leur a tendu. L'énorme bête est destinée à faire l'ornement du Jardin zoologique de Washington ; en attendant, elle ronge avec fureur les lourds madriers dont sa cage est formée.

Cette circonstance me fournit l'occasion de vous dire quelques mots sur la faune des grands animaux du Parc et des montagnes Rocheuses en général. Parmi les herbivores, il faut d'abord citer le bison, qui est, vous le savez, en train de disparaître complètement. D'après les rapports officiels, le nombre des individus de cette espèce augmente dans le Parc national, grâce à la protection dont ils sont l'objet. Le grand cerf du Canada, qui n'est qu'une variété de très grande taille de notre cerf commun, est encore très abondant, de même que le cerf de Virginie. Il faut encore citer le mouflon et l'antilope à bois fourchus ou dicranocère. L'élan est beaucoup plus rare. Les carnassiers ne sont pas moins nombreux. A leur tête se place l'ours gris ou *grizzly*, puis viennent le puma ou lion d'Amérique, plusieurs autres *Felis* du groupe des ocelots, le loup, diverses variétés de renards, le coyotte ou chien des prairies. Les rongeurs sont représentés par un grand nombre d'espèces, entre autres par de petits écureuils tout à fait remarquables par leur gentillesse. Les reptiles sont rares, mais le redoutable serpent à sonnettes est très répandu au-dessous d'une certaine altitude. Nous avons entendu bien souvent le bruit des anneaux de sa queue et l'un de nos compagnons de voyage, géologue français des plus éminents, a gardé plusieurs jours à son chapeau, en manière de trophée, le lugubre appareil de musique d'un de ces ophidiens, victime d'un coup de marteau bien appliqué.

Il faut toute une journée de voiture pour aller du lac au bassin geysérien supérieur où nous allons étudier les manifestations hydrothermales dans toute leur splendeur. On s'arrête pour déjeuner à un campement situé sur les bords d'Alun Creek. Une baraque en planches est pompeusement qualifiée d'hôtel du Grand Cerf. L'hôtelier, d'origine irlandaise, est aussi facétieux qu'un Gascon et sa bonne humeur, pleine d'exubérance, contraste singulièrement avec la froideur et la gravité des Yankees. Au delà nous retombons dans la monotonie des hauts plateaux. Celui que nous traversons en ce moment domine brusquement la vallée des Nez Percés d'une hauteur de 300 mètres. Le chemin est si effrayant que les Américains, pourtant peu difficiles en fait de voirie, l'ont qualifié d'Escalier du Diable. Le cœur manque à la plupart des voyageurs, qui préfèrent aller à pied, tandis que les cochers dirigent leurs véhicules sur le Chemin du Diable avec la plus parfaite assurance.

La vallée des Nez Percés doit son nom à une tribu d'Indiens qui, s'étant révoltés, furent poursuivis en 1877 par le général Howard et traversèrent le Yellowstone en cet endroit. Le fond est un vaste marécage, que les voitures franchissent sur une sorte de plancher formé de troncs de pins placés horizontalement les uns contre les autres. Plus loin, des flocons de vapeurs blanches signalent la présence des grands bassins geysériens.

Nous avons déjà trouvé sur notre itinéraire une foule de sources chaudes, mais j'ai préféré attendre notre arrivée au Bassin supérieur *(Upper Geyser Basin)*, le plus intéressant de tous, pour vous donner quelques explications sur l'activité hydrothermale du Yellowstone Park. Le nombre des sources dépasse 3.500. Les unes, à écoulement continu et régulier, sourdent au milieu de bassins ou réservoirs naturels. D'autres jaillissent par intermittence d'une sorte de cratère et lancent alors dans les airs une colonne d'eau bouillante et de vapeurs : ce sont les geysers. Il y a d'ailleurs tous les passages entre les sources thermales ordinaires et les geysers. Telle source, tranquille jusque-là, peut tout à coup se transformer en geyser et tel geyser peut perdre son caractère explosif et passer à l'état de simple source.

L'eau qui sort de tous ces évents est à une température élevée dépassant parfois sa température d'ébullition à cette altitude. Sa composition chimique est remarquablement uniforme; c'est une solution très diluée de silice et de sels alcalins. Ces matières, à l'état solide, n'excèdent pas 2 grammes par litre, la quantité de silice variant de 22 à 60 centigrammes. En s'évaporant, ces eaux déposent une roche siliceuse, la *geysérite*, dont la formation est accélérée, comme celle des travertins calcaires, par une curieuse végétation d'algues de toutes couleurs. Ces algues se rencontrent partout, même dans les eaux dont la température est voisine du point d'ébullition.

Les geysers varient beaucoup, quant à la grandeur, la fréquence et la régularité de leurs explosions. Les plus grands sont l'*Excelsior*, le *Monarque*, le *Géant*, la *Ruche*, le *Splendide*. Voici la vue d'une éruption d'Excelsior. Ce roi des geysers a un cratère de 100 mètres de diamètre. Ses éruptions, très irrégulières, sont remarquables par leur violence. Des quartiers de roc sont parfois projetés dans les airs à 80 mètres de hauteur. La quantité d'eau émise à chaque éruption est si considérable qu'elle élève de plusieurs pouces le niveau de la rivière voisine, le Fire Hole.

La colonne d'eau bouillante du Géant est moins volumineuse que celle d'Excelsior, mais elle s'élève à une hauteur beaucoup plus grande : 250 pieds au début de l'éruption. Celle-ci a lieu régulièrement tous les six jours et dure une heure et demie.

Je vous présenterai maintenant le geyser le plus populaire du Parc. On l'appelle le Vieux Fidèle, parce qu'il joue régulièrement toutes les heures (exactement 65 minutes), pendant quatre minutes. Notre arrivée à l'*Upper Geyser Basin* fut saluée par une éruption du Vieux Fidèle. Le temps était orageux. Un faisceau de rayons solaires passant à travers une déchirure des nuages éclaira subitement le jet de vapeur du geyser et le transforma en une fontaine lumineuse se projetant sur un écran de nuages sombres. J'eus à peine le temps de faire la photographie instantanée que je mets sous vos yeux. Ces silhouettes noires représentent des spectateurs placés au pied du geyser. Elles vous serviront de terme de comparaison pour apprécier la hauteur de la colonne d'eau.

Cette autre photographie enluminée représente le cratère de l'*Old faithful* pendant une période de tranquillité. Vous pouvez admirer la beauté des concrétions de geysérite. La croissance de ces dépôts siliceux est aussi lente que celle des dépôts calcaires est rapide. Il y a, en Amérique comme en Europe, des gens qui aiment écrire leur nom partout. Des inscriptions de ce genre, faites sur des points toujours baignés d'eau siliceuse et remontant à huit ans sont encore parfaitement lisibles; par diverses méthodes, les géologues officiels du Yellowstone ont calculé que la formation des dépôts entourant le cratère de l'*Old faithful* a dû exiger 25.000 ans au moins.

Après les grands geysers, je dois vous parler des petits. Ils ont reçu, comme les premiers, des noms pittoresques et imagés. Il faut citer le *Spasm*, toujours bouillonnant et qui soulève un flot de temps en temps; l'*Economic*, jouant toutes les deux minutes et dont l'eau retombe entièrement dans la vasque au fond de laquelle elle jaillit; la *Surprise*, qui entre en activité au moment où le spectateur, absorbé par la contemplation du paysage, s'y attend le moins, etc.

Je terminerai cette revue par le *geyser des Pêcheurs*, situé au bord du lac Yellowstone. Son cratère est rempli d'eau bouillante, de sorte que les pêcheurs installés sur ses pentes peuvent faire cuire immédiatement les produits de leur pêche en les plongeant dans la source.

On a longtemps cherché une théorie satisfaisante des geysers. Grâce aux observations de Bunsen et d'un savant français, M. Des Cloizeaux, on sait aujourd'hui que la température de l'eau d'un geyser dans le canal d'ascension varie suivant la profondeur et qu'elle est d'autant plus élevée que le point considéré est plus bas. L'eau située à la surface, étant refroidie par l'air environnant, se tient au-dessous du point d'ébullition, tandis que les couches plus profondes sont à une température supérieure, la pression qu'elles supportent les forçant d'ailleurs à rester à l'état liquide. Mais si, sur certains points de la colonne, une augmentation de chaleur, due par exemple à l'afflux de gaz ou de vapeurs souterraines, vient à se produire, l'équilibre pourra être rompu; une certaine quantité d'eau vaporisée subitement projettera dans les airs un nuage de vapeur avec la masse liquide située au-dessus. Les parties profondes, débarrassées de la pression qu'elles supportaient, feront elles-mêmes éruption jusqu'à ce que l'équilibre soit rétabli. On a construit sur ce principe des appareils de physique qui sont de véritables geysers artificiels.

On comprend que toutes les causes capables de rompre l'équilibre de température et de pression dans la masse d'eau d'un geyser puissent provoquer une éruption. Il suffit parfois de frapper l'eau d'une source chaude avec un bâton ou d'y jeter des corps inertes, tels que des mottes de gazon, pour amener une éruption. L'introduction d'un morceau de savon est encore plus efficace. Ce curieux phénomène a été découvert en 1885 par un Chinois, employé comme blanchisseur dans un hôtel du Parc. Il lavait un jour son linge dans une source chaude lorsque celle-ci fit tout à coup explosion à la manière d'un geyser et endommagea fortement le malheureux Chinois. Les touristes ont ensuite employé ce moyen pour forcer les geysers récalcitrants à jouer devant eux, mais cette pratique est aujourd'hui prohibée. On peut expliquer l'action du savon très facilement. En se dissolvant, cette substance produit un fluide visqueux qui tend à ralentir le dégagement normal de la vapeur d'eau et à surchauffer le liquide au-dessus du point d'ébullition jusqu'à ce qu'une explosion se produise.

Les sources chaudes ordinaires méritent aussi notre attention. Elles sourdent le plus souvent au milieu de bassins circulaires, d'où l'eau déborde pour courir au milieu de petits bassins secondaires formés par de délicates concrétions de geysérite. Les noms des sources, aussi poétiques que ceux des geysers, rappellent la beauté de leurs colorations. Il y a le bassin d'Émeraude, le bassin de Saphir, la source Turquoise, la Gloire du matin, etc.

Tout près d'Excelsior se trouve une des plus belles, la *Prismatic Spring*. C'est une nappe de 120 mètres de largeur. Au milieu, c'est-à-dire près de l'évent, l'eau est d'un bleu foncé qui passe au vert sur les bords pour devenir jaune orangé et rouge dans les parties peu profondes du bassin. La geysérite est tapissée d'algues disposées en traînées ondulées. Le tout est noyé dans des nuages de vapeur blanche. Il est impossible de décrire la richesse et en même temps la délicatesse de ces colorations.

Je vous ai déjà dit que certaines sources, aujourd'hui tranquilles, avaient été des geysers. Tel est le Bol de Punch, sorte de réservoir circulaire couronnant un monticule de silice. L'eau y bout constamment et les bulles de vapeur qui viennent s'échapper à la surface produisent un frémissement ondulatoire du plus bel effet.

Il ne me reste plus, pour compléter cette revue des phénomènes hydrothermaux du Parc, qu'à vous montrer le *Mammoth Paint Pot*, c'est-à-dire le grand Pot de peinture. Les Américains, se figurant à tort que le mammouth a été le plus gros animal des temps géologiques, prodiguent ce nom en l'appliquant à tout ce qui leur fait une impression de grandeur. Une source plus importante que ses voisines sera la *Mammoth Hot Spring*; une caverne est toujours la *Mammoth Cavern*. Voyons ce qu'est le *Mammoth Paint Pot*. L'analyse chimique a démontré que les eaux geysériennes tirent leurs matières minérales de la rhyolite qu'elles traversent. Il peut arriver que cette roche soit altérée et se délaie facilement. Elle forme alors une sorte de pâte ou de boue claire, blanche, jaune ou rouge. Ce magma, constamment agité par l'eau de la source, est traversé par de grosses bulles de vapeur produisant un clapotement particulier. De temps à autre, un flot de « peinture » est lancé sur les bords par une explosion de vapeur.

Telles sont, Mesdames et Messieurs, les principales merveilles du Yellowstone

Park. Il s'agit maintenant de revenir à notre point de départ, c'est-à-dire à Mammoth Hot Springs, d'où nous regagnerons notre hôtel roulant qui nous attend à Cinnabar. Il faut deux jours pour aller du bassin geysérien supérieur à la sortie du Parc. On nous annonce qu'obligés de coucher en route, deux personnes devront partager le même lit à Norris-Basin. J'avais déjà eu la veille pour camarade de chambre un savant étranger quelque peu grognon, je proposai donc à mes camarades de doubler l'étape et d'aller coucher à Mammoth Hot Springs. Le lendemain, nous continuions notre route sur le chemin de fer du Nord Pacifique, pour gagner, par la ligne de l'Utah, cette vaste contrée que les géographes appellent le Grand Bassin.

Le Grand Bassin est compris entre les montagnes Rocheuses et la chaîne côtière de la Sierra-Nevada. Son altitude moyenne varie entre 1.200 et 1.800 mètres. Les eaux qui tombent à sa surface n'ont pas d'écoulement vers la mer. Au centre se trouve le grand désert américain ou Désert de l'Utah et sur son bord oriental, au pied des Wasatch, le Grand lac Salé avec la ville du même nom.

Au point de vue géologique, le Grand Bassin offre un type de structure tout particulier qui est l'opposé du type de structure ordinaire des chaînes de montagnes. Les terrains, au lieu d'être plissés, sont traversés de grandes cassures ou failles, et les compartiments limités par ces failles, ayant obéi aux lois de la pesanteur, et joué les uns par rapport aux autres comme les pierres d'une voûte qui se rompt, ont subi de puissantes dénivellations.

En venant du nord, on entre dans le Grand Bassin en quittant la vallée du Serpent et après avoir dépassé la petite ville de Pocatello. Tout près de là se trouve une réserve d'Indiens. Du chemin de fer nous apercevons leurs huttes coniques en peau de bison et notre train s'étant arrêté, un certain nombre de Peaux-Rouges entourent les wagons ou s'installent sur les plates-formes. Ces Indiens appartiennent à des tribus pacifiques et se livrent aux travaux agricoles. J'aurais été heureux de vous montrer leur image ; malheureusement la vue de mon appareil photographique instantané les mettait en fuite ; ils croient, paraît-il, qu'en laissant reproduire leurs traits, ils se livrent eux-mêmes corps et âme. J'avais pu cependant agir par surprise et manœuvrer mon appareil. Mais le Dieu des Indiens veillait sur ses enfants. Dans ma précipitation, j'avais oublié d'enlever l'obturateur et le développement ne m'a rien donné. Salt Lake City, dont je vais maintenant vous parler, m'a laissé les plus agréables souvenirs.

Vous connaissez l'histoire de cette bande de Mormons qui, pour échapper aux poursuites de l'armée fédérale, quitta, en 1848, les bords du Mississipi, franchit les montagnes Rocheuses et vint s'installer dans le désert, sur les bords du lac Salé. Là, ces hommes accomplirent des prodiges de colonisation en bâtissant Salt Lake City et en transformant une portion du désert en une contrée riante et fertile. Tant que le lac Salé resta éloigné des grandes lignes de communication, les Mormons jouirent de la plus grande tranquillité sous la direction de leur prophète Brigham Young ; mais, à la suite de l'ouverture de la ligne de l'*Union Pacific*, les mineurs de l'Est, en quête de précieux gisements métallifères, envahirent peu à peu les Wasatch et la verte oasis créée par les « Saints des derniers jours ». A partir de ce jour, le mormonisme fut atteint tant au point de vue politique qu'au point de vue religieux. Lors de notre passage, la direction des affaires municipales venait de passer aux mains des Gentils et un bill récent du Congrès interdisait la polygamie, qui constitue un dogme de la religion mormonne.

Cette pratique de la polygamie n'a pas peu contribué à donner à Salt Lake-City sa physionomie à la fois gracieuse et originale. En effet, les Mormons ayant quelque aisance possèdent tous un enclos garni d'arbres fruitiers et de fleurs et renfermant un nombre de maisonnettes égal au nombre des épouses du maître. L'habitation de celui-ci occupe le centre de l'enclos. Les maisons des Mormons auxquels la fortune n'a pas souri sont également entourées de feuillage et les rues elles-mêmes sont bordées de superbes allées. De sorte que, vue des hauteurs qui la dominent du côté des Wasatch, la nouvelle Jérusalem apparaît comme noyée dans des flots de verdure.

Le bill du Congrès a-t-il vraiment supprimé la polygamie? Oui, disent les rapports officiels. Non, m'a-t-on déclaré à Salt Lake City. Je ne saurais me prononcer, mais ce que je puis bien dire ici, c'est que, tous sentiments religieux et sociaux mis à part, j'ai été séduit par l'œuvre des Mormons et, oserai-je l'avouer, par les Mormons eux-mêmes. Nous avons eu l'occasion de les voir de près à un concert qu'ils nous ont donné dans le Tabernacle et ce spectacle est le plus curieux que nous ayons eu en Amérique. Le Tabernacle est un monument dont l'architecture est unique au monde ; en plan, il figure une sorte d'ellipse dont le grand axe aurait 80 mètres. Sa toiture, s'élevant à 50 mètres de hauteur, est un dôme allongé qui ressemble de loin à une coquille d'œuf gigantesque. Le monument ne comprend à l'intérieur qu'une seule salle pouvant contenir 10.000 personnes. Le soir du concert elle était éclairée par huit lampes électriques à arc et par des guirlandes de becs de gaz.

Le concert fut pour tous les Européens une véritable révélation. Nous étions loin de nous attendre à trouver, à plus de 10.000 kilomètres de Paris, dans une ville perdue au milieu du désert, des artistes comme ceux qui nous tinrent plusieurs heures sous le charme. Les morceaux d'orgue et de chant, les chœurs surtout, auxquels prirent part plusieurs centaines de jeunes gens et de jeunes filles, nous parurent dignes d'être applaudis sur les grandes scènes de nos capitales. L'article le plus original du programme fut rempli par le *Ladie's Mandolin Club*. Vingt-cinq jeunes femmes, portant toutes la même robe bleu pâle aux manches courtes et flottantes, la même écharpe jaune et la même veste espagnole garnie de grelots, nous gratifièrent de quelques morceaux d'une musique vive et pétillante. Le chef d'orchestre était une ravissante *Miss*, au costume blanc relevé d'or. Je la vois encore battant la mesure d'un air crâne, avec un geste d'une gaucherie délicieuse.

Pendant cette soirée, je ne pouvais m'empêcher de songer à l'origine de ces Mormons paraissant épris d'art et d'idéal. Quoi! ces hommes au maintien si correct et si digne, ces femmes jolies, habillées avec goût, sont les enfants de cette bande de misérables qui traversèrent les Wasatch, il y a quarante ans à peine, sous la conduite d'un forgeron de Philadelphie! Quel spectacle étrange et bien suggestif!

Mais revenons à la géologie. Les environs de Salt Lake City vont nous permettre de faire des observations intéressantes.

Le grand lac Salé, que nous avons visité à Garfield Beach, le Trouville de l'Utah, était à l'époque quaternaire beaucoup plus vaste qu'aujourd'hui. On peut voir sur le flanc des montagnes qui l'entourent une série de terrasses ou d'anciens rivages garnis de galets, qui permettent de reconstituer les contours du lac au moment de sa plus grande extension. Sa superficie égalait alors celle du lac Huron (50.000 kilomètres carrés) et son niveau dépassait de 300 mètres le niveau actuel. M. Gilbert, qui en a fait l'objet de travaux remarquables, a donné à cette ancienne nappe d'eau le nom de lac Bonneville. Un autre lac du même genre, le lac Lahontan, se trouvait à l'ouest du premier. Ces bassins fermés ont joué pendant l'époque quaternaire le rôle de gigantesques pluviomètres. Ils ont enregistré fidèlement les variations d'intensité des précipitations atmosphériques, car le niveau des eaux s'élevait ou s'abaissait, suivant que les pluies étaient abondantes ou que la sécheresse devenait intense. Comme à chaque période de stationnement correspond la formation d'une terrasse, l'étude stratigraphique des dépôts effectués sur ces anciens rivages permet de les classer dans leur ordre chronologique. On a ainsi reconnu que le lac Bonneville, comme le lac Lahontan, avait eu deux périodes de grande élévation des eaux séparées par une période de desséchement. Il est probable que les deux phases d'humidité correspondent aux deux grandes phases glaciaires dont on trouve les traces dans les montagnes voisines et dans toute l'Amérique du Nord.

Les phénomènes qui ont réduit le lac Bonneville à l'état actuel durent encore et le lac Salé perd par l'évaporation une plus grande quantité d'eau que celle qui lui est fournie par ses tributaires. Aussi s'enrichit-il tous les jours en matières minérales et particulièrement en sel marin. Actuellement la densité de l'eau est telle (1,15) que les baigneurs les plus rebelles à l'art de la natation flottent à la surface.

Un autre phénomène géologique d'intérêt capital peut s'observer au lac Salé. D'après M. Gilbert, les mouvements orogéniques auraient encore lieu de nos jours dans cette région et l'on pourrait saisir, pour ainsi dire sur le vif, le soulèvement continu de la chaîne des Wasatch. Un premier fait à l'appui de ces phénomènes, c'est que les terrasses de l'ancien lac Bonneville, qui devraient être horizontales, accusent des différences de niveau allant jusqu'à 30 mètres, ce qui implique une déformation de l'écorce terrestre postérieure à la formation de ces terrasses. D'un autre côté, tout le long des Wasatch, les dépôts quaternaires sont coupés et dénivelés par des failles que nous avons vues se poursuivre sur de grandes longueurs.

Ce n'est pas sans un sentiment de regret que j'ai quitté cette curieuse contrée du lac Salé et, tandis que le train nous emportait vers le sud, au milieu des plaines fertiles et des villages mormons; je me disais que des hommes ayant ainsi conquis le désert à force de travail et de volonté avaient bien, malgré tout, quelques droits à l'estime et à la reconnaissance publiques.

Le lac Salé étant le point extrême de notre excursion vers l'ouest, nous allons maintenant revenir vers l'est pour traverser de nouveau les montagnes Rocheuses du Colorado et regagner la grande vallée du Mississipi. L'itinéraire que nous allons suivre jusqu'à Denver est extrêmement intéressant pour les géologues, car il fournit une coupe excellente des montagnes Rocheuses. Pour retrouver celles-ci, nous devons d'abord franchir la chaine des Wasatch, au delà de laquelle nous entrerons dans le bassin supérieur du Colorado.

Sur une longueur de plus de 300 kilomètres, notre train va rouler au milieu des paysages les plus fantastiques. De gigantesques falaises s'élèvent à notre gauche en simulant une chaîne de montagnes, tandis qu'elles représentent simplement le versant abrupt d'un vaste plateau, celui des *Book Cliffs*. Cette dénomination leur vient de ce que les couches schisteuses qui les constituent se débitent en feuillets minces comme ceux d'un livre. Ces roches, brillamment colorées, ravinées dans tous les sens, sculptées de mille manières par les érosions atmosphériques, simulent les ruines de gigantesques cités avec de grandes murailles, des tours, des obélisques. De vastes étendues sont absolument dépourvues de toute végétation. Des portières et des plates-formes de nos wagons, nous voyons se dérouler pendant des heures entières ces paysages infiniment variés des Mauvaises Terres du Colorado, les plus curieux qui soient au monde. Au soleil couchant, le panorama devient plus grandiose et, la nuit venue, les grandes falaises jaunes ou rouges brillent encore sur le fond sombre de la terre et du ciel.

À l'extrémité du désert des Book Cliffs se trouve une petite ville qui mérite de nous arrêter un instant. Bien qu'elle n'existe que depuis un très petit nombre d'années, *Great Junction* possède déjà plusieurs banques, plusieurs églises, des jardins publics, des écoles, des tramways. Elle est éclairée à la lumière électrique et on y publie quatre journaux. Des travaux d'irrigation ont transformé ses environs en un verger opulent et Great Junction est déjà célèbre en Amérique par les admirables produits de ses arbres fruitiers. Cet exemple montre avec quelle rapidité les villes naissent et se développent aux États-Unis.

A partir de Great-Junction, le train s'engage dans une profonde coupure où coule la Grande Rivière et s'apprête à franchir les Rocheuses. Nous n'avons guère le temps de nous arrêter, ni aux mines de Newcastle où l'on exploite la houille dans le crétacé, ni aux mines de l'Eagle-Cañon où l'on exploite l'or et l'argent, et nous arrivons tout de suite au col qui nous sépare du versant atlantique (Tennessee Pass). La locomotive remorque péniblement notre train jusqu'à l'altitude de 3.175 mètres, l'un des points les plus élevés du globe qu'atteigne une voie ferrée. La limite de la végétation forestière s'élevant dans cette partie des montagnes Rocheuses jusqu'à 4.000 mètres d'altitude, le col de Tennessee est couvert de forêts qui ont déjà pris les couleurs pourprées de l'automne. Ces forêts sont activement exploitées par des charbonniers, dont les fours ovoïdes, blanchis à la chaux, se voient un peu partout aux environs.

Dix kilomètres plus loin, à 3.104 mètres d'altitude, se trouve Leadville, l'une des merveilles du xixe siècle, disent les Américains. En 1878 il n'y avait sur l'emplacement de Leadville que quelques misérables cases de mineurs à la recherche des sables aurifères. On apprit tout à coup que la montagne renfermait des quantités immenses de plomb argentifère, et deux ou trois ans après Leadville était une cité de 15.000 habitants, possédant des usines, des banques, des théâtres et toutes les ressources d'une grande ville américaine. En treize ans, ses mines ont fourni de l'argent pour 150 millions de dollars et la production annuelle est actuellement de 10 à 15 millions chaque année.

Pendant la nuit que nous avons passée à Leadville, nous avons pu visiter une mine et une usine de traitement des minerais. Un orage accompagné de superbes éclairs illuminait à chaque instant la cité minière, mais c'était de la neige qui tombait à gros flocons et nous passâmes une fort mauvaise nuit dans les couchettes de nos wagons, car il faisait très froid et la raréfaction de l'air causait une pénible oppression. Au delà de Leadville, nous descendons très rapidement la vallée de l'Arkansas. Sur une longueur de 15 kilomètres, cette rivière coule au fond d'un précipice qu'on appelle la Gorge-Royale et qui aurait, dit-on, de 800 à 1000 mètres de profondeur. Ce chiffre m'a paru très exagéré et je crois qu'on pourrait le réduire au moins de moitié. La Gorge-Royale n'en est pas moins un accident géologique de toute beauté. Elle m'a rappelé certaines parties de la haute vallée de l'Allier, qui a d'ailleurs la même composition géologique et qui est encore ignorée des Français, comme tant d'autres merveilles naturelles de notre pays.

La *Royal Gorge* débouche brusquement en face de Cañon City. Les environs de cette ville sont particulièrement intéressants pour les géologues. Nous sommes allés dans un ravin tout couvert de petits yuccas et de cactées épineuses, que des forçats sont occupés à défricher. M. Walcott y a découvert les restes des poissons fossiles les plus anciens qu'on connaisse et nous avons pu y faire nous-mêmes une ample récolte d'échantillons. Tout près de là se voient les couches à *Atlantosaurus*, d'où M. Marsh a extrait les reptiles fossiles gigantesques dont j'ai parlé dans une conférence faite ici même, il y a deux ans.

Notre voyage aux montagnes Rocheuses a été admirablement complété par l'ascension d'un des sommets les plus élevés de la chaîne, le Pike's Peak. On part de Manitou, l'une des villes d'eaux les plus fréquentées des États-Unis. Un chemin de fer à crémaillère, analogue aux chemins de fer de montagne de la Suisse, transporte les touristes jusqu'au sommet du Pike's Peak, c'est-à-dire jusqu'à 4.312 mètres d'altitude.

L'ascension se fait d'abord dans une gorge pittoresque, ombragée de pins et de sapins gigantesques et tout encombrée d'énormes rochers de granite. Puis l'horizon se découvre et la vue s'étend sur un cirque de montagnes d'un modelé très doux. De tous côtés s'observent les traces des glaciers quaternaires : dépôts morainiques, roches moutonnées, lacs glaciaires. A 3.800 mètres la végétation forestière est encore très vigoureuse, mais les conifères du pied de la montagne sont remplacés ici par d'autres essences et notamment par des peupliers-trembles au feuillage doré. Le chemin de fer gravit la pyramide terminale du Pike's Peak par une pente qui ferait frémir les voyageurs s'ils n'étaient tous dans un état de somnolence et d'oppression qu'expliquent la raréfaction de l'air et la rapidité de l'ascension. Enfin nous arrivons à bon port au sommet qui n'est qu'un chaos de blocs granitiques grands comme des maisons. Il y avait autrefois une station météorologique au sommet du Pike's Peak. Aujourd'hui l'observatoire est occupé par un industriel qui débite des réconfortants aux touristes affaiblis par l'ascension.

Le panorama dont on jouit du sommet du Pike's Peak est des plus grandioses, bien que très différent de ceux qu'on est habitué à voir des sommets des Alpes ou des Pyrénées. Au nord et au sud les montagnes du Front Rangée dont le Pike's Peak fait partie, ont des contours doux qui les font ressembler à d'énormes collines. Leurs flancs couverts de pins et de peupliers dominent la plaine du Colorado. Celle-ci s'étend à l'est à perte de vue, d'abord d'un gris jaunâtre, se confondant ensuite avec le bleu du ciel. A l'ouest, l'horizon est borné par la chaîne neigeuse et régulièrement dentelée de Sangre-de-Christo et le dôme gigantesque du Spanish Peak. Entre ces montagnes et notre observatoire, une large dépression ou vallée immense que des reliefs d'origine volcanique partagent en régions boisées connues sous le nom de Parcs.

L'impression qui domine à la vue de cet immense panorama est celle que nous avons ressentie plusieurs fois. La grandeur des masses montagneuses jointe à la douceur de leurs reliefs, voilà le vrai caractère des Rocheuses, celui qu'elles doivent à leur antiquité géologique et aux morsures du temps. Tandis que nos Alpes possèdent encore toute la fraîcheur et tout l'éclat de la jeunesse, les Rocheuses ont déjà acquis la beauté plus calme, sinon plus imposante de l'âge mûr.

Revenus de bonne heure de l'ascension du Pike's Peak, nous consacrons la dernière partie de notre journée à la visite du Jardin-des-Dieux, situé à 1.500 mètres de Manitou. On se croirait transporté dans le pays des Titans et sur le théâtre de leurs exploits. Des rochers énormes s'élèvent de tous côtés jusqu'à 50, 80 et même 100 mètres de hauteur. Ce sont des strates plissées ou inclinées parfois jusqu'à la verticale, qui ont résisté à l'érosion par suite de leur consistance plus grande que le sol environnant. Voici d'énormes murailles de grès triasique, d'un rouge vif; plus loin, ces masses blanches de gypse appartiennent au jurassique. Enfin, les calcaires crétacés entrent aussi pour leur part dans cette architecture fantastique. Ces roches ont parfois des formes curieuses, des contours imprévus. Il y a la Tour-de-Babel, le Cercueil-de-Mahomet, le Portique, les Flèches-de-Cathédrale. On peut trouver, à certaines sculptures naturelles, des ressemblances avec des êtres animés. Nous admirons ainsi la Tortue, le Bison, le Lion, les Frères-Siamois, voire même la Dame-du-Jardin. Toutes ces belles pétrifications sont dominées, dans le lointain, par la masse imposante du Pike's Peak que nous devions saluer une dernière fois de Denver, la capitale du Colorado.

De Denver, nous continuâmes notre route en traversant de nouveau la grande vallée du Mississipi, et quelques semaines après *la Bourgogne* nous ramenait en France.

Sur la ligne du Havre à Paris, je songeais au voyage que nous venions de faire dans ce Nouveau Monde si différent de l'Ancien à tous les points de vue. Certes, je revenais avec la plus grande admiration pour les merveilles des montagnes Rocheuses ; mais avec quel attendrissement je retrouvais les verts bosquets, les maisons blanches et les vieux clochers de la Normandie! Et puis, n'avions-nous pas en France des merveilles naturelles trop peu connues? Je revoyais, par la pensée, nos lacs alpins, nos vallées pyrénéennes, nos volcans éteints de l'Auvergne, notre cañon du Tarn, et j'éprouvais un sentiment de douce fierté en constatant une fois de plus que la France reste toujours, pour un de ses enfants, le plus beau pays du monde.

M. le Dr Paul RICHER

Chef du Laboratoire de la Salpêtrière, à Paris.

ANATOMIE DANS L'ART. — PROPORTIONS DU CORPS HUMAIN. — CANONS ARTISTIQUES ET CANONS SCIENTIFIQUES

— 25 février 1893 —

MESDAMES, MESSIEURS,

Le sujet que je me propose d'aborder ce soir avec vous soulève une question d'ordre plus général, celle des rapports de l'art et de la science.

Il est des personnes que ce simple rapprochement effraye, et qui protestent à la seule pensée de la science s'introduisant dans le domaine de l'art. « Comment, disent-elles, réunir deux termes aussi opposés, comment concilier deux choses aussi dissemblables : d'un côté, l'art né de l'inspiration, où tout est convention et fantaisie, dont tous les efforts tendent à manifester l'idéal ; et de l'autre, la science née de l'observation patiente et méthodique des faits, où tout est règle et mesure, et dont l'unique souci est la constatation du réel ? » — Et elles ajoutent, mues certainement par les plus honorables scrupules : « C'est d'inspiration que travaille l'artiste, et tout bagage scientifique lui est plutôt nuisible qu'utile. Trop de savoir ne peut qu'arrêter le libre essor du génie. Bien loin d'aider l'art, la science ne peut que l'étouffer. »

Serait-il vrai qu'il y ait ainsi antagonisme et lutte ouverte entre l'art et la science ? Et en face des conquêtes toujours nouvelles de celle-ci, celui-là, dans un temps plus ou moins reculé, est-il condamné à disparaître ? L'excès de la civilisation doit-il à jamais chasser la poésie ? Le progrès industriel, en remplaçant l'homme par la machine, doit-il un jour tuer l'art ? Certains le pensent, et un éminent philosophe dont les lettres pleurent la mort récente, a pu dire : « Il viendra un temps où le grand artiste sera une chose vieillie, presque inutile ; le savant, au contraire, vaudra de plus en plus. »

Eh bien ! non, je ne puis laisser s'établir de tels doutes dans votre esprit, et, au début de cet entretien qui traitera justement un des chapitres de la science appliquée aux beaux-arts, je vous dois, tout au moins, quelques mots de justification.

Non, l'art n'est point appelé à disparaître devant le progrès scientifique. Je pense, au contraire, — et j'espère vous le démontrer, — qu'il doit trouver dans la science son plus ferme appui, ses plus puissants motifs de renouveau et ses vraies causes d'éternelle jeunesse.

I

Je n'ai, ce soir, ni la prétention ni le loisir de traiter à fond une telle question qui touche au vif les intérêts de l'art et exigerait de longs développements. Laissez-moi seulement vous présenter quelques observations qui vous montreront bien les liens étroits et puissants qui unissent l'art et la science, et sont pour les deux une cause de progrès.

Et, d'abord, je veux vous faire voir qu'il n'y a pas opposition entre les qualités intellectuelles du savant et celles de l'artiste, et que ces deux hommes, en apparence si différents, ne sont pas si éloignés l'un de l'autre que certaines idées courantes pourraient le faire supposer.

Si vous analysez, en effet, les facultés du savant (je parle de celui qui mérite véritablement ce titre), vous serez peut-être surpris d'y découvrir les affinités les plus étroites avec les dons, avec les aptitudes artistiques.

Chez le savant, l'étude patiente et régulière des faits n'exclut point l'usage des facultés créatrices de l'esprit. Bien au contraire, cette étude ne saurait conduire à rien sans une certaine dose d'intuition et, pour ainsi dire, de divination qui, dans un fait des plus vulgaires, fait entrevoir de merveilleuses conséquences. Galilée remarque, un jour, dans l'église de Pise, les oscillations isochrones d'une lampe suspendue à la voûte, et il découvre les lois du pendule. C'est en voyant une pomme tomber d'un arbre que Newton conçoit la première idée de la gravitation universelle et du système du monde. Et cependant, avant ces grands hommes, que de gens avaient vu les fruits tomber des branches et les lampes se balancer aux voûtes des églises! Qu'avait-il donc manqué pour transformer ces faits vulgaires en grandes découvertes? Il avait manqué chez les observateurs cette faculté créatrice qui est le propre du génie, quel que soit le domaine où se manifeste son activité.

Mais laissons de côté, si vous le voulez, ces manifestations éclatantes du génie qui, dans la marche vers le progrès, ne se produisent qu'à de rares intervalles, et que pensez-vous que deviendraient, dans l'humble labeur de chaque jour, l'*observation* et l'*expérimentation*, — qui sont les deux grands procédés scientifiques, — sans l'imagination qui, créant de nouvelles formes, inventant de nouvelles circonstances, variant le déterminisme en un mot, les féconde et les vivifie? « La science, dit Leibniz, veut un certain art de deviner sans lequel on n'avance guère. »

Et, parmi les autres procédés en usage dans la science, que dirons-nous de l'*analogie*, qui est pour les sciences naturelles un des meilleurs instruments de progrès, si ce n'est qu'elle peut être souvent regardée, suivant l'expression de M. G. Séailles, comme « l'audace heureuse de l'imagination poétique »? Enfin, cette sorte de divination des causes qui est l'*hypothèse*, — ce merveilleux outil de progrès scientifique, — n'exige-t-elle pas également ces facultés d'invention et de création qui semblent l'apanage exclusif des adeptes de l'art?

Et si vous voulez bien procéder vous-mêmes à une petite enquête, cherchez dans le cercle de vos relations les vrais, les grands savants, et dites-moi s'ils ne vous ont pas étonné souvent par des qualités artistiques vraiment remarquables.

Si, d'autre part, nous analysions les qualités qui font le véritable artiste, nous y trouverions de nombreux points de contact avec celles qui font le savant.

Tous deux également épris des œuvres de la nature, admirateurs passionnés des spectacles qu'elle déroule incessamment sous leurs yeux, ce dernier ne peut-il envier cette aptitude à l'observation, cette justesse du coup d'œil, cette faculté de discernement, cette juste notion des rapports, ce pouvoir de reconstitution et de synthèse qui font des artistes les plus habiles et les meilleurs observateurs?

Et d'ailleurs l'expérience ne vient-elle pas justifier cette manière de voir? Il suffit d'ouvrir l'histoire et d'y lire les noms d'Albert Dürer, de Michel-Ange et surtout de Léonard de Vinci, pour montrer que de grands artistes ont pu être à la fois de grands savants.

Mais j'ajoute qu'il n'y a pas plus incompatibilité entre l'art et la science qu'il y a opposition entre l'esprit scientifique et l'esprit artistique, ou autrement dit que les connaissances que peut acquérir un artiste ne sauraient nuire à l'excellence de ses productions. Les grands noms que je viens de nommer en sont, à vrai dire, la meilleure preuve. C'est la preuve par le fait, et je pourrais m'en contenter. Mais je ne veux point m'en tenir là.

Ne nous laissons pas effrayer par les mots. Qu'est-ce que la science? « Après tout, dit Jean Collier, science signifie simplement savoir; dire que quelqu'un a une connaissance scientifique d'un sujet, signifie qu'il le connaît parfaitement. Et il est difficile d'admettre aujourd'hui qu'un homme s'adonnant à un travail quelconque le réussisse d'autant moins qu'il a plus de matériaux à sa disposition. »

Et c'est pourquoi, ainsi que je vous le disais tout à l'heure, non seulement la science n'est pas une entrave pour l'art, mais, au contraire, devient pour lui le meilleur guide et le plus sûr soutien.

« Il faut, a dit un grand peintre contemporain, trouver le secret du beau par le vrai. » Mot profond, qui résume toute la théorie de l'art. C'est-à-dire que l'étude du vrai ou la science est le grand moyen pour l'art d'atteindre sa fin qui est l'expression du beau.

L'histoire est là pour nous montrer que cet amour de la vérité, ce culte de la nature se retrouvent à toutes les grandes époques de l'art et ont toujours été une des conditions de sa pleine floraison. C'est ainsi que l'antiquité grecque, qui a laissé dans l'art une trace si glorieuse, attachait le plus grand prix à l'imitation *exacte* du modèle. L'histoire des raisins de Zeuxis, celle du cheval d'Apelle que vous connaissez tous en sont des preuves. Permettez-moi de vous en citer un autre exemple moins connu. Je l'emprunte au livre d'Éméric David sur la statuaire grecque.

Le sculpteur Myron, un des émules de Phidias, avait fait une vache. Elle était si vraie que les troupeaux, disait-on, s'y trompaient. Anacréon dit de cette figure : « Berger, mène paître tes vaches plus loin, de crainte que tu n'emmènes avec elles celle de Myron. — Non, Myron ne l'a pas modelée; le temps l'avait changée en métal, et il a fait croire qu'elle était son ouvrage. — Si ses mamelles ne contiennent point de lait, c'est la faute de l'airain; ô Myron, ce n'est pas ta faute! »

Nous pourrions multiplier les citations analogues : « Pour réunir enfin, dit Éméric David, dans une même allégorie le précepte le plus important de l'art et son plus bel éloge, on inventa la fable de Pygmalion. »

Plus tard, au seuil de la Renaissance, Cennino Cennini écrit : « La véritable entrée de l'art est la porte triomphale de la nature. » Et est-il nécessaire de rappeler ici que les deux grandes causes de cette résurrection de l'art, de ce magnifique mouvement que l'on désigne sous le nom symbolique de « renaissance », ont été le retour aux traditions de l'antiquité, et surtout le culte fervent de la nature naguère proscrite, alors réhabilitée jusque dans l'épanouissement de la forme humaine si longtemps oubliée et méconnue, enfin ressuscitée glorieuse, pleine de vie et pleine d'attraits?

Or, qu'est-ce que l'étude de la nature? N'est-ce pas l'unique souci, l'unique préoccupation, l'unique but de la science? Et cette représentation du vrai qui s'impose à l'artiste, par quels moyens peut-il y arriver? Il est de toute évidence que l'artiste parviendra d'autant plus sûrement à ce résultat tant souhaité, qu'il saura mettre à contribution l'expérience des observateurs qui l'auront précédé et qu'il utilisera, à son profit, cette somme de connaissances antérieurement acquises et méthodiquement coordonnées qui s'appelle *la science*.

Mais, Dieu me garde d'exagérer ici le rôle de la science. Ailleurs est le domaine où elle règne en maîtresse, ici sa place est de second plan; elle est l'humble servante, et si elle prête à l'art ses plus fermes supports, jamais elle ne doit l'absorber, ni se substituer à lui. L'art est souverain.

Léonard de Vinci a bien défini les rapports de l'art avec la science dans une page que je vous citerai : « D'une manière générale, dit-il, la science a pour office de distinguer ce qui est impossible de ce qui est possible. L'imagination, livrée à elle-même, s'abandonnerait à des rêves irréalisables. La science la contient en nous enseignant ce qui ne peut pas être. Il ne suit pas de là que la science renferme le principe de l'art, mais qu'on doit étudier la science ou avant l'art ou en même temps, pour apprendre dans quelles limites il est contraint de se renfermer. »

C'est ainsi, — pour prendre un exemple qui nous ramène au sujet de cette conférence, — que dans la représentation du corps humain, il est des lois que l'artiste ne saurait enfreindre, des limites que sa fantaisie ne saurait dépasser. L'anatomie, dans ces circonstances, est la science qui vient à son aide et lui prête un concours nécessaire pour la réalisation de ses plus belles comme de ses plus hardies conceptions.

II

Je n'ai pas à entreprendre ici une démonstration en règle pour prouver l'utilité des études anatomiques dans les arts. La question, d'ailleurs, est aujourd'hui résolue. Les grands exemples donnés par Michel-Ange, Léonard de Vinci, bien d'autres artistes — et non des moindres — qui firent de l'anatomie une étude approfondie, ont porté leurs fruits. Néanmoins, il y a encore, de la part de certains esprits, des réserves, des appréhensions qui, à notre avis, ne sauraient reposer que sur un malentendu.

Ces craintes ont été très nettement formulées par Diderot dans son *Essai sur la peinture* : « L'étude de l'écorché, dit-il, a sans doute ses avantages, mais n'est-il pas à craindre que cet écorché ne reste perpétuellement dans l'imagination ; que l'artiste n'en devienne entêté de se montrer savant... et que je ne retrouve ce maudit écorché même dans ses figures de femme ?... »

Ch. Blanc raconte qu'un jour, Ingres, entrant dans son atelier, aperçut quelques-uns de ses élèves qui dessinaient à l'écart, d'après une réduction en plâtre de l'écorché de Houdon, et que, s'avançant aussitôt vers eux, il brisa la figure de plâtre. Ce grand maître entendait-il par là proscrire d'une façon absolue les études anatomiques ? — Non, bien certainement. — Comme Diderot, il en craignait les abus et voulait simplement en régler la méthode. Il entendait subordonner les études anatomiques à celles de la forme extérieure.

D'ailleurs, il dit très expressément, dans ses *Notes et Pensées*, qu'il est nécessaire de bien connaître le squelette et aussi de se rendre compte de l'ordre et de la disposition relative des muscles. Mais il ajoute : « Trop de science nuit à la sincérité du dessin et peut détourner de l'expression caractéristique pour conduire à une *image banale* de la forme. » Cette dernière phrase vous montre bien le rôle que cet artiste assignait à l'anatomie. Pour lui, ce n'était qu'un moyen d'arriver à une connaissance plus complète et plus précise de son modèle, c'est-à-dire du nu vivant et agissant.

En effet, il y a loin, plus loin qu'on ne pense généralement, entre l'anatomie et la morphologie, entre l'étude des parties constituantes du corps humain et sa conformation extérieure. Et le jeune artiste se tromperait étrangement qui croirait, parce qu'il sait par cœur son écorché, connaître à fond la forme humaine. Je vais peut-être vous surprendre. Et vous devez penser que celui qui a beaucoup disséqué, qui connaît jusque dans ses plus petits détails la structure du corps, possède, en outre, tout naturellement et comme par surcroît, l'entière connaissance de la forme extérieure.

Eh bien, non ; entre l'anatomie et le nu, il y a toute la distance du cadavre au vivant. Le médecin, l'anatomiste lui-même le plus exercé, a de singulières surprises si, sans autre préparation que ses connaissances puisées sur le mort, il est mis en présence de la nature qui vit.

C'est que l'anatomie, ainsi que son nom même l'indique, n'arrive à ses fins qu'à la condition de couper, de séparer les organes, d'en détruire les rapports ;

et ce cadavre qui est sa matière, sur lequel elle concentre ses efforts — avant de devenir ce quelque chose qui n'a plus de nom dans aucune langue — commence, dès les premiers moments, à perdre l'accent individuel de la forme que seules peuvent donner la souplesse et la fermeté des tissus où circule la vie.

En un mot, l'étude de la forme est la synthèse vivante de l'anatomie du mort. Elle dépend bien plus de la physiologie que de l'anatomie. Elle repose, cela va sans dire, sur la science anatomique préalablement puisée dans l'étude du cadavre, mais elle en est jusqu'à un certain point indépendante. Une simple remarque vous fera bien comprendre la distinction que j'essaye d'établir ici.

Nous sommes tous composés des mêmes parties. Nous avons les mêmes organes, les mêmes tissus, les mêmes os, les mêmes muscles, etc. L'anatomie est la même pour nous tous. Combien, au contraire, la forme diffère avec chacun de nous ! Et je ne parle pas seulement du visage, mais du corps tout entier. Le corps, lui aussi, a sa forme et son expression caractéristiques. Vous reconnaissez facilement une personne vue de dos, quels que soient ses vêtements, et je pourrais dire malgré ses vêtements. L'anatomie est donc une généralisation, elle s'adresse à l'espèce ; la forme est particulière, elle s'adresse à l'individu.

Et voilà pourquoi Diderot redoute que ce maudit écorché, *toujours pareil à lui-même*, ne se retrouve dans toutes les figures de l'artiste. Voilà pourquoi Ingres dit que trop de science anatomique détourne de l'expression caractéristique, individuelle, pour conduire à une image banale de la forme, — pourquoi il brisait les statues d'écorchés qui ne sont, à tout prendre, que des généralisations, des abstractions scientifiques.

L'anatomie n'est pas un but pour l'artiste, qui n'a point à faire des écorchés, mais des hommes vivants. Elle n'est pour lui qu'un moyen d'arriver plus sûrement et plus rapidement à la connaissance du nu, à la notion exacte et éclairée de la forme individuelle. C'est conformément à ces principes que, dans un ouvrage récent sur l'anatomie artistique, j'ai tenu à consacrer une place très importante à la description et à la figuration de la forme extérieure, du nu au repos et dans les différents mouvements (1).

Si je ne craignais d'abuser de votre attention, j'aurais encore bien des choses à vous dire sur cette distinction que je signale ici entre l'anatomie et la forme extérieure. Je vous montrerais comment les artistes de l'antiquité, qui ne connaissaient point l'anatomie, nous ont prouvé par leurs ouvrages toujours admirés quelle science approfondie ils avaient de la conformation extérieure du corps humain. Et, de là, je pourrais conclure que l'étude de l'anatomie n'est aujourd'hui si nécessaire, si indispensable aux artistes, que parce qu'ils sont privés des ressources que leurs ancêtres de la Grèce, plus heureux, puisaient dans l'observation permanente du nu au milieu de l'activité des gymnases, et parfois aussi jusque dans les mille actions incessamment variées de la vie de chaque jour. Mais j'ai hâte de mettre un terme à ces trop longs préambules, et d'arriver à ce qui doit faire plus particulièrement l'objet de notre étude de ce soir, et qui est un important chapitre de cette science du nu indépendante de l'anatomie : je veux parler de l'étude des proportions du corps humain.

---

(1) *Anatomie artistique*. Description des formes extérieures du corps humain au repos et dans les principaux mouvements. — Un vol. in-4°, avec 110 planches ; Paris, Plon, éditeur, 1890.

III

Qu'est-ce que les proportions du corps humain et qu'entend-on par le nom de « canon » appliqué à la question qui nous occupe? Le mot canon vient du mot grec χανων, qui veut dire règle, et il prend, dans le langage des arts du dessin, le sens spécial de règle de proportion. « C'est un système de mesure, dit M. Guillaume, qui doit être tel que l'on puisse conclure des dimensions de l'une des parties à celles du tout, et des dimensions du tout à celles de la moindre des parties. »

C'est là une question qui, de tout temps, a fort préoccupé les artistes. A toutes les époques de l'art, nous voyons les plus grands maîtres y consacrer leurs efforts. Et les ouvrages sur la matière sont très nombreux.

Sans avoir la prétention de les passer tous ici en revue, je vous signalerai les plus importants et les plus renommés.

L'usage du canon artistique remonte très certainement aux premiers temps de l'art.

Il résulte d'un passage de Diodore de Sicile que les Égyptiens étaient en possession d'un ou plusieurs canons artistiques. Ce passage est assez curieux pour que je vous le cite : « Les Égyptiens, dit-il, réclament comme leurs disciples les plus anciens sculpteurs grecs, surtout Téléclès et Théodore, tous deux fils de Rhæcus, qui exécutèrent pour les habitants de Samos la statue d'Apollon Pythien. La moitié de cette statue fut, disent-ils, faite à Samos par Téléclès, et l'autre moitié fut achevée à Éphèse par Théodore, et ces deux parties s'adaptèrent si bien ensemble que la statue entière semblait l'œuvre d'un seul artiste. Les Égyptiens, ajoute Diodore, après avoir arrangé et taillé la pierre, exécutent leur ouvrage de manière que toutes les parties s'adaptent les unes aux autres jusque dans les moindres détails. C'est pourquoi ils divisent le corps humain en 21 parties 1/4, et règlent là-dessus toute la symétrie de l'œuvre. »

Mais si Diodore affirme très nettement l'existence du canon égyptien, il ne donne aucun détail sur sa nature, et ouvre par là le champ à toutes les suppositions. Aussi n'ont-elles point manqué.

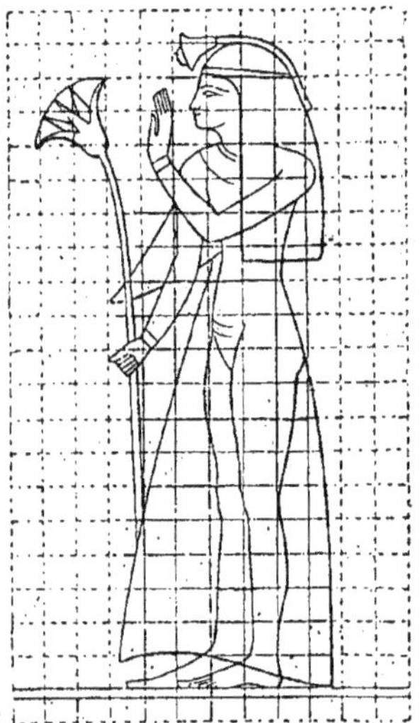

On a d'abord remarqué sur quelques bas-reliefs égyptiens des lignes équidistantes et se coupant à angle droit, de manière à former un assemblage de carrés, ainsi que vous pouvez le voir sur cette figure *(fig. 1)* empruntée à l'ouvrage de Prisse d'Avennes et de Marchandon de la Faye. Et naturellement

l'on s'est demandé si ce n'était point là la trace des règles canoniques cher-
chées. Eh bien, les avis sont partagés. Pour quelques auteurs, ce quadrillé ne
serait autre chose qu'une simple mise au carreau, — vous savez que l'on ap-

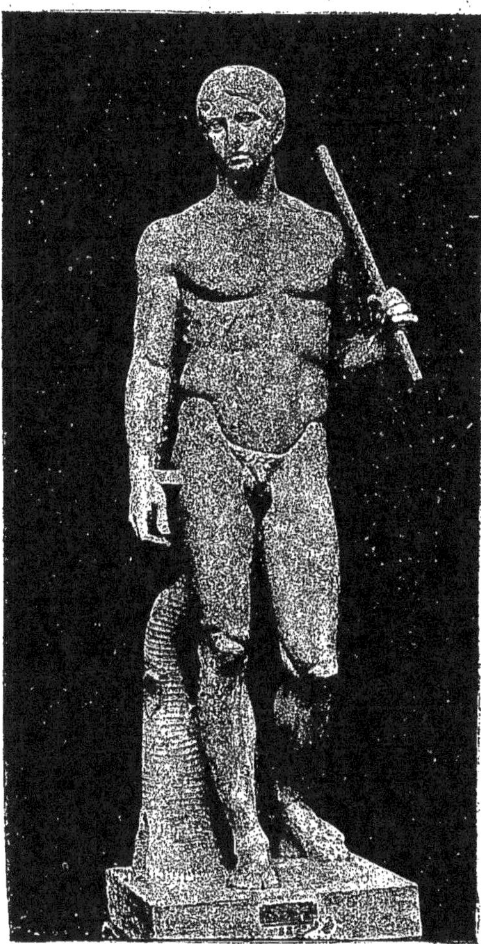

Fig. 2. — Le *Doryphore* de Polyclète (Musée de Naples).

pelle ainsi le procédé dont les artistes se servent souvent pour répéter en petit
une grande figure ou pour répéter en grand un petit modèle. — Pour d'autres,
au contraire, il semble que ce soient bien là les subdivisions d'un canon.
Seulement, voilà le point embarrassant : le nombre de ces subdivisions est
variable. On en compte sur certaines figures quinze et seize, puis dix-neuf,

vingt-deux un quart et jusqu'à vingt-trois. Il y aurait donc eu un grand nombre de canons. Aussi nos auteurs admettent-ils les uns deux canons égyptiens, les autres jusqu'à trois. Quant à l'unité de mesure qui aurait été adoptée dans ces canons, les auteurs sont loin d'être d'accord. Wilkinson et Lepsius la cherchent dans la longueur du pied, Prisse et Ch. Blanc dans celle du médius.

Ce qui est vrai, c'est que les figures égyptiennes se rattachent à deux types qui, sans avoir été exclusivement employés, ont prédominé aux diverses époques. Dans les premiers temps, le type préféré est trapu et vigoureux. Plus tard, on recherche l'élégance, et les figures s'allongent et s'amincissent.

Mais, dans l'état actuel de la science, il est difficile d'aller plus loin et d'indiquer avec quelque précision quelles sont les règles canoniques qui régissent ces deux conceptions différentes de la figure humaine.

Les indications que nous possédons sur les canons employés par les Grecs ne sont pas beaucoup plus précises. Là aussi il y eut plusieurs canons en faveur.

Le plus célèbre est celui de Polyclète, contemporain de Phidias, et qui vivait au ve siècle avant Jésus-Christ. Ch. Blanc veut le rattacher au canon égyptien qu'il croit avoir découvert et s'appuie pour cela sur un texte de Pline dans lequel le doigt semble cité comme étant la mesure employée par Polyclète. Mais rien n'est moins certain.

Ce que nous savons, c'est que ce canon jouissait d'une réputation universelle. Polyclète y avait consacré une statue et un écrit qui en était le commentaire. Malheureusement, l'écrit n'est pas arrivé jusqu'à nous. Mais nous pouvons admirer la statue connue sous le nom de *Doryphore* (porteur de lance). Voici une photographie de cette statue aujourd'hui au Musée de Naples *(fig. 2)*. Elle représente, comme vous le voyez, un jeune homme aux formes viriles et correspondant à l'idée que se faisaient les Grecs de l'athlète accompli également apte aux luttes du gymnase et au maniement des armes de guerre.

Les artistes de son temps ne pouvaient se lasser d'admirer cette belle figure. Ils en étudiaient et en imitaient les proportions, la considérant, selon le dire de Pline, comme une sorte de loi.

C'est à propos d'elle que les contemporains avaient coutume de dire que Polyclète avait mis l'art tout entier dans une œuvre d'art.

M. Guillaume pense que la mesure choisie par Polyclète était le palme, c'est-à-dire la largeur de la main à la racine des doigts.

Dans le type créé par cet artiste, la tête est contenue sept fois et demie dans la hauteur totale. Nous verrons que cette proportion répond à la moyenne scientifique. Sans être trapu, il représente un heureux équilibre entre les mesures de hauteur et les largeurs.

Un autre sculpteur grec, Lysippe, qui prétendait avoir appris son art rien qu'en étudiant le Doryphore, n'en créa pas moins des figures conçues d'après un principe différent et pour ainsi dire opposé. Lysippe répétait souvent qu'il voulait représenter l'homme, non tel qu'il est, mais tel qu'il devrait être. Et il imagina qu'il devrait être grand. Aussi lui donne-t-il les proportions élancées qui se remarquent dans ses ouvrages et dans beaucoup d'autres de son école ; telles sont les figures bien connues sous le nom de l'*Apoxyomène*, du *Méléagre*, du *Gladiateur*, du *Germanicus*, etc.

La statue représentée ici *(fig. 3)* est l'*Apoxyomène*, du Musée du Vatican. C'est un athlète qui passe sur son bras droit un petit instrument appelé *strygile* et qui servait à recueillir l'huile dont les athlètes avaient coutume de s'oindre le corps. Vous saisissez de suite les différences qui existent entre cette figure et le Doryphore de tout à l'heure. Ici, l'homme est grand, mince, svelte; la tête est petite.

FIG. 3. — *L'Apoxyomène* de Lysippe (Musée du Vatican).

Le système de mesure qui repose sur le palme ne s'adapte plus à cette statue. Suivant M. Guillaume, le canon de Lysippe est celui qui nous a été conservé par Vitruve, dont nous parlerons dans un instant; celui que suivaient les Byzantins et qui fut ensuite adopté par la plupart des artistes de la Renais-

sance. Dans ce canon, c'est la tête avec ses subdivisions qui sert de module.
On peut constater que l'Apoxyomène de Lysippe mesure huit têtes de hauteur.

Je ne vous dirai que quelques mots de Vitruve, architecte romain né vers 85
avant Jésus-Christ. Le passage où il parle du canon humain est assez court et
présente quelques obscurités. Il n'en a pas moins, au point de vue de l'histoire
des canons artistiques, un haut intérêt, car il en est la première formule écrite
que nous possédions, et a été le point de départ de tous les travaux des artistes
modernes sur la question. On y voit que la tête est la huitième partie de la

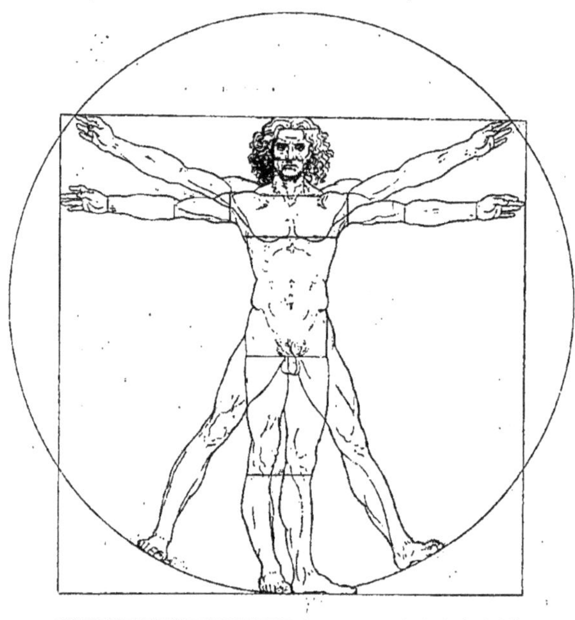

Fig. 4. — Canon de Léonard de Vinci.

taille et le pied la sixième. Je n'insiste pas sur les autres mesures. Enfin,
Vitruve signale le nombril comme étant le centre du corps et indique que
l'homme étendu les bras ouverts peut être inscrit dans un cercle et dans un
carré. Cette dernière proposition a besoin d'une interprétation fort heureusement donnée dans la suite par Léonard de Vinci, comme nous le verrons tout
à l'heure.

Avec la Renaissance, trois grands noms d'artistes s'attachent à l'histoire des
proportions et rayonnent au-dessus des autres comme un glorieux triumvirat : .
c'est un italien, Léonard de Vinci ; un allemand, Albert Dürer, et un français,
Jean Cousin.

Léonard de Vinci est depuis longtemps placé au premier rang des artistes de la Renaissance. Son *Traité de la peinture,* universellement répandu, l'a fait considérer en même temps comme un penseur et un chercheur fort épris des choses de son art et curieux d'approfondir tout ce qui, de près ou de loin, pouvait s'y rattacher. Mais ses notes manuscrites, publiées dans ces derniers temps, par M. Richter en Allemagne, et par M. Ravaisson en France, ont montré qu'il était quelque chose de plus. Elles ont achevé de faire connaître cette grande figure, qui nous apparaît aujourd'hui entourée d'une double auréole. Et Léonard, qui fut le plus grand artiste de son époque, doit en être regardé aussi comme le plus grand savant. Son effort n'a pas porté sur un seul point. Il a touché en maître aux sujets les plus divers. Il fut à la fois physicien et

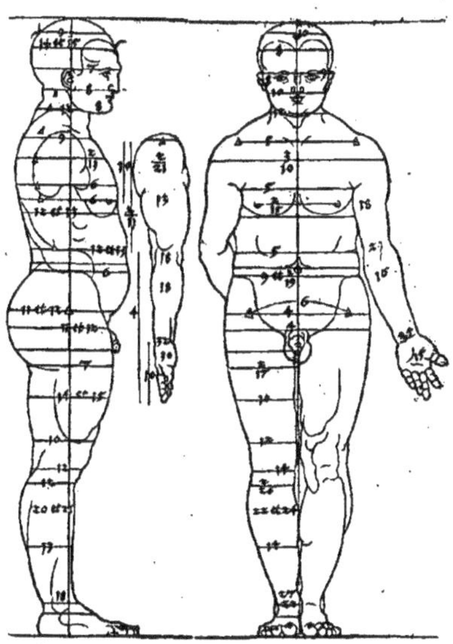

Fig. 5. — Canon de 7 têtes (d'après Albert Dürer).

mécanicien, astronome et géologue, botaniste, anatomiste et physiologiste, philosophe et inventeur de machines. '

Dans un livre fort intéressant, entièrement consacré à Léonard de Vinci, artiste et savant, M. G. Séailles s'exprime ainsi sur la place qu'il convient de lui attribuer dans la science : « Dans les manuscrits de Léonard de Vinci, dit-il, nous trouvons une idée de la science, de ses procédés, de son objet, plus exacte que celle que s'en faisait encore Bacon... Les origines de la science moderne doivent être reculées jusqu'au xv⁰ siècle... Il faut renoncer, une fois pour toutes, à ce préjugé que Bacon et Descartes ont inventé la science. »

Les dessins anatomiques de Léonard de Vinci sont des plus remarquables. Il eut d'ailleurs pour l'étude de l'anatomie une prédilection marquée, et passa plus d'une nuit à disséquer des cadavres, comme il nous le raconte lui-même dans ses notes, et ce n'était pas chose vulgaire en ce temps-là. Il ne se contenta pas de dessiner et de décrire les os et les muscles qui sont les seuls organes utiles à connaître pour l'artiste ; il étudia aussi les veines, les nerfs et jusqu'aux viscères, dont la connaissance semble exclusivement réservée aux médecins.

Mais ce qui ne le préoccupa pas moins que la recherche des parties profondes et constituantes du corps humain, ce fut l'étude des dimensions relatives des divers segments dont il se compose. Aussi trouvons-nous dans ses manuscrits de nombreuses notes relatives aux proportions.

Il ne faut pas oublier, à ce propos, que Léonard de .Vinci n'a point écrit de traité didactique. Le célèbre *Traité de la peinture* n'est que la reproduction de ses notes relatives à l'art de peindre et mise dans un certain ordre après sa

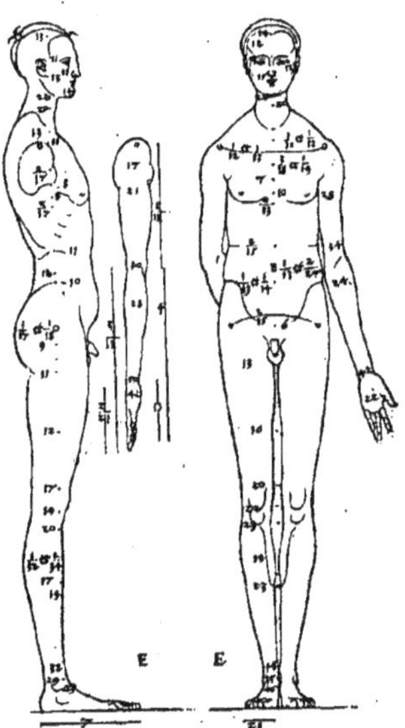

FIG. 6. — Canon de 10 têtes (d'après Albert Dürer).

mort. Cet homme, toujours avide de vérité, toujours en quête du mieux, sans cesse sollicité par l'attrait du phénomène présent, amassait sans se lasser notes sur notes et les consignait au jour le jour sur de petits cahiers qu'il portait toujours avec lui. Il n'a pas cru le moment venu — ou il n'a pas eu le temps — de revoir ses notes, de les collationner, de les réunir en autant de traités distincts qu'elles touchent de sujets différents. Aussi n'est-il point surprenant de trouver, dans ses observations sur les proportions, quelques incertitudes, voire même quelques contradictions. Mais ce qui frappe lorsqu'on parcourt ces feuillets, c'est l'abondance des matériaux réunis et l'esprit scientifique tout fait de méthode et de clarté qui y règne.

Je mets ici, sous vos yeux, son dessin le plus remarquable *(fig. 4)*. Léonard adopte d'une manière générale les données de Vitruve, le principe de l'homme mesurant huit têtes de hauteur. Dans ce dessin se trouve l'explication de la

théorie entrevue par Vitruve et connue sous le nom de « carré des anciens ».
Il montre que l'homme, s'il élève les bras en croix, peut être inscrit dans un
carré. S'il élève un peu plus les mains, à la hauteur d'une ligne horizontale
tangente au vertex, il s'inscrit alors dans un cercle dont le centre est au nombril, les extrémités des mains et les pieds touchant à la circonférence.

Je vous dirai tout de suite que cette proportion de huit têtes, si souvent
adoptée par les artistes, ne se trouve dans la nature qu'exceptionnellement ;
elle n'existe que dans les grandes tailles, les tailles de 1^m,80, et au delà.

L'égalité signalée ici entre la taille et l'envergure n'est pas plus exacte. Les
anthropologistes ont montré que si l'on représente la taille par 100, l'envergure
est égale à 104, c'est-à-dire la dépasse d'une quantité fort appréciable.

J'arrive maintenant aux travaux d'Albert Dürer, qui demeure une des
gloires artistiques les plus solides de l'Allemagne. Il s'est distingué, en outre,
comme géomètre et comme ingénieur. Il avait vraiment le génie des sciences

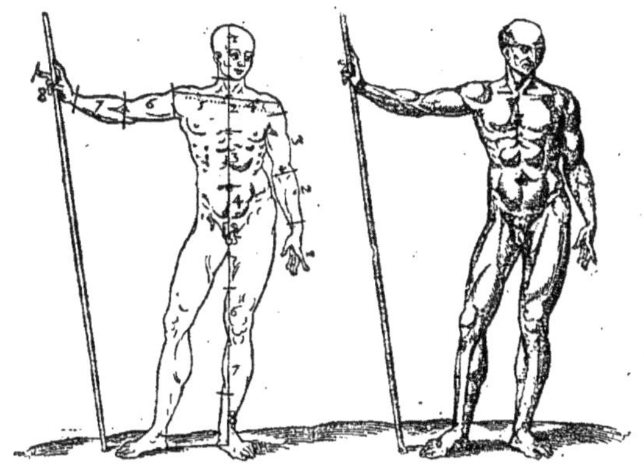

FIG. 7. — Canon de Jean Cousin.

exactes, et alla jusqu'à chercher à appliquer les mathématiques à la construction des figures humaines.

Son ouvrage sur les proportions, publié en 1528, l'année de sa mort, représente une somme de travail considérable, et dénote un esprit d'observation des
plus remarquables. Il eut d'ailleurs, auprès de ses contemporains, un très
grand succès et fut rapidement traduit en plusieurs langues. Mais la multiplicité des mesures que donne l'auteur et l'usage qu'il fait des procédés géométriques en rendent la lecture difficile. D'ailleurs, il n'est pas toujours exempt
d'obscurités.

Ses figures sont mesurées en quantièmes du corps tout entier, ce qui est peu
commode dans la pratique.

Il ne se contente pas de formuler un seul type à l'exemple des autres artistes ; il en étudie, aussi bien chez l'homme que chez la femme, un certain
nombre, destinés à représenter les tailles courtes et trapues, les tailles sveltes et
élancées, et les tailles intermédiaires. C'est ainsi qu'il donne les proportions
d'une figure de sept têtes de haut, une autre de huit têtes ; puis il ne craint
pas de dépasser la nature et donne des figures de neuf et même de dix têtes.

Je vous montre ici les deux extrêmes, la figure de sept têtes et celle de dix têtes *(fig. 5 et 6)*.

Je ne m'attarderai pas à vous décrire les procédés spéciaux qu'il indique pour construire la figure humaine, et je passe à l'exposé du canon de notre grand artiste, Jean Cousin.

Surnommé le Michel-Ange français, Jean Cousin fut à la fois peintre, sculpteur, architecte et graveur. Il a laissé plusieurs ouvrages fort remarquables sur le dessin et la perspective.

Son livre sur les proportions n'a pas le volume de celui d'Albert Dürer. Mais il est d'une grande clarté et d'une grande simplicité, qui ont prolongé jusqu'à

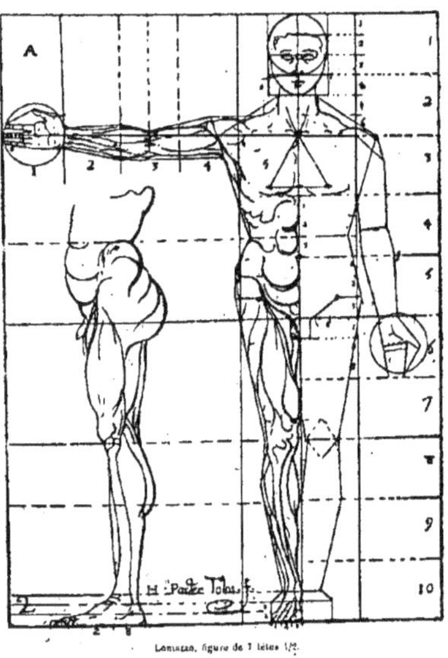

FIG. 8. — Canon de 7 têtes et demie de Lomazzo.

nos jours la faveur dont il a toujours joui parmi les artistes. Il en a été fait un nombre considérable d'éditions.

Comme Léonard de Vinci, Jean Cousin adopte la proportion de huit têtes. Je n'insisterai pas ici sur la façon dont ces huit têtes se répartissent dans la hauteur de la figure, ainsi que le montre cette planche empruntée à son ouvrage. Cette photographie a été faite, grâce à l'obligeance de M. Muntz, bibliothécaire de l'École des Beaux-Arts, d'après l'édition originale de 1531, aujourd'hui fort rare *(fig. 7)*.

Cousin admet également l'égalité entre l'envergure et la taille.

Le livre de Jean Cousin est un progrès. Il laisse de côté les divisions en quantièmes de la taille et les chiffres qui encombrent les figures d'Albert Dürer. Il choisit la tête comme unité de mesure, et il donne sur cette base une théorie complète de la figure humaine, — ce que n'avait pas fait Léonard de Vinci, — théorie remarquable par sa simplicité.

Mais il y a une ombre au tableau. Il nous faut ajouter que cette clarté du canon de Jean Cousin est obtenue un peu aux dépens de la précision ; il y règne un certain vague, et si les figures, destinées à faciliter l'intelligence du téxte, sont nombreuses et nettement démonstratives, elles ne concordent pas toujours entre elles et jettent par là même un peu de confusion là où elles étaient destinées à faire la lumière.

Comme je l'ai déjà dit, la proportion de huit têtes, adoptée par la majorité des artistes, ne se rencontre qu'exceptionnellement dans la nature. Aussi Ch. Blanc, désireux de ramener le canon de Jean Cousin à des proportions plus humaines, a-t-il eu l'idée de le modifier en le ramenant à sept têtes et demie, ce qui est d'ailleurs la moyenne scientifique. Dans sa *Grammaire des arts du dessin*, Ch. Blanc donne ce nouveau canon comme étant en usage dans les écoles et les ateliers. Il semble donc qu'il n'ait fait que le recueillir. D'ailleurs, il est incomplet et peu en rapport avec les données scientifiques dont je vous parlerai dans un instant. Il n'a donné lieu à aucune formule figurée et nous n'en connaissons aucune image.

Je vous signalerai encore un autre canon artistique portant même proportion de sept têtes et demie, non pas parce qu'il est plus conforme à la nature, — c'est tout le contraire, — mais parce qu'il a été remis en honneur dans plusieurs ouvrages récents destinés aux artistes, et qu'à notre avis il ne peut que les égarer. Je veux parler du canon de J. Lomazzo, peintre italien, à qui l'on doit un *Traité de la peinture*, en sept volumes, et qui vivait au xvie siècle.

L'image que j'en donne ici *(fig. 8)* suffit à vous montrer ses incorrections. Il n'est guère besoin d'avoir l'œil exercé pour constater que les proportions relatives de la jambe trop longue et de la cuisse trop courte dépassent les limites des variations individuelles et ne peuvent guère se rencontrer qu'à titre de difformité.

Je pourrais encore vous citer bien d'autres canons artistiques, mais je vous en fais grâce, et je préfère mettre de suite sous vos yeux une série de reproductions de statues ou tableaux qui vous montreront comment les artistes ont reproduit, dans leurs œuvres, les proportions du corps humain. Nous y verrons — comme dans leurs ouvrages — les variétés les plus grandes et les contrastes les plus opposés. D'ailleurs, j'ai fait plus particulièrement un choix destiné à mettre en relief ces oppositions....

IV

Vous venez de voir comment, dans l'œuvre des artistes, la figure humaine a été dotée des proportions les plus diverses et comment le problème que soulève le canon humain a reçu, presque à toutes les époques de l'art, les solutions les plus différentes et les plus opposées. Devons-nous nous en étonner ? Pas le moins du monde.

En effet, qu'est-ce qu'un canon artistique ? C'est tout simplement la réalisation, la mise en formule, si vous le voulez, d'un certain idéal d'art, c'est-à-dire de l'idée que se fait son auteur de la beauté plastique. Or, l'idéal varie avec les artistes, et chacun, suivant son tempérament ou son génie, se crée sa formule. J'ajouterai même qu'il doit en être ainsi, et qu'un canon artistique universellement accepté serait la pire des choses, puisqu'il emprisonnerait dans un moule unique toutes les formes de l'art et entraverait tout essor individuel.

Mais alors, en présence de ces variations du canon artistique, de ces représentations si diverses de la figure humaine, une idée ne vous vient-elle pas à l'esprit? Quelles sont, en réalité, dans la nature, les proportions du corps humain? Quelle en est la loi, la règle scientifique? Et puisqu'un canon artistique ne saurait être une règle à suivre aveuglément, mais plutôt un thème à interpréter et à modifier, suivant le sentiment de chacun, n'y aurait-il pas pour l'artiste grand avantage à connaître les proportions vraies du corps humain? Ainsi placé en face de la nature, ne gagnerait-il pas à spéculer directement sur elle, à pouvoir entreprendre une interprétation de première main pour ainsi dire, au lieu d'interpréter un canon artistique qui est déjà lui-même une interprétation?

Il nous a semblé que c'était là un moyen de rendre à l'artiste toute son indépendance et de le délivrer, tout au moins en ce qui concerne la figure humaine, des entraves d'une formule toute faite et d'autant plus obsédante qu'elle s'autorise d'un nom plus illustre, — et cela en lui fournissant des bases scientifiques solides et assurées sur lesquelles il puisse, en toute liberté, asseoir ses propres conceptions.

La science plus directement en cause ici est l'anthropologie, science née d'hier, pour ainsi dire, mais dont les progrès ont été si rapides. A proprement parler, il s'agit plutôt ici de mesures que de proportions, et jusqu'à présent les savants se sont contentés d'entasser des chiffres, et ils en ont peu cherché les rapports. En tout cas, leur méthode diffère essentiellement de celle des artistes, et la recherche d'une unité de mesure, ou module, prise dans une partie du corps lui-même, est le moindre de leur souci. M. Topinard accentue les oppositions : « Dans cette question, dit-il, les artistes et les anthropologistes sont aux antipodes. Les premiers créent un canon, celui qui répond le mieux à leur sentiment; les seconds le cherchent et ne tiennent compte que des chiffres brutalement alignés. Les premiers rendent ce qu'ils croient devoir considérer comme la règle de l'art à adopter, les seconds expriment ce qui ressort de leurs mensurations sur des nombres considérables de sujets. » En deux mots, nous dirons que les artistes cherchent à exprimer ce qui doit être, d'après l'idée qu'ils se font de la beauté, et les savants simplement ce qui est.

Ainsi considérée, la question des proportions du corps humain devient éminemment complexe. Ce n'est plus un type unique qu'il s'agit de rechercher, mais autant de types qu'il y a de races différentes. Il faut tenir compte également des conditions d'âge, de sexe, de milieu, etc.

Vous voyez de suite combien ces recherches s'étendent et de quelles difficultés elles se trouvent entourées, si vous songez, en outre, que chaque type ne peut être établi que sur un nombre considérable de mensurations, qui sont elles-mêmes comme autant d'obstacles à surmonter. Il ne faut pas croire, en effet, que mesurer des individus soit aussi simple que la chose en a l'air. Il faut suivre une méthode rigoureuse, connaître les points de repère les meilleurs et les plus sûrs, se familiariser avec le maniement des instruments, toise, compas, glissière, etc.; — de plus, il est très clair que les résultats obtenus par des observateurs différents ne seront rigoureusement comparables entre eux qu'autant que les procédés de mensuration auront été semblables.

C'est pour parer à ces difficultés de toute sorte que les Sociétés d'anthropologie, en France et à l'étranger, ont publié des méthodes et des programmes destinés à donner une unité de direction aux travaux des divers observateurs. Car c'est au loin surtout, par les voyageurs, les explorateurs, les marins, que peuvent être recueillis les matériaux destinés à établir les proportions suivant les races.

Aussi, malgré le nombre considérable des travaux récents, vous ne serez pas surpris si je vous dis que la science de l'anthropométrie est loin d'être achevée. Mais si elle en est encore à une période qui ne permet pas de juger l'édifice dans son ensemble, certaines parties de la construction sont assez avancées pour permettre un jugement partiel. C'est ainsi que les documents qui concernent la race blanche, — qui est celle qui intéresse plus particulièrement les artistes, — sont assez nombreux pour qu'il soit possible, dès maintenant, d'établir, tout au moins dans ses grandes lignes, un type d'ensemble, véritable canon scientifique.

La première tentative faite dans cette direction, en mettant à contribution l'ensemble des travaux antérieurs, est relative à l'homme européen adulte, et appartient à M. Paul Topinard. Elle date de ces dernières années, et forme comme une première étape d'où l'on peut reconnaître le chemin déjà franchi et mesurer toute l'étendue de celui qui reste encore à parcourir. Mais, quel que soit l'intérêt de ce premier essai de récapitulation et pour ainsi dire d'inventaire scientifique, il ne saurait faire oublier les travaux sur lesquels il s'appuie.

Au premier rang, il faut citer l'ouvrage d'un savant belge, Quételet, publié il y a plus de vingt ans, et qui constitue un véritable monument d'anthropométrie scientifique. Appliquant la loi des probabilités à la détermination des variations de la taille et des autres parties du corps dans une agglomération homogène d'individus, il établit scientifiquement que les diverses tailles se répartissent en groupes plus ou moins nombreux, d'après une loi qui est toujours la même. Par groupes de 10, il mesure plus de 500 sujets des deux sexes et de tous les âges, et il donne des tables de proportion de l'homme et de la femme depuis la naissance à tous les âges de la vie. C'est un travail vraiment colossal.

Ses observations ont exclusivement porté sur des Belges, et le seul reproche qu'on puisse lui faire est d'avoir opéré sur des groupes d'individus trop peu nombreux.

Par contre, nous pouvons citer les statistiques vraiment formidables de Gould et de Baxter, en Amérique, qui comprennent plus d'un million d'individus.

En France, les statistiques de M. Alphonse Bertillon, le distingué chef du service d'identification à la Préfecture de police, ne sont pas non plus à dédaigner. Ses mesures ne sont pas très nombreuses, mais elles sont prises avec une grande rigueur et portent sur plusieurs centaines de mille d'individus.

Mais je n'ai pas la prétention de faire ici un historique complet, et je m'en tiendrai, si vous le permettez, aux quelques noms que je viens de citer.

V

Nous sommes donc actuellement en possession de matériaux suffisants pour établir un type scientifique des proportions du corps humain, tout au moins en ce qui concerne la race blanche.

Mais si l'artiste, désireux de mettre à profit les données de la science, cherche ces proportions dans les ouvrages spéciaux, il les trouvera formulées de deux façons en chiffres bruts, en mesures absolues, ou en centièmes de la taille, et, par suite, il se voit dans l'impossibilité presque absolue d'en tirer parti. En effet, l'anthropologiste lui dit, par exemple, si la taille = 100, la hauteur de la tête est de 13;3, celle du tronc y compris la tête est de 53,6, la longueur du membre supérieur en totalité est de 45, celle du membre inférieur de 47,3, et ainsi de suite.

Que voulez-vous que devienne l'artiste au milieu de tous ces chiffres? Ce n'est pas médire des artistes que de dire que les mathématiques ne sont généralement pas leur fort. Que faire alors et comment combler le fossé que la différence des méthodes a creusé entre l'œuvre du savant et les besoins de l'artiste? Par quel moyen rendre pratique l'usage du canon scientifique dont nous avons reconnu le haut intérêt pour les arts?

La marche à suivre était toute tracée. La première chose à faire était de donner une forme, un corps à cet assemblage de chiffres qu'est le canon scientifique, de l'animer, de le vivifier, d'en faire pour ainsi dire la synthèse vivante, en construisant un type dont toutes les mesures répondissent exactement aux données de la science. Puis, cette figure une fois faite (et cette figure, pour la précision et la facilité des mensurations, ne pouvait être qu'une statue), il fallait en rechercher l'harmonie intérieure, la symétrie, comme disaient les Grecs, et pour cela lui appliquer les procédés en usage dans les canons artistiques, c'est-à-dire chercher les rapports des diverses parties entre elles et de chacune d'elles avec le tout, au moyen d'une commune mesure prise dans le type lui-même.

Dans ces conditions, il était permis de penser que l'artiste, retrouvant dans un canon scientifique toutes les facilités qu'il a coutume de trouver dans les canons artistiques, n'éprouverait plus à s'en servir la moindre hésitation.

Mais ce projet était-il réalisable? Le type scientifique se prêterait-il au morcellement du canon artistique? Nous avons pensé que la chose valait au moins la peine d'être tentée, et c'est cet essai que j'ai l'honneur de soumettre à votre appréciation en vous présentant cette statue, conçue, je me hâte de le dire, en dehors de toute préoccupation esthétique, et dont le seul mérite est d'incarner en elle les deux sortes de canons. Elle est à la fois un canon scientifique par les mesures absolues qu'elle comporte, et un canon artistique par les rapports qui sont établis entre ses diverses parties. (Voyez fig. 20, 21 et 22 : *Revue scientifique* du 29 octobre 1892, p. 559.)

Comme vous le voyez, l'homme-type est figuré debout, dans la station droite et dans une attitude spéciale dont vous saisissez de suite la raison. Les membres du côté gauche sont dans l'extension complète pour en faciliter la mensuration, pendant que, à droite, les membres sont à demi fléchis pour permettre la comparaison des mêmes mesures dans ces positions différentes.

Mais je ne veux pas entrer ici dans des détails qui deviendraient vite fastidieux, et que ceux que la chose intéresse plus spécialement trouveront exposés tout au long ailleurs (1). Je vous dirai seulement que l'unité de mesure ou module est la hauteur de la tête subdivisée elle-même en moitiés et en quarts. La tête est comprise sept fois et demie dans la hauteur du corps, du vertex à la plante des pieds, et elle se répartit au torse et aux membres suivant un système

____

(1) *Canon des proportions du corps humain*, par Paul Richer; Paris, librairie Delagrave.

de mesure fort simple et d'une précision plus grande que ne le comportent d'ordinaire les canons artistiques.

Mais ce canon, tout en réposant sur des mesures réelles, n'est, en somme, qu'une abstraction. Il est fait de moyennes. Il est comme le centre autour duquel gravitent les variations individuelles. Aussi, je le répète et tiens à le déclarer hautement, comme tous les canons artistiques, il n'est point une règle à laquelle doivent s'astreindre les artistes, encore moins un modèle à reproduire dans leurs œuvres. Ils ne doivent y voir qu'un guide, en face de la nature, qui leur permettra d'apprécier, en toute connaissance de cause, les proportions des différents modèles qu'ils auront sous les yeux.

Au demeurant, l'étude de la nature contient tous les enseignements et pourrait certainement suffire à l'artiste. Mais combien de temps lui faudrait-il pour dégager ces enseignements de la multitude des faits et de la foule des observations? Pourquoi l'artiste, dédaigneux de l'expérience d'autrui, se chargerait-il pour son propre compte de refaire à lui tout seul la science? N'est-il pas logique qu'il mette à profit la somme des connaissances entassées par ceux qui l'ont précédé dans l'étude de la nature? C'est là, en définitive, l'unique but de la science appliquée aux beaux-arts, l'unique motif de cet essai de canon scientifique et artistique à la fois.

Cette moyenne, basée sur un nombre considérable d'individualités qui ne représente exactement aucune de ces individualités, et, d'autre part, se rapproche le plus de toutes à la fois, constitue, à vrai dire, comme la règle générale qui régit les rapports des diverses parties du corps entre elles, et qui guidera l'artiste dans l'étude de la nature qui s'impose à lui.

Que si maintenant vous me demandez dans quelle mesure l'artiste doit ou peut s'éloigner de ce type moyen, je vous répondrai que ce n'est point mon affaire de savant, et que ce n'est point d'esthétique qu'il s'agit ici. De ce que, par exemple, le type moyen offre sept têtes et demie de haut, je ne prétends point qu'il faille proscrire les types de huit, neuf et même dix têtes, comme vous en avez vu dans la série des œuvres d'art que je vous ai présentée. C'est là affaire de goût et d'idéal artistique. Là s'arrête le rôle de la science. Ici commence le domaine de l'art.

Car, comme je vous le disais en commençant, la science ne doit pas être une entrave pour l'art. Elle n'a d'autre but que de lui assurer toute sa liberté d'action en le mettant en pleine possession de tous ses moyens d'expression. « Quels que soient les dons du génie, dit M. Guillaume, c'est grâce à des connaissances positives que l'on acquiert dans l'art cette sûreté sans laquelle la facilité ne serait rien. »

A notre époque surtout, où tout se transforme, l'art lui-même est entraîné dans ce grand mouvement qu'a créé le magnifique développement des sciences dans cette dernière moitié du siècle. Tout se tient et s'enchaîne dans l'évolution de l'humanité vers le progrès, et l'art ne peut plus s'attarder dans l'imitation stérile du passé, dans la répétition surannée des anciennes formules.

Ce qui est l'idéal artistique d'une époque ne correspond plus à celui d'une autre époque dont l'esprit, les tendances, les sentiments sont différents. C'est ainsi que, comme la science, l'art croît toujours, cherchant la réalisation de nouveaux types plus en rapport avec le développement toujours croissant des connaissances et de l'intelligence générale. « La vie de l'art, a dit Lamennais, doit être cherchée non dans le passé qui ne peut renaître, mais dans ce qui germe et se développe au sein du présent. » C'est pourquoi l'art ne saurait plus se désintéresser des choses de la science qui tiennent aujourd'hui une si grande place dans la vie des sociétés. Et, pour conclure, nous dirons aux artistes : Travaillez, instruisez-vous, consultez la science; il est des choses qu'il ne vous est plus permis d'ignorer. Sortez parfois de votre rêve, mêlez-vous au grand courant qui nous entraîne tous; c'est dans le milieu qui vous entoure autant qu'en vous-mêmes que vous trouverez les formules de l'art nouveau. Mais n'oubliez jamais que l'art n'a point le même but que la science, qu'il n'est point chargé de nous instruire, qu'il ne doit être ni pratique ni utilitaire, et que sa mission est de nous entraîner à sa suite, loin des déboires, des misères ou des hontes de chaque jour, vers les hautes et pures régions qu'habite l'idéal.

M. Maurice ALBERT

Professeur à l'École spéciale militaire de Saint-Cyr,
à Paris.

UN MÉDECIN GREC A ROME SOUS LA RÉPUBLIQUE : ASCLÉPIADÈS (1)

— 4 mars 1893 —

Mesdames, Messieurs,

On a souvent raconté comment la Grèce soumise soumit à son tour son vainqueur barbare ; mais ce que l'on n'a pas dit, je crois, c'est que, de tous les conquérants pacifiques venus de la nouvelle province d'Achaïe, les plus vaillants et les plus fiers, les plus indépendants et les plus tenaces, les plus rebelles à l'assimilation latine furent les médecins. On a pu chasser de Rome les philosophes, on n'en a jamais chassé les médecins. Un décret, porté après la mort du vieux Caton, expulsa d'Italie tous les Grecs : les médecins demeurèrent sourds à cet ordre stupide et fermes au poste conquis. Il y a plus. Une fois acclimatés en Italie et cultivés par les Romains, les principaux genres littéraires, épopée, comédie, tragédie, etc., se sont modifiés sous l'influence de l'esprit national ; la médecine, elle, est restée grecque aux mains des Grecs. Si d'aventure quelques Romains, comme Sextius Niger et Julius Bassus, alléchés par les profits certains de ce métier très lucratif, ont osé le pratiquer, ils n'ont eu de succès et de clients qu'à la condition de devenir, comme les appelle Pline l'Ancien, des *transfuges*, c'est-à-dire de n'écrire qu'en grec et de ne parler que grec, comme parlaient latin les médecins au temps de Molière. L'étiquette grecque fit toujours prime à Rome, et les Romains l'ont presque toujours exi-

---

(1) Cette étude est extraite d'un ouvrage que M. Maurice Albert prépare en ce moment. Le premier volume de cet ouvrage aura pour titre : *les Grecs à Rome;* 1re série : *les Médecins.* Le second volume sera intitulé : *les Grecs à Rome;* 2e série : *Artistes et professeurs.*

gée. Sur ce point, le triomphe de l'hellénisme fut complet, définitif et très bienfaisant. De tous les médecins grecs de l'ancienne Rome, le plus grand fut Asclépiadès, de Bithynie.

I

C'est dans la première moitié du vii siècle, quelques années après la réduction de la Grèce en province d'Achaïe, qu'Asclépiadès vint se fixer à Rome. Suivant une tradition, dont Pline l'Ancien demeure responsable, il ne faudrait voir en lui qu'un des premiers types de ces Grecs affamés, si maltraités par Juvénal, de ces hardis aventuriers capables de tout et propres à tout, à volonté peintres, augures, danseurs de corde, magiciens, grammairiens, rhéteurs et médecins. Asclépiadès, pour gagner sa vie, aurait d'abord enseigné l'éloquence. Ce métier ne l'enrichissant pas (ce qui paraît étrange, puisqu'il avait un talent de parole que toute l'antiquité a reconnu et célébré), il se serait un beau jour avisé d'exercer la médecine sans l'avoir étudiée, à peu près comme feront plus tard des industriels sans scrupules ni clients que Pline voyait quitter l'établi du menuisier, l'enclume du forgeron et l'échoppe du savetier pour pratiquer l'art de guérir ou de tuer impunément, et auxquels il semble penser quand il parle d'Asclépiadès. « Qu'un étranger, ajoute-t-il, qu'un enfant du plus léger des peuples ait pu tout d'un coup, à lui seul, dans le seul but de faire fortune, prescrire au genre humain des lois de santé, n'y a-t-il pas là de quoi nous indigner tous ? »

Si tel était réellement Asclépiadès, comment expliquer qu'il ait été le médecin et l'ami de personnages comme L. Crassus, Marc-Antoine, Cicéron, le maître de Lucrèce, le favori de Mithridate, un des écrivains les plus féconds de son temps (1), l'idole des Romains, le bienfaiteur reconnu des hommes ? Comment se fait-il qu'après sa mort, pendant des siècles et jusqu'après Galien (2), malgré toutes les sectes médicales qui lui succédèrent et en dépit des progrès réalisés, il soit demeuré dans le souvenir de tous, très souvent invoqué, discuté quelquefois, presque toujours respecté ? Celse, qui le cite à chaque instant, se proclame sur beaucoup de points son disciple ; Sextus Empiricus déclare que son génie ne le cède à celui d'aucun autre ; Scribonius Largus et Cælius Aurélianus voient en lui un très grand auteur de la médecine, et Apulée, après avoir mis Hippocrate hors de pair, l'appelle le prince des médecins. Galien lui-même, dont les idées étaient si opposées à celles d'Asclépiadès, rend hommage à son intelligence, à son habileté, à son éloquence ; et la peine qu'il se donne pour discuter son système, toujours en vigueur, prouve le cas qu'il faisait et qu'on faisait encore autour de lui du savant et du praticien.

En somme, Pline reste seul avec son indignation et son mépris (3). Les anciens furent à peu près unanimes à reconnaître le génie d'Asclépiadès ; et de bonne heure, après quelques années d'exercice, son nom devint célèbre dans tout le monde romain, plus célèbre même et plus populaire que celui d'Hippocrate. C'est qu'en effet le système qu'il représentait était, on va le voir, plus

(1) La liste des ouvrages d'Asclépiadès est trop longue pour que nous puissions la donner ici. Il ne nous reste de ses œuvres que de très rares fragments.

(2) Galien reconnaît que, de son temps, la secte d'Asclépiadès existait encore. « Il y a aujourd'hui, dit-il, quatre sectes florissantes : celle d'Hippocrate, celle d'Érasistrate, celle d'Hérophyle et celle d'Asclépiadès. » *(De Facult. nat.*, t. Ier, p. 17.)

(3) J'ai vu avec regret que, parmi les modernes, l'auteur de la grande *Histoire des Romains* traitait Asclépiadès de charlatan.

agréable, plus décidé, plus accessible à tous. Asclépiadès avait encore un avantage sur le grand médecin de Cos : il était plus facile à sa gloire, reconnue et consacrée par les maîtres du monde, de se répandre dans toutes les parties de l'univers ébloui par le prestige de Rome, qu'il ne l'avait été à celle d'Hippocrate d'aller de Grèce en Italie. Ainsi, de nos jours, un nom illustre dans la capitale va plus aisément jusqu'au bout de la France qu'une célébrité provinciale ne s'impose à Paris.

Celle d'Asclépiadès s'imposa très vite; car le nouveau venu savait où il allait et ce qu'il faisait. Lorsqu'il vint s'établir à Rome, aux environs de l'année 630, il ne comptait pas, comme la plupart des autres émigrants grecs, sur le hasard pour trouver un métier et faire fortune; il apportait avec lui des projets très arrêtés, un plan de vie tracé d'avance. Et son but, malgré l'affirmation de Pline, qui a confondu ce Bithynien de Pruse avec un autre Bithynien du même nom, originaire de Myrlée et grammairien du temps de Pompée, n'était pas d'enseigner la rhétorique. C'est à conquérir et garder des clients, non à former des orateurs, qu'Asclépiadès devait employer cette éloquence séductrice que tous ont vantée. Il se proposait d'exercer la médecine, dont il est bien injuste de dire qu'il ne s'était jamais occupé (1).

Au témoignage d'un autre médecin, qui fit de lui une étude très sérieuse, de Cælius Aurélianus, il l'avait apprise à bonne école, dans cette glorieuse Académie d'Alexandrie, illustrée, sous la protection magnifique des Ptolémées, par tant de découvertes en tout genre, surtout en anatomie, par les travaux de médecins dogmatiques tels que Praxagoras, Chrysippe, Érasistrate, Hérophile de Chalcédoine, et d'empiriques comme Apollonius d'Antioche, Glaucias et Héraclidès le Tarentin. De ces premières études, fortifiées par une connaissance approfondie de la philosophie d'Épicure et par une longue pratique dans les villes de l'Asie Mineure et de la Grèce, à Parium surtout et à Athènes, Asclépiadès avait tiré un système très nouveau, très original et très hardi, dont Celse a dit qu'il changea presque complètement l'art de guérir, *medendi rationem ex magna parte mutavit*. Et c'est ce système qu'il venait offrir aux Romains. Ce n'est donc pas seulement un médecin étranger, un simple praticien, comme on en avait vu jusqu'alors, qui pénètre en Italie avec le nouveau venu ; c'est la médecine même, la médecine grecque, que son représentant va habiller à la romaine et accommoder aux goûts des clients qu'il convoite.

II

Asclépiadès comprit tout de suite combien la jalouse surveillance des empiriques latins, élèves de Caton, et l'orgueilleuse répugnance des maîtres du monde à se laisser soigner par des étrangers, rendaient sa position délicate. Il savait aussi quels fâcheux souvenirs avait laissés à Rome un de ses prédécesseurs, le chirurgien Archagatos, que l'on avait surnommé *le bourreau*, à cause du sang-froid et de la cruauté dont il faisait preuve quand il coupait les membres et taillait dans la chair vive. Avec infiniment de tact et d'adresse, Asclépiadès s'appliqua d'abord à détruire les préventions des Romains contre les médecins grecs, et à ruiner l'autorité de ses confrères romains, ignorants et grossiers. En même temps qu'il séduisit ses clients par des manières affables,

---

(1) *Qui nec id egisset, nec remedia nosset.* (Pline l'Ancien.)

une causerie brillante, des discours caressants et des attentions délicates (1), il les flatta dans leurs maladies par la façon dont il entreprit de les traiter. Son principe était qu'il faut guérir sûrement, promptement, agréablement, *tuto, celeriter, jucunde.*

Sûrement! Hélas! quel médecin fut jamais certain de guérir ses malades? *Promptement!* Assurément il serait à souhaiter qu'on pût toujours le faire, *id votum est*, soupire Celse; mais il est parfois téméraire de vouloir guérir trop vite. *Agréablement!* C'est là qu'Asclépiadès triomphait. Sans doute (et cela suffirait à prouver qu'il ne se préoccupait pas, comme Pline le lui a reproché, de plaire toujours et quand même), il y eut des cas où il se crut obligé de se montrer très énergique (2): il lui arriva de condamner des malades à des veilles prolongées, à une soif intense, avec défense même de se rincer la bouche, pour que l'excès d'incitation amenât une débilité qu'il jugeait favorable à son traitement; il dut aussi saigner dans la pleurésie, l'épilepsie et les convulsions, pratiquer la laryngotomie dans les suffocations, et la paracentèse, ou l'ouverture du ventre, dans l'hydropisie; mais il ne risquait qu'à son corps défendant ces opérations qui lui étaient pénibles et peu familières (3). C'est que, par nature et par goût, il était bien moins chirurgien que médecin. « Il faut, dit Celse, que le chirurgien ait un cœur intrépide. Résolu à guérir le malade confié à ses soins, il ne doit pas se laisser émouvoir par ses cris, ni se hâter plus qu'il ne convient, ni couper moins qu'il n'est nécessaire. Qu'il achève sa besogne en restant insensible aux plaintes du patient. » Un médecin, au contraire, peut être compatissant, et Asclépiadès l'était de toutes les façons, par sa parole, par les encouragements et les consolations qu'il prodiguait à ses clients, par le régime facile à suivre qu'il leur recommandait dans leurs maladies chroniques, par les remèdes très doux, surtout très peu nombreux, qu'il leur prescrivait dans leurs affections aiguës.

Ce fut là pour les Romains une chose toute nouvelle, une surprise très agréable. « Les anciens médecins, dit Celse, ceux-là surtout qui prirent le nom d'empiriques, attribuaient de grandes vertus aux médicaments qu'ils faisaient intervenir dans les traitements de toutes les maladies. Asclépiadès, au contraire, a presque entièrement banni l'usage de ces moyens curatifs qui, selon lui, dérangent l'estomac, et il a reporté tous ses soins à l'application du régime. » Ainsi, les vomitifs, mis depuis peu à la mode par de grossiers intempérants, mais de tout temps détestés des malades, étaient d'un usage très répandu: en les proscrivant, avec une rigueur peut-être excessive, Asclépiadès fit acte de médecin aimable et de courageux moraliste. A toute occasion, les empiriques administraient des purgatifs, dont ils s'étaient fait une sorte de panacée (4). Convaincu qu'ils sont nuisibles aux corps, l'affaiblissent et l'empêchent de parvenir à la vieillesse, Asclépiadès leur substitua les lavements, dont il exposa les effets bienfaisants dans un livre, *De clysteribus*, presque entiè-

---

(1) Jusque-là, qu'il exposa dans un traité spécial les moyens de combattre la calvitie. Les préparations relatives à l'embellissement du corps *(ars ornatrix)* étaient du domaine des médecins. On trouve chez Celse, Galien, etc., des recettes pour fabriquer ces sortes de produits.

(2) *Quo magis falluntur,* dit Celse, *qui per omnia jucundam ejus disciplinam esse concipiunt ; tortoris vicem exhibuit.*

(3) Galien le juge sur ce point avec une extrême sévérité. Il estime qu'il n'entendait rien à la chirurgie, ni même à l'anatomie, et voudrait l'envoyer prendre des leçons chez les bouchers et les cuisiniers.

(4) Ils se bornaient à les varier, prescrivant à tour de rôle l'ellébore noir, la filicule, l'écaille de cuivre, le suc de tithymale ou laitue marine, le lait d'ânesse mêlé de sel, etc.

rement transcrit par Celse. Beaucoup moins exigeant que ses confrères et ses prédécesseurs, qui souvent, comme Hippocrate lui-même, imposaient la diète à leurs clients pendant une semaine entière, il ne la prolongea pas au delà du quatrième jour, sachant bien que le climat de Rome ne permettait pas une aussi longue abstinence que celui d'Asie ou d'Égypte. Souvent même, si la fièvre avait diminué, il cessait dès le début de résister aux réclamations de ses malades, dont l'appétit lui paraissait un symptôme favorable. Surtout, il ne tint pas compte, pour donner ou refuser la nourriture, de l'influence prétendue des jours *critiques*. Il ne croyait pas, comme Hippocrate, que les jours impairs, le 3e, le 5e, le 7e, le 9e, le *14e* et le 21e, ce dernier surtout et le 9e, fussent particulièrement dangereux pour le malade atteint de fièvre. Il faisait même remarquer que les partisans de ces idées se mettaient en contradiction avec leur propre théorie, puisqu'ils comptaient un jour pair, le *14e*, parmi les époques redoutables. C'est le 13e, disait-il, ou le 15e, qu'ils auraient dû choisir. Et il ajoutait : « Ce n'est pas le temps qui, de lui-même ou par une volonté expresse des dieux, guérit les malades; c'est le médecin par son adresse et son habileté. Il ne faut jamais, comme faisait Hippocrate, attendre sans rien faire qu'une maladie se termine toute seule : il faut, par des soins et des remèdes, accélérer la guérison et se rendre maître du temps. » C'est sans doute cette inaction qu'Asclépiadès avait en vue lorsqu'il reprochait ironiquement à la médecine des anciens Grecs de n'être qu'une *méditation de la mort*, et à ceux qui l'exerçaient ainsi de ne venir au lit des malades que pour constater la façon dont la nature se tirerait d'affaire.

Les Romains étaient moins sceptiques et plus actifs. A cette époque, pour combattre la fièvre, ils avaient coutume de provoquer la sueur par tous les moyens possibles; ils étouffaient les malades sous le poids des couvertures, les mettaient rôtir devant le feu, ou les exposaient aux rayons d'un soleil ardent; et, entre temps, ils les faisaient vomir ou les purgeaient. C'est par des procédés tout différents qu'Asclépiadès entendit combattre cette terrible, cette éternelle ennemie de Rome. Pour la fièvre, comme pour la plupart des maladies, il substitua aux remèdes violents un régime très doux, à la portée de tous, qu'il exposa dans plusieurs ouvrages, *De periodicis febribus*, *De tuenda sanitate*, surtout dans son livre sur les secours communs, *De communibus adjutoriis*. Les promenades, les bains, les frictions et le vin, tels étaient ses remèdes favoris. Il alla même jusqu'à appeler à son aide la musique, qu'il estimait être un calmant de premier ordre.

Pendant la convalescence, ou dans les intervalles des accès, il prescrivait à ceux dont le corps ne tremblait plus de fièvre, mais seulement de faiblesse, l'exercice qui fortifie, les promenades à pied, à cheval ou en pleine mer; aux alités, même quand la fièvre était ardente (et cela paraît à Celse excessif et dangereux), il recommandait la promenade en litière et en bateau, sur un fleuve ou dans un port. Les plus malades même, il se refusait à les laisser, comme c'était l'usage, dans l'obscurité et l'immobilité. Il avait imaginé pour eux des lits suspendus dont le bercement calmait les douleurs et appelait le sommeil.

Il était aussi très partisan des bains, qu'il donnait tantôt chauds, tantôt froids (1). C'est lui qui fut le créateur de l'hydrothérapie, si goûtée sous Auguste, et personne ne contribua davantage à généraliser la mode des *thermes* que les

____

(1) On l'appelait souvent *le donneur d'eau froide.*

mœurs grecques avaient introduits à Rome. Qu'aurait pensé M. Porcius Caton de ce luxe de propreté? Et quel nouveau grief il eût trouvé là contre les médecins détestés! De son temps, en effet, on ne se baignait guère. « Au dire de ceux qui ont décrit les coutumes de la vieille Rome, raconte Senèque, on se lavait chaque jour les bras et les jambes pour enlever les souillures contractées par le travail, mais l'ablution du corps entier ne se renouvelait qu'une fois la semaine, aux jours de marché (1). » C'est à partir d'Asclépiadès surtout que les malades et tous les Romains adoptèrent un usage jusqu'alors plus particulièrement réservé aux amateurs de gymnastique; c'est grâce à son influence que le goût se répandit des bains d'eau chaude et de vapeur dans des salles enveloppées d'air brûlant par des calorifères souterrains. Ce n'est pas tout : un des premiers voluptueux de Rome, l'ingénieux Sergius Orata, avait inventé des baignoires mobiles suspendues au-dessus du foyer, sortes de berceaux d'eau douce; Asclépiadès les adopta et les employa pour ses malades, qui trouvaient ainsi réunis le bain, le feu, la promenade et le lit.

C'est lui encore qui introduisit dans la médecine romaine le système des onctions pour les maladies aiguës et récentes, du massage et des frictions pour les affections chroniques déclinantes. Hippocrate avait déjà emprunté à la gymnastique grecque et recommandé ce traitement qui fortifie les organes relâchés, rend la souplesse aux organes trop faibles; et un de ses disciples, Prodicus, de Sélymbrie, fit même de ce traitement un art spécial, l'*Aliptique,* ou science de guérir par les frictions. Asclépiadès reprit ce système d'Hippocrate et le vulgarisa. Désormais, mais surtout plus tard, sous l'Empire, on verra de simples frotteurs de peau grasse s'ériger en médecins. Sous prétexte qu'ils ont quelque connaissance du corps humain, qu'ils règlent le régime des athlètes, qu'on les appelle quelquefois au chevet des malades, comme on a recours aujourd'hui à un poseur de ventouses ou à un fabricant de bandages, ils se croiront de grands savants, rebattront de leurs conseils pédants les oreilles de leurs clients, et joindront sans scrupules à leur nom d'*Aliptæ* le titre d'*Iatros.*

Enfin, voici le remède souverain d'Asclépiadès, celui qu'il avait préconisé dans un traité spécial, *De vini datione,* et dont il égalait la puissance à celle même des dieux. « C'est lui, dit Apulée, qui le premier a fait du vin un médicament salutaire. Il savait le donner à propos et connaissait merveilleusement les cas où il devient bienfaisant, et les malades auxquels il convient. » Quels malades? Les fièvreux, qui ont besoin d'être soutenus, et le vin faisait l'office de l'eau-de-vie que nous donnons dans les fièvres typhoïdes; les frénétiques qu'on calme et assoupit en les enivrant; les léthargiques qu'on excite et dont on réveille les sens avec du vin donné à petites doses; les cardiaques qui, transpirant beaucoup (boire et suer, dit Sénèque, telle est la vie du cardiaque), doivent être fortifiés et réchauffés. Cet emploi raisonné du vin et ses effets bienfaisants, est-il besoin de dire que Pline ne les a pas compris ni soupçonnés? Oubliant sans doute qu'il vient, par erreur, de compter l'abstinence du vin parmi les remèdes qu'appliquait Asclépiadès, il ajoute un peu plus loin que ce médecin en promettait et en donnait aux malades, et il ne veut voir là qu'un adroit moyen de séduction, *mirabile artificium.* Il se trompe, on vient de le voir. Pourtant, il est bien certain qu'en employant ce remède, Asclépiadès n'a pas

---

(1) C'est bien plus encore qu'on ne fait aujourd'hui. D'après une statistique récente, les Italiens prennent en moyenne un bain tous les deux ans. A Rome, il y a très peu d'établissements de bains : les ruines des Thermes semblent leur suffire.

nui à sa réputation de médecin bon enfant, d'homme à la mode. Même, il a dû particulièrement réussir auprès des femmes. Le temps, en effet, n'était pas loin où le vin, sauf celui de marc et de raisins cuits au soleil, était si rigoureusement interdit aux Romaines, qu'elles risquaient la mort si leurs maris en les embrassant respiraient sur leur bouche l'odeur du fruit défendu. Le souvenir subsistait encore et subsistera longtemps de la malheureuse femme d'Égnatius Mecenius assommée à coups de bâton pour avoir bu du vin au tonneau, et de cette autre condamnée par sa famille à périr de faim parce qu'elle avait brisé les cachets de la bourse qui gardait les clefs du cellier. Asclépiadès devait donc plaire aux femmes en leur accordant pendant leurs maladies une liberté qu'il allait devenir aisé d'étendre à la convalescence, et de prolonger même indéfiniment. Qu'est-ce en effet que la santé, sinon une convalescence, un répit entre la maladie d'hier et la maladie de demain? Quant aux hommes, ce remède devait leur sourire d'autant plus agréablement, que le vin prescrit par Asclépiadès était le vin grec; et, malgré la réputation que la récolte faite sous le consulat d'Opimius, précisément à l'époque d'Asclépiadès, venait de conquérir aux vins italiens, les crus de Chios, de Lesbos, de Cos gardaient pour les Romains le prestige mystérieux de l'ambroisie divine. Lucullus luimême avouait que chez son père ces breuvages précieux ne faisaient jamais qu'une fois le tour de la table. Or, c'étaient ces vins-là qu'Asclépiadès prescrivait à ses malades. Tantôt il les leur donnait au naturel, tantôt il les additionnait d'eau douce ou les préparait avec du miel, de l'hysope et autres produits que ses successeurs varieront et multiplieront à l'infini, pour remplacer l'alcool et l'éther inconnus des anciens; le plus souvent, il les mélangeait d'eau de mer et obtenait ainsi un vin spécial très connu sous le nom de *Thalassitès*, et très recherché, parce que, même préparé avec du vin de l'année, il donnait l'illusion du vin vieux. Voilà, nous semble-t-il, une étrange boisson. Il était cependant si prisé des anciens, ce vin récolté surtout et fabriqué à Cos, la patrie d'Hippocrate, dans le vignoble d'Hippos, que les Grecs l'appelaient *Biôn*, le dispensateur de la vie, et que les Romains, trop pauvres pour se le procurer cherchaient du moins à l'imiter : ils s'imaginaient donner sa saveur et son bouquet à leur âpre vin de Sabine en mélangeant celui-ci d'eau de mer, ou en laissant fondre dans leur tonneau du sel enfermé dans un sac de jonc odorant.

III

Voilà comment, par la séduction qu'exerçaient sa personne et ses remèdes, Asclépiadès conquit très vite de nombreux clients et une gloire universelle. Il devint le type parfait du médecin à la mode et mondain, mais d'un médecin mondain qui serait en même temps, chose rare, un grand savant et le premier praticien de tous les pays. A cette époque, en effet, où les peuples de l'univers avaient les yeux tournés vers Rome, la renommée d'Asclépiadès devait forcément se répandre partout; et c'est ainsi que sa doctrine toute grecque, en somme, malgré les modifications introduites par son génie très original et la nécessité de se plier aux mœurs italiennes, revint à la Grèce estampillée par les Romains. On fut ébloui par cette grande réputation, et l'on vit même Mithridate, par haine de Rome et par amour des sciences médicales, tenter de la confisquer à son profit.

A l'exemple d'Attalus, qui cultivait les plantes à Pergame, qui tentait des expériences avec les sucs et les semences et composait des poisons et des contrepoisons qu'il essayait sur les condamnés à mort, le grand roi de Pont avait appliqué à la médecine son génie si vaste. Il faisait partout rechercher et collationnait les livres relatifs à cette science, les recueils de remèdes et les descriptions de leurs effets. Lui-même avait inventé des antidotes et des électuaires dont un, composé de substances aromatiques et d'opium, est resté célèbre et porte encore son nom. Comme il aimait à vivre au milieu des médecins étrangers qu'il attirait à sa cour, et des eunuques instruits par lui-même dans l'art de guérir, il voulut s'attacher Asclépiadès. Mais celui-ci, peu soucieux d'abandonner une ville où il était traité en enfant gâté, répondit à cet appel à peu près comme les prêtres d'Épidaure avaient répondu aux députés romains envoyés en Argolide pour chercher Esculape, et qui durent se contenter de l'offre d'un serpent sacré. Au lieu de venir lui-même, Asclépiadès envoya à Mithridate le recueil de ses œuvres, que Pompée devait retrouver dans la bibliothèque du roi vaincu et rapporter à Rome, pour être traduites, avec les autres livres médicaux de cette collection fameuse, par son affranchi Lenœus. Lorsqu'il rappelait avec orgueil que la défaite du roi de Pont avait été de la sorte aussi profitable à la santé qu'à la gloire des Romains, Pline ne songeait pas qu'au nombre de ces ouvrages reconnus par lui si utiles se trouvaient précisément ceux du médecin qu'il traitait de charlatan.

Mais telles étaient, il l'avoue lui-même, la gloire de ce charlatan et son autorité, qu'on finit par le vénérer, de son vivant, comme un être surnaturel, un élu des dieux. On allait même jusqu'à se demander s'il n'était pas descendu du ciel, quand un événement extraordinaire, dont le souvenir souvent évoqué dans la suite, devait survivre à trois siècles, se produisit tout d'un coup, qui permit aux enthousiastes de n'en plus douter.

Asclépiadès revenait un soir de sa maison de campagne. Comme il franchissait la porte Capène, il aperçut un long cortège, une multitude en deuil, des pleureuses, des licteurs noirs, et un mort qu'on allait brûler. Le bûcher préparé attendait le malheureux dont les membres étaient parfumés d'aromates et le visage enduit d'odorante fleur de farine... Asclépiadès, qui fut, dit Apulée, un grand curieux, un badaud flâneur que tout attirait et intéressait, s'approcha, fendit la foule, vint au lit funèbre, se pencha sur le cadavre, le regarda attentivement, lui prit la main qu'il garda quelques secondes entre les siennes, et tout à coup se redressant : « Cet homme n'est pas mort! s'écria-t-il; éteignez ces torches et renversez ce bûcher ». Alors, de la foule stupéfaite, un murmure s'éleva, et des cris d'admiration se firent entendre, mêlés de quelques moqueries et protestations d'assistants incrédules et d'héritiers déçus. Non sans peine, Asclépiadès obtint qu'on différât la cérémonie et que le défunt lui fut confié. Celui-ci, reporté dans sa maison et soigné avec des médicaments mystérieux, *quibusdam medicamentis*, revenait bientôt à la vie... Et le peuple alla partout répétant qu'Asclépiadès ressuscitait les morts. Car il ne vint à l'idée de personne, tant était grand et irréfléchi l'enthousiasme universel, que le prétendu mort était en catalepsie, et que son sauveur, merveilleusement habile, dit Apulée, dans l'art de l'auscultation, avait simplement senti sous ses doigts battre à coups faibles le pouls du cadavre vivant. Seul, parmi les Romains de cette époque, un poète savant allait chercher à expliquer ce phénomène encore inconnu de la mort apparente ; et c'est peut-être à cette cure quasi divine que nous devons ces beaux vers de Lucrèce :

> Quin etiam, fines dum vitæ vertitur intra
> Sæpe aliqua tamen e causa labefacta videtur
> Ire anima, ac toto solvi de corpore velle,
> Et quasi supremo languescere tempore voltus,
> Molliaque exsangui trunco cadere omnia membra...

Souvent, tandis qu'elle demeure encore au séjour des vivants, l'âme blessée d'un mal mystérieux, paraît vouloir s'en aller et se séparer entièrement du corps. Les traits du visage s'affaissent, comme à l'heure suprême, les membres se laissent aller, et le corps privé de sang reste inerte.

A ce nouveau titre de gloire, très exceptionnel, Asclépiadès eut la bonne fortune de pouvoir en ajouter un autre, que tout le monde, et particulièrement les médecins, ne sauraient trop ambitionner : il ne tomba jamais malade et vécut très vieux. Sulpicius écrivait à son ami Cicéron : « Ne fais pas comme ces mauvais médecins qui se prétendent très habiles à guérir les autres, et qui ne savent pas se soigner eux-mêmes ». Asclépiadès se soigna très bien, et toute sa vie porta sur sa figure la preuve évidente de son pouvoir et de sa science. Cette santé robuste, il savait, d'ailleurs en tirer parti : « Refusez-moi votre confiance, avait-il coutume de dire, et le titre de médecin, si vous me voyez jamais malade ». Aussi s'imaginait-on que les dieux qui l'avaient envoyé sur la terre ne l'en rappelleraient plus ; et une tradition, naïvement adoptée encore par un érudit allemand du xviie siècle, le faisait vivre cent cinquante années. Il est tout au moins certain qu'il ne mourut qu'à un âge très avancé, non de maladie ou de vieillesse, mais d'une chute dans un escalier.

I V

Si longue et si heureuse qu'ait été la vie de cet homme plein de gloire, quelque chose lui manqua. Ils sont rares en tout temps les malades capables ou soucieux de se rendre compte de tout ce qu'ils doivent à leur médecin, et de calculer combien de travail, de veilles, d'années d'efforts et de dangers courus sont souvent enfermés et résumés, pour ainsi dire, dans une seule visite, une indication de traitement, une simple ordonnance. Il ne faut donc pas s'étonner si les Romains, ignorants et pratiques, dont Cicéron disait : « Ce n'est pas pour sa science, mais pour la santé qu'il procure qu'on fait cas du médecin », ne soupçonnèrent pas tous les mérites d'Asclépiadès. De son vivant, et longtemps après sa mort, jusqu'au jour où Cælius Aurélianus expliqua les idées philosophiques du médecin, ils restèrent sans comprendre que ses traitements, si efficaces et si doux, pouvaient bien être, non une adroite flatterie, mais le résultat de longues études et l'application raisonnée d'une théorie supérieure. Bien loin, en effet, d'avoir pour but unique le désir de plaire, le système thérapeutique d'Asclépiadès reposait sur les principes scientifiques et philosophiques. C'est la doctrine épicurienne, une nouvelle venue chez les Romains, qui en était, comme elle le sera tout à l'heure pour le poème de Lucrèce, la grande inspiratrice, la mère et la nourrice.

Soucieux d'assurer aux hommes la félicité suprême, Épicure s'était nécessairement préoccupé de la santé du corps en même temps que de celle de l'âme, et il avait écrit un traité, Περὶ νόσου δόξα, où il entreprenait d'appliquer à l'art médical son système scientifique, et au corps humain sa théorie des atomes.

C'est cette théorie qu'Asclépiadès reprit, adopta, et dont il fit un ensemble complet, qu'il exposait dans son livre perdu, Περὶ στοιχείων. Rattachant très étroitement ses propres idées sur la médecine à la doctrine philosophique de son maître, dont il avait fait en Grèce une étude approfondie, il découvrit un rapport intime entre la substance organisée et la substance brute, entre la vie et la matière. Il expliqua le corps humain, ses accroissements, ses affaiblissements, ses maladies, non par des lois spéciales, mais par les lois mêmes, physiques et chimiques, du système épicurien ; et tous les mouvements de notre organisme devinrent à ses yeux des applications particulières de ces lois. La machine humaine fut pour le médecin ce que le monde était pour le philosophe, un composé de matière qu'il appela *atomes* ou *molécules*, et de vide qu'il appela *pores*. Ces pores, disait-il, sont autant d'ouvertures percées dans ces atomes agglomérés qui forment notre corps. Par ces trous, comme à travers un crible, pénètrent d'autres atomes très ténus et de figures diverses, carrés, triangulaires ou ronds, qui se répandent dans l'organisme, vont et viennent, entrent et sortent. Tant que l'harmonie subsiste entre les pores et ces molécules voyageuses, c'est-à-dire tant que ces dernières circulent librement et régulièrement, la santé est assurée. Elle se trouble, au contraire, les maladies surviennent, et notre machine commence à se détraquer, dès que ces rapports sont interrompus, quand les atomes deviennent trop gros ou trop petits, les pores trop ouverts ou trop fermés. Trop grosses ou trop nombreuses, les molécules ne peuvent plus passer par les pores trop resserrés, et des compressions, des déchirements se produisent qui amènent les spasmes, la paralysie, les fluxions, la fièvre, le plus évident de tous les symptômes de l'obstruction du corps, la fièvre qui devient plus ou moins forte selon que ces corps plus ou moins gros ont plus ou moins de peine à circuler. Au contraire, les molécules sont-elles trop petites? Elles s'écoulent alors trop rapidement dans les filières trop larges ; le corps humain n'est plus soutenu ni nourri ; et voici venir la faim canine, les langueurs, les défaillances, etc., etc. Resserrer et relâcher les pores à propos, voilà donc la tâche du médecin.

Et l'on comprend maintenant pourquoi Asclépiadès proscrivait les médications violentes qui ouvrent les pores d'une secousse trop brusque, comme les vomitifs, ou qui, comme les purgatifs, créent des humeurs sales au lieu de les expulser ; et pourquoi, au contraire, il prescrivait des remèdes très doux, tantôt le vin et les douches froides qui resserrent les tissus, tantôt l'exercice, les frictions, les bains chauds qui les relâchent et forcent les corps retenus dans les canaux à circuler et à sortir en entrainant avec eux tous les éléments impurs. Ces traitements agréables, qui semblaient aux Romains de simples prévenances, d'adroits procédés d'un homme uniquement soucieux de plaire, étaient en réalité des remèdes très logiques, destinés à amener la contraction ou la dilatation des pores, à retenir les atomes ou à les mettre en mouvement, à retarder ou à faciliter leur passage.

En faisant d'Asclépiadès le disciple d'Épicure et le premier représentant de cette doctrine à Rome, ce système étroit et dont nous sourions aujourd'hui, mais qui se tient, faisait aussi de lui, et nécessairement, l'adversaire de la plupart des anciennes théories médicales. Comment, par exemple, un médecin sans cesse préoccupé, comme il devait l'être et l'était en effet, de surveiller les pores trop ouverts ou trop fermés de ses malades, aurait-il consenti à voir dans la nature ce principe intelligent qu'avait salué Hippocrate, et à déclarer avec lui « qu'elle suffit aux êtres pour toutes choses, leur tient lieu de tout, fait d'elle-même tout ce qui leur est nécessaire, sans avoir besoin qu'on le lui enseigne et sans l'avoir appris de personne ? » — « Non, disait Asclépiadès (et c'est surtout par ces affirmations qu'il exaspérait Galien), non, il ne faut pas croire que ce qu'on appelle la nature fait toujours le bien ; elle fait souvent le mal. Ce n'est pas elle qui assure la marche régulière des atomes dans les canaux, c'est le médecin. Le médecin n'est point le serviteur docile et l'exécuteur respectueux des ordres de la nature : il est son guide, son correcteur et son maître. »

Mais ce n'est pas seulement Hippocrate qu'Asclépiadès osait combattre. Par cette application à la médecine de la doctrine épicurienne, et par l'importance qu'il attachait à l'étude générale de l'organisme, à la connaissance des causes cachées qui font la santé et la maladie, il se séparait des empiriques indifférents aux causes lointaines ou prochaines, et préoccupés seulement de faire l'histoire de chaque maladie, de suivre son évolution, de la comparer à celles d'autres affections identiques ou analogues, de réunir le plus d'observations possible, et d'adopter enfin le traitement qui avait le plus souvent réussi. D'un autre côté, par l'attention et la sollicitude avec lesquelles il examinait et suivait ses malades, par la place qu'il donnait à la pratique, il se distinguait des dogmatiques de l'école d'Alexandrie, qui faisaient reposer l'art médical sur le raisonnement, et n'accordaient à l'expérience qu'une valeur très secondaire. Mais, outre ces différences fondamentales, la doctrine d'Épicure, ainsi rattachée à la médecine, devait amener sur d'autres questions moins générales des divergences curieuses entre Asclépiadès et ses prédécesseurs ou ses confrères. Ainsi, pour ne citer qu'un exemple, voici le phénomène de la digestion. On l'expliquait en disant qu'introduits dans l'estomac, les aliments s'y décomposaient ou que la chaleur du corps les soumettait à une sorte de cuisson. Or, pour accepter cette hypothèse d'une décomposition ou d'une cuisson, il fallait reconnaître que les éléments peuvent se modifier ; et c'est ce que la doctrine épicurienne refusait absolument d'admettre. « La nature est inaltérable », affirmait Asclépiadès. C'est crus que les aliments descendent dans l'estomac, où ils se désagrègent et se divisent en une infinité de molécules, ni froides ni chaudes, qui, reçues dans les canaux, vont ensuite se répandre dans toutes les parties du corps.

V

On s'est souvent étonné de la science profonde de Lucrèce, surtout de ses connaissances en physiologie, aussi exactes et précises que merveilleusement exposées. La description que le poète a faite de certains phénomènes, et en particulier de la nutrition et de la digestion, a paru à quelques savants tout à fait extraordinaire (1). Quoi donc! Lucrèce était un médecin, en même temps qu'un poète, un philosophe, un savant! Un siècle avant notre ère, il connaissait l'existence et les pérégrinations du liquide nutritif, de la lymphe plastique passant, par transsudation, à travers les parois des vaisseaux capillaires pour aller humecter et fortifier tous les tissus!... Cet étonnement s'évanouit et tout s'explique si l'on songe que Lucrèce était le jeune contemporain d'Asclépiadès, et qu'un commun enthousiasme pour Épicure avait dû les attirer l'un vers

____

(1) Voyez *Études médicales sur les poètes latins*, par M. Ménière.

l'autre et peut-être les lier. Il est difficile, impossible même, quand on lit les vers sur l'alimentation, de ne pas reconnaître entre les deux grands hommes une étroite parenté intellectuelle, et, bien plus encore, l'influence directe du médecin sur le poète. C'est la théorie même d'Asclépiadès que Lucrèce expose en vers éclatants, quand, au va-et-vient naturel et facile, pendant la jeunesse, des éléments absorbés par les tissus régulièrement constitués, il oppose la circulation plus lente ou plus rapide, dans la vieillesse, des molécules arrêtées ou emportées à travers les canaux trop étroits ou trop relâchés. Et la ressemblance devient plus frappante encore dans ce passage où le poète explique, bien plus clairement que ne le fera plus tard Cælius Aurélianus, la théorie médicale des atomes et des pores, le système même d'Asclépiadès :

Comme tous les êtres qui se nourrissent diffèrent au dehors, selon leurs espèces, par la forme et les contours de leurs membres, de même, au dedans, ils sont formés d'atomes et de figures diverses. La différence que présentent leurs atomes doit se retrouver dans ces ouvertures, ces canaux que nous appelons pores. Les uns sont plus étroits et les autres plus larges, ceux-ci sont triangulaires et ceux-là carrés, beaucoup sont ronds ou prennent la forme de polygones variés. Car, suivant la figure et les mouvements des atomes, les pores et les canaux doivent changer de forme en raison de l'espace qui leur est laissé par le tissu du corps.

Et aussitôt après, dans un élan de reconnaissance pour l'inventeur de cette théorie, le poète ajoute : « Maintenant, avec ces principes, il n'est pas de problème que tu ne puisses résoudre » :

Nunc facile est ex his rebus cognoscere quæque.

Et pour bien montrer que c'est à la médecine, c'est-à-dire sans doute à Asclépiadès lui-même, qu'il doit cette explication, il prendra pour exemple une maladie, la maladie romaine par excellence, la fièvre :

Quippe, ubi cui febris, bili superante, coorta est,
Aut alia ratione aliqua est vis excita morbi
Perturbatur ibi jam totum corpus, et omnes
Commutantur ibi posituræ principiorum.

Ainsi, quand un accès de bile ou quelque autre cause allume en toi la fièvre, il se produit une perturbation, un bouleversement des atomes.

Sans insister davantage et sans chercher, ce qui serait facile, d'autres rapprochements entre le poète et le médecin, n'est-il pas curieux de remarquer que Lucrèce parle de *l'éléphantiasis*, qu'il n'avait jamais vu se manifester à Rome, et dont il dit lui-même qu'il ne naît qu'aux bords du Nil ?

Elephas morbus, qui propter flumina Nili
Gignitur, Ægypto in media, neque præterea usquam.

S'il est vrai, comme le dit Plutarque, que cette maladie resta ignorée des Romains jusqu'à la venue d'Asclépiadès qui la leur révéla, n'est-ce pas au médecin de Pruse, au moins indirectement, que le poète dut de la connaître et d'en pouvoir parler?

Certes, Épicure n'a pas eu de disciple plus illustre, plus soumis, plus enthou·
siaste que Lucrèce, et leurs deux noms restent à jamais unis. Mais on souhai-
terait qu'entre le philosophe et le poète une place fût réservée au médecin, une
grande place, Car c'est Asclépiadès, en somme, qui, avec un nouvel art de
guérir, répandit à Rome la nouvelle philosophie. C'est lui qui, le premier,
adopta et exposa la théorie des atomes, pour montrer comment il faut soigner
notre corps composé de molécules, dont le jeu libre à travers les pores entretient
la santé. C'est lui qui, par l'emploi de remèdes très simples, à la portée de
tous, réduisit à néant (c'est Pline lui-même qui le constate) les impostures de
la magie et couvrit de ridicule les débitants de drogues merveilleuses, comme
cette *Ethiopis* qui desséchait les fleuves et ouvrait les serrures, cette *Achéménis*
qui, jetée dans les bataillons ennemis, y répandait la terreur et la fuite, cette
Latacé qui assurait à leurs possesseurs l'abondance de toutes choses.

Lucrèce ne fera que reprendre ces idées. Seulement, il ira plus loin et surtout plus haut. Avec la doctrine d'Épicure, qu'il applique à la médecine, Asclé·
piadès ne prétend délivrer les hommes que de leurs maux physiques ; il ne
cherche à leur rendre que cette paix du corps qui s'appelle la santé. Combien
plus élevées les ambitions du poète ! S'il étudie à son tour pendant les nuits
sereines, et s'il répète avec une volupté divine les leçons du maître, c'est pour ·
assurer aux hommes la santé de l'âme, la paix ; c'est pour les guérir de toutes
les maladies morales qui les assiègent, la peur des dieux toujours présents,
cruels, envieux, persécuteurs, la crainte de la mort, la crainte surtout d'une
autre vie malheureuse, et l'ambition, et l'amour, et l'ennui. S'il développe, lui
aussi, la théorie des atomes, ce n'est pas pour chasser du corps la douleur,
mais pour dissiper les tourments de l'âme, en substituant à l'idée d'une création divine l'idée de l'éternité de la matière. S'il analyse le mécanisme des
sens et fait de l'amour une description toute technique et physiologique, c'est
pour détruire les prestiges de la sorcellerie, cent fois plus funestes à l'esprit
qu'au corps, pour bannir les terreurs superstitieuses nées du sommeil et des
rêves, la croyance aux philtres amoureux, aux préparations louches des *sagæ*
grecques et romaines.

Mais, si complètement qu'ils se distinguent dans l'application du système
épicurien, le médecin et le poète font, l'un après l'autre, une œuvre commune :
ils répandent à Rome la doctrine du maître. Ils se ressemblent même par le
soin qu'ils prennent de la rendre intelligible et aimable. Asclépiadès, parmi les
remèdes inspirés d'Épicure, choisit les plus agréables et les plus doux ; Lucrèce,
pour une fois infidèle à celui qui veut que ses disciples passent à côté de la
poésie les oreilles bouchées avec de la cire, invoque, afin de charmer le vulgaire
rebelle, l'aide des Muses à la voix mélodieuse, et enduit de miel les bords de
la coupe remplie d'absinthe amère.

Certes, Lucrèce est plus grand qu'Asclépiadès. C'est, dans l'histoire de la pensée humaine, le plus grand des Romains. Il semble pourtant que la Fortune
n'ait pas été équitable dans la façon dont elle a réparti la gloire entre les deux
disciples enthousiastes d'Épicure. L'œuvre dans laquelle le poète a immortalisé
la doctrine du maître a survécu ; celles où Asclépiadès l'exposait, au point de
vue de l'hygiène et de la thérapeutique, se sont perdues ; et, chose plus singulière, regrettable pour la gloire d'Épicure, les Romains ne semblent guère s'être
doutés des liens étroits qui attachaient l'un à l'autre le philosophe et le médecin.
Si le nom d'Asclépiadès resta très longtemps populaire à Rome, Épicure n'y fut
pour rien : le médecin ne dut qu'à lui seul toute sa renommée.

VI

Voici même qui est plus curieux. De son vivant et après sa mort, Asclépiadès eut parmi ses admirateurs et ses disciples des adversaires déclarés d'Épicure. On eût bien étonné l'auteur du *De finibus* en lui disant qu'il avait, lui aussi, subi l'influence et éprouvé les bienfaits de cette grande doctrine épicurienne qui, physiquement et moralement, peut être si réconfortante. Et pourtant, comme la plupart de ses contemporains, il est bien sur un point le disciple d'Épicure, puisqu'il est l'élève d'Asclépiadès. En même temps qu'après Lucrèce il travaille plus que personne à vulgariser, en la critiquant, la doctrine du maître, il répand partout autour de lui, dans sa famille et parmi ses amis, les préceptes d'Asclépiadès, le régime et les remèdes dont on connaît maintenant l'origine. Volontiers, en effet, dans sa vie privée et dans sa correspondance, il fait de la médecine domestique, prodigue les conseils, multiplie les ordonnances. Il s'impose à lui-même et veut imposer aux autres une hygiène et des médicaments qu'il croit peut-être de son invention, et qui sont directement inspirés d'Asclépiadès, dont, au reste, il ne parle jamais qu'avec sympathie et respect. Comme Asclépiadès, Cicéron veut qu'avant de traiter un malade, le médecin étudie son état de santé habituel, analyse sa complexion, recherche les causes lointaines de la maladie. Mais, comme Asclépiadès, il veut aussi qu'à cet examen général se joignent des soins assidus et une observation quotidienne des faits particuliers, « car un médecin, dit-il, pas plus qu'un orateur ou qu'un général, ne peut avoir de grands succès par la seule théorie de son art, sans le secours de l'expérience et de la pratique ».

Cette expérience, Cicéron croit la posséder, lui aussi, au moins sur certains points, et il n'a pas tout à fait tort. Asclépiadès, dans ses livres et dans ses causeries si vives, si éloquentes, et dont le souvenir ne s'est pas perdu, avait expliqué les différentes maladies, surtout les formes variées de la fièvre, avec une netteté telle, que depuis lors les gens éclairés surent les distinguer très bien. Quand Atticus est malade au loin, son ami comprend tout de suite, d'après les nouvelles envoyées et les détails précis comme des bulletins de santé, si la fièvre est simple, tierce ou quarte, quarte simple ou quarte double ; et, d'après ces renseignements, il calcule avec exactitude le retour des périodes aiguës. Ah ! qu'Atticus n'espère pas s'autoriser de sa fièvre pour se dispenser d'aller voir son ami. Celui-ci le reprend aussitôt, et sa réplique est péremptoire, du tac au tac : « Par une de tes lettres, lui dit-il, écrite au début d'un léger accès de fièvre, j'ai connu quel était le jour où tu devais l'avoir de nouveau. J'ai fait mon calcul ; tu peux venir me voir à Albe le 3 des Nones de janvier. » Cicéron a compris aussi que les fièvres graves étaient toujours précédées de frissons. C'est pourquoi la santé de la fille d'Atticus ne l'inquiète pas outre mesure ; car si l'enfant a eu la fièvre, elle n'a pas senti de frissons. Enfin il partage l'horreur d'Asclépiadès pour les remèdes violents. Persuadé que le corps humain, comme la République, doit être soigné avec la plus grande douceur, il prétend qu'il vaux mieux guérir que couper ou arracher, et guérir précisément avec les remèdes d'Asclépiadès, dont il recommande l'usage, non seulement à ses amis, mais même aux médecins de ses amis, à Alexion, à Métrodore, à Asclapon, à Craterus : la distraction, les promenades modérées, les frictions. « Soigne-toi bien, écrit-il à Tiron malade, digère sans peine, garde ton ventre libre, ne te fatigue pas, fais de courtes promenades, distrais-toi. C'est le vrai moyen de me revenir avec une mine superbe. » Asclépiadès aurait-il mieux dit, et ne semble-t-il pas qu'il ait lui-même rédigé cette ordonnance? Ainsi, cinquante années avaient suffi pour répandre et vulgariser les idées de cet homme qui, créateur d'un nouveau système très savant, se trouvait être du même coup le fondateur bienfaisant de l'hygiène publique. On pourra dans la suite combattre sa doctrine et lui substituer d'autres théories médicales; mais la plupart de ses remèdes, et les principaux, tous ceux qui sont simples, faciles à comprendre et à appliquer, ne cesseront d'être populaires comme son nom.

VII

Car le nom d'Asclépiadès restera pendant des siècles connu dans le monde et respecté. Et ce ne fut pas, comme on serait tenté de le croire, parce qu'il était celui de la grande famille médicale des prêtres d'Esculape. Pour les Romains, ce nom était avant tout celui du grand médecin de Pruse. Après Asclépiadès, d'autres médecins viendront à Rome, qui auront la bonne fortune de porter ou l'audace d'usurper le même nom. On ne comptera pas, dans la suite, moins de quatorze Asclépiadès fameux : Artorius Asclépiadès, un des nombreux médecins d'Auguste, le prédécesseur d'Antonius Musa, et si célèbre que le Sénat et la ville de Smyrne lui décerneront des honneurs divins à cause de son savoir immense; Asclépiadès Pharmacion, qui décrira et classera les principaux médicaments externes et internes; C. Calpurnius Asclépiadès, très estimé de Trajan ; P. Numitorius Asclépiadès, un oculiste; C. Ælius Asclépiadès, attaché à l'école des gladiateurs du Colisée, etc. Sans doute, tous ces médecins, en adoptant ce nom, entendront se mettre, pour ainsi dire, sous la protection d'Esculape, et profiter du prestige de ses prêtres, de leur gloire antique et consacrée. Mais ce n'est pas ce souvenir qui séduira surtout les Romains. S'ils accueillent avec faveur ces nouveaux Asclépiadès, c'est parce que leur nom rappellera un médecin très aimé de son temps, très célèbre et très bienfaisant. Comment refuser sa confiance et son argent à un homme qui se proclame habile à guérir, et qui a le double privilège de venir de Grèce et de s'appeler Asclépiadès? Qui sait? Peut-être, comme l'autre, ressuscite-t-il les morts!

M. Albert LONDE

Chef du Service photographique à la Salpêtrière, à Paris.

LA PHOTOGRAPHIE DANS LES VOYAGES D'EXPLORATION ET LES MISSIONS SCIENTIFIQUES

— 11 mars 1893 —

MESDAMES, MESSIEURS,

A la suite des progrès incontestables accomplis en photographie depuis quelques années, des perfectionnements réalisés, des simplifications introduites, un préjugé s'est répandu dans le public, c'est que la pratique de cet art, de cette science, était absolument élémentaire. De là à s'imaginer que tout travail sera inutile, il n'y a qu'un pas aussitôt franchi.

C'est ce qui nous explique le nombre incommensurable de ceux qui croient qu'il suffit d'acheter un appareil quelconque pour savoir faire de la photographie. Voilà une erreur que nous croyons devoir combattre énergiquement.

Évidemment la pratique de la photographie n'exige pas de qualités transcendantes, mais elle demande, si l'on veut sortir de la moyenne banalité, du goût, du travail, des soins excessifs et une éducation artistique assez développée. Il faut de plus une connaissance de la technique suffisante pour aborder et résoudre avec succès les divers problèmes qui peuvent se présenter.

Or, nous ne craignons pas de le dire, cette instruction technique fait en général complètement défaut à la plupart des opérateurs, et au lieu de tirer parti de leur matériel et de combiner toutes les opérations d'une manière sûre et impeccable vers le but à atteindre, ils laissent une trop grande part au hasard, la photographie gardant toujours pour eux quelque côté mystérieux.

Si cette manière de faire peut contenter l'amateur qui se félicite quand, par hasard, il obtient un bon cliché, ou qui le recommence avec une persévérance assurément louable jusqu'à succès complet, elle ne peut contenter celui qui demande à la plaque photographique d'enregistrer les différents sujets qu'il rencontre au cours d'un voyage, d'une exploration ou d'une mission quelconque.

Dans le vaste sujet que nous avons à traiter devant vous aujourd'hui, nous utilisons en effet cette merveilleuse qualité de la plaque photographique qui nous permet en un instant de fixer, et pour toujours, les mille et mille scènes que nous pouvons rencontrer en parcourant le monde. Ces documents ont d'ailleurs une telle précision, une telle fidélité qu'aucun autre moyen de reproduction ne peut en donner de pareils.

Ces qualités si exquises, rapidité d'exécution et vérité de reproduction, vous expliqueront pourquoi l'appareil photographique est devenu le compagnon indispensable du voyageur.

Mais si la photographie pratiquée par nous tous à quelques pas du laboratoire, avec tranquillité, en prenant le temps voulu, est déjà chose délicate, que sera-ce lorsqu'il faudra opérer dans des régions inconnues, sous des climats torrides ou glacés, lorsque l'on aura à lutter contre des difficultés de toute sorte, diffi-cultés que nous ne connaissons pas, mais qui croissent pour le voyageur avec la distance ?

C'est alors que celui-ci, pour vaincre ces difficultés accumulées, devra posséder une instruction technique des plus complètes pour pouvoir utiliser convena-blement le matériel qu'il a emporté et en tirer le meilleur parti possible.

Or, nous avons le regret de le dire, par suite de ce préjugé dont nous par-lions et qui fait dire si souvent que la photographie est à la portée de tous, l'instruction technique des voyageurs est en général insuffisante, quand elle n'est pas complètement nulle.

Il nous est arrivé maintes fois de recevoir la visite de voyageurs qui, huit jours avant le départ, quelquefois moins, s'étaient décidés à faire de la photo-graphie : nous devons avouer que nous les avons toujours dissuadés de mettre leur projet à exécution, leur faisant comprendre que c'était tout à fait courir au-devant d'un échec certain.

Aussi, le disons-nous hautement, ne doit faire de la photographie en voyage que celui qui a déjà une solide instruction préalable et une expérience déjà mûre. On ne manquera pas de nous objecter le succès de tel ou tel qui est parti, contrairement à ce que nous venons de dire, et qui a pourtant réussi. Mais on ne doit pas s'arrêter aux exceptions, car pour un ou deux exemples de ce genre que l'on pourrait citer, on ne dit rien des insuccès en nombre autre-ment plus considérable et dont on n'a jamais parlé, et pour cause.

Nous allons même plus loin et nous prétendons qu'un opérateur très habile peut éprouver un insuccès complet dès que, de son travail habituel, il passera à la photographie en voyage qui présente des difficultés qui lui sont propres. Il n'y a pas, en effet, que des questions d'habileté opératoire qui entrent en jeu, mais des questions de matériel, de transport, questions qui n'ont aucune importance pour nous autres, mais qui en ont une capitale pour le voyageur.

Que servira à un opérateur son habileté, si grande qu'elle soit, si sa chambre noire, éprouvée par certains climats, devient inutilisable ; si ses châssis pren-nent du jeu et laissent passer la lumière ; si son obturateur se rouille ; si ses plaques s'altèrent ou se brisent ?

Notre intention est donc de suivre avec vous le voyageur, avant son départ, de voir comment il doit s'installer ; nous parcourrons ensuite le monde avec lui, et en présence des difficultés qu'il rencontrera nous aurons à étudier la conduite à suivre. Enfin, au retour, nous verrons les opérations à exécuter pour achever les documents rapportés et les utiliser.

Nous ferons cette étude en pleine indépendance d'esprit, avec le peu d'expé-rience que nous avons pu amasser dans nos travaux quotidiens et nos propres voyages, espérant que nos indications permettront à nos collègues de s'engager avec succès dans cette application si intéressante de la photographie.

I

Choix du matériel. — Que doit être le matériel photographique, quelles qua-lités faut-il lui demander? Telles sont les premières questions que se posera celui qui veut voyager au loin. Nous allons étudier les unes après les autres les diverses parties essentielles de ce matériel, et d'après les indications que nous donnerons l'opérateur pourra faire un choix judicieux et raisonné parmi les nombreux appareils qui existent.

Mais tout d'abord il est un point qu'il faut élucider de suite, c'est celui du format que l'on devra adopter. Laissant de côté les préférences personnelles qui seront la plupart du temps prépondérantes, il est certain que plus les dimensions d'une épreuve sont grandes, plus elle peut présenter d'intérêt, les plus petits détails étant encore reproduits à une échelle suffisamment lisible; mais, par contre, plus le volume et le poids augmenteront. Or, en voyage, la question des bagages a une importance que l'on ne saurait passer sous silence, tous les efforts devant être dirigés de façon à les réduire au minimum de poids et de volume. Pour trancher la question, il faudra donc, en dehors des préférences personnelles, se baser sur les difficultés probables du voyage, sur sa durée, sur les ressources que l'on peut rencontrer en cours de route. Il est, en effet, des contrées où l'on peut trouver des moyens de locomotion, des porteurs; d'autres, au contraire, où l'on ne devra compter que sur ses propres moyens.

Enfin, le but même du voyage, son objet, la nature des modèles que l'on compte reproduire donneront des indications précises. Si les documents recueillis doivent être publiés, il ne faudra pas exécuter d'épreuves trop petites : si ceux-ci ne sont destinés qu'à illustrer des conférences, au moyen de vues de projection, on pourra se contenter de formats plus réduits. Dans la première hypothèse, il nous semble que l'on ne doit pas descendre au-dessous du format 13×18; dans la seconde, au-dessous du 9×12 ou 8×9 à la dernière limite.

C'est donc au voyageur à adopter, d'après les considérations ci-dessus, le format qui lui paraîtra le plus convenable d'après le but cherché.

Bien que la photographie soit cultivée maintenant avec succès dans tous les pays et que l'on puisse trouver dans ceux-ci d'excellentes plaques, nous croyons devoir prévenir le voyageur que l'uniformité des formats n'existe pas. Par ce seul fait, il ne pourra compter renouveler sa provision de plaques en cours de route.

Il y a évidemment là une lacune à combler, et c'est ce que l'on a cherché à faire dans les Congrès photographiques de Paris et de Bruxelles. Mais, à notre avis, le but a été dépassé; pour satisfaire tous les intéressés autant que possible, on a décidé la création de plusieurs séries de formats internationaux. De là pour le fabricant de plaques, s'il veut se conformer à ces décisions, l'obligation d'avoir en magasin des provisions de plaques de toutes dimensions, dont quelques-unes ne lui seront peut-être jamais demandées.

Il eût été préférable d'adopter un seul format international basé sur la plaque 18×24 qui a généralement été considérée comme plaque normale, et à diviser ou à multiplier ce format par deux. On eût peut-être alors obtenu le progrès cherché, et le voyageur n'aurait eu qu'à adopter un matériel susceptible d'utiliser ces plaques.

Les parties essentielles de l'appareil photographique sont : la chambre noire, l'objectif, l'obturateur et le pied. Nous allons étudier ces divers organes séparément.

Chambre noire. — La chambre noire se compose de quatre parties fondamentales : 1° le corps d'avant, destiné à porter l'objectif; 2° le corps d'arrière, dans lequel se place le verre dépoli, puis le châssis négatif; 3° la queue, qui sert de base à ces deux parties; puis, 4° le soufflet, qui les réunit et permet d'obtenir

un espace rigoureusement clos à la lumière. De là, du reste, vient le nom de
la chambre noire.

Ces différentes parties se replient pendant le transport, de façon à former un
colis d'un volume aussi réduit que possible. Suivant le modèle de l'appareil, on
constate des différences de volume très grandes ; à cet égard, les chambres dites
anglaises sont beaucoup plus réduites que le modèle dit français. Je me hâte
d'ajouter que nos bons constructeurs font avec grande perfection le premier type
d'appareil et qu'il n'est nullement nécessaire d'aller le chercher à l'étranger,
comme on pourrait le croire tout d'abord.

En ce qui concerne le poids, bien qu'il soit nécessaire *a priori* de le réduire
autant que possible, nous croyons cependant que c'est une faute grave que de
choisir une chambre trop légère. Dans ce cas, l'immobilité de l'appareil pendant
la pose pourra être fort compromise, le plus léger vent, la plus faible trépida-
ion produisant des vibrations de l'ensemble, vibrations qui entraîneront le
manque de netteté de l'image.

La plupart des appareils d'amateurs les plus employés seraient convenables si
l'aluminium était substitué au laiton dans toutes les ferrures. Les parties métalliques sont en effet multipliées d'une façon exagérée : ainsi, dans la chambre
dite anglaise, qui est supérieure à cause de son peu de volume, le poids est
encore exagéré et pourrait être de beaucoup diminué, l'appareil ayant alors ce
minimum de poids indispensable pour obtenir la stabilité requise.

Avant de la chambre. — Le corps d'avant porte une planchette mobile entre
deux montants verticaux. Sur celle-ci on place une seconde planchette à cou-
lisse, dans des rainures horizontales. De cette manière, l'objectif étant placé sur
cette deuxième planchette, on pourra le déplacer dans le sens vertical et dans le
sens horizontal. Ces mouvements de l'objectif ont une importance très grande
pour placer convenablement le sujet dans la plaque.

Il faut rejeter d'une manière absolue les dispositifs qui permettent d'incliner
en avant ou en arrière le corps d'avant ou l'objectif lui-même.

Ces dispositifs sont condamnés par la théorie, le corps d'avant devant toujours
être vertical et l'axe optique de l'objectif horizontal. Dans le cas d'objets trop
élevés ou en contre-bas, le décentrement de l'objectif dans le plan vertical permet seul d'obtenir le résultat cherché, sans déformation de l'image, ce qui serait
inévitable avec les dispositifs précédents.

Dans l'hypothèse toute particulière où l'on aurait besoin d'un décentrement
considérable, il est bon de pouvoir placer la deuxième planchette qui porte l'objectif de façon que son déplacement se fasse dans le sens vertical ; ce déplacement, ajouté à celui du corps d'avant qui, en général, est insuffisant dans la
plupart des appareils, permettra de résoudre les difficultés que l'on rencontre
souvent dans la reproduction des monuments ou des objets trop en contre-bas.

Arrière de la chambre. — L'arrière de la chambre porte un cadre qui contient
le verre dépoli nécessaire pour effectuer la mise au point. Il est indispensable
que ce cadre soit réuni à l'appareil au moyen de fortes charnières. De cette manière on évitera l'oubli ou le bris de cet organe fort délicat. En effet, dans un cas
comme dans l'autre, le voyageur, s'il n'a pris les précautions que nous allons
indiquer, se trouverait absolument désemparé. Il devra d'abord emporter quelques verres de rechange qui devront être emballés avec le plus grand soin, pour
être eux-mêmes à l'abri de tout accident. D'autre part, il devra faire graver sur
la queue de la chambre des repères qui correspondront à l'emplacement exact
du verre dépoli, le modèle étant placé à différentes distances exactement mesu-

rées. Cette graduation permettra d'opérer sans le verre dépoli, puisqu'il suffira de mesurer la distance qui sépare le modèle de l'appareil et de placer le corps d'arrière au repère correspondant à cette distance. Il est bien entendu que si l'on possède plusieurs objectifs de foyer différent, il faudra faire une graduation du même genre pour chacun d'eux.

En dehors de cette dernière précaution, qu'il ne faut pas négliger, on peut, avec avantage, adopter une solution qui a été proposée par M. d'Assche, et qui consiste à remplacer le verre dépoli par une feuille de celluloïde mat. Le procédé de montage de cette feuille à la place du verre dépoli est original et mérite d'être signalé. Elle porte sur tout son pourtour une série de petits trous distants d'un centimètre. Une série de vis placées dans la feuillure du cadre permet, au moyen d'un fil qui passe de l'une à l'autre après passage dans chaque trou, d'obtenir une tension parfaite. Ce dispositif nous semble avoir une importance particulière et devrait être employé dans tous les appareils de voyage.

Le verre dépoli ou la plaque de celluloïde doivent porter un quadrillage en centimètres et deux divisions millimétriques sur les grands axes.

Ces dispositions, indiquées par M. Gustave Le Bon, rendront de nombreux services, en permettant d'assurer la mise en station exacte de l'appareil et d'apprécier avec précision la taille ou la distance d'un objet déterminé. Elles donneront également un moyen facile de faire des reproductions à une échelle déterminée, ce qui est indispensable, dans les études d'anthropologie principalement.

Dans certains appareils très perfectionnés, on trouve à l'arrière de la chambre un dispositif spécial qui porte le nom de bascule et qui a pour but d'incliner le plan focal par rapport à l'axe optique. Ce dispositif est très précieux lorsque l'on veut reproduire des objets placés très obliquement par rapport à l'axe de l'objectif et principalement lorsque l'un des côtés de cette ligne oblique est très rapproché de l'opérateur. Néanmoins, comme il conduit nécessairement à une augmentation de volume et de poids, il ne nous paraît pas indispensable, d'autant plus que, par l'emploi de diaphragmes suffisamment petits, il sera toujours possible d'obtenir la netteté dans l'hypothèse présente.

Queue de la chambre. — La queue de la chambre comporte une partie fixe qui se monte sur le pied et une mobile que l'on nomme le chariot, et qui est mise en action par une double crémaillère. Le corps d'avant est fixé sur la queue de la chambre, le cadre d'arrière sur le chariot mobile. Dans les modèles dits anglais, c'est inverse, le verre dépoli étant fixe et l'avant mobile.

Les repères dont nous avons parlé précédemment seront portés sur la queue, et un index qui pourra être constitué par l'arête postérieure du cadre de verre dépoli permettra de mettre celui-ci exactement dans les positions correspondant aux différentes distances.

Il est à remarquer que, dans tous les appareils en général, le développement obtenu par le déplacement du chariot est insuffisant. Dans tout appareil de voyage, le tirage obtenu devrait être égal au moins à deux fois la longueur focale de l'objectif employé. Nous verrons dans un instant les raisons de ce que nous avançons.

Un bouton spécial doit permettre d'immobiliser le chariot lorsque la mise au point a été effectuée. De cette manière, on évitera qu'elle ne soit dérangée accidentellement pendant l'enlèvement du verre dépoli, la mise en place du châssis et l'ouverture de celui-ci.

Soufflet. — Le soufflet est ordinairement en toile noire ou en peau. Des plis convenablement faits assurent l'élasticité de cette partie et lui permettent de s'allonger ou de se raccourcir, suivant les mouvements du chariot. Ils affectent la forme carrée, rectangulaire ou tronconique. La première forme est surtout employée dans le modèle dit anglais. Dans ce cas, le soufflet est fixé au corps d'avant et à celui d'arrière ; ses deux dimensions sont égales, d'où son nom de soufflet carré. Pour exposer la plaque, qui a toujours une forme rectangulaire et que, suivant l'objet à reproduire, il faut mettre en hauteur ou en largeur, on est obligé d'avoir un cadre spécial portant le verre dépoli, cadre que l'on met dans un sens ou dans l'autre, suivant les besoins. Ce modèle d'appareil est donc légèrement plus grand que les appareils dits français, qui ont la forme rectangulaire semblable à celle de la plaque.

Avec ces derniers, pour opérer dans un sens ou dans l'autre, on retourne tout le corps d'arrière ; et par suite le soufflet devant se déplacer, l'avant de celui-ci est monté sur le corps d'avant au moyen d'une rondelle tournante, d'où le nom de soufflet tournant. Il est important que le diamètre de cette rondelle soit aussi grand que possible, car avec des objectifs grands angulaires, les rayons extrêmes pourraient être arrêtés par les plis du soufflet. Nous préférons donc les soufflets rectangulaires dont la partie antérieure est aussi large que possible, ou encore les soufflets carrés avec lesquels cet inconvénient ne saurait existent.

Un soufflet bien fait ne doit pas laisser passer la lumière extérieure. Il faudra donc le vérifier avec soin et emporter quelques petits morceaux de toile ou de peau et un peu de colle pour boucher les trous qui pourraient se produire accidentellement.

On a constaté dans certains climats l'altération rapide des soufflets, et principalement de ceux en peau qui sont détériorés par certains insectes. Pour cette raison, nous préférons les soufflets en toile, mais celle-ci devra être, au préalable, traitée par des antiseptiques puissants, imperméabilisée et protégée par un vernis solide.

Ordinairement on se contente de coller le soufflet contre les corps d'arrière et d'avant ; ce mode d'attache est insuffisant, le dernier pli du soufflet doit être immobilisé dans le bois au moyen de petites bandes métalliques vissées avec le plus grand soin.

Observations générales. — Toutes les parties métalliques de l'appareil devront être en métal peu oxydable, et, en tout cas, soigneusement vernies.

Le bois employé pour la construction de l'appareil devra être absolument sec, et c'est pour ne pas suivre cette indication que bien des constructeurs livrent des appareils qui sont rapidement hors d'usage. Il faut donc s'adresser aux maisons sérieuses : nous sommes, d'ailleurs, d'avis qu'il est toujours dangereux de partir avec un matériel neuf. Celui-ci devra avoir travaillé un certain temps, fait son jeu, subi les quelques retouches nécessaires. Il sera alors d'un bon usage.

Toutes les parties en bois devront être vernies avec soin, et, pour aller dans certains pays, il serait peut-être bon d'employer des bois rendus inaltérables par l'injection de substances antiseptiques. On a remarqué en effet que, sous certains climats, le bois, tout comme le soufflet, pouvait être ravagé par les insectes (1).

____

(1) Le bois de camphrier est, paraît-il, complètement à l'abri de ces altérations.

Pour éviter cet inconvénient, on a proposé de remplacer le bois par le métal et l'on a créé des chambres entièrement métalliques. Abstraction faite de l'augmentation de poids, ces appareils ont un inconvénient qu'on ne peut passer sous silence. En cas d'accident, si une partie vient à se fausser, à se tordre, à se briser, la réparation est à peu près impossible dans des pays dépourvus de toutes ressources ; au contraire, un appareil en bois se raccommode tant bien que mal au moyen de quelques clous, de quelques vis et d'un peu de colle. Nous croyons donc qu'à ce point de vue les appareils en bois ont encore leurs avantages nettement définis.

Enfin, dernière recommandation, tous les joints doivent être non pas seulement collés et ajustés, comme on le fait d'habitude, mais bien vissés très solidement. Le voyageur devra d'ailleurs emporter avec lui un petit nécessaire contenant quelques outils, des vis, des clous et de la colle à chaud, afin de pouvoir faire lui-même une petite réparation si elle était nécessaire.

Châssis. — Les châssis sont une des parties les plus importantes du matériel, puisqu'ils sont destinés à recevoir les préparations sensibles.

Les plus employés sont les châssis à volets, à rideaux simples ou doubles, puis les châssis à magasin, qui peuvent contenir un certain nombre de préparations.

C'est surtout dans ces appareils que l'on peut constater les inconvénients du bois qui se rétrécit ou se dilate ; dans certains climats, passant constamment d'une grande humidité à une grande sécheresse, ils sont rapidement hors d'usage. Mais sans aller jusqu'à cette limite, il est certain que ces divers mouvements du bois entraînent le mauvais fonctionnement du châssis, et qu'ils permettent l'introduction de la lumière par les parties qui se sont disjointes ; par suite, des voiles partiels ou généraux seront à craindre, voiles qui compromettront la valeur de l'image quant ils n'en opéreront pas la destruction complète.

A notre avis, le bois devrait être totalement exclu de la fabrication des châssis, et, nous devons l'avouer tout haut, le châssis idéal est encore à trouver, châssis qui doit assurer la protection absolue de la surface sensible en tout et partout.

En attendant, nous ne pouvons guère indiquer que les châssis dont les volets sont en toile imperméabilisée ou en métal, les châssis tout en bois ou à rideau devant être exclus d'une façon absolue.

Il est probable que, par l'emploi de l'aluminium, on pourra arriver à créer des châssis tout à la fois légers et plus résistants que ceux actuellement employés.

Quel que soit le modèle employé, les châssis doivent être numérotés, et l'on doit prendre l'habitude de les exposer dans l'ordre des numéros de façon à éviter toute erreur. Ils portent généralement une pièce en ivoire ou en peau qui a pour but de permettre d'inscrire au crayon les divers renseignements sur les conditions d'exécution du négatif.

On doit leur adjoindre, et ceci est surtout nécessaire avec les châssis doubles qui sont en général préférés au châssis simple, un dispositif automatique qui indique qu'ils ont été exposés. M. Horn a proposé à cet effet un petit mécanisme très simple, qui peut s'adapter à tous les châssis, et qui empêche d'introduire un châssis dans l'appareil lorsqu'il a déjà servi. Ce dispositif nous paraît absolument nécessaire dans le matériel du voyageur, car celui-ci a d'autres préoccupations que la photographie, et une simple distraction de sa part peut causer la perte de deux documents de valeur, parce qu'ils auront été obtenus sur la même plaque.

A défaut du dispositif Horn, on peut employer le procédé donné par M. Davanne, et qui consiste à mettre à cheval sur le châssis une simple étiquette gommée qui sera brisée naturellement lorsque l'on ouvrira le châssis.

Il est bon, par précaution, d'enfermer chaque châssis dans une enveloppe en étoffe noire, et de ne les sortir que sous le voile noir. Il est d'ailleurs indispensable de ne les ouvrir que sous ce même voile, les meilleurs châssis pouvant à la longue laisser pénétrer la lumière.

Le sac ou la boîte qui renfermera les châssis devra pouvoir se fermer à clef ou avec un secret, de façon à éviter les indiscrétions.

Les châssis à magasin sont basés sur un tout autre principe, la quantité de plaques que l'on compte employer dans une journée étant enfermée dans une solide boîte, d'où on les extrait successivement pour les faire passer dans un châssis unique. Ce dispositif simplifie le matériel et est moins encombrant que le nombre correspondant de châssis négatifs.

Il est seulement nécessaire que cet appareil soit bien construit pour éviter d'une manière absolue toute infiltration de lumière lorsque l'on change de plaque. Il faut, de plus, que pendant le transport on puisse, par une manœuvre très simple, immobiliser toutes les plaques pour les empêcher de ballotter, ce qui pourrait à la longue entraîner la formation d'éclats de verre occasionnant des taches ou des rayures sur la couche et même entraver le fonctionnement de l'appareil.

Parmi les instruments de ce genre qui nous semblent bien établis, nous citerons la boîte à escamoter perfectionnée de M. Seguy. Avec un dispositif de ce genre, il serait même possible d'opérer le chargement du magasin d'un seul coup, et d'y introduire douze ou vingt-quatre plaques en même temps, ce changement pouvant se faire sous un bon voile en forme de sac, ou sous une couverture. A ce titre, cet appareil nous semble mériter d'être étudié.

Quant aux châssis-magasins destinés à l'emploi des pellicules, nous aurons à en parler à propos de ces préparations.

Objectif. — Le choix de l'objectif n'est pas moins important, car de ses qualités dépend la valeur des documents obtenus.

Comme il n'est pas possible d'emporter en voyage les divers types qui ont été créés spécialement pour résoudre tel ou tel genre de travail, il s'agit d'examiner le modèle qui est d'un emploi le plus général, puis ceux qui seront nécessaires, si l'on veut ne jamais être désarmé dans certains cas plus rares, il est vrai, mais qui ne pourraient être abordés avec le modèle précédent.

Sans hésitation, l'objectif qui rendra le plus de services au voyageur est le type dit aplanétique, composé de deux systèmes de lentilles symétriques. C'est le seul qui, tout en assurant la rectitude des lignes, permet le travail avec une assez grande ouverture. Dans cette classe, on peut ranger les symétriques, les rectilinéaires, les hémisphériques qui, sous des noms fort différents, jouissent sensiblement des mêmes propriétés.

Ce type d'objectif, grâce à son ouverture, permet d'aborder avec succès la photographie instantanée ; puis, avec un diaphragme plus ou moins réduit, de faire des groupes, des portraits, des paysages, des reproductions. Grâce à son aplanétisme, il donne des images absolument correctes qui peuvent servir même à des relevés topographiques. Il est donc absolument indiqué dans l'espèce.

Il jouit, de plus, d'une qualité très précieuse, c'est de pouvoir être dédoublé en supprimant la lentille antérieure. Il constitue alors un objectif simple, il est vrai, mais de foyer double, ce qui peut être fort précieux, puisque d'un même endroit il sera possible d'obtenir une image de dimensions doubles. C'est d'ailleurs un des grands avantages de l'appareil photographique que de pouvoir rapprocher ou éloigner en quelque sorte les objets par l'emploi d'un objectif de foyer plus ou moins long.

Voici, pour les principaux formats, les foyers moyens d'objectifs qu'il est préférable d'employer :

Format de la plaque.	Foyer moyen de l'objectif à adopter.
8 × 9	10 à 12 centimètres.
9 × 12	12 à 15 —
13 × 18	18 à 25 —
18 × 24	30 à 35 —

Chacun de ces objectifs dédoublés donnera un objectif simple de foyer double. Il est cependant des cas dans lesquels les objets seront trop rapprochés ou trop éloignés, sans qu'il soit possible, pour une raison ou une autre, d'opérer convenablement avec l'aplanétique ou de modifier la distance de l'appareil par rapport au modèle. Il faudra alors prendre deux types d'objectifs : l'un à très court foyer qu'on nomme le grand angulaire, et l'autre à très long foyer. Le premier permet d'obtenir les objets trop rapprochés, et le deuxième ceux qui sont trop éloignés.

Dans ce dernier cas, la longueur focale de l'objectif à employer croissant avec la grandeur que l'on désire obtenir, il serait nécessaire d'avoir des appareils possédant un tirage considérable. Aussi préfère-t-on employer un dispositif spécial connu sous le nom de télé-objectif, et qui est combiné pour la photographie à grande distance. En voici un modèle construit par M. Jarret, et qui permet d'obtenir des images d'objets éloignés avec un tirage relativement court.

En résumé, suivant ses ressources, l'outillage du voyageur, en fait d'objectifs, pourra comprendre l'une des trois combinaisons suivantes :

<table>
<tr><td colspan="2" align="center">I</td><td colspan="2" align="center">II</td></tr>
<tr><td>1° Objectif aplanétique.</td><td></td><td>1° Objectif aplanétique.</td><td></td></tr>
<tr><td>2°　—　　—　dédoublé.</td><td></td><td>2°　—　　—　dédoublé.</td><td></td></tr>
<tr><td></td><td></td><td>3°　--　grand angulaire.</td><td></td></tr>
</table>

III

1° Objectif aplanétique.
2°　—　　—　dédoublé.
3°　—　grand angulaire.
4° Télé-objectif.

La troisième combinaison est évidemment la plus complète, mais ordinairement on se contente de la seconde.

Nous n'avons pas parlé des trousses d'objectifs qui sont construites précisé-

:ment pour répondre aux diverses hypothèses de la pratique, et ceci par les com-
:binaisons d'un certain nombre de lentilles entre elles.

Bien qu'elles remplissent le but cherché, sauf en ce qui concerne la photographie à grande distance, nous préférons l'emploi des divers objectifs que
nous avons indiqués plus haut, parce que nous avons constaté que chacune des
combinaisons de la trousse est inférieure à un objectif similaire.

Les objectifs devront être choisis et vérifiés avec le plus grand soin.

Prochainement, grâce à l'initiative de la Société française de photographie,
un laboratoire d'essais va être organisé, et il sera d'une grande utilité pour les
voyageurs, qui n'ont pas toujours le temps ni les connaissances voulues pour
faire ces essais délicats.

Une fois les objectifs choisis, il faudra vérifier si le tirage du soufflet est
suffisant pour permettre de les utiliser. Dans la majorité des appareils, il faut
bien le dire, le tirage est absolument insuffisant. Ceci est grave, dans l'espèce,
car on ne pourra utiliser l'aplanétique dédoublé et, d'autre part, il sera maté-
riellement impossible de faire une reproduction à taille égale, ce qui peut être
quelquefois fort utile, car dans cette hypothèse on sait que la distance du verre
dépoli au centre optique de l'objectif est égale à $2\,f$, c'est-à-dire à deux fois la
distance focale principale de l'objectif. De toutes façons, le tirage de la chambre
noire devra avoir au moins le double de la distance focale de l'aplanétique, ce
qui nous donne pour une chambre 13×18 au moins 50 centimètres de tirage
et 70 centimètres pour une 18×24. Or, nous le répétons, il existe peu d'appareils établis dans ces conditions.

Nous avons parlé tout à l'heure incidemment des diaphragmes de l'objectif ;
ceux-ci sont de petites lamelles de métal percées d'ouvertures qui ont pour but
d'augmenter la netteté de l'image et l'étendue du champ couvert.

Le plus souvent, les diaphragmes sont indépendants les uns des autres et
enfermés dans un petit étui. Cette disposition est absolument condamnable, car
elle permet trop facilement leur perte.

Les diaphragmes doivent être adhérents à l'objectif et ne pouvoir en être
séparés.

Le dispositif le plus parfait est le diaphragme iris qui, inventé par Niepce,
est de nouveau très employé.

On doit exiger de l'opticien qu'il grave sur la monture de l'objectif la longueur focale principale mesurée avec précision. La connaissance de cette longueur est indispensable pour calculer les coefficients d'exposition et relever les
dimensions des objets ou leur distance.

Les diaphragmes devront être numérotés d'après les indications du Congrès
international de photographie. Le numéro 1 doit avoir pour diamètre 1/10 de
la distance focale principale, les autres étant ouverts de telle façon que les temps
de pose aillent en augmentant ou diminuant de moitié. Ce numérotage facilite
de beaucoup les calculs pour la détermination du temps de pose suivant que
l'on se sert d'un diaphragme ou d'un autre. Cette même graduation s'applique,
bien entendu, sur le diaphragme iris.

L'objectif aplanétique est monté, en général, sur l'obturateur et fixé au moyen
de sa rondelle sur la planchette mobile du corps d'avant. Cette installation
est faite le plus souvent d'une manière absolument défectueuse, puisque la
rondelle n'est maintenue sur la planchette qu'au moyen de quelques vis toujours de dimensions ridiculement petites, étant donnée la faible épaisseur des
planchettes employées habituellement. Il s'ensuit qu'un choc un peu violent,

une chute peuvent provoquer l'arrachement de ces vis, et par suite compromettre l'objectif lui-même et empêcher de le replacer convenablement.

De ce côté, il serait indispensable de trouver un mode de montage de l'objectif plus sérieux.

Les objectifs doivent être enfermés dans des boîtes capitonnées, et il faut les entretenir toujours en état parfait de propreté au moyen d'une peau de daim très fine.

Certains d'entre eux ont une monture beaucoup plus pesante qu'elle ne devrait être, aussi sera-t-il avantageux dans ce cas de substituer l'aluminium au laiton.

Enfin, pour terminer, nous engageons le voyageur à emporter l'appareil connu sous le nom de *sténopé*, qui permet d'effectuer la photographie sans objectif. Ce dispositif sera précieux au cas où un accident aurait mis les objectifs hors d'usage, et il permet d'opérer dans certains cas où même les grands angulaires sont impuissants. La netteté de l'image n'est pas aussi grande qu'avec l'objectif, mais elle est pratiquement suffisante, surtout dans l'hypothèse présente, puisque l'on ne saurait opérer avec l'objectif. Le meilleur modèle de ce genre est dû à M. d'Assche; en effet, grâce à de petites lentilles intercalées entre les ouvertures de différent diamètre qui doivent servir dans les différents cas pour l'obtention de l'image, on peut effectuer facilement la mise en plaque et la mise au point du sujet, ces opérations étant très difficiles à réaliser dans les appareils ordinaires à cause de l'étroitesse des ouvertures donnant passage à la lumière.

Obturateur. — Cet appareil, comme on le sait, est destiné à réduire suffisamment la pose pour obtenir des épreuves dites *instantanées*. Nous n'avons pas à discuter ici les qualités théoriques que doit avoir l'obturateur : il nous faut examiner uniquement les qualités pratiques qui lui permettront de résister à un voyage lointain. Tout d'abord, à notre avis, le bois doit être absolument proscrit de leur construction, le métal étant bien préférable; mais à la condition expresse que celui-ci soit mis soigneusement à l'abri des altérations par une couche d'oxyde ou de vernis très solide; sinon, dans certains climats humides, dans les traversées maritimes, les parties métalliques se rouillent très rapidement et l'appareil est de suite hors d'usage. Dans notre voyage d'Amérique, au bout de trois jours de mer seulement, un de nos appareils était déjà altéré. Les ressorts sont une des parties qui seront hors d'usage le plus facilement; aussi ne saurait-on prendre trop de précautions pour les préserver.

Dans l'obturateur particulier que nous avions fait construire, et qui a parfaitement résisté, toutes les parties de l'appareil étaient argentées, puis oxydées.

Comme ressorts, nous donnons la préférence aux ressorts à boudin qui, convenablement établis, ne s'oxydent point et ne se cassent pas.

Nous ne pourrions en dire autant des ressorts spirales qui se brisent souvent comme du verre et qui, en tout cas, sont plus délicats à remplacer.

Quant au caoutchouc, bien qu'il ait des partisans convaincus, nous ne croyons guère à sa valeur à cause des altérations rapides qu'il peut subir, même et surtout lorsqu'on n'en fait pas usage.

Le mécanisme de l'obturateur doit être aussi simple que possible, et la plupart des instruments dont nous nous servons journellement, et qui sont d'ailleurs excellents, seraient peut-être à éliminer pour un lointain voyage.

Vous n'ignorez pas que, devant les exigences toujours croissantes des amateurs, les malheureux constructeurs sont obligés de faire des obturateurs donnant l'instantané, bien entendu, mais la pose également; certains sont allés jusqu'à faire des instruments chronométriques permettant de poser une fraction de seconde ou un nombre déterminé de secondes. L'amateur ne veut même plus se donner la peine d'enlever le bouchon de l'objectif, ni seulement de compter les secondes; il commande d'ailleurs son obturateur au moyen d'une poire pneumatique ou même quelquefois avec un dispositif électrique. Inutile de vous dire que, par suite de ces fonctions multiples exigées de l'obturateur, celui-ci devient un instrument délicat, quelquefois même de précision. Un rien suffira pour le mettre hors d'usage et les réparations seront à peu près impossibles.

Avec un obturateur simple destiné spécialement à faire de l'instantané et facilement démontable, on n'éprouvera pas ces insuccès. Il faudra emporter des ressorts de rechange et un petit matériel pour effectuer soi-même une réparation si elle était nécessaire.

La plupart des obturateurs sont commandés au moyen d'une poire pneumatique agissant sur un petit soufflet intérieur en caoutchouc. Ces deux parties de l'appareil seront celles qui s'altèrent le plus facilement. Il faudra donc que, par un dispositif spécial et uniquement mécanique, on puisse déclencher l'obturateur à la main.

L'obturateur sera monté sur l'aplanétique avec lequel il sera employé généralement et, en le plaçant entre les deux lentilles, il pourra être de dimensions bien plus réduites. Ces deux appareils ne devront pas être séparés et ils seront enfermés dans la même boîte.

Pied. — Le pied est destiné à supporter l'appareil pendant l'exécution de toutes les opérations. Bien que l'on préfère généralement les pieds légers et peu volumineux, c'est une faute, à notre avis, que de rechercher uniquement ces qualités; car il y en a une autre qui est bien plus importante, c'est la stabilité; mais elle est précisément en raison inverse du poids et du volume. Or, cette qualité est primordiale, et il vaut mieux un pied lourd et robuste et une chambre très légère qu'un pied très léger et une chambre lourde. Ce qui, d'autre part, est très important, c'est que la tête du pied sur laquelle doit reposer la chambre ait une assiette aussi large que possible.

En aucun cas on ne doit pouvoir constater de mouvement de torsion de la chambre sur le pied. Un modèle très simple et très robuste est le pied à trois branches, qui est, du reste, un des plus employés; bien qu'il soit un peu volumineux, c'est celui auquel nous avons donné la préférence pour notre usage particulier. Des écrous permettent d'obtenir une rigidité absolue de l'ensemble; il nous faut seulement recommander d'aplatir l'extrémité des pas de vis, afin d'empêcher les écrous de se dévisser et de se perdre pendant le transport.

Grâce à l'inclinaison des branches du pied, en les rentrant plus ou moins, on peut mettre facilement l'appareil en station même sur les terrains les plus accidentés. Mais, comme le recommande justement M. Le Bon, il sera encore préférable d'employer une calotte sphérique analogue à celle qui sert dans les opérations de topographie. Ce dispositif permet d'installer solidement le pied, puis d'effectuer ensuite la mise de niveau, la chambre seule étant déplacée avec le plateau supérieur de la calotte.

L'appareil et le pied seront enfermés dans des sacs solides ou des boîtes capitonnées et garnies de ferrures. Les sacs devront être faits de manière à être portés sur le dos ou en bandoulière.

Le matériel sera complété par l'emploi d'une loupe destinée à assurer la perfection de la mise au point et d'un voile noir pour abriter l'opérateur pendant

cette opération. Ce voile devra être absolument opaque et imperméable, de
façon à abriter le matériel en cas de pluie soudaine.

Dans les climats chauds, l'usage du voile noir est intolérable; il vaudra
mieux le remplacer par une étoffe doublée de blanc du côté extérieur ou
employer encore un petit soufflet conique percé d'une ouverture et qui, s'a-
daptant sur le cadre du verre dépoli, permet d'effectuer la mise au point sans
le voile.

Un dernier détail. Le voile pourra porter à l'avant une ouverture dans
laquelle on engagera l'objectif, et les quatre côtés sont garnis de rubans
solides qui permettront de le fixer après le pied pour donner moins de prise
au vent.

Nous avons terminé la description détaillée d'un matériel qui permettra au
voyageur d'aborder la majorité, sinon la totalité des cas qui peuvent se présenter : en effet, il est une série de documents, et non les moins intéressants,
qui ne sauraient être reproduits avec le matériel précédent qui nécessite obligatoirement quelques minutes de préparatifs ; ce sont les scènes variées que l'on
peut rencontrer inopinément et qui ont trait aux mœurs, aux coutumes, à la
vie privée des indigènes, scènes qui sont essentiellement fugitives et dans lesquelles, si l'on a souci de la vérité, il est indispensable de ne pas attirer l'attention de ceux que l'on veut reproduire.

Or, la vue d'un appareil photographique monté sur son pied provoquera chez
les indigènes, quels qu'ils soient, tout comme sur nos badauds parisiens, par
exemple, deux effets nettement définis : celui de la curiosité ou de la crainte.
Dans le premier cas, ils poseront pour ainsi dire; dans le second, ils se sauve-
ront. Joignez à ceci que certaines religions défendent à leurs adeptes de laisser
reproduire leurs traits, et vous serez d'accord avec nous que, si l'on veut étudier les mœurs et les habitudes de certaines peuplades, il faut faire usage d'un
autre matériel qui, à l'inverse du précédent, devra être essentiellement portatif
et toujours prêt à fonctionner.

Les appareils de ce genre constituent la classe des appareils à main, ainsi
dénommés parce qu'ils sont tenus par l'opérateur, le pied étant absolument
supprimé. Pour cette raison, ils ne peuvent être employés que pour faire des
épreuves instantanées, et comme la production de ces épreuves n'est possible
qu'avec une très belle lumière, leur terrain d'action est absolument limité.
Mais, néanmoins, ils ne forment absolument pas double emploi avec le matériel
précédemment décrit; au contraire, ils le complètent de la façon la plus avanta-
tageuse, en permettant d'obtenir des documents que ce matériel est impuissant
à donner.

Par contre, si l'opérateur ne désire que des épreuves de format restreint, il
pourra, par l'addition d'un pied à l'appareil à main, étendre le champ d'action
de celui-ci à toutes les hypothèses qui exigent une certaine durée d'exposition.

Nous trouverons alors deux combinaisons qui pourront être employées suivant le but cherché :

I

1° Appareil à pied de grand format.
2°   —   à main de petit format.

II

1° Appareil à main de petit format.
2° Le même avec pied (1).

Le nombre des appareils à main étant considérable à l'heure actuelle, nous ne pouvons que vous indiquer rapidement les trois grandes catégories dans lesquelles on peut les ranger :

1° Appareils à foyer fixe.
2°   —   — réglable.
3°   — à vision simultanée.

La première catégorie renferme tous les appareils dits automatiques qui suppriment radicalement toute mise au point, le foyer étant fixe.

La conception de ces appareils repose sur ce fait qu'au delà de cent fois la distance focale principale de l'objectif employé, les divers objets forment leur image sensiblement dans un même plan. Quel que soit, d'ailleurs, le foyer de l'objectif employé, cette limite à partir de laquelle on doit opérer obligatoirement est toujours l'infini, et l'étude des premiers plans est absolument interdite.

Il est vrai qu'en diminuant le diaphragme, on peut réduire de beaucoup cette distance de cent f, mais alors c'est au détriment de la lumière admise dans l'appareil, ce qui est toujours grave dans un instrument destiné à ne faire que l'instantanéité.

En résumé, les services que peut rendre un appareil à foyer fixe sont si limités que son usage exclusif laisserait le voyageur désarmé dans la plupart des hypothèses.

Au contraire, à cause de son peu de volume, de sa facilité de maniement, il sera très précieux pour compléter le matériel sur pied, en permettant d'opérer immédiatement et sans préparatifs aucuns, dans tous les cas où l'apparition soudaine d'un objet curieux, d'une scène intéressante ne permettrait pas de monter le grand appareil. Les résultats laisseront peut-être quelquefois à désirer, mais ces croquis, ces notes, présenteront néanmoins un intérêt indiscutable.

Les appareils à foyer réglable, tout en pouvant rendre les mêmes services que les précédents, ont cependant sur eux un avantage sérieux, c'est de permettre d'opérer aux distances plus rapprochées, ce qui est important pour obtenir des reproductions à une échelle suffisamment grande. A cet effet, au moyen de repères convenablement placés, on peut mettre exactement la surface sensible à l'emplacement qui correspond à la mise au point exacte pour telle ou telle distance.

Avec ce type d'appareil, du moment que l'on connaît la distance on peut opérer à coup sûr ; mais il n'en sera pas toujours ainsi et, quoique certains opérateurs aient la prétention d'apprécier avec précision les différentes distances, il est certain que de ce côté on éprouvera de nombreux déboires. De plus, après

<hr>

(1) On fait également des appareils à main de grand format qui pourront être employés dans cette seconde hypothèse, mais leur tirage est toujours insuffisant, de telle sorte qu'ils ne pourront servir dans toutes les hypothèses qui amènent l'allongement de la distance focale.

avoir fait cette appréciation, il faudra régler son appareil pour la distance correspondante, et si rapidement que l'on puisse faire ces diverses opérations, la plupart du temps on arrivera trop tard.

Nous avons amèrement éprouvé la vérité de ce que nous avançons dans notre voyage d'Amérique, où nous avions emporté un appareil de ce genre, et c'est à la suite des insuccès par trop nombreux dont nous avons été victime, et qui provenaient, dans la plupart des circonstances, de la pratique, de l'impossibilité où l'on est d'apprécier assez rapidement les distances et encore moins de les mesurer, que nous avons combiné un appareil qui appartient à la troisième catégorie.

Ici le but cherché est de pouvoir contrôler la mise au point pendant que l'on vise l'objet, et de la rectifier si cela est nécessaire pour déclencher au moment précis où le sujet se présente dans les meilleures conditions d'exécution. Cet appareil permet d'opérer avec la netteté la plus parfaite jusqu'à 50 centimètres, et, grâce au système général qui a présidé à sa construction, on peut, en cas d'insuffisance de la lumière, travailler avec de grandes ouvertures et faire de l'instantanéité dans des conditions où les autres appareils seraient impuissants. (1).

Avec un pied, cet appareil ou un similaire permettra d'aborder la plupart des hypothèses qui nécessitent de la pose.

II

Nous arrivons maintenant à la question des préparations sensibles, qui n'est pas moins importante.

Devant les progrès réalisés depuis quelques années, progrès qui ont amené le développement du procédé au gélatino-bromure d'argent, et à cause des qualités de ce produit, il ne nous parait pas nécessaire de parler des anciens procédés qui étaient utilisés auparavant par les voyageurs. Est-ce à dire que le gélatino-bromure soit la perfection? Évidemment non. Certains procédés avaient une finesse bien supérieure. Sa conservation est quelquefois difficile sous certains climats, et sa sensibilité si exquise est une cause de difficultés sans nombre pour maintenir les plaques à l'abri de toute lumière; enfin, le développement de la couche, qui est à base de gélatine, n'est pas sans présenter de graves inconvénients en voyage.

Mais les anciens procédés sont si peu employés maintenant et on a tellement de facilités pour se procurer les plaques au gélatino-bromure, qu'on doit leur donner la préférence, car elles seules nous permettent d'aborder avec plein succès la photographie instantanée.

Les plaques que l'on trouve dans le commerce ont des sensibilités fort différentes; on devra donc faire son choix d'après la série d'études que l'on désire entreprendre et en se basant sur ce que la finesse des plaques est d'autant plus faible que leur sensibilité est plus grande et inversement.

Cette question du grain de la couche qui croît avec la rapidité n'est pas indif-

(1) Cet appareil que nous avons combiné avec M. Dessoudeix est maintenant construit par M. Bazin, ingénieur à Paris.

férente, si l'on désire ultérieurement procéder à des reproductions et surtout à des agrandissements. C'est du reste pour cette raison que l'on ne peut réduire trop le format, et que le système qui aurait consisté à ne faire que de toutes petites épreuves, pour les agrandir ensuite, ne donne pas pratiquement de bons résultats à cause de la grosseur du grain de la couche. On a constaté également que, sur une même plaque, ce grain est même variable d'après la durée d'exposition, celui-ci étant d'autant plus grossier que la pose aura été plus courte. Il s'ensuit que si l'on recherche l'extrême finesse des images, la photographie instantanée ne saurait être la règle.

Quoi qu'il en soit, nous sommes toujours partisan des plaques rapides qui, convenablement diaphragmées et posées, ne présenteront pas de grain trop prononcé et qui permettront de réaliser les expositions les plus courtes, si cela est nécessaire.

Le choix des plaques devra être fait parmi les marques avantageusement connues et, de plus, on devra les essayer avec grand soin.

Dans l'industrie, les plaques sont faites au moyen d'émulsions pouvant recouvrir un certain nombre de douzaines de plaques.

Toutes ces douzaines sont enfermées dans des boîtes portant un même numéro; il faut donc faire prélever sur un numéro d'émulsion deux ou trois boîtes et faire les essais avec un certain nombre de plaques prises au hasard dans chaque paquet. Si les essais sont concordants, les plaques non voilées et de la rapidité désirée, on fera sa provision en demandant le même numéro. Dans ces conditions, si l'on a affaire à une maison sérieuse, on aura assez de chances d'avoir des plaques convenables. En terminant, nous demandons tout particulièrement d'éviter, si possible, l'achat de plaques faites dans la saison chaude. Ces plaques, en effet, sont souvent sujettes au décollement.

Inconvénients des plaques. — Il ne faut pas se dissimuler que les plaques ont, au point de vue du voyage, des inconvénients sérieux : le poids, le volume et, enfin, la fragilité. Aussi, depuis longtemps déjà, on cherche à substituer au verre qui sert de support à la couche une autre substance ayant les mêmes qualités de transparence et de planité, mais n'ayant pas, par contre, les défauts que nous venons de signaler. Les produits obtenus portent le nom de pellicules. Au point de vue de la transparence, le problème est entièrement résolu; mais, en ce qui concerne la planité, nous sommes encore loin du but, et il est nécessaire, pour tendre les pellicules, d'employer des dispositifs spéciaux qui sont pesants et surtout délicats d'emploi. Une seule marque est analogue aux plaques, c'est la pellicule auto-tendue de M. Planchon. A cause de cet avantage, elle nous paraît apte à rendre de nombreux services.

Les pellicules nous semblent être le vrai procédé de l'avenir pour le voyageur, car, sous un volume très faible et avec un poids insignifiant, elles permettent d'emporter un nombre considérable de préparations. Nous disons pour l'avenir, car on a signalé à plusieurs reprises des altérations rapides de ces préparations, altérations qui sont dues probablement à la nature des supports employés ou des corps qui sont destinés à assurer l'adhérence de la couche et du support. Nous croyons devoir signaler ce fait pour engager le voyageur à faire des essais préalables sur la conservation de ces produits et à n'adopter que les marques de pellicules présentant les conditions de durée indispensables. D'après notre expérience personnelle, parmi les préparations qui nous ont donné de bons résultats, nous pouvons citer les pellicules de l'As de trèfle et les préparations américaines sur celluloïde, *Ivory film*. Ces dernières, en particulier, n'avaient perdu aucune de leurs qualités au bout d'un an (1). Nous ne pourrions en dire autant de certaines marques françaises qui, au bout de quelques mois, étaient complètement altérées et ont occasionné à des voyageurs, pourtant experts en photographie, de cruels déboires.

Pour éviter l'emploi des dispositifs destinés à donner la planité aux pellicules et qui, déjà d'un usage délicat dans le laboratoire, doivent être encore d'un emploi plus compliqué dans la pratique du voyage, on a proposé d'employer des pellicules en longues bandes qui sont placées dans des châssis spéciaux, les châssis à rouleaux. Ce dispositif constitue *a priori* une solution intéressante du problème puisque, sous un volume très réduit, certains de ces appareils peuvent contenir jusqu'à 100 négatifs.

Il faut seulement que le fonctionnement de ces appareils soit irréprochable, sous peine d'être désarmé par un arrêt quelconque. L'essai des rouleaux sera délicat, et sous peine de les défaire tous on peut être exposé à emporter des bandes dont l'une des extrémités est parfaite, et où il y a dans le milieu ou à la fin de graves défauts. En résumé, l'emploi de ces appareils est fort délicat, et nous nous demandons s'ils doivent être emportés exclusivement.

Il est d'ailleurs un accident très grave qui peut se produire surtout dans les voyages de longue durée. On connaît l'action des surfaces impressionnées les unes sur les autres; l'image latente obtenue sur une plaque se reporte au bout d'un certain temps sur une autre plaque mise en contact, mais qui n'a pas subi l'impression de la lumière.

N'est-il pas à craindre que ce phénomène ne se produise dans une large mesure au sein de ces rouleaux où les surfaces sensibles peuvent se trouver pendant fort longtemps en contact intime ?

Pour éviter cet accident, il suffirait d'enrouler avec la pellicule une bande d'étoffe mince ou de papier convenablement choisi, de façon à bien séparer les couches.

Quoi qu'il en soit, et pour nous résumer, devant les aléas que peuvent donner les pellicules et malgré les inconvénients des plaques, nous n'hésiterions pas encore à l'heure actuelle à nous charger exclusivement de ces dernières.

Faisons des vœux seulement pour que la fabrication et le maniement de ces préparations donnent le plus tôt possible la sûreté de travail que l'on rencontre avec les plaques.

Emballage des plaques. — Celui-ci doit être fait avec le plus grand soin, sous peine de voir les espérances ou les résultats d'un voyage anéantis en un instant. Les plaques seront mises dans de solides caisses en bois, capitonnées intérieurement, de façon qu'il n'y ait pas le moindre jeu; le tout doit former un bloc en quelque sorte rigide qui offrira le maximum de résistance. Pour aller sous certains climats, pour les traversées maritimes et surtout lorsque le voyage doit avoir une certaine durée, les boîtes de plaques seront renfermées dans des caisses de zinc soudées. Nous recommandons d'ailleurs de diviser la provision de plaques en un certain nombre de colis, tant pour faciliter le transport que pour partager les risques.

Nous voici enfin équipés, et vous pouvez constater par vous-mêmes qu'il est nécessaire pour contrôler son matériel de s'y prendre un peu plus longtemps à l'avance qu'on ne le fait habituellement.

---

(1) Depuis cette conférence, on nous a signalé des altérations de pellicules sur celluloïde qui se seraient produites dans les pays particulièrement chauds, — le support étant décomposé par une température très élevée.

Nous n'avons en vue, dans cette conférence, que les lointains voyages qui présentent le maximum de difficultés, mais tout ce que nous avons dit trouvera son application dans les plus courtes expéditions. Et si , à notre avis, l'appareil type de l'explorateur, tel que nous l'avons décrit, n'existe pas, la plupart de ceux que vous connaissez peuvent être employés avec succès dans les autres hypothèses. Mais, nous le répétons, l'appareil de l'explorateur n'existe pas, et nous serions trop heureux si cette partie un peu technique de notre travail peut décider certains constructeurs à combiner un modèle basé sur les données que nous venons d'indiquer.

III

Nous pouvons maintenant partir. Outre la question de transport du matériel et surtout de la provision de plaques, nous aurons à effectuer pendant le voyage les opérations suivantes :

1º Chargement des châssis;

2º Opérations photographiques sur le terrain ;

3º Développement ;

4º Emballage des plaques après l'exposition ou le développement.

1º *Chargement des châssis.* — Vous savez que, vu l'extrême sensibilité des plaques actuellement employées, on ne peut les manier que dans un local totalement privé de lumière blanche, et l'on ne doit s'éclairer qu'au moyen d'un éclairage rouge, convenablement choisi.

La difficulté de trouver en voyage des locaux identiques nous conduira naturellement à ne faire nos chargements que la nuit venue. Mais, dans les pays déserts et inhabités, sous certaines latitudes, lorsque le soleil ne descend pas au-dessous de l'horizon, il n'en sera pas ainsi et le voyageur sera obligé de s'ingénier pour opérer dans les conditions voulues. Il devra s'abriter sous la tente et même quelquefois sous des couvertures dans lesquelles il s'enveloppera complètement. Dans ces conditions, il est certain qu'il n'aura pas toutes ses aises, et qu'il aura toutes les peines du monde à effectuer son travail, surtout s'il s'agit de manier des pellicules à mettre dans des extenseurs ou des châssis à rouleaux. Si une petite lanterne de voyage peut lui être utile quelquefois, bien souvent, comme dans l'hypothèse précédente , elle ne pourra lui être d'aucun secours.

Dans notre voyage d'Amérique, nous avons très vite renoncé à l'emploi de la lanterne, et nous engageons le voyageur à faire de même. Avec un peu d'habitude, on arrive parfaitement à opérer, du moins avec les plaques ; on évite par suite, d'une manière absolue, de voiler celles-ci. La seule précaution à prendre consiste à mettre les plaques du bon côté, ce qui est du reste très facile, le toucher permettant de reconnaître aisément le côté de la couche.

2º *Opérations photographiques sur le terrain.* — En ce qui concerne cette question, nous serons très brefs, car ces opérations constituent la technique photographique, qui à elle seule exigerait plusieurs conférences de ce genre, et le voyageur aura beau être bien outillé, il ne réussira pas, s'il n'a pas cette éducation et cette expérience qu'il doit acquérir au préalable.

Nous ne ferons qu'un certain nombre de recommandations à propos de l'exposition. Toutes les fois qu'il s'agira de photographies instantanées, on réglera la vitesse de l'obturateur, de façon à saisir le mouvement observé avec la netteté suffisante, car il est inutile et même dangereux d'exagérer cette vitesse plus que de raison.

Pour les vues posées, on adoptera la règle suivante : « Donner dans tous les cas une légère surexposition, sauf dans les hypothèses toutes particulières, où, par suite de l'uniformité, du manque de valeurs du modèle, il est nécessaire d'obtenir plus d'oppositions par une pose un peu courte intentionnellement ».

En effet, étant données les conditions dans lesquelles on opère, il est un temps de pose que l'on pourrait appeler le temps normal d'exposition et qui correspond à l'exposition la plus juste. On trouve, du reste, dans les ouvrages photographiques, des tables qui seront indispensables au voyageur et qui lui permettront de déterminer ce temps normal avec une approximation très suffisante.

Mais, s'il reste en dessous de cette exposition, ce qui constitue la sous-exposition, il pourra compromettre la qualité et même l'existence du document, puisque l'action de la lumière est en dessous de ce qu'elle aurait dû être. Au contraire, en dépassant quelque peu la pose normale, ce qui constitue la surexposition, il lui sera toujours possible, par l'action rationnelle du révélateur, de modérer la venue de l'image, quand bien même la surexposition aurait été poussée beaucoup plus loin.

D'autre part, on a remarqué que l'intensité de l'image obtenue diminuait d'autant plus que le temps entre la pose et le développement s'allongeait. D'où cette règle pratique qu'il faudra d'autant plus poser que le moment du développement sera plus éloigné. Ces différentes raisons vous expliqueront pourquoi la surexposition doit être la règle à peu près générale pour le voyageur.

Celui-ci devra d'ailleurs consigner, sur un carnet spécial, les conditions dans lesquelles il aura opéré pour chaque cliché. Le numéro correspondant à cette inscription sera porté au crayon sur un coin de la plaque ; ce numéro, qui ne sera pas effacé pendant le développement, permettra de connaître exactement l'identité de chaque cliché.

3° *Développement.* — Nous arrivons maintenant à la question du développement, et le point que nous devons trancher de suite est celui de savoir s'il convient de développer en voyage.

Cette opération, vous ne l'ignorez pas, est une des plus délicates de la photographie, car c'est d'elle que dépend la valeur du négatif.

Elle nécessite une installation spéciale, des réactifs, des cuvettes, de l'eau en abondance, etc.

Il s'ensuit que déjà délicate d'application dans le laboratoire, elle ne nous paraît pas devoir être exécutée dans le voyage, sous peine de compromettre l'existence de documents péniblement amassés.

Les accidents qui se produiront proviendront non pas du développement en lui-même, qui peut être exécuté avec quelques produits, mais bien des opérations subséquentes, du fixage et surtout du lavage.

En effet, si celui-ci n'est pas effectué convenablement, les négatifs s'altéreront : dans les climats froids, il sera difficile, quelquefois impossible ; dans les climats chauds, la température de l'eau produira le ramollissement de la gélatine qui se détachera du support et même quelquefois se dissoudra complètement, anéantissant ainsi l'image.

Et même, si on évite ces accidents, le séchage de la couche, qui est assez long, occasionnera des retards : pendant cette opération, les poussières et même certains insectes. qui trouvent dans la gélatine un milieu favorable à leur développement, occasionneront de nouveaux déboires.

Par suite, vous admettrez avec nous, sans hésitation aucune, que l'opération du développement en voyage est absolument aléatoire.

D'autre part, travailler dans des pays inconnus, avec une lumière absolument différente de celle de nos contrées, est aussi grave, car on peut commettre des erreurs d'exposition qui compromettront les résultats obtenus.

Nous proposons, dans ce cas, une solution intermédiaire. Réserver en principe le développement pour être effectué au retour, mais de temps en temps, et surtout au début, développer quelques plaques qui serviront de contrôle, et que l'on pourra même exposer spécialement, afin de les abandonner, pour ne pas avoir à effectuer les opérations du fixage et du lavage, l'opération consistant uniquement à révéler l'image.

Dans ce cas, il suffira d'emporter une seule cuvette en matière incassable, carton durci ou celluloïde, puis quelques. produits en petite quantité que l'on fera dissoudre au moment de l'usage. Le développement à l'acide pyrogallique, qui n'exige que l'emploi de ce corps, un peu de sulfite et de carbonate de soude, nous paraît le plus à recommander.

Il sera bon d'emporter, en outre, un peu d'acide citrique. Ce produit, employé à faible dose, 3 à 4 pour 100, permet, après lavage sommaire et un séjour d'une à deux minutes, de conserver la plaque sans que la lumière puisse agir de nouveau sur elle. On peut donc examiner l'image obtenue avec facilité, et même conserver le cliché en cet état pour le fixer au retour.

Si, pour une raison particulière, le voyageur, contrairement à ce que nous venons de dire, veut développer en cours de route, nous croyons qu'il aura intérêt à adopter cette méthode, et pour ne pas perdre de temps et éviter les accidents qui peuvent survenir pendant le séchage, il devra se munir d'alcool pour activer la dessiccation de la couche.

4° *Emballage des plaques au retour.* — Les plaques seront emballées après l'exposition ou le développement de la même manière qu'au départ, de façon à n'avoir aucun jeu et à former des blocs compacts. Certains opérateurs les placent face contre face. Ce procédé est à rejeter à cause des actions de voisinage qui peuvent se produire d'une couche sur l'autre ; d'ailleurs, il est toujours à craindre que les plaques en contact ne frottent les unes contre les autres, ce qui peut amener à la longue des éraillures ou même de véritables trous.

On doit séparer les plaques par une matière isolante non susceptible de réagir sur elles. C'est là une question fort délicate. Les papiers blancs, qui emmagasinent très bien la lumière, produisent des voiles ; les papiers imprimés sont à éviter particulièrement, les caractères se reportant sur l'image avec la plus grande facilité. Il est nécessaire de ne prendre que des papiers noirs ou de couleur jaune ou rouge, et encore faut-il que ces papiers n'aient pas été traités pendant leur fabrication par des substances chimiques, chlore, hyposulfite de soude, susceptibles d'agir sur les sels d'argent.

Le papier qui nous semblerait devoir être recommandé est le papier dit aiguille ou celui qui est employé par les couteliers pour envelopper les objets d'acier. Cependant, de ce côté, il y aurait à faire des recherches très intéressantes qui auraient pour le voyageur une importance capitale.

Les plaques, ainsi séparées, seront enveloppées de papier noir, puis renfer-

mées dans les boîtes de carton qui ont contenu les plaques non exposées. On
appliquera sur ces boîtes des bandes de papier noir gommé, de façon à les
fermer hermétiquement; puis, si l'on a emporté des boîtes de fer-blanc, elles
y seront replacées, et le tout sera scellé avec une bande de diachylum.

IV

Comme vous le voyez, par tous ces détails qui ont cependant une importance capitale, la photographie en voyage présente de nombreuses difficultés,
et c'est dans ce but que nous avons voulu traiter devant vous la question à
fond, estimant que, dans notre Société, les conférences n'ont pas uniquement
pour but de distraire les auditeurs, mais bien de leur donner un véritable enseignement pratique sur des applications que nous pouvons être conduits les
uns et les autres à utiliser un jour ou l'autre.

Pour terminer cette conférence et vous montrer l'importance des documents
que le voyageur peut rapporter, je vais faire défiler devant vos yeux un certain
nombre de projections se rapportant aux principales hypothèses de la photographie en voyage.

Mais permettez-moi tout d'abord de vous rappeler que la photographie a
apporté dans les sciences géographiques une révolution complète. Il n'y a pas
encore bien longtemps que les pays lointains ne nous étaient connus que
par les récits des voyageurs et quelques rares documents rapportés par ceux
d'entre eux qui savaient manier le crayon ou le pinceau. La plupart du temps
le contrôle manquait; de là ces descriptions absolument fantaisistes et quelque
peu exagérées, qui faisaient honneur à l'imagination de certains voyageurs,
mais qui ne pouvaient s'allier suffisamment avec la vérité. Ces descriptions
servant ensuite de point de départ aux dessinateurs chargés d'illustrer les récits de ces mêmes voyageurs, finalement l'écart était vraiment trop grand
entre la nature et la traduction.

En anthropologie, c'était encore pis, et pour représenter un Peau-Rouge ou un
nègre, l'artiste se contentait souvent de recouvrir son type habituel d'un peu
d'ocre ou de noir. Cette période est heureusement terminée, et la transformation
est telle que, dans bien des cas, le document n'a de valeur que s'il est photographique.

Du reste, le temps n'est pas éloigné où toutes les illustrations ne seront que
la reproduction littérale de la photographie, sans l'intervention, si faible qu'elle
soit, de la main du graveur ou du dessinateur.

Ici le conférencier fait passer sous les yeux des auditeurs une série très importante
de projections indiquant les principaux sujets que le voyageur aura à reproduire au
cours du voyage : paysages, monuments, intérieurs de monuments, sculptures et détails
d'architecture, inscriptions, etc. Il indique à ce propos l'utilité du procédé mis en pratique par M. Le Bon et qui consiste à photographier en même temps que le modèle des
repères métriques habilement placés; de cette manière, il est possible de déterminer au
retour et avec grande facilité les dimensions des objets reproduits. Puis viennent des
portraits d'indigènes divers : Arabes, Peaux-Rouges, Chinois, Japonais, Malgaches, etc.,
sur lesquels il est possible de relever des documents anthropologiques de grande valeur.

M. Londe insiste ensuite sur les progrès qui ont été réalisés par l'emploi de la photographie instantanée dans la reproduction des vues animées, des études d'eau, de mer, etc.

Il indique que le voyageur n'a même plus besoin de s'arrêter, et qu'il peut opérer d'un train en marche, d'un bateau, et relever ainsi des sujets qu'il ne pouvait aborder avec les anciens procédés. Il signale ensuite les avantages de la lumière artificielle, qui permet d'opérer en un instant très court dans les grottes, les cavernes, les intérieurs de monuments et qui donne des résultats absolument parfaits.

En résumé, il résulte de cette belle série d'épreuves que le voyageur peut relever en quelques instants des documents d'une extrême précision, documents qu'il pourra ensuite étudier à tête reposée et analyser avec le soin voulu.

Le domaine que nous venons de parcourir est vaste incontestablement, et nous n'avons guère examiné que le côté pittoresque et descriptif. L'appareil photographique permet cependant beaucoup plus. Au moyen de repères habilement placés, on peut, comme l'a si bien indiqué M. Le Bon, rapporter sur le cliché lui-même tout ce qu'il faut pour déterminer au retour toutes les dimensions de l'objet reproduit; avec quelques légères modifications ou additions, il deviendra un véritable instrument de topographie permettant de faire rapidement des levers de grande précision. C'est, du reste, à M. Laussedat que nous devons l'idée première des levers photographiques, et il est juste de lui en rendre hommage, car ces méthodes nous sont revenues souvent de l'étranger, débaptisées mais non modifiées.

Dans le même ordre d'idées, les appareils panoramiques de MM. Moëssard et Dàmoizeau peuvent être de grande utilité, et il n'y a pas jusqu'aux études de MM. Batut et Wenz sur la photographie en cerf-volant qui ne puissent être employées avec avantage dans certaines hypothèses.

En ce qui concerne les missions scientifiques qui ont un but défini et des moyens d'action particuliers, il sera fait usage, la plupart du temps, d'appareils construits spécialement et dont la description nous entraînerait trop loin.

Quoi qu'il en soit, les règles générales que nous avons posées seront toujours applicables.

Mais, au point de vue photographique, le voyage ne sera réellement terminé que lorsque le développement sera effectué dans le laboratoire et avec tous les soins voulus.

Jusqu'à ce moment, le voyageur aura à lutter contre des difficultés administratives, et qui, chose à noter, sont d'autant plus grandes que l'on se rapproche plus des pays civilisés. Lorsqu'il s'agit de passer d'un pays dans l'autre, les formalités ou les exigences de la douane peuvent susciter de nombreux ennuis. Aussi conseillons-nous de ne jamais se séparer de ses caisses de plaques et d'être présent à toutes les visites des agents. En cas de difficultés, on doit exiger le plombage des caisses jusqu'à son domicile particulier, la visite pouvant se faire alors dans les conditions voulues.

Maintenant que la photographie a pris le développement que vous connaissez, que les voyages se font avec plus de facilité, il est indispensable que les administrations douanières se mettent au courant du progrès.

Les Congrès de photographie de 1889 et 1891 ont réclamé l'installation, dans les principales douanes, de pièces permettant d'examiner le contenu des caisses renfermant des plaques photographiques sans compromettre celles-ci. Il y a là une lacune qu'il est indispensable de combler.

Ces Congrès ont proposé également l'apposition d'une marque spéciale, avec texte en différentes langues, qui prévient les agents que l'examen ne peut se faire qu'à la lumière rouge. Il sera bon de se munir d'un certain nombre de ces marques.

Enfin, nous voici dans le laboratoire, et ce n'est pas sans une certaine émotion que le voyageur développera son premier cliché.

Nous savons bien que nombre d'entre eux confient cette opération à des industriels qui révèlent les clichés pour un prix fait d'avance. Cette manière de faire, qui tient à ce que le voyageur n'a pas toujours une pratique de la photographie suffisante, nous paraît dangereuse, car vous n'ignorez pas qu'un développement mal conduit peut altérer profondément le caractère d'un négatif, et même en entraîner la perte absolue.

C'est celui-là seul qui aura pris les clichés qui pourra leur donner leur caractère vrai : et encore faudra-t-il rejeter les développements automatiques et donner la préférence à la méthode rationnelle de développement, qui seule permet de conduire le travail d'une façon sûre et certaine.

Des photographies ainsi faites auront non seulement une valeur au point de vue descriptif et documentaire, mais encore au point de vue artistique, leur auteur ayant pu leur imprimer d'un bout à l'autre sa note personnelle.

Le jour n'est pas loin, nous l'espérons, où la méthode de notre illustre collègue, M. Lippmann, entrera définitivement dans la pratique. Ce jour-là, au fini du rendu, à la perfection de la ligne, nous pourrons ajouter la magie des couleurs.

M. le Dr Raphaël BLANCHARD

Agrégé à la Faculté de Médecine de Paris.

LES ALIMENTS TOXIQUES

— *18 mars 1893* —

ASSOCIATION FRANÇAISE

POUR

L'AVANCEMENT DES SCIENCES

VINGT-DEUXIÈME SESSION

CONGRÈS DE BESANÇON

DOCUMENTS OFFICIELS. — PROCÈS-VERBAUX

PROCÈS-VERBAUX DE LA VINGT-DEUXIÈME SESSION

CONGRÈS DE BESANÇON

ASSEMBLÉE GÉNÉRALE

Tenue à Besançon, le 10 août 1893

PRÉSIDENCE DE M. CH. BOUCHARD

Membre de l'Institut, Professeur à la Faculté de médecine de Paris,

PRÉSIDENT DE L'ASSOCIATION

— Extrait du Procès-verbal —

Le Président fait connaître le résultat de l'élection par correspondance des délégués de l'Association.

MM. Grandidier, Gréard, Lœwy, Noblemaire, Sanson, Richet, ayant obtenu la majorité des suffrages, sont nommés délégués pour une période de trois ans.

Le Secrétaire donne le résultat des élections par les Sections des présidents et délégués pour 1894.

Le Président donne lecture de la modification de l'article 65 du règlement :

Il sera procédé, en Assemblée générale, au vote sur les vœux qui sont présentés par le Conseil comme vœux de l'Association.

Il sera ensuite donné lecture des vœux que le Conseil a réservés comme vœux de Section.

Dans le cas où dix membres au moins demanderaient qu'un vœu de cette espèce fût transformé en vœu de l'Association, ce vœu pourra être renvoyé, par un vote de l'Assemblée, à l'Assemblée générale suivante. Avant la réunion de celle-ci, cette proposition sera étudiée par une Commission de cinq membres qui aura à faire un rapport qui sera imprimé et distribué à tous les membres de l'Association. Cette Commission comprendra deux membres de la Section ou des Sections qui ont présenté le vœu, et trois membres pris en dehors de celle-ci. Les premiers seront désignés par le bureau de la Section (ou par les bureaux des Sections) ayant émis le vœu, qui devront les faire connaître au plus tard lors de la séance du Conseil qui suivra l'Assemblée générale, et, à défaut, par le bureau de l'Association ; les trois autres membres seront nommés par le bureau.

La modification est adoptée par mains levées à l'unanimité.

Le Président donne lecture d'un vœu émis par les 1re et 2e Sections. (Voir page 176.)

Le vœu est adopté comme vœu de l'Association.

Le Président donne lecture d'un vœu émis par la 13e Section. (Voir page 341.)

Le vœu a été adopté par le Conseil comme vœu de Section.

Une seule ville a fait une demande pour le siège du Congrès de 1895. La ville de Bordeaux est désignée, à l'unanimité, pour la 24e Session.

Le Président, avant de passer à l'élection du Vice-Président, annonce que M. Chambrelent, dont la candidature avait été posée, retire cette candidature. En conséquence, la liste de présentation n'ayant plus qu'un nom, l'Assemblée peut, aux termes de l'article 27 du règlement, voter par mains levées.

A l'unanimité, sont nommés :

Vice-Président : M. Émile Trélat, député de la Seine, Directeur de l'École d'architecture, professeur au Conservatoire des Arts et Métiers.

Vice-Secrétaire : M. le Dr Livon, directeur de l'École de médecine de Marseille.

Les fonctions du trésorier étant arrivées à échéance (quatre années) et le titulaire étant rééligible, M. Galante est nommé, à l'unanimité, trésorier de l'Association.

L'Assemblée vote, sur la proposition du Conseil, des remerciements, à l'occasion du Congrès de Besançon :

Aux ministres qui ont envoyé des délégués ;

Au maire et à la municipalité de Besançon ;

Au président, au secrétaire et aux membres du Comité local;

Aux Compagnies de chemins de fer et à la Compagnie générale Transatlantique ;

Aux conférenciers, MM. Durier et Janet;

Aux propriétaires et directeurs d'établissements industriels;

Au proviseur et à l'économe du lycée;

A toutes les personnes qui ont pris part à l'organisation des excursions; aux municipalités de Salins, Montbéliard, Belfort; à la ville de Neuchâtel.

CONSEIL D'ADMINISTRATION

Année 1893-1894

BUREAU DE L'ASSOCIATION

MM. MASCART (E.), Membre de l'Institut, Professeur au Collège de France, Directeur du Bureau central météorologique de France . . . . *Président.*

TRÉLAT (Émile), Professeur au Conservatoire national des Arts et Métiers, Directeur de l'École spéciale d'Architecture, Architecte en chef du département de la Seine, Député de la Seine. . . *Vice-Président.*

ANTHOINE (Édouard), Ingénieur des Arts et Manufactures, Chef du Service de la Carte de France et de la statistique graphique au Ministère de l'Intérieur . . . . *Secrétaire.*

LIVON (le Dʳ Charles), Directeur de l'École de plein exercice de Médecine et de Pharmacie de Marseille . . . . . ! . . . . *Vice-Secrétaire.*

GALANTE (Émile), Fabricant d'Instruments de chirurgie. . . . . *Trésorier.*

GARIEL (C.-M.), Membre de l'Académie de Médecine, Professeur à la Faculté de Médecine, Ingénieur en chef, Professeur à l'École nationale des Ponts et Chaussées. . . . . *Secrétaire du Conseil.*

CARTAZ (le Dʳ A.), Ancien Interne des Hôpitaux de Paris. *Secrétaire adjoint du Conseil.*

ANCIENS PRÉSIDENTS FAISANT PARTIE DU CONSEIL D'ADMINISTRATION

MM. BARDOUX (A.), Membre de l'Institut, Sénateur, ancien Ministre de l'Instruction publique.

BERTHELOT (M.-P.-E.), Membre de l'Institut et de l'Académie de Médecine, Professeur au Collège de France, Sénateur.

BISCHOFFSHEIM (R.-L.), Membre de l'Institut, Député des Alpes-Maritimes.

BOUCHARD (Charles), Membre de l'Institut et de l'Académie de Médecine, Professeur à la Faculté de Médecine.

BOUQUET DE LA GRYE (A.), Membre de l'Institut et du Bureau des Longitudes, Ingénieur hydrographe en chef de la Marine, en retraite.

CHAUVEAU (A.), Membre de l'Institut et de l'Académie de Médecine, Professeur au Muséum d'histoire naturelle.

COLLIGNON (Édouard), Inspecteur général des Ponts et Chaussées, Inspecteur de l'École nationale des Ponts et Chaussées.

CORNU (Alfred), Membre de l'Institut et du Bureau des Longitudes, Professeur à l'École Polytechnique, Ingénieur en chef des Mines.

DEHÉRAIN (P.-P.), Membre de l'Institut, Professeur au Muséum d'histoire naturelle et à l'École nationale d'Agriculture de Grignon.

MM. EICHTHAL (Adolphe d'), Président honoraire du Conseil d'Administration de la
      Compagnie des Chemins de fer du Midi.
    FAYE, Membre de l'Institut, Président du Bureau des Longitudes.
    FRÉMY (E.), Membre de l'Institut, Professeur honoraire au Muséum d'histoire
      naturelle.
    FRIEDEL (Charles), Membre de l'Institut, Professeur à la Faculté des Sciences.
    JANSSEN (J.), Membre de l'Institut et du Bureau des Longitudes, Directeur de
      l'Observatoire d'astronomie physique de Meudon.
    KRANTZ (J.-B.), Inspecteur général honoraire des Ponts et Chaussées, Sénateur.
    LACAZE-DUTHIERS (Henri de), Membre de l'Institut et de l'Académie de Méde-
      cine, Professeur à la Faculté des Sciences.
    LAUSSEDAT (le Colonel A.), Directeur du Conservatoire national des Arts et
      Métiers.
    MILNE-EDWARDS (Alphonse), Membre de l'Institut et de l'Académie de Médecine,
      Directeur du Muséum d'histoire naturelle.
    PASSY (Frédéric), Membre de l'Institut, ancien Député.
    ROCHARD (le Docteur J.), Membre de l'Académie de Médecine, Inspecteur général
      du Service de Santé de la Marine, en retraite.
    VERNEUIL (A.), Membre de l'Institut et de l'Académie de Médecine, Professeur
      honoraire à la Faculté de Médecine.

MEMBRE HONORAIRE

MASSON (Georges), Libraire de l'Académie de Médecine, *Trésorier honoraire.*

DÉLÉGUÉS DE L'ASSOCIATION

MM. BISCHOFFSHEIM (R.-L.), Membre de l'Institut, Député des Alpes-Maritimes.
    BROUARDEL, Membre de l'Institut et de l'Académie de Médecine, Doyen de la
      Faculté de Médecine de Paris.
    DAVANNE, Président du Conseil de la Société française de Photographie.
    GAUDRY, Membre de l'Institut, Professeur au Muséum d'histoire naturelle.
    GRANDIDIER, Membre de l'Institut.
    GRÉARD, Membre de l'Académie française et de l'Académie des Sciences morales
      et politiques.
    JAVAL (le Docteur), Membre de l'Académie de Médecine.
    LEVASSEUR, Membre de l'Institut, Professeur au Collège de France.
    LŒWY, Membre de l'Institut et du Bureau des Longitudes, Sous-Directeur de
      l'Observatoire national.
    NOBLEMAIRE, Directeur de la Compagnie des Chemins de fer de Paris à Lyon et
      à la Méditerranée.
    MILNE-EDWARDS, Membre de l'Institut et de l'Académie de Médecine, Directeur
      du Muséum d'histoire naturelle.
    NADAILLAC (le Marquis de), Correspondant de l'Institut.
    PLOIX, Ingénieur hydrographe de 1ʳᵉ Classe de la Marine, en retraite.
    RICHET (Charles), Professeur à la Faculté de Médecine.
    SANSON, Professeur à l'Institut national agronomique et à l'École nationale
      d'Agriculture de Grignon.

PRÉSIDENTS, SECRÉTAIRES ET DÉLÉGUÉS DES SECTIONS

1re et 2e SECTIONS (Mathématiques, Astronomie, Géodésie et Mécanique).

MM. de Longchamps (G.), Professeur de Mathématiques spéciales au Lycée Saint-Louis, à Paris . *Président (Besançon-1893).*

Barbelenet, Professeur au Lycée de Reims . . . *Secrétaire (d° d°).*

Mannheim (le Colonel), Professeur à l'École Polytechnique . . . . }

Lemoine (Émile), Ingénieur Civil. . . . . . . } *Délégués des Sections.*

de Lonchamps (G.) . . . . }

Laisant (Ch. A.), Docteur ès sciences, à Paris. . . *Président pour 1894 (Caen).*

3e et 4e SECTIONS (Navigation, Génie Civil et Militaire).

MM.. . . . . *Président (Besançon-1893).*

. . . . *Secrétaire (d° d°).*

Trélat (Émile), Directeur de l'École spéciale d'Architecture, Député . . . . }

Laussedat (le Colonel), Directeur du Conservatoire national des Arts et Métiers . . . . . . } *Délégués des Sections.*

Regnard, Ingénieur civil. . . . . }

(*). . . . . *Président pour 1894 (Caen).*

5e SECTION (Physique).

MM. Cornu, Membre de l'Institut . . . . *Président (Besançon-1893).*

Jannettaz (Paul), Ingénieur des Arts et Manufactures . . . . *Secrétaire (d° d°.).*

Angot (Alf.), Météorologiste titulaire au Bureau central météorologique de France . . . . . . }

Decharme, Professeur de physique de l'Université, en retraite. . . . . } *Délégués de la Section.*

Dufet (H.), Maître de Conférences à l'École normale supérieure. . . . . }

Neyreneuf, Professeur à la Faculté des Sciences de Caen. . . . . *Président pour 1894 (Caen).*

6e SECTION (Chimie).

MM. Sabatier (Paul), Professeur à la Faculté des sciences de Toulouse . . . . *Président (Besançon-1893).*

Chabrié (Camille), Docteur ès sciences . . . . . *Secrétaire (d° d°).*

Lauth, Administrateur honoraire de la Manufacture nationale de Sèvres . . . . }

Hanriot, Agrégé à la Faculté de Médecine de Paris } *Délégués de la Section.*

Grimaux, Professeur à l'École Polytechnique. . . }

Louïse, Professeur à la Faculté des Sciences de Caen . . . . *Président pour 1894 (Caen).*

7e SECTION (Météorologie et Physique du Globe).

MM. Gueirard (le Docteur), Directeur de l'Observatoire de Monaco. . . . . *Président (Besançon-1893).*

Maze (l'Abbé), Rédacteur au *Cosmos* . . . . . . *Secrétaire (d° d°).*

(*) Par suite d'erreur d'interprétation du règlement, le Bureau n'a pas été régulièrement constitué, et la nomination du Président pour 1894 n'a pas eu lieu.

MM. **Doumet-Adanson**, Directeur de la Mission scientifique de Tunisie . . . .
    Angot, Météorologiste titulaire au Bureau central
météorologique de France. . . . .   *Délégués de la Section.*
    Roger (Albert). . . . .
    Teisserenc de Bort (Léon), Secrétaire général de
la Société météorologique de France. . . . . .   *Président pour 1894 (Caen).*

8e SECTION (Géologie et Minéralogie).

MM. **Schlumberger.** . . . .   *Président (Besançon-1893).*
    Bourgery . . . .   *Secrétaire (d°   d°).*
    Bourgery (Henri), Membre de la Société Géolo-
gique de France . . . .
    Hovelacque (Maurice), Docteur ès sciences natu-
relles . . . .   *Délégués de la Section.*
    Cotteau (Gustave), Correspondant de l'Institut . .
    Schlumberger, Ingénieur des Constructions na-
vales, en retraite, à Paris. . . . .   *Président pour 1894 (Caen).*

9e SECTION (Botanique).

MM. **Magnin** (le Docteur Ant.), Professeur adjoint à
la Faculté des sciences de Besançon . . . . . .   *Président (Besançon-1893).*
    Bonnet (le Docteur E.). . . . .   *Secrétaire.(d°   d°).*
    Bonnet (le Docteur Edmond), Préparateur au
Muséum d'histoire naturelle. . . . .
    Cornu (Maxime), Professeur au Muséum d'histoire
naturelle.   *Délégués de la Section.*
    Poisson, Assistant de botanique au Muséum d'his-
toire naturelle. . . . .
    Lignier, Professeur à la Faculté des sciences de
Caen . . . .   *Président pour 1894 (Caen).*

10e SECTION (Zoologie, Anatomie, Physiologie).

MM. **Sirodot** (S.), Correspondant de l'Institut, Doyen
de la Faculté des Sciences de Rennes. . . . . .   *Président (Besançon-1893).*
    Menegaux, Professeur au Lycée de Besançon. . .   *Secrétaire.(d°   d°).*
    Künckel d'Herculais, Assistant de zoologie au
Muséum d'histoire naturelle. . . . .
    Pouchet, Professeur au Muséum d'histoire natu-
relle. . . . .   *Délégués de la Section.*
    Sirodot (S.). . . . .
    Sabatier (Armand), Doyen de la Faculté des
sciences de Montpellier. . . . .   *Président pour 1894 (Caen).*

11e SECTION (Anthropologie).

MM. **Pommerol** (le Docteur). . . . .   *Président (Besançon-1893).*
    Barthélemy (François). . . . .   *Secrétaire (d°   d°).*
    Chantre, Sous-Directeur du Muséum d'histoire
naturelle de Lyon . . . .
    de Mortillet (Gabriel), professeur à l'École d'An-
thropologie . . . .   *Délégués de la Section.*
    d'Ault du Mesnil, Administrateur des Musées
d'Abbeville. . . . .
    de Mortillet (Adrien), Professeur à l'École d'An-
thropologie . . . .   *Président pour 1894 (Caen).*

12e SECTION (Sciences Médicales).

MM. Caubet, Doyen de la Faculté de Médecine de
Toulouse. *Président (Besançon-1893).*
Cazin (Maurice) . . . . *Secrétaire (d° d°).*
Nicaise, Agrégé à la Faculté de Médecine de Paris,
Chirurgien des Hôpitaux . . . . }
Huchard (le Docteur H.), Médecin des Hôpitaux de
Paris . . . . } *Délégués de la Section.*
Cazin (Maurice), Docteur ès sciences. . . . . . }
Saillard, Directeur de l'École de Médecine de
Besançon . . . . *Président pour 1894 (Caen).*

13e SECTION (Agronomie).

MM. Sagnier (Henry), Directeur du *Journal de l'Agri-*
culture, à Paris . . . . *Président (Besançon-1893).*
(*) . . . . *Secrétaire (d° d°).*
Xambeu, Professeur en retraite. . . . . }
Paturel (G.), Directeur de la Station agronomique
du Finistère. . . . . } *Délégués de la Section.*
Girard (Aimé), Professeur au Conservatoire natio-
nal des Arts et Métiers . . . . }
Houzeau, Correspondant de l'Institut, Directeur de
la Station agronomique de la Seine-Inférieure, à
Rouen. *Président pour 1894 (Caen).*

14e SECTION (Géographie).

MM. Gauthiot (Ch.), Secrétaire général de la Société
de Géographie commerciale de Paris. . . . . . *Président (Besançon-1893).*
Hulot (le baron E.), Publiciste . . . . *Secrétaire (d° d°).*
Jackson (James), Archiviste-Bibliothécaire de la
Société de Géographie. . . . . }
Fournier (le Docteur Alban) . . . . } *Délégués de la Section.*
Gauthiot (Ch.) . . . . }
Blanc (Édouard), Membre de la Société de Géo-
graphie . . . . *Président pour 1894 (Caen).*

15e SECTION (Économie politique et Statistique).

MM. Renaud (G.), Professeur aux Écoles supérieures
de la Ville de Paris. . . . . *Président (Besançon-1893).*
Saugrain (Gaston), Avocat à la Cour d'Appel. . . *Secrétaire (d° d°).*
Bouvet (A.), ancien Administrateur de l'École La
Martinière, à Lyon. . . . . }
Alglave (Ém.), Professeur à la Faculté de Droit de
Paris . . . . } *Délégués de la Section.*
Renaud (G.). . . . . }
de Foville (A.), Professeur au Conservatoire na-
tional des Arts et Métiers. . . . . *Président pour 1894 (Caen).*

(*) Le Secrétaire nommé par la Section ne fait pas partie de l'Association.

16e SECTION (Pédagogie).

MM. Trabáud (Pierre) . . . . *Président (Besançon-1893).*
     Berdellé (Ch.), ancien Garde général des Forêts . *Secrétaire (d°   d°   ).*
     Callot (Ernest). . . . .
     Guézard (Jean-Marie) . . . .
     Ferry (Émile), ancien Président de la Société nor-   *Délégués de la Section.*
       mande de Géographie. . . . .
     Trabaud (Pierre), Fondateur de l'Institut phocéen
       de Marseille. . . . . *Président pour 1894 (Caen).*

17e SECTION (Hygiène et Médecine publique).

MM. Henrot (le Docteur Henri), Professeur à l'École
       de Médecine de Reims. . . . . *Président (Besançon-1893).*
     Tison (le Docteur É.) . . . . *Secrétaire (d°   d°   ).*
     Napias (le Docteur), Inspecteur général des Ser-
       vices administratifs au Ministère de l'Intérieur.   *Délégués de la Section.*
     Tison (le Docteur É.) . . . .
     Henrot (le Docteur H.) . . . .
     Tison (le Docteur Édouard), Médecin en chef de
       l'Hôpital Saint-Joseph . . . . *Président pour 1894 (Caen).*

COMMISSIONS PERMANENTES

Commission des Conférences : MM. CORNU, DAVANNE, LAUTH, LEVASSEUR,
                       MILNE-EDWARDS, DE NADAILLAC, Ch. RI-
                       CHET, SAGNIER. . .

Commission des Finances : MM. HERSCHER, JAVAL, DE MORTILLET, PLOIX.

Commission d'Organisation du Congrès de Caen : MM. ANGOT, POISSON, POU-
                                       CHET, TISON.

Commission de Publication : MM. DE FOVILLE, HANRIOT, LEMOINE,
                       SCHLUMBERGER.

Commission des Subventions : MM. LEMOINE (1re et 2e Sections), (*), (3e et
                       4e Sections), ANGOT (5e Section), LAUTH
                       (6e Section), TEISSERENC DE BORT (7e Section),
                       COTTEAU (8e Section), CORNU (MAXIME) (9e Sec-
                       tion), SIRODOT (10e Section), DE MORTILLET
                       (11e Section), Dr NICAISE (12e Section),
                       SAGNIER (13e Section), Dr FOURNIER (14e Sec-
                       tion), BOUVET (15e Section), CALLOT (16e Sec-
                       tion), Dr NAPIAS (17e Section).

(*) Voir note page 119.

COMITÉ LOCAL DE BESANÇON

Président d'honneur : M. VUILLECARD, Maire de Besançon.
Président : M. SIRE, Correspondant de l'Institut.
Vice-Présidents : MM. VÉZIAN, Doyen honoraire de la Faculté des Sciences ;
SAILLARD, Directeur de l'École de Médecine ;
FÉLIX, Membre du Conseil municipal, Fabricant d'horlogerie.
Secrétaire général : M. le Docteur ANT. MAGNIN, Professeur-adjoint à la Faculté
des Sciences.
Secrétaires adjoints : MM. les Docteurs BAUDIN, Directeur du Bureau d'hygiène ;
HEITZ, Professeur à l'École de Médecine ;
Trésorier : M. HENRI MAIROT, ancien Président de la Chambre de Commerce.

MEMBRES HONORAIRES

MM. VIETTE, Député du Doubs, Ministre des Travaux publics.
Le Général commandant en chef le 7e corps d'armée.
Le Premier Président de la Cour d'appel.
Le Procureur général près la Cour d'appel.
L'Archevêque.
Le Général commandant la 14e division d'Infanterie.
Le Préfet du Doubs.
Le Général commandant le Génie.
Le Général commandant l'Artillerie.
Le Général de brigade commandant la Place.
Le Président du Tribunal civil.
Le Président du Tribunal de Commerce.
Le Maire de Besançon.
BERNARD, Sénateur du Doubs.
GAUDY, Sénateur du Doubs.
OUDET, Sénateur du Doubs.
BEAUQUIER, Député du Doubs.
JOUFFROY D'ABBANS (le Comte DE), Député du Doubs.
MOUSTIER (le Marquis DE), Député du Doubs.
ORDINAIRE (Dionys), Député du Doubs.
Le Président du Conseil général.
Le Président de la Chambre de Commerce.
Le Recteur de l'Académie.
Le Doyen de la Faculté des Sciences.
Le Doyen de la Faculté des Lettres.
Le Directeur de l'École de Médecine.
L'Ingénieur en chef des Ponts et Chaussées.
Le Président du Consistoire protestant.

MM. Le Grand Rabbin.

    Pasteur, Membre de l'Institut, à Paris.

    Résal, Membre de l'Institut, à Paris.

    Sire, Membre correspondant de l'Institut.

    Vézian, Doyen honoraire de la Faculté des Sciences.

    Gruey, Doyen honoraire, Directeur de l'Observatoire.

    Le Maire de Baume-les-Dames.

    Le Maire de Belfort.

    Le Maire de Montbéliard.

    Le Maire de Pontarlier.

    Le Président de l'*Académie des Sciences, Belles-Lettres et Arts de Besançon*.

    Le Président de la *Société d'Émulation du Doubs*.

    Le Président de la *Société d'Émulation de Montbéliard*.

    Le Président de la *Société de Médecine*.

    Le Président de la *Société de Pharmacie*.

    Le Président de la *Société de Médecine vétérinaire de l'Est*.

    Le Président de la *Société d'Agriculture*.

    Le Président de la *Société d'Horticulture*.

    Le Président de la *Société des Amis des Beaux-Arts*.

    Le Président de la *Société des Architectes*.

    Le Président du *Club Alpin* (Section du Jura).

    Le Président de la *Société Forestière*.

    Le Rédacteur en chef du journal *le Bon Sens*.

    Le Rédacteur en chef du journal *l'Éclaireur*.

    Le Rédacteur en chef du journal *la Franche-Comté*.

    Le Rédacteur en chef du journal *les Gaudes*.

    Le Rédacteur en chef du journal *l'Indépendance de Franche-Comté*.

    Le Rédacteur en chef du journal *le Petit Comtois*.

    Le Rédacteur en chef du journal *le Progrès du Doubs et de la Franche-Comté*.

    Le Rédacteur en chef du journal *l'Union Républicaine*.

    Le Président de l'*Union chorale Alsacienne-Lorraine*.

    Le Président de la *Fanfare des Chaprais*.

    Le Président de la *Société La Comtoise*.

    Le Président de la *Société La Concorde*.

    Le Président de la *Société La Nautique*.

    Le Président de la *Société L'Union Artistique*.

    Le Président de la *Société de gymnastique La Comtoise*.

    Le Président de la *Société de gymnastique La Française*.

    Le Président de la *Société de gymnastique La Fraternelle*.

    Le Président de la *Société de gymnastique La Patriote*.

MEMBRES

MM. Allard (Léon), Négociant, Secrétaire de la *Société des Beaux-Arts*.

    Antoine (Ernest), Fabricant d'horlogerie, Membre du Syndicat horloger.

    Baigue (Henri), Négociant, Adjoint au Maire.

    Bailliart (Jules), Inspecteur d'Académie.

    Baissac (Auguste), Ingénieur civil des mines, à Gouhenans.

MM. BARRAND (Ferdinand), Ingénieur des Ponts et Chaussées.

BAUDIN (Léon), Docteur en médecine, Directeur du Bureau d'hygiène, Membre de l'*Académie des Sciences, Belles-Lettres et Arts*.

BAUDIN (Louis), Pharmacien.

BÉJEAN (Aimé), Pharmacien.

BELENET (Alexandre DE), ancien Magistrat.

BELTZER (Émile), Notaire.

BERNARD (Gustave), Sénateur et Membre du Conseil général du Doubs, ancien Sous-Secrétaire d'État.

BERTHELOT, Docteur en médecine, à Pontarlier.

BOITEUX (Louis), fils, Docteur en médecine, à Baume-les-Dames.

BOLOT (Le Docteur), Professeur suppléant à l'École de Médecine.

BONIFACY (Gabriel), Président du Syndicat de la Fabrique d'horlogerie.

BONNET (Charles), Pharmacien, Juge au Tribunal de Commerce, Membre du Conseil municipal.

BOSQUETTE, Docteur en médecine, à Montbéliard.

BOURNY, Docteur en médecine, à Salins.

BOUTON (père), Docteur en médecine.

BOUTON (fils), Docteur en médecine, Chef des travaux anatomiques à l'École de Médecine.

BOUTROUX (Léon), Professeur de chimie à la Faculté des Sciences, Directeur de la Station agronomique.

BOUVARD (Louis), ancien Bâtonnier de l'Ordre des avocats à la Cour d'appel, Membre du Conseil municipal.

BOVET (Philippe), Industriel, à Valentigney.

BOYER (Émile), Agent voyer de la ville.

BOYER (Léon), Président de chambre à la Cour d'appel.

BRUCHON (Just), Docteur en médecine, Professeur à l'École de Médecine.

BURDIN (Victor), Négociant.

CARDOT DE LA BURTHE, à Vesoul.

CHAPOY (Charles-Léon), Docteur en médecine, Professeur à l'École de médecine, Chirurgien-adjoint des Hospices civils.

CHARBONNEL-SALLE (Louis-Eugène), Professeur de zoologie à la Faculté des Sciences et à l'École de Médecine.

CHARDONNET (le Comte Louis-Hilaire DE), Ingénieur civil, ancien Élève de l'École Polytechnique.

CHATEL (Prosper), Ingénieur en chef des Ponts et Chaussées.

CHAVANNE (René), Ingénieur civil.

CHIPON (Maurice), Avocat à la Cour d'appel.

CHUDEAU, Chargé du cours de minéralogie et de géologie à la Faculté des Sciences.

CLERC (Cyril), Directeur de l'École primaire de Pontarlier.

COLSENET (Edmond-Eugène), Doyen de la Faculté des Lettres, Membre du Conseil municipal.

COMPAGNON, Docteur en médecine, à Salins.

CONTEJEAN, Professeur de Faculté en retraite, à Montbéliard.

CORNET (Charles), Docteur en médecine.

COSTE, Docteur ès lettres, Conservateur de la Bibliothèque de la ville de Salins.

COTTIGNIES, Avocat général près la Cour d'appel.

MM. Coutenot (père), Docteur en médecine, Professeur à l'École de Médecine,
Médecin des Hospices civils, Membre de l'*Académie des Sciences,
Belles-Lettres et Arts.*

Coutenot (fils), Docteur en médecine.

Dampenon (Clément), Architecte, Membre du Conseil municipal.

Delagrange (Charles), Imprimeur, Entomologiste.

Delavelle (Victor), Notaire honoraire, Président de la *Société des Beaux-
Arts.*

Dodivers (Félix-Joseph), Imprimeur, Membre de la *Société d'Émulation.*

Domet de Vorges (Edmond), Ministre plénipotentiaire en retraite, à
Maussans.

Drouhard (l'Abbé Jules), Aumônier du Lycée Victor-Hugo.

Droz (Édouard), Professeur à la Faculté des Lettres.

Druhen (Ignace) (aîné), Docteur en médecine, Professeur honoraire à l'École
de Médecine, Membre de l'*Académie des Sciences, Belles-Lettres et Arts.*

Dubourg (Paul), Négociant, Membre du Conseil général.

Ducat (Alfred), Architecte de l'État, Président de la *Société des Architectes,* Membre de l'*Académie des Sciences, Belles-Lettres et Arts.*

Eissen, Manufacturier, à Valentigney.

Elliot, Doyen de la Faculté des Sciences.

Fagnon (Ernest), Membre du Conseil municipal.

Faucompré (Philippe), Professeur départemental d'agriculture.

Félix (Julien), Fabricant d'horlogerie, Membre du Conseil municipal.

Fillion (Frédéric), Pharmacien, Professeur suppléant à l'École de Médecine.

Friant, Directeur de la Fromagerie modèle de Poligny (Jura).

Froment (Alphonse), Entrepreneur de Confections militaires, Membre
du Conseil municipal.

Garin (Louis), Architecte.

Gauderon (Eugène), Docteur en médecine, Professeur à l'École de Médecine, Médecin-adjoint des Hospices civils, Membre de l'*Académie des
Sciences, Belles-Lettres et Arts.*

Gauthier (Alphonse), Juge de paix du canton Sud, Membre de l'*Académie des Sciences, Belles-Lettres et Arts,* Président de la *Société départementale d'Agriculture.*

Gauthier (Jules), Licencié en droit, Archiviste du département du Doubs.

Gérard, Conservateur des hypothèques, à Baume-les-Dames.

Germain, Docteur en médecine, à Salins.

Girardin (Stanislas), Ingénieur, ancien Capitaine d'artillerie.

Girardot (Albert), Docteur en médecine, Docteur ès sciences, Membre
de l'*Académie des Sciences, Belles-Lettres et Arts.*

Gomet (Alfred), Docteur en médecine.

Gondy (Claudius), Fabricant d'horlogerie, Membre du Conseil municipal.

Gounand (Alexandre), Docteur en médecine, Secrétaire du Conseil d'hygiène et de salubrité.

Graa (Alfred), Fabricant d'horlogerie.

Gruey (Louis-Jules), Doyen honoraire, Professeur d'astronomie à la Faculté des Sciences, Directeur de l'Observatoire.

Gruter, Médecin-Dentiste.

Guerrin (Louis), Avocat à la Cour d'appel.

MM. Guichard (Albert), Pharmacien des Hospices civils, ancien Président du
  Tribunal de Commerce.

Guillemin (Joseph), Caissier de la banque Jacquard.

Guillemin (Léon), Caissier de la banque Veil-Picard.

Gurnaud (A.), Secrétaire de la *Société Forestière du Doubs*, à Nancray.

Heitz (Victor), Professeur à l'École de Médecine.

Jeannot (Auguste), Directeur du Service des Eaux et de l'Éclairage à la
  Mairie, Directeur-adjoint du Bureau d'hygiène.

Joubin (Paul-Jules), Professeur de physique à la Faculté des Sciences.

Jung (Geoffroy-Eugène), Conseiller à la Cour d'appel.

Lambert (Maurice), Avocat à la Cour d'appel, Membre de l'*Académie des
  Sciences, Belles-Lettres et Arts*.

Lanchamp (Paul-Eugène), Docteur en médecine.

Larmet (Jules), Adjoint au Maire, Président de la *Société de Médecine
  Vétérinaire de l'Est*.

Laureaux (Bernard), Conducteur des Ponts et Chaussées, Président de
  la *Société d'Horticulture*.

Lebeau (Louis), ancien Administrateur de la *Société des Forges de
  Franche-Comté*.

Ledoux (Émile), Docteur en médecine.

Lerch (Théophile), ancien Bâtonnier de l'Ordre des avocats à la Cour
  d'appel, Membre du Conseil général.

Lieffroy (Aimé), Ingénieur civil, Membre de l'*Académie des Sciences,
  Belles-Lettres et Arts*, Vice-Président de la *Société d'Émulation du
  Doubs*.

Louvot (l'Abbé Fernand), Chanoine honoraire, Curé de Saint-Claude.

Magnin (Antoine), ancien Adjoint au Maire, Professeur-adjoint à la
  Faculté des Sciences, Professeur à l'École de Médecine.

Maire (Alfred), Président de Chambre à la Cour d'appel, Membre de
  l'*Académie des Sciences, Belles-Lettres et Arts*.

Mairot (Henri), Banquier, ancien Président du Tribunal de Commerce,
  Membre de l'*Académie des Sciences, Belles-Lettres et Arts*.

Mairot (Félix), Banquier, Président de la Chambre de Commerce.

Marchal (Colin), Ingénieur civil, à Paris.

Marchand (Albert), Ingénieur des Arts et Manufactures, directeur des
  salines de Miserey.

Mandereau, Vétérinaire, Inspecteur sanitaire à l'Abattoir.

Martin (Charles), Directeur de l'École nationale de Laiterie de Mamirolle.

Masse (Charles-Édouard), Avocat général près la Cour d'appel.

Menegaux (Henri-Auguste), Professeur au Lycée Victor-Hugo.

Mercier (Adolphe), Docteur en médecine.

Michel (Henry), Architecte paysagiste, Professeur à l'École municipale
  des Beaux-Arts.

Morlet (Jean-Baptiste), ancien Négociant, Membre du Conseil municipal.

Nardin, Pharmacien, à Belfort.

Nargaud (Léon), Docteur en médecine.

Naudet (Charles), Receveur municipal.

Nicklès, Pharmacien.

Offel de Villaucourt, Inspecteur des Forêts.

Olivier (Ernest), Directeur de *la Revue scientifique du Bourbonnais*, Moulins.

MM. Paris (Gustave), Docteur en médecine, à Luxeuil.

Parizot (Adolphe), Inspecteur honoraire des Enfants assistés.

Parmentier, Docteur ès sciences, Professeur au Collège de Baume-les-Dames.

Pateu (Léon), Entrepreneur, Membre du Conseil municipal.

Péchaud (Le Docteur), Médecin-major de 1re classe, Directeur-adjoint du Service de santé du 7e corps d'armée.

Pecker (Eugène), Négociant, Membre du Conseil municipal.

Peugeot (Armand), Industriel, Membre du Conseil général à Valentigney.

Peugeot (Eugène), Manufacturier, Membre du Conseil général, à Hérimoncourt.

Pingaud (Léon), Professeur à la Faculté des Lettres, Secrétaire perpétuel de l'*Académie des Sciences, Belles-Lettres et Arts*.

Piquard, Docteur en médecine, à Chalèze.

Pourcelot (Charles), Docteur en médecine, à Labergement-lès-Seurre.

Prieur (Félix), Bibliothécaire des Facultés.

Quélet, Docteur en médecine, à Hérimoncourt.

Racapé (Maurice), Préparateur à la Faculté des Sciences, Secrétaire du *Club Alpin*.

Regnault (Charles-Stanislas), Procureur général près la Cour d'appel.

Rémond (Charles), Notaire.

Retrouvey (Alphonse), Docteur en médecine.

Richard (Victor), Ingénieur des Arts et Manufactures.

Ripps (Paul), Architecte.

Roland (François), Docteur en médecine, Professeur suppléant à l'École de Médecine, Membre de l'*Académie des Sciences, Belles-Lettres et Arts*, Secrétaire de la *Société de Médecine*.

Roussillon, Pharmacien à Voiteur.

Roy (Constant), Médecin, aux Chaprais.

Saglio (Camille), Directeur de la *Compagnie des Forges d'Audincourt*, ancien Élève de l'École nationale supérieure des Mines.

Saillard (Albin), Docteur en médecine, Directeur de l'École de Médecine, Chirurgien des Hospices civils, Membre du Conseil général.

Saint-Martin (Paul-Léon), Docteur en médecine.

Sandoz (Charles), Fabricant d'horlogerie, Membre de la Chambre de Commerce.

Savoye (Charles), Fabricant d'horlogerie.

Sayous (Édouard-Auguste), Professeur d'histoire à la Faculté des Lettres, Membre de l'*Académie des Sciences, Belles-Lettres et Arts*.

Schlumberger (E.), Agent de change.

Schoendœrffer, Ingénieur en chef des Ponts et Chaussées, à Lons-le-Saunier.

Sire (Georges), Membre correspondant de l'Institut, Membre de l'*Académie des Sciences, Belles-Lettres et Arts*, Directeur de la Garantie.

Strauss (Alexandre), Docteur en médecine, Médecin municipal.

Terrier de Loray (le Marquis Henri de), Propriétaire, Membre du Conseil général, Membre de l'*Académie des Sciences, Belles-Lettres et Arts*.

Thouvenin (Maurice), Professeur à l'École de Médecine.

Tissot (Hippolyte), Fabricant d'horlogerie, Président du Tribunal de Commerce.

MM. Toubin (Eugène), Docteur en médecine.

Tueffert (H.), Docteur en médecine, à Montbéliard.

Vaissier (Alfred), Archiviste de la *Société d'Émulation du Doubs*.

Vandel (Maurice), Ingénieur des Arts et Manufactures.

Verette, Docteur en médecine.

Vernier (Victor-Léonce), Professeur adjoint à la Faculté des Lettres.

Vesseaut, Docteur en médecine, à Montbéliard.

Vézian (Alexandre), Doyen honoraire de la Faculté des Sciences, Membre du Conseil municipal.

Vialatte (Achille), Ingénieur, Administrateur de la *Société des Bains Salins*.

Viancin (Paul), Bibliothécaire de la Ville.

Viellard (Armand), ancien Député, Président de la *Société Forestière*.

Vuillecard (Claude), Avoué près le Tribunal de première instance, Maire de Besançon.

Weibel (Jean-Baptiste), Industriel, Juge au Tribunal de Commerce.

DÉLÉGUÉS DES MINISTÈRES

AU CONGRÈS DE BESANÇON

MINISTÈRE DU COMMERCE, DE L'INDUSTRIE ET DES COLONIES

MM. FONTAINÉ, Ingénieur des Mines, Chef de la première Section de l'Office du Travail.
le Colonel LAUSSEDAT, Directeur du Conservatoire national des Arts et Métiers. .

MINISTÈRE DES FINANCES

M. A. DE FOVILLE, Professeur au Conservatoire national des Arts et Métiers, Chef du
Bureau de Statistique et de Législation comparée au Ministère des Finances.

MINISTÈRE DE L'INSTRUCTION PUBLIQUE, DES BEAUX-ARTS ET DES CULTES

MM. FRIEDEL (Charles), Membre de l'Institut, Professeur à la Faculté des Sciences.
LETORT (Charles), Publiciste, ⎫
RIVIÈRE (Émile), Publiciste, ⎬ Adjoints.

MINISTÈRE DE L'INTÉRIEUR

MM. ANTHOINE, Ingénieur, Chef du service de la Carte de France et de la Statistique graphique au Ministère de l'Intérieur.

MINISTÈRE DE LA MARINE

M. le Lieutenant de vaisseau DESBANS, détaché à l'Observatoire de Montsouris.

MINISTÈRE DES TRAVAUX PUBLICS

M. WIDMÉR, Ingénieur en chef des Ponts et Chaussées, à Besançon.

SOUS-SECRÉTARIAT DES COLONIES

M. J.-L. DELONCLE, Chef du Bureau politique au Sous-Secrétariat des Colonies.

LISTE DES SAVANTS ÉTRANGERS

QUI ONT ASSISTÉ AU CONGRÈS DE BESANÇON

MM. BEILSTEIN (Frédéric), Membre de l'Académie des Sciences de Saint-Pétersbourg.
D'ESPINE, Professeur à l'Université de Genève.
DUFOUR (Henri), Professeur de Physique à l'Université de Lausanne.
DUFOUR (Marc), Professeur d'Ophtalmologie à l'Université de Lausanne.
FOREL (F.-A.), Professeur à l'Université de Lausanne.
GARCIA DE GALDEANO Y JANGUAS, Professeur à l'Université de Saragosse.
GLADSTONE (John, Hall), F. R. S., à Londres.
GRAEBE, Professeur de Chimie à l'Université de Genève.
GUIMARÃES (Rodolphe), Officier du génie, Membre de l'Académie des Sciences de
Lisbonne.
GUYE (Philippe-A.), Professeur à l'Université de Genève.
JACCARD (le Dr Auguste), Professeur à l'Académie de Neuchâtel.
MACKAY (John Sturgeon), M. A., L. L., D. R. S. E., Professeur de Mathématiques, à
Édimbourg.
MALAISE (le Professeur C.), Membre de l'Académie royale des Sciences de Belgique,
à Gembloux.
NEUBERG (J.), Professeur à l'Université de Liège.
OLTRAMARE (G.), Professeur à l'Université de Genève.
O'REILLY (J.-P.), Professeur de Minéralogie et d'Exploitation des Mines au Collège
royal des Sciences de Dublin.
REDARD (le Dr Camille), Médecin-Chirurgien, à Genève.
SCHIFF (Maurice), Professeur à l'Université de Genève.
SIMMONS (Rev. Charles-Thomas), Membre de *London Mathematical Society*.
SORET (Charles), Professeur de Physique à l'Université de Genève.
TAVERNI (le chevalier Roméo), Professeur à l'Université de Catape.
ZENGER (Ch.-V.), Professeur à l'École Polytechnique slave, de Prague, Membre de
l'Académie des Sciences de l'empereur François-Joseph Ier.

BOURSES DE SESSION

LISTE DES BOURSIERS AYANT ASSISTÉ AU CONGRÈS DE BESANÇON

MM. BAILLY (Léon), Professeur au Lycée de Pau.
MIRVEAUX (Georges), Élève à l'École nationale d'Agriculture de Grandjouan.
SIMON (Henri), Élève de l'École d'Horlogerie de Paris.

LISTE DES SOCIÉTÉS SAVANTES

QUI SE SONT FAIT REPRÉSENTER AU CONGRÈS DE BESANÇON

Société d'agriculture de Besançon, représentée par M. Gauthier (A.), président.

Société de médecine de Besançon, représentée par M. le Dr Bruchon, président délégué.

Société d'émulation du Doubs, représentée par M. Sire (G.), délégué.

Société de pharmacie du Doubs, représentée par M. Guichard, président.

Société d'archéologie de Bordeaux, représentée par M. Berchon (Charles), délégué.

Société d'agriculture, sciences, arts et belles-lettres du département de l'Eure, représentée par M. Hay (Léon), délégué.

Société industrielle du nord de la France, à Lille, représentée par M. Descamps (Ange), vice-président.

Société de géographie de Lille, représentée par M. Lecocq (Gustave), délégué.

Société Gay-Lussac, à Limoges, représentée par M. Garrigou-Lagrange, secrétaire général.

Société botanique du Limousin, à Limoges, représentée par M. Granet (Vital), délégué.

Société de géographie de Lyon, représentée par M. Cambefort, président.

Commission météorologique de la Marne, représentée par M. Roger (Albert), délégué.

Société des sciences de Nancy, représentée par M. Barthélemy (François), délégué.

Société de géographie de l'Est, à Nancy, représentée par M. le Dr Fournier, délégué.

Société des lettres, sciences et arts des Alpes-Maritimes à Nice, représentée par M. le Dr Gueirard, délégué.

Société d'anthropologie de Paris, représentée par MM. Letourneau, de Mortillet (Adrien) et Salmon.

Société entomologique de France, à Paris, représentée par M. Lamey (Adolphe), délégué.

Société de géographie, représentée par M. Jackson (James), archiviste.

Société de géographie commerciale de Paris, représentée par M. Gauthiot (Ch.), secrétaire général.

Société des ingénieurs civils de France, à Paris, représentée par MM. Fleury (Jules), Herscher et Regnard (P.), délégués.

Société française de photographie, à Paris, représentée par M. Davanne, président du Conseil d'administration.

Société des amis des sciences et arts de Rochechouart (Haute-Vienne), représentée par M. Granet (Vital), délégué.

Société normande de géographie, à Rouen, représentée par M. Ferry (Émile), délégué.

Société normande d'hygiène, à Rouen, représentée par M. le Dr Deshayes (Ch.), délégué.

JOURNAUX REPRÉSENTÉS AU CONGRÈS DE BESANÇON

Journaux de Besançon (Les), représentés par les Rédacteurs en chef.
Journal de l'Agriculture, représenté par M. Sagnier (Henry), directeur.
Chronique industrielle (La), représentée par M. Casalonga, directeur.
Cosmos (Le), représenté par MM. l'abbé Maze et Hérichard (Émile).
Débats (Journal des), représenté par M. Hérichard (Émile).
Gaudes (Les), représenté par M. Cariage, directeur.
Génie civil (Le), représenté par M. Jannettaz (Paul).
Marseille-Médical, représenté par M. le Dʳ Livon, directeur.
Monde (Le), représenté par M. le Dʳ Tison.
Républicain de Nogent-le-Rotrou (Le), représenté par M. Bailly.
Revue géographique internationale (La), représentée par M. Renaud (G.), directeur.
Revue de l'Hypnotisme (La), représentée par M. le Dʳ Bérillon, directeur.
Revue universelle (La), représentée par M. le baron Hulot (Étienne).
Semaine médicale (La), représentée par M. Cazin (Maurice).
Temps (Le), représenté par M. Alglave (Émile).

CONGRÈS DE BESANÇON

PROGRAMME GÉNÉRAL DE LA SESSION

JEUDI 3 AOUT. — A deux heures et demie, séance d'inauguration au Grand-Théâtre. Le soir, à neuf heures, réception par la municipalité à l'Hôtel de Ville.

VENDREDI 4 AOUT. — Le matin et l'après-midi, séances de Sections. Dans l'après-midi, visites scientifiques et industrielles. Le soir, conférence au Théâtre par M. Ch. DURIER, Vice-Président du Club Alpin français : *Le Jura.*

SAMEDI 5 AOUT. — Le matin et l'après-midi, séances de Sections. L'après-midi, visites scientifiques et industrielles.

DIMANCHE 6 AOUT. — Excursion générale à Salins, Nans-sous-Sainte-Anne, Source du Lison.

LUNDI 7 AOUT. — Le matin et l'après-midi, séances de Sections. Dans l'après-midi, visites industrielles. Le soir, conférence au Théâtre par M. JANET, Professeur à la Faculté des sciences de Grenoble : *Les applications récentes de l'électricité à l'industrie.*

MARDI 8 AOUT. — Excursion générale à Montbéliard, Audincourt, Valentigney, Belfort.

MERCREDI 9 AOUT. — Le matin et l'après-midi, séances de Sections. Dans l'après-midi, visites industrielles.

JEUDI 10 AOUT. — Le matin, séances de Sections. A trois heures, Assemblée générale et séance de clôture.

VENDREDI, SAMEDI, DIMANCHE, 11, 12 ET 13 AOUT. — Excursion finale à Lods, Source de la Loue, Pontarlier, Neuchâtel, Bienne, Macolin, La Chaux-de-Fonds, Le Locle, les Brenets, Saut du Doubs, Morteau.

SÉANCE GÉNÉRALE

M. VUILLECARD

Maire de Besançon.

Mesdames, Messieurs,

Au nom de la ville de Besançon, je vous souhaite la bienvenue et vous re-mercie de l'honneur que vous lui avez fait en la choisissant pour siège de votre vingt-deuxième Congrès annuel.

Je rends grâces à votre digne secrétaire général, M. Magnin, mon ancien adjoint, d'avoir été le promoteur de l'invitation à laquelle vous avez bien voulu vous rendre, et je prie tous ses collaborateurs dans l'organisation de ce Congrès de recevoir ici l'expression de notre gratitude pour leur concours si dévoué.

Lorsqu'en 1890, mon excellent collègue me suggéra la pensée de vous avoir pour hôtes, j'adoptai d'emblée son projet, car il me sembla qu'en effet, à plus d'un titre, l'antique capitale Séquanaise était digne de fixer votre attention, et qu'un voyage en Franche-Comté ne serait point sans attraits, ni peut-être sans profit pour les membres de l'Association française.

Vous êtes ici en pays de connaissance, c'est-à-dire que vous vous y trouvez en parfaite communion d'idées avec nombre de nos compatriotes épris de science, pour qui l'évolution intellectuelle, en général, et la marche de vos travaux, en particulier, est l'objet d'une sollicitude attentive et passionnée, entre-tenue avec un soin jaloux par les professeurs de nos établissements d'instruc-tion et par plusieurs sociétés savantes.

Cette inclination naturelle des Francs-Comtois vers les choses de l'esprit est un peu une question d'atavisme : leur pays n'est-il pas le berceau de penseurs tels que Victor Hugo, Fourier, Proudhon ; de savants tels que Claude de Jouf-froy, Cuvier, Pasteur ; d'écrivains comme Charles de Bernard, Charles Nodier et tant d'autres, illustres ouvriers de la pensée, dont l'énumération serait trop longue et vous est d'ailleurs bien connue ?

Soyez donc assurés que vos assises de cette année seront suivies avec intérêt et avec fruit par un auditoire éclairé, bien apte à recueillir vos enseignements.

A d'autres points de vue, ai-je dit, Besançon a de quoi vous séduire, soit par l'intérêt artistique et historique de ses monuments, ainsi que des vestiges qu'on y rencontre d'un autre âge : les Arènes, la Porte Noire, le square archéologique, le palais Granvelle; soit par sa fabrication horlogère et par les produits d'autres industries de création plus récente; soit par sa station balnéaire dont l'installation nouvelle, dans un cadre d'une rare et confortable élégance, réunit toutes les attractions spéciales des villes d'eau à toutes les ressources de l'hydrothérapie moderne; soit enfin, et ce n'est pas son moindre agrément, par l'exceptionnelle beauté de son site et les excursions charmantes que vous offre le pittoresque de ses environs.

Toutes ces merveilles de notre région ont été décrites avec un art consommé, mieux encore, avec l'ardent amour du sol natal, dans un livre dont l'auteur s'était fait une joie d'être votre cicerone, et qui certes eût été pour vous le meilleur guide, si la mort ne l'eût ravi prématurément, l'année dernière, à l'estime et à l'admiration de ses concitoyens.

J'ai nommé l'érudit M. Castan, correspondant de l'Institut, à la mémoire duquel c'est bien ici le cas de rendre un nouvel hommage de reconnaissance et de regrets.

Il me reste à souhaiter que votre impression ne soit pas trop au-dessous du tableau engageant qu'a essayé de vous faire de notre Franche-Comté un maire franc-comtois.

Je désire aussi, — et c'est là mon plus cher vœu, — que l'hospitalité de ses habitants vous soit également agréable.

Nos rudes populations de l'Est n'ont pas l'exubérance méridionale de celles que vous avez visitées l'an passé, mais pour se manifester avec moins d'expansion, leur affabilité sympathique n'existe pas moins réelle ni moins vive.

J'espère donc que vous garderez bon souvenir de notre accueil plein de sincère et franche cordialité.

M. Ch. BOUCHARD

Membre de l'Institut, Professeur à la Faculté de médecine de Paris, Président de l'Association.

LA MÉDECINE, SCIENCE ET PROFESSION

MESDAMES, MESSIEURS,

Ma première parole sera une parole de gratitude pour la ville de Pau qui nous a offert, l'an dernier, une si cordiale hospitalité. J'exprime la même reconnaissance à la ville de Besançon, à la population, à la municipalité, au Comité local d'organisation, pour l'accueil qui nous est fait.

Monsieur le Maire, je vous remercie des chaudes et chaleureuses paroles que vous nous avez adressées. Vous nous avez dit comme bienvenue des mots qui viennent du cœur et qui vont au cœur.

L'Association française pour l'avancement des sciences vise un double but : à travers le progrès scientifique, elle voit la grandeur de la patrie. C'est dire que nous attachions un grand prix à venir siéger parmi vous dans cette fière cité qui devint ville d'étude, centre universitaire en même temps qu'elle devenait française. C'est par l'intensité d'une vie intellectuelle commune que se sont noués ces liens indissolubles qui attachent si étroitement Besançon à la France. Les mères ont pour tous leurs enfants une égale tendresse ; mais pour ceux qui sont venus les derniers, elles ressentent peut-être plus de douceur à les aimer, comme aussi, hélas ! plus de déchirement à les perdre.

Vous gardez le culte de quelques-unes de vos gloires que nous ne réclamons pas, mais presque tous vos grands hommes sont Français. Vous avez votre cardinal de Granvelle, mais vous avez aussi nos héroïques soldats, Moncey, Lecourbe, Pajol. Si vos hommes d'action font l'histoire, vos historiens l'enregistrent. Vous avez vos penseurs, vos philosophes, vos érudits, vos critiques, vos romanciers, vos artistes surtout : musiciens, peintres, statuaires, architectes, votre poète enfin : Victor Hugo est un de vos fils.

Depuis que Besançon a engendré ce prodige, ses femmes quand elles sentent un tressaillement de leurs entrailles, se demandent si l'enfant qui va naître sera, lui aussi, grand parmi les hommes. Ne pouvant faire mieux, elles feront autrement. Peut-être sommes-nous venus vous annoncer la bonne nouvelle : un fils vous naîtra qui s'illustrera dans la science..., afin que la cité n'ait plus rien à ambitionner, afin que la grande patrie aussi s'enorgueillisse de ce qui rendra la petite patrie glorieuse, afin que, par-dessus vos montagnes, vous puissiez contempler sans envie, comme vous le faites aujourd'hui sans crainte tous ces peuples de la vieille Europe, qui, avec l'aide de leurs savants, travaillent comme nous au progrès de la civilisation.

Je voudrais dire quelques mots du mouvement scientifique et de la situation des hommes de science dans la période que nous traversons. On me pardonnera si, pour parler avec plus de compétence, j'emprunte plus souvent mes exemples à la science que je cultive, que j'enseigne et que je pratique. Je pense d'ailleurs me conformer ainsi aux intentions de l'Association, car c'est comme médecin qu'elle m'a appelé au très grand honneur de présider cette vingt-deuxième session.

Il n'est personne, je pense, qui, constatant le nombre croissant des publications scientifiques et l'importance des découvertes qu'elles signalent, la multiplication des revues générales ou spéciales consacrées aux sciences, la fécondité des académies, l'animation grandissante des centres d'enseignement supérieur, ne soit frappé de cet essor qu'a pris, chez nous, l'activité scientifique. Jamais, à aucune époque, même dans les années studieuses de la Renaissance, les hommes ne se sont consacrés en si grand nombre au culte de la science.

Dans nos Facultés, douze cents élèves nouveaux viennent, chaque année, s'inscrire en vue du doctorat en médecine ; parmi eux, sept cents se rebutent bien vite, cinq cents persévèrent et arrivent au doctorat.

Je ne les inscrirai pas tous au nombre des savants par lesquels s'accomplit
le progrès scientifique. Si seulement nous donnons tous les ans à la France
cinq cents praticiens éclairés, nous lui aurons rendu un signalé service. L'élite
au moins de ces jeunes gens maintient à la science médicale française le bon
renom qu'elle avait autrefois et qu'elle a su reconquérir. Combien sont-ils ceux
de ces jeunes médecins qui prendront place parmi les savants, je ne le sais et je
ne voudrais pas le dire. La statistique des intelligences est chose difficile et
délicate. Ce qui éclate à tous les yeux, c'est que, dans ces quinze dernières années, leur nombre a été grandissant.

Je me propose d'analyser les raisons de ce mouvement, qui s'étend aux
autres branches de la science.

On a dit que le maître d'école allemand fut le vainqueur à Sadowa. On l'a
répété lors de désastres plus récents. C'était faux, mais le mot fit fortune chez
nous. La France entière était résolue à consentir, en vue du relèvement, des
sacrifices égaux à ceux qu'avait imposés la défaite. Les hommes en qui elle
avait placé sa confiance comprirent que l'instruction n'est pas moins nécessaire
que les vertus civiques à un peuple qui veut redevenir prospère et respecté. Ce
sentiment, qui présida à la fondation de notre Association, fit décréter la diffusion de l'enseignement élémentaire et l'expansion de l'enseignement supérieur. Puisque chaque enfant doit acquérir les notions indispensables, il faut
que, dans toute commune, il trouve près de lui l'école et le maître. Multiplier
les écoles, faciliter le recrutement et la préparation des maîtres de l'enseignement primaire, c'était bien, c'était nécessaire. Pour l'enseignement supérieur
on a créé des chaires nouvelles, institué des conférences, organisé des travaux
pratiques. C'était également bien et nécessaire. On a créé des Facultés nouvelles, au moins dans l'ordre de la médecine. C'était peut-être moins strictement obligatoire, mais cela répondait à un besoin réel auquel, je dois le reconnaître, ces créations n'ont pas donné satisfaction. Le besoin, pour le dire en
passant, c'était de retenir dans un certain nombre de centres universitaires la
foule des étudiants qui encombrent la Faculté de médecine de Paris, sans profit ni pour eux ni pour elle. L'encombrement ne me paraît pas avoir diminué
à Paris, et nos Facultés provinciales pourraient sans dommage voir tripler leur
population scolaire.

Toujours est-il que ces créations de laboratoires, de conférences, de chaires,
de Facultés ont multiplié singulièrement les emplois et créé des débouchés.
Vouer sa vie au travail intellectuel, goûter la satisfaction de la recherche
scientifique et parfois les joies de la découverte, avoir la fonction honorable
entre toutes de révéler aux autres la vérité, y trouver les ressources du présent et la sécurité de l'avenir, n'était-ce pas chose désirable? C'était désirable,
en effet, et je me demande si la perspective de quelques-uns de ces avantages
n'est pas venue en aide à l'irrésistible curiosité scientifique pour déterminer
plus d'une vocation. Il est certain que beaucoup ont commencé à travailler pour
se créer une situation dans l'enseignement. Ils ont subi ensuite la séduction de
la science et connu le travail désintéressé. On dit pourtant que notre époque
veut avoir une vision claire des choses et de leurs conséquences, et n'admet pas
les profits qui ne viennent que par surcroît.

Les jeunes hommes de science désirent, et c'est très naturel, que leur travail trouve une rémunération très prochaine. Cela, c'est une nouveauté dans
notre vieille Université; mais comme, après tout, ces prétentions ont quelque
chose de légitime, il faudra bien se courber aux exigences des temps nouveaux.

Le budget devra y pourvoir ; mais le budget, dit-on, commence à faire quelque résistance. C'est dire qu'un jour viendra, et il est prochain, où l'on devra rentrer dans la sagesse et dans la vérité ; il faudra que l'État ne réclame et n'accepte que les services nécessaires, et que, par contre, il assure aux hommes qu'il consacre à l'instruction une existence honorable avec un lendemain. Il faut que les jeunes gens sachent que la science n'est pas une profession. Il faut que les pouvoirs publics se persuadent que l'enseignement à tous les degrés et dans tous les emplois est et doit rester une carrière.

Je ne souhaite pas que les cadres soient réglés ni que le recrutement soit déterminé de telle sorte que quiconque est entré dans l'enseignement doive nécessairement s'élever dans la hiérarchie, ne fût-ce qu'à l'ancienneté ; mais j'estime qu'il serait équitable d'assurer aux auxiliaires de l'enseignement supérieur, comme on le fait pour les officiers, la possession de leur emploi, tant qu'ils n'ont pas démérité et tant qu'ils ne sont pas frappés par la limite d'âge.

On le voit, nous sommes arrivés à la période difficile où, la pléthore étant devenue excessive, on cherche des palliatifs ou des remèdes à une situation qui devient pénible. Si bon nombre de jeunes gens ont cédé à leur goût pour les sciences, déterminés surtout par la perspective de l'enseignement et des avantages qui y sont attachés, cette attraction ira bien vite en diminuant. Je ne crois pas que cela réduise très notablement le nombre des étudiants d'élite, et nous ne perdrons pas pour cela un seul vrai savant. C'est que si les attractions dont je viens de parler ont grossi artificiellement le courant, le mouvement n'est pas moins réel qui emporte vers la recherche scientifique les intelligences supérieures.

Ce qui le prouve, c'est que toutes les sciences sont servies chez nous avec la même généreuse ardeur, même celles qui ne sont enseignées que dans un petit nombre de chaires, celles qui, purement spéculatives, ne groupent pas autour du professeur cette cohorte d'auxiliaires que réclament pour chaque maître les sciences d'observation. Notre école de mathématiciens est sans conteste au premier rang, et des hommes jeunes, que la gloire a déjà marqués, sont nombreux pour recueillir l'héritage de Cauchy et continuer les traditions du maître qui est encore l'honneur de la Sorbonne et qui recevait il y a quelques mois, aux acclamations du monde savant tout entier, des honneurs que la reconnaissance des hommes n'accorde guère qu'aux morts illustres.

Je ne voudrais pourtant pas insinuer que nos modernes savants doivent se résigner à n'avoir pour la science qu'un culte platonique. Les princes ou les financiers n'auront pas seuls le droit d'ambitionner le titre de savant. De même que l'autel nourrit le prêtre, la science vient en aide à ceux qui la servent. Toutes les sciences ont leurs applications, même les mathématiques, qui se mettent au service de toutes les autres sciences et qui introduisent l'ordre dans toutes les entreprises humaines ; même l'astronomie, si indispensable aux navigateurs, l'astronomie, à laquelle nous devons de savoir l'heure qu'il est, et c'est un avantage que nul n'oserait contester dans la patrie de l'horlogerie. A mesure que la civilisation progresse, l'industrie humaine, de plus en plus compliquée, devient de plus en plus tributaire de la science. Plus les hommes ont besoin de la science, plus le savant s'affranchit des incertitudes de la vie. C'est un échange équitable de services, avec la dignité d'un côté et la justice de l'autre. Le relèvement de la situation des hommes de science est la conséquence spontanée, naturelle et nécessaire du progrès.

Les applications de la science ne vont pas sans quelques avantages pour ceux qui s'y consacrent ; ils n'expliquent pas le mouvement très marqué qui entraîne vers les études médicales tant de jeunes gens d'un réel mérite : en effet, ces avantages étaient hier ce qu'ils sont aujourd'hui. Hier, les hommes n'étaient pas moins malades, et les malades ne désiraient pas moins la guérison.

Au nombre de ces avantages, il en est un qui est bien fait pour séduire des natures généreuses : c'est l'estime qui s'attache à la profession. La société est changeante dans ses prédilections. Certaines professions, à certaines époques, sont plus en faveur. Les ingénieurs ont eu une belle période, illustrée par le roman et par le théâtre. Avant eux, c'étaient les avocats, qui avaient succédé aux militaires. Ce n'est affaire ni de mode ni de caprice. Ces courants d'opinion ont leur raison d'être ; ils vont vers ceux qui rendent ou qu'on croit capables de rendre les services différents que réclament les époques différentes : les militaires, sous le premier Empire ; les avocats, sous la Restauration ; les ingénieurs, à la fin de la monarchie de Juillet et sous le second Empire, dans la période de création des chemins de fer. Le tour des médecins est peut-être arrivé. J'incline à l'admettre quand je constate le nombre extraordinaire de médecins qui siègent dans les conseils électifs et le rôle qu'ils y jouent. Au Parlement, ils ont fait adopter les lois d'assistance et de protection, les lois sur l'exercice de la médecine et sur la santé publique. L'an dernier, à Pau, notre 12e Section émit un vœu en faveur de l'obligation de la vaccine. Pour que ce vœu pût devenir vœu de l'Association, nous avons préparé dans l'intervalle des deux sessions une modification du Règlement qui va vous être soumise. Pendant que nous délibérions, le vœu de notre Section de médecine est devenu projet de loi, et l'une des Chambres l'a déjà adopté. Des conférences sanitaires internationales se sont réunies à Venise, puis à Dresde, où les ministres plénipotentiaires ont écrit en style diplomatique des résolutions que nos médecins ont proposées et discutées, et par lesquelles ils ont réussi à sauvegarder les intérêts de la santé européenne, sans porter atteinte aux intérêts du commerce. Il y a une justice des choses, et la société proportionne son estime aux services qu'on lui rend. Elle s'est moquée avec Molière des docteurs ignorants, pédants et grotesques, mais elle a compris et adopté l'œuvre de Jenner ; et en moins d'un siècle, après la vaccine, elle a accueilli avec admiration et gratitude ces deux autres bienfaits plus inappréciables encore : l'anesthésie, puis l'antisepsie, cette première application pratique de la découverte de Pasteur..... Pasteur, qui est docteur en médecine de toutes les Facultés qui ont su garder la libre collation de leurs grades, et auquel la rigueur de la loi nous interdit d'offrir un diplôme français. Chaque fois que, dans le passé, la médecine a accompli un progrès, il en est résulté pour la profession une recrudescence de faveur, qui lui a manqué pendant les périodes d'éclipse. Je ne sais pas si Hippocrate a refusé les trésors d'Artaxerxès, mais l'humanité admet qu'on a pu les lui offrir, et cela suffit à ma thèse. Quand la médecine était florissante à Rome ou à Alexandrie, l'influence sociale des médecins était considérable.

Nulle part, cette variation parallèle de la dignité de la science et de l'estime pour la profession n'apparaît plus manifeste que dans ce qu'on est convenu d'appeler les spécialités. Dans les périodes d'ignorance, où les médecins les plus instruits ne possédaient que des notions grossières, incomplètes ou erronées, les spécialistes différaient des autres en ce qu'ils possédaient mal une seule chose et ignoraient absolument le reste. Ils recueillaient le dédain de leurs confrères et le mépris de leurs concitoyens. La science grandissant, et ses objets se multipliant, il est arrivé un moment où les plus instruits, les plus laborieux et les plus intelligents ont dû renoncer à posséder tout entière une seule science. Dans ces cinquante dernières années, on ne citerait pas un seul médecin dont on aurait pu dire sans flatterie qu'il avait de la médecine une connaissance encyclopédique. Alors, au lieu de chercher à multiplier indéfiniment des notions nécessairement superficielles, les médecins dignes de ce nom se sont résignés aux sacrifices indispensables et se sont efforcés, après avoir acquis sur chaque branche les connaissances suffisantes, d'approfondir l'étude d'une branche en particulier. Nous assistons à cette évolution. Un médecin ne peut devenir savant qu'à la condition de se spécialiser. Ceux qui, sans notions générales préalables, se livrent d'emblée et exclusivement à une spécialité, ne sont et n'ont jamais été des médecins; je doute qu'ils réussissent un jour à être des savants. Aux spécialistes de l'ancienne manière, malgré les services incontestables qu'ils ont pu rendre, s'est presque toujours attachée la défaveur. Aux médecins qui se spécialisent suivant le mode nouveau, la société paye en estime et en honneurs les progrès plus rapides dont la science leur est redevable.

Les chirurgiens ont été les premiers spécialistes. Réduits au rôle d'exécuteurs des actes manuels jugés nécessaires par le médecin, ils n'ont pu qu'après une lutte séculaire, où leur science a combattu pour leur bon droit, s'affranchir de cette sujétion. Un préjugé qui a ses origines dans les anciennes conceptions relatives à l'impureté luttait contre eux. Le sang était impur et ceux-là devenaient impurs dont la profession ensanglante la main, le boucher, le bourreau, le chirurgien et l'équarrisseur. On raconte qu'un roi de Pologne ayant pris pour maîtresse la fille d'un barbier, un tel honneur rejaillit sur toute la profession et la tira de l'ignominie. Je ne sais ce que vaut cette anecdote que j'emprunte à Sprengel, mais je suppose que les grands progrès chirurgicaux accomplis de Guy de Chauliac à Ambroise Paré, en créant une science, ont préparé plus efficacement l'affranchissement de ceux qui la pratiquaient. La chirurgie a continué ses progrès dans ces deux derniers siècles; elle s'est engagée avec Lister dans une voie plus brillante encore, où il a semblé un moment que toute témérité devenait permise. Les chirurgiens ont bien pris leur revanche. Ils ont étendu à tant d'objets divers leur féconde activité et tellement élargi leur domaine que la chirurgie, ayant tout absorbé, cessera bientôt d'avoir une existence à part. Elle se démembre en spécialités qui se multiplient chaque jour. Je vois approcher l'instant où il n'y aura plus ni médecins ni chirurgiens ; où il y aura pour tous les hommes qui se vouent à l'art de guérir une pathologie générale et une thérapeutique générale comprenant, entre autres choses, les lois et les procédés de l'intervention opératoire. Partant de ce fonds commun, les médecins se diviseront suivant les groupes naturels de maladies à l'étude et au traitement desquelles ils se seront plus particulièrement consacrés. De même, dans les hôpitaux, les services, au lieu d'être divisés en deux catégories, ceux dans lesquels on opère et ceux dans lesquels on ne doit pas opérer, seront consacrés les uns aux fièvres, les autres aux maladies des poumons, les autres aux maladies de l'appareil digestif, les autres aux maladies des os et des articulations, les autres aux affections de la peau, des yeux, des oreilles, etc. Ou, pour mieux dire, les services hospitaliers n'auront pas d'autre destination que de recevoir les malades attirés par la réputation que le médecin de chaque service se sera acquise dans le traitement de leur maladie.

N'est-ce pas déjà ce qui s'accomplit sous nos yeux et ne voyons-nous pas les services hospitaliers se spécialiser suivant que se sont spécialisés eux-mêmes les médecins et surtout les chirurgiens?

Il faut que l'administration et l'enseignement comprennent, prévoient, préparent une évolution qui s'accomplira fatalement.

Il faut, avant tout, que tous ceux qui se destinent à la profession médicale reçoivent une solide instruction générale, commune, qui permette à chacun d'accomplir plus tard avec fruit sa spécialisation. Il le faut d'autant plus que beaucoup se trouveront dans l'impossibilité de se spécialiser et que, isolés dans nos campagnes, ils devront, comme ils l'ont fait jusqu'à ce jour, pratiquer de leur mieux toutes les spécialités, se réservant, quand les circonstances le permettent ou l'exigent, d'appeler à leur aide celui qui, pour le cas particulier, leur semble posséder une compétence supérieure.

Voulez-vous d'autres exemples de la faveur ou du discrédit qui rejaillit sur la profession quand le niveau de la science s'élève ou s'abaisse ? Les oculistes qui avaient eu une période assez brillante à Rome et chez les Arabes étaient déchus de cette situation. Je me rappelle le temps où ils faisaient encore des tournées en province, allant au-devant des clients, ce qui n'est pas dans les mœurs des professions honorées. Ils ont relevé leur spécialité en la rattachant à la pathologie, ils l'ont éclairée par l'anatomie pathologique, ils ont attiré à son service des physiologistes, physiciens, géomètres, tels que Donders et Helmholtz, ils ont constitué une science : l'oculistique est devenue l'ophtalmologie, la plus brillante, la plus sûre, j'allais dire la plus parfaite des branches de la médecine.

En appliquant à leur art les opérations de la chirurgie conservatrice, les dentistes ont réalisé un merveilleux progrès et dissipé ainsi en quelques années la prévention qui s'attachait à leur profession. La loi vient chez nous de consacrer ce relèvement ; mais elle maintient encore pour le dentiste un grade inférieur dans l'ordre de la médecine. Même s'ils ne prennent pas le nom de stomatologistes, j'ai la conviction, à voir de quel pas ils avancent dans la science, que dans moins de vingt ans les médecins eux-mêmes tiendront à honneur de faire disparaître toute démarcation.

En changeant leur nom, oculistes et dentistes veulent marquer l'ère nouvelle, l'accession de leur art à la période scientifique. Ainsi, quand ils sont arrivés à la fortune, certains hommes veulent aussi changer leur nom pour répudier un passé trop humble. C'est un sentiment que je trouve peu philosophique. La science n'est que développement, elle ne peut pas renier ses origines ; ce n'est pas, d'ailleurs, quand on l'a rendu honorable, que l'on peut rougir de son nom.

Non, la société n'est pas injuste envers les hommes de science ; non, les médecins n'ont pas le droit de se dire déshérités. Aux savants l'État confie l'enseignement et assure la sécurité avec la dignité. A ceux qui grandissent dans la science, il donne libéralement le moyen de marcher plus avant et de monter vers la gloire. Ceux qui, plus modestement, mettent au service de leurs semblables les conquêtes scientifiques, reçoivent en échange, avec l'indépendance, la considération. Sur ce terrain, la société ne repousse aucune bonne volonté, elle ne refuse aucun sacrifice. Sur les 36.000 communes de France, il y en a 29.000 qui n'ont pas de médecin. C'est un champ ouvert à l'activité et au dévouement.

Mais ni l'ambition, ni le besoin de satisfaire aux nécessités de la vie, ni même la soif du sacrifice ne suffisent à expliquer ce mouvement qui porte vers l'activité scientifique tant d'hommes qui appartiennent à l'élite intellectuelle et morale de la nation. On va vers la science parce qu'on l'aime, parce qu'elle

attire, parce qu'elle fascine, parce qu'elle possède en soi les raisons suffisantes
de la préférer à tout le reste.

Je n'aurai pas la témérité de dire ce qui rend si passionnante la méditation
du géomètre. On a quelque pudeur à parler de ses joies intimes, on se tait sur
celles auxquelles on n'a pas été admis. L'observation des phénomènes physiques,
la détermination des lois biologiques ne sont pas moins captivantes. La médecine a des séductions dont on peut sourire, mais que comprennent ceux qui
lui ont voué leur existence. Jamais, à aucune époque, elle n'a réservé à ses
fidèles des satisfactions comparables à celles du temps présent. L'objet de son
étude, c'est l'anomal. Le désordre existe : elle se donne la mission paradoxale
d'en dégager les lois. Eh bien, elle reconnaît que le désordre n'existe pas.
Chaque acte de l'organisme vivant est la manifestation de l'activité naturelle de
ses tissus provoquée par l'action d'une cause excitatrice. Les actes pathologiques
sont la manifestation des mêmes activités naturelles mises en jeu par des causes
qui ne sont pas les causes habituelles, mais dont l'action se produit suivant le
même mécanisme. Pour comprendre ces réactions qui semblent n'être pas naturelles, pour les étudier expérimentalement, il faut connaître, il faut posséder
ces causes de maladie. Saisir les causes, discerner leur mode d'action, c'est la
question qui se pose depuis l'origine de la médecine, c'est le problème qui depuis plus de deux mille ans a tourmenté les plus grandes intelligences médicales. Ces causes, un homme qui n'était pas médecin nous les a révélées pour
le plus grand nombre des maladies. Cette révélation date d'hier, et c'est d'hier
aussi que nous avons pu introduire dans l'expérimentation ce facteur jusque-là
inconnu : la cause morbifique. De ce jour date la grande réforme de la médecine.

Les hommes qui vont bientôt nous succéder, que nous voyons grandir et
dont les travaux occupent déjà l'attention ont en main un merveilleux instrument de recherche ; ils le mettent à profit et mènent le progrès à une allure
qui nous aurait autrefois paru fort inquiétante. Nous les félicitons de leurs conquêtes et applaudissons à leurs découvertes ; et eux, modestes, semblent dire :
« Mais oui, ce n'est pas mal, seulement c'est moins difficile que vous ne sem-
blez croire » ; et intérieurement ils pensent que nous étions, à leur âge, moins
productifs et qu'il nous fallait beaucoup de temps pour faire bien peu de chose.
En quoi ils ont raison. Mais j'ai dans l'esprit qu'ils ne comprennent pas bien
le pourquoi de ces différences. Ils n'ont pas connu les temps anciens ; le coup
de barre avait été donné, l'orientation était changée quand ils sont arrivés. Dès le
début, ils ont pensé et parlé comme ils pensent et parlent aujourd'hui. Dès le
début, ils ont étudié objectivement les causes, aussi simplement qu'un laboureur
qui examine ses semailles. Ils se font difficilement une idée de ce qu'était l'état
de leurs devanciers.

Ne croyez pas que nous n'ayons pas eu la curiosité des causes, on l'avait
déjà du temps d'Hippocrate ; elle avait tourmenté avant lui ces hommes qui
n'ont pas de nom dans l'histoire, mais dont l'observation et les méditations
avaient constitué ce qu'il appelle l'ancienne médecine. Cependant toutes les
tentatives pour édifier une doctrine touchant la genèse des maladies avaient été
infructueuses, si bien que des hommes sages, désireux d'épargner aux futures
générations des déboires, des déceptions et des pertes de temps, avaient déclaré
que ces questions sont du domaine de l'incognoscible, qu'il y a vanité à les
aborder et que toute recherche de ce genre est oiseuse. Il était malséant d'en
parler, mais on y songeait bien quelquefois. En tout cas, on faisait autre chose.

On faisait ce qu'on pouvait faire, ce qu'on aurait toujours été obligé de faire.

On faisait l'histoire naturelle des maladies. On étudiait comment elles sont, quels sont leurs caractères, symptômes ou lésions. C'était notre tâche, nous l'avons accomplie honorablement. Mais nous appartenons à cette génération privilégiée qui, ayant vécu dans ces temps anciens encore si près de nous, a vu poindre et grandir l'aube d'un jour nouveau. Une lumière s'est répandue à laquelle nos yeux ne se sont pas fermés; une idée a été jetée dans le monde des sciences physiques, celle de la transformation universelle de la matière par les microbes, matière morte ou vivante, matière organique ou inorganique, idée si grande et si féconde que chacune de ces sciences lui doit une part de ses progrès; la médecine lui doit sa rénovation. Notre esprit s'est ouvert à cette idée, nous l'avons adoptée, nous avons combattu pour elle et nous avons assisté à son triomphe. Aucune génération médicale n'avait eu dans le passé une telle fortune, qui n'est peut-être réservée dans l'avenir à aucune autre.

Voilà la vraie raison de cet entraînement qui emporte tant de libres esprits vers l'étude de la médecine. La vérité les attire, et le reste, quoi qu'on dise, n'arrivera que par surcroît. Nous calomnions notre temps et nous avons gardé, plus que nous n'en voulons convenir, notre part d'idéal.

Dans les époques de renouveau, tous les progrès marchent de front. Une autre idée également bien française, qui appartient en propre à la médecine et qui n'a pas été empruntée par elle à une autre science, c'est que beaucoup d'accidents morbides sont dus à un empoisonnement. Seulement le poison ne vient pas du dehors, il se fabrique en nous.

Dans le cours des métamorphoses qu'elle subit en traversant le corps d'un animal vivant, la matière se présente dans des états successifs très nombreux, soit pendant qu'elle s'organise, soit pendant qu'elle se détruit. A chaque état correspond une toxicité différente. Si ce qui est plus nuisible se fabrique en plus grande abondance ou persiste plus longtemps à cet état, il en résulte un dommage pour l'économie ou au moins un danger. C'est le secret de ces maladies qui naissent d'un trouble de la nutrition, de ce que nous appelons les maladies diathésiques. L'intoxication se produira également si quelque organe par où se fait normalement la dépuration, le rein, le poumon, l'intestin, la peau, devient malade ou cesse de fonctionner. L'auto-intoxication à elle seule fait souvent alors toute la gravité de la maladie.

Mais dans la série de ses transformations normales, si la matière passe par des stades où elle est nuisible, elle a des états aussi où elle est utile. Il appartient à Brown-Séquard de nous avoir rendu attentifs à ce mécanisme d'après lequel certains accidents morbides résulteraient de la suppression d'une sécrétion utile.

Ajoutez à cela les influences que le système nerveux aux prises avec la cause morbifique exerce sur les appareils pour provoquer leur fonctionnement, ou, suivant cette autre conception maîtresse de Brown-Séquard, pour le rendre impossible, et vous aurez les éléments de notre doctrine médicale.

Infection, diathèses, auto-intoxication, rôle utile des sécrétions internes, réactions nerveuses provocatrices d'action ou inhibitoires, cette énumération me suffit pour indiquer les principales idées directrices de la médecine contemporaine. Elle suffit aussi pour montrer que nous n'avons pas abdiqué, et que l'esprit scientifique français garde sa part dans la direction de la médecine.

Notre Association est nomade. Chaque année elle plante pour quelques jours sa tente dans une nouvelle région. Quand, au lendemain de nos désastres, nous avons entrepris ces missions à travers la France, nous pensions aider au relèvement de la patrie en allant partout éveiller la curiosité endormie et solliciter la production intellectuelle. Nous voulions faire de la décentralisation scientifique, non en promenant le centre partout, mais en faisant que chaque point devînt pour un jour le centre où convergeraient les activités répandues sur toute la surface du territoire; nous avions l'espoir que chaque foyer ainsi ravivé par tant d'étincelles garderait et entretiendrait sa flamme.

La décentralisation est accomplie; elle est dans les esprits en attendant qu'elle s'affirme dans les institutions. Nous continuons pourtant ces pérégrinations, qui, par un heureux retour, profitent à notre instruction. Nous sommes en train de découvrir la France.

En tout cas, ce n'est pas à Besançon qu'il eût été nécessaire de venir stimuler l'esprit scientifique, dans cette vieille ville si curieuse des choses de l'intelligence, qui, ayant réclamé vainement de ses évêques ou de ses princes les écoles de haut enseignement, acheta de Louis XIV, moyennant une grosse somme, l'Université dont Dôle fut dépossédée. Nous n'avions à stimuler ni l'esprit scientifique ni l'esprit patriotique. Votre patriotisme est proclamé dans les plus anciens documents de votre histoire. Votre amour jaloux de la cité, vous le devez à la pratique et à la défense des institutions républicaines qui étaient les vôtres dès l'aube des temps historiques, que vous avez su garder, en pleine indépendance ou sous des protectorats divers, jusqu'au jour où vous êtes venus vous fondre définitivement dans la grande patrie française, et que la France vous a rendues. Vous avez élargi votre patriotisme et conservé vos vertus guerrières, comme toutes ces villes frontières auxquelles la France garde son amour et sa reconnaissance, dans la bonne comme dans la mauvaise fortune.

La science déteste la guerre. Les hommes de science travaillent pour la vérité et pour la justice qui extermineront la guerre. Mais si nous ne devons pas voir nous-mêmes cet avenir en qui nous avons foi; si des luttes fratricides devaient nous être imposées, j'ai le ferme espoir que la France viendrait inscrire de nouveau sur vos portes ce titre que vous octroya Rome quand vous avez accepté la paix romaine : *Colonia Victrix*. N'êtes-vous pas ces Séquanes qui se sont montrés tour à tour redoutables à l'Italie et aux Germains ?

Mes chers collègues de l'Association, dans un instant vous allez reprendre en commun vos travaux interrompus. Réservez quelques heures à l'amitié et aux distractions qui vous ont été libéralement préparées. Travailler et se tenir en joie sont qualités françaises; permettez à un médecin d'ajouter que ce sont conditions indispensables à la santé. Mais laissez-moi vous donner un avertissement : Votre hôte est bienveillant et de bonne humeur, il est aussi fin et narquois. Il vous instruira sans en avoir l'air; n'ayez pas l'air de vouloir l'instruire. Surveillez vos paroles, tenez l'œil et l'oreille ouverts; mais surtout ayez le cœur ouvert et que de nouvelles amitiés unissent les hommes de science réunis sur ce coin de terre française.

M. Jules MARTIN

Inspecteur général des Ponts et Chaussées, Secrétaire général de l'Association.

L'ASSOCIATION FRANÇAISE EN 1892-1893

Mesdames, Messieurs,

Aux termes du règlement, le Secrétaire général de l'Association française pour l'avancement des sciences est chargé de faire un compte rendu sommaire du dernier Congrès et des principaux faits survenus depuis la dernière session.

C'est une tâche assez ingrate, assez monotone ; et je me permettrai de faire à ce sujet une petite critique de notre règlement.

De même que dans les banquets bien ordonnés, on doit toujours (suivant Brillat-Savarin) terminer le festin par les mets les plus délicats et les vins les plus parfumés, le règlement aurait dû porter en tête de l'ordre du jour le compte rendu du Secrétaire et terminer la séance par les discours si instructifs et si intéressants de nos Présidents.

Je serai donc aussi bref que possible, afin de ne pas abuser de votre bienveillante attention.

Nécrologie. — Je commencerai par adresser un dernier hommage aux collègues que nous avons eu la douleur de perdre depuis la dernière session.

M. Fauvelle, ancien président de la 11ᵉ Section, est mort à Paris le 15 septembre 1892, à l'âge de soixante-deux ans. Tous ceux qui l'ont connu conserveront le souvenir de ses rares qualités ; il se distinguait par sa droiture, son désintéressement et l'énergie avec laquelle il défendait ses convictions.

M. Léon Donnat, ancien président de la 15ᵉ Section, a succombé le 10 mai 1893. Comme *Fauvelle,* il s'est occupé des sciences anthropologiques; mais il s'est consacré également à l'étude des sciences sociales et économiques.

Dans les ouvrages qu'il a publiés, *Loi et Mœurs républicaines, Politique expérimentale, Léon Donnat* a essayé de démontrer que notre centralisation à outrance, œuvre néfaste de la guerre et de la monarchie despotique, est incompatible avec un régime républicain viable et vraiment progressiste.

Permettez-moi de faire remarquer que l'Association française est une œuvre de décentralisation aussi radicale que possible; l'esprit de parti en est exclu; nous admettons des hommes de toute opinion : chacun de nous se sent libre et indépendant. Il serait à désirer que l'exemple donné par ceux qui ont fondé notre Société fût suivi dans toutes les sphères de l'activité humaine.

Le vice-amiral *Paris* est mort le 8 avril 1893, à l'âge de quatre-vingt-sept ans; c'est lui qui commandait le premier bateau à vapeur français, l'*Archimède*, qui ait doublé le cap Horn. Membre de l'Académie des sciences et du Bureau des Longitudes, directeur du Dépôt des Cartes et Plans, président de la Commission des Phares, il a exercé une influence considérable sur la transformation qu'a dû subir notre marine militaire depuis cinquante ans.

Le nom de l'amiral *Paris* m'amène à vous signaler la mort du doyen des officiers de la Grande Armée, le capitaine *Soufflot*.

Si l'amiral *Paris* est né à l'époque où régnait la marine à voile, le capitaine *Soufflot* est entré dans l'armée lorsque les fusils n'étaient réellement dangereux qu'à une distance de 40 à 50 mètres; le premier a vu créer dans sa carrière une marine à vapeur dont la vitesse de marche atteint 20 à 25 nœuds et dont les canons peuvent lancer des obus à 10 kilomètres avec une précision remarquable; le second a vu expérimenter des fusils dont la puissance, la portée et la justesse sont extraordinaires et modifieront de fond en comble les règles de l'art militaire. Le courage, le sang-froid, la force d'âme doivent toujours avoir une grande part dans le résultat des luttes fratricides de l'avenir; mais les sciences, toutes les sciences sans exception, depuis les sciences mathématiques, qui forment le premier groupe de notre Association, jusqu'aux sciences économiques, qui appartiennent au 4e groupe, auront désormais une plus grande influence; et s'il m'est permis d'examiner la question du perfectionnement des armes au point de vue philosophique, j'ajouterai que ce perfectionnement, toutes choses égales d'ailleurs, laisse presque toujours l'agresseur dans un état d'infériorité de plus en plus grand.

En consacrant nos veilles à l'avancement des sciences, nous travaillons donc contre les hommes de proie.

Je terminerai cette douloureuse nomenclature en adressant un dernier adieu :

A *M. Émile Vidal*, homme de bien, ami dévoué et généreux;

Au vieil ingénieur en chef des Ponts et Chaussées *Jacquiné*, qui m'a guidé dans ma carrière lorsque j'étais élève ingénieur, et que nous devons classer au nombre de ces savants modestes, de ces hommes de bien qui remplissent leur devoir sans bruit et qui nous remettent en l'esprit la belle devise de notre Association :

Par la science, pour la patrie.

A *M. Vilanova y Piera*, professeur de Paléontologie à l'Université de Madrid;

A *M. Ritter*, ingénieur en chef des Ponts et Chaussées, qui a contribué à l'organisation du Congrès de Pau et qui a traduit les œuvres de François Viète, l'inventeur de l'algèbre moderne.

Tout récemment, enfin, nous venons de perdre *M. Faudel*, de Colmar.

Après avoir signalé les pertes que notre Association a faites dans le courant de l'année, je dois appeler votre attention sur les récompenses et les distinctions dont quelques-uns de nos collègues ont été l'objet.

INSTITUT. — MM. *Brouardel* et *Edmond Perrier* ont été admis à l'Institut; M. *Bichat* a été nommé correspondant.

Académie de médecine. — *MM. Hallopeau* et *Magnan* ont été nommés membres de l'Académie de médecine.

Prix décernés par l'Académie des sciences. — L'Académie des sciences a décerné les prix suivants :

A *M. Mouchot*, le prix Francœur ; à *M. Raffard*, le prix Monthyon (mécanique) ; à *MM. Javal* et *Championnière*, le prix Monthyon (médecine et chirurgie) ; à *MM. Proust* et *Henri Monod*, le prix Bréant ; à *M. Moureaux*, le prix Gay ; à *M. Émile Rivière*, le prix Trément ; à *M. Georges Rolland*, le prix Delalande-Guérineau.

Permettez-moi de rappeler que c'est après avoir pris connaissance des travaux de M. Georges Rolland que les Sections d'Économie politique et de Géographie, réunies sous ma présidence, à Marseille, ont émis des vœux relatifs aux chemins de fer qui doivent relier l'Algérie aux régions du lac Tchad et prolonger notre zone d'influence dans le Sud-Oranais.

La conférence faite, cet hiver, par M. Jean Dybowski, sous le patronage de notre Association, à l'hôtel des Sociétés savantes, a ravivé ces questions qui intéressent au plus haut degré la sécurité de nos possessions en Afrique.

L'Académie des sciences a donné la moitié du prix Monthyon (physiologie expérimentale) à *M. Cornevin* et récompensé *M. Maurice d'Ocagne*, ainsi que *M. Deslandes*, sur les reliquats de la fondation Leconte ;

Enfin le prix Jean Reynaud (10.000 francs) a été décerné à *M. Émile Levasseur*.

N'oublions pas qu'une mention très honorable a été accordée à *MM. Ephrem Aubert, Antony, Baudouin, Pitres, Redard* et *Testut*.

Médaille Davy. — La Société Royale de Londres a cru devoir décerner la médaille Davy à *M. Raoult*, professeur à la Faculté des sciences de Grenoble.

Prix décernés par l'Académie de médecine. — Si nous passons à l'Académie de médecine, nous remarquons que les membres de l'Association française ont été presque aussi heureux qu'à l'Académie des sciences.

Le prix Adrien Buisson (10.500 francs) a été partagé entre *M. Leloir* (6.000 francs), *M. Albert Londe* (2.250 francs) et un troisième auteur étranger à notre Association. *M. Marcel Baudouin* a obtenu 400 francs sur le prix Alvarenga ; *M. Auguste Broca*, 500 francs sur le prix Amassat ; *M. Charles Vallon*, le prix Civrieux ; *M. S. Pozzi*, le prix Huguier ; *M. Auguste Broca*, 500 francs sur le prix Laborie ; *M. Ruault*, 500 francs sur le prix Saint-Paul. Des mentions honorables ont été données à *MM. Butte, Delvaille, Loruz, Jeannel* et *Félix Regnault*.

Légion d'honneur. — Les nominations dans l'ordre de la Légion d'honneur ont été nombreuses.

Ont été promus au grade de grand-officier : *M. Peschart d'Ambly ;* au grade de commandeur : *MM. Dujardin-Beaumetz*, le général *Segretain* et *Janssen*, ancien président de l'Association ; au grade d'officier : *MM. Beylot, Boulé*, qui a présidé plusieurs fois la Section de Navigation, *Caméré, Foncin*, qui, dès 1871, essayait déjà de fonder des Sociétés de géographie dans le midi de la France, *MM. Gibert, Ch. Girard, Motet, Roux* et notre ami *Collignon*, qui remplissait à Pau les fonctions de président du Congrès avec une si grande distinction. .

Parmi les chevaliers, je relève les noms de MM. *Bidaud (L.-F.)*, *Bonnier (Gaston)*, *Cunisset-Carnot*, *Décès*, *Diacon (Émile)*, *Fréd. Dubois*, *Estrangin (Henri)*, *Ferry de la Bellone*, *Gailliard*, *Laënnec*, *Lemoine (Victor)*, *Lugol (Édouard)*, *Manchon*, *Pennetier* et *Wickersheimer*.

Après avoir rempli envers nos morts un devoir pieux, après avoir indiqué les récompenses reçues par ceux qui travaillent et qui honorent notre Association, je dois rendre compte des travaux du Congrès de Pau.

Ces travaux ont été aussi intéressants que les années précédentes. Le nombre des communications présentées s'est élevé à 421 ; elles ont été rarement aussi nombreuses.

Vous avez entre les mains non seulement les procès-verbaux résumant les discussions, mais encore le volume donnant les mémoires *in extenso*.

Je crois inutile d'allonger mon rapport en appelant votre attention sur quelques-uns d'entre eux.

Mais je puis dire d'une manière générale qu'en lisant ces mémoires on se sent transporté dans une atmosphère calme et sereine où chacun cherche à être utile sans se préoccuper des passions qui agitent et troublent l'atmosphère politique.

EXCURSIONS ET VISITES INDUSTRIELLES. — Quant aux excursions et aux visites industrielles aussi instructives qu'agréables dirigées dans les Basses et Hautes-Pyrénées par MM. Gariel et Cartaz, elles ont eu un succès complet. Grâce au concours dévoué de MM. Biraben et Ritter, du Comité local, toutes les difficultés ont été surmontées, et les membres du Congrès n'ont eu qu'à se féliciter d'avoir suivi des guides aussi intelligents, aussi expérimentés, aussi courtois.

Le récit des excursions est donné dans le premier volume qui a été distribué aux membres de l'Association.

Je crois être l'interprète de tous nos collègues en adressant des remerciements aux organisateurs de ces promenades ; elles forment presque toujours une partie si attrayante de nos sessions, qu'elles décident un grand nombre d'entre nous à participer aux travaux du Congrès.

CONFÉRENCES DE PARIS. — J'ai été amené, au commencement de ce rapport, à dire quelques mots de la conférence faite par M. Dybowski ; les autres conférences organisées par votre Conseil d'administration à Paris ont eu, comme les années précédentes, le plus grand succès.

M. Boule, après nous avoir conduit au milieu des montagnes Rocheuses et nous en avoir fait admirer les merveilles, n'a pas hésité à nous dire que nous avons, près de nous, dans les gorges du Tarn et dans la haute vallée de l'Allier, des sites aussi curieux, aussi extraordinaires.

En nous faisant parcourir le globe avec les courants marins qui sillonnent les océans, M. Thoulet nous a montré les rapports qui existent entre la direction de ces courants et la marche de la civilisation ; il nous a expliqué comment des plantes de taille microscopique croissant dans les eaux saumâtres et glacées, comment les carapaces d'animaux infiniment petits, préférant les mers chaudes ou tièdes, ont formé et forment encore de nos jours les diverses couches de la croûte terrestre ; il nous a montré les progrès de la navigation, de l'aquiculture, de la pêche, résultant des observations faites par les savants sur la direction, la température, la densité même des courants marins ; bref, M. Thoulet a su, pendant une heure, faire flotter l'imagination de ses auditeurs entre l'infiniment grand et l'infiniment petit, entre ces rivières qui coulent au milieu de l'Océan et dont le débit est mille fois plus grand que celui du Mississipi et la carapace d'un infime foraminifère sur laquelle est écrite l'histoire de la formation du globe.

Qu'il me soit permis de remercier en votre nom les autres conférenciers, MM. Léon Petit, Maurice Albert, Londe, R. Blanchard, Augé de Lassus et Paul Richer.

CONFÉRENCES FAITES A PAU. — MM. Eugène Trutat et Léon Say ont bien voulu faire des conférences au Congrès de Pau : le premier sur les Pyrénées étudiées au point de vue géologique et pittoresque, le second sur les rapports de l'Économie politique avec les autres sciences.

Les vues panoramiques de M. Eugène Trutat ont vivement intéressé lés auditeurs et leur ont permis de suivre sans fatigue les explications techniques du conférencier.

Si M. Léon Say n'avait pas à sa disposition des projections photographiques pour reposer l'attention des auditeurs, il a su y suppléer par son talent et par son imagination.

C'est au moment même où l'émeute éclate à Paris que je relis la conférence si instructive de M. Léon Say, et je ne puis m'empêcher de penser que si les émeutes font presque toujours explosion sans motif sérieux, elles sont, au fond, la conséquence des erreurs les plus grossières et des préjugés les plus dangereux qui sont répandus dans toutes les classes de la société ; ce qui étonne même, au premier abord, c'est qu'avec de pareils éléments de désordre, nous n'assistions pas à des bouleversements épouvantables.

Des spéculations philosophiques et abstraites développées par M. Léon Say, dans sa courte conférence, découlent naturellement les arguments les plus péremptoires contre les sophismes que les révolutionnaires sans le savoir et les anarchistes inconscients (ce ne sont pas les moins dangereux) cherchent à répandre dans la masse ouvrière, soit qu'ils parlent du droit au travail, des impôts, du droit de propriété, de la charité, du risque professionnel, de la responsabilité personnelle, de la liberté individuelle, de la corporation ou des syndicats, des rapports du capital et du travail qui, suivant les uns, sont des ennemis irréconciliables et qui, suivant nous, devraient toujours marcher la main dans la main comme deux frères.

Ces sophismes, que nous avons entendu développer et réfuter en 1848 sous mille formes diverses, nous les voyons reparaître aujourd'hui avec des noms nouveaux appartenant à une langue assez étrange, pour ne pas dire barbare.

« Le capital, dit M. Léon Say, permet de produire toujours davantage avec une peine ou un travail de moins en moins grand ; quant au travail, c'est une des conditions nécessaires du développement moral de l'homme, en même temps que de son développement physique. » Il est impossible de caractériser plus nettement et plus justement ces deux manifestations principales de l'activité humaine.

Mais la conférence de M. Léon Say ne s'attache pas exclusivement aux lois qui régissent le travail et le capital, lois qui sont méconnues si souvent et dont la violation produit ces mécontentements sourds et ces explosions populaires si difficiles à calmer.

Elle s'élève aux conceptions les plus hautes de la philosophie.

Elle nous montre les dangers auxquels nous expose l'ignorance des lois qui gouvernent le monde : « Les infractions aux lois naturelles, dit-il, ont pour sanction la décadence; elles mènent petit à petit les races à la déchéance. »

Ne sommes-nous pas, en ce moment, sur le plan incliné que descendent fatalement et rapidement les peuples en décadence ? N'est-il pas du devoir des bons citoyens de faire tous leurs efforts pour arrêter la catastrophe que prévoient les hommes clairvoyants, les véritables hommes d'État, les hommes politiques vraiment dignes de ce nom ?

N'est-il pas du devoir des bons citoyens de combattre la principale cause perturbatrice de l'harmonie sociale, je veux parler de l'ignorance ; et par ignorance, j'entends à la fois l'ignorance scientifique et l'ignorance des droits et des devoirs. « L'ignorance, disait Quesnay, est la cause la plus générale des malheurs du genre humain. »

La perversité humaine ose rarement faire le mal au grand jour ; elle est combattue à chaque instant par la conscience publique.

Mais l'ignorance marche la tête haute ; les obstacles ne peuvent l'arrêter, car elle ne les voit pas.

En analysant très brièvement un des points traités par M. Léon Say dans la conférence qu'il a faite à Pau et que je considère comme un chef-d'œuvre, je parais m'éloigner un peu du compte rendu dont je suis chargé et qui doit résumer l'histoire de l'Association française pendant l'année.

Je ne le crois pas.

L'Association française n'a-t-elle pas pour principal objet de combattre l'ignorance sous toutes les formes, suivant, en cela, les conseils de notre cher président lorsqu'il dit :

« S'il n'est pas en notre pouvoir de détruire la cause des maux qui affligent l'humanité, nous pouvons nous efforcer d'en atténuer les effets en répandant à flots la lumière. »

Et, à ce sujet, je vous demanderai la permission de terminer ce rapport par un vieil apologue chinois.

Un voyageur aperçut un jour un jeune enfant pleurant à chaudes larmes et demandant une goutte d'eau pour apaiser sa soif. Il était assis sur la margelle d'un puits ; un seau fixé à une longue corde se trouvait à ses pieds.

« Pourquoi ne tires-tu pas du puits l'eau nécessaire pour étancher ta soif ? lui dit-il.

— Hélas ! répondit l'enfant, le puits est très profond et la corde est trop courte. »

Le voyageur avait dans ses bagages tout ce qu'il fallait pour allonger la corde et venir en aide au pauvre enfant.

Nous sommes tous, aux époques critiques de notre carrière, comme ce jeune enfant assis sur la margelle du puits au fond duquel on voit briller les sources de la vérité, et nous demandons à ceux qui nous ont précédé dans la vie d'allonger ou de fortifier la corde qui nous permettra de puiser une eau limpide et saine.

Y a-t-il quelque exagération de ma part à affirmer que dans les bagages de l'Association française pour l'avancement des sciences, chacun peut trouver le morceau de corde, de câble ou de fil métallique qui lui permettra d'atteindre la source et de remplir sa cruche vide ?

Oserai-je aller plus loin ? Oserai-je compléter l'apologue, en faisant remarquer que toutes les sciences ne sortent pas du même fonds, que les puits allégoriques sont éloignés les uns des autres, et que nous devons marcher sans relâche si nous ne voulons pas nous attarder dans la routine en puisant toujours à la même source ?

Or, l'Association française, en modifiant chaque année le lieu de sa réunion générale, en laissant toute liberté d'allure et toute initiative à chacun de ses membres, a sérieusement complété la leçon qui nous est donnée par l'apologue chinois.

Il ne lui suffisait pas de combattre l'ignorance, elle a voulu combattre aussi la routine et l'inertie.

MM. WEBER et TEISSERENC DE BORT

LA RÉPARTITION ET LA PROPHYLAXIE DE LA RAGE (1).

L'Association française pour l'avancement des sciences, ayant reçu un don anonyme destiné à récompenser les meilleurs travaux sur la répartition de la rage et les mesures prophylactiques en vigueur, a mis au concours la question suivante :

Étudier, d'après les documents locaux, la fréquence de la rage et les mesures prophylactiques en vigueur dans un département (la Seine exceptée) ou une région (deux ou trois départements) de la France ou de l'Algérie. — Les chiffres statistiques devront porter au moins sur dix années et comprendre les résultats de 1892.

Un certain nombre de personnes ont adressé des mémoires traitant du sujet mis au concours. Ces mémoires ont été examinés par une Commission composée de MM. Weber, de l'Académie de médecine, président ; Bertillon, chef du Service de la statistique municipale ; Drouineau, Teisserenc de Bort. En outre, M. Rochard, membre de l'Académie de médecine, désigné aussi pour faire partie de la Commission par le Conseil de l'Association, n'a pu prendre part à ses travaux.

____

(1) Rapport sur les mémoires présentés au concours relatif aux recherches sur la répartition et la prophylaxie de la rage.

Les deux prix à distribuer se composaient d'une somme de 400 francs pour le premier mémoire primé, et d'une somme de 200 francs pour le second mémoire.

Parmi les mémoires présentés, l'un, celui de M. Ricochon, médecin à Champdeniers (Deux-Sèvres), s'est fait remarquer par son importance, par l'étendue des recherches qu'il a nécessitées et le soin avec lequel l'auteur a établi les chiffres qu'il cite ; la plupart de ces chiffres ont motivé une enquête personnelle de M. Ricochon, qui a joint à son mémoire plusieurs volumineux dossiers de lettres, de renseignements émanant de ses confrères, des maires, instituteurs, autorités diverses.

Grâce à ce patient labeur, M. Ricochon est arrivé à reconstituer une sorte de monographie de la rage dans le département des Deux-Sèvres, depuis 1807 jusqu'à 1892 inclusivement.

L'auteur étudie d'abord la topographie du département des Deux-Sèvres. Ce département, essentiellement agricole, renferme, sur 350.000 habitants, 228.669 agriculteurs. Préposés à la garde des maisons ou des troupeaux, les chiens sont au nombre de 28.000 ; on en compte en moyenne un ou deux dans chaque exploitation. Dans le Bocage (arrondissement de Parthenay et la partie ouest de celui de Bressuire), région de grandes propriétés, les chiens sont relativement peu nombreux et ne s'éloignent guère des habitations ; on en compte en général 3, 4, 5 pour 100 habitants. Dans la Plaine (arrondissement de Niort, de Melle, etc.), ils sont, au contraire, en grand nombre et d'humeur vagabonde ; pour 100 habitants, il y a 10, 12 ou 15 chiens. L'auteur donne un tableau synoptique montrant par canton le chiffre de la population, le nombre de chiens et la quantité de ces derniers pour 100 habitants. C'est aussi dans la région des plaines, là où les chiens sont en grand nombre, que les cas de rage sont le plus fréquents.

Dans une série de tableaux synoptiques, extrêmement complets, on trouve par commune, par canton, par arrondissement, pour chacune des vingt et une années, de 1872 à 1892 : 1º le nombre de chiens et d'animaux enragés dans chacune des années en particulier ; 2º le nombre de cas de rage pour ces vingt et une années ; 3º le nombre de personnes mordues par les chiens enragés sans infection consécutive ; 4º les cas de rage humaine.

L'examen de ces tableaux montre que sur les 350 communes du département, 328 ont eu des cas de rage dans la période considérée.

Laissant de côté les autres espèces animales qui n'intéressent guère au point de vue de la contagion, M. Ricochon condense en un seul tableau les résultats obtenus pour la rage canine ; voici ce tableau :

FRÉQUENCE ANNUELLE DE LA RAGE CANINE, PAR ARRONDISSEMENT

ARRONDISSEMENTS	NOMBRE de COMMUNES qui ont répondu	NOMBRE DE CAS EN																					TOTAL DES CAS en vingt et un ans, par arrondissement
		1872	1873	1874	1875	1876	1877	1878	1879	1880	1881	1882	1883	1884	1885	1886	1887	1888	1889	1890	1891	1892	
Bressuire	77 sur 92	5	7	6	7	6	22	5	3	6	0	8	7	3	2	8	5	7	10	8	8	4	137
Parthenay	75 — 79	12	3	4	1	2	6	8	1	1	3	4	4	6	2	3	1	1	2	3	5	2	75
Melle	84 — 92	6	1	5	5	5	13	9	2	11	4	10	10	7	8	13	5	6	8	11	14	19	173
Niort	92 — 93	5	7	14	22	14	14	16	6	9	4	18	17	5	6	10	9	6	9	11	5	21	228
TOTAL annuel pour 328 communes		28	18	19	35	27	55	38	12	27	11	40	38	21	18	34	20	20	29	33	32	56	613
TOTAL annuel approché pour la totalité des communes (350) .		28	18	19	35	27	55	38	12	27	11	40	38	21	18	34	20	20	29	33	32	56	613
TOTAL majoré de 1/5 pour les omissions		34	21	23	42	31	66	45	11	32	13	48	45	25	21	41	24	24	35	39	38	67	747

Calculée d'après ces vingt dernières années, la moyenne annuelle des chiens enragés se répartit par arrondissement un peu différemment.

Elle s'exprime par 8, 13, 17, 22. Elle est de trente-six ans, c'est-à-dire de un peu plus de *un* par canton et *trois* par mois. La rage peut donc persister dans le département sur son propre fonds, sans interruption d'un animal à un autre, et sans besoin d'apport des départements voisins.

La fréquence annuelle des cas de rage est variable, mais elle n'est jamais moindre de 13 cas et peut s'élever, comme en 1892, jusqu'à 67 cas. L'auteur s'étend sur les épidémies de rage et donne des cartes représentant la marche de la maladie dans le département et les départements voisins durant ces épidémies.

Dans un chapitre particulier, M. Ricochon examine la fréquence de la rage durant les saisons d'après un diagramme représentant les cas de rage suivant les mois : on remarque que le maximum des cas tombe en juin, avec un second maximum en février. L'auteur fait observer que la recrudescence de la rage est printanière plutôt qu'estivale ; elle n'est pas subordonnée à l'apparition des grandes chaleurs, sa cause véritable devrait plutôt être rattachée aux excitations génésiques du printemps et aux pérégrinations souvent lointaines auxquelles elle donne lieu de la part des chiens mâles.

M. Ricochon termine cette première partie de son très intéressant mémoire par la description des mesures répressives employées contre la rage : surveillance des animaux, mesures de police, etc.

Dans la deuxième partie de l'ouvrage, on trouve des tableaux synoptiques sur les cas de rage humaine de 1807 à 1892 ; l'auteur y traite successivement de la répartition des cas par âge et par sexe, du siège des morsures, etc.

La moyenne annuelle des gens mordus par des chiens enragés pouvait être évaluée à 6, avant la loi de 1881, pendant la période des chiens errants. A partir de 1881 et du règlement d'administration publique du 23 juin 1882, la moyenne des personnes mordues paraît s'abaisser à 5.

Le département des Deux-Sèvres est un de ceux où les cas de rage sont le moins fréquents. Il doit cette faveur à sa position géographique et à la rigoureuse répression des cas confirmés ou suspects.

M. Ricochon cite plusieurs cas d'inoculation de la rage à l'homme par contagion indirecte. Tout d'abord celui d'une femme du canton de Saint-Varent, qui avait plumé sans défiance un animal de basse-cour tué d'un coup de gueule par un chien de passage et s'était écorchée au doigt. Cette femme mourut de la rage au bout de six semaines ; l'autre cas est celui d'un cultivateur du canton de Thouars, qui acheva un chien enragé avec un échalas mordu par le chien, fut blessé à la main, sans y attacher d'importance, avec cet échalas, et mourut de la rage quelques semaines après.

Enfin, à l'automne de 1892, au cours d'une sorte d'épidémie de rage qui sévit dans les Deux-Sèvres et détermina la destruction de quarante-neuf chiens enragés, deux frères du canton de Champdeniers sont morts, à huit jours d'intervalle, d'accidents qui ne concordent qu'avec la rage paralytique. Ces deux frères n'avaient pas été mordus et ne possédaient dans leur ferme aucun animal ayant été atteint par la rage.

Nous avons cru devoir mentionner ces observations pour attirer l'attention sur les cas analogues qui peuvent se produire et qui sont d'autant plus redoutables que, dans l'ignorance où on est de l'inoculation rabique, on ne peut recourir au traitement Pasteur.

Le travail de M. Ricochon contient bien d'autres points intéressants qui ne peuvent trouver place ici.

M. Griolet aîné, médecin-vétérinaire, ancien directeur-fondateur du service sanitaire à Toulouse, a étudié dans un remarquable mémoire les cas de rage depuis dix ans, à Toulouse, dans la Haute-Garonne, le Tarn, l'Ariège. Cette étude d'ensemble sur une région présente un grand intérêt et la Commission a hésité à lui attribuer la récompense principale du concours; néanmoins, après un ample examen, le travail de M. Ricochon a été mis au premier rang à cause du nombre considérable d'années qu'il embrasse, de la sûreté des informations (vérifiées par des enquêtes) qui y sont contenues et de la variété des points traités.

Les documents sur lesquels s'est appuyé M. Griolet pour son travail sont empruntés aux *Bulletins mensuels* et *Rapports annuels du Service sanitaire;* après 1885, ces derniers sont complétés au moyen des archives de la Préfecture et de la Mairie de Toulouse.

Malheureusement, presque tous ces documents présentent des lacunes ; c'est ainsi que, pour 1883, la statistique n'a pu être établie que pour la ville de Toulouse, le Service sanitaire n'ayant laissé aucune trace de ces travaux pendant cette année. On ne connaît pas d'une façon bien exacte le nombre des personnes mordues par des chiens enragés dans le département jusqu'en 1892 et avant 1886 dans la ville de Toulouse.

En 1889, trente personnes ont été mordues à Toulouse, ce qui causa dans cette ville une panique. M. Griolet pense que l'absence d'un grand nombre de Toulousains retenus à Paris par l'Exposition universelle n'est pas étrangère à cette recrudescence de la rage. Leurs chiens abandonnés, faméliques, vivaient à l'état de vagabondage et se livraient à de terribles combats sur les boîtes à ordures, où ils étaient réduits à chercher leur vie.

L'auteur s'élève contre l'emploi qui fut fait, à cette époque, d'une voiture cellulaire pour transporter les chiens ramassés et saisis sur la voie publique, voiture qui ne contenait qu'un seul compartiment, ce qui obligeait à faire voyager en commun tous les chiens : les chiens se mordaient en route, et les propriétaires ont ainsi ramené de la fourrière des animaux contaminés.

Les statistiques publiées par M. Griolet sont au-dessous de la vérité. On peut voir par les chiffres suivants que, même réduits aux seuls cas mentionnés officiellement, la rage fait d'assez grands ravages dans la Haute-Garonne.

En quatre ans, 125 personnes ont été mordues; on a perdu 56 bœufs ou vaches de la rage, 3 chevaux et quelques porcs.

M. Griolet énumère tous les arrêtés pris par les maires de la Haute-Garonne contre la rage. Il leur reproche surtout de n'être pas permanents. Il critique la nomination de 16 vétérinaires inspecteurs qui peuvent faire de la clientèle et n'ont pas ainsi l'indépendance et la liberté nécessaires pour se consacrer au service sanitaire et assurer l'exécution des mesures prescrites par la loi.

M. Griolet a étudié de la même façon le département du Tarn. Dans ce dernier département, la rage fait un peu moins de victimes que dans la Haute-Garonne, malgré la population canine assez considérable (31.087 chiens déclarés pour 1892). Néanmoins, le nombre des personnes mordues envoyées à l'Institut Pasteur est encore assez considérable et, pour les cinq dernières années, s'élève à 2,9 pour 100.000 habitants. En revanche, le nombre des animaux appartenant à des espèces autres que le chien et le chat atteints par la rage est presque insignifiant, surtout si on le compare à celui que présente la Haute-Garonne.

M. Griolet pense que ces heureux résultats sont dus à une plus grande surveillance des chiens de la part des propriétaires.

Le service sanitaire est assez bien organisé dans le Tarn, mais l'Administration ne paraît pas prendre de nombreux arrêtés contre la rage, sinon dans la ville d'Albi, où, de 1887 à 1891, on a pris quatre arrêtés prescrivant simplement le port du collier, l'empoisonnement sur la voie publique et la capture des chiens errants.

Le département de l'Ariège a été aussi étudié par M. Griolet, et, pour cela, il a pu s'appuyer sur des dossiers et des documents très complets, grâce à l'excellente organisation du service sanitaire.

La population canine de l'Ariège semble au premier abord faible, puisqu'on n'y compte que 15.000 chiens en chiffres ronds, mais dans la partie montagneuse du département, un grand nombre de chiens gardant les troupeaux ne sont pas déclarés. Plusieurs des conditions favorables à la propagation de la rage sont réunies dans ce département, car il y a un grand nombre de chiens de berger vivant sans surveillance et en contact avec des loups, avec lesquels ils ont des combats fréquents et qui, d'après M. Griolet, peuvent servir à entretenir la rage dans le pays ; aussi le nombre des chiens enragés est-il considérable dans l'Ariège, où il dépasse 17 par an. Ce nombre est d'autant mieux connu que la surveillance est bien organisée dans les bourgs et les villes, où l'Administration prend des mesures très énergiques et fidèlement exécutées, chaque fois qu'un cas de rage se produit. De 1883 à 1892, il a été pris 50 arrêtés par les maires de ce petit département.

Ces mesures ont pour résultat d'abaisser la proportion des personnes mordues à 3,4 pour 100.000 habitants, pendant qu'elle atteint 7 pour 100.000 dans la Haute-Garonne (pour les années 1889-1893, où les chiffres sont assez exactement connus). Cette proportion serait encore bien moindre, si on ne prend en considération que les personnes qui se font vacciner à l'Institut Pasteur (car; dans l'Ariège, un grand nombre de personnes mordues se font encore traiter par des empiriques), on trouve alors que l'Ariège a environ six fois moins de personnes soumises à la vaccination que les autres départements pyrénéens, où, comme on le sait, la rage exerce de grands ravages. Ainsi le petit département de l'Ariège se défend beaucoup mieux que ses voisins contre la rage, grâce à l'organisation effective de son service sanitaire et au zèle de ses municipalités.

L'étude de M. Griolet est accompagnée d'un examen critique des meilleures mesures à imposer pour combattre la propagation de la rage, parmi lesquelles le port de la muselière dans les villes et la déclaration de tous les cas suspects. Votre Commission a jugé que cette étude, très instructive par les faits qu'elle montre dans les trois départements étudiés et par les considérations dont l'auteur les accompagne, méritait le second prix du concours.

M. Labully, vétérinaire à Saint-Étienne, a soumis un mémoire à la Commission. Ce travail débute par des statistiques relatives aux années 1883-1892 (celles de 1883 et 1884 sont déclarées défectueuses, parce qu'il n'y avait alors qu'un inspecteur vétérinaire par arrondissement et que la loi du 21 juillet 1881 n'était pas appliquée dans la Loire).

Le département de la Loire est celui qui envoie à l'Institut Pasteur le plus grand nombre de personnes mordues. Ainsi, on a vacciné, depuis quatre ans, 96 personnes, soit une moyenne de 24 par an. Dans ce nombre, la ville de Saint-Étienne entre à elle seule pour 60.

Ces chiffres, rapportés à la population, montrent que la proportion de personnes vaccinées annuellement s'élève à 11 pour 100.000 habitants à Saint-Étienne et seulement à 1,2 pour 100.000 pour le reste du département ; mais le nombre des personnes mordues est bien plus considérable et s'élève à 41 par an, un assez grand nombre de personnes de la campagne se livrant aux empiriques.

A ce propos, l'auteur se plaint des superstitions populaires et des pratiques des charlatans qui jouissent encore d'un assez grand crédit dans la région.

Il montre combien il est fâcheux de voir les maires n'agir que sur les injonctions répétées du préfet. Il cite notamment l'arrêté du maire de Saint-Étienne. Cet arrêté, pris à contre-cœur, sous l'influence de la pression du préfet, est rédigé de façon à ne pouvoir être appliqué.

L'auteur cite une lettre adressée par lui au préfet de la Loire pour lui faire connaître les mesures qu'à son avis il y aurait lieu de prendre. Ces mesures consistent surtout dans l'application stricte de la loi du 21 juillet 1881 et du décret du 22 juin 1882, textes que les maires n'appliquent pas, dans la crainte de mécontenter leurs électeurs. Aussi la gendarmerie devrait-elle être invitée à veiller à leur exécution.

M. Labully voudrait voir créer au Ministère de l'Agriculture une direction vétérinaire qui imprimerait à tout le pays une action parallèle, de façon que l'apathie des uns ne stérilisât pas les efforts des autres.

Cette création correspondrait à la Direction de la santé publique qui a rendu de si grands services depuis quelques années dans les épidémies.

Parmi les exemples de l'incurie ou de l'ignorance de l'Administration municipale, nous relevons le fait suivant :

Un commissaire de police déclare, dans un rapport officiel relatif à une enquête sur un cas de rage, que tous les chiens mordus allaient être, pendant quelques jours, mis en traitement à la fourrière. Comment s'étonner, après cela, qu'une région où on émet officiellement de telles idées soit un des centres principaux de rage, en France ?

M. Laurent, vétérinaire, chef du Service sanitaire à Bar-le-Duc, a soumis à la Commission un mémoire très substantiel dans lequel il fait l'historique de la rage depuis dix ans dans le département de la Meuse. Cet historique est court, parce que, grâce aux circonstances locales et aux mesures de police sanitaire, les cas de rage sont peu nombreux dans ce département. Parmi ces mesures, citons la suivante : l'Administration préfectorale fait afficher tous les ans, dans toutes les communes du département, les dispositions réglementaires concernant la circulation des chiens, ainsi que les instructions sur les mesures à prendre par les municipalités et les propriétaires.

L'auteur fait connaître dans un tableau le nombre des chiens déclarés dans le département pendant les dix dernières années. Ce nombre est à peu près stationnaire, et il s'élevait en 1892 à 19.700 environ. On a constaté dans la dernière décade 68 cas de rage canine avérés ; de plus, 419 chiens ont été abattus comme suspects, 10 personnes ont été mordues et traitées à l'Institut Pasteur.

Grâce à l'observation des mesures de police sanitaire, les cas de rage ont sensiblement diminué depuis quelques années ; en 1890, on a constaté 13 cas de rage et abattu 97 chiens ; en 1891, 2 cas de rage et 24 chiens suspects abattus ; en 1892, aucun cas de rage ne s'est produit, aucun chien suspect n'a été abattu. Ces résultats très heureux sont dus, non seulement aux mesures locales, mais aussi en grande partie à ce que les mesures prises en Alsace-Lorraine et dans le grand-duché de Luxembourg sont très rigoureusement exécutées. Aussi la rage n'est-elle *jamais* importée dans la Meuse par l'*Est*, c'est toujours par le Nord et par l'Ouest qu'elle s'introduit. A l'appui de son affirmation, M. Laurent joint le recueil des lois et règlements généraux concernant les mesures à prendre pour prévenir et réprimer les épizooties en Alsace-Lorraine et dans le grand-duché de Luxembourg. Dans ce dernier pays, il est dit entre autres choses :

« La police portera à la connaissance du public chaque éruption de rage, à la façon habituelle du lieu et par la publication dans les journaux destinés aux annonces officielles. »

C'est là une excellente précaution, et la presse française devrait avertir d'une façon régulière le public des cas de rage, afin de permettre aux propriétaires de chiens de surveiller davantage leurs animaux pendant quelque temps pour les faire échapper à la contagion de cette terrible maladie.

En somme, parmi les départements de l'Est, assez peu éprouvés en général, celui de la Meuse se distingue comme le plus indemne, et bien que toutes les personnes mordues se fassent vacciner à l'Institut Pasteur, la proportion des vaccinés n'atteint que 0,7 pour 100.000 habitants.

Votre Commission a jugé qu'en raison de l'intérêt de ces deux mémoires, il y avait lieu de leur décerner une récompense, et l'Association française pour l'avancement des sciences a bien voulu entrer dans ces vues et accorder des médailles à M. Labully et à M. Laurent.

Dans son rapport sur la Haute-Vienne, M. Rivet, vétérinaire à Limoges, commence par insister sur ce fait que la nature du sol et le climat paraissent n'exercer aucune influence sur la fréquence plus ou moins grande de la rage. Dans son département, la Haute-Vienne, la moyenne des cas de rage canine est peu élevée, si on la compare au nombre des chiens déclarés, qui est de 29.986 (chiffre inférieur au nombre réel des chiens). Depuis dix ans, on a abattu 37 chiens comme atteints de rage. A Limoges même, il y a quelques années, on a abattu, sous la surveillance de M. Rivet, un assez grand nombre de chiens errants (159). Sur ces animaux, trois ont révélé à l'autopsie les signes qu'on rencontre ordinairement à l'ouverture des cadavres de chiens enragés. Aucun cas de rage humaine n'a été constaté dans le département depuis dix ans.

M. Rivet insiste sur la nécessité d'appliquer les lois de police sanitaire et de procéder dans les villes à l'abatage des chiens errants; *dans les campagnes de la Haute-Vienne, cet abatage est fait très régulièrement par les paysans.* Cette mesure contribue, pour la plus large part, à maintenir peu élevé le nombre des cas de rage dans ce département et, à défaut d'une police sanitaire qui n'existe point à la campagne, la vigilance des paysans a obtenu jusqu'ici de bons résultats.

MM. Dubosc, médecin à Pont-du-Château (Puy-de-Dôme); Gobert, pharmacien à Montferrand (Puy-de-Dôme); Chambon (Charles), propriétaire à Charenton-sur-Cher, ont aussi envoyé des mémoires sur la rage; mais ces mémoires ne sont pas dans les conditions du concours.

M. Peyraud a aussi soumis à la Commission ses mémoires imprimés relatifs aux curieuses recherches qu'il a effectuées sur l'effet de la tanaisie sur l'organisme et sur la simili-rage.

Mais, malgré l'intérêt qu'ils présentent, ces travaux n'étant pas dans les conditions du programme, la Commission, à son grand regret, n'a pu les admettre à concourir.

D'une façon générale, les auteurs des mémoires, pour la plupart très compétents, s'accordent à se plaindre de la mollesse avec laquelle on fait exécuter les mesures de police sanitaire et montrent par des faits les résultats de cette négligence coupable. Un des premiers progrès à réaliser, c'est d'arriver à ce que tous les cas de rage soient immédiatement signalés aux autorités et portés à la connaissance du public. Il semble que l'on oublie trop facilement l'article 3 de la loi de 1881 sur la police sanitaire des animaux, si justement rappelé par M. Laurent :

Tout propriétaire, toute personne ayant à quelque titre que ce soit la charge des soins ou la garde d'un animal atteint ou soupçonné d'être atteint d'une maladie contagieuse, dans les cas prévus par les articles 1 et 2, est tenu d'en faire sur-le-champ la déclaration au maire de la commune où se trouve cet animal.

Sont également tenus de faire cette déclaration tous les vétérinaires qui seraient appelés à les soigner.

Cette déclaration, qui très souvent n'est pas faite, reste de toute façon ignorée du public dans la très grande majorité des cas. Il serait nécessaire que la presse fît connaître au public les foyers de maladie contagieuse, et cela sans retard. Pour la rage, en particulier, cet avertissement est tout à fait nécessaire, car il permet aux autorités de procéder à une enquête immédiate pour retrouver et faire abattre les animaux mordus par le chien enragé et d'éteindre ainsi, d'un seul coup, l'épidémie à ses débuts. En second lieu, les propriétaires d'animaux, sachant qu'il vient de se produire un cas de rage, ne laissent pas errer leurs chiens sans surveillance, et la contagion est rendue beaucoup plus difficile pour le cas où un animal en période d'incubation aurait échappé à l'abatage.

Même quand le cas de rage est connu des autorités, il arrive très généralement que les mesures prescrites par la loi ne sont pas prises ou se bornent à un arrêté du maire qui reste presque lettre morte. La recherche des chiens mordus ou roulés est généralement faite, mais trop incomplètement; il y a donc des chiens mordus par un animal enragé qui échappent à l'abatage ordonné par la loi et servent à transmettre la rage à des animaux ou à des hommes et à en perpétuer l'existence.

Il n'est que trop démontré par l'expérience des dix dernières années qu'en confiant l'application des mesures sanitaires à l'initiative des maires, on n'a aucune garantie de leur exécution; dans la plupart des cas ces administrateurs craignent de mécontenter les électeurs et négligent sciemment d'exécuter la loi, qui, elle, ne réclame pas. Il y a tout à la fois manque d'initiative et absence de sanction. Les vétérinaires sanitaires n'ont que voix consultative et les faits ne sont pas même portés à leur connaissance, les moyens pour procéder à des enquêtes rapides font presque complètement défaut. Il résulte de cet ensemble de causes que la rage continue à se propager et tend plutôt à augmenter en France, en raison de l'agglomération plus grande de la population dans les centres; pendant ce temps, cette maladie diminue dans la plupart des pays étrangers grâce à une police sanitaire rigoureusement faite, et les pays allemands, en général, s'en sont à peu près complètement délivrés depuis quelques années par une extinction graduelle des foyers de contamination.

Votre Commission croit devoir insister d'une façon toute particulière sur ces conclusions, en faisant remarquer que cette situation, qui neutralise presque complètement les bons effets que produiraient les lois sanitaires si elles étaient appliquées, porte à la fois préjudice à l'homme et à l'espèce canine où la rage fait de très grand ravages.

M. Émile GALANTE

Trésorier de l'Association.

LES FINANCES DE L'ASSOCIATION

Mesdames, Messieurs,

Les recettes de l'exercice 1892 s'élèvent à 95.769 fr. 25 c., dont voici le détail :

RECETTES

Cotisations des membres annuels	Fr.	59.748 60
Intérêts des capitaux		35.992 85
Recettes diverses		27 80
Total	Fr.	95.769 25

DÉPENSES

Frais d'administration	Fr.	26.625 20
Publications des comptes rendus		30.631 50
Conférences		3.030 60
Impressions diverses		3.837 85
Frais de session		2.685 »
Pensions		2.400 »
Total	Fr.	69.210 15

Subventions :

MM. Amans, docteur ès sciences, à Montpellier : pour ses études de mécanique animale. *(Subvention de la ville de Montpellier.)* . . . . . . Fr. 300 »

Mercier, préparateur à la Faculté de médecine de Paris : pour la mesure de la résistance électrique du corps humain à l'état physiologique et pathologique. . . . . 400 ».

Henry (Charles), maître de conférences à l'École pratique des Hautes-Études, à Paris : pour ses recherches sur les mesures photométriques. . . . . 200 »

A reporter. . . . . Fr. 900 » 69.210 15

Reports . . . . . Fr.	900 »	69.210 15

MM. Londe, chef du service photographique à la Salpêtrière, à Paris : pour ses études de photochronographie . . . . — 500 »

Angot, météorologiste titulaire au Bureau central météorologique de France : pour continuer des travaux sur la photographie des nuages. . . . . — 500 »

Belloc (Émile), naturaliste, à Paris : pour ses recherches sur la faune lacustre des Pyrénées. *(Subvention Benjamin Brunet.)* . . . . — 1.000 »

Bigot, chargé de cours à la Faculté des sciences de Caen : pour aider à la publication d'un travail sur la faune jurassique de Normandie . . . . — 500 »

Magnin, professeur adjoint à la Faculté des sciences de Besançon : pour l'exploration des grands lacs jurassiques . . . . — 200 »

Géneau de Lamarlière, au Laboratoire de biologie végétale, à Avon : pour ses recherches sur les Ombellifères. . . . . — 250 »

Mesnard, préparateur au Laboratoire de botanique de la Faculté des sciences de Paris : pour ses études sur le mode de production du parfum dégagé par les huiles essentielles. . — 250 »

Doumergue, professeur au lycée d'Oran : pour poursuivre ses recherches de botanique des hauts plateaux oranais . . . . — 500 »

Gain, professeur d'histoire naturelle à l'Institut commercial, à Paris : pour la construction d'un appareil enregistreur de la température des sols à différentes profondeurs. . . . . . — 150 »

Lesage, docteur ès sciences, préparateur à la Faculté des sciences de Rennes : pour continuer ses études sur l'influence comparée des chlorures de sodium et de potassium sur les plantes . . . . — 300 »

Oger, licencié ès sciences naturelles, à Courdemanche : pour ses études sur l'influence du sol humide sur la structure des végétaux. . — 150 »

Heim, agrégé à la Faculté de médecine de Paris : pour ses recherches sur les Diptérocarpées . — 500 »

Académie des Belles-Lettres, Sciences et Arts de La Rochelle (section des sciences naturelles) : pour aider à la publication de la *Flore de France*, de MM. Foucaud et Rouy . . . . . — 250 »

M. Malaquin, préparateur à la Faculté des sciences de Lille : pour ses recherches sur les Syl-

A reporter. . . . . Fr.	5.950 »	69.210 15

Reports. . . . . Fr.	5.950	»	69.210 15
lidiens. *(Subvention de la ville de Paris.)*	400	»	

MM. Pizon, professeur d'histoire naturelle au lycée
de Nantes : pour ses recherches sur un groupe
d'Ascidiés . . . .   400 »

Livon, directeur de l'École de médecine de Marseille : pour ses études sur la physiologie de
l'intestin. . . . .   400 »

Morel (Léon), archéologue, à Reims : pour
aider à la publication de la *Champagne souterraine* . . . .   250 »

Darbas, à Saint-Martory : pour ses fouilles des
abris préhistoriques de Montpezat . . . . . .   200 •

Société d'étude des sciences naturelles de Nîmes :
pour aider à la publication d'une carte préhistorique du Gard. *(Subvention de la ville de
Montpellier.)* . . . .   300 »

MM. Nepveu, professeur à l'École de médecine de
Marseille : pour ses recherches sur le paludisme . . . .   250 »

Regnault (Félix), à Paris : pour des expériences
sur la transmission du cancer . . . .   300 »

Turquan, chef du bureau de la statistique générale de la France au Ministère du Commerce : pour ses études statistiques sur la
natalité et le nombre d'enfants par départements, arrondissements et communes . . .   500 »

Bourses de session et médailles offertes aux capitaines
au long cours. . . . .   500 »

Planches, cartes et travaux de gravure insérés dans
le volume. 4.752 25

Total. . . . . . Fr.	14.152 25		14.152 25
Arrérages du legs Girard mis en réserve			6.432 »
Réserve statutaire			5.974 85
Total égal aux recettes. . . . Fr.			95.769 25

CAPITAL

Le capital qui, dans notre dernier exposé, présentait le chiffre de Fr.   862.410 76
s'est augmenté de 9.304 fr. 85 c.

Soit :

Parts de fondateurs et rachats de cotisations. . Fr.	3.330	»	
Réserve statutaire	5.974	85	
Total . . . . . . Fr.	9.304	85	9.304 85
Total . . . . Fr.			871.715 61

Il ressort de ce que je viens d'avoir l'honneur de vous exposer que l'exercice de 1892 n'a rien présenté de particulier. Votre décision de l'an dernier touchant le rachat des cotisations est appliquée depuis ; les résultats de cette disposition ne seront appréciables que pour l'exercice en cours. Nous ne manquerons pas de vous les faire connaître.

Les démarches et les formalités que comporte la délivrance des legs dont nous vous entretenions à Pau se poursuivent par les soins de votre Conseil. Dans notre prochaine réunion, nous pourrons vous fixer définitivement sur l'importance des dispositions prises en faveur de notre œuvre par ceux que vous avez décidé de faire figurer sur la liste des bienfaiteurs de l'Association.

Le Comité local de Besançon, auquel nous adressons nos remerciements, nous a fait parvenir, dès le mois de juin, les cotisations réunies par ses soins. Nous sommes heureux de souhaiter la bienvenue à ces nouveaux amis. Comptant sur leur dévouement, nous leur demanderons : de nous aider par une active propagande et de rester fidèles à l'œuvre dont le but a, dès le premier moment, rencontré leur sympathie.

PROCÈS-VERBAUX DES SÉANCES DE SECTIONS

1er Groupe.

SCIENCES MATHÉMATIQUES

1re et 2e Sections.

MATHÉMATIQUES, ASTRONOMIE, GÉODÉSIE ET MÉCANIQUE

Présidents d'honneur . . . . . . MM. DE GALDEANO, Prof. à l'Univ. de Saragosse.
GUIMARAES, Lieut. de génie, Membre de l'Acad. roy. des sc. de Lisbonne.
MACKAY, Prof. à l'Acad. d'Édimbourg.
NEUBERG, Prof. à l'Univ. de Liège.
OLTRAMARE, Doyen de la Fac. des sc. de Genève.
Rév. SIMMONS, Prof. à l'Univ. de Grainthorpe, Grimsby.
Président. . . . . M. GOHIERRE DE LONGCHAMPS, Prof. au Lycée Saint-Louis, à Paris.
Secrétaires. . . . . MM. BARBELENET, Prof. au Lycée de Reims.
SITTLER, Ing. des P. et Ch., à Besançon.

— **Séance du 4 août 1893** (matin) —

M. Éléonor FONTANEAU, à Limoges (Haute-Vienne).

Sur l'équilibre d'élasticité de l'ellipsoïde. — La méthode exposée dans ce travail, pour intégrer les équations aux dérivées partielles de l'élasticité des corps isotropes, repose sur deux principes distincts. Le premier consiste dans cette propriété des équations différentielles linéaires qui permet d'en faire disparaître les termes tout connus, et de les rendre homogènes lorsqu'on en connaît une solution particulière. Son emploi permet de ramener la question générale où les équations de l'élasticité sont quelconques au problème plus simple où les forces extérieures appliquées à la surface du corps lui seraient normales.

Dans ce cas particulier se présente une circonstance éminemment favorable ; les forces extérieures sont alors des forces principales d'élasticité et on peut faire usage du second principe : dans les corps isotropes, les forces principales d'élasticité et les dilatations principales coïncident en direction. De là résultent, au moins pour l'ellipsoïde, assez de relations pour qu'on puisse déterminer aux constantes près les fonctions potentielles qui entrent dans les formules d'intégration. Après cela, il n'y a plus qu'à rendre identiques, en s'aidant au besoin de la formule de Taylor, les équations où figurent, avec les inconnues, les données de la question. Ce procédé peut être appliqué aux deux problèmes généraux de l'intégration des équations différentielles de l'élasticité.

L'auteur s'est attaché à montrer que les formules dont il s'est servi ont toute la généralité désirable et à éclaircir cette espèce de paradoxe qui résulte de ce que, en prenant trois à quatre fonctions potentielles, on a quatre systèmes de formules, différents en apparence, mais équivalents en réalité.

M. CATALAN, à Liège.

Application de la Géométrie à l'Arithmétique. Note présentée par M. Neuberg. — Soient (a, a', a''), (b, b', b''), (c, c', c'') les cosinus des angles formés par les arêtes OA, OB, OC d'un trièdre trirectangle OABC avec trois axes rectangulaires OX, OY, OZ. Dans la première partie de sa Note, M. Catalan introduit le trièdre $OA_1B_1C_1$, dont les arêtes ont respectivement pour cosinus directifs (a, b, c), (a', b', c'), (a'', b'', c''), et signale des relations intéressantes entre les trois trièdres trirectangles OXYZ, OABC, $OA_1B_1C_1$. Dans la seconde partie, il exprime les quantités a, a', a'',..... rationnellement en fonction de trois mêmes indéterminées, qui sont les tangentes des moitiés des trois angles figurant dans les formules de transformation d'Eisler : il tire, de ces expressions, quelques identités remarquables et une solution de l'équation indéterminée

$$u^2 + v^2 = x^2 + y^2 + z^2.$$

M. NEUBERG, Prof. à l'Univ. de Liège.

Notes de géométrie. — M. Neuberg présente d'abord de nouveaux développements sur un sujet déjà traité par M. Éd. Collignon au Congrès de Marseille, à savoir : le triangle (quadrilatère) ayant pour sommets les centres des carrés construits sur les côtés d'un triangle (quadrilatère donné). Il généralise ensuite la même question en construisant sur les côtés d'un triangle donné ABC des triangles BCA', CAB', ABC', semblables à un triangle donné LMN.

Il est digne de remarque que les angles de Brocard V, v, V_1 des triangles ABC, LMN et du triangle dont les côtés sont égaux et parallèles aux droites AA', BB', CC' sont liés par la relation

$$(\cot V + \cot v)(\cot V_1 - \cot v) + \cot{}^2 v = 3.$$

Discussion. — M. Laisant tient à faire deux observations sur l'intéressante communication de M. Neuberg :

1° Le raisonnement géométrique fort ingénieux qu'emploie souvent M. Neuberg sur les sommes géométriques n'est au fond qu'une application des équipollences, méthode très simple et très élémentaire dans certaines de ses parties.

2° Au Congrès du Havre, en 1877, j'ai indiqué la solution de ce problème général : Trouver un polygone, connaissant les sommets des triangles semblables à un triangle donné, construits sur les côtés. Les résultats que j'ai obtenus sont absolument confirmés par ceux de M. Neuberg.

M. COLLIGNON, Insp. gén. des P. et Ch., à Paris.

Remarque sur le tir parabolique. — L'étude du mouvement parabolique des corps pesants peut se faire en considérant dans le plan de tir la série des cercles qui passent par le point de départ du projectile, et par un point élevé verticalement au-dessus de ce point d'une quantité $\frac{V^2}{2g} \times 4$. Cette méthode conduit à déterminer la courbe enveloppe des paraboles, ou *courbe de sûreté*, sans passer par les paraboles elles-mêmes, et à retrouver d'une manière simple tous les résultats connus.

Promenade de deux forçats enchaînés. — On suppose deux points A et M, assujettis à rester à distance constante l'un de l'autre, et à se mouvoir uniformément, le premier avec une vitesse a suivant une ligne droite, et le second avec une vitesse b suivant une courbe qu'il s'agit de déterminer. Trois cas sont à distinguer suivant qu'on a $a < b$, $a > b$, ou $a = b$. La solution dépend des fonctions elliptiques. Étude géométrique du problème, courbes roulantes, rayons de courbure, surfaces considérées comme sommes algébriques des éléments balayés par la droite mobile AM, etc.

M. GUIMARAES, Lieut. du génie, Memb. de l'Acad. roy. des sc. de Lisbonne.

Sur une formule de géométrie. — M. Guimaraes fait voir l'identité qui existe entre l'expression de la transformée des sections planes faites dans un cône de révolution qui se trouve dans le *Traité de géométrie descriptive* de Leroy, et une autre formule qu'il a déduite et dont un cas particulier a été inséré l'année passée dans le *Journal de Mathématiques élémentaires*.

Les normales à l'ellipse, d'après le théorème de Frigier et d'autres géomètres. — M. Guimaraes présente quelques cas de normales remarquables qu'on peut mener à l'ellipse, et dont quelques-uns ont déjà paru dans le *Bulletin de la Société mathématique*, *Jornal de Sciencias mathematicas e astronomicas*, et dans *El Progreso Mathematico*.

M. RODRIGUES, de Lisbonne.

Les lois de Képler dans la théorie de la rétrogradation des projectiles. — M. RO-
DRIGUES démontre que la loi de l'attraction universelle et les lois de Képler qui
régissent le mouvement des corps célestes sont aussi applicables au mouvement
des projectiles dans un fluide résistant.

M. OLTRAMARE, Doyen de la Fac. des sc. de Genève.

Intégration des équations. — M. OLTRAMARE présente une note sur l'application qu'on peut faire du calcul de génération pour intégrer certaines équations
qu'on ramène à des équations linéaires. Il expose ce procédé en l'appliquant à
quelques équations particulières.

Discussion. — M. DE LONGCHAMPS : Les difficultés devant lesquelles j'avais dû
m'arrêter ont été très heureusement surmontées par la méthode de M. Oltramare, ce qui confirme pleinement mes prévisions.

— **Séance du 4 août** (soir) —

M. E. LEMOINE, anc. élève de l'Éc. Polyt., à Paris.

Développements sur la géométrographie. — L'année dernière, au Congrès de Pau,
M. LEMOINE, dans un long mémoire, a essayé de préciser les éléments d'un art
des constructions géométriques qu'il appelle : *la Géométrographie.* Il avait indiqué dans cette étude, en les discutant, les constructions les plus simples *qu'il
avait pu trouver,* simplifiant toutes les constructions fondamentales données séculairement dans les traités de Géométrie, mais en avertissant qu'il était loin
de supposer qu'il avait fixé les constructions, puisque d'autres géomètres pouvaient et devaient certainement en imaginer de plus simples en les cherchant à
l'aide du critérium qu'il avait proposé. C'est du faisceau des efforts appliqués
à cet objet que viendront les constructions réellement définitives. Le présent
mémoire simplifie encore plusieurs des constructions précédemment données ;
ces simplifications ont presque toutes été indiquées par MM. *Bernès* et *G. Tarry*
dans une correspondance qu'ils ont eue avec l'auteur depuis l'année dernière.

Quelques propriétés concernant la géométrie du triangle. — Depuis assez longtemps, M. LEMOINE donne chaque année, aux Congrès de l'Association française,
de nombreuses propriétés ou formules concernant la géométrie du triangle.
Ces propriétés n'ont souvent aucun autre lien entre elles ; elles ont été rencon-

trées par lui à propos de ses études sur le triangle ; il les signale quand elles lui paraissent avoir quelque intérêt ; et quoique, pour abréger, il ne développe, en général, point leur démonstration, elles forment de bons exercices et des renseignements utiles pour ceux que la géométrie du triangle intéresse. Le présent mémoire est une continuation des précédents.

Transformation continue appliquée au tétraèdre. — M. LEMOINE a indiqué à divers précédents Congrès de l'Association et particulièrement à celui de Marseille en 1891 des transformations de formules relatives au triangle dont il a exprimé la loi en l'appelant *Transformation continue dans le triangle.* Le présent mémoire donne des résultats analogues se rapportant à la géométrie du tétraèdre et expose la théorie de la *Transformation continue dans le tétraèdre.*

M. HATON DE LA GOUPILLIÈRE, Memb. de l'Inst., Dir. de l'Ec. des Mines, à Paris.

Note sur le minimum du potentiel de l'arc. — M. HATON DE LA GOUPILLIÈRE, dans cette note, après Euler, Moigno, etc., aborde le problème qui consiste « à trouver la courbe qui a le plus grand ou le plus petit moment d'inertie par rapport à un point donné ». En reprenant cette question, qui n'avait été traitée, jusqu'à lui, qu'au point de vue du maximum ou du minimum *absolus,* M. HATON s'est proposé de trouver le maximum ou le minimum *relatifs du potentiel de l'arc parmi les courbes qui admettent une même valeur pour le potentiel de l'aire.*

M. HERMANN, à Paris.

Cryptographie à réglettes. (Système Bazeries.)

M. le Commandant COCCOZ, à Paris.

Des variations qu'on peut apporter aux carrés de huit, magiques aux deux premiers degrés. — Ce mémoire fait suite à celui qui a paru dans les *Comptes rendus du Congrès de Pau.* Les carrés magiques considérés dans ce mémoire sont susceptibles de recevoir de nombreuses variations qui sont exposées, avec détails, dans ce nouvel article.

M. F. MICHEL, à Montpellier.

Sur une transformation du conoïde de Plucker, etc. — Le conoïde de Plucker *(Cylindroïde)* a fait l'objet de travaux récents dus, notamment, à MM. Mannheim et Picquet. Dans ce travail, M. Michel étudie principalement une transformée du conoïde par inversion. Il obtient ainsi une surface du quatrième ordre sur laquelle il donne un certain nombre de propriétés.

M. G. DE LONGCHAMPS, Prof. de math. spéc. au Lycée Saint-Louis.

Présentation d'un trisecteur. — Cet appareil permet, très simplement, de partager un angle en trois parties égales. En ouvrant les deux branches du compas de façon qu'elles forment l'angle donné, un point, mis en évidence par l'instrument ainsi disposé, étant joint au sommet de l'angle, on obtient l'une des trisectrices de cet angle. En retournant l'instrument, on a la seconde trisectrice.

En terminant sa communication, M. DE LONGCHAMPS indique quelle modification il suffira d'apporter à l'instrument pour qu'il donne le partage d'un angle en autant de parties égales que l'on voudra.

———

L'Arithmétique avec les figures négatives. — Le nombre des figures ou symboles nécessaires à la représentation des nombres est égal à 10. Ce nombre peut être réduit, en adoptant une écriture conventionnelle. Cette réduction supprimant les symboles 6, 7, 8, 9, il en résulte une notable simplification pour les opérations de l'arithmétique. Mais cette réforme peut aussi manifester son influence sur les recherches relatives à la théorie des nombres, comme le montreront, nous l'espérons, les communications futures.

———

M. LAISANT, Doct. ès sc., à Paris.

Sur les tableaux de sommes ; nouvelles applications. — Rappel des définitions et des propriétés essentielles. — Applications à des calculs algébriques simples ; aux coefficients du binôme ; aux termes successifs de la série de Fibonacci. — Rapprochement avec la théorie des différences.

———

M. DECOHORNE, Conduct. des P. et Ch.

Sur le régleur solaire. — Description d'un appareil qui se trouve, au cours du Congrès, à l'Exposition d'horlogerie de Besançon.

———

— Séance du 5 août 1893 —

M. G. TARRY, à Alger.

Géométrie générale. — Longueur des lignes courbes. — Théorème de l'indépendance de la longueur d'un arc de courbe envers le chemin suivi pour en rejoindre les deux extrémités. — Mesure des arcs de circonférence. — Relations entre les côtés et les angles d'un triangle. — Figures semblables. — Théorèmes et problèmes.

MM. C.-A. LAISANT et **Émile LEMOINE**, à Paris.

Remarques sur l'orientation et les progrès des sciences mathématiques. — Les auteurs, après des considérations générales sur le sujet dont il s'agit, donnent spécialement quelques indications sur la publication d'un *Répertoire général de Bibliographie mathématique* et sur un nouveau recueil périodique, l'*Intermédiaire des Mathématiciens.*

M. NEUBERG.

Notes de géométrie. — On prend, sur les côtés AB, AC d'un triangle ABC, deux longueurs égales AC′ = AB′ = α. M. NEUBERG étudie synthétiquement le lieu du point d'intersection des droites BB′, CC′, lorsque α varie.

M. FONTÈS, Ing. en chef des P. et Ch., à Toulouse.

Note sur l'ancienneté du triangle arithmétique. — M. FONTÈS fait voir que le triangle arithmétique dont Pascal a fait un si bel usage et que Viète a donné dans son *Canon mathematicus*, était connu (indépendamment de la figure signalée par Libri dans le *General trattato di numeri e misure* (1556), de Tartaglia) avant ces deux auteurs.

Il le relève, en effet :

1° Dans l'*Arithmetica integra*, de Stifel (1544), où le moine saxon l'emploie, sans démonstration, à l'extraction des racines quelconques ;

2° Dans le troisième livre de l'*Arithmétique de P. Forcadel*, de Béziers (1557), où cet auteur, qui déduit la figure de la loi de formation des puissances successives de 11, l'emploie au même objet, en avertissant que la somme des coefficients de la puissance m^e d'un binôme est 2^m ;

3° Dans l'*Arithmétique* de Jean Trenchant (1566 et peut-être 1558).

4° Dans l'*Exœreton mathematicon*, de Cardan, opuscule écrit en 1572 et publié, à Lyon, en 1663, avec les autres œuvres de cet auteur. Cardan l'attribue à Stifel.

Il n'est pas impossible qu'on le retrouve dans quelque auteur antérieur à ce dernier, peut-être dans Rudolf.

Sur les caractères de divisibilité. — Continuation de travaux antérieurs, publiés notamment au Congrès de Pau (1892) et dans les *Comptes rendus de l'Acad. des sciences* (26 décembre 1892). L'auteur simplifie les considérations antérieurement produites par lui, et ramène à un principe élémentaire unique tout ce qui concerne les caractères de divisibilité.

M. GOB, à Hasselt (Belgique).

Formule donnant le rayon de courbure des coniques. — On considère une conique circonscrite au triangle ABC et touchant une droite donnée m au point M. Soient x, y, z les perpendiculaires abaissées de M sur BC, CA, AB, et soient α, β, γ les distances de A, B, C à m. M. Gob démontre géométriquement la formule :

$$\rho = R\,\frac{xyz}{\alpha\beta\gamma},$$

donnant le rayon de courbure de la courbe en M (R désigne le rayon du cercle circonscrit en triangle ABC), et en donne quelques applications.

Application du Théorème de Carnot (Théorie des transversales). — Lorsqu'une courbe d'ordre n coupe les côtés BC, CA, AB d'un triangle ABC aux points A_k, B_k, C_k ($k = 1, 2, \ldots, n$), on a la relation suivante :

$$\pi_1^n\,\frac{A_k B}{A_k C} \cdot \pi_1^n\frac{B_k C}{B_k C} \cdot \pi_1^n\frac{C_k A}{C_k B} = (-1)^n,$$

qui porte le nom de Théorème de Carnot. M. Gob examine les cas particuliers les plus remarquables qui peuvent se présenter.

M. G. DE LONGCHAMPS.

Un théorème sur la géométrie des masses. — En prenant pour point de départ un théorème élémentaire dû à M. Laisant, la note en question conduit à un théorème général, ressortant de la Géométrie récurrente.

L'espace infinitésimal autour d'un point d'inflexion. — C'est la suite du mémoire présenté, en 1891, au Congrès de Marseille.

— Séance du 7 août 1893 —

M. DE GALDEANO, Prof. à l'Univ. de Saragosse.

Note sur les institutions scientifiques et en particulier sur l'enseignement mathématique en Espagne. — M. DE GALDEANO s'est attaché à faire comprendre que le développement de l'esprit scientifique en Espagne a été rendu impossible par l'état de guerre continuelle qui constitue l'histoire de ce pays. Cependant les Espagnols, s'ils n'ont pas créé eux-mêmes, ont suivi le progrès scientifique général et ont adopté des programmes d'enseignement semblables à ceux des autres nations. Bien souvent, il est vrai, l'incurie des gouvernements s'est opposée à l'esprit d'investigation des amateurs de la science; mais il semble qu'aujourd'hui la tendance générale est au progrès ; la célébration, à Madrid, du Congrès pédagogique en est une preuve et il est permis d'espérer que bientôt la jeunesse espagnole, encouragée par les horizons nouveaux ouverts devant elle, atteindra le but qu'elle poursuit et donnera à sa patrie la place qu'elle peut occuper dans la science.

M. OLTRAMARE.

Note sur une formule de M. Cesaro (Ernest). — M. OLTRAMARE montre comment il est possible, en comptant les points d'un quadrillage compris entre deux axes coordonnés et une branche de courbe, de trouver des identités arithmétiques qu'il serait souvent difficile d'établir directement, tandis qu'ainsi elles deviennent intuitives. Celle de M. Cesaro est de ce nombre.

Discussion. — M. LAISANT insiste sur le caractère ingénieux que présente la méthode indiquée par M. Oltramare, et sur les ressources qu'elle peut offrir. Il montre notamment comment elle peut conduire à trouver dans certains cas le nombre des solutions d'une équation indéterminée, comprises entre des limites données.

M. PORTIER, à Mustapha, près Alger.

Note sur les carrés diaboliques et sataniques. — M. PORTIER indique de nombreux moyens de construire des carrés diaboliques de 9. La constante 369 se trouve également partout où l'on peut former un carré de 9 cases. Il indique aussi comment les carrés diaboliques peuvent être transformés très aisément en carrés sataniques, c'est-à-dire magiques aux deux premiers degrés.

M. NEUBERG.

Rayon de courbure de certaines courbes. — M. NEUBERG rappelle le principe de la méthode au moyen de laquelle il a démontré récemment, dans les *Bulletins de l'Académie royale de Belgique,* les constructions que MM. Fouret, Mannheim, etc., ont données du centre de courbure de certaines courbes planes ; il fait l'application de cette méthode à la *courbe de poursuite.*

M. Antonio CABREIRA, à Lisbonne.

Quelques théorèmes de mécanique. — M. CABREIRA s'occupe, dans sa note, de l'ascension d'un corps sur un plan incliné. Il traite aussi, dans un autre chapitre, de la somme des aires et de la dérivée volumaire.

M RODRIGUES.

Sur l'inversion cyclique des fonctions monogènes et holomorphes. — M. RODRIGUES étudie les fonctions inverses des fonctions uniformes et holomorphes, examinant si ces fonctions jouissent des mêmes propriétés de monogénéité et d'holomorphisme que les fonctions primitives. Il fait voir que le problème des fonctions monogènes revient à la détermination des *zéros* d'une équation holomorphe dans l'intérieur d'un contour fermé le long duquel on a toujours

$$\mod \left(u \cdot \frac{\varphi(r)}{t(r)} \right) < 1$$

et détermine successivement l'existence des contours, ensuite les lois de distribution et la séparation des *zéros* existants à l'intérieur des contours, et enfin il s'occupe du problème de l'inversion au moyen d'intégrales curvilignes.

———

Sur la résolution algébrique des équations. — Dans cette note, M. RODRIGUES, en faisant application de son théorème de l'inversion des fonctions, donne la solution de l'équation

$$z^n + \alpha_{n-1} z^{n-1} + \ldots + \alpha_1 z + \beta = 0$$

les racines étant exprimées en fonction de celles de l'équation binôme ·

$$z^n + \beta = 0.$$

———

Du développement en série des fonctions algébriques. — M. RODRIGUES, en faisant application de son théorème de l'inversion des fonctions, donne le développement en série de la fonction algébrique

$$t(x_1 y_1) = 0$$

ordonnée suivant les puissances décroissantes de la variable indépendante. ·

———

M. LAISANT, Doct. ès sc., à Paris.

Figuration graphique de quelques nombres combinatoires. — Indication de figures graphiques qui donnent, par les nombres de chemins différents permettant de se rendre d'un point à un autre :

1º Le nombre des permutations de n objets ;

2º Le nombre des combinaisons de m objets p à p ;

3º Le nombre des arrangements de m objets p à p ;

4º Les nombres K_m^p de M. d'Ocagne ;

5º De nouveaux nombres combinatoires qui ne semblent pas avoir été précédemment étudiés.

———

— **Séance du 9 août 1893** —

M. Ch. BERDELLÉ, anc. Garde gén. des forêts, à Rioz.

Le livret sans chiffres. (Voir Section de Pédagogie, page 380.)

M. Schiappa MONTEIRO, à Lisbonne.

Sur la détermination des cercles qui coupent trois cercles fixes sous des angles donnés. — M. S. MONTEIRO s'occupe d'abord, dans son mémoire, du cas où les angles donnés sont égaux. L'artifice que M. Monteiro emploie pour arriver à la solution de la question proposée consiste à remplacer les cercles fixes ou donnés par d'autres équivalents, et par rapport auxquels les cercles demandés soient *tangentiels* ou *ephatiques* au lieu d'être sécants, en revenant ainsi au célèbre problème d'Apollonius : *tracer des cercles tangents à trois cercles fixes.*

En s'occupant ensuite de la solution générale, M. Monteiro reconnaît qu'il y a, en général, 24 solutions.

Rev. Thomas Charles SIMMONS, Grainthorpe Vicarage, Grimsby (Angleterre).

Sur l'interprétation du symbole 0 dans la théorie géométrique des probabilités. — Dans les livres d'algèbre et de calcul intégral, on explique, ou définit, le symbole 0 comme l'expression de l'impossibilité absolue. Je propose à questionner l'exactitude de cette explication, ou définition.

Prenons un cas simple. Si un point est situé sur la surface d'un cercle, quelle est la probabilité qu'il soit situé aussi sur la surface d'un autre cercle dans le même plan ? Si les deux cercles s'intersectent, il y a une probabilité; s'ils se touchent, on est à la limite extrême de possibilité; enfin, s'ils sont situés tout à fait à part, il y a une impossibilité absolue. Mais le symbole 0 se présente dans le deuxième cas et non dans le troisième.

On a beaucoup d'autres exemples.

Le symbole 0 ne représente-t-il pas la frontière qui sépare le possible de l'impossible, ou en d'autres mots la limite extrême de la possibilité? Enfin, ne serait-il pas possible de signaler l'impossibilité absolue par des quantités négatives ou même (dans certains cas) imaginaires ?

M. MACKAY, Prof. à l'Acad. d'Édimbourg.

Note sur le journalisme mathématique en Angleterre. — M. MACKAY expose que les journaux de mathématiques ont fait leur apparition en Angleterre dès le commencement du XVIIIe siècle ; que dans les premières publications, très modestes, on trouve des questions de grand intérêt et quelquefois des solutions données par des mathématiciens restés inconnus et attribuées plus tard à d'autres.

M. FOLIE, Dir. de l'Obs. royal de Belgique, à Uccle, près Bruxelles.

Sur la nutation initiale, la nutation diurne, l'aberration systématique et l'aberration annuelle, d'après les observations de latitude de Peters et de Gyldén. — 1° En ce qui regarde la *nutation initiale* ou eulérienne, la période de Chandler paraît être la meilleure, et la seule application de cette nutation donne des résultats de beaucoup supérieurs à ceux de la formule empirique de Chandler.

2° En ce qui concerne la *nutation diurne*, on peut admettre

$$v = 0''05, \; L = 10^h \; \text{E. de Poulkova.}$$

3° Quant à l'aberration systématique, on prendra 280° pour l'AR de l'Apex : la vitesse systématique est comprise entre 1 et 2 fois celle de la terre ; elle est assez grande pour que les termes périodiques de l'aberration systématique ne soient nullement négligeables dans la réduction des circompolaires.

4° Quant à la constante de l'aberration annuelle, assez peu connue encore, M. Folie pense que la valeur 20''4 approche plus de la vérité que 20''45.

VŒU PRÉSENTÉ PAR LES 1re ET 2e SECTIONS

Renouvellement du vœu émis en 1892 relativement à la publication des œuvres et de la biographie de François Viète.

M. le président donne lecture de la proposition suivante :

« Les 1re et 2e Sections, qui avaient pris au Congrès de Pau l'initiative du vœu dont il s'agit, ont été douloureusement émues en apprenant la mort de M. Ritter, qui avait consacré toute son existence scientifique à la préparation des œuvres de Viète et de la biographie de ce géomètre illustre.

» Comme il est à désirer que cette disparition d'un éminent collègue n'entrave pas l'œuvre à laquelle il s'était consacré, et comme il est surtout indispensable que les manuscrits préparés et classés admirablement par M. Ritter ne soient pas perdus, la Section insiste pour le renouvellement du vœu émis l'année dernière et pour que le Conseil de l'Association se mette en rapport, s'il est besoin, avec les héritiers de M. Ritter. »

M. Neuberg, à qui se joignent ses collègues MM. Oltramare, de Galdeano, Guimaraes et Simmons, appuie énergiquement le renouvellement proposé ; il fait ressortir la nécessité, au nom de la science de tous les pays, de tirer de l'oubli les travaux et l'histoire d'un des plus grands savants dont la France ait le droit de s'enorgueillir.

Ce vœu a été adopté, dans l'Assemblée générale du 10 août, comme vœu de l'Association.

Ouvrages imprimés

PRÉSENTÉS AUX 1ʳᵒ ET 2ᵉ SECTIONS

BELLINO CARRARA. — *La Matematica nei licci del regno. (Parte prima. Algebra.)*

BELLINO CARRARA. — *Saggio d'introduzione alla teoria delle quantità complesse geometricamente rappresentate.*

BELLINO CARRARA. — *La coincidenza dei due metodi d'approssimazione di Newton e Lagrange nelle radici quadrate irrazionali dei numeri enteri.*

IGNAZIO CAMELETTI. — *Geometria pura elementare.*

GOMES TEIXEIRA. — *Curso de analyse infinitesimal. (Secunda parte. Calculo integral.)*

SCHIAPPA MONTEIRO. — *Note sur le conoïde.*

MORAES DE ALMEIDA. — *Sobre a generalisação e discussão da formula do volume do tronco de cone recto.*

RODRIGUES. — *Movimento do solido livre.*

DECOHORNE. — *Notice sur le régleur solaire inventé par A. Decohorne, Conducteur des Ponts et Chaussées.*

PORTIER. — *Constructions nouvelles des carrés diaboliques de 9 et du carré satanique de 9.*

3ᵉ et 4ᵉ Sections.

GÉNIE CIVIL ET MILITAIRE, NAVIGATION

Président (1) . . . . M. WIDMER, Ing. des P. et Ch., à Besançon.

— Séance du 4 août 1893 —

M. REGNARD, Ing., à Paris.

Traction mécanique des tramways. — Les tramways sont d'origine américaine, et le premier construit remonte à 1834; il reliait New-York à Harlem.

En France, ils ont débuté, sous le nom de chemin de fer américain, entre la place de la Concorde et Sèvres. Bien que la concession eût été accordée jusqu'à Vincennes, on n'obtint pas l'autorisation de poser des rails au cœur de Paris, et on fit l'exploitation pendant longtemps avec des omnibus dont on changeait les roues à la place de la Concorde pour les mettre sur la voie ferrée.

Quel chemin parcouru depuis si peu d'années, et ne peut-on dire avec vérité que les tramways prennent aujourd'hui pour la circulation urbaine et de banlieue une importance comparable à celle des chemins de fer pour les transports à grande distance.

La traction animale, seule employée d'abord pour les tramways, disparaîtra pour faire place à la traction mécanique, comme les diligences ont cédé la place à la locomotive.

Ce progrès incontestable se réalise malheureusement beaucoup plus vite à l'étranger qu'en France.

Le nombre et la variété des systèmes de traction mécanique dépassent pourtant tout ce qu'on peut imaginer; sans songer à les énumérer tous, nous devons citer les principaux tout d'abord, pour revenir ensuite sur les plus importantes applications.

Traction à vapeur par locomotives spéciales;
— par voitures automobiles (Rowan);
— par locomotives sans foyer.

Traction par l'air comprimé, — systèmes Mékarski, de Beaumont, Hugues et Lancaster;

---

(1) M. Chatel, Président de la Section, ayant été obligé de donner sa démission, la Section a nommé M. Widmer.

Traction funiculaire.

Traction par locomotives à soude Honigman;

Traction par moteur à gaz ou naphte (Connelly);

Traction électrique, au moyen d'accumulateurs;

Traction électrique, avec prise de courant par conducteurs aériens ou souterrains, ou par les rails.

L'effort de traction des tramways en palier est bien supérieur à ce qu'il est sur les chemins de fer. De nombreux essais ont été faits pour le déterminer, et suivant l'état des rails on admet qu'il varie de 8 à 16 kilogrammes par tonne.

L'effort au démarrage est considérablement plus grand ; il s'est élevé, dans certaines expériences, à 128 kilogrammes par tonne.

Les rampes admises pour les tramways, obligés de suivre les inflexions du tracé des rues, sont bien supérieures à celles usitées sur les chemins de fer; les rayons des courbes sont bien plus faibles.

Pour toutes ces raisons, la traction animale laisse à désirer ; elle rencontre encore des obstacles dans l'état plus ou moins mauvais de la chaussée en cas de boue, neige, verglas ou brouillard. Elle présente aussi le grave défaut d'une vitesse beaucoup trop réduite, et la nécessité d'une cavalerie très nombreuse, chaque cheval ne fournissant guère que deux heures de travail au plus par jour. Enfin elle supporte de graves aléas par les variations de prix des fourrages, les épizooties, etc.

Les avantages de la traction mécanique, en regard, sont nombreux et importants. La rapidité doit être mise en première ligne (moins cependant à l'intérieur même des villes que pour les trajets suburbains). La puissance de transport est plus considérable et surtout plus élastique, et permet de parer à une circulation d'une activité très variable. Dans toutes les installations bien faites elle est plus confortable que la traction par chevaux, et la meilleure preuve en est que son adoption a pour résultat immédiat un accroissement du nombre des voyageurs.

Il ne fait pour nous aucun doute que le seul Métropolitain désirable pour Paris consisterait dans une large extension des voies actuelles de tramways et dans l'adoption de la traction mécanique.

La lenteur avec laquelle les progrès sont réalisés dans cette voie en France, à Paris surtout, contraste fâcheusement avec la rapidité du développement de la traction mécanique en Amérique, en Angleterre, en Allemagne et en Italie.

On a fait, à la vérité, beaucoup d'essais, mais la plupart du temps dans les plus mauvaises conditions : locomotives à vapeur de divers types, avec et sans foyer, voitures Rowan, voitures automobiles à air comprimé du système Mékarski, voitures à traction électrique et enfin traction funiculaire ont été tour à tour essayées.

Les premiers insuccès sont cependant pour la plupart très compréhensibles ; les voies, notamment, étaient loin d'avoir, lors des premiers essais, la solidité de celles aujourd'hui adoptées, et les conditions d'exploitation laissaient à désirer.

En dépit des difficultés inhérentes à tout début, le funiculaire de Belleville, par exemple, n'offre-t-il pas cependant le type d'une remarquable exploitation dans les conditions les plus difficiles? Une rue de sept mètres de largeur, présentant une circulation des plus intensives de voitures et de piétons, surtout à certaines heures, avec des courbes nombreuses et des déclivités importantes, une voie unique et cinq garages, est cependant parcourue continuellement par des véhicules rapides et économiques; et si le problème posé dans des conditions aussi défavorables a été résolu, quel succès ne serait-on pas en droit d'attendre de l'application du système funiculaire dans des voies mieux situées, alors que toutes les questions de construction sont étudiées, et que ce système fonctionne à San-Francisco depuis 1878 et s'est rapidement étendu dans toute l'Amérique, remorquant, par exemple, jusqu'à 1.200 véhicules par jour à la vitesse de 16 kilomètres sur le pont de Brooklyn (en 1885). Il n'est pas sans intérêt de mentionner que trois éminents ingénieurs anglais, Rastrick, Walter et Stephenson, consultés en 1829 sur le choix du moteur à adopter pour le chemin de fer de Liverpool à Manchester, émettaient l'avis que des machines fixes avec des câbles semblaient la solution préférable au point de vue de l'économie, de la vitesse, de la sécurité et de la commodité.

Les deux obstacles contre lesquels se heurte l'adoption en France, et à Paris surtout, de la traction mécanique (outre la routine et la résistance des intérêts opposés, des installations existantes), sont la réglementation à outrance et l'insuffisante valeur attachée à l'économie de temps. Veut-on cependant une preuve de l'énorme accroissement de la circulation produit par les perfectionnements dans les moyens de transport en commun ?

A Londres, on comptait, en 1864, 53 millions de voyageurs transportés par an, soit une moyenne de 18 déplacements par habitant.

En 1874, on avait 155 millions de voyageurs, soit environ 45 déplacements par habitant.

En 1884, après le développement des tramways, on est arrivé à 308 millions de voyageurs, soit 77 voyages par habitant, et la progression reste toujours rapide sur les tramways, alors qu'elle est relativement minime sur les deux chemins de fer, Métropolitain et District.

Ces chiffres sont largement dépassés par l'activité américaine. A New-York, en 1884, on comptait 272 millions de voyageurs empruntant les divers modes de transport en commun, soit 210 voyages par habitant ; et en 1889, 397 millions de voyageurs, soit 233 voyages en moyenne par habitant.

Aussi est-ce dans ce pays que la traction électrique a pris l'essor le plus remarquable. En trois ans on l'installait dans 130 villes, sur 3.200 kilomètres de voie desservis par 3,850 voitures représentant ensemble une puissance de 95.000 chevaux-vapeur.

Un élément capital de la question du meilleur mode de traction à adopter est évidemment son prix de revient. Il serait très intéressant de grouper le plus grand nombre de renseignements sur ce point.

On évalue, à Paris, le prix de revient kilométrique de la traction animale à 0 fr. 612 pour les tramways de la Compagnie des Omnibus, à 0 fr. 516 pour les tramways Nord, et 0 fr. 542 pour les tramways Sud.

A Rouen, ce prix n'est que de 0 fr. 407.

Avec les locomotives sans foyer, sur la ligne de Rueil à Port-Marly, ces frais de traction, en 1882, étaient évalués à 0 fr. 45 c.

A Nantes, avec les voitures automobiles à air comprimé du système Mékarski, ils n'étaient, à la même époque, entretien compris, que de 0 fr. 39. En 1884, ils s'abaissaient à 0 fr. 343 par kilomètre parcouru.

A Francfort, la traction par chevaux coûte 0 fr. 59 c. par kilomètre, et ne revient qu'à 0 fr. 30 c. par l'électricité.

Enfin, suivant qu'on envisage la traction des tramways pour les longues distances et les parcours *extra muros*, ou pour la circulation unique dans les villes, les divers systèmes mécaniques à adopter peuvent et doivent différer. Ainsi, les locomotives à vapeur, avec ou sans foyer, ne sauraient guère prétendre à faire un service urbain, auquel, au contraire, la traction funiculaire, la traction électrique ou le système Mékarski à l'air comprimé s'adaptent parfaitement.

Des divers modes de traction dont nous avons donné une énumération très sommaire (et sans parler des machines à ammoniaque essayées en Amérique, ni de bien d'autres), certains ont à peu près disparu, comme le système Honigman, construit par les Ateliers de Hanovre et installés à Aix-la-Chapelle; le système à air comprimé de Beaumont, bien inférieur à celui de M. Mékarski, et celui de Hugues et Lancaster, qui s'alimentait d'air comprimé sur une conduite régnant sur tout le parcours.

Le système funiculaire, pour être avantageux, doit être à deux voies; son installation dans Broadway, la rue certainement la plus fréquentée des États-Unis, et probablement du monde entier, a été un véritable tour de force, mais qui prouve surabondamment qu'il est applicable partout.

Enfin, le système électrique, le dernier venu, mais dont les progrès sont extraordinairement rapides, est celui qui semble avoir le plus bel avenir en perspective. La facilité de sa conduite, du réglage de sa vitesse, la promptitude de son arrêt, le confortable absolu offert aux voyageurs, et dont l'éclairage abondant forme une part importante, son fonctionnement silencieux, inodore, sans fumée, en font le mode de traction idéal pour la circulation urbaine. Reste pour le système jusqu'ici essayé seul à Paris la question du prix de revient, y compris le remplacement des accumulateurs. Jamais peut-être on n'admettra dans Paris, par exemple, le système pourtant si économique et si commode des trolleys qui amènent au moteur le courant pris sur des fils aériens, aux États-Unis, système analogue à celui qui a fonctionné dans le bas des Champs-Élysées pendant l'Exposition d'électricité en 1881. Mais si un système réellement pratique de prise de courant sur des conducteurs placés au-dessous de la voie (comme il en existe à Buda-Pesth, à Northfleet et à Alleghany-City) se faisait jour, il est à présumer qu'on s'empresserait de l'adopter, et que Paris serait enfin doté de la traction électrique pour toutes ses lignes de tramways.

Discussion. — M. VILLAIN fait remarquer que la question soumise par M. Regnard au Congrès « sur la traction mécanique des tramways » est, en réalité, la question des transports en commun dans les grandes villes et particulièrement à Paris; c'est la continuation du débat qu'il avait soulevé l'année dernière au Congrès de Pau sur le Métropolitain de Paris, dont il s'est constitué l'adversaire opiniâtre et convaincu.

Sans s'attarder à discuter sur le sens et la portée du mot Métropolitain qu'on a successivement employé pour définir des conceptions si diverses et si dissemblables, M. Villain estime que le chemin de fer est un instrument nécessaire de transport dans les villes très populeuses et très étendues, comme Londres, Paris, New-York, Berlin, etc., où les distances à parcourir représentent parfois deux et trois parcours de tramways ou d'omnibus et entraînent par suite des dépenses d'argent et de temps excessives.

On a, du reste, constaté ce phénomène très curieux que dans les grandes villes où l'on avait construit des chemins de fer métropolitains, le trafic des tramways s'était accru alors qu'il restait obstinément stationnaire à Paris.

Voici, en effet, le nombre des voyageurs transportés, à dix ans de distance, par les tramways de Paris, Londres, Berlin et New-York :

	En 1882	En 1891
Paris.	144 millions de voyageurs	145 millions de voyageurs
Londres	119 —	188 —
Berlin	58 —	128 —
New-York . . .	166 —	189 —

Ajoutons que les tramways présentent leur plus grand développement à
Paris avec 285 kilomètres. Ils mesurent 260 kilomètres à Berlin, 212 kilomètres à Londres et 208 kilomètres à New-York.

Abordant le problème de la traction proprement dite, M. Villain fait remarquer que les chiffres cités par M. Regnard s'appliquent à des éléments qu'on
ne saurait comparer entre eux. Avec la traction sur rues, la dépense d'exploitation des omnibus de Paris représente 3 c. 55 par kilomètre de place offerte.
Cette même dépense tombe à 2 c. 36, en diminution de 33 0/0 avec la traction
de chevaux sur rails. La substitution du moteur mécanique au moteur animé
permettra probablement d'abaisser le prix de revient à environ 2 centimes ;
mais la vitesse restera limitée entre 7 et 8 kilomètres à l'heure.

Pour obtenir de nouveaux et importants progrès, il faut avoir une plate-
forme indépendante, au-dessus ou au-dessous de la voie publique. Le prix de
revient du kilomètre de place offerte, — dans un train de 500 places coûtant
2 francs par kilomètre, — tombe à quatre dixièmes de centime, cinq fois
moins cher qu'en tramway à traction mécanique, avec une vitesse trois fois
plus grande (24 kilomètres au lieu de 8 à l'heure).

En définitive, conclut M. Villain, le chemin de fer a, dans les grandes
villes, un rôle nécessaire et considérable à remplir, — à côté des tramways.

M. Mékarski partage l'avis de M. Villain sur l'objet spécial qu'il convient de
poursuivre en établissant des chemins de fer dans l'intérieur de Paris, lequel
lui paraît devoir être d'assurer à une certaine catégorie de voyageurs les moyens
de traverser rapidement la capitale ou de se rendre rapidement de la périphérie au centre. Il lui semble, à ce point de vue, que ce serait une erreur de
multiplier exagérément les stations sur le parcours, comme les auteurs de
certains projets proposent de le faire ; car, en rendant ainsi la marche des
trains presque aussi lente que celle des tramways, on enlèverait aux lignes
métropolitaines ce qui doit être leur principal avantage, en en faisant une
simple concurrence aux tramways, ce pour quoi il serait peu justifié de faire
des dépenses aussi considérables.

Les transports en commun dans Paris, à vitesse modérée, seront convenablement effectués par les tramways, lorsque, par l'emploi de la traction mécanique, leur puissance de transport aura été notablement augmentée.

Examinant les divers systèmes de traction mécanique dont l'emploi dans les
grandes villes ne semble pas devoir présenter d'inconvénients, M. Mékarski
fait ressortir les avantages que présentent les moteurs fonctionnant au moyen
d'accumulateurs et l'analogie qui existe entre la traction par l'air comprimé et
celle par accumulateurs électriques. Mais ces derniers s'usent assez rapidement
et nécessitent une manutention coûteuse, tandis que les réservoirs d'air comprimé sont à peu près indestructibles et se rechargent en quelques minutes,
sans qu'il soit nécessaire de les déplacer. De là découle une notable supériorité

de la traction à air comprimé au point de vue des frais de fonctionnement.

Cette traction coûte, d'ailleurs, moins cher que les chevaux, l'économie représentant beaucoup plus que l'intérêt et l'amortissement du supplément de dépenses qu'entraîne l'installation mécanique, forcément un peu plus dispendieuse que celle de la traction animale. La traction des grandes voitures à 50 places de la Compagnie des Omnibus est revenue, en 1892, à 0 fr. 58 c. par kilomètre-voiture, celle des voitures du réseau suburbain du Nord, qui sont de moins grande dimension, a coûté 0 fr. 54 c. La même année, dans la banlieue de Paris, sur le réseau Nogentais, dont le profil est très accidenté, la traction à air comprimé revenait à 0 fr. 45 c., prix d'ailleurs exagéré, par des raisons spéciales, d'environ 10 0/0.

En province, la traction par chevaux, pour les voitures à deux chevaux, revient, en général, à 0 fr. 40 c. par kilomètre-voiture. A Nantes, la traction à air comprimé revient, en moyenne, à 0 fr. 27 c. avec des machines à vapeur d'un type médiocrement économique. L'intérêt et l'amortissement du supplément de capital, afférent à la traction mécanique, représenteraient, à Nantes, 0 fr. 03 c. à 0 fr. 04 c. par kilomètre-voiture. Il reste donc une économie réelle d'environ 25 0/0.

Analysant les divers éléments du prix de revient, M. Mekarski fait voir que ni pour le personnel, ni pour la dépense de combustible, ni pour le graissage, ni pour l'entretien du matériel, on n'est fondé à espérer de meilleurs résultats de la traction électrique par câble aérien, plus économique que celle par accumulateurs, mais présentant l'inconvénient d'occuper les voies publiques d'une façon disgracieuse et de faire dépendre tout le service d'un accident éprouvé par la ligne. La traction par l'air comprimé échappe à ces critiques et est au moins aussi économique.

M. Francq (Léon) a le regret de ne pouvoir accepter comme bonne la comparaison que M. Regnard a faite entre les divers moteurs mécaniques des tramways.

Pour apprécier le mérite des divers moyens mécaniques au point de vue de la dépense d'exploitation, il paraît nécessaire, en effet, de prendre une base commune de comparaison, en tenant compte : 1° du poids utile remorqué ; 2° de l'effort moyen de traction en raison du profil et des rails employés ; 3° du prix de la main-d'œuvre et des matières employées, selon les pays où fonctionnent les systèmes comparés ; 4° de l'intensité du service, c'est-à-dire de la fréquence plus ou moins grande des départs ; 5° de la vitesse commerciale autorisée.

Il y a là des facteurs importants que M. Regnard a négligés.

M. Francq repousse les chiffres que M. Regnard a posés, en faisant observer que dans l'exploitation du tramway de Rueil à Marly au moyen des locomotives sans foyer ou à eau chaude, dont il est l'auteur, le prix de traction, qui est inférieur à 0 fr. 45 c., s'applique à une ligne où le poids utile du train atteint 40 tonnes environ, où l'effort de traction par tonne est élevé en raison des déclivités très fortes (59 millimètres par mètre), où la main-d'œuvre, près de Paris, est cher, avec un départ par heure seulement.

Dans toutes les exploitations faites au moyen des locomotives sans foyer, les conditions se modifient et le prix de revient également, selon le milieu. C'est ainsi qu'on a pu réaliser la traction mécanique par *kilomètre-train* à divers prix dont le minimum a été de 0 fr. 248 m. par kilomètre-train, aux Indes hollandaises, par exemple.

A Lille, sur une ligne, le service est plus intensif (à dix minutes et trente minutes d'écart) que sur l'autre (vingt minutes et soixante minutes d'écart), ce qui est un avantage; mais sur la deuxième, la voie est meilleure et la concentration du chargement des machines est une meilleure condition. Dans cette région, les matières ne sont pas cher; la main-d'œuvre, cependant, est à un prix très coûteux.

A Lyon, le service se fait, sur une ligne, à soixante minutes d'intervalle; sur deux autres, à vingt minutes. Aussi le prix de revient varie-t-il entre les deux services. Dans cette ville, la main-d'œuvre est cher comme à Lille et à Paris, les matières sont au prix de Paris et plus cher qu'à Lille.

M. Francq peut citer beaucoup d'autres exemples. Il ajoute que les prix réalisés par son système ne s'appliquent pas à une voiture automotrice, comme c'est le cas avec l'air comprimé ou l'électricité, mais *à un train* composé de une, de deux, de trois, de quatre voitures, selon l'affluence des voyageurs, et que cette élasticité, sans augmentation de la dépense d'exploitation, est précisément ce qui constitue la qualité des moteurs à vapeur sans feu.

Les moteurs à air comprimé, signalés par M. Regnard, qu'on le remarque bien, sont des voitures automobiles qui transportent vingt-huit à trente voyageurs, soit un poids utile, en voyageurs et voiture, de quatre à cinq tonnes seulement; si les matières sont cher, à Nantes, par contre, la main-d'œuvre est de 40 0/0 moins coûteuse qu'à Lille, Paris et Lyon. Le profil de la ligne ne donne pas lieu à des résistances élevées, car les voitures roulent partout presque en palier; et, ce qui est un avantage, le service marche suivant un horaire intensif de cinq en cinq minutes d'intervalle.

Il est certain que si l'on faisait la comparaison entre eux, des systèmes électriques, à air comprimé et autres, en faisant intervenir les facteurs signalés plus haut, dont il faut absolument tenir compte sous peine de commettre de grosses erreurs, on arriverait à poser des chiffres de prix de revient bien différents de ceux que M. Regnard a mis en avant.

Toutes les communications et discussions devant les associations scientifiques ont toujours eu pour conclusion que les machines à vapeur sans feu doivent théoriquement réaliser le maximum d'économie, puisque la vapeur est produite en grande masse, à bon marché, et que le travail qu'elle peut fournir ne subit aucune réduction par les transformations successives qu'il faut forcément faire subir à la puissance motrice qui produit l'air comprimé ou l'électricité.

Une comparaison faite, sans négliger les facteurs signalés par M. Francq en commençant, viendrait assurément confirmer la théorie.

M. Francq observe encore qu'il n'est pas exact de dire que les locomotives sans foyer ne peuvent pas faire une exploitation urbaine de tramways.

Ces locomotives sont employées dans les villes en France et à l'étranger; en France, elles fonctionnent depuis quinze ans, avec échappement partiel de vapeur, dans les villes de Lille, Roubaix, Tourcoing, Lyon et Paris, sans donner lieu à accidents; elles fonctionneront bientôt au centre même de l'agglomération marseillaise, sans émission de vapeur.

En ce qui concerne le système électrique, M. Francq ne partage pas non plus l'optimisme de M. Regnard. Il est hors de doute que cette nouvelle puissance mécanique n'a pas encore laissé connaître le prix de revient réel de son application. La mise en service, encore récente, des moteurs électriques ne peut permettre d'apprécier la dépense d'entretien et de renouvellement du matériel. Ce n'est que dans quelques années qu'on saura à quoi s'en tenir sur ce point.

En attendant, il paraît certain qu'un système qui transforme plusieurs fois la puissance initiale de la vapeur ne peut pas être une solution économique. Si l'on réfère, d'autre part, aux indications fournies jusqu'à présent par la pratique, on reste convaincu que la traction électrique par accumulateur ou par fil conducteur coûte plus cher que la traction par chevaux; et encore l'électricité n'a-t-elle pas l'élasticité de puissance nécessaire pour traîner plusieurs voitures à la fois, en cas d'affluence des voyageurs.

Le succès qu'on attribue aux exploitations électriques de l'Amérique et qu'on commence à contester de l'autre côté de l'Océan, trouve son explication dans le coût élevé de la traction par chevaux dans ce pays, et surtout parce que l'on y autorise une vitesse commerciale dangereuse, sans souci de la sécurité de la circulation, en marchant à une allure qu'on n'autorisera pas en France; c'est probable. C'est par ce moyen qu'une voiture arrive à faire un parcours journalier très élevé; c'est ainsi qu'on diminue, aux États-Unis, le prix de revient kilométrique, et qu'on atteint un résultat difficile à obtenir dans notre pays.

M. REGNARD est persuadé que l'adoption de la traction mécanique, jointe au développement du réseau des tramways, vaudra infiniment mieux, sous tous les rapports, pour desservir les besoins de la circulation parisienne, qu'un chemin de fer métropolitain, aérien ou souterrain. Il semble d'ailleurs qu'un revirement s'opère dans l'opinion publique et dans la presse qui demandaient autrefois à cor et à cri le Métropolitain, et semblent revenir à des idées plus sages. La traction électrique par accumulateurs semble jouir de la plus grande faveur auprès du public. Si l'expérience prolongée suffisamment la montre trop coûteuse, pourquoi ne pas lui substituer le système américain des trollys? Il ne semble pas que deux ou quatre fils aériens supportés au-dessus des refuges, le long des grands boulevards, doivent les beaucoup défigurer.

Pourtant M. Regnard a été si frappé de l'excellent service des tramways à air comprimé qu'il a vus fonctionner à Nantes et sur le réseau Nogentais, qu'après les explications fournies hier par M. Mékarski sur les questions de prix de revient, il n'hésiterait pas à conseiller l'adoption de ce système, appelé à devenir certainement encore plus économique dans une application en grand.

M. Dominique-Antoine **CASALONGA**, Ing. civ., à Paris.

Des rôles essentiellement distincts d'un métropolitain et des lignes de tramways, dans Paris. — M. D.-A. CASALONGA présente, de la part de M.E. Rouby, une observation suggérée par M. N.-J. Raffard, au sujet de la dénomination *Tramway* souvent confondue, à tort, avec celle de *Tram-Car* ou simplement de *Voiture.*

Au sujet des considérations exposées par MM. Villain et Mékarski, M. D.-A. Casalonga fait tout d'abord remarquer combien il est nécessaire de distinguer le voyageur qui circule en ville, pour les besoins journaliers de ses affaires, de celui qui, le soir venu, quitte son bureau pour s'en aller au loin et y revient le lendemain.

A cette dernière catégorie de voyageurs peut mieux convenir le chemin de fer que le tramway; et puisque la statistique affirme à M. Villain qu'elle peut largement alimenter, de ces voyageurs, son chemin de fer s'ouvrant sur le long de la Seine, malgré l'existence des bateaux-omnibus, il n'y a plus qu'à désirer qu'une telle ligne se fasse ; d'autant plus qu'il n'est demandé pour elle aucune garantie, qu'elle désencombrera les lignes de tramways, et qu'elle ne gêne rien et ne masque aucune perspective.

Ce qu'il faut assurer aux deux catégories de voyageurs, c'est moins la grande vitesse, toute désirable qu'elle soit, que la possibilité d'entrer, sans retard, dans un véhicule confortable et de partir, sans attendre pendant plusieurs quarts d'heure, les pieds dans la boue, sous les intempéries et mêlé à une foule compacte, souvent brutale, qui bouscule femmes et enfants.

Une vitesse effective, d'au moins 12 kilomètres à l'heure, peut être aisément obtenue sur tramways, avec un service tant soit peu bien organisé et un matériel bien établi, dut-on ne s'arrêter obligatoirement que de 500 mètres en 500 mètres. Cette vitesse, que l'on peut estimer être un minimum, peut être admise comme actuellement suffisante. Il importe seulement qu'à certains jours, à certaines heures, on puisse augmenter rapidement, et dans une large mesure, le matériel roulant et multiplier les départs. Or, on ne peut réaliser un tel résultat désirable qu'en supprimant la cavalerie, surtout dès lors qu'il s'agit de tirer des véhicules lourds. La traction mécanique seule permet de passer presque aussitôt d'un régime ordinaire de transport à un régime beaucoup plus intensif, sans qu'il en coûte trop, surtout si l'on peut atteler une deuxième voiture. La machine de traction, quand elle ne fonctionne pas, ne s'use pas, ne consomme rien, et n'offre aucun des aléas qui pèsent sur les chevaux, les fourrages, les dépôts.

La question se pose donc nettement entre une grande ligne de chemin de fer reliée à des gares de pénétration des grandes Compagnies, pour enlever de Paris, et y ramener à certaines heures, la population urbaine-interurbaine, et un réseau de tramways à mailles serrées, sur lequel roulent des voitures traînées mécaniquement, s'offrant en tous points au voyageur qui veut circuler dans l'intérieur de la ville.

M. Casalonga passe ensuite en revue les divers tracteurs mécaniques : à vapeur, à eau chaude, à air comprimé et à l'électricité par accumulateurs ou par prise de courant. Il en fait ressortir brièvement les avantages et les inconvénients respectifs. Il mentionne la concession faite par la Compagnie générale des Omnibus, à la Société de M. Mékarski, de la ligne : *Place de la République à Romainville*, de l'essai que se propose de faire cette même Compagnie sur la ligne : *Place Saint-Augustin à Saint-Denis*, d'un moteur Serpollet appliqué à une voiture à impériale de cinquante places, pouvant traîner deux de ces voitures sur rampe de 4 centimètres, avec une dépense kilométrique, pour la traction, de 0 fr. 37 c. Il indique en quoi consiste la curieuse chaudière de M. Serpollet et les avantages particuliers qu'elle offre pour franchir les rampes et démarrer.

En terminant, il rappelle la tentative faite, avec la soude caustique, par M. Honigmann, et qui avait fait naître en Allemagne de très grandes espérances que la pratique ne confirma pas. Sur cette tentative, qui lui avait paru d'un grand intérêt, M. D.-A. Casalonga avait édifié une combinaison qu'il esquisse en peu de mots.

On sait que M. Honigmann avait imaginé d'absorber, dans une solution de soude caustique et après qu'elle avait travaillé dans le cylindre, la vapeur provenant de l'eau chaude emmagasinée dans une chaudière sans foyer du système Lamb et Francq.

Persuadé qu'un des grands inconvénients de l'emploi de la soude résidait dans la chute de température forcément-existante, entre la solution sodique et l'eau de vaporisation, ce qui exigeait une grande surface de chauffe, et conduisait, malgré tout, à une perte notable de chaleur en fin de parcours, M. D.-A. Casalonga, avait associé au système : *eau-chaude-soude*, l'air comprimé, en utilisant la même usine centrale. De la sorte, avec le même mécanisme, on pouvait transformer la presque totalité des calories emmagasinées et obtenir un moteur économique d'une grande élasticité de puissance, n'émettant à l'air ni fumée ni vapeur. Quant à la solution sodique, au lieu de la reconstituer, M. D.-A. Casalonga se bornait à la concentrer en utilisant les chaleurs perdues de l'usine centrale, et la livrait ainsi au commerce qui en avait l'emploi.

— Séance du 5 août 1893 —

M. le Capit. DELCROIX, Prof. adj. à l'École spéciale militaire, à Paris.

Règle topographique et boussole rapporteur. — Instruments portatifs de reconnaissance et d'exploration. — Basée sur la plus stricte vulgarisation scientifique, la règle topographique mesure les angles horizontaux à la boussole et les angles verticaux ou horizontaux à l'aide d'un miroir perpendicule translucide en verre platiné quadrillé. Les pentes ou inclinaisons sont mesurées en centièmes.

L'instrument constitue en outre une stadia très pratique et un tableau de perspective plane dont le point de vue est à 10°, ce qui permet de faire du dessin pittoresque et des croquis expédiés. Le tableau perspectif permet aussi de réduire pratiquement les angles à l'horizon.

2ᵉ Groupe.

SCIENCES PHYSIQUES ET CHIMIQUES

5ᵉ Section.

PHYSIQUE

Président. . . . . M. A. CORNU, Memb. de l'Inst., Prof. à l'Éc. Polyt., à Paris.
Secrétaire . . . . M. JANNETTAZ, Ingén. des A. et Man., à Paris.

— Séances des 4 et 5 août 1893 —

La Section se réunit à la Section de météorologie (voir page 204).

— Séance du 7 août 1893 —

M. Ch.-V. ZENGER, Prof. à l'Éc. Polyt. de Prague.

La symétrie dans l'optique pratique. — On a fait beaucoup de tentatives d'achromatiser d'une manière plus parfaite les lentilles photographiques, télescopiques et microscopiques; mais, même avec les espèces modernes de verres, on ne s'approche pas assez de l'apochromatisme; il y a toujours des restes de couleurs, qui sont nuisibles pour certains travaux scientifiques, par exemple pour la spectrophotographie. En revenant sur les qualités fondamentales des lentilles qu'on peut considérer comme des systèmes de prismes, M. Zenger a combiné des lentilles de manière qu'elles aient les mêmes épaisseurs et les mêmes rayons; de plus, elles sont toutes les deux de verre de crown.

Il est aisé de montrer que, à la condition que les deux verres crown aient le même indice de réfraction moyen, mais la dispersion un peu différente, on peut obtenir l'achromatisme absolu si l'on a :

$$n - n' = 0,$$

condition de la correction d'astigmatisme rapprochée ; et :

$$\sqrt{\frac{dn'}{dn}} = 1 - \frac{1}{m}, \text{ condition d'achromatisme absolu ;}$$

où m est l'agrandissement, et :

$$f = -f'.$$

Si l'ouverture n'est pas plus grande que $\frac{f}{30}$, l'aberration sphérique est plus petite qu'une seconde ; on obtient ainsi des images achromatiques et aplanétiques. Ces objectifs construits en quartz et en verre crown peuvent donner sur une plaque phosphorescente le spectre complet du rouge aux parties ultra-violettes près de la raie P.

M. Henri DUFOUR, Prof. à l'Univ. de Lausanne.

De l'induction dans les masses magnétiques. — Lorsqu'une masse métallique tourne dans un champ magnétique, on sait qu'elle éprouve une résistance au déplacement due aux courants induits qui s'y développent, et qui s'opposent, par leur action électrodynamique, à la continuation du déplacement. L'expérience est faite ordinairement en employant un cube de cuivre suspendu à un fil tordu, le cube s'arrête brusquement dans un champ magnétique intense. La plupart des traités de physique disent que cet arrêt est produit par l'action des courants induits sur le champ magnétique. Il est évident que si cet arrêt est réel, il ne peut être dû à l'action de courants qui ont cessé d'exister avec le mouvement. Ces courants peuvent produire un ralentissement du mouvement, mais rien de plus ; il faut donc compléter l'explication trop sommaire de la plupart des livres.

L'expérience montre que si on fait tourner dans le champ magnétique un cylindre de cuivre dont l'axe de rotation est parallèle aux génératrices, le cylindre ne s'arrête pas complètement dans un champ magnétique intense, mais tourne avec une vitesse d'autant plus faible que le champ est plus intense. Le cube de cuivre, tel qu'il est ordinairement livré par les constructeurs, pour cette expérience, s'arrête complètement ; en outre, écarté de cette position d'arrêt il y revient. Ce fait est dû aux propriétés diamagnétiques du cuivre, le bloc est scié dans une barre de cuivre qui n'a pas les mêmes propriétés suivant sa longueur que suivant sa section ; on reconnaît, en effet, que, quand le bloc est arrêté, certaines stries du métal occupent toujours la même position par rapport aux lignes de force. Avec le cylindre la rotation continue, car l'axe diamagnétique est parallèle à l'axe du cylindre et tout est symétrique dans le plan de rotation. C'est donc le cylindre qui démontre, par son mouvement, l'action des courants induits seule ; l'effet produit sur le bloc est compliqué d'actions diamagnétiques. Ces expériences peuvent être variées ; nous recommandons en particulier celle qui consiste à suspendre à un fil tordu une lame de cuivre rectangulaire : le mouvement est saccadé, maximum lorsque le plan de la lame est perpendiculaire aux lignes de force, minimum lorsqu'il lui est parallèle, car alors le bord de la lame coupe normalement, pendant son déplacement, les lignes de force.

Cette expérience *montre* la valeur relative des courants induits qui se développent dans un champ magnétique constant suivant la position du conducteur par rapport aux lignes de force. Nous ajouterons qu'il serait avantageux que les constructeurs livrent aux physiciens un cylindre de cuivre au lieu d'un cube pour l'expérience classique de l'induction dans un champ magnétique ; ce cylindre pourrait être monté sur le même axe qu'un cube de bois dont les faces seraient colorées ; on verrait alors que le mouvement continue dans un champ magnétique et que sa vitesse seule varie, ce qui est le phénomène à démontrer dans ce cas.

M. Pierre **LESAGE**, Doct. ès sc. nat., Prép. à la Fac. des sc. de Rennes.

Sur la diffusion de la vapeur d'eau d'une atmosphère limitée dans une atmosphère illimitée. — Dans ses recherches de physiologie végétale, M. Lesage a été amené à faire un certain nombre d'expériences sur la distribution de la vapeur d'eau dans les végétaux ; il donne les résultats de deux séries qui lui paraissent de nature à intéresser les physiciens.

Voici ces résultats :

Considérons deux atmosphères réunies par un canal étroit, l'une limitée et reposant sur l'eau, l'autre illimitée et non saturée d'humidité.

1° Il y a passage de la vapeur d'eau de la première dans la seconde atmosphère.

2° Le canal ayant un diamètre constant, la vitesse d'évacuation de la vapeur diminue quand la longueur du canal augmente.

3° La canal ayant même diamètre et même longueur, cette vitesse diminue quand la distance de l'entrée du canal à la surface de l'eau évaporante augmente. Ceci indique une distribution de la vapeur d'eau en couches successives où la tension varie assez, dans les limites des expériences, pour donner des différences appréciables dans les pertes d'eau.

M. **JANNETTAZ**, Ing., à Paris.

La dureté des corps. — L'étude de la dureté a donné lieu à des recherches nombreuses de la part des minéralogistes, et des ingénieurs, qui ont proposé des définitions très différentes de cette propriété. M. Jannettaz, adoptant la définition des minéralogistes qui appellent dureté la résistance à la rayure, a fait construire, pour produire les rayures, un scléromètre composé essentiellement, comme celui de Seebeck, d'un fléau de balance à une des extrémités duquel est fixée une pointe que l'on appuie au moyen de poids sur le corps observé ; celui-ci est déplacé horizontalement. L'appareil permet de produire une rayure circulaire, de telle sorte qu'on agit d'une manière identique suivant toutes les directions d'une même face cristalline. Un procédé analogue a déjà été indiqué par M. Cornu et appliqué par lui à l'étude de la dureté de divers minéraux. Ce qui caractérise la méthode que suit M. Jannettaz est que la raie est examinée au microscope ; ses dimensions sont ainsi mesurées avec une grande approximation.

Ces recherches ont montré que la classification des duretés relatives admise jusqu'ici n'est pas exacte, ce qui tient à la fois au peu de précision des procédés employés et aux impuretés que contenaient, sans aucun doute, les métaux servant aux expériences ; au fur et à mesure que les corps se rapprochent de la pureté chimique, ils se rangent de telle sorte qu'ils sont, par rapport à la dureté, précisément dans l'ordre inverse de celui où les placent les valeurs de leurs volumes atomiques. M. Jannettaz a vérifié ce fait sur un grand nombre de corps simples et a déterminé les nombres qui correspondent aux métaux suivants : plomb, étain, cadmium, or, argent, zinc, platine, cuivre. Pour établir une relation entre ces nombres et ceux qui correspondent aux volumes atomiques, il faut tenir compte de l'intervalle qui sépare, sur l'échelle des températures, celle à laquelle on opère de celle à laquelle fond le corps. L'expérience suivante le prouve : deux lames de cuivre et d'étain étant chauffées vers 100 degrés dans des conditions identiques et rayées, on constate que la dureté de l'étain diminue proportionnellement plus que celle du cuivre.

M. A. CORNU, Memb. de l'Inst., Prof. à l'Éc. Polyt., à Paris.

Sur les anomalies focales des réseaux diffringents. — M. A. CORNU expose le résultat de ses recherches sur les anomalies focales des réseaux diffringents ; la détermination des lois et des causes de ces perturbations lui a permis d'éliminer les erreurs qui en résultent et d'apporter des perfectionnements dans la construction ou l'usage de ces réseaux. Il faut signaler particulièrement les erreurs systématiques dans la position du foyer ; elles sont dues à deux causes distinctes et purement géométriques : ces causes, qui souvent existent simultanément sont les suivantes :

1° Dans le cas des réseaux plans, l'existence d'une faible courbure de la surface sur laquelle a été exécuté le tracé ;

2° Dans le cas de réseaux plans ou courbes, l'existence d'une variation régulière dans la distance des traits.

L'étude de la première de ces causes perturbatrices est simplifiée, si l'on fait abstraction de la courbure de la surface dans le plan parallèle aux traits et si on ne considère que la courbure normale à ces traits ; en effet, on est ramené de la sorte à des problèmes de géométrie plane. Quant à la variation de la distance des traits, elle s'exprime par la formule : $s = bt + ct^2$, où t est le nombre de tours de la machine à diviser. On se rend compte de la relation entre les coefficients b et c, en considérant le réseau comme tracé par une vis dont le filet se développerait sur un plan suivant un arc de parabole, l'axe de cette courbe étant parallèle à l'axe de la vis ; de plus, la distance P, du sommet de la parabole à l'origine, est un paramètre caractéristique de la vis et de tous les réseaux tracés avec cette vis. Il en résulte que les anomalies focales d'un réseau dans le plan normal aux traits sont entièrement définies par deux constantes linéaires : le rayon de courbure R de la surface et le paramètre P de la vis génératrice du tracé. Les deux constantes sont reliées aux données optiques et géométriques de l'expérience par des relations simples qu'établit M. Cornu et d'où il tire l'équation des courbes focales ; l'étude complète de celles-ci, et principalement des courbes focales conjuguées et de la courbe focale principale, donne une série de résultats, les uns permettant de traiter graphiquement tous les cas relatifs à la formation des foyers des réseaux, les autres donnant lieu à des vérifications simples et caractéristiques, notamment dans des cas particuliers où l'on retrouve des résultats déjà indiqués, comme la loi des anomalies focales d'un réseau Rowland, découvertes par Rydberg.

M. Cornu termine en indiquant les méthodes de détermination du paramètre P, particulièrement la méthode du moiré; il met sous les yeux de la section les *moirés* ou *franges* dus à la superposition, sous un petit angle, de deux réseaux identiques.

— Séance du 9 août 1893 —

La Section se réunit à la 7e. (Voir page 210.)

6ᵉ Section.

CHIMIE

PRÉSIDENTS D'HONNEUR	MM. BEILSTEIN, Prof. à l'Univ. de Saint-Pétersbourg.
	GRAEBE, Prof. à l'Univ. de Genève.
	GREUZE. Prof. à l'Univ. de Genève.
PRÉSIDENT.	M. SABATIER (Paul), Prof. à la Fac. des sc. de Toulouse.
SECRÉTAIRE . . . .\. .	M. CHABRIÉ, Chef de laborat. à la Fac. de méd. de Paris.

— Séance du 4 août 1893 —

M. DE REY-PAILHADE, à Toulouse.

Sur les. propriétés chimiques du philothion. — Le *philothion* est un principe immédiat organique contenu dans les tissus vivants, qui, au contact du soufre, donne de l'hydrogène sulfuré à froid. Ce principe existe dans le règne végétal et dans le règne animal. Le philothion est une des matières intégrantes de la cellule et non un produit de sécrétion. On peut l'extraire par divers procédés : alcool faible, eau chargée de 1 0/0 de fluorure de sodium ou de phénol. Ces extraits ont une composition chimique très complexe. L'extrait alcoolique de levure de bière est un liquide jaunâtre, un peu acide; chauffé, il donne un abondant coagulum de matière albuminoïde. Un grand nombre de sels donnent des précipités à froid. Le liquide produit H^2S avec le soufre à froid, décolore par hydrogénation le carmin d'indigo et le tournesol. La propriété la plus importante du philothion est d'absorber l'oxygène libre de l'air : 100^{cc} de liqueur consomment à $40^?$ C. et en 24 heures 8^{cc} d'oxygène. Cette liqueur traitée par certains réactifs perd la propriété d'absorber l'oxygène. — Le philothion paraît être de nature albuminoïde et pouvoir se représenter par RH, R étant un radical spécifique faiblement uni à un atome d'hydrogène. Cette composition le rapproche des ferments solubles d'hydratation et de la chlorophylle hydrogénée. Toutes ces propriétés du philothion expliquent la respiration des tissus, certains phénomènes de réduction observés dans l'organisme, et l'absorption du soufre pris par la voie gastro-intestinale. Ce principe immédiat paraît remplir un rôle de ferment soluble d'oxydation. MM. Jaquet et Poehl sont aussi arrivés par des expériences différentes à admettre l'existence d'un ferment soluble d'oxydation (1).

(1) *Recherches sur le Philothion*, Paris, G. Masson, 1891. — *Nouvelles recherches sur le Philothion, son rôle dans les oxydations intra-organiques.* Toulouse, Gimet-Pineau 1892.

M. le Dr Albert HÉNOCQUE, à Paris.

Spectroscope à verres colorés pour l'analyse du sang à la surface des tissus. — Cet appareil, désigné sous le nom d'*analyseur chromatique*, est composé d'un spectroscope à vision directe, à l'extrémité duquel est fixé un disque muni de verres jaunes et d'un verre bleu et mobile devant la fente du spectroscope. On peut ainsi examiner la surface des tissus à la lumière solaire diffuse, soit avec le verre bleu, condensateur, qui double l'intensité de la bande α de l'oxyhémoglobine perceptible à la surface des téguments et des muqueuses, soit avec les verres jaunes qui sont atténuateurs de cette bande. Ces verres ont été gradués de façon à faire disparaître le spectre de l'oxyhémoglobine suivant une épaisseur proportionnelle à la quantité de cette substance colorante contenue dans le sang. En examinant la paume de la main, la surface de l'ongle ou la muqueuse des lèvres, on détermine quel est le verre jaune qui fait disparaître la bande α, et un numéro correspondant à ce verre gravé sur le disque indique la quantité d'oxyhémoglobine contenue dans le sang avec une approximation de 0,5 à 1 0/0.

(Pour plus de détails, consultez *Comptes rendus de la Société de Biologie,* 29 octobre et 5 novembre 1892.)

Discussion. — M. DE REY-PAILHADE demande à M. HÉNOCQUE s'il a observé, dans des conditions pathologiques définies, des variations régulières dans l'intensité de la réduction de l'oxyhémoglobine.

M. HÉNOCQUE a reconnu que la chlorose, le cancer et quelques autres affections diminuent cette intensité; le diabète, la pneumonie, le rhumatisme l'augmentent, au contraire. Ces variations de la durée de la réduction et de l'activité des échanges entre le sang et les tissus a été étudiée cliniquement dans des maladies diverses.

M. BOUTROUX

Sur la fermentation panaire. — M. BOUTROUX, dans ses recherches sur la fermentation panaire, a reconnu que les levures seules sont nécessaires à la panification; quand on prend soin d'écarter les bactéries, le gluten n'est pas modifié, non plus que l'amidon; la matière fermentescible est un sucre existant dans la farine en très petite quantité, sucre qui peut provenir de deux origines distinctes : 1° un peu du saccharose existant dans le grain pendant la période de développement a pu échapper à la transformation en amidon qui accompagne la maturation, ce qui arrive dans les grains incomplètement mûrs; 2° la farine du blé renferme une petite quantité d'amylase qui ne peut pas attaquer sensiblement l'amidon crû pendant la fermentation panaire, mais qui. dès que la farine a absorbé de l'eau, peut saccharifier des produits plus attaquables, tels que la dextrine (1).

(1 *Annales de Chimie et de Physique,* 1892.

M. BARBIER, Prof. à la Fac. des sc. de Lyon.

Sur le rhodinol et le linalol. — M. Barbier décrit les alcools à .chaîne longue $C^{10}H^{18}O$ qu'il a récemment étudiés : le rhodinol de l'essence de roses admet un isomère stéréochimique qui existe dans l'essence de linaloès : celui-ci, peu stable, donne avec l'anhydride acétique un limonène et un éther acétique qui est identique à celui du rhodinol.

M. FRIEDEL, Memb. de l'Inst., Prof. à la Fac. des sc. de Paris.

Sur une nouvelle série de matières colorantes. — M. Friedel décrit une matière colorante nouvelle qu'il a obtenue en chauffant la méthylacétanilide avec l'oxychlorure de phosphore. Ce produit, qui répond à la formule brute $C^{20}H^{20}Az^2Cl^2$, paraît contenir un groupe diphénylméthane uni à un noyau biazoté : il teint la laine et la soie en rouge fuchsine ; un excès d'acide le décolore en formant un sel cristallisé qui redevient rouge en présence d'une trace de base, d'où son emploi comme indicateur ; il vire même avec l'acide carbonique.

L'ébullition avec les acides le transforment en un autre corps rouge vermillon dont les sels sont colorés quand ils sont anhydres, incolores quand ils sont hydratés.

Discussion. — M. Béchamp remarque à ce sujet que le lait ne décolore pas la matière colorante de M. Friedel ; son acidité, si elle existe, est donc inférieure à celle de l'acide carbonique. La caséine est teinte par la même substance en un rouge stable.

— Séance du 5 août 1893 —

M. BÉCHAMP, anc. Prof. de Fac., à Paris.

Sur la fermentation de la gomme du Sénégal. — La gomme contient une zymase capable d'hydrater l'amidon ; la gomme exposée à l'air se charge de moisissures, le pouvoir rotatoire diminue alors ; après un an il s'était formé une trace d'acide acétique et une trace d'alcool ; par précipitation fractionnée par l'alcool on a alors obtenu des produits insolubles lévogyres et un produit soluble dans l'alcool, dextrogyre, réduisant la liqueur de Ehling, en faible quantité. L'auteur estime que cette transformation ne porte que sur les matières étrangères qui accompagnent la gomme et non sur la gomme elle-même.

En présence de carbonate de chaux il se produit une fermentation butyrique énergique. Avec la levure, la gomme, même après longtemps, ne subit pas une transformation plus intense que par les moisissures accidentelles, mais on observe un phénomène remarquable : en présence de créosote, qui prévient l'influence des germes de l'air, les globules se gonflent puis se détruisent en ne laissant que des granulations moléculaires. Les microzymas propres de la levure qui, par évolution, deviennent bactéries, se détruisent à leur tour en se résolvant en granulations moléculaires qui sont les microzymas.

L'acide gommique pur avec la salive n'est attaqué que fort lentement, avec abaissement du pouvoir rotatoire.

Discussion. — M. Lemoine demande si, après la transformation de la levure dans l'expérience de M. Béchamp, le glucose peut encore fermenter.

M. Béchamp répond qu'il n'y a pas transformation, mais destruction de la cellule de levure avec mise en liberté de ses microzymas. Or, il y a deux moyens de détruire cette cellule : le moyen physiologique, comme lorsque, ainsi que dans l'expérience avec la gomme, on l'oblige de vivre dans un milieu qui ne peut la nourrir et où elle se dévore elle-même, mettant ses microzymas en liberté; et le moyen mécanique, le broiement, qui, rompant l'enveloppe cellulaire, met aussi les microzymas levuriens en liberté.

Les microzymas lévuriens mis mécaniquement en liberté sont les microzymas naturels de la levure, capables d'intervertir le sucre de canne et qui, dans un milieu nutritif convenable, reproduisent la cellule de levure qui fait subir au glucose la fermentation alcoolique; mais qui, dans un milieu non nutritif pour la levure, l'empois de fécule par exemple, deviennent bactéries et produisent un autre genre de fermentation (1).

Mais les microzymas mis physiologiquement en liberté, comme dans l'expérience avec la gomme, qui ont évolué en bactéries, lesquelles, par régression, sont devenues microzymas de ces bactéries, ne peuvent plus reproduire les cellules de levure et, par conséquent, ne font pas subir la fermentation alcoolique au glucose, mais une autre fermentation.

Discussion sur la nomenclature chimique. — MM. Friedel, Beilstein, Graebe, Combes, Béhal et Maquenne examinent les résolutions prises par le Congrès international de Genève et plus particulièrement les propositions faites par M. Tiemann dans son rapport inséré dans les *Berichte der deutschen chemischen Gesellschaft.*

On est d'accord pour rejeter le mot *éthylone*, mis en avant par M. Tiemann pour remplacer l'expression *éthanoyle*, pour cette raison que l'on aurait deux noms pour désigner un même résidu ; on trouve incorrectes les expressions *propène-imine* pour *propane-imine* et *éthène-diamine* pour *diamino-éthane*, employées au paragraphe trente-trois du mémoire de M. Tiemann, ainsi que contre le nom de *triméthyléthane-taïne*, employé pour *éthane-triméthyl-taïne.*

Pour la nomenclature des corps aromatiques M. Graebe propose de remplacer le mot *benzène* par *phène*, dont *phényl* et *phénol* seraient alors des transformations simples ; il propose également de numéroter les atomes de carbone du naphtalène de 1 à 8 et ceux de l'anthracène de 1 à 10, en réservant les nombres 9 et 10 pour désigner dans le naphtalène les atomes communs aux deux noyaux.

On aurait pour l'anthracène et ses dérivés un numérotage supplémentaire analogue, le chiffre 11 étant inscrit au voisinage de 1.

(1) Voir *Annales de Chimie et de Physique,* 4ᵉ série, t. XXIII, p. 443 (1871).

Dans les quinoléines, le numérotage serait identique à celui du naphtalène, l'azote étant placé en 1 dans la quinoléine ordinaire. L'isoquinoléine serait ainsi la quinoléine 2.

Conformément aux décisions prises antérieurement à Genève, on propose de conserver la nomenclature des ammoniaques composées simples; pour les corps amidés de structure complexe, on emploierait le mot *amino* en préfixe.

M. Maquenne expose un système simple de nomenclature des composés uréiques, qui est fondé sur leur analogie de structure avec les corps amidés et qui peut s'étendre aux guanidines substituées et aux dérivés du biuret.

— Séance du 7 août 1893 —

M. BÉCHAMP.

Sur l'amygdaline. — M. Béchamp signale une combinaison équimoléculaire d'amygdaline et d'acide acétique qui cristallise aisément et se dissocie avec perte d'acétique quand on la chauffe à 100 degrés. Ce corps a un pouvoir rotatoire égal à — 38°,1 ; c'est sa production qui est cause de l'abaissement de pouvoir rotatoire que subit l'amygdaline quand on la dissout dans l'acide acétique.

Les moisissures de l'air augmentent ce même pouvoir rotatoire, en valeur absolue : ce fait tient à ce qu'il se forme un corps gommeux, très soluble dans l'alcool, de pouvoir — 66°,8 ; qui réduit la liqueur cupropotassique et rougit le tournesol : il se dégage en même temps une odeur d'aldéhyde benzoïque.

D'après M. Béchamp, la synaptase est un produit de secrétion des microzymas des amandes ; la glucose qui résulte de leur action sur l'amygdaline lui paraît être différente de la glucose d'amidon.

Discussion. — M. Maquenne a observé que l'action de la synaptase sur l'amygdaline est plus complexe qu'on ne l'admet d'ordinaire : l'acide cyanhydrique formé réagissant sur la glucose donne naissance au nitrile, puis à l'acide heptanehexoloïque dont le pouvoir rotatoire est très faible ; c'est pour cette raison que la liqueur est moins active qu'elle ne devrait l'être ; elle donne d'ailleurs de la phénylglucosazone avec la phénylhydrazine, ce qui montre qu'il s'y trouve bien de la glucose ordinaire.

M. Béchamp répond qu'il n'a pas étudié d'une manière particulière l'action de la synaptase elle-même ; mais, admettant l'équation classique du détriplement de l'amygdaline, il a étudié spécialement celle des microzymas amygdaliques et notamment de ceux des embryons des amandes. Or, dans les conditions de ses expériences, la quantité du glucose produit était sensiblement celle de l'équation classique. En attendant la preuve du contraire il tient le glucose, qu'il a observé comme différent du glucose de fécule. Quant à la complication des produits de dédoublement que peut fournir l'amygdaline, elle ressort de son travail même.

M. Moureu fait observer que M. Gérard a vu le dédoublement de l'amygd line s'effectuer au contact de l'eau de lavage du *Penicillum glaucum*.

M. Béchamp n'est pas surpris du fait observé par M. Gérard et il fait observer de son côté que c'est une erreur, qu'il a réfutée, de croire à la spécificité unique des ferments figurés ou des ferments solubles. Dans son travail sur les moisissures qui se développent dans les solutions aqueuses d'amygdaline il avait constaté le même fait que M. Gérard : or, ces moisissures intervertissaient aussi les solutions de sucre de canne comme le *Penicillum glaucum*. C'est précisément en étudiant les moisissures qui peuvent se développer dans l'eau sucrée et qui s'intervertissent que M. Béchamp s'est élevé à la véritable notion de l'origine des ferments solubles qu'il a appelés zymases; or, il peut arriver que des moisissures nées dans d'autres milieux n'opèrent pas l'interversion du saccharose. Une zymase peut avoir plusieurs fonctions : en fait, la synaptase opère la fluidification de l'empois de fécule comme la zymase du *Penicillum* qui intervertit le saccharose peut aussi, selon M. Gérard, dédoubler l'amygdaline. Les faits du genre de celui observé par M. Gérard sont la confirmation, aussi bien que celui de M. Bourquelot, de la théorie générale des zymases telle qu'elle est résultée de toutes les recherches de M. Béchamp depuis vingt-cinq ans.

M. Barbier rappelle enfin que M. Bourquelot a reconnu la présence de la synaptase dans la plupart des champignons d'arbres.

M. Béchamp : Le fait que ces champignons contiennent une zymase capable de dédoubler l'amygdaline ne prouve pas que cette substance est la synaptase; j'ai démontré depuis longtemps que la noisette fournit une zymase qui dédouble l'amygdaline aussi vivement que la synaptase, mais qui en diffère notablement, au moins par son pouvoir rotatoire (1). Tout cela est conforme à la théorie des zymases et des microzymas que j'ai depuis longtemps exposée.

MM. BÉHAL et CHOAY, à Paris.

Sur la créosote. — M. Béhal, en collaboration avec M. Choay, a étudié la créosote du commerce, passant de 200 à 220 degrés ; ces auteurs en ont séparé un grand nombre de monophénols, y compris le phénol ordinaire, puis quelques éthers des diphénols, notamment le gayacol à l'état pur et cristallisé, le créosol et l'homocréosol.

M. Georges LEMOINE, à Paris.

Étude de quelques questions générales relatives à l'action chimique de la lumière. — M. Georges Lemoine résume ses études sur quelques questions générales relatives à l'action chimique de la lumière : les expériences ont été faites sur des mélanges de dissolutions d'acide oxalique et de chlorure ferrique :

$$C^2H^2O^4 + Fe^2Cl^6 = 2FeCl^2 + 2HCl + 2CO^2.$$

(1) *Recueil des Savants étrangers :* Mémoire sur les matières albuminoïdes, p. 331.

I. — Dans la lumière blanche la *décomposition cesse avec la suppression de la lumière.*

Les expériences les plus nettes à ce sujet ont été faites comparativement en faisant agir la lumière pendant un même temps d'une manière soit continue, soit discontinue : s'il y avait une action continuatrice, ses effets s'accumuleraient en opérant ainsi.

Dans la lumière jaune, la décomposition paraît se continuer un peu après la suppression de la lumière.

II. — L'*insolation préalable* de chacun des réactifs séparés ne modifie pas sensiblement la vitesse de la décomposition chimique qui se produit ensuite à la lumière après leur mélange.

Elle ne modifie pas non plus la vitesse de la décomposition par la chaleur dans l'obscurité vers 100 degrés. (A froid, quand la lumière n'intervient pas, l'action est nulle, même au bout de plusieurs mois, pour les mélanges employés.)

III. — *La réaction ne subit pas sensiblement de retard au début,* elle se met en train instantanément dès l'arrivée de la lumière.

Les deux premiers résultats sont d'accord avec ceux qu'avaient obtenus MM. Bunsen et Roscoë pour les mélanges gazeux de chlore et d'hydrogène. Ils avaient, au contraire, constaté un retard au début de la réaction, mais M. Pringsheim a donné une autre interprétation de leurs expériences, à cause de l'influence de très petites quantités de vapeur d'eau.

M. Paul SABATIER, Prof. à la Fac. des sc. de Toulouse.

Sur une réaction des sels cuivriques. — Quand on mélange deux solutions concentrées de bromure cuivrique (rouge-brun), et d'acide bromhydrique, on obtient un bromhydrate de bromure cuivrique, possédant une coloration pourpre d'une intensité extraordinaire. La chaleur modérée ne l'atteint que difficilement, mais la dilution le détruit en donnant une décoloration à peu près complète (bleu pâle).

Ce bromhydrate n'a pas encore été isolé cristallisé. Le mélange des solutions concentrées de bromure cuivrique brun et de bromure de lithium, ou de sodium, donne une liqueur pourpre de même teinte. Il n'en est pas de même du bromure de potassium. Ces sels doubles doivent être considérés sans doute comme les sels de lithium ou sodium d'un acide bromo-cuivrique assez stable.

Cette réaction peut servir à caractériser la présence de traces de sels cuivriques. Il suffit d'ajouter une goutte de la liqueur contenant du cuivre à un centimètre cube d'acide bromhydrique concentré ; on aperçoit immédiatement une coloration, pourpre si la liqueur est riche, lilas pâle s'il y a très peu de cuivre. On peut ainsi déceler le cuivre dans une liqueur n'en contenant que un dixième de milligramme par litre, et où la réaction du ferro-cyanure n'est plus visible. A défaut d'acide bromhydrique concentré, on peut employer un mélange de bromure de potassium solide et d'acide phosphorique concentré : on chauffe doucement ; la coloration apparaît au refroidissement. L'auteur continue l'étude du bromhydrate cuivrique (1).

---

(1) M. Denigès a signalé très sommairement, dans une note de quelques lignes aux Comptes rendus de 1889, la réaction des sels cuivriques sur le mélange de bromure de potassium et d'acide sulfurique.

— Séance du 9 août 1893 —

M. FÉRY, Chef des trav. de chim. à la Fac. de méd. de Paris.

*Étude des réactions chimiques dans une masse liquide au moyen de l'indice
de réfraction.*

M. Maxime BUISSON, à Évreux.

Détermination de l'alcalinité libre dans les produits colorés de sucreries. — 1° La
solution aqueuse d'un rosolate alcalin agitée avec de l'éther ne cède aucune
trace de matière colorante à ce dissolvant ;

2° La même solution, additionnée d'une goutte d'acide sulfurique étendu,
après agitation colore l'éther en jaune, par suite de la mise en liberté de l'acide
rosolique ;

3° Une solution alcaline colorée par une ou deux gouttes d'acide rosolique,
ne cédera de matière colorante à l'éther qu'après saturation par l'acide sulfurique de tout l'alcali.

Nous avons basé sur ce principe notre procédé de titrage de l'alcalinité libre
dans les produits colorés de sucreries.

M. Étienne BARRAL, à Lyon.

Sur l'hexachlorophénol. — L'hexachlorophénol a été obtenu en chlorurant directement le phénol au moyen du chlore, en présence du pentachlorure d'antimoine.

Maintenu pendant quelques heures avec de l'alcool absolu bouillant, l'hexachlorophénol donne de l'aldéhyde et du pentachlorophénol.

Chauffé au bain-marie à 80 degrés, avec de l'acide sulfurique à 66 degrés, il
se forme du chloranile, de l'acide chlorhydrique et de l'anhydride sulfurique.

L'acide acétique cristallisable chauffé en tubes scellés à 150 degrés, produit
de l'acide acétique chloré et du pentachlorophénol.

L'acide azotique fumant transforme, lentement à froid, très rapidement à 75
degrés, l'hexachlorophénol en *chloranile pur*, propriété qui permet de préparer
très rapidement et sans sublimation du chloranile pur.

L'hexachlorophénol est décomposé par la lumière solaire.

Par l'action du chlore en présence du pentachlorure d'antimoine, il se produit des octochlorophénols C^6Cl^8O dont l'étude n'est pas terminée.

M. GLADSTONE, Memb. de la Roy. Soc., à Londres.

Sur la réfraction moléculaire des sels, et de leurs solutions. — On a cru que la
réfraction spécifique $\left(\dfrac{v-1}{d}\right)$ d'un sel ne change pas quand il est dissous, et

L'auteur de cette communication, et Kannonikov, et d'autres chimistes ont constaté la réfraction d'un grand nombre de sels et de leurs solutions aqueuses, selon la loi bien connue. Mais il y avait toujours des soupçons que ce procédé n'était pas tout à fait exact, et l'auteur a récemment comparé la réfraction moléculaire de plusieurs sels dans l'état cristallin avec la réfraction déterminée de leurs solutions. Malheureusement, presque tous les sels ont deux ou trois indices et la réfraction spécifique varie un peu selon le degré de concentration. On a donné, néanmoins, des chiffres pour quelques chlorures, bromures et iodures, pour l'alun sodique, pour certains azotates, et pour certains sulfates qui ont trois indices très rapprochés. (Par exemple : NaCl cristallisé donne le chiffre 14.6 ; mais constaté de sa solution le chiffre 15.4 ; KI cristallisé $= 36.3$; dissous $= 36.2$ à 36.6, selon la proportion de l'eau.)

Voici les résultats : La réfraction moléculaire dans les deux états est toujours très semblable, et quelquefois identique. La différence n'est jamais plus que 6 0/0. Dans le cas des azotates, la réfraction du sel solide est toujours un peu plus grande que la réfraction calculée de la solution, et dans le cas des sulfates, la réfraction moyenne est toujours un peu plus petite ; mais les sels haloïdes diffèrent à cet égard les uns des autres.

M. MOUREU.

Recherches relatives à l'acide acrylique. — M. Moureu a obtenu ce corps aisément en traitant par la soude l'acide β chloropropionique, dérivé lui-même de l'acroléine.

L'oxychlorure de phosphore transforme l'acrylate de sodium en chlorure d'acryle qui a fourni à l'auteur l'acrylamide, les acrylamides substituées et le nitrile acrylique, identique au produit que l'on obtient en traitant la monochlorhydrine glycolique par le cyanure de potassium, et déshydratant par l'anhydride phosphorique le nitrile hydracrylique ainsi obtenu. Le chlorure d'acryle donne enfin différentes acétones quand on le fait réagir sur les hydrocarbures aromatiques suivant la méthode de MM. Friedel et Crafts (1).

M. GRAEBE, Prof. à l'Univ. de Genève.

Sur l'oxydation de l'acénaphtène. — M. Graebe décrit les résultats qu'il a obtenus en oxydant l'acide naphtalique par le permanganate en solution alcaline ; il a obtenu ainsi l'acide phène-éthylonoïque diméthyloïque, puis l'acide phène-triméthyloïque, l'acide phène-méthylal diméthyloïque, et une dilactone, la phène-triméthyldiolide (2).

Sur la synthèse de la phénanthridine. — L'acide diphénique (acide biphényl-diméthyloïque), d'abord transformé en acide diphénaminique, donne, par l'action de l'hypromite de sodium, de la phénanthridone, qui se change en phénanthridine par réduction avec la poudre de zinc (3).

---

(1) Ce travail a paru dans le *Bulletin de la Société de Chirurgie* (1893).
(2) *Berichte d. deutsch chem. Ges.*, 1893, p. 1797.
(3) *Liebig's Annalen*, vol. 276, p. 35.

— Séance du 10 août 1893 —

M. P. MARGUERITE-DELACHARLONNY, à Paris.

Formation d'acide oxalique par réactions minérales. — M. MARGUERITE-DELA-CHARLONNY signale la formation d'acide oxalique dans l'oxydation des schistes alumino-pyriteux du terrain tertiaire.

Ces schistes, soumis à l'oxydation au contact de l'air, donnent lieu, outre les sulfates connus, à une production d'acide oxalique libre. La quantité ainsi pro-duite est très faible ; elle atteint à peine quelques kilogrammes par mètre cube de matière traitée, et cela dans les cas les plus favorables.

On obtient généralement dans l'industrie l'acide oxalique par l'action de la potasse sur la sciure de bois ; il semble que le protoxyde de fer joue dans l'oxydation incomplète des matières organiques du lignite le rôle de la po-tasse dans l'oxydation de la sciure de bois ; il paraît, en effet, se former un oxalate de protoxyde de fer, décomposé ultérieurement par l'acide sulfurique.

M. Édouard BLANC, à Paris.

Sur la cuisson des briques à la vapeur d'eau en Asie. — M. Édouard BLANC a étudié les briques cuites dans la vapeur d'eau surchauffée par la méthode suivie en Asie centrale, au double point de vue de leur composition chimique et de leur valeur comme matériaux de construction ; il a donné au Congrès de Pau, l'année dernière, la description du procédé de fabrication. Cette année il donne les résultats numériques des analyses chimiques et des essais de résis-tance à l'écrasement qui ont été faits, sur les échantillons rapportés par lui, au laboratoire de l'école des Ponts et Chaussées, à Paris, par les soins de M. Debray ; on y a trouvé un peu d'oxyde rouge de manganèse et une assez forte propor-tion d'alcalis et de chaux.

La résistance à l'écrasement est très considérable ; elle diminue sensiblement par les gels et les dégels successifs, mais elle reste toujours très grande. La masse n'est pas gélive, quoique très poreuse (la matière absorbe jusqu'à 44 0/0 de son volume d'eau). L'auteur pense que certains grès japonais et coréens sont cuits d'une manière analogue ; il procède actuellement à des essais systéma-tiques de reproduction de ces produits.

Discussion. — M. FRIEDEL a examiné ces briques avec soin : il n'y a trouvé aucune trace de cristallisation, ainsi qu'on aurait pu le supposer d'après l'ana-logie de leur composition avec celle des trachytes.

M. FERREIRA DA SILVA, Prof. à l'Éc. Polyt., Direct. du Laborat. munic., à Porto.

Sur deux réactions pour l'identification de l'ésérine. — Sur une réaction caracté-ristique de la cocaïne.

M. Paul SABATIER.

Sur les métaux nitrés.— M. SABATIER décrit les combinaisons qu'il a obtenues (1) en faisant réagir le peroxyde d'azote sec sur les métaux récemment réduits.

Le composé cuivrique, qui se forme très facilement, a pour composition Cu^2AzO^2; il est stable à froid, dégage à 80 degrés des vapeurs intenses, se décompose dans l'eau en dégageant de l'oxyde azotique pur, se comporte en général, dans ses réactions, comme un mélange de cuivre et de peroxyde d'azote.

L'ammoniaque donne une incandescence immédiate, l'hydrogène sulfuré réagit en donnant du sulfure de cuivre.

Le cobalt donne, comme le cuivre, une combinaison nitrée Co^2AzO^2 qui déflagre vers 90 degrés; le nickel donne seulement un mélange de produit nitré et d'oxyde; le fer produit une incandescence, même lorsque le peroxyde d'azote est fortement dilué d'azote pur.

Ouvrages imprimés

PRÉSENTÉS A LA 6ᵉ SECTION

MACHADO (Virgilio). — *O valor do acido picrico na investigaçao da glycosuria.*

FERREIRA DA SILVA. — *O emprego do sulfo-selenito de ammoniaca para caracterisar os alcaloides. — O reconocimendo analytico de cocaïda e seus saes. — Le laboratoire municipal de chimie à Porto.*

(1) En collaboration avec M. J.-B. Senderens.

7e Section.

MÉTÉOROLOGIE ET PHYSIQUE DU GLOBE

Présidents d'honneur . . . . MM. Forel, Prof. à l'Univ. de Lausanne.
                                                          Zenger, Prof. à l'Éc. Polyt. de Prague.
Président. . . . . M. le Dr Guéirard, Dir. de l'Observ. de Monaco.
Secrétaire . . . . M. l'Abbé Maze, à Honfleur.
Vice-Président . . . . M. Garrigou-Lagrange, à Limoges.

5e et 7e Sections réunies.

— Séance du 4 août 1893 —

M. le Dr F.-A. FOREL, Prof. à l'Univ. de Lausanne, à Morges (Suisse).

Sur les seiches du lac Léman. — Après un exposé rapide du phénomène et de la théorie des seiches (vagues de balancement uninodales et binodales des lacs), M. Forel explique le développement des plus grandes seiches connues par les variations locales de la pression en cas de perturbations atmosphériques (orage). Une variation rapide de 4 millimètres de mercure peut donner naissance à une oscillation de l'eau du lac de 108 millimètres de hauteur totale. Une seiche de 10 centimètres de hauteur à Chillon est exagérée jusqu'à 40 et 50 centimètres à Genève par le rétrécissement de la largeur et par la diminution de la profondeur du petit lac (partie occidentale du Léman). Les grandes seiches sont le plus souvent dues à l'interférence de deux séries, l'une de seiches uninodales, l'autre de seiches binodales ; cette interférence peut, dans les conditions les plus favorables, doubler dans la résultante la hauteur des deux composantes. Des seiches de 10 centimètres de hauteur à Chillon peuvent donc se traduire à Genève par des oscillations de 80 à 100 centimètres.

C'est ce qui s'est passé le 20 août 1890, jour où ont eu lieu les plus grandes seiches observées depuis l'année 1876, date de l'établissement des premiers limnographes du Léman. Ce jour-là, les seiches de Genève ont atteint 63 centimètres de hauteur (limnographe de Sécheron), et la variation barométrique de l'orage s'est élevée à 4 millimètres au baromètre enregistreur de Morges et à 3 millimètres à celui de Thonon.

M. A. CORNU.

Sur un oculaire de microscope à réflexion normale. — Les observations au microscope à de forts grossissements s'appliquent la plupart du temps à des objets transparents ; on éprouve de grandes difficultés lorsqu'il s'agit d'observer des objets opaques.

L'oculaire à réflexion normale mis sous les yeux de la Section ne se distingue des oculaires ordinaires que par l'interposition de quatre lames de verre mince superposées que réalise pratiquement le pouvoir réflecteur $\frac{1}{2}$ et, par suite, le maximum d'intensité transmise au retour.

Le faisceau réfléchi tombe sur l'objectif du microscope et illumine l'objet focal ; on constate par l'expérience que l'illumination de l'objet est sensiblement indépendante du grossissement.

Lorsque les objets opaques ont un pouvoir réflecteur notable, on peut employer les objectifs les plus forts, même ceux à immersion ; la lumière des nuées est, la plupart du temps, suffisante.

M. le Dr CHIAÏS, à Menton.

L'évolution thermique en Europe, de novembre à mai. — L'évolution thermique de l'Europe présente une phase positive et une phase négative. Pendant la phase positive, la température monte ; pendant la phase négative, la température baisse.

Distribution de la température pendant la phase positive. — Le courant superposé, ou Gulf-stream, s'étend sur toute l'étendue de l'Europe et va s'annihiler en Sibérie. Pendant cette phase il se crée, dans le midi de la France, des îles thermiques : en Gascogne, dans le Roussillon, dans les Alpes-Maritimes ; une île se forme même en pleine Méditerranée, elle donne des températures presque égales à Cagliari et à Palerme.

Distribution en période froide. — Nous n'avons pas de bande thermique froide comparable à la bande thermique chaude du Gulf-stream ; nous n'avons, agissant sur l'Europe pour le froid, que deux centres. Un de ces centres existe dans l'isthme qui réunit la presqu'île scandinave au continent. L'autre a son foyer principal dans la Sibérie occidentale ; c'est ce qui explique que toute l'Europe ne subisse pas au même instant les effets de la phase négative.

L'envahissement peut se faire par trois points : 1° à l'ouest de la presqu'île scandinave ; 2° à l'est de cette même presqu'île ; 3° par le centre de l'Oural. Si l'envahissement se fait à l'ouest de la Norwège, la température baisse en Écosse, Irlande, Angleterre ; si l'envahissement se fait à l'est de la presqu'île scandinave, la température baisse en Russie, Allemagne et France. La baisse s'étend en Espagne et au midi de la France si la colonne d'air froid dépasse en hauteur l'altitude du Puy-de-Dôme. S'il n'atteint pas cette altitude, le midi de la France échappe à ces perturbations. Si l'envahissement se fait par le centre de l'Oural la baisse thermique est accentuée à Odessa, Constantinople, Tunis, Palerme, en Autriche et dans le nord de l'Italie. — Les périodes froides, quel que soit leur point de départ, ont une durée de six à huit jours ; le mi-nimum du froid correspond au troisième ou au quatrième jour. Elles peuvent se succéder à très peu d'intervalle. Dans ces conditions, les pays qui peuvent être touchés par les deux perturbations subissent une phase négative de douze à quatorze jours de durée avec deux minima vers le troisième ou le quatrième jour ; l'autre, le neuvième ou le dixième jour. Les courants froids sont pro-gressivement refoulés par le courant superposé du Gulf-stream et l'Europe reprend la marche thermique caractéristique de la phase positive. On suit faci-lement l'évolution de ces phases en traçant les courbes superposées de Maucel, — de Paris, — du Puy-de-Dôme, — de Biarritz, — de Stornaway — et de Lemberg.

5e et 7e Sections réunies.

—Séance du 5 août 1893 —

M. BOUTRON, Pharm., à Chauvigny (Vienne).

Présentation de deux aérolithes.

M. CASALONGA, Ing., à Paris.

Nécessité d'une nouvelle réforme du principe II de thermodynamique et de l'analyse du cycle qui s'y rattache. — M. D.-A. Casalonga rappelle le principe de Carnot et les hypothèses sur lesquelles il fut fondé.

L'une de ces hypothèses, d'après laquelle le travail effectué correspondait à un simple passage de chaleur, fut rectifiée par Clausius ; mais il subsiste encore, dans l'énoncé de ce principe, une confusion entre la puissance motrice et le rendement de la chaleur, et la déclaration que ce rendement est indépendant de la nature du corps.

Examinant ensuite le diagramme classique ABCD qui représente un cycle de Carnot entre deux températures, T_0 en A, et T_2 en C ($T_0 > T_2$), M. D.-A. Casa-longa fait la remarque que, dans l'analyse de ce cycle, on n'a pas tenu compte ni de l'action extérieure indispensable ni de la chaleur actuelle, ce qui a amené une confusion entre certaine quantité de chaleur.

Appelant, au point A et de même au point B : — T_0, la température absolue ; — Q_0, la chaleur actuelle ; — Q_1, la quantité de chaleur empruntée à la source entre A et B ; — puis q_0, la quantité de chaleur empruntée à Q_0, au cours de la détente adiabatique entre B et C et transformée en travail, le corps étant alors, en C, descendu à la température T_2 ; — $Q_2 = Q_0 - q_0$, la quantité de chaleur actuelle possédée par le corps en C, laquelle se maintient pendant la compression isothermique de C en D ; — Q_3, la quantité de chaleur restituée et versée au réfrigérant, au cours de cette compression ; — enfin q_0', la quantité de chaleur qui apparaît dans le corps entre D et A, pendant la compression adiabatique, quantité de chaleur nécessairement égale à q_0, qu'elle compense exactement.

Cela posé : $Q_1 - Q_3$ est la quantité de chaleur transformée au cours de l'évolution totale ; et le travail correspondant est :

$$(Q_1 - Q_3)\, E = Fe.$$

M. D.-A. Casalonga dit que l'analyse du cycle doit s'arrêter là, et que l'on ne peut pas écrire, comme on l'a fait :

$$\frac{Q_1 - Q_3}{Q_1} = \frac{T_0 - T_2}{T_0}.$$

Tout au plus aurait-on pu écrire, s'il se fût agi d'un cycle normal, effectué suivant les lois des gaz :

$$\frac{Q_1 - Q_3}{Q_1} = \frac{Cp - Cv}{Cp},$$

Cp et Cv étant les deux capacités calorifiques. Mais, dans l'analyse qui précède, étant données les quantités désignées, on peut bien écrire :

$$\frac{Q_2}{Q_0} = \frac{T_2}{T_0}, \quad \text{d'ou} : \quad \frac{Q_0 - Q_2}{Q_0} = \frac{T_0 - T_2}{T_0} ;$$

mais l'on ne peut pas écrire que $\dfrac{Q_1 - Q_3}{Q_1}$ est égal à $\dfrac{T_0 - T_2}{T_0}$, qu'autant que

$$\frac{Q_1 - Q_3}{Q_1} = \frac{Q_0 - Q_2}{Q_0}.$$

Or, entre Q_0 et Q_2 il y a plusieurs valeurs de $\dfrac{Q_1 - Q_3}{Q_1}$, suivant l'étendue plus ou moins grande de la détente isothermique par rapport à la détente adiabatique.

Discussion. — M. A. Cornu, résumant les travaux de Carnot et des savants qui se sont occupés après lui de thermodynamique, dit qu'il n'y a rien à changer aux notions acquises.

M. PERROTIN, Dir. de l'Obs. de Nice.

L'observatoire astronomique et météorologique du mont Mounier.

M. GARRIGOU-LAGRANGE, à Limoges.

Sur l'enchaînement des situations atmosphériques. — M. Garrigou-Lagrange a étudié l'enchaînement des situations atmosphériques pour neuf années, de 1875 à 1884. Il a divisé cet intervalle de temps en périodes de sept à huit jours, subdivisées elles-mêmes en périodes de trois ou quatre jours ; il a tracé les cartes de pression barométrique moyenne de toutes ces périodes, et, après avoir établi huit types de situations rationnels, il a dressé la statistique de la répartition et de la succession des situations hebdomadaires.

Il est ainsi arrivé, pour la saison d'hiver, aux conclusions suivantes :

1° Le mode de répartition des types de situations atmosphériques et leur fréquence relative dans les mois d'hiver, de novembre à mars, rendent raison de la marche connue de la pression barométrique sur nos régions, de l'automne au printemps;

2° Les types de situations répartis dans les diverses périodes de la révolution tropique de la lune, de façon à mettre déjà en lumière l'influence de cet astre sur la position des grandes aires de maxima barométriques, considérées principalement dans leur prolongement sur la région européenne.

3° En dehors de toute comparaison avec d'autres phénomènes, terrestres ou extra-terrestres, le classement méthodique des situations atmosphériques et une simple statistique montrent que certains types ont une grande tendance à se transformer en certains autres et donnent par suite, pour chaque situation, une probabilité plus ou moins grande de transformation.

4° Au point de vue des déplacements de l'aire caractéristique, on peut dire : premièrement, que le sens de ces déplacements est positif, c'est-à-dire dans le sens des aiguilles d'une montre, ou négatif, suivant le rang occupé dans la série, du type 1 au type 8, par la situation que l'on considère ; deuxièmement, que les transformations positives paraissent en toute occurrence plus fréquentes en hiver que les négatives ; troisièmement, qu'il en est notamment ainsi pour les suites dans le même sens de plusieurs situations hebdomadaires successives.

7ᵉ Section seule.

— Séance du 7 août 1893 —

M. le Dʳ CAGNOLI.

Climatologie de Saint-Martin-Vésubie (Alpes-Maritimes).

M. l'Abbé MAZE, à Honfleur.

1° La sécheresse et la période décennale. — 2° La sécheresse de 1893 et les sécheresses historiques correspondantes. — Dans la première de ces deux notes, M. l'abbé Maze montre le rapport de cette sécheresse avec la période décennale. Cette sécheresse rentre admirablement bien dans le cadre de la période de quarante-deux ans dont il a déjà parlé au Congrès de Toulouse et à celui de Limoges (1).

---

(1) Ces deux notes ont paru dans le *Cosmos* : la première, le 26 août; la deuxième, le 9 septembre 1893.

M. Jules RICHARD (Maison Richard frères), à Paris.

Nouveaux appareils enregistreurs. — *Statoscope.* — L'appareil présenté par
M. J. Richard sous le nom de statoscope n'est autre qu'un manomètre différentiel ou un baromètre à air. Déjà il avait été présenté, au nom du constructeur,
par M. Guillaume à la Société de Physique ; une disposition toute nouvelle
qui permet d'obtenir de l'instrument une plus grande sensibilité, tout en lui
conservant ses qualités anciennes, a déterminé M. J. Richard à le présenter à
nouveau.

Le statoscope actuel est formé d'un réservoir d'air en communication avec
une membrane extrêmement sensible : c'est un baromètre à air dans lequel
est supprimée l'action de la colonne barométrique ($10^k,33$ par centimètre carré).

Dans l'appareil ancien l'amplification des indications était de 10 millimètres
pour une dénivellation de 1 millimètre de mercure ; la nouvelle disposition
permet d'obtenir pour cette même dénivellation de 1 millimètre une course
angulaire de 25 millimètres sur le papier de l'enregistreur ; un centième de
millimètre de mercure est représenté par un quart de millimètre sur le papier,
quantité très appréciable étant donnée la délicatesse de tracé de l'instrument.
Une différence de niveau de $0^m,75$ qui donne une augmentation ou une diminution de la densité de l'air s'enregistre par une course angulaire de $1^{mm},5$.

Cet appareil est excessivement précieux pour l'étude des variations barométriques brusques qui se produisent durant les orages, les cyclones, et en général
tous les phénomènes météorologiques.

Thermomètre et baromètre pour les expériences d'aérostation. — Ces deux appareils, réunis en un seul instrument, ont été construits en vue des expériences
aérostatiques ; ils écrivent leurs indications sur le même cylindre.

Le thermomètre peut indiquer des températures variant de $+ 40°$ à $— 85°$.

Le baromètre enregistre les hauteurs jusqu'à 25.000 mètres de hauteur. Il est
réglé en 68 centimètres de mercure.

Étant données les conditions spéciales dans lesquelles cet instrument doit
être employé, de nombreuses et grandes difficultés étaient à résoudre : le
fonctionnement du mouvement d'horlogerie, la lubréfaction des organes, aucune
huile ne restant liquide au-dessous de — 23 degrés, la nécessité où l'on était d'employer une encre ne se congelant pas à la température si basse à laquelle on
doit atteindre, la compensation du baromètre, le poids de l'appareil qui devait
être nécessairement fort réduit et qu'on a pu amener à ne pas dépasser $0^k,415$.

Toutes ces difficultés ont été surmontées et l'instrument tel qu'il est construit actuellement répond au desideratum qui était imposé.

Baromètre de nivellement. — Ce baromètre, très sensible, permet de faire, dans
des conditions excellentes, des nivellements très rapides. Le mouvement du
cylindre est donné à la main par l'opérateur lui-même. Par ce mouvement
même la plume s'écarte ou se rapproche du cylindre pour enregistrer ses indications en une ligne interrompue qui marque des paliers successifs et dont
la lecture absolument commode et rapide donne le nivellement du terrain
observé.

Sunshine-Photomètre héliographique. — L'appareil se compose d'un cylindre
muni d'une fente en forme de V très allongé et tournant avec le soleil devant
un papier sensible au ferro-prussiate. Les apparitions du soleil sont indiquées
par un trait bleu foncé et la valeur de la lumière par une teinte dégradée.

14

5ᵉ et 7ᵉ Sections réunies.

— Séance du 9 août 1893 —

M. Ch.-V. ZENGER, à Prague.

Le système du monde électro-dynamique. — En photographiant quotidiennement le soleil sur des plaques isochromatiques au collodion chlorophyllé, M. ZENGER a obtenu, à plusieurs reprises, autour de l'image du disque solaire, des zones d'absorption très nettement définies, circulaires ou elliptiques, ou même très longues et en forme de queue de comète.

Toutes les fois que les zones commencent à apparaître autour du disque photographié, un changement brusque du temps en est la conséquence : le temps devient mauvais, de telle sorte que les orages électriques, les orages à grêle, les tempêtes, les ondées, et aussi les perturbations magnétiques, les secousses de tremblement de terre, des éruptions volcaniques peuvent être prévues au moins vingt-quatre heures d'avance.

Dans ces expériences photographiques, le soleil sert seulement de fond lumineux, tandis que d'immenses cyclones se forment dans les plus hautes couches atmosphériques, peut-être même dans l'espace interplanétaire ; en descendant vers la terre et passant entre elle et le disque solaire, ils produisent les phénomènes que nous observons en cas de trombes atmosphériques : puissante condensation de la vapeur d'eau et des poussières flottant dans l'air. C'est ainsi que l'on trouve la tranche du cyclone représentée par des zones blanches dues à l'absorption des rayons actiniques. Ces observations ont conduit M. Zenger à reproduire les phénomènes tourbillonnaires par les décharges d'une machine électrique dans le vide. En mettant sous la cloche d'une machine pneumatique deux verres, l'un rempli d'acide chlorhydrique, l'autre, d'ammoniaque, les épaisses fumées qui se forment laissent déposer des nuées de cristaux, de sel ammoniac qui commencent par tourbillonner autour de l'axe de la décharge électrique, puis déposent suivant la forme des lignes de force électriques des filets de cristaux cohérents.

Ces phénomènes se produisent dans la nature pendant un cyclone. En étudiant l'action de la décharge électrique sur les corps pulvérulents, par exemple sur du noir de fumée déposé sur une lame de verre ou sur du lycopode saupoudré sur du verre légèrement graissé, M. Zenger a montré qu'on peut reproduire tous les phénomènes visibles sur le disque solaire et autour de lui : taches, protubérances de tous types et même la couronne solaire.

Il représente, avec Holden, les mouvements tourbillonnaires par des mouvements hélicoïdaux électro et lévogyres, et, en projetant sur un écran les traces obtenues par la décharge d'une machine de Wimshurst, il est parvenu à montrer à l'intérieur de la décharge électrique sensiblement cylindrique et à bords dentelés, que le noir de fumée reste intact dans une région étroite, ce qui rappelle la partie immobile près de l'axe d'un cyclone, dite l'œil du cyclone.

Quant à la trace blanche, elle est sillonnée d'un grand nombre de courbes hélicoïdales à peu près normales au filet noir qui reste très fort près des pôles pour disparaître vers le milieu de la distance des deux pôles entre lesquels a lieu la décharge. Les courbes sont en partie dextrogyres et lévogyres, de sorte que c'est la combinaison de ces deux mouvements tourbillonnaires opposés qui produit ce qu'on nomme la décharge électrique.

M. Zenger s'occupe ensuite de démontrer que c'est le mouvement dans l'espace et non le mouvement ondulatoire, comme l'a supposé M. Hertz, qui caractérise les phénomènes électriques et fait voir les différences essentielles entre l'électricité et la lumière.

En disposant l'appareil de Gore de manière à le faire tourner autour d'un axe bien isolé et horizontal, il enregistre les phénomènes du mouvement pendulaire, du pendule horizontal, et dit que dans un champ électrique assez intense, une sphère creuse de verre, roulant et tournant autour de son axe, est soulevée par la troisième composante (ascendante) du mouvement hélicoïdal et projetée dans l'espace. Une sphère creuse, pivotant sur une pointe d'acier bien isolée, et placée dans le champ électrique formé par les deux boules du déflagrateur, démontre la rotation uniforme terrestre.

M. Zenger a aussi étudié les mouvements dans le champ d'un fort électro-aimant, comme Faraday, Puluj, M. Fonvielle et autres savants, en modifiant profondément ces appareils pour obtenir l'induction uni, bi et tripolaire sur une sphère creuse de cuivre rouge, suspendue par un fil de soie de plusieurs mètres de longueur. En tordant le fil, la sphère tourne autour d'un axe vertical qui ne coïncide pas avec l'axe de l'électro-aimant, de sorte que la position devient asymétrique par rapport au ou aux pôles du champ magnétique. L'induction produite dans la sphère creuse, tournant, fait naître des courants puissants qui sont repoussés par le pôle, par exemple unique, de l'électro-aimant vertical. La sphère décrit une spirale circulaire et finit par prendre un mouvement régulier circulaire, par suite du rétrécissement des spires quand la sphère s'éloigne du pôle magnétique. Deux pôles produisent une orbite elliptique, trois une orbite oblongue, perturbée comme celle de Mercure; et on peut même voir le changement de position du périhélie, si énigmatique jusqu'ici. En résumé, sans dire que la loi de Newton est fausse, M. Zenger dit qu'il n'y a pas attraction, mais répulsion, le soleil agissant comme un électro-aimant d'une puissance énorme, et que le mouvement se produit en hélicoïdes à pas très serrés, et non en courbes planes, cercles, ellipses ou autres sections coniques.

<hr>

M. J. JANSSEN, Memb. de l'Inst., Dir. de l'Obs. de Meudon.

Sur l'observatoire du Mont-Blanc. — M. JANSSEN donne quelques renseignements sur l'état des travaux de l'observatoire du Mont-Blanc. — Il rappelle d'abord que l'idée d'employer les stations très élevées aux observations astronomiques remonte, pour lui, aux études qu'il a été appelé à faire : en 1864, au Faulhorn; en 1867, sur l'Etna; en 1868-69, sur les monts Himalaya, etc. — En particulier, le séjour de trois jours qu'il fit sur l'Etna, en 1867, lui permit de découvrir la présence de la vapeur d'eau dans l'atmosphère de Mars.

Quant au Mont-Blanc, ce sont les ascensions de 1888 et 1890, démontrant l'absence de l'oxygène dans les enveloppes extérieures du soleil, qui le décidèrent à entreprendre l'érection de cet observatoire.

On sait que l'observatoire sera placé sur la neige et qu'il formera une construction rigide à deux étages, avec balcon, escalier central, etc.; la construction étant munie de vérins permettant de la rétablir dans sa position normale si elle venait à en être écartée.

On a déjà construit des cabanes-observatoires aux Grands-Mulets (3.000 mètres) et au Rocher-Rouge (4.500 mètres), qui servent actuellement de refuge et d'abri aux travailleurs.

La presque totalité des matériaux est en ce moment au Rocher-Rouge et va être transportée au sommet. Les charpentiers qui ont construit l'observatoire sont sur place. L'érection va donc commencer et sera terminée avant l'automne si le temps reste favorable.

M. TEISSERENC DE BORT, chef de Serv. au bur. cent. météorol. de France, à Paris.

Nouvelles recherches sur les relations entre le gradient et le vent.

M. GARRIGOU-LAGRANGE.

Influence du mouvement de la lune en déclinaison sur la pression barométrique. — L'auteur, poursuivant l'étude de l'enchaînement des situations atmosphériques et considérant plus spécialement leur répartition, dans les diverses périodes de la révolution tropique de la lune, arrive aux conclusions suivantes, qui s'appliquent à la saison d'hiver, mais qui sont corroborées, avec des modifications résultant de la circulation générale, par l'étude de la saison d'été :

1º L'étude des moyennes générales et des diagrammes représentatifs de ces moyennes pour chaque station montre, ainsi qu'on a vu plus haut, que la lune exerce sur le baromètre, dans sa révolution tropique, une influence qui peut se formuler ainsi :

Pour les stations du nord, nord-est, nord-ouest et même centre de l'Europe, la pression va en diminuant de l'équilune ascendante à l'équilune descendante et en montant de l'équilune descendante à l'équilune ascendante suivante. Pour les stations du sud, particulièrement sur le bassin de la Méditerranée, la relation est inverse et la pression passe par un minimum aux environs de l'équilune ascendante et par un maximum aux environs de l'équilune descendante.

2º Considérée au point de vue du sens, positif ou négatif, des transformations et des déplacements corrélatifs de l'aire caractéristique, cette double relation peut s'exprimer plus simplement de la façon suivante :

L'aire caractéristique tend à se déplacer du nord-est au sud-ouest, la lune allant de l'équilune ascendante à l'équilune descendante, et du sud-ouest au nord-est, la lune allant de l'équilune descendante à l'équilune ascendante suivante.

D'où résulte une conclusion générale qui peut être ainsi formulée :

Les grandes aires de maxima barométriques, ou grands centres d'action de l'atmosphère, qui caractérisent la circulation générale de la saison froide, sont soumises, sous la double influence des révolutions tropiques du soleil ou de la lune, à certaines modifications et à certains mouvements, dont jusqu'ici on observe surtout les effets dans les déplacements de l'aire secondaire, qui n'est, sur les régions européennes, que le prolongement et l'extension de ces centres d'action.

M. MALDINEY, Prépar. de Phys. à la Fac. des Sc. de Besançon.

Essai de théorie sur la formation de l'image latente photographique rapportée à une cause électrique. — La connaissance de la nature et des propriétés de l'image latente est des plus importantes pour la science photographique. Beaucoup d'hypothèses ont été émises à ce sujet; aucune ne donne l'explication du phénomène en concordance avec l'expérience. Le but des recherches de M. MALDINEY a été d'établir une théorie basée sur le résultat de nombreuses expériences et l'analogie qui rattache si étroitement les choses en apparence les plus distinctes.

Le but de M. Maldiney a été de démontrer les faits suivants :

1° Que la formation de l'image photographique n'est qu'un fait parmi une quantité d'autres semblables, formant une classe particulière, régie par des lois constantes, qui ne sont qu'une généralisation des principes de la physique ;

2° Que l'image photographique est le résultat d'une *modification physique* produite par la lumière, et non l'effet d'un changement chimique, comme on l'a admis jusqu'à présent ; .

3° Que cette *modification physique*, qui a pour résultat de faire paraître l'image latente, par son contact avec certaines substances, est produite par une action électrique due surtout aux radiations lumineuses.

Les nombreuses expériences que l'auteur a poursuivies depuis six années, et dont il publiera prochainement les résultats détaillés, lui font espérer que la théorie qu'il avance sera accueillie favorablement, comme donnant l'explication la plus rationnelle du phénomène si compliqué et si merveilleux que produit la lumière en agissant d'une manière invisible sur les corps sensibles à son action.

<hr>

Travaux imprimés

PRÉSENTÉS A LA 7ᵉ SECTION

MACHADO (Virgilio). — *A electricidade, estudo de algumas das suas principales applicações.* — *Nova densimetro.* — *Balança densimetrica.* (Ext. du *Jornal de Sciencias mathematicas,* Lisbonne.)

MORAES D'ALMEIDA. — *Estudo da repacção da luz homogenea nos prinas.* — *Analyse do estado de vibração si um raio de luz.* — *Sobre a deducção da formula que da a densidade dos solidos.* — *Estudo geral dos espelhos curvos. Annaes do observatorio do infante D. Luiz.*

QUESTION PROPOSÉE POUR LE CONGRÈS DE 1894

La 7ᵉ Section propose, pour être discutée au Congrès de Caen (1894), la question suivante :

« Rechercher dans les points où l'on a fait des observations météorologiques à quelle époque remontent ces observations, la durée des séries et les éléments qui les composent.

» Dans le cas où l'on aurait des observations incomplètes portant seulement sur le vent, l'état du ciel, etc., mentionner aussi la période qu'elles embrassent. Le tout ayant pour but de déterminer les éléments dont on dispose pour reconstituer l'histoire de l'atmosphère depuis un grand nombre d'années. »

M. L. Teisserenc de Bort est chargé de rédiger le rapport.

3ᵉ Groupe.

SCIENCES. NATURELLES

8ᵉ Section.

GÉOLOGIE ET MINÉRALOGIE

PRÉSIDENTS D'HONNEUR. . . . . . . MM. JACCARD, Prof., à Neuchâtel (Suisse).
MALAISE, Memb. de l'Acad. roy. de Belgique, à Gembloux.
O'REILLY, Prof. au Col. roy. de Dublin.
PRÉSIDENT. . . . . M. SCHLUMBERGER, Dir. des const. nav., en retraite, à Paris.
VICE-PRÉSIDENTS . . . . MM. BLEICHER, Prof. à l'Éc. sup. de pharm., à Nancy.
VEZIAN, anc. Doy. de la Fac. des sc. de Besançon.
SECRÉTAIRE . . . . M. BOURGERY, Memb. de la Soc. de géol., à Nogent-le-Rotrou.

— Séance du 4 août 1893 —

MM. BLEICHER et BARTHÉLEMY.

Les anciens glaciers des Vosges méridionales. — Les anciens glaciers des Vosges sont connus depuis 1838 et déjà on possède sur ce sujet une bibliographie considérable qui s'accroît tous les jours.

Il semble donc qu'il n'y ait plus rien à découvrir tellement les traces de leur action dans les principaux bassins ont été relevées avec soin. Cependant, des explorations récentes, multipliées, ont permis aux auteurs, grâce aux travaux du génie militaire dans les Vosges méridionales, de recueillir des documents nouveaux sur cette question si intéressante.

Ils ont été amenés ainsi à concevoir :

1º Une phase initiale pendant laquelle la glace s'amoncelle peu à peu dans les vallées en suivant leur pente, et parvient à les combler. Les traces de cette progression ne peuvent se distinguer de celles des périodes de retrait.

2º Une phase d'extension maximum, reconnaissable surtout aux blocs erratiques abandonnés sur les hauts sommets du versant occidental de la chaîne (Haut-du-Roc), et aux stries gravées de l'arête montagneuse qui relie Château-Lambert au Parmont.

Pendant cette période maximum, les glaces remplissent les vallées, couvrent presque tous les sommets, et *au lieu de s'écouler du nord au sud*, suivant la pente naturelle du terrain, elles franchissent sommets et glaciers de fond pour s'épandre de *l'est vers l'ouest* au-dessus de l'arête montagneuse qui relie Château-Lambert au Parmont (Remiremont). Ce maximum d'extension peut n'être, malgré la différence de direction des courants de glace, que la continuation de la phase initiale.

3° Commencement du retrait; les sommets sont dégagés, le glacier de la Moselle et les glaciers latéraux s'écoulent à nouveau dans la vallée principale suivant la pente du sol. On peut surtout rapporter à cette phase les dépôts morainiques *remaniés* de Remainviller, Remiremont, Éloyes, Arches.

4° Retrait des glaciers vers les hautes vallées, avec moraines bien conservées jalonnant leur parcours.

M. BLEICHER, Prof. à l'Éc. sup. de pharm., à Nancy.

Recherches microscopiques sur les roches sédimentaires calcaires du trias et du jurassique de Lorraine. — Les roches sédimentaires friables ou faciles à dissocier par l'eau, telles que les marnes, les sables, les argiles même ont depuis longtemps livré leurs secrets aux géologues et paléontologistes.

Les roches calcaires compactes, peu connues, qui font l'objet de cette communication, ne sont pas moins instructives au point de vue de nos connaissances d'océanographie rétrospective, grâce aux débris organiques et aux formes figurées (oolithes) qu'elles contiennent en plus ou moins grande abondance.

Les formes organiques se rencontrent rarement entières dans les calcaires compacts du trias et du jurassique de Lorraine, sauf dans le cas des foraminifères; les coquilles de Mollusques, de Brachiopodes, les Spongiaires, Polypiers, Bryozoaires, Crinoïdes s'y présentent le plus souvent en fragments plus ou moins petits, mais toujours reconnaissables par leur structure microscopique.

A cette première série de débris animaux, il faut ajouter, pour le muschelkalk en particulier, les fragments souvent très petits d'os, d'écailles, de dents de sauriens ou de poissons, caractérisés également par leurs éléments histologiques.

Il existe des roches oolithiques, dans le trias comme dans le jurassique, en Lorraine, mais dans le trias elles ont peu d'importance.

La forme oolithique se développe surtout dans le *bajocien*, le *bathonien*, le *rauracien* ou *corallien*.

Ici l'oolithe a toujours un centre d'attraction appartenant à un débris d'organisme, polypier, crinoïde, par exemple; petite comme dans le bajocien, le bathonien, ou grande comme dans le corallien, elle prend l'apparence d'une coque sphéroradiée à zones concentriques.

Lorsque l'oolithe, dans le bathonien comme dans le bajocien, atteint le diamètre de deux à trois millimètres, en restant bien calibré, la coque entourant le débris organique peut présenter une structure différente. On peut y reconnaître des tubes enroulés, cloisonnés, d'apparence organique.

Les tubes enroulés dont les parois sont constituées par du sable quartzeux aggluciné restent comme résidu de l'action des acides.

Il semble, et c'est là la conclusion, que des organismes microscopiques ont contribué à la formation de ce genre d'oolithes.

M. le Dr Albert GIRARDOT, à Besançon.

Formations coralligènes jurassiques du Doubs et de la Haute-Saône. — On rencontre, dans le Doubs et dans la Haute-Saône, des formations coralligènes à plusieurs niveaux du système oolithique. Douteuses dans les deux sous-étages inférieurs du Bajocien, elles deviennent certaines dans son sous-étage supérieur. Elles constituent un facies spécial de *Fuller's earth*, occupant une notable partie de la région, qu'elles recouvrent entièrement dans la Grande oolithe et la Dalle nacrée, mais elles manquent dans le Callovien et l'Oxfordien. Les dépôts coralliens atteignent leur apogée dans le Rauracien, où leur puissance dépasse 100 mètres en certains endroits, et ils s'étendent sur presque tout le territoire; à partir de cet horizon, ils diminuent d'importance et ne forment plus que des lambeaux groupés : au nord, aux environs de Montbéliard ; à l'ouest, vers Gray ; au sud, entre Dôle et Pontarlier, et au centre, entre Gilley et Mamirolle. Sur ces points, ils se montrent dans l'Astartien inférieur, dans les marnes astartiennes, dans l'Astartien supérieur, dans les marnes et dans les calcaires ptérocériens, dans les deux assises du Virgulien et, à deux hauteurs différentes, dans le Portlandien inférieur; leur épaisseur varie de 4 à 8 mètres pour l'Astartien et le Pérocérien, et de 40 centimètres à 2 mètres pour le Virgulien. Les coralligènes portlandiens sont plus importants et mesurent 10 et même 20 mètres en certains endroits.

Discussion. — M. JACCARD : Il résulte de la communication de M. GIRARDOT qu'il existe, à tous les niveaux du Jurassique, des formations coralligènes plus ou moins développées, celles-ci ne faisant défaut que dans les argiles du Callovien et de l'Oxfordien. M. JACCARD est heureux de voir confirmer ainsi ses propres observations dans le Jura vaudois et neuchâtelois et la partie sud du département du Doubs. Mais il tient à dire qu'aucun des gisements étudiés par lui ne présente une étendue un peu considérable ou ne constitue un niveau ou un étage particulier. Ce sont des lentilles, disséminées à différents niveaux dans les assises calcaires et marno-calcaires du système jurassique. On peut reconnaître deux types assez tranchés : d'une part, le facies des calcaires blancs à coraux accumulés, gisement pêle-mêle, dont les gisements de Volfin et de la Caquerelle présentent les meilleurs exemples; de l'autre, le facies des nappes ou agglomérations des couches marneuses du terrain à chailles, de l'Astartien, etc. M. Jaccard estime qu'il faut renoncer à employer l'expression de *récifs coralligènes* en l'appliquant aux dépôts jurassiques, etc.

M. COTTEAU a étudié, soit dans le département de l'Yonne, soit ailleurs, des *dépôts coralligènes* appartenant aux étages bathonien, corallien et néocomien. Il est bien rare que les polypiers se retrouvent dans la position normale qu'ils[1] occupaient pendant leur développement. Ils ont été le plus souvent détachés, brisés et forment alors, non loin de leur lieu d'origine, des massifs coralligènes, dans lesquels les polypiens groupés pêle-mêle, plus ou moins brisés ou roulés par la mer, sont mêlés à d'autres coquilles et à des Échinides également roulés et brisés.

— Séance du samedi 5 août 1893 —

M. Gustave COTTEAU, Corrésp. de l'Institut, à Auxerre (Yonne).

Les Échinides crétacés du Liban. — M. Cotteau fait une communication sur quelques espèces d'Échinides du Liban qui lui ont été communiquées par le Père Zumoffen, de Beyrouth. Les espèces décrites sont au nombre de quinze et presque toutes sont nouvelles ; elles appartiennent à quatorze genres différents ; l'un de ces genres, désigné par M. Cotteau sous le nom de *Clypeanthus*, est nouveau.

MM. Marcellin BOULE et GLANGEAUD.

Sur un nouveau Reptile fossile du Permien d'Autun. — Parmi les nombreux échantillons du Permien d'Autun que le Muséum d'histoire naturelle de Paris doit à la générosité de M. l'ingénieur Bayle et sur lesquels M. Albert Gaudry a fait ses beaux travaux, se trouve une grande plaque de schiste avec le squelette d'un Reptile ne ressemblant pas aux fossiles décrits jusqu'à ce jour.

Il s'agit d'une forme différant des types archaïques comme l'*Actinodon* et offrant au contraire, comme certains fossiles d'autres pays *(Protorosaurus, Palæohatteria)*, des liens de parenté avec les sauriens actuels. Nous comptons décrire et figurer prochainement ce nouveau Reptile. A cause du beau développement et de la bonne conservation de ses membres antérieurs, nous lui avons donné le nom générique de *Callibrachion* et nous l'avons appelé *Callibrachion Gaudryi* en l'honneur de l'éminent professeur à qui la science est redevable des notions qu'elle possède sur les premiers Reptiles de notre pays.

Voici les principaux caractères du genre *Callibrachion* : La tête, mal conservée, paraît offrir une grande ressemblance avec celle du *Palæohatteria* décrit par M. Credner ; les dents sont logées dans des alvéoles distinctes ; le maxillaire inférieur est formé de plusieurs pièces. Les vertèbres sont platycèles ou légèrement procèles, sauf les premières cervicales qui sont opisthocèles. Les centrumes sont formés d'une seule pièce avec chorde dorsale persistante sur toute leur longueur. Les axes neuraux sont séparés des centrumes. Les côtes sont longues, grêles, à une seule tête articulaire.

La ceinture scapulaire est très développée avec un grand espiternum. L'humérus est extraordinairement élargi à ses deux extrémités, surtout à l'extrémité distale. Il y a un trou épicondylon. Les pattes sont fortes, parfaitement oinfrées et dénotent des mœurs carnivores. Elles ressemblent beaucoup à celles des lézards actuels. L'ilion est finement sculpté. La taille du *Callibrachion* dépassait celle des plus gros varans. Le corps n'était protégé que par de faibles écailles.

M GLANGEAUD, à Paris.

Sur l'origine des argiles tertiaires dans la Charente. — Les argiles tertiaires de
la Charente occupent les points hauts de la région et masquent parfois, sur des
espaces considérables, les terrains sous-jacents. Elles ont une couleur allant du
jaune au rouge foncé et contiennent très souvent des silex pyromaques nodu-
leux, irréguliers, quelquefois caverneux. Ces argiles sont principalement développées sur le Lias et le Jurassique. Coquand les considérait comme une
ormation lacustre. Des courants violents se seraient produits dans ces lacs et
auraient déposé des matériaux roulés arrachés aux rochers exposés à leur
action destructive. M. GLANGEAND n'a jamais trouvé de véritables cailloux
roulés dans les argiles tertiaires; il pense que la plupart de ces argiles sont
dues à la décalcification des terrains sur lesquels elles reposent. En effet, on
observe souvent le passage insensible de calcaires sous-jacents aux argiles. Les
calcaires étant siliceux et généralement pyriteux, les eaux de ruissellement, en
traversant les calcaires, dissolvent, à la faveur de l'acide carbonique qu'elles
contiennent, une certaine quantité de carbonate de chaux, mais très peu de
silice. Il y a donc concentration de cette dernière dans les couches superficielles,
sous forme de rognons siliceux, et le sulfure de fer est transformé en oxyde
par suite de l'oxydation superficielle. Enfin, il a trouvé dans les silex un assez
grand nombre de fossiles qui se sont montrés les mêmes que ceux des terrains
sous-jacents.

Note sur le Jurassique de la Charente. — Les terrains jurassiques, en bordure autour du Plateau Central, compris entre Genouillac et Montbron, sont :
L'*Infra-Lias*, qui, dans la région de Montbron, comprend deux horizons :
1° l'horizon inférieur formé par des grès grossiers contenant des tiges d'*Equi-
setuma* et de petits gastéropodes : c'est le Rhétien ; 2° l'horizon supérieur est
constitué par un calcaire siliceux, très dur, avec *Cardinie :* il correspond à
l'Hettongien.
Le *Lias inférieur* n'est pas fossilifère. Il se montre formé à la base par des
argiles gris bleuâtres, et à la partie supérieure par un calcaire dolomitique.
Le *Lias moyen* est constitué à la partie inférieure par des calcaires dolomi-
tiques sableux à *Rhynch variabilis, Ter. numismatis* et *Bel. niger;* au sommet
par des calcaires siliceux à *Am. margaritatus* (Péry, Les Chaises, Les Rivailles).
Le *Lias supérieur* comprend un premier niveau formé de calcaires siliceux
gris bleuâtres (pierre à ciment) sans fossiles et un second niveau de calcaires
dont les fossiles sont phosphatés (Montbron). C'est la zone moyenne à *Am. bifrons*
et *Am. Hollandani.* La zone supérieure à *Am. opalinus* est bien développée dans
la vallée du Rivaillon et près de Meaux.
Le *Bajocien* est sous forme de cargneules à Montbron ; il montre au contraire
les trois zones : 1° à *Am. concavus* et *Am. marchisonœ;* 2° à *Am. Sanzzi;* 3° à
Am. Niortensis, aux environs de Chasseneuil. Un type moyennement dolomitique
s'observe à La Faurie.
A partir du Bajocien supérieur, le faciès oolithique envahit tous les étages du
Jurassique jusqu'au Kimméridien, sauf l'Oxfordien supérieur, surtout dans la
région sud ; il passe à des oolithes coralliennes et à des calcaires coralliens où
l'on trouve les genres *Purpuridea, Eligmus, Corbis, Cardium.* Une première

lacune et une discordance paraissent exister entre le Bathonien supérieur et
le Callovien supérieur. Une deuxième me semble probable entre le Callovien
supérieur et l'Oxfordien supérieur. Le Rauracien présente un admirable développement chez Luget.

M. JACCARD, à Neuchâtel (Suisse).

Sur une nouvelle édition de la Carte géologique du Jura. — M. Jaccard présente
une épreuve de la seconde édition de la carte géologique, feuille XI de l'Atlas
fédéral publié par la Commission géologique suisse, la première édition étant
épuisée. Il indique en quelques mots les changements introduits dans la gamme
des couleurs et la légende des étages. Les plus importants résultent de l'extension du coloriage à la région du Jura salinois, d'après les travaux de M. M. Bertrand.

Il parle ensuite du volume de texte qui va paraître et qui comprendra deux
parties, savoir : une *liste bibliographique* des travaux publiés sur le Jura central
(de Bienne à Bellegarde). Leur nombre atteint le chiffre de 1.200. Tous ces
documents sont analysés dans un *Résumé historique*, par ordre chronologique et
par ordre de matières. Depuis une vingtaine d'années, les travaux des géologues franc-comtois ont singulièrement contribué à la connaissance du Jura.

La seconde partie est un *texte explicatif de la carte*, feuille XI, comprenant
dans sa moitié occidentale le territoire français du département du Doubs. Il a
reconnu l'impossibilité, de plus en plus grande, de fixer les limites des étages,
soit pétrographiquement, soit paléontologiquement. Les soi-disant fossiles caractéristiques n'ont plus la valeur qu'on leur avait attribuée.

— Séance du 7 août 1893 —

M. O'REILLY, Prof. au Coll. roy. de Dublin (Irlande).

Sur la corrélation des grandes lignes de la surface de la terre. — M. O'Reilly
soumet deux cartes : 1° la carte géologique de la France ; 2° la carte (de l'Amirauté anglaise) de Terre-Neuve, sur lesquelles il avait tracé des lignes définissant
les côtes rectilignes en extension, selon des angles, déterminés, en partant de
certaines lignes de direction sur chaque carte. Il justifie les angles choisis par
lui, en se basant sur une étude qu'il a faite (publiée par l'Académie royale
de l'Irlande dans ses *Transactions*) sur les formes prismatiques des basaltes, et
en considérant que les grandes lignes de fracture, résultant de la contraction
séculaire, peuvent être assimilées aux lignes suivant lesquelles se contractent
les prismes des basaltes. Il fait voir que les lignes de côtes de Terre-Neuve se
conforment pour la plupart à cette loi. Il fait voir également qu'en partant d'une
ligne de direction indiquée par la couche carbonifère de Saint-Gervais (centre
de la France) et en prenant une direction faisant un angle de 40 degrés avec cette
direction, que la ligne résultante concorde avec un grand cercle qui réunirait
les antipodes des îles Chatham, Pitt Bounty et l'île « Antipode ». Il montre
d'autres lignes tracées, sur cette carte géologique de France, selon les angles
indiqués, et ayant une certaine étendue comme direction.

M. C. MALAISE, Membre de l'Acad. royale de Belgique, à Gembloux (Belgique).

Sur quelques fossiles du terrain dévonien des Pyrénées. — A différentes reprises, on a signalé l'existence de fossiles dévoniens en divers points des Pyrénées. Comme il y a intérêt à rassembler le plus de documents sur ce sujet, M. Malaise vient ajouter quelques données nouvelles, à propos de fossiles du Dévonien inférieur qu'il a recueillis en 1892, pendant l'excursion finale du Congrès de Pau.

Il a rencontré, dans la grauwacke d'un pic des environs de Gèdre, une empreinte en assez bon état rappelant *Orthis umbraculum*, à moins que ce ne soit *Spirifer cutrijugatus*, à forme particulière aux Pyrénées, avec un *Fenestella* analogue à *F. infundibuliformis*.

En deçà et au delà du col d'Aubisque, des schistes et des calschistes contiennent : *Spirifer Pellicoi, Rhynchonella sub-Wilsoni, Athyris Esquerrai, Leptæna Murchisoni.*

D'autres schistes qui se trouvent à un niveau altitudinal plus élevé que le col d'Aubisque, et à proximité de celui-ci, ont des bancs remplis d'un fossile que l'on prendrait de prime abord pour *Athyris reticularis*, mais qui doit être rapporté à *Athyris Esquerrai*.

Il considère ces divers fossiles comme des représentants du Dévonien inférieur.

———

M. Louis-Abel GIRARDOT, Prof. au Lycée de Lons-le-Saunier.

Sur le système jurassique des environs de Lons-le-Saunier. — L'auteur présente un volume intitulé : *Coupes des étages inférieurs du système jurassique dans les environs de Lons-le-Saunier* (1). Cet ouvrage, dont l'impression est en voie d'achèvement, contient les résultats de ses études de détail, depuis 1879, sur la moitié inférieure du système jurassique (jurassique inférieur), dans la région de Lons-le-Saunier, désignée dans ce travail sous le nom de *Jura lédonien.* Il remet à chaque membre de la Section un tableau qu'il a fait autographier spécialement pour le Congrès : la série des subdivisions locales qu'il a établies dans les étages Rhétien, Sinémurien, Liasien, Toarcien, Bajocien, Bathonien et Callovien, s'y trouve résumée sous le titre : *Coupe générale du jurassique inférieur dans le Jura lédonien.*

Quelques indications rapides sont données ensuite, à vue de ce tableau, sur la série stratigraphique étudiée. Le fait nouveau le plus intéressant est la distinction précise des diverses zones classiques du Bajocien, basée sur des Ammonites et établie pour la première fois dans la chaîne du Jura.

1° Zone de l'*Am. Murchisoni*, avec un niveau inférieur à *Cancellophycus scoparius* et un niveau supérieur à *Am. concavus* et *Am. cornu*, qui n'est autre que la zone de l'*Am. concavus* récemment établie par M. Buckmann, etc. ;

2° Zone de l'*Am. Sowerbyi ;*

3° Zone de l'*Am. Sauzei ;*

4° Zone de l'*Am. Humphriesi* et de l'*Am. Blagdeni*, avec un niveau moyen à Polypiers ;

---

(1) Extrait des *Mémoires de la Société d'Émulation du Jura*, années 1889 à 1892.

5° Zone de l'*Am. Gáranti*, avec un niveau supérieur de Polypiers bajociens. Au-dessus vient une zone de l'*Am. ferrugineus* (avec *A.* cfr. *fuscus* et *O. acuminata* par places), qui commence l'étage Bathonien.

Le Callovien inférieur ou zone de l'*Am. macrocephalus* comprend un niveau à *Am. Kœnighi* (avec faune riche en espèces bathoniennes), suivi d'un niveau à *Am. calloviensis*; le Callovien supérieur offre les niveaux à *Am. anceps* et à *Am. athleta*.

L'auteur a reconnu l'existence de nodules et fossiles phosphatés dans le Sinémurien inférieur, le Liasien moyen, à la base et au sommet du Toarcien, dans la zone de l'*Am. Sauzei*, et au niveau de l'*Am. athleta* (déjà signalé à ce niveau par M. Choffat, en 1878).

Enfin, il fait remarquer l'existence de quinze ou seize surfaces taraudées par les lithophages, et qui s'échelonnent dans le Bajocien, le Bathonien et le Callovien.

M. David MARTIN, Prof. au Lycée, Conserv. au Musée des Hautes-Alpes, à Gap.

Faune malacologique quaternaire des tufs des Hautes-Alpes.

Sur l'origine des poudingues inclinés de la vallée du Buech (Hautes-Alpes).

Quelques remarques sur l'âge et sur le mode de formation des gypses des Hautes-Alpes.

M. NICOLAS, à Avignon.

Nouveaux fossiles du Danien des Baux (Bouches-du-Rhône). — M. Nicolas donne la description de quelques nouveaux fossiles rencontrés dans les assises du Danien, à leur partie supérieure, aux environs des Baux, faisant suite aux travaux de même nature que nous avons publiés dans *les Comptes rendus de l'Association française.*

Les récentes recherches faites dans ces terrains, ont mis à découvert des formes du plus haut intérêt pour la faune conchyliologique de cette époque, déjà si riches en espèces; il est donc superflu de faire ressortir toute leur importance au point de vue du climat de la région, au moment de la formation de ces dépôts, comparé à celui actuel du midi de la France.

Insectes des couches lacustres d'Aix (Provence) de l'Éocène. — Dans ce travail, M. Nicolas poursuit ses études sur la faune entomologique des couches d'Aix (Éocène) (Provence); tous insectes fossiles de la collection de M. Matheron, géologue à Marseille.

A peine entrevues, les nombreuses espèces qui se rencontrent journellement dans les minces feuillets de cet étage montrent une grande variété de formes et multiplient les genres déjà connus et décrits de divers gisements, mais il y aura plus tard un travail d'ensemble, comme une revision, qui fera connaître les différences existant entre ces faunes locales, leur comparaison avec les faunes actuelles et leur rapprochement avec celles d'autres régions.

— **Séance du 9 août 1893** —

M. Louis-Abel GIRARDOT.

Sur le système jurassique des environs de Lons-le-Saunier; considérations relatives au régime de la mer jurassique.

MM. E.-A. MARTEL et **Émile RIVIÈRE**, à Paris.

Le Boundoulaou et son ossuaire. — Les cavernes qui font l'objet de ce travail sont situées sur la commune de Creissels, près de Millau (Aveyron). Elles ont été découvertes au mois de juin 1892.

M. Martel, qui les a explorées, y a reconnu l'existence : 1° de trois galeries étagées l'une au-dessus de l'autre, d'un développement total de 400 mètres environ, s'ouvrant par quatre orifices situés à l'altitude de 535, 515 et 510 mètres; 2° d'un lac de 50 mètres de longueur, qui forme le réservoir, à niveau variable, de plusieurs sources apparaissant échelonnées au pied de la grotte et sortant par ces orifices à la suite de grandes pluies ou de la fonte des neiges. L'une des galeries contenait les restes de huit squelettes humains préhistoriques qui ont été étudiés et considérés par M. Rivière comme se rattachant au type humain de la caverne de l'*Homme-Mort* (Aveyron).

MM. Martel et Rivière citent, parmi les très rares objets trouvés avec ces squelettes, une sorte de cylindre creux en os, taillé dans un fémur humain et qui devait être porté suspendu soit comme ornement, soit comme amulette, voire même peut-être comme un trophée de guerre.

M. Émile RIVIÈRE, à Paris.

La Grotte des Spélugues. — Il s'agit d'une grotte ou crevasse naturelle creusée dans le jurassique supérieur et située sur le territoire de la Principauté de Monaco, au lieu dit les Spélugues.

Cette grotte, de 6 mètres environ de profondeur, a été mise à découvert au mois d'octobre 1890, à 35 mètres environ au-dessus du niveau de la mer, lors de l'élargissement de la tranchée du chemin de fer de Monaco à Vintimille pour l'établissement d'une nouvelle voie.

Elle renfermait un certain nombre d'ossements humains (dont la majorité a été malheureusement brisée dans les travaux), avec des fragments de poteries néolithiques, intéressants par leur ornementation, ainsi qu'une petite flèche en silex, toutes pièces dont le prince Albert Ier (de Monaco) a bien voulu confier l'étude à M. E. Rivière. Ossements, silex et poteries appartiennent à l'époque robenhausienne.

M. E. FICHEUR, Prof. de Géol. à l'Éc. des sciences d'Alger.

Note sur la Géologie de la région de Djidjelli (Constantine). — Les schistes azoïques, qui forment l'ossature de la chaîne littorale, à partir du méridien de Djidjelli, vers l'est, appartiennent en grande partie à la série des phyllades et quartzites de l'étage *Archéen*.

Sur ces schistes repose directement le *Sénonien*, avec son facies marno-schisteux si constant dans toute la zone littorale.

Quelques lambeaux très espacés attestent l'existence de la formation nummulitique de l'*Éocène moyen*. Mais le caractère remarquable de cette belle région forestière est dû à l'extension des deux formations de l'*Éocène supérieur*, dans lesquelles se distinguent facilement les deux étages reconnus en Kabylie: l'inférieur, constitué par une puissante assise de grès et argiles à fucoïdes, est surtout développé dans les crêtes (*Djebel Tamesguida, El-Ma-Beurd,* etc.); l'étage supérieur (grès de Numidie) occupe une zone voisine du rivage.

La dépression qui s'étend à l'est de Djidjelli (Strasbourg, Taher) est constituée par les marnes bleues de l'étage *Sahélien*, surmontées à la bordure littorale par les sables rouges du *Pliocène supérieur*. On retrouve ici des conditions stratigraphiques identiques à celles que M. FICHEUR a signalées sur le littoral de la Kabylie (Ménerville, Isser, etc.).

M. Émile BELLOC, Chargé de mission, à Paris.

Observations récentes sur l'origine, la formation et le comblement des lacs pyrénéens. — M. É. BELLOC communique le résultat de ses nouvelles études géologiques lacustres, qu'il poursuit chaque année dans les hautes régions de la chaîne des Pyrénées.

Cette communication porte principalement sur quelques lacs du Haut-Aragon, — lac de Gréguegna, lac d'Albe (1° Libon), lac du Plan des Etañs, — de la Haute-Catalogne, — Etañ Rédoun, Estañ Tor, Estañ des Rious, Estañ de l'Escaleta, — et sur le lac Caïllaouas (Hautes-Pyrénées), que l'auteur vient de sonder de nouveau et étudier dans tous ses détails avec le plus grand soin.

Située à 2.165 mètres d'altitude, le lac Caïllaouas est dominé par des pics de haut relief dont quelques-uns dépassent 3.000 mètres de hauteur. Les plus importants sont : le pic des Gours-Blancs et le massif de Courtaou, au sud ; le pic de la Belle-Sayette et la montagne de Lassoula, au nord.

Placée à la base des pentes glacées et des cimes menaçantes des Gours-Blancs, dont elle reçoit directement les eaux, cette cuvette lacustre forme un immense réservoir de 40 hectares de superficie et de 101 mètres de profondeur.

Creusé au milieu des terrains primitifs, son bassin d'alimentation occupe une surface de 585 hectares, en moyenne.

Un déversoir naturel laisse échapper librement les eaux du lac vers l'ouest. Elles rejoignent bientôt le torrent alimenté par le lac de Clarabide (lac de Pouchergue) et viennent se jeter dans la neste de la Pez, au pont de Tramesaïgues.

Sauf du côté du seuil granitique, où se trouve placé le déversoir, et vers la gorge au fond de laquelle bondit le ruisseau fougueux des Gours-Blancs, la roche nue entoure la nappe liquide d'une ceinture d'escarpements, de falaises abruptes et de parois granitiques taillées à pic.

Plusieurs accidents géologiques remarquables offrent un grand intérêt au point de vue de l'étude si curieuse des comblements lacustres. Parmi ces accidents, il faut signaler d'énormes cônes de déjection qui reçoivent les masses rocheuses détachées des flancs déchiquetés des montagnes de Lassoula et de Courtaou.

Pendant huit à neuf mois de l'année, la partie supérieure du lac demeurant solidifiée par la glace et les vents accumulant sur ses bords des monceaux de neige que le regel durcit et transforme en névé, l'avalanche, franchissant ces obstacles glacés, projette loin des bords les blocs qu'elle entraîne et qui forment, à une certaine distance de la rive, non plus de simples entassements immergés comme ceux des lacs d'Oô, d'Estom, de Gaube, de Naguille, de Cap-de-Long, d'Aubert, etc., que l'auteur a fait connaître l'année dernière au Congrès de Pau, mais un énorme monticule pierreux, de 10 mètres d'élévation au-dessus du niveau moyen des eaux du lac, dont la végétation terrestre a déjà pris possession.

Cette sorte de presqu'île, rattachée accidentellement à la terre ferme par une étroite bande de débris rocheux, est séparée du rivage par une excavation conique mesurant 70 mètres de longueur, 50 mètres de largeur, et 8 mètres de profondeur à l'endroit le plus creux.

La belle région lacustre qui s'étend à la base des contreforts du puissant massif de Nénouvieille offre également des particularités géologiques fort curieuses, surtout en ce qui concerne les lacs que la plupart des géologues appellent morainiqués.

C'est ainsi, par exemple, qu'une tranchée ouverte dans le voisinage immédiat du lac d'Aumar (Hautes-Pyrénées), — lac qui avait été considéré jusqu'ici comme d'origine exclusivement morainique — a révélé, à 6 mètres de profondeur, la présence d'un seuil granitique formé par la roche en place, attendu que la partie la plus creuse de cette importante cuvette lacustre dépasse 16 mètres. Des fouilles récentes pratiquées au lac de Cap-de-Long ont également mis à nu la roche vive à une faible profondeur.

Il s'agit donc bien, dans le cas présent, de nappes lacustres dont le niveau primitif a été accidentellement surélevé par le dépôt fortuit de matériaux glaciaires directement amoncelés sur la roche vive qui, primitivement, retenait les eaux captives dans ces lieux.

M. KILIAN, Prof. à la Fac. des sc. de Grenoble.

Sur la constitution géologique du Jura. — M. KILIAN fait connaître que la *feuille d'Ornans* de la carte géologique détaillée au $\frac{80}{1000}$ est actuellement sous presse et paraîtra à la fin de l'année.

Cette feuille, dont les levés ont été fait par M. Kilian en collaboration avec MM. *Haug* et *Rollier*, comprend, ainsi que celles de Ferrette (parue en 1885) et de Montbéliard (publiée en 1891), dues également à M. Kilian, une grande partie du Jura franc-comtois. Des notices explicatives détaillées accompagnent ces cartes et complètent les indications graphiques. Le territoire embrassé par ces feuilles (Ferrette, Montbéliard et Ornans) se compose de plusieurs régions distinctes tant au point de vue topographique que par leur structure :

1° Une région étrangère au Jura et comprenant l'Ajoie (plaines et plateaux formés de cailloutis pliocènes et quaternaires), les collines sous-vosgiennes (terrains dévonien, permien et triasique, avec filons de porphyre et de porphyrite) et les plateaux jurassiques de la Haute-Saône; ·

2° Les *collines préjurassiennes* s'étendant de Montbéliard à Chaudefontaine et constituées par des assises jurassiques ployées en un très large synclinal; des failles émanant du môle vosgien morcellent cette région qui borde au Nord-Ouest la suivante;

3° La *région jurassienne* formée de plis anticlinaux et synclinaux décrivant un arc de cercle ouvert au Sud-Est. Assez espacés dans le Sud-Ouest de la contrée, ces plis se rapprochent les uns des autres dans le Nord-Est; à l'Est (hautes chaînes), ils sont réguliers et serrés.

Une ample moisson de faits nouveaux a été fournie par les explorations nécessaires à ce travail.

———

M. Louis-Abel GIRARDOT.

Sur la coupe géologique des environs de Salins. — M. GIRARDOT rappelle d'abord la structure plissée et faillée qu'a prise le massif du Jura sous l'action des poussées latérales, puis la distinction en trois régions que ce massif présente de l'ouest à l'est, d'après M. Marcel Bertrand :

1° Région du vignoble;

2° Région des plateaux;

3° Région des hautes chaînes.

La ville de Salins est située au fond d'une profonde échancrure du bord occidental du plateau, tout près de la première région. Dans le fond de cette vallée se trouvent les marnes irisées, dont les couches de sel gemme donnent lieu aux sources salées de cette ville, et les gypses du même terrain sont exploités dans le voisinage; le Lias occupe les flancs couverts de vignes de la vallée; au-dessus sont des abrupts d'Oolithe inférieure qui constituent, à l'ouest et à l'est de Salins, les sommités du fort Saint-André et du fort Belin. Le même terrain s'étend largement sur le plateau.

La moitié supérieure du Jurassique se voit d'ailleurs, au moins en partie, dans diverses localités du voisinage de Salins. Les environs de cette ville montrent même parfaitement la distinction des quatre divisions principales de cette formation : Lias, Oolithe inférieure (ou Dogger), Oxfordien et Oolithe supérieure (ou Malm); la première et la troisième principalement marneuses, la deuxième et la quatrième presque entièrement calcaires. Elles se différencient fort bien dans le mont Poupet.

Le Lias salinois offre les mêmes faits généraux que celui des environs de Lons-le-Saunier. Il diffère de ce dernier, surtout dans la partie moyenne du Toarcien, par l'existence d'une faune riche en Ammonites pyriteuses *(Ammonites mucronatus, A. Germaini, A. toarcensis)*, etc., ainsi que dans les couches qui suivent, par l'absence des *Pentacrinus*, parfois si fréquents dans le Jura lédonien. Il se termine par une couche d'oolithe ferrugineuse à *Ammonites aalensis* (niveau de l'*Am. opalinus* des environs de Lons-le-Saunier); cette couche, qui ne paraît pas avoir été signalée jusqu'ici dans la région de Salins, a été étudiée par l'auteur sur plusieurs points au voisinage d'Aresches.

Le Bajocien offre d'abord la zone de l'*Ammonites Murchisoni*, bien visible dans l'escarpement de la Roche-Pourrie, si connu depuis les publications de M. Marcou. Cette zone débute par des couches gréseuses, micacées ; puis viennent les couches ferrugineuses de la Roche-Pourrie, à *Am. Murchisoni,* etc., considérées comme base du Bajocien par le célèbre géologue salinois, mais qui se trouvent ainsi reportées à une douzaine de mètres au moins au-dessus du Lias. Après quinze à dix-huit mètres de calcaires durs, la zone se termine par des couches, en partie marneuses, du niveau de l'*Am. concavus* et de l'*Am. cornu.* Des calcaires à silex, qui se voient par places un peu au-dessus, appartiennent au Bajocien moyen (assise de l'*Am. Humphriesi* et de l'*Am. Blagdeni*); plus haut, sur le plateau et probablement vers le même niveau que les couches à Polypiers du fort Saint-André signalées par M. Marcou, se voient des calcaires à nombreux Polypiers (*Isastrea salinensis,* etc.), qui se trouvent au sommet du Bajocien moyen ou à la base de l'assise de l'*Am. Garanti* qui forme le Bajocien supérieur.

Plus à l'est, le Bathonien affleure sur une certaine étendue dans la partie du plateau traversée par l'excursion du 7 août, et l'on y voit aussi les étages qui suivent, jusqu'au Séquanien. C'est dans le Bathonien que se trouve le profond ravin sur lequel est jeté le Pont-du-Diable. Tout près de là est un petit affleurement callovien ; puis on a les beaux gisements oxfordiens du Crouzet, qui offrent les Marnes à *Ammonites Renggeri,* riches en Ammonites pyriteuses et surmontées de couches à *Pholadomya exaltata* renfermant aussi des bancs marneux à Céphalopodes pyriteux (*Am. cordatus,* etc.). Le Rauracien et le Séquanien se voient à l'ouest, près de Sainte-Anne. Plus loin, en suivant la route de Nans-sous-Sainte-Anne, on descend, à partir du Bathonien, dans la série des strates, jusqu'aux Marnes irisées sur lesquelles se trouve cette localité.

M. Gustave COTTEAU.

Excursion à la grotte de Cravanche. — M. Cotteau donne des détails sur l'excursion que quelques membres de la Section de géologie, en compagnie de plusieurs membres de la Section d'anthropologie, ont faite dans la grotte de Cravanche, à quelques kilomètres de Belfort. Cette excursion de deux heures, favorisée par un temps splendide, a été fort intéressante.

La grotte s'ouvre dans l'étage bathonien; elle a été mise à découvert, il y a déjà plusieurs années, par suite de l'exploitation d'une carrière qui a permis de pénétrer dans la grotte par une salle éloignée de l'entrée naturelle, non encore retrouvée d'une manière certaine. Sur le sol même de cette salle se trouvaient, lorsqu'on l'a explorée pour la première fois, de nombreux objets de l'industrie, des ossements humains et notamment un assez grand nombre de crânes bien conservés. Tous ces objets ont été déposés au musée de Belfort. Au retour de l'excursion, ils ont été examinés par MM. Bleicher, Salmon, etc., et ont donné lieu à d'intéressantes observations.

                    GÉOLOGIE ET MINÉRALOGIE

Travail imprimé

PRÉSENTÉ A LA 8ᵉ SECTION

M. BARET. — *Géologie du Limousin.*

Le travail suivant, envoyé à la Section, n'a pu être communiqué faute de temps :

Classification du carbonifère marin, etc., par M. l'abbé BOURGEAT.

9ᵉ Section.

BOTANIQUE

PRÉSIDENT. . . . . : M. le Dʳ ANT. MAGNIN, Prof. à la Fac. des sc. de Besançon.
SECRÉTAIRE . . . . M. le Dʳ BONNET, à Paris.
SECRÉTAIRE ADJOINT . . . . M. le Dʳ THOUVENIN, Prof. à l'Éc. de Méd. de Besançon.

— Séance du 4 août 1893 —

M. BOURQUELOT, Pharm. des Hôp., à Paris.

Présence et rôle de l'émulsine dans quelques champignons parasites des arbres.
— Lorsqu'un champignon se développe sur un arbre vivant ou mort, il en tire nécessairement les aliments indispensables à son existence. Mais, à part les glucoses, aucune des substances organiques accompagnant ou constituant le bois (glucosides, celluloses, albuminoïdes), n'est directement assimilable. Il faut donc que le champignon, pour utiliser ces dernières, les transforme au préalable.

D'après M. BOURQUELOT, les champignons lignicoles produisent un ferment soluble analogue, sinon identique, à l'émulsine qui possède la propriété de dédoubler la plupart des glucosides en divers composés dont le plus important est le glucose, puisqu'il est assimilable. Signalons parmi les champignons dans lesquels l'auteur a constaté la présence de ce ferment : l'*Auricularia sambucina* Martius, parasite du sureau ; le *Polyporus sulfureus* Bull., parasite du chêne du cerisier, etc. ; le *Pholiota aegerita* Fr., parasite du peuplier.

Au contraire, les espèces terrestres n'en contiennent pas. Du moins, M. Bourquelot n'en a pas rencontré dans le *Lact. vellereus*, Fr., les *Russula cyanoxantha* et *delica*, l'*Amanita vaginata* Bull., le *Scleroderma verrucosum* Bull., le seules espèces qu'il ait examinées.

M. Léon GUIGNARD, Prof. à l'Éc. sup. de Pharm. de Paris.

Sur la localisation des principes actifs chez les Capparidées, Limnanthées, Tropéolées, Résédacées. — Dans un travail publié *in extenso* dans le *Journal de Botanique*, en 1890, M. GUIGNARD a étudié la localisation des principes actifs chez les Crucifères et montré que, contrairement à l'hypothèse généralement admise auparavant, le glucoside qui donne, au contact d'un ferment qui l'accompagne dans la plante et qu'on appelle myrosine, de l'essence de moutarde ou un composé analogue, n'est pas contenu dans les mêmes cellules que ce ferment.

Des recherches analogues lui ont montré que, chez les Capparidées, Limnanthées, Tropéolées et Résédacées, il existe également de la myrosine et un glucoside spécial, renfermés dans des cellules distinctes, et dont l'action réciproque détermine la formation d'une essence particulière qui ne préexiste pas dans la plante. Ces recherches lui ont permis, en outre, de préciser la localisation de ces principes, sur lesquels on ne possédait, comme on le verra dans un exposé plus détaillé, que des notions vagues ou inexactes.

Discussion. — M. Lignier pense que les différences de localisation observées par M. Guignard pourraient être dues à l'âge de la plante.

M. Guignard répond que dans les cas qu'il a cités, il s'agit plutôt de différences individuelles.

M. PARMENTIER, Prof. au Collège de Baume-les-Dames (Doubs).

La botanique systématique et les théories de M. Vesque. — Après avoir passé en revue les caractères morphologiques et histologiques sur lesquels peut être basée la systématique nouvelle, M. Parmentier discute les objections qui ont été faites au sujet de cette science et termine sa communication en rendant un hommage public à M. Vesque et à ses collaborateurs français et étrangers.

M. HEIM, Agrégé à la Fac. de méd. de Paris.

Les divers cas d'imbrication et leur explication mécanique.

M. B. SOUCHÉ, Dir. du Jard. bot. de Niort, à Pamproux (Deux-Sèvres).

Présentation d'une forme de Senecio vulgaris. — M. B. Souché présente un *Senecio vulgaris* assez commun au bord d'un étang, à Culan (Cher), où il l'a récolté le 24 juillet.

Cette forme — probablement une anomalie — croît au travers du type et s'en distingue, à distance et à première vue, par la longueur des fleurons qui égalent près de deux fois la longueur des écailles intérieures du péricline et sont un peu divergents.

Discussion. — M. Magnin dit que cette déformation paraît due à la présence d'un champignon parasite, le *Coleosporium senecionis*; il rappelle à ce sujet l'influence excitatrice des parasites et se demande si ce n'est pas le *Coleosporium* qui aurait fait développer les fleurs demi-ligulées, qui manquent ordinairement aux capitules de cette plante, leur donnant ainsi les caractères qu'ils possèdent dans la plupart des autres espèces du genre.

M. Lignier cite l'exemple de l'*Agrostis pumila* dans lequel tous les ovaires sont envahis par un *Ustilago*.

M. Cornu rappelle les faits de castration parasitaire produits sur le *Lychnis dioica* par l'*Ustilago antherarum* et étudiés par M. Magnin et par M. Giard.

MM. C. SAUVAGEAU et PERRAUD.

Sur l'Isaria farinosa, champignon destructeur de la Cochylis. — Depuis quelques années, on a cherché, en Russie et en Amérique, à utiliser les champignons entomophytes pour lutter contre certains insectes nuisibles à l'agriculture. Tout récemment, des expériences ont été entreprises en France, de divers côtés, pour détruire la larve du hanneton à l'aide du *Botrytis tenella* ou *Isaria densa*. Les auteurs ont cherché à lutter par le même procédé contre la *Cochylis*, cet insecte qui, chaque année, cause des dégâts parfois considérables dans les vignobles du Beaujolais, de la Bourgogne et de la Gironde; ils ont trouvé son parasite dans l'*Isaria farinosa* (1).

En mars dernier, ils ont rencontré sous les écorces des ceps un assez grand nombre de chrysalides de *Cochylis* tuées par ce champignon, dont ils ont obtenu facilement des cultures pures. Les cultures sur pomme de terre sont particulièrement luxuriantes. L'*Isaria farinosa* résiste à des écarts notables de température; les exemplaires qui ont été l'origine de ces cultures ont subi pendant l'hiver un froid supérieur à — 25 degrés. Des fragments de pomme de terre, recouverts d'une abondante végétation d'*Isaria*, exposés au soleil, sous une cloche, ont subi durant plusieurs jours, dans le milieu de la journée, une température variant de 55 à 60 degrés et ont pu ensuite servir à d'autres ensemencements. Le froid ni la sécheresse ne sont donc point un obstacle à la culture de ce champignon.

Des chenilles de *Cochylis*, recueillies dans un vignoble et distribuées dans le laboratoire sur des grappes fraîchement coupées, maintenues sous une cloche humide, et sur lesquelles des spores prises sur nos cultures avaient été répandues, étaient infectées et momifiées au bout de huit à dix jours. Des expériences faites dans le vignoble même, avec de l'eau tenant des spores en suspension, leur ont donné une mortalité atteignant le tiers ou la moitié des chenilles. Ils sont même persuadés que la mortalité eût été plus considérable s'ils avaient fait l'expérience un peu plus tôt, au moment où les chenilles, plus jeunes, se déplacent plus volontiers.

De Bary a montré autrefois que l'*Isaria farinosa* est abondamment répandu dans la nature, et les auteurs eux-mêmes l'ont rencontré sous les écorces des ceps. Ils proposent donc d'exagérer sa présence en répandant sur les souches les produits des cultures; lorsqu'en septembre les chenilles de deuxième génération se retirent sous les écorces des ceps et dans les fissures des échalas pour y passer l'hiver à l'état de chrysalide, elles rencontreront le parasite et s'infecteront d'elles-mêmes. Les mœurs relativement sédentaires de la *Cochylis* augmentent ses chances d'infection. L'aspersion des souches deviendrait ainsi un traitement préventif, les traitements successifs devant accumuler leurs effets.

---

(1) C. Sauvageau et J. Perraud, *Sur un Champignon parasite de la Cochylis*. (Comptes rendus de l'Académie des Sciences, 17 juillet 1893.)

— Séance du 5 août 1893 —

M. TRABAUD, à Marseille.

Eugène Mazel, promoteur de l'horticulture dans le midi de la France.

M. LIGNIER, Prof. à la Fac. des sc. de Caen.

A propos de la forme des écailles involucrales chez le Williamsonia Morierei. — M. Lignier présente un moulage de ce fruit fossile qui a été successivement rapproché du *Zamia Gigas*, des Pandanées, des Typhacées et même des Balanophorées. Il démontre ensuite, en se basant sur l'étude anatomique et en particulier sur celle du parcours des faisceaux libéro-ligneux, que les bractées involucrales de ce fruit devaient se terminer par un petit limbe à nervation soit en éventail, soit pennée. On ignore encore la forme des feuilles de *Williamsonia* (Bénettitées), aussi la détermination de la forme de ces bractées a-t-elle son importance. M. Lignier ajoute que, dans la nature actuelle, les organes auxquels on peut, en partie au moins, comparer les bractées involucrales du *W. Morierei* sont les bractées ovulifères des Cycadées.

Discussion. — M. Guignard demande si les faisceaux libéro-ligneux présentent un tissu d'irrigation.

M. Lignier répond que ce tissu n'existe pas chez le *W. Morierei*, pas plus d'ailleurs que le bois centripète habituel des Cycadées. Mais il en est de même dans les écailles ovulifères de ces plantes.

M. GUIGNARD.

Note sur la physiologie de la germination. — On sait que diverses graines, notamment celles des Crucifères, renferment des glucosides particuliers, accompagnés d'un ferment susceptible de les décomposer dans des conditions déterminées. C'est ainsi que la graine de moutarde noire fournit, en présence de l'eau à la température ordinaire, du glucose, de l'essence de moutarde, et du bisulfate de potasse, par suite de l'action de la myrosine sur le myronate de potasse qu'elle contient. M. Guignard a montré, il y a quelque temps, que ces deux corps, glucoside et ferment, sont localisés dans des cellules différentes. Peuvent-ils réagir de même l'un sur l'autre pendant la germination et donner les produits de dédoublement dont il vient d'être question?

Nægeli dit avoir constaté la présence de l'essence de moutarde dans les graines en germination, et les auteurs qui l'ont suivi ont admis la même opinion. Les expériences, dont le détail sera exposé ultérieurement, ont prouvé à l'auteur qu'il n'en est pas ainsi et que la métamorphose du glucoside pendant la germination n'est pas celle que l'on avait admise.

M. le Dr D. CLOS, Prof. hon. à la Fac. des sc. de Toulouse, Corresp. de l'Institut.

Le Polymorphisme floral et la Phytographie. — Les merveilleux résultats acquis à la science par les patientes et sagaces recherches de tant d'observateurs modernes sur les rapports entre l'organisation et les fonctions de la fleur sont venus éclairer d'un nouveau jour la Phytographie; il a été péremptoirement démontré que de prétendues espèces inscrites comme légitimes dans les ouvrages les plus autorisés ne sont que des états particuliers d'un même type spécifique.

Or, ces états sont afférents à l'*hétérostylie*, à la *Cleisto-chasmogamie*, à l'imperfection d'un des organes sexuels, à la dioïcité, ou même aux dimensions de la corolle, à son avortement et à sa couleur, au pilosisme floral.

Citer des exemples pour chacune de ces dispositions organiques en discutant les opinions émises sur la valeur spécifique de quelques espèces, en particulier des genres *Oxalis, Petasites. Symphytum, Campanula;* établir que certains genres, certaines espèces ont été fondés sur de simples anomalies, tel est le principal objet de cette étude.

M. B. SOUCHÉ, à Pamproux.

Les travaux de la Société botanique des Deux-Sèvres. — M. B. Souché fait un rapide exposé des travaux de la Société botanique des Deux-Sèvres. Il parle des travailleurs qui ont les premiers fait connaître les richesses végétales de ce coin du Poitou, MM. Guillon, Sauzé, Maillard.

La Société, fondée en 1888, compte cent soixante-dix membres (cotisation, 3 francs par an); on s'occupe presque exclusivement de phanérogamie et dans les excursions on s'efforce de faire aimer la botanique en montrent aux débutants que les termes trop techniques ne sont pas indispensables.

La Société publie annuellement un Bulletin. Elle va commencer la *Géographie botanique du haut Poitou* (Deux-Sèvres et Vienne), en indiquant, pour chaque espèce, la date de la première cueillette connue avec le nom du botaniste.

Une carte présentée montre les communes des Deux-Sèvres qui n'avaient pas encore été explorées, ou qui l'avaient été trop sommairement, lors de la fondation de la Société.

M. L. BRAEMER, Chargé de cours à la Fac. de méd. de Toulouse.

Réactions histochimiques de l'hespéridine. — Grâce à la couche mucilagineuse qui le sépare du mésophylle sous-jacent, l'épiderme supérieur des diverses feuilles de *Barosma* qui constituent le *Buchu* peut être très facilement enlevé après une courte macération dans l'eau. Cet épiderme renferme de nombreux sphéro-cristaux d'hespéridine qui deviennent facilement accessibles à l'action des réactifs. M. Braemer propose de substituer à l'acide sulfurique concentré un mélange à volumes égaux d'alcool à 95 degrés et d'acide sulfurique dont l'action colorante est identique à celle de l'acide pur, mais qui ne dissout pas les parois cellulaires.

Après macération des feuilles dans de l'alcool faible (50°) contenant 5 0/0 d'acide sulfurique, les sphéro-cristaux jaunes se transforment en de grands cristaux en feuille de fougères rayonnants et incolores.

M. le Dr **QUÉLET**, à Hérimoncourt.

Quelques espèces critiques ou nouvelles de la Flore mycologique de France. — Ce mémoire constitue le dix-neuvième supplément aux ouvrages : *Flore mycologique de la France* et *Les Champignons du Jura et des Vosges*. Il comprend :

1° La description de quelques espèces trouvées dans les régions extrêmes du domaine de notre flore mycologique, comme, par exemple, *Lepiota cinerascens* de la vallée du Rhône, *Omphalia virginalis* de la Saintonge, *Coprinus mutabilis* et *C. flavicomus* du même littoral, et *Ramaria Favreæ* du Jura helvétique, etc., avec les figures correspondantes à ces espèces;

2° Des remarques critiques sur des espèces rares, comme *Lactarius tithymalinus, Pluteus pellitus, Russula rubra*, etc.

3° Des restitutions de noms antérieurs pour des espèces importantes, comme *Dryophila xylophila, Hylophila togularis, Pluteolus titubans, Hylophila undulata, Leptoporus caudicinus*, etc., restitutions dont il résulte aussi des suppressions de noms formant double emploi.

MM. BERTRAND et RENAULT, à Amiens.

Sur le Reinschia australis, algue permocarbonifère qui a formé le Kerosène shale d'Australie. — Le *Reinschia australis* est une algue gélatineuse, libre, à thalle sacculaire creux, formé d'une seule rangée de cellules. Le protoplasme cellulaire est pyriforme et pourvu d'un noyau. Les parois cellulaires sont très épaisses, surtout la paroi de fond. Le thalle jeune avait le même nombre de cellules que le thalle adulte, mais ses cellules, toutes égales, sont alors très petites. De ce caractère les auteurs concluent à une affinité des Reinschias avec nos Volvocinées, nos Pédiastrées et nos Hydrodictyées, sans pouvoir les rapprocher des genres actuellement connus. Certains thalles à cellules très nombreuses devenaient très grands, prenaient des plis et un aspect cérébriforme. Il a été possible de suivre le développement du thalle jeune en thalle adulte. Il n'y avait pas de dissémination par scissiparité.

Les Reinschias sont empilés en lits horizontaux au nombre de 5.000 à 11.000 par millimètre cube dans le Kerosène shale ou schistes cireux de la Nouvelle-Galles. Les parois gélosiques de l'algue ont donné des corps jaunes. L'algue est enfouie dans une trame ulmique. Entre les algues, on trouve des spores d'une cryptogame vasculaire et de menus débris flottés. La masse a été pénétrée par des matières bitumineuses moins condensées que la thélotite d'Autun. Le dépôt ne contient pas d'écailles de poissons.

Certains thalles avaient subi un commencement d'altération avant leur enfouissement. Ils conduisent aux corps jaunes amorphes d'aspect gommeux.

La forme Reinschia est très répandue à l'époque permocarbonifère.

Le Kerosène shale appartient au même type de formation que le boghead d'Autun.

M. C. QUEVA, Prép. à la Fac. des sc. de Lille.

Caractères anatomiques de la feuille des Dioscorées. — L'anatomie de la feuille, très uniforme dans toute la famille des Dioscorées, témoigne de la très grande homogénéité de ce groupe.

Par rapport aux feuilles des autres Monocotylédonées, la feuille des Dioscorées est caractérisée :

1° Par sa forme. La feuille est cordée quand elle est simple. Lorsqu'elle est composée, elle présente trois, cinq ou sept folioles dont la médiane seule est symétrique;

2° Par sa nervation réticulée, avec terminaisons en pointe libre des nervures les plus grêles;

3° Par la présence de deux renflements dépourvus d'éléments mécaniques, l'un à la base, l'autre au sommet du pétiole;

4° Par la formation d'un *arc antérieur* dans le pétiole;

5° Par la présence d'un seul massif libéro-ligneux dans chaque nervure primaire;

6° Par les glandes discoïdes de la face postérieure du limbe et par les poils pluricellulaires à tête sphérique ou fusiforme.

— Séance du 7 août 1893 —

M. le Dr HÉNOCQUE, à Paris.

Une application de la spectroscopie à la botanique. — M. HÉNOCQUE, après avoir exposé quelques considérations générales sur l'étude spectroscopique des fleurs, en démontre l'utilité par une observation faite sur la fleur d'une orchidée, le *Cattleya Mossiæ.*

Lorsqu'on examine avec le spectroscope à vision directe les pétales de cette fleur qui ont une coloration lilas finement carminée, on perçoit dans l'oranger et dans le vert deux bandes légèrement obscures qui ont la plus grande ressemblance avec les bandes de l'oxyhémoglobine ou matière colorante du sang perçues quand on examine la surface cutanée avec le spectroscope.

La substance colorante de ces fleurs est soluble dans l'eau et plus encore dans l'alcool; elle est d'un beau rouge carmin, mais traitée par l'ammoniaque elle devient brun verdâtre, ce qui la distingue des solutions de carmin; traitée par le sulfhydrate de soude, elle ne présente pas la bande de Stokes caractéristique de l'hémoglobine réduite, ce qui la distingue de la matière colorante.

La position de ces deux bandes exprimées en longueur d'onde est pour α 600 à 575 λ et pour β 560 à 535 λ.

Pratiquement elles se distinguent des bandes de l'oxyhémoglobine parce que α du cattleya déborde la raie D vers le rouge oranger, et β du cattleya est plus rapproché de la raie D que la bande β de l'oxyhémoglobine.

Ces réactions sont importantes à connaître en médecine légale; elles sont signalées ici pour la première fois.

Discussion. — M. Magnin rappelle que l'on connaissait déjà quelques observations faites sur la matière colorante des algues, notamment sur le *Palmella cruenta,* qui présentent une certaine analogie avec celles de M. Hénocque.

M. RADAIS, à Paris.

Sur le trajet des canaux sécréteurs dans le cône des Abiétinées. —.Chez les Conifères, comme chez beaucoup d'autres plantes, la disposition des canaux sécréteurs a été étudiée surtout à l'aide de coupes transversales isolées. Cette méthode trop exclusive ne peut fournir, sur le trajet longitudinal de ces organes sécréteurs dans les divers membres de la plante et sur leur passage d'un membre à l'autre, que des notions souvent incomplètes.

Les recherches de l'auteur ont eu pour but de combler cette lacune et de permettre, grâce à la connaissance du trajet des canaux sécréteurs étudiés d'abord spécialement dans le cône des Abiétinées, d'établir plus facilement les affinités des genres et des espèces, et aussi de fournir des données utiles aux recherches paléontologiques sur les fruits fossiles de ces plantes.

M. BOURQUELOT, Agrégé à l'Éc. de pharm. de Paris.

*Sur l'époque de la formation des divers ferments de l'*ASPERGILLUS NIGER. — M. Bourquelot a établi, par des recherches publiées antérieurement, que la plupart des champignons renferment un sucre particulier : le *tréhalose.* Ce sucre apparaît dans la période de végétation qui précède la formation des spores et disparaît à la maturité transformé en glucose par un ferment soluble qu'il a découvert et désigné sous le nom de *tréhalase.*

M. Bourquelot a pensé que ce ferment, de même que le sucre qu'il dédouble, pourrait bien n'exister qu'à certains moments de la vie du végétal. C'est ce qui l'a amené à étudier l'époque de l'apparition des ferments solubles de *l'Asp. niger,* espèce qui se prête très bien à ces sortes de recherches.

Lorsque l'*Asp. niger* est arrivé à maturité, on peut y déceler la présence d'au moins six ferments : diastase, invertine, maltase, tréhalase, inulase et émulsine. Mais plus la moisissure est jeune, plus la proportion de diastase et de tréhalase diminue, ce qui laisse supposer que la spore ne renferme pas ces ferments ou les renferme en proportions très faibles.

En effet, l'expérience a donné à M. Bourquelot ce résultat inattendu que l'*Aspergillus niger,* ensemencé dans un milieu nutritif dont le sucre est du tréhalose, s'y développe très difficilement.

Discussion. — M. Lignier demande à M. Bourquelot s'il a bien pris toutes les précautions nécessaires pour empêcher l'introduction des bactéries dans le liquide obtenu.

M. Bourquelot : Lorsqu'on a lavé la culture, on obtient un liquide limpide, à peine acide et aseptique, et il n'y a pas intervention de bactéries dans les décompositions qui se produisent.

MM. BATTANDIER et **TRABUT**, à Alger.

Description d'une espèce saharienne nouvelle du genre URGINÁ STEINHEILL. — Sous le nom d'*Urginea noctiflora*, MM. BATTANDIER et TRABUT décrivent une très curieuse plante du genre *Urginea* à floraison nocturne, venant des environs de l'oasis de Tyout.

M. PARMENTIER.

Avantages du synopsis sur la flore dans les herborisations. — L'auteur expose les inconvénients qui résultent de l'emploi de la flore sur le terrain par suite de son volume, de la longueur de certaines diagnoses et de la hâte avec laquelle on parcourt ces dernières. Il montre ensuite qu'il n'est guère possible de se dispenser de tout ouvrage. Puis il passe en revue les *synopsis* en usage et critique leur manque de méthode en même temps que les lacunes que la plupart de ces ouvrages contiennent.

L'auteur a évité ces inconvénients graves dans l'ouvrage qu'il a écrit spécialement sur la chaîne jurassique et la Haute-Saône. Le plan sur lequel il s'est basé est exposé en détail dans son mémoire. Ce travail sera fort utile, pour le pays qu'il étudie, à la fois aux débutants et aux botanistes expérimentés.

M. le Dr BONNET, à Paris.

Aperçu historique sur les plantes de la Tunisie.

M. Charles QUEVA.

Le tubercule du TACCA PINNATIFIDA FORST. — Chez le *Tacca pinnatifida*, l'individu provenant d'une germination produit un premier *tubercule dans lequel émigre le point de végétation de la tige principale*, et un ou deux autres tubercules aux dépens de bourgeons axillaires. Ces tubercules une fois formés développent des feuilles de plus en plus grandes, parfois une hampe florale et enfin un nouveau tubercule. Ce dernier renferme le point de végétation qui a fourni les feuilles du tubercule précédent.

Avec une plante de semis, on obtient donc deux ou trois tubercules qui vont indéfiniment produire chacun une série de nouveaux tubercules. Les vieux tubercules se vident et leurs feuilles meurent à mesure que les nouveaux se développent. On peut avoir cependant simultanément sur une même plante des feuilles portées par trois tubercules différents issus l'un de l'autre, mais il n'y a de végétation au milieu de la touffe de feuilles que dans le plus jeune tubercule.

M. Léon DUFOUR, Directeur-Adjoint du Labor. de Biol. végét., à Avon (Seine-et-Marne).

Sur les bulbilles aériennes du LILIUM TIGRINUM. — Le *Lilium tigrinum* est une plante horticole qui possède à l'aisselle de ses feuilles, à la place des bourgeons, des bulbilles aériennes.

Ces bulbilles ont un poids moyen de 15 à 20 centigrammes ; mais elles acquièrent un poids bien plus considérable si l'on coupe les pédicelles floraux ou, mieux encore, le sommet de la tige, avant la floraison. On en obtient de la sorte qui pèsent jusqu'à 90 centigrammes et même 1^{gr},55.

Semées, ces bulbilles donnent naissance à quelques feuilles sans tige- véritable et forment dans le sol un nouveau bulbe plus gros que le premier.

Pour que les bulbilles se développent dans le sol, il n'est pas nécessaire qu'ils aient acquis, quand on les plante, leur taille normale. Des bulbilles de 7 à 8 centigrammes ont fourni autant de jeunes plantes que des bulbillés pesant le double.

Les bulbilles peuvent être desséchées et perdre la moitié de leur poids sans mourir, si la dessiccation se fait à la température ordinaire des laboratoires. Mais si on leur enlève la même quantité d'eau et même seulement un tiers de leurs poids à 50 degrés, elles ne se développent plus. Elles sont tuées par l'effet de cette température et non par· l'effet de la dessiccation.

———

M. GAUCHERY, à Paris.

Recherches sur les hybrides dans le genre CISTUS. — Ces recherches out été faites sur des Cistes hybrides *(Cistus populifolio-salvifolius* et *Cistus salvifolio-populifolius, C. laurifolio-ladaniferus* et *C. ladanifero laurifolius, C. monspeliensi-populifolius* et *C. populifolio-monspeliensis, C. monspeliensi-ladaniferus, C. populifolio-ladaniferus)* obtenus expérimentalement par M. Bornet.

Les conclusions relatives à la morphologie externe et la structure anatomique sont les suivantes :

Généralement l'hybride réalise une moyenne entre les deux parents, mais les hybrides réciproques AB et BA des espèces A et B présentent des différences assez importantes. On retrouve dans les hybrides des caractères particuliers aux générateurs, mais très inégalement répartis dans chacun d'eux. C'est ainsi que les deux hybrides possèdent les formations pileuses des parents, mais avec prédominance de ceux de la mère. Au point de vue de la morphologie externe, la feuille rappelle généralement le père, et la mère au point de vue de la nervation et de la structure anatomique. Lorsqu'il y a des bractées chez les hybrides, elles sont intermédiaires entre celles des parents, quoique se rapprochant plus de la mère. La structure anatomique de la tige et du pédicelle floral montre de grandes variations dans les diverses parties. Pourtant il semble que les faisceaux du bois reproduisent ceux du père et que l'écorce offre les caractères de celle de la mère.

M. LOTHELIER, à Issy-sur-Seine.

Essai sur la détermination de la valeur morphologique de certains piquants des plantes. — De l'examen anatomique il résulte que :

1° Les piquants du *Capparis spinosa*, qui occupent la place des stipules et qui sont souvent décrits comme telles, sont des aiguillons, car ils ne possèdent pas de vaisseaux. En outre, la disposition du stéréome est externe, comme cela a lieu généralement dans les aiguillons.

2° Il en est de même pour les piquants du *Zanthoxylon planispinum*.

3° Les piquants trifurqués du *Xanthium spinosum* ont la valeur morphologique de pédoncules floraux concrescents avec des stipules. La stipule serait représentée par une portion vasculaire qui se détache des faisceaux conducteurs qui vont dans le pétiole de la feuille.

M. GIROD.

Comparaison de la flore alpine d'Auvergne avec celle du Jura.

Discussion. — M. Magnin dit que deux grands facteurs interviennent dans les différences que M. Girod vient de signaler entre la flore du Plateau central et celle du Jura, ce sont : la constitution géologique du sol et les conditions climatériques, telles que la température et l'humidité de l'air ; la végétation du Plateau central et des Cévènes est calcifuge et sous l'influence du climat atlantique ; celle du Jura est au contraire éminemment calcicole : sa flore se rattache à celle des Alpes, tandis que c'est du côté des Pyrénées et des Vosges qu'il faut chercher des rapports floristiques pour le Plateau central.

M. le Dr MAGNIN, Prof. à la Fac. des sc. de Besançon.

Observations sur la flore des monts Jura. — M. Magnin examine d'abord les rapports de la végétation jurassienne avec la flore des Alpes ; le Jura se rattache, pour lui comme pour M. Briquet , aux préalpes calcaires de la Savoie et du Dauphiné.

Il étudie ensuite les divisions floristiques qui ont été proposées pour l'ensemble de la région et adopte les suivantes : I, Jura oriental subdivisé en J. septentrional (à *Heracleum alpinum*), J. central (à tourbières), J. austro-oriental (à flore alpine) ; II, J. occidental ; III, J. méridional.

M. HOULBERT

Le bois secondaire des Protéacées.

— Séance du 9 août 1893 —

M. DUMONT.

Vulgarisation de la géographie botanique.

Discussion. — M. BONNET fait observer que les étiquettes présentées par M. Dumont sont depuis longtemps connues et utilisées dans plusieurs jardins botaniques de France et de l'étranger ; il rappelle qu'une série variée de ces étiquettes a figuré aux deux Congrès internationaux de botanique, tenus à Paris en 1878 et en 1889 ; on s'est également préoccupé des perfectionnements à apporter soit dans le tracé, soit dans la fabrication de ces étiquettes ; il en existe aussi d'autres modèles, sur carton, destinés à être placés sur les échantillons, dans les collections de produits végétaux, et dans les herbiers, en tête des genres.

M. C. QUEVA.

Le tubercule du TAMUS COMMUNIS L. — Par l'étude du développement du tubercule du *Tamus*, nous avons montré que l'organe jeune résulte de l'accroissement d'une région primaire, comprenant les deux premiers entre-nœuds de la tige principale et une portion de l'axe hypocotylé. Plus tard, cette région devient le siège d'une hypertrophie secondaire considérable, localisée dans sa région superficielle. Il en résulte un renflement qui se place sous la première feuille et qui rejette latéralement la première racine et le bas de l'axe hypocotylé. Cette masse hypertrophiée est vascularisée par des faisceaux secondaires. Mais, comme son apparition est très hâtive, au voisinage immédiat des faisceaux propres de l'axe hypocotylé et de la tige principale, on voit encore quelques branches primaires avec trachées caractérisées formant un réseau. Les branches de ce réseau s'insèrent vers le haut sur les divers faisceaux de la tige principale et de l'axe hypocotylé ; elles se terminent un peu plus bas en se jetant l'une sur l'autre dans la région centrale de l'organe. C'est sur ce réseau que viennent s'attacher la plupart des branches secondaires, mais il en est d'autres qui s'attachent directement sur les faisceaux de la tige principale et de l'axe hypocotylé.

Le tubercule s'accroît par un double système de cambiformes dont l'activité est plus grande dans la région inférieure de l'organe qu'à la périphérie.

Le tubercule du *Tamus* est donc le résultat d'une hypertrophie secondaire, localisée surtout dans la région dorsale de l'axe hypocotylé et des deux premiers entre-nœuds de la tige principale.

M. HEIM.

BALANOCARPUS ACUMINATUS, *type d'une nouvelle section de ce genre de Diptérocarpacées.*

M. le Dr THOUVENIN, Prof. à l'Éc. de Méd. de Besançon.

Sur un fruit de STROPHANTHUS *non décrit.*— Ce fruit, donné à l'École de Médecine de Besançon, par M. le Dr Poulet, de Plancher-les-Mines, lui a été envoyé par M. Ehrmann, de Libreville ; il est donc originaire du Gabon. Son origine botanique est inconnue et, de l'avis de M. le professeur Cornu, à l'examen duquel il a été soumis, il n'a pas encore été signalé.

La forme générale de ce fruit est celle d'un fuseau dont l'extrémité inférieure se terminerait en pointe mousse ; sa longueur est de 30 centimètres, et, dans sa plus grande largeur, il mesure 3 centimètres de diamètre. Pour empêcher la déhiscence, les collecteurs ont enroulé autour de la coque un lien de jonc. Les parties externes du péricarpe ont été raclées, jusqu'à une couche scléreuse qui le limite intérieurement ; cette couche se compose de deux zones de fibres : une zone externe, formée de cinq à six assises de fibres longitudinales comprimées latéralement ; une zone interne, comprenant de six à sept assises de fibres transversales. La graine, sans l'aigrette, mesure 15 millimètres de longueur ; elle est mince, sa surface est havane. L'extrémité supérieure s'atténue doucement jusqu'à la hampe, l'inférieure est tronquée et très mince, car l'embryon s'arrête un peu au-dessus d'elle. Le raphé forme à la surface de cette graine une crête médiane jaune, très mince, qui, au milieu de la face ventrale, s'étale sous forme d'un fuseau pâle. La portion nue de la hampe ne dépasse jamais 1 centimètre, tandis que la portion poilue offre de 3^{cm},5 à 4^{cm}5 de longueur. Les poils forment avec la hampe un angle de 45 à 50 degrés.

Ce qui chez ces graines paraît être particulier, c'est la longueur du funicule qui peut aller jusqu'à 6 centimètres ; il s'insère sur les graines près de la hampe.

Presque toujours, lorsqu'on retire les graines du fruit, le funicule reste attaché à la graine qui paraît alors pourvue de deux hampes : l'une poilue, l'autre nue.

Les funicules de la moitié supérieure du fruit sont descendants ; chacun de ceux de la moitié inférieure se divise en deux parties : la première, longue de 1 centimètre, qui s'insère sur la membrane placentaire, est ascendante ; la seconde est descendante, elle supporte la graine à son extrémité inférieure.

La structure histologique de la graine est la suivante : le tégument séminal se compose d'abord d'une assise de cellules dont les parois latérales et transverses offrent un gros bourrelet lignifié, faisant saillie dans l'intérieur de la cavité cellulaire. En outre, presque toutes les cellules de cette assise donnent naissance à un poil unicellulaire, conique et très court, étroitement appliqué contre la graine dans la direction de la hampe. Le reste du tégument est formé de huit à quinze assises de cellules, un peu allongées tangentiellement et à parois très minces.

L'albumen est épais, formé de cellules polyédriques gorgées de matière grasse ; des grains d'amidon, peu nombreux, se rencontrent dans les cellules de la portion sous-jacente au raphé.

Les cellules de l'embryon renferment des granulations graisseuses en grande abondance.

Dans une coupe traitée par l'acide sulfurique concentré, l'albumen se colore en rouge groseille ; il ne contient donc pas de strophantine. La coloration jaune verdâtre que prend l'embryon semble indiquer qu'il n'en renferme que des traces, ce que confirme d'ailleurs le peu d'amertume de la graine. Une analyse chimique qui sera faite prochainement permettra d'être fixé à ce sujet.

M. le Dr MAGNIN.

Sur les NUPHAR, *les* POTAMOGETON *et le* BETULA NANA *du Jura.* M. MAGNIN résume les découvertes qu'il a faites dans le cours de ses explorations des soixante-six lacs du Jura, qu'il a achevées cette année grâce à la subvention de l'*Association française.*

Il appelle l'attention sur les points suivants :

1° L'existence dans douze lacs au moins du Jura d'une forme de *Nuphar*, se rattachant en général au *N. pumilum*, et à laquelle il donne le nom de *N. juranum* nov. sp.

2° La présence de plusieurs *Potamogeton* rares ou nouveaux pour la flore de France, la plupart d'origine boréale : *P. prœlangus* (5 lacs), *P. Zizii* (4), *P. obtusifolius, P. Friesii* (3), *P. filiformis* (2), *P. nitens, P. coriaceus,* etc.

3° Parmi les Characées, deux formes nouvelles, *Ch. jurensis* et *Ch. Magnini Hy,* puis *Ch. ceratophylla contraria, curta,* etc.

Il termine enfin en distribuant des échantillons du rare *Betula nana,* provenant de l'unique localité française connue, les tourbières de Mouthe (Doubs).

M. Émile BELLOC.

Sur la végétation aquatique des gours, cours d'eau et fontaines du pays toulousain (Haute-Garonne). — La production végétale des eaux du pays toulousain (Haute-Garonne), que M. ÉMILE BELLOC étudie depuis plusieurs années, concurremment avec celles de la région pyrénéenne proprement dite, lui a donné un certain nombre d'espèces appartenant aux genres suivants :

ORDRE DES CYANOPHYCÉES.

Nostoc, Anabœna, Plectonema, Chroococcus, Merismopœdia, Scytonema, Stigonema, Oscillaria, Tolypothrix, etc.

ORDRE DES CHLOROPHYCÉES.

Microspora, Conferva, Ulothrix, Protococcus, Zygnema, Mesocarpus, Spirogyra, Rhizoclonium, Vaucheria, Glœocystis, Draparnaldia, Hydrurus, Pediastrum, Hœmatococcus, etc.

Dans ce même ordre des Chlorophycées, les Desmidiées entrent aussi pour une part assez considérable. Ces belles algues microscopiques de la famille des Conjuguées, qui n'avaient encore fait l'objet d'aucune étude spéciale, dans le pays toulousain, constituent une partie très importante de la florule algologique de cette région. Elles sont représentées par 141 espèces appartenant à dix genres différents, savoir : *Euastrum, Cosmarium, Closterium, Staurastrum, Penium, Calocylindrus, Tememorus, Astrodesmus, Mesotenium, Palmella.*

Les Phéophycées sont représentées par cent soixante espèces de Diatomées, dont quelques-unes de très grande taille, appartenant à vingt-sept genres.

Ceux qui fournissent le plus grand nombre de types et la quantité d'espèces la plus considérable sont les suivants : *Navicula, Nitzchia, Epithemia, Cymbella, Surirella, Synedra, Stauroneis, Diatoma, Gomphonema, Cyclotella, Melosira, Asterionella, Pleurosigma, Achnantes, Amphora, Tabellaria, Mastologia,* etc.

Une note détaillée suit cette énumération rapide. Elle montre certaines différences entre la florule diatomique des trente-sept lacs pyrénéens que l'auteur a fait connaître l'année dernière au Congrès de Pau, et celle des eaux du bassin sous-pyrénéen.

Toutefois, ces différences portent plus particulièrement sur la prédominance ou la rareté que sur l'absence complète de certaines espèces ; ce qui amène l'auteur à conclure que la florule microscopique des eaux de la plaine, sans être absolument identique à celle des bassins lacustres de la haute chaîne, ne se distingue de celle-ci que par la dimension ou le groupement de quelques espèces.

M. **Gaston BONNIER**, Prof. à la Fac. des sc. de Paris.

Influence de la nature du sol sur la production du nectar par les fleurs. — On sait que l'humidité du sol ou de l'air, la température, le climat fait varier la quantité de nectar que produit une espèce donnée. La proportion de sucre n'étant pas la même, suivant les circonstances, la quantité de sucre produite varie aussi, mais d'une autre manière que le volume du nectar.

En étudiant expérimentalement l'influence de la nature du sol sur la production du nectar par une même espèce, toutes les autres conditions restant les mêmes, l'auteur a mis en évidence l'importance de cette influence pour certaines plantes.

Au point de vue de l'application à l'apiculture, on comprend quel est l'intérêt de ce genre de recherches.

On ne peut pas dire d'une manière absolue que telle espèce est très mellifère. Non seulement la quantité de sucre qu'elle produira dépendra des circonstances atmosphériques, mais aussi de la nature du sol. ·

M. **William RUSSELL**, à Paris.

Sur le repos estival chez les plantes de la région méditerranéenne. — Par l'étude anatomique comparée des plantes recueillies dans la région méditerranéenne au mois d'août et de plantes récoltées aux environs de Paris, au cœur de l'hiver, M. Russell a montré que le repos estival chez les plantes du Midi est beaucoup plus marqué que ne l'est le repos hivernal chez les plantes de la région parisienne.

Chez les premières il y a toujours arrêt complet du cloisonnement des assises génératrices et différenciation complète des derniers éléments formés par elles, tandis que chez les secondes les assises génératrices restent toujours actives, tout au moins par places, et donnent des éléments qui subsistent longtemps à l'état de tissu parenchymateux non différencié.

M. Jacob de CORDEMOY, à Paris.

Observations sur la structure de la tige des Dioscoréacées. — Les masses vasculo-libériennes de la tige des Dioscoréacées sont généralement regardées par les auteurs comme de simples faisceaux disposés en une seule rangée circulaire. Des observations comparées et l'étude du développement montrent qu'il y a, en réalité, dans la tige de ces plantes, deux cercles de faisceaux plus ou moins éloignés l'un de l'autre, suivant que le diamètre du cylindre central est plus ou moins large. Le cercle externe comprend des faisceaux cribro-vasculaires d'origine péricyclique dont le bois, tourné en dehors, se développe en direction centripète et le liber, placé en dedans du tissu vasculaire, évolue dans le sens centrifuge. C'est l'inverse qui a lieu pour les faisceaux du second cercle, qui sont, par suite, des faisceaux libéro-ligneux normaux.

M. G. LANDEL, au Laboratoire de Biologie végétale de Fontainebleau.

Influence des radiations solaires sur les végétaux. — M. LANDEL a étudié les variations que subissent quelques plantes au point de vue des pigments, de la floraison et de la fructification, lorsqu'elles sont soumises à des radiations solaires d'intensités différentes. Quelques-unes de ces plantes ont été recueillies dans la nature, à l'ombre et au soleil ; d'autres ont été semées et cultivées expérimentalement dans ces mêmes conditions.

La production du pigment rouge qui colore la tige et les fruits semble toujours favorisée par l'action directe du soleil ; mais cette condition, indispensable à sa formation dans certaines espèces, ne l'est aucunement chez d'autres, qui restent colorées sous les taillis les plus sombres.

La diminution de l'intensité des radiations solaires tend à amoindrir le nombre des fleurs ; cette action, à peu près nulle chez certaines espèces, est très considérable chez d'autres et se produit, suivant les inflorescences et la nature des espèces, par des procédés divers. La même remarque doit être appliquée au fruit et à la graine. En résumé, la privation des radiations solaires directes semble en général entraîner pour la plante un amoindrissement de la fonction reproductrice.

M. Eugène MESNARD, Prépar. à la Fac. des sc. de Paris.

Recherches sur la formation de l'huile grasse dans les graines et dans les fruits. — L'étude de la localisation des huiles grasses et de leurs relations avec les autres substances de réserve, pratiquée dans les graines oléagineuses et dans quelques fruits en voie de formation, met en lumière un certain nombre de faits qui complètent d'une façon heureuse les résultats que l'on obtient en examinant de la même façon la germination des mêmes matériaux d'étude. Les huiles grasses ne se déposent pas dans des assises spéciales. Dans les tissus où elles apparaissent, albumens, embryons ou pulpes, elles occupent indistinctement toutes les cellules. Toutes les fois que les matières albuminoïdes se mettent en réserve dans les cellules des albumens, il est toujours possible, par l'emploi de réactifs appropriés, de faire apparaître de l'huile grasse dans les mêmes cellules. Mais la réciproque n'est pas vraie et l'on rencontre fréquemment de l'huile indépendante des matières albuminoïdes. Dans ce cas, la formation des matières grasses a lieu dans des tissus jeunes et renfermant un protoplasma chlorophyllien très actif. On arrive de la sorte à considérer les matières albuminoïdes comme jouant un rôle très particulier, celui de dissolvant capable d'entraîner les matières grasses jusque dans les cellules de réserve où elles peuvent se séparer quand se produit la dessiccation de la graine.

Cette propriété dissolvante des substances albuminoïdes permet de comprendre le mode de dislocation des réserves oléagineuses pendant la germination des graines. A ce moment, les matières azotées reprenant de l'eau et recouvrant leur faculté dissolvante, peuvent entraîner avec elles les matières grasses jusque dans les tissus de la plantule et sans qu'il soit nécessaire de faire intervenir des ferments spéciaux dont l'existence n'a pas été prouvée.

M. Edmond GAIN, Prépar. au Labor. de Biol. végét. de Fontainebleau.

Influence de la sécheresse sur les feuilles des végétaux herbacés. — Des cultures expérimentales pratiquées sur cinquante plantes différentes permettent d'établir les conclusions suivantes :

La sécheresse du sol exerce sur les feuilles des végétaux herbacés une action qui est très variable suivant les espèces.

On admet généralement que l'humidité favorise le développement exagéré des feuilles. Cette conclusion admet de nombreuses exceptions. Un sol humide peut en effet entraver le développement des feuilles *Cucurbita Papo, Datura Stramonium, Zea maïs*, etc..., tout aussi bien qu'un sol très sec *(Solanum tuberosum, Faba vulgaris, Polygonum fagopyrum)*, en modifiant l'état physiologique du végétal.

L'*optimum* d'humidité pour les feuilles des végétaux herbacés est le plus souvent supérieur au degré d'humidité qu'on observe dans les conditions où les plantes poussent normalement.

Cet *optimum* peut être très variable suivant le stade du développement. Le *Carthamus tinctorius*, par exemple, pendant la première période de sa végétation, développe des feuilles beaucoup plus grandes en surface sur un sol sec que sur un sol humide. Par la suite, au contraire, l'humidité favorise considérablement le développement en surface et les feuilles restent plus petites sur un sol sec.

L'*optimum* d'humidité du sol modifie l'accroissement, la forme et les dimensions des différentes parties de la feuille (limbe, pétiole, stipules).

M. C. SAUVAGEAU, à Lyon.

Sur les caractères anatomiques de la feuille des Butomées. — La petite famille des Butomées renferme les quatre genres *Hydrocleis, Limnocharis, Tenagocharis* et *Butomus*. Dans une monographie récente, M. Micheli a proposé de réunir les deux premiers en un seul; M. Sauvageau montre au contraire, par l'étude anatomique de la feuille, qu'ils doivent être maintenus séparés.

L'*ouverture apicale*, que M. Sauvageau a déjà fait connaître chez plusieurs genres de plantes aquatiques, présente chez l'*Hydrocleis nymphoides* des caractères particuliers. Les feuilles très jeunes de cette espèce développent, tout près du sommet, au-dessus du point de réunion des nervures et sous l'épiderme, un disque d'un tissu très délicat, formé de cellules à parois très minces et sans méats, qui n'a qu'une existence transitoire. Ce disque est bientôt résorbé, ainsi que les cellules épidermiques qui lui sont contiguës; seule, la cuticule de celles-ci persiste. Il se forme donc une petite poche sous-cuticulaire, où aboutissent les nervures, et qui reste fermée; l'ouverture apicale est pour ainsi dire virtuelle.

Chez les *Limnocharis* et *Tenagocharis*, l'ouverture apicale est, au contraire, béante, comme celle des *Potamogeton*. Enfin, chez le *Butomus umbellatus*, bien que les nervures soient nombreuses tout à fait au sommet de la feuille, l'ouverture apicale fait complètement défaut.

Le *Butomus* qui, à l'inverse des autres genres de la même famille, est dépourvu de laticifères, possède de longues fibres dont les ornements spiralés sont facilement déroulables, et occupent dans les tissus une position constante. Ces fibres sont différentes de celles qui ont été décrites chez les *Crinum* et *Salicornia*. Il est probable qu'elles jouent le rôle de tissu vasiforme et de tissu conducteur (1).

M. LEGENDRE.

L'herbier scolaire publié par la Société botanique du Limousin.

Travaux imprimés

PRÉSENTÉS A LA SECTION

M. P. Girod : *Catalogue des Diatomées de l'Auvergne;* ce catalogue forme le premier fascicule de la publication intitulée : *Travaux du Laboratoire de la Faculté des sciences de Clermont.*

M. Guimarães, au nom de l'Académie des sciences de Lisbonne : plusieurs brochures ou volumes sur la flore du Portugal, *Garcia da Orta*, etc.

M. Magnin, au nom de l'auteur : Delebecque, *Atlas des lacs français.*

---

(1) Le mémoire détaillé sur ce sujet paraîtra en 1893 dans les *Annales des Sciences naturelles, Botanique.*

10ᵉ Section.

ZOOLOGIE, ANATOMIE ET PHYSIOLOGIE

Président. . . . . M. SIRODOT, Corresp. de l'Inst., Doyen de la Fac. des sc. de Rennes.
Vice-Président . . . . M. SABATIER, Corresp. de l'Inst., Doyen de la Fac. des sc. de Montpellier.
Secrétaire . . . . M. MENEGAUX, Prof. au Lycée de Besançon.

— Séance du 4 août 1893 —

M. Ad. SABATIER, Doyen de la Fac. des sc. de Montpellier.

Spermatogenèse de Galathea strigosa. — Le processus, qui est semblable à celui de la spermatogenèse de tous les autres Décapodes (sauf les Carides), en diffère cependant par quelques traits qui acquièrent de l'importance par la réponse qu'ils permettent de faire à quelques questions demeurées obscures.

Ainsi l'on s'est demandé si la vésicule céphalique qui naît chez les Décapodes au voisinage immédiat du noyau, n'était pas une émanation de ce dernier. Chez *Galathea* la vésicule naît toujours loin du noyau et au voisinage de la surface du protoplasme. On peut en conclure que la vésicule naît indépendamment du noyau et se forme directement dans le protoplasme.

Chez les Décapodes, en général, le protoplasme de la cellule spermatique se réduit à une zone si mince autour du noyau, qu'on s'est demandé si les prolongements radiés ne provenaient pas de parties achromatisées du noyau. Chez *Galathea*, la vésicule naissant loin du noyau, il reste toujours entre elle et lui une masse protoplasmique très évidente, dont il est facile de constater la transformation en prolongements radiés. Ceux-ci sont donc d'origine protoplasmique.

M. Étienne DE ROUVILLE, Prép. adj. de zool. à la Fac. des sc. de Montpellier.

Quelques points de l'histologie du tube digestif des Crustacés Décapodes (1). — M. DE ROUVILLE s'attache plus spécialement à l'étude des *glandes intestinales* et à la question du mode de remplacement des cellules épithéliales de l'intestin moyen ; il attribue à ces dernières une origine conjonctive.

(1) Travail fait à la Station zoologique de Cette.

M. le Dr P. GIROD, Prof. à la Fac. des sc. et à l'École de méd. de Clermont-Ferrand.

Recherches sur la respiration des Hydrachnides parasites. — « A l'exception du genre *Atax*, qui vient dans les branches de l'*Unio* et de l'Anodonte, toutes les Hydrachnides ont un appareil trachéal bien développé. » Cette assertion du Dr Robert von Schaub est la répétition des résultats exposés par Claparède dans ses recherches sur les Hydrachnides parasites et qu'il considère comme démontrés.

Les observations de M. GIROD font rentrer les Hydrachnides parasites dans l'ensemble des *Acarina tracheata* de Haller.

Elles ont des trachées, convergeant vers deux sacs respiratoires, et ces sacs communiquent au dehors par des tubes s'ouvrant par un stigmate céphalique.

Le revêtement chitineux, qui double le stigmate, les tubes et les sacs qui en dépendent, se prépare avec facilité par une solution étendue de potasse.

Sur les coupes en série, on retrouve toutes ces parties et, en comparant ces coupes avec celles des Hydrachnides libres, on retrouve l'ensemble des dispositions des organes respiratoires données par Croneberg comme caractéristiques du type général.

Du reste, *Atax ypsilophorus* et *Atax Bonsi* sont plutôt des commensaux que des parasites de l'*Unio* et de l'Anodonte, qui quittent souvent le mollusque pour nager dans l'eau où on les capture souvent dans les pêches au filet fin et, de ce fait, leur genre de vie est peu différent de celui des autres espèces du genre *Atax*.

Les travaux antérieurs de l'auteur ont démontré que, par l'ensemble de leur organisation, les rapports entre les espèces de ce vaste genre sont des plus étroits.

— Séance du 5 août 1893 —

M. PARMENTIER, à Baume-les-Dames.

Ornithologie de la Franche-Comté. — L'auteur ne reconnaît en Franche-Comté qu'une centaine d'espèces ou variétés : Rapaces, 7 ; Grimpeurs, 5 ; Passereaux, 63 ; Colombins, 3 ; Gallinacées, 6 ; Échassiers, 12 ; Lamellirostres, 6 ou 7.

A cette énumération et pour chaque oiseau, M. PARMENTIER indique sommairement quelques points du régime, des mœurs, ainsi que la rareté et l'utilité au point de vue de l'agriculture.

M. le Dr P. GIROD.

Observations anatomiques et physiologiques sur le rein de l'escargot.

M. le Dr Raphaël DUBOIS, Prof. à la Fac. des sc. de Lyon.

Sur la production de lumière chez les myriopodes. — M. R. Dubois, grâce
aux recherches auxquelles il a pu se livrer sur des myriopodes lumineux *(Orya
barbarica)* dans un récent voyage en Algérie, établit d'une manière complète et
définitive le mécanisme intime de la production de la lumière chez les animaux
et chez les végétaux. L'émission de la lumière est accompagnée du passage
de l'état colloïdal à l'état cristalloïdal, en présence de l'eau et de l'oxygène,
d'une substance protoplasmique qu'il nomme « luciférine » (1).

<hr>

M. A. GIRARD, Cons. du Musée de Lisbonne.

Sur un poisson du genre HIMANTOLOPHUS *péché sur les côtes du Portugal.*

<hr>

M. E. SEQUEIRA, Memb. de l'Acad. roy. de Lisbonne.

Liste des Amphibiens et des Reptiles du Portugal.

<hr>

M. le Dr MAUREL, Agrégé à la Fac. de méd. de Toulouse.

Origine et évolution des éléments figurés du sang chez l'homme adulte. —
I. *Leucocytes.* — Il est probable qu'à l'état normal, comme à l'état pathologique,
ces éléments peuvent naître partout où existe la cellule conjonctive, et que
celle-ci joue un rôle important dans leur formation. Une fois formés, quel
que soit le lieu de leur origine, ces éléments subissent tous la même évolution ; et leurs différences de forme ne représentent que les phases successives
de cette évolution. Uninucléés d'abord, ils deviennent ensuite multinucléés ;
leur protoplasma, d'abord homogène, devient plus tard granuleux ; enfin, au
point de vue de leur propriété amiboïde, ils naissent immobiles, acquièrent
des mouvements qu'ils perdent ensuite ; et, enfin, ils se désagrègent en mettant
en liberté leurs granulations et des corps qui probablement ne sont que
leurs noyaux. Ce sont ces corps inclus dans le protoplasma qui peut-être ont
été pris pour des vacuoles.
II. *Hématoblastes.* — Le docteur Maurel ne donne ses opinions, au sujet de
ces éléments, qu'avec beaucoup de réserve. Mais cependant, en s'appuyant sur
l'observation directe longtemps prolongée des éléments du sang, sur les réactifs
colorants, sur la marche de la reconstitution du sang chez l'adulte, et sur les
expériences sur les animaux, il arrive à ces deux hypothèses :
1° Que les corps inclus dans les leucocytes, et qui ne sont apparents chez
ces éléments vivants qu'à la fin de leur existence, sont leurs noyaux ;

(1) *Comptes rendus de l'Académie des Sciences*, juillet 1893.

2° Qu'il est également probable, quelle que soit leur nature, que ces corps ne sont que des hématoblastes à une période moins avancée.

La durée des hématoblastes serait de vingt-quatre à quarante-huit heures seulement.

III. *Hématies.* — Enfin, relativement aux hématies, les expériences du docteur Maurel ne font que confirmer la découverte d'Hayem, qui, dit-il, était déjà assez bien établie pour qu'elle pût se passer d'une nouvelle confirmation.

M. SABATIER.

Spermatogenèse des Schizopodes. — M. SABATIER fait une communication sur la spermatogenèse des Schizopodes, qui a été jusqu'à présent très imparfaitement étudiée. Après des détails descriptifs sur le processus, M. Sabatier fait remarquer que par leur spermatogenèse les Schizopodes se rapprochent beaucoup des Carides, et que ces derniers, qui sont placés par les zoologistes parmi les Décapodes ont, à cet égard, plus d'affinités avec les Schizopodes qu'avec les Décapodes. C'est là un résultat intéressant en ce sens que les Carides sembleraient, par leur embryogénie, devoir être séparés des Décapodes proprement dits.

M. DE REY-PAILHADE.

Sur le rôle du philothion dans la respiration des tissus. — Le philothion est un principe immédiat organique contenu dans les tissus vivants, qui au contact du soufre donne à froid de l'hydrogène sulfuré. Cette matière existe dans les germes d'un grand nombre de plantes et dans tous les tissus animaux.

Le philothion est une des matières intégrantes de la cellule et non un produit de sécrétion.

On peut l'extraire des éléments anatomiques par divers procédés : alcool faible, eau chargée de 1 0/0 de fluorure de sodium ou de phénol. Ces extraits ont une composition très complexe.

L'extrait alcoolique de la levure de bière a été le plus étudié : il donne H^2S avec le soufre à froid, il décolore par hydrogénation le carmin d'indigo et la teinture de tournesol, il absorbe l'oxygène libre de l'air. 100 centimètres cubes de liqueur consomment en vingt-quatre heures, à 40 degrés centigrades, 8 centimètres cubes d'oxygène environ.

Comme les matières de l'extrait préexistent sans nul doute dans les tissus vivants, la respiration des tissus s'explique aisément par l'existence dans leur sein de matières très oxydables, fabriquées par eux, pour se combiner à l'oxygène libre en donnant de la chaleur et en produisant de l'énergie nécessaires à leur fonctionnement vital.

Le philothion qui se détruit au contact de l'oxygène libre et qui se conserve à l'abri de cet agent, doit prendre une large part dans ce phénomène important. D'ailleurs les tissus qui consomment le plus d'oxygène sont aussi ceux qui renferment le plus de philothion.

Malgré la consommation incessante d'oxygène par les éléments anatomiques, le philothion existe toujours en eux : il y a tout lieu de croire que ce principe joue un rôle de transmetteur d'oxygène ou de ferment soluble d'oxydation.

MM. Jaquet et Pœhl sont aussi arrivés, par des expériences différentes, à admettre l'existence d'un ferment soluble d'oxydation.

La présence du philothion dans les germes des végétaux explique la respiration des jeunes graines.

L'absorption du soufre pris par la voie gastro-intestinale, peu compréhensible avant la découverte du philothion, devient très simple par les propriétés de cette substance, ainsi que son action physiologique sur tout l'organisme.

M. Raphaël DUBOIS.

Composition des œufs du Criquet pèlerin d'Algérie. — M. R. Dubois communique les résultats de ses recherches sur la composition des œufs de la sauterelle ou criquet pèlerin d'Algérie. Il a pu extraire, en notable quantité, des œufs de ponte récente, une huile renfermant, en proportion relativement considérable, du phosphore.

L'auteur pense que cette huile phosphorée naturelle pourra être utilisée soit en thérapeutique, soit dans l'industrie, et que ce serait la meilleure prime offerte à la destruction du fléau algérien (1).

M. Charles BRUYANT, à Clermont-Ferrand.

Note sur un hémiptère recueilli au lac Chauvet (Puy-de-Dôme). — Les derniers dragages effectués au lac Chauvet, sous la direction de M. le Dr Girod, ont ramené de la zone littorale quelques exemplaires d'une espèce d'hémiptère. — Cet hémiptère offre les plus grands rapports avec les *Corisa* Geoffr. dont il diffère cependant par ses antennes de trois articles et la présence d'un écusson triangulaire. Il se rapporte au genre voisin *Sigara* F.

Les pattes sont constituées exactement comme celles des *Corisa*. Les tarses antérieurs n'offrent qu'un seul article dépourvu de crochet. Mais les bords de cet article en forme de cuiller sont armés d'une rangée de mamelons portant chacun une soie très raide. L'ensemble de ces soies forme donc une sorte de peigne qui en frottant contre le bord tranchant du labre produit une stridulation fort distincte.

Les *Corisa* possèdent aussi un appareil stridulant, dont l'existence a été signalée par le Dr Schmidt Schwedt, de Berlin, et qui offre une structure un peu plus compliquée.

Des larves de cet hémiptère ont été trouvées à l'intérieur de la *Spongilla lacustris*, très fréquente au Chauvet. Elles y vivent, probablement en parasites, en compagnie d'une larve de Névroptère : *Sisyra Spongillœ*, de la *Nais proboscidea*, etc.

---

(1) *Comptes rendus de l'Académie des Sciences,* juin 1893.

M. Abel DUTARTRE, Prép. de Zool. à la Fac. des sc. de Besançon.

Sur la coloration de la peau chez la grenouille. (Mouvements et formation des chromatophores noirs.) — I. Les mouvements amiboïdes des chromatophores sont soumis à l'action directe des agents physiques : lumière, chaleur, etc., et régis par le système nerveux central et sympathique.

La lumière blanche, l'obscurité et les différents rayons du spectre peuvent ormer deux groupes à action contraire :

1° Lumière blanche et rayons les moins réfrangibles qui provoquent la contraction et l'éclaircissement de l'animal;

2° L'obscurité et les rayons les plus réfrangibles qui, au contraire, font dilater les chromatophores.

La chaleur agit comme sur toutes les cellules amiboïdes. L'excitation électrique provoque la contraction.

Le système nerveux central agit comme centre réflexe (lobéioptiques) qui permet à l'animal de prendre une coloration en harmonie avec le fond sur lequel il se trouve. Ce phénomène de mimétisme ne se produit plus sur les grenouilles aveugles. L'excitation nerveuse centrale se transmet, sans passer par la moelle épinière, au système sympathique dont les ganglions peuvent servir de centres secondaires. En outre, les chromatophores sont directement excitables par la lumière et la chaleur *(Comptes rendus, 27 octobre 1890)*; la contraction et la dilatation se produisant (quoique moins vite) sur des grenouilles aveugles ou dont le système nerveux a été détruit.

II. Formation de chromatophores nouveaux chez la grenouille adulte. α. Formation pathologique par stase sanguine. Des amas de globules rouges sont digérés sur place, par des cellules lymphatiques, et présentent toutes les formes des chromatophores; on les obtient plus rapidement et plus noirs par une injection préalable de granules de mélanine. β. Formation physiologique, par l'action directe de la lumière, sur la peau du ventre parfaitement incolore : on obtient ainsi de parfaits chromatophores très noirs. γ. Enfin si, par des moyens divers, on empêche une grenouille femelle de pondre, on remarque, au bout de quelque temps, une pigmentation exagérée provenant probablement de la résorption des œufs. Dans ce cas, beaucoup de ces taches présentent l'organisation du chromatophore.

M. le Dr HÉNOCQUE.

Analyse spectroscopique des tissus. — M. HÉNOCQUE expose les applications nouvelles de l'analyse spectroscopique des tissus vivants qu'il a obtenues avec un appareil qu'il dénomme *Analyseur chromatique* ou spectroscope à verres colorés dont la description a été faite à la Section de Chimie (voir page 194).

De même que chez l'homme (voir Section des Sciences médicales, p. 296), on peut doser la quantité d'oxyhémoglobine chez un grand nombre d'animaux. C'est ainsi que pour le singe on choisit les paupières ou les lèvres, ou la face quand elle n'est pas trop pigmentée; chez le cheval, le bœuf, le mouton, l'âne, le chien, on examinera les oreilles, les lèvres, la conjonctive palpébrale, la langue, en général les parties peu colorées; chez le cobaye, la plante des pieds, les oreilles, les lèvres, et par la ligature du cou-de-pied, chez ces animaux, on peut mesurer la durée de la réduction ; chez le lapin, on choisira dans ce but l'oreille, dont l'extrémité est comprimée par une longue pince plate ; chez l'axolot albinos, la quantité d'oxyhémoglobine est mesurée par l'examen des branchies ou de la surface cutanée. Pour les poissons on choisira la queue, les nageoires, les branchies.

Enfin, dans l'étude des vers rouges des pêcheurs ou larves de *Chironomus*, on peut suivre toutes les modifications qualitatives et quantitatives de l'oxyhémoglobine sous l'influence des réactifs les plus divers.

M. le Dr GIROD.

De la respiration des hydrachnides parasites.

— Séance du 9 août 1893 —

M. L. JOUBIN, Prof. à la Fac. des sc. de Rennes.

Note préliminaire sur la répartition des Céphalopodes *sur les côtes de France.* — M. Joubin étant chargé de faire pour la faune de France, actuellement en cours de publication, la description des Céphalopodes de nos mers, donne le catalogue provisoire des espèces qui y ont été recueillies et signale les principales localités qu'elles habitent. L'auteur pense que quelques types très rares recueillis à San Rémo devront être rencontrés dans les environs de Nice et les compte dès aujourd'hui comme appartenant à la faune de notre littoral.

M. Hector NICOLAS, à Avignon.

1° Étude complète sur le Sphex splendidulus ; *2° Les* Hyménoptères *au sommet du mont Ventoux (Vaucluse).* — 1° Dans ce mémoire : *Étude complète sur le* Sphex splendidulus, M. Nicolas suit cet insecte dans toutes ses phases évolutives et ses diverses transformations larvaires. C'est d'abord la construction et l'approvisionnement du nid ; la ponte de l'œuf, son éclosion, puis les passages successifs d'une forme à une autre : le cocon, la nymphe, et enfin l'Hyménoptère parfait.

Ces changements, quelquefois subtils, établissent que les différenciations qui séparent les Hyménoptères pour un même groupe s'accusent et s'accentuent aux dernières manifestations de la vie. A leur origine, les premières formes se soudent étroitement. Ce début semble commun à bien des genres.

2° Le mémoire : *les Hyménoptères au sommet du mont Ventoux,* est une suite aux recherches que l'auteur poursuit sur cette famille, dans leur répartition à diverses altitudes pour le genre *Osmia*, à la station météorologique du mont Ventoux.

L'influence de la température, conséquence de la hauteur à laquelle ces expériences ont lieu, entraine un retard considérable dans l'éclosion. C'est surtout là où se manifeste un pareil déplacement d'altitude, les Osmies se trouvant généralement dans des régions moins élevées.

MM. CHARBONNEL-SALLE et DUTARTRE.

Expériences sur la capacité d'absorption du sang pour l'oxygène à diverses températures. — Les auteurs ont institué deux séries d'expériences portant :

Première série. — Sur le sang défibriné très frais à globules intacts;

Deuxième série. — Sur le même liquide traité par l'éther ou par un égal volume d'eau et transformé par destruction du globule en une solution transparente.

Dans chacune des deux séries, l'expérimentation est conduite d'après deux procédés :

Ou bien le liquide est agité vivement pendant un quart d'heure au contact de l'air;

Ou bien le liquide en faible quantité est étalé en couche mince dans un large récipient et le contact avec l'air est prolongé pendant quatre à cinq heures.

Les résultats sont résumés dans des graphiques où les abscisses représentent les températures croissantes et les ordonnées, les quantités de gaz absorbé.

Dans le sang vivement agité, l'absorption augmente jusque vers 40 degrés, après quoi, elle diminue.

Dans le sang en couche mince, en rapport prolongé avec l'air, l'absorption de l'oxygène n'est croissante que jusqu'à 10 degrés.

Dans le sang altéré, ou dans la solution d'hémoglobine, la capacité d'absorption augmente aussi jusqu'à 10 ou 12 degrés, après quoi, elle est décroissante quelle que soit la durée du contact.

M. PHISALIX, Doct. ès sc., Assist. au Musée d'hist. nat., à Paris.

Sur la nature du mouvement des chromatophores des CÉPHALOPODES, *causes et mécanisme de ce mouvement* (1). — Deux théories, uniquement basées sur l'observation anatomique, sont en présence pour expliquer le mouvement des chromatophores des Céphalopodes : la théorie du mouvement musculaire et la théorie du mouvement amiboïde, en contradiction absolue l'une avec l'autre. M. PHISALIX a pensé que l'observation physiologique fournirait ici des résultats plus certains. En étudiant ce mouvement en lui-même, ses caractères, ses modifications, en appliquant en un mot la méthode expérimentale, il est arrivé aux conclusions suivantes :

1° Le mouvement d'expansion du chromatophore est de nature musculaire;

2° Ce mouvement est produit par la contractions des fibres radiaires;

------

(1) Voir *Arch. de Physiol.* de BROWN-SÉQUARD, 1892.

3° Le mouvement de rétraction du chromatophore est sous la dépendance du tissu élastique qui l'entoure;

4° Il existe des centres et des nerfs spécialement destinés au mouvement des chromatophores.

Discussion. — M. le Dr GIROD a repris son étude sur le faisceau radiaire du chromatophore de *Sepiola*. Il n'hésite pas à considérer ses *cellules basilaires* comme des cellules conjonctives de forme variable, suivant les mouvements de la cellule pigmentée, et trouve dans l'axe de chaque faisceau radiaire fibrillaire une fibre musculaire s'insérant, à travers l'espace périphérique, sur la cellule pigmentée; il admet donc la contractilité des fibres radiaires par cette partie musculaire centrale.

M. le Dr Paul GIROD.

La station biologique des Monts-Dore d'Auvergne. — Il existe, entre la chaîne des Puys volcaniques qui domine Clermont-Ferrand et le massif des Monts-Dore couronné par le Pic de Sancy, une région lacustre des plus intéressantes. On compte, en effet, dans cette région restreinte, une vingtaine de lacs, d'origine variée : lacs tourbeux, lacs de barrage déterminés par les coulées de lave, cratères-lacs établis dans des dépressions d'origine volcanique. La petite ville de Besse-en-Chandesse occupe le centre de cette région.

Les recherches de J. Richard et Eusebio sur les Crustacés, d'Henneguy sur les Protozoaires, d'Héribaud sur les Diatomées, de Bruyant sur les Insectes et les recherches de l'auteur sur les Spongilles, recherches faites sur les matériaux recueillis dans des pêches dans les lacs d'origine variée, ont mis en lumière l'intérêt qui s'attache à l'étude de cette faunule limnologique.

C'est dans le but de mettre aux mains des zoologistes et des botanistes les instruments nécessaires aux pêches pélagiques, aux pêches de fond, aux sondages, et les microscopes et réactifs utiles pour l'examen de leurs captures, que M. GIROD a songé à établir à Besse une station biologique. Il a trouvé en M. Berthoule, maire de Besse, le précieux concours d'un homme que ses travaux sur la pisciculture et sur la faune des lacs désignaient pour faciliter cette tâche, à l'heure présente, une partie de l'école primaire est transformée en laboratoire, pourvu du matériel utile pour les recherches, et les naturalistes qui voudront profiter de ces avantages seront sûrs de trouver à Besse les moyens de poursuivre leurs travaux. D'autre part, la proximité de la station met l'auteur en situation de fournir à toutes les demandes qui lui seront faites tant pour les matériaux concernant la faune pélagique que la faune profonde des lacs. La station biologique des Monts-Dore est largement ouverte à tous les savants.

M. BRUYANT.

Note sur la faune supérieure des lacs d'Auvergne. — La faune des lacs d'Auvergne a été l'objet d'une étude consciencieuse de la part de M. Berthoule. C'est dans son ouvrage publié en 1890 qu'ont été puisés les renseignements suivants.

D'une façon générale, la perche et la tanche constituent le fonds de cette faune ; la carpe et le brochet sont assez répandus. Il est très difficile, d'ailleurs, de synthétiser les données qu'on a acquises à ce sujet. Chaque lac a sa faune particulière, sans relation apparente avec la nature géologique des terrains sur lesquels il repose, ni avec les autres conditions physiques que l'on peut noter. Deux entre autres méritent une mention particulière. Le lac Pavin ne nourrissait jadis que l'ablette et le goujon, le Guéry, la truite et l'épinoche. Actuellement le Pavin fournit à la pêche d'abondantes captures grâce à l'introduction de la truite qui y prospère admirablement. L'ombre chevalier s'y est aussi développé, mais avec moins d'abondance. Un lac voisin, le lac Chauvet, a été aménagé d'une façon encore plus complète pour l'élevage des Poissons. Peuplé au début de perches et d'ablettes, il offre actuellement une faune très variée : plusieurs espèces de truites *(lacustris, fario, irideus)*, le corégone *(C. fera)*, la tanche, l'ombre chevalier. Des alevins de saumon, qui y avaient été déposés, n'ont jamais été retrouvés, au lieu qu'au Pavin, en 1875, on a pu capturer deux exemplaires adultes de *Salmo hucho*, placés dans le lac dix ans auparavant. Ces observations, malheureusement encore peu nombreuses, offrent un certain intérêt, et il y a lieu d'espérer, que grâce aux travaux de M. Berthoule, grâce à l'aménagement de la station biologique des Monts-Dore, elles pourront être bientôt complétées au point de donner matière à des données générales importantes.

M. le Dr Paul GIROD.

Alimentation de la truite. — Dans les bassins de pisciculture de Theix, les jeunes truites recherchent particulièrement les canaux dont le fond est couvert d'une couche verdâtre, d'aspect particulier. Cette vase est constituée par des filaments courts, arrondis, parmi lesquels pullulent les daphnies. L'observation montre que les filaments courts sont des excréments de lymnées où l'on retrouve des débris végétaux et de nombreuses algues microscopiques. Le tube digestif des daphnies contient cette substance. Ce fait démontre que les daphnies recherchent pour leur alimentation les substances modifiées et rejetées par les lymnées. Nous signalons ce fait qui présente son intérêt pour la multiplication des daphnies.

M. Raphaël DUBOIS.

Le mécanisme de la thermogenèse chez les hibernants. — M. R. DUBOIS fait connaître les principales conclusions d'un volumineux mémoire sur le mécanisme de la calorification animale étudiée chez les hibernants (marmottes). L'auteur fait jouer aux systèmes nerveux et glandulaire, en particulier au foie, le rôle principal dans la thermogenèse. Le rôle du système musculaire (tonicité musculaire) est très accessoire dans le réchauffement : quant au frisson, il serait, non la cause, mais l'effet du réchauffement. Enfin, c'est à tort que l'on a considéré la chaleur comme un déchet du travail musculaire, elle en est au contraire la condition nécessaire.

M. A. SABATIER.

Formation du protoplasme des spermatoblastes. — Dans plusieurs groupes qu'il a observés (Crustacés, Mollusques, Sélaciens), la plasmodie qui renferme les noyaux spermatogoniques ne se fragmente pas en zones ou territoires cellulaires autour des noyaux. Mais les noyaux produisent autour d'eux une zone claire, d'abord très mince, composée de vésicules et qui constitue son protoplasme définitif. Le protoplasme primitif de la plasmodie s'altère, se creuse de vésicules et tend à disparaître. Il constitue ce que M. SABATIER a appelé le protoplasme caduc.

M. SIRODOT, Doy. de la Fac. des sc. de Rennes.

Caractères anatomiques distinctifs de la truite commune, de la truite des lacs et de la truite de mer. — Les poissons de la famille des Salmonidés, et plus particulièrement ceux du genre truite, se font remarquer par des variations très considérables, suivant les localités. Il est souvent difficile de décider au premier abord si l'on se trouve en présence d'une espèce ou bien d'une variété des espèces actuellement reconnues.

Les caractères extérieurs et morphologiques étant très variables, il faut recourir à des caractères anatomiques plus fixes. Ces caractères sont offerts par les dents vomériennes, qui affectent des dispositions réellement caractéristiques dans la truite commune, la truite des lacs et la truite de mer.

M. SIRODOT fait passer des photographies représentant les dents vomériennes dans ces trois types.

Il présente également des échantillons des vomers des truites servies au déjeuner de Nans-sous-Sainte-Anne sous le nom de truites du Lison. Les dents vomériennes sont celles de la truite des Lacs. Il a su depuis que ces truites provenaient des bassins du Doubs et que c'était bien des truites des Lacs qui avaient été servies à ce déjeuner.

— Séance du 10 août 1893 —

M. PHISALIX.

Toxicité du sang de la salamandre terrestre. — De même que le sang du crapaud, dont la toxicité a été démontrée antérieurement (1), le sang de la salamandre terrestre possède aussi des propriétés toxiques caractéristiques. Pour les mettre en évidence, il faut injecter environ 2 centimètres cubes de sang sous la peau d'une grenouille. L'animal est très vite impressionné, et l'empoisonnement se traduit par un affaiblissement rapide des mouvements, qui deviennent bientôt impossibles. On observe des trémulations fibrillaires dans les membres. La sensibilité est exagérée. Les mouvements respiratoires sont

(1) PHISALIX et BERTRAND. — *Arch. de Physiol.*, de Brown-Séquard. Juillet 1893.

ralentis, mais plus amples. Pendant l'empoisonnement, l'animal peut encore faire quelques mouvements spontanés, mais l'épuisement arrive très vite, et, après quelques sauts, il reste immobile, malgré les excitations; une piqûre, même légère, lui fait pousser des cris douloureux; mis sur le dos, il ne peut se retourner. Puis, au bout de quelques heures (6 à 12), suivant la dose, les symptômes s'amendent et l'animal revient à l'état normal.

En injectant des doses faibles de chlorhydrate de salamandrine, on obtient des résultats identiques. Le sang de la salamandre terrestre renferme donc un poison analogue à celui qui est sécrété par les glandes à venin, et ce poison y arrive sans doute par le mécanisme de la *sécrétion interne*.

M. le Dr Paul GIROD.

Mœurs du coucou. — Deux observations touchant cet intéressant parasite :

a. Il nous a été donné de voir, en même temps, alimentés par les parents, un jeune coucou et une jeune fauvette, dans le même nid. Notons que, dès le lendemain, la fauvette avait péri, étouffée par le coucou, qui fit de vains efforts pour la rejeter hors du nid et dut la laisser se putréfier sous lui. Dans ces conditions, les parents adoptifs, qui ont assisté au meurtre de leur enfant et qui pouvaient se rendre compte de la modification apportée dans le nombre des êtres nourris par eux et des allures si différentes des deux types confiés à leurs soins, n'ont en rien modifié leur manière d'être envers leur glouton nourrisson, qui fut amplement pourvu par eux de sa nourriture favorite.

b. Un jeune coucou, pris au nid, et placé dans une cage près du nid, a été nourri par les père et mère fauvettes comme s'il se fût agi de leur propre enfant. La suppression du nid ne modifia en rien l'impulsion des parents adoptifs pour l'éducation du parasite.

M. HONNORAT-BASTIDE, à Digne.

Sur une espèce de chauve-souris des Basses-Alpes. — M. HONNORAT-BASTIDE signale la présence, dans les Basses-Alpes, du *Plecotus auritus* Linn, espèce de chauve-souris mentionnée un peu partout en Europe, mais rare partout aussi.

M. KÜNCKEL D'HERCULAIS, Assist. au Muséum d'hist. nat., à Paris.

Sur les sauterelles d'Algérie.

11ᵉ Section.

ANTHROPOLOGIE

PRÉSIDENT . . . .   M. le Dʳ POMMEROL, à Gerzat (Puy-de-Dôme).
VICE-PRÉSIDENT . . . .   M. A. DE MORTILLET, Prof. à l'Éc. d'anthrop., à Paris.
SECRÉTAIRE . . . .   MM. BARTHÉLEMY, à Nancy ;
                               GRANET, VITAL, à Saint-Junien (Haute-Vienne).

— Séance du 4 août 1893 —

M. Paul PALLARY, Prof. à Oran.

Recherches effectuées aux environs d'Ouzidan, près de Tlemcen (département d'Oran). — A l'aide d'une subvention de l'Association, l'auteur a pu effectuer à Ouzidan quelques fouilles sur le promontoire où sont les fameuses cavernes. Il a pu constater : 1º que les cavernes sont creusées dans le quaternaire ancien ; 2º que les outils taillés sur les deux faces en forme d'amande (chelléen) et sur une seule (moustérien), proviennent de ces couches quaternaires (travertin et poudingue) ; 3º qu'une cité berbère se trouvait sur la surface du promontoire ; 4º que les cavernes ont été creusées par les habitants de la cité qui s'en servaient comme réservoirs, silos, etc. ; 5º que les outils isolés trouvés sur les pentes et dans les ruines proviennent des déblais effectués lors du creusement des cavernes.

Plus bas, en descendant la Sikkak, l'auteur a pu aussi vérifier que le dépôt noir à ossements et poteries signalé par M. Bleicher (1) était les restes d'une bourgade probablement berbère. L'auteur y a trouvé un grand moulin à bras en basalte et deux lames de silex.

M. SOUCHÉ, à Pamproux (Haute-Vienne).

Sur un monument mégalithique de la commune de Mandeure (Doubs). — M. SOUCHÉ a étudié le monument mégalithique de la commune de Mandeure sur les collines de Fay, en face de Mathay. Dans une petite vallée, une pierre

---

(1) *Recherches d'Archéologie préhistorique dans la province d'Oran*, par le Dʳ BLEICHER. — *Matériaux pour l'histoire pr. et nat. de l'homme*, 1875.

de 0^m,75 d'épaisseur, forme d'un losange de 1^m,50 de côté, repose sur des pierres à plat en dessous.

De l'autre côté de la crête, vers le Doubs, un bloc de dimensions analogues est fiché en terre, obliquement. L'un et l'autre se sont détachés de la crête : l'un est resté debout, l'autre s'est trouvé reposer sur l'une de ses faces; les pierres placées au-dessous faisaient probablement corps avec lui au moment de la chute.

Dans sa *Notice sur le Pays de Montbéliard*, p. 16 et suivantes, et p. 195, M. Duvernois ne fournit aucune indication sur ce monolithe, qu'il range cependant (pl. 2, n° 3), parmi les monuments « celtiques » ? de la contrée, sous ce titre : *Mandeure* (aux Etalottes).

L'auteur n'a pu voir là un dolmen, et en parcourant le volume généreusement offert par la ville de Besançon, à la page 39, on trouve consignée l'opinion de M. le Dr Albert Girardot. Il est dit que sauf le dolmen de Brévillers, aucun des monuments mégalithiques signalés en divers points de la Franche-Comté ne semblent présenter des garanties sérieuses d'authenticité.

***

M. Arsène DUMONT, à La Cambe (Calvados).

Les populations les plus fécondes de France. — Les progrès de la dépopulation en France ont dépassé les prévisions les plus pessimistes. Ce n'est plus seulement dans quelques départements, c'est dans l'ensemble de la France que, depuis deux ans, les décès dépassent les naissances.

La recherche des causes d'un phénomène aussi alarmant s'impose. Or, pour les trouver il n'y a que deux méthodes : ou bien les conjecturer de chez soi en s'aidant de ses souvenirs, ou bien aller les observer sur place, dans des unités démographiques assez petites pour être parcourues en tous sens. C'est ce dernier parti que M. A. Dumont a pris depuis douze ans déjà en allant chaque année étudier un certain nombre de communes rurales aussi différentes entre elles que possible.

Le champ d'observation est immense : nos communes rurales offrent à tous les points de vue plus de différences entre elles que la France n'en offre avec l'Allemagne ou l'Angleterre. C'est ainsi qu'on peut observer des natalités descendant à 12 naissances pour 1.000 habitants dans le canton de Saint-Livrade (Lot-et-Garonne) et des natalités s'élevant à 49, 50, 51 et même 52 dans les communes rurales des environs de Dunkerque. En comparant des populations aussi profondément différentes, on a les plus grandes chances de découvrir les causes d'un abaissement ou d'une élévation aussi considérable. La conclusion à laquelle on est toujours conduit par des études de ce genre est celle-ci : l'effort de la race vers son développement en nombre est en raison inverse du développement de l'individu vers son développement personnel (bien ou mal compris, soit en valeur, soit en jouissances).

***

M. Charles BOSTEAUX-PARIS, à Cernay-les-Reims.

Comparaison entre le frontal d'un Bos priscus *et le frontal d'un* aurochs, *recueillis tous deux à Cernay-les-Reims.* — Les deux sujets présentés par M. Bosteaux et dont il montre une photographie offrent deux types bien différents : le premier, qui est fossile et appartient au diluvium quaternaire gris est énorme : il est caractérisé par un frontal bombé, tandis que l'aurochs ou bison, dont le frontal lui est comparé, a le front très étroit et creux, garni de cornes énormes se développant en avant. Au contraire le frontal fossile du *Bos priscus* est caractérisé par le port de cornes fuyant plutôt en arrière. Le bison ou aurochs existait encore à l'époque gauloise.

Discussion. — M. le Dr POMMEROL : M. Bosteaux nous présente le dessin de deux crânes de Bovidés : Il pense que l'un appartient au *Bos priscus*, et l'autre à l'*Aurochs*. Celui qu'il prend pour un Aurochs a les chevilles osseuses en forme de spirale ; le front est aplati et la face allongée. Je crois plutôt que c'est là un crâne de *Bos primigenius*, semblable à celui qui est représenté par M. Nehring, *Gesellschaft naturforschender Freunde, Sitzung vom 17 april 1888.* Celui, au contraire, qu'il a déterminé comme un *Bos priscus*, a les chevilles osseuses en forme de croissant, la tête volumineuse, le front courbé. Ce crâne ressemble beaucoup à celui du jeune Aurochs dont le squelette monté se trouve dans les galeries du Muséum de Paris ; il ressemble aussi au crâne d'Aurochs figuré dans l'ouvrage de Belgrand, *La Seine, le Bassin parisien aux âges antéhistoriques ; atlas de Paléontologie,* pl. 1, 2, et 3.

Motifs d'ornementation sur la poterie néolithique du Mont-de-Berru (Marne). — La communication faite par M. BOSTEAUX a trait à une série présentée de fragments de poteries de l'époque néolithique ; ces fragments qui sont ornementés nous donnent une série de l'art décoratif en usage dans la Marne à l'époque néolithique.

MM. Abel HOVELACQUE et G. HERVÉ, Prof. à l'Éc. d'Anthrop., à Paris.

L'Ethnologie ancienne de la France. — Ayant reçu de l'*Association* une subvention destinée à la recherche de la plus ancienne ethnologie de la France, l'*École d'anthropologie* (reconnue d'utilité publique) a, sans tarder, mis à profit ce subside. Elle a chargé deux de ses membres, M. Abel Hovelacque, directeur, et M. G. Hervé, professeur d'ethnologie, de commencer les recherches par la région morvandelle. Ce choix a eu ses raisons. La question celtique, on le sait, a vu s'ouvrir une phase nouvelle avec les travaux de William Edwards, de Paul Broca et de Gustave Lagneau : La race celtique, grâce à eux, a été nettement déterminée. Pourtant un point demeurait mal défini. On savait que les montagnes, refuge des vieilles races vaincues, avaient contribué à préserver l'intégrité de la race celtique, mais entre le groupe arverne et le groupe armoricain se trouvait une lacune. Le Morvan apparaissait au premier coup d'œil comme pouvant la combler en partie. Non seulement l'altitude générale de ce petit massif était une précieuse indication, mais il y avait encore d'autres probabilités. Rattaché géologiquement à l'Auvergne, le Morvan se relie, d'autre part, par le plateau d'Orléans, aux collines normandes et aux monts de Bretagne, pour constituer ainsi la ligne de faîte entre le bassin de la Loire et celui de la Seine. Or, sur la masse brachycéphale compacte qui recouvre la

France orientale, au-dessous d'une ligne partant des Ardennes et aboutissant
aux Landes (Collignon), vient se greffer, à la pointe nord-ouest de la Nièvre,
un prolongement qui se dirige vers la Bretagne, en suivant la ligne de faîte
susdite. Il paraissait vraisemblable qu'au Morvan répondait effectivement le
nœud de rattachement. L'hypothèse s'est trouvée justifiée.

MM. Hovelacque et G. Hervé ont visité, à plusieurs reprises, les parties du
Morvan les plus intéressantes au point de vue ethnique. Les fouilles qu'ils
ont opérées, ou fait opérer, leur ont rapporté 304 crânes datant tous d'époques
où le Morvan n'était pas ouvert, comme il l'est aujourd'hui, par des voies de
communication. Ces pièces anatomiques sont toutes déposées au Musée de
l'École.

Un premier travail doit paraître prochainement dans les *Mémoires de la
Société d'anthropologie de Paris*, avec cartes et figures. Le résumé de différents
chapitres a été publié dans la *Revue mensuelle de l'École d'anthropologie* (tome III,
60, 180). L'ensemble du travail comporte des études spéciales sur le milieu,
sur le crâne, la taille, la couleur des cheveux et des yeux, sur l'influence qu'ont
pu avoir les éléments étrangers. Il s'agit ensuite de pousser plus avant l'investigation et de rechercher les traces de la population, qui, avant les Celtes,
pouvait occuper cette contrée.

M. B. SOUCHÉ.

Station néolithique de la pointe d'Yves (Charente-Inférieure). — M. P. de Lacoste,
étudiant à Niort, a découvert dans la Charente-Inférieure, entre Fouras et Châ-
telaillon, à la pointe d'Yves, une station peu importante de l'époque robenhausienne. Quelques dessins de silex sont présentés à la Section. M. B. Souché
dit que, d'après l'inventeur, plusieurs fragments de poterie enchâssent de nombreux fragments de coquillages. Les poteries auraient donc été confectionnées
avec la vase de la côte.

M. A. DE MORTILLET, Prof. à l'Éc. d'Anthrop., à Paris.

Chats sans queue de l'île de Man.

Discussion. — M. Vital GRANET : Tout en remerciant M. A. DE MORTILLET de
l'intéressante communication qu'il vient de nous faire, il serait désirable, au
sujet de la prépondérance des signes caractéristiques du mâle ou de la femelle, de
faire croiser, dans la progéniture de la chatte en question, le chat qui avait une
queue avec une de ses sœurs dépourvue de cette appendice, afin de savoir si
réellement le caractère distinctif s'accentuera ou si, au contraire, il tendra à
disparaître à la première ou la deuxième génération.

Dr POMMEROL : Il n'y a pas que l'espèce *Chat* qui fournit des sujets sans
queue. Cette particularité est commune chez le chien, et a été souvent signalée.
Le procédé, pour arriver à faire disparaître l'appendice caudal, paraît fort simple.
Certaines personnes, et spécialement les chasseurs, tiennent beaucoup à posséder des chiens sans queue. Aussi font-ils l'amputation de l'organe dès le bas-âge.

Or, il arrive que ces chiens mutilés procréent parfois des sujets qui leur ressemblent sous ce rapport et naissent sans queue.

Dans les montagnes d'Espagne, et dans les environs de Port-Vendres, les chevriers ne procèdent pas autrement pour avoir des chèvres sans cornes. Ils coupent les cornes après un certain développement; elles poussent souvent de nouveau et on les coupe une autre fois encore. Cette opération, continuée dans chaque génération, entraîne presque toujours dans la descendance l'amoindrissement et enfin la disparition des cornes. Il s'établit ainsi une nouvelle variété de chèvres.

Pour le chat, il doit en être de même. Si certaines races ont perdu l'extrémité caudale, c'est qu'à l'origine l'homme a dû la sectionner. Et il a répété l'opération jusqu'à ce que l'hérédité ait fixé ce nouveau caractère.

M. Paul **PALLARY**, à Oran.

Note sur la classification et la terminologie du préhistorique algérien. — Pour la simplicité et la clarté des appellations des monuments et des industries anciennes de l'Algérie, et pour ne pas surcharger le vocabulaire, deux points sont à considérer :

Le premier, c'est qu'il ne faut pas adopter pour la désignation d'un monument, sauf de très rares exceptions, les termes indigènes, parce que ces termes ne sont pas uniformes, même dans la région, et que ces mêmes termes s'appliquent à plusieurs monuments quelquefois bien différents cependant les uns des autres.

Ces noms, avec les légendes qui les accompagnent, doivent être conservés, mais à la condition de ne s'en servir que pour les études purement locales ou pour les monographies des monuments anciens.

Le second, c'est qu'il est parfaitement inutile de créer des termes nouveaux pour désigner les industries du quaternaire algérien, parce que ces industries ne diffèrent pas sensiblement des industries des autres pays.

Pour l'étude du néolithique, nous n'avons pas encore assez de données, mais le peu que nous en connaissons montre qu'il sera possible de rattacher le néolithique algérien au néolithique espagnol et, par suite, au néolithique français, et que plutôt que de créer des termes nouveaux, il vaut mieux obtenir des matériaux pour établir ces relations.

Enfin, nous n'avons aucune donnée sur les âges des métaux. Ce n'est que lorsqu'on aura la preuve que ces industries sont bien locales qu'il faudra créer des termes nouveaux.

En un mot, pas de locution nouvelle chaque fois qu'il y aura identité entre deux industries, qu'il s'agisse de monuments, d'armes ou d'outils.

État du préhistorique dans le département d'Oran. — Au catalogue, publié en 1889, l'auteur a ajouté les localités découvertes depuis cette époque, les localités signalées par M. de la Blanchère dont une partie seulement était mentionnée, plusieurs rectifications provenant d'indications incomplètes ou d'erreurs d'impression.

Depuis 1889, 5 stations chelléennes, 4 stations moustériennes et 32 stations néolithiques ont été découvertes.

L'état actuel du préhistorique dans le département d'Oran comprend 425 localités se répartissant de la manière suivante :

12 stations chelléennes, 10 stations moustériennes, 67 stations néolithiques, 51 stations non classées, 42 groupes de tumulus, 53 groupes d'autres monuments (enceintes circulaires, tombeaux dolméniques, djédar, rochers gravés, etc.), et 190 ruines berbères.

Histoire des recherches paléoethnologiques dans le département d'Oran. — Les premières découvertes datent de 1842 avec MM. Azéma de Montgravier et Henri Bernard, qui explorèrent les djedar de Frenda. En 1847, M. Jacquot signala les rochers gravés de Tiout. De cette époque à 1874, il y a peu de découvertes à mentionner. Mais depuis 1874 les recherches ont été presque ininterrompues jusqu'à ce jour.

Les principaux observateurs sont : M. Bleicher, qui explora Ouzidan et Saint-Aimé; M. Tommasini, qui étudia avec soin l'arrondissement de Mascara ; M. de la Blanchère, qui releva un grand nombre de ruines berbères dans le département; M. Pomel, qui fit des fouilles à Palikao et Aboukir; Carrière, qui signala plusieurs stations importantes; Pallary, qui fouilla quelques grottes des environs d'Oran et continua les fouilles de M. Pomel à Palikao; Flamand, qui fut chargé de relever les rochers gravés du Sud ; Doumergue, qui fit des recherches dans les cavernes d'Oran et de Saïda. Enfin, le capitaine Poirier, qui parcourt avec beaucoup d'activité les environs d'Aïn-el-Hadjar.

— Séance du 5 août 1893 —

M. G. DE MORTILLET.

Anthropologie de la France. — En présentant une brochure sur l'*Anthropologie de la Haute-Savoie*, M. G. de Mortillet fait observer combien il est important de recueillir le plus rapidement possible les documents nécessaires pour asseoir sur des bases solides l'anthropologie de la France. La concentration des populations vers les grands centres, le service militaire obligatoire pour tous, le dépaysement des fonctionnaires et surtout l'extension des chemins de fer, qui facilitent les déplacements, sont des causes puissantes du mélange de nos divers types ethniques. Bientôt il ne sera plus possible de les reconnaître. Il faut se hâter et rassembler rapidement, sans délai, les renseignements nécessaires. Les meilleurs, sans contredit, sont ceux fournis par la photographie. Mais pour qu'ils donnent tout ce qu'on est en droit d'en attendre, il faut que les photographies soient exécutées d'après des données uniformes. Les sujets doivent être représentés debout, les bras pendant le long du corps, sous trois points de vue différents :

1° Parfaitement de face ;

2° Nettement de profil ;

3° De plein dos.

Il est bon de réunir plusieurs sujets sur le même cliché. Non seulement c'est une économie de tirage, mais, ce qui est plus important, cela facilite les comparaisons. La brochure présentée contient neuf planches photographiques représentant trois groupes, chacun dans les trois positions indiquées ci-dessus. L'un est composé d'un homme et d'une femme, l'autre de deux hommes, le troisième de trois femmes. Ces divers sujets sont entièrement nus, ce qui est la meilleure condition d'étude. Il n'est pas toujours facile d'obtenir ce résultat; on peut alors prendre des sujets habillés, mais simplement faute de mieux. Les neuf planches contenues dans la brochure sont données comme modèles à suivre. Des exemplaires de l'*Anthropologie de la Haute-Savoie*, travail publié grâce à une subvention de l'Association française, sont déposés au bureau de la Société, rue Serpente. Les membres de la 11e Section qui désireraient cette brochure peuvent la demander. M. G. de Mortillet engage vivement ses collègues à suivre son exemple et les prie de lui adresser, à Saint-Germain-en-Laye, des exemplaires des photographies, nues ou habillées, qu'ils feront exécuter.

M. A. DE MORTILLET.

Instruction sur l'ethologie de la France.

M. DUBAIL-ROY, Secrét. de la Soc. d'Emul. de Belfort.

Grottes de Cravanche. — Les grottes de Cravanche (situées à 3 kilomètres au nord-ouest de Belfort) ont été découvertes accidentellement en 1876. On y a recueilli de nombreux ossements humains et des objets de l'époque néolithique; nous citerons: onze crânes mesurables appartenant à la race dolichocéphale (un mésocéphale); deux anneaux plats en serpentine ayant probablement servi de bracelets; une natte en chaumes de graminées recouverte de concrétions calcaires; quatre vases en terre cuite dénotant déjà un certain sens artistique; des instruments en silex; etc. Des fouilles ont été recommencées en 1890 et continuées depuis. On a mis à jour, outre de nombreux ossements humains, un crâne, une hachette en serpentine, une autre en saussurite, une canine d'ours polie, quinze anneaux en argile ayant dû servir à former un collier, des instruments en silex. etc.

Pour résumer, d'après les indices recueillis jusqu'à ce jour, nous dirons que l'ouverture par laquelle entraient les premiers habitants de cette grotte est encore inconnue; que cette station, fermée depuis l'époque préhistorique, a dû servir de nécropole ou d'abri temporaire à une race à crânes dolichocéphales dont on retrouve les ossements en assez grand nombre, peut-être contemporaine de celles qui inhumaient dans les dolmens. Les ossements humains sont accompagnés de quelques restes, mais en petit nombre, d'animaux vivant encore aujourd'hui, sauf le grand cerf. Cette race se servait d'outils de l'époque néolithique : en silex, en serpentine, en saussurite et en os, pour la plupart provenant d'échanges avec d'autres peuplades. Ces habitants possédaient aussi de

la poterie à anses mamelonnées (très peu à anses évidées) dénotant par ses
formes élégantes et les dessins qui les ornent, une industrie assez avancée,
appartenant probablement à la dernière période de l'âge de la pierre polie.

Discussion. — M. BLEICHER rappelle qu'il a visité la grotte de Cravanche
en 1876, lors des premiers travaux de fouille de Cravanche. Il a vu en place
les amoncellements de blocs détachés de la voûte qui ont été interprétés comme
dolmens; mais il a peine à l'admettre en raison de leur petite dimension, et de
la disposition même des blocs tombés de la voûte et chevauchant les uns sur les
autres. Il prend également part à la discussion relative aux anneaux perforés de
serpentine et de saussurite dont il existe de nombreux échantillons en Alsace.
Il a remarqué que les bords de ces anneaux sont généralement mousse et
n'ont guère pu servir d'instrument tranchant.

M. le Dr DÉLISLE : J'ai visité la grotte de Cravanche il y a cinq jours, et j'ai
cherché à me rendre compte de ce qu'elle devait être à l'époque où les Néolithiques s'en sont servis. Je crois qu'à la suite de violentes convulsions du sol,
elle a subi de grandes modifications par suite de l'affaissement de son sol primitif, et qu'en même temps les blocs de calcaire détachés de la voûte sont
venus recouvrir en partie les anciens foyers dont on retrouve la trace sur plusieurs points et à des niveaux différents aujourd'hui. A l'heure actuelle,
éboulis, blocs, foyers, ossements humains et poteries sont recouverts d'une
couche de stalagmite dont l'épaisseur est fort variable. Quant à la question de
M. Salmon, à savoir s'il faut considérer la grotte de Cravanche comme une
sépulture dolménique, je répondrai qu'on voit dans le fond de la grotte, à
droite en y entrant, par rapport à l'entrée usitée aujourd'hui, des pierres plates
disposées en manière de dolmen; elles sont sur une sorte de retraite correspondant à un ancien niveau. La table nous a paru reposer, d'un côté, sur une
saillie naturelle de la paroi de la grotte, et, de l'autre, sur un montant disposé,
selon nous, de main d'homme. Quant à dire si cela a servi comme dolmen, il
faut fouiller dessous pour répondre. La couche des foyers varie d'épaisseur suivant les points où on la considère. Nous y avons trouvé de petits os qui nous
paraissent appartenir à des petits oiseaux. Dans divers points de la grotte, nous
avons vu, englobés dans la stalagmite, des ossements humains, entre autres des
vertèbres et fragments de côtes.

J'ai vu au musée de Belfort les deux plaques trouées dont il vient d'être
question. Pour ma part, je ne saurais les considérer comme autre chose que
des anneaux portés au bras ou au poignet, et qui, tout en servant d'ornement,
étaient peut-être utilisés par les naturels de l'époque comme l'anneau de bras
des Touaregs actuels. On sait que l'anneau de bras permet de blesser gravement l'adversaire à la tête lorsque le plus habile peut placer cette partie entre
le bras armé de l'anneau de pierre et la paroi de sa poitrine.

Que la grotte de Cravanche ait servi d'habitation ou seulement de lieu de
sépulture, nous sommes d'avis qu'elle a été utilisée à plusieurs reprises, à
intervalles plus ou moins considérables.

M. SALMON attire l'attention sur les fragments de poterie de terre cuite présentés par M. Dubail-Roy. Parmi les objets composant le mobilier funéraire, il
signale une anse de vase développée, à côté des boutons percés qui présentent
d'autres fragments de poterie et qui sont plus particuliers à la poterie néoli-

thique; cette anse, qui provient d'un vase ressemblant à une casserole, appartient à une forme devenue typique plus tard pour l'âge du bronze; dans le milieu où elle s'est rencontrée, elle pourrait être considérée comme une transition.

M. MICHEL : En examinant la photographie représentant des bracelets, je remarque que les bords de ces objets sont amincis au polissoir et paraissent être tranchants; de plus, leur forme est allongée en ovale, et je suis porté à croire que ces « bracelets » pourraient bien être des *couteaux portatifs*. Si j'émets cette hypothèse, c'est surtout parce que je trouve qu'il existe une certaine analogie entre ces bracelets-couteaux et certains ustensiles préhistoriques analogues déjà étudiés et provenant de l'Amérique du Sud.

Discussion (continuée dans la séance du 9 août). — M. SALMON (1) : La visite faite à la caverne de Cravanche et au musée de Belfort m'a suggéré diverses observations; je les soumets à mes collègues.

Au musée de Belfort, M. Barthélemy a bien voulu relever les mesures nécessaires pour constituer les indices de largeur de dix crânes provenant des fouilles de la caverne; le même musée possède, en outre, trois crânes non mesurables et un certain nombre de fragments qui n'ont pas encore été rapprochés.

Voici les mesures de ces dix crânes :

N°s	Diamètre a. p.	Diamètre t.	Indices céphaliques.	Sexe.
2	172,5 (?)	123,5 (?)	71,59 (?)	Femme.
1	183	132	72,13	Homme.
8	174 (pathologique)	126	72,41	Homme.
6	173	128	73,98	Homme.
3	173	130	75,15	Femme.
4	171	130	76 »	Femme.
7	168	128	76,19	Femme.
10	170	130	76,47	Femme.
9	180	140	77,77	Homme.
5	183	143	78,14	Homme.

En laissant de côté le crâne numéro 8, qui est pathologique, il en reste neuf dans la série normale; sept sont compris entre les indices 71,59 et 76,47 : ce sont les numéros 2, 1, 6, 3, 4, 7 et 10; ils se suivent assez bien et se rapportent à l'ordre des crânes allongés. Les deux autres s'en éloignent et accusent l'intervention d'une race brachycéphale : ce sont les numéros 9 et 5 avec les indices respectifs de 77,77 et 78,14.

Il y a encore deux autres crânes dans le musée de la Société d'anthropologie de Paris; ils rentrent dans la catégorie des crânes longs, avec les indices suivants : 72,96 (femme?) et 77,01 (homme).

Ma seconde observation concerne les objets récoltés par les ouvriers dans la caverne, dont la fouille est momentanément suspendue; le mobilier funéraire recueilli jusque-là est entièrement néolithique. Sur le carton où le musée de Belfort a réuni les dernières pièces découvertes, figurent, avec

(1) Cette note a été communiquée le 9 août, à la Section, à la suite de la visite aux grottes faite le 8 août. Elle a été placée à la suite de la discussion, pour la commodité du lecteur.

des fragments de poterie de terre cuite, trois silex de travail magdalénien très cacholonnés ; le plus grand est un de ces grattoirs longs et étroits, avec retouches sur les bords latéraux, instrument caractéristique de l'époque magda-lénienne ; les deux autres outils m'ont paru être une scie avec retouches sur le bord latéral le plus mince et un double perçoir avec retouches latérales ; ces deux derniers instruments ont aussi l'aspect magdalénien. On serait ainsi amené à supposer une fréquentation de la grotte, par l'homme, à une époque anté-rieure aux temps néolithiques. Ceux de nos collègues qui dirigent les fouilles de la caverne ou y prennent part devront porter leur attention sur l'industrie paléolithique dont je signale les traces.

Il y a plusieurs exemples d'inhumations néolithiques dans des milieux magdaléniens ; si dans la circonstance il n'y a pas d'erreur, nous compterions dans les régions de l'est de la France une station magdalénienne de plus ; notre collègue M. Girardot en a étudié une autre dans la grotte d'Arlay (Jura).

Ma troisième observation est relative au prétendu dolmen que plusieurs de nos collègues, en 1876 et depuis, ont cru reconnaître dans le fond de la caverne. Le linteau est un fragment de rocher détaché de la voûte dont il offre la couleur exacte, sans trace de stalagmite ; il repose par un bout, avec interposition de petits morceaux sans stalagmite, sur la paroi de la caverne qui est stalagmitisée ; l'autre bout du linteau repose sur un pseudo-pilier tombé lui-même de la voûte et arrêté par d'autres fragments éboulés. Ce pseudo-pilier n'a non plus aucune crasse stalagmitique ; des blocs éboulés forment le fond et le dessous ; il n'y a pas de cavité suffisante pour une inhumation qui n'aurait d'ailleurs pas pu tenir sur la surface biaise du dessous ; le bout du linteau qui touche le pseudo-pilier est aussi de biais et nous avons trouvé, entre les deux, une cale avec crasse stalagmitique que, depuis 1876, les ouvriers ôtent ou mettent à volonté. Nous avons été, en conséquence, conduits, M. Barthélemy, M. Cotteau et moi, à penser qu'on est en présence d'un cahos d'éboulement avec une apparence trompeuse, mais sans travail humain.

M. le Dʳ POMMEROL, à Gerzat.

Un squelette néolithique avec crâne trépané trouvé à Cébazat (Puy-de-Dôme). — Les ossements que M. Pommerol présente proviennent d'un gisement dont il a parlé dans les précédents Congrès (années 1880, 1882 et 1885). La sablière qui les contenait présente la coupe suivante :

1º Couche de terre végétale, avec limon noir ; dépôt d'étang ou de marais ; hauteur $1^m,50$;

2º Couche de sable volcanique, scoriacé, noir, pulvérulent, surmonté au voi-sinage de la couche précédente de poches de scories rouges dont les grains sont assez volumineux. Cette couche, de deux mètres environ de hauteur, est le résultat des dépôts d'un cours d'eau tranquille, et même d'un fond de lac ou d'étang.

Les objets préhistoriques rencontrés dans ce gisement reposent toujours sur le même horizon, entre la première et la seconde couche. M. Barre, ancien maire de Cébazat, a trouvé, en outre du crâne, une série de haches polies, de silex taillés, de poinçons en os, et surtout cette hache-marteau en corne de cerf, avec douille complète et tranchant circulaire, admirablement conservée.

M. Pommerol a fait de son côté une récolte importante d'objets, et il a pu sauver de la destruction un certain nombre d'os des membres et du tronc ayant fait partie du même individu que le crâne.

L'état d'effacement des sutures indique un sujet de trente-cinq à quarante ans; mais la dent de sagesse est intacte, non usée comme les dents voisines. Dans les races inférieures, les sutures s'oblitèrent plus tôt et la dent de sagesse tarde moins à paraître que dans les races civilisées. Il ne croit donc guère se tromper en donnant à ce sujet l'âge d'environ trente ans. Les caractères anatomiques indiquent un squelette de femme. Le crâne est très dolichocéphale (indice céphalique = 72,82); ce qui le place entre les Cafres et les Nègres de l'Afrique occidentale. Sa circonférence horizontale est de 506, intermédiaire aux Lapons et aux Esquimaux. Le front est très étroit (diam. trans. min. = 85). L'indice nasal est de 54,76, et en forme un *plàtyrrhinien*. L'indice orbitaire est de 84,21 et indique un orbite *mésosème*. Les os du nez, à la racine, sont très étroits.

Par leur longueur, le tibia, le fémur et l'humérus donnent une taille d'environ 1^m,54. Les os du tronc et des membres sont minces, légers, à insertions musculaires peu accentuées; ce qui se voit d'habitude sur le squelette de la femme. Le fémur présente cependant une ligne âpre large et accusée. Le tibia est platycnémique, moins cependant que dans la race de Cro-Magnon. Deux vertèbres lombaires présentent des traces de carie manifeste, d'ostéite végétante et raréfiante. Ces lésions tendraient à prouver l'existence du mal de Pott ou de la tuberculose osseuse, à l'époque néolithique.

Enfin, le crâne porte à la région occipitale une large ouverture ovalaire, à grand axe vertical, irrégulière en haut, sciée et usée dans le reste du pourtour. Elle correspond latéralement à une perte de substance longue et étroite; les deux lèvres ont été coupées, sciées avec un instrument tranchant, un silex sans doute, dont les dentelures ont produit sur le tissu de légers sillons parallèles. Ces deux pertes de substance ne peuvent être interprétées que de la façon suivante :

La femme de Cébazat, comme celle de Cro-Magnon, aura reçu un violent coup sur la région occipitale, un coup de hache ou de casse-tête. Elle ne sera pas morte à l'instant; on aura essayé de la sauver. Dans ce but, il fallait enlever les fragments et les esquilles qui étaient enfoncés dans la substance cérébrale. Pour les atteindre et les soulever, on s'est créé un passage latéral; on a fait une trépanation véritable. Les esquilles enlevées, on a raclé, scié les fragments pointus, acérés, qui bordaient l'ouverture ovale, et auraient retardé la guérison. De là une seconde trépanation. Quelque temps après, la femme est morte, car on n'observe aucune trace de réparation sur les tissus trépanés.

M. Arsène DUMONT, à La Cambe (Calvados).

Natalité et masculinité. — Le grand problème de l'abaissement de notre natalité peut recevoir une lumière inattendue de l'étude, trop négligée jusqu'à ce jour, de la *masculinité*.

La prédominance des naissances masculines (105 garçons pour 100 filles) en Europe apparaît de plus en plus comme un effet et une preuve de la vigueur physiologique de nos races. Des faits chaque jour plus nombreux et plus probants fournis par la zootechnie, d'une part, et par la démographie, de l'autre, s'accumulent pour fortifier cette conclusion.

Partant de ce fait, nous nous trouvons en mesure de déterminer les unités démographiques où l'abaissement de la natalité provient de la volonté réfléchie de n'avoir que peu d'enfants et celles où il y a des raisons de soupçonner ou même d'affirmer une cause physiologique.

Nous avons des départements, le Gers, par exemple, où la natalité, très faible, s'unit à une masculinité très élevée. Dans ce cas, la cause volonté, déterminée elle-même par des motifs à découvrir, doit être seule incriminée. Il en est de même pour la très grande majorité des populations françaises. Cependant, chez quelques-uns on voit une natalité très faible s'unir à une masculinité très faible également. Si la masculinité descend, par exemple, à 95 garçons contre 100 filles et la natalité à 15 pour 1.000 habitants, il y a tout lieu de penser que le premier de ces deux phénomènes étant involontaire, le second l'est pareillement. Je puis citer telle commune où, depuis cent vingt ans, natalité et masculinité sont très faibles et cela malgré le changement à peu près complet de population par suite de migrations. En pareil cas, il faut soupçonner une cause involontaire et probablement l'action du milieu physique. Je puis citer d'autres communes où la masculinité a été élevée tant que la natalité l'a été également et où toutes deux ont diminué simultanément par suite de l'émigration des plus énergiques. En pareil cas, il faut croire que la faiblesse de la natalité est au moins en grande partie physiologique. Il faut le croire surtout lorsque cette faible masculinité s'allie à une mortalité et une morbidité très élevées.

C'est un point que désormais la démographie ne devra plus perdre de vue.

M. DELORT, Prof. au Collège de Romans.

Nouvelle station des âges de la pierre dans le Gard. — Dès les premiers âges du monde, l'homme fréquenta les environs d'Uzès (Gard). Sur le versant méridional de Montaigu et de Saint-Hippolyte, on trouve les instruments, les armes paléolithiques et néolithiques, les nombreux percuteurs qu'il y a laissés. Les traces de son habitat ont été trouvées dans les abris sous roche qui couronnent ces hauteurs, au pied desquelles il trouvait une eau abondante.

Deux faits saillants à retenir de cette nouvelle station :

1° On y trouve côte à côte des silex taillés paléolithiques et néolithiques. Une pointe moustérienne fortement patinée a été retouchée d'un côté, à une époque postérieure ;

2° Les grattoirs concaves prédominent parmi les instruments de l'époque néolithique.

M. Émile SCHMIT, à Châlons-sur-Marne.

Sépultures néolithiques de Châlons-sur-Marne. — Après avoir établi l'endroit précis où il a fait la découverte des sépultures néolithiques de Châlons-sur-Marne, M. Schmit étudie consciencieusement les parures des inhumés. Cette étude est complétée par quatre planches de dessins à la plume.

Se basant sur la provenance de certaines coquilles fossiles et de certaines pierres qui constituent les parures des inhumés de la Croix des Cosaques, s'en rapportant aux diverses dénominations de contrées de la Marne habitées aux temps préhistoriques, M. Schmit se croit autorisé à conclure éventuellement que les ancêtres champenois de la région marnienne pourraient bien provenir de migrations celto-bretonnes.

Discussion. — M. Salmon dit que l'existence du blaireau, aux temps néolithiques, ne saurait plus être contestée, si elle l'était encore ; en effet, parmi les éléments des colliers recueillis dans les sépultures de la Croix des Cosaques, se sont trouvées des dents de blaireau percées pour être suspendues ; le travail de perforation dont elles ont été l'objet ne laisse subsister aucun doute.

— Séance du 7 août 1893 —

M. le Dr **MANOUVRIER**, Prof. à l'Éc. d'Anthrop., à Paris.

Étude sur le poids proportionnel du cervelet, de l'isthme et du bulbe.

M. Émile **BELLOC**, à Paris.

Récentes explorations des monuments mégalithiques du Haut-Larboust (Haute-Garonne). — Les monuments préhistoriques de la montagne d'Espiaup, que l'auteur de la présente communication a fait connaître au Congrès de Pau, ne sont pas les seuls que renferme cette riante région pyrénéenne voisine de Bagnères-de-Luchon.

A part le *Caïlhaou d'èt baran*, que M. Émile Belloc, en compagnie de M. Pierre Sacaze, a étudié récemment dans tous ses détails, plusieurs autres blocs ont été mis au jour, au cours de ces recherches.

L'auteur cite un certain nombre de ces blocs de granite, faisant partie du *Serrat du Cloutel de Bernet*, profondément enfouis dans le sol ou couverts de végétations cryptogamiques. L'un d'eux, une fois *exhumé*, a laissé voir quatorze cupules dont les dimensions variaient de 5 à 12 centimètres et dont le creux atteignait 15 millimètres en moyenne, dix fossettes mesurant jusqu'à 23 centimètres de longueur étaient disséminées à sa surface. Il faut encore signaler certaines masses rocheuses, de provenance morainique, comme la majeure partie des pierres formant les grands alignements de l'Espiaup, sur lesquelles on aperçoit des cupules affectant nettement la forme radiée. Ces formes très curieuses sont bien connues, du reste, des pâtres qui fréquentent ces parages. Ce sont, disent-ils, les doigts du géant, « *es dits d'èt gigant* », qui ont laissé leur empreinte sur ces rochers.

En dehors de la montagne d'Espiaup, d'autres mégalithes couvrent les flancs escarpés de la vallée de Larboust, et, sans parler de ceux d'Estivère, dont l'un mesure plus de 500 mètres de longueur, citons celui de Montarouye, immense cromlech composé de 488 pierres et mesurant 433 mètres de circonférence.

Ce cercle de pierre est vraisemblablement le plus vaste de ceux actuellement connus dans l'ancien comté de Comminges.

Dans cette seule contrée pyrénéenne, M. Julien Sacaze en avait signalé 250 environ, sur 500 que l'on connaît en France, d'après l'inventaire publié, il y a quelques années, par la Commission des monuments mégalithiques.

Les fouilles pratiquées au milieu de ces mégalithes ont fourni les éléments de leur histoire et fait connaître leur âge approximatif. Ils datent probablement de la belle époque du bronze et tout laisse supposer que ces témoins d'une époque à jamais disparue sont contemporains des stations préhistoriques lacustres de la Suisse et de la Savoie.

M. PLOIX, Ing. Hyd. de 1re classe de la Marine en ret., à Paris.

Sur les Ligures.

Discussion. — Dr POMMEROL : La désignation de *Ligures* doit indiquer des peuples habitant les côtes, les rivages. En effet, le radical *lig* se trouve dans *Liger, Ligeris,* la Loire; dans *le Lignon,* affluent de la Loire. C'est le même que *iq,* dans *liquor, liquidus.* Il doit signifier *Eau,* et la Ligurie semble être la région de l'Eau ou la région baignée par la mer.

MM. Vital **GRANET** et **MASFRAND.** à Saint-Junien (Haute-Vienne.)

Fouilles faites dans le Tumulus de Bard (Haute-Vienne). — Le village de Bard se trouve dans la commune de Saint-Martin de Jussac (Haute-Vienne). Il est assez bien bâti, mais la plupart des habitations reposent sur pilotis. Les sources y sont tellement nombreuses qu'on ne peut creuser à 0^m,25 de profondeur, sans trouver de l'eau. Le tumulus est de dimensions très grandes : il a 4^m,50 de hauteur environ et 39 mètres de diamètre. Il se compose de trois foyers superposés. Le premier renfermait un grand nombre de débris de poteries, des charbons, une pointe de lance en fer et des fragments de fer. Dans le deuxième on a trouvé un coutelas très oxydé, une boucle en bronze, un fémur de cheval, plusieurs dents du même animal et un grand bronze d'Antonin le Pieux.

Le troisième contenait : un vase en terre blanchâtre, bien conservé, une poignée de bouclier en fer, une arme en fer, un croc, des fragments de fer et de tuiles à rebords.

Les auteurs espéraient trouver à la base du tumulus un quatrième foyer; mais arrivés au ras du sol, c'est à-dire à 4^m,50 de profondeur, l'eau a jailli sous la pioche des ouvriers et par cette ouverture on a pu enfoncer dans tous les sens un manche de pelle, ce qui nous fait supposer que ce tumulus a été construit *sur pilotis.*

La tuile à rebords et le bronze qu'on a trouvé prouvent que ce tertre funéraire a été édifié pendant la période romaine, sous le règne d'Antonin le Pieux, l'an 140 de l'ère chrétienne environ.

Discussion. — Dr POMMEROL : Je voudrais attirer l'attention sur la signification du mot *Bar*, assez commun en France pour les noms de lieux. En langue gauloise, les expressions de *Bar, Var, Ver* semblent désigner un lieu élevé, une colline (1). Cette appellation s'appliquant à l'homme est devenue le synonyme de *Chef*, et le chef a fait le *Baron.* Comme souvent les lieux élevés, les montagnes, servent de lignes de délimitation entre les peuples, quelques auteurs (2) ont aussi donné à ce mot le sens de *frontière*, de *barrière.* Je ne crois pas me tromper en avançant que le tumulus de Bar doit être situé sur une éminence ou une colline.

M. DELORT.

Un chapitre de son futur volume : Dix années de fouilles en Auvergne et la France centrale. — Ce chapitre est constitué par les diverses trouvailles et découvertes ayant trait à l'époque néolithique :

1° Aux silex trouvés isolément;

2° Aux nombreuses haches polies (50);

3° Aux curieuses amulettes dont une avec double gravure;

4° Aux boules et bolas dont un fragment avec rainures particulières;

5° Aux dolmens : l'un d'eux a donné trois jolies pointes de flèches;

6° Aux cromlechs érigés jusque sur un tumulus;

7° Aux menhirs dont un avec personnage gravé sur l'une des faces;

8° Aux pierres légendaires, à écuelles et bassins, etc.

Ce chapitre de huit pages est accompagné de nombreux objets en nature et de dessins inédits.

MM. Paul GIROD et GAUTIER.

Sur l'âge d'un squelette humain découvert dans les formations éruptives de Gravenoire (Puy-de-Dôme). — La carrière de la Brenne s'enfonce dans le flanc est-nord-est du volcan de Gravenoire, entamant les scories sur une longueur de vingt mètres. La superposition est la suivante : terre végétale et éboulis, 1^m,20 ; scories remaniées, 1^m,20; scories à gros éléments, en place, 3 mètres; lit de cendre noire avec nodules d'argile, 0^m,30; argiles jaunes, provenant des granits, 1 mètre; scories de fond à éléments fins, 4 mètres; arkoses de base. C'est à la surface des argiles jaunes que M. GAUTIER et moi avons relevé absolument en place des débris humains que de Quatrefages a présentés à l'Institut en 1892.

Les auteurs se sont attachés à fixer l'âge de ces débris et, partant, des éruptions correspondantes du volcan de Gravenoire. Il a été relevé, au niveau de la route de Beaumont, dans des argiles correspondantes à celles contenant les débris humains, l'extrémité d'un tibia de *Bos* et une dent d'*Equus*, cuits par la lave, avec les argiles voisines.

Si l'on suit la coulée de lave qui descend vers Aubière, on trouve un dépôt sous-lavique qui remplit les anfractuosités de la lave et ce limon des fentes a donné *Bos primigenius, Equus caballus, Canis vulpes* et *Arctomys primigenia.* Ils n'hésitent pas à considérer la couche argileuse placée sous les scories comme appartenant à la même formation géologique.

(1) ROGET DE BELLOGUET, *Glossaire gaulois*, Paris, 1872, p. 183.
(2) J.-N. DÉAL, *Dissertation sur les Parisii*, Paris, 1826, p. 48.

De même, ils assimilent le limon des fentes aux épaisses couches de sable de l'ancien lit de l'Allier, qui forment les carrières exploitées à Sarliève et à Aubière.

Pour les auteurs, toutes les couches à *Bos* et à *Equus* appartiennent à la même formation, caractérisée par la faune de Sarliève et par les silex moustériens et magdaléniens qui s'y trouvent. Ils n'hésitent pas à rattacher à l'âge du Renne les débris humains découverts par eux et les éruptions volcaniques qui les ont recouverts et n'admettent pas l'idée d'un remaniement des scories mis en avant par M. Boule et M. le Dr Pommerol.

Discussion. — Dr POMMEROL : Quelque temps après leur découverte, MM. Girod et Gautier en entretinrent la Société d'émulation de l'Auvergne. Dans la discussion qui suivit, j'eus soin de faire des réserves relativement à l'âge des ossements humains de Gravenoire. Bientôt les auteurs portèrent la question à l'Académie des Sciences de Paris. M. G. de Mortillet, informé des faits, m'écrivit pour me demander des renseignements. Ces renseignements ont été consignés dans une note qui a paru dans la *Revue mensuelle de l'École d'anthropologie*, n° du 15 août 1892. Les coupes qui l'accompagnent ont été prises lors d'une visite faite en compagnie de M. le Dr Girod. Ce qui frappe à première vue dans la carrière de la Brenne, c'est d'abord une masse de terrain, véritable boue argileuse avec grands blocs erratiques, dont quelques-uns striés et cannelés. Sur cette masse reposent, dans une obliquité inverse à celle de la colline de Gravenoire, des couches de sables volcaniques, de scories et d'argile. Le tout est recouvert d'un large bloc de lave. Tout à côté, et en stratification discordante, c'est-à-dire suivant la pente même de la colline, sont des couches de sables et de scories. Dans le voisinage, on observe, emballé dans les scories, un énorme magmat de blocs erratiques empâtés dans l'argile. En conséquence, nous avons cru devoir conclure qu'avant l'éruption volcanique, là même où s'élève Gravenoire avec ses accumulations de scories, dans un véritable cirque ouvert à l'est et au nord, depuis Royat jusqu'à Ceyrat et Beaumont, existait un glacier quaternaire, ayant déposé en cet endroit ses formations morainiques. Nous avons pensé que peut-être l'éruption volcanique avait eu lieu en pleine période glaciaire, dont on trouve des traces sous forme de lœss, bien avant dans la Limagne, jusqu'auprès d'Aubière. Cette même formation s'observe du reste dans le fond de la vallée où elle a constitué une moraine de la seconde époque glaciaire. C'est pourquoi nous avons cru devoir fixer l'éruption dans la période interglaciaire. Elle ne peut pas être contemporaine du moustérien et du magdalénien de la plaine de Sarliève. L'examen de la coupe, à la côte de Landais, près de Clermont-Ferrand, démontre le contraire. Là, on observe parfaitement que la coulée de Gravenoire occupe un assez long plateau, élevé de vingt à trente mètres au-dessus de la plaine de Sarliève. Entre les dépôts de Sarliève et l'émission de la coulée, il a dû s'écouler un temps énorme que mesurent le ravinement, la dénivellation, l'abrasion de toute la masse tertiaire; ce qui a fait que la coulée volcanique, jadis occupant un fond de vallée, est arrivée à former l'entablement d'un véritable plateau. Il est donc impossible que Sarliève et Gravenoire soient de la même époque, du même horizon géologique.

J'arrive à parler maintenant des ossements découverts dans les scories. Ils sont, il est vrai, blancs et légers; ils paraissent dépourvus de matière organique et happent fortement à la langue. Ces caractères, il ne faut pas en exagérer l'importance, surtout quand on sait que les débris ont séjourné dans un milieu très perméable, où les infiltrations pluviales sont incessantes. Ils n'ont pas été rencontrés sous la coulée, mais dans une couche superficielle de scories qui peut s'être formée secondairement, après l'éruption volcanique, comme se forment les dépôts meubles des pentes. Chaque montagne, chaque colline, surtout quand elle est composée de matériaux légers, comme les cendres et les pouzzolanes, est entourée d'une zone de matériaux meubles qui sont loin d'être contemporains de l'époque de l'éruption.

Nous ajouterons qu'à côté de ces ossements, il n'a pas été rencontré un seul objet, un seul outil, pouvant dater la découverte. Il faut se méfier des squelettes trouvés seuls, même dans un terrain ancien. Les traces de remaniement n'existent pas toujours, et l'on peut néanmoins se trouver en présence de simples sépultures remontant le plus souvent à une époque relativement moderne. On n'a jamais trouvé dans le Puy-de-Dôme d'outils chelléens ou acheuléens pouvant faire croire à l'existence de l'homme à l'époque interglaciaire. Nous avons, je crois, suffisamment démontré qu'il ne faut pas penser à rendre synchroniques les dépôts de Sarliève et l'éruption de Gravenoire. A l'époque du Moustier et, *a fortiori*, de la Magdeleine, les dernières laves de l'Auvergne avaient coulé depuis longtemps, témoins les abris de Blanzat et de Nerchers. Alors, les hommes préhistoriques de la région s'abritaient sous les escarpements laviques, ce qu'ils n'auraient pu faire, si les monts Dôme avaient été en pleine éruption. Ainsi, l'homme découvert à Gravenoire peut être relativement ancien, mais nous ne pouvons admettre qu'il ait assisté aux énormes projections de laves et de cendres de ce volcan. L'observation en elle-même nous paraît insuffisante pour soutenir une pareille affirmation. Il faut attendre des faits nouveaux pour se faire une conviction certaine, réellement scientifique.

M. Arsène DUMONT,

Membre de la Société d'Anthropologie de Paris.

Endogamie dans les communes rurales. — La distribution des familles dans les communes rurales est très variable.

Parfois trois, quatre ou cinq noms forment la moitié de la population et sont portés chacun un très grand nombre de fois. C'est le nucléus fixe de la commune qui transmet aux autres familles instables, nombreuses et comprenant chacune peu de membres, leur costume, leurs mœurs, leurs appréciations esthétiques, morales, politiques.

Ce nucléus est surtout persistant et bien déterminé dans certaines communes où existent des traditions d'endogamie (Ile de Ré).

Pour le démographe observant les mœurs, pour l'anthropologiste étudiant le vivant, cette distinction en nucléus et familles instables peut présenter de grands avantages.

M. Élie MASSÉNAT, à Brive.

Nouvelles fouilles dans les stations magdaléniennes de la Vézère. — Grâce à la subvention accordée par l'Association française pour de nouvelles fouilles, M. MASSÉNAT a pu élucider diverses questions touchant les stations magdaléniennes de la Vézère. De larges tranchées à ciel ouvert, des puits, des fouilles variant suivant les nécessités du lieu, ont transformé en affirmations précises les faits entrevus dans ses recherches antérieures.

C'est à un niveau moyen de 20 à 22 mètres au-dessus du niveau de la Vézère que la formation magdalénienne se poursuit sous une corniche saillante qui suit en ceinture le cirque de Gorge-d'Enfer et s'étend, par Laugerie-Basse, vers le château de Lachapoulis. Cette longue galerie ouverte a servi d'abri aux chasseurs magdaléniens, partout où l'accès en était facile et la protection efficace.

Dans le cirque de Gorge-d'Enfer, il a mis à découvert une station qui s'affirme comme une des plus belles de la vallée. Les instruments en os et bois de renne, les nombreux silex si purs dans leurs formes caractéristiques, mais surtout les gravures et les sculptures — et, parmi ces dernières, le Biphallus — ne laissent aucun doute sur la date précise de la couche archéologique.

A Laugerie-Basse, une tranchée à ciel ouvert, atteignant le talus qui supporte la maison de Delpeyrac et la grange voisine, a pu, malgré un éboulement, permettre de conclure que l'idée de *foyers superposés* doit être abandonnée. La couche est *unique,* moulée sur les accidents de terrains, mais elle conserve sa continuité complète, plus mince ici, plus épaisse ailleurs, mais appartenant à une même phase d'occupation. Les éboulis antérieurs à l'occupation magdalénienne ont découpé le sol en cinq vastes gradins superposés et cette disposition est la cause de l'erreur d'interprétation que d'étroites galeries ne permettait pas de soupçonner. Ces galeries dans un sol vierge réservaient d'importantes trouvailles en silex, instruments en bois de renne, sculptures et dessins. Les dessins représentent des animaux : poissons, renne, aurochs, écureuil ; les autres des groupements variés de lignes, d'encoches, de saillies ondulées, etc.; un bâton de commandement percé, avec gravures est une pièce remarquable.

Au château de Lachapoulis, une courte galerie confirme les précédents découverts sur ce point.

Tel est l'ensemble des travaux exécutés suivant la zone magdalénienne ; M. Massénat exposera ultérieurement ses découvertes touchant la couche inférieure de Laugerie-Haute et sur l'industrie qui relie le solutréen au magdalénien de la région.

M. le Dr Paul GIROD, Prof. à la Fac. et à l'Éc. de méd. de Clermont-Ferrand.

Le magdalénien inférieur de la vallée de la Vézère. — Il était très difficile de comprendre le passage si brusque entre le beau solutréen de Laugerie-Haute et le magdalénien à gravures et sculptures de Laugerie-Basse et de Gorge-d'Enfer. La découverte d'une station nouvelle à Gorge-d'Enfer vient combler cet hiatus et relier l'industrie solutréenne à l'industrie magdalénienne par une industrie intermédiaire nettement caractérisée. M. Girod a, en effet, découvert, au-dessous de la ceinture magdalénienne supérieure de Gorge-d'Enfer, qui repose sur un plancher saillant, une galerie inférieure, ensevelie sous la végétation de la prairie sous-jacente, avec une couche archéologique atteignant une épaisseur de 70 centimètres.

Le travail du silex y est superbe : grattoirs simples, grattoirs effilés pour l'emmanchure, grattoirs doubles, lames tranchantes, lames incurvées, toutes les formes de la série magdalénienne s'y trouvent avec un fini d'exécution qui dépasse de beaucoup celui des stations laugériennes ; mais il a à signaler le grand nombre de lames retouchées, rappelant par leur forme la feuille de laurier solutréenne ; on sent que c'est une forme nouvelle, mais les fines retouches qui égalisent les tranchants donnent plus d'acuité aux pointes. De plus, il relève une forme nouvelle de grattoirs, ce sont des *grattoirs à manche en silex ;* la série de pièces qui sont présentées à la section ne laisse aucun doute sur la forme voulue de l'instrument, taillé pour être manié soit par la main droite, soit par la main gauche. Ce grattoir atteint dix à douze centimètres, grattoir à une extrémité, entaillé sur un de ses bords pour recevoir l'index, s'atténuant en un manche grêle pour la main.

Le travail de l'os est au contraire, rudimentaire ; pas de dessins, pas de sculptures, pas de flèches barbelées ; quelques coins grossiers, des poinçons rugueux, à peine retaillés à la pointe. Mais sur ce point abondent des pointes caractéristiques de cette station. Ces pointes nombreuses sont la seule arme offensive et ce fait les rapproche des pointes solutréennes en silex dont elles ont l'allure générale, en feuille de laurier. Comme elles, elles sont de dimensions variables ; la plus longue atteint dix-huit centimètres, les plus courtes ont six à huit centimètres. Toutes sont aplaties, très aiguës à une extrémité, se renflant plus ou moins brusquement pour s'atténuer de nouveau pour l'emmanchure. Cette dernière extrémité est divisée longitudinalement, parallèlement aux faces, par une incisure de coupe triangulaire qui permettait l'introduction, entre ses deux lèvres, de l'extrémité d'un manche découpé par un double biseau.

• Une sorte de spatule, de forme inconnue, une dent de lion percée pour suspension, une portion de mâchoire du même animal, de nombreux ossements de renne, bœuf, cheval, complètent cet ensemble.

Par sa position entre la galerie qui reçoit les dépôts solutréens de Laugerie-Haute et la galerie magdalénienne supérieure, cette station fait le trait d'union entre ces deux industries et doit constituer pour lui une zone spéciale, le magdalénien inférieur.

M. Girod rappelle que quelques flèches de même forme ont été recueillies à Aurignac, à Châtel-Perron, dans les fouilles de Chrysty, à Cro-Magnon ; mais elles semblaient comprises dans l'industrie magdalénienne, sans spécialisation de niveau. L'ensemble découvert par lui tranche définitivement cette question.

M. le Dʳ Félix REGNAULT, à Paris.

Principes scientifiques de la mode. — L'évolution d'un costume est basée :
1° Sur le principe d'exagération ;
2° Sur la loi de conservation des anciens costumes :
a) Chez les vieillards ;
b) Dans certaines professions, avocat, clergé ;
c) Chez les classes inférieures, domestiques ;
d) En certaines occasions : habits de fêtes, et des euves.

Enfin, il faut noter que nos costumes de province ne sont que la persistance des anciens costumes de nos pays.

Discussion. — M. Tardy : Me trouvant dernièrement à Auray, au moment du pèlerinage de Sainte-Anne, j'ai vu rassemblé sur ce lieu un grand nombre de costumes divers qui m'ont permis de constater que chaque coiffure revêt un

type spécial de physionomie. En sorte qu'on peut bien dire que la mode est
pour peu de chose dans ces divers spécimens des anciennes coiffures des
femmes en France. Ces diverses variations pourraient plutôt être attribuées à
des différences d'origine de chacun des principaux groupes, d'autant plus que les
bonnets analogues du reste de la France coiffent des types de physionomie assez
semblables. Ainsi, à Sainte-Anne-d'Auray, j'ai vu un bonnet qui est presque le
bonnet arlésien, revêtir des figures de type arlésien, et j'ai fait la même
remarque pour un bonnet presque identique à celui des *cavettes* du pied occidental du Jura, dans l'Ain (1).

M. MICHEL : Je me permets de faire remarquer que le travail plein d'érudition de M. Regnault gagnerait encore en intérêt si son auteur jugeait à propos
d'y ajouter quelques considérations générales sur les origines des modes qu'il
suit dans leurs développements et dans leurs exagérations, afin d'en déduire
la loi qui les régit. La brusque apparition de certains vêtements, aux époques
du Moyen âge et de la Renaissance, est due à des causes qu'il conviendrait
d'établir ; car elles ont pu exercer une influence sur la durée des modes. Il est
avéré que les migrations, les expéditions lointaines, les conquêtes et les invasions ont souvent modifié très profondément les mœurs, les habitudes et les
costumes des peuples.

Ne voyons-nous pas, encore de nos jours, certaines modes militaires s'imposer,
aussi bien chez le vainqueur que chez le vaincu, à la suite des guerres conti-
nentales et des expéditions coloniales ? Les peuples spectateurs de ces luttes
n'adoptent-ils pas, spontanément, les uniformes des vainqueurs, en les appro-
priant progressivement aux exigences de leurs climats et de leurs goûts ?
D'un autre côté, les invasions quotidiennes, mais pacifiques, des touristes n'in-
fluent-elles pas, d'une façon aussi énergique, sur les variations de la mode ?

M. Henri MICHEL, à Besançon.

Présentation de deux crânes de l'époque incasique. — M. Henri MICHEL expose
plusieurs objets provenant de fouilles pratiquées par lui au pied des ruines de
la forteresse de Kollké (province de Lima, Pérou) et parmi lesquels il fait
remarquer deux crânes dont l'un a été brisé par un coup ayant occasionné une
mort foudroyante et porte les traces d'une première et violente contusion suivie
de guérison ; il est barbouillé de vermillon et a dû servir de trophée de guerre.
Il faisait partie du mobilier funéraire d'un guerrier dont le corps momifié
était intact. La comparaison du crâne de ce dernier avec celui du vaincu permet
d'établir, par des considérations anthropologiques certaines, que deux races distinctes ont eu à lutter entre elles, ce qui est prouvé, en outre, par la découverte, au même endroit, de nombreux corps mutilés et dont les têtes sont en-
fouies à part. M. Michel en conclut que la forteresse appartenait à une nation
de montagnards des Andes ayant eu à lutter contre les peuplades ichtyophages
du littoral et à une époque bien antérieure à la conquête de ce pays par les
Incas.

(1) Dans le *Cosmos,* l'auteur donnera quelques autres exemples observés depuis.

En fouillant méthodiquement dans les nécropoles péruviennes et en relevant soigneusement les détails les plus insignifiants en apparence, on peut y trouver la réponse à de nombreuses questions fort intéressantes de l'anthropologie et de l'archéologie américaines.

Discussion. — M. le Dr POMMEROL : Le crâne complet paraît avoir environ trente ans; il a appartenu à un homme; il est brachycéphale et très prognathe. La suture frontale est fort simple, avec un os wormien à la fontanelle antérieure; la sagittale est dans le même cas. La lambdoïde est plus compliquée avec de nombreux os wormiens; la région frontale est très étroite par rapport à la région postérieure ou occipitale. Les dents sont très usées horizontalement, en meule. Ce crâne est légèrement plagiocéphale en arrière, à la région occipitale.

Le second crâne, très fragmenté, appartenant à un sujet du même âge et du même sexe, présente la trace d'une ancienne blessure plus ou moins guérie, à la région temporo-frontale droite. L'inflammation qui s'est développée dans l'os a amené un épaississement très marqué des os voisins, et l'oblitération prématurée de la frontale.

———

Les projectiles rotatoires chez les peuples primitifs. — M. Henri MICHEL présente plusieurs armes de jet provenant de peuples qui, bien que vivant à peu près à l'état sauvage, n'en sont pas moins doués d'une intelligence supérieure à celle qu'on leur suppose habituellement. Ainsi, les *Canaques* de la Nouvelle-Calédonie lancent leurs *sagaies* à l'aide d'un doigtier qui a pour effet d'imprimer à cette sorte de javelot, et aussitôt qu'il est lancé, un mouvement de rotation très marqué. Les *pierres de fronde* que les Canaques et les *Quichuas* emploient aujourd'hui sont, comme aux temps préhistoriques, choisies parmi les cailloux ayant la forme d'un ellipsoïde allongé. La fabrication spéciale des frondes et la manière de lancer « en coup de fouet » contribuent à la rotation très rapide du projectile qui, pour atteindre le but avec une plus grande précision et porter plus loin, doit se mouvoir de telle façon que son grand axe coïncide avec la trajectoire, offrant ainsi une plus faible surface à la résistance de l'air.

Enfin, les *Campas* du bassin supérieur de l'Amazone se servent de longues flèches, mesurant jusqu'à 1^m,60, dont le bois est fait de la hampe florale d'une sorte de *Gynerium* qui est susceptible de se courber à la longue, ce qui occasionnerait certainement une forte déviation de la trajectoire si les Indiens, guidés par le hasard, sinon par un merveilleux instinct, n'avaient pas trouvé le moyen d'obvier à ce grave inconvénient en disposant les pennes en spirale au lieu de les fixer longitudinalement au bois, comme cela se fait d'ordinaire. Il résulte de cette disposition que la pression de l'air, agissant sur la surface hélicoïde ainsi obtenue, fait tourner la flèche dès qu'elle est décochée et que, si elle est courbée, son centre de gravité n'en suit pas moins, dans l'espace, la trajectoire que décrirait une flèche idéale.

M. Louis-Abel GIRARDOT, Prof. au Lycée de Lons-le-Saunier.

La grotte d'Arlay (Jura), station magdalénienne.— La grotte signalée dans cette communication est située à deux kilomètres de la plaine bressane, dans un petit massif calcaire, au bord même du village d'Arlay (Jura), en pleine région du vignoble et à 220 mètres environ d'altitude, à très peu de distance de la rivière la Seille. Une première chambre, ornée de stalactites, a été découverte tout d'abord il y a trois ans, par suite de l'exploitation d'une carrière; un couloir horizontal, long de 30 à 40 mètres et complètement obstrué, qui vient au nord, a été ensuite partiellement déblayé par le propriétaire, M. Guérin, dans le simple but d'agrandir la partie accessible aux curieux.

Sous 1 mètre à 1^m,50 d'alluvions argileuses, il se trouve dans ce couloir une *couche archéologique*, d'allures fort irrégulières et atteignant parfois 80 centimètres d'épaisseur, incluse entre deux planchers stalagmitiques. Elle contient un grand nombre de pointes de silex et d'ossements fragmentés de mammifères (cheval, etc.), ainsi que des portions de bois de cervidé, des débris de défense de mammouth, des pierres qui paraissent calcinées et quelques charbons, de rares percuteurs de quartzite, des aiguilles d'os, et surtout de longues pointes en bois de cervidé (bois de renne?) qui portent la plupart soit de simples encoches, soit des traits plus compliqués : l'un de ces objets offre le dessin fort net d'un poisson (longueur 75 millimètres).

Après une première fouille de quelques heures par MM. Berthelet, d'Arlay et Passier, de Paris, qui recueillirent des silex et deux os portant des traces du travail de l'homme, la plupart des plus importants objets recueillis ont été trouvés dans les fouilles que M. Girardot a pratiquées, pendant toute une semaine, avec l'agrément de M. Berthelet.

L'auteur de la communication soumet à la Section quelques pointes de silex provenant de ces fouilles et il donne au tableau noir le croquis de l'objet portant le dessin de poisson. Il se propose, d'ailleurs, de continuer ces recherches, surtout en déblayant une partie de la grotte encore entièrement obstruée et dans laquelle la couche archéologique paraît devoir être le plus riche. La surface occupée par cette couche ne semble pas moindre d'une centaine de mètres carrés, et elle pourrait dépasser notablement ce nombre, si le couloir se prolonge comme il le paraît.

On peut donc espérer que de nouvelles fouilles donneront de fructueux résultats.

La découverte de cette station magdalénienne est d'autant plus intéressante que c'est la première de cette époque où l'on ait trouvé des objets gravés, dans la chaîne du Jura.

———

M. BOSTEAUX-PARIS.

A propos d'une faucille en silex trouvée en Égypte. — Cette communication est une réponse à une autre faite l'an dernier, au Congrès de Pau, par M. Cartailhac sur une faucille en lames de silex signalée par M. Flinders Petrie. M. Bosteaux a présenté des lames de silex analogues trouvées dans la station néolithique du Mont-de-Berru, ainsi que des pierres en grès ayant pu servir d'affûtoir à des instruments analogues.

Fouilles gauloises dans les environs de Reims pendant les années 1892 et 1893. Cette communication est le résumé des fouilles faites en 1892 et 1893, par M. Bosteaux, dans les cimetières gaulois marniens de Lavannes, Époyes, Cernay-les-Reims et Witry-les-Reims.

M. DOUMERGUE, Prof. au Lycée d'Oran.

Sur la station préhistorique d'Aïn-el-Hadjar, dans la province d'Oran. — Cette station a été découverte par M. le capitaine Poirier, qui a bien voulu offrir au musée d'Oran tous les objets qu'il a recueillis. La courte notice déposée sur le bureau de la 11e Section, a été publiée pour prendre date (1). Depuis la publication de cette notice, M. Doumergue a pu se rendre compte *de visu* de l'importance de la découverte.

Les silex taillés sont du type de Saint-Acheul, souvent plus gros. On les trouve par milliers sur de vastes étendues. Presque tous les instruments ont été recueillis à la surface. Une centaine ont été trouvés dans un champ à des profondeurs variant de 0m,50 à 1m,20. Des tranchées ont été ouvertes à cet effet sous la direction de M. Poirier. Il n'a été rencontré ni fragments de poteries, ni traces d'ossements. D'autres recherches sont encore nécessaires.

Il serait très utile de continuer l'étude de la station d'Aïn-el-Hadjar, car elle est appelée, d'ores et déjà, à servir de jalon dans la classification du préhistorique de l'Algérie.

Que ceux qui en ont les moyens se dévouent.

MM. Doumergue et Poirier ont rencontré à Marhoum, centre d'exploitation d'alfa, situé à 45 kilomètres S.-E. d'Aïn-el-Hadjar, des silex de même facture que ceux de cette dernière localité. Ces silex se trouvent localisés au nord du village, aux alentours du cimetière arabe. Ils sont rares et paraissent plus anciens que ceux d'Aïn-el-Hadjar. Ils diffèrent complètement des silex taillés que l'on trouve en assez grande quantité au sud et à l'est de Marhoum. Ces derniers sont du type commun sur les Hauts-Plateaux. Jusqu'à présent, les stations d'Aïn-el-Hadjar et de Marhoum sont les seules, dans la province d'Oran, qui aient offert des silex du type acheuléen des plateaux. Il est probable qu'on en trouvera d'autres. Toutefois, ces stations paraissent fort rares, car M. Doumergue, qui a parcouru cette année — et à trois reprises — la partie des Hauts-Plateaux comprise entre la ligne d'Aïn-Sefra et la frontière marocaine n'a rien trouvé de semblable autour des principaux points d'eau.

M. TARDY, à Simandre (Ain).

Un mot sur les menhirs de Carnac. — Un de nos collègues a déjà signalé la présence probable de terrain glaciaire dans les fiords du Morbihan. Me trouvant dans cette région, j'ai vu des blocs polyédriques à peine roulés, des surfaces moutonnées, des rochers polis, en un mot, tout ce qui constitue un assemblage glaciaire ancien. Toutes ces choses sont réunies dans une zone littorale, comprise entre les altitudes des plus hautes mers à la base, et quinze

(1) Voir in *Bull. Soc. géogr. d'Oran*, 4e trimestre 1892.

mètres au-dessus de la mer. A ce niveau on trouve, depuis les environs de Saint-Nazaire jusque vers Brest, une bande presque continue de blocs erratiques de divers calibres, visibles surtout sur certains points, par exemple vers l'ancienne chartreuse d'Auray.

Sur le tracé de cette bande, on trouve les alignements de Carnac et de ses environs, en sorte qu'on peut se demander si ces blocs ne sont pas tout simplement des blocs erratiques glaciaires utilisés sur place par l'homme et dressés verticalement par lui, pour son usage (1).

M. Vital GRANET, Secrét. en chef de la Mairie, à Saint-Junien (Haute-Vienne).

Résultats de fouilles faites à Chassenon (Charente) (ancienne Cassinomagus), par la Société « Les Amis des Sciences et Arts de Rochechouart. — 1º Fouilles du puits du cimetière de Chassenon. — Ce puits se trouve placé à 100 mètres environ du cimetière de Chassenon et devait avoir primitivement 4ᵐ,50 de profondeur. Il était entièrement comblé. On a recueilli dans les premières couches quelques débris de vases de terre grossière, une tuile à rebords et un petit vase en terre très beau et recouvert d'une couche de vernis noir très bien conservé.

Au fond, on a trouvé la mâchoire inférieure d'un renard, une corne de bœuf et des débris de vases avec lesquels on a pu reconstituer deux belles pièces, l'une de 30 centimètres de hauteur et l'autre de 28 centimètres, mais de forme très originale.

2º Fouilles du puits de chez Blanchet à Chassenon. — Ce puits se trouve dans une rue du village de Chassenon et devait avoir 6 à 7 mètres de profondeur. Il était aussi entièrement comblé.

Dans les premières couches on n'a rien trouvé, ce n'est qu'au fond que l'on a recueilli les objets suivants : un large disque en terre cuite cannelé, sept pesons en terre cuite ronds et carrés, un poids en granit conique, plusieurs clous en fer, une monnaie en bronze indéterminable, plusieurs fragments d'un vase en verre, des fragments de marbre, une bouterolle en bronze, des fragments de tuiles perforées, des tuiles cannelées, la valve supérieure d'une coquille d'huitre, plusieurs fragments de poterie, un vase allongé en terre jaunâtre, un vase brûle-parfums reposant sur trois pieds et un moule en terre cuite dont le moulage représente le buste d'une déesse mère.

---

(1) Un article plus étendu sur ce sujet est publié dans le *Cosmos.*

12ᵉ Section.

SCIENCES MÉDICALES

———

———

— Séance du 4 août 1893 (matin) —

M. VAUTRIN, Agrégé de la Fac. de méd. de Nancy.

Traitement chirurgical de l'hydrocéphalie congénitale. — M. Vautrin a eu l'occasion de traiter, par la méthode préconisée par Keen au Congrès international de Berlin, un cas d'hydrocéphalie congénitale. On sait que Keen recommande le drainage permanent des ventricules, en ayant soin de ne soustraire qu'une faible quantité de liquide à la fois. C'est ce procédé qu'il a employé sur un enfant de deux mois atteint d'hydrocéphalie méningée. Après trépanation dans la région pariétale gauche, il a installé un drainage permanent avec un faisceau de crins de Florence, fortement serré dans la plaie suturée. L'écoulement du liquide se faisait lentement, à raison d'une goutte environ toutes les quatre à cinq minutes. Un pansement compressif était placé par-dessus le drain et autour de la tête. L'enfant n'eut à souffrir en aucune façon de ce traitement. La tête diminuait de volume progressivement. Après quarante jours, la mère de l'enfant qui l'allaitait, voulut quitter l'hôpital et rentrer chez elle. Au lieu de ramener le petit malade, elle crut pouvoir le panser elle-même, et arracha le drain ménagé avec tant de soin. Le liquide s'écoula en abondance, et l'enfant ne tarda pas à mourir dans le coma.

Il paraît possible de tirer comme conclusion de ce fait que l'hydrocéphalie congénitale et surtout l'hydrocéphalie méningée est curable par le drainage lent et permanent. La déperdition brusque du liquide amène le coma et la mort.

Avec le drainage et la compression, la guérison peut survenir au bout d'un temps variable, souvent fort long, pourvu que l'encéphale n'ait pas subi de lésions indélébiles.

Discussion. — M. Boutron : Dans le cas d'hydro-rachis, pourrait-on tenter la ponction et le drainage avec les fils de Florence?

———

M. H. HALLOPEAU, Agrégé de la Fac. de méd., Méd. de l'Hôp. Saint-Louis, Memb. de l'Acad. de méd., à Paris.

Sur la nature des xanthomes et la cause prochaine de leurs complications. — Les xanthomes ont été considérés jusqu'ici comme des énigmes : leur nature, leurs causes, leurs rapports avec l'ictère et la glycosurie, qui peuvent les accompagner, sont très diversement interprétés. Ce travail a pour but d'établir qu'ils constituent des néoplasies bénignes d'origine embryonnaire, qu'ils doivent, par conséquent, être rangés parmi les nævi et que les altérations humorales qui peuvent les compliquer en sont, non les causes, mais les conséquences : en effet, leur structure offre les plus grandes analogies avec celle des nævi pigmentaires; on les a vus se développer sur un nævus; dans un fait rapporté par l'auteur, ils étaient disposés en une longue série linéaire suivant le trajet d'un nerf, localisation spéciale aux nævi. Leur apparition tardive n'est pas en contradiction avec cette manière de voir, car les nævi peuvent se manifester chez l'adulte. Les xanthomes dits diabétiques se distingueraient des nævi par leur disparition possible; mais, d'une part, les nævi peuvent également rétrocéder; d'autre part, cette régression des xanthomes peut n'être qu'apparente : chez un des malades où elle a été signalée, l'examen comparatif de deux moulages faits à cinq ans de distance a montré à l'auteur que les néoplasies avaient persisté avec des caractères presque identiques. Cette amélioration trompeuse peut s'expliquer par la richesse en vaisseaux des xanthomes tubéreux : suivant qu'ils sont anémiés ou hyperémiés, ils sont plus ou moins apparents. L'ictère et la glycosurie ont été invoqués à tort comme causes de ces néoplasies; selon toute vraisemblance, ils leur sont, au contraire, subordonnés. On sait, en effet, que les xanthomes ne sont pas limités au tégument externe et qu'ils peuvent occuper toutes les membranes de revêtement; leur développement dans les voies biliaires peut donc rendre compte de l'ictère, et leur localisation dans le pancréas explique la glycosurie. Le caractère intermittent de ces syndromes peut être dû à la réplétion variable des vaisseaux des tumeurs ainsi qu'à la possibilité de leur évolution rétrograde, passagère ou définitive (1).

———

M. NICAISE, Agrégé de la Fac. de méd., Chir. de l'hôp. Laënnec, à Paris.

Des purgatifs chez le blessé et chez l'opéré. — Le chirurgien doit, avant une opération, prescrire au patient une diète relative, un bain savonneux et un purgatif dans le but de débarrasser l'intestin. Après l'opération, l'économie a

---

(1) Ce travail a été publié *in extenso* dans les *Annales de Dermatologie et de Syphiligraphie*, troisième série, tome IV, n° 8.

été troublée par la chloroformisation, par le « shock » opératoire, etc. — Il faut alors permettre à l'organisme de retrouver son assiette et assurer l'élimination des produits de désassimilation.

L'opéré, pendant les deux ou trois premiers jours, ne prendra que des boissons, puis on l'alimentera légèrement et progressivement ; la conduite à tenir variera, du reste, avec chaque cas. Une des conditions primordiales, c'est le bon fonctionnement du tube digestif, ce qu'on obtient par les purgatifs et l'antisepsie intestinale. Le tube digestif reçoit des produits qui viennent du foyer traumatique ; de plus, la fermentation intestinale peut devenir putride et amener des phénomènes d'auto-intoxication. Alors on purgera le malade et cela dès le troisième ou le quatrième jour.

Le choix du purgatif varie selon l'effet que l'on cherche. Si l'intestin renferme des matières putrides, si les selles sont très odorantes, on prescrira des purgatifs salins qui amènent une hypersécrétion abondante de l'intestin, et sont non seulement évacuateurs, mais dépurateurs.

Donc, non seulement on purgera l'opéré peu de temps après l'opération, mais on reviendra plusieurs fois à cette pratique, et chaque fois que les selles seront très odorantes, car l'intestin est l'émonctoire principal des résorptions qui se font au niveau du foyer traumatique. M. NICAISE cite un cas caractéristique, dans lequel il a suivi cette pratique avec succès. En 1878, un homme de trente ans est amené dans son service avec une gangrène du membre inférieur produite par le passage sur la cuisse d'une roue de voiture qui avait écrasé l'artère fémorale. La peau n'était pas déchirée. Le blessé refuse l'amputation de la cuisse. On assiste alors à l'élimination spontanée du membre. Le pronostic était grave, cependant le malade a guéri, le membre a été momifié par des antiseptiques ; le sillon de séparation du mort et du vif fut pansé selon la méthode de Lister. Le malade a eu une septicémie sans frissons, avec une température qui a été jusqu'à 40 degrés ; ses selles étaient fétides, séreuses. Les purgations ont été commencées le troisième jour et continuées au moins tous les trois jours et à chaque selle fétide. Le régime alimentaire a consisté pendant un mois, en lait, bouillon, œufs, vin. Le membre gangrené a été éliminé le dix-septième jour. La guérison fut parfaite et M. Nicaise l'attribue en grande partie aux purgatifs et aux soins journaliers apportés au régime.

Discussion. — M. LE GENDRE : Je voudrais présenter quelques observations au sujet de la très intéressante communication de M. Nicaise.

Si on emploie systématiquement les purgatifs, il faudra toujours se préoccuper de ne pas diminuer l'abondance des urines en prescrivant des drastiques ; car M. Bouchard a bien montré qu'au point de vue de l'élimination des déchets de l'organisme l'intestin ne peut suppléer le rein ; il importe beaucoup au blessé que le taux de ses urines ne diminue pas.

En outre, il faut se préoccuper de l'état antérieur du tube digestif ; les dyspeptiques sont nombreux et beaucoup d'entre eux supportent mal certains purgatifs. Ainsi le sulfate de soude est défavorable aux hypopeptiques, cela découle des recherches de M. Hayem ; il ralentit et suspend même la peptonisation.

Je donnerais la préférence en premier lieu à l'antisepsie intestinale et je proposerais à M. Nicaise d'associer au salicylate de bismuth et à la magnésie le benzonaphtol, beaucoup moins offensif que le naphtol β pour la muqueuse gastrique, et dont j'ai contribué avec M. Gilbert à mettre en lumière l'avantage pour l'antisepsie intestinale.

Je prescrirais plutôt comme purgatif le calomel qui, à doses de 0^{gr},20 répétées trois à quatre fois par vingt-quatre heures, exerce à la fois dans l'intestin une action antiseptique plus démontrée que son action cholagogue assez contestée aujourd'hui et qui présente encore l'avantage d'être à un certain degré diurétique ; le sulfovinate de soude est aussi un purgatif précieux, bien toléré et diurétique, que j'ai employé plusieurs fois avec succès dans l'urémie.

Mais je donnerais la première place à l'antisepsie du gros intestin au moyen des grandes irrigations, des lavements à température un peu inférieure à celle du corps et administrés lentement; ils produisent alors une action diurétique, en même temps qu'ils évacuent les résidus intestinaux sur lesquels s'exerce le plus la résorption auto-intoxicante.

M. NICAISE. — Je souscris aux remarques qui viennent d'être faites, en particulier au sujet de l'état du rein pour lequel il y a certainement des précautions à prendre.

Je partage aussi les idées qui viennent d'être exposées à propos de l'antisepsie intestinale, que j'applique à presque tous mes opérés, car je crois que cela peut avoir une influence importante sur le développement des inflammations post-opératoires.

Mais, en ce qui concerne les grandes irrigations, je leur préfère, en règle générale, l'emploi des purgatifs; dans certains cas spéciaux, le lavage du gros intestin peut trouver son indication; toutefois comme il s'agit là, en réalité, d'une manœuvre qui fatigue les opérés et demande à être faite avec beaucoup de soin, il me semble que dans la majorité des cas on doit se contenter des purgatifs.

<hr>

M. Charles FIESSINGER, à Oyonnax.

Note sur l'étiologie du cancer (1). — Le cancer est très inégalement réparti dans une même région. M. FIESSINGER a observé sa fréquence bien plus grande autour des habitations écartées, proches des bois ou d'un cours d'eau. Cette topographie toute spéciale a été relevée également par plusieurs de ses confrères; elle sépare le cancer de toutes les maladies microbiennes connues; elle le rapproche plutôt du paludisme qui est une maladie des campagnes. Toutefois, à l'inverse du paludisme, le cancer s'accommode des hautes montagnes (altitudes supérieures à 1.000 mètres).

Cette localisation bizarre du cancer est un argument de plus à ajouter à ceux qui font dériver les tumeurs malignes d'un ennemi venant du dehors. Il semble même que cet ennemi ne s'écarte guère des milieux où il a élu domicile. Peut-être échappons-nous souvent aux atteintes de cet ennemi dont les tares organiques fixent la localisation. Quant aux cancers des grandes villes, on n'a pas recherché dans quelles conditions ils se produisent : si c'est à la suite d'un séjour à la campagne ou d'une propagation par contagion d'un cancéreux voisin, lequel était allé à la campagne.

Discussion. — M. VAUTRIN : Depuis longtemps on a remarqué que les malades atteints de cancer faisaient un usage souvent exagéré de viande de porc.

____

(1) Cette question a été développée dans un mémoire paru dans la *Revue de Médecine*, août 1803. .

Cette question est actuellement à l'ordre du jour, et je prie nos collègues de cette région d'ouvrir une enquête à ce sujet, pour en instruire la ligue contre le cancer.

M. DUPLOUŸ : M. Fiessinger a soulevé incidemment, dans son intéressante communication sur l'étiologie du cancer, la question de la contagion du cancer, question bien obscure encore, que la *Ligue contre le cancer* nous aidera peut-être à résoudre. Je rappellerai à cette occasion que dans l'une des séances de notre Association au Congrès de Toulouse, j'ai soulevé timidement cette question en communiquant un fait de contagion apparente entre deux époux, tous les deux opérés, à trois mois d'intervalle, l'un de cancer du pénis, l'autre de cancer de l'utérus. Ce n'était peut-être qu'une simple coïncidence.

Quant à l'influence de la proximité des cours d'eau sur la production des cancers, je n'ai pas eu jusqu'ici, dans une très longue pratique, l'occasion de la constater. J'avais, il y a quelque dix ans, fait, dans ma région, une enquête sur les conditions topographiques qui pouvaient prédisposer au cancer : cette région, très variée, comprend des îles, un littoral maritime assez étendu, des marais, des bois, des terrains calcaires, etc.; aucune de ces conditions ne m'a paru exercer une action prédominante, et j'ai dû, de guerre lasse, renoncer à mon enquête. Je me propose de la reprendre en m'inspirant des idées émises par M. Fiessinger, qui a imprimé, par son importante communication, une direction plus nette à mes recherches.

M. GUILLOZ, Ch. de tr. à la Fac. de méd. de Nancy.

Sur l'existence d'un astigmatisme cristallinien accommodatif. — M. GUILLOZ donne deux observations d'yeux dont l'acuité visuelle ne diminuait pas lorsqu'ils regardaient à travers des lentilles cylindriques dont la puissance atteignait — 2 D dans un cas, — 3 D,50 dans l'autre. Il montre que c'est bien le cristallin qui, en devenant astigmate, compense l'inégale réfraction donnée par les lentilles cylindriques. Cet astigmatisme accommodatif du cristallin pourrait se produire et varier sans déploiement concomitant de l'accommodation sphérique. Ces observations ont été prises en se mettant à l'abri des causes d'erreurs signalées par Bull et de toutes celles qui lui sont apparues. L'auteur se propose de rechercher la fréquence de ces cas d'astigmatisme accommodatif, d'en analyser de moins typiques, de voir son influence dans la correction de l'astigmatisme cornéen. Il examinera comment varie le pouvoir accommodatif astigmatique lors du déploiement de l'accommodation sphérique.

Discussion. — M. DUFOUR : Il y a longtemps que l'observation médicale m'avait donné la conviction que M. le Dr Guilloz vient d'établir par une étude expérimentale soignée. Et cela par la vue des cas où l'accommodation compense tout à fait un astigmatisme cornéen bien évident. La vue reste normale. Bien plus, quand on applique à ces malades le verre cylindrique correcteur tel qu'il résulte de l'examen direct, le malade ne voit pas mieux, il voit quelquefois plus mal. Pourquoi ? Évidemment parce que le malade compensait totalement son anomalie et que cette compensation avait pris le caractère de crampe accommodative.

M. Alfred BOIFFIN, à Nantes.

Torsion du pédicule des kystes de l'ovaire. — La torsion du pédicule des kystes de l'ovaire constitue une source de dangers qui peuvent se produire d'une façon précoce.

La temporisation expose donc les femmes atteintes de kyste; dès qu'une de ces tumeurs est reconnue, elle doit être enlevée.

Le début brusque d'accidents sans cause sérieuse chez les malades doit éveiller l'idée de torsion du pédicule: l'ovariotomie doit être pratiquée d'urgence, comme dans la hernie étranglée.

Les symptômes de péritonisme, loin d'être une contre-indication à la laparotomie, rendent cette intervention urgente sous peine de trouver plus tard la malade déprimée par la douleur et par l'abondance de la perte de sang.

M. LEJARD, anc. Int. des hôp. de Paris, à Biarritz.

Indications et contre-indications des bains salés en thérapeutique. — Dans les maladies à forme aiguë, les bains faiblement salés peuvent amener une atténuation des symptômes, de l'abaissement de température, un relèvement de l'état général.

Dans les maladies à forme subaiguë : il faut s'abstenir de la balnéation chlorurée sodique dans les maladies à formes irritatives, dans les scléroses à formes diffuses. Au contraire, cette thérapeutique est excellente pour combattre les reliquats inflammatoires circonscrits des phlegmasies anciennes.

Dans les maladies à formes chroniques, les indications sont multiples et le traitement chloruré sodique donne d'excellents résultats chez les anémiques ; les chlorotiques, les convalescents, les inanitiés, les lymphatiques, les neurasthéniques, les maladies utérines à forme torpide, atonique, en obtiennent de bons résultats.

Les arthritiques, lithiase, obésité, diabète, goutte chronique, obtiennent de bons résultats.

Les contre-indications relèvent surtout de l'état du cœur, de l'état des reins, ou de la présence d'une affection à marche aiguë ou irritative.

M. le Dr Adolphe BLOCH, à Paris.

Nature et pathogénie de la scrofule. — La scrofule n'est pas exclusivement une affection du système lymphatique, ou un trouble de la nutrition, ou de la tuberculose, car ce ne sont là que diverses manifestations de la diathèse.

Elle est due a une anomalie dans le développement intra-utérin, d'une ou de plusieurs parties de l'organisme (os, ganglions lymphatiques, etc.), qui porte principalement sur la structure et sur le volume, et qui prédispose à certaines affections déterminées, tuberculeuses ou non.

La scrofule est donc une dégénérescence physique, c'est-à-dire une déviation maladive du type spécifique.

Elle provient le plus souvent, par hérédité morbide dissemblable, du *nervosisme*, de la *tuberculose* ou de l'*alcoolisme* des parents.

Elle peut naître également de l'*hérédo-syphilis*, et en général, de toute espèce de trouble qui vient entraver le développement régulier du fœtus.

M. Camille CHABRIÉ, à Paris.

Sur l'élimination de l'acide phosphorique après les injections du liquide testiculaire. — Les injections hypodermiques des liquides préparés par la méthode de Brown-Séquard provoquent la diminution de la phosphaturie en même temps que l'hypersécrétion de l'urée.

Les injections de sérum artificiel provoquent aussi l'hypersécrétion de l'urée, mais ne diminuent pas la phosphaturie.

Ce résultat analytique paraît avoir quelque intérêt, puisque la phosphaturie est particulièrement à redouter chez les nerveux qui sont soumis aux injections de M. Brown-Séquard.

— Séance du 4 août 1893 (soir) —

MM. LE GENDRE et BEAUSSENAT, à Paris.

Anévrisme spontané de l'artère humérale par méso-périartérite aiguë à streptocoques au cours d'une endocardite infectieuse. — MM. Le Gendre et Beaussenat communiquent l'observation d'une femme de vingt-cinq ans, sans antécédents héréditaires, ayant pour antécédents personnels deux attaques de polyarthrite aiguë rhumatismale fébrile, dont la seconde s'était accompagnée d'une endocardite cinq mois avant le début de l'accident morbide qui l'a amenée à l'hôpital Saint-Antoine, salle Rostan, n° 9, en mai 1893. Marie Kr. est indemne de syphilis ainsi que son mari ; elle a eu entre ses deux attaques de rhumatisme une grossesse sans incidents, suivie de la naissance d'un enfant actuellement encore bien portant.

Cette femme a ressenti brusquement, huit jours avant son entrée à l'hôpital, des fourmillements, un engourdissement douloureux et du refroidissement du membre supérieur droit ; peu auparavant les mêmes sensations s'étaient montrées dans le membre inférieur droit, mais n'avaient pas persisté.

Peu après l'apparition des douleurs dans le bras droit, se constituait à l'union du tiers supérieur et du tiers moyen de ce bras une tumeur pulsatile, de la grosseur d'un petit œuf, au niveau de laquelle on percevait un bruit de souffle systolique ; il y avait retard du pouls radial droit sur le gauche et sur le choc du cœur.

Le diagnostic d'anévrisme de l'artère humérale fut porté, mais contesté plus tard par le chirurgien appelé, parce que les mouvements d'expansion rythmique avaient disparu ; la tumeur, devenue presque solide, fut considérée par lui comme un ostéo-sarcome, pour lequel il proposa la désarticulation de l'épaule, refusée par la malade.

19

Celle-ci était d'ailleurs dans l'état de cachexie et de septicémie fébrile, par suite des progrès de son endocardite : on percevait les signes d'un rétrécissement avec insuffisance mitrale, le souffle systolique de la pointe ayant une violence extrême, ainsi que l'impulsion cardiaque. La tumeur du bras atteignit le volume d'une tête de fœtus ; le bras, l'avant-bras et la main étaient déformés par l'œdème, livides, violacés. Les téguments s'amincirent et se perforèrent, livrant passage d'abord à une masse de caillots, puis à du sang pur, et, malgré la ligature.de l'axillaire faite d'urgence et qui arrêta l'hémorragie, la malade succomba à l'excès d'épuisement.

L'autopsie fit voir une endocardite végétante de l'orifice mitral, des infarctus multiples de la rate et des reins. La tumeur du bras était bien constituée par un anévrisme de l'artère humérale, qui s'était rompu pour former d'abord un anévrisme diffus consécutif. L'humérale se divisait prématurément en radiale et cubitale, ce qui avait peut-être favorisé la formation de l'anévrisme en ce point.

Mais la véritable pathogénie s'explique par l'examen histologique : sur les coupes de l'artère humérale au-dessus et au niveau du sac existaient, à divers stades d'évolution, les lésions de l'artérite infectieuse, ayant leur localisation très nette sous l'endartère, dans la tunique moyenne et dans la tunique externe : diapédèse de leucocytes, infiltration d'éléments embryonnaires qui, ayant dissocié les éléments musculo-élastiques, avaient diminué leur résistance et amené l'ectasie. Sur toutes les coupes existaient des streptocoques, isolés ou en chaînettes, qu'on trouvait également dans les infarctus viscéraux. Ce fait, unique à la connaissance des présentateurs, permet de saisir aux premiers stades, par suite de l'évolution anormalement rapide, la formation des anévrismes par méso-périartérite aiguë. Les agents infectieux ont fabriqué sur place les toxines provocatrices de l'altération artérielle (1).

Discussion. — M. Bouchard. — Dans le cas que vient de rapporter M. Le Gendre et qui ajoute un chapitre à l'histoire des maladies infectieuses, il semble, d'après l'examen microscopique des lésions, qu'il s'agissait de périartérite et de mésartérite plutôt que d'endartérite. C'est en effet surtout à la suite des périartérites que se font les dilatations des petites artères, aussi bien que des artères volumineuses, et il suffit, pour s'en convaincre, de faire chez un chien une simple cautérisation au nitrate d'argent sur la surface externe d'une artère : quelques jours après, il existe une dilatation, un début d'anévrisme au niveau du point cautérisé.

M. LE GENDRE, Méd. des hôp. de Paris.

De quelques.accidents causés par l'abus des exercices sportifs pendant la croissance. — Les exercices physiques sont indispensables aux enfants et il n'y aurait qu'à se louer de leur heureuse renaissance dans nos établissements d'éducation, s'il ne s'y mêlait pas un abus, l'introduction du sport, et si on prenait un soin suffisant pour entraîner les enfants graduellement, comme aussi pour choisir le genre d'exercices convenable à chacun d'eux suivant ses aptitudes physiques.

(1) Cette observation est publiée *in extenso* dans la *Revue de Chirurgie*, 1893.

En effet, comme médecin d'enfants, l'auteur a été appelé souvent, dans ces dernières années, à soigner des sujets qu'avait rendus malades l'abus ou le mauvais choix de tel ou tel jeu sportif dans l'âge de la croissance.

Les accidents qu'il a observés sont des troubles circulatoires : palpitations de plus en plus fréquentes avec épistaxis chez des enfants issus de rhumatisants et de névropathes, dilatation aiguë des cavités droites à la suite d'une course trop rapide, œdèmes malléolaire et prétibial passagers chez des sujets atteints de rétrécissement mitral latent ; enfin, dans un cas, chez un enfant obèse, mal entraîné, hémorragie intestinale avec hématome sous-cutané et intra-musculaire des parois de l'abdomen, consécutivement à une course en bicyclette sur le pavé.

Il signalera encore les troubles des voies digestives, provoqués ou aggravés (ingestion trop fréquente de liquides aboutissant à la gastrectasie, dyspepsie par surmenage, c'est-à-dire par diminution de la sécrétion chlorhydrique sous l'influence des perturbations nerveuses et nutritives que produit l'excès de fatigue), typhlites par secousses et tractions du cæcum chez des enfants sujets à la constipation ou pérityphlites avec tiraillement d'adhérences antérieures, troubles nerveux (céphalée par hyperémie cérébrale, insomnie par surexcitation psychique), les arthrites et synovites provoquées ou réchauffées chez des sujets atteints de tuberculose latente ou rhumatisants, la cyphose cervico-dorsale par suite de l'attitude dite de jockey adoptée par beaucoup de bicyclistes, etc.

Il faut ne pas oublier que les enfants s'adonnent avec une ardeur extrême à tous les exercices physiques quand leur amour-propre est mis en jeu par l'émulation ; les pédagogues doivent donc se garder de surexciter cette émulation par l'organisation des match, paris, concours, lendits.

Avant de laisser les enfants, pendant la croissance, s'adonner à tel ou tel exercice physique, il faut que le médecin ait examiné minutieusement chacun d'eux et, par la connaissance de ses antécédents héréditaires et personnels, par la constatation de telle ou telle tare organique ou infection chronique, déterminé le genre ou les genres d'exercices qui lui sont permis par ses aptitudes physiques. Certains enfants seront toujours inaptes à certains sports, d'autres à tous les sports.

Le médecin, qui a charge de sauvegarder les intérêts de l'individu, a le devoir de raisonner dans cette question autrement que le législateur, qui n'a en vue que l'amélioration générale de la nation ; même à ce dernier point de vue, l'intérêt bien entendu du pays est qu'on ne compromette pas, par des fatigues physiques excessives pendant la croissance, certains enfants qui, devenus hommes et vivants, quoique chétifs, pourront servir utilement le pays par leurs travaux intellectuels.

Discussion. — M. Bouchard : Je m'associe complètement aux conclusions de M. Le Gendre et je crois que le surmenage physique commence à devenir réel. Il ne faut pas que les enfants soient amenés à lutter les uns contre les autres. On doit instituer l'exercice corporel, que je suis extrémement désireux de voir entrer dans tous nos établissements scolaires, mais on doit bannir le sport, c'est-à-dire la course, contre laquelle je ne saurais trop protester.

M. Hallopeau : Je ne puis que souscrire, d'une manière générale, aux conclusions de M. Le Gendre. Je crois seulement qu'il y aura lieu d'étudier séparément les troubles fonctionnels et les actions nocives que peuvent entraîner les différents exercices physiques. Il est de toute évidence que ce ne sont pas les mêmes parties de l'organisme qui entrent en jeu dans chacun d'eux ; le mode de réaction peut également varier. Nous en avons un exemple dans l'usage de la bicyclette. Alors que, chez beaucoup de sujets, il provoque rapidement des sueurs profuses, il ne donne généralement pas lieu à de la dyspnée, non plus qu'à des palpitations : il y a là un contraste frappant avec ce qui se produit dans la course et même dans la marche pour peu qu'elle s'exerce avec effort sur un terrain montueux.

. M. FIESSINGER : Dans un mémoire couronné par l'Académie de médecine en 1889 *(De la croissance au point de vue morbide)*, j'ai insisté sur les accidents cardiaques qui peuvent survenir chez des enfants, à la suite d'exercices de gymnastique trop prolongés. Ces accidents consistent en dilatations temporaires du cœur droit et se produisent surtout au moment de la puberté. Il existe à cette époque une hypertension artérielle physiologique qui augmente le travail du cœur et rend plus dangereux l'abus des exercices de gymnastique. Je n'ai observé ces accidents que chez des enfants de douze à quinze ans.

M. Albert CHARRIN, Agrégé de la Fac. de méd., Méd. des hôp. de Paris.

Maladie expérimentale de cause alimentaire, d'origine digestive. — Des motifs de divers ordres peuvent conduire les expérimentateurs à soumettre les lapins au régime lacté. — La plupart de ces animaux supportent aisément ce régime. Quelques-uns, l'été surtout, lorsque le lait s'altère facilement, deviennent malades.

On observe alors un certain nombre de phénomènes plus ou moins groupés sur chaque sujet : amaigrissement ; diarrhée rare, le plus souvent constipation opiniâtre ; albuminurie légère, parfois globulinurie ; éruptions cutanées, croûtes épidermiques, quelquefois abcès, chute des poils ; ordinairement, inappétence ; défaut de fièvre. — A l'autopsie, on peut reconnaître quelques altérations : atrophie des viscères, foie, reins, rate, cœur; entérite discrète, cæcum contenant une masse pâteuse ; canaux des fémurs dilatés. — Au microscope, dans des cas de survie prolongée, on décèle parfois des lésions de néphrite, des granulations anomales dans les cellules hépatiques, etc.

En somme, expérimentalement, on reproduit une affection de cause alimentaire, d'origine intestinale, retentissant sur les fonctions et sur les tissus, sur la physiologie et sur l'anatomie. — On réalise, en partie, le tableau des phénomènes observés chez l'homme dans de semblables situations.

M. NICAISE.

. *Pathogénie de la dilatation des bronches.* — Les bronches, à l'état physiologique, sont en état de contraction pendant l'inspiration, elles ont alors leur diamètre minimum ; pendant l'expiration, quand celle-ci est calme et que le larynx ne fonctionne pas, c'est-à-dire quand la glotte n'est pas rétrécie, les bronches ne subissent pas de dilatation appréciable, si tant est qu'elles en subissent ; au contraire, quand l'expiration est puissante, que la glotte est rétrécie comme dans le chant, le cri, les bronches se dilatent, plus ou moins selon l'intensité et la durée du chant et du cri.

La dilatation pathologique des bronches reconnaît deux ordres de causes : des causes prédisposantes et des causes efficientes.

Les causes prédisposantes sont les inflammations avec destruction plus ou moins grande des éléments constituants et les troubles de nutrition, sclérose, dégénérescence granulo-graisseuse, d'où résulte une diminution de la résistance des tissus, qui se laissent distendre. et une diminution ou une perte de l'élasticité de l'organe qui l'empêche de reprendre son calibre normal.

Les causes efficientes sont celles qui augmentent la tension intra-bronchique, telles que le chant, le cri, la toux. Cette augmentation de tension ne se produit que pendant l'expiration. L'exagération de cette tension, sa répétition, sa prolongation, amènent peu à peu la dilatation.

Discussion. — M. Le Gendre: M. Nicaise me semble avoir mis hors de conteste la cause occasionnelle qui, par sa réitération, produit la dilatation bronchique ; c'est-à-dire l'expiration. Mais il me semble que le côté le plus important de la pathogénie de cette affection réside dans les causes prédisposantes, qui sont indispensables et dont la principale est l'artério-sclérose, ainsi que cela ressort d'une communication récente de M. Hanot à la Société médicale des hôpitaux de Paris. J'ai moi-même constaté, dans une autopsie de malade atteint de bronchectasie et ayant succombé à une hémoptysie incoercible l'existence d'une sclérose généralisée de tout le système circulatoire et de tous les viscères. J'insisterai sur ces hémoptysies, qui sont fréquentes et ont souvent été confondues à tort avec des hémoptysies tuberculeuses ; elles dépendent de la formation d'une sorte de tissu angiomateux au niveau des parois bronchiques dilatées et elles constituent l'obstacle le plus sérieux aux interventions chirurgicales comme la pneumotomie. Je demanderai enfin à M. Nicaise s'il accorde dans la pathogénie un rôle important à la théorie de la traction excentrique exercée sur les bronches par le tissu pulmonaire périphérique sclérosé et par suite de l'existence d'une symphyse pleurale totale ou partielle.

M. Schiff : Dans la respiration normale, libre, il ne peut exister une action dilatatrice sur les bronches ni pendant l'expiration, ni pendant l'inspiration. Sur ce point il n'y a plus de discussion.

Pendant la respiration avec rétrécissement de la glotte, soit que ce rétrécissement se produise d'une manière active (production de la voix, spasme glottique) ou passive (paralysie du nerf récurrent, sténose de la trachée), la vitesse augmentée de l'air au point rétréci compense l'effet mécanique du rétrécissement local. Sous ce rapport, il faut, à ce qu'il paraît, modifier les conclusions de M. Nicaise. Je conviens avec lui qu'il y a *tendance* à la dilatation pendant *l'expiration* et non pas pendant *l'inspiration*. L'inspiration produirait plutôt un effet contraire, tendance au rétrécissement, si les conditions du poumon ne l'empêchaient pas. Mais la pression négative de l'inspiration est entièrement portée par la partie moins résistante, par la partie vésiculaire du poumon, de sorte que cette pression négative reste normalement au-dessous de un millimètre de mercure. Elle ne peut donc pas vaincre la résistance des bronches. Dans l'expiration forcée, les bronches ne se dilatent pas, bien qu'il y ait tendance à la dilatation. C'est ce qu'on peut prouver par l'expérience sur des animaux chez lesquels on inscrit le mouvement thoracico-abdominal et en même temps la pression latérale de l'air dans la trachée. On ralentit la respiration et on voit que la pression de l'air de la trachée devient négative au moment où le mouvement cesse ; la pression positive devrait rester un moment après l'expiration si les bronches étaient dilatées pendant cet acte et se rétrécissaient ensuite par leur élasticité. Une altération locale des bronches qui en diminue la résistance, si elle était la cause suffisante d'une dilatation, devrait être *énorme* ; il faut admettre comme cause de la dilatation, à côté de l'altération nutritive des bronches, une rétraction latérale du tissu pulmonaire, une espèce de cirrhose, qui tirerait dans *le sens radial*, et l'on aurait concilié et combiné de cette manière l'idée originale de *Corrigan* avec les idées progressistes de M. Nicaise.

———

M. CHIAÏS, à Menton.

La médication diurétique. — Son action sur la nutrition. — Tous les diurétiques, quand leur effet se réalise, ont une action commune : ils augmentent l'urine solide et l'urine liquide. Cet effet obtenu, si le trouble nutritif est très faible, le retour au normal du mode de sécrétion et de la composition de l'urine se réalise spontanément sans continuité du traitement.

Si le trouble nutritif est profond (ce qu'on reconnaît au retour des troubles symptomatiques et des perversions physico-chimiques de l'urine), il faut au médicament substituer la médication diurétique. La continuité produit alors les effets suivants : 1° La somme des solides urinaires augmente, mais il y a irrégularité de rapport entre les diverses substances solides entrant dans la composition de l'urine : *effet de lavage.* 2° La médication étant continuée, on obtient la réduction totale et régulière des albuminoïdes ; les solides urinaires restent à peu près ce qu'ils étaient au moment de l'effet de lavage, mais l'urée augmente.

Effet de lavage : quatrième jour du traitement : les solides de 52 montent à 72. Le rapport est de 1 d'urée pour 3,68 d'autres matières urinaires solides.

Effet de réduction totale, dix-septième jour, solides 68,26. Rapport 1 d'urée pour 2,5 de solides.

3° Pour la guérison totale, il faut obtenir, à côté de la régularité des réductions chimiques, la régularité des actions de dialyse ; en d'autres termes, régulariser les actes physiques des courants aqueux, ce qu'on reconnaît à la réapparition de l'urine des boissons et à la régularité de la formule nycthémérale : deux tiers d'urine le jour, un tiers les douze heures de nuit : *effet de dialyse totale.*

Le trouble physique (osmose lente) est le plus tenace, il nécessite souvent une seconde médication par les diurétiques. Cette seconde médication ne provoque plus de modification chimique, mais arrive à régulariser la circulation intra-organique des liquides.

4° Ce résultat obtenu, toutes les fonctions biologiques se réalisent normalement. On a obtenu l'*effet d'équilibre nerveux.* Le malade est guéri.

Comme agent de la médication, il faut éviter les agents toxiques qui produisent un effet immédiat, mais qui ne permettent pas la continuité : et la continuité est nécessaire à la réalisation des quatre effets énumérés ci-dessus.

———

M. BERGEON, Agrégé de la Fac. de Méd., à Lyon.

De la méthode des injections rectales gazeuses. — M. BERGEON réitère une demande d'examen de sa méthode des lavements gazeux.

Déjà l'année dernière, au Congrès de Pau, il a signalé les résultats obtenus sur des malades notòirement atteints de phtisie pulmonaire et chez lesquels la disparition du bacille de Koch de l'expectoration a été obtenue par un traitement persévérant.

L'application de cette méthode aux autres maladies de l'appareil respiratoire ayant également donné depuis huit ans des résultats favorables sur des malades présentés, en temps opportun, aux Sociétés de médecine de Lyon, c'est au nom de l'intérêt public que M. Bergeon formule sa demande pour la seconde fois ; il insiste sur ce fait que le gaz acide carbonique pur est un corps qui se trouve à l'état normal dans le gros intestin, où il est normalement absorbé par les veines et conduit au foie par les veines mésentériques ; il passe ensuite par les veines sus-hépatiques, la veine cave inférieure, le cœur droit ; il s'échappe par les alvéoles pulmonaires dans l'arbre bronchique, entrainant les toxines pulmonaires et celles contenues dans le système veineux. Le gaz acide carbonique injecté dans le rectum à l'état de pureté ne fait qu'activer cette circulation gazeuse et faciliter le rôle émonctoire du poumon.

Cette méthode ne fait donc, en somme, qu'exagérer l'activité d'une fonction physiologique normale, provoquer une sorte de diaphorèse pulmonaire. Mais on peut intervenir plus efficacement en associant au gaz acide carbonique d'autres substances.

Sous l'action persévérante de cette médication, deux résultats sont obtenus :

1º Un résultat immédiat activant les échanges gazeux intra-alvéolaires ;

2º Un résultat éloigné mais persistant, *ampliation thoracique*, disparition de microbes, des crachats, résistance plus grande aux affections de l'appareil pulmonaire.

— Séance du 5 août 1893 (matin) —

M. J. LUCAS-CHAMPIONNIÈRE, Chir. de l'Hôp. Saint-Louis, à Paris.

Étude sur 109 cas nouveaux de cure radicale de hernie sans étranglement complétant un total de 384 cas. — Lorsque M. CHAMPIONNIÈRE a publié, en 1892, son traité de la cure radicale, le total de ses opérations s'élevait à 275. Aujourd'hui, après un peu plus d'une année écoulée, il s'élève à 384.

Parmi ces 109 nouveaux cas, il n'y a aucun cas de mort, et comme sur les deux cas de mort observés, le dernier portait le nº 153, cela fait 231 cas consécutifs sans une seule mort, opérés par M. Championnière.

Les hernies inguinales forment la grande majorité des cas : 90. 83 chez l'homme et 7 chez la femme. Elles n'ont pas présenté de cas exceptionnellement rares, sauf cinq cas avec ectopie et un cas avec hydrocèle congénitale.

Les cas chez la femme, 7, sont relativement nombreux et ont donné des résultats solides avec une grande rapidité, le canal inguinal pouvant être réparé chez elle plus facilement encore que chez l'homme.

Les hernies crurales, au nombre de huit, comprennent une hernie très rare, une hernie crurale chez un enfant de cinq ans et demi : c'est le seul cas que M. Championnière ait jamais observé, et cette hernie contenait un épiploon adhérent.

Trois éventrations forment un chiffre élevé. Deux étaient des éventrations consécutives à des laparotomies pour tumeurs volumineuses.

L'autre cas était un cas de hernie latérale de la paroi abdominale consécutive à une contusion par un timon de voiture. Les suites de cette opération ont été excellentes comme celles observées après un cas analogue de hernie de la paroi latérale consécutive à un coup de pied de cheval.

Les hernies ombilicales ont été au nombre de quatre très volumineuses. Malheureusement, on n'a guère occasion d'opérer que des cas de hernie très volumineuse qui, au point de vue de la solidité des résultats ne donnent pas de suites parfaites, tandis que si on opérait la hernie ombilicale de petit volume, les résultats seraient assez constamment très solides.

Quatre hernies épigastriques ont donné les résultats les plus parfaits au point de vue de la solidité aussi bien qu'au point de vue de la disparition des accidents si pénibles de ces petites lésions. Un des sujets a été opéré de deux hernies épigastriques situées l'une au-dessus de l'autre.

Cette nouvelle série d'opérations met en relief l'innocuité à laquelle il est possible d'arriver : non seulement elle ne contient pas de cas de mort, mais elle continue ainsi une série de 231 cas sans aucun décès.

M. Championnière a continué à appliquer avec rigueur sa méthode telle qu'il l'a décrite dans son livre en cherchant à perfectionner encore les sutures des parois. Dans les hernies ombilicales et pariétales il a réussi à multiplier les plans de suture souvent jusqu'à trois.

Les récidives se montrent de plus en plus rares. Il n'en a observé qu'un très petit nombre depuis sa dernière publication.

Aujourd'hui, cette opération devrait être acceptée assez généralement pour qu'on l'appliquât chez tout sujet jeune en état de la supporter.

On donnerait ainsi aux hernieux des conditions de santé et de prolongation de l'existence et on rendrait à la vie sociale beaucoup de sujets gênés ou empêchés par leur infirmité.

M. HÉNOCQUE, à Paris.

Analyse spectroscopique du sang par l'examen spectroscopique des téguments. — M. Hénocque expose les récents progrès qu'il a accomplis dans l'analyse spectrale du sang par un nouveau procédé qui rend désormais possible et très pratique le dosage de l'oxyhémoglobine contenue dans le sang, à travers les muqueuses par un simple examen spectroscopique et *sans qu'il soit nécessaire d'extraire une goutte de sang.* Il emploie dans ce but un spectroscope portant un disque de verres colorés et gradués, dénommé *Analyseur chromatique* dont la description est donnée dans la *Section de chimie.*

Les applications de ce mode d'examen sont des plus importantes puisqu'il permet de répéter sans inconvénient les observations, ainsi que M. Hénocque l'a fait sur les enfants, des nouveau-nés avant terme maintenus dans la couveuse, chez les femmes, les hémophiles, les anémiques, les blessés et les opérés.

L'hyperhémie peut être mesurée comparativement; il en est de même de la vascularisation des diverses régions (lèvres, muqueuses, doigts), des productions morbides des éruptions, de la cyanose, de l'asphyxie et du diagnostic du moment de la mort.

Il deviendra facile d'utiliser dans la pratique médicale les notions de l'activité des échanges entre le sang et les tissus dont l'importance est déjà démontrée par de nombreux travaux. (Cz *Archives de Physiologie*, n° I, t. IV, 1893.)

M. Adolphe D'ESPINE, Prof. à la Fac. de méd. de Genève.

Une observation de cirrhose infantile. — M. D'ESPINE, à propos d'une observation de cirrhose du foie chez un enfant de 6 ans suivie d'autopsie dont il donne lecture, donne un résumé de la question de la cirrhose infantile. Il insiste sur la difficulté du diagnostic de la cause de cette maladie, syphilis, tuberculose, etc., et sur l'importance, quelle que soit la cause, d'instituer le traitement par le calomel. L'iodure de potassium ne lui a donné, dans deux cas, aucun résultat appréciable ; il a paru même aggraver plutôt la maladie.

M. DUFOUR, à Lausanne.

Sur l'indication des injections sous-conjonctivales de sublimé. — Après avoir fait environ 400 injections sous-conjonctivales de sublimé sur plus de 90 malades, un peu de clarté s'est faite dans l'esprit de l'auteur quant à l'emploi de ce moyen précieux d'action.

Cette médication est non seulement bonne, mais la meilleure dans les cinq groupes suivants de phlegmasies oculaires :

1° Les ulcères suppuratifs et kératites suppuratives, surtout si le pus s'infiltre entre les lamelles de la cornée ;

2° Les kératites profondes à cause locale ;

3° Les exsudats profonds, suite de piqûre ayant apporté dans le corps vitré des germes qui s'y développent en culture et produisent presque sûrement la phtisie du bulbe ;

4° Les ophtalmies sympathiques, quand on peut arriver au moment de la migration ;

5° Les choroïdites, même non syphilitiques, maculaires ou non, — pourvu qu'elles soient récentes; — il souscrit sur ce point absolument aux affirmations de MM. Abadie et Darier. Quant à la concentration, après avoir essayé 1/1000, 1/2000, 1/2500, 1/4000, il s'est fixé à la solution au 1/2000 qui est très supportable et suffisamment active.

M. PRIOLEAU, anc. int. des hôp. de Paris, à Brive.

Sur un cas d'extrophie vésicale opéré avec succès. — M. Prioleau a choisi la méthode autoplastique parce que les méthodes de Trendelenburg et de Segond ne pouvaient être appliquées : la première, à cause de l'impossibilité où le mettait ce cas de pouvoir rapprocher les pubis et de réduire l'extrophie ; la seconde à cause du peu d'étendue de la muqueuse dont il disposait. Il adopte, en thèse générale, le procédé de Le Fort, en allant par étapes et en ne disséquant les lambeaux que profondément sans les séparer de leurs bords, sauf en deux bords opposés pour pouvoir faire la dissection profonde. En même temps, il met deux sondes dans l'urethère pour dévier les urines qui pourraient le gêner. Ainsi il arrive, en six jours, à avoir une réunion par première intention. De la relation succincte précédente, il tire la déduction suivante :

1° Excellence de la méthode autoplastique en plusieurs temps ;

2° Sécurité de n'avoir pas de gangrène ni de rétraction des lambeaux en les disséquant et en les laissant adhérents pour leur permettre de prendre de la vitalité ;

3° Utilité de la dérivation momentanée du cours des urines par deux sondes antiseptiques introduites dans les urethères pour avoir une réunion par première intention.

M. GUILLOZ.

La photographie instantanée du fond de l'œil humain. — M. Guilloz montre une série de photographies de fonds d'yeux normaux et pathologiques. Il insiste peu dans la description de son procédé, exposé du reste dans les *Comptes rendus de la Société de Biologie,* dans les *Archives d'Ophtalmogie,* et que M. Londe a vulgarisé dans *la Nature* et dans *la Science Moderne.*

Il s'attache à faire ressortir que la photographie n'offre pas le danger qu'on aurait pu craindre en pensant à la grande intensité de la lumière projetée dans l'œil lors de la prise de l'instantané. Cela résulte de la répartition diffuse de la lumière sur la rétine. M. Guilloz indique quelques perfectionnements à son procédé et par lesquels il arrivera à supprimer tout ou partie des reflets existant encore sur ses photographies. Il annonce qu'il étudie un nouveau procédé bien différent du premier et qui permettrait d'obtenir de bien plus grandes photographies.

Photographie instantanée du col de l'utérus. — M. Vautrin, de Nancy, ayant désiré des photographies du col de l'utérus, M. Guilloz a installé, à cet effet, un dispositif dans le service de M. Vautrin.

Il faut employer un spéculum noirci intérieurement. La lampe à magnesium que M. Guilloz a fait construire par M. Belliéni, à Nancy, facilite ces essais qui ne présentent plus alors de difficultés.

M. VAUTRIN.

Prothèse immédiate dans la résection du maxillaire. inférieur. — La prothèse immédiate dans les résections du maxillaire inférieur est une opération d'origine lyonnaise, dont l'importance, encore méconnue, est cependant de toute évidence. M. VAUTRIN apporte une observation concluante, dans laquelle la prothèse a eu un succès complet. Il s'agit d'une résection de la branche horizontale faite pour récidive néoplasique avec ablation d'une partie de la langue et du plancher de la bouche. Au bout de quarante-cinq jours, l'appareil provisoire était enlevé et l'appareil définitif installé. La guérison s'est accomplie avec restauration entière de la forme et des fonctions.

La prothèse immédiate doit agrandir le champ de l'intervention chirurgicale dans les affections néoplasiques de l'étage inférieur de la face. L'incision nécessaire pour la résection facilite beaucoup l'exérèse des tumeurs de la bouche, et si l'antisepsie est bien assurée après l'opération, les suites ne sont pas à redouter. Pendant le séjour de l'appareil provisoire, des irrigations antiseptiques doivent être constamment pratiquées, c'est la condition indispensable du succès.

Lorsque la prothèse immédiate ne peut être exécutée, comme dans la chirurgie de guerre, il est encore possible de restaurer partiellement la forme et la fonction par la prothèse médiate et la prothèse tardive.

M. CHÉRON, Médecin de Saint-Lazare, à Paris.

Relâchement des ligaments larges de l'utérus et dilatation de l'estomac chez les neurasthéniques. — M. CHÉRON a observé dans ces dernières années, soixante-six malades, femmes vierges ou mariées, ayant eu ou n'ayant pas eu d'enfants, présentant en dehors de toute affection inflammatoire de l'utérus, les signes du relâchement des ligaments larges (sensation de pesanteur dans le bassin avec tiraillement dans les aines, douleurs en ceinture irradiant vers la région lombaire, fatigue pendant la station debout et la marche, etc.).

Chez toutes ces malades, sans exception, il a constaté en même temps l'existence d'une dilatation de l'estomac avec ses conséquences.

Il ne s'agit pas d'une simple coïncidence, car l'interrogatoire minutieux des malades permet toujours, dans ces cas, de retrouver un plus ou moins grand nombre des stigmates de la neurasthénie appelée en casque, insomnie, plaque cervicale, plaque sacrée, amyosthénie, état mental spécial. Dansprès des deux tiers des cas (quarante-deux sur soixante-six), il a noté une hérédité névropathique. Dans tous il existait de l'hypotension artérielle, critérium de l'abaissement de la vitalité et de l'épuisement nerveux.

Tantôt c'est la dilatation de l'estomac qui apparaît la première, écarts de régime alimentaire, tantôt c'est le relâchement des ligaments larges, grossesses répétées sans accidents puerpéraux, allaitement prolongé, etc. Au bout de peu de temps, l'affaiblissement de la fibre lisse de l'estomac coïncide avec l'affaiblissement de la fibre lisse des ligaments larges. Plus tard s'y ajoute l'affaiblissement de la

libre lisse de l'intestin, constipation de la vessie, etc. Plus tard encore l'amyosthénie. L'hypotension artérielle est précoce.

Le diagnostic est facile à faire lorsque l'attention est attirée sur ce sujet; la
dilatation de l'estomac et le relâchement des ligaments larges ayant chacun leurs
symptômes propres qu'il est facile de séparer.

Tous ces cas peuvent être améliorés grandement sinon tous guéris par un
traitement rationnel, comprenant le traitement général de la neurasthénie auquel l'auteur a adjoint avec succès les transfusions hypodermiques de sérum artificiel, et pour l'estomac, les amers simples longtemps continués, pour l'utérus,
le massage local et les intermittences rythmées du courant continu.

En résumé, il s'agit d'une forme assez fréquente de neurasthénie qu'on pourrait appeler la forme utéro-gastrique.

M. S. BERNHEIM, à Paris.

Expérimentations alimentaires et thérapeutiques faites avec la solphine.

— **Séance du 5 août 1893** (soir). —

M. DE FLEURY, anc. int. des hôp., à Paris.

Traitement rationnel de la neurasthénie. — Sur vingt et un malades atteints
de neurasthénie rebelle, qu'il lui a été donné de suivre, M. DE FLEURY a eu occasion d'employer une thérapeutique complexe, qui lui a donné d'assez bons résultats pour qu'il en veuille résumer les lignes principales :

La *fatigue physique*, *l'inappétence*, *l'impuissance génitale*, *la fatigue intellectuelle*
cèdent promptement aux injections hypodermiques de sérum artificiel concentré
(formule de J. Chéron), dont les effets sont pour le moins aussi satisfaisants que
ceux des injections de suc orchitique ou de suc nerveux.

La *dyspepsie* neurasthénique s'améliore et guérit sous la seule influence des
boissons alcalines et d'un régime alimentaire supprimant l'alcool et empêchant
la production des acides de fermentation.

C'est en réglant heure par heure l'emploi de sa journée que le neurasthénique sans emploi de médicaments, verra disparaître *l'énervement* et revenir le
sommeil régulier.

La machine statique (souffle et étincelle) et la friction sèche ont promptement raison des *stigmates douloureux* : céphalée en casque, plaques cervicale et
sacrée, névralgies erratiques, etc., etc.

Le repos, excellent tout au début du traitement, doit être promptement
remplacé par le travail méthodique, à heure fixe, de préférence le matin ; le
neurasthénique, qui prend aisément des habitudes, peut en prendre d'excellentes, celle du travail par exemple. Il faut qu'un traitement moral de tous
les jours double le traitement physique.

Le traitement ainsi conçu m'a donné les résultats suivants :

Dix-sept cas de neurasthénie à cause déterminante bien nette: dix-sept guérisons.

Quatre cas de neurasthénie à début insidieux au moment de la puberté: quatre améliorations notables.

Discussion. — M. MAUREL appuie les conclusions du docteur de Fleury. Dans des cas de neurasthénie dans lesquels les troubles gastriques étaient dominants, il a traité ces troubles comme si la neurasthénie n'existait pas. Il pensait ne faire bénéficier ces malades que d'une légère amélioration des troubles de l'estomac. Or, non seulement ce résultat a été obtenu; mais de plus, assez souvent, il a été plus marqué qu'il ne l'espérait, et parfois même il a vu la neurasthénie dans son ensemble s'améliorer d'une manière sensible.

M. D'ESPINE : Le point essentiel du traitement préconisé par M. de Fleury est d'imposer aux neurasthéniques une règle qui, chez ses malades, a été suivie. Mais il faut faire une restriction cependant pour certains cas, comme ceux qui surviennent chez les prédisposés à la suite d'une cause accidentelle, d'un excès de travail par exemple ; chez ces malades, il faut absolument un changement de milieu : c'est à cette seule condition qu'on obtient des résultats satisfaisants.

M. CHÉRON.

Action des injections hypodermiques de liquides non toxiques sur l'appareil circulatoire. Maladies à hypotension. — Dans les nombreuses observations relevées depuis 1885 chez les sujets que M. CHÉRON a soumis aux injections hypodermiques de liquides non toxiques les plus variés, à la dose minimum de 5 grammes chaque fois, il a toujours constaté et pu faire constater à tous les confrères qui suivent ses expériences, l'augmentation d'énergie du muscle cardiaque et le relèvement de la tension artérielle. Faite sur un sujet déprimé dont la tension est abaissée à 9 ou 10 centimètres de mercure, l'expérience est saisissante, car en quelques instants la tension se relève de 5 à 6 centimètres, en même temps que les bruits du cœur, beaucoup mieux frappés, ont acquis une netteté parfaite et que le choc de la pointe est devenu beaucoup plus fort. Ces résultats se maintiennent pendant quelques heures, parfois pendant quelques jours ; il est donc facile de les maintenir acquis.

Au cours de ces recherches poursuivies pendant huit années, il a constaté, d'une façon permanente, qu'il existe un groupe considérable de maladies (maladies du cœur non compensées, hémorragies graves, shock, péritonite, pelvi-péritonites aiguës ou chroniques, fièvres graves à forme adynamique, phtisie pulmonaire, neurasthénie, adynamie (par vitalité insuffisante, par surmenage, anémie, etc.), dont l'hypotension est un symptôme capital, intimement lié à la maladie, dont il reflète les fluctuations de la façon la plus fidèle.

Le rôle prépondérant que remplit la tension artérielle dans ce nombre considérable d'affections, l'importance grande qu'il y a à la relever, me semblent autoriser la désignation de ce groupe de maladies sous le nom de *maladies à hypotension*.

L'avantage de cette dénomination serait d'appeler l'attention sur le symptôme auquel il importe de remédier le plus promptement possible, ce qui devient réellement facile et sûr si on fait usage des injections hypodermiques de sérums artificiels et si on suit les modifications de la tension artérielle à la radiale, avec un sphygmomètre, celui de M. Verdin, par exemple, qui est d'un emploi très pratique.

Le sérum artificiel, auquel ses nombreuses expériences lui ont permis d'attribuer le maximum d'effet, est composé suivant la formule que voici : sulfate de soude 8, phosphate de soude 4, chlorure de sodium 2, acide phénique neigeux 1, eau distillée stérilisée 100.

M. DUPLOUY, Direct. du Serv. de santé de la Marine, à Rochefort.

Des injections phéniquées dans le phlegmon gangreneux. — Il ne faut pas s'exagérer les dangers de l'absorption de l'acide phénique employé sous la forme d'injections sous-cutanées : M. Duplouy a pu en injecter des quantités notables et arrêter, par ce moyen, la marche envahissante d'un phlegmon diffus, gangreneux, éminemment septique, étendu de la fosse ischio-rectale au voisinage du grand trochanter ; ce fait l'a trop vivement frappé pour qu'il résiste au désir de faire connaître à ses confrères la ressource thérapeutique qui lui a été si précieuse dans un cas désespéré.

Il s'agissait d'un homme de soixante-cinq ans, apporté de la campagne à Toulon où l'auteur était en tournée d'examen ; toute la région fessière était envahie par un phlegmon diffus, dans lequel des incisions ou plutôt des taillades avaient mis à nu le tissu cellulaire sphacélé, sans empêcher l'inflammation de fuser de proche en proche vers la hanche ; l'état général ne semblait laisser aucun espoir et M. Duplouy jugeait, comme MM. Galliot, Cunéo et Merlin, qu'il était inutile de faire de nouvelles incisions ; pensant aux bons effets des injections iodées dans la pustule maligne, aux pulvérisations phéniquées si utiles contre l'anthrax, il proposa et fit accepter, en désespoir de cause, des injections sous-cutanées d'acide phénique à 2^{gr},50 0/0 ; dix gouttes de cette solution furent injectées de 5 en 5 centimètres au pourtour de la zone inflammatoire et poussées, à l'aide d'une longue aiguille tubulée, dans le tissu cellulaire jusqu'à l'aponévrose ; il avait en vue d'irriguer ainsi tout le tissu cellulaire et de faire, pour ainsi dire, la part du feu : il ne fallut pas moins de vingt piqûres, ainsi espacées, pour cerner ce vaste foyer inflammatoire, ce qui, à raison de deux injections par jour, représente 50 centigrammes d'acide phénique ; on continua ainsi pendant trois jours ; les résultats furent tout à faits inespérés. Dès le second jour, l'inflammation prit une marche régressive et tout fut borné après trois jours d'injection ; il ne resta plus qu'à diriger un long travail d'élimination et de réparation dont le malade put faire les frais, grâce à sa robuste constitution.

M. DE REY-PAILHADE, à Toulouse.

Rôle du PHILOTHION, *principe organique :* 1° *dans la respiration des tissus ;* 2° *dans l'absorption du soufre pris à l'intérieur.* — M. DE REY-PAILHADE expose d'abord le rôle du philothion dans la respiration des tissus. Le philothion est un principe immédiat, répandu dans tous les tissus animaux, qui absorbe beaucoup d'oxygène libre à la température de 40 degrés centigrades. Cette matière est contenue d'autant plus abondamment dans les tissus qu'ils consomment beaucoup d'oxygène. Le philothion paraît remplir un rôle de ferment soluble d'oxydation. MM. Jaquet et Pœhl admettent aussi que l'oxydation des tissus s'effectue au moyen d'oxygène ordinaire, grâce à un ferment soluble d'oxydation. Il paraît exister des maladies par excès ou diminution de philothion dans les éléments anatomiques.

Cette substance attaque aussi le soufre avec production d'hydrogène sulfuré. Cette propriété permet de comprendre :

1º L'absorption du soufre pris par la bouche ;

2º L'excitation générale produite par la médication du soufre et des eaux sulfurées en général.

M. F. BOÉ, à Paris.

De quelques innovations malheureuses apportées, dans ces dernières années, aux opérations de cataracte. — Le premier devoir du praticien est de profiter de l'expérience acquise pour ne pas renouveler, sur ses malades, des tentatives malheureuses ; le second est de ne pas appliquer des données scientifiques nouvelles avant d'attendre que celles-ci n'aient été l'objet de nombreux contrôles.

Des fautes ont été commises dans le passé parce que ces règles n'ont pas été observées ; il est à craindre qu'il ne s'en commette de semblables encore dans l'avenir.

Lorsque le lavage intra-oculaire fut introduit dans la pratique courante, on avait présumé qu'un liquide antiseptique pouvait, sans altérer les éléments anatomiques, détruire les coques nocifs qui auraient été introduits au cours de l'opération dans la chambre antérieure ; il fallait attendre que des expériences contradictoires eussent été faites *in anima vili ;* elles sont venues, à la vérité, mais trop tard. Les observations cliniques avaient déjà éclairé les praticiens.

Une des plus graves complications qui peuvent survenir à la suite d'une opération de cataracte est la suppuration du globe oculaire ; pendant de longues années, l'énucléation d'un œil en plein phlegmon fut regardée comme une opération dangereuse ; lorsque la bactériologie prit rang parmi les sciences accessoires pouvant éclairer les faits cliniques, on pensa tout d'abord qu'elle était une fée bienfaisante donnant les moyens de tuer sur place tous les germes nocifs ; à la vérité, l'antisepsie, au cours de cette opération, ne revêt pas le caractère absolument illusoire qu'elle affecte dans le lavage de la chambre antérieure ; mais toute la distance qui sépare l'antisepsie *in vitro* de l'antisepsie appliquée n'en persiste pas moins. La bactériologie fait seulement penser qu'une telle opération ne pourra entraîner la mort du malade que dans un certain nombre de cas ; un fait est certain : l'énucléation d'un œil en plein phlegmon est d'autant plus dangereuse chez le lapin, qu'elle aura été faite d'une façon plus hâtive.

S'il est important de ne pas se hâter d'appliquer des données scientifiques nouvelles avant que celles-ci ne soient bien établies, il importe encore plus de ne pas renouveler des tentatives malheureuses condamnées déjà.

Personne n'ignore que les extractions de cataracte secondaire offrent une gravité particulière : quel que soit le procédé employé, elles sont toujours fort délicates ; mais l'enlèvement pur et simple de la membranule est de beaucoup le plus dangereux. Il faut se rappeler les paroles de de Graefe, le maître des maîtres : « Je veux bien accorder qu'avec de la hardiesse, par une déchirure violente, par une extraction de la membrane coriace, par-ci par-là on obtienne un résultat parfait, aussi bien optique que cosmétique ; mais je crois que de telles possibilités, en présence de la terrible malechance de rendre un homme, qui y voit encore partiellement, aveugle par notre main, ne suffisent pas pour séduire, pour tenter un opérateur consciencieux. »

N'introduire dans la pratique courante que des données scientifiques bien établies par de nombreux contrôles, et surtout tenir le plus grand compte des leçons du passé, sont bien les conditions indispensables de tout progrès certain.

* * *

M. MAUREL, Agrégé à la Fac. de méd. de Toulouse.

Action réciproque du staphylococcus et de notre sang. — M. Maurel résume ses expériences ainsi qu'il suit :

1º Les staphylococcus tels que nous les donnent les cultures sur gélose sont absorbés par nos leucocytes ; mais ceux-ci sont tués dans moins de deux heures ;

2º Ces staphylococcus rendent les hématies diffluentes ;

3º Enfin ils précipitent la fibrine qui se redissout ensuite ;

4º Mais après un séjour assez prolongé dans notre sang, et probablement aussi dans nos tissus, ils deviennent sans danger par nos leucocytes, et ils perdent leur action sur les hématies ainsi que sur la fibrine ;

5º En outre, ils perdent la propriété de se reproduire dans ce milieu, tout en conservant celle de se multiplier dans un milieu plus favorable.

De ces faits, le Dr Maurel tire les conclusions suivantes :

1º Il y a lieu de reconnaître au staphylococcus trois propriétés différentes (ainsi, du reste, que pour les autres microbes) : la *virulence*, qui est elle-même multiple, la *reproductivité* et la *survivance*.

2º Ces faits peuvent expliquer en partie : A, l'état inoffensif dans lequel le staphylococcus peut rester dans une cavité ; B, la plupart des guérisons spontanées de ses atteintes ; C, enfin ses manifestations secondaires, celles-ci pouvant être dues soit à une exagération de la virulence du staphylococcus, soit à une diminution de l'énergie des leucocytes.

Le Dr Maurel cite quelques exemples de ces cas.

* * *

Mme le Dr GACHES-SARRAUTE, à Paris.

Ladrerie dans l'espèce humaine. — Mme Gaches-Sarraute a eu l'occasion de rencontrer cette année dans sa clientèle deux cas de ladrerie généralisée. Dans le premier, il s'agit d'une jeune femme de trente ans, télégraphiste, chez laquelle elle put constater l'existence d'une foule de petits kystes, de la grosseur d'un grain de chènevis, disséminés sur toute l'étendue du corps. Elle montra cette malade à M. Bouchard, qui pensa qu'il s'agissait de ladrerie, et l'examen histologique, pratiqué par M. Launois, a pleinement confirmé ce diagnostic.

Sa deuxième observation se rapporte à une jeune femme syphilitique, présentant sur le corps de nombreux kystes qu'elle avait attribués à des lésions syphilitiques, mais qui lui paraissent être de même nature que les kystes de sa première malade ; l'examen microscopique n'a pas été fait.

Discussion. — M. Regnault (de Paris) : On doit toujours émettre quelques doutes tant que le microscope n'est pas intervenu. Je me rappelle une observation que j'ai présentée à la Société anatomique il y a quelques années et dans laquelle nous avions rencontré, chez le malade, des tubercules multiples, roulant librement sous la peau ; nous fîmes un examen soigneux, avec M. Netter, pensant à de la ladrerie, et une biopsie nous fit reconnaître qu'il s'agissait de nodules cancéreux. L'autopsie permit, d'ailleurs, bientôt de constater qu'il existait un cancer de l'estomac.

— Séance du 7 août 1893 —

M. FAYARD, Chir. en chef de l'hospice de Niort (Deux-Sèvres).

Un cas de lipome du triangle de Scarpa. — M. Fayard présente à la Section la photographie d'un lipome volumineux, du poids de 6 kilogrammes et demi, implanté dans la région du triangle de Scarpa, et ayant évolué dans une période de cinq années. Il expose la difficulté du diagnostic entre un lipome ou un fibrome kystique, indique le manuel opératoire qu'il a employé et insiste sur la bénignité des suites opératoires, malgré l'énorme perte de substance.

M. Paul IMBERT DE LA TOUCHE, à Lyon.

L'obésité d'origine nerveuse et son traitement par l'électricité. — 1º L'électricité possède une action incontestable dans la cure de l'obésité d'origine nerveuse ou anémie graisseuse si fréquente dans la neurasthénie ;

2º Le bain électro-statique est la médication de choix pour combattre cette obésité spéciale. Il rend aux chairs leur fermeté, ramène la finesse et l'élégance des formes et fait disparaître l'embonpoint exagéré ;

3º En même temps s'atténuent les accidents nerveux, insomnies, céphalées. L'appétit et les forces reviennent à l'état normal.

4º Cette méthode est infiniment supérieure à tous les traitements de l'obésité. Elle s'adresse directement aux troubles nutritifs qui en sont la cause. Elle permet de supprimer tous les traitements pharmaceutiques, dirigés soit contre l'obésité (iode et ses composés, vinaigre scillitique, etc.), soit contre l'anémie (quinquina, fer, vins toniques, etc.), médications très difficilement acceptées par les malades et très nocives aux fonctions digestives ;

5º Son but est de relever les forces et de combattre les phénomènes du ralentissement de la nutrition, en rétablissant l'équilibre du système nerveux.

20

M. CHARRIN, à Paris.

Atténuation de la toxicité des Toxines par la décoloration. — L'étude des substances toxiques fabriquées par les microbes est, à coup sûr, une des questions
qui préoccupent le plus les esprits. Des raisons multiples, à la fois théoriques
et pratiques, justifient les travaux de cet ordre.

Les recherches de Thudicum et surtout celles du professeur Bouchard ont
établi que les matières colorantes de certains liquides organiques (urine, bile, etc.),
déterminaient des accidents plus ou moins graves. Dès lors, il était légitime de
se demander s'il n'en était point ainsi pour les cultures riches en pigments.

Dans ce but, M. Charrin a injecté à des lapins des bouillons dans lesquels
avait longuement évolué le bacille pyocyanogène. Tous ces bouillons ont été sté-
rilisés, mais les uns ont été décolorés en passant sur du charbon, les autres ont
conservé leurs principes pigmentaires. — Introduits, dans les mêmes conditions,
dans les veines des animaux, les premiers ont une toxicité diminuée d'un quart
ou d'un cinquième environ. — Par cette méthode, on retient donc des corps
(pigments ou autres) nocifs.— Assurément, ce ne sont pas les plus actifs; toutefois leur influence n'est pas nulle.

Discussion. — M. Bouchard : Si la décoloration diminue la toxicité des substances excrémentitielles, cela tient en partie à ce que les matières colorantes,
qui ont disparu, ont, en réalité, une part de toxicité beaucoup plus grande
qu'on ne le croit généralement. Ainsi, la bilirubine est toxique : elle est même
deux fois plus toxique que les sels biliaires, qui ont passé pour être seuls
toxiques.

M. BOUCHARD, Memb. de l'Inst., Prof. à la Fac. de méd. de Paris.

Observations relatives à la fièvre. — Quand on veut étudier un des éléments
étiologiques de la fièvre, chez l'homme sain et robuste, le plus souvent on
n'obtient aucun résultat appréciable, tandis que si l'on considère l'action de ce
même élément sur un individu déjà fébricitant, on observera une recrudescence notable. C'est ainsi que toutes les fatigues nerveuses sont provocatrices de
fièvre chez ceux qui sont prédisposés à la fièvre, particulièrement chez les malades épuisés par de longues maladies pyrétiques.

M. Bouchard s'est donc attaché, dans ces dernières années, à étudier les recrudescences de la fièvre, surtout chez les typhiques à la période de convalescence
et chez les malades atteints de tuberculose pulmonaire, chez lesquels la moindre
fatigue retentit à la façon d'un excitant pyrétogène ; il suffit, en effet, qu'un
fébricitant, revenu le matin à une température normale se lève et fasse le plus
léger effort pour qu'on note une élévation thermique dans l'après-midi.

Les muscles ont, évidemment, une grande part dans la production de la chaleur, mais, si les muscles représentent 60 0/0 du poids de notre corps, il reste
40 0/0 d'autres tissus qui, sous l'influence de la fatigue, ont également un rôle
dans la production de la chaleur.

Quand on note la température d'un malade, à son entrée à l'hôpital, elle est
toujours supérieure d'un à deux degrés à celle que l'on observera les jours sui-

vants ; or, indépendamment de la fatigue musculaire qu'il a eue pour venir à l'hôpital, le malade a subi évidemment des troubles nerveux résultant de l'inquiétude, des préoccupations qui ont pu précéder son transfert à l'hôpital.

L'auteur emploie, dans la fièvre typhoïde, des bains tièdes qui sont, au début, à la température extérieure du corps ; la température de ces bains est ensuite abaissée progressivement d'un degré toutes les dix minutes environ, sans qu'elle descende jamais au-dessous de 30 degrés. Sous l'influence du bain, la température du malade s'abaisse généralement d'un à trois degrés ; or, quand les malades ne veulent pas du bain et s'y montrent récalcitrants, on peut ne pas observer cet abaissement du degré thermique, qui s'élève plutôt. Sur 9.000 bains qu'il a fait donner, l'élévation de la température du corps pendant la durée du bain a été extrêmement rare, et toutes les fois qu'on l'a notée, il s'agissait de femmes qui ne voulaient pas aller au bain et dont le système nerveux était en révolte.

Les visites d'hôpital sont souvent la cause d'élévations fébriles : c'est là un fait connu, et il a fait prendre une série de courbes où l'on voit nettement la fièvre se manifester après ces visites.

Quand les convalescents de fièvre typhoïde, quand les tuberculeux font une première sortie, il y a toujours une recrudescence de fièvre ; et on peut voir, après une simple promenade de quelques minutes, la température monter de 37 à 39 degrés. Le travail musculaire joue évidemment là un rôle prédominant. Or, le même élément appliqué à l'homme sain ne produirait pas une action comparable.

Ces faits montrent bien que si l'on veut chercher à se rendre compte des causes de la fièvre, il faut les étudier non pas chez l'homme sain, mais chez celui qui est déjà fébricitant.

M. Bouchard possède une observation que lui a transmise un de ses élèves et qui est des plus frappantes : chez une petite fille atteinte d'une très légère indisposition, on applique un thermomètre dans le rectum, malgré sa résistance, et cela suffit pour faire monter la température à 43 degrés.

Il faut donc tenir compte, non pas seulement dans la théorie de la fièvre, mais dans la pratique, des recrudescences fébriles qui peuvent suivre toute fatigue physique ou morale, et il y a lieu, par conséquent, d'exiger le repos absolu des malades.

Discussion. — M. D'ESPINE : Parmi les recrudescences fébriles qu'on observe dans le cours et vers la fin de la fièvre typhoïde, il est des cas dans lesquels aucune des explications proposées ne paraît suffisante, alors que les raisons invoquées par M. Bouchard sont pleinement satisfaisantes.

A côté de ces cas, il en est d'autres qui restent difficiles à expliquer, mais qui sont certainement liés à l'influence d'une alimentation trop substantielle.

M. BOUCHARD : La digestion est certainement une cause d'élévation thermique, et la fièvre de digestion existe, peu marquée, il est vrai, chez la plupart des individus ; elle s'explique par l'entrée en jeu de tous les organes glandulaires que comporte l'appareil digestif. Pour les convalescents, la débilité nerveuse les rend évidemment plus sensibles à la production de cette fièvre, l'équilibre thermique n'étant plus assuré comme à l'état normal.

M. OLLIER (de Lyon) : Dans les services de chirurgie, nous observons très fréquemment les faits sur lesquels M. Bouchard vient d'insister, et en particu-

lier l'influence des visites et des moindres fatigues sur la température de nos
opérés. Chez les réséqués du genou, notamment, dont le membre malade, est
immobilisé dans un appareil pendant cinquante jours, on ne peut expliquer
les élévations de température de deux ou trois degrés que l'on observe quelquefois que par une fatigue intellectuelle.

Il y a certainement des phénomènes qui paraissent paradoxaux et qui sont,
cependant, susceptibles d'une interprétation semblable à celle que M. Bouchard
a admise dans les faits qu'il vient d'exposer. C'est ainsi que, il y a dix-huit ans,
j'ai montré que les pansements étaient souvent suivis d'une élévation de température, qu'à ce moment j'expliquais par une résorption de produits septiques
favorisée par une déchirure de petits vaisseaux ; aujourd'hui, je suis tout disposé à admettre le rôle prédominant de la fatigue dans la production de cette
élévation de température qui suit quelquefois les pansements.

M. SEZARY, Prof. à l'Éc. de méd. d'Alger.

*Immunité relative des indigènes musulmans de l'Algérie vis-à-vis de la fièvre
typhoïde.* — Depuis longtemps déjà les médecins militaires de l'Algérie ont
signalé la curieuse immunité presque absolue des indigènes algériens vis-à-vis
de la fièvre typhoïde. Des statistiques portant sur un grand nombre de malades,
ont montré que cette immunité s'observe également dans les hôpitaux civils.
Les conditions hygiéniques de la vie des indigènes sont incapables d'expliquer
cette immunité, qui paraît congénitale et comparable, par exemple, à celle du
mouton algérien vis-à-vis du charbon bactéridien.

M. OLLIER, Corr. de l'Inst., Prof. à la Fac. de méd. de Lyon.

*Traitement opératoire des tumeurs profondes des fosses nasales et du pharynx nasal,
par l'abaissement préliminaire du nez.* — M. Ollier a pratiqué près de cent fois
cette opération, qu'il a imaginée d'abord pour les polypes naso-pharyngiens et
qui a été décrite, il y a près de trente ans déjà (1864), dans la *Gazette médicale
de Lyon*, par M. le Dr Vieannois. Le premier temps consiste à faire une incision en
fer à cheval, à concavité inférieure, dont chaque extrémité correspond au point
le plus relevé de l'aile du nez et dont le sommet correspond à la racine du
nez, au point le plus reculé de la dépression fronto-nasale; cette incision faite,
on abaisse facilement le nez, dont la vitalité ultérieure n'est en rien compromise, grâce aux vaisseaux de la cloison et des ailes du nez. On ouvre ainsi
une voie large par laquelle on a un libre accès sur la tumeur, que l'on peut
contourner, d'autre part, avec un doigt introduit par la bouche. Si l'on a
affaire à un nez étroit, on peut, d'un coup de ciseaux, abattre la cloison et,
des deux fosses nasales, ne faire qu'une cavité, qui est alors suffisamment large.
D'ailleurs, l'auteur doit ajouter que, dans les cas de polypes naso-pharyngiens,
la voie est en quelque sorte préparée par l'élargissement des fosses nasales. On
a reproché à ce procédé de donner une cicatrice horrible; ce reproche n'est
nullement mérité, ainsi que l'on peut en juger chez le malade présenté. Ce
jeune homme, âgé de seize ans, et fils d'un des membres de l'Association, le

Dr X..., a été opéré, il y a quinze mois, d'un volumineux fibrome naso-pharyn-
gien à implantations solides et multiples. Le nez n'a subi aucune modification
dans sa forme, et la cicatrice de l'incision est si peu apparente qu'il faut s'approcher de très près pour la voir.

Lorsqu'on a fait cette opération préliminaire, qui n'offre aucun danger, reste
à faire l'opération principale, c'est-à-dire l'ablation de la tumeur, qui est excessivement variable suivant le volume, les adhérences et les prolongements du
néoplasme. Pour ce qui est des polypes naso-pharyngiens, l'ablation complète
dépend de l'étendue des racines profondes, qui peuvent parfois être intracra-
niennes, sans qu'on ait pu, le plus souvent, diagnostiquer leur existence avant
l'opération.

Dans le traitement de ces polypes naso-pharyngiens, l'opération de Nélaton,
qui consiste à détruire la voûte palatine, est une opération à laquelle on ne
doit plus recourir, car elle entraine des destructions irréparables.

Au lieu de faire l'abaissement du nez, comme dans la méthode de l'ostéotomie verticale et bilatérale, on a proposé d'ouvrir seulement d'un côté, de
faire un volet unique ; M. Ollier ne voit nullement l'avantage de ce procédé,
qui donne une ouverture tout à fait insuffisante.

Quant aux opérations économiques, pratiquées notamment à l'aide de l'anse
galvanique, il n'en parlera pas longuement, car elles ne donnent que des
opérations incomplètes et exposent à une récidive prochaine, par cela seul
qu'on laisse les racines en place. De l'électrolyse, toutefois, il doit dire quelques
mots, car c'est une méthode qu'il est quelquefois bon d'essayer, surtout dans
les cas de récidives, et qui peut alors fournir de très bons résultats. C'est une
méthode d'avenir.

Pour les tumeurs malignes des fosses nasales, M. Ollier a employé également le procédé qu'il vient de décrire : c'est même pour cette catégorie de
lésions qu'il l'a employé le plus souvent, dans ces dernières années, avec l'abaissement préalable du nez ; là encore c'est une opération qu'il ne saurait trop
recommander, car, si elle ne guérit pas, elle permet au moins de soulager
notablement le malade et de prolonger la vie en calmant les atroces souffrances
contre lesquelles on était à peu près impuissant jusqu'ici.

Discussion. — M. Viennois : En dehors de l'apparence de la cicatrice (objection qui n'a plus de valeur après le résultat que vous venez de constater), ce
qui retient la plupart des chirurgiens pour adopter l'opération de M. Ollier,
c'est la crainte de l'hémorragie. Sous ce rapport, ils peuvent se rassurer :
l'introduction temporaire d'une éponge dans les fosses nasales suffit, par la
compression qu'elle exerce, à arrêter l'hémorragie. Si le moyen est insuffisant,
on attend quelques minutes après avoir réintroduit l'éponge, et après cette
épreuve, si le sang continue à couler, on pratique un tamponnement plus
exact, en ayant soin de laisser l'éponge pendant plusieurs heures. Le nez, pendant ce temps-là, reste séparé du front, mais il n'y a pas à craindre sa mortification, tant il est bien nourri par sa base. J'ai vu deux fois, dans des cas semblables, M. Ollier ne faire qu'à 4 ou 5 heures du soir la suture de l'auvent
nasal ; l'hémorragie était arrêtée. Inutile d'ajouter que la cicatrisation de l'incision n'a pas été retardée par cet incident.

M. Paris demande à M. Ollier si, après section du nez, le canal nasal ne présente aucun rétrécissement qui nécessiterait une nouvelle intervention.

M. Chaintre : M. le professeur Ollier a signalé la difficulté de faire des interventions complètes, à l'aide d'opérations préliminaires trop économiques. J'ai eu
occasion, il y a quelques mois, d'intervenir dans un cas de myxo-sarcome occupant
la fosse nasale gauche et poussant des prolongements jusque dans le pharynx.
J'avais l'intention de pratiquer l'abaissement du nez, mais la malade refusa
cette intervention, craignant une cicatrice trop étendue ; je dus me borner à
faire une ostéotomie latérale, en relevant comme un volet l'aile du nez. Comme
nous le faisait remarquer tout à l'heure M. le professeur Ollier, l'opération
donne un jour insuffisant. L'extirpation de la tumeur fut extrêmement pénible.
Je dois dire aussi que la cicatrice du nez est très visible, et qu'au point de vue
esthétique, le résultat ne peut se comparer à ceux que donne l'opération de
M. Ollier.

———

M. SCHIFF, Prof. à l'Univ. de Genève.

Sur la suture nerveuse. — On a nié l'utilité de la suture nerveuse, on a nié
que des nerfs divisés puissent se réunir pour reprendre leur fonction parce qu'on
a admis que tout nerf ou tout fragment de nerf séparé de son centre de nutrition doit fatalement tomber en dégénérescence, doit perdre la gaine de
myéline et enfin le cylindre axial et tout ce qui est caractéristique pour le tissu
nerveux, pour devenir enfin un cordon composé seulement de gaines avec ses
noyaux. La section transversale ne se distinguerait guère d'une section d'un
faisceau de connectifs.

Appuyé sur beaucoup d'expériences, M. Schiff a protesté depuis longtemps
contre cette doctrine qui est, depuis quelques années, démentie par la clinique.
Il présente les cinq préparations contenant des sections transversales de nerfs
sciatiques de chiens, chez lesquels on avait radicalement empêché la régénération en extirpant la partie centrale des nerfs avec les ganglions spinaux. On
a réséqué le nerf crural pour détruire les filets anastomotiques qui pourraient
entrer dans le nerf sciatique. Dans toutes ces préparations, dont une représente une section oblique, et qui ont été teintes ou avec l'hématoxyline ou
avec l'acide picrique, on voit très bien et très tranché le cylindre de l'axe
ou milieu du cercle; entre ce cylindre et la gaine, on voit un anneau pro-
toplasmatique, mais il n'y a pas de trace de gaine médullaire. C'est donc cette
dernière qui doit se réparer pour rendre au nerf son aspect normal.

La dégénérescence dans ces nerfs a duré huit à onze mois.

———

— Séance du 9 août 1893 (matin)

M. FABRE, à Paris.

Du traitement des angines par les inhalations d'air surchauffé goudronné et
créosoté phéniqué. — L'année dernière, au Congrès de Pau, M. Fabre faisait
part des heureux résultats obtenus dans le traitement de la tuberculose par les
inhalations d'air chaud créosoté. Il ajoutait : ces inhalations pourront être utilisées dans le traitement des différentes affections des voies respiratoires,

particulier dans le traitement des angines inflammatoires simples, des angines pultacées, des angines gangreneuses et des angines diphtéritiques. Voici les faits qu'il a pu observer depuis lors :

Dans quarante cas de grippe avec angine inflammatoire, les quintes de toux ont diminué instantanément et la sédation s'obtenait en deux jours, trois jours au plus.

Dans dix cas d'angine pultacée, la gêne dans les mouvements de la déglutition cessait à la suite d'une seule inhalation d'une demi-heure. Les taches pultacées disparaissaient complètement après deux inhalations. Le mélange placé dans l'éprouvette était ainsi composé : créosote de hêtre, 5 grammes ; acide phénique cristallisé, 0^{gr},50.

Dans trois cas d'angine gangreneuse, la fétidité de l'haleine et la gêne de la déglutition ont disparu à la suite d'une seule inhalation. Deux inhalations ont suffi pour faire disparaître les exsudats gangreneux.

Dans le seul cas d'angine diphtéritique qu'il a eu à traiter chez une fillette de six ans et demi, et ainsi que l'a observé également le Dr Collache, de Paris, qui a bien voulu contrôler le diagnostic de la maladie et le résultat du traitement ; après vingt-quatre heures et trois inhalations, les amygdales qui étaient littéralement couvertes de fausses membranes épaisses sont absolument nettes, sauf un léger reflet blanc nacré à la partie supérieure de l'amygdale droite ; la muqueuse a repris sa teinte normale, le gonflement des ganglions a notablement diminué, l'état général est bon, et l'enfant demande à manger ; avec le traitement ordinaire, même intensif et bien appliqué, il eût fallu trois fois plus de temps pour arriver au même résultat. La solution placée dans l'éprouvette était la même que celle employée dans le traitement des angines gangreneuses.

M. BRISSAUD, Agrégé de la Fac. de méd., Méd. des hôp. de Paris.

Du chlorate de soude dans le traitement des cancers de l'estomac. — L'emploi du chlorate de soude, à des doses qui ont varié entre 8 et 16 grammes par jour sans jamais dépasser la dose de 16 grammes dans les vingt-quatre heures, a donné à M. BRISSAUD, dans plusieurs cas indiscutables de cancer de l'estomac, des soulagements tels, équivalant d'une façon si frappante à des guérisons, qu'il hésiterait à publier ces résultats s'il ne s'agissait que d'un ou deux cas seulement, en raison des erreurs de diagnostic que l'on peut commettre en prenant pour un cancer de l'estomac un de ces cas de gastrite chronique qui reproduisent si bien tous les symptômes de l'affection maligne ; mais ces résultats ont été obtenus constamment dans tous les cas où, depuis quatre ans, il s'est trouvé en présence d'un cancer purement stomacal, c'est-à-dire dans cinq observations successives, pour lesquelles on ne pourrait parler de cinq erreurs de diagnostic, d'autant moins qu'il en est trois dans lesquelles il existait une tumeur épigastrique appréciable.

Dans ces cinq cas, au sujet desquels le diagnostic n'était pas douteux, le chlorate de soude a été employé à la dose de 12, 14 et même 16 grammes par jour, et les malades sont aujourd'hui absolument guéris, attendu que l'on a vu, sous l'influence du traitement, se produire la suppression des mélæna et des hématémèses, le retour de l'appétit, la disparition de la cachexie, et, d'autre part, dans les trois cas où il existait une tumeur épigastrique appréciable, on a vu cette tumeur disparaître complètement, après six semaines environ.

L'auteur ne parle ici que des succès obtenus dans des cas indiscutables, car il est d'autres cas qu'il pourrait considérer comme des succès, mais pour lesquels le diagnostic était moins évident, ce qui l'empêche d'y insister.

Il doit aussi parler des insuccès. S'il est, en effet, des formes, notamment les formes épithéliomateuses, qui lui paraissent être favorablement influencées par le chlorate de soude, il en est d'autres, telles que les formes interstitielles, sarcomateuses, qui semblent résister à ce mode de traitement.

D'autre part, il est des cas où l'insuccès doit être attribué soit à la généralisation cancéreuse, soit à des complications sur lesquelles le traitement ne saurait exercer aucune influence.

Comment peut-on expliquer l'action du chlorate de soude? Les uns pensent qu'il n'est ni décomposé ni fixé dans l'organisme, d'autres croient au contraire qu'il est en partie décomposé. Les internes en pharmacie de l'auteur, qui ont fait à ce sujet quelques recherches, ont constaté qu'il y avait une élimination notable du médicament.

Quoi qu'il en soit, M. Brissaud veut seulement signaler aujourd'hui les résultats des plus encourageants que lui a donnés le chlorate de soude dans le traitement du cancer de l'estomac, résultats qui peuvent être déjà considérés comme équivalant à une guérison définitive, et cela chez un nombre suffisant de malades pour que l'on ne puisse penser qu'il y ait eu autant d'erreurs de diagnostic.

Discussion. — M. Lépine (de Lyon) : Je suis d'autant plus porté à croire aux heureux effets du chlorate de soude dans le traitement du cancer de l'estomac que j'ai observé moi-même des faits dans lesquels j'ai pu apprécier l'efficacité du chlorate de potasse vis-à-vis de certains épithéliomas. Je vois surtout, dans la méthode proposée par M. Brissaud, une innovation fort heureuse, en ce que l'emploi du chlorate a été fait à hautes doses; c'est peut-être là la cause du succès obtenu par M. Brissaud, attendu qu'il n'y a pas seulement une substitution du chlorate de soude au chlorate de potasse, mais surtout une augmentation considérable de la dose employée.

Je dois toutefois présenter une objection à M. Brissaud au sujet de la toxicité du chlorate de soude. Je me suis occupé, il y a quelques années, de la toxicité comparée des chlorates de soude et de potasse, et j'ai pu constater que le chlorate de soude, tout en étant beaucoup moins toxique que le chlorate de potasse, l'était cependant d'une façon indiscutable dès qu'on atteint certaines doses. Il me paraît impossible que 16 grammes de chlorate de soude ne produisent pas une altération de l'hémoglobine du sang, altération probablement légère, mais qui peut devenir très grave dès qu'on atteint des doses plus fortes.

M. Bouchard : J'ai fait, autrefois, quelques essais au sujet de la substitution du chlorate de soude au chlorate de potasse, en appliquant principalement ces essais au traitement des stomatites. J'étais surtout guidé par le désir d'éviter la toxicité du chlorate de potasse, et je dois dire que j'ai obtenu, par cette substitution, des résultats très satisfaisants.

M. LÉPINE, Corresp. de l'Inst., Prof. à la Fac. de méd. de Lyon.

Sur un cas d'angine de poitrine anomale. — Homme de trente-six ans, un peu alcoolique, atteint depuis plusieurs semaines d'une douleur intense dans la région pectorale droite, s'irradiant exclusivement dans le membre supérieur droit. Cette douleur, d'abord continue, est devenue paroxystique; pendant les paroxysmes il y avait une *courte* suspension de la respiration. Dans les intervalles la respiration était excessivement accélérée (60 à 80 par minute); le pouls était régulier, de tension moyenne et la fréquence ne dépassait pas 60. Le soir même de l'entrée du malade à l'hôpital, il est mort subitement. A l'autopsie, plaques gélatineuses sur la membrane interne de l'aorte rétrécissant l'orifice de l'artère coronaire antérieure. Dans le myocarde du ventricule gauche, l'examen histologique démontre l'existence d'un certain nombre de fibres atrophiées.

M. Lépine insiste sur la marche anomale de cette angine de poitrine; et, quant à la symptomatologie, sur l'absence de douleur sternale, sur la localisation de la douleur *à droite*, enfin sur l'accélération insolite de la respiration contrastant avec l'intégrité du pouls, au moins au moment de l'examen.

Discussion. — M. Bergeon : A propos de la communication de M. Lépine sur un cas d'angine de poitrine, rapidement mortel, et chez lequel l'autopsie a démontré la congestion intense du poumon avec hyperémie de l'appareil pulmonaire, M. Bergeon demande si, dans ces cas, la mort n'est pas due à l'arrêt des échanges gazeux intra-alvéolaires. Dans ce cas, les inhalations d'oxygène et d'ozone ne donnent pas toujours le soulagement espéré, car l'arrêt d'entrée de l'oxygène n'est pas la seule cause de l'anoxhémie. La rétention dans le sang de l'acide carbonique et surtout de l'acide carbonique chargé de toxines est *la principale cause de la mort par anoxhémie.* L'injection rectale de gaz acide carbonique pur activant *à tergo* la circulation alvéolaire, débarrasse l'arbre bronchique et combat efficacement les syncopes et les accidents asphyxiques. M. Bergeon ayant vu dans des cas d'influenza grave, comme dans celui de M. Lépine, la guérison survenir au moment le plus critique, insiste à nouveau pour appeler l'attention de ses confrères sur le traitement gazeux.

M. CHAINTRE, à Dôle (Jura).

Résection orthopédique du poignet. — La résection orthopédique du poignet n'a été jusqu'à présent que bien rarement pratiquée. Dans son *Traité des Résections*, M. le professeur Ollier n'en cite que deux cas personnels.

M. Chaintre a eu occasion de la pratiquer dans le cas suivant :

A la suite d'une fracture de l'extrémité inférieure de l'humérus, un enfant de onze ans présenta tous les signes d'une compression du nerf radial par le cal de la fracture : paralysie presque complète des extenseurs, rétraction des fléchisseurs, doigts fléchis dans la paume de la main, poignet fléchi au point de simuler une subluxation du poignet : impotence fonctionnelle à peu près absolue. Imitant la conduite suivie par M. Ollier, en 1863, et plus tard par Busch, Trélat, Tillaux, il incisa sur le trajet du nerf, pensant que celui-ci était inclus dans l'os; mais celui-ci n'était que légèrement tendu sur un cal volumineux, il est vrai, mais régulier. Dans la même séance, il réséqua le carpe par une seule incision métacarpo-radiale (incision principale de M. Ollier), et grâce à la diminution de longueur du levier osseux, il put, sous le sommeil anesthésique, vaincre la résistance des fléchisseurs et redresser le poignet.

Grâce à l'électrisation, les extenseurs ont partiellement repris leurs fonctions. Et à l'heure actuelle, un an et demi après l'intervention, le résultat fonctionnel est sinon parfait, du moins très bon. L'articulation du poignet possède des mouvements peu étendus.

MM. SÉZARY et BARILLON.

Sur le traitement de la tuberculose pulmonaire par les injections hypodermiques d'huile camphrée. — Le service d'hôpital dirigé par l'un des auteurs (hôpital civil d'Alger-Mustapha, 1re division), renferme environ quatre-vingts malades. Sur ce nombre on peut toujours compter une moyenne de trente à trente-cinq tuberculeux aux différents degrés de l'affection.

De toutes les médications employées chez eux, celle par les injections hypodermiques d'huile camphrée à saturation a donné les meilleurs résultats. Ces injections, faites avec les précautions antiseptiques nécessaires, ne provoquent jamais d'abcès, et, comme les injections de créosote ou de gaïacol, elles produisent quelquefois une amélioration marquée et généralement un arrêt dans la marche de la tuberculose. Leur grand avantage, au point de vue pratique, est d'être beaucoup moins douloureuses. Il est rare qu'un malade à l'hôpital se refuse à les subir, ce qui est au contraire la règle avec les injections de créosote ou de gaïacol après quelques jours de traitement. Les hémoptysies sont très rares et n'ont jamais été observées depuis six mois environ qu'on emploie ces injections; la toux et l'expectoration sont rapidement améliorées. Les malades les plus intelligents se rendent compte du bien-être que leur procure cette médication, et si on la leur supprime à dessein pendant un certain temps, ils la réclament, accusant une fatigue et un sentiment d'affaiblissement marqués pendant la cessation des injections.

Dans ces cas, il paraît démontré que l'amélioration remarquée chez les malades ne peut être tout entière attribuée à la supériorité de l'hygiène et du régime hospitaliers, ce dont il faut toujours tenir compte en pareil sujet. C'est seulement sur des malades depuis longtemps en traitement à l'hôpital que l'étude comparative de l'hygiène hospitalière, seule ou additionnée des injections camphrées, a permis de faire la part de la valeur de ces dernières.

Les auteurs ajoutent que chez deux malades atteints de bronchite fétide, les injections camphrées ont paru avoir une action très marquée sur la fétidité de l'expectoration.

M. SÉZARY, à Alger.

Contribution à la question de la prophylaxie de la malaria par la quinine. — En 1891, M. Longuet, dans un article intéressant inséré dans la *Semaine médicale,* après avoir énuméré les tentatives faites dans divers pays pour prévenir les accès de malaria par l'usage de la quinine à petites doses longtemps continuées, arrivait à conclure à l'efficacité et à l'innocuité de cette pratique.

Ces conclusions étaient adoptées par le Dr Widal dans le *Traité de Médecine* de Charcot, Bouchard et Brissaud (1891).

A ce moment même et depuis un an, M. Sézary expérimentait lui-même ce procédé de prophylaxie de la malaria dans sa clientèle et il en a publié les résultats en 1892 dans le *Bulletin médical de l'Algérie* après deux années d'une observation continue.

Son expérience personnelle confirmait absolument l'opinion de M. Longuet et de M. Widal : avec une dose quotidienne de 15 à 20 centigrammes, continuée tant que la malaria sévit dans la région habitée par le malade (généralement de juin à fin novembre dans les environs d'Alger), on peut impunément séjourner dans les localités les plus malsaines de notre département.

Cet usage continu de la quinine à petites doses est sans inconvénients pour l'estomac. Depuis lors, l'auteur a continué à faire usage du même procédé prophylactique et avec un succès qui ne s'est pas démenti. Il est en relation depuis plus de quatre ans avec des propriétaires de campagne, des cultivateurs, vivant sur leurs fermes, où leurs intérêts sont engagés, et qui traversent sans accès la mauvaise saison où tout le monde est atteint autour d'eux.

Bien des fois ils ont essayé de cesser l'emploi de la quinine, mais rapidement, avant la fin de la semaine, des malaises ou même des accès se déclarent qui les forcent à recourir au médicament prophylactique.

La conviction de plusieurs de ses clients est tellement établie, qu'ils ont propagé autour d'eux cette pratique avec succès.

La forme d'administration de la quinine qui lui a paru la plus commode est la solution dans du vin blanc acidifié avec de l'acide tartrique, du sulfate de quinine à la dose de 3 grammes par litre ; le litre doit durer de deux à trois semaines en en prenant une dose par jour après l'un des repas ; la dose quotidienne varie ainsi entre 20 et 15 centigrammes. Pour les enfants on remplace le vin par du sirop.

Ce mode d'administration facilite l'application de la méthode pour des gens occupés et peu disposés à la manipulation minutieuse d'une poudre amère et désagréable, mais il n'a pas d'autre importance.

La seule chose intéressante est la possibilité d'éviter les accès de malaria dans un pays malsain en s'astreignant à une pratique inoffensive. On comprend l'importance capitale de ce fait dans un pays agricole comme l'Algérie, où les localités les plus fertiles sont désolées par la malaria, et où, dans les années pluvieuses, cette endémie prend les proportions d'une calamité publique.

M. Léon **CHAPOY**, Prof. à l'Éc. de méd. de Besançon.

Des polypes naso-pharyngiens congénitaux d'origine ectodermique. — M. Chapoy fait connaître qu'il croit être le premier, en France, à avoir observé — en 1887 et 1889 — deux de ces polypes, absolument analogues à celui, probablement unique dans la science, décrit par Schuchardt en 1884, sous le nom de polype pileux du pharynx. Si, comme ce dernier, il a opéré un enfant de cinq à six mois, il pense être le premier à avoir pratiqué l'ablation et à signaler l'existence de cette sorte de tumeur, *au moment même de la naissance.* Il ne cite que, comme corollaire, le fait d'Arnold publié en 1888 et émet les conclusions suivantes :

1° On rencontre chez l'enfant en bas âge et même chez le nouveau-né des tumeurs naso-pharyngiennes non décrites classiquement jusqu'à ce jour.

2° Leur forme est celle d'un ovoïde bilobé surmonté d'un pédicule mince et long qui s'insère le plus souvent en haut du pharynx.

3° Leur structure nettement dermo-épidermique et leur implantation variable doivent leur faire donner le nom que l'auteur a adopté de préférence à celui de polypes pileux du pharynx.

4° Ils constituent de véritables vices de conformation.

5° Leur genèse se résume probablement en une résorption incomplète de la paroi formée au niveau du pharynx par la juxtaposition de l'ectoderme et de l'endoderme, ou encore par une plicature de l'ectoderme au niveau d'une fente branchiale.

6° L'étiologie vise la consanguinité et le sexe féminin.

7° Les symptômes sont, au début, ceux de la cyanose; plus tard, c'est-à-dire si l'enfant survit, ils se confondent avec ceux de l'asphyxie lente.

8° La pathogénie de ces symptômes consiste dans le manque d'expansion pulmonaire et dans l'artérialisation d'une quantité insuffisante de sang.

9° Le diagnostic, facile avec les polypes muqueux, fibreux, etc., ainsi qu'avec la coqueluche, doit être fait surtout avec la cyanose. Dans tous les cas où celle-ci existe chez un nouveau-né, *l'examen minutieux, prolongé et répété du pharynx* est *nécessaire.*

10° Le pronostic, très grave si la tumeur est méconnue, est très bénin si on l'a diagnostiquée.

11° La marche semble être progressive : la durée paraît devoir être illimitée à moins d'une intervention entraînant la guérison radicale ou d'une mort prompte, résultat d'une erreur jusqu'ici inévitable. La tumeur rudimentaire d'abord peut se développer plus tard (cas d'Arnold). Les autres terminaisons sont inconnues.

12° Le traitement consiste dans l'ablation par le moyen le plus simple, traction et torsion modérément brusques, sans crainte d'hémorragie consécutive.

M. MOSSÉ, Prof. à la Fac. de méd. de Toulouse.

Polyurie aiguë et polyurie chronique d'origine paludéenne. (Note complémentaire.) — Dans un travail antérieur (1), M. Mossé a appelé l'attention sur une polyurie insipide, à marche aiguë consécutive aux accès palustres et qui se montre d'ordinaire quelques jours seulement après la cessation de la fièvre. C'était là un phénomène qui n'avait pas encore été décrit et dont il a établi les caractères, l'évolution et la signification pathologique d'après les faits personnellement observés.

Placé actuellement dans un milieu où l'influence maremmatique fait moins sentir ses effets que dans la région méditerranéenne, il a cherché cependant à soumettre au contrôle de l'expérience ses premières conclusions. Quoique peu nombreux, les faits qu'il a recueillis à Toulouse confirment et complètent ce qu'il avait vu à Montpellier. Les graphiques dans lesquels ont été mis en courbe, la température biquotidienne, la diurèse et l'excrétion uréique du malade, se rapprochent des courbes qu'il a déjà publiées, comme il est facile de s'en rendre compte par la simple comparaison de ces nouveaux graphiques avec les planches mises sous les yeux. Il faut donc admettre l'existence d'une polyurie aiguë insipide, fréquente, mais non constante après les accès de fièvres intermittentes. La diurèse qui peut s'élever jusqu'à 6 et 8 litres dans les vingt-quatre heures ne s'accompagne pas d'une azoturie proportionnelle. Il ne s'agit point là cependant

(1) Académie de médecine (octobre 1888); *Revue de Médecine* (décembre 1888).

d'une hydrurie simple : les chlorures sont entraînés en grande quantité.
M. Mossé avait déjà constaté ce phénomène chez ses premiers malades (dans
une de ses récentes observations, 41 grammes de chlorures ont été éliminés
en vingt-quatre heures le jour où la diurèse a atteint le maximum).

Cette polyurie doit être rapprochée des polyuries observées dans la convalescence des maladies aiguës infectieuses bien qu'elle semble par quelques caractères se rattacher aux syndromes critiques. Elle diffère de la polyurie des impaludés chroniques. Un des graphiques, dans lequel on voit se succéder les deux variétés de polyurie chez un sujet qui a réalisé rapidement le tableau du paludisme chronique, permet de se rendre compte de la différence.

Dans un cas de fausse fièvre intermittente (intoxication uro-septique) dans lequel les paroxysmes ont été fréquents et la température élevée, M. Mossé n'a pas constaté de polyurie pendant la longue durée où le malade a été tenu en observation. Il y aurait donc à vérifier si, comme tout porte à le croire, la polyurie ne s'observerait que dans les fièvres palustres, c'est-à-dire infectieuses proprement dites, et non dans les fièvres dues à une auto-intoxication.

M. François ROLAND, Prof. à l'Éc. de méd. de Besançon.

Les parotidites de l'influenza. — Les parotidites doivent être inscrites au nombre des complications possibles de l'influenza. Deux variétés peuvent s'observer : les parotidites congestives et les parotidites suppurées. M. ROLAND a cinq observations de la première catégorie et deux de la seconde. Dans bon nombre de cas, mais pas dans tous, elles ont accompagné ou suivi des pneumonies. La forme congestive ne doit pas être confondue avec les oreillons. La forme suppurée (deux cas) est double, comme la précédente. Elle se rencontre surtout chez des individus âgés (soixante ans) ayant une mauvaise dentition et un état septique de la bouche. Dans un cas elle s'est déclarée pendant la convalescence d'une pneumonie grippale et a été suivie d'un érythème infectieux scarlatiniforme apyrétique qui n'était ni une scarlatine ni un érysipèle.

M. REDARD, à Genève.

Du chlorure d'éthyle. — Au Congrès de Berlin, et l'année passée à la Société de Chirurgie de Paris, M. REDARD a présenté des ampoules chargées de chlorure d'éthyle pur, pour servir à obtenir l'anesthésie locale.

Il ne reviendra pas sur les propriétés réfrigérantes de ce corps, ni sur les immenses services qu'il rend à la petite chirurgie comme anesthésique local. Cependant, dans ce Congrès où il a été invité et où tant de travaux supérieurs ont été présentés, devançant la publication de recherches qu'il a entreprises, il se permet d'attirer l'attention sur la valeur du chlorure d'éthyle comme moyen antiseptique et comme agent caustique. Ses observations et ses expériences prouvent, d'une façon indéniable, que le chlorure d'éthyle est un corps antiseptique puissant. Si on brûle ce corps dans une chambre, l'odeur de chlore se révèle et nous indique probablement que là se trouve sa puissance microbicide. Les ampoules (tubes) à fermeture bayonnette qu'il présente aujour--

d'hui sont d'un usage très portatif, et rendent les plus grands services dans les cas de piqûres ou de morsures d'animaux venimeux. Un simple jet sur une piqûre de frelon, d'abeille, de scorpion, d'arête venimeuse de poisson, fait disparaître la douleur et évite toutes suites si désagréables d'abcès ou d'empoisonnement général. Pour des morsures ou des piqûres plus graves, après avoir anesthésié la place par une simple pulvérisation, après avoir *asséché* et *essuyé* la plaie, il suffit de présenter à la sortie du tube, tenu horizontal, une allumette enflammée pour produire un jet de feu qui cautérise les tissus à la profondeur voulue. On peut arriver au même résultat en prolongeant la pulvérisation, pulvérisation qui entraîne par congélation la destruction des tissus.

M. BRUCHON, Méd. du Lycée de Besançon.

Présentation d'un blessé. — Un domestique du lycée de Besançon, où se tiennent les séances du Congrès, s'est élancé, sous l'influence d'un accès de somnambulisme arrivé dans la nuit du 7 au 8 août, au dehors de la fenêtre d'une des mansardes de l'établissement, et est venu tomber sur un toit de zinc situé entre le rez-de-chaussée et le premier étage, à 14 mètres au-dessous du point de départ. Le poids de son corps a déprimé assez notablement la partie du plan de zinc et de planches sur laquelle il est venu s'abattre. Ayant eu la chance d'y aboutir sur la plante des pieds pour être projeté en avant, cet homme, dont l'âge est d'environ vingt-cinq ans, en a été quitte pour une commotion générale promptement dissipée, et on peut constater que, deux jours après cette chute considérable, il ne présente, comme symptômes consécutifs, qu'une douleur très supportable dans les talons et une ecchymose de la région sourcilière gauche, sans autre lésion appréciable.

— Séance du 9 août 1893 (soir) —

M. Léon BAUDIN, Dir. du Bur. mun. d'hyg. de Besançon,
Méd. en chef de l'Asile départ. du Doubs.

De l'action réelle des injections de liquide organique. — Étude basée sur l'observation de près de deux cents malades, ayant subi un total de quatre mille cinq cents injections (de 2 à 3 et 4 grammes chacune), tant de liquide de Brown-Séquard que de liquide de Constantin Paul, — observation pratiquée soit dans la clientèle, soit dans un service d'hôpital (Asile départemental du Doubs).

L'effet a été nul dans plus de la moitié des cas ; appréciable, mais léger et passager dans la plupart des autres et semblant pouvoir être alors revendiqué par l'auto-suggestion ; sérieux et durable dans des cas sinon exceptionnels, du moins très peu nombreux.

Le traitement a été surtout efficace dans : la cachexie sénile, l'épuisement et le surmenage très prononcés, la mélancolie et l'hypocondrie, les pertes séminales, la phtisie, l'ataxie locomotrice.

Il a été à peu près nul dans la neurasthénie, très inconstant du moins ; tout à fait nul dans l'hémiplégie, la paraplégie, le rhumatisme musculaire ou fibreux chronique, l'épilepsie, etc.

Les effets, sérieux et durables, exceptionnels il est vrai, ne sauraient être attribués à l'auto-suggestion ou à une cause banale d'excitation ; en effet, la substitution d'eau glycérinée au liquide organique met fin aux effets produits ; de plus, les effets accusés par l'ensemble des malades varient avec le mode de préparation du liquide organique, préparation modifiée, à l'insu des malades, selon les indications successives de Brown-Séquard et de d'Arsonval.

En résumé, il y a des effets réels obtenus, et, pour les interpréter, il faut commencer par reprendre *ab ovo* l'étude expérimentale physiologique de la méthode, puis l'étude clinique de ses applications aux divers cas et aux divers individus.

Discussion. — M. Mossé : Les résultats de mon expérience personnelle, quoique beaucoup plus restreinte que celle de M. Baudin, concordent avec ses conclusions. D'une manière générale, les injections de liquides organiques ne m'ont pas donné beaucoup de succès. Dans les cas où les résultats semblaient d'abord favorables, ils ont été peu marqués et n'ont pas persisté.

Chez un ataxique arrivé à un degré avancé de la seconde période et qui avait paru très amélioré (après quelques injections de suc testiculaire il y avait eu un sentiment de mieux-être général, la démarche était plus assurée et le malade avait pu sortir, chose qu'il n'avait pas faite depuis deux mois), j'ai substitué les injections de glycérine neutre étendue d'eau distillée et les effets favorables se sont maintenus. Ils s'atténuaient et tendaient à disparaître si on supprimait les injections. Chez un autre ataxique confiné au lit, les injections séquardiennes, ne m'ayant donné aucun résultat appréciable, avaient été supprimées. Quelques jours plus tard, le malade nous demandait instamment de les reprendre, disant qu'il se sentait moins de force et remuait plus difficilement dans son lit. Convaincu, dans ce cas particulier, de l'inefficacité de cette méthode qui est onéreuse, je fis substituer, à l'insu du malade, la glycérine neutre diluée au liquide orchidien. Le lendemain le patient nous remerciait de lui avoir rendu sa médication, déclarait se sentir beaucoup mieux que la veille et se découvrait au moment de la visite pour montrer combien les mouvements des membres inférieurs lui étaient devenus plus faciles.

L'auto-suggestion peut jouer et joue certainement un rôle dans nombre de circonstances où la médication séquardienne est mise en jeu, mais il y a des cas où elle paraît avoir une action propre, indépendante de la suggestion, action qui n'est pas obtenue avec des liquides inertes, même avec des doses insuffisantes du liquide organique. Ces doses varient-elles alors suivant la susceptibilité individuelle, la maladie, le degré de la maladie, ou varient-elles aussi suivant le mode de préparation et l'ancienneté plus ou moins grande des liquides injectés ? Autant de questions encore mal connues et qui nécessitent une enquête sérieuse. Il semblerait cependant que l'on puisse dès maintenant établir quelques catégories, du moins à titre provisoire, dans les cas si nombreux où les injections de liquides organiques ont été employées.

Quand l'impotence fonctionnelle, les désordres nerveux dépendent d'une lésion anatomique avérée, que celle-ci ait marché d'un pas plus ou moins rapide, on ne peut espérer la voir rétrocéder ni voir disparaître les troubles qu'elle cause. Dans ces cas, il se peut cependant que les injections diminuent

l'épuisement nerveux général du malade et elles semblent, dans l'éventualité
la plus favorable, amener une légère amélioration qu'il faut savoir interpréter.
C'est sans doute quand il n'y a pas encore de lésions anatomiques positivement
constituées et dans les névroses non encore invétérées qu'on peut espérer voir
se produire les effets favorables cherchés, comparables jusqu'à un certain point
à ceux d'un tonique nerveux général, dont l'action cesse bientôt après la suppression de la médication. Quelle est la genèse de l'amélioration produite dans
ces cas ? C'est là une question encore à l'étude et pour laquelle on ne saurait
donner, croyons-nous, à l'heure actuelle aucune explication contrôlée par l'expérimentation.

M. Cazin : Les faits que vient de rapporter M. Mossé confirment les résultats obtenus par MM. Halipré et Tariel, qui ont montré récemment que l'on
pouvait, chez les hémiplégiques et les tabétiques, substituer des injections de
glycérine neutre aux injections de liquide organique, sans constater la moindre
atténuation des effets favorables qui avaient pu être attribués à l'influence des
injections séquardiennes.

M. BÉRILLON, Dir. de la *Revue de l'Hypnotisme*, à Paris.

Lèpre mutilante autochtone. — La malade qui fait l'objet de cette observation
a été atteinte, il y a dix ans, de lésions des extrémités des doigts qui ont successivement appelé le diagnostic de gangrène symétrique des extrémités, de
maladie de Morvan, de syringomyélie. Actuellement l'aspect de ces lésions justifie
davantage le diagnostic de lèpre mutilante. La malade, examinée par M. le
Dr Zambaco, a été reconnue par lui comme une lépreuse. Actuellement tous les
doigts sont atteints. La résorption osseuse a amené, non seulement la disparition
des phalangettes, mais aussi de la deuxième phalange de plusieurs doigts; on
constate sur le moignon des doigts la persistance de restes d'ongles. Les pieds
ont été aussi atteints. Des onyxis multiples ont déformé les orteils; une ulcé-
ration étendue siège sous la face plantaire du gros orteil gauche; elle gêne beaucoup la malade et est un obstacle à la marche. Comme autres symptômes, elle
présente du rétrécissement de la bouche, des plaques d'anesthésie sur les
membres. Les douleurs occasionnées par le sphacèle sont tellement tenaces et
tellement intenses qu'on a songé à faire l'amputation des doigts atteints. Les
divers traitements employés n'ont paru avoir aucune action efficace contre l'ag-
gravation constante de la maladie.

Des cas analogues ont été constatés dans la localité où réside la malade. Il
est peut-être intéressant de rappeler que ces pays ont été pendant plusieurs
siècles ravagés par la lèpre.

M. ROUBY, à Dôle.

Sur une classe d'aliénés criminels ayant les apparences de la raison. — Si tous
les criminels ne sont pas fous, comme le veut le Dr Lombroso, il existe du
moins toute une classe de malades à idées impulsives, qu'on pourrait prendre
à un moment donné pour des criminels ordinaires. M. Rouby a pu recueillir à
ce sujet plusieurs observations intéressantes :

Dans la première, une jeune femme ne paraissant nullement aliénée veut tuer ses enfants; c'est sa seule idée fausse : elle les aime beaucoup; elle les soigne très bien; elle est au désespoir de l'impulsion qui la pousse; elle les éloigne pour éviter un crime, mais elle veut les assassiner; l'idée obsédante ne se produit qu'avec un instrument coupant, hache, poignard, etc., jamais avec d'autres instruments ni d'une autre façon; elle éprouverait une jouissance infinie à plonger un couteau dans la poitrine de ses enfants et à voir couler leur sang. Cette dame est irresponsable malgré son parfait raisonnement sur tous les autres points; si un crime était commis, elle ne pourrait être condamnée à aucun degré.

La seconde observation est celle d'un père qui veut tuer sa fille unique. Cet homme a éprouvé autrefois une très grande émotion en voyant le cadavre de sa sœur assassinée par un mari alcoolique; il a voué à celui-ci une haine féroce, il veut se venger, et le tuer à son tour. Il se voit le couteau levé sur lui prêt à le frapper, pendant des semaines entières ; tout à coup la folie survient et c'est sur sa fille, qu'il aime tendrement, que le couteau est levé et prêt à tomber; cette idée obsédante le poursuit sans cesse et lui dit : tue-la, perce-lui le cœur, tire-lui un coup de fusil. Pour fuir la tentation il est obligé de l'éloigner du pays. L'auteur a recherché à quels moments l'irresponsabilité avait commencé chez ce malade, et il pense qu'on doit la faire remonter au moment où déjà il voulait tuer son beau-frère.

La troisième observation est celle d'un mari qui veut tuer sa femme; l'idée obsédante de l'homicide le poursuit comme dans les cas précédents, il entend une voix qui lui dit : fais-la mourir. L'observation est intéressante à plusieurs titres; ce malade, qui n'a jamais été jaloux, le devient tout à coup, bien que sa femme n'ait jamais donné motif au moindre soupçon de jalousie; il veut la tuer parce qu'il la soupçonne d'infidélité. D'autre part, comme dans les cas précédents, l'idée homicide a d'abord eu comme objet des personnes autres que sa femme : ce sont, en premier lieu, des Prussiens qu'il veut tuer à coups de fusil; c'est sur eux que, pendant des années, l'idée obsédante du meurtre s'est portée; tout à coup l'objet change et c'est sa femme que poursuit son délire homicide. Ce malade était atteint d'un ancien rétrécissement du canal de l'urèthre, la miction était très difficile; on le traite de cette affection et la guérison de celle-ci amène une grande amélioration dans l'état cérébral.

Enfin, la quatrième observation est le cas d'un jeune homme dégénéré qui veut tuer son père sous prétexte qu'il a des manières communes et que de temps en temps il s'alcoolise; non seulement l'idée obsédante le poursuit, mais encore il met son projet à exécution et ce n'est pas sa faute si le père n'est que blessé au lieu d'être tué.

Tous ces faits prouvent combien il était difficile, à un moment donné, de démontrer l'irresponsabilité de ces malades, qui pourtant était réelle.

M. Félix REGNAULT, à Paris.

Tremblement héréditaire (Une observation de). — Les cas de tremblement héréditaire sont relativement rares dans la science; MM. Debove et Renault en ont cependant publié quelques observations très démonstratives. M. REGNAULT a observé un cas de ce genre, se rapportant à un jeune homme dont le père et le grand-père faisaient des abus de café et présentaient un tremblement très accentué, ainsi que la mère, deux tantes et un oncle; il y a, en outre, une sœur qui tremble peu, mais a le mal de voiture. Le sujet est fortement neurasthénique et il a, de plus, dans les fortes émotions, des sueurs palmaires profuses. Il a tremblé beaucoup dans son enfance, mais le tremblement n'a atteint ni la tête ni la langue.

A la suite d'un changement d'existence, le malade a pu avoir moins de fatigues intellectuelles et plus d'exercices physiques; il s'est, en outre, abstenu complètement d'alcool, et actuellement son tremblement est beaucoup moins accusé. Il n'apparaît qu'après une fatigue ou dans les grandes émotions. On peut le réveiller en lui faisant étendre les bras ou mieux en faisant faire un effort à un bras tandis que l'autre reste étendu.

M. TISON, Méd. de l'hôp. Saint-Joseph, à Paris.

Traitement de l'érysipèle de la face et du cuir chevelu par l'azotate d'aconitine cristallisée. — M. Tison expose que ce traitement, commencé en 1885, continué depuis et appliqué avec succès à plus de cinquante cas, lui a été inspiré par les propriétés de l'aconitine telles qu'elles ont été exposées dans le mémoire de MM. Laborde et Duquesnel, en 1873. L'azotate d'aconitine cristallisée ayant une action spéciale dans la névralgie faciale où il y a souvent hyperémie et hyperalgie, devait en avoir dans l'érysipèle de la face et du cuir chevelu où ces deux symptômes arrivent à leur summum. Ce traitement a été communiqué à la *Société de Médecine pratique* en 1888, à l'Association française en 1889 (Congrès de Paris). M. le Dr Bourbon en a fait le sujet de sa thèse en 1890 (*Traitement de l'érysipèle*, etc., in-8°, G. Masson).

Ce traitement a toujours réussi; il atténue considérablement la douleur, abrège la durée de la maladie et évite presque toujours les complications. On lui objecte la bénignité fréquente de l'érysipèle; cependant, avec les autres traitements, les cas de mort ne sont pas rares. On lui objecte encore la toxicité énorme de l'aconitine. C'est un poison redoutable, il est vrai, mais on peut le manier facilement aujourd'hui grâce aux solutions au millième de M. A. Petit, permettant de le donner par cinquantièmes et même par centièmes de milligramme.

On en donne un milligramme par jour dans une potion de 120 grammes à prendre par cuillerées à bouche toutes les deux heures. Généralement il suffit de deux à quatre milligrammes pour guérir l'érysipèle le plus rebelle. En même temps, on fait sur les parties enflammées des badigeonnages d'éther camphré. En terminant, M. Tison proteste contre l'attribution de l'invention de ce traitement à MM. Laborde et Duquesnel, qu'ont faite M. Louis Guinon dans le *Traité de Médecine*, et M. Achalme dans son livre sur l'*Érysipèle*. Les expériences bactériologiques faites par M. Chantemesse, à la demande de M. Tison, sont favorables à ce traitement.

Discussion. — M. Gibert : La communication de M. Tison me rappelle qu'en 1849, M. Guersant donnait à tous ses opérés quelques gouttes de teinture d'aconit comme prophylactique contre l'infection purulente.

M. Tison : Les teintures et alcoolatures d'aconit sont trop infidèles pour qu'on puisse songer à les employer, maintenant qu'on possède dans l'azotate d'aconitine cristallisée un médicament aussi actif que facile à manier. Mais il y a des alcoolatures et des teintures très actives à la dose d'un gramme, et d'autres sans action quand on double ou triple cette dose. On ne peut donc pas compter sur des résultats sérieux, quand on emploie un médicament aussi inconstant qu'infidèle.

M. Lépine demande si l'on n'a pas observé avec ce médicament quelques phénomènes toxiques.

M. Tison : Je suis d'autant plus heureux de la question de M. Lépine et de la distinction qu'il vient d'établir, que j'aurais pu y répondre d'avance. Jamais, chez les malades fébriles, comme dans l'érysipèle, je n'ai vu de phénomènes d'intoxication ; mais comme j'ordonne quelquefois l'azotate d'aconitine cristallisée dans la névralgie faciale et dans la laryngite avec enrouement ou extinction de voix, j'ai observé une fois un commencement d'intoxication chez une dame de trente-cinq ans environ, qui avait une extinction complète de la voix. Après avoir pris douze gouttes au lieu de huit d'une solution d'azotate d'aconitine cristallisée à un pour deux mille $\left(\frac{1}{2000}\right)$; c'est-à-dire douze centièmes de milligramme, elle éprouva des phénomènes étranges, des fourmillements et l'immobilité. Il lui semblait que tous les orifices naturels s'entr'ouvraient démesurément. En deux heures, tout phénomène d'intoxication avait cessé; mais, chose bien importante, elle avait recouvré la voix.

M. VIALET, anc. int. des hôp. de Paris.

Un cas d'hémianopsie corticale par lésion circonscrite du cuneus. — M. Vialet a eu l'occasion d'observer, dans le service de M. Dejerine, deux cas d'hémianopsie gauche avec hémiplégie droite incomplète. Dans l'un d'eux, pour lequel l'examen cérébral histologique a été fait, il y avait aussi de l'hémianesthésie droite.

L'autopsie a montré, dans les deux cas, du côté de l'hémisphère gauche, un ramollissement blanc récent de toute la partie postérieure, siégeant dans l'écorce et la substance blanche, et, dans l'hémisphère droit, une plaque jaune ancienne détruisant le quart antérieur du cuneus.

L'examen histologique de la région atteinte et des régions voisines suspectes montre que les lésions étaient, en réalité, plus étendues qu'elles ne le paraissaient d'après l'examen macroscopique. L'atrophie portait exactement sur les deux tiers antérieurs du cuneus, la moitié antérieure de la scissure calcarine, le fond de la scissure perpendiculaire interne, le pied du cuneus et elle se prolongeait jusqu'au pied de l'hippocampe. Or, ce territoire est précisément irrigué par le rameau antérieur de l'artère occipitale, l'artère pariéto-occipitale de Monakow.

Cette lésion primitive a fait dégénérer les fibres d'association interhémisphériques ou fibres calleuses et les fibres de radiation optiques, sous forme de deux zones : l'une, petite, sur la paroi externe de la corne occipitale, l'autre, plus grande, entourant toute la demi-circonférence inférieure de cette même corne. Cette dernière zone dégénérée a pu être poursuivie à travers le lobe pariétal.

Ce fait montre que l'intégrité du cuneus est nécessaire à la perception des sensations visuelles et que, par conséquent, cette circonvolution fait partie de la sphère visuelle corticale; en outre, on peut tirer de ces constatations des données anatomiques importantes sur la marche des fibres d'association ou de projection partant du cuneus.

— Séance du 10 août 1893 —

M. TOUBIN, à Besançon.

Thermomètre à maxima ayant traversé le tube digestif. — Dix jours après avoir avalé un manche de cuiller en fer, mesurant 128 millimètres en longueur et 23 millimètres dans la partie la plus large, un détenu avale le thermomètre à maxima qui servait à prendre sa température. Ce thermomètre, tout en verre avec graduation sur le tube, mesurait 113 millimètres de longueur et 6 millimètres de largeur. Neuf jours plus tard il rendait simultanément, par l'anus, les deux objets. Le thermomètre indiquait comme température maxima 38°,7, constatation faite immédiatement par des confrères et des témoins. Établie à diverses reprises par un chimiste-expert et deux préparateurs à la Faculté des Sciences, la comparaison du thermomètre avec des étalons, vérifiés à la glace fondante et au point d'ébullition de l'eau, fit réduire les données de 6 dixièmes, ce qui ramène la lecture à 38°,1. Dans ce cas particulier, l'écart entre les deux températures maxima interne et externe a été de 9 dixièmes. Pendant tout le temps, en effet, du séjour du thermomètre à l'intérieur du corps, la température axillaire avait été prise journellement deux fois avec des thermomètres qui ont été également soumis au contrôle: le chiffre le plus haut noté fut 37°,2. — Les aliments et les lavements ont toujours été administrés à une basse température. — Depuis le moment où il eut avalé le thermomètre le prévenu fut mis dans l'impossibilité de se servir de ses membres et soumis à une étroite surveillance de manière à éviter toute supercherie.

M. DUCAMP, Agrégé à la Fac. de méd. de Montpellier.

Maladie infectieuse spontanée du lapin avec névrites périphériques. — Il s'agit d'une maladie infectieuse sévissant sur des lapins âgés de un à deux mois. Au point de vue symptomatique les animaux atteints présentent d'abord de la diarrhée, puis une augmentation considérable de l'abdomen due à une ascite abondante. Des troubles paralytiques avec atrophie des muscles fléchisseurs apparaissent ensuite dans les membres antérieurs, et il en résulte une attitude vicieuse due à ces paralysies et à l'action des muscles antagonistes; la portion terminale de la patte antérieure est en extension sur le radius et le cubitus; elle est déjetée en dehors; l'animal au repos et pendant la marche appuie sur le sol les pattes antérieures jusqu'au coude, la mâchoire inférieure et le thorax frottent également le sol. La maladie peut guérir à cette période, mais les phénomènes de paralysie ne disparaissent pas complètement. Dans d'autres cas, la paralysie s'étend, atteint les membres postérieurs notamment, et la mort survient.

Autopsie. — Ascite, liquide plus ou moins abondant, fibrineux, granulations dans le foie, épanchément dans le péricarde, névrites périphériques (fragmentation de la myéline). Intégrité de la moelle.

L'examen bactériologique montre dans le liquide ascitique et dans les granulations hépatiques un gros diplocoque, se colorant facilement par les couleurs d'aniline, prenant le Gram, se cultivant dans le bouillon (trouble et dépôt), liquéfiant lentement et tardivement la gélatine, poussant sur la gélose glycérinée ou non, coagulant le lait. Température optimum 37°. Est tué par une température de 75° pendant dix minutes. Ce microbe pousse aussi à l'abri de l'air, mais moins bien. L'inoculation des cultures dans les veines, le péritoine, le tissu cellulaire, le tube digestif fait périr rapidement les animaux, qui succombent avec ascite, congestion du foie et de la rate, et on retrouve le diplocoque dans tous les organes et le sang. Une seule fois les phénomènes paralytiques ont pu être reproduits, ils se manifestaient alors aux membres postérieurs, et la maladie avait eu la marche lente de la maladie spontanée.

Les lésions des nerfs périphériques avec intégrité de la moelle font partie du tableau habituel de cette maladie infectieuse spontanée, et ne sont pas des complications accidentelles.

M. Maurice CAZIN, anc. Int. des hôp. de Paris.

De la spécificité cellulaire dans les cancers épithéliaux. — Parmi les nombreuses tumeurs dont M. le professeur Duplay a bien voulu lui confier l'examen, au cours des recherches qu'il poursuit depuis plusieurs années sur l'évolution des cancers épithéliaux, M. Cazin a eu l'occasion d'observer un certain nombre de cancers colloïdes, dont l'étude histologique a pu le convaincre que si, dans quelques cas, il peut y avoir réellement une dégénérescence portant à la fois sur l'élément cellulaire et sur la charpente conjonctive, dans d'autres cas il s'agit, non pas d'une dégénérescence, c'est-à-dire d'une transformation colloïde des cellules coïncidant avec la mort de ces éléments, mais bien d'un état fonctionnel des cellules en rapport avec leur origine. C'est ainsi que, dans plusieurs faits de cancer colloïde du rectum, il a pu s'assurer de la vitalité parfaite des cellules à contenu muqueux ou colloïde qui constituaient presque exclusivement l'élément épithélial, dans toute l'étendue du néoplasme primitif et des ganglions secondairement envahis, chacune de ces cellules reproduisant exactement la structure des cellules caliciformes de la muqueuse rectale. Dans un autre fait de cancer colloïde généralisé du péritoine à point de départ intestinal, on retrouvait de même, d'une façon uniforme, la même cellule à mucus avec les diverses variétés d'aspect que présente normalement la cellule caliciforme.

Dans les cas de ce genre, on est donc pleinement autorisé à considérer l'état colloïde, non pas comme le résultat d'une mortification dégénérative des tissus néoplasiques, mais comme le résultat de l'évolution en quelque sorte physiologique des éléments issus d'une surface qui renferme normalement des cellules à mucus, et emportant avec eux, dans leur envahissement progressif, la faculté

originelle de produire du mucus, de même que, dans les épithéliomas d'origine
cutanée, les cellules emportent avec elles la propriété de produire de la matière
cornée, qui se retrouve dans les globes épidermiques.

Il ne s'agit évidemment là que de faits connus de tous les anatomo-patholo-
gistes qui ont suivi l'évolution des néoplasmes cancéreux, mais il peut être
utile d'insister actuellement sur cette spécificité de la cellule que l'on tend
parfois à négliger complètement lorsqu'on cherche à étudier la pathogénie des
cancers épithéliaux.

———

M. LIVON, Dir. de l'Éc. de méd. de Marseille.

Innervation du voile du palais. — En prenant tous les soins nécessaires pour
expérimenter dans la région bulbaire, on peut arriver à dissocier ce qui revient,
au point de vue de l'innervation du voile du palais, au pneumogastrique et au
spinal.

L'excitation des racines du pneumogastrique propre détermine des contractions du palato-staphylin et du pharyngo-staphylin.

L'excitation des racines supérieures du spinal produit la contraction des
péristaphylins externe et interne.

Par conséquent, concurremment avec d'autres nerfs (facial, glosso-pharyn-
gien), le voile du palais reçoit une innervation spéciale du pneumogastrique et
du spinal, comme l'avait avancé déjà Vulpian.

———

M. HANOT, Agrégé de la Fac. de méd., Méd. de l'hôp. Saint-Antoine, à Paris.

Sur les modifications de l'appétit dans le cancer de l'estomac et du foie. — L'anorexie absolue et permanente est la règle dans le cancer de l'estomac et du foie ;
elle constitue un élément précieux et solide du diagnostic, et donne la mesure
des prévisions du pronostic et du traitement.

Toutefois, cette règle n'est pas sans exception. L'anorexie, en effet, peut faire
défaut dans le cancer de l'estomac et du foie, ou même être remplacée par des
manifestations totalement différentes ; elle peut enfin s'observer au même degré
dans d'autres affections.

Cette conservation de l'appétit peut s'expliquer par le siège de la tumeur
dans les régions de la muqueuse où les glandes à pepsine font défaut et dans les
cas où ces dernières, bien que non directement impliquées dans le processus,
ne sont pas dégénérées sous une autre forme anatomo-pathologique : atrophie, dégénérescence granuleuse. Il est possible encore que la tumeur développée dans les régions des glandes peptiques n'ait détruit qu'une partie de ces
glandes, que les autres continuent à fonctionner et que, même à une certaine
période, la sécrétion glandulaire soit exagérée par la lésion de voisinage.

Généralement l'évolution se fait tout différemment, et tous les éléments glandulaires ne tardent pas à dégénérer ; autour de la néoplasie, les glandes, avant
d'être transformées spécifiquement, ont déjà perdu leur constitution et leurs
propriétés normales ; c'est ainsi qu'il y a autour de l'épithélioma une zone de
destruction qui s'étend beaucoup plus loin qu'on ne le supposerait au seul
examen des lésions macroscopiques, et c'est ce qui explique l'anorexie ordinairement si précoce et si constante dans le cancer de l'estomac.

L'influence psychique doit avoir également une large part dans la genèse des modifications de l'appétit, mais il n'est pas toujours facile de mesurer ce qui revient à la spontanéité nerveuse. Les trois malades examinés par M. Hanot sont des hommes, et chez eux on n'a constaté aucun stigmate nerveux.

D'autre part, ces malades ne vomissaient pas. Le vomissement dans le cancer de l'estomac n'est pas non plus uniquement subordonné aux conditions matérielles, et les malades, à lésion égale, — si l'on peut s'exprimer ainsi — ne vomissent pas tous autant ni de la même façon.

D'une façon générale les mêmes remarques s'appliquent au cancer du foie où cependant l'anorexie présente moins d'exceptions, où elle est plus absolue, surtout à l'égard de la viande et des graisses. L'anorexie y est plus formelle parce que le foie joue un rôle moins actif dans la mise en train de l'appétit, dont un des principaux facteurs est l'excitation de la muqueuse stomacale par la sécrétion acide. Or, justement dans le cancer de l'estomac, cette excitation, très exceptionnellement il est vrai, peut être exagérée par le processus anatomique lui-même. D'autre part, dans le cancer hépatique, la destruction si rapide de l'organe entraîne un arrêt presque subit du mouvement de la nutrition et d'un de ses principaux rouages, l'appétit.

Une seule fois M. Hanot a noté passagèrement une exagération de l'appétit, dans un cas de cancer du foie avec ictère résultant de la compression du canal cholédoque par des ganglions dégénérés et hypertrophiés.

Dans les quinze dernières observations de cancer hépatique primitif, il n'a trouvé que deux fois la persistance d'un certain degré d'appétit.

En résumé, l'anorexie peut faire défaut dans le cancer de l'estomac et du foie. Elle est remplacée très rarement par la boulimie, moins rarement par la conservation de l'appétit vrai, moins rarement encore par un faux appétit, résultant tantôt d'une véritable auto-suggestion du malheureux qui veut lutter contre l'inanition, tantôt de la persistance dans le centre nerveux d'une sensation habituelle, même après la disparition du point de départ du phénomène.

Il ne faut donc pas tabler, en matière de diagnostic différentiel, sur l'appétit, qui peut revêtir les deux modalités paradoxales et diamétralement opposées de l'anorexie hystérique et de la boulimie cancéreuse.

M. Raphaël **DUBOIS**, à Lyon.

Un nouveau procédé d'anesthésie chloroformique. — Les appareils employés pour les inhalations chloroformiques présentent de nombreux inconvénients : le plus pratique, le plus simple et le plus économique serait un mouchoir tendu entre deux manchettes emboîtées l'une dans l'autre; mais tandis qu'une main est occupée à tenir l'inhalateur, l'autre doit verser le chloroforme. Pour libérer une des deux mains, M. Dubois a fait construire un appareil formé de deux cônes s'emboîtant télescopiquement : sur le côté du cône extérieur se trouve fixé le flacon à chloroforme que l'on fait basculer avec un doigt de la main gauche au moyen d'un mécanisme très simple. M. Dubois donne au nouvel appareil le nom d'« Inhalateur compte-gouttes ».

Sur le mécanisme de la thermogenèse.

M. Jorge RICARDO, Prof. à l'Éc. de méd. de Porto.

D'une nouvelle méthode de classification des eaux minérales.

———

M. Virgilio MACHADO, Méd. de l'hôp. Saint-Joseph, Prof. à l'Inst. indust., Memb. de l'Acad. des sc. de Lisbonne.

L'identité entre les lois de Pflüger et celles de Brenner prouvée par sa découverte de double polarisation.

———

Sur la polarisation double des électrodes employée dans l'électrothérapie.

———

QUESTION PROPOSÉE POUR LE CONGRÈS DE 1894.

La Section, sur la proposition de M. Bouchard, met à l'ordre du jour du prochain Congrès « l'étude des dangers que peuvent offrir pour les enfants les exercices de sport ».

———

4e Groupe.

SCIENCES ÉCONOMIQUES

13e Section.

AGRONOMIE

Président d'honneur . . . . . . M. GAUTHIER, Présid. de la Soc. d'agric. du Doubs.
Président. . . . . M. SAGNIER, Dir. du *Journ. de l'Agricult.*, à Paris.
Vice-Président . . . . M. CURNAUD, Prop., à Nancray (Doubs).
Secrétaire . . . . M. MIRVEAUX, Élève de l'Éc. nat. d'Agric. de Grandjouan.

— Séance du 4 août 1893 —

M. Philippe FAUCOMPRÉ, à Besançon.

L'agriculture du Doubs. — Si l'agriculture a fait quelques progrès dans le pays depuis vingt ans, elle est loin cependant d'être à la hauteur de celle des départements du Nord et des environs de Paris.

Le paysan ne croit encore que fort peu aux améliorations qu'il pourrait recueillir des hommes de science.

Aussi, la succession des cultures est-elle encore celle du vieux système triennal.

L'outillage est toujours défectueux ; il est fabriqué en grande partie par les maréchaux du pays.

Le bétail, d'assez bonne qualité, est mal logé et presque jamais pansé.

L'industrie fromagère laissée à l'empirisme de *fruitiers* ignorants.

La notice insérée dans le volume indique les remèdes à apporter à cet état de choses.

Il est à regretter notamment qu'un laboratoire de chimie agricole manque tout à fait dans le département.

La création d'un laboratoire à Besançon semble à la Section une mesure destinée à exercer une heureuse influence sur les progrès agricoles du département.

Discussion. — M. XAMBEU fait remarquer qu'aux nombreux services, déjà rendus par la Société d'agriculture de Besançon et si bien indiqués dans le rapport de

M. Faucompré, il faudrait ajouter celui d'un laboratoire pour la vérification des engrais industriels et pour l'analyse des terres.

La vérification des engrais serait gratuite pour tous les membres du syndicat agricole et des comices cantonaux ; le prix pour l'analyse des terres serait à déterminer.

Une subvention de deux mille francs du Conseil général du Doubs, à laquelle pourraient s'ajouter une subvention égale de l'État et une petite indemnité payée par les comices et les syndicats, suffirait pour assurer ce service.

M. Sagnier, en remerciant, au nom de la Section, M. Faucompré de son intéressante communication, exprime le désir qu'il y soit ajouté une sorte de bilan d'une exploitation du département pouvant servir de type.

Il demande au président de la Société d'agriculture du Doubs et au professeur départemental jusqu'à quel point on doit avoir foi dans certaines affirmations d'après lesquelles l'élevage de la race de Montbéliard serait désormais assez perfectionné pour fournir des *élèves* pour l'exportation en Suisse.

MM. Gauthier et Faucompré sont d'accord pour constater que ces affirmations sont exagérées ; si le département du Doubs exporte des bêtes de boucherie en Suisse, en revanche il importe toujours une assez grande quantité de taurillons et de génisses, même dans l'arrondissement de Montbéliard.

Relativement aux renseignements fournis par M. Faucompré sur l'emploi des engrais dans le département, M. Sagnier rappelle qu'on doit désormais insister auprès des cultivateurs sur les relations étroites qui existent entre l'efficacité des engrais et la richesse des terres sur lesquelles on les emploie ; c'est pourquoi, dans un certain nombre de régions, on s'applique aujourd'hui à trouver les moyens d'établir des cartes agronomiques à grande échelle que les cultivateurs puissent facilement consulter, et qui soient assez simples pour être généralement comprises. Dans quelques départements, on a commencé à établir ces sortes de cartes, dont on ne pourrait contester l'utilité. Il serait à souhaiter que le passage de l'Association française pour l'avancement des sciences à Besançon fût marqué par une indication donnée dans ce sens. Mais, pour que ces cartes répondent réellement aux besoins agricoles, il est nécessaire qu'elles soient accompagnées des analyses chimiques des principales natures de terres dans chaque commune. Comme l'exécution de ces analyses répond à un besoin d'ordre général, c'est par les administrations locales qu'il convient que l'initiative en soit prise ; dans le cas spécial, c'est au Conseil général du Doubs qu'il est naturel de s'adresser.

Si les membres de la Section le jugent à propos, M. Sagnier préparera pour la prochaine séance le libellé d'un vœu qu'il soumettra à leur approbation, et qui sera transmis au Conseil d'administration pour être présenté, conformément au règlement, à l'assemblée générale de l'Association.

Cette proposition est adoptée.

M. Charles **MARTIN**, Dir. de l'Éc. nat. d'industrie laitière de Mamirolle (Doubs).

Perfectionnements proposés dans l'industrie du Gruyère. — Emploi de l'acidimètre pour éliminer les laits altérés nuisibles à la fabrication.

Emploi de l'acidimètre pour apprécier la nature du lait mis en chaudière et en déduire la température et la durée de la coagulation, la grosseur du grain, la température de cuisson.

Préparation de présures à force constante en conduisant l'aisy par l'acidimètre et en maintenant la macération des caillettes à une température déterminée (emploi de la caisse-étuve).

Refroidissement méthodique et modéré avant la sortie du fromage.

Salage à doses massives en été.

Chauffage rationnel des caves.

Discussion. — M. SAGNIER remercie M. Martin de ses observations. Il constate que l'introduction de l'acidimètre dans les fromageries constituerait un progrès très important, mais à la condition qu'on puisse mettre entre les mains des fromagers un appareil simple, donnant rapidement des indications précises sans qu'ils aient à le régler. D'autre part, le fromager peut exercer, avec cet appareil, un contrôle réel sur les soins apportés par les fournisseurs de lait à maintenir la propreté des animaux et du matériel de laiterie ; car l'acidité du lait est rapidement provoquée par la malpropreté des vases qui le contiennent. On pourrait ainsi provoquer efficacement un changement heureux d'habitudes chez ceux dont la négligence est démontrée par l'acidité de leur lait.

En propageant l'usage d'un bon acidimètre, l'École d'industrie laitière de Mamirolle aura ajouté un nouveau progrès à ceux dont l'industrie fromagère de Franche-Comté lui est redevable depuis quelques années.

M. MARGUERITE-DELACHARLONNY, Ing. à Urcel.

Une expérience de production de la vesce velue. — M. MARGUERITE-DELACHARLONNY expose qu'il a procédé cette année à l'essai de semis de vesce velue sur environ deux hectares.

Cet essai a été exécuté sur des terres de nature très variable dont il a été fait analyse.

Le sol a d'ailleurs reçu sur les deux hectares les mêmes doses d'engrais minéraux; soit 300 kilos superphosphate et 100 kilos sulfate de potasse; la vesce a été mélangée avec un tiers de son poids de seigle.

Les résultats ont été extrêmement différents suivant la nature des sols. L'une des pièces était en terrain calcaire: le seigle y a poussé de façon un peu médiocre il est vrai, mais notable; la vesce, au contraire, y a donné une récolte infime et nulle même dans les parties les plus calcaires.

L'autre pièce se divisait en deux parties : l'une argileuse, assez riche en potasse; l'autre, au contraire, plutôt siliceuse. La récolte a été belle dans la première partie et passable seulement dans la seconde; dans la première, une fraction qui a pu être irriguée a donné des résultats absolument exceptionnels : la vesce y a atteint près de $1^m,80$ de haut, appuyée sur le seigle elle formait un fourré à peu près impénétrable.

Il en résulte donc que la vesce se plaît surtout dans les sols argileux, frais, riches en potasse et qu'elle redoute au maximum le calcaire.

M. SAGNIER, Dir. du journ. *l'Agric.*, à Paris.

Le rôle de l'humus. — L'humus est formé, pour la plus grande partie du moins, par des débris végétaux plus ou moins altérés, provenant des diverses parties des plantes, particulièrement des racines et des feuilles. La nature chimique de ces débris est très complexe : on y trouve des composés très variés, qu'une formule unique serait impossible à donner; mais, le plus souvent, ces composés sont formés par des combinaisons de l'azote avec des matières carbonées. Aussi, les chimistes sont-ils d'accord pour admettre que le dosage de l'azote du sol permet de déterminer la quantité d'humus qu'il renferme; ce n'est qu'une relation approximative, mais qui paraît suffisante; elle a été adoptée par le Comité consultatif des Stations agronomiques, dans ses instructions sur l'analyse des terres.

Dans le sol, la matière organique joue un double rôle : rôle d'ordre physique et rôle d'ordre chimique.

Sous le rapport physique, son rôle est analogue à celui de l'argile. L'humus retient les principes utiles à la portée des plantes, et en empêche l'entraînement dans le sous-sol par les pluies; il agit ainsi en forme de pondérateur pour maintenir l'équilibre nécessaire à la nutrition régulière des végétaux.

Sous le rapport chimique, l'humus est soumis à une combustion plus ou moins active, dont les résultats principaux consistent en la transformation de la matière organique azotée en ammoniaque, puis en acide nitrique. C'est ce qu'on appelle la nitrification, laquelle s'opère, comme on l'a appris par les recherches de MM. Schlœsing et Muntz, sous l'action de microbes aérobies, qui sont les ferments utiles de la terre. Cette action s'opère progressivement, et elle est d'autant plus active que la circulation de l'air dans le sol est plus intense. Les nitrates ainsi produits sont absorbés par les plantes, ou bien ils sont entraînés dans le sous-sol par les pluies.

Dans les sols non aérés, les microbes aérobies de la nitrification n'exercent pas leur action oxydante; il se produit alors une combustion incomplète de la matière organique, par laquelle se produit ce qu'on appelle l'acide humique, et qui forme, avec l'ammoniaque, l'humate d'ammoniaque, substance de coloration brune qui donne au sol une coloration foncée. Cette matière humique est insoluble, et elle ne peut servir à la végétation qu'après avoir subi une transformation dont les conditions ne sont pas encore bien connues. C'est ce qui explique pourquoi, dans les terres non remuées par la charrue, celles de prairie par exemple, où la nitrification s'opère lentement, le rendement arrive à diminuer quoique la terre se soit enrichie en éléments azotés, mais insolubles. L'excès d'humus devient alors un défaut pour la culture.

On a recherché quelle est la proportion de matières organiques qui doivent exister dans une terre arable. En établissant cette proportion d'après le dosage de l'azote, il résulte des observations de MM. Paul de Gasparin, Joulie et Risler, qu'une terre est de richesse moyenne quand elle renferme 1 pour 1.000 d'azote; au-dessus de cette proportion, elle devient riche; au-dessous, elle est plus ou moins pauvre et l'on doit recourir à des engrais azotés.

Cette notion serait incomplète si l'on n'y ajoutait pas celle de l'aptitude nitrifiante du sol ; cette aptitude est caractérisée par la présence de la chaux, sous forme de carbonate. C'est pourquoi les terres non calcaires, même riches en azote, doivent recevoir un chaulage ou un marnage pour que la transformation des matières organiques puisse s'opérer et que leur azote devienne assimilable pour la végétation.

Ces notions sont données ici sous une forme très sommaire. Néanmoins, on a vu quels sont les points qui sont encore obscurs ; la Section ne pourrait être que très heureuse de recevoir sur ces sujets des développements qui seraient certainement très utiles.

Discussion. — M. Marguerite-Delacharlonny signale parmi les rôles peu connus de l'humus son effet sur la réduction du peroxyde de fer à l'état de protoxyde.

On sait que c'est à l'état de protoxyde de fer que le fer se trouve généralement dans les plantes, et le sol ne contenant d'ordinaire que du protoxyde de fer, on peut se demander comment s'effectue la réduction nécessaire du peroxyde en protoxyde. Cette réduction est précisément due à l'action de l'humus.

Mais cette réduction semble singulièrement facilitée par la découverte d'une combinaison d'humus et de protoxyde de fer que M. Marguerite-Delacharlonny a été amené à faire en poursuivant d'autres études.

Cet humate de protoxyde de fer est un corps brun, insoluble dans l'eau, mais facilement décomposable par les acides.

On comprend qu'il puisse offrir aux plantes, par une simple décomposition, le protoxyde de fer dont elles auront besoin.

— Séance du 5 août 1893 —

M. Paul MARGUERITE-DELACHARLONNY.

Sur les applications anormales du sulfate de fer et les conditions nécessaires à ses succès. — M. Marguerite-Delacharlonny a déjà présenté à la Section diverses études sur l'emploi du sulfate de fer en agriculture ; c'est grâce à ces études qu'il est enfin passé dans la pratique agricole, et depuis deux ans, les succès obtenus en grand nombre ont confirmé à peu près complètement ses conclusions.

Il semblait donc que certains points étant admis, on ne devait plus courir sciemment à des insuccès.

M. Marguerite-Delacharlonny avait posé comme résultats d'expérience : 1° que dans les terrains argileux l'emploi du sulfate de fer était inutile; 2° que les doses devaient croître avec la quantité de calcaire contenu dans le sol, 500 à 1.000 kilogrammes paraissant, dans les terrains calcaires, représenter le maximum à employer, 100 kilogrammes celui dans les terrains peu calcaires; 3° que les sols contenant d'une manière générale plus de 3 0/0 d'oxyde de fer semblaient réfractaires à son emploi ; 4° que l'emploi devait être fait par saison tiède.

Or, un professeur de la partie de la France qui renferme le plus de terrains argileux a publié que le sulfate de fer donnait partout des résultats nuls. C'était une conclusion prévue pour sa région, mais devait-on appliquer les résultats obtenus dans une contrée à l'ensemble du pays ?.

Un autre directeur de station agronomique a établi des expériences sur des terrains contenant 4 à 5 0/0 d'oxyde de fer avec des doses de 600 kilogrammes à l'hectare. N'était-ce pas ainsi courir à un échec à peu près assuré?

Enfin, un journal d'agriculture a publié des résultats négatifs obtenus par des essais faits quand la neige couvrait le sol et non réitérés ensuite. N'était-ce pas ainsi se placer dans des conditions certainement défavorables ?

Mais il y a plus encore. M. Marguerite-Delacharlonny a indiqué l'effet si intéressant de l'emploi du sulfate de fer pour la destruction de la mousse. Cet effet a été appliqué au nettoyage des troncs de pommiers. Le sulfate de fer appliqué ainsi en dissolution les débarrasse non seulement des mousses qui les couvrent, mais encore des parasites qui y trouvent un refuge et notamment de l'anthonome.

Or, il se trouve maintenant qu'on indique dans un grand nombre de publications agricoles, pour cette destruction, un mélange par parties égales de sulfate de fer et de chaux, c'est-à-dire, en fin de compte, un mélange de chaux, de plâtre et d'oxyde de fer qui ne peut plus avoir sur les mousses qu'un effet nul.

M. Marguerite-Delacharlonny croit devoir signaler ces échecs dus à des causes prévues, afin que la publicité des communications faites à l'Association en arrête, si possible, le retour.

Discussion. — M. SAGNIER rappelle que la question de l'emploi du sulfate de fer comme amendement ou engrais, est une question complexe. On doit à M. Marguerite d'avoir rappelé l'attention, en France, sur ce sujet. Parmi les points discutés jusqu'ici, il en est un qui est absolument démontré : c'est la valeur du sulfate de fer pour la destruction des mousses dans les prairies et l'amélioration. L'action du sulfate de fer pour combattre la chlorose des cultures arbustives, notamment des vignes, ne s'est pas montrée aussi généralement efficace. Il paraît désormais résulter des recherches de M. A. Bernard, directeur du Laboratoire agronomique de Cluny, que l'efficacité du sulfate de fer dépend beaucoup de la composition chimique des terres où on l'emploie. Une conséquence importante de ces recherches, c'est que le sulfate de fer pourrait agir comme amendement dans les terrains fortement calcaires, au même titre que la chaux ou la marne sont employées dans les terrains siliceux ou granitiques, depuis longtemps; il serait à souhaiter que M. Bernard pût fournir quelques détails nouveaux à la Section sur ce sujet.

M. BERNARD : Le sulfate de fer n'est avantageux qu'en sol calcaire ; il agit par sa réaction acide et lente dans le sol, et non par son fer. Il est inutile de l'employer en sol siliceux ou argileux sans calcaire, et même dans les sols calcaires il est inutile d'arriver à des doses exagérées. De ce qu'on a pu arriver à l'employer sans dommage à la dose de 3 et 4.000 kilogrammes, ce n'est pas à dire qu'il soit avantageux d'opérer ainsi.

M. Bernard ne croit pas que la température influe sur l'action du sulfate de fer, qui est d'ordre simplement chimique. Le sulfate de fer n'est qu'un amendement et non un engrais ; c'est l'amendement par excellence des sols calcaires, comme la chaux est l'amendement, reconnu efficace, des sols granitiques, siliceux, des limons ferrugineux ou limons des plateaux.

M. Adolphe GURNAUD, à Nancray, par Bouclans (Doubs).

L'ancienne sylviculture et la nouvelle. — L'ancienne sylviculture conserve le massif complet en ne coupant dans les éclaircies que les arbres faibles et dominés, afin d'entretenir jusqu'au terme de la révolution la lutte entre les arbres forts.

La sylviculture nouvelle, au contraire, prévient la lutte entre les arbres de futaie par le dégagement de ces arbres commencé dès le jeune âge et renouvelé périodiquement jusqu'à ce qu'ils deviennent exploitables.

Avec l'ancienne sylviculture, la production du bois de futaie est onéreuse et les sacrifices qu'elle exige dans l'intérêt général incombent à l'État et aux communes.

Avec la sylviculture nouvelle, la production de la futaie s'obtient par surcroît et, au lieu d'être onéreuse, est essentiellement rémunératrice.

L'application du contrôle à l'exploitation forestière a montré le défaut de l'ancienne sylviculture et donne les bases de la sylviculture nouvelle.

Discussion. — M. Sagnier fait remarquer qu'il serait fort intéressant d'ajouter à la communication de M. Gurnaud, qui sera publiée, un tableau comparatif des rendements d'un hectare de forêts d'après les errements ordinaires et d'après la nouvelle méthode préconisée et appliquée par M. Gurnaud.

M. Gurnaud répond qu'il satisfera très volontiers à ce désir.

M. Luiz REBELLO da SILVA, Prof. à l'Inst. d'agron. Memb. de l'Acad. roy. des sc. de Lisbonne.

Étude résumée sur les vins de table portugais.

M. GÉRARD A. PERY, Colonel d'infant. Memb. de l'Acad. roy. des sc. de Lisbonne.

Note sur les services de la direction de statistique et de la carte agricole du royaume.

M. GUIMARAES, Lieut. du génie, Memb. de l'Acad. des sc., à Lisbonne.

Carte agricole du Portugal.

M. SAGNIER.

Excursion à l'École nationale d'industrie laitière de Mamirolle. — La première visite a été pour l'École nationale d'industrie laitière créée depuis quelques années à Mamirolle, et dirigée avec talent par M. Ch. Martin, ancien élève de l'Institut agronomique. Le village de Mamirolle est situé à 16 kilomètres de Besançon, sur la ligne du chemin de fer de Morteau, au-dessus du vaste plateau de Saône, à l'altitude de 450 mètres environ.

L'École d'industrie laitière est à la fois un établissement d'enseignement et une fromagerie, qui fonctionne pour la fabrication des fromages de Gruyère, par l'achat du lait aux cultivateurs du pays qui l'apportent chaque jour. L'enseignement y est donc complet, pour former des fromagers capables, qui puissent propager les meilleures méthodes de fabrication du fromage de Gruyère dans les chalets où ils seront employés. Ce n'est pas une petite affaire que de propager les idées de progrès dans les fromageries de Comté; la fabrication du fromage de Gruyère s'y pratique, séculairement, d'après des procédés excellents au fond, mais souvent appliqués avec ignorance et inhabileté; c'est avec peine qu'on peut faire comprendre à beaucoup de fromagers que la supériorité acquise par la Suisse provient surtout des soins apportés dans la fabrication ; l'École de Mamirolle s'est appliquée, tant par les conseils prodigués autour d'elle que par les exemples qu'elle fournit et par les élèves qu'elle forme, à dégager et à propager les bonnes règles de la fabrication. Chaque année, elle donne l'enseignement à une quinzaine d'élèves qui sont ensuite d'excellents fromagers pour les fruitières.

La fromagerie forme la partie capitale de l'École. Elle est organisée avec un soin minutieux, et elle est munie du matériel le mieux approprié au travail; elle est tenue avec une propreté méticuleuse. Elle se compose de plusieurs salles dont les principales sont: la chambre de réception du lait, la fromagerie proprement dite, la salle d'écrémage et celle de la fabrication du beurre, les caves. Nous ne ferons pas la description de la fabrication du fromage de Gruyère, nous constaterons seulement le soin avec lequel toutes les parties de la fabrication sont conduites à Mamirolle; les élèves ne peuvent y prendre que les meilleures habitudes de précision, lesquelles sont nécessaires pour le succès. Les caves ont été aménagées avec un soin spécial ; on sait combien il importe que la température soit constante et régulière dans ces caves, qu'il s'agisse de celles qui reçoivent les fromages frais ou de celles qui renferment les fromages mûrs; pour assurer cette régularité, les caves de Mamirolle sont munies de poêles-thermosiphons dont on peut régler le chauffage, suivant les besoins de la saison.

Le laboratoire de l'École, vaste et bien outillé, est consacré aux recherches de chimie laitière. Ces recherches, poursuivies par M. Ch. Martin avec le concours des professeurs de l'École, ont porté principalement jusqu'ici sur les causes qui provoquent les insuccès dans la fabrication du fromage, sur la stérilisation du lait (le lait stérilisé de Mamirolle est recherché par le commerce), sur les ferments du lait, etc. Dans ces derniers temps, on s'y est principalement occupé des procédés pour reconnaître rapidement et sûrement l'acidité du lait, qui joue un rôle important dans la qualité des produits surtout pendant la fabrication d'été, qui est la plus considérable. On poursuit, à Mamirolle, des essais avec l'acidimètre de M. Dornic, qu'on peut mettre entre les mains de tous les fromagers, et qui leur permet de constater en quelques instants le degré d'acidité du lait qu'on leur livre; ils peuvent dès lors régler leur fabrication en conséquence. Comme conséquence, l'acidité étant provoquée le plus souvent par la malpropreté des récipients du lait, l'acidimètre permet de porter une appréciation sur les qualités des fournisseurs.

L'École de Mamirolle s'est spécialisée dans la fabrication du fromage de

Gruyère, et c'est justice, car c'est la principale industrie agricole du pays. Mais cette industrie est soumise, comme toutes les autres, aux lois d'une concurrence de plus en plus active, et elle doit avancer sans cesse pour ne pas être débordée. L'école de Mamirolle est et restera, pour elle, un des éléments les plus utiles pour le développement de son activité.

Les membres de la Section d'agronomie ont été reçus à Mamirolle par M. et Mme Martin avec un empressement et une affabilité dont ils conserveront un précieux souvenir.

— Séance du 7 août 1893 —

M. Charles DEROSNE, Maître de forges, Vice-Prés. de la Fédér. des Apiculteurs de France,
à Ollans (Doubs).

Rôle de l'abeille en agriculture. Étude sur les ferments alcooliques contenus dans le pollen des ruches. — D'année en année, les découvertes scientifiques corroborent l'opinion émise au commencement de ce siècle par un agronome éminent, Louis Bosc, qui, dès lors, affirmait que « la production du miel et de la cire ne sont que peu de chose à côté des services considérables que l'abeille rend à l'agriculture ».

Si donc il y a un intérêt puissant à multiplier les ruches, une de nos plus urgentes préoccupations doit être de rechercher la meilleure utilisation possible de leurs produits. La consommation du miel en nature est, en effet, loin d'être, chez nous, aussi abondante que chez nos voisins d'Angleterre, de Suisse et d'Allemagne. Déjà nombre d'apiculteurs sont embarrassés pour écouler leur récolte.

La recherche d'une plus grande utilisation du miel a engagé M. Derosne à étudier spécialement sa transformation en hydromel et en eau-de-vie. C'est au cours de cette étude qu'il a constaté que le ferment alcoolique le plus recherché, le *Saccharomyces ellipsoideus* se trouve dans le pollen des ruches. Jusqu'ici, et d'après les travaux les plus récents du docteur Hansen, l'éminent directeur du laboratoire de Carlsberg, l'habitat hivernal du *Saccharomyces ellipsoideus* était absolument inconnu. Grâce à sa présence dans le pollen des ruches, on pourra en toute saison provoquer la bonne fermentation alcoolique dans tous les liquides sucrés destinés à être transformés pour la consommation. Il donne la formule du premier levain à produire, formule dont la simplicité est telle que l'emploi de cette méthode de mise en fermentation est à la portée de tout le monde (1).

Cette découverte est d'autant plus importante qu'il est reconnu, par de nombreuses observations, que le ferment alcoolique du pollen des ruches est identique à celui des levures de vins de Champagne.

Discussion. — M. Sagnier fait ressortir l'intérêt qui s'attache à la détermination spécifique du ferment pollinique, suivant le terme employé par M. Derosne ; il est probable que la culture de ce ferment permettrait de l'ap-

---

(1) Étude en partie publiée par le *Bulletin de la Fédération des Apiculteurs français*, en mars 1893.

pliquer pour régulariser la fabrication de l'hydromel. Toutefois, M. Sagnier pense qu'il y aurait peut-être plus d'avantages pour les apiculteurs à provoquer l'accroissement de la consommation du miel, de préférence à celle de l'hydromel qui ne lui paraît pas appelée à un grand avenir.

M. Adrien BERNARD, Dir. de la Station agron. de Saône-et-Loire.

Sur la confection des cartes agronomiques communales. — M. BERNARD s'associe au vœu exprimé par la 13ᵉ Section, relatif à l'établissement des cartes agronomiques communales. On sait ce qu'a nécessité de temps et d'argent la confection du cadastre actuel : un cadastre servant à cette nouvelle destination : *connaître la composition des terres,* sera peut-être si coûteux, pour être réellement bien fait, qu'on hésitera probablement à l'entreprendre. D'où nécessité d'opérer avec *méthode et économie.*

1º Utilité, partout où elle est faite, de consulter la carte des ingénieurs des mines, et de rechercher la direction des formations géologiques ;

2º Faire des prélèvements perpendiculairement à là direction de ces formations géologiques, et constater que *chaque formation a sa caractéristique minérale,* et par suite sa caractéristique en calcaire ;

3º Enfin, faire des cartes avec courbes d'*égal-calcaire ;* elles seront l'image détaillée, agrandie, de la carte géologique, mais infiniment plus utiles et plus exactes.

On prendra ensuite des échantillons dans une même zone, déterminée par les courbes d'égal-calcaire, et on en fera l'analyse complète en renonçant à l'azote qui est un élément organique trop mobile. Ces cartes *préalables* sont à indications *continues,* par le système des courbes ; et, telles quelles, elles sont déjà d'une immense utilité pour l'emploi des engrais et des amendements, et le choix des vignes américaines, comme porte-greffes.

M. Daniel BELLET, à Paris.

La pêche fluviale et la pêche maritime au Canada. — Après avoir puisé sans compter aux richesses naturelles qu'il trouve à sa disposition, l'homme commence à s'apercevoir qu'il les dilapide : c'est ce qui se présente notamment pour les produits de la pêche. On est effrayé vraiment quand on voit la valeur énorme que représentent ces produits dans les différents pays, et à ce titre le Canada nous a semblé particulièrement intéressant à étudier. Pendant l'année 1891, le Dominion possédait 31.464 bateaux et embarcations se consacrant à la pêche maritime, et représentant une valeur de plus de 16 millions de francs ; 65.500 hommes y étaient employés, sans compter tous les ouvriers, ouvrières et enfants qui préparent à terre les produits des pêcheries. En 1869, cette industrie rapportait au pays environ 22 millions de francs, puis 54 millions en 1873, 73 millions en 1880, 89 millions en 1885 et enfin 105 millions en 1891. Depuis 1869, on peut estimer qu'elle a rapporté au moins 1.676 millions de francs au pays, dont presque la moitié rien que pour la Nouvelle-Écosse, et

73 millions pour le nouveau Brunswick. Pendant cette même période, on a péché pour 105 millions de francs de morue et 326.738.000 livres, autrement dit environ 160 millions de kilogrammes de homard. D'ailleurs, les Canadiens ont aujourd'hui des établissements piscicoles pour repeupler leurs fleuves et leurs côtes.

M. CORMOULS-HOULÈS.

Utilisation des ramilles d'arbres ensilées. — D'après les expériences de M. G. Cormouls-Houlès, l'ensilage des ramilles d'arbres réussirait tout aussi bien que celui des autres plantes. Il est donc à recommander. Quant à la grosseur des ramilles, elle ne devra pas dépasser 8 millimètres de diamètre.

M. SAGNIER.

Excursion à la ferme-école de la Roche. — Quand on parle d'agriculture en Franche-Comté, on ne manque pas de vous conseiller la visite du domaine de la Roche, à Rigney, au nord-ouest du département, exploité par M. Tardy.

Le domaine de la Roche a une étendue de 130 hectares environ, en terres argilo-siliceuses ou sableuses. Vingt hectares environ sont en prairies, dont la plupart sont situées sur les bords de la rivière de l'Oignon. Le reste des terres s'étend en plateau ondulé, au haut d'un escarpement qui domine la rivière à pic, et au-dessus duquel la ferme domine toute la contrée environnante. Sur un rocher qui surplombe la rivière à une hauteur d'environ vingt-cinq mètres, s'élève la maison d'habitation, ancien château féodal qui date du seizième siècle, et qui a fort grande allure.

Les terres arables, qui forment un seul corps de domaine, sont réparties en quatre soles d'égale étendue, comptant chacune vingt-deux hectares : 1° plantes sarclées; 2° blé dans lequel on sème du trèfle; 3° trèfle ou plantes fourragères annuelles; 4° avoine après le trèfle, ou blé après les autres plantes fourragères. Une sole de luzerne est en dehors de l'assolement; elle est d'étendue égale à chacune des autres. Les deux tiers de la ferme sont donc consacrés aux cultures fourragères; c'est dire que l'économie de celle-ci roule surtout sur le bétail. Les travaux sont exécutés par des attelages de chevaux. La vacherie est la partie capitale de l'exploitation; dans trois grandes étables bien aérées, soixante vaches comtoises fournissent, en année ordinaire, le lait nécessaire pour la beurrerie et la fromagerie. A la fromagerie, on fabrique du fromage de Gruyère, partie avec du lait de la ferme, partie avec du lait acheté dans deux villages voisins. A l'ancienne fromagerie, installée avec l'outillage des aïeux, M. Tardy a substitué, il y a une quinzaine d'années, une véritable fromagerie-modèle, qui a été le premier exemple des transformations nécessaires dans l'outillage. Celle-ci est organisée pour fabriquer un fromage (ou une roue) par jour. A la beurrerie, deux systèmes d'écrémage sont adoptés : l'écrémage par refroidissement (système Swarz) et l'écrémage mécanique par centrifuge. Cette simultanéité d'opérations permet de constater, régulièrement, la supériorité dans la qualité du produit préparé avec la crème obtenue par le premier procédé.

Dans le même bâtiment que l'étable se trouve la cuisine pour la préparation des aliments. M. Tardy a toujours eu de la prédilection pour les nourritures fermentées, dont ses animaux se trouvent très bien ; aussi a-t-il établi dans cette cuisine trois grandes cuves en maçonnerie cimentée dans lesquelles on fait les mélanges de pailles et de fourrages hachés, de racines, etc. ; ces mélanges, arrosés avec de l'eau tiède, y passent au moins vingt-quatre heures avant d'être distribués aux animaux. Les pommes de terre, qui entrent dans l'alimentation des vaches, et surtout des porcs, sont cuites dans un appareil à vapeur. Le même magasin renferme des approvisionnements d'aliments pour l'hiver.

La porcherie est aménagée avec soin ; chaque loge est garnie, sur le tiers de sa surface, d'un lit de camp en planches sur lequel les animaux se couchent, et dont ils se trouvent très bien. Les porcs, pour la plupart des croisements comtois-craonnais, sont très beaux et engraissent rapidement ; on les élève et engraisse, tant pour la consommation de l'établissement que pour la vente. — La basse-cour est surtout destinée à la consommation ; on s'y livre à l'élevage du lapin dans des proportions importantes.

La force nécessaire aux travaux de la ferme était donnée autrefois par une machine à vapeur. En même temps qu'il prenait la ferme à bail, M. Tardy loua un ancien moulin établi sur l'Oignon, au pied du rocher sur lequel s'élève la ferme. Les anciennes roues ont été supprimées et remplacées par une turbine qui peut développer une force de quarante-cinq chevaux. Cette turbine fait mouvoir trois paires de meules, et elle fournit, en outre, la force nécessaire à la ferme au moyen d'une transmission par câble, qui franchit la différence de niveau de trente mètres qui sépare le moulin de la ferme ; enfin, elle commande deux pompes puissantes qui prennent à une source voisine et élèvent l'eau nécessaire aux usages domestiques, à ceux de la laiterie, des étables et d'un vaste jardin.

Ce jardin, d'une étendue d'un hectare, n'est pas la partie la moins intéressante de la ferme. Consacré à la production des légumes et à celle des fruits, il est parfaitement soigné.

Près du jardin se trouve une pépinière départementale de vignes américaines, pour la distribution gratuite de plants destinés à la reconstitution des vignes. Le département du Doubs traverse une crise viticole intense ; autour de Besançon, les vignes sont à peu près perdues ; des efforts sont poursuivis en vue de la reconstitution, mais celle-ci trouve des difficultés dans la condition des petits vignerons, dont la plupart ont été ruinés. Aussi, dans la région montagneuse du pays, où il n'y a pas de vignes, la situation générale est aujourd'hui meilleure que dans la région des coteaux, à l'inverse de ce qui existait naguère.

La ferme de la Roche présente une autre spécialité qu'il convient de signaler : c'est celle de la pisciculture. Un laboratoire d'incubation des œufs de poissons et d'élevage des alevins a été installé depuis une dizaine d'années ; chaque printemps, 11.000 à 12.000 alevins de truites sont jetés dans l'Oignon. Les effets de ce réempoissonnement se sont manifestés rapidement. Malheureusement, lors de la pêche des adultes pour avoir des œufs à féconder, l'Administration des Ponts et Chaussées soulève des difficultés bizarres, alors qu'elle devrait, au contraire, favoriser une entreprise qui constitue une œuvre d'utilité publique.

Des champs, nous ne dirons que peu de chose ; la plupart des récoltes étaient enlevées lors de notre visite, et les semis de sarrasin et de navets se poursuivaient activement. Mais on ne pouvait manquer de constater la propreté des terres et leur excellent état de labour, qui sont la marque d'une culture soignée. Il faut en dire autant de l'aire à fumier installée et entretenue avec le plus grand soin pour que l'engrais ne perde rien de sa valeur.

La ferme-école, où la durée des études est de deux ans, compte 32 apprentis réguliers. Le recrutement en est facile et les places y sont recherchées, ce qui en est la meilleure appréciation; on compte toujours quatre ou cinq élèves surnuméraires attendant des vacances. Pour diriger l'établissement, M. Tardy s'est adjoint son fils aîné, qui témoigne d'un grand zèle et d'une féconde activité.

La ferme de la Roche répond complètement à sa légitime réputation. M. Tardy, qui est un vétéran de l'agriculture, puisqu'il a fait ses premières étapes dans les cultures de l'Institut agronomique de Versailles, il y a près d'un demi-siècle, peut montrer avec satisfaction les résultats qu'il obtient. Aussi a-t-il remporté au concours régional de Besançon, cette année même, la prime d'honneur, réservée aux établissements d'enseignement agricole.

— **Séance du 9 août 1893** —

M. KÜNCKEL D'HERCULAIS.

Les invasions de sauterelles.

VŒU PROPOSÉ PAR LA 13e SECTION

La Section d'agronomie,

Après discussion sur les moyens les plus propres à favoriser les progrès agricoles dans le département du Doubs;

Considérant que l'analyse des terres et l'exécution des cartes agronomiques communales constituent le meilleur moyen pour guider les cultivateurs dans l'emploi des engrais nécessaires pour accroître les rendements;

Émet le vœu :

Que des mesures soient prises par le Conseil général du département pour faciliter ce travail, à l'exemple de ce qui a été fait dans d'autres départements, soit par des subventions à des laboratoires qui existent déjà; soit par la création d'un laboratoire agricole départemental.

Ce vœu a été adopté par le Conseil d'administration de l'Association française comme vœu de Section.

14ᵉ Section.

GÉOGRAPHIE

<table>
<tr><td>Président d'honneur . . . . . .</td><td>M. A. RAMBAUD, Conseiller général du Doubs, Prof. de la Sorbonne.</td></tr>
<tr><td>Président. . . . .</td><td>M. GAUTHIOT, Secrét. gén. de la Soc. de géogr. comm., de Paris,. Membre du Conseil supérieur des Colonies.</td></tr>
<tr><td>Vice-Présidents. . . . .</td><td>MM. Éd. BLANC, Membre des Soc. de géogr., à Paris. PINGAUD, Prof. à la Fac. des lettres de Besançon.</td></tr>
<tr><td>Secrétaires. . . . .</td><td>MM. le Baron HULOT, Membre des Soc. de géogr. de Paris. Dr PATURET, Secr. sect. Soc. géogr. comm. de Paris, à Joinville (Haute-Marne).</td></tr>
</table>

— Séance du 4 août 1893 —

M. le Dr Fernand DELISLE, à Paris.

L'enseignement spécial pour les voyageurs, organisé au Muséum. — A la demande·
de M. le président de la Section de Géographie, et vu l'impossibilité où se
trouve M. Oustalet de se rendre au Congrès de Besançon, M. le Dr Delisle
expose les raisons qui ont décidé M. le Directeur du Muséum d'histoire naturelle à organiser un enseignement spécial destiné à donner aux voyageurs et
aux personnes qui veulent se livrer aux explorations scientifiques tous les renseignements qui sont nécessaires, et pour leur rendre familiers les procédés·
d'investigation généraux et spéciaux.

L'enseignement spécial aux voyageurs comprenait deux parties : 1º les leçons
théoriques faités par les professeurs et les assistants des chaires de sciences·
naturelles ; 2º les conférences pratiques organisées dans les laboratoires. Cette
deuxième partie de l'enseignement, très suivie, a permis de mettre au courant
des procédés de préparation des collections un nombre assez grand d'auditeurs.

Quel sera l'avenir de cet enseignement? nous ne pouvons le prévoir; mais il
faut souhaiter de le voir prospérer. Ce sera la meilleure manière de faire·
l'éducation complète de nos futurs missionnaires scientifiques.

Discussion. — M. M. CORNU regrette que les voyageurs envoient peu de graines,
au cours de leurs explorations; ceci permettrait d'étudier la plante vivante.
Les herbiers sont nombreux et souvent complets; mais les observations faites
sur des plantes sèches n'en sont pas moins insuffisantes. Pourquoi le Muséum
ne reçoit-il pas de nos explorateurs ces spécimens dont l'envoi ne présente·
aucune difficulté? M. Cornu a reçu de Taïti et d'autres points fort éloignés des
graines empaquetées simplement dans un morceau de papier ou dans une boîte
en carton, et cette semence, élevée en France, s'est développée dans d'excel-

lentes conditions. La vanille est dans ce cas, et cependant de nombreuses essences de vanille qui se rencontrent à la Réunion ne figurent pas dans nos collections.

M. Gauthiot insiste sur l'utilité de multiplier les envois. Il demande que des échanges de cette nature s'établissent entre les colonies françaises et la métropole. A sa connaissance, quelques explorateurs ont expédié des graines qui, transportées sur notre sol, ont donné lieu à des expériences intéressantes.

M. O'REILLY, Prof. au Collège Royal des Sciences de Dublin (Irlande).

Sur les relations antipodales des îles Hawaï en l'Afrique du Sud. — M. O'Reilly expose une carte de l'Afrique du Sud par M. Bacon (1893), portant en projection les antipodes des îles du groupe Hawaï ou Sandwich. Il fait ressortir, au point de vue de la géographie aussi bien que de la géologie, l'intérêt que la position de ces antipodes dans le désert de Kalahari présente. Il insiste sur l'intérêt et sur l'utilité qu'il y aurait à étendre ces études à tous les points de la terre dont les antipodes tomberaient dans des continents ou des terres, afin de vérifier la valeur et la signification de ces relations physiques en général.

M. BOSSIÈRE, à Paris.

Sur l'occupation par la France des îles Kerguélen. — D'après une brochure publiée par M. Bossière, cet archipel posséderait des ressources, tant agricoles que minières, dont il conviendrait de tenter l'exploitation. Une Société se formerait pour ce faire, en prenant comme point de départ une concession qui aurait été accordée par le gouvernement.

Discussion. — M. Gauthiot se féliciterait si cette concession indiquait une tendance à confier certaines entreprises coloniales à l'initiative de grandes Compagnies.

M. Deloncle ne saurait affirmer que cette tendance existe. Il fait observer toutefois qu'une concession analogue à celle des îles Kerguélen aurait déjà été faite, notamment à l'île Saint-Paul.

M. CASTONNET DES FOSSES, à Paris.
De l'influence française en Syrie.

Discussion. — M. Cambefort, président de la Société de géographie de Lyon, rappelle que nous avons en Syrie un commencement de réseau français. La Compagnie française, qui est chargée de l'exécution de la ligne de Beyrouth à Damas, vient d'obtenir la concession d'un chemin de fer parallèle aux Échelles du Levant. Ces travaux, de même que ceux du port de Beyrouth, peuvent provoquer l'extension de l'influence française en Orient.

M. Ed. Cotteau, qui fit récemment un séjour en Syrie, estime que la concurrence des muletiers n'est pas à redouter au point de vue du transport; il ajoute que la construction de cette ligne est poussée avec activité.

M. Daniel BELLET, à Paris.

Une nouvelle culture à tenter dans les colonies françaises intertropicales. — Ce n'est malheureusement rien apprendre à personne que de dire que toutes nos colonies languissent au point de vue agricole, et qu'en particulier celles où la culture de la canne et les sucreries étaient jadis florissantes, sont aujourd'hui ruinées. Il est donc opportun de chercher s'il n'y aurait pas quelque moyen de relever leur agriculture en essayant des plantations nouvelles.

Nous trouvons un exemple bon à suivre dans la Jamaïque. Cette colonie anglaise a, elle aussi, été cruellement atteinte par la crise sucrière; mais, imitant ce qui avait été fait il y a plus de trente ans à Cuba, elle s'est mise à cultiver la banane pour l'exportation aux États-Unis. La grande confédération constitue en effet un excellent marché prêt à absorber, d'une manière presque illimitée, tous les fruits de cette espèce qu'on voudra bien lui envoyer.

Dès 1884, les Indes occidentales britanniques expédiaient dans l'Amérique du Nord 814.948 dollars de bananes; Cuba pour 467.739 dollars; l'Amérique Centrale pour 360.497 dollars. En 1890, le total des importations aux États-Unis est de 4.377.898 dollars, dont 1.801.349 dollars pour les Indes occidentales britanniques, 1.223.478 dollars pour Cuba, de plus 91.000 dollars pour les Hawaï. La culture de la banane est des plus simples, et la Guadeloupe, la Martinique, pourraient s'y consacrer fructueusement.

Discussion. — M. Cravoisier fournit quelques détails sur la culture de la banane aux Antilles. D'autres cultures, comme celle du caféier et du cacaoyer, sont susceptibles d'une expansion analogue.

Il serait intéressant d'ajouter à l'étude des frais de culture, des indications sur les frais d'exploitation.

M. Clozel a trouvé dans son récent voyage des contrées où la banane est une véritable richesse pour l'indigène. Il a constaté que ce fruit était très sain et qu'on pouvait en manger impunément.

En Algérie, le bananier nécessite des soins nombreux, l'hiver étant parfois trop rigoureux pour cette essence.

Il serait désirable qu'on favorisât cette culture dans celles de nos colonies qui la comportent.

M. Henri Michel fait remarquer que, lors de la récolte des régimes de bananes, le tronc du bananier est coupé à sa base et rejeté. On peut utiliser les fibres qui existent en grande quantité, tant dans la tige que dans les feuilles, pour la fabrication d'un papier spécial, de paillassons, etc. Des essais ont déjà été tentés; ils ont fourni de bons résultats. Les autres déchets donnent, par calcination, des cendres riches en potasse, la peau du fruit renferme souvent beaucoup de tanin. On peut engraisser des animaux de basse-cour avec certaines variétés de bananes et avec les rebuts des fruits destinés à l'exportation.

M. DUPONT, Prof., à Paris.

Bassin commercial de la Loire. — M. Henri Dupont, s'appuyant sur la géologie, divise en trois zones la région de la Loire : 1° celle des hauts plateaux ou du seigle; 2° celle de Bretagne ou du sarrasin; 3° celle du centre ou du froment.

Après en avoir fait la topographie et établi les rapports qui existent entre les deux premières au double point de vue de l'industrie et de la composition du sol, il examine successivement le rendement donné par l'agriculture, la production industrielle, les transactions commerciales qui lui rapportent dix milliards d'après la statistique. Il ajoute que ce chiffre d'affaires sera dépassé quand les cultivateurs emploieront les méthodes nouvelles, quand l'État améliorera la navigabilité de la Loire, tant réclamée par tous, agrandira le port marchand de Brest et, par les moyens dont il dispose, facilitera aux commerçants des relations plus suivies avec nos colonies trop exploitées par l'étranger.

M. MARTEL, Avocat, à Paris.

De la spélœologie. — Il y a quarante ans qu'en Autriche le Dr A. Schmid s'est livré à des recherches méthodiques dans les grottes du Karst-Istriote. En France, on ne s'était occupé des cavernes qu'à trois points de vue : le pittoresque, la paléontologie et la préhistoire.

M. MARTEL a voulu étudier la *spélœologie* (σπηλαιος antre, λογος discours), c'est-à-dire la science des cavernes. Elle comporte :

1° L'hydrologie; 2° géologie et minéralogie; 3° topographie et travaux divers; 4° agriculture; 5° hygiène publique; 6° physique du globe; 7° météorologie; 8° histoire et paléontologie; 9° faune; 10° flore.

La spélœologie peut être considérée comme une science neuve et spéciale, qui justifierait la création d'une société spélœologique.

La connaissance des cavernes a pris en Autriche un développement considérable. Cette étude sera poussée plus avant, avant longtemps, grâce aux appareils perfectionnés (téléphone, bateaux en toile) que nous avons maintenant à notre disposition.

De 1888 à 1893, M. Martel a découvert trente-cinq kilomètres de cavernes inconnues.

En Vaucluse, l'abîme de Jean-Nouveau; en Ardèche, la grotte de Saint-Marcel, la goule de Foussoubie, celle de la Beaume; en Lozère, la grotte de Dargilon, etc. sont l'objet d'observations importantes exposées dans le travail de M. Martel.

Les explorations souterraines de celui-ci, soit en France, soit en Grèce, l'amènent à conclure que l'étude des cavernes constitue une véritable science. Le sous-sol, dans le Jura, mérite d'attirer l'attention des chercheurs et M. Martel forme le souhait que cet examen stimule la curiosité des savants.

Discussion. — M. MICHEL, qui a commencé des recherches de cette nature dans le Jura, s'associe à ce vœu.

M. O'REILLY signale, en Espagne, à Udiaz, non loin de Comillas et à huit kilomètres environ de la côte, une caverne de composition calcaire, riche en fossiles et où se constate la présence de minerais de zinc.

— Séance du 5 août 1893 —

M. le Col. **LAUSSEDAT**, Dir. du Conserv. des Arts et Métiers, à Paris.

La métrophotographie au Canada. — M. LAUSSEDAT, après avoir résumé la conférence qu'il avait faite à Pau, l'an dernier, sur l'origine et l'histoire de la métrophotographie, créée en France et qui s'est répandue successivement en

Allemagne, en Italie, en Autriche et en Suisse où il se propose d'aller se rendre compte de ses progrès, décrit les opérations entreprises depuis 1888 au Canada et montre les résultats tout à fait remarquables auxquels on y est parvenu et qui prouvent de la manière la plus irréfutable les avantages de la méthode photographique pour exécuter la carte des pays de montagnes.

Il saisit cette occasion pour recommander la méthode non seulement aux topographes, aux ingénieurs et aux hydrographes, mais aussi aux explorateurs, et il indique les précautions très simples à prendre pour utiliser les nombreuses photographies que rapportent les voyageurs. Ces précautions se réduisent aux trois suivantes : 1° déterminer *la distance focale* de l'appareil que l'on emploie et *qui doit rester constante*; 2° *munir l'appareil d'un niveau à bulle d'air* et employer quatre repères fixes qui fournissent le tracé de *la ligne d'horizon* et celui du *point principal* de la perspective; 3° tenir un registre des *angles d'orientation et des distances parcourues.*

Nota. — Les opérations peuvent être exécutées, au retour, par une autre personne.

M. Jules **GARNIER**, à Paris.

Immigration des noirs d'Afrique en Europe et son influence. — Dans le cours de ses derniers voyages en Amérique, M. Garnier a constaté la grande influence exercée par les nègres qui imposent à la population de l'Amérique du Nord un aspect, des mœurs, des soins, une législation particuliers. Faut-il redouter ou désirer cette intrusion de la race noire en Europe? Les noirs étant considérés par la plupart des Américains, qui ne cherchent pas à dissimuler cette plaie, comme des êtres plus gênants qu'utiles, n'avons-nous pas à nous précautionner en France où, grâce au climat, ils pulluleront rapidement, favorisés qu'ils seront encore par nos mœurs hospitalières, nos tendances sentimentales et, enfin, nos idées religieuses. Le Nord de l'Europe, comme le Canada, sera protégé par la rigueur de son climat, pendant que l'Europe méridionale les verra se multiplier outre mesure. La question est assez grave et assez imminente pour que les hommes de science et les « Pouvoirs Publics » commencent à discuter l'attitude que nos intérêts bien entendus nous commandent de prendre en vue de cette immigration de la race noire d'Afrique.

Discussion. — M. Alglave regarde les craintes de M. Garnier comme chimériques. Il ne croit pas à une invasion du nègre en France; et se produirait-elle, qu'il n'y aurait pas à la redouter, car s'il est une nation chez laquelle l'élément noir a pénétré d'une façon sérieuse, c'est le Portugal. Or, le seul reproche qu'on puisse adresser à cette invasion, c'est d'avoir légèrement modifié le type portugais. On trouve encore un autre exemple dans les colonies françaises des Antilles, où l'importation noire fut si nombreuse que le nombre des nègres devint plus considérable que celui des blancs et que la race mulâtre, qui en fut la conséquence, est supérieure, non seulement au noir, mais même au créole.

M. le Baron Hulot estime que la question de l'immigration des noirs n'offre pas un caractère d'actualité; mais, si on admet l'hypothèse qu'un jour, la France aura à compter avec l'élément noir, il paraît naturel de comparer cette immigration à celle des Chinois, et de tirer les conséquences qui résultent de ce parallèle.

Dans l'Amérique du Nord, où la présence de 120.000 Chinois sur 60 millions d'habitants a déterminé une guerre acharnée contre la race jaune, les 8 millions de nègres qui font partie des États-Unis ne sont pas inquiétés. En voici les raisons :

Dans l'ordre économique, les griefs formulés contre les Chinois se résument en une question de salaire et en une question de concurrence commerciale. Les coolies travaillent à bon marché et font baisser le prix de la main-d'œuvre. Ce reproche pourrait être adressé au nègre, dont les besoins ne sont pas nombreux; mais, indolent par nature, il travaille peu et, par conséquent, il ne fera jamais une concurrence redoutable aux ouvriers blancs. — Le Chinois, d'autre part, est redouté par les commerçants en raison de son merveilleux instinct des affaires; le nègre, lui, insouciant et prodigue, ne peut être un rival sur ce terrain.

Dans l'ordre social et politique, il importe de se défier des Chinois qui se coalisent, sont organisés en sociétés secrètes et pourraient former un État dans l'État. Ici encore, le nègre, vivant à sa fantaisie, n'est pas à redouter.

Un seul point mérite de fixer l'attention : celui du croisement des races et de ses conséquences morales et anthropologiques. C'est dans ces limites qu'il serait peut-être utile d'envisager la question posée. — Telles sont les conclusions de M. Hulot.

Dans le cours de la discussion est venue se greffer sur la question à l'ordre du jour, celle de la capacité de travail du nègre. A ce sujet, M. Clozel reconnait que le nègre, paresseux de sa nature, peut cependant donner une somme de travail respectable à condition que tout en l'ayant en main, on le laisse travailler lentement et sans le bousculer. Il estima que, dans ces conditions, deux nègres peuvent faire autant de travail qu'un ouvrier français de valeur moyenne. Et sur l'incitation de M. Gauthiot, M. Clozel donne quelques détails sur la tribu des Bansiri, qui sont des hommes magnifiques et qui, pour n'être pas cultivateurs ni porteurs, n'en sont pas moins des pêcheurs intrépides et des navigateurs infatigables.

M. DRAPEYRON, Secrét. gén. de la Soc. de Topog. de France, à Paris.

Calcul chronologique et géographique des périodes de l'histoire de la Suisse. — On n'a qu'à confronter les ouvrages consacrés, tant en France qu'à l'étranger, à la « formation territoriale » des divers États modernes, et les essais de M. Drapeyron sur le *Calcul chronologique et géographique des périodes de l'histoire* de ces mêmes États, pour constater entre ces essais et ces ouvrages une profonde différence. Dans les ouvrages en question, qui sont surtout des travaux d'érudition, la géographie physique constitue la préface décorative d'un récit où les dates surabondent. Dans les essais de M. Drapeyron, cette même géographie physique est l'accompagnement obligatoire et constant de l'évolution historique. Après avoir pris pour exemple l'Amérique et la Russie, où il embrassait de vastes espaces, l'auteur traite de la Suisse, champ d'observation singulièrement plus restreint et qui permet une plus grande précision. M. Drapeyron montre que l'Helvétie primitive, celle de César, ne comprenait que le plateau, d'une hauteur moyenne de 400 mètres, qui s'étend entre les Alpes et le Jura. Telle fut également l'Helvétie romaine. Le fond de la population était celtique et le latin avait fini par y prévaloir, quand l'arrivée des Burgundes à l'ouest et surtout celle des Alamans, à l'est, germanisa la contrée. La *Suisse* ne naquit qu'au xiiie siècle, après les « rois de Bourgogne » et les « recteurs de la maison de Zæhringen », dans la région alpestre, conséquence, comme M. Drapeyron le démontre, de la grande importance du lac des Quatre-Cantons, qui menait au Saint-Gothard (route entre l'Allemagne et l'Italie). Ce qui a borné strictement la Suisse dans l'espace, c'est la prépondérance, au sein de la Confédération, de l'élément forestier sur l'élément urbain. Schwytz, Uri, Unterwalden, s'opposèrent à l'accroissement indéfini de l'effectif cantonal.

M. Edmond COTTEAU, à Paris.

Sibérie orientale. — M. E. Cotteau donne lecture d'une carte postale qu'il vient de recevoir de M. E. Ninaud, négociant à Blagovestchensk (Sibérie orientale) :

Aux dernières nouvelles, un grand nombre de Chinois et de Coréens venaient se fixer sur le territoire russe. Une première section du chemin de fer transsibérien, celle de Vladivostok à Nikolsk, allait être ouverte à la circulation.

M. CLOZEL, Explorateur, à Paris.

De la rivière Kemo au Niger (expédition Maistre). — La mission Maistre partit de Loango le 1er mars 1892. Son exploration dura jusqu'au 24 mars 1893, date de son arrivée à Akassa. Dans un résumé, nous ne pouvons pas donner un exposé détaillé de cette importante expédition, déjà connue du public; mais nous envisagerons l'œuvre accomplie géographiquement. La mission a tracé, de la Kemo à Guéroua, un itinéraire de 1.320 kilomètres en pays inconnu; elle a pu déterminer la ligne de partage des eaux entre le bassin du Congo et de l'Oubanghi d'une part, et celui du Chàri et du lac Tchad, d'autre part; ajoutons à ces résultats la reconnaissance partielle des rivières Nana et Gribingui, la constatation que la Chàri et le Logom ont un cours indépendant l'un de l'autre, la délimitation du territoire du Saras, des frontières méridionales du Baghirmi et de l'État de Laï, sans compter de nombreuses rectifications sur la position des montagnes, l'emplacement des tribus, la direction des rivières, etc.

Au point de vue ethnographique et linguistique, tout était à faire. Si la rapidité de la marche n'a pas permis aux explorateurs de multiplier leurs observations, les renseignements qu'ils rapportent n'en sont pas moins inédits, et capables de servir de point de départ aux recherches des missions qui poursuivront l'œuvre entreprise par MM. Maistre, Clozel, Briquez, de Behagle, Brunache, etc.

Au point de vue politique, la mission Maistre a passé de nombreux traités, notamment avec le chef Iagoussou, à Finga, chez Mandjatezzé. Les deux rives du Gribingui sont assurées à l'influence française, ainsi que le pays qui s'étend de ce cours d'eau à celui du Bamingui; la voie est ouverte sur le Chàri du côté du lac Tchad et les efforts tentés permettront un jour à la France de revendiquer la possession de ce fleuve.

M. CLOZEL, qui s'est particulièrement adonné à l'étude des populations musulmanes, insiste sur ce point que, partout où la mission Maistre s'est trouvée en
contact avec les Musulmans, elle n'a eu qu'à se féliciter de ceux-ci. Ce résultat,
dû aux collaborateurs algériens de M. Maistre, est d'autant plus significatif
qu'il y avait lieu de redouter le ressentiment de peuplades qui venaient de subir
les exécutions ordonnées par M. Dybowski, pour venger le massacre de Crampel.

Six Français ont effectué ce parcours total de 5.220 kilomètres, tant à pied
qu'en pirogues ou en bateaux à vapeur fluviaux. Ils sont tous revenus en
France, malgré les privations, les fatigues et la maladie ; mais sur 179 hommes
d'escorte, 47 ont été perdus, dont cinq tués à l'ennemi.

Discussion. — M. le président GAUTHIOT retrace à grands traits l'œuvre
française en Afrique. Il ajoute que les explorations africaines de ces derniers
temps peuvent être rappelées par quelques noms, ceux de : 1º Jules Ferry, à
qui nous devons la Tunisie et le Tonkin ; 2º M. Étienne, l'inspirateur de ces
grandes explorations qui, en Afrique, ont été précieuses pour l'influence française et dont le pays s'enorgueillit aujourd'hui ; 3º M. Delcassé, qui vient, en
Indo-Chine, de montrer qu'il voulait et pouvait mettre ses talents au service
de la cause coloniale française.

M. Gauthiot constate qu'en Afrique centrale, le commandant Monteil, avant
lui Binger, dans ses missions, ont sillonné : l'un, les territoires qui nous sont
réservés, du Niger au Soudan ; l'autre, cette boucle du grand fleuve, laquelle
deviendra le centre d'un empire dont le Sénégal et le Dahomey seront les
débouchés.

Il ajoute que le Congo français s'est agrandi par suite du cercle tracé par
Mizon et de celui qu'a décrit Maistre et que la route du Tchad, indiquée par
Crampel et Dybowski, ne tardera pas à être parcourue. L'œuvre de ces vaillants sera féconde. Les traités faits par eux et leurs compagnons (deux d'entre
eux, MM. Clozel et Briquet sont présents) faciliteront en temps voulu la
délimitation de nos possessions.

Le Président constate, en terminant, que dans cette conquête pacifique de
l'Afrique des militaires, des marins, des civils ont rivalisé d'audace et d'énergie,
luttant la main dans la main pour l'extension de notre domaine colonial.

De tels exemples nous donnent confiance dans l'avenir et nous font bien
augurer des destinées de la patrie.

M. DELONCLE rappelle que le gouvernement a déjà récompensé la mission
Maistre dans la personne de son chef. Soucieux de reconnaître les mérites de
chacun et notamment du second de l'expédition, le gouvernement ne ménage ni
les encouragements ni les témoignages d'estime. Avant peu, M. Clozel, dont
la conférence a charmé l'auditoire, sera chargé de diriger une expédition nouvelle. Ainsi, il pourra justifier la confiance que le pays lui témoigne.

— Séance du 7 août 1893 —

M. Georges PAROISSE, Explor., à Paris.

De Konakry au Fouta-Djallon. — Parti de Konakry, la capitale de notre
colonie de la Guinée française, M. PAROISSE a exploré d'abord le Konkouré,
son principal affluent le Badi et la Dubreka. Tous ces cours d'eau font partie du

groupe connu sous le nom de *Rivières du Sud*. Mais si les estuaires et la partie inférieure de ces rivières sont connus et fréquentés depuis longtemps, il n'en est pas de même du cours supérieur, et l'exploration du Konkouré et du Badi a été féconde en renseignements précieux.

En explorant cette région M. Paroisse a visité pacifiquement nombre de petits États Soussous, dont l'esprit turbulent est un obstacle pour le commerce entre le Fouta-Djallon et la côte. Pour remédier à cette situation et éviter que le trafic soit détourné du côté de Sierra Leone, M. Paroisse indique la création d'une route de Konakry à Timbo, capitale du Fouta-Djallon. Cette œuvre a déjà été commencée par M. Ballay.

L'importance de cette route est prouvée par l'extension même du commerce du Fouta-Djallon; d'ailleurs la voie commencée n'est que le premier tronçon de la route de la mer au Niger et doit ainsi devenir le principal débouché de notre Soudan occidental.

Il ressort également de cette communication que les cours d'eau ne peuvent être utilisés pour la pénétration à l'intérieur (1).

M. le Baron **HULOT**, Memb. des Soc. de Géog., à Paris.

Sur les « Relations de la France avec la Côte des Esclaves jusqu'en 1891 ». — Le Dahomey, dont le nom retentit dans nos moindres villages, était, il y a dix ans, à peu près inconnu du public français. Cependant, nos relations avec la Côte des Esclaves sont anciennes. Il est vraisemblable que dès le XIVe siècle, des marins dieppois fondèrent des comptoirs dans le golfe de Guinée. A partir du XVIIe siècle, les données se précisent et nous permettent d'établir les rapports qu'entretenait la France avec cette partie de l'Afrique occidentale. Le pays occupé actuellement par les royaumes de Dahomey et de Porto-Novo était divisé en trois États : Juda, Ardra et Fouin. Avec les deux premiers, nous faisions des échanges et par leur intermédiaire nous correspondions avec le pays des Fouins. Notre commerce avait surtout pour objet la traite des noirs. Vers 1610, la succession au trône d'Ardra fut ouverte : trois frères se disputèrent la couronne. Le plus jeune déposséda les deux autres ; l'aîné recula dans l'est et forma le royaume de Porto-Novo; le second implora la protection de Da, roi des Fouins, et finit par lui ravir la vie et le pouvoir. Sur le corps de Da (homé signifie ventre), le Da-homé, ou Dahomey, fut édifié. A la fin du XVIIIe siècle, la traite, combattue par les *Amis des noirs*, tomba en discrédit tant à Paris qu'à Londres. Lisbonne continua ce trafic; mais à mesure que la demande diminuait, l'offre se restreignait et les fameuses « Coutumes » absorbaient en majeure partie le bétail humain ; partant, l'exportation des noirs subit une dépression considérable, que seul le roi Guézo, sur le conseil des deux négriers brésiliens, Souza et Martins, parvint à ranimer. Mais, sous Glé-Glé, les sacrifices humains amenèrent une nouvelle crise sur ce marché.

En 1797, pour des motifs d'économie, le gouvernement français fit évacuer notre fort de Whydah, fondé en 1761. En 1841, la France, pour mieux affirmer ses droits, revêtit des fonctions consulaires Victor Régis, commerçant à

(1) Le récit de cette exploration sera publié dans le *Bulletin de la Société de Géographie commerciale de Paris*, 1893.

Whydah, qui fut autorisé à résider dans cette construction, à charge de l'entretenir.

La deuxième partie de l'étude du baron Hulot a trait aux conventions qui furent passées depuis une cinquantaine d'années entre la France et les États de la Côte des Esclaves. Le premier traité régulier fait avec le Dahomey date du 1er juillet 1851; il assure la sécurité et la liberté du commerce aux Français et affirme nos droits sur le territoire du fort français de Whydah. Le 19 mai 1868, une convention consacre la cession de Kotonou à la France et, dix ans après (19 avril 1878), tous droits de douanes et toutes servitudes, dus antérieurement par nos nationaux à S. M. Glé-Glé, sont abolis. Pendant neuf ans, ce monarque respecte sa parole; mais en 1887, il nie la validité du traité; en mars 1889, il se jette sur nos protégés de Porto-Novo, élève des prétentions sur Kotonou et provoque par sa conduite l'expédition du commandant Térillon, qui aboutit à l'arrangement du 3 octobre 1890. On sait que cet « instrument de paix » n'empêcha pas Behanzin de continuer ses razzias, jusqu'au jour où le gouvernement chargea le colonel Dodds d'organiser une expédition contre le Dahomey.

Entre temps, M. Hulot signale et analyse les conventions passées tant avec le royaume de Porto-Novo qu'avec les Popoes, ainsi que les travaux ou tentatives de délimitation de frontières exécutées par des commissions franco-allemandes à l'ouest, anglo-françaises à l'est.

— Séance du 9 août 1893 —

M. Émile BELLOC, Chargé de mission, à Paris.

Nouvelles recherches sous-lacustres entreprises dans la chaîne des Pyrénées. — Les récentes explorations scientifiques que M. Émile BELLOC a été chargé d'entreprendre dans les régions lacustres de la chaîne pyrénéenne, notamment sur le versant sud, ont donné d'excellents résultats, malgré quelques difficultés administratives suscitées par l'établissement d'un cordon sanitaire installé à la frontière espagnole.

Dans le Haut-Aragon, sur le revers méridional de la Maladetta, il a visité les petits *lacs d'Albe* et le grand *lac de Gréguéña* (alt. 2.657 mètres), le plus élevé et un des plus vastes du massif pyrénéen.

Chemin faisant, M. É. Belloc s'est livré à de nombreuses recherches dans les dépressions en partie marécageuses du *Plan des Étangs* et dans les petits *lacs du Port de Venasque.*

Dans la Haute-Catalogne, ses études ont porté principalement sur les nappes d'eau qui avoisinent le Port de Biella, ou de Viella, et sur les lacs de la haute région d'Artias, de Montarto, etc. Cette magnifique contrée, fort peu visitée et pour ainsi dire inconnue des étrangers qui fréquentent le pays d'Aran, renferme les plus grands lacs de la chaîne, parmi lesquels l'auteur de cette communication fait connaître l'*Estañ del Mar* (alt. 2.225 mètres), *Estañ Tor* (alt. 2.380 mètres), *Estañ dels Rious* (altitude 2.360 mètres), *Estañ ae l'Escaleta* (alt. 2.340 mètres), etc.

L'étude comparative de la température et de la coloration des eaux, celle de la faune et de la flore microscopique auxquelles ces eaux donnent naissance, et de nombreuses observations géologiques locales, ont fait l'objet principal de ces recherches.

M. É. Belloc présente également une série de plans et de profils fournie par les sondages qu'il a récemment pratiqués dans différents lacs de la chaîne des Pyrénées.

M. ENSUQUE, Lieut. au 81ᵉ d'infanterie, à Béziers.

Note sur la détermination du premier méridien. — On propose d'adopter comme premier méridien, servant d'origine aux longitudes, le méridien qui passe par le sommet de l'île Manoua, une des Samoa, et située par 169° 30′ W. L. V. Greenwich.

La longitude du point choisi serait déterminée par une commission internationale et avec toute la précision que comportent les méthodes modernes. Un signal ou plutôt un monument serait élevé au point choisi. Sur ce monument, des inscriptions en huit ou dix langues indiqueraient qu'ici se trouve l'origine des méridiens.

Le nom de l'île serait changé et porterait désormais le nom de *l'île du Méridien.*

La commission aurait à placer trois autres signaux de moindre importance, mais servant de repères. Le signal n° 2 sur le méridien diamétralement opposé au méridien origine, par exemple, sur la pointe de Skagen, au nord du Danemark. Les signaux n° 1 et n° 3, placés sur les méridiens faisant un angle droit avec le méridien origine et, par conséquent, équidistants du méridien origine et du méridien n° 2.

Les méridiens n° 1 et n° 3, diamétralement opposés, seraient jalonnés par des signaux placés, par exemple, l'un sur l'isthme de Panama, l'autre sur la presqu'île de Malacca ou près de Bangkok.

Ces quatre méridiens partageraient la terre en quatre fuseaux égaux.

Dans ce système, la lecture d'un méridien sur une carte quelconque renseignerait sur sa position par rapport à un méridien connu.

Au point de vue de l'unification de l'heure, on pourrait appliquer le système des fuseaux, les fuseaux se réduisant à quatre et ayant un intervalle de six heures. Il y aurait de la sorte : l'heure du Pacifique, l'heure américaine, l'heure d'Europe, l'heure d'Asie, ces heures correspondant à celles des quatre méridiens principaux.

M. Éd. BLANC, à Paris.

La science géographique à l'Exposition de Moscou.

Discussion. — M. ANTHOINE, répondant à certains points de ce travail, rappelle les travaux topographiques remarquables exécutés par le génie militaire autour de Paris et des principales places fortes, et ceux de M. Lallement, qui est à la tête du service du nivellement de la France; il assure que tous ces travaux se raccorderont d'une façon absolue et que l'interpolation des différentes courbes sera des plus faciles.

Sur les chemins de fer de pénétration à travers les déserts : comparaison du Transcaspien et des chemins de fer sahariens. — Le tracé du Transcaspien part d'Ouzounada et longe le désert de Kara-Koum. Jusqu'à Samarkand, la ligne mesure une longueur de 1.400 kilomètres. Pendant 700 kilomètres, elle s'est dirigée du nord-ouest au sud-est, puis elle a obliqué vers le nord pour desservir Bokhara et Kokan. Cet arc de raccordement se prolongera par Tchimkent jusqu'en Sibérie.

Le général Anenkof, promoteur de l'entreprise, et le colonel Andréa, chef de l'exploitation, ont fait construire des wagons qui sont de véritables forteresses roulantes. Ils ont eu à tenir compte des écarts de température, du manque d'eau, des sables mouvants, de la pénurie des ouvriers et de l'hostilité des indigènes.

Pour éviter les inconvénients de la dilatation du fer par la chaleur, les rails sont séparés les uns des autres par un jeu de 6 millimètres. Le manque d'eau n'est pas un obstacle à l'entreprise, les réserves étant suffisantes sur le Transcaspien pour ne pas nécessiter l'usage du wagon-citerne. D'autre part, le sable n'a pas été un obstacle très sérieux pour la construction de la voie asiatique, mais il constitue parfois une entrave à l'exploitation de la ligne qu'il recouvre sous l'influence du vent. Les dunes ne sont pas à comparer avec les dunes du Sahara : les premières ont 18 ou 20 mètres de hauteur, les secondes souvent 100 mètres. Notons encore, à l'avantage des dunes avoisinant le Transcaspien, qu'elles peuvent recevoir certains végétaux comme le saxaoul et qu'ainsi les sables de mouvants deviennent stables et partant ne s'opposent pas d'une façon absolue à l'exploitation de la ligne.

Le Transcaspien a été construit en trois sections: la première va jusqu'à Kizil-Arvat, la deuxième jusqu'à Tchardjoui, la troisième jusqu'à Samarkand.

Si les ouvriers manquent, s'il est parfois difficile de se procurer à proximité les matériaux nécessaires à l'installation de la ligne de Samarkand, du moins certains avantages assurent le combustible aux machines. Le Caucase renferme des sources de pétrole abondantes. A cette circonstance, Bakou, situé sur la mer Caspienne, doit son prodigieux développement.

L'hostilité des indigènes a été sérieuse. Il y avait à lutter contre un million et demi de Turkmènes, musulmans très belliqueux qui rappellent les Touaregs. L'énergie et l'habileté des Russes eurent raison de leur résistance. Aujourd'hui, on les emploie à l'entretien et à la construction des voies ferrées.

La ressource principale de cette région sera la culture du coton. A Tachkent et à Samarkand notamment, ce produit donne déjà un rendement considérable. Nous pourrons arriver à un semblable résultat sur certains points de notre empire africain, si nous ne donnons pas, comme cela arrive, une trop grande quantité d'eau au cotonnier. Notre excès de zèle nuit au développement de cette essence.

A Samarkand, la température minima est de 34 degrés.

M. Blanc passe ensuite à l'exposé des prix de revient dans les différentes sections du chemin de fer transcaspien. Ce prix est de 31.000 roubles par verste (90.000 francs par kilomètre). Les frais de transport et de matériel sur les autres sections égalent 5.000 francs. La voie du Transcaspien est large, ce qui permet d'installer des rails plus élevés, des wagons plus hauts que dans les voies étroites trop facilement ensablées.

Pendant la construction de cette ligne de pénétration, le général Anenkof entretenait une véritable garnison dans les trains. Grâce à cette précaution, il put renverser tous les obstacles qui se dressaient sur sa route. Aujourd'hui, le trajet d'Ouzounada à Samarkand s'effectue en trois jours.

— Séance du 10 août 1893 —

M. Alfred RAMBAUD, Prof. à la Fac. des lettres, à Paris.

Les écoles françaises destinées aux indigènes musulmans dans le Sahara : Hauts-Plateaux, Mzab ; Ouargla, Touggourt et l'Oued-Rir ; le Souf. — M. Rambaud a fait l'historique du progrès accompli dans ce service depuis 1882. A plusieurs reprises il a inspecté les écoles soit dans les deux Kabylies, soit dans le Sud algérien.

Il a déclaré vouloir se borner, dans cet exposé, à prendre seulement cinq types de régions, cinq types de peuplades, cinq types d'écoles.

1° Limite sud des Hauts-Plateaux ; — Ksouriens, l'école de garçons et l'école de filles de Challala ;

2° Territoire de parcours ; — chez les nomades : la tente-école des Ouled-Meggan ;

3° *Hamada* ou désert de pierres ; — chez les Mzabites : école de Ghardaïa, Beni-Isguen, El-Ateuf.

4° Oued-Rir : — chez les Rouaras ; écoles de Ouargla, Touggourt, Kouïnine.

5° Région des grandes dunes *(El-Erg)* : — dans le Souf ; école d'El-Oued.

Il montre comment, dans chacun de ces pays, en dépit de nos règlements scolaires, l'école est telle que la font le climat, la région, la race, le genre de vie.

M. TURQUAN, Chef du service de la Stat. au Minist. du Commerce, à Paris.

Des migrations intérieures en France, de province à province et de département à département. — Il présente les principaux résultats d'un travail statistique qu'il a fait sur les migrations de province à province et de département à département. Cette statistique a été dressée au moyen d'un classement des habitants de chaque département par lieu d'origine. Ainsi dans le département de la Seine il a pu spécifier combien il y avait d'habitants originaires du Pas-de-Calais, de la Corse, etc... Sur une carte quadrillée, il a indiqué au moyen de teintes les régions qui fournissent le plus d'habitants à Paris. Ce sont surtout le département de Seine-et-Oise, l'Yonne, la Nièvre, le Cantal, la Creuse.

Ces 87 monographies de départements groupés par provinces et régions donnent l'état de l'immigration des habitants dans les différentes parties de la France. C'est dans le bassin de la Seine et de la Garonne, dans la Provence et l'Ile-de-France que l'immigration est le plus intense.

En Bretagne, en Corse, en Auvergne, elle est le moins considérable.

La contre-partie de ce travail qui fait l'objet d'un nombre égal de carto-grammes a trait à l'émigration. — M. Turquan adresse pour chaque département et chaque province le nombre des originaires trouvés dans les départements autres que le leur. L'Auvergne, la Haute-Saône, la Savoie, les Hautes-Alpes, l'Ariège, la Corse fournissent le plus d'émigrants. Des cartes « différentielles » présentent l'excédent de l'immigration ou de l'émigration dans les différentes parties de la France. Dans le Midi, quatre centres attirent la population : Marseille, Montpellier, Toulouse, Bordeaux. Ceci a pour avantage de tenir les méridionaux loin de Paris. En effet, contrairement à une idée répandue, il y a fort peu d'habitants du Midi résidant à Paris.

M. BOUTROUE.

Sur l'état des connaissances sur l'Afrique avant le xv° siècle.

M. Henrique LOPES DE MENDOÇA, Memb. de l'Acad. roy. des Sc. de Lisbonne.

Notice sur l'emploi des galères dans l'Océan pendant le moyen âge.

Travaux imprimés

PRÉSENTÉS A LA 14ᵉ SECTION

Études sur l'histoire de la patrie. Origines du Portugal. — Mémoire présenté à l'Académie des Sciences et des Arts, par MM. CARLOS, ROMA DU BOCAGE et DON NICOLAS DE GOYRI.

Études sur la nation portugaise dans les xvᵉ et xvɪᵉ siècles, par M. HENRIQUE LOPES DE MENDOÇA.

Notice sur la découverte de l'Amérique et catalogue des objets artistiques et industriels des indigènes à propos des fêtes du quatrième Centenaire de sa découverte, par M. A.-C. TEIXEIRA DE ARAGOA.

Mémoire sur la résidence de Christophe Colomb à l'île de Madère, par AGOSTINHO DE ORRIELLAS.

Les explorations des Portugais antérieures à la découverte de l'Amérique, par M. BOUTROUE.

L'Algérie et la Tunisie à travers les âges, par M. BOUTROUE.

Rapport sur une mission archéologique en Portugal et dans le sud de l'Espagne.

15ᵉ Section.

ÉCONOMIE POLITIQUE ET STATISTIQUE

PRÉSIDENT . . . . M. GEORGES RENAUD, Réd. en chef de la *Rev. Géog. int.*, Prof. aux Éc. sup. de la ville de Paris.

VICE-PRÉSIDENTS . . . . MM. BREUL, Prés. du Trib. civ., à Vervins.

DE FOVILLE, Prof. au Cons. nat. des Arts et Mét., à Paris.

SECRÉTAIRE . . . . M. SAUGRAIN, Avoc. à la Cour d'ap. de Paris.

— Séance du 4 août 1893 —

M. Frédéric PASSY, Memb. de l'Inst., à Paris.

Le crédit agricole. — Pour M. Frédéric PASSY il n'y a pas de crédit agricole proprement dit, pas plus que de crédit ouvrier ou autre. Il y a du crédit pour ceux qui peuvent offrir des garanties, quelles que soient leurs professions ; il n'y en a pas pour ceux qui n'en offrent pas. L'État n'a pas qualité pour leur en procurer, car il ne pourrait le faire qu'en garantissant les uns aux dépens des autres. Ce qu'il peut et doit faire, c'est de supprimer les obstacles législatifs ou administratifs qui s'opposent au libre fonctionnement du crédit. Les intéressés feront le reste en se concertant et en se réunissant pour aviser aux combinaisons diverses de crédit réel ou personnel, individuel ou collectif. Aidez-vous, le crédit vous aidera.

M. Alph. COURTOIS, à Neuilly-sur-Seine.

Les Bourses du travail. — M. Alph. COURTOIS voudrait voir les Bourses du travail se généraliser, non pas celles qui ne sont que des prétextes à réunions politiques, mais les véritables Bourses du travail telles que les comprend. M. de Molinari. M. Alph. Courtois montre leur supériorité sur les bureaux de placement ; grâce à elles, on pourra établir l'équilibre entre les offres et les demandes d'ouvrage et supprimer les ouvriers sans travail. Il en décrit le fonctionnement tel qu'il le comprend, et, les comparant aux Bourses d'effets publics, il espère que c'est par leur établissement qu'on arrivera à supprimer les grèves qui n'auront plus de raison d'être, les salaires étant déterminés librement sur le marché international du travail, comme le sont les prix des valeurs cotées à la Bourse des titres.

Discussion.. — M. Fleury fait observer que ce n'est pas l'usage des Bourses du travail qui est critiquable, mais l'abus qu'en font les politiciens socialistes. Le placement des ouvriers n'est pour eux qu'un moyen de les enrégimenter dans les rangs d'un parti auquel on propose tout d'abord la destruction de l'ordre social. On verra ensuite. — Cet abus est contraire aux intentions de la loi. Il suffirait que celle-ci fût exécutée pour qu'il disparût. Les Bourses du travail redeviendraient alors ce qu'elles doivent être : un moyen commode pour les intéressés d'être renseigné sur l'offre et la demande du travail.

M. Jules MARTIN, anc. Insp. gén. des Ponts et Ch., à Paris.

Les inconvénients de l'octroi, en ce qui concerne la construction et l'exploitation ²es grandes gares. — Sans revenir sur la question des octrois qu'il a eu souvent l'occasion de traiter, notamment en 1869-70 et en 1890 au Congrès de Limoges, M. Jules Martin a cru devoir l'examiner à un point de vue tout spécial, au point de vue de la construction et de l'exploitation des gares de chemin de fer.

. Il a montré que l'octroi, dans les grandes gares, a pour résultat *d'augmenter notablement les dépenses de premier établissement et de rendre les manœuvres de l'exploitation plus lentes, plus difficiles et plus onéreuses.*

Dans les pays où l'octroi a disparu, en Angleterre, par exemple, les gares, dit-il, sont de grandes places publiques sur lesquelles la circulation des voyageurs, des bagages et des employés se fait très facilement, très librement. En France, au contraire, les grandes gares sont de véritables enceintes fortifiées ou plutôt des prisons dont on ne peut sortir que par une seule porte, sous l'œil vigilant des préposés.— Les formalités de l'octroi font perdre de quinze à trente minutes aux voyageurs ; elles retiennent souvent les marchandises transportées en petite vitesse de douze heures à vingt-quatre heures et elles obligent les Compagnies à donner aux halles des dimensions beaucoup plus grandes que celles qui sont admises en Angleterre pour le même trafic. — Lorsqu'on aura fait disparaître les octrois, le public comprendra peut-être mieux la valeur du temps et il réclamera, avec la suppression des règlements qui entravent inutilement les opérations, un certain nombre d'améliorations ayant pour résultat de rendre plus rapide le transport des voyageurs et des marchandises. Les règlements (il est juste de l'avouer) sont souvent la conséquence des préjugés et des mœurs des habitants, et il y a lieu de faire remarquer que les mœurs commerciales des Anglais permettent aux Compagnies de s'affranchir plus facilement des réglementations inutiles.

Discussion. — M. Gaston Saugrain, tout en reconnaissant que les octrois créent des difficultés dans les opérations de l'exploitation des chemins de fer, pense qu'il y a des raisons beaucoup plus importantes pour demander leur suppression. En réalité, les octrois sont utiles aux Compagnies de chemins de fer, car ils leur servent de prétexte pour justifier le retard qu'elles apportent à accomplir, dans leur service, les améliorations qui leur sont réclamées depuis longtemps.

M. Gaston Saugrain cite un certain nombre de réformes très simples, dont l'utilité n'est contestée par personne, elles sont absolument indépendantes de l'octroi, et cependant on les attend toujours.

Si les octrois n'existaient plus, les Compagnies trouveraient une autre raison, aussi mauvaise probablement, pour expliqur leurs habitudes routinières.

M. PLOIX : M. Martin me semble avoir rapproché des questions qui ne sont pas connexes. Si les exigences de l'octroi retardent la sortie des voyageurs qui arrivent dans les gares ou la délivrance des marchandises, les Compagnies de chemins de fer n'ont aucune raison d'arguer de ce retard pour ne pas activer la marche de leurs trains ou les opérations qui leur incombent. J'imagine que les fonctionnaires de l'octroi s'efforcent de faire leur service aussi rapidement que cela leur est possible. Les Compagnies devraient tenir à honneur de faire de même.

<hr>

M. Arthur FONTAINE, Délégué du Min. du Commerce, à Paris.

Des publications de l'Office du travail. — M. Arthur FONTAINE dépose sur le bureau de la Section les publications de l'Office du travail et de la Statistique générale parues depuis le dernier Congrès de l'Association française pour l'avancement des sciences. Ces publications sont les suivantes :

I. — Notices et comptes rendus de l'Office du travail.

Fascicule I : Étude statistique des accidents du Travail d'après les comptes rendus officiels de l'assurance obligatoire en Allemagne et en Autriche. — *Fascicule II :* Résultats financiers de l'assurance obligatoire contre les accidents du travail en Allemagne et en Autriche. — *Fascicule III :* Statistique des grèves survenues en France pendant les années 1890 et 1891. — *Fascicule IV :* Examen analytique du sixième rapport annuel du Département du Travail des États-Unis d'Amérique (industries houillère et métallurgique). De l'emploi des artèles et de la participation intéressée du personnel dans les chemins de fer russes. — *Fascicule V :* Résultats statistiques de l'assurance obligatoire contre la maladie, en Allemagne.

II. — Enquêtes spéciales de l'Office du travail.

1) Le placement des employés, ouvriers et domestiques ; son histoire, son état actuel.

2) De la conciliation et de l'arbitrage dans les conflits collectifs entre patrons et ouvriers, en France et à l'étranger·

III. — Statistique générale. Dénombrement des étrangers en France, en 1891.

Les fascicules I, II et V, sur le fonctionnement de l'assurance obligatoire, seront suivis de fascicules sur le même sujet rendant compte des résultats sociaux de ce fonctionnement, et en tirant des coefficients de plus en plus précis de morbidité, de risque professionnel, etc. La statistique des grèves fournira annuellement, à mesure que le service de renseignements se perfectionnera, un document statistique et *historique* de plus en plus important sur les luttes industrielles et aussi sur les moyens de les prévenir ou de les abréger. — A ce dernier sujet, l'enquête sur la « conciliation » offre, dans un gros volume, les documents les plus étendus sur la constitution et le fonctionnement des Conseils d'arbitrage permanents ou occasionnels, officiels ou privés, tant en France qu'à l'étranger. L'enquête sur le placement, — et le dénombrement des étrangers répondent aussi à des préoccupations actuelles de l'opinion publique.

Dans toutes ces publications, l'Office du travail s'est borné à présenter des faits et s'est gardé de soutenir une thèse.

Discussion. — M. MAIROT demande si les volumes très intéressants publiés par l'Office du travail sont envoyés dans les départements, soit aux Chambres de commerce, soit aux Préfectures.

M. FONTAINE répond que le faible tirage de ces publications ne permet pas d'en faire une large distribution ; mais il prend note de les faire adresser à la Chambre de commerce de Besançon.

M. CACHEUX, à Paris.

État actuel des habitations ouvrières en Allemagne. — Depuis quelques années, on fait en Allemagne de nombreux efforts pour remédier à l'état défectueux des petits logements. On peut s'assurer de ce que nous avançons en consultant le compte rendu du Congrès spécial aux habitations ouvrières, organisé en 1892 par la Société allemande d'Économie sociale, et le rapport du Dr Albpecht sur les plans des petits logements exposés, pendant la durée du Congrès, dans la salle de ses séances générales. Dans notre travail, nous avons résumé ce qui a été fait de plus intéressant par l'État, les départements, les communes, les caisses d'épargne, les Sociétés d'assurances, les Sociétés diverses de construction et les particuliers.

Nous ne signalerons ici que quelques points de la question qu'il serait intéressant d'étudier et de propager en France, savoir :

1° L'obligation imposée par une commune à tout propriétaire d'usine qui veut s'établir sur son territoire, de mettre à la disposition de son personnel un nombre suffisant de logements pour éviter l'encombrement ;

2° L'avance faite, avec la garantie des départements, à des sociétés philanthropiques, par des caisses d'épargne, de l'argent nécessaire pour construire des habitations ouvrières agricoles convenables ;

3° Le concours organisé par la Société allemande d'Hygiène, pour améliorer les appareils de chauffage employés dans les petits logements.

Nous reviendrons, au Congrès de Caen, sur les résultats obtenus en France par la Société des Habitations à bon marché, car ils méritent d'être signalés et encouragés.

— Séance du 5 août 1893 —

M. Arthur RAFFALOVICH, Corr. de l'Instit., à Paris.

Note sur la question monétaire. — M. RAFFALOVICH montre comment, à son avis, on s'exagère la portée de la mesure prise dans l'Inde et du rappel probable de la loi funeste de 1890 aux États-Unis. Les pays riches, avec un système monétaire relativement bon (Angleterre, France, Belgique, Suisse, Allemagne), n'ont pas à redouter outre mesure les effets de la dépréciation ultérieure de l'argent. Il existe bien assez d'or dans le monde pour servir de base à la circulation fiduciaire des pays sages et pour alimenter à la fois les transactions journalières et les transactions internationales. Il ne faut s'effrayer des doléances des bimétallistes, qui sont imbus des notions erronées sur la puissance de l'État en matière économique. Nous assistons au développement d'une phase nécessaire dans l'évolution monétaire : ce n'est pas la démonétisation de l'argent en 1873, ni la fermeture des hôtels des monnaies en France, en Suisse, etc., en Autriche, en Russie, dans l'Inde, qui ont précipité l'argent au rang inférieur, c'est l'accroissement de la production argentifère et l'aversion du public pour les pièces lourdes et encombrantes.

M. L.-L. VAUTHIER, Ing. des Ponts et Ch., à Paris.

Répartition de la charge des droits de douane. Qui est-ce qui paie le droit protecteur? — Ce problème n'est abordé que pour les produits alimentaires de première nécessité, mais de consommation limitée, comme est le blé pour la France, produits dont le prix s'élève fortement avec la rareté et s'avilit, par contre, rapidement, dès que la quantité disponible dépasse une certaine quotité normale.

Pour l'étude, dans ce cas spécial, de l'effet des droits protecteurs. M. Vauthier propose une formule dont il déduit les conséquences, en ce qui concerne les diverses parties intéressées : *Trésor public, producteur national, consommateur et importateur*, suivant les proportions de déficit à combler et le taux du droit protecteur, et il arrive à conclure de cet examen : en premier lieu, que, si le droit protecteur est justement égal à la différence, sur le marché, entre le prix *vendable* normal du produit de provenance extérieure et celui de provenance intérieure, le producteur et le consommateur du pays restent indemnes de tout avantage ou perte, de telle sorte que le droit protecteur est intégralement payé par l'importateur; en second lieu, que, lorsque le droit protecteur descend au-dessous de la proportion ci-dessus indiquée, l'avantage du consommateur croît avec le déficit, plus rapidement que le dommage subi par le producteur national, mais qu'en revanche, le Trésor public est plus préjudicié dans ses recettes que n'est avantagé l'importateur dans la part de charge qu'il supporte; enfin que, si le droit protecteur s'élève, au contraire, un peu au-dessus de la proportion plus haut définie, le consommateur, soit tout le monde, est frappé, mais dans une mesure notablement plus faible que n'est l'avantage réalisé par le Trésor public, qui représente aussi tout le monde.

« Tout cela mérite d'être discuté » ; telle est la conclusion de M. Vauthier.

M. CRAMER-FREY, à Zurich.

Note sur les négociations commerciales avec la Suisse.

Le Président donne lecture de la lettre suivante envoyée par M. Cramer-Frey, empêché de venir au Congrès :

Comme président de la Section qui discutera, entre autres, la question des *Traités de commerce*, vous pensez qu'il serait utile, et dans l'intérêt des deux pays, que Français et Suisses se rencontrassent dans un même but. Ce but serait de tâcher de renouer, moyennant la propagande scientifique, et indirectement, les anciennes relations, rompues par le rejet de la dernière convention commerciale.

Je partage entièrement votre manière de voir en ce sens qu'on ne doit pas cesser de prêcher la bonne politique économique en matière de douanes, laquelle consiste à se prononcer contre l'établissement de barrières chinoises entre les nations.

Malheureusement le bon sens et les bonnes intentions des personnes qui se placent au-dessus des intérêts particuliers, et qui ont l'habitude de voir les choses d'un point de vue plus élevé, peuvent relativement très peu contre le courant. Ce n'est que quand la majorité du peuple commence à s'apercevoir de l'effet désastreux de mesures comme celles que le protectionnisme outré a engendrées, qu'un revirement est possible.

Je ne doute pas que ce moment n'arrive pour la France, comme il est arrivé pour d'autres nations. Que ce moment soit proche, qu'on puisse s'attendre à voir aboutir des tentatives faites en vue de rétablir, dans une certaine mesure, les anciens rapports entre la France et la Suisse, je ne le crois pas. Lors même qu'on supposerait l'existence de bonnes dispositions dans les milieux gouvernementaux, il n'y a pas lieu d'attendre beaucoup de vos Chambres, composées en majeure partie, de protectionnistes outrés. Comme un des négociateurs de la convention commerciale de l'année dernière, et ayant attentivement suivi toutes les phases de votre nouveau régime douanier, j'ai même peur que ma présence à votre Congrès n'aille à contre-fin, et cela, lors même que je m'imposerais la plus grande réserve dans la délibération sur les traités de commerce. Mais ce n'est pas la seule cause qui m'empêche d'accepter votre très aimable invitation que je ne saurais trop apprécier; il y en a d'autres personnelles.

Je serais heureux si votre réunion contribuait à rendre, avec le temps, aux deux pays des rapports plus agréables. Ces deux pays, amis d'autrefois, n'auraient jamais dû arriver à se combattre comme ils le font actuellement, au grand plaisir et à l'avantage de nos autres voisins : l'Allemagne, l'Italie, l'Autriche.

Entre temps, nous, Suisses, nous maintiendrons et attendrons jusqu'au moment où il plaira à la France de reconnaître qu'elle a fait fausse route; alors on nous trouvera toujours prêts à accepter une transaction tant soit peu satisfaisante.

M. Léon STRAUSS, à Genève.

Les conventions commerciales.

Le président de la Section donne lecture de la lettre suivante, envoyée par M. Strauss, qui n'a pu se rendre au Congrès :

C'est bien à tort qu'en France on a dénoncé les conventions commerciales comme la cause de tous les maux qui affligent l'Europe, depuis que la haine internationale a remplacé le sentiment de fraternité universelle qui s'accentuait partout, il y a un quart de siècle.

Sous le régime relativement libéral des traités de 1861, l'industrie avait fait des progrès considérables ; cet épanouissement du travail exigeait des débouchés de plus en plus vastes. Pour les lui donner on doit faciliter l'expansion de la consommation en supprimant les entraves, faciliter la réduction des prix de vente en diminuant ou en abolissant les droits de consommation.

Les gouvernements ont fait le contraire. Ils ont taxé davantage, ils ont relevé artificiellement le prix de revient et favorisé la création de nouvelles usines. On a réduit le pouvoir de consommation et augmenté encore, pour plusieurs branches, les moyens de production. Et l'on s'étonne alors du malaise général !

Les adversaires des traités de commerce qui veulent défendre les industries indigènes contre la concurrence du dehors prétendent que la protection n'opère pas le renchérissement des produits protégés. L'expérience, autant que la raison, leur donne tort.

Avant la rentrée de la France dans la voie du protectionnisme exagéré, les prix du froment de même qualité étaient, à peu de chose près, les mêmes à Anvers, Londres, Paris et le Havre. Quand en France on a frappé le blé d'un droit de 3 francs, la différence entre Paris-Havre-Anvers et Londres s'est établie entre 3 francs et 3 fr. 50 par 100 kilogrammes ; puis, avec la taxe de 5 francs, l'écart s'est accentué et les cours de Paris et du Havre ont été régulièrement de 5 francs à 5 fr. 50 plus élevés que ceux des marchés belges et anglais.

En 1891, à la suite de la mauvaise récolte, le Parlement français abaissa temporairement le droit à 3 francs. La logique était étrangère à cette mesure, puisqu'on avait déclaré, lors du vote de la taxe, que l'étranger la payerait. Voulait-on faire une gracieuseté aux étrangers ?

A peine le droit fut-il réduit à 3 francs que les prix des marchés français se fixèrent à 3 francs et 3 fr. 50 au-dessus des cours des marchés belges et anglais. Et quand, en 1892, l'on revint à l'application de la taxe de 5 francs, l'écart s'accentua de nouveau et, depuis lors, il est de 5 francs à 5 fr. 50.

La protection a pour conséquence un renchérissement artificiel des produits, une restriction du pouvoir consommateur, l'impossibilité de soutenir, sur les marchés neutres, la concurrence avec les produits étrangers ; elle facilite l'organisation des syndicats pour l'exploitation des consommateurs.

Avec la liberté pour les nations d'élever les tarifs, les crises se multiplient, la demande est exceptionnellement forte avant l'application des taxes renforcées, pour disparaître après, pendant un temps plus ou moins long ; les rapports commerciaux se modifient et ces alternatives de surproduction et de chômage fortifient le socialisme démagogique.

Les traités de commerce sont en opposition avec le principe économique de la liberté. Mais puisque ce principe n'est pas respecté, nous devons bien rechercher un *modus vivendi* empêchant les réactionnaires de contrarier le progrès, de provoquer des crises. Les conventions internationales tracent une limite au mal et laissent le champ libre au bien. Elles fixent les taxes maxima, celles qu'on ne peut dépasser, mais permettent toujours des réductions, des améliorations. Les traités donnent donc une certaine stabilité en ce sens que, sous leur régime, tout industriel sait qu'une nouvelle loi ne peut élever artificiellement les prix de revient ; le législateur n'est libre que pour les abaisser, en réduisant ou en supprimant les entraves autorisées par les conventions internationales.

Avec la liberté de commerce, le prix de revient est ce que le fait le producteur avec la protection, le fabricant ne peut le réduire assez pour obtenir la préférence des acheteurs. Au lieu de pousser à l'abaissement du prix de revient, le régime protectionniste dispense le producteur de tout effort dans le sens de l'amélioration du travail, ce qui est contraire à l'intérêt du consommateur, à l'intérêt de l'ouvrier, à l'intérêt général.

En Belgique, les tisseurs de coton ont réussi à fournir, pour le Congo, certaines étoffes en concurrence avec les produits anglais ; les droits sur les filés ne leur permettent pas de lutter pour d'autres tissus.

En France, pour l'horlogerie, des échanges continuels se faisaient entre Besançon et la Suisse. Besançon a spécialisé l'échappement à cylindre, la Suisse a spécialisé l'échappement à ancre. Les fabriques françaises vendaient en Europe, en Amérique, en Asie, des montres à remontoir à ancre avec échappements suisses qu'elles ne peuvent obtenir aux mêmes conditions de prix et de qualités sur le territoire national. Avec un traité de commerce libéral, un tarif raisonnable, ce trafic se développerait dans l'intérêt des industriels et des ouvriers des deux pays. La liberté d'user du travail étranger multiplie généralement le travail national.

Par la dénonciation des traités de commerce et le relèvement des droits, la France a reconnu que, dans l'industrie, elle n'est pas aussi avancée que d'autres peuples. Son infériorité est la conséquence de sa politique économique qui n'a jamais été franchement libérale. Elle a toujours eu peur de s'appauvrir du montant de ses importations ; elle a toujours été l'esclave de la doctrine erronée de la balance du commerce.

Depuis la guerre de 1870, il est vrai, les industriels et les agrairiens ont réclamé la dénonciation des traités de commerce, pour obtenir, par les droits, une compensation pour les impôts. Cependant ceux-ci sont largement neutralisés par les frais de transport que doivent supporter les produits étrangers et par les contributions que les fabricants étrangers doivent payer chez eux.

La valeur de la production de la France est d'environ 25 milliards de francs par an ; le budget est de 3 1/2 milliards représentant environ 14 0/0 de la valeur de la production. Les droits inscrits dans le tarif ne devraient donc pas dépasser 15 0/0.

Je ne puis, dans une simple note, développer les arguments en faveur des traités de commerce, avec tarifs annexés, facilitant le développement des affaires, les progrès du commerce international, l'expansion de la richesse publique chez les clients ; et plus nos clients étrangers sont riches, plus ils peuvent acheter des produits de notre industrie.

*

M. FLEURY, Ingénieur civil, à Paris.

Sur les traités de commerce.

L'échange est pour l'homme un besoin résultant de la diversité de ses nécessités et de la limitation de ses aptitudes. C'est aussi un droit, puisque c'est la faculté de disposer comme il l'entend de son travail et du produit de son travail.

Besoin et droit chez l'individu, l'échange ne peut être réglementé et restreint par la Société que dans la mesure exigée par l'intérêt général.

Toute restriction apportée à la liberté de l'échange pour satisfaire quelques intérêts particuliers n'est pas autre chose qu'une oppression et une injustice.

Les tarifs de douane sont une des formes les plus saillantes de cette restriction.

Ils encouragent les industries de l'intérieur à produire chèrement, et dans des conditions peu économiques, des marchandises qu'on pourrait tirer de l'étranger en les échangeant contre d'autres marchandises produites dans le pays au prix d'un moindre travail.

Chèrement produites, ces marchandises, protégées par le tarif de douane, sont moins accessibles à la masse des citoyens dont les ressources sont limitées : il y a diminution de la consommation et, par conséquent, du bien-être.

La conclusion serait donc qu'un gouvernement, s'inspirant du désir d'assurer aux citoyens le plus de satisfactions au prix du moindre travail, devrait faire disparaître du tarif des douanes tout ce qui est une restriction à l'échange.

Il résulterait de cette politique un avantage pour les citoyens. Les producteurs ne s'occuperaient que d'industries viables par elles-mêmes, tirant de l'ensemble même de leurs conditions les éléments de leur prospérité, ne dépendant pas des faveurs aléatoires — et souvent chèrement achetées — des pouvoirs publics.

Le commerce trouverait dans l'activité des échanges internationaux les éléments d'une prospérité certaine.

Les consommateurs, enfin, c'est-à-dire tout le monde, pourraient se procurer tout ce qu'ils désirent au plus bas prix possible. Le salaire de chacun permettrait donc d'obtenir le nombre maximum de besoins satisfaits.

Ce serait la véritable richesse, celle qui consiste dans l'abondance des choses.

Cependant, ces considérations ne sont pas celles qui ont guidé la politique économique de la plupart des États civilisés depuis un certain nombre d'années. En France, en particulier, elles sont combattues par un parti puissant, maître du pouvoir, et qui défend avec un zèle à la fois inquiet et ardent la situation créée par la loi douanière de 1892.

Mais un pays que l'on se plaisait à regarder comme l'une des forteresses les plus sûres du protectionnisme vient de signifier sa volonté de changer de politique économique, — et de tous côtés une tendance se révèle à imiter l'exemple des États-Unis d'Amérique. Il ne faut pas s'attendre à ce que les gouvernements européens suivent immédiatement l'exemple du président Cleveland, ni qu'en une nuit ils abolissent, comme le fit le grand Peel en Angleterre, les lois restrictives de la consommation. Mais ils peuvent y arriver progressivement, en reconnaissant qu'ils ont mutuellement intérêt à faciliter à leurs sujets respectifs les moyens de commercer entre eux. Ce sera au moyen de traités ou — si le mot effraie — de conventions commerciales qu'on pourra y arriver. Ces traités assurent la stabilité des transactions, permettent d'entreprendre des opérations suivies. Il est donc désirable qu'ils aient une certaine durée.

Dans l'état actuel des relations politiques, il semble opportun d'accorder à tous les pays étrangers le traitement accordé à l'un d'eux. Cette clause de la nation la plus favorisée, qui ne mérite probablement ni tout le bien ni tout le mal qu'on en a dit, paraît donc devoir, dans la plupart des cas, faire partie des traités de commerce.

La question des traités de commerce pourrait donc faire opportunément l'objet des délibérations de la Section d'Économie politique au Congrès qui va prochainement réunir l'Association française à Besançon. Le voisinage de la Suisse, avec qui il semblerait si utile à tous les points de vue de renouer des relations commerciales, semble encore rendre plus à propos l'étude de cette question.

Beaucoup des excellentes choses qui ont été dites, il y a un an, au Congrès international d'Anvers, trouveraient une place dans les libres discussions du Congrès de Besançon.

Traiter cette question vitale serait, pour les membres de l'Association et pour leurs invités, l'occasion de servir la cause de la vérité et de la justice et celle non moins chère de la prospérité de leur pays et du bien-être de ses habitants.

Il pourrait donc être proposé à la Section d'Économie politique d'adopter comme programme de ses délibérations les questions suivantes :

1° Y a-t-il avantage pour un pays à conclure des traités de commerce, au point de vue : A du Gouvernement, B des producteurs, C des commerçants, D des consommateurs?

2° Quelle durée convient-il de donner aux traités de commerce?

3° Convient-il d'y introduire usuellement la clause de la nation la plus favorisée?

4° Y a-t-il réellement, dans la question de l'échange en général, et plus particulièrement dans le cas des traités de commerce, antagonisme entre les intérêts particuliers et l'intérêt général?

5° Quelle est l'influence d'un régime économique sur l'état social d'une nation au point de vue : A du développement de l'esprit d'invention, B de la constitution de l'épargne, C du taux des salaires, D du bien-être général d'une nation?

M. LOMBARD, à Genève (Suisse).

Du traité de commerce franco-suisse. — Le motif de l'invitation à Besançon, en même temps que le choix d'une ville près de la frontière pour qu'il ait une signification de rapprochement entre la France et la Suisse au point de vue commercial, est celui qui m'a amené.

Nous sommes reconnaissants au Congrès de travailler à rétablir les relations entre les deux pays : les traités de commerce ont été réciproquement avantageux.

La France a exporté en Suisse 236 millions contre 106 qu'elle en a reçus. Il est certain que si ces échanges n'avaient pas été avantageux ils ne se seraient pas faits.

La Suisse occidentale est le plus intéressée à un rétablissement des relations sur un bon pied et portée en faveur sinon d'un libre échange absolu, au moins de droits réduits réglés par des traités de commerce avantageux.

La situation résultant de la rupture des relations ne peut pas s'apprécier en chiffres, mais elle a déjà créé dans les rapports de frontière une tension pénible à la suite de mesures administratives très fâcheuses.

Les atténuations données récemment au pays de Gex et à la Savoie ne sont pas encore un retour à l'état libéral d'avant les traités.

Discussion. — M. MAIROT ne prétend pas défendre dans son ensemble le régime économique créé par les derniers tarifs de douane. Mais il ne peut s'associer aux conclusions par lesquelles M. Fleury réclame d'une manière absolue le libre échange entre toutes les nations. M. Strauss, dans la lettre qui a été lue par M. le Président, admet que les tarifs imposent aux produits étrangers des droits équivalents à la surcharge dont les impôts intérieurs grèvent les produits nationaux. C'est là un correctif important à la théorie du libre échange; c'est particulièrement, en ce qui concerne la France si chargée d'impôts, la justification d'un tarif de douane.

De plus, avec la libre circulation des produits, certaines industries, moins bien placées que celles de la région voisine sous le rapport des matières premières, seraient fatalement condamnées à disparaître du pays où elles avaient été créées d'abord. Si ensuite ce pays se trouve en guerre avec la nation qui lui fournit les produits de l'industrie disparue, ces produits lui feront subitement défaut. Une nation comme la France ne saurait s'exposer à un pareil danger. Il faut donc accorder des droits protecteurs aux grandes industries qui ne pourraient autrement se maintenir et lutter contre les industries similaires des pays voisins.

Il n'y a pas lieu de condamner, comme l'a fait M. Fleury, tout droit protecteur comme une prime accordée à l'imprévoyance et à l'impéritie d'industriels désireux de ménager leurs peines et d'éviter la transformation de leur outillage. Les tarifs de douane doivent être sérieusement discutés; mais ils sont parfois nécessaires, et alors il est de l'intérêt général de les établir.

Un raisonnement analogue s'applique aux droits sur les céréales, destinés à protéger l'agriculture.

M. Marguerite-Delacharlonny fait remarquer que la question des fromages n'a pas été la seule cause de la non-acceptation des propositions suisses; il y a eu à ce refus des causes plus graves, parmi lesquelles il faut rappeler : 1° la demande de réduction de droits faite par la Suisse pour des produits qu'elle ne fabrique pas, mais que fabrique au contraire l'Allemagne ; les propositions suisses se trouvaient ainsi avoir un aspect de faveur envers l'Allemagne qui semblait assez inexplicable ; 2° la clause du traité de Francfort qui nous forçait à appliquer à l'Allemagne des concessions que la Suisse demandait pour elle, ce qui aggravait singulièrement l'importance de ces concessions.

M. Domet de Vorges appelle l'attention sur ce fait que les gruyères franc-comtois paient un droit d'octroi, à Paris, comme les gruyères suisses. Ce sont les seuls fromages français non admis en franchise. Ne serait-il pas possible, au moyen d'un certificat d'origine, de les distinguer des fromages étrangers ? Ce serait un avantage presque aussi efficace que d'élever les droits de douane sur les gruyères suisses.

M. de Vorges demande à faire des réserves sur l'observation de M. Strauss (d'Anvers) que le gouvernement français a toujours été peu libéral. En fait, la tradition française est plutôt libérale. Sous l'ancien régime les droits furent d'abord purement fiscaux frappant l'exportation plus souvent que l'importation. René de Birague, en 1572, fit accepter le système protecteur pour quelque temps. Ce système fut repris par Colbert, mais à titre passager et dans une mesure très modérée. Le premier Empire usa d'une protection absolue comme machine de guerre. Sous le gouvernement de la Restauration, l'Administration était libérale, mais les Chambres imposèrent un protectionnisme excessif.

M. de Vorges pense que, tant que la division en nations subsistera, il sera nécessaire que chacune conserve chez elle, pour le cas de complications extérieures, les industries les plus essentielles à la défense du pays et à la vie nationale, ce qui entraîne une protection plus ou moins limitée, suivant les circonstances.

M. Nottelle : Les traités de commerce, instrument de transition, ne redeviendront possibles, avec les avantages que M. Fleury a brillamment énumérés, que quand les peuples, aujourd'hui ardents protectionnistes, s'orienteront à nouveau vers la liberté des échanges, disposés à y marcher avec la sagesse et la mesure que commandent les intérêts engagés.

La nécessité de cette évolution est mise en évidence par cette constatation : le libre-échange, loi primordiale, est à la fois l'affirmation et la pratique de tous les grands principes sociaux proclamés en 89 ; le protectionnisme en est simplement la violation, audacieuse ou dissimulée selon le cas, mais toujours absolue. Résultats généraux manifestés : opposition de la politique au mouvement spontané des peuples et impuissance de la civilisation, malgré ses incomparables splendeurs, de résoudre les problèmes pleins de menaces que lui impose l'ensemble des conditions modernes. Le plus redoutable est certainement la question ouvrière. Par son caractère de distributeur de privilèges, le protectionnisme exclut si bien la possibilité de la résoudre, qu'il en aggrave et multiplie les manifestations à chacun de ses progrès.

Les rapports sociaux ne sont plus réglés que par la violation de la loi sociale ; la situation est fausse, précaire, profondément troublée ; elle aboutira fatalement aux catastrophes, si la société ne se hâte d'en sortir par le retour au respect de la loi, c'est-à-dire à la liberté de l'échange.

Un courant d'opinion vaste et homogène pourra seul préparer et amener l'évolution pacifique. Pour le créer, il faut, à la démonstration déjà faite, et pour plusieurs raisons restée sans résultat pratique, que le protectionnisme est le fléau des consommateurs, ajouter celle qu'il en est un plus désastreux encore pour l'immense majorité des producteurs, trompés par la séduisante formule : LA PROTECTION DU TRAVAIL NATIONAL. Démonstration déjà faite officiellement dans le texte de la loi sur la marine marchande, lequel explique que la subvention est attribuée aux constructeurs de bâtiments de mer EN COMPENSATION DES CHARGES QUE LES TARIFS DE DOUANE LEUR IMPOSENT.

M. Nottelle insiste très vivement sur l'efficacité qu'aurait seul aujourd'hui ce mode de propagande. Il en a pris l'initiative au Congrès du Havre; quelques jours après, il a obtenu qu'on en fît l'objet de la discussion au dîner mensuel des économistes; il en a fait le pivot de ses communications aux Congrès de Paris 1889, de Limoges 1890, de Marseille 1891, ici encore dans la présente séance, et nulle part on ne lui a opposé une objection sérieuse.

M. L.-L. VAUTHIER, à Paris.

Sur les traités de commerce. — Dans une courte étude provoquée par un programme proposé à la 15ᵉ Section du Congrès comme base de discussion, M. Vauthier, tout en se déclarant partisan de la paix universelle et de l'établissement entre les nations des lois de la société civile, se prononce catégoriquement contre la tendance, en vertu de certains principes abstraits, à contester à celles-ci, telles qu'elles sont aujourd'hui constituées, le droit de régler au mieux de leurs intérêts leurs rapports commerciaux avec les nations voisines. Il reconnaît que cet état d'indépendance économique implique la nécessité d'une étude plus approfondie des facultés productrices et consommatrices des autres pays que ne l'exigeraient les partis pris absolus de la prohibition ou du libre-échange ; et, après avoir signalé quelques-unes des mesures à prendre pour perfectionner notre appareil d'investigations à l'étranger, il termine en répondant aux questions posées par le programme servant de thème à sa communication.

— Séance du 7 août 1893 —

M. DE FOVILLE, Prof. au Cons. des Arts et Mét., à Paris.

Évaluation du stock actuel d'argent monnayé de la France et de l'Union latine. — M. DE FOVILLE, fait une communication sur l'importance de notre stock actuel d'argent monnayé. Dans les circonstances présentes, il y a grand intérêt à bien savoir ce que nous possédons de pièces de cent sous, nationales ou étrangères. Ceux qui ont cherché la solution de ce problème dans les statistiques douanières ont fait fausse route, leurs calculs péchant par la base. Mais les recensements monétaires de 1878, 1885 et 1891, avec classement des pièces par nationalités et par millésimes, permettent au moins d'assigner une limite, un maximum à la circulation des écus français, et d'en déduire un maximum aussi pour la circulation des écus belges, italiens, suisses et grecs. On démontre ainsi que les publicistes qui attribuent à la France un stock de 3 ou 4 milliards de francs en pièces de cent sous se font de grandes illusions. Les évaluations motivées de M. de Foville sont les suivantes : la France n'aurait guère que pour 2 milliards d'écus de 5 francs (2.100 millions), savoir : écus français, environ 1.400 millions ; écus italiens : de 300 à 350 millions ; écus belges, de 325 à 375 millions ; écus suisses, de 6 à 8 millions ; écus grecs, de 12 à 15 millions.

M. DAVANNE, Présid. du Conseil de la Soc. de photog., à Paris.

De l'assimilation légale des œuvres photographiques aux autres œuvres graphiques. — La première loi générale reconnaissant et protégeant la propriété des œuvres intellectuelles est celle que présenta et fit adopter Lakanal en 1793. C'est cette loi qui en France est encore appliquée par les tribunaux, bien que dans l'espace d'un siècle les progrès artistiques et scientifiques aient rendu nécessaire une nouvelle réglementation des droits de la propriété intellectuelle. Deux projets de loi, celui de M. Bardoux et celui de M. Philippon, ont successivement échoué, et en France la jurisprudence a dû compléter la loi de Lakanal, car celle-ci avait oublié la sculpture et l'architecture, elle n'avait pu prévoir ni la lithographie ni la photographie. Si aucun doute ne s'est présenté pour l'assimilation de la lithographie à la gravure et au dessin, il n'en est pas de même pour la photographie à laquelle les personnes, qui ne la connaissent qu'imparfaitement, reprochent de n'être qu'un art mécanique ; ce n'est pas la main, en effet, qui exécute l'image, mais c'est l'intelligence qui, du commencement à la fin des opérations, poursuit le résultat final, par le choix du sujet, la pose, l'éclairage, le développement de l'image, etc., etc. Si nous reconnaissons que l'œuvre photographique ne peut être assimilée aux beaux résultats qu'obtiennent les grands artistes peintres et graveurs, nous sommes en droit d'affirmer qu'elle est supérieure aux images d'Epinal, aux décalques de la chambre claire, à nombre de dessins informes qui, cependant, sont légalement protégés. Mais c'est moins encore l'intérêt des photographes que celui des artistes et des éditeurs que nous avons en vue. Les artistes comprennent très bien maintenant quel parti ils peuvent tirer de la photographie pour leurs documents, quels renseignements elle leur donne par la véracité de ses images, quel danger il y aurait à laisser sans protection leurs documents les plus précieux et parmi eux ce sont les plus grands dont quelques-uns décédés qui réclament pour que la photographie ne soit pas exclue de la loi future sur la propriété artistique; leur pétition est entre nos mains et parmi les signataires nous relevons les noms de MM. Hebert, Henner, Bonnat, Chaplin, Puvis de Chavannes, Gérôme, Falguière, Jules Lefèvre, Bouguereau, Guillaume, Baudry, etc.

Les éditeurs seraient également frappés si la source la plus abondante de leurs illustrations restait ouverte à toutes les contrefaçons, car les modèles n'étant pas protégés on pourrait puiser dans cette source les mêmes sujets de gravure. Enfin l'image photographique se transforme à volonté en gravure, soit en relief, soit en creux, en lithographie, en zincographie par l'action seule de la lumière; les retouches peuvent s'étendre depuis un seul trait jusqu'à la totalité de l'œuvre; il est donc impossible désormais de faire une distinction entre les divers modes d'impression : le vouloir serait tomber dans une inextricable confusion.

Donc l'œuvre photographique résulte de recherches et de sentiments artistiques, on ne peut plus la séparer de la gravure et de la lithographie. Les artistes déclarent qu'il y aurait danger pour eux à l'exclure de la protection légale donnée aux œuvres artistiques. Il en est de même pour les éditeurs; aussi dans les divers Congrès tenus au sujet de la protection légale des œuvres artistiques, le vœu a été émis que les œuvres photographiques, soient complètement assimilés aux autres œuvres graphiques, étant bien entendu que celles-ci comprennent les dessins, les gravures et les lithographies. En adoptant les mots: *œuvres graphiques*, les photographes ont voulu indiquer que s'ils soutiennent leurs droits avec conviction, ils n'ont pas les prétentions exagérées qu'on leur a souvent prêtées.

<hr>

M. BOULÉ, Insp. général des Ponts et Ch., à Paris.

Le Canal du Midi. — M. Boulé, après avoir fait l'historique du canal du Midi et du canal latéral à la Garonne, expose la situation actuelle. La Compagnie des chemins de fer du Midi se borne à percevoir sur ces canaux des taxes de péage très élevées, qui ne couvrent pas ses dépenses, parce qu'ils sont prohibitifs.

Il demande pourquoi la Compagnie n'exploite pas les canaux de la même manière que le chemin de fer, en y transportant les marchandises lourdes ou encombrantes à moindres prix et avec des délais plus longs que sur les rails. Au lieu de la perte que lui occasionnent les canaux, elle réaliserait ainsi des bénéfices supérieurs à ceux que peut lui procurer le transport sur rails de ces marchandises, et l'on ne parlerait plus de racheter le canal de Riquet, ou de construire un nouveau canal des Deux-Mers pour faire concurrence au chemin de fer.

<hr>

M. L.-L. VAUTHIER.

Qu'est-ce qu'un impôt progressif? — Après avoir rectifié la définition erronée que donnent de l'*impôt progressif* les adversaires de ce mode de prélèvement, puis montré que, pris en sa véritable acception de sens commun, la progressivité dans l'impôt échappe au reproche qu'on lui impute d'aboutir forcément à l'absorption complète de la matière imposable, et prouvé qu'il est facile de sauvegarder celle-ci dans telle mesure qu'on peut vouloir, M. Vauthier expose quelques spécimens de formules progressives aptes à se plier à des conditions limitatives préconçues. Il signale en terminant le parti immédiat qu'on pourrait tirer de prélèvements progressifs appliqués aux droits successoraux, pour alléger, dans une proportion notable, les impôts frappant sur le travail *actuel*, tout en modérant le danger de la concentration d'énormes capitaux dans certaines familles, sans risquer d'affaiblir l'utile ressort de l'énergie individuelle.

M. Alfred NEYMARCK, Vice-Président de la Société de Statistique de Paris.

Le centenaire de la rente française. — Le centenaire de la rente française est l'histoire détaillée des progrès du crédit public depuis le 14 août 1793, date à laquelle Cambon déposait à la Convention son rapport sur la création du grand livre de la Dette publique.

M. Alfred Neymarck a montré les taux auxquels les divers gouvernements ont emprunté, les plus hauts et les plus bas cours de nos rentes depuis un siècle. La Restauration a emprunté au taux moyen de 6,84 0/0, la monarchie de Juillet à 4,56, la seconde République à 6,64, le second Empire, à 4,50 0/0. Les emprunts libératoires effectués en 1871-1872 ont coûté 5,98 0/0, et, depuis, la troisième République a effectué ses emprunts postérieurs à 3,50 0/0. A aucune époque, le crédit de la France n'est parvenu à une telle hauteur, de même que jamais les cours de la rente française n'ont été plus élevés. Dans un court tableau, M. Alfred Neymarck résume ces progrès de la rente.

	Plus haut	Plus bas	Moyenne
De 1825 à 1830.	86,10	76,35	81,225
De 1831 à 1847. . . . : . .	86,65	46 »	66,225
De 1848 à 1851.	58,65	32,50	45,575
De 1852 à 1870.	86 »	50,80	68,400
De 1871 à 1880.	87,30	50,35	68,825
De 1881 à 1892.	100,60	74,10	87
Cours actuel			98,95

« Tous les capitalistes, dit M. Alfred Neymarck, qui depuis le commencement du siècle, et surtout depuis 1870, ont conservé ou acheté des rentes, ont fait le meilleur placement qu'il ait été possible d'effectuer... Le crédit de l'État jouit d'une confiance universelle ; notre rente 3 0/0, malgré tous nos désastres de 1870, se négocie 15 francs de plus que la rente 3 0/0 allemande... Les rentiers peuvent célébrer avec une satisfaction patriotique le centenaire de la rente française et de la création du grand livre de la Dette publique; ils ont eu confiance dans le crédit de la France, dans ses plus mauvais jours; ils en sont récompensés en voyant la plus-value acquise par leurs titres.

M. Abel RAVIER, Exam. au Crédit Foncier, à Paris.

Des moyens de faciliter l'accès de la propriété foncière aux ouvriers. — M. Abel RAVIER fait remarquer que le moyen le plus efficace pour transformer l'ouvrier en un homme d'ordre et de responsabilité, c'est de le rendre propriétaire. Pour ne parler que de l'ouvrier des villes, celui qui y gagne un salaire de 5 francs à 8 francs par jour peut devenir propriétaire d'une maison et d'un jardinet pour son habitation. En admettant qu'il consacre à la dépense du logement environ un sixième de son salaire, soit avec un gain de 6 francs par jour 365 à 375 francs par an et avec un gain de 7 francs par jour 425 à 450 francs par an, il sera en mesure, au moyen d'une annuité égale à ces sommes, d'amortir le prix d'acquisition de sa maison dans une période d'environ vingt-cinq ans et, en outre, de garantir sa famille contre les risques de sa mort.

Le mécanisme des prêts du Crédit Foncier de France se prête admirablement à une partie de ces combinaisons. L'article 56 des statuts n'autorise, il est vrai, le Crédit Foncier à prêter sur immeubles que jusqu'à concurrence de la moitié de l'immeuble hypothéqué; mais il est facile à cette maison de faire prêter l'autre moitié par une Société Immobilière, aux mêmes conditions que celles qu'elle consent à ses emprunteurs.

Ainsi, pour un prix de 5.000 francs, l'annuité que l'ouvrier aurait à payer pendant vingt-cinq ans se décomposerait comme suit :

1° Intérêts à 4 fr. 50 c. 0/0 et ⎰ revenant au Crédit Foncier 167 59 ⎱ 335 18
amortissement à 2 fr. 203 672 0/0, ⎱   —   à l'autre Société   167 59 ⎰

2° Prime d'assurance sur la vie, d'après les calculs de M. Cheysson, environ 40

$$\text{ENSEMBLE . . . . . Fr. } 375\ 18$$

La différence entre 3 fr. 25 c., prix de revient probable des capitaux pour les Sociétés, et les 4 fr. 50 ci-dessus ferait face aux frais. Remarquons en passant que l'ouvrier n'aurait pas d'impôts à acquitter, attendu qu'il en est déchargé en ce qui concerne ces maisons par la loi due à la généreuse initiative de la Société française des Habitations à bon marché.

Une fois établi, nous voudrions, afin d'assurer sa permanence, que le *home* ouvrier fût protégé jusqu'à concurrence d'une valeur de 6.000 francs par une loi de homestead et que celui-ci fut transmissible aux héritiers de l'ouvrier défunt.

C'est par des mesures de ce genre qu'on arrivera à créer sur des bases solides et à multiplier des maisons ouvrières dans les villes, ce qui serait très utile à tous les points de vue.

— Séance du 9 août 1893 —

M. NEYMARCK.

Réforme des tarifs de chemins de fer en 1892 et la garantie d'intérêts. — Cette communication de M. Alfred Neymarck est l'historique complet de la réforme des tarifs de chemins de fer en 1892 et la garantie d'intérêts. En s'appuyant sur des chiffres officiels, M. Alfred Neymarck a montré quels avaient été, pour l'État, les Compagnies et le public, les résultats de la grande réforme entreprise en 1892. Il examine successivement le mouvement des voyageurs, celui des transports des marchandises en grande vitesse, les variations en recette brute, impôt compris, impôt déduit. Les chiffres qu'il donne sont saisissants, de même que ceux qu'il fournit sur les marchandises et denrées, les dépenses effectuées par les Compagnies. Il s'élève contre « la légende des garanties d'intérêts accordées aux Compagnies », légende, dit-il qu'on cherche à accréditer, après « la légende de la féodalité financière, des gros actionnaires et des gros dividendes », légendes auxquelles M. Neymarck a répondu tant de fois. Il fait remarquer que les garanties d'intérêts qui sont consenties aux Compagnies ne sont que des avances remboursables par elles, gagées sur leur matériel présentant toute sécurité, et dont l'État, dit-il, s'inspirant d'un projet qu'en 1881 M. Léon Say avait mis à l'étude, pourrait faire de l'argent quand il le voudrait.

M. Jules DUMOND, de Lyon.

L'article 2 du projet de loi sur les Caisses d'épargne. — *Ses conséquences économiques.* — Le projet de loi sur les Caisses d'épargne a été adopté par la Chambre des députés, en seconde lecture, le 23 février 1893. M. Jules Dumond indique que le projet va arriver en discussion au Sénat dès la rentrée. Il appelle l'attention de la Section sur l'article 2 qui met à la disposition des déposants, à un taux de faveur, les titres de rentes qui composent le portefeuille dont la plus-value est de 500 millions par suite de la hausse de notre fonds d'État.

Le solde dû aux déposants au 31 décembre 1892 était de 3.218.926.000 francs, indépendamment des quelques centaines de millions de la Caisse nationale d'Épargne.

La commission de la Chambre, qui comptait dans son sein des hommes de la plus haute valeur, MM. Léon Say, Aynard, Sarrien, Laroche-Joubert, poursuivit un double but : arrêter cette augmentation de 2 à 300 millions par année et dégager en même temps la responsabilité de l'État en diminuant cette dette, qui, constamment exigible, ne sera réclamée que dans des moments où la réalisation des titres sera impossible. Le premier point a été atteint par diverses mesures, limitation des dépôts et abaissement du maximum. Le second consiste dans l'autorisation accordée aux porteurs de livrets de convertir leurs fonds en rente sur l'État.

Cette rente leur serait remise à un taux inférieur à celui coté. Par suite de la hausse des titres composant le portefeuille, une prime même de 5 à 6 francs par 3 francs de rente laisserait encore un bénéfice considérable qui porterait la moyenne du prix du stock restant des rentes à un taux relativement faible et offrirait alors une puissante garantie.

Il y a dans l'opération si bien exposée par M. Ed. Aynard, rapporteur de la loi, un bénéfice pour les déposants et un immense avantage pour l'État. On peut ajouter à ces considérations, celle de voir le nombre de rentiers s'élever considérablement en émiettant la rente française dans une clientèle de six millions de citoyens.

Le Sénat a nommé une commission qui critique la mesure proposée et si laborieusement étudiée par la Chambre des députés à diverses reprises.

M. Jules Dumond pense que l'Association française considérera la situation actuelle comme anormale, que la loi doit rectifier et espère que le Sénat, mieux éclairé, ne suivra pas sa commission.

Discussion. — M. Gaston SAUGRAIN pense qu'il faut diminuer la responsabilité de l'État envers les déposants des Caisses d'épargne et il approuverait entièrement la proposition de loi actuellement soumise au Sénat, si on proposait en même temps d'autres mesures pour empêcher la situation actuelle de se reproduire plus tard. C'est ce que l'on ne fait pas; or, si on se contente de la loi en discussion, il est probable que dans quelques années on retombera dans les mêmes embarras qu'aujourd'hui. La situation sera même beaucoup plus grave, car on aura disposé de la plus-value de 500 millions. C'est toute la législation relative aux Caisses d'épargne qu'il faut réformer.

M. Abel RAVIER fait observer que la réduction progressive, à des intervalles assez éloignés, du maximum des dépôts à effectuer dans les Caisses d'épargne, serait l'idéal pour diminuer les responsabilités de l'État dans cette matière.

Mais, étant donné que ce moyen présente des inconvénients, ou au moins qu'il n'est pas vu avec faveur par le législateur, il faut employer d'autres combinaisons pour endiguer le flot montant des capitaux déposés dans les Caisses d'épargne.

Un de ces moyens consiste à pousser les déposants à devenir directement rentiers sur l'État en les faisant bénéficier d'une partie de la plus-value de 500 millions dont profite actuellement le portefeuille de la Caisse des Dépôts et Consignations.

M. Ravier engage la 15e Section de l'Association française à émettre un vœu en ce sens ; il estime avec M. Jules Dumond que ce vœu pourrait avoir une certaine influence auprès du Sénat où la loi sur les Caisses d'épargne votée par la Chambre des députés est précisément discutée sur ce point.

M. MARGUERITE-DELACHARLONNY dit que les Caisses d'épargne ont été entièrement détournées de leur destination primitive. Elles servent actuellement de banques pour le commerce local et de placement, pour les petits propriétaires : ceux-ci préfèrent y déposer leurs fonds et en toucher paisiblement le revenu au lieu d'acheter des terres qui leur demanderaient beaucoup de travail et ne leur donneraient, par suite de la concurrence étrangère et des hauts salaires des ouvriers, que peu de profit.

La faculté de déposer une somme de 2.000 francs par tête de chaque famille amène des exagérations de dépôts peut-être insoupçonnées : un père de famille peut ainsi déposer 8.000 francs s'il a seulement deux enfants. Quelques-uns ont même déposé ainsi 2.000 francs au nom d'enfants ayant à peine quelques années : c'était donc simplement un mode de placement.

Les inconvénients de cette situation sont évidents ; elle constitue pour le gouvernement une responsabilité considérable ; elle écarte de la culture des capitaux qui la vivifieraient ; elle diminue, par suite, la productivité du pays, ceux qui y déposent ainsi leur argent se contentant alors d'une vie moins active.

Les deux vices principaux de la situation sont : 1° la faculté laissée aux déposants de porter leurs dépôts jusqu'à 2.000 francs ; 2° la possibilité de déposer ou de retirer des sommes quelconques jusqu'à cette limite à chaque opération. Il faut donc restreindre ces deux facultés en abaissant peu à peu le maximum pour le ramener à 1.000 francs et en établir un pour la somme à mettre ou à retirer à chaque opération.

On doit favoriser ceux qui travaillent, ceux qui produisent et augmentent ainsi la richesse publique et non ceux qui attendent dans la paresse leur revenu de l'État, c'est-à-dire du travail des autres. C'est du travail seul que naissent la richesse et la grandeur des nations.

M. le Dʳ Luiz JORDINS, Comte de Valenças.

Une page de l'histoire économique du Portugal.

M. TURQUAN

L'économie sociale de la France.

M. Turquan présente à la Section d'Économie politique une centaine de cartes statistiques destinées à l'Exposition de Chicago et présentant les diverses faces de la situation faite à la femme dans notre société française, ainsi qu'il ressort des différentes statistiques publiées par les administrations publiques.

M. Gaston SAUGRAIN, Avocat à la Cour d'Appel de Paris.

La participation aux bénéfices. — Parmi tous les systèmes qui ont été proposés pour améliorer les rapports entre le capital et le travail, et pour résoudre, dans la mesure du possible, la question sociale, la participation aux bénéfices est un des plus populaires. A quoi est due la popularité de ce système ? peut-être simplement à son titre. Celui-ci est, en effet, fort bien choisi et promet beaucoup en peu de mots ; ne parlant que de bénéfices, il fait immédiatement supposer que les industries qui adopteront cette organisation, couvriront toujours leurs frais et auront un excédent de recettes à distribuer à leurs ouvriers en plus du salaire ordinaire. Malheureusement, toutes les entreprises ne produisent pas de bénéfices et cela réduit notablement le champ d'action de la participation.

M. Gaston SAUGRAIN passe en revue les établissements où l'on a établi ce mode de rémunération et montre que son succès y est dû à des causes spéciales qui ne se retrouvent pas dans la généralité des industries. Loin d'améliorer les rapports entre le capital et le travail, la généralisation de ce système aurait, le plus souvent, pour effet, d'accroître les causes de conflit. Le nombre des grèves ne pourrait que s'élever, car aucune de leurs causes ordinaires n'aurait disparu et le contrôle des comptes, la diminution des bénéfices en feraient naître de nouvelles.

M. Gaston Saugrain étudie la proposition de loi de M. Guillemet et montre l'impossibilité de son application. Cette proposition de loi a pour but, d'après l'exposé des motifs, de résoudre la question sociale. Il serait bien préférable d'appliquer les systèmes de gratifications, primes, sursalaires, etc., qui, il est vrai, ne fourniront pas, à eux seuls, la solution de la question sociale, mais qui la prépareront plus sûrement que si l'on décrétait l'établissement de la participation aux bénéfices dont l'unique résultat serait d'augmenter la division entre ouvriers et patrons et de rendre la situation présente encore plus instable.

Discussion. — M. RAVIER s'associe aux conclusions de M. Gaston Saugrain ; la participation aux bénéfices peut produire de bons résultats dans quelques industries spéciales, mais elle ne peut devenir un mode général de rémunération du travail.

M. BREUL ajoute quelques détails sur l'œuvre de Godin. Celui-ci, il faut le reconnaître, a fait preuve d'une grande générosité ; grâce à ses libéralités, il a assuré la prospérité du familistère de Guise.

Il ne faut pas, cependant, exagérer ses mérites, car son but principal était de déshériter son fils avec qui il était dans de très mauvais termes.

M. Jules MARTIN décrit le fonctionnement de la participation aux bénéfices à la Compagnie d'Orléans. Ce système a produit de bons résultats, au début, quand il y avait beaucoup de bénéfices ; mais lorsque ceux-ci ont diminué, les ouvriers ont protesté et on a dû leur assurer une répartition supplémentaire de 10 0/0 de leur salaire normal, quels que soient les résultats de l'entreprise. C'est cette répartition qui leur est encore accordée actuellement quoiqu'elle ne concorde pas avec les bénéfices réalisés par la Compagnie.

M. le Dr ROUBY se déclare partisan du système de la participation aux bénéfices ; il pensait que la plupart des économistes partageaient son opinion, il s'aperçoit que c'était à tort. Les chiffres cités par M. Gaston Saugrain, en ce qui concerne les entreprises qui ne font pas de bénéfices, doivent être exagérés. Beaucoup d'établissements sont prospères. Les grandes industries, les mines principalement, réussissent souvent et font de gros bénéfices, sans s'inquiéter si les ouvriers qu'ils emploient ont un salaire suffisant.

M. Gaston SAUGRAIN remercie MM. Ravier, Breul et Jules Martin des observations qu'ils ont présentées en faveur de ses conclusions. Il maintient les chiffres qu'il a donnés pour les entreprises qui ne font pas de bénéfices. Les exploitations de mines ne sont pas plus prospères que les autres industries. M. Yves Guyot, alors ministre des Travaux publics, déclarait à une Commission de la Chambre des députés, que sur douze cents entreprises de mines concédées par l'État, il y en a huit cents qui ont ruiné leurs actionnaires.

— **Séance du 10 août 1893** —

MM. REGNAULT et WATON, à Paris.

Les nouvelles Compagnies ouvrières.

M. Ange DESCAMPS, à Lille.

Les œuvres sociales libres de Lille.

M. le Dr ROUBY, à Dôle (Jura).

L'état social en Franche-Comté. — Le Dr Rouby, après avoir défini le socialisme vrai un composé de réformes ayant pour but l'amélioration du sort du peuple, sépare le socialisme faux, qui veut le partage des biens par la révolution, du socialisme vrai qui doit enrichir pacifiquement la classe pauvre, sans détruire la classe riche. Mais, avant d'enrichir l'ouvrier, il faut arriver à lui donner le salaire nécessaire ; or, ce salaire est loin d'être obtenu par la plupart des travailleurs de nos provinces. — Quel est le salaire nécessaire ? Le salaire d'un ouvrier pour être suffisant doit payer les dépenses suivantes :

1° La nourriture, les vêtements, divers frais indispensables tels que loyer, chauffage, éclairage, blanchissage, achats d'outils ;

2° L'entretien de la femme, des enfants, des vieux parents s'ils sont dans le besoin ;

3° Une petite somme versée à la Caisse des retraites pour avoir une petite pension lorsque l'âge ne permettra plus le travail ;

4° Enfin, une autre somme pour former peu à peu un petit capital, noyau de la fortune à venir.

Or, les salaires actuels ne permettent en aucune façon de remplir ce programme : Un ouvrier célibataire seul peut arriver à gagner le numéro 1 du programme, c'est-à-dire, sa nourriture, ses vêtements, divers frais indispensables ; cela, à condition de gagner 3 fr. 25 c. par jour, c'est-à-dire environ 1.000 francs par an ; or, dans nos provinces, la plupart des ouvriers gagnent un chiffre inférieur, 3 francs, 2 fr. 50 c., 2 francs, et même 1 fr. 50 c. par jour ; par conséquent, ils ne gagnent pas de quoi payer toutes les choses indispensables à la vie. Si un ouvrier célibataire n'a un salaire suffisant que lorsqu'il touche

3 fr. 25 c., que devient l'ouvrier lorsqu'il est marié, et qu'il a un ou plusieurs enfants? C'est alors la misère ; dans ces conditions, l'ouvrier ne peut arriver à entretenir complètement, lui-même et sa famille ; ce qu'il gagne ne l'empêche pas d'avoir faim. — Le Dr Rouby le démontre en donnant les budgets de divers ouvriers ayant un nombre plus ou moins considérable d'enfants.

Ces faits étant donnés, cette situation des travailleurs étant admise par tout le monde, la nécessité de faire quelque chose s'impose ; c'est un devoir social de remédier à l'insuffisance des salaires : ne pas le faire, c'est donner raison aux sectes qui veulent le partage des biens ; c'est encourager les bons ouvriers à faire partie de ces associations mauvaises.

Quels sont les moyens de résoudre la question sociale d'une façon effective?

Le Dr Rouby passe en revue ce que peuvent faire les ouvriers eux-mêmes ; ce que peuvent faire les patrons ; ce que peuvent faire les assemblées électives, conseils municipaux, généraux, corps législatif. — Les ouvriers peuvent améliorer leur position en créant des sociétés de secours mutuels autres que celles qui existent ; le Dr Rouby a essayé d'en fonder une à Dôle, le *Patrimoine de l'Ouvrier*, ayant le but précis d'enrichir la classe ouvrière. Les patrons peuvent faire quelque chose soit en augmentant les salaires, soit en faisant participer les ouvriers aux bénéfices ; — enfin, les diverses assemblées électives peuvent prendre diverses mesures ayant le même but, mesures décrites et étudiées dans son mémoire.

Discussion. — M. Mairot ne pense pas que les ouvriers tiennent toujours assez compte dans leurs revendications de l'état de l'industrie à laquelle ils sont attachés; il ne partage pas à cet égard l'optimisme de M. Rouby, et il cite à ce dernier l'exemple de la grande usine métallurgique de Fraisans, près de Dôle, qui ne donne à ses actionnaires que des dividendes insignifiants et dont cependant les ouvriers ont tout récemment essayé d'une grève.

M. Émile DELIVET, du Havre.

La langue anglaise considérée comme langue universelle, commerciale et populaire. — M. Émile Delivet soumet un mémoire dans lequel, après avoir traité de la nécessité d'une langue internationale, commerciale et populaire, et après avoir fait l'examen de la langue anglaise considérée comme la langue internationale, d'après les tendances générales du commerce et des populations, et d'après les avantages propres qu'elle présente, il conclut par un vœu tendant à obtenir : l'introduction de la langue anglaise dans l'*enseignement primaire* des divers pays ; la formation, dans tous les grands centres économiques du monde, de comités de commerce et d'industrie internationaux, dont l'objet serait d'aplanir les obstacles arbitrairement opposés aux échanges internationaux; l'adoption, dans la mesure du possible et du convenable, et d'une manière uniforme, de la langue anglaise comme moyen de correspondance commerciale dans les relations internationales; l'adoption en langue anglaise, par une propagande active, d'usages uniformes et d'une jurisprudence commune en matière maritime, commerciale et industrielle.

M. GUILBAUT, Memb. du Cons. des Caisses d'épargne, à Marseille.

La permanence de l'inventaire dans la comptabilité.

M. J.-B. LESCARRET.

Des liens entre l'économie politique et la morale.

M. Armand LIÉGEARD.

La statistique du travail en Allemagne.

Travaux imprimés
PRÉSENTÉS A LA 15° SECTION

MM. Louis Vignon. — *La France en Algérie.*

DE Foville. — *La richesse en France et à l'étranger.*

Lucien Rochat. — *Les huit premières années de la Société des Salles de rafraîchissements (cafés de tempérance) à Genève.*

Diminution de l'alcoolisme en Norvège.

Annuaire de la Croix Bleue pour 1892-93.

L'OEuvre de la Croix Bleue pour le relèvement des buveurs.

La Lutte contre l'alcoolisme (adresse au Conseil d'État de Genève).

Conditions économiques des ouvriers et réglementation du travail en Suisse. (Rapport de M. Lombard, de Genève.)

Bulletin n° 1 de la Société chrétienne suisse d'Économie sociale.

Lucien Rochat. — *Emploi des 10 0/0 des recettes de l'alcool pour combattre l'alcoolisme.*

Statuts de la Société des Salles de rafraîchissements.

Jules Denis. — *Manuel de tempérance à l'usage des instituteurs.*

É. Cheysson. — *Les Méthodes de statistique.*

Albert Colas. — *Le Socialisme et la Liberté.*

Chambre syndicale des débitants de vins. Protestation contre la loi sur la réforme de l'impôt des boissons.

Abel Andrade. — *Principio das nacionalidades.*

L.-H. Vauthier. — *De l'Impôt progressif.*

Le Christianisme et la Question sociale. (Conférences de la Société chrétienne d'Économie sociale de Genève.)

Quatre écoles d'économie sociale. (Conférences de la Société chrétienne d'Économie sociale de Genève.)

16e Section.

PÉDAGOGIE

PRÉSIDENT D'HONNEUR . . . . . . M. ROMEO TAVERNI, Prof. à l'Univ. de Catane.
PRÉSIDENT. . . . . M. PIERRE TRABAUD, Fond. de l'Inst. phocéen, à Marseille.
SECRÉTAIRE . . . . M. CHARLES BERDELLÉ, anc. Garde gén. des forêts, à Rioz.

M. Romeo TAVERNI, Prof. à l'Univ. de Catane.

Les établissements correctionnels pour les mineurs immoraux ou criminels doivent-ils continuer à dépendre entièrement d'un Ministère autre que celui de l'Instruction publique? — M. TAVERNI conclut, sans exclure entièrement le ministère de l'Intérieur, qu'une part d'influence est due à celui de l'Instruction publique dans l'intérêt de la moralisation et de la régénération des enfants à corriger.

Sur quelles bases établir la réforme des exercices gymnastiques dans les établissements d'instruction? — M. TAVERNI ne veut pas d'un enseignement méthodisé ou du moins il ne tient pas à ce que la méthode soit trop apparente et voudrait que, comme chez les anciens Grecs et Romains, il soit basé sur l'attaque et la défense individuelles.

Discussion. — M. CALLOT pense que la gymnastique, faute de temps et faute d'espace, devient impossible dans les lycées, collèges et écoles, et est d'avis qu'on les remplace par les jeux athlétiques.

M. TRABAUD n'exprime qu'un regret qui concilierait toutes les tendances, c'est que nos collèges et lycées d'internes ne soient pas placés à la campagne. Il incline volontiers du côté de M. Callot en ce qui concerne les jeux athlétiques.

Du vélocipède appliqué à l'éducation corporelle des jeunes gens, et de la danse appliquée à celle des jeunes filles. — M. TAVERNI pense que, vu l'utilité du vélocipède dans la vie, il serait à propos de le faire entrer dans l'instruction gymnastique des jeunes gens; de même, pour des motifs d'élégance dans le maintien, il voudrait faire introduire comme exercice gymnastique dans les institutions de jeunes filles, les danses de société.

M. BERDELLÉ, anc. Garde gén. des forêts, à Rioz.

Le livret sans chiffres. — Ce livret consiste en jetons portant chacun sept points quand il s'agit d'apprendre les multiples de 7, huit points si on veut apprendre ceux de 8.

En réunissant ces jetons d'une certaine façon, on forme une espèce de mosaïque où les points sont classés par dizaines, ce qui permet de lire le produit à vue.

M. Berdellé présente aux membres un modèle agrandi de ces jetons pour les multiples de 7.

M. Pierre TRABAUD, Fond. de l'Inst. phocéen, à Marseille.

De la danse appliquée à l'éducation corporelle des jeunes personnes. — M. Trabaud pense qu'une danse (simple dans les mouvements, comme inspirée de l'antique) peut être adjointe aux leçons de gymnastique, donnée par la maîtresse, dans les écoles secondaires de jeunes filles. Autrement, certaines danses, comme le quadrille, le lancier, la valse et autres, seraient dangereuses et d'un exemple pernicieux.

Cette opinion se rattache à celle exprimée par M. Taverni qui l'appliquerait aux degrés primaires et secondaires de l'enseignement.

M. le Dr LE GENDRE, Méd. des hôp. de Paris.

De quelques accidents imputables aux exercices athlétiques pendant la croissance (1).

Discussion. — M. Callot propose, comme suite à la communication de M. le Dr Le Gendre, que la question du *surmenage physique* examinée succinctement dans ce travail soit mise à l'ordre du jour du prochain Congrès pour être étudiée à fond dans une séance plénière qui serait tenue par les trois Sections de Médecine, de Pédagogie et d'Hygiène, réunies à cet effet.

La proposition est adoptée, et M. le Président s'engage, au moment où il rédigera sa lettre aux membres de la Section, de leur rappeler cette décision, de façon qu'ils aient le temps de préparer, en vue du Congrès de Caen, toute communication sur ce sujet.

M. le Dr BÉRILLON, Méd. insp. des Asiles d'aliénés, à Paris.

Enquête sur les habitudes automatiques chez les enfants. — Frappé de la fréquence des habitudes automatiques chez les enfants dégénérés ou arriérés, M. le Dr Bérillon a pensé qu'une enquête portant sur un grand nombre de sujets des deux sexes appartenant à des milieux différents pourrait fournir des

(1) Voy. 12e Section, p. 290.

renseignements précieux pour tous ceux qui s'intéressent à la pédagogie. Dans le questionnaire qu'il soumet à la Section de Pédagogie de l'Association française pour l'avancement des sciences, il demande aux professeurs et aux instituteurs de répondre à un certain nombre de questions, parmi lesquelles nous relevons les suivantes : Sur tant d'élèves d'une école de filles ou de garçons, combien se rongent les ongles des deux mains, d'une seule main, rongent leur porte-plume, présentent des tics divers, ont habituellement la bouche ouverte? Mais il ne se borne pas à réunir des chiffres : il demande aux observateurs s'ils ont constaté que les enfants atteints d'habitudes automatiques et, en particulier, celle de se ronger les ongles, qu'il désigne sous le nom d'*onychophagie*, sont dans un état d'infériorité appréciable aux divers points de vue : de la santé générale, de la force physique, de la docilité, du caractère, de l'application, de la mémoire, des sentiments affectifs, de la moralité, de la propreté, de la dextérité manuelle, des aptitudes spéciales (dessin, musique, etc.). Il leur demande leur avis sur le rôle de l'imitation dans la propagation des habitudes automatiques. Déjà de nombreuses réponses sont parvenues. Elles signalent surtout ce fait important que, dans la plupart des écoles primaires ou secondaires, un grand nombre d'enfants se rongent les ongles. La proportion, dans beaucoup d'écoles, s'élève au quart; dans d'autres, elle atteint la moitié. Qu'on se place au point de vue hygiénique, psychologique ou pédagogique, la question présente un grand intérêt. Quand il s'agit d'habitudes dont l'influence nuisible ne saurait être mise en doute, les pédagogistes ne sauraient rester indifférents. Il leur importe, par des procédés différents, d'enrayer le développement ou la propagation de ces habitudes. M. Bérillon pense que, dans la majeure partie des cas, il suffit de baser le traitement à instituer sur la rééducation de la volonté. Dans d'autres, où l'habitude atteint des proportions telles qu'elle compromet l'avenir moral et physique de l'enfant, l'emploi de la suggestion hypnotique est seul capable de réagir contre l'entraînement automatique qui a transformé une habitude d'abord insignifiante en impulsion irrésistible.

———

— Séance du 9 août 1893 —

M. DEMONFERRAND, à Paris.

Les cahiers généalogiques (deuxième partie). — La science généalogique, ou l'art de classer et d'enregistrer les filiations méthodiquement, avec dates à l'appui, a déjà fait l'objet d'un précédent mémoire, inséré dans le compte rendu du Congrès de Paris en 1889. La communication actuelle a pour but de compléter la première, qui s'appliquait uniquement à la généalogie descendante. Elle développe d'abord la théorie de la généalogie ascendante; puis elle donne la description de résumés généalogiques, descendants ou ascendants, qui réunissent sur un ou plusieurs tableaux de dimensions très restreintes l'ensemble de la filiation des familles, même les plus nombreuses.

L'auteur présente à la Section différents spécimens de relevés, parmi lesquels :

1° Une généalogie descendante formée de 1.680 lits, répartis en 11 générations;

2° Le résumé de la précédente généalogie;

3° Une généalogie ascendante formée de 112 lits, répartis en. dix-sept géné-- rations;

4° Le résumé de la précédente généalogie;

5° Un répertoire des résumés généalogiques de 641 familles à plusieurs branches citées dans le *Dictionnaire de la Noblesse*, de La Chesnaye-Desbois et Badier.

L'extrême facilité avec laquelle tous les documents d'ensemble ou de détail trouvent leur place, sans phrases, sur les imprimés toujours prêts à les recevoir fait supposer que la plupart des familles entreprendront de se constituer ainsi des archives, qu'elles posséderaient assurément déjà, si nos pères avaient su où et comment noter, sans un travail excessif, l'existence des parents qu'ils ont personnellement connus. Aujourd'hui, que les relevés n'exigent plus aucun tâtonnement, il est pour ainsi dire du devoir de chacun de transmettre à ses héritiers tout ce qu'il sait sur la famille. Ces cahiers fourniront des occasions de rapprochements entre des personnes qui y constateront leurs liens de parenté, et les relations d'amitié ou d'assistance mutuelle qui en résulteront, au moins à titre d'essai, offriront, dès le début, des conditions toutes spéciales d'intimité et de sécurité; elles pourront même exercer, par la suite, une influence salutaire sur la situation générale de la famille.

Discussion : Au sujet de la communication de M. Demonferrand sur la *généalogie ascendante*, M. CALLOT estime que, s'il est difficile de rechercher ses ascendants, il est du moins facile de préparer la besogne à nos descendants. Il dit, à ce propos, que, dans beaucoup de mairies, on donne aux mariés un petit livret qui contient des tableaux destinés à recevoir les noms des conjoints et ceux de leurs enfants. Que cet usage se généralise, que ces livrets soient ensuite transmis de père en fils aux générations suivantes, et rien ne sera plus aisé, pour nos arrière-neveux, que d'établir leur généalogie. M. Callot ajoute que le rêve de M. Demonferrand a été réalisé dans un pays qui jadis appartenait à la France. Au siècle dernier, lorsque la France a si malheureusement abandonné le Canada, il y avait, sur les bords du Saint-Laurent, 60.000 Français; aujourd'hui, ils sont près de 3 millions, ayant tous conservé l'amour de leur ancienne patrie. Tous possèdent un livre contenant leur généalogie; tous savent quel était leur aïeul au moment de la cession du Canada, quels ont été ses enfants, petits-enfants, etc., enfin, de quelle région de la France il était venu en Amérique. Ce livre sacré, qui unit si bien les Canadiens à leurs ancêtres, ne nous donne-t-il pas l'explication du grand amour que nos frères d'Amérique ont gardé à la France? Quoi qu'il en soit, il est bon, il est moralisateur de s'occuper parfois de ses aïeux, et pour en fournir le moyen à nos fils, il faut obtenir que l'usage des *livrets de famille* soit généralisé dans notre pays.

M. BERDELLÉ trouve que les procédés de M. Demonferrand sont très ingénieux et ont beaucoup de rapport avec les tableaux dichotomiques des naturalistes (synopsis de la Flore, etc.).

Les tableaux généalogiques des ascendants peuvent être d'une certaine importance quand on peut y joindre des indications sur leur caractère, état de santé, etc.

De pareils renseignements ont été recueillis par le regrettable docteur Perron, de la présente ville, et imprimés pour l'usage de ses fils et petits-fils. Le secrétaire de la Section est heureux de rappeler le nom de M. le docteur Perron, qui, s'il avait vécu quelques années de plus, se serait fait un point d'honneur de prendre une part très active au Congrès.

M. TAVERNI.

L'initiation au travail manuel dans les écoles de garçons de la ville doit-elle avoir pour but de leur faire gagner le talent de copier des modèles artistiques dans le vrai sens du mot, ou de copier simplement des modifications de la matière, toujours utiles, mais tout à fait grossières et routinières ?

Discussion. — M¹ˡᵉ Folliet : Le travail manuel, dans les écoles primaires, ne doit être pratiqué que dans les deux dernières années des classes, et plus spécialement dans les villes que dans les campagnes. Dans les villages, l'exemple du père initie l'enfant à tout ce qui est pratique, et les instruments ne lui manquent guère ; mais dans les villes, où le travail est plus spécialisé, où l'espace qu'occupe la famille est fort restreint, cet enseignement contribuera fortement à lui donner les moyens d'augmenter son habileté et, par conséquent, son bien-être général dans l'avenir. Je crois que c'est un excellent moyen de moralisation.

— Séance du 10 août 1893 —

M. Pierre TRABAUD, à Marseille.

Des langues vivantes facilitées aux élèves destinés au commerce. — C'est à qui s'est évertué depuis vingt ans à démontrer par les arguments les plus probants la nécessité de la connaissance des langues étrangères et à faire ressortir l'infériorité relative dans laquelle nous avait placés leur ignorance. — Le haut commerce, le plus intéressé dans la question, s'en est ému.

La situation des marchés du monde entier est tellement changée qu'autant autrefois l'acheteur lointain avait besoin de nous, autant aujourd'hui nous avons besoin de lui. De là, nécessité de parler le langage des autres, avant de les contraindre à parler le nôtre. Des concurrents de toutes nationalités ont surgi ; la production, grâce à un outillage industriel perfectionné, a fatalement occasionné l'excès des marchandises à placer.

Dès lors, il semble que les écoles supérieures de commerce, pépinière intelligente des futurs exportateurs ou intermédiaires d'exportation française, ont la mission de façonner leurs élèves et les disposer pour qu'ils parlent couramment la langue du pays où ils doivent s'établir. Qu'on veuille bien ne plus accuser le baccalauréat ès lettres, en cette affaire ; car les bacheliers sont excédés.

A ce propos, un périodique spécial, la *Revue du commerce extérieur*, dit avec raison : « Ce qu'on peut demander seulement aux professeurs des écoles de » commerce, c'est de familiariser leurs élèves avec la théorie de la langue, de » les mettre en mesure de lire une correspondance, un journal, un ouvrage » spécial, d'écrire quelque peu, en s'en tenant aux qualités essentielles de la » correction, de la clarté et de la simplicité, de les exercer à exprimer verba- » lement leurs idées et à comprendre ce que disent leurs camarades, et c'est » tout. »

Le système auquel fait allusion l'écrivain que nous venons de citer, appliqué en Suisse et en Allemagne, donne d'excellents résultats. On partage les jours de la semaine, quelquefois les heures de la journée, entre les différentes langues qui seront parlées à tout propos. C'est une bonne pratique, à la condition d'être dirigée par les professeurs selon les différentes langues.

Cette réforme ne contrarierait-elle pas nos habitudes?

L'État fournirait-il les subsides nécessaires?

La *Revue* propose le mode le plus fructueux, le seul fructueux selon nous : envoyer à l'étranger, en Europe du moins, les élèves les plus méritants de nos écoles supérieures, au moyen de fonds fournis par l'État, les villes ou les départements. Un autre *desideratum* s'impose, en ce sens que si l'esprit d'initiative et de progrès manque trop à la partie fortunée de la population, cette classe, quelque peu dirigeante, trouverait dans ses coffres assez de ressources pour aider à l'apprentissage que nous sollicitons. — Le séjour à l'étranger deviendra l'école par excellence des langues vivantes, si nécessaires aux exigences du commerce actuel.

M. le Dr BÉRILLON.

Nouvelles applications pédagogiques de la suggestion hypnotique. — Depuis sa première communication faite au congrès de Nancy, en 1886, sur les applications de la suggestion envisagée au point de vue pédagogique, M. BÉRILLON continue à démontrer que les principes de la *pédagogie suggestive et préventive* reposent sur des données scientifiques et des faits positifs, rigoureusement observés. Depuis lors, de nombreuses expériences sont venues contrôler et confirmer les observations qui lui avaient permis de proclamer la valeur de la suggestion hypnotique comme agent moralisateur et éducateur, chez les enfants mauvais, impulsifs ou vicieux. Il est rare qu'une habitude vicieuse se manifeste isolément chez un enfant. Le plus souvent, plusieurs de ces habitudes sont associées et la constatation de l'une d'elles doit faire songer à l'existence des autres. Ces habitudes, qui disparaissent facilement chez des sujets normaux, se montrent d'une extrême ténacité chez les dégénérés. Chez ces malades, il faut recourir à l'emploi de la suggestion hypnotique qui donne habituellement des résultats favorables. Pour montrer comment l'*onychophagie* peut coïncider avec d'autres tares psychiques, il rapporte brièvement l'observation suivante, qui montre l'effet salutaire de la suggestion hypnotique sur ces diverses tares : Mlle S. L..., âgée de douze ans et demi, n'a cessé de se livrer à l'onanisme depuis l'âge de quatre ans. Elle se touche continuellement la nuit; on a essayé, en vain, tous les moyens de traitement, même la cautérisation du clitoris, pratiquée par M. de Saint-Germain. Au moment où M. Bérillon l'examine, elle se touche en plein jour devant les étrangers, avec impudeur. Ces manœuvres de l'onanisme semblent lui procurer des sensations très voluptueuses. La nuit, quand elle s'est touchée pendant quelque temps, elle pousse des cris et réveille les personnes qui couchent dans la même chambre. Depuis quelque temps, son caractère s'est modifié, elle est devenue irritable, menteuse. Elle commet fréquemment des vols. Quand on interroge l'enfant sur son habitude, elle répond qu'elle s'y livre malgré elle, parce qu'elle ne peut faire autrement. L'examen de ses doigts a révélé qu'elle se ronge les ongles avec rage. Les antécédents héréditaires sont mauvais. Le père était buveur au moment où il l'a engendrée. La mère est atteinte d'hystérie confirmée. Plusieurs personnes de la famille sont des alcooliques ou des névropathes. L'enfant se soumet avec docilité à l'hypnotisation. Elle est plongée dans un sommeil profond. Elle a été endormie trois fois à huit jours d'intervalle. Au bout d'un mois les ongles étaient repoussés d'une façon appréciable et malgré une surveillance attentive on ne pouvait plus constater chez elle, ni le jour, ni la nuit, la moindre tendance à l'onanisme. La guérison s'est maintenue depuis plusieurs mois.

M. Ferreira **BASTOS**, Memb. associé de l'Acad. des sc. de Lisbonne.

Notes sur la littérature pédagogique en Portugal.

QUESTION PROPOSÉE A LA DISCUSSION DE LA 16° SECTION

POUR LE CONGRÈS DE 1894

Du surmenage physique.

17ᵉ Section.

HYGIÈNE ET MÉDECINE PUBLIQUE

Président d'honneur . . . . . . M. PASTEUR, Memb. de l'Acad. Franç. et de l'Acad. des Sc.
Président. . . . . M. le Dr HENROT, Maire, Prof. à l'Éc. de Méd. de Reims.
Vice-Présidents . . . . MM. le Dr BAUDIN, Dir. du Bur. munic. d'Hyg. de Besançon.
    le Dr NICAISE, Agrégé à la Fac. de méd., Chir. des Hôp. de Paris.
Secrétaires. . . . . MM. le Dr TISON, Méd. de l'Hôp. Saint-Joseph, à Paris.
    le Dr HEITZ, à Besançon.

— Séance du 4 août 1893 —

M. le Dr Léon BAUDIN, Dir. du Bur. munic. d'Hyg. de Besançon.

Fonctionnement du Bureau municipal d'hygiène de Besançon (1886-1893). — *Résultats acquis.* — Les résultats acquis depuis sept ans par le Bureau municipal d'hygiène de Besançon, fondé par arrêté du 23 juin 1890, mais fonctionnant officieusement, en réalité, depuis le milieu de l'année 1886, établissent que l'hygiène publique peut, contrairement à une croyance trop répandue, se faire autrement qu'à coups de millions et de gigantesques travaux.

Avec une dotation annuelle insignifiante de 200 francs, au cours des premières années, de 500 francs ensuite, le Bureau d'hygiène, — en se bornant à surveiller strictement la propreté du sol, de la voirie et des habitations, ainsi que la qualité des eaux d'alimentation et les denrées mises en vente, à tenir la main à la stricte exécution des règlements d'hygiène scolaire, et aussi à combattre les épidémies dès le début par de vigoureuses mesures d'isolement et de désinfection, — a obtenu les résultats suivants :

La *mortalité générale* est tombée de 25,8 0/00 (1873-1886) à 23,80 0/00 (1887-1891), celle des villes de France restant à 25,2 0/00 ;

La *mortalité par maladies épidémiques*, de 3,5 0/00 (1873-1886) à 1,66 0/00 (1887-1892), celle des villes de France restant à 2,2 0/00 ;

La *mortalité par fièvre typhoïde*, de 1,24 0/000 (1873-1877) et 0,80 0/000 (1878-1883), à 0,41 0/000 (1887-1892), celle des villes de France restant à 0,48 0/000 ;

La *mortalité infantile*, de 210 à 220 par 1000 naissances à 180 environ, celle des villes de France étant de 165 environ.

Les créations et les travaux d'assainissement accomplis depuis sept années n'ont pas exigé plus de 16.000 francs environ, soit un peu plus de 2.000 francs par an.

Il est donc possible de faire de bonne hygiène publique avec peu d'argent.

Discussion. — M. Brémond : L'eau étant très abondante à Besançon et mise à la disposition des habitants à un prix très bas, il appartiendrait à la Commission des logements insalubres et au Bureau d'hygiène, si méritant et si désintéressé, de prendre l'initiative d'une prescription légale d'assainissement urbain : l'obligation d'établir un poste d'eau dans tous les cabinets d'aisances, en vertu de la loi du 13 avril 1850 sur les logements insalubres. Les tribunaux administratifs trouvent parfois exagérées les prescriptions imposées aux propriétaires, puis ils admettent ce qu'ils avaient d'abord repoussé ; c'est ainsi que le Conseil de préfecture de la Seine laisse passer les rapports exigeant l'eau dans toutes les maisons, le Conseil de préfecture du Doubs fera de même si le Bureau d'hygiène de Besançon exige l'eau dans tous les cabinets d'aisances.

M. Ch. Herscher partage le souhait de voir l'eau utilisée généreusement à Besançon dans les water-closets et qu'elle soit même d'un usage obligatoire. Encore faut-il que cette mesure s'associe à l'existence d'un réseau municipal d'évacuation des eaux-vannes convenablement établi. On doit se préoccuper simultanément de ce double service, dont la réalisation est d'ailleurs — croit M. Herscher — décidée à Besançon.

M. Tison. — Je me rallie à ces opinions d'établir des postes d'eau à Besançon dans les cabinets d'aisances et de créer un réseau d'égouts, mais pourvu que, si on adopte le tout à l'égout, on ne déverse pas la matière usée dans le Doubs, mais qu'on l'utilise pour l'agriculture. Il ne doit plus être permis d'infecter les cours d'eau comme on le fait à Paris, pour la Seine.

M. le Dr Charles DESHAYES, à Rouen.

Danger de la contamination par les viandes de provenance tuberculeuse. — M. Deshayes, après avoir rappelé l'historique de la question, dit qu'il ne peut y avoir aucun doute à cet égard, à savoir que la viande, comme le lait, de provenance tuberculeuse, est dangereuse et doit être prohibée, détruite. Il donne ensuite le résumé de la statistique des abattoirs de Rouen.

Ce sur quoi il faut surtout s'élever, c'est contre l'autorisation fournie par le Comité consultatif, et, par suite, par les règlements sur la latitude de ne prohiber que les animaux entièrement tuberculeux.

La tuberculose localisée doit être combattue comme si elle était généralisée; et M. le Dr Deshayes demande à la Section de s'associer à lui dans le vœu suivant :

« Tout animal atteint de tuberculose, même localisée, doit être impitoyablement rejeté de la consommation. — Il y a lieu d'appeler sur ce sujet l'attention de M. le Ministre de l'Agriculture. »

Discussion. — M. Brémond : Émettre un vœu demandant à saisir la viande provenant d'animaux tuberculeux, cela est absolument platonique pour les neuf dixièmes de la population française, celle des villages non inspectés. A ces déshérités de l'hygiène, apprenez qu'il est indispensable de faire bien cuire toutes les viandes, avant de les manger.

M. S. Bérnheim : Il y a peu de jours, la question de la tuberculose des Bovidés a été vivement discutée à un Congrès de Paris. Presque à l'unanimité, les professeurs des écoles vétérinaires françaises et étrangères ont déclaré que la tuberculose des mammifères est exceptionnellement héréditaire. Rarement on rencontre des fœtus ou des jeunes animaux infectés de tuberculose. Cette affection est donc essentiellement contagieuse comme dans la race humaine. Pour enrayer l'extension de ce terrible fléau on n'a qu'à abattre les animaux entachés et éprouvés à la tuberculose. Si l'on dédommage le propriétaire de l'animal, si d'autre part les étables sont désinfectées, il n'y aura pas de récrimination de la part du propriétaire qui n'y perdrait rien. Quant à la surveillance des viandes suspectes, elle peut s'effectuer aussi bien à la campagne que dans les grands centres, si l'on interdit les abattoirs particuliers et si l'on crée des abattoirs régionaux où chaque denrée pourrait être examinée par un vétérinaire.

Il est puéril de croire qu'une tuberculose locale d'un animal n'est pas dangereuse aux consommateurs. La tuberculose, même localisée à un seul organe, infecte l'animal tout entier dont les humeurs charrient des bacilles. Le sang de ces animaux, leur lait et les autres sucs contiennent le micro-organisme, comme M. le Dr Aubeau l'a démontré récemment. Pour ma part, j'ai observé des animaux atteints d'une tuberculose locale, chez lesquels tous les autres organes paraissaient sains macroscopiquement et microscopiquement. En injectant la rate broyée provenant de ces animaux à des cobayes, j'ai provoqué une phtisie aiguë.

Je conclus donc en disant : Quelle que soit l'étendue de l'infection bacillaire, il faut toujours détruire la viande provenant de ces animaux entachés. Cette incinération sauvegardera les autres animaux et surtout sera la meilleure des mesures prophylactiques pour la race humaine, qui, j'en suis convaincu, est aussi souvent contaminée par la voie stomacale que par les voies respiratoires, la viande tuberculeuse étant un puissant véhicule de la phtisie.

M. Henrot ne croit pas qu'il soit scientifiquement démontré que l'usage de viande provenant d'un animal atteint de tuberculose locale soit nuisible; dans ces conditions il pense que la proposition de M. Deshayes est peut-être trop radicale; en tout cas elle ne pourrait être appliquée que si les marchands de bestiaux ou les bouchers recevaient une indemnité d'abatage.

M. Henrot pense que l'on assurerait d'une façon plus facile et plus rapide l'usage de bonne viande à tous les habitants de la France, des campagnes aussi bien que des villes par la réalisation du vœu suivant :

« 1° Que toutes les tueries particulières soient supprimées et remplacées soit par des abattoirs municipaux, soit par des abattoirs intercommunaux surveillés par un vétérinaire assermenté;

» 2° Qu'une surveillance administrative soit régulièrement et journellement exercée sur les denrées alimentaires dans toutes les communes de France.

M. Tison : Si l'on fait des conserves avec les viandes reconnues tuberculeuses, il faut l'indiquer sur les boîtes et alors on aura beaucoup de peine à les vendre.

M. S. GIRARD, Vétér., Dir. de l'Abattoir de Reims.

Mesures administratives nécessaires pour assurer l'usage des denrées alimentaires
de bonne qualité.

M. A.-F.-X. VAILLANT, Archit., à Paris.

Hygiène de l'habitation rurale, au point de vue de l'alimentation en eau pure et
de l'évacuation des eaux usées. — Admettant qu'il ne saurait y avoir de bonne
hygiène sans avoir beaucoup d'eau, et que ce principe est à appliquer aussi bien
dans la maison rurale que dans celles des villes où on a organisé des services
d'alimentation d'eau pure et de facile éloignement des eaux usées. M. VAILLANT a
pensé qu'on pouvait se servir des mêmes dispositions, des mêmes appareils, des
mêmes moyens d'évacuation et des procédés d'épuration par les champs d'épan-
dage, dans presque toutes les habitations, sinon dans toutes; éviter ainsi les
fosses, les puisards et autres dangereux usages. L'art du constructeur, les
procédés de drainage, la formation artificielle ou l'amendement du sol, destructeur des matériaux usés sont toujours d'une application possible et le plus
souvent facile. L'auteur a aussi pensé que le procédé d'épuration par le sol convenablement formé donnait le moyen le plus logique et le plus sûr de filtrage
des eaux pluviales avant leur emmagasinement dans les citernes et permettait l'obtention d'eau pure et douce en quantité largement suffisante, là où
les puits ne fournissent que de l'eau douteuse et dure. L'exposé des études et
des applications plus ou moins complètes qu'il a faites en divers lieux feront
l'objet de petites monographies qu'il se propose d'écrire plus tard.

— Séance du 5 août 1893 —

M. le Dr H. HENROT, Maire de Reims.

Des dangers des appareils de chauffage à tirage réduit dans les appartements. —
Ces appareils comprennent les poêles mobiles et les calorifères dits perpétuels.
Le procès des poêles mobiles a été fait à l'Académie, il y a deux ans; il n'y a
pas à y revenir, quoique M. HENROT puisse ajouter quelques faits personnels.
Les calorifères dits perpétuels que l'on allume une seule fois en automne pour
les éteindre au printemps ont de très sérieux avantages; ils entraînent une
dépense de combustible cinq ou six fois moindre que celle des calorifères ordinaires; ils ne réclament pour ainsi dire aucune surveillance, cinq minutes à
peine dans les vingt-quatre heures. Lorsqu'il s'agit de chauffer de spacieux
vestibules, des amphithéâtres, de vastes espaces comme les églises, et d'une
façon générale des endroits qui ne sont habités que pendant peu de temps
chaque jour, ils rendent de grands services.

Les inconvénients qu'ils présentent pour les appartements constamment habités sont assez sérieux pour que, croyons-nous, on doive les proscrire d'une façon absolue. L'auteur a constaté cet hiver, dans un hôtel somptueux, des intoxications les plus manifestes d'autant plus intenses que le séjour dans l'appartement était plus prolongé. Une jeune femme, obligée de garder la chambre pendant six semaines, fut prise de pâleur, d'insomnie, de troubles nerveux, de malaises, de vomissements bilieux, d'inappétence, d'embarras gastrique chronique, d'idées sombres.

Une jeune enfant prit une pâleur qu'elle n'avait pas habituellement; certains visiteurs et visiteuses éprouvaient en entrant dans la chambre l'impression d'un air vicié par le séjour d'un grand nombre de personnes. Tous ces accidents disparurent lorsque le calorifère fut éteint. Le mari, complètement à ses affaires, n'occupant sa chambre que la nuit, n'éprouva aucun symptôme pathologique; il est à remarquer que la chambre de Madame était juste au-dessus du calorifère, et recevait directement l'air chauffé par une conduite presque verticale. Le propriétaire va remplacer ce calorifère qui est neuf par un calorifère à eau chaude, ce qui constitue une dépense supplémentaire de 7 ou 8.000 francs.

Dans un établissement de jeunes filles, pendant deux ou trois jours, plusieurs enfants furent prises de maux de tête et d'embarras d'estomac ; de l'enquête faite, il résulte que les conduites du calorifère étaient obstruées, et qu'il y avait une fente à un tuyau : depuis la réparation, aucun nouvel accident ne s'est produit.

C'est à la présence de l'oxyde de carbone que l'auteur attribue les intoxications. Le danger réside surtout dans ce fait que ce gaz n'a pas d'odeur et ne révèle pas sa présence. Il y a deux moyens de rechercher sa présence dans l'air : l'analyse chimique et le réactif vital.

L'analyse chimique est longue et difficile; elle exige des appareils spéciaux; elle nous a révélé, du reste, la présence de ce gaz dans la première observation.

Le second moyen consiste à placer ou des petits oiseaux dans une cage, qui ne tardent pas à mourir si la quantité d'oxyde de carbonate est assez considérable, ou de gros oiseaux dont on examine tous les jours le sang à l'aide du spectroscope.

Le chauffage des appartements a fait de grands progrès au point de vue de la commodité, et au point de vue de la température que l'on obtient, mais sous le rapport de l'hygiène, on constate trop souvent un retour en arrière; il faudrait trouver un système analogue à celui des feux de bois dans les cheminées, parce que là l'aération est proportionnée à la combustion.

Combien de chloroses, de migraines, d'état nerveux, de dyspepsie, de tuberculose même sont la conséquence d'un chauffage mauvais et d'une aération insuffisante. Il y aurait un grand intérêt hygiénique à ce que les architectes pussent trouver un système plus perfectionné.

M. Trélat a proposé un chauffage idéal par rayonnement des parois; il y aurait lieu de le rendre plus pratique et moins onéreux et d'assurer en même temps l'aération de l'appartement.

Discussion. — M. Brémond : Tous les appareils de chauffage à combustion lente font de l'oxyde de carbone; tous, sans exception, sont dangereux.

M. Ch. Herscher partage l'opinion de M. Henrot sur le danger que présentent les appareils à combustion lente, lesquels produisent fatalement de l'oxyde de carbone. M. Herscher regrette qu'on ne puisse pas proscrire, d'une manière générale, tous les systèmes de poêles ou de calorifères à air chaud dont les foyers fonctionnent à combustion lente. Cela, bien entendu, seulement pour les installations faites dans les habitations.

M. Herscher explique que, dans les calorifères, le danger vient de ce que les parois qui séparent le foyer de la chambre à air proprement dite ne sont pas étanches, ne peuvent même guère l'être d'une manière certaine, et, en tout cas, sont susceptibles de présenter à un moment donné des fissures ou des communications par lesquels les gaz nocifs trouvent passage.

M. A. Vaillant : Je ne pense pas que l'appareil incriminé puisse laisser passer de l'oxyde de carbone dans la chambre de chaleur ; outre que cette chambre y est généralement bien isolée, il me paraît que le foyer est disposé pour que l'oxyde de carbone qui peut s'y produire soit forcément brûlé. Le foyer en question a été inventé pour utiliser seulement des combustibles pauvres ; il est entièrement construit en terre réfractaire, de manière à présenter ce combustible en grande surface à l'air comburant, où celui-ci arrive sans obstacle après avoir été chauffé par récupération. Une fois allumé, le foyer est en marche permanente, et tout son ensemble reste à la température du rouge. S'il ne se charge que toutes les trente-six, vingt-quatre, douze ou six heures, il n'en résulte nullement qu'il y ait la moindre analogie avec les poêles à combustion lente : l'espacement des charges est seulement réglé par la quantité de chaleur qu'on veut lui faire produire dans un temps donné. L'unique objection à faire, suivant moi, est celle qu'on peut opposer à tous les calorifères à air chaud. Mais le foyer en question, car cet appareil est essentiellement un foyer, peut être aussi employé à produire de la vapeur, de l'eau chaude ou de l'eau surchauffée pour faire du chauffage par rayonnement, évidemment le seul mode rationnel et sain.

____

M. NICAISE, à Paris.

Traitement hygiénique de la phtisie — Le traitement de la phtisie par l'aération, l'alimentation et les médicaments appropriés, dont l'ensemble est désigné sous le nom de traitement hygiénique, fait des progrès tous les jours, à mesure que se répand la conviction que cette terrible maladie est curable. Ce traitement demande de la part du malade et de son entourage une attention de tous les instants, et une grande force de volonté ; néanmoins il peut être suivi dans les familles ou dans les stations d'hiver ; mais si le malade manque de courage, si l'entourage ne peut le seconder, il faut alors suivre le traitement dans un sanatorium spécial ; le nombre de ces établissements augmente dans les pays voisins.

M. Nicaise expose, dans sa communication, les détails du traitement, puis il parle des sanatoria et termine par la conclusion suivante :

L'efficacité du traitement hygiénique de la phtisie est démontrée, mais ce traitement a besoin d'être vulgarisé encore, et c'est rendre service aux malades que d'insister sur ce point. Le traitement peut être suivi par le malade au milieu des siens, c'est une condition favorable ; mais quand le malade n'a pas assez de volonté, quand l'entourage ne seconde pas ou est empêché, il faut recommander le sanatorium. Il est à regretter que nous tardions tant en France à installer de ces établissements.

Discussion. — M. S. Bernheim : La question de l'hygiène du phtisique est très complexe. Il y a une différence entre les enfants, les adolescents et les adultes. Il y a une différence entre les phtisiques des deux sexes et surtout entre les gens riches et les gens pauvres. Tous ces points essentiels sont passés sous silence dans le très intéressant travail de M. Nicaise.

Un autre point contre lequel je m'inscris, c'est faire croire au public que le traitement hygiénique est suffisant et que le phtisique guérit sans intervention médicale. Je suis d'avis, avec M. le professeur Hayem, de ne pas charger médicalement l'estomac du phtisique qui doit manger avant tout pour prendre des forces. Mais il existe d'autres voies par lesquelles on peut traiter le phtisique et combattre les bacilles et renforcer la puissance des leucocytes. Tout récemment, M. Richet, de Paris, M. Babès, de Bucarest, et moi-même, nous avons présenté des études sur le traitement hypodermique et la vaccination antituberculeuse par le sérum immunisé.

Pour conclure, je déclare que la question est insuffisamment étudiée pour présenter des vœux. On pourrait reprendre l'étude de cette question l'année prochaine et lui donner ainsi un grand retentissement.

M. le Dr S. BERNHEIM, à Paris.

Nouveau procédé de conservation des aliments.

— Séance du 7 août 1893 —

M. le Dr Léon BAUDIN.

Essai d'une installation de station de kéfir à Besançon. — L'École nationale de laiterie de Mamirolle fournit, au fur et à mesure des besoins, jour par jour, les diverses variétés de kéfir obtenues au moyen d'un lait d'une irréprochable pureté et de procédés de préparation non moins irréprochables, scientifiquement parlant.

Le kéfir n'est autre chose que du lait de vache fermenté durant un, deux ou trois jours (kéfir faible, moyen ou fort), le lait ayant été préalablement point du tout, à moitié ou tout à fait écrémé (kéfir gras, mi-gras ou maigre) et soumis dans tous les cas à l'action d'un ferment spécial tiré du Caucase et du sud de la Russie, où cette boisson est en grand honneur.

Le kéfir mi-gras, moyen, est celui dont l'usage est le plus fréquent, celui qui sert en quelque sorte de pierre de touche lorsque l'on veut instituer le traitement. Sa composition, comparée à celle du lait, est la suivante :

Pour 1000 parties	Lait ordinaire	Kéfir de deux jours avec lait à demi-écrémé
Albuminoïdes	48,00	43,00
Beurre.	38,00	29,00
Lactose	41,00	20,025
Ac. lactique	»	9,00
Alcool	»	8,00
Eau et sels.	873,00	904,975

Cette analyse, d'après les travaux bien connus de Dujardin-Beaumetz, de Bourquelot, de Saillet, de Dimitreff, révèle l'intervention de trois processus chimiques importants :

1° Fermentation alcoolique d'une partie de la lactose et sa transformation en acide carbonique et en alcool ;

2° Fermentation lactique d'une autre partie du sucre de lait, et son dédoublement en acide lactique ;

3° Peptonisation d'une partie des matières albuminoïdes du lait. L'acide lactique, l'alcool à petites doses diluées, l'acide carbonique agissent dans le même sens, pour faciliter la digestion d'un aliment rendu déjà plus digestible par la peptonisation d'une partie de ses matières albuminoïdes : le kéfir est donc bien *un aliment complet à son maximum de digestibilité.*

Comme tel, il a pu rendre déjà, depuis un an environ que l'expérience en est commencée, de précieux services, en particulier à l'établissement des nouveaux bains salins de Besançon-Mouillère, où s'est installée la station, et où abondent des sujets atteints d'affections à fond anémique ou marastique, lesquels sont justiciables à la fois de la cure par le kéfir et de la cure saline. Les résultats obtenus jusqu'ici ont été surtout remarquables chez les neurasthéniques, chez les convalescents, les surmenés, les épuisés, par toute espèce de causes, toutes les fois que ces malades présentaient des symptômes gastriques ou gastro-intestinaux ; chez les sujets atteints de dyspepsie, de gastrite ou gastro-entérite chronique, avec ou sans catarrhe, avec ou sans dilatation de l'estomac ; chez les phtisiques (sauf chez ceux atteints de diarrhée colliquative) à tous les degrés et avec toutes les formes de la maladie, mais surtout chez les candidats à la phtisie présentant de l'amaigrissement, de l'anorexie, des troubles dyspeptiques, etc.

Le principal inconvénient de la médication consiste dans la répugnance, — parfois insurmontable, accompagnée même de troubles digestifs, — que provoque chez beaucoup de malades, non point le goût de ce *médicament-aliment,* mais son aspect spécial, trouble et grumeleux, sa viscosité.

M. le D⁰ TISON, à Paris.

Prophylaxie des maladies contagieuses par l'hygiène et la désinfection. — Étant donné le peu de confiance et surtout d'assurance qu'on trouve dans les ressources thérapeutiques pour combattre les maladies contagieuses, on doit tout faire pour les prévenir ou du moins pour empêcher leur développement. La chose est d'autant plus importante qu'aujourd'hui les lois de l'hygiène sont assez bien assises pour obtenir ce résultat. Il y a d'abord l'hygiène publique qui concerne l'Administration et qui, malheureusement, n'est pas suffisamment organisée dans notre pays où l'autorité n'a pas, paraît-il, les moyens de prévenir les maladies contagieuses, mais qui prend cependant des mesures énergiques dès que ces mêmes affections, qu'il eût été facile de combattre au début, ont pris une extension inquiétante, ainsi qu'on l'a vu contre le choléra l'année dernière et contre le typhus au printemps dernier. Reste donc l'hygiène individuelle qui consiste à regarder l'organisme humain comme une machine solide et résistante, mais délicate, qu'il faut diriger avec prudence en n'exigeant pas plus qu'elle ne peut produire ; le surmenage ou l'excès étant toujours nuisible et mettant l'organisme en état d'infériorité pour résister à la contagion. Si la maladie contagieuse et épidémique survient quand même, il faut isoler le malade et agir par la désinfection. Pour ce qui concerne les matières fécales, on peut conseiller les désinfectants désodorisants composés de sels métalliques (sulfates de fer, de zinc, de cuivre, etc.), en dissolution dans l'eau et dont l'usage n'est pas encore assez répandu. Ce n'est là qu'un trop court exposé dont le développement comprendrait l'hygiène entière.

Discussion. — M. le Dʳ OLIVIER : Je tiens à faire une simple observation : une épidémie de typhus a pris naissance dans les prisons de Lille, le 14 février dernier ; cette épidémie a été colportée par les prisonniers dans les logements fréquentés par les vagabonds ; pour y remédier des pavillons d'isolement ont été créés par l'Administration des hospices de Lille et, de plus, la municipalité a ouvert un asile de nuit où sont reçus les ambulants ; à leur arrivée, ils prennent un bain désinfectant, leurs vêtements sont désinfectés la nuit par l'étuve ; des mesures sévères ont été prises en ville et ont contribué à arrêter l'épidémie. Nous avons reçu, dans nos pavillons, 180 typhiques et nous avons eu 38 décès ; actuellement, nos pavillons ne contiennent plus que trois malades.

M. le Dʳ HENROT.

De l'organisation sanitaire en France.

Discussion. — M. le Dʳ BAUDIN : Les services départementaux d'hygiène publique, à la tête desquels M. HENROT voudrait voir un directeur-médecin, compétent, ces services existent à la rigueur, en principe, dans les bureaux des préfectures chargés de la statistique démographique et sanitaire, des hospices, des rapports sur les épidémies, etc., etc. Ce qu'il faudrait, ce serait surtout placer à la tête de ces services l' « homme compétent, le médecin » qui n'y a jamais sa place, et que ces services ignorent presque toujours lorsqu'ils ne le combattent pas.

M. LEBLANC : J'appuie la proposition de M. Henrot ; le service sanitaire vétérinaire organisé d'après la loi de 1881 sur les épizooties, fonctionne mal ; nous demandons qu'on nomme un vétérinaire, directeur du service des épizooties placé au ministère et dans chaque département un vétérinaire délégué, chef du service, se consacrant uniquement à ses fonctions, bien payé ; ce vétérinaire aurait sous ses ordres des vétérinaires de circonscription chargés du service des épizooties, de l'inspection des foires et marchés, des abattoirs et tueries, clos d'équarrissage, etc., etc. Lorsque le ministre voudra, il pourra obtenir des Chambres les fonds suffisants pour payer les chefs de service, et il est armé par la loi pour imposer aux départements le paiement des frais du service des épizooties ; il faut donc une organisation uniforme avec un centre à Paris.

M. le Dr **LAUGA**, à Bordeaux.

Application du système Mouras aux vidangeuses automatiques de la ville de Bordeaux. — Depuis l'année 1883, la construction de vidangeuses automatiques, d'après le système inventé par M. Mouras et dont la description fut donnée par l'abbé Moigno, dans le *Cosmos*, en 1882, a été poursuivie dans la ville de Bordeaux. Ce système devait, en effet, séduire les hygiénistes d'une grande cité dont les égouts sont, par leur faible pente, faciles à colmater, qui ne possède des fosses étanches qu'en proportion restreinte et dont le sous-sol se trouve, de ce fait et en raison du voisinage direct de la nappe d'eau sous-jacente, imprégné de substances organiques nuisibles.

La vidangeuse Mouras, hermétiquement close par l'eau dont elle doit être toujours pleine, se vide elle-même incessamment. Les matières déversées directement dans la fosse y tombent par un tuyau de chute dont l'orifice inférieur atteint le tiers moyen de la masse liquide. Elles subissent dans ce milieu une désagrégation lente, une sorte de résorption dont la cause est mal définie, mais telle cependant que le liquide qui, à chaque nouvel apport, s'écoule par le siphon d'évacuation dans l'égout, est simplement teinté et à peine odorant. Ainsi du moins l'ont constaté, dans leurs rapports au Conseil départemental d'hygiène de la Gironde, les deux rapporteurs des Commissions chargées d'étudier les vidangeuses automatiques.

En 1886, comme en 1890, les conclusions présentées ont été favorables à ce mode de vidange. La pratique avait seulement indiqué de diviser la fosse Mouras en deux compartiments reliés par un siphon, au lieu d'un seul, afin d'assurer une décantation plus complète.

Pour ne pas laisser à l'initiative de chaque architecte le mode de construction de la vidangeuse automatique, souvent constaté défectueux, l'ingénieur de la Ville formula des instructions qui devinrent obligatoires. Ces instructions ajoutèrent à la fosse primitive des cuvettes siphoïdes avec chasse d'eau, des déversoirs supplémentaires avec tuyau d'évacuation des gaz allant de la première fosse à ces déversoirs. Ces modifications, destinées à améliorer le système Mouras, n'ont pas paru remplir leur but, car de nombreuses plaintes furent portées contre les odeurs infectes qui se dégageaient des bouches d'égout voisines des vidangeuses automatiques.

Faut-il les attribuer à l'insuffisance de distribution d'eau, dont le débit doit être considérable? Faut-il, au contraire, incriminer le compartiment déversoir, à dimension variable et à capacité souvent considérable, dans lequel les liquides fermentent au contact de l'air vicié des égouts, comme le prétendent les défenseurs du système Mouras primitif?

Il est difficile de se prononcer entre ces assertions autrement qu'en procédant à une expérimentation complète et rigoureuse.

C'est ce qu'a pensé la Société d'hygiène publique devant laquelle le débat a été porté. D'accord avec le Conseil municipal qui a voté à cet effet les fonds nécessaires, une fosse d'épreuve est en construction dans la Faculté des Sciences où elle sera surveillée par M. Gayon, professeur de chimie et président de la Société, assisté d'une Commission spéciale. Les glaces qui constitueront les parois permettront de suivre *de visu* le travail de désagrégation ; des robinets de prise donneront les liquides à soumettre à l'analyse chimique et microscopique.

En attendant le rapport qui résumera les résultats obtenus, les autorisations de construire des vidangeuses automatiques ont été suspendues. Il y a en ville 213 vidangeuses automatiques particulières; un grand nombre d'édifices publics : écoles, lycées, casernes, théâtre, etc., en sont pourvus et leur fonctionnement est satisfaisant. Contrairement à ce que l'on dit avoir été constaté à Paris, à Marseille, aucun accident résultant de la décomposition des matières organiques n'a été constaté.

Discussion. — M. le Dr LIYON : Je regrette de ne pouvoir donner à la Section la statistique exacte de l'expérience faite à Marseille où l'on a établi un grand nombre de vidangeuses automatiques ; mais après plusieurs années d'usage, en présence des résultats ne répondant pas aux promesses, on a dû ne plus favoriser de nouvelles installations.

Il ne faudrait donc pas regarder les vidangeuses automatiques comme étant un moyen parfait de vidange, car je pense que l'on doit trouver bien mieux.

M. BAYSSELLANCE pense que si les dernières fosses construites à Bordeaux ont amené des insuccès, cela tient à ce que l'on s'est écarté du système primitif. Les premières fosses vidangeuses automatiques, faites d'après les indications données par l'abbé Moigno, ont donné d'excellents résultats. Leur fonctionnement est basé sur ce principe que, dans une masse d'eau à l'abri du contact de l'air, s'il existe des matières organiques, il se développe des microbes anaërobies qui amènent, au bout de peu de jours, la transformation et la dissolution de ces matières. Ce principe avait été confirmé par des expériences présentées par M. Gayon à la Société des Sciences de Bordeaux : la dissolution en quelques jours de fragments de papier et de paille dans des flacons remplis d'eau à l'abri de l'air.

Il suffit donc d'avoir une cavité hermétiquement close, ne communiquant avec l'air extérieur que par un tuyau de chute et un siphon d'évacuation, plongeant dans l'eau, et de l'entretenir constamment pleine, en y versant chaque jour une faible quantité d'eau. Les premières fosses faites à Bordeaux, dans des écoles, n'ont donné aucune odeur; il s'en écoulait un liquide analogue à de l'eau de vaisselle, et lorsque, au retour des vacances, on les a visitées, on n'y a trouvé aucune matière organique : tout avait été dissous.

Pour éviter que la projection d'une trop forte masse d'eau n'entraînât des matières non encore dissoutes, on a eu l'idée de diviser la fosse en deux compartiments communiquants. Mais on aurait dû s'en tenir à cette amélioration, et il suffisait pour cela d'une simple cloison percée d'un orifice en son milieu, car c'est dans le haut et dans le bas que sont les matières en décomposition ; le second tiers de la hauteur en est toujours dégagé. On a introduit des tubes en siphon qui compliquent inutilement l'appareil. Puis surtout, on a exigé le jet d'une masse de dix litres d'eau chaque fois que la cuvette fonctionne ; il en résulte l'entraînement des matières avant leur complète transformation : on n'obtient plus qu'une simple dilution. Du reste, la Société d'hygiène de Bordeaux, préoccupée de cette question, va entreprendre, pour l'élucider, des expériences sérieuses dans un appareil modèle, pour lesquelles elle a obtenu une subvention de la municipalité.

— Séance du 9 août 1893 —

M. le Dr Félix BREMOND, à Paris.

Gérocomie. — Sous le nom de gérocomie, gérontocomie et macrobiotique, on a désigné la partie de l'hygiène qui s'occupe des vieillards. La macrobiotique d'autrefois avait une tendance trop prononcée à faire songer les vieillards à des plaisirs interdits à leur âge. La gérocomie d'aujourd'hui ne doit pas marcher dans cette voie funeste. Au contraire, les hygiénistes doivent crier casse-cou aux hommes arrivés à l'âge de déclin, qui demandent à des élixirs charlatanesques et aussi à la méthode hypodermique, créée par un illustre savant, une action régénératrice. Pour les hygiénistes, la fiction de Faust et de Marguerite est et reste une monstruosité, contre laquelle il faut protester bien haut.

———

M. le Dr DRUHEN, à Besançon.

De l'alcoolisme au point de vue social. — Dans cette étude, M. DRUHEN constate que, malgré les progrès croissants de l'alcoolisme, on n'a fait, jusqu'ici, presque rien pour en prévenir les ravages. Il n'est cependant pas de maladie plus redoutable puisque, pouvant priver l'homme du libre usage de sa raison et de sa volonté, elle en fait un être dangereux, souvent criminel, et qu'elle marque les enfants qui naissent des alcoolisés, d'une empreinte qui se traduit par le développement imparfait de l'intelligence, par l'idiotie, l'épilepsie, etc...

Recherchant les causes de l'alcoolisme, le docteur Druhen signale, comme une des principales, l'abrogation du décret de l'année 1851, qui exigeait une autorisation préalable pour l'ouverture d'un cabaret, d'un débit quelconque et l'accroissement de leur nombre qui en fût la conséquence, avec la circonstance aggravante que les alcools qu'on y livre à bas prix contiennent des éthers plus ou moins toxiques.

Il est une vérité que personne ne conteste aujourd'hui, c'est, d'une manière générale, que plus il y a de cabarets dans une localité, plus il y a d'indigents et de vagabonds et plus on y compte d'aliénés et de criminels.

En présence de ce triste résultat, la société a le devoir de se protéger contre un ulcère qui la ronge sans relâche. Et le premier des moyens à lui opposer, c'est de rétablir l'obligation de l'autorisation préalable, les Conseils d'hygiène entendus, avec voix délibératives. En second lieu, il serait nécessaire, dans la répression des délits et des crimes commis par les alcoolisés, de faire la stricte application du Code pénal et d'en écarter le chapitre des circonstances atténuantes. L'auteur cite encore d'autres moyens préventifs.

Discussion. — M. TISON : Ce n'est point le moment de reprendre le procès de l'alcoolisme, empoisonnement chronique qui engendre tant de maux : aliénation mentale, cirrhose du foie, affections des reins, etc., etc. Je veux seulement appeler l'attention sur la fréquence de la tuberculose pulmonaire comme

conséquence de l'usage légèrement immodéré des boissons alcooliques. Ce fait,
dont j'ai donné de nombreux exemples au deuxième Congrès de la tuberculose, est
malheureusement plus fréquent encore que je ne le pensais alors. Rien n'est
propre comme l'alcoolisme chronique pour préparer le terrain à l'invasion de
la tuberculose. Non seulement les alcooliques deviennent facilement tuberculeux, mais encore les alcooliques aliénés succombent fréquemment à la tuberculose, ainsi qu'il résulte des renseignements que j'ai pris auprès de plusieurs
médecins d'asiles. J'ai même cité le fait d'un cirrhotique succombant à la tuberculose pulmonaire avant que le foie ne fut assez altéré pour entraîner la mort.
L'alcoolisme est l'un des plus grands fléaux des peuples civilisés, et on ne fera
jamais assez pour détruire ce vice.

M. Arsène Dumont : L'alcoolisme est très développé à Lillebonne parmi les
ouvriers de l'industrie. Les débits sont très nombreux, cependant ils sont peu
fréquentés. L'ouvrier, épuisé par sa journée de travail, fait acheter par un enfant
un litre d'eau-de-vie qui est bu en famille. Chacun se couche en état d'ébriété
plus ou moins prononcée. En cet état ils engendrent pour le cimetière. La
mortalité des ouvriers de Lillebonne s'élève à quarante pour cent environ ; le
nombre des réformés était, il y a vingt-cinq ans, de cinquante-cinq pour cent
conscrits visités. Dans les seize dernières années ce chiffre a diminué ; mais
c'est parce que la mort a fait par avance l'œuvre des Conseils de revision (1).
    Les communes rurales de l'île de Ré font une antithèse complète avec Lille-
bonne. Nulle part on ne boit moins d'alcool. Il est remplacé par le vin, la vie
au grand air, le plaisir de la danse et de la lecture. La natalité et la mortalité
y sont faibles.

M. le Dr Ledoux : Pour renseigner le public sur le danger de l'alcoolisme, un
argument important pourrait être fourni par la statistique tirée de la durée de
la vie chez les cabaretiers, cafetiers, cantiniers, aubergistes, comparée à la
durée de la vie chez les hommes qui exercent d'autres professions. Tous les
médecins ont reconnu combien souvent et gravement sont malades ceux qui
tiennent des débits de boissons, et meurent prématurément en forte proportion.
    Cette étude spéciale sur une profession particulière peut être délicate à éta-
blir. Mais cependant, dans les villes d'importance moyenne et possédant un
bureau d'hygiène bien organisé et bien dirigé, il serait facile de fournir cette
démonstration très évidente du péril de l'alcoolisme, à l'appui de la thèse sou-
tenue devant le Congrès par MM. Druhen et Tison.

———

M. SAUVIN, Exp. de la Ville, à Besançon.

Sur une question d'hygiène professionnelle et publique. — *La braise chimique.* —
Dans une note parue dans le numéro du 1er janvier 1888 du *Journal de Pharmacie
et de Chimie*, M. le Dr Troisier publiait l'observation d'une femme, travaillant
dans une fabrique de « braise chimique », atteinte d'intoxication par les sels de
plomb, et appelait l'attention, après MM. Gérin-Roze et Duguet, d'une part, Riche,

----

(1) Voir *Bulletin de la Société d'Anthropologie de Paris*, octobre 1891.
(2) *Ibid.*, Janvier 1890.

Tamel et Amielle, d'autre part, sur les dangers que présentent la préparation et l'emploi de ce combustible. On sait qu'il sert d'allume-feu pour les réchauds et qu'il se prépare en immergeant la braise dans une dissolution d'un sel de plomb (nitrate suivant certains auteurs, acétate très certainement le plus souvent) et faisant sécher à l'étuve.

Dans la fabrique en question, installée d'ailleurs dans des conditions déplorables, les ouvrières successivement embauchées quittent l'atelier après quinze jours, trois semaines, un mois au plus, présentant tous les symptômes d'une intoxication saturnine. Les dangers d'intoxication lente ne sont guère moindres pour le public si on considère que chaque allumage de réchaud consomme, d'après les évaluations de M. Hanriot, professeur agrégé de chimie, environ $0^{gr},60$ de sel de plomb, et que l'oxyde résultant de la combustion se trouve sous forme de pellicules extrêmement légères que soulève le moindre souffle, et que très souvent enfin cette braise sert à allumer des réchauds sur lesquels sont cuits des aliments, particulièrement des viandes grillées après lesquelles elles s'attachent très facilement.

L'auteur concluait en demandant, avec le docteur Valin, la prohibition pure et simple du produit, ou, avec MM. Riché et Gérin-Roze, la substitution d'un sel alcalin au sel de plomb reconnu dangereux.

Dans une note (où sa signature a été omise, soit dit en passant), parue dans le numéro du 15 février de la même année, M. Sauvin faisait remarquer que si les fabricants avaient renoncé aux sels alcalins, moins coûteux et donnant à poids égal un poids de comburant supérieur à raison de la faiblesse relative de l'équivalent des alcalins, il devait y avoir une raison de fabrication et que le charbon fixant bien moins bien les sels des métaux alcalins que ceux des métaux proprement dits, la proportion de sel retenu devait être insuffisante pour assurer la combustibilité. L'expérience directe le prouve. Mais la prohibition absolue est peut-être trop rigoureuse, et on pourrait tourner la difficulté en exigeant l'emploi de sels de zinc... La substitution est pratiquement possible, car il a eu occasion d'examiner une braise — dont malheureusement il n'a pas retenu la marque — préparée exclusivement à l'acétate de zinc.

M. Sauvin note qu'en ce qui concerne le public, les risques sont restés exactement les mêmes qu'autrefois ; la seule braise chimique qu'il ait pu se procurer à Besançon ces temps derniers, est encore préparée à l'acétate de plomb, et le bon public continue à absorber des côtelettes saupoudrées d'oxyde de plomb... Il lui a semblé que le Congrès pourrait utilement appeler l'attention de l'autorité administrative compétente sur la nécessité d'imposer aux fabricants de « braise chimique », aussi bien dans l'intérêt de leurs ouvriers que dans celui du public, la substitution des sels de zinc aux sels de plomb, ou, tout au moins, d'exiger sur les paquets vendus au public, au lieu de l'avis important : « Se méfier des contrefaçons », une mise en garde formelle de l'acheteur contre la superbe poussière jaune orange que le soufflet de la ménagère dissémine un peu partout.

Discussion. — M. le Dr Brémond rappelle que, sur son initiative, la Commission des logements insalubres a, il y a quelques années, pris la décision suivante :

Dans tous les cas où la Commission aura à demander des travaux de peinture, elle prescrira la peinture au blanc de zinc en remplacement de la céruse.

M. BAYSSELLANCE, Ing. des Const. nav., en ret., à Bordeaux.

Bains de propreté à bon marché. — Un comité d'initiative privée a entrepris de créer à Bordeaux des bains à bon marché, pour répandre dans la population ouvrière les habitudes de propreté essentielles à l'hygiène. Après examen, il a renoncé aux bains en baignoire, qui ne lavent qu'imparfaitement, l'eau n'étant pas renouvelée, et exigent beaucoup de temps, d'eau et de frais de personnel et de première installation. La préférence a été donnée aux bains douchés. Un appareil simple et commode met à la disposition du baigneur une quantité suffisante d'eau chaude, et de l'eau froide à discrétion, affluant dans une même pomme d'arrosoir. On donne, en outre, une plaquette de savon, le tout pour 0 fr. 15. Une serviette chauffée coûte 0 fr. 05.

Le succès de cette institution a dépassé les espérances; le sentiment de bien-être éprouvé après le bain a transformé ceux qui en ont essayé en clients habituels. Le nombre des baigneurs qui, pendant les premières semaines après l'inauguration, en janvier 1893, oscillait entre cent et deux cents, s'est élevé à mille à la fin de juin, et a dépassé mille deux cents en juillet. L'établissement, créé d'abord uniquement pour les hommes, a été réservé aux femmes à partir du mois de juin, le jeudi entier, et de une heure à trois heures, quatre jours par semaine ; en dépit des prévisions les plus fâcheuses, le nombre des clientes s'est rapidement développé et a dépassé cent vingt par semaine.

Les dépenses de personnel et de fonctionnement étant réduites au strict indispensable, l'établissement couvre dès à présent ses frais d'exploitation, et dès que le Comité aura réussi à amortir les frais de première installation, il s'occupera de créer des établissements semblables sur d'autres points de la ville.

M. le Dr TISON.

Les étalages des denrées alimentaires sur les trottoirs des villes. — Leurs dangers. — Les marchands paraissent n'avoir qu'un désir, celui d'étaler leurs marchandises de telle sorte qu'on ne puisse passer sans les regarder, aussi envahissent-ils les trottoirs au point de gêner la circulation. Ces étalages paraissent nuisibles à la santé publique quand il s'agit de denrées alimentaires, surtout de celles qui, comme les fruits, les salades, les gâteaux secs, etc., doivent être consommées à l'état cru et souvent sans aucune préparation. On conçoit très bien que ces denrées, ainsi exposées dans la rue, soient susceptibles de fixer les souillures de l'atmosphère et surtout les microbes pathogènes qui s'y trouvent.

Les denrées sont encore souillées par toutes les poussières des objets : vêtements, tapis, etc., qu'on secoue par les fenêtres, nonobstant les règlements de police. Il peut y avoir là un danger réel, surtout quand, dans la même maison ou dans les maisons voisines, il y a des maladies contagieuses, principalement celles qui se terminent par desquamation, comme les fièvres éruptives, l'érysipèle, etc. Bien que M. Tison n'ait à signaler aucun fait de contagion produit sûrement par la consommation des denrées ainsi exposées, ces étalages n'en constituent pas moins un danger sérieux. On sait, du reste, combien la recherche de la propagation des maladies contagieuses est encore obscure et difficile dans les villes où les contacts sont si multiples et si variés. Il ne faudra donc pas négliger, dans certains cas, de diriger les recherches du côté qu'il indique.

M. le Dr BAUDIN.

Laboratoire de l'expert-chimiste assermenté de la ville de Besançon. — La répression de la fraude en matière de vente des denrées alimentaires exige aujourd'hui, en raison de l'intelligence et du savoir-faire des falsificateurs, la création, au moins dans les villes, de laboratoires d'analyse.

La création de laboratoires municipaux, décalqués en réduction, et d'une manière plus ou moins exacte sur le laboratoire de Paris, est impossible dans beaucoup de villes en raison des frais élevés qu'elle entraîne (200.000 francs par an à Paris).

A Besançon fonctionne, non plus un laboratoire municipal, mais le laboratoire du chimiste-expert assermenté, lequel n'a pas coûté un centime d'installation, ne coûte pas un centime de loyer non plus que d'entretien et fonctionne dans les conditions suivantes :

1° Les analyses des échantillons prélevés, spontanément, à certains intervalles et toujours d'une manière inopinée par la police, sont gratuites.

2° Si un consommateur quelconque se croit en droit de se plaindre de la qualité d'une marchandise, il saisit de sa réclamation le commissaire de police du quartier, lequel fait opérer incontinent un prélèvement de ladite marchandise (dont l'analyse est faite gratuitement au laboratoire), puis transmet à l'intéressé le résultat de cette analyse.

3° Pour les personnes de la classe aisée, pour les négociants, ils peuvent, s'ils ne veulent faire intervenir le commissaire, s'adresser au chimiste de leur choix, à l'expert-chimiste de la Ville, s'ils le veulent, mais alors l'analyse est faite à leurs frais.

4° Quant aux analyses d'intérêt commun général (des eaux d'alimentation par exemple), elles sont faites au compte de la Ville, avec une diminution de 50 0/0 sur les prix d'un tarif cotant en moyenne ces analyses de 5 à 20 francs.

5° Enfin, les analyses demandées par l'octroi sont faites aux mêmes conditions : on sait que ces analyses sont rémunératrices pour la Ville, loin de constituer une charge.

Dans ces conditions, qui sauvegardent tous les intérêts, l'intérêt général surtout, en lésant le moins possible d'intérêts particuliers, le laboratoire chimiste-expert assermenté rend, *gratuitement*, de signalés services : pour lui faire donner tout ce qu'on est en droit d'en attendre, il suffirait d'un peu plus d'énergie administrative dans la mise en action et d'énergie judiciaire dans la répression des fraudes révélées et démontrées par ses soins.

CONFÉRENCES

FAITES

A BESANÇON

M. Charles DURIER

Vice-Président du Club Alpin français, à Paris.

LE JURA

— Séance du 4 août 1893 —

Mesdames, Messieurs,

Quand, l'année dernière, au Congrès de Pau, mon confrère et ami, M. Eugène Trutat, était appelé à vous parler des Pyrénées, il pouvait se dispenser de fixer les limites de son sujet et de le définir. Il est entendu de tout le monde que les Pyrénées sont une chaîne de montagnes qui se dresse comme une barrière entre la France et l'Espagne et qui se termine très nettement, d'une part à la Méditerranée, de l'autre à l'océan Atlantique.

Malgré certaines apparences, il en est autrement du Jura, et c'est une question encore débattue que celle de savoir où le Jura commence et où il finit.

J'ai dit : malgré certaines apparences. Je suppose que beaucoup d'entre vous connaissent nos Alpes de Savoie. Quand on s'élève sur quelqu'un de leurs principaux sommets, le regard, par delà la plaine suisse, s'arrête sur une longue ligne bleuâtre, qui semble comme la bordure, le cadre du panorama. On la voit se dresser brusquement sur la rive droite du Rhône pour se perdre, bien loin, à l'horizon vaporeux, dans la direction du Rhin. A si grande distance, cette ligne paraît se développer sans soubresauts, sans brèches, sans brisure violente, légèrement ondulée, toujours pareille à elle-même, si caractéristique, si reconnaissable dans sa teinte et dans son allure uniformes que, ne l'aperçût-on que par quelque échancrure de la montagne, on n'hésite pas : c'est le Jura. Et j'ajoute que, du milieu des précipices des Alpes et de leurs crêtes déchirées, cette vision lointaine apporte une impression de calme et de majesté comparable à celle que donne, du haut des falaises, la courbure immense de l'horizon des mers.

C'est le Jura. Le voilà bien expressif, bien délimité, pour le touriste, pour le simple spectateur, même pour le géographe. Mais les géologues sont venus. Ils ont découvert que le soulèvement jurassique franchissait le Rhin, qu'il se continuait jusqu'en Souabe, jusqu'en Franconie. Puis, à l'autre extrémité, ils ont reconnu que le Jura passait également le Rhône. De Saussure déjà lui rattachait le Vouache. Les Salèves, si chers aux Genevois, le grand et le petit, ont eu leur tour. Puis, on lui a annexé également la chaîne du Mont de l'Épine et les montagnes des Bauges, de côté et d'autre du lac du Bourget. Enfin, on penche à lui attribuer encore le massif de la Grande-Chartreuse et celui du Vercors. Ce sont là des acquisitions importantes et qui ne laissent pas de dérouter un peu l'historien du Jura. S'il avance que ses plus hauts sommets ne dépassent guère 1.700 mètres, on lui citera le Grand-Som qui va jusqu'à 2.033 mètres; s'il fait remarquer que ses lacs ont une faible étendue, on lui objectera le lac du Bourget et ses 44 kilomètres carrés.

Le Jura a aussi gagné à cette extension de territoire des beautés pittoresques qui ne sont pas à dédaigner. Si l'on me permettait une image qui n'a rien de scientifique, je dirais qu'il est devenu, par la grâce des géologues, comparable à ces jeunes filles dont un héritage inattendu vient augmenter les moyens de séduction. L'opinion des géologues s'appuie, d'ailleurs, sur des raisons excellentes : identité de composition des terrains, conformité de structure. Je devais la mentionner, je l'ai fait; mais je m'en tiendrai là. Je croirais manquer à ce que vous attendez de moi si, dans cette conférence, je vous parlais d'autres régions, je vous montrais d'autres vues que celles qui appartiennent au Jura proprement dit, au Jura d'entre Rhône et Rhin, au Jura tel que l'admettaient les anciens, à celui que, de nos jours, on appelle très justement le Jura franco-suisse.

Placé, en effet, aux confins de la France et de la Suisse, ce massif montagneux figure une sorte de croissant qui a sa concavité tournée vers les Alpes, dont, à travers la plaine suisse, elle modèle, elle moule pour ainsi dire en creux la courbure saillante. Lorsque, venant de France, on traverse ce croissant dans sa plus grande épaisseur, on ne peut manquer de faire deux observations — deux observations élémentaires, mais très instructives.

La première a trait à la composition pétrographique, à la nature des roches. Tous les plateaux, tous les escarpements qu'on rencontre en chemin, qui se montrent quelquefois tranchés à vif dans toute leur hauteur, sont exclusivement de nature calcaire : le plus souvent ce sont des calcaires compacts; quelquefois des calcaires mélangés d'argile, constituant alors des couches marneuses. Nulle part on ne voit poindre de roches silicatées, — gneiss, talcschiste, granit; — nulle part de roches éruptives, — basalte, porphyre; nulle part même, ce calcaire n'a subi de métamorphisme, ne s'est dolomitisé, comme le calcaire de la région des Causses dans nos départements de la Lozère et de l'Aveyron. Ce sont des assises sédimentaires, déposées au sein d'eaux tranquilles, dont rien, depuis qu'elles ont émergé, n'a altéré la composition primitive, et — à quelques exceptions près, qu'il est permis de négliger dans une vue d'ensemble — toutes ces assises appartiennent au même horizon géologique, à la même grande division des terrains secondaires à laquelle le Jura a, précisément, donné son nom, au terrain jurassique. Cette simplicité de composition minérale est déjà un trait capital, un trait distinctif du Jura. En voici un autre :.

A mesure qu'on avance, on reconnaît trois zones successives, étagées d'un bord à l'autre. D'abord une zone extérieure qui se dresse tout d'un coup, comme une falaise, au-dessus des plaines de France, et qui est surtout caractérisée par de vastes plateaux. Puis une zone médiane où les accidents de terrain se multiplient, une zone plissée, ridée par de longues chaînes qui s'alignent parallèlement, mais sont à tout coup rompues, brisées, tronçonnées par des cluses, par des défilés transversaux. Thurmann, un des hommes qui ont le plus fait pour élucider l'orographie du Jura, a compté plus de cent soixante de ces chaînons. Enfin, la zone intérieure du croissant, la zone orientale, où les crêtes, après s'être élevées à la plus grande hauteur qu'atteigne le système tout entier, s'affaissent brusquement dans la plaine suisse.

Ceci est un aperçu sommaire, un aperçu théorique. Je ne prétends pas que, au milieu du dédale des vallées, des gorges, des escarpements, les transitions soient aisées à reconnaître. Mais ce qui ne peut manquer de frapper, c'est le parallélisme des crêtes et l'exhaussement du massif d'une zone à l'autre, de la zone extérieure du croissant à sa zone intérieure. C'est ce qu'on a appelé depuis longtemps *les trois marches du Jura.* Vous voyez sans cesse les sommets, les crêtes augmenter de hauteur, comme des vagues plus fortes qui viendraient l'une après l'autre. Elles se succèdent, montant toujours, jusqu'à la bordure suisse, jusqu'à cette bordure qui dessine à l'horizon des Alpes la longue ligne bleuâtre dont je parlais en commençant et où elles atteignent 1.500, 1.600, 1.700 mètres. Après cela, du haut en bas, la chute, le précipice final.

Il convient de s'arrêter ici un moment, car il y a dans cette structure du Jura quelque chose de très particulier. Vous avez certainement visité plus d'une chaîne de montagnes et vous savez en quoi consiste en dernière analyse, en quoi consiste essentiellement une chaîne de montagnes. On a — grossièrement, mais non sans justesse — comparé une chaîne de montagnes à une arête de poisson. On observe, en effet, une masse centrale, allongée suivant une certaine orientation, et c'est cette direction linéaire qu'on appelle l'axe de la chaîne, l'axe orographique. Les plus grands sommets se rencontrent d'ordinaire sur son trajet ou dans son voisinage. De part et d'autre se détachent des chaînons perpendiculaires à l'axe et qui s'abaissent graduellement à mesure qu'ils s'en éloignent. Or, il n'y a rien de pareil dans le Jura : toutes les crêtes sont sensiblement parallèles entre elles, en d'autres termes elles possèdent la même orientation et, par une anomalie singulière, celle qui atteint la plus grande hauteur, celle que, pour cette raison, on serait tenté de prendre pour l'axe de la chaîne, est reportée sur son extrême lisière, est absolument excentrique.

Mais ce n'est pas tout. Il y a comme une part d'illusion dans cet exhaussement progressif des zones dont je parlais tout à l'heure, et la prédominance de la crête frontière est en quelque sorte plus apparente que réelle. Il est un fait que des géologues distingués de ce pays, M. Kilian, M. Georges Boyer, ont mis dans la plus parfaite évidence. A mesure qu'on traverse le Jura de France en Suisse, on remarque que les couches de terrain qui se rencontrent successivement depuis la plus ancienne jusqu'à la plus récente, sont en retrait les unes sur les autres à la façon des tuiles d'un toit. En un mot, les assises supérieures du terrain jurassique sont restées en place sur la bordure suisse, tandis qu'elles ont plus ou moins disparu dans la zone médiane et dans la zone externe, par suite évidemment d'ablation ou d'érosion pendant le soulèvement du massif.

En sorte que si l'on restituait par la pensée ces assises disparues, il ne s'en faudrait guère que toutes les crêtes du Jura n'atteignissent la même hauteur.

Ces observations ont amené à conclure qu'il n'existait véritablement pas dans le Jura d'axe orographique, et mon éminent ami M. Vézian, le doyen de la Faculté des sciences de Besançon, a pu formuler en toute vérité cette opinion de tournure si paradoxale : *le Jura n'est pas une chaîne de montagnes.* Cela est bizarre, mais cela est ainsi. Le Jura est un plateau plissé, ridé, disloqué, démantelé, ce n'est pas une chaîne de montagnes. Et c'est ce qui fait son puissant intérêt géologique. Le Jura est le type le plus parfait de ce qu'on appelle les régions de plissement. Il est un des meilleurs exemples, le plus persuasif même, qu'on puisse citer à l'appui de la théorie orogénique qui attribue les soulèvements du sol à la contraction progressive de l'écorce terrestre.

Il y a une quinzaine d'années, j'avais l'honneur d'être reçu par un des premiers savants de l'époque, que la mort a récemment enlevé, M. Alphonse Favre, de Genève. M. Favre ne me traitait pas en géologue, et il avait bien raison. Il habitait, contre les anciens remparts, un de ces vieux hôtels de bourgeoisie dont le style noble et sévère donne à ce quartier de Genève une physionomie à part, je dirais volontiers une physionomie si particulièrement calviniste. M. Favre venait de me montrer quelques admirables toiles d'Hobbéma précieusement conservées dans sa famille, quand, introduit dans une salle basse et y apercevant une manière de plan en relief, je m'écriai étourdiment : « Ah ! un relief du Jura ! » — Ce n'était pas du tout un relief du Jura; mais M. Favre se montra flatté de l'exclamation et vous allez comprendre pourquoi. C'était de la géologie expérimentale.

M. Favre avait pris une bande de caoutchouc fort épaisse, près de deux centimètres. Il l'avait étirée de façon à augmenter sa longueur du tiers ou de moitié, à la porter, par exemple, de deux à trois mètres. Cela fait, il avait étalé sur cette bande de caoutchouc plusieurs lits d'argile pâteuse, en ayant soin d'étendre à la surface de chaque lit d'argile, une couche de couleur rouge, de façon que sur le bord, sur la tranche, chaque lit d'argile apparaissait séparé de l'autre par un liséré rouge horizontal. L'expérience ainsi préparée, il laissait peu à peu, très lentement, la bande de caoutchouc se détendre, revenir à sa dimension primitive. Les couches d'argile étaient bien obligées de se contracter aussi. D'ailleurs, à chaque extrémité, M. Favre avait fixé sur le caoutchouc des pièces de bois qui en suivaient le mouvement de retrait et exerçaient ainsi sur l'argile une compression latérale dont l'effet s'ajoutait à celui du caoutchouc.

Alors, les couches d'argile s'étaient plissées, ployées. On voyait, sur la tranche, les lisérés rouges horizontaux se déformer, accuser tous les mouvements de ces couches. L'argile, remarquez-le, était précisément dans la situation de l'écorce terrestre obligée de se ramasser sur elle-même, de se plisser pour rester toujours appuyée sur le noyau intérieur dont le volume diminue en raison du refroidissement graduel de notre globe. Et tous ces plissements figuraient si exactement une région montagneuse, que j'avais cru voir un plan en relief du Jura.

Tout y était : les plateaux, les vallées, les chaînes parallèles se succédant par ondulations. Puis, çà et là, il s'était fait des déchirements. Il y en avait qui coupaient transversalement les ondulations, imitant en petit, en diminutif, ces vallées de fracture qu'on appelle des *cluses* dans le Jura. D'autres fois, le déchirement s'était produit au sommet, sur le dos d'âne et suivant la longueur de la crête. Le ploiement des couches d'argile avait été trop fort ; il s'était fait une rupture, la voûte s'était ouverte, laissant entre ses deux lèvres béantes une gouttière, un canal tout à fait pareil à ce qu'on appelle dans le Jura des *combes*.

Rien n'était plus éloquent, plus démonstratif. Ainsi donc, ce qu'il faut voir dans le Jura, ce n'est pas une chaîne de montagnes proprement dite. C'est un ancien fond de mer, originairement horizontal, un golfe de la mer jurassique, et, pour ne rien omettre, un peu aussi de la mer crétacée. Par suite de la contraction de l'écorce terrestre, ce fond de mer s'est soulevé en se ridant, en se plissant. Le rétrécissement a été considérable. On a calculé que, si ces couches ployées étaient étalées, ramenées à l'horizontalité primitive, elles occuperaient suivant les lieux un espace d'un quart à un tiers plus grand que n'est la largeur actuelle du Jura.

Au premier abord, cet énorme retrait a de quoi surprendre. Il paraît vraiment hors de proportion avec la diminution de volume qu'a pu subir la terre pendant les temps géologiques. Il ne se comprendrait guère si ce fond de mer, ce golfe jurassique avait occupé une région largement ouverte. Mais qu'on jette les yeux sur une carte et qu'on considère sa situation par rapport aux régions voisines :

Au nord, la chaîne des Vosges, avec ses anciens grès, ses terrains cristallins, ses roches éruptives ;

A l'ouest, les monts du Morvan, du Charolais, du Beaujolais, dont le soubassement granitique s'étend jusque sous la plaine du pays de Bresse ;

A l'est enfin, les Alpes.

Il s'ensuit que, dans les mouvements du sol, ce fond de mer calcaire s'est trouvé pris, pincé comme dans un étau entre des massifs plus anciennement consolidés, entre des terrains infiniment plus résistants. Ces massifs, les Vosges, le Plateau central, les Alpes, ont joué dans la nature précisément le rôle que jouaient, dans l'expérience de M. Alphonse Favre, les deux pièces de bois rigides fixées aux extrémités de la bande de caoutchouc. Et comme, entre ces massifs résistants, les Alpes étaient le plus proche et le plus puissant, ce sont les Alpes qui ont imposé au Jura sa courbure en forme de croissant, contre-partie de leur propre courbure ; ce sont les Alpes qui ont déterminé sur le bord de ce croissant qui leur était directement opposé le plissement, l'ondulation la plus accentuée, celle où se rencontrent les plus hauts sommets du Jura.

De même que le Jura n'a pas d'axe orographique, il n'a pas non plus d'axe hydrographique. Ceci est la conséquence de cela. Aux Alpes, aux Pyrénées, d'une extrémité de la chaîne à l'autre, on peut suivre une ligne de faîte bien marquée ; les eaux se partagent entre deux versants, elles cheminent toujours sur le côté du massif où elles ont pris naissance, et, quelles que soient les sinuosités, même les brusques inflexions qu'elles décrivent, on ne les voit pas faire, pour ainsi dire, volte-face, comme si elles voulaient revenir à leur point de départ. Au Jura, point de ligne de faîte maîtresse, point de versants généraux. Avec ce système de plissements entrecoupés de cluses, de vallées transverses, les eaux, passez-moi l'expression, vont un peu à la diable, s'échappant à droite, à gauche, de la vallée qui, d'abord, semblait devoir diriger leur cours, trouvant une issue à travers les escarpements qui semblaient les contenir et leur faire obstacle.

Voici le village des Rousses, situé sur un plateau froid et stérile, en avant, je veux dire à l'ouest, du fameux col de la Faucille et de la Dôle. La Dôle est une des principales cimes du Jura ; elle appartient à cette interminable rangée de sommets, à laquelle vient aboutir le soulèvement tout entier, à cette marche

gigantesque qui, vue de la plaine suisse, dominant le lac de Neuchâtel, dominant
le cours du Rhône, présente l'aspect d'une barrière infranchissable. Le plateau
des Rousses est déjà assez élevé et, par une singularité curieuse, le toit de
l'église du village forme exactement une ligne de partage des eaux, et une
ligne de partage de premier ordre, car une des pentes du toit envoie ses eaux
à la Méditerranée, tandis que l'autre les envoie à la mer du Nord. Remarquez
maintenant ceci : si le Jura était une chaîne de montagnes au sens propre du
mot, nul doute que la longue rangée de la Dôle et des sommets à sa suite n'en
fût l'arête principale, par conséquent la ligne de faîte, l'axe hydrographique.
Les eaux pourraient toujours se rendre à deux mers différentes et prendre des
directions opposées, mais elles chemineraient toujours sur le même côté du
massif, en avant de la Dôle. Or, ce n'est pas ce qui a lieu. La pluie tombe-t-elle
sur le toit de l'église ? une partie s'écoulera dans la Bienne, de la Bienne dans
l'Ain, de l'Ain dans le Rhône ; l'autre partie se déversera dans l'Orbe, par
l'Orbe dans le lac de Neuchâtel et finalement dans le Rhin. C'est-à-dire que
celle-ci a trouvé passage à travers cette rangée de sommets où nous étions portés
à nous figurer une ligne de partage des eaux et qui, en réalité, est fréquemment
rompue par des vallées transverses, par des vallées orientées *de travers* par
rapport au pseudo-axe du système (1).

Prenons un autre exemple de cette allure singulière des cours d'eau. Le
Doubs prend sa source au-dessus de Pontarlier et, pendant plus de 100 kilomètres, il coule vers le nord-est. Puis, brusquement, à Sainte-Ursanne, il
revient sur lui-même et suit la direction contraire. A lui voir prendre d'abord
sa course, vous estimeriez que c'est un affluent du Rhin. Pas du tout, c'est un
affluent de la Saône, par conséquent du Rhône. Ajoutez que, tandis que son
cours total mesure près de 430 kilomètres, son embouchure dans la Saône n'est
pas, à vol d'oiseau, à cent kilomètres de sa source. Aussi le Doubs a-t-il, au
premier chef, les caractères d'une rivière jurassienne.

A d'autres égards encore, le régime des eaux dans le Jura est des plus remarquables et donne lieu à un ordre de beautés pittoresques très différent de
celui qu'on admire, par exemple, dans les Alpes. Les Alpes ont leurs torrents
écumeux, leurs cascades ; le Jura a ses sources. Les torrents des Alpes s'é-
chappent ordinairement de la base des glaciers. Les rivières du Jura naissent
au pied des grands escarpements calcaires ou jaillissent de leurs parois mêmes,
souvent avec une abondance qui permet de les utiliser immédiatement pour les
besoins de l'industrie, capable d'actionner à quelques mètres de distance des
moulins, des scieries mécaniques. Autant les torrents des Alpes sont troubles,
grisâtres, blanchâtres, chargés du limon, de la poussière des roches triturées
sur le fond glaciaire, autant les sources du Jura sont claires et limpides. Les
projections photographiques en montreront quelques-unes ; mais ce que les
projections ne pourront rendre, c'est le charme de ces retraites, le bouillonne-
ment, la fluidité transparente, la fraîcheur de ces belles eaux courantes. Sous
ce rapport, le Jura est incomparable : il faut le voir pour ses sources, comme
il faut voir les Alpes pour leurs cascades, les Pyrénées pour leurs gaves.

---

(1) Le fait est si remarquable qu'une de ces vallées du Jura a reçu le nom de val de Travers. Si
l'on considère, d'ailleurs, non plus seulement le Jura franco-suisse, mais le Jura dans toute l'étendue que lui ont reconnue les géologues, on observera que le Rhône et le Rhin le traversent de
part en part. Sur ces points, le cours du Rhône et celui du Rhin seraient donc des *Cols du Jura.*
Je sens autant que personne l'absurdité d'une telle dénomination, mais cette absurdité même prouve
bien que le Jura ne saurait être pris pour une chaîne de montagnes,

Il est aisé de pressentir que l'existence de ces sources n'est qu'une conséquence de la constitution géologique du Jura, de la nature calcaire de ses roches
et des efforts de flexion qu'elles ont subis pendant son soulèvement. A voir
tous les accidents de surface en dislocation, ces ruptures de couches si frappantes à vue de pays, on devine que l'intérieur du massif doit être criblé de
fissures, plein de cavités. Les eaux du ciel tombées sur les hauts plateaux de la
montagne pénètrent dans la masse calcaire, s'y épurent comme par un filtre,
s'amassent dans ses réservoirs, circulent à travers ses canaux, forment enfin
des rivières souterraines pour reparaître au jour dans les escarpements, au
contact des marnes liasiques qui sont imperméables. Telles sont, entre bien
d'autres, les fameuses sources du Lison et de la Loue. Tantôt le point de ras-
semblement des eaux de pluie sur les hauts plateaux est un marais; tantôt
c'est un gouffre de forme à peu près circulaire, d'un diamètre parfois assez
grand, une sorte d'entonnoir au sol perfide, inconsistant et dont le promeneur
doit bien se garder d'approcher. Ces abîmes, analogues aux avens de la région
des Causses, portent dans notre Jura franco-suisse le nom d'*emposieux*; au
Vercors, le Jura méridional des géologues, on les appelle des *pots*.

Mais, très souvent aussi, ces sources ne sont que l'écoulement souterrain
d'un lac de montagne.

M. le docteur Magnin, professeur à la Faculté des sciences de Besançon, secrétaire du comité local de votre Congrès, et M. Delebecque, ingénieur des ponts et
chaussées à Thonon, ont fait sur les lacs du Jura des recherches de si haute valeur que je ne saurais prendre de meilleurs guides pour en parler. Ils les ont
étudiés comme deux de mes collègues, M. Fontès, M. Belloc, étudient en ce moment les lacs des Pyrénées. Ces lacs du Jura sont en nombre considérable. La
région qui nous occupe n'en compte pas moins de trente et un, tous situés dans
la partie septentrionale du Jura franco-suisse (c'est-à-dire limitée par Saint-Point,
Champagnole, le cours de l'Ain, ceux de la Bienne et de l'Orbe), à l'exclusion
de la partie méridionale. Plusieurs d'entre eux sont relativement très élevés,
étant donnée la hauteur du Jura comparée à celle des Alpes, et cette circonstance
apporte une nouvelle preuve de ce fait que le Jura n'est, en définitive,
qu'un plateau surexhaussé. Le lac du Boulu est à l'altitude de 1.152 mètres, le
lac des Rousses à 1.075 mètres, le lac de Joux à 1.008 mètres. Celui-ci, le plus
grand de tous, mesure huit kilomètres carrés et neuf kilomètres de longueur.
La profondeur de ces lacs jurassiens ne dépasse pas 42 mètres (lac de Nantua)
et, pour beaucoup, s'abaisse au-dessous de 15 mètres. Un fait signalé par
M. Magnin, c'est que tous ont une coloration d'un vert plus ou moins intense
sans présenter jamais cette belle teinte bleue qui nous charme dans certains
lacs des Alpes, qu'ils soient situés en plaine et très profonds comme le lac de
Genève, ou perdus dans la montagne comme le lac de Lucel au-dessus de la
vallée de l'Arolla. Méfiez-vous donc de cette expression que vous rencontrérez
fréquemment dans les récits des touristes : « la belle nappe bleue du lac de
Nantua... ou du lac de Saint-Point... », et dont l'emploi prouve seulement que,
si la teinte bleue est agréable à l'œil, on la juge aussi d'un bon effet dans le
style littéraire.

Dans un autre ordre d'idées, ces lacs du Jura abondent en particularités
légendaires, mais je ne veux pas m'y appesantir. Ces produits de l'imagination
superstitieuse de nos montagnards sont d'une pauvreté d'invention, surtout
d'une monotonie déplorables. Les légendes se répètent de canton à canton sans
autre changement que des variantes insignifiantes, et qui en a entendu quelques-

unes les a entendues toutes. Ce sont toujours des villes, des villages, des populations englouties en punition de leur impiété, refus d'aumônes et autres méfaits pareils: les moines mendiants ont passé par là. En temps d'orage, on entend de grandes lamentations s'élever du sein des eaux; c'est encore le son des cloches pendant la nuit de Noël, ou le chant du coq au lever du soleil. La seule légende qui m'ait paru avoir une saveur originale est celle du lac de Narlay : une fée a donné à ses eaux la propriété de blanchir le linge sans savon. Au moins on ne dira pas que celle-ci a été inventée par des Marseillais.

Il n'est pas invraisemblable, d'ailleurs, que des villages aient été engloutis de la sorte. Le lac des Tallières, dans le Jura neuchâtelois, s'est formé par l'affaissement d'un sol couvert de forêts et on voit encore des sapins dans le fond du lac. Cet événement a eu lieu, non pas en 1356, comme le rapporte Joanne, mais à une date plus récente, entre les années 1487 et 1515. Des documents authentiques en font foi. L'origine du lac n'est donc pas contestable; elle est absolument historique : on peut ajouter que de pareils effondrements n'ont rien qui doive surprendre, quand on songe aux vides immenses qui peuvent exister à l'intérieur du massif calcaire incessamment corrodé par les eaux d'infiltration. Et ceci me ramène au point où j'étais tout à l'heure, à savoir le mode d'écoulement de certains lacs jurassiens. Les plissements répétés du terrain ont déterminé, en maints endroits de la montagne, de véritables fonds de cuvette, des bassins entièrement fermés. Il en résulte que les lacs qui les occupent n'alimentent aucune rivière, ou, pour parler plus exactement, n'ont pas d'émissaire apparent. Leurs eaux se donnent issue par leur fond, par leur lit, ou par un gouffre, un entonnoir, quelquefois visible sur leurs bords. Alors, à une certaine distance et à un niveau bien inférieur, on voit sourdre une source puissante. Je citerai le lac Brenet, — qu'il ne faut pas confondre avec le lac des Brenets, dit aussi de Chaillexon, qui semble moins un lac qu'une expansion du Doubs retenu par le barrage naturel qu'il surmonte avant de faire le célèbre *saut du Doubs*. Le lac Brenet dont je parle est comme un appendice du lac de Joux, avec lequel un étroit canal le met en communication. On peut voir sur la rive gauche du lac, un peu avant sa terminaison, un de ces entonnoirs, dont la visite, en ce moment, est d'autant plus curieuse qu'on s'occupe à l'agrandir et à le maçonner pour parer au danger de submersion dont les villages de la vallée de Joux étaient menacés par suite de son engorgement. Les eaux qui s'y précipitent pénètrent sous la montagne d'Orsaire et vont ressortir beaucoup plus bas, en donnant naissance à la magnifique source de l'Orbe, la plus belle peut-être des sources du Jura, grâce à la sauvagerie de son site.

Le lac de l'Abbaye se décharge par un canal souterrain qui va déboucher à vingt kilomètres de là au sud, dans la vallée de la Bienne. Si incroyable que paraisse la longueur de ce trajet, elle n'est pourtant pas hypothétique. Il existe une usine à l'entrée du canal, et, quand on arrête l'eau à l'usine, la source diminue quarante-huit heures après. Le lac du Boulu se déverse, aux environs de Saint-Claude, par le charmant ruisseau du Flumen, qui non seulement sort à la base d'un cirque de rochers, mais jaillit de ses parois mêmes en deux ou trois jets impétueux. Ce sont là des merveilles qui ne l'eussent guère cédé aux *Merveilles du Dauphiné* jadis tant célébrées. Une merveille plus grande encore, c'est ce lac de Sylan qui a à la fois les deux écoulements : un écoulement aérien dans la Semine, et, à l'autre extrémité, vers Nantua, un écoulement souterrain.

Il me reste à parler d'un phénomène géologique dont l'étude a eu sur la marche de la science une influence considérable.

Nous avons vu comment le Jura se trouve en quelque sorte subordonné aux Alpes. Ce sont les Alpes qui lui ont donné son plus fort relief; ce sont les Alpes qui lui ont imposé sa courbure; on peut suivre jusque dans le Jura le prolongement des grandes cassures, des grandes failles de la chaîne des Alpes qui lui font face. Cette subordination s'est encore marquée pendant l'époque glaciaire. Le Jura a eu ses glaciers propres, issus de ses cirques, remplissant ses gorges profondes. Mais il a surtout été envahi par les glaciers alpins, par cet immense glacier du Rhône qui s'étendait jusqu'à Lyon et qui, au débouché du Valais, occupait toute la plaine suisse, venait battre la muraille colossale du Jura, s'élevait sur ses flancs jusqu'à une hauteur de 1.350 mètres et, par ses échancrures, par ses brèches, pénétrait jusque dans l'intérieur du massif.

La quantité de blocs erratiques de toutes grosseurs que ce glacier a déposés sur la lisière orientale du Jura est incalculable. Le plus célèbre est la *pierre à Bot* qu'on peut voir sur une colline aux environs de Neuchâtel, à l'entrée d'un bois et non loin d'une ferme, par 700 mètres d'altitude. Ce monolithe mesure plus de 1.700 mètres cubes, 16 mètres de longueur, 6 de largeur et 13 de hauteur. Malheureusement l'exploitation dont ces blocs ont été l'objet depuis deux siècles et qui n'a jamais été plus active que de nos jours, en a considérablement diminué le nombre. Sur la route qui conduit du village du Pont à Romain-motier, les chaînes de pierre des habitations, les murs de soutènement des champs en bordure, ont été prélevés sur ces blocs erratiques. Est-il dans la forêt un chemin creux dont les ornières profondes, les déchets de pierres annoncent le voisinage d'une carrière? Ce chemin aboutit à un bloc erratique débité sur place. Il y a juste un an, j'en avais observé un de très grande dimension sur la croupe de la montagne qui s'élève au dessus du village de Premier. Cette année, repassant sur les lieux, je n'ai plus trouvé que des éclats et quelques dalles que les tailleurs de pierres achevaient d'équarrir.

Or, l'origine de ces blocs n'est pas douteuse; leur point de départ peut être fixé de la façon la plus précise. Il n'existe dans le Jura entier d'autre roche en place, d'autre roche indigène que les roches calcaires; et ces blocs sont de pur granit et, plus spécialement, de l'espèce de granit qu'on appelle la protogine et qui provient du massif du Mont-Blanc. Aussi ce dépôt a-t-il suscité entre les savants maintes discussions ardentes qui ont abouti au triomphe de la théorie glaciaire, de la théorie qui attribue aux anciens glaciers le transport des blocs erratiques. Tant qu'on ne considérait que les blocs déposés dans la chaîne même des Alpes, sur les versants de leurs vallées, on pouvait soutenir, à la rigueur — à la grande rigueur — qu'ils avaient été charriés jusque-là par quelque torrent, par quelque cours d'eau d'une extrême violence. Mais comment imaginer qu'un courant, si prodigieusement impétueux qu'on le suppose, ait pu entraîner de pareilles masses, des masses de 50.000 pieds cubes, à travers toute la plaine suisse, depuis le débouché du Valais jusqu'à Neuchâtel, c'est-à-dire à une distance de 50 kilomètres? Comment imaginer que ces blocs monstrueux soient venus s'échouer sur la pente d'une montagne, à 7 ou 800 mètres au-dessus de sa base, ayant navigué, flotté entre deux eaux sans toucher le fond, sur toute cette distance? Et où trouver le réservoir d'une quantité d'eau capable de produire d'aussi extraordinaires effets? D'où venait-elle et pourquoi se serait-elle épanchée si brusquement?

C'est à Neuchâtel, au cours d'une session de la Société helvétique des sciences naturelles, que s'engagea avec éclat la querelle entre les deux théories: d'une part les *diluvianistes*, de l'autre les *glaciairistes*. Sur ce théâtre, où les preuves abondaient en leur faveur jusqu'à l'évidence, les derniers devaient nécessairement l'emporter et convaincre leurs adversaires d'erreur. Les blocs erratiques semés aux environs de Neuchâtel étaient un argument péremptoire. Il a donc fallu admettre que les glaciers avaient atteint autrefois un développement dont nos glaciers actuels ne peuvent donner une idée. Aucun savant aujourd'hui ne le conteste; l'existence d'une période glaciaire a été reconnue dans toutes les régions montagneuses, depuis les Alpes et les Pyrénées jusqu'aux Vosges et aux Cévennes, et c'est ainsi que le Jura, par ses blocs erratiques, nous a révélé un des phénomènes les plus grandioses, comme le plus longtemps ignoré, de la vie du globe.

Mais voilà, Mesdames et Messieurs, assez de considérations scientifiques. Il est temps, — votre bienveillance ne me le fait pas sentir, mais je le sens bien moi-même, — il est temps d'en venir à la partie pittoresque de cette soirée et de laisser, en quelque sorte, la parole aux photographies que les projections de M. Molteni vont faire passer sous vos yeux. Ces photographies sont, pour la plupart, œuvres d'amateurs, et je ne saurais trop remercier les personnes qui ont bien voulu me les confier. Il n'existe presque pas de photographies du Jura dans le commerce, — et la faute en est au Jura lui-même. Le Jura n'a pas de sources thermales, partant, point de ces stations balnéaires dont les clients désirent souvent emporter un souvenir local et procurent ainsi un débouché assuré aux produits du commerce. J'ajouterai qu'il n'a non plus rien de pareil à ces stations de plaisance qui attirent chaque année un grand nombre de touristes au pied du Mont-Blanc, du Mont-Rose ou de la Jungfrau. C'est que ses beautés sont moins altières, moins imposantes et plus disséminées. Un homme chez qui le sentiment pittoresque est très vif disait, en faisant allusion à la grâce captivante des paysages pyrénéens, que les Pyrénées étaient des *montagnes-femmes*. C'est là une comparaison bien redoutable — pour les Pyrénées. J'en risquerai une plus modeste en disant que les Alpes sont des montagnes héroïques, et le Jura, tout simplement, une montagne humaine, ou, si vous l'aimez mieux, une montagne amicale. Tout y est accessible, tout s'y rencontre dans des proportions mesurées, pondérées, qui ne sont faites ni pour effrayer le regard, ni pour décourager les jambes. Ses précipices se font admirer sans donner le vertige; ses plus hauts sommets se laissent gravir sans donner de fatigue. Nulle part, la nature ne présente une verdure plus aimable, un décor plus varié qu'en ces vallées sinueuses où chaque quart d'heure de route amène un changement de scène. J'ai parlé des sources et des lacs du Jura. Que dire de ses hauts pâturages qu'animent d'innombrables troupeaux, et de ses grandes forêts ténébreuses, et de ses vallons si bien cachés où le buis croît en abondance, où le cyclamen odorant fleurit sous les taillis qui bordent le sentier! Rappellerai-je encore ses cascades, parfois si originales, ses grottes, ses glacières naturelles?

Et puis enfin, de maint et maint endroit de ses crêtes, le Jura offre un spectacle unique, qui lui appartient bien en propre, puisque, sans lui, on n'en pourrait jouir; un spectacle incomparable, sans rival, tel qu'on n'en aurait même pas dans les Alpes : ce spectacle, c'est la vue des Alpes elles-mêmes. En façonnant le Jura, elles ont façonné le belvédère d'où elles apparaissent dans toute leur magnificence.

M. P. JANET

Professeur à la Faculté des sciences de Grenoble.

LES APPLICATIONS RÉCENTES DE L'ÉLECTRICITÉ A L'INDUSTRIE

MESDAMES, MESSIEURS,

Ce n'est pas sans quelque appréhension que j'ai accepté le grand honneur que m'a fait le Conseil de l'Association française pour l'avancement des sciences en me demandant de venir exposer devant vous les récents progrès de l'industrie électrique. Une telle tâche est malaisée et dangereuse ; les applications de l'électricité forment aujourd'hui tout un monde, qui s'est développé en quelques années avec une richesse de vie et de production extraordinaire, que l'on sent jeune et puissant, mais au milieu duquel il n'est pas encore facile de se diriger avec certitude ; il ne faut pas oublier, en effet, que dès que l'on touche la pratique industrielle, les questions se compliquent singulièrement et que le point de vue auquel se place l'ingénieur est loin d'être aussi simple que celui du savant. Combien de fois la science a-t-elle montré la possibilité d'une application que la pratique n'a pu sanctionner! La difficulté d'opérer en grand, les soins qu'il est possible d'avoir dans les laboratoires et qu'il serait absurde d'exiger dans l'industrie, le côté financier surtout, qui est l'*ultima ratio* de ces questions, tout cela risque souvent de détruire du premier coup des espérances qui, au premier abord, ne semblaient pas injustifiées ; une multitude de détails quelquefois bien infimes, bien terre à terre, qui ne viennent même pas à l'esprit du passant qui regarde prennent à l'œil exercé une importance considérable ; les négliger, c'est s'exposer à de graves déboires ; savoir les reconnaître, en tenir compte, c'est souvent assurer le succès d'une entreprise ; aussi le public, j'entends les personnes éclairées qui, de l'extérieur, suivent avec curiosité, intérêt, passion quelquefois, tout ce mouvement électrique qui se produit derrière les murs de nos usines françaises, est-il assez mal placé pour juger et apprécier sainement l'importance relative des événements qui s'y passent, la valeur des efforts silencieux et journaliers qui s'y dépensent, les résultats qu'on y obtient. Telle grande découverte dont les journaux sont remplis pendant plusieurs jours peut n'être qu'une simple plaisanterie, ou du moins la rêverie impraticable d'un enthousiaste qui compte sur l'approbation irraisonnée de la foule ; au contraire, tel travail profond, longuement préparé dans le silence, qui a amené une vraie révolution dans une branche de l'industrie, passe inaperçu et reste ignoré ; est-ce modestie, indifférence ou réserve de la part des véritables inventeurs? peu importe ; la conséquence est la même, et le point de vue exact sous lequel nous pouvons juger les choses est malheureusement faussé.

Je voudrais essayer de rétablir ce point de vue exact, de choisir, dans l'industrie, les points où véritablement, effectivement, l'électricité joue dès aujourd'hui un rôle capital et essentiel. Laissons de côté les curiosités brillantes de faits divers : un industriel n'adopte pas des principes nouveaux uniquement par curiosité ; tâchons de rechercher, de mettre en lumière les qualités sérieuses, indiscutables, de ce nouvel agent qui, dès son apparition, a conquis une place considérable, et si je puis, dans un tableau rapide, vous faire entrevoir le rôle que l'électricité joue dans notre grande industrie, j'estime que j'aurai fait une œuvre plus utile qu'en allant chercher les fantaisies plus ou moins extraordinaires qui nous arrivent d'Amérique ou d'ailleurs.

Je n'ai pas la prétention, d'ailleurs, dans cette excursion rapide à travers l'industrie électrique, d'étudier ni même de citer toutes les vastes applications de l'électricité ; je m'en tiendrai donc aux plus importantes et aux plus nouvelles, et je choisirai autant que possible mes exemples parmi celles que j'ai vues et sur lesquelles j'ai des renseignements précis. Je vous demanderai donc de me pardonner le silence, bien involontaire, sous lequel je passerai certains faits, peut-être même importants ; ce ne sera pas partialité, mais bien impossibilité de tout dire ; et si, plusieurs fois, les noms du Dauphiné et de la ville de Grenoble reviennent à ma bouche, si vous croyez apercevoir là quelque préférence secrète, ce sera simplement la preuve que, par position, j'ai été mis à même de suivre de plus près, dans cette région, le mouvement électrique qui se dessine à l'heure actuelle sur toute l'étendue de notre territoire et en particulier dans les régions montagneuses.

L'organe essentiel que nous trouvons à la base de l'industrie électrique est la dynamo ou machine propre à transformer l'énergie mécanique en énergie électrique ; cette machine est aujourd'hui si connue qu'il est inutile de la décrire encore une fois ; bornons-nous à passer rapidement en revue les types les plus employés. Il est de toute justice de commencer par la dynamo Gramme (type d'atelier) ; ces anciennes machines, les premières que l'on ait construites à peu près, sont excellentes, robustes, et elles ont le mérite d'être encore en service à l'heure actuelle ; mérite qui n'est pas petit dans une industrie qui va se transformant si rapidement. Voici maintenant les machines Gramme (type supérieur) d'une construction mécanique très simple ; la machine *Ganz*, construite au Creusot, qui dérive du type précédent et qui est remarquable par sa forme trapue et ramassée ; les machines à six pôles de Sauter Harlé ; la dynamo Desroziers que construit la maison Bréguet, machine remarquable par la forme de son induit à disque, et par l'absence totale de fer dans sa partie tournante, ce qui lui assure une grande légèreté, une ventilation énergique et un rendement élevé ; la dynamo Fabius Henrion, de Nancy, type remarquable de machine à anneau plat ; la dynamo Edison, qui a vulgarisé l'emploi des inducteurs en fer à cheval avec induit placé à la partie inférieure ; la dynamo type Manchester d'Œrlikon, qui se construit actuellement dans un grand nombre d'ateliers, présentant une symétrie remarquable des inducteurs ; la dynamo Westinghouse, destinée spécialement à la traction des tramways, et offrant une solidité à toute épreuve pour résister aux coups de collier du démarrage ; la dynamo Thury à six pôles, construite dans les ateliers de la Société de l'Industrie électrique, à Genève, machine excellente et d'un haut rendement. Je m'arrête, car la liste serait longue encore, presque interminable.

Les progrès réalisés ces dernières années dans la construction des dynamos sont de deux espèces : les uns concernent la partie électrique; les autres la partie mécanique.

Au point de vue électrique, on est actuellement en possession d'une théorie presque parfaite due à l'anglais Hopkinson, et qui doit aujourd'hui être le point de départ et la règle de tout ingénieur électricien. Cette théorie permet de constituer un projet rationnel de dynamo qui donnera à coup sûr les effets désirés; destine-t-on une machine à alimenter les lampes à incandescence du type courant? il faut qu'elle développe, quel que soit le nombre de ces lampes, une tension fixe de 110 volts; doit-elle alimenter 1000 de ces lampes? il faut qu'elle débite 600 ampères. Eh bien, la théorie en question permet de construire une machine qui aura une tension de 110 volts et débitera 600 ampères, c'est-à-dire satisfera aux conditions imposées. Ainsi rien n'est plus laissé à l'arbitraire dans la construction des dynamos, et l'on ne voit plus, comme autrefois, les constructeurs fixer empiriquement et un peu au hasard les dimensions de leurs machines.

Au point de vue mécanique, le principal progrès réalisé dans ces dernières années consiste à avoir accouplé directement la dynamo avec le moteur en supprimant tout intermédiaire. Les avantages d'une telle disposition sont si évidents que je n'ai pas besoin d'y insister ; cet accouplement pouvait se faire soit en diminuant la vitesse des dynamos, soit en augmentant la vitesse des moteurs; et ainsi cette nécessité a amené la création de deux types nouveaux dans l'industrie : les moteurs à marche rapide, les dynamos à marche lente. Cette dernière solution est celle qui est préférée dans tous les cas de dynamos à forte puissance. Nous en donnerons plusieurs exemples : voici une dynamo Desroziers directement accouplée à une machine à vapeur compound; c'est la disposition qui est adoptée à Paris à l'ancien secteur Popp et au secteur de la Société d'Éclairage et de Force; une dynamo à six pôles montée de même; deux dynamos Édison actionnées par un même moteur et destinées au système de distribution connu sous le nom de système à trois fils : c'est la disposition adoptée, à Paris, à l'usine de l'avenue Trudaine, etc.

Ce mode d'accouplement convient également bien dans le cas où le moteur est une turbine, et il est presque exclusivement adopté aujourd'hui.

On a été plus loin dans cette voie et un certain nombre de constructeurs ont eu l'idée de remplacer le volant des machines à vapeur, cette lourde roue qui sert à assurer la stabilité du mouvement, par la partie mobile de la dynamo à actionner. Cette disposition s'applique très bien au type de machine à vapeur horizontal connu sous le nom de type Corliss, et donne un agencement remarquablement simple; comme exemple nous citerons les machines à courants alternatifs construites par M. Hillairet pour le nouveau secteur des Champs-Élysées à Paris, les dynamos volants à courants alternatifs de M. Patin, enfin une belle machine à courants continus, système Piéper, employée à la manufacture d'armes de Liège, qui distribue le mouvement à toutes les machines-outils des ateliers.

Toutes ces améliorations successives ont amené la machine dynamo à un état voisin de la perfection : c'est actuellement une des rares machines employées dans l'industrie, peut-être la seule qui atteigne le rendement de 90 à 95 0/0. Les seuls efforts des constructeurs doivent maintenant tendre à en abaisser le prix.

Après avoir ainsi jeté un rapide coup d'œil sur la source des courants électriques, il nous faut maintenant passer à leurs applications. Ces applications sont de trois, espèces : applications mécaniques, applications chimiques, applications calorifiques et lumineuses. Nous allons les passer en revue, en insistant surtout sur les applications chimiques qui sont peut-être les plus nouvelles et les plus fécondes.

La plupart des applications mécaniques sont fondées sur ce fait : la dynamo est une machine réversible, en d'autres termes, si au lieu de demander un courant à une dynamo, on lui en fournit un, elle se transforme sans autre modification en moteur ; et toutes les qualités qu'elle avait comme génératrice elle les garde comme moteur : rendement élevé, marche régulière, etc.

C'est sur cette remarque que sont fondés les transports électriques de puissance mécanique : en une station que j'appellerai A, un moteur quelconque (machine à vapeur ou turbine) met en mouvement une dynamo ; le courant fourni par cette dynamo est transporté par des fils conducteurs en une autre station B, et là elle sert à mettre en mouvement une seconde dynamo servant de moteur. Dès que ces principes furent connus, on fonda les plus grandes espérances sur la possibilité immédiate de les appliquer à l'industrie ; les lois les plus simples du transport furent nettement dégagées, et les beaux travaux de M. Marcel Deprez, que personne n'a oubliés, attirèrent sur cette question nouvelle l'attention de tous les ingénieurs qui avaient besoin de force motrice. Une conséquence immédiate de ces découvertes était, en effet, la possibilité d'utiliser les puissances jusque-là perdues, les chutes d'eau si nombreuses dans nos montagnes, et de trouver ainsi une source presque inépuisable de travail mécanique. La France, d'après les calculs les plus récents, possède environ dix millions de chevaux-vapeur hydrauliques inutilisés, c'est-à-dire plus de trois Niagara ; c'est là une richesse considérable, si l'on réfléchit que les mines d'énergie mécanique — si l'on peut s'exprimer ainsi — sont aussi précieuses que les mines de houille, de fer ou de cuivre.

Déjà, depuis le commencement de ce siècle, de grands efforts ont été faits pour utiliser les chutes d'eau les plus abordables ; on a pu, au prix de travaux souvent considérables, rendre disponibles pour l'industrie des puissances hydrauliques jusque-là perdues. C'est ici le lieu de rappeler le nom d'un ingénieur distingué, M. Bergès, qui, le premier en France, et je crois en Europe, a eu l'audace de créer et d'utiliser des chutes colossales de 500 mètres de hauteur verticale ; ces chutes existent à Lancey, près de Grenoble, et alimentent une fabrique de papier. On conçoit aisément qu'après tous ces efforts les chutes d'eau inutilisées ne le sont que parce qu'elles se trouvent dans des endroits inaccessibles ou peu accessibles, éloignés de tout moyen de communication, de toute voie ferrée, et par suite ne présentent que des conditions très défavorables pour l'établissement d'une usine qui exige un échange continuel et facile des matières premières et des matières fabriquées. Les usines qui existaient et fonctionnaient déjà depuis longtemps à l'époque de la découverte du transport de force par l'électricité n'avaient donc en général aucun moyen de développer leurs forces motrices hydrauliques. Si nous nous en tenons aux pays de montagnes, les plus intéressants au point de vue qui nous occupe, nous trouverons que très fréquemment la disposition des lieux est la suivante. Au fond d'une vallée coule une large rivière peu utilisable à cause de sa faible pente, pour la production des forces motrices industrielles ; une voie ferrée longe la rivière, et sur cette voie ferrée, dans le voisinage d'une gare, est établie l'usine que nous étudions ; très souvent cette usine est située sur un torrent qui sort d'une vallée latérale et va se jeter à la rivière ; elle utilise pour des usages variés l'eau de ce torrent. L'usine se développe avec le temps, sa force motrice, jusque-là fournie par la vapeur ou par une chute locale du torrent en question, devient insuffisante ; que va-t-elle faire ? établira-t-elle une nouvelle machine à vapeur ? C'eût été, il y a quelques années, la seule solution ; mais aujourd'hui un grand nombre d'industriels ont cherché, et souvent trouvé, dans les régions élevées du torrent, à quelques kilomètres de leur usine, une puissance suffisante ; de là à l'idée d'amener électriquement cette puissance à l'usine qui en avait besoin, il n'y avait qu'un pas ; et telle est l'histoire de la plupart des transports de force existants.

Au premier abord, cette solution est extrêmement séduisante ; avec une chute d'eau, la puissance semble absolument gratuite : plus de charbon à brûler, plus de dépense journalière venant de là ; en réalité, la question est moins simple, et s'il n'y a pas de dépense journalière visible, il y en a une qu'on ne voit pas, mais qui n'en existe pas moins, c'est l'intérêt et l'amortissement du capital qu'on a engagé sous forme de machine et de fils conducteurs. Ce sont là des questions économiques qu'il faut étudier avec le plus grand soin, et qui donnent un résultat tantôt favorable, tantôt défavorable au transport électrique ; c'est pourquoi la machine à vapeur existe toujours et n'a pas été tuée du jour au lendemain par sa rivale la dynamo, comme le prévoyaient déjà quelques esprits un peu hâtifs.

Nous possédons actuellement en France un nombre considérable de transports de force. Fidèle à la règle que je me suis imposée, je vous dirai seulement quelques mots de ceux que j'ai pu étudier et voir ; sur la ligne de Grenoble à Chambéry, à Domène, deuxième station après Grenoble, nous trouvons une fabrique de papier qui est tout à fait dans les conditions que nous avons étudiées plus haut : la voie ferrée longe une rivière, l'Isère. Si nous remontons le torrent dans la gorge d'où il sort, nous trouvons, à cinq kilomètres de là, une puissance disponible de 300 chevaux ; c'est cette puissance qu'on a recueillie pour faire tourner une dynamo ; le courant est transporté à Domène où il alimente un moteur de 200 chevaux. Cette belle installation est due à M. Hillairet.

Sur la ligne de Grenoble à Lyon, qui longe l'Isère en la remontant, nous trouvons de même un certain nombre de transports de force disposés de la même façon : le premier, de 50 chevaux, dans la brasserie de M. Poulat, à Saint-Egrève ; le second, de 50 chevaux également, dans la fabrique de ciment de MM. Thorrand et Cie à Voreppe ; le troisième, très important, qui comprend transport et distribution de 270 chevaux, à Rives, dans la grande usine de papier Blanchet-Kléber. Les deux premiers sont encore dus à M. Hillairet ; le troisième, à MM. Lombard-Gérin, de Lyon, avec les machines Ganz du Creusot. Toutes ces installations fonctionnent avec la plus grande régularité et, rassemblées ainsi en un aussi petit espace, montrent combien le mode de transport est avantageux dans les pays de montagnes.

Dans quelques cas, il y a avantage à transporter par l'électricité même la puissance produite par une machine à vapeur. Cela a lieu par exemple lorsqu'il s'agit d'établir une usine au milieu d'une grande ville, où les terrains sont chers, où l'eau se paye, où les fumées ne sont pas tolérées. On rejette alors l'usine motrice à l'extérieur de la ville pour ne conserver à l'intérieur que l'usine réceptrice : nous en avons un exemple à Paris, à la Société anonyme d'éclairage et de force par l'électricité.

Une des applications les plus répandues de la transmission électrique de la puissance mécanique est aujourd'hui la traction électrique des véhicules et, en particulier, des tramways. Ici nous sommes obligés de sortir de France et même d'Europe pour en trouver de nombreux exemples : les États-Unis sont le pays par excellence de la traction électrique. En janvier 1893, plus de 7.000 kilomètres de tramways, comprenant 500 lignes et 9.000 véhicules électriques, étaient en application régulière. Un tel développement ne peut s'expliquer que d'une manière, c'est qu'on est là en possession d'un mode de traction évidemment pratique et économique ; peut-être aussi la psychologie de l'Américain, qui n'hésite jamais à sauter dans un tramway pour gagner quelques minutes, y est-elle pour quelque chose. Quoi qu'il en soit, il faut reconnaître que nous restons fort en arrière à ce point de vue. La France compte actuellement cinq lignes de tramways électriques en fonction : deux à Paris par accumulateurs, une à Clermont-Ferrand, une à Marseille, la cinquième sur la frontière suisse, près de Genève. Cette dernière est une des plus intéressantes, car c'est un des premiers exemples de chemin de fer électrique de montagne ; elle monte depuis Étrembières, près d'Annemasse, jusqu'au sommet de la montagne du Salève, à une altitude de 1.184 mètres; elle a été construite par la Société de l'Industrie électrique de Genève. Les chemins de fer électriques de montagne commencent d'ailleurs à se répandre ; la Suisse en possède un autre, celui de Grütsch-Murren, dans l'Oberland bernois, construit par la Société d'Œrlikon.

Les courants continus ont été longtemps les seuls employés dans les transmissions électriques de puissance mécanique ; les moteurs à courants alternatifs présentaient, en effet, un certain nombre d'inconvénients : rendement médiocre, marche bruyante et surtout obligation de tourner à une vitesse rigoureusement déterminée, sans aucune souplesse pour s'en écarter soit dans un sens, soit dans l'autre ; de telle sorte que, si la charge du moteur venait à augmenter un peu trop, la vitesse baissait brusquement, et le moteur s'arrêtait tout à fait, et que, de plus, le moteur ne pouvait pas démarrer sous charge. L'Exposition électrotechnique de Francfort, en 1891, a introduit dans le monde des électriciens de nouveaux moteurs à courants alternatifs, les moteurs à courants triphasés, qui firent grand bruit à cette époque. Ces moteurs constituaient un notable perfectionnement; ils peuvent tourner à toutes les vitesses, démarrent sous charge, ont un rendement élevé, une marche silencieuse ; ils ne présentent aucun balai frottant, et par suite aucune chance d'étincelles : la partie tournante est entièrement libre et ne communique électriquement avec rien. Le seul inconvénient est que ce moteur exige une génératrice spécialement construite dans ce but, et ne fonctionne pas avec les courants alternatifs ordinaires; je ne parle pas de la nécessité de trois fils qui n'est pas un bien grave inconvénient.

Il y avait donc place encore pour un progrès dans la construction des moteurs à courants alternatifs, et des faits probants permettent d'affirmer que ce progrès est en voie d'être réalisé. Depuis longtemps, MM. Hutin et Leblanc, en France, poursuivent le problème du moteur à courants alternatifs; ils ont indiqué et réalisé un certain nombre de solutions; plus récemment, Brown et la Société d'Œrlikon, en Suisse, viennent de faire connaître de nouveaux moteurs à courants alternatifs ordinaires présentant tous les avantages des moteurs à courants triphasés: démarrage sous charge, induit sans collecteur ni balai, etc. Enfin M. Patin vient de créer, de son côté, un moteur à courants alternatifs du même genre et présentant les mêmes avantages. On voit que les efforts des inventeurs tendent actuellement à se concentrer sur cette question, ce qui se comprend si l'on réfléchit que les villes dont l'éclairage est alimenté par des courants alternatifs en sont encore à attendre de bons moteurs.

Jusqu'à ces derniers temps, l'électro-aimant était presque exclusivement employé, dans la grande industrie, à la construction des dynamos et des moteurs; on vient d'utiliser récemment la très grande adhérence qui s'exerce entre un électro-aimant et son armature. Cette adhérence peut servir dans bien des cas; c'est au touage, ce mode bien connu de navigation fluviale, qu'elle a été appliquée cette année; on sait que, dans ce système, la marche du remorqueur est assurée par l'enroulement, sur des poulies motrices, d'une chaîne immergée dans toute la longueur du fleuve. Ce mode de halage suppose qu'il y ait adhérence parfaite entre les poulies et la chaîne; ordinairement, l'adhérence est obtenue en enroulant plusieurs fois la chaîne sur les poulies; dans les remorqueurs ordinaires, quarante mètres de chaîne sont ainsi immobilisés en s'enroulant sur quatre paires de poulies. Cette disposition présente de graves inconvénients : les diamètres des poulies deviennent, avec le temps, forcément inégaux par suite d'usures inégales; il en résulte, comme il est facile de s'en convaincre, pour quelques-uns des quatre brins de chaîne passant dans les poulies, des tensions excessives qui compromettent la solidité de la chaîne; de plus, si le touage est très avantageux à la montée, à la descente, un remorqueur libre à hélice reprend sa supériorité : or, si un toueur ordinaire veut se débarrasser de sa chaîne, il est obligé de jeter à l'eau quarante mètres de chaîne libre, quarante mètres de *mou*, comme dit l'expression technique, au grand détriment des autres toueurs montés sur la même ligne. Il était donc important de trouver un moyen d'assurer l'adhérence à l'aide d'une seule poulie : M. de Bovet y est arrivé en aimantant cette poulie: trois quarts de tour suffisent alors pour avoir une adhérence parfaite et permettre au remorqueur de remorquer ses plus fortes charges. Un tel système est actuellement adopté sur la Seine à bord du remorqueur l'*Ampère*. Il est de toute justice de rappeler à cette occasion, ce qui, je crois, n'a pas été fait, que les premiers essais d'application d'adhérence magnétique ont été tentés vers 1850 et poursuivis avec passion par le physicien français Nicklès, qui était alors professeur à la Faculté des sciences de Nancy. Nicklès avait surtout en vue d'utiliser l'électro-aimant pour augmenter l'adhérence aux rails des roues motrices des locomotives; on sait que cette adhérence est obtenue aujourd'hui en exagérant le poids des locomotives ; ramener ces machines à des poids modérés, diminuer ainsi le poids des rails et par suite leur prix, assurer une bonne conservation de la voie, tel était le but de Nicklès. Les premiers essais donnèrent quelque espérance; ils ne furent pas poursuivis et ne pouvaient pas l'être à une époque où la pile était encore le seul générateur de courant connu, peut-être aussi à cause des mille difficultés que rencontre un inventeur, surtout lorsqu'il sort de sa spécialité : Nicklès était professeur, et professeur de chimie. Quoi qu'il en soit, ses travaux sur le magnétisme sont loin d'être sans valeur ; il les a rassemblés dans un livre publié en 1860, bien oublié aujourd'hui et intitulé : *Les électro-aimants et l'adhérence magnétique*. Nous avons cru qu'il était bon de saisir cette occasion pour faire revivre un nom honorable et peu connu et cela sans vouloir diminuer en rien le mérite des inventeurs modernes qui ont fait passer l'adhérence magnétique dans la pratique. Nicklès lui-même l'a dit : « L'inventeur n'est pas celui qui a eu l'idée, mais bien celui qui a traduit cette idée en fait. »

Les applications chimiques du courant constituent aujourd'hui sinon une des branches les plus considérables, au moins une de celles qui se développent le plus rapidement et qui promet le plus pour l'avenir.

Le phénomène fondamental sur lequel reposent toutes ces applications est le suivant : si dans un sel métallique on fait passer un courant électrique, ce sel est décomposé ; le métal se porte à l'électrode de sortie ou cathode, tout le reste du sel se porte à l'électrode d'entrée du courant ou anode.

Je ne rappelle que pour mémoire les applications de ce fait à la galvanoplastie ; ces applications sont anciennes et bien connues : la dorure, l'argenture, le nickelage, le cuivrage, la reproduction des objets d'art, des clichés d'imprimerie, etc., toutes ces opérations sont depuis longtemps entrées dans la pratique industrielle ; elles ont, il est vrai, reçu une impulsion considérable le jour où l'on a découvert les dynamos, mais au fond les procédés et les résultats sont restés à peu près les mêmes.

Il en est tout autrement des opérations qui, pour être lucratives et par conséquent pratiques, exigeaient la mise en jeu d'une grande quantité d'énergie électrique ; ces opérations ont été, du jour au lendemain, rendues possibles par la découverte des générateurs modernes, et se développent de jour en jour. Nous allons en passer quelques-unes en revue. On sait depuis fort longtemps que le cuivre qui se dépose sur les cathodes dans les cuves à galvanoplastie est remarquablement pur ; et, fait remarquable, cette pureté subsiste alors même que le bain de sulfate de cuivre qu'on utilise provient d'un cuivre impur ; de là l'idée fort naturelle et déjà ancienne d'utiliser cette remarque à l'affinage électrolytique du cuivre.

Que fallait-il pour qu'une telle idée pût passer dans la pratique ? Deux choses : En premier lieu, que les moyens de production du courant électrique devinssent puissants et économiques ; en second lieu, que le besoin d'un cuivre chimiquement pur ou presque pur se fît sentir sur le marché industriel ; les deux faits se sont produits presque simultanément.

On a observé que le cuivre très soigneusement purifié jouissait de qualités tout à fait exceptionnelles, et qui justifieraient amplement les efforts tentés pour l'obtenir. Le cuivre pur est un métal très *ductile* et très bon conducteur de l'électricité ; ce sont là ses deux qualités essentielles. Sa ductilité permet de l'étirer en fils d'une finesse telle que 100 kilomètres ne pèsent pas plus d'un kilogramme ; sa conductibilité électrique a seule rendu possible la construction des lignes téléphoniques à grande distance, des lignes électriques de toute sorte, des dynamos ; mais ces qualités ne sont obtenues qu'au prix d'une pureté exceptionnelle, et cette pureté, l'affinage électrique est seul capable de la donner d'une manière pratique et commode, en sorte que l'industrie électrique, qui a pour ainsi dire créé le besoin du cuivre pur, a en même temps fourni le moyen de l'obtenir.

En principe, un *bac* destiné à l'affinage électrolytique du cuivre se compose d'un vase de formes et de dimensions convenables dans lequel plongent deux électrodes de cuivre. Au début de l'opération, l'électrode d'entrée ou anode est formée d'une plaque épaisse de cuivre impur, l'électrode d'une sorte de mince lame de cuivre pur ; lorsqu'on fait passer le courant, le cuivre impur se dissout à l'électrode d'entrée, le cuivre pur se dépose sur l'électrode de sortie ; les impuretés se déposent au fond du vase sous la forme d'une boue noirâtre. Si l'on réfléchit que parmi ces impuretés se trouvent fréquemment de l'or et de l'argent en proportion notable, on voit qu'il y a là une source de revenus accessoires qu'il ne faut pas négliger. La réussite de l'opération exige que le courant ait une densité convenable, on ne dépasse pas 50 ampères par mètre carré.

Dans la pratique, les bacs à électrolyse comprennent non pas deux, mais un grand nombre de lames de cuivre disposées parallèlement à elles-mêmes dans le même bac et formant alternativement des anodes et des cathodes. Un certain nombre de ces bacs sont disposés en tension ; lorsque les anodes sont entièrement rongées et dissoutes, elles sont remplacées par des plaques de cuivre impur spécialement fondues pour cet usage, et, si l'on a soin d'établir pour le renouvellement des plaques un roulement rationnel, il est possible, avec un personnel très restreint, de maintenir constamment les bains en fonction.

Parmi les affineries de cuivre établies en France, nous citerons celles de Pont-de-Cheruy, dans le département de l'Isère, appartenant à M. Grammont ; cette usine produit journellement entre 1.200 et 1.500 kilogrammes de cuivre électrolytique spécialement destiné à la fabrication des fils.

Le nombre total des affineries électriques de cuivre établies en Europe s'accroît de jour en jour et cependant leur nombre est encore bien insuffisant s'il faut en croire les chiffres suivants empruntés à M. H. Fontaine. L'Europe consomme actuellement 500 tonnes de cuivre par jour et les affineries électrolytiques n'en produisent que 20 tonnes ; il y a donc là un champ très vaste dans un domaine bien connu et ne présentant pas de surprises ; il est certain que cette industrie se développe rapidement.

Nous avons dit plus haut que le fait capital, dans l'électrolyse, d'un sel métallique était la séparation à l'électrode de sortie du métal contenu dans le sel. Or, l'art d'extraire un métal du composé qui le contient est, à proprement parler, ce qu'on appelle la métallurgie, en sorte que dans nos idées modernes la décomposition par l'électricité nous paraît être le terme le plus simple et le plus naturel de la métallurgie.

Il y a cependant loin de cette idée théorique et générale à la réalisation pratique ; en effet, on sait que l'électrolyse ne peut s'appliquer qu'à des corps liquides, elle est impuissante vis-à-vis des solides. Or, tous les minerais naturels, à l'exception des sels contenus dans l'eau de mer, sont solides et insolubles dans l'eau ; cela est forcé, car, s'ils étaient solubles, ils auraient, depuis longtemps, été entraînés par les eaux naturelles ; il semble donc que l'on tourne dans un cercle vicieux et, en tout cas, si le problème n'est pas insoluble, les difficultés sont grandes.

En réalité, il y a un moyen de tourner ces difficultés : si nous ne pouvons pas amener à l'état liquide le minerai par voie de dissolution, nous pouvons au moins dans certains cas le faire par voie de fusion, et nous sommes alors ramenés au cas général de l'électrolyse, mais cette fois de l'électrolyse à température élevée. Le traitement électrolytique des minerais s'appliquera donc à ceux que l'on pourra facilement maintenir à l'état de fusion, et dans ce cas on pourra utiliser la chaleur même produite par le courant à maintenir le corps en fusion. Malheureusement, les minerais qui rentrent dans cette catégorie sont assez rares, et jusqu'ici l'aluminium est à peu près le seul métal qu'on ait avantageusement obtenu par ce procédé ; il convient d'ajouter immédiatement que l'introduction de la métallurgie électrique a causé une véritable révolution dans l'industrie de ce métal ; les méthodes chimiques ne pouvaient pas donner l'aluminium à moins de 150 francs le kilogramme, les méthodes électriques le donnent aujourd'hui à 15 francs et même moins.

L'aluminium pur est un métal blanc d'argent inaltérable à l'air, sa qualité essentielle est une extraordinaire légèreté : il est environ quatre fois plus léger que le cuivre ; en sorte que si le cuivre coûte 2 francs le kilogramme, l'aluminium lui deviendra comparable au point de vue économique lorsqu'il coûtera

8 francs ; il peut être forgé, laminé, tréfilé ; sa soudure, qui avait présenté
au début quelques difficultés, s'obtient aujourd'hui à l'aide d'un alliage d'aluminium et de zinc ; ses applications sont nombreuses : l'aérostation, l'art militaire, l'horlogerie, l'optique, la vélocipédie peuvent en tirer un usage précieux.
On peut l'appliquer à la fabrication des monnaies, des cartouches, des fers à
cheval, d'une foule d'ustensiles de ménage, etc. Enfin, au point de vue chimique et métallurgique, son importance n'est pas moins grande. On a reconnu
que si l'aluminium à froid était très inoxydable, à chaud, au contraire, surtout lorsqu'il est fondu, il se combine énergiquement à l'oxygène pour donner
de l'alumine. Cette propriété précieuse est employée pour désoxyder les fontes
et leur donner ainsi une homogénéité remarquable. De petites quantités d'aluminium alliées au fer donnent des qualités particulières connues sous le nom
de ferro-aluminium ; je ne parle pas des bronzes d'aluminium qui sont connus
et employés depuis longtemps.

L'électro-métallurgie de l'aluminium est extrêmement simple en théorie :
elle consiste à faire passer un courant intense dans un composé de l'aluminium
maintenu à l'état de fusion par la chaleur même développée par le courant ;
le métal se rend à l'électrode de sortie. Un certain nombre d'usines importantes sont établies en France pour la mise en pratique de ces procédés ;
nous citerons en premier lieu l'usine électro-métallurgique de Froges, près de
Grenoble, où est appliqué le procédé Héroult. L'opération se fait dans des creusets en charbon qui servent d'électrode de sortie ; l'électrode d'entrée est elle-
même formée d'un gros bloc de charbon que l'on peut manœuvrer à l'aide
d'un treuil, de manière à régler sa position ; le bain, maintenu en fusion, est
un mélange de cryolithe et d'alumine que l'on alimente avec de l'alumine
pure. La production, limitée par la puissance hydraulique disponible, est de
200 kilogrammes par jour. Voici une collection d'objets provenant de l'usine
de Froges :

Une gamelle individuelle de soldat, un quart de soldat, un presse-papier,
vingt médailles, un écheveau de fil de cinq dixièmes, un tube, une barre, un
fer à cheval, un cendrier, deux chaînes, une gourmette à maillons, un coque-
tier, un rond de serviette, une pince à sucre, une boîte pour allumettes, une
pièce pour garnitures d'armes, six cartes de visite, un report, un ruban tournure d'aluminium, deux pommes de canne, quatre médailles, un plateau à
miettes pour service de table, deux grelots, trois petites pièces ajustées et
tournées, une bande laminée.

La même Société (Société électrométallurgique française) met en marche
actuellement à la Praz (Savoie), sur l'Arc, une usine qui produira par jour
1.000 kilogrammes pouvant être portés à 10.000 kilogrammes.

La Savoie également nous offre, à quelques kilomètres de là, l'usine électro-
métallurgique de Saint-Michel où sont appliqués les procédés Minet et qui dispose
d'une puissance électrique considérable ; enfin, en Suisse, nous citerons l'importante usine de Neuhausen, qui utilise la chute du Rhin, à Schaffhouse, et
emploie le procédé Héroult.

La production des métaux n'est pas la seule application que l'on peut demander à l'électrochimie. Un grand nombre d'autres corps peuvent être préparés par
des procédés analogues ; je citerai, en particulier, les composés décolorants qui
jouent aujourd'hui un rôle important dans l'industrie. Le principe essentiel de
ces composés est le chlore. Le chlore pur, corps gazeux, serait d'un usage peu
pratique ; on emploie les chlorures décolorants, résultat de l'action du chlore

sur les alcalis : par exemple, l'action du chlore sur la chaux donne le chlorure
de chaux dont l'emploi était général jusqu'ici pour le blanchiment des substances organiques et en particulier de la pâte de papier. Mais l'électricité permet
de préparer avec une très grande facilité ces chlorures décolorants sans passer
par l'intermédiaire du chlore libre. Prenons une dissolution de sel marin et
décomposons-le par le courant au moyen de deux électrodes inattaquables (du
charbon ou du platine, par exemple). Il se forme du chlore d'un côté, de la soude,
c'est-à-dire un alcali, de l'autre ; les deux corps réagissent l'un sur l'autre au
sein de la dissolution et donnent un chlorure décolorant, du chlorure de soude
analogue à l'eau de javelle; d'autres sels semblables, comme le chlorure de potassium, de magnésium, etc., pourraient évidemment être employés. C'est là le
principe du blanchiment électrique de la pâte de papier qui a été surtout développé
par les travaux de M. Hermite. Le liquide (mélange de sel marin et de chlorure
de magnésium) passe dans les électrolyseurs dont les électrodes positives sont
formées de toile de platine, et s'y transforme en liquide décolorant ; ce liquide
ainsi obtenu est intimement mélangé avec la pâte qu'il s'agit de blanchir, puis séparé et envoyé de nouveau dans l'appareil électrolyseur : le même cycle d'opérations recommence indéfiniment. Le blanchiment électrique de la pâte à papier est
actuellement employé dans un grand nombre d'usines, parmi lesquelles je citerai
celle de Lancey, près de Grenoble, d'où proviennent les échantillons de pâte blanchie et non blanchie que je mets sous vos yeux. M. P. Corbin, directeur de cette
usine, a apporté, par son expérience personnelle, à la méthode de M. Hermite,
de notables perfectionnements dans le détail desquels il serait trop long d'entrer.

Les liquides décolorants ainsi obtenus peuvent être appliqués à un grand
nombre d'usages, en particulier au blanchiment de la cire, de la fécule, etc. Ces
mêmes liquides sont aussi désinfectants énergiques et peuvent être appliqués
à l'épuration des eaux d'égout, à la désinfection des villes, des bâtiments en
mer ; dans ce dernier cas, l'eau de mer sert directement à l'électrolyse et il en
résulte une simplification très grande.

Si, au lieu d'opérer dans des dissolutions étendues et froides, on emploie des
dissolutions concentrées et chaudes, on obtient des chlorates au lieu de chlorures décolorants. On sait l'importance du chlorate de potasse dans l'art de la
teinture et dans la fabrication des explosifs modernes. Une importante usine
est en activité à Vallouise, une autre se crée à Modane.

Au lieu de laisser libres de se combiner le chlore et la soude qui se produisent dans l'électrolyse du sel marin, on peut les maintenir isolés l'un de
l'autre en séparant en deux compartiments, par une cloison poreuse, le vase
où se fait l'électrolyse : le chlore se dégage d'un côté et peut être utilisé, par
exemple, à la fabrication du chlorure de chaux ; de l'autre on trouve de la soude
caustique qui peut soit être utilisée directement, soit transformée en carbonate
de soude ; chlorure de chaux et carbonate de soude, voilà deux produits de première nécessité que l'on obtient du même coup.

Les autres applications chimiques de l'électricité sont nombreuses, importantes sans doute, mais encore peu répandues. Je les citerai rapidement.

Parmi ces applications secondaires, nous citerons, en première ligne, le
tannage de peaux par l'électricité. De vastes cylindres tournants contiennent les
peaux préparées et la solution tannique; on y dirige le courant d'une dynamo :
l'opération est terminée en quelques jours alors que, par les anciens procédés,
elle exigeait quelquefois jusqu'à dix-huit mois. Les anciens tanneurs avaient
une devise qui est un mauvais jeu de mots : « Pour bien tanner, disaient-ils,

il faut du tan et du temps. » Les méthodes électriques font mentir au moins la seconde partie de cette devise.

La rectification des alcools par le courant, leur vieillissement par l'ozone, la purification du sucre sont encore des applications de l'électricité ; malgré leur intérêt, nous ne pouvons que les signaler.

La chaleur dégagée par un courant qui circule dans un conducteur est peut-être le premier caractère extérieur qui frappe l'observateur ; nous nous occuperons tout à l'heure de l'utilisation de cette chaleur en tant que chaleur, mais pour l'instant nous nous bornerons à remarquer que dès qu'elle devient assez considérable, le conducteur où elle se dégage devient lumineux, comme tout corps porté à une haute température : c'est là le principe de l'éclairage électrique.

L'éclairage électrique est aujourd'hui si répandu et si connu qu'il serait à peine besoin d'en parler dans un exposé des applications nouvelles de l'électricité à l'industrie, si je ne tenais précisément à montrer par quelques exemples que, dans ces dernières années, ces installations ont pris un caractère de sûreté et de puissance qui les rendent tout à fait comparables à leurs rivales les usines à gaz ; les organes essentiels sont d'ailleurs à peu près les mêmes des deux côtés : usine centrale fabriquant le gaz ou l'électricité, canalisation, appareils récepteurs, ou lampes.

Mais tandis que, dans le cas du gaz, l'abonné a à sa disposition un instrument de réglage merveilleusement simple, le robinet, rien de pareil n'existe en électricité et l'usine centrale doit se charger de servir au consommateur une pression fixe sans que celui-ci ait à intervenir : de là une plus grande complication des stations électriques. L'énergie utilisée sous la forme de lumière dans la ville vient quelquefois de très loin : à Rome, qui est l'exemple le plus remarquable en ce genre, l'énergie électrique vient de Tivoli, à 28 kilomètres de distance ; à Grenoble, une partie de l'éclairage est fournie par une station située à Saint-Egrève, à 6 kilomètres de distance. Mais, en général, les usines génératrices sont situées à l'intérieur de la ville. Prenons tout de suite l'exemple le plus important, Paris. La rive droite est actuellement divisée en six secteurs dont les plus récents sont ceux des Champs-Élysées et de la place Clichy. Nous avons eu l'occasion de signaler plus haut les machines à courants alternatifs du secteur des Champs-Élysées. Nous dirons seulement quelques mots du secteur de la place Clichy. La station centrale comprend trois machines à vapeur horizontales directement accouplées à des dynamos de la Société alsacienne de construction ; ces dynamos, dont l'induit a un diamètre de 3^m,30, ont comme caractère remarquable la position de leurs balais à l'extérieur et sur la surface même de l'induit. La canalisation souterraine est du système dit à cinq fils.

Ces quelques photographies auront pu vous donner un aperçu rapide de ce qu'est aujourd'hui une puissante station centrale électrique : je n'insisterai pas plus longtemps.

Nous avons vu que le courant électrique dégageait dans les conducteurs une quantité de chaleur qui peut devenir considérable. Jusqu'à quel point et pour quel usage pourrons-nous employer cette chaleur ? telle est la question qui se pose maintenant.

Nous pourrons dire tout de suite que la chaleur dégagée par le courant ne pourra jamais être d'un emploi général ; il est facile de s'en convaincre par un raisonnement bien simple : si la dynamo qui produit le courant est mise en mouvement par une machine à vapeur, il est évident qu'on aurait tout avantage à se servir directement du charbon brûlé pour produire la chaleur dont on a besoin ; si c'est une chute d'eau que l'on utilise, l'opération pourra être plus économique ; mais il convient cependant de ne pas oublier qu'il faudrait, en négligeant les pertes, 425 kilogrammes d'eau tombant de 1 mètre pour élever d'un degré 1 kilogramme d'eau ; la grandeur de la dépense semble peu en rapport avec l'effet produit. Quelques applications de ce genre, soit à la distillation, soit au séchage du papier, sont, si je ne me trompe, en projet. Ce ne sera donc que dans des cas particuliers qu'il y aura intérêt à utiliser la chaleur du courant. Examinons quelques-uns de ces cas.

Nous avons vu que la lumière électrique est maintenant distribuée dans les villes par de puissantes stations centrales ; or, les machines de ces stations sont très mal utilisées pendant la journée, et les Compagnies seraient souvent disposées à vendre, même à perte, pendant le jour l'énergie produite par les machines qu'elles sont forcées de maintenir en activité. De petites applications au chauffage domestique où, d'autre part, le consommateur n'hésiterait pas à payer un peu cher une chaleur très commode et réglable, pourraient utiliser pendant le jour une partie de l'énergie des stations centrales ; mais, toujours en vertu du raisonnement que nous avons fait tout à l'heure, ces applications ne pourront jamais recevoir un grand développement.

Si donc nous voulons utiliser la chaleur électrique, il faut lui trouver une qualité spéciale ; or, cette qualité, c'est dans certains cas sa *température*. L'arc voltaïque nous fournit la source de chaleur à la température la plus élevée que nous connaissions ; cette température, 3000 degrés d'après les dernières expériences de M. Violle, est remarquablement fixe ; il est probable qu'elle représente la température de volatilisation du carbone comme 100 degrés représentent la température d'ébullition de l'eau. Dans l'arc, les métaux usuels les plus réfractaires, le cuivre, le fer, l'acier, le platine, etc., sont fondus avec la plus grande facilité. En employant des creusets de forme appropriée, on peut fondre rapidement et économiquement de grandes quantités d'acier et l'on conçoit que des applications de ce genre peuvent être extrêmement variées.

La facilité avec laquelle la chaleur dégagée par le courant amène à l'état de fusion les métaux même réfractaires permet d'en opérer avec une grande facilité la soudure. Les procédés employés par M. Thomson ont été fort remarqués à l'Exposition universelle de 1889. Les deux pièces à souder sont simplement rapprochées l'une de l'autre et un courant intense lancé pendant quelques secondes à travers les surfaces de contact ; ces surfaces, où se trouve concentrée la majeure partie de la chaleur, entrent en fusion et les deux pièces sont réunies. Ce procédé s'applique au fer, au cuivre, etc. M. Benardos a employé directement l'arc pour effectuer la soudure autogène du plomb ou du platine (soudure plomb contre plomb, platine contre platine) qui, jusque-là, était exclusivement opérée au chalumeau oxhydrique. Les deux pièces à souder, posées sur une table métallique, sont rapprochées autant que possible l'une de l'autre ; la pièce métallique est mise en communication avec le pôle négatif d'un générateur ; un charbon en communication avec le pôle positif est rapidement promené au-dessus de la ligne de séparation ; un arc se forme et les deux pièces restent soudées. Des trous, des rivures peuvent être faits par ce même procédé.

Les hautes températures fournies par l'arc voltaïque ne pouvaient pas manquer de tenter les savants ; la chimie a toujours recherché et utilisé les températures élevées, et chaque degré nouveau conquis dans cette échelle a amené des découvertes nouvelles. Tout le monde a encore présent à l'esprit les beaux travaux de M. Moissan qui, on peut le dire, auront été l'événement de l'année présente, et bien que nous sortions un peu ici de la pure pratique industrielle, nous ne saurions les passer sous silence. En utilisant la température élevée de l'arc voltaïque, M. Moissan a pu, pour la première fois, produire artificiellement du carbone cristallisé, c'est-à-dire du diamant. L'artifice consistait à dissoudre le charbon dans un dissolvant approprié, la fonte en fusion ; en refroidissant brusquement cette fonte, par suite d'une propriété bien connue, la masse intérieure se solidifie sous pression ; en dissolvant alors cette masse dans des acides énergiques, on trouve comme résidu diverses variétés de carbone parmi lesquelles de petits cristaux transparents, rayant le rubis, présentant parfois des stries triangulaires : ce sont des cristaux de diamant ; la synthèse si longtemps cherchée et espérée de la pierre précieuse était trouvée, et là, comme dans d'autres domaines, l'électricité avait une fois de plus manifesté sa puissance.

C'est par cette belle découverte que je veux terminer cet exposé déjà trop long ; elle nous montre une fois de plus ce que peut la science, aidée des puissants moyens que fournit l'industrie. Science et industrie, voilà deux termes que l'on a peut-être un peu trop longtemps séparés, et qu'il est temps de réunir dans une féconde association.

EXCURSIONS

ET VISITES INDUSTRIELLES

Dimanche 6 août.

Excursion générale à Salins, Nans-sous-Sainte-Anne.

Départ par chemin de fer à 6 heures 30 du matin (train spécial); rendez-vous à la gare de Besançon-Viotte.

Arrivée à Salins à 7 heures 50.

A 8 heures, départ par voitures pour Nans-sous-Sainte-Anne par Migette et le Pont-du-Diable.

Déjeuner à l'arrivée, vers 11 heures 1/2.

Après le déjeuner, promenade à la source du Lison, au Creux-Billard, à la grotte Sarrazine.

A 2 heures 1/2. départ de Nans-sous-Sainte-Anne, par voitures, pour Salins, par Saizenay.

A l'arrivée à Salins, visite de la ville et de l'établissement des Bains.

A 7 heures, dîner à l'hôtel des Bains.

A 9 heures, départ de Salins par chemin de fer (train spécial).

Arrivée à Besançon à 11 heures 02.

Mardi 8 août.

Excursion générale à Montbéliard, Belfort.

Départ par chemin de fer (train spécial) à 6 heures 15 matin. Rendez-vous à la gare de Besançon-Viotte.

Arrêt de 15 minutes à Montbéliard.

Arrivée à Audincourt à 8 heures 30.

Visite des usines Peugeot : Série A. — Usines de Valentigney (laminoirs, fabrication de ressorts et scies), et de Beaulieu (vélocipèdes).

Série B. — Usine de Terre-Blanche (outils-forges, carrosserie, travail du bois, moulins à café, transport de la force par l'électricité).

Départ pour chaque série par tramways à 8 heures 35.

Départ d'Audincourt par chemin de fer (train spécial) à 11 heures 45.

Arrivée à Montbéliard à 11 heures 55.

Visite du Musée.

A midi et demi, déjeuner dans la salle du Gymnase.

Départ pour Belfort par chemin de fer (train spécial) à 2 heures ; arrivée à Belfort à 2 heures 25.

Réception par la municipalité dans la cour de la gare.

Visite de la ville.

Château. Explications données sur le siège de Belfort par un membre du Club Alpin français.

Retour en ville par le chemin couvert de la Justice. Cimetière des Mobiles. Tour de la Miotte. Porte de Brisach.

A 7 heures, dîner à l'Hôtel de Ville.

A 8 heures 53, départ pour Besançon par chemin de fer (train spécial). Arrivée à Besançon à 11 heures 08.

Vendredi, Samedi, Dimanche, 11, 12 et 13 août.

Excursion finale à Pontarlier, Neuchâtel, Morteau.

Vendredi 11 août.

Départ par chemin de fer à 5 heures 48, gare de Besançon-Mouillère.

Arrivée à Lods à 7 heures 44.

Départ par voitures.

Mouthier. Sources de la Loue.

Déjeuner à la source de la Loue vers 10 heures 1/2.

Départ pour Pontarlier par voitures à 12 heures.

Arrivée à Pontarlier vers 2 heures.

Visite de la ville.

Départ de Pontarlier par chemin de fer pour Neuchâtel à 5 heures 37 soir.

Arrivée à Neuchâtel à 7 heures 17.

Dîner.

Coucher.

Samedi 12 août.

Visite de Neuchâtel dans la matinée.

Départ par chemin de fer pour Bienne à 9 heures 45.

Arrivée à Bienne à 10 heures 20.

Départ pour Macolin par le chemin de fer funiculaire.

Arrivée à Macolin à 11 heures 30.

Déjeuner à l'Hôtel Macolin.

Retour à Bienne par le funiculaire.

Départ de Bienne par chemin de fer à 2 heures 55.

Arrivée à la Chaux-de-Fonds à 5 heures 20.

Dîner.

Série A. — Coucher à la Chaux-de-Fonds.

Série B. — Départ de la Chaux-de-Fonds par chemin de fer pour le Locle à 7 heures 46.

Arrivée au Locle à 8 heures 16.

Coucher.

Dimanche 13 août.

Série A. — Départ par chemin de fer de la Chaux-de-Fonds à 7 heures 48.
Arrivée au Locle à 8 heures 23.

Les deux séries réunies : départ du Locle par le chemin de fer régional des Brenets à 8 heures 30.

Arrivée aux Brenets à 8 heures 45.

Descente de la gare aux bateaux ; visite des bassins, du Saut du Doubs.
Retour à Villers en voitures.

Déjeuner.

Départ de Villers en voiture pour Morteau.

Diner.

Départ de Morteau par chemin de fer pour Besançon à 6 heures 29 soir (heure de Paris).

Arrivée à Besançon à 9 heures du soir, en correspondance avec la ligne de Dôle-Dijon-Paris.

EXCURSION GÉNÉRALE A SALINS, NANS-SOUS-SAINTE-ANNE (1)

— Dimanche 6 août 1893 —

Favorisée par un temps superbe, la première excursion réunit près de deux cents personnes. A 6 h. 30, un train spécial nous emporte rapidement par la grande ligne de Besançon à Bourg et Lyon.

Entre Montferrand (ruines d'un donjon féodal, joli manoir de Thoraise, sur un roc qui baigne dans le Doubs) et Torpes (château de Mme du Châtelet, l'amie de Voltaire), la voie franchit deux fois la rivière, dont les eaux sont utilisées, en face de Torpes, par les papeteries de MM. Zuber. En approchant de Byans, on aperçoit sur la droite la presqu'île d'Osselle, en face des fameuses grottes visitées par tous les touristes. Après avoir traversé Byans et Liesle (vignobles estimés), Arc-et-Senans (grande usine où est convertie en sel l'eau salée amenée depuis Salins), on arrive à Mouchard (41 kil.) où se croisent les grandes lignes de Pontarlier à Dôle et de Besançon à Bourg, et où se greffe l'embranchement de Salins (8 kil.). Une étroite et jolie vallée s'enfonçant au pied de hautes montagnes: Vaugrenans, Poupet, les Monts de Salins, conduit en un quart d'heure dans cette ville, célèbre par son cru renommé, que l'activité de ses vignerons défend vaillamment contre des ennemis redoutables, mais surtout par les sources salées qui firent longtemps sa richesse et par l'établissement hydrothérapique qui en utilise encore la vertu.

Au débouché de la gorge étroite dans laquelle sont étagées la rivière, la route et la voie ferrée, peu après le second tunnel et immédiatement après

---

(1) Ce récit de l'excursion n'est que la reproduction (avec quelques détails empruntés au *Salinois*) de la notice *De Salins à la source du Lison*, qui avait été remise aux excursionnistes au départ.

une tranchée profonde, les voyageurs placés près des portières de gauche voient
s'élever soudain la façade imposante et découpée du mont Poupet; ceux de
droite embrassent d'un coup d'œil le fort Saint-André et à ses pieds le faubourg des Capucins, où se distingue une fabrique de faïences artistiques; puis,
peu à peu observent la silhouette aux lignes fortement accusées du fort Belin,
le clocher pointu de Saint-Anatoile, une tour carrée, ancienne poudrière du
Salins féodal, une partie de la ville enfin qui semble bâtie en amphithéâtre.

A l'entrée du train en gare, la *Lyre Salinoise* nous salue d'un pas redoublé ;
le maire, les adjoints, le corps médical échangent des souhaits de bienvenue.
On se serre rapidement les mains, on se retrouvera le soir à dîner.

Vingt voitures nous attendent et, une fois commodément installés, fouette
cocher, en route pour Nans par le chemin le plus long dans la direction du
Sud, par Dournon et le *Pont du Diable*.

On remonte la ville dans toute sa longueur ; ce monticule ombragé qu'on va
côtoyer est la promenade Barbarine ; à droite deux usines, une scierie à vapeur
et, à peine plus loin, une fabrique de sacs en papier, la première qui se soit
fondée dans la région, peut-être même en France.

A l'extrémité de la promenade Barbarine, on passe sur l'emplacement de la
porte Malpertuis, restes d'une autre époque malheureusement disparus, mais
dont la peinture et la photographie nous ont conservé la reproduction; les
deux tours menaçant de s'écrouler furent démolies lors de l'ouverture récente
de cette voie que l'on suit et qui, tracée à travers un quartier bossué, a nécessité la construction de murs de soutènement résistants, au-dessus desquels les
maisons assez élevées surplombent.

On laisse à gauche le *Malachin*, quartier devenu légendaire depuis le roman
de Buchon.

Sur la droite, ensuite, des ouvertures rappelant le commencement de la Renaissance font remarquer la maison Lacroix, bâtie, parait-il, par des banquiers
lombards. On entrevoit la façade blanche du petit casino et bientôt on longe
la grille de l'Établissement des Bains. Voici la place d'Armes, avec la belle statue
du général Cler par Perraud, au centre ; dans le fond, l'Hôtel de Ville, du
xviiie siècle et d'aspect monumental, qui englobe la chapelle votive de Notre-
Dame Libératrice, du xviie siècle, surmontée d'un dôme; d'un côté la jolie
fontaine du statuaire Devosge (1720); en face, l'ancienne maison du général
Lepin. Ce long mur nu à droite limite la Saline, dont la grande porte se trouve
en face de la fontaine sur laquelle s'élève la statue du *Vigneron*, par Max Clau-
det. A peine plus loin, à droite, le Théâtre ne se fait remarquer que par une
construction massive et des arcades sous lesquelles se tient un marché. A
gauche on dépasse la fontaine des Cygnes, avec échappée de vue sur le clocher
de Saint-Anatoile et le fort Belin, puis, au delà, le bâtiment noirâtre qui
représente ce qui reste de l'ancien couvent des Carmélites. Bientôt on quitte
cette belle rue aux larges trottoirs, bordée de maisons proprettes bien alignées,
et l'on passe sur le champ de foire, qui touche à la commune de Bracon : les
ruines du château fort de ce nom, où naquit Saint-Claude, se voient sur une
petite élévation à gauche. On entre ensuite dans le premier faubourg, où pullule la marmaille, puis les maisons en bordure de la route disparaissent, mais
pour un instant seulement, avant l'accès du deuxième faubourg.

Il ne sera pas inutile, durant ce court trajet, de saisir les variétés d'aspect
que présente la montagne de Belin avec les dentelures de ses fortifications
dont la pierre est restée blanche, l'échauguette qui se voit de partout, l'escalier

sinueux de 474 marches qui relie le fort supérieur au fortin dit *de l'Ermitage*, en souvenir du lieu où saint Anatoile, patron de la cité, finit ses jours. Cette montagne paraît fort élevée; il lui manque pourtant plus de 50 mètres pour atteindre la hauteur de la tour Eiffel.

Près de l'église dite des Carmes, pas intéressante, on sort de la ville et commence une montée pénible de 4 kilomètres à pente à peu près uniforme. Le regard se porte en avant sur le hameau de Blégny, et, dans la même direction, sur la paroi rocheuse de 120 mètres de *Gouailles*, du haut de laquelle un ruisseau se précipite en temps de pluie; adossée au fort Belin et à la redoute de Grelimbach, la *Roche pourrie* attire l'attention par suite de sa teinte ocreuse avec ses deux bandes rouge-brun, localité classique en géologie qui fut l'objet d'une toile peinte par Courbet à l'intention du célèbre géologue salinois Jules Marcou et restée sa propriété. En arrière, sur un plateau, les *Granges-Sauvaget* avec la touffe verdoyante du tilleul creux qui mesure 18 mètres de circonférence et dans lequel plusieurs personnes peuvent s'attabler.

Non loin du premier tournant, on pourrait indiquer à gauche la voie romaine qui descend sur Blégny et dont il reste des traces suffisantes, mais que nous allons retrouver bientôt en parfait état de conservation; elle passe au pied de la hauteur, à droite de *Grandchamp*, station préhistorique découverte par Antoine Fardet et décrite par Édouard Toubin; on la croise au tournant. Ici, un éboulement considérable s'est produit en 1840, qui emporta 200 mètres de la route.

Dès qu'on a atteint le rebord du plateau, une faible distance sépare du village de Cernans, d'où l'on descend sur Dournon. Un entrepôt de longues pièces de sapin, tel que celui qu'on a pu remarquer sur la route de Blégny, au début de la montée, rappelle vaguement l'époque où, avant l'établissement des chemins de fer, ces transports étaient si actifs par voiturage et par eau. Le terrain est aride; sur le fond azuré du ciel tranche la teinte sombre des forêts de sapins. Dans un entonnoir rocheux, à une certaine distance sur la gauche, se perd un petit cours d'eau temporaire venu des environs de Lemuy, qui alimente la source du *Lison;* en avant du village, on retrouverait les traces de la voie pavée citée plus haut.

On entre sous bois et bientôt se montre le village de Sainte-Anne, et, en face, le sommet dénudé de Montmahoux, altitude 810 mètres; on ne tarde pas à atteindre le ravin que termine le *Pont du Diable*, achevé en 1878, œuvre de M. Delmas, agent voyer à Besançon. La tête du diable est sculptée sur la clef de voûte, du côté le moins élevé. Le pont est à 23 mètres au-dessus de la cuvette et à 75 mètres au-dessus du niveau de l'eau qui vient de se précipiter en cascade; d'en bas, la hardiesse de cette arche jetée en travers du précipice paraît plus remarquable.

On remonte au Crouzet, d'où la vue s'étend sur le rocher de Sainte-Anne, couronné des ruines d'une ancienne forteresse démantelée au xviie siècle et le dernier rempart de l'indépendance comtoise.

A quelque distance du village, on aperçoit à droite, en contre-bas, les maisons de Migette, dans une charmante prairie inclinée vers le gouffre gigantesque du *Puits-Billard;* les ruines d'une abbaye des Dames nobles urbanistes, fondée au xive siècle et qui n'a disparu qu'à la Révolution, s'y remarquent encore.

On descend rapidement par de hardis lacets dans l'admirable bassin de Nans, un des paysages les plus beaux de France, au dire de Joanne; les hauteurs de Sainte-Anne, de Montricharde, de Montmahoux, dominent de droite

et de gauche; on admire la niche immense de la *Grotte Sarrasine*, taillée comme
pour recevoir la statue de Bartholdi montée sur un piédestal s'harmonisant
avec le tout; on entre enfin à Nans près de l'ancienne demeure du marquis de
Monnier, signalée par une tour d'angle ovale et massive; c'est là que vécut
Sophie, l'héroïne des *Lettres d'amour* de Mirabeau. Les voitures s'arrêtent.

Le site, moins célèbre que la fontaine de Vaucluse, mais beaucoup plus pittoresque, a reçu pour le moins autant de visiteurs illustres. Ce coin de terre
a été chanté en vers, en prose; il est superflu de rappeler les noms de Buchon,
de Marsoudet et de Charles Toubin; un air de musique entraînant en a porté
au loin la renommée; ces lieux ont enfin maintes fois été fixés par la peinture
et la gravure; dans un ancien pastel figurent des personnages en costume
Louis XV. Courbet, Rapin, Français et bien d'autres se sont arrêtés là.

La première visite est pour la *Source du Verneau*, située derrière une fabrique de cailloutage; un sentier ombreux y conduit; le torrent s'est frayé
sa voie à travers des amoncellements de roches; plus haut il se précipite en
cascade; il sort enfin sans bruit d'une caverne exiguë. La promenade a duré
de 15 à 20 minutes.

A pied et lentement, car la chaleur est accablante, on se rend ensuite, en
passant près de la tour déjà remarquée, au fond de l'hémicycle où sont réunies, dans un voisinage presque immédiat, les curiosités but de l'excursion.

Commençons par la *Grotte Sarrasine*, abritée par le manteau de saint Christophe. La partie supérieure de la niche émergeant de la verdure nous guide;
traversons le Lison sur un pont rustique et engageons-nous sous bois en suivant le lit tourmenté du ruisseau, qui est le plus souvent à sec. Le sol devenu
plus friable et poussiéreux nous apprend que la pluie n'atteint jamais l'endroit
où nous posons les pieds. Levons la tête : des hirondelles décrivent à perte de
vue leurs évolutions le long des parois circulaires où elles ont fixé leurs nids.
Il nous faut effectuer une traversée au milieu des blocs entassés et une fente
transversale s'offre à nous. De prime abord, il semblerait qu'il est imprudent
d'y pénétrer; cependant, malgré le trompe-l'œil, résultat des proportions gigantesques de la niche, on peut s'y tenir debout et même l'excavation s'agrandit
à mesure qu'on avance. En s'habituant à l'obscurité, on distingue une nappe
d'eau; la profondeur n'est pas grande. Un grondement souterrain révèle le
canal d'écoulement des eaux le long d'une des parois.

Nous redescendons et rejoignons le chemin de la *Source du Lison*; à quelques
centaines de pas, le bruit de la cascade nous attire, mais la vue de la chute de
13 mètres, vraiment imposante par les grandes eaux, n'est belle que d'un pré
voisin du chemin. Un industriel se propose d'utiliser cette force motrice pour
l'éclairage électrique de Salins et il a acheté dans ce but l'ancien moulin, que
nous contournons à gauche pour aboutir dans la grotte; du bord de l'eau,
l'ensemble de cette cavité régulière apparaît, mais mieux vaut s'insinuer dans
un couloir obscur qui conduit en montant de l'autre côté d'un énorme pilier
sur un petit rebord dominant de quelques mètres l'eau limpide, que l'on voit
s'échapper lentement de nombreuses fissures. On est dans la chaire à prêcher.

On revient sur ses pas et, à la hauteur du toit du moulin, on reprend un
sentier rocailleux qui fuit bientôt sous bois et nous transporte en cinq minutes
au fond de l'abîme dénommé *Creux* ou *Puits-Billard*. En face de nous, une
paroi verticale d'où parfois tombe une cascade; en bas, une flaque d'eau qui se
déverse dans un antre où nous descendons péniblement en sautant de roches en
roches, jusqu'à une surface peu considérable d'eau dormante. C'est là qu'en

1889 perdit la vie la fille d'un haut fonctionnaire de l'Université ; cette enfant, âgée de quinze ans, en se retournant du côté de l'ouverture éclairée, glissa et fut engloutie avant que sa sœur et une dame suivante eussent le temps de lui porter secours. Des recherches furent immédiatement entreprises ; les sondages accusèrent 18 mètres de profondeur ; des scaphandriers trouvèrent à 12 mètres un tronc d'arbre placé en travers de cette cuvette et une ouverture latérale avec aspérités dans laquelle ils n'osèrent s'introduire. On avait remarqué que le niveau de l'eau de ce trou correspond au niveau de la source et par suite on avait admis l'existence d'un siphon naturel. Trois mois après et à la suite de pluies torrentielles, on découvrit de l'autre côté de la chute inférieure, retenu aux branches d'un arbre, le corps sans meurtrissure de l'infortunée. L'hypothèse ci-dessus était confirmée.

De retour à l'hôtel, nous remontons en voiture, quittant avec regret le paysage charmant qui nous a retenus quelques moments. La route est belle ; en pente douce, elle s'enfonce sous bois et atteint le point culminant presque en face du chalet de chasse de M. de Pourtalès, au milieu d'une clairière ; un chemin se détache à gauche dans la direction d'Alaise, pays regardé par de nombreux historiens comme le témoin de la lutte suprême de Vercingétorix contre César. Au sortir de la forêt, on voit les monts de Salins, qui deviennent plus distincts vis-à-vis du village de Saizenay, à l'embranchement du chemin de Myon, également dans la direction d'Alaise. La montagne dont on contourne la base est Poupet, à l'altitude de 833 mètres, le point le plus élevé que l'on rencontre depuis l'Atlantique en partant de la Bretagne et de la Normandie et en se dirigeant vers l'Orient. Ceci semble impliquer l'importance qu'il y aurait à y créer un observatoire météorologique comme celui qui s'élève sur le mont Ventoux, son analogue pour l'isolement, voire même une station climatérique favorisée par la grande surface qu'offre le sommet de la montagne. De ce sommet, la vue s'étend d'une part sur la Bourgogne et la Bresse, sur le Mont-Afrique et le Mont-Roland ; d'autre part sur tout le Jura et une partie des Alpes : Reculet, Dôle, groupe du Mont-Blanc, Mont-Tendre, dent du Midi, dent de Vaulion, Mont-d'Or, Diablerets, Suchet, Aiguille de Baulmes, Blumlisalp, Chasseron.

Au premier grand contour, la route passe non loin de l'endroit précis où apparut la première tache phylloxérique ; d'ici, le panorama de la ville est remarquable. On ne tarde pas, du reste, à arriver à la promenade Barbarine, en passant auprès du monument du souvenir de 1871, sous un saule pleureur à gauche.

En entrant à Salins, l'église de Saint-Maurice est à visiter ; elle date de 1198 ; on y remarque un vieux vitrail, une descente de croix en marbre et une naïve statue équestre en bois.

Plus loin, une fontaine est surmontée du buste de l'abbé d'Olivet, l'un des premiers membres de l'Académie française ; un peu plus loin, en face d'un marché, l'église Notre-Dame, qui renferme trois tableaux de mérite : la *Madeleine*, de Brunet ; une copie de la *Madeleine*, de Lebrun ; une *Nativité*, école espagnole, avec de très nombreux personnages, qui rentrerait peut-être dans la catégorie des miniatures.

En continuant, on arrive sur la place Saint-Jean, devant le bâtiment qu'occupent le Musée au rez-de-chaussée et la Bibliothèque au-dessus. Au Musée, on admire deux tapisseries exécutées à Bruges en 1501 et un tableau votif représentant Salins en 1630 ; un *Mater dolorosa*, de Huguenin, en marbre blanc.

La Bibliothèque, riche de 20.000 volumes, possède quelques ouvrages rares et les archives de la ville, dont les plus anciennes pièces datent du xii° siècle.

En montant la ruelle qui prend à côté de la caserne, on se rend à l'église Saint-Anatoile, fondée au xi° siècle, restaurée à maintes reprises et dont l'architecture est un singulier mélange des styles roman et gothique. La porte, du xvi° siècle, en est délicatement sculptée ; le vaisseau principal a d'heureuses proportions ; une charmante galerie romane, composée de 56 arcades, se poursuit dans sa longueur. Le dallage est fait de pierres tombales à personnages ; les stalles sont du xv° siècle.

En revenant à peine sur ses pas, on descend une ruelle rapide pour aboutir au Théâtre, derrière lequel est bâti l'Hôpital, datant de 1690 ; il possède deux tableaux intéressants : un portrait du chanoine Quirot et un *Christ en croix*, de Wirch ; puis un groupe monumental du *Christ en croix* (xvi° siècle); les poteries de la pharmacie sont du beau style de Moustiers, les mortiers de cuivre portent la date du xvi° siècle.

En suivant le quai, on parviendrait à la jolie promenade dite des Cordeliers.

Les souterrains des Salins réclament aussi une visite, construits primitivement au xii° siècle, avec des remaniements postérieurs considérables ; trois sources, non utilisées à cause de leur faible salure, y produisent de belles cristallisations. Par leur prolongement, ils communiquent avec l'Établissement des Bains, construit en 1855, sur l'emplacement de la Petite Saline. Une source salée, qui jaillit sous les bâtiments mêmes, à 85 marches au-dessous du sol, donne 3.000 hectolitres d'eau par jour et peut être absorbée sous forme de boisson, administrée en douches et en bains qu'on renforce à l'aide des eaux mères.

Nous terminons au seuil de l'Établissement des Bains notre promenade rapide dans cette cité qui vit s'ouvrir, en 1336, le premier Mont-de-Piété connu ; qui, dès 1400, possédait des fabriques d'étoffes de soie et d'or et un atelier d'armes de luxe ; qui eut, dès 1480, une imprimerie, la première de la Franche-Comté ; qui fut incendiée cinq fois, de 1336 à 1825 ; qui sut enfin infliger des pertes sérieuses aux Allemands, lors de leur entrée par surprise dans cette souricière, qu'ils se hâtèrent d'évacuer.

Enfin, à 7 heures précises, la table de l'Établissement des Bains, illuminé de lanternes vénitiennes, accueillait les congressistes.

A l'issue du banquet, au cours duquel se fit entendre l'excellent orchestre du Casino, M. Malfait, maire de Salins, prononce les quelques paroles que voici :

« MESDAMES, MESSIEURS,

» Au nom des habitants de notre cité, je n'ai qu'un seul sentiment à vous exprimer, une parole à vous dire, c'est de vous remercier d'avoir choisi Salins pour but de votre excursion. Vous ne pouviez nous faire un plus grand honneur et il n'est personne d'entre nous qui n'y ait été sensible. Nos murs ont maintes fois reçu jadis la visite des souverains de la province, et leur présence était fêtée avec le vieux patriotisme franc-comtois. Aujourd'hui, elle reçoit la souveraine du jour, qu'on acclame partout avec enthousiasme, la Science, que vous personnifiez si dignement et qui de toutes les royautés est la plus bienfaisante, la plus incontestable, la plus glorieuse.

» Soyez les bienvenus, Messieurs ! Puissiez-vous garder un souvenir agréable d'une course à travers nos sites pittoresques, embellis par les faveurs d'une belle journée ! De longtemps, sans doute, la province ne sera choisie pour être le siège d'un nouveau Congrès. Mais qu'il n'en soit pas de même pour chacun de vous, pour vos enfants, pour vos familles. Vous nous reviendrez, j'en ai la certitude, et c'est pour rendre favorable un séjour de plus longue durée que je porte un toast à l'Association française et à tous les membres du Congrès de Besançon, en leur disant : Au revoir ! »

Accueillie par de chaleureux bravos, cette allocution est presque immédiatement suivie de celle de M. Gariel, professeur à la Faculté de médecine de Paris, secrétaire du Conseil de l'Association, qui s'exprime en ces termes :

« Mesdames, Messieurs,

» On dit que les voyages forment la jeunesse ; notre Association est encore dans cette heureuse période de la vie et les voyages qu'elle exécute dans les diverses parties de la France contribuent à fournir aux membres qui assistent aux sessions une ample provision d'agréables souvenirs. Il serait trop long de chercher à rappeler tout ce que nous avons vu d'intéressant et, même en nous bornant à un point de vue spécial, je craindrais d'être fastidieux en énumérant les stations thermales que nous avons visitées. Cependant, ici, à Salins, le sujet serait opportun : la question des eaux chlorurées sodiques a d'ailleurs une importance d'ordre général, et il est bon de dire et de répéter que, à ce point de vue, notre pays est abondamment pourvu. Rappellerai-je Salies-de-Béarn, que nous avons visité l'an dernier ; Roucas-Blanc, que quelques-uns ont étudié lors du Congrès de Marseille ; Biarritz-Briscons où sans doute nous irons en 1895 pendant la session de Bordeaux ; Salie-de-Salins, Brides-les-Bains, la Mouillière, dont la visite était portée au programme du Congrès actuel, et enfin Salins-du-Jura où nous sommes réunis aujourd'hui. Toutes ces sources réparties sur le territoire de notre pays lui constituent pour ainsi dire comme une riche ceinture, comme un collier de perles et, je ne crains pas de le dire, de perles de la plus belle eau.

» Si l'on examine séparément les perles d'un collier on peut bien reconnaître qu'elles sont belles, qu'elles présentent de réelles qualités : il est difficile de les comparer absolument au point de vue de leur valeur intrinsèque si l'on n'est pas frappé par quelque particularité.

» Nous sommes dans ces conditions au point de vue des sources chlorurées sodiques : nous les avons vues isolément et nous avons reconnu leur valeur incontestable ; mais, pour ma part, je ne me chargerai pas d'établir une comparaison. Ce que je puis dire, et je ne serai contredit de personne, c'est que nous avons été charmés par la vue du pays au milieu duquel Salins est situé, que nous sommes reconnaissants de l'accueil cordial qui nous a été fait et que nous conserverons un charmant souvenir de cette excursion. Aussi est-ce du fond du cœur que je vous propose, Messieurs, de boire à la prospérité de Salins. »

Ce toast provoque d'unanimes applaudissements. Vingt minutes plus tard (à 9 heures), le train repartait pour Besançon, emportant les excursionnistes satisfaits d'une bonne journée favorisée par un temps splendide.

EXCURSION GÉNÉRALE A MONTBÉLIARD, BELFORT (1)

— Mardi 8 août —

L'affluence des membres de l'Association n'est pas moindre qu'à la première excursion ; le temps nous promet une belle et un peu chaude journée.

Deux heures suffisent à franchir en chemin de fer les soixante-dix-neuf kilomètres qui séparent Besançon de Montbéliard ; la ligne conduisant à Belfort après le long tunnel de Chalezeule débouche sur les bords du Doubs, en face de Montfaucon, dont le fort et le vieux château apparaissent sur les crêtes rocheuses qui, de Besançon à Baume, forment sur la droite (rive gauche) une barrière continue, séparant la vallée du plateau de la moyenne montagne.

Nous traversons à toute vapeur les jolis villages de Roche (distillerie d'alcool), de Novillars (grande manufacture de pâte de bois construite par M. Weibel), de Deluz (grandes papeteries, pâte de chiffons, cellulose, etc., de MM. Outhenin-Chalandre), de Laissey, délicieux site, cascades jaillissant de la percée de Champlive, dans la haute paroi de rochers qui soutient la tour féodale de Vaite. Après plusieurs tunnels on arrive à Baume-les-Dames, sous-préfecture, bel horizon de montagnes et de rochers, encadrant une prairie et le confluent du Cusancin. Après avoir passé Clerval, l'Isle-sur-le-Doubs ; après avoir côtoyé la voie romaine, la ligne parvient à Voujaucourt, puis à Montbéliard, dont le vieux château (flanqué de tours rondes à pinacle aigu), des comtes de Wurtemberg-Montbéliard (xvᵉ-xviiiᵉ siècles), surplombe les quais de la gare.

Nous nous arrêtons quelques minutes pour une manœuvre et nous repartons pour Audincourt afin de visiter les usines de MM. Peugeot qui se sont mis avec le plus aimable empressement à la disposition du Comité d'organisation du Congrès.

La troupe se divise en deux groupes : l'un allant à Valentigney-Beaulieu, l'autre à Terre-Blanche. Deux trains-tramways amènent, en quelques instants, chaque groupe à l'usine dont MM. Peugeot nous font les honneurs avec la plus grande amabilité. Les usines de Valentigney sont plus spécialement affectées au laminage, à la fabrication des ressorts de montres, des buscs de corsets, des scies de toute forme et de toute grandeur. De Valentigney à Beaulieu, il y a à peine deux kilomètres, mais la route est poudreuse, le soleil chaud. Les équipages de la maison, les jolies voitures à pétrole conduisent tout le monde à la fabrique de vélocipèdes. Inutile d'entrer dans le détail de cette grande et belle installation où l'on peut suivre, dans tous ses détails, la construction des bicycles de tout modèle. L'outillage des mieux perfectionnés a fait de la maison Peugeot une des premières marques de la fabrication française.

Pendant ce temps, l'autre groupe visite les usines de Terre-Blanche, où se fabriquent les outils de forge, les moulins à café ; où se fait le travail du bois pour la carrosserie. A 11 heures, les deux tramways nous ramènent à la gare d'Audincourt et quelques instants après nous débarquons à Montbéliard où le maire, le sous-préfet, M. Lalance, nous attendent pour nous faire visiter rapidement la ville, ses quartiers pittoresques arrosés par deux petites rivières et

---

(1) D'après la notice remise aux membres de l'excursion.

le musée qui contient des spécimens gallo-romains de premier ordre. La halte est bien courte, mais les étapes sont longues ; après un déjeuner servi avec le plus grand soin dans la salle du Gymnase, décorée de verdure et de faisceaux de drapeaux, nous reprenons la route de Belfort.

Le train, à partir de la station de Montbéliard, remonte jusqu'à Héricourt la rive droite de la *Lizaine* (ou Luzine). Sur la voie même était postée en 1870 la ligne avancée de la défense allemande. La vallée avait été constituée en obstacle rendu aussi fort que possible. Des plateaux et des bords de la rive droite ont descendu les attaques de nos soldats. *Bussurel* est le village où une action vigoureuse a été dessinée.

Héricourt, bourg industriel sur la route nationale de Belfort à Besançon, offre à l'attention, premièrement, un quartier d'artillerie aménagé selon les règles les plus récentes de l'art et pourvu même de l'éclairage à l'électricité; secondement un pays gracieux de collines. Celle au pied de laquelle s'allonge Héricourt est le *Mont-Vaudois* dont le sommet, station préhistorique, porte le fort du même nom. Le train depuis Montbéliard a été sous le feu de ses canons. Sur la rive droite, un peu au-dessus des dernières maisons d'Héricourt, est perché le village de *Tavey*. C'est à Tavey et à ces maisons que le combat a été soutenu furieusement et que bien des braves ont rougi la neige de leur sang.

La voie ferrée tourne en direction de *Belfort*. Une grande tranchée avertit du passage du bassin de la Lizaine dans le bassin de la *Savoureuse*. A droite, des déblais indiquent l'ouvrage récent du *Haut-Bois*. A gauche se dressent le *Salbert* et son fort et à la suite les Vosges (plus exactement la chaîne des Ballons). Dans le pré, court le petit chemin de fer militaire allant au Mont-Vaudois.

Un petit bois traversé, on est presque en gare de Belfort. Il faut se hâter de regarder à droite. La hauteur au delà de la vallée de Savoureuse est celle des *Perches*, fortifiée à la hâte en 1870. L'ennemi l'occupait au moment de la reddition, après avoir échoué dans un premier assaut. Les forts actuels datent de 1876. Le château apparaît fièrement campé sur sa roche. A gauche, au revers de la prairie (champ de courses) une tuilerie marque le point extrême où les pièces allemandes avaient pris place en face de l'ouvrage ébauché de *Bellevue* dont la tenue sous le feu de l'ennemi est un des faits les plus glorieux de l'histoire du siège.

Toute la partie avoisinant la gare est de construction récente. A l'angle du faubourg de France, une ferme existait qui, en 1815, était occupée par les Autrichiens, tandis qu'une autre, enserrée maintenant en plein faubourg, était occupée par la défense.

A la descente du train, nous sommes reçus par les membres de la municipalité, les membres du Club Alpin et de la Société d'Émulation. Le maire, M. Vuillaume, souhaite une cordiale bienvenue aux congressistes.

Pendant que le gros de la troupe se met en marche pour visiter la ville, un petit groupe part en voiture pour visiter les grottes de Cravanche, sous la conduite de notre collègue, M. Dubail-Roy.

A l'issue du faubourg de France (centre actuel du commerce), et à la jonction des trois faubourgs, on n'est point encore en ville; il faut passer le pont élargi à trois reprises et suivre l'avenue percée à travers la fortification. Cette large avenue remplace depuis peu l'ancienne et étroite porte de France dont on franchissait, en se garant, les ponts-levis et les passages sous voûte. Par l'échancrure d'un fossé, on voit à droite la façade du Château et le Lion. Au moment d'entrer en ville, on remarquera, à droite et à gauche, les deux belles

tours bastionnées de l'enceinte, ouvrage de Vauban, le fécond et avisé ingénieur, mis cependant plus tard en trois formules.

Entrant dans la ville, on constate qu'elle est fermée par trois côtés de remparts avec casernes adossées, la rue du Rempart les bordant. Dans cette rue se
passait l'existence du soldat de l'armée royale, couchant dans la caserne sur un
lit à plusieurs places et ayant en face lieux de plaisir et souvent un ménage.

Jusqu'à l'église, édifice remarquable, construit vers 1750 et balafré encore de
1870, c'est la ville neuve de Vauban. — Derrière l'église s'étagent la ville et le
bourg du moyen âge descendus de l'abri sous roche.

Après une halte au *Gloria victis* de Mercié, on traverse la vieille ville pour
gagner le château. Aux dernières maisons de la Grande-Rue, on a devant
soi le bastion dont les casemates ont servi de logement pendant le siège au
colonel Denfert et aux services sous sa direction. On monte la première partie
de la rampe, et, s'engageant à droite, on arrive au Lion.

De concert avec la municipalité et autorisé par le général gouverneur, le
groupe du C. A. F. de Belfort a pris à charge l'entretien du monument. Grâce
à tous ces bons vouloirs, l'accès en a pu être permis sous conditions modiques
et, chaque année, les visiteurs s'y pressent plus nombreux. L'inscription que
Bartholdi souhaitait au-dessous de son œuvre vient d'être posée.

La rampe du château reprise, on atteint le pont-levis, lequel ne s'abaisse que
devant les souverains. Les autres mortels doivent gagner plus haut une petite
poterne. La vue sur les Vosges s'accuse. La poterne franchie, on est dans la
galerie couverte de communication. On remarque l'épaisseur des murs, la solidité des voûtes donnant encore de nos jours pleine sécurité. On fera un retour
sur notre époque construisant pour le jour même et que le lendemain emporte.
On s'étonne de l'importance et du nombre des abris accumulés même après
Vauban par les ingénieurs militaires. Le grand souterrain, qui peut contenir
des milliers d'hommes, est une utilisation géniale d'un fossé par Vauban. Au
moyen âge et jusqu'à la première occupation française, le château n'avait point
de fossé. Il n'avait point d'autre force que son assiette et était loin de l'importance du château de Montbéliard. La ville prise, le comte de la Suze fit
immédiatement entreprendre un fossé en pleine roche. Vauban vint, voûta
le fossé et par-dessus jeta le cavalier dont les terres furent prises en grat-
tant le terrain d'approche jusqu'à la roche. Tous les vieux bâtiments disparurent. Les enceintes furent établies successivement. Du vieux temps il ne reste
que la tour des Bourgeois, construite autrefois et gardée par eux. La Miotte
et la Justice datent du ministère Thiers. C'est au château, depuis que la grande
place lorraine nous a été enlevée, que sont conduits tout d'abord nos futurs
ingénieurs militaires, et, en effet, de cette œuvre de main d'homme se dégage
une impression singulièrement forte.

La vue n'atteint toute sa grandeur que par temps clair et trop rarement. Au
nord et proche, les Vosges; à l'ouest, au loin, la Forêt-Noire ; au sud, le Jura,
généralement distinct et au-dessus les cimes blanches et éclatantes des Alpes
(Mont Blanc et Oberland). Le château tourné vers l'ouest est ainsi comme la
proue d'un cuirassé ancré face à l'ennemi, gardant la trouée, c'est-à-dire
l'entre-Vosges et Jura.

Au nord-est, s'étend la frontière de 1871, partant du Ballon d'Alsace, suivant
la crête d'une longue croupe et dans la plaine se dessinant par une ride de
terrain. Les fumées de Mulhouse s'aperçoivent par le beau temps.

Dans les temps primaires, les Vosges ont grandi par l'effet continu des phénomènes éruptifs et ont dressé à l'époque dévonienne le front de syénite des ballons. Puis les éruptions s'affaiblissant de plus en plus ont jeté sur les flancs des pentes et sur les fonds de la mer qui, jusque-là, n'avait pas quitté ces rivages, les tufs porphyriques et carbonifères, les grès et les marnes du trias. Au pied des Vosges s'était formé un cordon de dépôts houillers et au loin s'étendait une plage unie où se superposaient régulièrement tous les dépôts depuis l'époque carbonifère.

De longs siècles passèrent, puis tout disparut. Ce monde, où la vie naissante avait accumulé végétaux et animaux, git écrasé et enfoui entre la Miotte et les Vosges. Le front des roches jurassiques est en effet formé par les falaises de la Miotte et du Mont de Cravanche. Le Salbert est une hernie dévonienne due à l'effroyable pression de refoulement des terrains jurassiques. Le soulèvement des Alpes termina la topographie du pays en alignant le Lomont, de Baume-les-Dames au Rhin en amont de Bâle. L'époque glaciaire a laissé dans la vallée de Savoureuse des témoins très caractéristiques. Il est possible que le fort des Barres soit assis sur un restant de moraine. L'homme néolithique a fréquenté les grottes de Cravanche ; il a habité le sommet du mont Vaudois. A l'époque romaine, Arioviste peut avoir planté sa tente de cuir ou amené son chariot sur la roche de Belfort. Le Cherimont (mons Cœsaris) aurait vu la victoire de César. Mandeure, avec son théâtre en ruines, est Epomanduodurum. Quelques villas ou postes étaient parsemés çà et là, à Offemont, Cravanche, Bavilliers. Une mansio-hôtellerie au bout du faubourg des Ancêtres, proche le cimetière et son antique chapelle, est le point originel de l'agglomération belfortaine. Puis vient la nuit, où longtemps le soleil historique est obscurci par la nuée des Barbares. Les débris épeurés des populations ont abandonné la plaine. Les châteaux primitifs du Rosemont, d'Auxelles, de Passavant, forment de hautes vallées. Au viie siècle seulement apparaît le christianisme. L'évêché de Bâle s'empare de la plaine abandonnée et, peu à peu, rédescend et s'accroît la population jusque-là fidèle aux anciennes croyances et allant comme le veut le Dr Fournier, adorer le Dieu-Soleil sur certains hauts-lieux, les seuls nommés Ballons. La maison d'Autriche étend sa suprématie et sous l'anarchie douce, après tout, à laquelle elle préside, le pays se peuple. Des mines s'ouvrent au flanc des Vosges et les bonnes gens content et chantent. La funeste guerre de Trente ans arrêta cet essor. Le pays est mis et remis à sac. L'ordre revint avec l'occupation française. De ces temps connus, nous ne retiendrons que la cession du fief du haut pays aux Mazarins. Les croix mazarines sont nombreuses aux carrefours. C'est aux Mazarins, fort entendus dans leurs intérêts, qu'est due la route royale du Ballon.

Cette visite au château, les détails émouvants donnés par notre aimable cicerone, M. Kuntz, nous laissent sous une impression poignante. En descendant, nous suivons le chemin couvert et nous allons au pied de la Justice, faire un pieux pèlerinage au cimetière où reposent les mobiles tués pendant le siège. Une superbe couronne, ornée d'un ruban tricolore, portant en lettres d'or : « Aux enfants de France morts pour la patrie, l'Association française », est déposée au pied du monument. Le président, M. Bouchard, prononce, d'une voix émue, quelques paroles de souvenir à la mémoire de ces braves enfants.

Les plus vaillants, car il fait une chaleur accablante, poussent jusqu'à la tour de la Miotte et dans les environs. Ce monument, si cher aux Belfortains (ceux-ci se disent volontiers enfants de la Pierre de la Miotte ou Miottanes et la considèrent comme leur palladium) est une tour quadrangulaire de treize mètres de hauteur ; un escalier en pierre pratiqué à l'intérieur permet aux visiteurs privilégiés d'atteindre le sommet. Le bombardement de 1870-1871 l'avait tellement endommagée qu'elle s'écroula dans la nuit du 8 au 9 juillet 1873 ; elle fut rebâtie en 1875 telle qu'elle existait depuis sa reconstruction vers 1840.

Les autres redescendent tranquillement en ville et attendent dans un doux *far niente* l'heure du dîner.

A 6 heures et demie, la grande salle de l'hôtel de ville se remplit en un clin d'œil. A la table d'honneur, notre président, le maire de Belfort, l'administrateur du territoire, MM. Kuntz, le Dr Bardy et tous ceux qui ont organisé cette jolie promenade. Au dessert, échange de toasts chaleureux. La musique des pompiers qui a, pendant le repas, fait entendre les meilleurs morceaux de son répertoire, prend la tête de la colonne au moment du départ et c'est d'un pas militaire que l'on se rend à la gare.

Au moment où le train s'ébranle, un immense cri de: Vive Belfort! salue tous ceux qui nous ont si bien accueillis. L'excursion a été un peu dure par ce chaud soleil d'été, mais cette visite de Belfort laisse à tous, grâce au bon concours de nos camarades belfortains, une impression des plus douces et des plus saisissantes.

———

EXCURSION FINALE DE PONTARLIER, NEUCHATEL, MORTEAU

— Vendredi, samedi, dimanche, 11, 12 et 13 août —

L'heure de départ n'est pas très matinale ; mais la fête donnée la veille au soir par la Société du Casino a retenu fort tard un certain nombre de congressistes. Aussi plusieurs d'entre nous n'ont-ils eu que trois ou quatre heures de sommeil. Malgré cela, personne ne manque à l'appel et à 5 h. 48 m. tous les excursionnistes prennent place dans les wagons réservés, sous la conduite de l'aimable et obligeant inspecteur de la Compagnie, M. Charnot, qui ne nous quittera qu'à la limite du réseau.

En sortant de Besançon par la ligne en encorbellement sur le flanc de la citadelle et de la montagne des Buis, la vue s'étend sur le Doubs, le vieux château de Montfaucon et la presqu'île de Chalèze. Le ciel est sombre, nuageux, et au sortir du tunnel, une pluie battante nous escorte jusqu'à l'Hôpital-du-Gros-Bois. De cette gare d'embranchement la ligne descend par une pente rapide, laissant à gauche la double vallée bientôt réunie qui commence à Plaisirfontaine (grotte visible du wagon) et à Bonnevaux, pour se terminer au puits de la Brême, entonnoir voisin du viaduc de la Malecôte, près de Maisières (pèlerinage de Notre-Dame du Chêne), où l'on aborde la vallée de la Loue. A droite de la voie, joli paysage encadré de roches monumentales couronnant des pentes verdoyantes, dans la direction de Scey-en-Varais et de Cléron.

D'Ornans, la voie, côtoyant toujours les bords de la Loue limpide et poissonneuse, s'engage entre deux chaînes de hautes montagnes, que la vigne couvre aux deux tiers de leur hauteur de pampres verdoyants, du côté gauche exposé au sud, que les cerisiers et les noyers s'efforcent d'escalader du côté droit exposé au nord ou à l'est. Un premier village coquettement perché sur un roc abrité de frais ombrages est Montgesoye, pays d'un trouvère du xive siècle qui écrivit un poème sur le Pas-de-la-Mort ; un second est Vuillafans, gros bourg, entre deux châteaux-forts : à gauche, Châtelneuf, dont il ne reste que des pans de murs ; à droite, Châteauvieux, démantelé mais encore à moitié debout et peuplé. Au milieu de Vuillafans, chef-lieu de la production viticole, une ancienne église du xvie siècle à clocher trapu, où est placée une cloche venue de Pékin, don d'un évêque missionnaire, Mgr Guillemin. A Lods (11 kil.), très pittoresque village, moitié industriel (tréfilerie et clouterie appartenant à la Société des Forges), moitié viticole, on monte en voiture et l'on arrive en vingt minutes à Mouthier. La pluie a cessé et le soleil commence à percer les nuages.

Entre Lods et Mouthier, où l'on parvient par une pente constante, on rencontre sur la gauche le banc de rochers de la Tournelle, pareil à un gigantesque bastion ; la route, s'élevant toujours, traverse la partie inférieure du village dont le haut est dominé par les bâtiments du vieux Prieuré (curieuses peintures sur bois et sur toile, xvie-xviiie siècles) et l'église paroissiale, à flèche de pierre, même style que celles d'Ornans et Vuillafans (commencée en 1502); reliquaires et tableaux précieux. Au-dessus du village surplombe la roche d'Hautepierre (880 mètres), un des sommets de la région. Ici commence une route audacieusement construite en 1845 au flanc des roches gigantesques dont les parois bordent la rive droite de la Loue, de Lods à Saint-Gorgon. A 3 kilomètres de Mouthier se détache un sentier qui descend aux sources de la Loue, en dominant la profonde vallée où, comme une « louve », la rivière bondit en se heurtant contre les débris de roches qui essaient de lui barrer le passage dans les gorges de Nouailles. Au bout d'une demi-heure, le sentier toujours descendant vient se heurter contre les moulins de la Source, bâtis dans un cirque rocheux haut de 106 mètres, large de 150 mètres, dont une caverne profonde (haute de 32 mètres, large de 60 mètres), occupe la base, laissant jaillir en une blanche nappe d'écume la rivière dont on a, depuis Ornans, remonté le cours.

Rien de plus frais, de plus gracieux que ce fond de gorge. Les sécheresses de l'été n'ont que peu diminué le volume de cette imposante cascade.

Le couvert est dressé sur le pont du moulin; le fermier, M. Giraud, a donné avec empressement toutes facilités pour conserver à ce repas champêtre le pittoresque et le confortable. On est bien vite descendu dans le fond de la vallée, mais il faut remonter ; cette ascension de plus de 100 mètres, par des sentiers glissants, après un copieux déjeuner et sous les rayons d'un soleil chaud et piquant n'est pas sans effrayer bien des touristes. Moitié riant, moitié maugréant, on arrive au faîte où nous retrouvons nos voitures.

La route de 25 kilomètres que nous avons à parcourir pour arriver à Pontarlier traverse une des plus belles forêts de sapins du Jura ; sur la crête on aperçoit au loin les contreforts sur lesquels est planté le fort de Joux. A Pontarlier, deux heures d'arrêt : on en profite pour visiter la ville et les fabriques si renommées d'absinthe.

A 5 heures, nous quittons la France ; le train franchit la frontière couverte par les forts de Joux, du Larmont et du Taureau. Après avoir franchi le défilé de la Cluse, on arrive aux Verrières ; bientôt l'horizon s'étend brusquement à droite, la ligne plongeant sur la large et profonde vallée de la Reuse, qui prend sa source dans le défilé voisin de la Chaîne, s'engage à flanc de coteau sur une corniche semée de fréquents tunnels. Au fond de cette vallée Fleurier et ses fabriques d'horlogerie, Boveresse. Môtiers-Travers où résida J.-J. Rousseau,

Couvet. La vallée se rétrécit, et la Reuse, véritable torrent, se précipite de roc en roc au pied de la haute montagne du Creux-du-Vent (1.465 mètres)jusqu'à ce qu'elle débouche à Noiraigue (719 m. d'altitude) au moment où le vaste panorama du lac de Neuchâtel commence à s'ouvrir, puis à Chambrelien et Auvernier (station thermale de Chanélaz). A Auvernier, la ligne franchit la gorge de Serrières, d'où l'on a déjà une belle vue sur les Alpes et le lac, le torrent du Seyon et parallèlement à la ligne d'Yverdon arrive à Neuchâtel.

A 8 heures, nous descendons du train. Les Neuchâtelois nous attendent et chaque groupe est piloté jusqu'à son hôtel par un obligeant commissaire portant à la boutonnière un nœud de rubans aux couleurs du canton. Jusqu'à notre départ, ces messieurs vont être à notre discrétion, s'ingéniant à nous rendre ce court séjour le plus agréable possible et le plus profitable. Le dîner nous réunit tous à 9 heures. Le président de la Société historique nous souhaite la bienvenue ; un membre du conseil, Parisien d'autrefois, nous rappelle les souvenirs de son séjour dans notre pays. La colonie française de Neuchâtel se rappelle à nous par une adresse fort gracieuse. La gaieté, la bonne humeur donnent à cette soirée un charme complet. Pour que rien n'y manque, la ville de Neuchâtel nous offre un vin d'honneur et l'on boit à la prospérité du canton, de la Suisse, à nos amis et voisins. Il est fort tard lorsqu'on se sépare, et, dès la première heure, on est cependant en route de tous les côtés pour visiter la ville, le château, l'hôtel de ville, la collégiale. Nos aimables cicerone nous ramènent juste à l'heure, à la gare, pour prendre le train de Bienne. Nous les quittons avec l'espoir d'une prochaine visite et d'un plus long séjour. Qu'il nous soit permis de remercier encore une fois, pour leur bon accueil et leur cordial empressement, les membres de la Société historique et M. Tripet, héraldiste, qui s'est, malgré une maladie pénible, occupé de tous les détails de cette partie de l'excursion.

De Neuchâtel à Saint-Blaise, la route suit à une certaine hauteur le pied de la montagne, d'où l'on domine le lac que l'on quitte à Saint-Blaise. A gauche, depuis Neuchâtel, le mont Chaumont (1.172 mètres) aux flancs tapissés par le bois l'Abbé et celui de la Grande-Côte. A partir de Landeron, la voie file le long du lac de Bienne presque jusqu'à destination. Au delà de Neuveville, l'île verdoyante de Saint-Pierre, connue par le séjour qu'y fit J.-J. Rousseau, en 1765. On y montre encore sa chambre dans la maison de l'économe. Neuveville est une riante petite ville de 2.270 habitants, la première où l'on parle français en venant de Bienne, la dernière en venant du canton de Berne. Au nord de Neuveville, à gauche, le Chasseral (1.690 mètres). Le lac de Bienne a 15 kilomètres de long et 4 kilomètres de large. La Thièle, qui vient du lac de Neuchâtel, le traverse et en sort à Nidau, à vingt minutes au sud de Bienne. Depuis la voie ferrée, tout le long du lac, nous avons, avec un beau soleil, un joli coup d'œil sur les Alpes.

C'est à peine si l'on s'arrête quelques instants à Bienne ; le chemin de fer funiculaire nous monte à Macolin, station climatérique devenue très en vogue. A l'altitude de 900 mètres, on découvre une des plus belles vues de la Suisse sur la chaîne des Alpes. Malheureusement, il fait, à ce point de vue, un trop beau temps ; tous les sommets sont couverts de brume, et l'on ne distingue que les pics les plus rapprochés. Malgré cela, le spectacle est splendide ; ce vaste damier, coupé de grands lacs, qui s'étend à nos pieds, cet horizon de montagnes, même incomplet, forment un panorama des plus séduisants. A peine le déjeuner terminé, il faut redescendre ; de Bienne à la Chaux-de-Fonds, nous avons une longue route. Au sortir de la gare, la voie entre dans la gorge creusée par la Suze à travers les dernières hauteurs du Jura. Il y a quatre tunnels. Avant l'entrée du premier, la voie passe sur un pont hardi jeté sur la partie la plus profonde de la gorge sauvage de la Suze. Les guides annoncent des cascades du plus grand effet. Hélas! cette année, l'eau a manqué partout, et des cascades, il ne reste qu'un énorme amoncellement de rochers sans la moindre gouttelette d'eau.

La Chaux-de-Fonds, le plus grand *village* de la Suisse (il compte, en effet, 30,000 habitants), est le terme de notre route. Grâce à l'obligeance de M. Tissot, chef de la police du village, tout a été prévu, réglé et bien ordonné. Chacun trouve son gîte pour la nuit. Cette armée de touristes, en costumes de tout genre, avec la valise et les petits sacs à la main, forme un curieux tableau; les moindres rues ont, en effet, les dimensions de grands boulevards : les maisons y ont un aspect propre et plaisant. C'est une vraie grande ville, que ce grand village.

Pendant que la plupart séjournent pour la nuit à Chaux-de-Fonds, un petit groupe doit aller jusqu'au Locle pour trouver un hôtel. Le dernier train emporte une vingtaine de touristes, qui n'ont pas été des moins bien partagés.

Le lendemain, le dernier jour de notre promenade, nous allons visiter la partie la plus pittoresque de cette belle région du Doubs.

Du Locle au Col des Roches, ligne de séparation des frontières françaises et suisse, deux kilomètres à peine qu'on peut franchir soit à pied, soit par la ligne du Locle à Morteau-Besançon (station au Col, en face des Brenets), soit enfin par le chemin de fer régional (station aux Brenets). Il y aura des amateurs pour toutes les routes; les plus nombreux préfèrent parcourir pédestrement en profitant de tous les aspects pittoresques que présente cette vaste coupure de rochers capricieuse comme un décor d'opéra. En débouchant du côté nord du tunnel du Col des Roches (France), la vue découvre immédiatement le lac de Chaillexon, où le Doubs, venant de Villers et de Morteau, disparaît comme le Rhône au milieu du lac de Genève. A droite, le gracieux village des Brenets avec les clochers de ses deux temples et ses toits rouges qui détachent sur la sombre verdure de la montagne; à gauche et en face, des massifs de sapins s'étageant sur les collines au pied desquelles se cache Morteau. Du Col, en contournant l'entonnoir profond de la Ransonnière, où une usine d'électricité prélève sur la force motrice d'une chute d'eau l'éclairage du Locle, vingt minutes suffisent pour atteindre les Brenets, dominés par le Châtelard et la demeure hospitalière de M. Jules Jurgensen. Pour gagner le Saut du Doubs on a le choix de prendre un sentier très praticable et sans danger, qui conduit en une demi-heure à l'hôtel de la rive Suisse, ou de se faire conduire sur les bassins, par l'une des barques amarrées au port des Brenets. C'est ce moyen de locomotion qui est adopté.

Chaque barque se charge d'une dizaine de personnes et sous la conduite de deux vigoureux rameurs, entraîne la barque au milieu des bassins. Au dernier moment, un petit bateau à vapeur emmène plus rapidement les retardataires.

Le lac, sans rives, enserré dans d'immenses cuves de calcaire grisâtre, que couronnent des sapins entremêlés çà et là de feuillages plus clairs, n'a pas de courant, et dans certains endroits, ses eaux profondes reflétant à peine un coin du ciel, semblent enfermées dans un cloître sans issue où les bruits du dehors ne pénètrent point. Dans l'avant-dernier des bassins, l'horizon s'entr'ouvre du côté du barrage sommaire (quelques troncs de sapins retenus par des chaînes) qui précède le Saut; le courant apparaît et les eaux se précipitent vers la chute superbe (haute de 27 mètres) qu'il faut visiter après la saison des pluies, soit au printemps, soit à l'automne, afin d'en apprécier la splendeur. Aux deux côtés de la cataracte, deux hôtels se font vis à vis sur la rive suisse et sur la rive française; les touristes peuvent y trouver suffisant gîte.

Cette description ne s'applique malheureusement pas à l'état actuel du lac. Les eaux se sont abaissées cet été à près de 10 mètres au-dessous du niveau normal. Il en est résulté que le chenal de communication est complètement à sec, qu'on peut passer de la rive suisse à la rive française sans risquer de se mouiller les pieds et que la chute du Doubs n'existe pas. A peine quelques filets d'eau courent le long des rochers; mais de chute, pas l'ombre. Il faudra revenir après la saison des pluies.

Le paysage n'en est pas moins fort beau et la promenade mérite d'être faite, malgré la disparition de la chute d'eau. Personne, en effet, ne regrette cette course. Les bateaux reconduisent plus lentement les promeneurs jusqu'aux Brenets, d'où les voitures nous emportent en peu de minutes à Villers-le-Lac, où nous attend le déjeuner. Là commence la séparation : plus d'un veut rentrer dès ce soir dans ses foyers et va reprendre le train d'une heure pour ne pas manquer à Besançon les correspondances du soir. Les autres, moins pressés, vont tranquillement descendre jusqu'à Morteau, qui ne mérite pas l'arrêt un peu long qu'on y va faire. A 6 heures et demie départ pour Besançon. C'est la fin de l'excursion. Mais quelle surprise en arrivant à la Mouillère! Toute la ville est en fête; des illuminations *a giorno*, une fête vénitienne sur le Doubs, une foule joyeuse et animée parcourt les rues. C'est la réunion des orphéons de la région. Nous finissons la journée au milieu d'une véritable apothéose.

L'ÉCOLE NATIONALE D'HORLOGERIE DE BESANÇON

L'École municipale d'horlogerie de Besançon, fondée en février 1862, a été érigée en École nationale, par décret du 22 juillet 1891; elle a pour objet d'assurer l'éducation professionnelle des jeunes gens qui se destinent à l'horlogerie et de les mettre en mesure d'exercer les plus importantes fonctions de cette industrie, tels que visiteurs, régleurs, repasseurs de pièces compliquées, etc., ainsi que celles de contremaître ou chef d'atelier de fabrication et de mécanicien de précision.

L'École reçoit des élèves externes et des élèves internes. Le nombre des élèves à recevoir est fixé chaque année par le Ministre sur la proposition de la Commission administrative.

Conditions d'admission. — L'École ne reçoit que des jeunes gens âgés de plus de treize ans.

Les demandes d'admission doivent être adressées par écrit au préfet du département dans lequel la famille est domiciliée ou au directeur de l'École, avant le 31 août. Elles doivent être accompagnées des pièces suivantes :

1° L'acte de naissance du candidat ;

2° Un certificat de bonne vie et mœurs délivré par l'autorité locale;

3° Un certificat de vaccin délivré par un docteur en médecine assermenté, constatant que le candidat n'est atteint d'aucune infirmité permanente pouvant le rendre inhabile au travail de l'horlogerie et qu'il n'est atteint d'aucune maladie scrofuleuse ou chronique contagieuse;

4° Le certificat d'études primaires ou, à défaut, un certificat délivré par un fonctionnaire de l'enseignement public établissant que le candidat possède les connaissances suivantes :

Une écriture lisible courante ;

Une orthographe à peu près correcte;

L'arithmétique jusques et y compris les proportions et la règle de trois ;

L'histoire et la géographie dans les limites du programme de l'enseignement primaire ;

Un engagement par écrit et sur papier timbré pris par les parents ou tuteurs de payer par trimestre et d'avance la rétribution scolaire et, s'il y a lieu, le prix de la pension.

A défaut du certificat d'études primaires et du certificat de capacité mentionné ci-dessus, les candidats subissent un examen devant une Commission dont les membres sont désignés par la Commission administrative.

Les jeunes gens âgés de plus de vingt ans et ayant déjà exercé la profession d'horloger sont dispensés de tout examen.

L'admission des élèves est prononcée par le Ministre.

Rétribution et frais scolaires. — Le prix de la rétribution scolaire est de 200 francs par an. Toutefois, les enfants de nationalité française dont les parents habitent la commune depuis plus d'un an et les enfants de nationalité étrangère dont les parents sont domiciliés dans la ville depuis plus de trois ans sont reçus gratuitement.

Pensionnat. — Le pensionnat pour les élèves horlogers appartenant aux familles domiciliées au dehors est installé dans les dépendances de l'École.

Le prix de la pension est de 67 francs par mois.

Enseignement. — La durée des études est de trois ans au moins.

L'enseignement est théorique et pratique.

L'enseignement théorique, toujours dirigé dans le sens des applications, comprend :

1° Dans un but d'uniformisation, la révision très rapide des parties les plus importantes des matières exigées pour l'admission :

2° L'algèbre jusqu'aux équations du premier degré ;

3° La géométrie plane (partie élémentaire) et la trigonomérrie rectiligne;

4° Les éléments de la mécanique ;

5° L'application de la mécanique à l'horlogerie, rouages, disposition des calibres, engrenages, mécanismes compliqués ;

6° Le dessin appliqué à l'horlogerie, le croquis industriel et la décoration de la boîte de montre ;

7° Les éléments de la physique, de la chimie et de la cosmographie;

8° La comptabilité et les principes généraux de l'économie industrielle.

L'enseignement pratique embrasse :

1° L'exécution à la main des ébauches et finissage des divers calibres de montres français et étrangers, avec mécanismes de remontoirs ;

2° L'exécution d'une série d'ébauches par procédés mécaniques perfectionnés ;

3° La construction des mécanismes compliqués de répétitions, chronographes, quantièmes, secondes indépendantes, etc. ;

4° L'exécution et le plantage des principaux échappements, employés ains
que le travail des pierres fines et le sertissage ;

5° Le repassage, le réglage et le remontage ;

6° Le réglage de précision ;

7° La construction des outils de fabrication mécanique de la montre ;

8° Les arts appliqués à la décoration de la montre (gravure, ciselure, émail,
guilloché, etc.).

Une division spéciale facultative pourra recevoir certains élèves reconnus
aptes à suivre un enseignement supérieur de l'horlogerie.

Le programme de cette section spéciale comprendra :

a) Des leçons complémentaires de mathématiques, la géométrie analytique,
le calcul différentiel et intégral ;

b) L'application des mathématiques supérieures à la mécanique générale et
spécialement aux problèmes d'horlogerie. — Théorie de Phillips. — Variations
du spirale de Gaspari, etc.

La journée de présence à l'École est de neuf heures et demie en hiver et de
dix heures et demie en été. La durée du travail manuel est de huit heures par
jour en hiver et de neuf heures en été. Le dessin occupe six heures par semaine.

Quoique sachant exécuter toutes les pièces d'une montre, les élèves, après
leurs trois années d'études, ont encore besoin, comme ceux de toute école, de
passer par les ateliers de l'industrie privée pour y apprendre à produire vite.
Inutile d'ajouter que ces jeunes gens ne peuvent pas être aussi habiles dans la
spécialité qu'ils adoptent en quittant l'École que l'ouvrier qui s'y est consacré
exclusivement depuis longtemps déjà.

Récompenses et diplômes. — Des diplômes sont délivrés par le Ministre aux
élèves qui, aux examens généraux de fin d'études, ont satisfait d'une manière
complète à toutes les épreuves.

La notation allant de 0 à 20, les élèves ayant obtenu une moyenne générale
au moins égale à 11, sans moyenne particulière inférieure à 6, sont considérés comme ayant satisfait aux épreuves d'une manière complète.

Ces diplômes confèrent à ceux qui les obtiennent le titre d'élève breveté de
l'École nationale d'horlogerie de Besançon.

Il est décerné par le Ministre aux élèves dont la moyenne générale est au
moins égale à 15, sans moyenne particulière inférieure à 11, une médaille
d'argent.

Les élèves quittant l'École avant la fin de leurs études reçoivent un certificat
de présence délivré par le directeur et qui ne donne pas droit au titre d'ancien
élève.

Le nombre des élèves de l'École de Besançon est actuellement de soixante-
cinq, dont vingt-cinq internes fournis par vingt-quatre départements.

Un certain nombre d'élèves sont boursiers de l'État et des départements.

Directeur : M. A. Fénon, horloger de l'Observatoire de Paris et de la marine
de l'État.

Enseignement mécanique appliqué à l'horlogerie, M. Moyse ; ébauches et
remontoirs, M. Lombard ; finissages et repassages, M. Bellegy ; échappements,
M. Gueutal ; gravure, décoration, M. Mayoux ; dessin, M. Fribourg ; français,
arithmétique, géométrié, M. Tarby ; sciences, M. Maldiney ; théorie de l'horlogerie, M. Porier ; réglage de précision, M. Fénon.

SOCIÉTÉ ANONYME D'HORLOGERIE DE BESANÇON

Lors de l'Exposition de Paris en 1889, chacun a pu apprécier les progrès réalisés par le travail à la machine; son extension sans cesse grandissante ne devenait-elle pas une concurrence redoutable aux anciens moyen de fabrication? Devant ce mouvement manufacturier, la fabrique d'horlogerie de Besançon devait-elle continuer à s'endormir sur ses lauriers et se laisser progressivement devancer par la concurrence étrangère? Tel était le problème que se posait le monde industriel horloger et que nous n'avons pas hésité à résoudre en créant à Besançon une usine importante pour la fabrication complète de la montre soignée, tant à ancre qu'à cylindre, par les procédés mécaniques les plus perfectionnés.

Quelques esprits craintifs ont douté et doutent peut-être encore de la nécessité de cette transformation; mais l'on reviendra certainement de cette erreur, et l'avenir, nous n'en doutons pas, amènera de nouveaux groupements importants qui, seuls, sont capables de donner une impulsion aux affaires, en permettant d'aborder sérieusement les marchés étrangers.

La *Société anonyme d'horlogerie de Besançon*, située 25, rue Gambetta, a été fondée en 1891; un immeuble important a été construit à cet effet, et, dès le mois de mai 1892, l'usine commençait à fonctionner.

Son installation est des mieux comprises; elle comprend, au rez-de-chaussée, les bureaux parfaitement agencés, les magasins de montres et de fournitures et la salle des machines.

Dans cette dernière est installé un générateur de 75 chevaux-vapeur, destiné à mettre en marche deux machines à vapeur, dont l'une actionne toutes les machines-outils, et l'autre un dynamo pour l'éclairage électrique de tous les services de l'usine.

Cet éclairage se fait par incandescence et par arc. Toutes les parties de l'usine sont également chauffées par la vapeur.

Au premier étage, dans un vaste atelier de 40 mètres de long sur 10 mètres de large, prenant jour d'un côté sur la rue Gambetta et de l'autre sur une vaste cour et la rue des Remparts, se fabriquent mécaniquement les différentes pièces, toutes interchangeables, de la montre, depuis la plus petite jusqu'à la plus grande, à un degré très avancé de fini, par un outillage de précision.

Plus de 200 machines-outils très ingénieuses, dont la plupart ont été fabriquées par l'usine elle-même, dans son atelier spécial de mécanique, servent à cette fabrication essentiellement délicate et minutieuse.

Ces produits sont ensuite transmis au deuxième étage qui offre les mêmes dispositions et superficie que le premier et où ils sont ensuite terminés, réglés et observés, pour en sortir prêts à être livrés au commerce.

C'est également dans cet atelier que se fait le réglage de précision des chronomètrs de poche, à la fabrication desquels la Société a su donner la plus grande extension. Depuis sa création, elle a déposé près de 200 chronomètres à l'Observatoire national de Besançon et sur lesquels aucun n'a échoué.

En 1892, bien que cette Société n'ait eu que sept mois de fonctionnement, elle a eu la satisfaction d'obtenir au concours chronométrique que chaque année l'Observatoire de Besançon organise, huit récompenses, savoir : Le prix des cinq meilleurs chronomètres du concours : Médaille de vermeil ; deux deuxièmes prix remportés par deux autres chronomètres : deux médailles d'argent; une mention honorable remportée par un chronomètre; deux mentions simples remportées par deux autres chronomètres. La mention simple délivrée au plus grand nombre de bulletins obtenus en 2ᵐᵉ classe. La mention simple délivrée au plus grand nombre de bulletins obtenus en 3ᵐᵉ classe.

La Maison occupe actuellement plus de 400 ouvriers et a déjà atteint pour sa première année d'exercice une production de 25.000 montres diverses, depuis 7 à 20 lignes, tant en petites montres de dames simples ou richement décorées de peinture ou de joaillerie, qu'en montres de haute précision avec ou sans bulletin d'observatoire.

Sa spécialité est principalement la montre à ancre pour dames et pour hommes, la seule montre, au dire des praticiens, qui puisse satisfaire les exigences des personnes de plus en plus nombreuses, pour qui la connaissance de l'heure exacte est un besoin constant.

La *Société anonyme d'horlogerie de Besançon* est la seule ·manufacture de montres françaises qui n'ait pas craint d'aller au loin porter la bonne renommée de ses produits, en participant à l'Exposition de Chicago.

Elle possède des comptoirs de vente à Paris, Bruxelles et Chicago.

ÉTABLISSEMENTS DE MM. LES FILS DE PEUGEOT FRÈRES

à Valentigney (Doubs).

— MAISON FONDÉE EN 1819 —

Trois grandes usines composent les établissements de MM. les Fils de Peugeot frères : *Valentigney, Beaulieu* et *Terre-Blanche.*

L'usine de *Valentigney,* siège social de la Maison, est admirablement située sur le Doubs ; elle occupe 700 ouvriers et utilise une force motrice de 1.000 chevaux, fournie par cinq machines à vapeur et quatre turbines.

Les principaux articles fabriqués dans cette usine sont les aciers laminés, les scies, rabots, couteaux mécaniques, ressorts pour corsets, ressorts d'horlogerie, etc., etc. Ses puissants laminoirs à chaud fournissent également des aciers en lames et en bandes utilisés dans les ateliers des autres usines, principalement à Beaulieu, où elles subissent un laminage à froid pour l'amincissage des tôles.

L'usine de *Beaulieu,* également située sur le Doubs, à un kilomètre de Valentigney, occupe 500 ouvriers. Ses trains de laminoirs à froid pour la fabrication des aciers laminés pour scies et pour ressorts de tous genres, ses filières pour le tréfilage des aciers et l'importante fabrication des *vélocipèdes,* qui a été installée en 1885, sont actionnés par cinq turbines et deux machines à vapeur produisant ensemble 630 chevaux.

Une partie des machines sont mises en mouvement par la force motrice électrique transport de force : 100 chevaux).

La fabrication des vélocipèdes a pris en quelques années une très grande extension et 8 à 10.000 machines sont livrées annuellement sur les marchés français et étrangers par cet établissement.

, Toutes les pièces composant les vélos sont fabriquées dans ces ateliers ou fournies par l'usine de Terre-Blanche qui est parfaitement outillée pour le forgeage et l'emboutissage de l'acier.

On construit également, depuis quelques années, dans ces ateliers, des *voitures à pétrole* automotrices à moteur Daimler, à l'essence de pétrole, qui sont supérieurement agencées.

Dès le début de la fabrication, l'une de ces voitures a suivi et contrôlé la course de vélos de Paris-Brest (voir pour les détails les journaux de l'époque) et de très grands perfectionnements ont été apportés à la construction de ce véhicule qui fonctionne d'une manière parfaite.

L'usine de *Terre-Blanche*, située dans la jolie vallée d'Hérimoncourt. à 4 kilomètres de Valentigney et de Beaulieu, est reliée à ces établissements et à la gare d'Audincourt par une ligne de tramways à vapeur et un réseau télégraphique et téléphonique.

Elle est actionnée par trois machines à vapeur et deux turbines fournissant une force motrice de 650 chevaux et occupe 900 ouvriers.

On fabrique dans cette usine des articles très variés, tels que moulins à café, à poivre, etc., et concasseurs pour graines, tondeuses pour chevaux et pour hommes, fourches et râteaux ; *outils divers* pour menuisiers, charpentiers, tourneurs, serruriers, etc., les charrettes pour tous emplois et la carrosserie.

Elle livre aux ateliers de vélocipèdes de Beaulieu un grand nombre de pièces en acier forgé et étampé pour la fabrication des vélos.

Les trois usines sont éclairées à l'électricité.

4.000 tonnes de fer et d'acier ouvrés sortent annuellement de ces Établissements.

Les neuf dixièmes des ouvriers travaillent à la pièce et un dixième seulement à la journée. Le taux moyen des salaires, dans les trois usines, est de 5 francs pour les hommes, 2 fr. 50 c. pour les femmes et 1 fr. 25 c. pour les enfants, par journée de dix heures.

Des primes sont accordées aux employés de fabrication et aux contremaîtres d'après le rendement du travail, et les employés supérieurs sont intéressés aux bénéfices de la Maison.

. Depuis la fondation de leurs Établissements, MM. Peugeot ont voulu améliorer le plus possible le sort de leurs ouvriers et les *institutions de prévoyance* ont été de tout temps l'objet de leur sollicitude.

Une Société de secours pour les malades, subventionnée par la Maison, existe depuis quarante ans dans les trois usines, et les soins médicaux et pharmaceutiques sont donnés gratuitement aux ouvriers et à leur famille ; chaque malade reçoit, en outre, une indemnité journalière de 1 fr. 50 c. pour les hommes et de 75 centimes pour les femmes et les enfants pendant toute la durée de sa maladie.

Dès 1872, des sommes importantes furent prélevées annuellement sur les bénéfices de la Maison pour la création d'une *Caisse de retraites pour la vieillesse*, et aujourd'hui, grâce aux ressources accumulées, chaque ouvrier arrivant à l'âge de cinquante ans et justifiant de trente ans de services dans la Maison jouit d'une pension de 330 francs par an, tout en conservant son emploi, s'il le désire.

Le capital de retraite fourni exclusivement par la Maison s'élève actuellement à *un million deux cent mille francs* et le nombre des ouvriers retraités est de 123.

En plus de ces institutions, MM. les Fils de Peugeot frères ont constitué *un fonds d'assurances* contre les accidents ; quatre écoles et deux salles d'asile ont été construites. et sont entretenues à leurs frais, et les six instituteurs et institutrices dirigeant ces établissements sont rétribués par la Maison qui subventionne en outre trois instituteurs et cinq institutrices communaux de Valentigney.

De nombreux logements à prix réduits avec jardins attenants sont mis à la disposition des ouvriers et, sur l'initiative de ces Messieurs, il a été créé :

1° Deux sociétés coopératives de consommation dont les trois quarts des bénéfices sont attribués aux consommateurs ;

2° Une société coopérative immobilière pour la construction de logements salubres et à bon marché au capital de 120.000 francs ;

3° Une société d'appui mutuel en cas de décès.

La Maison reçoit dans sa caisse les épargnes de son personnel et lui paye un intérêt de 4 0/0 et les avances ne dépassant pas 100 francs sont faites gratuitement.

Elle a organisé et équipé à ses frais deux compagnies de sapeurs-pompiers de 60 hommes chacune et elle subventionne quatre sociétés musicales, fanfares et chorales, deux sociétés de gymnastique et une société vélocipédique.

Elle fournit les locaux appropriés pour deux cercles avec bibliothèques, trois cafés de tempérance, deux salles de lecture, un grand restaurant à prix réduits et subventionne ces établissements.

Un hôpital renfermant douze lits avec le personnel nécessaire, des bains froids et chauds, des lavoirs, etc., sont mis gratuitement à la disposition des ouvriers et employés de la Maison.

L'administration toute paternelle de ces Messieurs a naturellement porté ses fruits, les ouvriers de la Maison Les Fils de Peugeot frères ne se sont jamais mis en grève et une entente parfaite a toujours existé entre les patrons et les ouvriers.

TABLE DES MATIÈRES

PREMIÈRE PARTIE

LISTES

CONFÉRENCES FAITES A PARIS EN 1893

CONGRÈS DE BESANÇON

DOCUMENTS OFFICIELS. — LISTES. — PROCÈS-VERBAUX

3ᵉ et 4ᵉ Sections. — Génie civil et militaire, Navigation.

DEUXIÈME GROUPE. — SCIENCES PHYSIQUES ET CHIMIQUES

5ᵉ Section. — Physique.

6ᵉ Section. — Chimie.

7ᵉ Section. — Météorologie et Physique du Globe.

QUATRIÈME GROUPE. — SCIENCES NATURELLES

8e Section. — Géologie et Minéralogie.

9e Section. — Botanique.

10° Section. — Zoologie, Anatomie et Physiologie.

11° Section. — Anthropologie.

12e Section. — Sciences médicales.

QUATRIÈME GROUPE. — SCIENCES ÉCONOMIQUES.
13ᵉ Section. — Agronomie.

14ᵉ Section. — Géographie.

15ᵉ Section. — Économie politique et Statistique.

16e Section. — Pédagogie.

17e Section. — Hygiène et médecine publique.

CONFÉRENCE FAITES A BESANÇON

EXCURSIONS, VISITES SCIENTIFIQUES ET INDUSTRIELLES

IMPRIMERIE CHAIX, RUE BERGÈRE, 20, PARIS. — 19944-11-93.

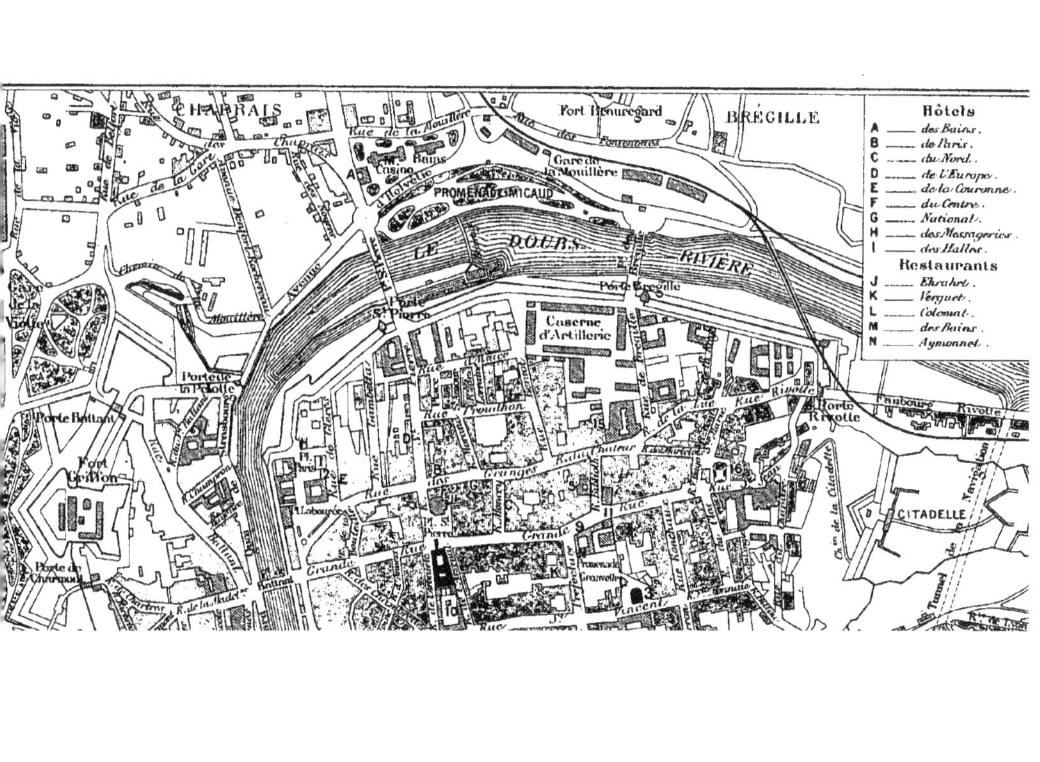

CHARRAIS
BRÉGILLE
Fort Beauregard
Rue de la Mouillère
Rue des Fontaines
Mns Bains
Casino
Gare de la Mouillère
PROMENADE MICAUD
LE DOUBS RIVIÈRE
Avenue
Mouillère
Pont de Bregille
Porte St Pierre
Caserne d'Artillerie
Porte de la Pelote
Porte Battant
Rue Rivotte
Porte Rivotte
Faubourg Rivotte
Fort Griffon
Rue Proudhon
Rue des Granges
Grande Rue
Promenade Granvelle
CITADELLE
Porte de Charmont
Rue Battant
Chemin de la Citadelle
Tunnel de la Navigation
Hôtels
A — des Bains.
B — de Paris.
C — du Nord.
D — de l'Europe.
E — de la Couronne.
F — du Centre.
G — National.
H — des Messageries.
I — des Halles.
Restaurants
J — Ehrahrt.
K — Verguet.
L — Colomat.
M — des Bains.
N — Aymonnet.